Vahlens Handbücher
der Wirtschafts- und Sozialwissenschaften

Innovationsmanagement

von

Dr. Dr. h.c. Jürgen Hauschildt

o. em. Professor für Betriebswirtschaftslehre
der Christian-Albrechts-Universität zu Kiel

und

Dr. Sören Salomo

o. Universitäts-Professor
für Technologie- und Innovationsmanagement
Karl-Franzens-Universität Graz

4., überarbeitete, ergänzte und aktualisierte Auflage

Verlag Franz Vahlen München

VERLAG
VAHLEN
MÜNCHEN
www.vahlen.de

ISBN 978-3-8006-3413-2

Satz: DTP-Vorlagen der Autoren
Druck und Bindung: Druckhaus „Thomas Müntzer" GmbH
Neustädter Str. 1–4, 99947 Bad Langensalza
Gedruckt auf säurefreiem, alterungsbeständigem Papier
(hergestellt aus chlorfrei gebleichtem Zellstoff)

Vorwort zur 4. Auflage

Unternehmen betrachten Innovation heute als laufende Verpflichtung. Man bejaht den Gedanken, permanent neuartige Produkte und Prozesse hervorzubringen und in Märkte oder in betriebliche Prozesse einzuführen. Das Topmanagement fühlt sich für Innovation verantwortlich, zugleich baut es - guten organisatorischen Traditionen folgend - Strukturen und spezielle Zuständigkeiten auf, in denen nachgeordnete Innovationsmanager ihrem Beruf nachgehen. Das gilt zumindest für die Neuproduktentwicklung und für die kontinuierliche Prozessinnovation. Eine wachsende Zahl von Publikationen aus der Feder von Wirtschaftspraktikern belegt diese Einschätzung[1].

Beraterszene und Seminaranbieter tun ein Weiteres, um Innovationsmanagement bewusst zu machen: "Open Innovation", "Lean Innovation", "Science to Business Center", "Interne Start-Ups", "New Business Process", "Innovationsaudit", "Roadmaps für Innovationen", "Innovationspipeline", "Balanced Scorecard für Innovationen", "Potential-Checks", "Innovations-Reporting" - viele derartige Schlagworte machen zwar das Innovationsmanagement vielleicht zu einem spannenden Seminarthema. Sie begründen aber zugleich die Frage, wie solide die Ratschläge fundiert sind, die hinter diesen plakativen Amerikanismen stehen. In dieser Schrift folgen wir diesen Moden nicht. Uns kommt es bei praktischer Gestaltung auf ihre theoretische Basis und auf deren empirische Fundierung an. Und dazu sind diese smarten Slogans allenfalls kurzfristig hilfreich, nachhaltig aber nicht.

In Politik, Wirtschaft und Wissenschaft herrscht immer noch das Verständnis, Innovation sei ein Problem von Industriebetrieben, eine Aufgabe für Ingenieure und Naturwissenschaftler und ein eher innerbetriebliches Problem. Innovationen in mehr oder weniger lose gekoppelten Systemen, in Netzwerken, die über die Wertschöpfungskette hinausreichen, vor allem Innovationen unter starkem Einschluss von Dienstleistungen stehen nicht im Focus von Forschung und Gestaltung des Innovationsmanagements - noch nicht. "Systeminnovationen", wie der Container, der Barcode, die Kreditkarte, das Internet, die mobilen Datendienste, prägen unsere Gesellschaft zwar wesentlich stärker als einzelne Produktinnovationen in der Elektrotechnik, der Nanotechnik oder der Pharmazie. Innovationsmanagement ist aber in der Literatur noch immer ein Anhängsel von Technologiemanagement oder von Forschung und Entwicklung. Wir müssen darüber hinaus.

Immerhin könnten technisch definierte Innovationen damit auf dem Wege sein, zu einer Routinetätigkeit zu werden. Es prägen sich zumindest Routinen eigener Art aus, die man dem Umgang mit dem Neuartigen vorbehält. Man kann auf ein eigenes Instrumentarium der Prozess-Steuerung zurückgreifen, das nicht mehr von der Einzigartigkeit der Innovation ausgehen muss. Die Abgrenzung gegen-

---

1 Siehe z.B. die "Praxis-Beispiele" bei *Albers/Gassmann* (2005) oder die "Praxis-Lösungen für das Innovationsmanagement" bei *Gleich et al.* (2006).

über dem laufenden Absatz- und Produktionsbetrieb mit ihrer eindeutigen Effizienzorientierung bleibt dabei durchaus erhalten.

Damit wird die Unterscheidung zwischen "inkrementalen" und "radikalen" Innovationen immer bedeutsamer - ein Gegensatz, dem wir zwar in dieser Schwarz-Weiß-Simplizität nicht folgen und stattdessen eine Differenzierung nach dem Innovationsgrad vorziehen. Aber die Tendenz lässt sich mit diesem Begriffspaar plastisch kennzeichnen: Inkrementale Innovationen werden als Daueraufgabe mit eigenen Routinen immer stärker beherrschbar. Das gilt insbesondere für den Prozess der Entwicklung neuer, in erster Linie technischer Produkte. Hier kommen zunehmend spezifische Instrumente des Projektmanagements, des Controlling und des Personalmanagements zum Einsatz. Demgegenüber fordern radikale Innovationen, vor allem aber Systeminnovationen, das Management nach wie vor heraus, individuelle Praktiken zu entwickeln, die jenseits des Instrumentariums liegen, mit denen man inkrementale Innovationen zunehmend in den Griff bekommt.

Wir haben uns gefragt, ob man vor diesem Hintergrund noch ein Buch vorlegen sollte, das auf den ersten Blick den Eindruck erweckt, als gäbe es noch "das" Management "der" Innovation. Sollte man das Management der Neuproduktentwicklung als eigene Schrift ausgliedern und vom Management solcher Innovationen trennen, in denen man mit wesentlich größeren Umbrüchen und Turbulenzen umzugehen hat?

Wir haben uns gegen diese Trennung entschieden, weil wir der festen Überzeugung sind, dass sich das Innovationsdenken noch keinesfalls in der Breite so durchgesetzt hat, dass schon jetzt nach neuen Spezialisierungen zu rufen ist. Es geht uns zunächst immer noch darum, für den bewussten Umgang mit der Innovation als solcher zu werben. Überdies sind sich trotz aller Unterschiede viele grundlegende Probleme sowohl bei inkrementalen als auch bei radikalen Innovationen sehr ähnlich. Das gilt vor allem für die formarme Frühphase von Innovationen, in der sich erst ergibt, wie sehr eine Innovation in das Gesamtgeschehen der Unternehmung eingreift. Schließlich ist es nicht gelungen, ein einheitliches Verständnis dafür zu entwickeln, wo der Schnitt zwischen inkrementalen und radikalen Innovationen zu ziehen ist. Aber wir werden jeweils darauf hinweisen, wenn theoretische Erwägungen, empirische Befunde oder praktische Gestaltungsansätze eine Differenzierung nach dem Innovationsgrad verlangen.

Nach diesen Überlegungen erscheinen uns in dieser 4. Auflage die folgenden Überarbeitungen der vorangehenden Auflage notwendig:

- Bei den Überlegungen zum Innovationsbegriff sind die Besonderheiten radikaler Innovationen noch deutlicher hervorzuheben.
- Bei den Funktionen des Innovationsmanagements ist die Frage zu behandeln, ob sie sich bereits zu einem Berufsbild eines Innovationsmanagers verdichten lassen.
- Das Innovationssystem der Unternehmung hat die zunehmende Strukturierung des Innovationshandelns bei den Neuproduktentwicklungen zu berücksichtigen.

- Bei den Akteuren der Innovation ist stärker auf die Teambildung und die Teamarbeit einzugehen, in der sich die zunehmende Routinebildung am ehesten ausdrückt.
- Es sind neue Konzepte bei der Gestaltung der formarmen Frühphase der Innovation zu behandeln, in der über den Innovationsgrad entschieden wird.
- Die Konzepte der Prozess-Steuerung sind nach dem Innovationsgrad zu differenzieren.
- Auch die Prozess-Evaluation muss zunehmend die Instrumente eines laufenden Innovationscontrolling und -monitoring nutzen.

Im Übrigen galt es, die Literaturbasis auf den neuesten Stand zu bringen. Wir haben die einschlägigen Zeitschriften bis Ende 2005 systematisch ausgewertet. Quellen aus dem Jahre 2006 wurden nach Möglichkeit noch berücksichtigt. Zugleich wurden wir immer wieder darauf aufmerksam, dass es einzelne, bemerkenswerte Beiträge gab, die wir in der Vergangenheit übersehen hatten.

Insgesamt umfasst das Literaturverzeichnis 274 Titel mehr als das der 3. Auflage. Wir haben den älteren Literaturbestand nur unwesentlich gekürzt, vor allem wenn jüngere Schriften den älteren Wissensstand besser aufgearbeitet hatten als wir.

Wer sich allmählich aus dem aktiven Dienst zurückziehen muss, ist dankbar, wenn er einen jüngeren Partner findet, der bereit ist, die Last der Autorenschaft mit ihm zu teilen. Die vorliegende Auflage erscheint unter dem Kürzel "Hauschildt/Salomo". Professor Dr. Sören Salomo hat bei mir in Kiel promoviert, sich bei Professor Dr. H. G. Gemünden in Berlin habilitiert und vertritt seit 2004 den Lehrstuhl für Technologie- und Innovationsmanagement der Universität Graz. Er bringt alle Voraussetzungen mit, dass dieses Buch auch weiterhin die Standards hält, für die es im Fach Innovationsmanagement bekannt ist.

Nach Ablauf ihrer Dienstzeit hat uns Frau D. Jensen noch einmal mit ihrer reichen Erfahrung und handwerklichen Tüchtigkeit geholfen, diese Auflage in eine druckfähige Form zu bringen. Es gibt keine bessere Gelegenheit, als ihr bei dieser Gelegenheit meinen Dank für viele Jahre einer hervorragenden, effizienten und vergnügten Zusammenarbeit zu sagen.

Kiel, Dezember 2006

Jürgen Hauschildt

Aus dem Vorwort zur 3. Auflage (2004)

"Heute ist Innovation in aller Munde,
aber noch lange nicht in allen Köpfen".

Quadbeck-Seeger (1998), S. 101

Innovation ist auf dem Wege, zum Wort des Jahres 2004 zu werden, vielleicht für manche auch zum Unwort. Für die Politik wird Innovation zum Programm. In vielen Unternehmen registriert man das mit der lakonischen Bemerkung: Endlich ...

Wer die dritte Auflage einer Schrift mit dem schlichten Titel "Innovationsmanagement" 10 Jahre nach Erscheinen der ersten Auflage vorlegt, muss sich nicht vorwerfen, er *folge* einem Modethema. Aber angesichts des modischen Trends ist leider einzuräumen, dass die Fülle der Publikationen zu diesem Thema kaum noch zu *verfolgen* ist. Bedauerlicherweise hat das die Konsequenz, dass es unmöglich wird, die ursprüngliche Absicht dieser Schrift durchzuhalten, einen umfassenden Überblick über die Publikationen zu diesem Thema zu liefern. Ich wiederhole mich, wenn ich sage: Es bleibt beim ernsthaften Streben. Die Literaturrecherche zu dieser Auflage wurde im Jahre 2003 beendet. Etwa ein Viertel der zitierten Quellen ist jüngeren Datums und erschien seit der zweiten Auflage in den vergangenen sieben Jahren.

Es ist erfreulich zu beobachten, dass sich Wissenschaft und Praxis des Innovationsmanagements nicht so weit auseinandergelebt haben, wie wir es in manchen anderen Disziplinen unseres Faches beklagen müssen. Das liegt nicht zuletzt an der empirischen Fundierung des Innovationsmanagements. Und dazu besteht erfreulicherweise eine globale Übereinkunft. Aber man fragt zunehmend, wo die theoretischen Fundamente dieses Ansatzes liegen. Ich sehe sie in einem Theorie-Dreieck mit drei festen Angelpunkten: dem Ressourcenbasierten Ansatz, der Führungstheorie und in der Diffusionstheorie. In Kapitel 1 werden diese theoretischen Überlegungen im Kontrast zu der viel kritisierten Erfolgsfaktorenforschung vorgestellt. Diese Verankerung erlaubt es, in den einzelnen Kapiteln theoretische Erwägungen und empirische Befunde sehr viel deutlicher zu trennen.

Ich habe an der ursprünglichen Gliederung dieses Buches festgehalten, obwohl mich manche fachlichen Entwicklungen immer wieder in Versuchung geführt haben, eine neue Systematik zu wählen. Die größte Herausforderung stellten dabei die Ergebnisse zum Thema Wissensmanagement dar. Ich habe es im Kapitel 7 der Alternativengenerierung zugeordnet, wohl wissend, dass damit möglicherweise eine zu enge Perspektive gewählt werden musste. Aber das ist eine Konzession an die Stammkundschaft dieses Buches: Wer mit den vorangehenden Auflagen dieses Buches vertraut war, der sollte sich auch in dieser neuen Auflage zurecht finden.

Seit 1967 bin ich dem Thema Innovationsmanagement verbunden. Man kann angesichts dieses Startdatums nicht mehr absehen, mit wie vielen Menschen ich unter diesem Thema zusammengetroffen bin. Aber eines ist sicher, ich bin ihnen zu großer Dankbarkeit verpflichtet, weil sie mir zuhörten, mich befragten, mit

mir diskutierten und weil sie mich an ihren Gedanken teilhaben ließen – Unternehmer, Manager, Berater, Beamte, Gutachter, Kollegen, Mitarbeiter, eine große Gemeinde von Studenten und einige sehr gute und besonders kritische Freunde.

Aus dem Vorwort zur 2. Auflage (1997)

Innovationsmanagement ist inzwischen eine etablierte Teildisziplin der Betriebswirtschaftslehre. Das wird von den wirtschaftswissenschaftlichen Fakultäten bejaht, wenn sie diesem Fach eigene Lehrstühle widmen. Es wird auch von den technischen Fakultäten anerkannt, die die Zusammenarbeit mit den Betriebswirten in dieser Disziplin suchen. Das Erkenntnisobjekt hat sich konsensfähig bestimmen lassen. Das theoretische und praxeologische Erkenntnisziel ist unstrittig. Die Methoden der wissenschaftlichen Bearbeitung von Innovationsproblemen entsprechen dem Stand der Technik, in Deutschland ebenso wie in den angelsächsischen Ländern.

Wer sich in einer solchen Situation die zweite Auflage eines Buches zum Thema Innovationsmanagement vornimmt, gerät in den Zangengriff von demand pull und technology push - oder anders: Er stößt auf steigende Nachfrage nach fundierter Information und steigendem Angebot von Publikationen zum Thema.

Werner von Siemens bemerkt dazu in seinen Lebenserinnerungen schon vor gut 100 Jahren:

> "Man muß zunächst zugeben, daß es im Laufe der letzten Jahrzehnte immer schwerer, ja beinahe unmöglich geworden ist, das ungeheuer ausgedehnte Material wissenschaftlicher und technischer Publikationen, noch dazu in so vielen verschiedenen Sprachen, vollständig zu übersehen." (1892, S. 86)

Daran hat sich nichts geändert, allenfalls machen Datenbankrecherchen diese Informationsüberlastung noch stärker bewusst. Wie soll man sich angesichts dieser explosionsartigen Vermehrung der Literatur verhalten? Hinzu kommt ein offenbar typisch deutsches Problem, auf das *Siemens* ebenfalls aufmerksam machte:

> "In Deutschland herrschte früher die gute Sitte, der Beschreibung von eigenen wissenschaftlichen oder technischen Entdeckungen und Erfindungen stets eine Beschreibung der Leistungen der Vorgänger auf dem betretenen Wege vorauszuschicken und dadurch den zu beschreibenden Fortschritt gleich historisch einzureihen - eine Sitte, die leider in anderen Ländern niemals in gleich gewissenhafter Weise ausgeübt worden ist." (S. 87)

Die Veränderungen dieser zweiten gegenüber der ersten Auflage sind ein Versuch, die von *Siemens* festgestellte Informationsüberlastung und die von ihm geforderte Quellenorientierung miteinander zu vereinbaren. Aber wir müssen uns bei der erneuten Sichtung der früheren Literatur eingestehen, dass diese schöne Absicht schon bei der ersten Auflage nicht erfüllt wurde. Es bleibt also weiterhin bei dem Bemühen.

Aus dem Vorwort zur 1. Auflage (1993)

Im Sommersemester 1992 diskutierten die Studenten des Graduiertenkollegs "Betriebswirtschaftslehre für Technologie und Innovation" der Universität Kiel eine erste Fassung der vorliegenden Schrift. Ich bat die Kollegiaten, zur Ergänzung des Titels "Innovationsmanagement" einen Untertitel zu formulieren, der in prägnanter Weise die Botschaft dieser Schrift zum Ausdruck bringe. Die Studenten organisierten eine Brainwriting-Runde und schlugen u.a. folgende Titel vor:

"Die Durchbrechung der Routine"

"Neue Strukturen für neue Ideen"

"Professioneller Umgang mit dem Neuen"

"Wege aus traditionellen Denkbahnen"

"Von der Beherrschung des außergewöhnlichen Falles"

"Organisation unwiederholbarer Prozesse"

"Abkehr vom mechanistischen Denken"

"Überwindung von Widerständen gegen Neuerungen".

Jede dieser Ideen eignet sich prinzipiell als Untertitel. Jede illustriert auf ihre Weise das Spannungsfeld zwischen professionellem Management und Umgang mit dem Neuen. Ein Kollegiat fragte konsequenterweise, ob der Begriff "Innovationsmanagement" nicht gar ein Widerspruch in sich sei, denn Management sei nach seinem Begriffsverständnis auf die perfekte Erledigung der Tagesarbeit gerichtet, während Innovation ja gerade eine totale Abkehr von den Zwängen des laufenden Geschäfts bedeute. Man muss diese Interpretation nicht teilen, um gleichwohl zu registrieren, dass die Steuerung von Innovationsprozessen eine Aufgabe ist, die sich erheblich von den traditionell betrachteten Aufgaben des Top-Managements unterscheidet.

Die vorliegende Schrift will das bewusst machen. Sie will den besonderen Charakter dieses Managements im Grenzbereich der Organisation verdeutlichen. Innovationsmanagement verzichtet nicht etwa auf bewährte Management-Instrumente. Es hat sie aber vielfach zu modifizieren oder zu ergänzen, um ein besonderes Organisationsziel, nämlich die Hervorbringung von Innovationen, zu erfüllen.

Diese Schrift will als Lehrbuch den Stand des Wissens präsentieren, soweit das bei einem Wissensgebiet noch möglich ist, das sich seit etwa 30 Jahren explosiv entfaltet hat. Es will vor allem auf Probleme aufmerksam machen und das Problembewusstsein schärfen. Es werden also keine umfassenden Gestaltungsvorschläge, Innovationskonzepte, Verbesserungsprogramme entwickelt. Das ist auch so lange nicht nötig, als die vielen wertvollen Untersuchungen und die aus ihnen abzuleitenden Schlussfolgerungen nicht hinreichend gewürdigt sind.

Übersicht

Inhaltsverzeichnis

4. Kapitel

5. Kapitel

Abbildungsverzeichnis

7. Kapitel

8. Kapitel

9. Kapitel

10. Kapitel

12. Kapitel

1. Kapitel
Der Gegenstand der Betrachtung: Was ist und was will Innovationsmanagement?

1.1 Fallstudien: Innovative Zweck-/Mittel-Verknüpfung

Diesem Kapitel werden zwei Fallstudien vorangestellt, die einen Eindruck vom Wesen der Innovation vermitteln: einer neuartigen Verknüpfung von Zwecken und Mitteln. Sie geben überdies einen Eindruck von der eigentümlichen Sprach- und Denkwelt des Erfinders, wie sie sich in den **Akten des Deutschen Patentamtes** findet. Diese Fallstudien erlauben, eine Reihe von Fragen aufzuwerfen, die dann in den folgenden Abschnitten systematisch behandelt werden.

Beispiel 1: Die Sicherheits-Skibindung

In der Auslegeschrift 1 031 191 des Deutschen Patentamtes mit dem Anmeldetag 21. April 1955 wird eine Sicherheitsskibindung für Abfahrts- und Torlauf angemeldet.

> "Die Erfindung bezieht sich auf eine Sicherheitsskibindung für Abfahrts- und Torlauf mit an der Schuhspitze angreifenden, bei übermäßiger Drehbeanspruchung seitlich ausschwenkenden Vorderbacken und einer auf dem Ski befestigten, um eine senkrechte Achse drehbaren Schwenkplatte und mit Überzahnungen einstellbaren Seitenbacken."

Der Erfinder macht geltend, dass diese Skibindung sich wesentlich von den gebräuchlichen Modellen unterscheidet:

> "Bei den bekannten Sicherheitsskibindungen ist ein an der Schuhspitze angreifender, bei übermäßiger Drehbeanspruchung seitlich ausschwenkbarer Vorderbacken vorgesehen, wobei der Schuh mit dem üblichen Kabelzug gegen diesen Backen gepresst wird. Für ausgesprochene Abfahrtsläufer, insbesondere Rennläufer, genügt jedoch diese Bindung nicht, da bei Verwendung eines Kabelzuges doch noch ein gewisses Abheben des Absatzes vom Ski und eine seitliche Verschiebung desselben möglich ist. Aus diesem Grund bevorzugen Rennläufer Skibindungen mit den üblichen starr angeordneten Seitenbacken und mit einem unter dem Schuhgelenk auf dem Ski befestigten, in seiner Breite einstellbaren Quersteg, an dem Ringe zum Durchziehen eines Langriemens vorgesehen sind. Mit Hilfe dieses als Fersenstrich, Reißstrich und Knöchelriemen verwendeten Langriemens wird der Schuh fest auf den Ski gespannt, so daß ein Abheben des Absatzes nicht mehr möglich ist. Diese in Verbindung mit starren Seitenbacken verwendete Langriemenbindung hat jedoch den Nachteil, daß bei schweren Stürzen die große Gefahr von Verletzungen gegeben ist."

Der Erfinder nennt den Zweck seiner Erfindung explizit:

> "Es ist Zweck der Erfindung, eine Sicherheitsskibindung mit an der Schuhspitze angreifendem schwenkbaren Vorderbacken für ausgesprochene Abfahrts- bzw. Rennläufer zu schaffen, die in Verbindung mit einem Langriemen einen außerordentlich festen und unverrückbaren Sitz des Skischuhes auf dem Ski gewährleistet, jedoch bei schweren Stürzen den Schuh freigibt."

Eine klare Verbindung von Mittel und Zweck, eine klar benannte Zielgruppe - ein großer Erfolg, weltweit bekannt als die "Marker-Bindung", benannt nach dem Erfinder *Hannes Marker* aus Garmisch-Partenkirchen. Mit seiner Erfindung wurde das Skifahren zum Massensport.

Beispiel 2: Das Kopfmassagegerät

Ganz anders in der Offenlegungsschrift 28 14 727 mit dem Anmeldetag 5. April 1978, in dem ein Massagegerät zur mechanischen Behandlung der Kopfhaut angemeldet wird. Der Erfinder kennzeichnet die Aufgabe dieses Gerätes folgendermaßen:

> "Die Erfindung betrifft ein Massagegerät zur mechanischen Behandlung der Kopfhaut mit einer Vielzahl, die Kopfhaut kalottenförmig umgreifender, in einem Stützhelm befindlicher Massagefinger."

Er sieht den technischen Fortschritt gegenüber den gebräuchlichen Geräten in folgenden Eigenschaften:

> "Es gibt eine Vielzahl von Geräten zur Massage der Kopfhaut, jedoch fehlt allen diesen Geräten der bei einer manuellen Massage so typische Bewegungsablauf, der durch eine unter leichtem und dosierbarem Druck der Fingerkuppen erzeugte Kreisel- bzw. Taumelbewegung gegeben ist. Nur mittels einer dergestalt durchgeführten Massage ist eine optimale Durchblutung der Kopfhaut erzielbar, und gleichzeitig wird dem so Behandelten ein Höchstmaß an Wohlbefinden vermittelt, wobei die erfindungsgemäße Ausführungsform des Gerätes eine mit gleichem Druck erfolgende Anpassung an unterschiedlich gewölbte Kopfsegmente erlaubt."

Im Unterschied zur erstgenannten Erfindung ist hier der Zweck der Erfindung diffus. Es wird keine Zielgruppe genannt. Es wird kein konkretes Ereignis beschrieben, in dem die Erfindung einen besonderen Nutzen stiftet, es wird allenfalls auf ein allgemeines Wohlbefinden und eine optimale Durchblutung der Kopfhaut abgehoben. Die Erfindung war kein Erfolg. Der Erfinder hat dem Vernehmen nach mit dieser Erfindung viel Geld eingebüßt.

Es handelt sich um den gleichen *Hannes Marker* aus Garmisch-Partenkirchen.

Patente schützen Erfinder, aber sie sind nicht gleichbedeutend mit Innovationserfolg. Patente sind allenfalls Ausgangspunkt einer Innovation. Die Innovationsproblematik beginnt jenseits der Patentierung.

Diese Fallstudien inspirieren zu folgenden Fragen:

- Mit welchen Kriterien und in welchen Dimensionen wird die Neuartigkeit einer Innovation bestimmt?
- Liegt die Neuartigkeit in der Technik oder in ihrer Verwendung?
- Worin besteht der Zweck einer Innovation? Wie konkret wird dieser Zweck beschrieben?
- Wird die Personengruppe bestimmt, für die diese Zwecksetzung wichtig oder nützlich ist? Wer entscheidet über die Neuartigkeit?
- Ist für die Neuartigkeit bedeutsam, ob die Erfindung erfolgreich ist?
- Lässt sich ein Erfinder vom wirtschaftlichen Erfolg leiten?
- Lässt sich der Prozess der Umsetzung einer neuartigen Produktidee in ein erfolgreich vermarktetes Produkt steuern?

Auf diese Fragen werden im folgenden Kapitel Antworten gegeben.

1.2 Innovation - mehr als ein Schlagwort

1.2.1 Vielfalt der Definitionen

> "Radical changes are likely to be rejected and minor ones ignored. "
>
> *Goldenberg et al.* (2001), S. 78

Innovation ist ein schillernder, ein modischer Begriff. Um Missverständnissen vorzubeugen, ist es nötig, diesen Begriff präzise zu bestimmen. Eine solche Definition erfolgt nicht nur aus akademischen Gründen. Auch der Wirtschaftspraktiker muss für sich festlegen, was er als Innovation bezeichnen will. Denn seine Einordnung entscheidet über die weitere Behandlung des Innovationsproblems in seinem Unternehmen.

Bei Innovationen geht es um **etwas "Neuartiges"**: Neuartig ist mehr als neu, es bedeutet eine Änderung der Art, nicht nur dem Grade nach. Es geht um neuartige Produkte, Verfahren, Vertragsformen, Vertriebswege, Werbeaussagen, Corporate Identity. Innovation ist wesentlich mehr als eine graduelle Verbesserung und mehr als ein technisches Problem[1].

Kasten 1.1 gibt einen Überblick über ausgewählte definitorische Ansätze und zeigt zugleich, dass die Bemühungen um begriffliche Klarheit keinesfalls ein Privileg der heutigen Forschergeneration sind.

---

1 *Hamel* (1996), S. 323 ff.

Kasten 1.1 Definitionen von Innovation

1. Innovation als neuartige Produkte oder Prozesse der Tatsache und dem Ausmaß der Neuartigkeit nach

Barnett (1953), S. 7:
*"An innovation is ... any thought, behavior or thing that is **new** because it is **qualitatively different from existing forms.**"*

Aregger (1976), S. 118:
*"Die Innovation ist eine **signifikante Änderung im Status Quo** eines sozialen Systems, welche, gestützt auf neue Erkenntnisse, soziale Verhaltensweisen, Materialien und Maschinen, eine direkte und/oder indirekte Verbesserung innerhalb und/oder außerhalb des Systems zum Ziele hat. Die Systemziele selbst können auch Gegenstand der Innovation sein."*

---

2. Innovation als neuartige Produkte oder Prozesse der Erstmaligkeit nach

Schmookler (1966), S.2:
*"When an enterprise produces a good or service or uses a method or input that is new to it, it makes a technical change. The **first enterprise** to make a given technical change is an innovator. Its action is innovation."*

Kieser (1969), HWO, 1. Aufl., Sp. 742:
*"Als Innovationen sollen alle Änderungsprozesse bezeichnet werden, die die Organisation **zum ersten Mal** durchführt."*

Vedin (1980), S. 22:
*"An innovation is an invention brought to its **first use**, its **first introduction** into the market."*

---

3. Innovation als neuartige Produkte oder Prozesse der Wahrnehmung nach

Rogers (1983), S. 11:
*"An innovation is an idea, practice or object that is **perceived as new** by an individual or other unit of adoption. It matters little, so far as human behavior ist concerned, whether or not an idea is "objectively" new ... . The perceived units of the idea for the individual determines his or her reaction to it. If the idea seems new to the individual, it is an innovation."*

Zaltman et al. (1984), S. 10:
*"... We consider as an innovation any idea, practice, or material artifact **perceived to be new** by the relevant unit of adoptation. The adopting unit can vary from a single individual to a business firm, a city, or a state legislature."*

4. Innovation als neuartige Kombination von Zweck und Mitteln

Pfeiffer/Staudt (1975), HWB, Sp. 1943 f.:
*"Daraus wird deutlich, daß mit Innovation eigentlich das **Ergebnis zweier Prozesse** beschrieben wird. Auf der einen Seite steht der potentielle Wandel der Verfügbarkeit bzw. des Angebots von Problemlösungen durch neue Ideen, Erfindungen und Entdeckungen, auf der anderen Seite die Nachfrage nach Problemlösungen, die ebenfalls veränderlich ist. Werden beide Seiten zur Deckung gebracht, also eine Anwendung bzw. Verwendung erreicht bzw. durchgesetzt, wobei auf mindestens einer Seite etwas "Neues" auftritt, so spricht man von Innovation."*

Moore/Tushman (1982), S. 132:
*"Most generally, innovation can be seen as the synthesis of a market **need with the means** to achieve and produce a product to meet that need."*

Rickards (1985), S. 10 f., 28 f.:
*"Innovation is a process whereby new ideas are put into practice. ... To be more specific it is the process of **matching the problems (needs)** of systems **with solutions** which are new and relevant to those needs ... .*

---

5. Innovation als Verwertung neuartiger Produkte oder Prozesse

Roberts (1987), S. 3:
*"... innovation = **invention + exploitation**. The invention process covers all efforts aimed at creating new ideas and getting them to work. The exploitation process includes all stages of commercial development, application, and transfer, including the focussing of ideas or inventions towards specific objectives, evaluating those objectives, downstream transfer of research and/or development results, and the eventual broad-based utilization, dissemination, and diffusion of the technology-based outcomes."*

Brockhoff (1992), S. 28:
*"Liegt eine Erfindung vor und verspricht sie wirtschaftlichen Erfolg, so werden Investitionen für die Fertigungsvorbereitung und die Markterschließung erforderlich, Produktion und Marketing müssen in Gang gesetzt werden. Kann damit die **Einführung auf dem Markt** erreicht werden oder ein **neues Verfahren eingesetzt** werden, so spricht man von einer Produktinnovation oder einer Prozeßinnovation."*

---

6. Innovation als Prozess

Uhlmann (1978), S. 41:
*"Unter einer Innovation soll hier **der gesamte Prozeß** der Erforschung, Entwicklung und Anwendung einer Technologie verstanden werden. Dieser Prozeß besteht definitionsgemäß also aus mehreren logisch aufeinander folgenden Phasen (Subprozessen), die sich analytisch unterscheiden lassen."*

Goldhar (1980), S. 284:
"Innovation from idea generation to problem-solving to commercialization, is a ***sequence*** *of organizational and individual behavior patterns connected by formal resource allocation decision points."*

Dosi (1988), S. 222:
"... innovation concerns the search for, and discovery, experimentation, development, imitation, and adoption of new products, new production processes and new organzational set-ups."

---

7. ***Innovation als neuartige Dienstleistungen jenseits industrieller Produkte und Prozesse***

Chmielewicz (1991), S. 84:
"Unter Innovationen werden pauschal betrachtet Neuerungen verstanden. Dabei können insbes. ***Finanzinnovationen*** *(z.B. neue Wertpapiertypen),* ***Sozialinnovationen*** *(z.B. gleitende Arbeitszeit),* ***Marktinnovationen*** *(Durchdringung neuer Absatz- und Beschaffungsmärkte),* ***Organisationsinnovationen*** *(z.B. Spartenkonzept, Holdingkonzern),* ***Produktinnovationen*** *und* ***Verfahrensinnovationen*** *(Prozeßinnovationen) unterschieden werden."*

Damanpour (1991), S. 556:
"Innovation is defined as adoption of an internally generated or purchased ***device, system, policy, program, process, product*** *or* ***service*** *that is new to the adopting organization."*

Alle Hervorhebungen durch Verfasser

Man sieht auf einen Blick, dass in dieser semantischen Vielfalt die Gefahr großer Missverständnisse liegt. Dies sei aus zwei Blickwinkeln beleuchtet.

- Aus dem Blickwinkel der **Wissenschaft**:
  Viele wissenschaftliche Studien sind nicht vergleichbar, da diese Arbeiten nicht ein einheitliches Verständnis dessen haben, was eine Innovation ist[1]. Das gilt insbesondere für die Forschung zu den Ursachen für erfolgreiche Innovationen, den sogenannten Erfolgsfaktoren. In diesen Studien werden Erfolgsfaktoren für neue Konsumgüter, z.B. einen neuen Wasserhahn, Erfolgsfaktoren für die Entwicklung von Industrieprodukten, wie z.B. eines neuartigen thermoplastischen Kunststoffs, gleichgestellt. In beiden Fällen handelt es sich um neue Produkte - aber mit höchst unterschiedlichen und unterschiedlich bestimmbaren Neuigkeitsgraden und vermutlich auch höchst unterschiedlichen Erfolgsfaktoren.
- Aus dem Blickwinkel der **Wirtschaftspraxis**:
  Wenn der Innovationsgehalt eines betrieblichen Entscheidungsproblems nicht erkannt wird, dann droht die Gefahr, dass Entscheidungen von hohem Innovationsgehalt mit einem Instrumentarium behandelt werden, das Ent-

---

1 *Tornatzky/Klein* (1982), S. 31 f.

scheidungen geringen Innovationsgehalts angemessen wäre. Wenn umgekehrt Entscheidungen mit geringem Innovationsgehalt fälschlicherweise als hoch innovativ eingestuft werden, wird ein unangemessen aufwendiger Entscheidungsprozess gestartet und das Top-Management zu Unrecht mit Trivialproblemen belastet. Die Bestimmung des Innovationsgrades ist schließlich eine der Voraussetzungen für eine sachgerechte Bestimmung der Innovationskapazität.

Daraus folgt: **Die Bestimmung dessen, was innovativ genannt werden soll, darf nicht dem Zufall überlassen werden**. Wissenschaft und Praxis sind gut beraten, diese Einordnung anhand klar bestimmter Kriterien unmissverständlich vorzunehmen. Die Durchsicht der unterschiedlichen definitorischen Ansätze lässt folgende Aspekte erkennen:

Ausgangsdefinition: Innovationen sind qualitativ neuartige Produkte oder Verfahren, die sich gegenüber einem Vergleichszustand "merklich" - wie auch immer das zu bestimmen ist - unterscheiden.

Diese Ausgangsdefinition hebt in erster Linie auf die Neuartigkeit ab. Sie ist insoweit tendenziell technologisch orientiert und blendet von der Verwertung bzw. Verwendung der Innovation ab. Innovation ist aber mehr als nur eine glänzende Invention. Diese Problematik wurde zu Beginn der 70er Jahre bewusst, als die Frage intensiv diskutiert wurde, ob diejenigen Innovationen erfolgreicher seien, die zweckinduziert von der Nachfrage stimuliert ("demand pull") oder mittelinduziert vom Angebot angestoßen ("technology push") werden[1]. Der Versuch, auf diese Unterscheidung eine begriffsbildende Typologie aufzubauen, scheiterte, weil sich zeigen ließ, dass diese monokausale Sichtweise unrealistisch ist.

Erfolgreiche Innovationen beruhen auf der Zusammenführung von demand pull und technology push.

Das führte aber zu einer Rückbesinnung auf ein altes wirtschaftswissenschaftliches Theorem: die Zweck-Mittel-Beziehung. Technologie offeriert neue Mittel, Nachfrage wünscht Erfüllung neuer Zwecke. Entweder werden die Zwecke neu gesetzt oder neue Mittel zur Erfüllung der Zwecke angeboten oder beides.

Nur bei einer neuartigen Zweck-Mittel-Kombination liegt Innovation vor[2].

Auch in der Praxis findet sich diese Denkweise. Kasten 1.2 zeigt Beispiele aus dem Hause Bosch.

---

1 Vgl. z.B. *Utterback* (1971), S. 126 ff., oder *Mowery/Rosenberg* (1979), S. 139 ff.

2 *Baker et al.* (1967), S. 160.

Kasten 1.2: Produktinnovationen im Hause Bosch (*Bierich*)

> "*Eine 1. Klasse enthält solche Veränderungen, die ein schon* ***vorhandenes Ziel****, eine gegebene Aufgabe, mit einer grundsätzlich schon* ***vorhandenen Methode*** *- wenn auch verbessert oder verbilligt - angehen. Beispiele aus unserem Hause sind etwa Zündkerzen, Anlasser oder Leuchten.*
>
> *Eine 2. Klasse umfaßt solche Entwicklungen, die einen schon vorhandenen Lösungsansatz durch einen neuen ersetzen, das gegebene* ***alte Ziel*** *also auf einem* ***neuen Wege*** *erreichen. Hierzu gehören unter unseren Produkten die Blei-Calcium-Batterie, die die bisherige Blei-Antimon-Batterie ersetzt, die Benzineinspritzung, die den Vergaser substituiert sowie außerhalb unseres Produktprogramms die Hydraulik-Bremse, die die früher übliche mechanische Bremse ersetzt hat ...*
>
> *Eine 3. Klasse von Erfindungen schließlich setzt selbst* ***neue Ziele*** *und erreicht sie in der Regel* ***mit neuen Mitteln****, in Ausnahmefällen aber auch mit alten Methoden, die sie für ihren neuen Zweck einsetzt. Als Beispiele nenne ich den Airbag, der die Sicherheit des Fahrers durch ein bisher nicht vorhandenes Erzeugnis erhöht, das Anti-Blockier-System ABS, das eine Blockade der Räder eines Automobils beim Bremsen verhindert, was durch normales Bremsen nicht erreicht werden kann, und schließlich die Antriebs-Schlupf-Regelung, die ein sicheres Fahren auch bei glatter oder vereister Fahrbahn gewährleistet.*"

Quelle: *Bierich* (1987), S. 2 f. (Hervorhebungen durch Verfasser)

Diese Neuartigkeit muss wahrgenommen werden, muss bewusst werden[1]. Die Neuartigkeit besteht darin, dass Zwecke und Mittel in einer bisher nicht bekannten Form verknüpft werden. Diese Verknüpfung hat sich auf dem Markt oder im innerbetrieblichen Einsatz zu bewähren. Das reine Hervorbringen der Idee genügt nicht, Verkauf oder Nutzung unterscheidet Innovation von Invention - jedenfalls in der Rückschau. Damit ist die Frage nach den **Dimensionen der Innovation** aufgeworfen. Wir werden zur Bestimmung des Innovationsbegriffs bzw. des Innovationsgehalts eines betrieblichen Entscheidungs- und Durchsetzungsproblems folgende Kriterien verwenden. Wir fragen bezüglich

- der inhaltlichen Dimension: Was ist neu?
- der Intensitätsdimension: Wie neu?
- der subjektiven Dimension: Neu für wen?
- der prozessualen Dimension: Wo beginnt, wo endet die Neuerung?
- der normativen Dimension: Ist neu gleich erfolgreich?

Erst in der Zusammenfassung dieser Dimensionen lässt sich bestimmen, was innovativ ist oder sein soll[2].

---

[1] Vgl. zur Bedeutung unterschiedlicher Innovationsdefinitionen in der Praxis für den Innovationserfolg *Goswami/Mathew* (2005), S. 377 ff.

[2] Vgl. auch den Ansatz von *Müller/Schienstock* (1978), S. 22 ff.

1.2.2 Inhaltliche Dimension: Was ist neu?

1.2.2.1 Produkt- und Prozessinnovationen

Die immer noch vorherrschende Sicht der Dinge bezieht sich auf das **Substrat** der Innovation und unterscheidet "Produktinnovationen" von "Prozessinnovationen". Bedeutsam ist dabei, dass diese Unterscheidung sowohl den Zielaspekt als auch den Durchsetzungsaspekt umgreift:

- Unter dem **Zielaspekt** sind Prozessinnovationen neuartige Faktorkombinationen, durch die die Produktion eines bestimmten Gutes kostengünstiger, qualitativ hochwertiger, sicherer oder schneller erfolgen kann. **Ziel dieser Innovation ist die Steigerung der Effizienz.**
- Bei Produktinnovationen geht es aber um mehr: Hier wird nicht nur der Kombinationsprozess, sondern der Verwertungsprozess am Markt berührt. Die Produktinnovation offeriert eine Leistung, die dem Benutzer erlaubt, neue Zwecke zu erfüllen oder vorhandene Zwecke in einer völlig neuartigen Weise zu erfüllen. **Ziel dieser Innovation ist das Bewirken von Effektivität**. Das schließt nicht aus, dass der Benutzer daneben auch noch Effizienzgewinne realisiert.
- Unter dem **Durchsetzungsaspekt** sind Produktinnovationen auf jeden Fall **in einem Markt**, Prozessinnovationen in der Regel **"nur" innerbetrieblich** durchzusetzen, wenn man davon absieht, dass eine Unternehmung Prozessinnovationen am Markt verwertet. Produktinnovationen stellen sich dem marktwirtschaftlichen Verteilungskonflikt, und sie entbehren der bürokratischen Machtmittel, mit denen die Durchsetzung unternehmensintern erzwungen werden kann.

Auf den ersten Blick scheinen damit Produktinnovationen schwerer durchsetzbar als Prozessinnovationen. Aber empirische Befunde sprechen dagegen: Prozessinnovationen basieren stärker auf "tacit knowledge", sind stärker mit dem Gesamtsystem verzahnt und sind komplexer, weil der innovative Fortschritt wesentlich schlechter erkennbar ist[1]. Sie werden weniger bereitwillig und deutlich langsamer übernommen als Produktinnovationen[2].

Diese Trennung von Produkt- und Prozessinnovationen wird zunehmend fragwürdig[3]. Bei Dienstleistungsinnovationen fallen Produkt- und Prozessinnovation zusammen.

In Industriebetrieben fordern Produktinnovationen zunehmend auch Prozessinnovationen.

---

1 *Gopalakrishnan et al.* (1999), S. 150 ff., 158 ff.

2 *Damanpour/Gopalakrishnan* (2001), S. 48 ff., 55 ff.

3 *Totterdell et al.* (2002), S. 351, *Voeth/Gawantka* (2005), S. 470 ff., 476 ff., *Schuh/Friedli* (2005), S. 659 ff.

1.2.2.2 Innovationen der Systemeigenschaften

Die Betrachtung des Innovationsinhaltes kann dadurch ausgedehnt werden, dass man die **Zahl und die Verzahnung der Elemente** des innovativen Produktes oder Prozesses berücksichtigt[1]. Man verwendet dazu einen systemtheoretischen Ansatz.

Das umfassendste Konzept bestimmt zunächst das System selbst und unterscheidet:

- **innovative Systemkomponenten:** innovative Teileinheiten, durch die ein bestehendes Produkt ergänzt oder verbessert wird (z.B. Airbag für PKW),
- **innovative Systeme:** neuartige Produkte oder Prozesse, die von Grund auf neu entwickelt und durchkonstruiert werden (z.B. neues PKW-Modell: Smart),
- **innovative Systemverbunde:** Vernetzungen mehrerer eigenständiger, neuartiger Systeme zu einer neuen Entität (z.B. Mautsystem).

Diese Unterscheidung ist insbesondere für die Prozess-Steuerung beachtlich. In dieser Schrift behandeln wir vornehmlich den erst- und zweitgenannten Fall.

Betrachtet man das jeweilige System im Detail, so lassen sich zwei weitere Varianten von Innovationen unterscheiden[2]: Die Innovation betrifft dann

- entweder die Schaffung **neuer Systemkomponenten** ("modular innovation") unter Beibehaltung ihrer gegebenen Verknüpfungen (Beispiel: Antiblockier-System (ABS) im PKW)
- oder die Schaffung **neuer Systemverknüpfungen** ("architectural innovation") unter Beibehaltung der gegebenen Systemkomponenten (Beispiel: Integration von ABS in ein Fahrwerkregelsystem, das fehlerhaftes Antriebs-, Schleuder- und Bremsverhalten des Fahrers oder des Wagens automatisch korrigiert).

Henderson/Clark zeigen in ihrer Studie am Beispiel der photolithographischen Industrie, dass selbst technisch einfache Änderungen in beiden Innovationstypen zu dramatischen organisatorischen Effekten führten, in der die jeweils führende Unternehmung von ihrem Spitzenplatz verdrängt wurde.

Schließlich lässt sich der Innovationsgegenstand unter einer Relevanzeinschätzung differenzieren. Die Systemkomponenten oder -verknüpfungen werden nach ihrer Relevanz hierarchisch geordnet. Danach betrifft die Innovation

- entweder hierarchisch hochrangige, für das Gesamtsystem essentielle **Kernkomponenten** ("core/central subsystems"), z.B. mechanischer oder Quarzantrieb der Armbanduhr,
- oder nachrangige **Peripherkomponenten oder -verknüpfungen** ("peripheral subsystems"), z.B. Datumsanzeige auf der Armbanduhr.

---

1 *Shenhar* (1998), S. 36, 39 ff.

2 *Henderson/Clark* (1990), S. 10 ff, 19 ff.

Henderson konnte wiederum am Beispiel der lithographischen Industrie zeigen, dass die dauerhafte Spitzenposition einer Unternehmung davon bestimmt wird, ob es ihr gelingt, nachhaltig die vorhandenen Kernkomponenten durch innovative zu ersetzen[1].

Die systemorientierte Sichtweise erlaubt es, den Ort und den Gegenstand der Innovation wesentlich differenzierter zu bestimmen als die klassische Unterscheidung von Produkt- und Prozessinovationen.

1.2.2.3 Innovationen jenseits der Technik

Schumpeter sieht das Wesen der Innovation in der "Durchsetzung neuer Kombinationen", die nicht kontinuierlich erfolgt, sondern "**diskontinuierlich**" auftritt. Er verwendet im übrigen den Begriff "Innovation" erst 1939[2]. Kasten 1.3 zeigt seine klassische Typologie.

Schumpeters Typologie ist immer noch maßgeblich, lenkt sie doch den Blick von der vordergründig technischen oder technologischen Orientierung auf eine ökonomische und zugleich organisatorische Problematik. **Sie begreift das Problem ganzheitlich**: Innovation ist keinesfalls nur ein Problem der Naturwissenschaften und der Technik, sie ist überdies ein Problem der Ökonomie und der Managementlehre. Märkte und Organisation stehen bei dieser Sicht der Dinge gleichrangig neben Technik und Produktion.

Damit rückt gleichzeitig ein anderer Aspekt ins Bewusstsein: **Innovation ist ein destruktiver Prozess**: Sie löst vorhandene Produkte oder Verfahren ab. Sie zwingt zum konsequenten Überdenken bisheriger Verhaltensweisen und Anspruchsniveaus. Sie stellt das geltende Herrschaftswissen in Frage. Sie zerstört lieb gewordene, eingespielte Beziehungen. Aber sie ist ein **Prozess der "schöpferischen Zerstörung"**. Sie setzt prinzipiell und konstruktiv an die Stelle des Alten etwas Neues.

---

1 *Henderson* (1995), S. 635 ff.

2 *Schumpeter* (1939), S. 87.

Kasten 1.3: *Schumpeters* Theorie der wirtschaftlichen Entwicklung - Ausgangspunkt der Innovationsforschung (*Schumpeter*)

"Produzieren heißt die in unserem Bereiche vorhandenen Dinge und Kräfte kombinieren. Anderes oder anders produzieren heißt, diese Dinge und Kräfte anders kombinieren. Soweit die neue Kombination von der alten aus mit der Zeit durch kleine Schritte, kontinuierlich anpassend, erreicht werden kann, liegt gewiß Veränderung, eventuell Wachstum vor, aber weder ein neues der Gleichgewichtsbetrachtung entrücktes Phänomen, noch Entwicklung in unserm Sinn. Soweit das nicht der Fall ist, sondern die neue Kombination nur diskontinuierlich auftreten kann oder tatsächlich auftritt, entstehen die der letztern charakteristischen Erscheinungen. Aus Gründen darstellerischer Zweckmäßigkeit meinen wir fortan nur diesen Fall, wenn wir von neuen Kombinationen von Produktionsmitteln sprechen. Form und Inhalt der Entwicklung in unserem Sinn ist angegeben durch die Definition: Durchsetzung neuer Kombinationen.

Dieser Begriff deckt folgende fünf Fälle:

(1) Herstellung eines neuen, d.h. dem Konsumentenkreise noch nicht vertrauten Gutes oder einer neuen Qualität eines Gutes.

(2) Einführung einer neuen, d.h. dem betreffenden Industriezweig noch nicht praktisch bekannten Produktionsmethode, die keineswegs auf einer wissenschaftlich neuen Entdeckung zu beruhen braucht und auch in einer neuartigen Weise bestehen kann, mit einer Ware kommerziell zu verfahren.

(3) Erschließung eines neuen Absatzmarktes, d.h. eines Marktes, auf den der betreffende Industriezweig des betreffenden Landes bisher noch nicht eingeführt war, mag dieser Markt schon vorher existiert haben oder nicht.

(4) Eroberung einer neuen Bezugsquelle von Rohstoffen oder Halbfabrikaten, wiederum: gleichgültig, ob diese Bezugsquelle schon vorher existierte - und bloß sei es nicht beachtet wurde, sei es für unzugänglich galt - oder ob sie erst geschaffen werden muß.

(5) Durchführung einer Neuorganisation, wie Schaffung einer Monopolstellung (z.B. durch Vertrustung) oder durch Brechen eines Monopols."

Quelle: *Schumpeter* (1931), S. 100 f.

Unter Rückgriff auf diesen Ansatz *Schumpeters* lassen sich Innovationen also danach ordnen, in welche **funktionalen Bereiche** der Unternehmensführung sie fallen. Man kann danach unter anderem Absatz-, Beschaffungs-, Logistik-, Produktions-, Finanz-, Personal-, Sozial-, Kontraktinnovationen u.v.a.m. unterscheiden. Wichtig ist bei dieser Betrachtung, dass die technische Sicht zugunsten einer administrativ-betriebswirtschaftlichen aufgegeben wird. *Zahn/Weidler*[1]

---

[1] *Zahn/Weidler* (1995), S. 362 ff.

haben diese Perspektive umfassend systematisiert und in drei Dimensionen des "integrierten Innovationsmanagements" erfasst:

- als **technische** Innovationen: Produkte, Prozesse, technisches Wissen,
- als **organisationale** Innovationen: Strukturen, Kulturen, Systeme,
- als **geschäftsbezogene** Innovationen: Erneuerung des Geschäftsmodells[1], der Branchenstruktur, der Marktstrukturen und -grenzen, der Spielregeln.

In einer noch weiter ausgreifenden Fassung könnten schließlich auch **soziale** Innovationen beachtet werden, wie neue Sozialtechnologien, politische Innovationen, neue Lebensstile etc.[2].

Auf diese Aspekte hatte schon *Kallen* im Jahre 1937 aufmerksam gemacht:

> "Innovation includes in its range the transformations in food, shelter, defense against enemies and disease, tools and technologies of production and consumption, forms of play and sport, rituals and liturgies of religion, precedents of law, inventions in science and thought, styles and attitudes in literature and the arts."[3]

1.2.2.4 Postindustrielle Systeminnovationen

Die aktuelle Betrachtung von Innovationen führt diese traditionellen Perspektiven in zweifacher Hinsicht weiter. Sie bestreitet

- erstens, dass Innovationen vorzugsweise als ein Problem **industrieller** Unternehmen begriffen werden und
- zweitens, dass Innovationen lediglich als **innerbetriebliches** Entscheidungs- und Durchsetzungsproblem angesehen werden.

Innovation ist danach kein Privileg von Industrieunternehmen mehr. Innovationen in **Banken und Versicherungen** sind nicht schon deshalb weniger innovativ, weil sie weniger konkret be-greifbar, nicht durch Patente schützbar oder schneller imitierbar sind. Innovationen im **Handel** verdienen diesen Rang, auch wenn sie sich "nur" auf die Interaktion zwischen Händler und Konsumenten beziehen. Innovationen in der **öffentlichen Verwaltung** sind nicht etwa unbeachtlich, weil sie nicht auf Gewinn ausgerichtet sind[4]. Innovationen im **Sport** sind nur auf den ersten Blick einer nicht-ökonomischen Welt zugeordnet[5]. Das Gleiche gilt für **umweltorientierte Prozessinnovationen**[6]. Innovationen in der **Informations- und Kommunikationswirtschaft** sind derart bedeutsam und für jedermann verfügbar geworden, dass ihnen unbestritten höchste innovative Bedeutung für die gesamte gesellschaftliche Entwicklung zuerkannt wird[7].

---

1 *Markides* (2006), S. 19 ff.
2 *Zapf* (1989), S. 175 f.
3 *Kallen* (1973), S. 447.
4 *Thom/Ritz* (2000), S. 152.
5 *Schewe/Littkemann* (2001), S. 547 ff.
6 *Schwarz/Höllweger* (2001), S. 356 ff.
7 *Picot* (1998), S. 78 ff.

Aber neben Telefax, Mobiltelefon, Internet und E-mail gibt es eine Fülle von Neuartigkeiten, die ungeachtet ihrer technologischen Voraussetzungen als nicht-industrielle Innovationen gelten. Ohne Anspruch auf Vollständigkeit seien die folgenden **Beispiele** genannt:

- Leasing als Innovation der Investitionsfinanzierung,
- Container als Transport- und Logistikinnovation,
- Kreditkarten als Innovation des Zahlungsverkehrs,
- Barcode als Identifikationsinnovation,
- Franchising als Beschaffungsinnovation,
- e-business als Vertriebsinnovation.

Konsequenterweise muss das Innovationsmanagement seine Perspektiven erweitern: Derartige Innovationen erfolgen in einem **Netzwerk** vielfältiger Kooperationsbeziehungen. Die Zahl der Kooperationspartner ist dabei sehr groß, umfasst unterschiedliche Branchen, schließt Dienstleistungsunternehmen ein und erfordert nicht selten auch Beiträge von Behörden und öffentlichen Verwaltungen[1]. Für diese Variante von Innovationen verwenden wir einen eigenen Begriff und nennen sie **postindustrielle Systeminnovationen**. *Albers* spricht mit Blick auf neue Medien von "technologischen Nutzungsinnovationen". Ihr Erfolg ist in der dauerhaften Nutzung, eventuell mittels eigener Geräte, begründet, so beim Mobiltelefon[2], und sie verlangen eine kritische Menge von Nutzern, um wirtschaftlich erfolgreich zu sein

Möglicherweise gibt es ein Zentrum in diesen Netzwerken, zwingend ist das nicht. Die Kooperation kann nicht durch einen Befehl erzwungen werden, sie kann nur durch freiwilliges, interessenbestimmtes Verhandeln zustande kommen. Insofern stellen sich bei derartigen Systeminnovationen zusätzliche und andersartige Aufgaben für das Innovationsmanagement als für das traditionell betrachtete Management industrieller Produkt- und Prozessinnovationen. Wenn wir danach den Begriff "**postindustrielles Innovationsmanagement**" verwenden, wollen wir diesen Wandel der Aufgabenstellungen deutlich machen. Wir sind uns dabei wohl bewusst, dass Innovationen immer Komponenten aufweisen, die in übergeordnetem Sinne "industriell" oder "technisch" bestimmt sind.

1.2.3 Intensitätsdimension: Wie neu ?

Das Ausmaß der Neuartigkeit wird unterschiedlich bestimmt. Dabei kommen alle Spielarten von Skalenniveaus zur Anwendung.

1.2.3.1 Neu der Tatsache nach

Eine eindeutige Lösung zur Bestimmung der Erstmaligkeit eines Produktes oder Verfahrens scheint darin zu liegen, den oder die vermutlich bestinformierten Experten eine entsprechende Beurteilung abgeben zu lassen. Neuartig ist, was

---

1 *Kollmann* (1998), S. 132 ff.
2 *Albers* (2001), S. 515.

diese Experten für neuartig erklären. In diesem Sinne wird die **technische Erfindungshöhe** in einem geordneten Verfahren von Patentämtern beurteilt. Kasten 1.4 zeigt die Kriterien für die erfinderische Tätigkeit, wie sie in den Richtlinien für das Prüfungsverfahren vom 2. Juni 1995 vom Deutschen Patentamt festgelegt wurden. Durch sie werden die Maßstäbe für die Prüfer des Patentamtes vorgegeben, die die Frage zu entscheiden haben, ob es sich bei der Innovation um eine Erfindung handelt, die "nicht zum Stande der Technik gehört"[1]. Das Ergebnis lautet: innovativ oder nicht.

Kasten 1.4: Erfinderische Tätigkeit (*Deutsches Patentamt*)

> *"Gemäß § 4 Abs.1 PatG gilt eine Erfindung als auf einer erfinderischen Tätigkeit beruhend, wenn sie sich für den Fachmann nicht in naheliegender Weise aus dem Stand der Technik ergibt.*
>
> *Der Prüfer muß zunächst den Wissensstand ermitteln, der dem einschlägigen Durchschnittsfachmann vor dem für den Zeitrang der Anmeldung maßgeblichen Tag zur Verfügung stand. Der Beurteilung zugrunde zu legen ist hierbei der zusammengefaßte Stand der Technik. ... Sodann ist zu fragen, ob sich der beanspruchte Anmeldungsgegenstand aus diesem Wissen des Durchschnittsfachmanns in naheliegender Weise ergibt.*
>
> *Bei der Entscheidung über das Vorliegen einer erfinderischen Tätigkeit handelt es sich immer um eine Einzelfallentscheidung, die sich an den Kriterien "beanspruchte Lehre", "zusammengefaßter Stand der Technik" und "einschlägiger Fachmann" zu orientieren hat ... Die Bewertung hat sich immer an der Gesamtkombination der Merkmale im Anspruch und nicht an Einzelmerkmalen zu orientieren ...*
>
> *Als Indiz für das Vorliegen einer erfinderischen Tätigkeit sind z.B. eine sprunghafte Weiterentwicklung, die Überwindung technischer Vorurteile, vergebliche Bemühungen von Fachleuten, Befriedigung eines lange bestehenden Bedürfnisses, ein einfacher und billiger Weg zur Herstellung von Massenartikeln, Verbilligung von Fertigungsmethoden und dergleichen anzusehen."*

Quelle: *Deutsches Patentamt*: Richtlinien für das Prüfungsverfahren vom 02.06.1995, Abs. 3.3.2.4.2. Erfinderische Tätigkeit

Man erwartet eigentlich, dass die Regeln der Patentierung äußerst präzise bestimmt sind. Tatsächlich zeigen die Formulierungen in Kasten 1.3 **erstaunliche Unschärfen** ("in naheliegender Weise", "einschlägiger Durchschnittsfachmann", "beanspruchte Lehre"). Diese weichen Formulierungen sind Hinweis auf den notwendigen Interpretationsspielraum der Experten und zugleich ein Zugeständnis an die Einsicht, dass auch in technischen Problemen Werturteile von Subjekten unvermeidlich sind. Bemerkenswert sind die Hinweise auf ökonomi-

1 § 3 Patentgesetz

sche Effekte im letzten Absatz. Auch nach diesen Beurteilungsstandards sind die wirtschaftlichen Wirkungen hoch bedeutsam.

Die Frage nach der Höhe der Erfindung, also nach dem Ausmaß des Innovationsschrittes, stellt sich auch bei vielen Neuerungen, die bewusst nicht patentiert werden sollen oder die nicht patentiert werden können. In diesen Fällen kann man nicht das Fremdurteil des Patentamtes übernehmen. Demnach eignet sich dieses Verfahren der Bestimmung der Innovation nur begrenzt. Weitere Konzepte werden benötigt.

1.2.3.2 Neu dem Grade nach

> "Effective innovation management requires two different types of processes: a spiral stage-gate process for radical innovation and a linear stage-gate process for incremental innovation."
>
> *Miller* (2006), S. 8 f.

Es reicht offenkundig nicht aus, die Neuigkeit einer Innovation der Tatsache nach zu bestimmen. Wünschenswert ist vielmehr eine Aussage über den "**Innovationsgrad**", den "Innovationsgehalt" oder das "Ausmaß der Neuartigkeit". Man will den graduellen Unterschied gegenüber dem bisherigen Zustand mess- und bewertbar machen[1].

(1) Dichotomien

Die wissenschaftliche Diskussion des Innovationsphänomens führte im ersten Schritt zu **Dichotomien**, um eine graduelle Abstufung von Innovationen zu ermöglichen. Kaum noch übersehbar ist die Vielfalt der dabei verwendeten Begriffspaare:

"radikale" versus "inkrementale"[2],
"grundlegende" (ultimate) versus "instrumentale",
"größere" (major) versus "geringere" (minor),
"revolutionäre" versus "evolutionäre",
"originäre" versus "adaptive",
"diskontinuierliche" versus "kontinuierliche" Innovationen,
"Pionier-" versus "Nachfolger-Innovation",
"Basis-" versus "Verbesserungs-Innovation".

Green et al.[3] fällen ein vernichtendes Urteil über diesen Zustand:

> "Moreover, we find virtually no commonly accepted definition or measure of radical innovation, and in many cases we find operationalizations of radical innovation where the validity and reliability of those measures have never been tested."

---

1 Siehe auch die systematische Auswertung der Literatur bei *Wicher* (1991a), S. 17 ff., und bei *Dahlin/Behrens* (2005), S. 719, 723.

2 Siehe die Übersichten bei *Leifer et al.* (2000), S. 19 f.

3 *Green et al.* (1995), S. 203.

(2) Ordinalskala

Im Bestreben, den Innovationsgrad möglichst übersichtlich und zugleich noch deutlich differenzierend zu skalieren, hat die Innovationsforschung für lange Zeit die folgende Skala verwendet[1]:

- "ein total neues oder entscheidend geändertes Produkt,
- ein deutlich verbessertes Produkt,
- eine neue oder verbesserte Zusatzeinrichtung oder -dienstleistung,
- eine Produkt- oder Dienstleistungsdifferenzierung."

Daneben steht eine gesonderte Einschätzung der Prozessinnovation.

Für die Einschätzung der Innovation kommt es auf die **Unstetigkeit dieser Entwicklung** an, auf die Diskontinuität im Sinne *Schumpeters*. Fort-"sprung" statt Fort-"schritt" prägt das Innovationsbewusstsein. Das wird nicht zuletzt jedermann dann verständlich, wenn Innovation Substitution bewirkt: In diesem Falle sind traditionelle Verfahren, Produkte, Sachmittel bewusst aufzugeben und durch neue Technik zu ersetzen. An die Stelle einer bloßen Erweiterung der traditionellen "Kompetenz" tritt die "Kompetenz-Destruktion"[2]. Diese Unstetigkeit wird durch die Ordinalskala zwar berücksichtigt, zugleich aber nivelliert.

(3) Scoring

Gefragt sind also **intersubjektiv nachvollziehbare Messwerte**, durch die der Innovationsgrad in Kardinalskalen oder doch wenigstens in allgemein akzeptierten mehrstufigen Ordinalskalen abgestuft werden kann.

Der **technikspezifische Ansatz** zur Bestimmung des Innovationsgrades versucht, wenigstens die technologische Veränderung auf viele technische Einzelaspekte zurückzuführen. Danach ist anhand einzelner Dimensionen zu beurteilen, ob das neue Produkt oder das neue Verfahren äußerlich leicht erkennbare, technische Unterschiede gegenüber den gegebenen Produkten oder Verfahren aufweist. Eine Fülle von Messwerten, z.B. zur Geschwindigkeit, zur Größe, zur Belastbarkeit, zur Temperaturresistenz, zur Flexibilität o.ä. objektivieren die Bewertung. Orientierungshilfen sind weiterhin auffällige Veränderungen in den technischen und auch ökonomischen Effekten der Neuerung: Sprunghafte Produktivitätsveränderungen, Platzersparnisse, Geräuschverminderung, Bedienungsveränderungen, Einsatz anderer Werkstoffe, Minderung des Energieverbrauchs o.ä.. Diese einzelnen Aspekte lassen sich nach der Vergabe von Punktzahlen dann in einem Scoring-Konzept zusammenfassen[3]. Ersatzweise

---

1 *Kleinknecht et al.* (1993), S. 44 f., siehe auch das Konzept von *Kleinschmidt/Cooper* (1991), S. 243 f.

2 *Tushman/Anderson* (1986), S. 442 f., siehe auch *Leifer et al.* (2000), S. 4 ff.

3 *Schmalen/Pechtl* (1992), S. 83 ff., *Brockhoff/Zanger* (1993), S. 841 ff., zur Formalisierung dieses Ansatzes siehe *Grupp* (1994), S. 178 ff. Diese Ansätze werden von *Baier* für eine spezielle Technologie - Softwaresysteme - weiter verfeinert. *Baier* (1999), S. 95 ff.

kann man die Häufigkeit von Patentzitaten als Maß für den technischen Innovationsgrad heranziehen[1].

Diese Betrachtung hat immerhin noch den Vorzug, "den" Innovationsgrad in einem Wert abzubilden. Gleichwohl wird diese vornehmlich technische Sicht der Dinge der Tatsache nicht gerecht, dass Innovation erst aus der Kombination von neuen Mitteln und Zwecken, also aus dem Zusammenwirken von Technik und Anwendung, erwächst. Gleichwohl bestätigen empirische Prüfungen diese integrierende Beurteilung der "Innovationshöhe"[2] bzw. des "Neuigkeitsgrades"[3]. Betrachtet man die Verteilung von Innovationsgraden, die die von *Köhler* befragten 139 Großunternehmen ihren Produktinnovationen zusprechen, so fällt die starke Besetzung der Hauptdiagonalen auf: **wenn technisch neu, dann auch funktional neu oder beidseitig umgekehrt**. Nur ca. 15 % der Fälle weichen von dieser generellen Tendenz ab. Danach erscheint die Trennung der Dimensionen "Technik" von "Anwendung" vielleicht doch entbehrlich.

(4) Multidimensionale Ansätze

Deutlich bewusst wird schließlich der innovative Charakter von Produkten, Verfahren, Diensten und Kontrakten, wenn sich bei ihrer Einführung die Umwelt der Unternehmung ändert: Auftauchen völlig neuer Marktpartner im Absatz- oder Beschaffungsbereich, Notwendigkeit neuer und anders qualifizierter Mitarbeiter, Arbeit an neuen Orten, Arbeit unter anderen ökologischen Bedingungen. **Neue Gesichter, neue Ansichten, neue Sprache, neue Verhaltensweisen, neue Konflikte** - dieses unmittelbar persönliche Erleben macht auch dem wenig Sensiblen klar, dass sich etwas völlig Neues ereignet[4].

Diese vielen Aspekte werden von *Green et al.*[5] auf 17 Befragungsitems und diese wieder auf vier Faktoren reduziert. Dabei zeigen die folgenden Fragen innerhalb des jeweiligen Faktors die höchsten Ladungen:

- **"Technologische Ungewissheit"**: Neuartigkeit und Vorhersehbarkeit der technologischen Entwicklung innerhalb der Scientific community.
- **"Technologische Unerfahrenheit"**: Vertrautheit, vorhandene Erfahrung und konkretes Wissen über die technologischen Grundlagen im Betrieb.
- **"Technologie-Kosten"**: allgemeine und spezielle Aufwendungen für die neue Technologie.
- **"Geschäftliche Unerfahrenheit"**: Erfahrungen mit dem Verkauf des neuen Produktes oder Sortiments.

Seither hat das Thema "**Innovationsgrad**" die Fachliteratur erobert. *Schlaak* wertet bereits 35 einschlägige empirische Studien - deutsche und englischsprachige - aus[6]. *Danneels/Kleinschmidt*[7] beziehen sich auf 24, *Garcia/Calantone*[1]

---

1 *Dahlin/Behrens* (2005), S. 727 ff.
2 *Böcker/Kotzbauer* (1991), S. 213.
3 *Köhler* (1992), S. 70.
4 *Danneels* (2004), S. 248.
5 *Green et al.* (1995), S. 203 ff.
6 *Schlaak* (1999), S. 91 ff.
7 *Danneels/Kleinschmidt* (2001), S. 357 ff.

auf 21 englischsprachige empirische Studien, die einen Beitrag zur Messung des Innovationsgrades liefern. Gefragt wurde in den Untersuchungen üblicherweise, inwieweit die betrachtete Unternehmung mit den vom jeweiligen Innovationsprojekt aufgeworfenen Problemen vertraut war oder wie neu sie ihr erschienen[2]. Es geht um die so genannte "Familiarity"[3].

Schlaak bestimmt den Innovationsgrad neuartiger Produkte mithilfe einer Befragung von 123 Unternehmen und anschließender Verdichtung von 24 Befragungsitems zu sieben Faktoren. Das jeweils erstgenannte Item hat jeweils die höchste Bedeutung für den Faktor.

Die ersten beiden Faktoren entsprechen der traditionellen Sichtweise:

- "**Produkttechnologie**" durch vier Items: Technologisches Wissen, Produkttechnologie, Produkttechnik und technische Komponenten (F 1),
- "**Absatzmarkt**" durch drei Items: Vertrieb, Kunden und Kommunikation (F 2).

Der dritte Faktor deutet darauf hin, dass Produkt- und Prozessinnovation vielfach verflochten sind:

- "**Produktionsprozess**" durch drei Items: Produktionsanlagen, Produktmontageverfahren und Produktionsverfahren (F 4).

Die nächsten beiden Faktoren zeigen, wie andere funktionale Unternehmensbereiche von der radikalen Innovation erfasst werden:

- "**Beschaffungsbereich**" durch drei Items: Lieferantenverhalten, Materialien und Lieferbeziehungen (F 3),
- "**Kapitalbedarf**" durch drei Items: Marketing-Kosten, F&E-Kosten, Investitionen in den Produktionsprozess (F 7).

Die beiden letzten Faktoren beziehen sich auf die Auswirkungen im administrativen und personalwirtschaftlichen Bereich sowie nicht zuletzt auf die Unternehmenskultur:

- "**Formale Organisation**" durch zwei Items: Produktmanager und Bildung einer eigenen Organisationseinheit (F 5),
- "**Informale Organisation**" durch sechs Items: Soziales Verhalten, Unternehmenskultur, Soziale Fähigkeiten, Managementwissen, Wertvorstellungen, Strategie der Produktbereiche (F 6).

---

1 *Garcia/Calantone* (2002), S. 110 ff.

2 *Olson et al.* (1995) bestimmen die Neuartigkeit durch das Ausmaß an Erfahrung mit der Entwicklung eines neuartigen Produktes, S. 52.

3 *Danneels/Kleinschmidt* (2001), S. 366, siehe auch den noch weitergehenden Ansatz von *Gatignon et al.* (2002), S. 1109 ff.

Kasten 1.5: Typologie von Innovationen (*Schlaak*)

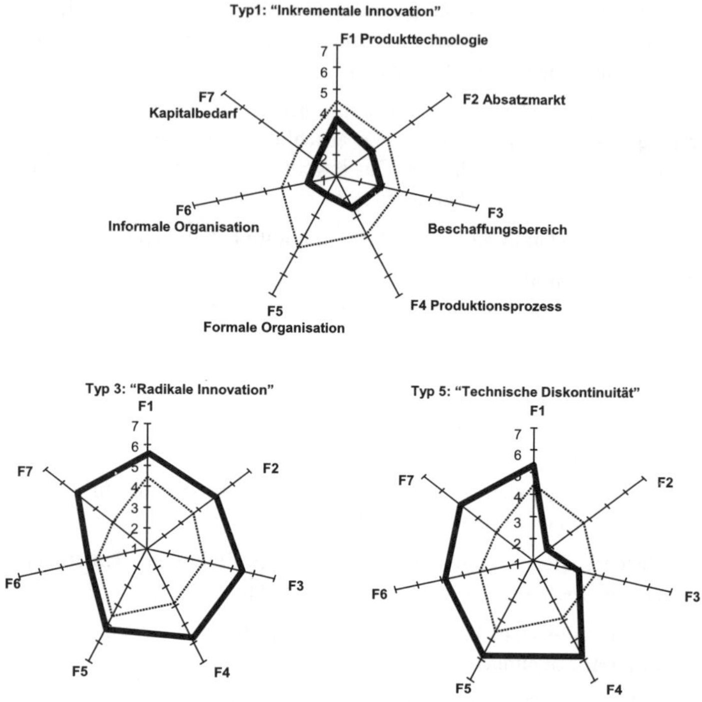

Die Mittelwerte über alle Cluster sind durch die gepunktete Linie gekennzeichnet; die Mittelwerte der einzelnen Clustervariablen durch die fette durchgezogene Linie.

Achsenbeschriftung: F1: Produkttechnologie; F2: Absatzmarkt; F3: Beschaffungsbereich; F4: Produktionsprozess; F5: Formale Organisation; F6: Informale Organisation; F7: Kapitalbedarf

Quelle: *Schlaak* (1999), S. 230

Die Faktorvariablen sind die Basis für eine Clusteranalyse, in der fünf Cluster bestimmt werden. Kasten 1.5 zeigt die Ausprägung der genannten Dimensionen im Falle "inkrementaler" und "radikaler" Innovationen. Auffällig ist zudem Cluster 5, als "technische Diskontinuität" bezeichnet, in der eine einseitige Orientierung auf den technischen Fortschritt hin unter Vernachlässigung des Absatzes vorliegt, eine Innovation vom Typ "Transrapid".

Mithilfe einer Mittelwertbildung über alle sieben, jeweils in 7-Punkte-Skalen ausgeprägten Dimensionen lässt sich dann auch der durchschnittliche Innovationsgrad des einzelnen Projektes bestimmen. Radikale Innovationen weisen einen Wert von 5,5 und mehr, inkrementale Innovationen einen Wert von 2,5 und weniger auf.

Die aktuellsten Studien von *Billing*[1] und *Salomo*[2] führen diesen Ansatz weiter. Sie differenzieren bewusst nach einer Makroperspektive (neu für den Markt) und einer Mikroperspektive (neu für das Unternehmen). Sie lenken damit den Blick insbesondere auf das gesellschaftliche und politische Umfeld, das von der Innovation berührt wird[3].

(5) Konsequenzen

Diese Versuche, den Innovationsgrad für vergleichende Untersuchungen messbar zu machen, haben eine Reihe von grundsätzlichen Einsichten erbracht, die für das Verständnis des Innovationsmanagements von großer Bedeutung sind[4]:

- Radikale Innovationen betreffen das gesamte Unternehmen, berühren alle wichtigen Funktionsbereiche und auch "weiche" Eigenschaften der Organisation. Sie verlangen eine ganzheitliche Perspektive. Kommerziell erfolgreiche radikale Innovationen verlangen den Erwerb völlig neuer Kompetenzen[5]. **Nach einer radikalen Innovation sind viele Unternehmen nicht mehr dieselben wie zuvor**[6].
- Als ressortübergreifende Probleme machen sie auf besondere Schnittstellenprobleme aufmerksam. Als wichtigste Koordinationsform gilt dabei sicherlich die hierarchische Koordination: **Radikale Innovationen sind Chefsache**.
- Die Frage nach dem angestrebten Innovationsgrad ist **möglichst früh** im Entscheidungsprozess zu stellen, um zu verhindern, dass man unvorbereitet in die radikale Innovation "hineinstolpert"[7].
- Mit steigendem Innovationsgrad steigt der **Zeitaufwand und der Ressourcenverbrauch**. Zugleich wächst das **Risiko des Scheiterns** überproportional. Eine radikale Innovation ist letztlich nur zu rechtfertigen, wenn sie einen besonders hohen Markterfolg erwarten lässt[8].
- Dieser komplexe Einsatz anspruchsvoller Ressourcen stellt die etablierten Effizienzstandards in Frage: **Kostenhöhe und Kostenstruktur radikaler Innovationen sprengen die vertrauten des Controlling**.
- Kosten und Zeitbedarf radikaler Innovationen verlangen eine entsprechend **hohe Innovationskapazität**.
- Mit dem Innovationsgrad wächst die Gefahr des Misslingens[9]. **Dieses höhere Innovationsrisiko verlangt höhere Finanzierungspotentiale**.

---

1 *Billing* (2003), S. 30 ff., 179 ff.
2 *Salomo* (2003), S. 399 ff.
3 Vgl. auch *Witte* (1997), umfassend dazu *Hall/Martin* (2005), S. 277, 280.
4 Vgl. auch *Leifer et al.* (2000), S. 19 ff.
5 *Gatignon et al.* (2002), S. 1110, 1115, 1118.
6 Vgl. die Betrachtungen von *Noss* (2002), S. 43 ff., zum Verhältnis von Innovationen und organisatorischem Wandel.
7 Vgl. *Specht et al.* (2002), S. 164 ff.
8 *Totterdell et al.* (2002), S. 359.
9 *Hauschildt/Salomo* (2005), S. 5 ff.

Großunternehmen haben damit vermutlich einen strategischen Vorteil gegenüber kleineren Wettbewerbern.

Die **praktischen Konsequenzen** für die innerbetriebliche Einschätzung des Innovationsgrades liegen auf der Hand: Es gilt zunächst, möglichst viele Anhaltspunkte für das Ausmaß des technologischen und anwendungsbezogenen Fortschritts zu bestimmen, in einer Art Check-Liste zusammenzustellen, für den jeweiligen Innovationsaspekt wie in einem Scoring-Modell Punkte zu vergeben und durch Addition der Punktzahlen einen Gesamt-Innovations-Score zu errechnen[1]. Kasten 1.6 zeigt eine derartige Check-Liste, die sich in Sprache und Reihenfolge an den empirischen Befunden *Schlaaks* orientiert.

Jede Unternehmung kann derartige Checklisten entsprechend den unternehmensspezifischen Gegebenheiten aufstellen und kann dann zusätzlich auch noch bestimmen, wie die einzelnen Anhaltspunkte zu gewichten sind. Dabei kann ggf. auf die Ansätze zurückgegriffen werden, in denen die innerbetriebliche Perspektive durch eine zwischenbetriebliche Sichtweise ersetzt oder ergänzt wird. In der Checkliste wäre dann jeweils statt "für uns neu" zu fragen: "für uns neu und auch für die Branche neu".

Bei Überschreiten eines zuvor festgelegten Grenzwertes für den Gesamt-Innovations-Score wird dann das Projekt als "innovativ" eingestuft und der routinemäßigen Behandlung im "normalen" Geschäftsgang entzogen.

Eine derartige, formalisierte Bestimmung des Innovationsgrades hat einen weiteren wichtigen Effekt: Sie zwingt zu vernetztem Denken. Die Beteiligten werden systematisch veranlasst, die Konsequenzen der Veränderung in einem betrieblichen Bereich für andere Bereiche zu überdenken. Vernünftigerweise macht eine derartige Vernetzung nicht an den Grenzen der Unternehmung halt. Das Innovationsmanagement muss dabei wenigstens die Reaktionen seiner Geschäftspartner abschätzen. Professionelles Innovationsmanagement geht auch darüber noch hinaus und betreibt pro-aktive Technikfolgenabschätzung und kalkuliert Reaktionen von tatsächlich oder auch nur vermeintlich Betroffenen ein.

Die Bestimmung des Innovationsgrades zwingt die Beteiligten, sich zu Beginn des Innovationsprozesses systematisch mit den inner-, zwischen- und überbetrieblichen Konsequenzen der Innovation zu befassen.

[1] Ähnlich *Rice et al.* (2001), S. 417.

Kasten 1.6: Checkliste für die Bestimmung des Innovationsgrades

Gegenstand der Beurteilung: (Kurzbeschreibung)

Beurteilung: trifft überhaupt nicht zu 1 – 2 – 3 – 4 – 5 – 6 – 7 trifft voll zu

1. Produkttechnologie
1.1 Die in die Innovation eingehende Technologie ist für uns sehr neu
1.2 Die neue Technologie ersetzt die bisherige größtenteils
1.3 Die neue Konstruktion greift wenig auf unsere bisherige Technik zurück
1.4 Mit den technischen Komponenten haben wir keine Erfahrung

2. Absatzmarkt
2.1 Die Innovation spricht Kunden an, die wir bisher nicht bedient haben
2.2 Mit den neuartigen Kundenbedürfnissen haben wir keine Erfahrung
2.3 Mit den neuartigen Vertriebskanälen haben wir keine Erfahrung
2.4 Die Innovation verlangt Zusammenarbeit mit neuen Kooperationspartnern

3. Produktionsprozess
3.1 Die benötigten Produktionsanlagen sind bei uns weitgehend nicht vorhanden
3.2 Die Produktmontage der Innovation weicht stark vom bisherigen Vorgehen ab
3.3 Unsere Erfahrung mit den Produktionsverfahren der Innovation ist sehr gering

4. Beschaffung
4.1 Das Verhalten der Lieferanten für die Innovation ist kaum vorhersagbar
4.2 Mit den Materialien für die Innovation haben wir sehr wenig Erfahrung
4.3 Wir können nur auf wenige vertraute Lieferanten zurückgreifen

5. Kapitalbedarf
5.1 Die Innovation verlangt Marketing-Kosten bisher unbekannter Höhe
5.2 Die Innovation verlangt F&E-Kosten bisher unbekannter Höhe
5.3 Die Innovation verlangt Produktionsinvestitionen in bisher unbekannter Höhe

6. Formale Organisation
6.1 Für die Innovation ist ein hauptamtlicher Produktmanager zu bestellen
6.2 Für die Innovation ist eine eigenständige Abteilung oder Gruppe zu bilden

7. Informale Organisation
7.1 Die Innovation verändert unsere bisherige Unternehmenskultur
7.2 Die Innovation verlangt bisher nicht vorhandene soziale Kompetenzen
7.3 Die Innovation verlangt neuartige Management-Fähigkeiten
7.4 Die Innovation ist ein Symbol für die Wertänderung im Unternehmen
7.5 Die Innovation verlangt starke Strategieveränderung des Produktbereichs

Summe

Summe, geteilt durch 24 Items = Innovationsgrad

Quelle: Eigene Darstellung

1.2.4 Subjektive Dimension: Neu für wen?

Die Einschätzung der qualitativen Unterschiede der Innovation gegenüber dem vorhergehenden Zustand ist naturgemäß subjektgebunden und kann allenfalls objektiviert, nicht aber objektiv bestimmt werden. Wichtig ist dabei nicht nur die technische Basis der Änderung, sondern vor allem die Wahrnehmung des gravierenden Unterschiedes. **Innovation ist danach das, was für innovativ gehalten wird**. Innovativ wird das, was als innovativ dargestellt und angeboten werden kann. Nicht der technische Wandel ist maßgeblich, sondern der Wandel des Bewusstseins. Daher kommt der Frage eine hohe Bedeutung zu, welches Subjekt für die Einschätzung dieses innovativen Zustandes maßgeblich ist.

(1) Experten

In seiner engsten, der "individualistischen" Fassung bezieht sich der Innovationsbegriff auf ein beliebiges **Individuum**, das für sich, d.h. in seiner Konsum- oder Arbeitswelt erstmalig ein neues Produkt nutzt oder ein neues Verfahren anwendet. Damit ist der Fall eingeschlossen, dass andere Individuen diese Neuartigkeit schon erkannt haben, nur eben das betrachtete Subjekt nicht.

Dieser Bezug auf ein Subjekt kann dadurch verengt werden, dass nicht irgendein beliebiges Subjekt ausgewählt wird, um die Innovation zu bestimmen, sondern ein **Experte**. Innovativ wären danach ein Produkt oder ein Prozess, die einem Experten als neu erscheinen. Wer aber ist Experte, was kennzeichnet einen Experten, wer bestimmt einen Experten? Nur wenn diese Fragen konsensfähig beantwortet sind, mag man die Bestimmung des Innovationsgehaltes einem Experten übertragen: Man benötigt Kriterien, Rekrutierungsverfahren, eine auswählende Institution. Ganz abgesehen von diesen formalen Voraussetzungen muss die Kompetenz der so bestimmten Experten auch noch akzeptiert werden.

Die Geschichte der Innovationen ist voller Urteile und Fehlurteile so genannter, oftmals selbst ernannter Experten (siehe dazu die Fallstudien zu Beginn des Kapitels 4). Diese Beobachtungen mahnen zur Vorsicht, einem Experten die Beurteilung zu überlassen, ob es sich bei einem neuen Produkt oder bei einem neuen Verfahren um eine Innovation handelt. Er ist immerhin nur ein Experte für den bisherigen Stand der Technik.

(2) Führungskräfte

Aus betriebswirtschaftlicher Perspektive sind individualistische Ansätze wenig geeignet, die subjektive Dimension der Innovation in den Griff zu bekommen. Unternehmen sind soziale Gebilde, in denen die Urteilsbildung weitgehend institutionalisiert ist. Die Betrachtung verlässt die einzelne Person und bezieht sich auf das System, innerhalb dessen die Person tätig ist. **Innovativ wäre danach, was die Führungsinstanzen einer Unternehmung für innovativ halten**. Es handelt sich dabei um die Individuen, die das Recht und die Macht haben, Innovationsprozesse in Gang zu setzen und Ressourcen freizugeben, um die Innovation zu bewältigen. Diese Führungskräfte müssen nicht Experten sein, sie werden sich aber sicherlich des Rates von Experten bedienen, um zu ihrem Urteil zu gelangen.

Aus betriebswirtschaftlicher Sicht sind es die Führungskräfte eines Unternehmens, die Träger des Innovationsbewusstseins sind und Projekte als innovativ kennzeichnen oder nicht. Auf das verantwortliche Management bezieht sich der im strengen Sinne "betriebswirtschaftliche" Innovationsbegriff [1].

(3) Branche

Führungskräfte einer Unternehmung denken nicht nur innerhalb ihres Systems. Sie stehen in einer Umwelt, die ihr Urteil über den Innovationsgehalt eines Produktes oder Verfahrens prägt. Maßgeblich sind insbesondere die **"relevanten" Konkurrenten** oder Lieferanten, das sind diejenigen, von deren Aktionen das Unternehmen direkt betroffen ist oder die durch die Aktionen des Unternehmens direkt beeinflusst werden. Diese Sichtweise ist nach den Befunden von *Schneeweiss*[2] von erheblicher Bedeutung: Die Innovationsausgaben der konkurrierenden Unternehmen haben einen hohen positiven Einfluss auf die Höhe der Innovationsausgaben des betrachteten Unternehmens. Dies führt zu einer "**industrieökonomischen**" Bestimmung des Innovationsbegriffes. Innovativ sind danach dasjenige Produkt oder derjenige Prozess, die innerhalb einer Branche oder einer technologisch und absatzwirtschaftlich vergleichbaren Gruppe von Unternehmen erstmalig eingeführt werden. Nach den Befunden von *Massini et al.* orientieren sich Innovatoren dabei eher an anderen Innovatoren als am Durchschnitt[3]. Die Frage "Neu für wen?" wird danach mit der Antwort "Neu für die Branche" oder "**Neu für uns und für die innovativsten Wettbewerber**" beschieden[4].

(4) Nation

Noch weiter geht die "**national-ökonomische**" Auffassung, die die Neuartigkeit auf den nationalen Raum bezieht. Eine derartige Anschauung wird nachhaltig durch die Patentierungspraxis gefördert, die traditionell eine nationale Perspektive einnimmt und das als innovativ akzeptiert, was in einem nationalen Patentamt, also von einer Gruppe von Experten in einer gesonderten Institution nach einem geregelten Verfahren als innovativ bezeichnet wird. Der von der nationalen Patentierung ausgehende gewerbliche Rechtsschutz bezieht sich auf die national abgegrenzte Volkswirtschaft und fördert so das Verständnis, dass das als innovativ gilt, was in einer Nation, in einer national abgegrenzten Volkswirtschaft erstmalig eingeführt wird.

Diese Vorstellungswelt ist in einer offenen Volkswirtschaft anachronistisch und bei internationaler Patentierung obsolet. Gleichwohl bestimmt diese aus den Zeiten der Nationalstaaten in unsere Zeit hineinreichende Vorstellungswelt noch in hohem Maße das Innovationsbewusstsein.

---

1 Vgl. *Gerpott* (1999), S. 47 f.
2 *Schneeweis* (2000), S. 219.
3 *Massini et al.* (2005), S. 1559 ff.
4 Vgl. *Zaltman et al.* (1984), S. 12, *Garcia/Calantone* (2002), *Salomo* (2003), S. 403 ff., *Billing* (2003).

(5) Menschheit

Bleibt letztlich die Variante, dass nur das als wirklich innovativ bezeichnet werden sollte, was **in der Geschichte der Menschheit** erstmalig gefunden, erfunden und zur wirtschaftlichen Nutzung geführt wird. Dieses ist in der Tat der konsequenteste Innovationsbegriff. Dieser weite Begriff ist indessen für die betriebswirtschaftliche Beschäftigung mit dem Innovationsproblem am wenigsten geeignet. Es erscheint nicht zweckmäßig, sich in der wissenschaftlichen Arbeit und in der betrieblichen Praxis auf diesen seltenen Grenzfall zu kaprizieren.

Damit lässt sich nun festlegen, welche Variante der subjektiven Dimension der Innovation für die betriebswirtschaftliche Innovationstheorie maßgeblich ist: Es ist entweder die **rein betriebliche** oder die **industrieökonomische** Sicht. Wir entscheiden uns in dieser Schrift im **Regelfall** für die erste Perspektive:

Arbeitsdefinition 1: Innovationen sind alle diejenigen Produkte oder Verfahren, die innerhalb einer Unternehmung erstmalig eingeführt werden.

Wer den **industrieökonomischen Begriff** der Innovation wählt, stellt höhere Anforderungen:

Arbeitsdefinition 2: Innovationen sind alle diejenigen Produkte oder Verfahren, die innerhalb einer Unternehmung und zugleich innerhalb einer Branche erstmalig eingeführt werden.

1.2.5 Prozessuale Dimension: Wo beginnt, wo endet die Neuerung?

Innovation ist mehr als Invention. Die Invention, die Erfindung, ist ebenfalls noch nicht der erste Schritt in einem Prozess, der letztlich zu einer Innovation führt. Dieser Prozess lässt sich idealtypisch in folgende Schritte unterteilen[1].

(1) Idee/Initiative

Mehr oder weniger bewusster Entschluss, sich mit einem bisher nicht näher bekannten Gegenstand näher zu beschäftigen, Bekundung von Interesse, Neugier, vage Vorstellung, dass innerhalb des noch sehr unscharf abgegrenzten Objektbereiches erfolgversprechende Neuerungen möglich sind.

---

[1] Vgl. *Albach* (1994), S. 80 ff., *Staudt/Auffermann* (1996), S. 19 ff., *Song/Montoya-Weiss* (1998), S. 126, *Cooper et al.* (2002), S. 45, *Billing* (2003), S. 36 ff.

(2) Entdeckung/Beobachtung

Feststellung einer Auffälligkeit, einer Abhängigkeit, einer Beziehung, einer Existenz eines bisher unbekannten Stoffes oder Ablaufs.

(3) Forschung

Theoretische Fundierung und empirische Überprüfung der Entdeckung oder Beobachtung, Festlegung von Messkonventionen, Feststellung von Ursachen und Wirkungen, Bestimmung funktionaler Zusammenhänge in Ausmaß, Verlauf und Bedingtheit, Feststellung von Verstärkungen und Abschwächungen der Effekte durch weitere Variablen.

(4) Ggf.: Erfindung

Festlegung auf eine bestimmte Alternative mit definierten Merkmalen und exakt beschreibbaren Eigenschaften, die zur Patentierung und Publikation geeignet sind.

(5) Entwicklung

Umsetzung der Beobachtungen und Forschungsergebnisse in Konstruktionen, Versuchsanlagen, Prototypen, mit dem Ziel, die theoretisch bestimmten und/ oder empirisch festgestellten Beziehungen für einen bestimmten Zweck nutzbar zu machen.

(6) Verwertungsanlauf

Einführung des neuen Produktes in den Markt oder des neuen Verfahrens in den Betrieb: Umsetzung in eine wirtschaftlich nutzbare Form und Einheit, unverwechselbare Benennung, Vornahme der dazu nötigen Investitionen, Ansprache von Zielgruppen, Präsentation in der Öffentlichkeit[1].

(7) Laufende Verwertung

Serienproduktion, Großproduktion, Ausbau der Vertriebseinrichtungen, Ansprache neuer Kundengruppen, nachhaltige Diffusion etc.

Der Innovationsbegriff kann nun unterschiedlich danach differenziert werden, dass mehr oder weniger viele Stufen dieses Prozesses ein- oder ausgeschlossen werden. Unstrittig ist dabei, dass der Innovationsprozess wenigstens die Phasen bis zur Einführung des neuen Produktes in den Markt oder des neuen Verfahrens in die Fertigung (Verwertungsanlauf) umfassen muss.

Ob aber der Innovationsprozess auch noch den laufenden Verwertungsprozess einschließen soll, dürfte strittig sein. Hier liegt eine Aufgabenstellung, die sich deutlich von den vorangehenden unterscheidet.

"Irgendwann" muss das Innovationsprojekt in tägliche Routine überführt werden. Dieses ist der Zeitpunkt, an dem die Zuständigkeit des Innovationsmanagements endet und die des funktional oder divisional zuständigen Managements beginnt.

---

[1] Vgl. *Talke* (2005), S. 203 ff.

1.2.6 Normative Dimension: Neu = erfolgreich?

"Die Umwandlung von Geld in Wissen ist Forschung, die Umwandlung von Wissen in Geld ist Innovation."

Mirow (1998), S. 485

(1) Weite Perspektive

Verschiedentlich wird in der Literatur vorgeschlagen, den Begriff Innovation nur für solche Produkte oder Verfahren zu verwenden, die eine "**Verbesserung**" **gegenüber dem Status Quo** ermöglichen. Damit wird auf ein Zielsystem des Verwenders Bezug genommen. Der Zielerfüllungsgrad der neuen Produkte oder Verfahren muss danach höher als der der zuvor verwendeten sein.

Damit wird unterstellt, dass der Verwender ein Zielsystem hat, dass er diese Ziele so artikulieren kann, dass sie dem Außenstehenden erkennbar sind, dass man diese Ziele generalisieren kann und dass man aus dem Ausmaß der Verbesserung der Zielerfüllung ein Werturteil über die "Verbesserung" ableiten kann. Weiterhin ist unterstellt, dass man sich auf ein einheitliches Erfolgsmaß einigt und dass alle Beurteiler zu einem gleichartigen Urteil über die ausgewiesenen Werte dieses Erfolgsmaßes kommen.

Alle diese Unterstellungen sind äußerst fragwürdig.

- Die **Zielforschung** hat darauf aufmerksam gemacht, dass in innovativen Situationen die Ziele schwer zu bestimmen sind, nicht generalisiert werden können und unterschiedlich gewichtet werden.
- Die Beurteilung dessen, was eine Verbesserung ist, ist je nach **Interessenstandpunkt** oder Weltanschauung des Betrachters höchst unterschiedlich. Man denke z.B. an Atomkraft, Automobile, Quecksilberbatterien, Anti-Baby-Pillen, um sich klarzumachen, dass alle diese Produkte im Kreuzfeuer unterschiedlicher Interessen stehen: Produzenten- und Konsumenteninteressen, ökonomischer und ökologischer Interessen, militärischer und ziviler Interessen, nicht zu vergessen schließlich im Spannungsfeld unterschiedlicher Weltanschauungen. Es dürfte unmöglich sein, Konsens darüber zu finden, ob durch diese Produkte ein "Fortschritt" bewirkt wird.

Angesichts dieser Vielfalt der Bemessungs- und Bewertungsprobleme kann nur der Schluss gezogen werden, dass sich das normative Argument zur Abgrenzung des Innovationsbegriffs nicht eignet.

(2) Engere Perspektive

Bei engerer Abgrenzung auf die betriebswirtschaftliche Perspektive kann man die Frage aufwerfen, ob eine Innovation wenigstens dann schon als solche bezeichnet werden kann, wenn ein neues Produkt oder ein neues Verfahren auf einem Markt oder im innerbetrieblichen Einsatz erfolgreich ist. Maßstab für eine solche Beurteilung sind dann **erzielte Gewinne**, realisierte Umsätze, bewirkte Kostensenkungen.

Aber auch diese bewusst eng definierte betriebswirtschaftliche Perspektive eignet sich nicht für die Bestimmung des Innovationsbegriffes, der die Basis eines bewussten Innovationsmanagements liefern soll. **Management ist stets zukunftbezogen**. Ob eine Innovation in der Vergangenheit erfolgreich war, ist in der Situation der Entscheidung und Durchsetzung zukünftiger Innovationen irrelevant. Wer über den Erfolg von Innovationen entscheiden will, muss auf zukünftiges Verhalten einwirken. Er muss davon ausgehen, dass die von ihm betreute Innovation ein Erfolg wird. Würde er entsprechende Zweifel hegen, so wäre seine Anstrengung sicherlich geringer. Ob eine Innovation ein wirtschaftlicher Erfolg war oder nicht, weiß man aber erst nach Vollzug des Innovationsmanagements. Dieses Kriterium kann also nicht für die Abgrenzung des Innovationsbegriffs maßgeblich sein, der dem Innovationsmanagement als zukunftbezogenem Handeln zugrunde liegt.

Der Innovationsmanager arbeitet mit einem erwarteten Innovationserfolg, nicht mit einem realisierten.

1.2.7 Zwischenergebnis: Das notwendige Bekenntnis zur Innovation

Die **Kernthese dieser Schrift** lautet: Innovationsmanagement ist etwas substantiell anderes als das Management von wiederholten Routineentscheidungen[1]. Die Bestimmung eines Problems als "innovativ" löst ein anderes Management-Handeln aus, als wenn diese Aufgabenstellung mit dem Kennzeichen "nicht innovativ" belegt wird. Dem Problem wird eine unterschiedliche Aufmerksamkeit, Akzeptanz, Bearbeitungsform und wirtschaftliche Einschätzung zuteil. Der Festlegung des betriebsindividuellen Innovationsbegriffs kommt damit eine zentrale Bedeutung zu.

Die maßgeblichen Entscheidungsträger in einer Unternehmung haben sich zu den genannten Dimensionen der Innovation subjektiv zu bekennen.

Sie müssen festlegen,

- wie neuartig ein Verfahren oder ein Produkt sein müssen, um den Namen Innovation zu verdienen,
- welche Personengruppe entscheidet, ob ein Problem der Routinebearbeitung entzogen werden soll,
- nach welchem Verfahren dabei vorzugehen ist,
- welche Phasen eines Innovationsprozesses noch in die Kompetenz eines Innovationsmanagements fallen sollen und welche dann anschließend von den Instanzen des Routinemanagements zu betreuen sind.

---

1 *Kieser* (1984), S. 50.

- Es ist ihnen schließlich unbenommen, einen weiteren Filter bei der Auswahl der zu bearbeitenden Problemstellungen einzubauen, den der Erfolgswahrscheinlichkeit - wir haben allerdings Zweifel, ob dieses Kriterium in innovativen Situationen sonderlich geeignet ist.

Was wirklich eine Innovation war, weiß man erst hinterher, wenn die Entwicklung eines neuen Gedankens in Tiefe und Breite bekannt ist. In dem Augenblick, in dem sich die einzelne Unternehmung, genauer: der einzelne Entscheidungsträger in einer Unternehmung, mit bisher nicht bekannten Produkten, Verfahren, Leistungen, Kontrakten etc. beschäftigt, weiß er in der Regel nicht, ob das, was ihm neu erscheint, später mit dem hochtrabenden Begriff "Innovation" belegt werden wird. Hier lauert das Risiko, hier liegt die Chance: Wird der neue Gedanke als innovativ begriffen, so wird ihn der Entscheidungsträger anders behandeln, als wenn ihm ein solches Innovationsbewusstsein fehlt.

Am Anfang des Innovationsmanagements steht das Innovationsbewusstsein.

Dieses Innovationsbewusstsein muss jeder entwickeln, der das Recht, die Macht und den Willen hat, über betriebliche Ressourcen zu verfügen. Nur dann kann er sich das Ziel setzen, diese Ressourcen innovationsfördernd einzusetzen.

Da die innovative Materie definitionsgemäß keine Vorläufer hat, kann der Entscheidungsträger die Konsequenzen seiner Entscheidung nicht überschauen. Das ist auch nicht nötig, wenn er nur verhindern kann, dass eine innovative Problematik in das Kriterienraster der Alltagsproblematik gerät.

Es reicht für die Bildung des Innovationsbewusstseins und damit für die Einleitung eines bewussten Innovationsmanagements aus, wenn sich der betroffene Entscheidungsträger durch gewissenhafte, aber nicht ausufernde Prüfung überzeugt hat, dass das neuartige Phänomen bisher für ihn und die von ihm vertretene Unternehmung ohne Vorläufer ist.

Aber auch dieses Urteil kann nicht generalisiert werden. Es ist in das Belieben jedes Entscheidungsträgers gestellt, die Messlatte höher zu legen. So wird in Unternehmen in relativ turbulenten Umwelten ein anderes Innovationsbewusstsein existieren als in stabilen Umwelten. Es ist jedem Entscheidungsträger unbenommen, nur das als Innovation zu bezeichnen, was in seiner Branche oder im relevanten Beziehungsgeflecht seiner Konkurrenten und Lieferanten erstmalig auftritt. Wir plädieren hier nicht für eine bestimmte Innovationshöhe, für einen bestimmten Grad an Neuigkeit, der erreicht sein muss, um das Prädikat innovativ zu vergeben. Wir plädieren ausschließlich dafür, dass jede verantwortliche Führungskraft bewusst darüber entscheidet, welches Maß an Innovationsgehalt sie für die Vergabe des Prädikats "innovativ" fordern will.

Die bewusste Festlegung des Innovationsbegriffs hat zwei Funktionen:

- **Sie soll zum einen bewirken, dass die Innovationen dem normalen Geschäftsgang entzogen und in einer besonderen Weise in Entscheidung und Durchsetzung behandelt werden.**
- **Sie soll zum anderen einem ungebändigten Innovationsaktivismus entgegenwirken, der jedes auftretende Problem sofort als Innovation kennzeichnet und einer gesonderten Behandlung zuführen will.**

Kasten 1.7 informiert über die Gefahren eines derartigen Innovations-Enthusiasmus aus der Sicht der Praxis.

Kasten 1.7: Gefahren des Innovations-Enthusiasmus (*Nolan*)

1. *Verlust des Risikobewusstseins ("taking unacceptable risks"): Bereitschaft, auch unkalkulierbare oder untragbare Risiken einzugehen.*
2. *Wandel um seiner selbst Willen ("change for its own sake"): Bereitschaft, gut eingeführte Produkte oder gut funktionierende Prozesse vor der vollen Abschöpfung der Erfolge zu verändern.*
3. *Aktionslose Gedankenspiele ("wheel spinning"): Neigung zu intellektuell anspruchsvoller Ideenproduktion, die aber nicht zu umsetzbaren Ergebnissen führt.*
4. *Überflutung mit neuen Ideen ("overload"): Mangel an Kapazität, die Großzahl kreativer Gedanken zu verarbeiten.*
5. *Sprunghaftigkeit ("the grasshopper-syndrom"): Unverbundenes Nebeneinander vieler neuer Ideen, Verlust der Leitlinie, fehlende Synergie.*

Quelle: *Nolan* (1987), S. 16 ff.

1.3 Innovation als Managementaufgabe

"So the question is not one of whether or not to innovate but rather of *how* to do so successfully."

Bessant (2003), S. 761

1.3.1 Begriff und Abgrenzung des Innovationsmanagements

(1) Innovationsmanagement: Institution vs. Funktion

Der Titel dieser Schrift verknüpft den schillernden Begriff der Innovation mit dem nicht weniger schillernden des Managements. Auch dieser Begriff verlangt dem Wissenschaftler und dem Wirtschaftspraktiker Festlegungen ab, um Missverständnisse auszuschließen und klare Aufgaben zu bestimmen.

Die reichhaltige Literatur zum Management ist sich einig, auf jeden Fall Institution und Funktion des Managements zu unterscheiden. Die **Institution** bezeichnet formal die organisatorisch zuständigen, inhaltlich die faktischen Träger der betrieblichen Macht. Die **Funktion** umschließt stets dispositive, nicht hingegen ausführende Tätigkeiten. Management ist dadurch gekennzeichnet, dass es Strategien und Ziele definiert und verfolgt, Entscheidungen trifft, Informationsflüsse bestimmt und beeinflusst, soziale Beziehungen herstellt und gestaltet, auf die Partner in diesen sozialen Beziehungen einwirkt, um die getroffenen Entscheidungen zu realisieren[1].

Diese Sichtweise ist vornehmlich eine prozessuale. Sie stellt den Entscheidungs- und Durchsetzungsaspekt in den Mittelpunkt der Betrachtung.

Innovationsmanagement ist danach dispositive Gestaltung von Innovationsprozessen.

Das Kontrastkonzept wird durch eine systemtheoretische Sicht geliefert[2]. **Innovationsmanagement ist danach bewusste Gestaltung des Innovationssystems**, d.h. nicht nur einzelner Prozesse, sondern auch der Institution, innerhalb derer diese Prozesse ablaufen. Wir verdanken dieser systemtheoretischen Sicht viele Hinweise auf einzelne Parameter, Einflussfaktoren, Rahmenbedingungen und Wirkungen des Innovationsmanagements und werden diese Aspekte im Kapitel 3 unter der Überschrift "Das Innovationssystem der Unternehmung" auch entsprechend behandeln.

An dieser Stelle ist aber die Besinnung auf die **Kernaufgabe jedes Innovationssystems** bedeutsam, nämlich auf die Gestaltung des einzelnen Innovationsprozesses[3]. Wir kehren damit zu den ursprünglichen Ideen *Schumpeters* zurück, der folgende Funktionen des dynamischen Unternehmers hervorhebt:

---

1 *Staehle et al.* (1999), S. 71, 81 f.

2 *Uhlmann* (1978), S. 82, ähnlich das umfassende Konzept von *Marr* (1991), S. 358.

3 Zur Stellung der Prozessperspektive in der Innovationsforschung siehe den umfassenden Literaturüberblick bei *Wolfe* (1994), S. 409 ff.

> "Bei der Durchsetzung neuer Kombinationen ... tut er zweierlei: Erstens fällt er die von einer unübersehbaren Anzahl unterschiedlicher Momente, von denen manche überhaupt nicht genau gewertet werden können, abhängige richtige **Entscheidung**, ohne diese Momente erschöpfend zu untersuchen, was nur wenigen Leuten von ganz bestimmter Anlage möglich ist, und zweitens **setzt er sie dann durch**. Das sind die Charakteristiken unsres Unternehmers, unsres Mannes der Tat. Sie sind untrennbar und gleich wichtig. Und das Resultat ist wirtschaftliche Entwicklung, Fortschritt."[1]

Damit steht der einzelne Innovationsprozess im Zentrum der Betrachtung. Dieser Innovationsprozess ist in das System Unternehmung einzubinden[2].

(2) Innovationsmanagement vs. F&E-Management

Innovationsmanagement ist gegenüber dem **Management von Forschung und Entwicklung** abzugrenzen[3]. Forschungs- und Entwicklungsprozesse sind unstrittig Innovationsprozesse, dieser Satz gilt aber nicht umgekehrt. Wo liegen die Unterschiede?

- Forschung und Entwicklung beziehen sich auf naturwissenschaftlich-technische Prozesse. Innovationen umschließen darüber hinaus auch die administrativen Prozesse im oben angedeuteten Sinne.
- Forschungs- und Entwicklungsprozesse werden in vielen Unternehmen systematisch durchgeführt, d.h., sie folgen bestimmten Konzepten, sind in Raum und Zeit stärker eingegrenzt, in Grenzen planbar und auf jeden Fall vielfach wiederholte Abläufe. Das Innovationsmanagement muss darüber hinaus auch solche Prozesse beherrschbar machen, die diese Eigenschaften systematischer Forschung und Entwicklung nicht aufweisen.
- Forschung und Entwicklung können leichter institutionalisiert und besser organisiert werden als viele andere Innovationsprozesse. Die Grundstrukturen der Forschungs- und Entwicklungsabläufe sind besser bekannt. Spezialisierung wird möglich, Koordination damit nötig. Das Innovationsmanagement muss aber überdies auch solche Prozesse meistern, die einmalig und unwiederholbar auftreten, bei denen Spezialisierung nicht möglich oder sinnvoll ist, für die somit eine formale Institutionalisierung nicht wirtschaftlich ist.

Forschungs- und Entwicklungstätigkeit ist somit eine Teilmenge der Innovationsaktivität eines Unternehmens[4]. Wir werden sie daher aus dieser Schrift nicht ausklammern. Es kommt uns aber darauf an, auch die Restmenge zum Gegenstand wissenschaftlicher Betrachtung und praktischer Gestaltung zu machen. Damit werden die Schriften zum Management von Forschung und Entwicklung systematisch ergänzt.

---

1 *Schumpeter* (1912), S. 177, (Hervorhebung durch Verfasser).
2 Vgl. *Corsten* (1989), S. 6.
3 Vgl. auch *Geschka* (1970), S. 54 ff., *Brockhoff* (1999a), S. 50 f., *Gerpott* (1999), S. 55 ff.
4 *Bürgel et al.* (1996), S. 14 ff., *Specht et al.* (2002), S. 16 ff., *Hübner* (2002), S. 142 ff.

(3) Innovationsmanagement vs. Technologiemanagement

Innovationsmanagement ist weiterhin gegenüber dem Technologiemanagement abzugrenzen. Erschwert wird diese Grenzziehung dadurch, dass der Inhalt des Technologiemanagements wesentlich weniger gut bestimmt ist als der des Managements von Forschung und Entwicklung. Technologiemanagement befasst sich als Teil des strategischen Managements mit der "Aufrechterhaltung der technologischen Wettbewerbsfähigkeit"[1], d.h. mit konzeptionellen Fragen **zur Rolle der Technologie im Unternehmen**[2], etwa:

- Technologieportfolios, Konzentration auf eine Schlüsseltechnologie, Technologieverknüpfungen,
- Sicherung der Technologiepotentiale durch Patentierung und Personalpolitik,
- systematische technologische Konkurrenzbeobachtung,
- Technologieprognosen, Technologiebewertungen, Technologiefolgenabschätzung,
- Ausgliederung von technologischen Vorleistungen auf Lieferanten, technologische Allianzen usw.,
- eigenständige Verwertung von technologischem Wissen.

Technologiemanagement richtet sich damit nicht nur auf neuartige Technologien, sondern auch auf die strategische Erhaltung der vorhandenen. Innovationsmanagement hat demgegenüber insbesondere das Problem des Bruches mit überkommenen Technologien zu meistern.

Technologiemanagement versteht sich vor allem als Management naturwissenschaftlich-technischer Problemstellungen. Soweit Technologieprognosen und Technologiebewertungen im Rahmen des Technologiemanagements vorgenommen werden, wird das Innovationsmanagement durchaus gestreift. Das Technologiemanagement kann sich somit in der **Rolle des Initiators** sehen, bestimmte technologische Entwicklungen zu verfolgen oder sogar gegenüber etablierten technologischen Entwicklungen zu verändern. Insofern definiert es Aufgaben für das Innovationsmanagement. Im Technologiemanagement steht die konzeptionelle Leistung und das Wissensmanagement[3] im Vordergrund, von der für das Innovationsmanagement so wichtigen Durchsetzungsproblematik wird abgeblendet.

---

1 *Grefermann/Röthlingshöfer* (1974), S. 10.

2 *Gerpott* (1999), S. 137 ff., *Specht et al.* (2002), S. 59 ff., *Hübner* (2002), S. 144 ff., 154 ff.

3 *Brockhoff* (2002b).

1.3.2 Die traditionelle Forschung zu den Erfolgsfaktoren von Innovationen

> "... the more we study innovation, the more we realize how complex a process it is and how difficult it is to 'master' it, whether at a corporate or government policy level."
>
> *Marinova/Phillimore* (2003), S. 51

(1) Erfolgsbezug als Kern der betriebswirtschaftlichen Sichtweise

Innovationen in Unternehmungen sollen nachhaltig den **Gewinn** der Unternehmung steigern. Dieser Absicht entspricht es zu fragen, durch welche **Instrumente des Innovationsmanagements** der Innovationserfolg ermöglicht wird. Diese klare Ausrichtung kennzeichnet die betriebswirtschaftliche Sichtweise. Sie unterscheidet sich dabei prinzipiell

- von einer **naturwissenschaftlich-technischen** Sichtweise, bei der eine technische Funktion der Innovation im Vordergrund steht,
- von einer **sozialwissenschaftlichen** Sichtweise, die nach den gesellschaftlichen Umständen fragt, unter denen Innovationen gedeihen,
- von einer **politikwissenschaftlichen** Sichtweise, die nach Zielen und Gestaltungsmöglichkeiten eines politischen Einflusses auf Innovationsaktivitäten fragt,
- von einer **volkswirtschaftlichen** Sichtweise, die die gesamtwirtschaftlichen Voraussetzungen und Wirkungen der Innovationsaktivität untersucht.

Betriebswirte fragen demgegenüber nach den Ursachen des Innovationserfolgs für das Unternehmen ("Erfolgsfaktoren").

(2) Paarweiser Vergleich erfolgreicher und erfolgloser Innovationen

Die Forschung zu den Erfolgsfaktoren der Innovation geht auf eine englische Gruppe von Ingenieuren zurück, deren Ergebnisse unter dem geheimnisvollen Namen SAPPHO-Studie im Jahre 1974 veröffentlicht wurden[1]. Unter *Roy Rothwell* am SPRU in Brighton fragte diese Gruppe in schöner Unbefangenheit und ohne große theoretische Vorarbeit, durch welche Eigenschaften sich **erfolgreiche** Unternehmen und Projekte von **nicht erfolgreichen** unterscheiden. Diese Arbeiten wurden vor allem in Kanada von *Cooper* und *Kleinschmidt* weitergeführt. Im Jahre 1979 legten sie eine in Konzept und Vorgehensweise ähnliche Studie unter dem Namen NewProd vor.

Damit erfolgte der Durchbruch. Seither lassen sich mit Sicherheit mehr als 60 großzahlige empirische Untersuchungen identifizieren, die sich intensiv um die Frage bemühen, ob es "das" Erfolgskonzept gibt, das man den Unternehmen an die Hand geben sollte, wenn sie das Wagnis eingehen, qualitativ neuartige

---

1 *Rothwell et al.* (1974), S. 258 ff., die Vorläuferstudie von *Myers/Marquis* (1969) fand weniger Aufmerksamkeit.

Produkte auf den Markt zu bringen. Die Fülle der Ergebnisse verlangt inzwischen nach Verdichtung. In den letzten Jahren sind konsequenterweise mehrere **Meta-Analysen** erschienen[1], die - mit unterschiedlichem methodischen Anspruchsniveau - folgende Bündel von Erfolgsfaktoren für Innovationen aus den vielen Einzelstudien herausdestilliert haben:

- *Balachandra/Friar*[2] beziehen sich auf 19 Studien und liefern eine schlichte Auszählung der Nennungen einzelner Erfolgsfaktoren (Kasten 1.8). Mit der Dreiteilung in "marktbezogene", "technologiebezogene" und "organisationsbezogene" Faktoren kommen sie zu dem gleichen Ergebnis wie methodisch anspruchsvollere Studien.

Kasten 1.8: Ergebnisse einer Metaanalyse von 19 empirischen Untersuchungen (*Balachandra/Friar* 1997)

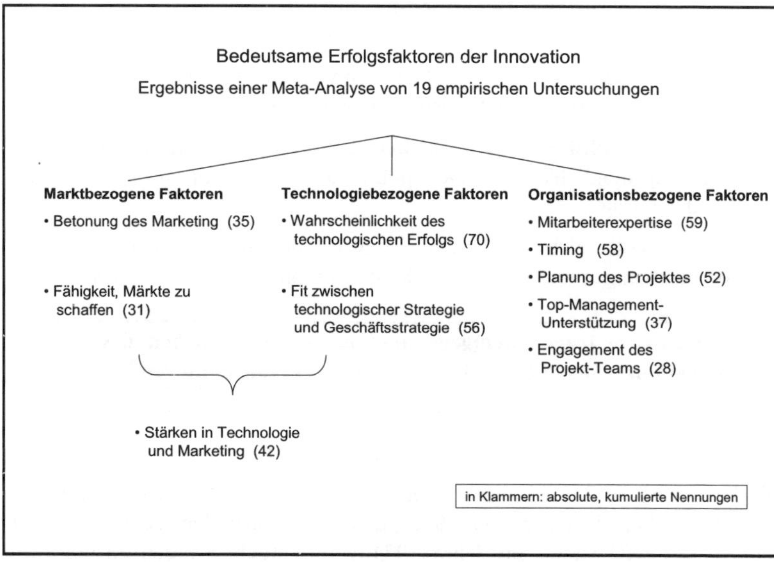

- *Montoya-Weiss/Calantone*[3] beziehen sich auf 44 Untersuchungen und extrahieren zusätzlich "strategische" Faktoren erfolgreicher Produktinnovation (Kasten 1.9).

---

1 Siehe die umfassende Zusammenstellung der Literatur bei *Ernst* (2002), S. 4 ff., *Papies* (2005), S. 18 ff.

2 *Balachandra/Friar* (1997).

3 *Montoya-Weiss/Calantone* (1994).

Kasten 1.9: Ergebnisse einer Metaanalyse von 44 empirischen Untersuchungen (*Montoya-Weiss/Calantone* 1994)

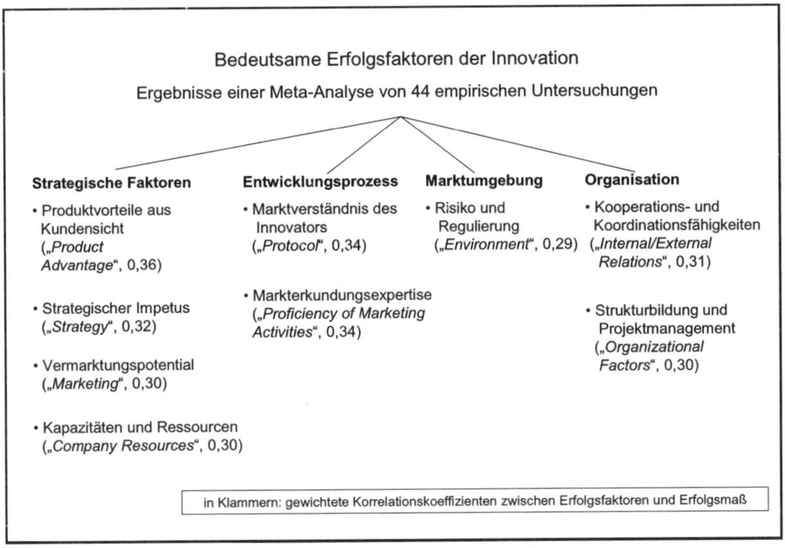

- Die Meta-Analyse von *Henard/Szymanski*[1] greift auf 60 Forschungsarbeiten zurück, sortiert die Befunde unter anderen Begriffen und weckt gewisse Zweifel an der Bedeutsamkeit der organisatorischen Erfolgsfaktoren (Kasten 1.10).

Kasten 1.10: Ergebnisse einer Metaanalyse von 60 empirischen Untersuchungen (*Henard/Szymanski* 2001)

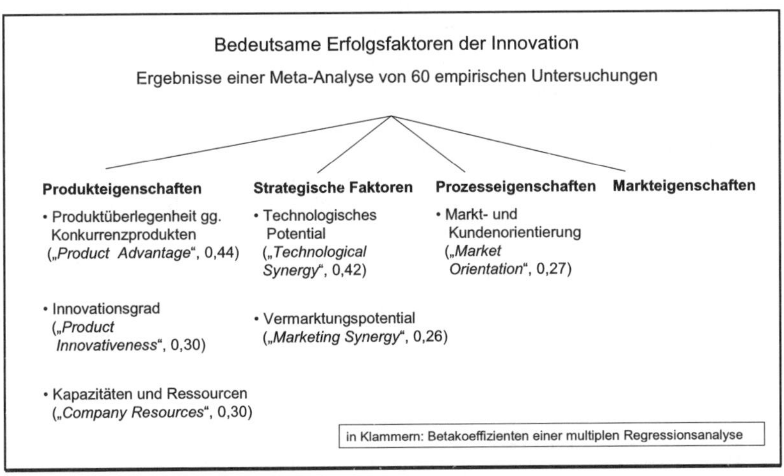

[1] *Henard/Szymanski* (2001).

Auf den ersten Blick sind die **Befunde intuitiv plausibel**: Innovationen sind dann erfolgreich[1], wenn sie

- in einer innovationsfreudigen Unternehmenskultur erfolgen, die die arbeitsteilige Natur der Leistungen anerkennt;
- ein technologisch neuartiges Produkt hervorbringen, das
- den Kunden einen neuartigen Nutzen stiftet, und wenn
- dieses Produkt nach professioneller Marktforschung sowie
- nach strategischer Planung in den Markt eingeführt wird.
- Dieser Innovationsprozess verlangt zudem engagierten Einsatz von Schlüsselpersonen, die möglichst bereits Erfahrungen mit Innovationsprojekten gesammelt haben, und professionelles Projektmanagement.

Diese Befunde sind so einleuchtend, dass man die Umsetzung dieser gesicherten Erkenntnisse in die Praxis getrost den Unternehmensberatern überlassen könnte[2].

(3) Defizite der Erfolgsfaktorenforschung

Aber diese schöne Welt ist nur auf den ersten Blick heil. Es macht stutzig, dass die Meta-Analysen nicht zu identischen Befunden kommen. Immerhin ließe sich das noch mit dem Zeitablauf begründen. Tatsächlich werden auf den zweiten Blick erhebliche Defizite der bisherigen Forschung erkennbar, die uns warnen, aus diesen ersten Einsichten unmittelbar Handlungsempfehlungen abzuleiten[3].

- **Inhaltliche Defizite**: Das besondere Interesse gilt nach den maßgeblichen Vorarbeiten von *Cooper* und *Kleinschmidt* der **Marketingperspektive**. Völlig unverständlich ist dabei, dass der Kooperation mit Marktpartnern eine so geringe Aufmerksamkeit zuteil wurde. Wenn technologische Prozesse betrachtet werden, konzentriert man sich einseitig auf systematische **Forschung und Entwicklung**. Dem Innovationsprozess als solchem wird eine zu geringe Aufmerksamkeit geschenkt.
  Im Focus der Erfolgsfaktorenforschung stehen **Großunternehmen**. Kleine und mittlere Unternehmen sind in den Stichproben nicht gesondert berücksichtigt worden.
  Der **Innovationsgrad** als wichtige moderierende Variable wird nicht kontrolliert, inkrementale und radikale Innovationen werden ohne weitere Begründung gleichgesetzt. Die relative Seltenheit radikaler Innovationen wird nicht beachtet[4].
- **Methodische Defizite**: Der größte Teil dieser empirischen Studien stammt aus dem englischsprachigen, vor allem dem **US-amerikanischen** Raum. Sie berücksichtigen insbesondere die kontinentaleuropäischen Forschungstradi-

---

1 S.a. *van der Panne et al.* (2003), S. 327.
2 Vgl. auch die Literaturauswertung von *Mc Cosh et al.* (1998), S. 175 ff.
3 S.a. *Astebro* (2004), S. 315, *Gerpott* (2005), S. 119 ff.
4 *Totterdell et al.* (2002), S. 355.

tionen, Hochschulstrukturen, Ausbildungscharakteristika, Finanzierungs-, Besteuerungs- und Förderungsverhältnisse nicht.

Die meisten Studien sind **Fragebogenerhebungen** mit Schrotschuss-Streuung und sehr niedrigen **Rücklaufquoten**. Die Daten beruhen auf subjektiven Wahrnehmungen und Beurteilungen. Dabei wird der "**informant bias**" schlicht übersehen, da weder die hierarchische Position noch die Funktion der Befragten sauber kontrolliert werden kann[1].

Last not least: Was "**Erfolg**" ist, wird nicht gleichartig und gleichbleibend bestimmt.

Aus wissenschaftstheoretischer Perspektive muss leider festgehalten werden, dass die bisherige Erfolgsfaktorenforschung unter heftigen theoretischen und methodischen Defiziten leidet[2].

Hier setzt unsere weitere Darstellung an. Sie fragt nach den theoretischen Leitlinien zur Bestimmung der Erfolgsfaktoren und versucht zugleich, die Innovationsproblematik mit traditionellen betriebswirtschaftlichen Konzepten zu verbinden.

1.3.3 Die theoretischen Leitlinien

Innovation ist die Hervorbringung eines neuartigen Produktes oder neuartigen Verfahrens durch die Kombination von Produktionsfaktoren. Sie ist insoweit ein klassisches betriebswirtschaftliches Problem[3]. Dieses neuartige Produkt oder Verfahren ist auf einem Markt durchzusetzen oder im innerbetrieblichen Einsatz einzusetzen. Auch diese Aufgabe ist eine Domäne der Betriebswirtschaftslehre. Die Steuerung dieser Prozesse ist eine Führungsaufgabe. Auch für dieses reklamiert unser Fach die Kompetenz. Eine betriebswirtschaftliche Theorie der Innovation muss somit auf **drei theoretische Ansätze** zurückgreifen[4] (vgl. Kasten 1.11):

---

1 *Ernst* (2001), siehe auch die kritischen Einschätzungen bei *Moenart et al.* (1994), S. 33 f.

2 *Brown/Eisenhardt* (1995), S. 352 f., vgl. auch die Fundamentalkritik an der Forschung zu strategischen Erfolgsfaktoren bei *Nicolai/Kieser* (2002), S. 579 ff.

3 Vgl. die systematischen Betrachtungen von *Krishnan/Ulrich* (2001), S. 2 ff., 5 f., 7 f.

4 *Wicher* ordnet in seinen umfassenden Literaturauswertungen die empirischen Studien in analoger Weise, allerdings unter Verwendung anderer Begriffe: Studien zur "Innovationsadoption" und zur "Innovationsdiffusion" (marketingbezogene Sichtweise), zur "Innovationsimplementation" (führungsbezogene Sichtweise) und zur "Innovationsstruktur" (weitgehend identisch mit der ressourcenorientierten Sichtweise). *Wicher* (1991b), S. 29 ff., 35 ff., 39 ff., 51 ff.

Kasten 1.11: Erfolgsfaktoren der Innovation – Systematik und Zusammenwirken

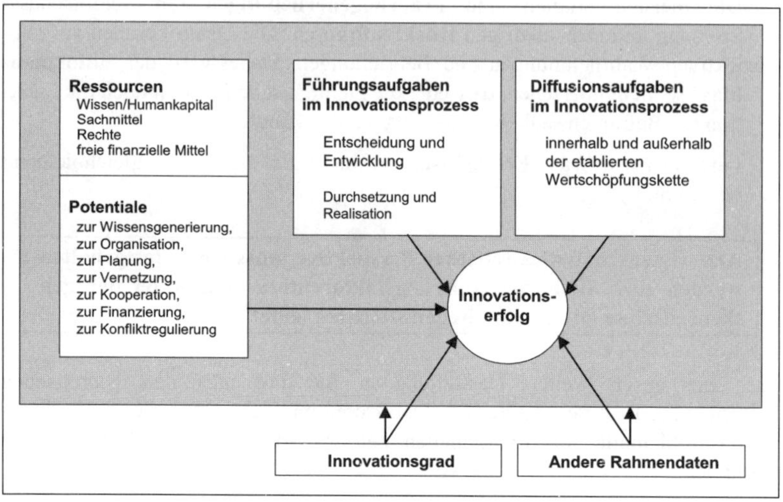

Quelle: Eigene Darstellung

- auf die **führungsbezogene** Sichtweise, die den Innovationsprozess als einen Entscheidungs- und Durchsetzungsprozess[1] oder in technischer Hinsicht als einen Entwicklungs- und Realisationsprozess sieht,
- auf die **ressourcenorientierte** Sichtweise, die den Innovationsprozess als eine spezifische Kombination bestimmter Produktionsfaktoren begreift,
- auf die **diffusionsbezogene** Sichtweise, die den Innovationsprozess als einen Verwertungsprozess innerhalb und außerhalb der etablierten Wertschöpfungskette versteht.

Aber Innovationen unterscheiden sich substantiell von Routineprozessen der betrieblichen Tätigkeit. Daher sind diese traditionsreichen Sichtweisen im Folgenden unter der Innovationsperspektive neu zu bestimmen.

1.3.3.1 Führungstheoretische Perspektive

Entscheidung über und Durchsetzung von Innovationen - was unterscheidet sie von Entscheidungen des betrieblichen Routinebetriebes und deren Durchsetzung?

(1) Komplexität der Entscheidung

Die Innovationsentscheidung ist extrem komplex. Sie hat für den Entscheidungsträger weder eine klare Kontur, noch eine klare Struktur: Er kennt die Neben- und Folgeprobleme nicht. Er hat keine Vorstellung von den Komponenten der

---

[1] *Brown/Eisenhardt* (1995), S. 366 ff., *Schweitzer* (2002), S. 13.

Entscheidung. Er hat für diese Entscheidung keine vorgegebene Zielsetzung. Er kennt die Alternativen nicht. Er muss neue Informationen beschaffen, gewichten, verknüpfen. Er kennt die funktionalen Beziehungen zwischen den Variablen nicht, ja er kann noch nicht einmal die Qualität des Informationslieferanten ermessen. Die Anzahl der Variablen ist "unübersehbar", sie sind überdies in unbekannter Weise verschlungen. Hinzu kommt schließlich, dass neue Kombinationen kreativ generiert werden und sich den bekannten Beurteilungen entziehen[1]. Kurz: Die bekannten Instrumente der Entscheidungstheorie und der Entscheidungspraxis versagen ihren Dienst[2]. Damit lässt sich die **erste Kernfunktion des Innovationsmanagements bezeichnen: Bewältigung eines extrem komplexen Entscheidungsproblems**[3].

(2) Barrieren bei der Durchsetzung

Der Durchsetzung der Innovation stehen erhebliche Widerstände entgegen, auf die wir in Kapitel 4 näher eingehen werden. In ihrer Konzentration auf Routineprobleme hat die Entscheidungstheorie den Durchsetzungsaspekt schlicht ignoriert. In innovativen Problemstellungen ist das nicht möglich. Worin liegt die eigentliche Leistung des Innovationsmanagements bei der Durchsetzung von Entscheidungen? Die Widerstände erwachsen im Wesentlichen daraus, dass die betroffenen Mitarbeiter oder Marktpartner in ihrem Bewusstsein dem Status Quo verhaftet sind und sich weigern, die neue Kombination von Zwecken und Mitteln als vorteilhaft zu akzeptieren. **Notwendig ist die Überwindung dieser Bewusstseinsbarriere, notwendig ist ein radikaler Wandel des Bewusstseins**. Ihn herbeizuführen ist die zweite Kernfunktion des Innovationsmanagements.

(3) Entscheidung und Durchsetzung nicht trennbar

Entscheidung und Durchsetzung durchdringen sich in der innovativen Situation. Bei der Entscheidung werden stets Durchsetzungsaspekte zu berücksichtigen sein. Bei der Durchsetzung wird die getroffene Entscheidung stets weiter verfeinert und im Detail ausgeführt. Die saubere Sequenz, "erst Entscheidung, dann Durchsetzung" lässt sich bei Innovationen nicht durchhalten. Vielfach müssen die Entscheidungsprozesse völlig neu gestartet werden, wenn sich im Zuge der Durchsetzung die getroffene Entscheidung als nicht realisierbar erweist.

Die Reduktion der Komplexität findet auf zwei Ebenen statt: auf der **physischen** Ebene als technische Entwicklung eines neuartigen Produktes oder Verfahrens, auf der **intellektuellen** Ebene als Lösung eines bisher nicht bewältigten Problems. Physische und intellektuelle Problembewältigung sind in vielfacher Weise miteinander verknüpft. Kasten 1.12 zeigt diese Verknüpfungen als ein Flussdiagramm mit vielfachen Rückverzweigungen.

Betrachten wir diese Beziehungen im Detail:

---

1 *Schröder* (1996), S. 490 f.

2 *Bendixen/Kemmler* (1972), S. 16 f., *Prisching* (2005), S. 238 f.

3 *Kessler* (2004), S. 278 ff.

Kasten 1.12: Innovation als Entscheidungs- und Durchsetzungsprozess

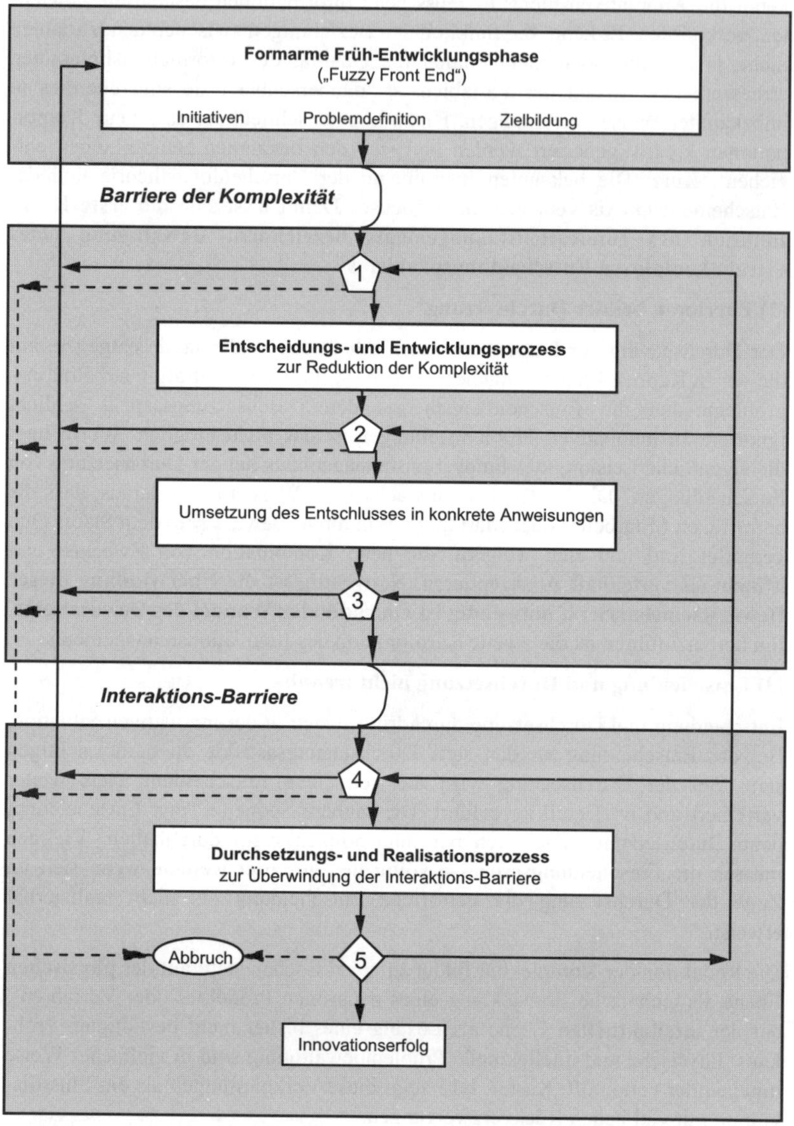

Quelle: Eigene Darstellung

Innovation bedeutet Überwindung von Komplexität. Die Komplexität eines innovativen Projektes resultiert aus folgenden Eigenheiten: Das Problem hat unbekannte Konturen und Strukturen. Es steht unter Ungewissheit. Es birgt erhebliche Konflikte zwischen Handelnden, Beteiligten und Betroffenen. Diese Komplexität wirkt wie eine **Barriere** vor einer einfachen und zügigen Entscheidung. Im Entscheidungs- und Entwicklungsprozess werden vielfältige Aktivitäten notwendig, um die Komplexität auf ein tolerierbares Maß zu reduzieren, ehe die Entscheidung zugunsten einer bestimmten Alternative gefällt werden kann. Es geht um "unternehmerische Aktivitäten"[1]:

- **Problemzerlegung**: Aufspaltung des Gesamtproblems in eine Menge von Teilproblemen, die jeweils in überschaubarer Zeit mit den gegebenen Kapazitäten gelöst werden können.
- **Wissensmanagement**: Suche, Beschaffung und Kombination von Informationen, die geeignet sind, die Ungewissheit zu reduzieren.
- **Alternativengenerierung**: Erzeugung völlig neuartiger Problemlösungen durch Kreativität sowie durch systematische Forschung und Entwicklung.
- **Konfliktmanagement**: Regulierung von Wissens- und Wahrnehmungskonflikten, von Ressort- und Rollenkonflikten, von Motiv- und Zielkonflikten, von Verteilungskonflikten und schließlich von Machtkonflikten zwischen den Beteiligten und Betroffenen.
- **Prozess-Steuerung**: Organisation des Entscheidungsprozesses durch Struktur- und Prozessregelungen.

Im Anschluss an den Entscheidungsprozess gilt es, die ausgewählte Problemlösung im Durchsetzungs- und Realisationsprozess zu verwirklichen. Dazu ist zunächst der Entschluss in konkrete Anweisungen umzusetzen:

- **Arbeitsteilung**: Es sind die Teilaufgaben zu bestimmen, die von den beteiligten Funktionsträgern zu bearbeiten sind.
- **Delegation und Personalauswahl**: Es sind die Personen zu bestimmen, die diese Funktionen übernehmen.

Die **Durchsetzung** der innovativen Problemlösung verlangt sodann die Beeinflussung von Interaktionspartnern innerhalb und außerhalb der Unternehmung. Hier liegt nun wiederum eine Barriere: die Interaktionsbarriere. Sie tritt auf als **Wissensbarriere**: Den Beteiligten oder Betroffenen fehlt es an Information über die Innovation oder an Fähigkeiten, mit ihr umzugehen. Hinzu kommt die **Willensbarriere**: Die Beteiligten und Betroffenen sind nicht bereit, die Innovation zu realisieren. Nicht zuletzt besteht eine **Kommunikationsbarriere**: Die Innovatoren kennen die Beteiligten und die Betroffenen nicht, sie sprechen nicht miteinander oder sie verstehen sich nicht.

Die Interaktionsbarriere bewirkt nicht nur organisatorische Trägheit, sie führt in der Regel überdies zu verdecktem oder offenem Widerstand gegen die Innovati-

---

[1] *Walter et al.* (2003), S. 683.

on. Der Durchsetzungsprozess soll diese Interaktionsbarrieren überwinden. Er läuft auf folgende Teilaktivitäten hinaus[1]:

- **Informationsversorgung**: Vermittlung der fehlenden Informationen, Schulung und Personalentwicklung.
- **Motivation**: Synchronisierung von persönlichen Zielen der Beteiligten und Betroffenen mit den Innovationszielen.
- **Konfliktmanagement**: Regulierung der oben beschriebenen Konfliktarten auch in diesem Abschnitt des Innovationsprozesses.
- **Machteinsatz**: Anwendung hierarchischer und fachlicher Autorität, Nutzung von Sanktionsmöglichkeiten, Einfluss durch Charisma zur Überwindung von Widerstand.

Im Anschluss an die einzelnen Entscheidungs- und Durchsetzungsaktivitäten folgt jeweils eine Beurteilung. Je nach Ergebnis dieser grundsätzlichen Bewertungen wird der Prozess jeweils fortgeführt, zurück verzweigt oder abgebrochen. Die Schleifen dieses Prozesses können vielfach durchlaufen werden. Ein direkter Durchlauf nach einem festen Phasenschema ist unwahrscheinlich.

Der Innovationsprozess ist als Führungsprozess stets darauf gerichtet, die kognitiven Leistungen der Innovatoren zu fördern und die von der Innovation ausgelösten Konflikte zu regulieren.

1.3.3.2 Ressourcentheoretische Perspektive

Innovationsmanagement als bewusste Reduktion dieser Komplexität ist somit Kognitionsmanagement und Konfliktmanagement. Es verlangt den Einsatz von besonderen Ressourcen und Potentialen. Unter **Ressourcen** verstehen wir dabei i.S. des "resource-based view" die unmittelbar verfügbaren Produktionsfaktoren. Unter **Potentialen** verstehen wir Fähigkeiten der Innovatoren, fehlende Ressourcen zu beschaffen oder die Produktionsfaktoren in bisher nicht praktizierter Form zu kombinieren.

Die für Innovationen relevanten **Ressourcen** unterscheiden sich von traditionellen Gliederungen der **Produktionsfaktoren**, die menschliche Arbeitskraft, Material und Sachmittel unterscheiden. Für die Hervorbringung von Innovationen sind in erster Linie Humanressourcen, insbesondere Wissen, und erst in zweiter Linie Sachmittel und Rechte bedeutsam. Die folgende Betrachtung bezieht sich ausschließlich auf das Wissen. Von der Betrachtung des dispositiven Faktors kann an dieser Stelle abgesehen werden, da seine Leistung unter der führungstheoretischen Perspektive behandelt wurde.

---

1 S.a. *Domsch/Gerpott* (1995), Sp. 371.

Wissen ist zunächst **Methoden- und Fachwissen**, ist damit

- **technologisches Wissen** auf dem Fachgebiet der Innovation sowie
- **marktbezogenes Wissen** über Anwendungsmöglichkeiten, Märkte und Wettbewerber der Innovation.

Unstrittig sind Menschen in erster Linie Träger dieses Wissens. Humankapital gründet sich auf Wissen. Aber für das **Wissensmanagement** sind zudem die maschinellen Wissensspeicher bedeutsam. Zum Nutzungszeitpunkt befragt man zunächst sicherlich "den" Experten oder sucht nach Antwort in traditionellen Datenspeichern, wie Fachliteratur, Dokumentationen, Archiven und Datenbanken. Aber Wissensmanagement von Innovationen verlangt mehr: Mobilisierung von verborgenem, vergessenem, geheim gehaltenem und nicht artikulierbarem Wissen. Es geht prinzipiell um Wiedergewinnung der Verfügungsmöglichkeit über vorhandenes, aber zum Nutzungszeitpunkt nicht präsentes Wissen. Wissensmanagement wird damit zur **Meta-Aktivität**: Schaffung von Wissen über potentielle Wissensquellen, auch über ungenutzte, aber möglicherweise nutzbare.

Neben das Fachwissen tritt das **Führungswissen**, nämlich

- **Strategisches Wissen**: Information über Ziele, Restriktionen und Pläne, in die die Innovation einzubinden ist,
- **Personenkenntnis**: Wissen um Personen, die über besondere Befähigungen verfügen, die für die Innovation von Bedeutung sind – positiv wie negativ.
- **Netzwerkwissen**: Kenntnis von Interaktions- und Kooperationspartnern innerhalb und außerhalb der Unternehmung, die die Innovation fördern oder behindern können.

Wo Ressourcen fehlen, werden **Potentiale** benötigt, sie zu beschaffen oder zu ersetzen. Diese Potentiale sind Fähigkeiten, die höchst spezifisch in jeder Unternehmung ausgeprägt sind. Da ebenfalls höchst unterschiedliche Ressourcen fehlen können, ist der Charakter dieser Potentiale entsprechend vielgestaltig[1]. Wir unterscheiden:

- **Potentiale zur Wissensgenerierung**: vor allem die Kreativität der Experten, fachlich neues Wissen hervorzubringen, in funktionsfähige Problemlösungen einzubringen und in die Anwendung zu überführen.
- **Organisationspotentiale**: die Fähigkeit, problemspezifische Formen der Spezialisierung und der Koordination zu entwickeln.
- **Planungspotentiale**:
  - als Erwartungsplanung die Fähigkeit, die Ungewissheit und Unsicherheit zukünftiger Erwartungen in ihrer Auswirkung auf die Innovation zu erkennen, zu quantifizieren und in ihren monetären Effekten zu bestimmen;

---

[1] Vgl. den Ansatz von *Brockhoff* (1997a), S. 459.

- als Aktionsplanung die Fähigkeit, die eigenen Handlungen inhaltlich und in Terminen, Phasen und Fristen zeitlich zu bestimmen.

- **Vernetzungspotentiale**: die Fähigkeit, ein Netz von Kooperationspartnern zu knüpfen.
- **Kooperationspotentiale**: die Fähigkeit, die Kooperationspartner zu spezifischen Leistungen zu bewegen sowie die Kooperationsbeziehungen nachhaltig zu pflegen.
- **Finanzierungspotentiale**: die Fähigkeit, Finanzierungsmittel für die Innovation zu beschaffen - innerbetrieblich wie außerbetrieblich.
- **Konfliktregulierungspotentiale**: die Fähigkeit, die allfällig bei Innovationen auftretenden Widerstände und gegensätzlichen Verhaltensweisen in einer solchen Weise zu regulieren, dass eine erfolgversprechende Innovation nicht vorzeitig abgebrochen oder prinzipiell modifiziert werden muss.

Es ist das Kennzeichen dieser Potentiale im Innovationsprozess, dass sie **an Individuen gebunden** sind. Die Leistungen dieser Individuen haben durchaus einen höchst persönlichen Charakter. Gleichwohl wird dieses persönliche Engagement durch hierarchischen Rang, Status, Fachautorität und andere Herrschaftsinstrumente verstärkt. Man könnte - wie es viele empirische Studien getan haben - die Potentiale bestimmten Personen zuordnen und schon das Auftreten derartiger Individuen in Innovationsprozessen als Erfolgsfaktor ansehen[1]. Demgegenüber kommt es uns darauf an, die **Leistungsbeiträge dieser Personen** deutlich zu machen. Wir wollen genauer wissen, was sich z.B. hinter der unpräzisen Formulierung verbirgt, eine Innovation sei deshalb nicht erfolgreich, weil es ihr an "Top-Management-Support" gefehlt habe.

Die Führungs- und die Ressourcenperspektive des Innovationsprozesses beziehen sich in erster Linie auf innerbetriebliche Probleme. Wo zwischenbetriebliche Probleme berührt werden, wird das vermerkt. Die nun folgende diffusionstheoretische Perspektive bezieht sich prinzipiell auf die Interaktion mit Marktpartnern, ist also ausschließlich ein zwischenbetriebliches Problem. Als Marktbeziehung ist ihr eigen, dass das innerbetriebliche, hierarchische Prinzip von Befehl und Gehorsam nicht gilt. Stattdessen gilt das Prinzip von Verhandlung und Preis. Dementsprechend ist es noch schwieriger, die Wirkungen des eigenen Verhaltens zu prognostizieren.

---

1 Wesentlich bessere Möglichkeiten zur Bestimmung und Darstellung von personellen Potentialen finden sich bei *Hamel* (2001), S. 318 ff.

1.3.3.3 Diffusionstheoretische Perspektive

Inventionen werden erst zu Innovationen, wenn sie sich auf einem Markt durchsetzen. Insofern ist die innerbetriebliche Perspektive systematisch um einen marktbezogenen Ansatz zu ergänzen. Das gilt zumindest für Produktinnovationen, weniger für Prozessinnovationen.

Die Vorstellung eines solchen "market based view" bezieht sich zunächst in aller Regel auf das Verhältnis eines Lieferanten zu seinen Kunden, auf den **nächsten Partner in der Wertschöpfungskette** (siehe dazu Kapitel 6). Was aus der Sicht des Lieferanten Diffusion ist, bedeutet aus der Sicht dieses Kunden Adoption. Die Diffusion zum **ersten Anwender** ist die beschwerlichste, seine Sonderstellung wird durch besondere Begriffe, wie "Referenzkunde", "Erstanwender", "lead user" oder "launching customer" auch gebührend hervorgehoben. Er ist der erste einer möglichst langen Reihe von **Zielkunden**, zu denen eine Geschäftsbeziehung etabliert oder fortgeführt werden soll.

Diese Perspektive ist weiterhin danach zu differenzieren, ob die Initiative von dem (innovativen) Anbieter pro-aktiv ausgeht oder ob er auf einen konkreten Kundenwunsch re-aktiv tätig wird. Im erst Fall sind die Marktbeziehungen neu zu etablieren, im zweiten Falle liegt immerhin ein artikuliertes Bedürfnis vor.

Von dieser branchenbezogenen Sichtweise ist der Fall zu unterscheiden, in dem ein Anbieter diese etablierte Wertschöpfungskette verlässt und mit einer bekannten, ihm wohl vertrauten Technologie vollkommen neue **Anwendungen in ganz anderen Branchen** erschließen will. Basis dieses Verhaltens ist eine bewusste, technologische Kernkompetenz. Dieser Technologie-Transfer außerhalb der traditionellen Wertschöpfungskette stellt insofern höhere Anforderungen an den Innovator, als er sich auf Zielkunden einstellen muss, die ihm bislang unbekannt sind.

Aus diesen Diffusionskonzepten lassen sich wiederum einzelne Aktivitätenbündel ableiten, die für den Innovationserfolg maßgeblich sind. Da es ebenfalls um die Bewältigung von Komplexität geht, handelt es sich im Prinzip nicht um andere Aktivitäten als diejenigen, die wir bereits bei Würdigung der führungstheoretischen Perspektive betrachtet haben: Problemkonturierung und -strukturierung, Informationsbeschaffung und Wissensgenerierung, Konfliktregulierung und nicht zuletzt Prozess-Steuerung. Nur der Gegenstand ist hier eindeutig der Markt, der Kunde, der Wettbewerb. Konkret geht es um

- die Bestimmung von **Bedürfnissen** und Präferenzen möglicher Kunden,
- die Entscheidungen zur **Produktqualität** und zur Überlegenheit des Produktes gegenüber den Konkurrenzprodukten,
- die Festlegung und Darstellung des **Kundennutzens** durch das innovative Produktangebot,
- die Marktforschung zur Abschätzung der möglichen **Absatzmengen, -preise** und ihrer Entwicklung,
- die Gestaltung der **Vertriebswege und Distributionsnetze**,

- das Procedere bei der **Einführung** des neuen Produktes in den Markt, insbesondere die Wahl des Zeitpunktes,
- die nachhaltige **Sicherung** der Nachfrage,
- die offensive Auseinandersetzung mit dem **Wettbewerb**, insbesondere die Verhinderung von Imitation.

Wenn das Innovationsmanagement erfolgreich sein will, muss es die drei Perspektiven - die Führungs-, die Ressourcen- und die Diffusionsperspektive - integrieren. Das bedeutet auch, dass nach den Wechselbeziehungen, nach verstärkenden und abschwächenden Effekten zu fragen ist. Eines ist indessen unstrittig: Keine der drei Perspektiven kann vernachlässigt werden. Jede ist notwendige, keine allein eine hinreichende Bedingung für den Innovationserfolg.

Innovation ist keine ausschließliche Domäne des Ingenieurs oder Naturwissenschaftlers, kein Monopol des Marktkenners oder Marktmachers, kein Exklusivrecht des Managers. Nur im Zusammenwirken dieser Kräfte kommt es zum Innovationserfolg.

Vergleicht man die eingangs vorgestellten Befunde zur Erfolgsfaktorenforschung mit der hier entwickelten Konzeption, dann lassen sich drei unterschiedliche Felder auf der Forschungslandkarte markieren:

- **Theoretisch beachtliche und empirisch bestätigte Erfolgsfaktoren**:
  Dazu gehört vor allem das Marketing der Innovation, das Fachwissen, das Engagement des Top-Managements zur Widerstandsüberwindung, das Planungsvermögen und zunehmend das Wissensmanagement.
- **Theoretisch beachtliche, empirisch wenig beachtete Erfolgsfaktoren**:
  Führungsaufgaben im Innovationsprozess, namentlich in der formarmen Frühphase sowie die Diffusion außerhalb der traditionellen Wertschöpfungskette.
- **Theoretisch beachtliche, empirisch auch gut bestätigte, aber nicht konsequent in die Erfolgsfaktorenforschung einbezogene Phänomene**:
  Hierzu gehört vor allem die Kooperation mit Partnern auf der Input-Seite: mit Lieferanten, Hochschulen, Beratern. Insgesamt ist die **Innovation im Netzwerk** in der Erfolgsfaktorenforschung unterbelichtet. Auch die personellen Konstellationen sind unter den Stichworten "**Champions**" oder "**Promotoren**" intensiv erforscht worden, ohne dass das in der Erfolgsfaktorenforschung aufgegriffen wurde. Schließlich liegt eine reichhaltige Forschung zur **ressortübergreifenden Zusammenarbeit** im Innovationsprozess unter dem Stichwort "Cross-functional Integration" vor, die ebenfalls von der Erfolgsfaktorenforschung vernachlässigt wurde.

Diese Einschätzungen der Erfolgsfaktorenforschung sind für die weitere Behandlung des Innovationsmanagements in dieser Schrift in folgender Weise beachtlich:

- Wir werden uns insbesondere auf die **Führungsperspektive** konzentrieren, in der wir den Kern des Managements von Innovationen sehen.
- Dabei ist die **Ressourcenperspektive** systematisch zu berücksichtigen. Insbesondere ist eine gründliche Betrachtung zum Informations- und Wissensmanagement im Innovationsprozess erforderlich.
- Wir werden von der **Marketingperspektive** weitgehend abblenden. Wollte man sie systematisch berücksichtigen, würde das die Darstellung um ein Vielfaches ausdehnen. Welche Aspekte dabei zu berücksichtigen sind, zeigen in beispielhafter Weise etwa die theoretischen und empirischen Untersuchungen von *Talke* und *Krieger*[1].

1.4 Handlungsspielräume und Gestaltungszwänge

> "Perhaps the two characteristics most required in managing the innovation and change processes are *vigilance* in detecting the unforeseen as early as possible, and *flexibility* in reacting to it."
>
> *King/Anderson* (2002), S. 164 f.

Innovationsmanagement vollzieht sich in Zeit und Raum. Es unterliegt damit wie jedes menschliche Handeln situativen Einflüssen - Bindungen und Zwängen. Zwar suggerieren Management-Literatur und Beratungs-Praxis vielfach, es gäbe "das" Erfolgsrezept oder "den einzig richtigen" Kurs des Innovationsmanagements[2]. Aber schon die Alltagserfahrung und eindrucksvoller noch: die empirische Forschung belegen, dass dem nicht so ist[3]. Innovationsmanagement kann sich nur innerhalb begrenzter Spielräume entfalten und muss sich den Sachzwängen anpassen. Dem handelnden Manager steht nur ein **begrenzter Handlungsspielraum** für die Auswahl und den Einsatz der Instrumente des Innovationsmanagements zur Verfügung.

Wer diese situativen Einflüsse vernachlässigt, verrät Mangel an Professionalität: Er erlebt als Forscher, dass die Beziehungen zwischen Innovationsmanagement und Innovationserfolg vielfach "instabil"[4] sind und keine zuverlässigen Prognosen ermöglichen. Als Praktiker wird er konstatieren müssen, dass er deshalb nicht erfolgreich ist, weil er das Innovationsmanagement nicht wachsam und flexibel genug betrieben hat.

Die folgende Betrachtung soll diese situativen Begrenzungen im Überblick bewusst machen.

---

1 *Talke* (2005), *Krieger* (2005).
2 *Poole/van de Ven* (1989), S. 637 ff., insbes. S. 644 ff.
3 Siehe die umfassende Auswertung der frühen Literatur bei *Wicher* (1991b), S. 88 ff.
4 *Downs/Mohr* (1976), S. 700.

Die traditionelle Erfolgsfaktorenforschung hat situative Einflüsse zumeist übersehen oder nur beiläufig erhoben. Die Auswertung der Literatur, vor allem der empirischen Befunde, zeigt demgegenüber ein höchst differenziertes Bild, das wir im Kasten 1.13 zusammengefasst haben[1].

Kasten 1.13: Einflussfaktoren des Innovationsmanagements

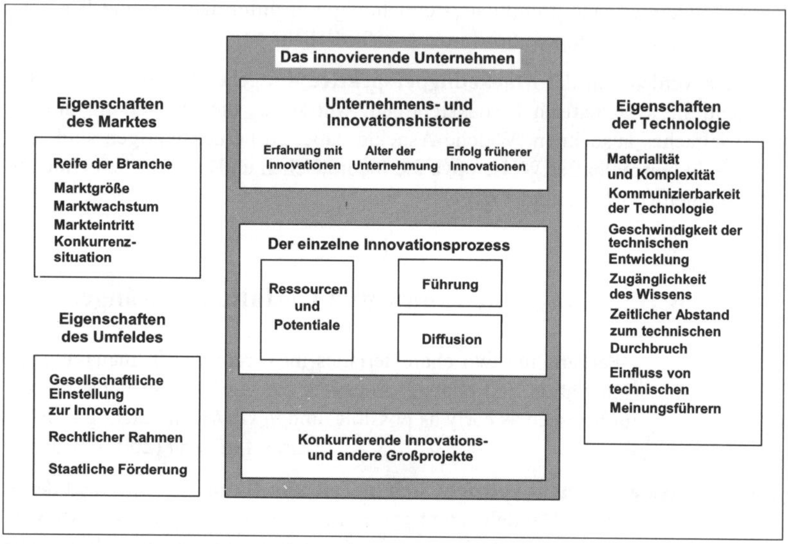

Quelle: Eigene Darstellung

1.4.1 Unternehmens- und Innovationshistorie

Das **Alter der Unternehmung** scheint dabei ein ambivalenter Einflussfaktor zu sein: Nach den Hypothesen von *Kimberly/Evanisko*[2] hätten alte Unternehmen sowohl eine wohlgeordnete Ressourcenbasis als auch ein nachweisbares Überlebenspotential: Sie müssten nach der reichlich pauschalen Argumentation offenkundig in der Vergangenheit mit Innovationen so umgegangen sein, dass sie überleben konnten. Der Befund zeigt demgegenüber, dass es tatsächlich eher die jungen Unternehmen sind, die danach streben, durch technische Innovationen eine Marktnische zu erobern[3].

Die **Erfahrung mit Innovationen** ist eine wichtige Determinante des Innovationserfolgs und somit auch des Innovationsmanagements[4]. Sie ist zum einen als

---

1 Zur empirischen Basis und zum Ansatz siehe *Meffert* (1976), S. 78 ff., *Schrader* (1993), S. 226 ff., vgl. auch *Leder* (1990), S. 17 ff., *Galende/de la Fuente* (2003), S. 722. Die umfassendste Auswertung der Literatur zu den Einflussfaktoren des Technologiemanagements findet sich bei *Hemmert* (2002), S. 88 ff., zusammengefasst S. 131 ff.

2 *Kimberly/Evanisko* (1981), S. 699.

3 Ebenda, S. 707, *Katila/Shane* (2005), S. 821 ff.

4 *Schewe* (1994), S. 43.

Vertrautheit mit der Technologie zu interpretieren. Sie deutet darüber hinaus auch auf Kenntnis der Instrumente des Innovationsmanagements hin. Eine extensive historische Fall-Studie zur Entwicklung von Dieseleinspritzsystemen bei Bosch zeigt überdies die hohe Bedeutung der im Laufe des Prozesses langfristig etablierten Geschäftsbeziehungen[1].

Der **Erfolg vorangehender Innovationsprojekte** steigert sicherlich die Bereitschaft, überhaupt weitere Innovationsideen aufzugreifen. *Erker*[2] zeigt in technikgeschichtlichen Fallstudien aber auch, wie die Entwicklung der Transistortechnologie durch die großen Erfolge der vorangehenden und sehr erfolgreichen Röhrentechnologie im Hause Siemens gehemmt wurde. Misserfolgserlebnisse könnten die gegenteiligen Lerneffekte haben.

1.4.2 Projektkonkurrenz

Es geht dabei um andere, zeitlich parallel ablaufende Innovationsprozesse wie auch um andere Großprojekte. Hier liegt ein Verteilungskonflikt, wenn diese konkurrierenden Prozesse auf die gleichen Ressourcen und Potentiale zurückgreifen wollen wie der betrachtete einzelne Innovationsprozess. Dieses **Multiprojektmanagement** verdient eine gesonderte Betrachtung. Wir verweisen diesbezüglich auf Kapitel 3 zum Innovationssystem.

1.4.3 Eigenschaften des Marktes

Mehr oder weniger explizit wird die **Branche oder der Industriezweig** als Determinante der Innovationsaktivität beachtet. Die meisten Untersuchungen konzentrieren sich "aus Gründen der Vergleichbarkeit" oder ähnlich auf einen oder wenige Industriezweige, in Deutschland vorzugsweise auf den Maschinenbau. Sie wollen damit u.a. einen Störeinfluss ausschalten, der offenkundig für wichtig erachtet wird, wenn auch theoretische Erwägungen für diese Annahme i.d.R. fehlen. Die Wachstumserwartungen der Branche könnten sich immerhin noch auf Lebenszyklus-Modelle stützen. So ist wohl genauer die "Reife" der Branche beachtlich, hier verstanden als Maß für die Marktdurchdringung.

Der Begriff "Branche" steht unter absatzwirtschaftlichen Kriterien erstens für den **Wettbewerb**, d.h. für die Zahl der Wettbewerber, ihre Marktmacht, ihr Konkurrenzverhalten, für Möglichkeiten und Grenzen des Markteintritts. Zweitens steht Branche für das **Marktvolumen** und das **Marktwachstum**.

Die Zugehörigkeit einer Unternehmung zu einer Branche begründet Bindungen, die kurzfristig zu akzeptieren sind, so dass man sich auf der operativ-taktischen Ebene reaktiv verhalten muss. Proaktives Verhalten bedeutet demgegenüber entweder den Austritt aus der Branche mit allen Risiken, dabei in fremdes Terrain einzudringen. Oder die Branche selbst ist durch Akquisitionen oder andere Formen der Zusammenarbeit neu zu strukturieren.

---

[1] *Kash/Auger* (2005), S. 31 ff.

[2] *Erker* (1993), S. 267 ff.

1.4.4 Eigenschaften des Umfeldes

Obwohl umfassende empirische Belege noch fehlen, darf vermutet werden, dass Änderungen der **gesellschaftlichen Einstellungen** gegenüber der Innovation nachhaltig das innerbetriebliche Innovationsmanagement beeinflussen[1]. *Lynn et al.*[2] entwerfen ein umfassendes konzeptionelles Design einer "innovation community" mit eigener Super- und Substruktur[3].

Uns kommt es hier eher auf die gesellschaftliche Bewertung von Innovation an. Äußerungen von **Politikern** jeglicher Couleur und jeglichen Ranges in der Öffentlichkeit geben Rückhalt für die Feststellung, dass technische Innovation und Technologieförderung als einer der wichtigsten Schlüsselfaktoren für wirtschaftliches Wachstum und Prosperität erkannt sind. Ein derartiger **gesellschaftlicher Rückhalt** schwächt auch den innerbetrieblichen Widerstand gegen Innovationen und fördert die innerbetrieblichen Innovationspromotoren an einer ganz entscheidenden Stelle.

Das gesellschaftliche, politische und soziale Umfeld bestimmt den **rechtlichen Rahmen**, der den Aktionsspielraum des Innovationsmanagements begrenzt oder öffnet[4]. Zugleich wird damit die **staatliche Förderung** von Innovationen vorgeprägt.

1.4.5 Eigenschaften der Technologie

(1) Die Studie von *Kimberly/Evanisko*[5] zur **Materialität** der Innovation gilt als wegweisend. Sie lenkt den Blick auf Unterschiede und Gemeinsamkeiten von technischen und administrativen Innovationen. Sie erbrachte den Nachweis, dass sich die Übernahme technischer Innovationen erheblich besser prognostizieren lässt als die administrativer Neuerungen. *Gopalakrishnan/Damanpour*[6] führen diesen Befund darauf zurück, dass die Generierung der administrativen Innovation besser durch sog. "multiple" Sequenzen erklärt werden kann, d.h., der Innovationsprozess vollzieht sich nicht in einer klaren Abfolge von Schritten, sondern in vielfachen Verzweigungen, Rückverweisungen und mehrfachen Durchläufen. Demgegenüber verläuft technische Innovation sehr viel eindeutiger in abgrenzbaren ("unitary") Sequenzen. Dieses Konzept warnt davor, der administrativen und der technischen Innovation unreflektiert mit den gleichen Management-Instrumenten beikommen zu wollen.

(2) Die **Komplexität der Technik bzw. der Technologie** wurde bereits im Zusammenhang mit dem Innovationsgrad diskutiert. *Gopalakrishnan/Damanpour*[7] erklären diese Komplexität nicht in der üblichen systemtheoretischen

---

1 *de Pay* (1990), S. 131 ff., *van de Ven* (1993), S. 23 ff.
2 *Lynn et al.* (1996), S. 91 ff.
3 Vgl. auch *Albach* (1994), S. 94 ff.
4 Vgl. die Befunde von *Delmas* (2002), S. 30 ff.
5 *Kimberly/Evanisko* (1981), S. 689 ff.
6 *Gopalakrishnan/Damanpour* (1994), S. 110.
7 Ebenda, S. 103.

Weise[1], sondern in einer diffusionstheoretischen Unterteilung, die für das Management der Innovation möglicherweise eine wichtige Ergänzung bietet:

- Komplexität ist zum einen eine Frage der Teilbarkeit des Problems: je besser teilbar, desto leichter realisierbar.
- Zum anderen ist Komplexität eine Frage der intellektuellen Verstehbarkeit ("sophistication"): je besser intellektuell beherrschbar, desto leichter realisierbar.

(3) Ebenfalls auf diffusionstheoretische Überlegungen geht eine weitere, von *Downs/Mohr*[2] eingeführte Kennzeichnung von Komplexität zurück: die Kommunizierbarkeit. **Je leichter die Innovation erläutert und mitgeteilt werden kann, desto leichter ist sie realisierbar**. Für das Management der Innovation hat diese Anschauung eine erhebliche Konsequenz: Die Innovation verlangt nicht nur die Bewältigung der technologischen Komplexität, sondern auch die Lösung der Informations- und Kommunikationsproblematik.

(4) Für das Innovationsmanagement ist weiterhin die **Geschwindigkeit** der technischen Entwicklung sowie die Distanz zum "technischen Durchbruch" von Bedeutung. *Tushman/Anderson*[3] zeigen am Beispiel der Zement-, der Flugzeugbau- und der Mikrocomputerindustrie, dass die technische Entwicklung von wenigen, abrupten Veränderungen ("Diskontinuitäten") bestimmt ist, die in den genannten Branchen in unterschiedlichen Geschwindigkeiten aufeinander folgten[4]. Diese technischen Durchbrüche versetzen die gesamte Branche in Turbulenz, zerstören die traditionellen Stärken ("Kompetenzen") und verändern schlagartig die Wettbewerbssituation. Für das Management von Innovationen macht es einen erheblichen Unterschied, ob eine Unternehmung diesen Durchbruch selbst bewerkstelligt oder ob sie auf einen Durchbruch bei einem ihrer Konkurrenten reagieren muss.

(5) *Anderson/Tushman*[5] zeigen weiterhin, dass auf diese Phase der Turbulenz eine Phase der Konsolidierung folgt, in der sich dann ein "**dominantes Design**" durchsetzt[6]. Wem es gelingt, mit seinem dominanten Design die **Industriestandards** zu prägen, profitiert am stärksten von der Innovation, da sich ihm die Chance der large-scale-Produktion eröffnet. Interessanterweise ist es oftmals nicht der eigentliche Initiator des technischen Durchbruchs, der dann auch diese Industriestandards bestimmt. Insofern hat das Management von Unternehmen, die dem Initiator des Durchbruchs folgen, eine nicht unerhebliche Erfolgschance. Es liegt wiederum auf der Hand, dass die Handlungsspielräume und die Gestaltungszwänge für das Innovationsmanagement höchst unterschiedlich sind, je nachdem, welche Position sie im Prozess des technischen Wandels einnehmen.

---

1 wie *Hauschildt* (1977), S. 118 ff.
2 *Downs/Mohr* (1976), S. 702.
3 *Tushman/Anderson* (1986), S. 439 ff.
4 Vgl. *Bierfelder* (1994), S. 49.
5 *Anderson/Tushman* (1990), S. 613 ff.
6 *Utterback* (1994), S. 24 ff.

(6) Innovationsmanagement ist nicht zuletzt Informationsmanagement. Es gilt, Informationen zu beschaffen, zu verarbeiten und zu verwerten. Damit ist aber die Frage aufgeworfen, wie die Informationen über die neue Technologie verbreitet sind[1]. Diese **Zugänglichkeit der Information** ist eine weitere, wichtige Determinante des Innovationsmanagements: Wenn eine asymmetrische **Informationsverteilung**, also eine Informationsherrschaft des Innovators, vorliegt, wird ein anderes Verhalten nötig, als wenn die Information jedermann zugänglich ist. Das gilt sowohl für denjenigen, der sein Herrschaftswissen verteidigt, als auch für den, der Zugang zu diesem geheimen Wissen begehrt.

Eine besondere Bedeutung haben in diesem Zusammenhang technische **Meinungsführer** und deren Kommunikationsfähigkeit. Die Richtung ihres Einflusses ist indessen nicht eindeutig: Sie können als enthusiastische Förderer der innovativen Technologie als auch als deren Gegner auftreten.

Mit dem Auffinden und der Aufzählung einzelner Einflussfaktoren des Innovationsmanagements kann die Betrachtung zu Handlungsspielräumen und Gestaltungszwängen nicht abgeschlossen werden. Für die Praxis stellt sich die Realität stets als Kombination von mehreren der genannten Einflussfaktoren dar. Wie sehen ihre Wechselwirkungen aus? Werden die Gestaltungszwänge bei Kombination bestimmter Einflussfaktoren noch enger? Oder umgekehrt: Kompensieren sich die Determinanten und eröffnen neue Handlungsspielräume?

Hier liegt noch ein erheblicher Forschungsbedarf. Soweit bereits erste Erkenntnisse der Forschung zu diesen Einflüssen vorliegen, sollen sie im Folgenden jeweils bei der Behandlung der Innovationsstrategien, -strukturen und -prozesse vorgetragen werden.

---

1 *Brockhoff* (1996c), S. 180 ff.

2. Kapitel
Die Funktionen des Innovationsmanagements

2.1 Fallstudien zu den Funktionen des Innovationsmanagements

Dem 2. Kapitel stellen wir kurze Passagen aus der **Wirtschaftspresse** und aus **Geschäftsberichten** deutscher Unternehmen voran. Diese Zitate sollen zum einen in Inhalt und Sprache darstellen, wie sich das Innovationsmanagement in der Wirtschaftspraxis und -presse präsentiert. Zum anderen soll verdeutlicht werden, wie Innovation zunehmend als strategisches und damit auch als ein strukturelles Problem gesehen wird.

(1) Akquisition und Beteiligung

"*Wolfgang Hartwig* weiß, wo's langgeht. Seit Jahren schon wacht der Chef der Pharmaforschung bei der Bayer AG mit seinem Expertenteam über die internationale Biotech-Elite. Wie kaum ein anderer kennt sich der Forschungschef in der Szene aus und kann so treffsicher entscheiden, wo auf der Welt Pharmaunternehmen biotechnologische Spitzenforschung am besten einkaufen können. ... Für seinen Arbeitgeber zog der Pharmaexperte im vergangenen Jahr den größten Biotech-Deal aller Zeiten durch. 225 krankheitsbeeinflussende Gene soll das US-Forschungsunternehmen Millennium Pharmaceuticals Inc. mit Sitz in Cambridge, Massachusetts, binnen fünf Jahren für die Leverkusener identifizieren. "Millennium verfügt über die entscheidenden Technologien, um derartige Gene aufzuspüren", erklärt Forschungschef *Hartwig* Sinn und Zweck der Allianz. "In einem zweiten Schritt überprüfen wir mit einer von uns entwickelten Roboter-Screening-Technik, ob die Gene auf Arzneimittelwirkstoffe ansprechen." Rund 488 Millionen Euro (955 Millionen Mark) will der deutsche Konzern in das Mammutprojekt investieren, das in der Branche als ehrgeizig gilt. ...

Aber auch in anderer Hinsicht machte das Geschäft Schlagzeilen. "Dem Projekt liegt ein ausgeklügeltes Finanzierungskonzept zugrunde, das zukunftweisend ist", sagt *Nikolas Vrettos* von der Boston Consulting Group in Düsseldorf. "Früher schossen die Unternehmen Forschungsgelder in Millionenhöhe in junge Firmen, ohne zu wissen, ob sich die Investition tatsächlich rechnet", so *Vrettos* weiter. "Bayer ging da bei seinem Deal mit Millennium weitaus ergebnisorientierter vor". Um das Risiko einer Fehlinvestition so gering wie möglich zu halten, koppelte der Konzern den größten Teil seiner Zahlungen an die Lieferung von konkreten Forschungsergebnissen, für die Bayer - ähnlich wie beim Einkauf von Investitionsgütern - auch noch genaue Qualitätsstandards festlegte." (Wirtschaftswoche Nr. 25, 17.6.1999)

(2) Imitation

"Vor dem Hintergrund steigender Gesundheitskosten, umfassender staatlicher Kostendämpfungsmaßnahmen und stärkerer Preisregulierung gehören Generika zu den am schnellsten wachsenden Segmenten des weltweiten Pharmamarktes. ... Hintergrund des starken Wachstums ist, dass rund 15 der weltweit führenden Substanzen - so genannte Blockbuster - in den nächsten Jahren ihren Patentschutz verlieren. ...

Merck zählt in diesem wettbewerbsintensiven Markt zu den weltweit führenden Anbietern. Im Jahr 1994 stieg Merck mit der Akquisition einiger Unternehmen in das Generika-Geschäft ein. Kurz danach ergänzte die Gruppe ihre Aktivitäten ... durch die Gründung verschiedener Start-up-Unternehmen. Über Unternehmenskäufe in Deutschland und Japan konnten zusätzliche Marktanteile erreicht werden. ... Um die kritische Größe zu erhöhen und interessante Märkte, einschließlich der USA, zu erobern, sucht die Gruppe nach weiteren Unternehmen, die zum Verkauf stehen.

Die F&E-Strategie unserer Generika-Gruppe besteht darin, alle wichtigen Produkte, deren Patent in naher Zukunft ausläuft, zu identifizieren und sicherzustellen, dass unsere generischen Versionen in allen relevanten Regionen zum Datum des Patentablaufs käuflich erhältlich sind. Mit umfangreichen, standortübergreifenden Investitionen in Forschung und Entwicklung, dem Know-how im Erwerb von Rohstoffen und international führender Expertise im Patentwesen gehören wir im Generika-Geschäft zu den wenigen wirklich global tätigen Unternehmen. ..." (Merck KGaA Geschäftsbericht 2002, S. 27)

(3) Kooperation mit Universitäten

"Irgendwann in den frühen 80er Jahren träumte *Gerhard Kopp* in Lingen im Emsland von Molchen. Nicht von den possierlichen Tierchen, sondern von einem High-Tech-Molch, den er durch Öl- und Gaspipelines jagen wollte, um dort Lecks und andere Schäden aufzuspüren. *Kopp* hatte bis dahin eine kleine Firma namens Pipetronix, die Druckproben an Pipelines durchführte. Das war ihm zuwenig. Er wollte den Molch, und zwar einen, den er mit Hilfe der Ultraschalltechnik durch die Röhren steuern konnte. Die Idee war da, das Know-how fehlte. Da traf *Kopp* eher zufällig auf Professor *Gunter Krieg*, anerkannter Sensorik-Experte am Forschungszentrum Karlsruhe. *Krieg* fand die Idee gut und bot seine Kooperation an. Kurzerhand entschied *Kopp*, seine Firma von Lingen ins badische Karlsruhe zu verlegen. 1983 zog er dort mit einer Handvoll Leute in die neugegründete Technologiefabrik der IHK ein. Ein sechs Mann starkes Projektteam, bestehend aus Mitgliedern des Unternehmens und des Forschungszentrums, entwickelte den Molch. 1986 war der Prototyp fertig - und wurde ein großer Erfolg. Heute ist Pipetronix Weltmarktführer für Pipeline-Service, hat 520 Beschäftigte und macht 150 Millionen Mark Umsatz, einen großen Teil davon im boomenden Rußland-Geschäft." (ManagerMagazin, August 1997, S. 63)

(4) Kooperation mit Lieferanten

"Früher hießen sie "Zulieferer", heute spricht man von "Systempartnern". Ist das alter Wein in neuen Schläuchen oder eine wortgewandte Aufwertung eines abgenutzten Begriffs? Beileibe nicht, wie die jüngste Partnerschaft zwischen Daimler-Benz auf der Fahrzeugherstellerseite und der Zahnradfabrik Friedrichshafen (ZF) auf der "Partnerseite" beweist. ...

Ziel von Daimler-Benz war es, die Zahl der Zulieferer für die M-Klasse so gering wie möglich zu halten. Die Achsen waren dabei als eines der Systeme vorgesehen. Aus gutem Grund, denn so einfach das Wort "Achse" klingt, so komplex ist, was ZF für Daimler-Benz fertigt: Nabe, Radlager, Achsschenkel, Lenker und Subrahmen gehören ebenso zum System wie Lenkgetriebe, Spurstangen und Stabilisatoren, Bremssättel, Bremsscheiben und Feststellbremse, dazu Achsgetriebe und die seitlichen Antriebswellen. An der Kompetenz des Fahrzeugherstellers, das Grundkonzept eines Fahrwerks mitsamt der Achskinematik zu definieren, wird auch in dieser Partnerschaft nicht gerüttelt. Denn nur so erhält das Fahrzeug seinen markenspezifischen Charakter. Aufbauend auf einer solchen Grundkonzeption, kann allerdings ein mit entsprechenden Freiheiten ausgestatteter Systempartner sehr weitgehend - und frühzeitig - entwickelnd tätig werden. ...

Die Erprobung der Einzelkomponenten wie auch des kompletten Systemumfangs steht voll und ganz in der Verantwortung des Systempartners; dagegen gehören Fahrerprobung und Feinabstimmung selbstverständlich wieder zur Kernkompetenz des Fahrzeugherstellers.

ZF konnte einerseits die für dieses System notwendige Basiskompetenz nachweisen, das heißt die organisatorischen Voraussetzungen einer in der ganzen Welt operierenden Unternehmensgruppe und das Fachwissen auf den Gebieten Antrieb, Fahrwerk und Lenkung, andererseits war jedoch ein wesentliches Entscheidungskriterium zugunsten von ZF, daß man von Anfang an bereit war, ein Werk für dieses Projekt in unmittelbarer Nähe des Kunden aufzubauen. Nur 26 Meilen (42 Kilometer) vom neuen Daimler-Benz-Montagewerk für die M-Klasse entfernt hat ZF seine Achsfertigung aufgezogen. Diese Nachbarschaft ist unabdingbare Voraussetzung für einen Systempartner, denn er muß just-in-time liefern. Dabei muß er seine Unterlieferanten pünktlich koordinieren - im Fall ZF/Daimler-Benz sind es mehr als 30."[1]

---

1 *Wildhage* (1997).

(5) Einzelprojektmanagement

"Mit einem Treffer im Hauptgefechtsstand besiegelte gleich der erste Schuß das Schicksal des schweren Kreuzers "Blücher". Nach zwei Torpedotreffern unterhalb der Wasserlinie sank das Schiff mit dem Bug voraus auf den Grund des Oslofjords. Die "Blücher" ist bis heute eine Gefahr für die Norweger - mit dem Inhalt ihrer Treibstofftanks.

In den vergangenen Jahren waren über der Untergangsstelle immer wieder buntschillernde Ölteppiche entdeckt worden. ... Doch jetzt wird die Gefahr gebannt. Das norwegische Umweltministerium startete Mitte Oktober nach dreijähriger Vorbereitung die "Operation Blücher": Bis zum Ende des Jahres soll der größte Teil des Dieselöls aus den 180 Tanks des in 90 Metern Tiefe liegenden Wracks abgepumpt werden ...

Als Operationsbasis dient den Ölspezialisten die schwimmende Förderplattform "Semi 1", die mit 100 Mann Besatzung aus der Nordsee abgezogen und im Oslofjord mit Hilfe von Satellitennavigation genau über die "Blücher" dirigiert wurde. ... Ein Computer, der die Zeit- und Ortssignale der Satelliten des amerikanischen Global Positioning System (GPS) und einer Bodenstation der norwegischen Hydrographischen Gesellschaft permanent auswertet, registriert selbst die kleinste Abdrift und korrigiert sie ...

Schwerstarbeit wird derweil 90 Meter tiefer geleistet. Da arbeiten Taucher an einem neuen "Faßanschlag", wie die Norweger flachsen ... Sie fixieren einen hydraulischen Bohrer mit drei großen Saugnäpfen an der Bordwand. Mit 200 Umdrehungen in der Minute schneidet dieser zwei Löcher mit einem Durchmesser von 10 Zentimetern in den Stahl und den dahinterliegenden Öltank ...

In den ersten drei Arbeitstagen wurden zwölf Tanks entleert. Weitere 121 sollen in den kommenden Wochen folgen ... "Wenn alles glattgeht, werden wir immerhin 90 Prozent der Ölvorräte abpumpen", hofft *Odd Arne Follum*, Chefingenieur der norwegischen Umweltbehörde SFT ...

Daß er überhaupt weiß, wieviel Öl noch in dem Wrack lagert und wie sich die insgesamt 1560 Tonnen Schiffsdiesel auf die einzelnen Tanks verteilen, hat Follum einem neuartigen Sonarsystem der Bentech Subsea AS aus Trondheim zu verdanken. Die Ingenieure des heute zum Simrad-Konzern gehörenden Unternehmens hatten bei Unterwasserversuchen herausgefunden, daß Ultraschallwellen bestimmter Frequenzen Luft, Wasser und Öl unterschiedlich schnell durcheilen ...

Tatsächlich erhielt die Simrad-Tochter den Auftrag zur kompletten Vermessung und Ultraschallerforschung der "Blücher". Die Bentech entwickelte dazu einen ferngesteuerten Unterwasserschlitten, der in der Steuerzentrale mit einem GPS-Empfänger gekoppelt ist. Das Ergebnis: Jeder Punkt des Schiffes läßt sich mit einer Präzision von fünf Zentimetern treffen. Die ersten Bohrungen lagen tatsächlich voll im Fadenkreuz ..." (WirtschaftsWoche Nr. 45 / 3.11.1994, S. 124 ff.)

(6) Multiprojektmanagement

Schering stellt in seinem Geschäftsbericht 2002 die Verteilung der Aufwendungen für Forschung und Entwicklung in folgender Weise dar:

"755 Mio.€ (80 %) unserer F&E-Aufwendungen lassen sich einzelnen Projekten zuordnen und verteilen sich wie folgt auf unsere Geschäftsbereiche: Auf Gynäkologie&Andrologie entfielen 23 %, auf Spezial-Therapeutika 43 %, auf Diagnostika&Radiopharmaka 18 % und auf Dermatologie 8 %. ...

Bei den F&E-Aufwendungen, die nicht einzelnen Projekten zugeordnet werden können, handelt es sich in erster Linie um Aufwendungen für Forschung im vorklinischen Bereich, Verwaltung, Infrastruktur, internationales Projektmanagement sowie um indirekte Kosten im Zusammenhang mit der Erfüllung von Zulassungsvorschriften."

Schering präsentiert sodann eine Aufstellung von 20 großen Entwicklungsprojekten. Die folgende Liste zeigt einen Ausschnitt, die Projekte des größten Geschäftsbereichs, der Spezial-Therapeutika:

Entwicklungsprojekt	Status	Anwendung
Fasudil Oral	Phase II	Wirkstoff für die orale Behandlung der Angina pectoris
AGT-MI	Phase II/III	Einsatz des Gens FGF-4 in der angiogenen Gentherapie (AGT) bei koronaren Herzkrankheiten, um die Neubildung von Blutgefäßen im Sinne eines „Bio-Bypass" anzuregen
Leukine®	Phase II	gentechnisch hergestelltes Wachstumsfaktorprotein (GM-CSF). Es wird in der hämatologischen Onkologie zur Stärkung und Wiederherstellung des Immunsystems eingesetzt. Derzeit befindet sich Leukine® in der klinischen Entwicklung für die Indikation Morbus Crohn.
Mesopram™	Phase II	PDE IV-Inhibitor zur oralen Behandlung der MS
MS-209	Phase III	Wirkstoff gegen solide Tumoren bei Brustkrebs und nichtkleinzelligem Lungenkrebs
Spheramine	Phase II	Dopamin produzierende, humane Zellen, die an Mikrocarrier gebunden sind; zur Zelltherapie bei Parkinson-Patienten
VEGFR-Inhibitor	Phase III	oraler Angiogenesehemmer; soll die Einsprossung von Blutgefäßen in den Tumor hemmen
Zevalin®	EU: zur Zulassung eingereicht	Yttrium-90-markierter monoklonaler Antikörper zur Radioimmuntherapie des Non-Hodgkin-Lymphoms

Quelle: Schering Geschäftsbericht 2002, S. 38-39

Diese kurzen Darstellungen von Innovationsaktivitäten regen zu folgenden Fragen an:

- Welche strategischen Überlegungen leiten die Entscheidung, Innovationen als innerbetriebliche oder als zwischenbetriebliche Aufgaben zu behandeln?
- Kann man Innovation ohne weiteres realisieren, indem man sie einkauft oder Lizenzen zur Nutzung erwirbt?
- Kann man mit einer Unternehmung auch ihr gesamtes Innovationspotential erwerben? Was muss man tun, um ein vorhandenes Innovationspotential zu erhalten und auszubauen?
- Ist Imitation eine Alternative zur Innovation?
- Welches sind die leistungsfähigsten Partner einer Innovationskooperation? Ist Kooperation auch mit Wettbewerbern möglich und sinnvoll?
- Welche Funktionen hat ein Kooperationsmanagement im Innovationsfall?
- Wodurch unterscheidet sich Projekttätigkeit von Betriebstätigkeit?
- Welches sind die Besonderheiten von Innovationsprojekten?
- Welche betriebswirtschaftlichen Probleme stellen sich, wenn mehrere Innovationsprojekte gleichzeitig durchgeführt werden?
- Wodurch unterscheidet sich Forschung von Entwicklung? Wirken sich die Unterschiede auf das Management von Innovationen aus?

Die folgenden Ausführungen sollen Antworten auf derartige Fragen liefern.

2.2 Trennung und Verknüpfung von Innovation und Routine

> "An organization that is designed to do something well for the millionth time is not good at doing something for the first time. Therefore, organizations that want to innovate ... need two organizations, an operating organization and an innovating organization."
>
> *Galbraith* (1982), S. 6

Innovationen sind nicht Routine, sollen es aber eines Tages werden. Es ist eine strategische Aufgabe, Innovationsmanagement und Routinemanagement zu trennen und wieder zu verknüpfen.

Es ist die These dieser Schrift, dass das Management von Innovationen andere Instrumente erfordert als das Handeln im betrieblichen Alltag[1]. Die organisatorische Konsequenz dieser These bedeutet Arbeitsteilung, möglicherweise sogar strikte Trennung von Innovations- und Routineprozessen. Die Konsequenz lautet aber ebenfalls, diese strikte Trennung spätestens mit der Einführung des Produktes in den Markt oder des Verfahrens in den laufenden Betrieb wieder aufzuheben.

Erst aus der laufenden Verwertung der Innovation erwächst der Erfolg.

Die **Organisation** einer Unternehmung ist normalerweise in ihrem Aufbau und in ihren Abläufen daraufhin konstruiert, häufig wiederkehrende **Routineprozesse** schnell, sicher, zuverlässig, reibungsarm und kostengünstig zu bewältigen. Jegliche Spezialisierung und Koordination stehen so unter dem Postulat der Leistungseffektivität und der Kosteneffizienz. Organisation lohnt sich nur, wenn sie auf Dauer sicherstellt, dass alle wiederholt auftretenden Arbeiten nach klarer Zuständigkeit und fester Ordnung vollzogen werden.

Im Gegensatz dazu sind **Innovationen** als einmalige, auf jeden Fall erstmalige Ereignisse von einer gegebenen Organisation nur schwer zu bewältigen. Da man Innovationen nicht vorhersagen kann, ist auch die Organisation auf derartige Fragestellungen nicht zugeschnitten. Konsequenz: Für die Innovation fühlt sich jeder - oder keiner - zuständig. Innovationen laufen quer durch die Instanzenzüge. Innovationen missachten die äußeren Grenzen des Unternehmens. Sie bringen "Außenstehende" in das Räderwerk der Organisation. Innovationen kümmern sich nicht um die bestehenden Formen der Spezialisierung. Für den innovativen Fall gibt es keine festgelegte Ablaufprozedur. Bei der Beschaffung von Innovationen kann man nicht auf gesicherte Vorgänge zurückgreifen. Im Verhältnis zu externen Interaktionspartnern gilt das Prinzip von Befehl und Gehorsam nicht. Kurz: Innovationen sind bei der Organisation nicht nur nicht bedacht worden, sie sind oftmals **Störenfriede im wohlgeordneten Regelwerk**.

---

1 *Wilson* (1967), S. 195 ff., *Moss Kanter* (1989), S. 61 ff.

Gaitanides/Wicher[1] sprechen in diesem Zusammenhang vom "organisatorischen Dilemma zwischen operativer Stabilität und innovativer Dynamik." Klassisch ist in diesem Zusammenhang die Feststellung von *Sapolsky*[2]:

> "The factors that increase the probability that organizational participants will devise and present innovation proposals are precisely those factors that decrease the probability that the organization will adopt the proposals."

Reibungslos laufende Organisationen tendieren dazu, Innovationen "auszusteuern". Das heißt: Bei organisatorisch korrektem Verfahren werden innovative Projekte nicht auf einer niedrigen Ebene bearbeitet, sondern **stets auf eine höhere Ebene gehoben**, bis sie schließlich auf der Ebene der Geschäftsführung landen. Diese hat mit ihrer Allzuständigkeit in der Tat die Funktion, Innovationen zu bearbeiten. Da diese aber besonders konfliktreich, unsicher, risikoreich und undurchsichtig sind, verlangen sie eine besonders intensive Betreuung. Entsprechende Kapazitäten sind zumeist nicht vorhanden. Wenn die Innovation nicht schon an den geltenden Standards gescheitert ist, scheitert sie spätestens daran, dass sie auf überlastete Geschäftsführungsmitglieder trifft.

Die Konsequenz liegt auf der Hand: Die Unternehmensleitung hat konzeptionell festzulegen, wie Innovationen zu behandeln sind. Das heißt, es ist zu entscheiden, ob im Konfliktfalle die laufende, eingefahrene, auf den wirtschaftlichen Dauervollzug programmierte Betriebstätigkeit oder die Innovationstätigkeit Priorität genießen soll. Hier liegt der Ansatzpunkt für die Organisation des Innovationsmanagements:

Es sind außer strategischen Absichtserklärungen immer auch konkrete organisatorische Regeln aufzustellen, um die Konflikte zwischen Innovation und Routinehandeln zu lösen, so dass der laufende Betrieb die Innovationstätigkeit nicht dominiert - wie auch umgekehrt.

Wir plädieren also für bewusste Regelungen und stellen uns damit unter das Postulat, das ganz generell für die Strategiediskussion gilt: Sie soll die Beteiligten möglichst früh veranlassen, die zukünftigen Entwicklungen systematisch und zielstrebig zu durchdenken und willentlich zu gestalten. Damit soll den Entscheidungen, auch ihren Umwegen, eine langfristige Ausrichtung, eine konfliktregulierende Leitlinie und eben auch ein institutioneller Rahmen gegeben werden[3].

Damit lässt sich das Problem auf folgende Fragen zuschneiden:

- Welche strategischen Entscheidungen sind zur zwischen- und innerbetrieblichen Innovationstätigkeit zu treffen?
- Welche Funktionen eines zwischen- und innerbetrieblichen Innovationsmanagements lassen sich aus derartigen Innovationsstrategien ableiten?

---

1 *Gaitanides/Wicher* (1986), S. 385.
2 *Sapolsky* (1967), S. 497.
3 *Ansoff/Stewart* (1967), S. 71 ff., *Porter* (1983), S. 1 ff.

2.3 Strategische Entscheidungen zum Innovationsmanagement

> "Creating these intra- and extra-organizational infrastructures in which innovation can flourish takes us directly to the strategic problem of innovation, which is institutional leadership."
>
> *van de Ven* (1986), S. 601

Die bewusste Gestaltung der Innovationstätigkeit erfordert strategische Entscheidungen. Sie verlangt also eine längerfristig vorausschauende, von den Führungsinstanzen bestimmte, einem zuvor durchdachten Konzept folgende und konsequent verfolgte Festlegung der Unternehmenspolitik zum Umgang mit der Innovation[1].

In Kasten 2.1 ist die Abfolge dieser strategischen Teilentscheidungen dargestellt. Damit wird zugleich eine Aufgabenanalyse des Innovationsmanagements geliefert, die es erlaubt, die unterschiedlichen Aufgaben der Innovationsmanager zu definieren. Wir werden zunächst einen Überblick über diese Aufgabenvielfalt geben, ehe wir sie im Einzelnen charakterisieren.

2.3.1 Bewusste Nicht-Innovation

Am Anfang strategischer Überlegungen zur Innovation steht die Frage 1: Wollen wir **überhaupt eigene Innovationen** anstreben? Innovation ist ein suggestiver Begriff. Wer sich nicht prinzipiell zur Innovation bekennt, kommt schnell in den Ruf, bloß ein Verwalter zu sein, nicht aber ein kreativer Unternehmer. Nun scheint es uns wenig unternehmerisch gedacht zu sein, wenn man ein bewährtes Produkt oder Verfahren aufgibt, dessen strategischer Wert gerade darin liegt, dass es zur Freude seiner Kunden an einem erzkonservativen Konzept festhält: Das Reinheitsgebot der deutschen Bierbrauer, die Produktionsverfahren schottischer Whiskybrenner, die Fertigungsverfahren der Porzellanindustrie, die Duftmischungen von Parfümeuren, die Aufmachung und das journalistische Selbstverständnis bestimmter Zeitungen sind beispielsweise ökonomisch so beachtliche Stärken, dass sie mit guten Gründen einer totalen oder auch partiellen Innovation entzogen werden. Die bewusste Entscheidung zur Nicht-Innovation - zumindest bei einzelnen Produkten oder Verfahren eines Unternehmens - ist somit ebenfalls eine strategische Entscheidung. Sie ist indessen nicht Gegenstand dieser Schrift.

---

1 Siehe auch das Konzept von *Hübner* (1995), S. 78 f., und das von *Scigliano* (2003), S. 81 ff.

Kasten 2.1: Innovationsstrategien und ihre strukturellen Konsequenzen

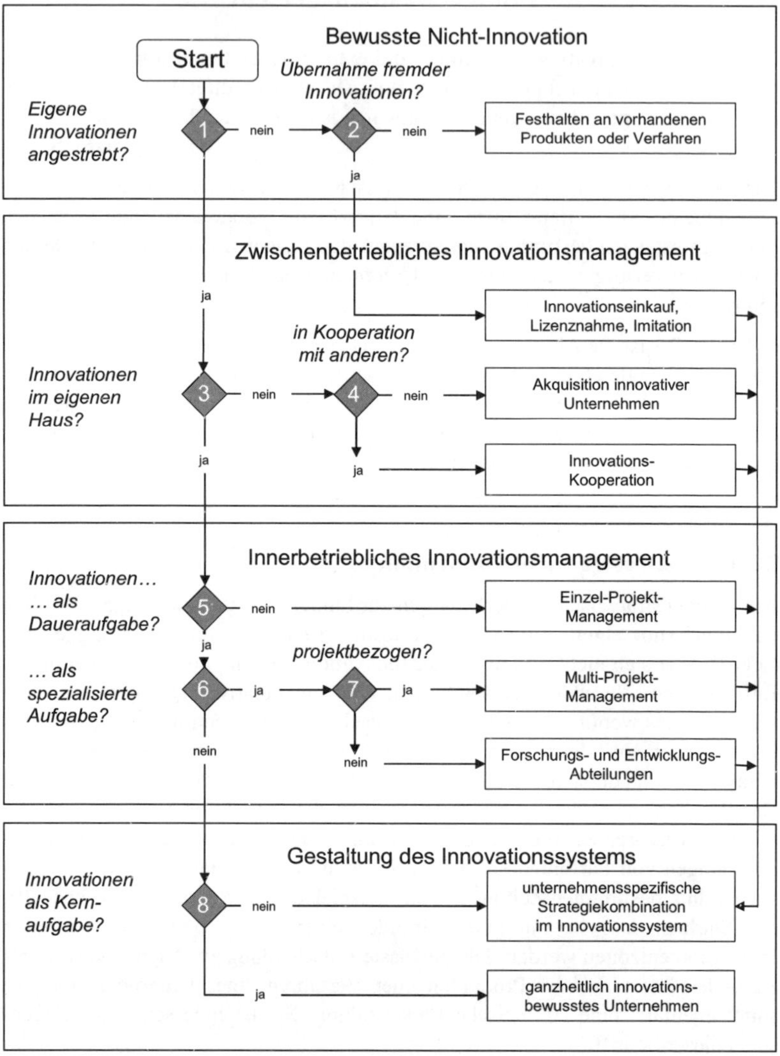

Quelle: Eigene Darstellung

Die strategischen Entscheidungen richten sich sodann auf zwischenbetriebliche und innerbetriebliche Aspekte. Diese Unterscheidung leitet auch unsere Darstellung, wenngleich wir konzedieren, dass diese Aspekte sich in der Realität vielfach durchdringen[1].

2.3.2 Zwischenbetriebliches Innovationsmanagement

(1) ohne Kooperation

Bei industrieökonomischem Verständnis von Innovation kann eine bewusst gewählte Strategie einer Unternehmung darin bestehen, nicht der Erste, sondern ein Nachfolgender zu sein, der die Innovationen eines Konkurrenten übernimmt. Die Frage 1 ("Eigene Innovationen angestrebt?") in Verbindung mit Frage 2 ("Übernahme fremder Innovationen?") führt dabei zu den folgenden Varianten von Managementaktivitäten:

- **Lizenznahme und Innovationseinkauf**:
  Übernahme der von einem Dritten angebotenen Innovation auf der Basis einer vertraglichen Übereinkunft - **Innovationsmanagement als Beschaffungsmanagement**.
- **Imitation**:
  Übernahme der Innovation ohne vertragliche Regelung - **Innovationsmanagement als Imitationsmanagement**.

(2) mit Kooperation

Die Antwort auf Frage 3 ("Innovationen im eigenen Haus?") zieht die Grenze zwischen Innovation und eigentlicher, laufender Betriebstätigkeit. Man will Innovationen hervorbringen, dies aber möglichst getrennt von der etablierten Produktions- und Absatztätigkeit. Durch die Frage 4 ("In Kooperation mit anderen?") werden höchst unterschiedliche Handlungsweisen ausgelöst:

- **Akquisition**:
  Übernahme der Kapitalmehrheit eines innovativen Unternehmens in der Absicht, die erworbenen Ressourcen und Potentiale zur Hervorbringung von Innovationen zu nutzen, die es wiederum erlauben, die eigene technologische und/oder absatzwirtschaftliche Position strategisch zu halten oder zu verbessern - **Innovationsmanagement als Akquisitionsmanagement**.
- **Kooperation**:
  Vergabe von Forschungs- und/oder Entwicklungsaufträgen an spezialisierte Unternehmen oder Forschungsinstitutionen als sog. "Auftragsforschung", gemeinsame Forschung und Entwicklung mit Unternehmen der gleichen Branche als sog. "Gemeinschaftsforschung" sowie schließlich die vielfältigen Kooperationen mit Partnern in der Wertschöpfungskette, mit Kunden und Lieferanten - **Innovationsmanagement als Kooperationsmanagement**.

---

1 *Beneito* (2003), S. 702.

2.3.3 Innerbetriebliches Innovationsmanagement

Mit der Frage 5 ("Innovation als Daueraufgabe?") wird die innerbetriebliche Aufgabenanalyse eröffnet. Sie führt direkt zum Management eines einzelnen Projektes, wenn eine Daueraktivität abgelehnt wird - **Innovationsmanagement als Einzelprojektmanagement**.

Wird Frage 5 bejaht, so sind mit Frage 6 ("Innovation als spezialisierte Aufgabe?") in Verbindung mit Frage 7 ("Projektbezogen?") zwei weitere strategische Ausgänge vorgezeichnet:

- Bei vorwiegend projektbezogener Sicht wird die Innovationstätigkeit als Bewältigung mehrerer nebeneinander und nacheinander verlaufender Projekte verstanden, die bewusst nicht in einer eigenen organisatorischen Einheit ablaufen - **Innovationsmanagement als Multiprojektmanagement**.
- Bei stärkerer Zentralisierung der Innovationstätigkeit in eigener Zuständigkeit werden i.d.R. eigene Forschungs- und Entwicklungsabteilungen eingerichtet - **Innovationsmanagement als F&E-Management.**

2.3.4 Gestaltung des Innovationssystems

Die Ablehnung der Frage 6 ("Innovation als spezialisierte Aufgabe?") leitet bereits zur Gestaltung des Innovationssystems über. Damit schließt sich an die Aufgabenanalyse die Aufgabensynthese an. Bei ihr steht nicht mehr die immer feinere Differenzierung der Teilfunktionen des Innovationsmanagements, sondern ihre Integration nach einem einheitlichen Konzept im Mittelpunkt der Betrachtung. Sie wird in Kapitel 3 vorgelegt.

2.4 Die Aufgaben des zwischenbetrieblichen Innovationsmanagements

Die strategische Aufgabenanalyse zeigt insgesamt vielfältige Funktionen des Innovationsmanagements. Es wäre falsch, das Innovationsmanagement etwa auf Projektmanagement im Rahmen von F&E-Abteilungen zu reduzieren. Für die organisatorische Gestaltung ist diese erste Analyse indessen noch zu grob. Im Folgenden sollen daher die einzelnen Teilaufgaben des Innovationsmanagements weiter aufgegliedert werden[1].

2.4.1 Innovationsmanagement als Beschaffungsmanagement

Unter dieser Überschrift werden diejenigen Varianten von Produkt- oder Prozessinnovationen behandelt, die nicht auf eigene, originäre Anstrengungen zurückgehen. **Der Wandel wird vielmehr von außen übernommen**. Wir unterscheiden zwei Fälle: Innovationseinkauf und Lizenznahme.

2.4.1.1 Innovationseinkauf

Beim Innovationseinkauf kauft die betrachtete Unternehmung innovative Güter oder Prozessvarianten auf einem Markt, auf dem andere Unternehmen diese Innovationen anbieten. Dies ist **der übliche Fall der Beschaffung neuartiger Technologien**, in der Literatur zumeist unter dem Begriff der Übernahme ("adoption") behandelt. Die Innovation ist in diesem Falle ein marktfähiges Gut. Man braucht sie nicht selbst hervorzubringen, man kann sie beschaffen[2].

Innovationsmanager sind in dieser Funktion Einkäufer von innovativer Technologie.

Die Aktivität richtet sich darauf, innovative Angebote zu finden und einzuholen, die Anwendungsmöglichkeit für den eigenen Betrieb zu überprüfen, ggf. alternative Anbieter zu suchen sowie schließlich Verträge und Konditionen auszuhandeln. Diese Einkaufsaktivitäten stehen unter besonderen Vorzeichen:

- Oftmals ist der Innovationsanbieter **Monopolist**. Das hat nicht nur Konsequenzen für die Preisgestaltung, sondern vor allem für die Sicherheit und Schnelligkeit der Belieferung.
- Der Anbieter hat überdies ein **Wissensmonopol** in seiner technologischen Domäne. Der Einkäufer bzw. der Verwender hat zunächst umfangreiche Lernprozesse zu vollziehen. Daher ist das Angebot von Ausbildung und Schulung auch ein besonders wirkungsvolles absatzpolitisches Instrument des Anbieters.

---

1 S.a. *Pleschak/Sabisch* (1996), S. 43 ff.

2 *Grün et al.* (1988), S. 36 ff., *Foxall* (1984), S. 92 ff., 141 ff., *Clement* (2000), S. 48 ff.

- Das einkaufende Management weiß die Informationen des Anbieters nicht sachgerecht zu bewerten. Er muss sich auf **Hilfsorgane und andere Experten** verlassen. An dieser Stelle gewinnen Berater, fachkundige Konzernpartner und befreundete Firmen einen bedeutenden Einfluss auf die Entscheidung.
- Der Innovationseinkäufer hat im Allgemeinen geringe einschlägige Kenntnisse vom Funktionieren des innovativen Produktes oder des innovativen Verfahrens. Für seine Entscheidung ist die persönliche Überzeugung wichtig, dass dieses neue Produkt oder Verfahren "seine" Probleme lösen kann. Er sucht Sicherheit bei anderen Verwendern, die bereits mit diesem innovativen Produkt oder Verfahren arbeiten. **Referenzanlagen**, die das Funktionieren des Produktes oder Verfahrens demonstrieren und zur Besichtigung freigegeben werden, sind damit das wichtigste Instrument der Überzeugung.
- Mit dem reinen Innovationseinkauf ist der Innovationsprozess nicht abgeschlossen. Das Innovationsmanagement hat überdies alle internen Probleme der **Durchsetzung** zu meistern, d.h. die Widerstände gegen die Nutzung zu durchbrechen und die Akzeptanz dauerhaft zu sichern.

Die Asymmetrie des Wissensstandes findet schließlich ihren Niederschlag in der Gestaltung der **Vertragsformen**. Der Informationsstand von Anbieter und Verwender komplexer innovativer Systemgüter ist heterogen und stark asymmetrisch. Der Anbieter kennt die Produkteigenschaften. Seine **Domäne** ist die **Technologie** des Produktes. Er bestimmt die Dynamik der Produktentwicklung. Umgekehrt haben die Verwender bestimmte Vorstellungen über die spezifische Nutzung der Innovation in ihren Betrieben. Ihre **Domäne** ist die **Anwendung**, nicht die Technologie[1]. Hier liegt für sie ein erhebliches Risiko: Sie müssen befürchten, technisch nicht sachgerechte, mit "Kinderkrankheiten" kämpfende oder schnell veraltende Systeme zu beschaffen[2]. Sie können die Wirkungsweise der Systeme für ihre Anwendungsprobleme nicht zuverlässig einschätzen. Sie können die Leistungsfähigkeit ihres Transaktionspartners nicht beurteilen. Es sind aber gerade seine Informationslieferungen, auf die sich die Verwender in dieser Situation verlassen müssen. Sie sehen ihren Handlungsspielraum dadurch stark eingeengt.

In dieser Situation bieten sich dem Innovationseinkäufer mehrere Optionen: Eine erste ist das sog. **"Leapfrogging"**[3], d.h. das bewusste Überspringen der jeweiligen am Markt verfügbaren Technologie und Verschieben der Kaufentscheidung zugunsten einer nächsten Generation. Die zweite Option ist der **Wunsch nach Flexibilisierung** des Vertrages, namentlich des Vertragsobjektes, des Vertragsumfanges, des Liefertermins, der Zusatzleistungen etc.[4]. Lieferanten, die diese Flexibilitäten offerieren, bieten Produkteigenschaften an, die dem Verwender die Erwartung vermitteln, er könne den nötigen Lern- und Anpas-

---

1 *Gemünden* (1980), S. 27.
2 *Sutton* (1979), S. 274.
3 *Pohl* (1996), S. 41 ff.
4 *Hauschildt/Leker* (1990), S. 963 ff.

sungsprozess auch nach Lieferung noch vollziehen. Er erhält sich die Illusion, er könne "schnell" entscheiden, ohne eine Festlegung im Detail treffen zu müssen, im Vertrauen darauf, dass die Flexibilität der Vertragsgestaltung abweichende Festlegungen immer noch zu einem späteren Zeitpunkt erlaubt. Alle diese Überlegungen sind völlig unabhängig davon, ob er später von dieser Flexibilität auch Gebrauch macht. Im Zeitpunkt der Entscheidung kommt es auf die **Möglichkeit** einer späteren Überführung in einen anderen Zustand an.

2.4.1.2 Lizenznahme

Die gleiche Beschaffungstätigkeit vollzieht sich bei der Lizenznahme, bei der es darum geht, das Recht auf Nutzung eines Verfahrens oder auf Nutzung eines Produktes zu erwerben, dessen Patent oder Gebrauchsmuster einem Dritten gehört. Es geht aber um mehr: Mit dem Nutzungsrecht will man in der Regel das Know-how für eine bestimmte Technologie erwerben.

Das Innovationsmanagement hat bei der Lizenznahme wiederum in erster Linie eine Beschaffungsfunktion. Diese hat wegen der mit der Lizenznahme verbundenen technischen und juristischen Problematik (z.B. unterschiedliche Vertragstypen, Regelung im Streitfall) ebenfalls einen anderen Charakter als eine "normale" Einkaufsleistung[1]. Teilweise entsprechen die Probleme denen, die wir soeben bei der Behandlung des Einkaufs von Innovationen gestreift haben. Dabei sind aber überdies folgende Besonderheiten der Marktsituation zu beachten:

- Zunächst ist **Lizenzierungsbereitschaft des Patentinhabers** vorauszusetzen. Das ist keineswegs selbstverständlich, zumal dann nicht, wenn dieser selbst ein produzierendes Unternehmen ist. Er muss ja immerhin seine monopolistische Position teilen. Damit ist nicht ausgeschlossen, dass jenseits jeglichen Kalküls auch emotionale Barrieren die Lizenzierung behindern. Die fehlende Lizenzierungsbereitschaft wird in der Regel nicht offen artikuliert, sondern durch überzogene finanzielle Ansprüche kaschiert[2].
- Die Situation verschärft sich, wenn der **Patentinhaber zugleich Konkurrent** des Lizenznachfragers ist. Die Lizenzierungsbereitschaft wird in dem Maße sinken, als der Patentinhaber befürchten muss, dass sein Konkurrent aufgrund höherer Entwicklungskapazität, besserer Distributionssysteme oder stärkeren Kapitaleinsatzes wesentlich bessere Möglichkeiten hat, das Patent zu nutzen als er selbst.
  Bei gleich großen und mächtigen Konkurrenten, die überdies in etablierten Märkten stehen, ist diese Situation weniger dramatisch. Bekannt sind viele Beispiele aus der chemischen Industrie, in denen fast gleichzeitig in unterschiedlichen Unternehmungen bestimmte Erfindungen gemacht wurden. In dieser Situation kam es regelmäßig zu Lizenzvereinbarungen.

---

1 *Schultz* (1980), S. 49 ff.
2 *Greipl et al.* (1982), S. 132.

- Dem Lizenznehmer ist an **Exklusivität** gelegen. Er wird durch die Lizenznahme das Entstehen weiterer Konkurrenz zu verhindern suchen. Das gilt umso mehr, wenn mit der Lizenznahme nicht sofort eine Produktions- oder Vertriebsmöglichkeit gegeben ist und somit weitere Zeit verstreicht, um zu ersten Markterfolgen zu kommen. Jeder weitere Lizenznehmer hätte dann die Chance, die relativ frühen und in der Regel hohen Gewinne einzustreichen. Das Streben des Lizenznehmers richtet sich damit auf Erlangung einer sog. "ausschließlichen oder Exklusivitäts-Lizenz" statt einer "einfachen" Lizenz, deren Erteilung an andere Unternehmen nicht ausgeschlossen ist. Lizenznehmer mit großer Marktmacht können dieses Verlangen nach Exklusivität auch durchsetzen[1].
- Selbst wenn sich diese Barrieren überwinden lassen, heißt das noch lange nicht, dass die Lizenz bereits als solche zur Nutzung der Innovation befähigt. Mit der Innovation ist regelmäßig Wissen verbunden, dessen Übertragung Schwierigkeiten bereitet. Dieses **verdeckte Wissen** - auch als "tacit knowledge"[2] oder als "sticky information"[3] bezeichnet - ist zumeist an bestimmte Personen gebunden, nicht leicht erkennbar, artikulierbar, formalisierbar und verstehbar[4]. Dies erklärt, weshalb der Lizenznehmer um nachhaltige Zusammenarbeit mit dem Lizenzgeber bemüht ist und versucht, möglichst eine sog. "zusammengefasste" Lizenz zu erwerben[5].

  Die **zusammengefasste Lizenz** ist ein höchst komplexes Wirtschaftsgut: "Der Inhalt einer solchen zusammengefassten Lizenzierung besteht in der Regel aus einem Verbund von patentrelevantem technischen Wissen und betrieblichem Know-how sowie technischen Erfindungen, die zum Teil aus konkurrenzwirtschaftlichen Gründen nicht mit einem gewerblichen Schutzrecht versehen werden. Bei einer derartigen Lizenzierung wird als Lizenzinhalt das gesamte technische Wissen zusammengefasst, das für die Nutzanwendung bzw. gewerbliche Verwertung der relevanten Technologie erforderlich ist."[6]

Innovationsmanager sind in der Funktion des Lizenzierungsmanagements zunächst Informationssucher und -bewerter, sodann aber vor allem Vertragsgestalter.

Die Bewältigung dieser Komplexität kann die Einschaltung von spezialisierten "**Kontaktinstanzen**" nahelegen, das sind überwiegend freiberuflich tätige Vermittler, Berater, Anwälte sowie staatliche und privatwirtschaftliche Institutionen mit dem Auftrag der technologischen Diffusion. Allerdings zeigen empiri-

---

1 *Mordhorst* (1994), S. 208 ff.
2 *Polanyi* (1966), *Collins* (1974 (1982)), S. 44 ff., *Senker/Faulkner* (1996), S. 76 ff.
3 *von Hippel* (1994), S. 429 ff.
4 *Nonaka/Takeuchi* (1995), S. 59 f.
5 *Mordhorst* (1994), S. 171 ff.
6 *Greipl et al.* (1982), S. 73, vgl. auch *Rübig* (1985), S. 115 ff., *Rivkin* (1986), S. 159 ff.

sche Befunde[1], dass die Bedeutung dieser Kontaktinstanzen für die Lizenznahme nicht überschätzt werden sollte. Weit wichtiger für das Zustandekommen einer Lizenzbeziehung ist der laufende Kontakt zu einem persönlich bekannten, in seiner Leistungsfähigkeit einschätzbaren **Partner in "normalen Geschäftsbeziehungen"**[2]. Das Lizenzierungsmanagement ist damit weitgehend Nutznießer bewusst gepflegter Geschäftsbeziehungen, die über das "do, ut des" einzelner Kontrakte weit hinausgehen. Hier berühren sich Lizenznahme und langfristige Kooperation.

Innovationsmanager sind in dieser Funktion Beziehungsmanager[3].

Fassen wir zusammen:

Innovationseinkauf ist kaum vergleichbar mit "normaler" Beschaffungsaktivität. Innovationsmanager sind zwar Einkäufer - aber sie beschaffen eine einzigartige Ware, und das oft auch noch von einem einzigen Anbieter.

2.4.2 Innovationsmanagement als Imitationsmanagement

"Innovation zieht Imitation nach sich, und Imitation treibt zu neuer Innovation."

Albach (1990), S. 97

Imitationen sind noch schwieriger zu beurteilen als Innovationen. Ihnen haftet der Ruch der Einfallslosigkeit, der fehlenden Kreativität, der dreisten Nachahmung an. Kaum eine große Erfindung, die nicht nachgeahmt wurde, kaum aber auch eine Erfindung, von der nicht behauptet wurde, sie sei nur eine Nachahmung. Der Begriff der Imitation ist in hohem Maße negativ besetzt.

Imitationen folgen auf Innovationen, leisten wenigstens das gleiche wie Innovationen, verwenden weitgehend die gleichen Technologien (Material, Prozess) wie die Innovationen. Und sind - last not least - das Resultat bewussten Handelns[4].

Zulässig ist eine Imitation immer dann, wenn die Innovation nicht oder nicht hinreichend geschützt ist. Da viele Unternehmen die Patentierung ihrer Innovation bewusst nicht vornehmen[5], bietet sich in der Realität auch ein **weiter**

---

1 *Greipl et al.* (1982), S. 133 ff.
2 Siehe auch *Grefermann/Röthlingshöfer* (1974), S. 80.
3 *Gemünden/Walter* (1995), S. 971 ff.
4 *Schwartz* (1978), S. 46.
5 *Ernst* (1996), S. 143 f.

Spielraum für Imitationen, ganz abgesehen davon, dass die Existenz gewerblicher Schutzrechte viele Imitatoren von ihrem Tun nicht abhält[1].

Schewe berichtet, dass die Hälfte der von ihm untersuchten 88 Innovationsfälle imitiert wurde. Allerdings finden sich nur in einem Zehntel dieser 88 Fälle Imitationen, die sowohl die Technologie als auch die Verwendungsmöglichkeit der Innovation vollständig nachahmen, jedenfalls nach Meinung der Innovatoren[2]. In der Wirtschaftspraxis wird die Imitationsstrategie offenbar ganz leidenschaftslos neben der Innovationsstrategie verfolgt. *Albach* fasst seine Befunde in folgender Formel zusammen:

> "Erfolgreiche Unternehmen, solche, die wachsen und zusätzliche Arbeitsplätze schaffen, kombinieren Innovation und Imitation."[3]

Vornehmlich absatzpolitische Aspekte sprechen nach *Schewes* Befunden[4] für Imitation, die technologischen Gründe sind deutlich weniger bedeutsam. Der Schaden für das Image wird als gering erachtet. Kurz: Imitation ist eine weithin akzeptierte Option, am technischen Fortschritt teilzuhaben.

Imitationsmanagement ist Bestandteil eines umfassend verstandenen Innovationsmanagements.

Wenn die Frage nach dem "Ob" der Imitation somit positiv entschieden ist, stellt sich die Frage nach dem "Wie". *Maidique/Patch*[5] nennen drei Varianten des Folger-Verhaltens, gestaffelt nach dem **Zeitpunkt des Eintretens in den Markt**:

- **"Schneller Zweiter"** (Second to Market): tritt in die frühe Wachstumsphase ein,
- **"kostenminimierender Nachzügler"**: tritt in die späte Wachstums- oder gar erst in die Reifephase ein,
- **"Nischenspezialist"**: tritt erst während der Reifephase in ein spezielles Marktsegment ein.

Ein theoretisch anspruchsvolleres Konzept wird durch den Markteintrittsansatz *Porters*[6] geliefert. Wenn es dem Imitator gelingt, die vom Innovator errichteten **Markteintrittsbarrieren** zu überwinden, hat die Imitation danach Aussicht auf Erfolg. *Schewe* hat dieses Konzept weitergeführt und leitet daraus spezifische **Funktionen des Managements** zur Überwindung der Markteintrittsbarrieren ab. Im empirischen Test ergibt sich indessen ein Befund, der diese durchaus schlüssigen Verhaltensweisen in ein völlig anderes Licht stellt. Nur zwei Markt-

---

1 Siehe die eindrucksvolle Fallsammlung bei *Schnaars* (1994), S. 195 ff.

2 *Schewe* (1992a), S. 57, 60 f.

3 *Albach* (1986), S. 61.

4 *Schewe* (1992a), S. 272 f.

5 *Maidique/Patch* (1982), S. 279. siehe auch die weitergehenden Differenzierungen bei *Suarez/Lanzolla* (2005), S. 124, 126.

6 *Porter* (1980), S. 7 ff., vgl. auch *Teece* (1986), S. 285 ff.

eintrittsbarrieren erweisen sich nämlich im erwarteten Sinne als **imitationshinderlich**:

- Hohe technologische **Neuartigkeit** und **Komplexität** sind die bedeutsamsten Barrieren,
- Nutzung vorhandener **Distributionskanäle** gibt dem Innovator einen Vorsprung vor dem Imitator.

Größenvorteile des Imitators bei der Produktion ermuntern sogar noch zur Imitation. So der empirische Befund: Der Imitator ist in gut zwei Drittel der Fälle größer als der Innovator und kann sich damit noch größere Large-Scale-Effekte ausrechnen. **Die vermeintliche Markteintrittsbarriere erweist sich damit als ein Markteintrittssignal.** In die gleiche Richtung weisen die Befunde zur Bedeutung des gewerblichen Rechtsschutzes und zur Reaktion der Verwender der Innovation[1].

In der Überwindung der Barrieren sowie in der Erkenntnis und Nutzung der Marktsignale liegen somit die wichtigsten **Aufgaben des Imitationsmanagements**. Für seinen Erfolg sind die folgenden Aktivitäten beachtlich:

- **Konkurrenzanalyse**:
  Den stärksten Einfluss auf den Imitationserfolg hat die systematische Beobachtung von neu auftretenden Technologien und relevanten Märkten, d.h. Patentrecherche, Marktforschung und Konkurrenzbeobachtung ("Aufklärungspotential"). Das geht bis zur detaillierten technischen Feinanalyse im so genannten "reverse engineering"[2].
- **Schnellentwicklung**:
  Hohes "technologisches Potential", also die Fähigkeit, schnell die zur Imitation notwendigen Entwicklungsleistungen erbringen zu können, wirkt zwar positiv auf den Imitationserfolg. Dieses Potential birgt aber die Gefahr, dass es nicht ausschließlich zur Imitation eingesetzt wird, sondern auch dazu verwendet wird, die Imitation technisch zu verbessern. Der innovierende Imitator ist aber gerade nicht erfolgreich, weil er die Markterschließung seines Vorgängers erneut zu bewältigen hat.
- **Nutzung von Kernkompetenz**:
  Kernkompetenzen sind Ressourcen oder Potentiale, über die eine Unternehmung in einzigartiger Weise verfügt und die ihr einen Vorsprung vor ihren Wettbewerbern geben. Erfolgreiche Imitatoren haben zum einen ein hohes "Marketing-Potential", d.h. Marktkenntnis, Zugang zu einem Distributionssystem, professionellen Vertrieb. Sie nutzen zum anderen ihr hohes "Produktions-Potential" bei der Großserienproduktion.

Ein starker Einfluss auf den Imitationserfolg geht schließlich von der Fähigkeit des Imitators aus, **vor nachfolgenden Imitatoren neue Barrieren aufzurich-**

---

1 *Schewe* (1992a), S. 217 ff., *Schewe* (1992b).

2 *Simon* (1988), S. 12 f., *Brockhoff* (1989), S. 50 ff., insbes. 56 ff., *Lange* (1994), S. 12 ff., *Ernst* (1996), S. 89 ff., *Wildemann* (1998), S. 1181 ff.

ten. Gewerbliche Schutzrechte sind dabei wenig wirksam[1]. Es sind vielmehr das schlagkräftige Distributionsnetz sowie die Fähigkeit zur Großproduktion (vermutlich verknüpft mit der Möglichkeit einer aggressiven Preispolitik), die andere Unternehmen von weiteren Imitationen abhalten. Zu den Funktionen des Imitationsmanagements gehört es damit schließlich auch, ein Anti-Imitations-Programm zu entwickeln.

Innovationsmanager sind in dieser Funktion Konkurrenzbeobachter, fach- und rechtskundige Lückenfinder, Schnellentwickler und mächtige Distributoren.

2.4.3 Innovationsmanagement als Akquisitionsmanagement

Die umfassendste Form der Beschaffung von Innovationen liegt darin, innovative Unternehmen als ganze zu kaufen oder eine wesentliche Beteiligung an ihnen zu erwerben[2]. Insbesondere große, kapitalkräftige Unternehmen sehen darin zugleich eine Möglichkeit, die laufenden, gut eingefahrenen Betriebsprozesse von der Innovation abzuschirmen[3]. Die Innovation kann in einem besonderen rechtlichen und ökonomischen Rahmen isoliert bleiben und stört damit den laufenden Betrieb nicht. Sollte sich die Innovation als nicht erfolgreich erweisen, so lässt sich die gekaufte Unternehmung auch wieder veräußern, ohne dass das Image der akquirierenden Unternehmung nachhaltig Schaden nehmen muss.

Fragt man nach den **Motiven** für den Kauf von Unternehmen, so erweist sich die technologische Zielsetzung **nicht** als die bedeutsamste. Die Untersuchungen von Akquisitionen zeigten noch in den 80er Jahren regelmäßig **an erster Stelle Gewinnziele oder Absatzziele**[4]. Aber das technologische Kaufmotiv gewinnt an Bedeutung.

Innovationsmanagement als Akquisitionsmanagement - welche besonderen Aufgaben stellen sich in dieser Funktion?

Süverkrüp kann empirisch belegen, dass es für den Erfolg von technologisch motivierten Akquisitionen darauf ankommt, sowohl die **Präakquisitionsphase**, d.h. den Entscheidungsprozess, als auch die **Postakquisitionsphase**, d.h. den Integrationsprozess, bewusst zu gestalten.

---

1 *Schewe* (1992a), S. 322 f.

2 Zur Definition siehe *Gerpott* (1993), S. 22 ff.; einen Überblick über Methodik und Ergebnisse der empirischen Forschung gibt *Pieper* (1996), S. 1263 ff.

3 *Lipton* (1982), S. 30 ff.

4 Vgl. die Übersicht bei *Gimpel-Iske* (1973), *Pfeil* (1981), *Möller* (1983), *Grimm* (1986) sowie *Süverkrüp* (1992), S.41 ff.

2.4.3.1 Präakquisitionsphase

Vor der Akquisition sind zunächst innovative, **noch selbständige Unternehmen zu suchen**, die als Übernahmekandidaten in Frage kommen. Das Innovationsmanagement muss die technologische Position des Übernahmekandidaten in allen Details untersuchen und ausloten. Für diese Entscheidungsphase ist insbesondere "Bewertungsklarheit und Expertenunterstützung" notwendig. Vorteilhaft wirkt es sich aus, wenn am Beginn des Entscheidungsprozesses **klar festgelegte Kriterien** zur Bewertung des zu akquirierenden Unternehmens existieren. Es steigert den Erfolg der Akquisition, wenn der Entscheidung **professionelle Analysen** durch interne Stabsstellen oder externe Unternehmensberatungen vorangehen. Das Innovationsmanagement hat die Aufgabe, die bedeutsamsten **Informationen für die schwierige Bewertung** der zu akquirierenden Unternehmung zu liefern. Es muss in der Lage sein, ein Urteil über die technologischen Stärken und Schwächen zu fällen sowie ihre Auswirkungen auf den zukünftigen Einzahlungs- und Auszahlungsstrom abzuschätzen.

Innovationsmanager sind in dieser Funktion Technologie- und Unternehmensanalytiker.

Es stellt sich schließlich die alles bestimmende **Frage nach dem "strategischen Fit"** der beiden Systeme. Das zu akquirierende Unternehmen muss im Idealfalle eine Lücke füllen und sollte nur geringfügige Überschneidungen zu den vorhandenen Einrichtungen und Handlungssegmenten aufweisen.

Dabei kommt es auf die Unterschiedlichkeit der Akquisitionspartner an. Wenn die zusammenzuführenden Technologien substitutiv und die Konkurrenz der Partner hoch sind, führt das nach der Akquisition zu einem deutlichen Rückgang der Forschung und Entwicklung[1].

Innovationsmanager sind in dieser Funktion strategische Technologie- und Marketingmanager.

Die Fähigkeit zur Innovation ist im Wesentlichen **personengebunden**. Der Wert der zu kaufenden Unternehmung liegt weniger im Schatz der vorhandenen Patente, als vielmehr in den Talenten der Forscher und Entwickler. Zum Akquisitionsmanagement gehört die Klärung der Frage, ob die vorhandene kreative Mannschaft bereit ist, auch bei einem Eigentumswechsel und den dabei auftretenden Erschütterungen an der Sache weiter zu arbeiten. Leider geschieht dies in vielen Akquisitionsfällen nur sehr unzureichend[2].

Innovationsmanager sind in dieser Funktion Personalmanager.

---

1 *Cassiman et al.* (2005), S. 200 ff.

2 *Gerpott* (1993), S. 335, 341, *Vitt* (1998), S. 228 ff.

2.4.3.2 Postakquisitionsphase

In der Postakquisitionsphase gilt es, eine organisatorische Verknüpfung für das übernommene Unternehmen zu finden, die sicherstellt, dass die Kreativität dieses Unternehmens erhalten bleibt und zugleich die ökonomischen Erfolge der Akquisition gesichert werden können[1]. Dabei sind folgende Überlegungen maßgeblich:

- Die Integration eines akquirierten Unternehmens bindet erhebliche Management-Kapazität. Die Integration ist eine typische Aufgabe für **Projektmanagement**, verstanden als Arbeitsgruppen, in denen Entscheidungsträger der übernehmenden und der übernommenen Unternehmen vertreten sind. Dabei kommt einer **personell stabilen Zusammensetzung** dieser Gruppe eine besondere Bedeutung zu[2]. *Gerpott* zeigt beispielhaft, wie eine derartige Projektorganisation gestaltet sein kann[3] (Kasten 2.2).

Innovationsmanager sind in dieser Funktion Integrationsmanager.

Kasten 2.2 Projektorganisation als Träger der Integrationsgestaltung (*Gerpott*)

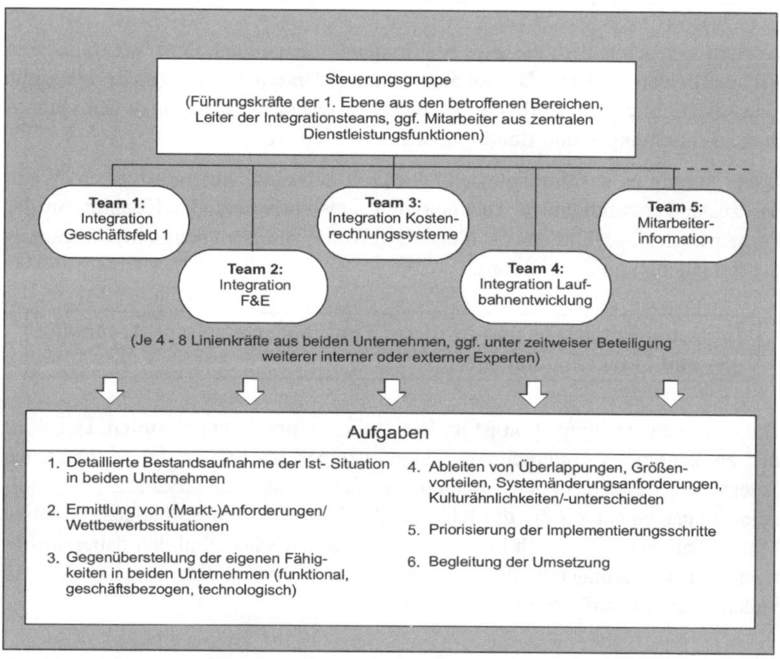

Quelle: *Gerpott* (1993), S. 136

---

[1] *Gerpott* (1993), S. 120 ff., *Gerds/Schewe* (2006), S. 79 ff., vgl. die Literaturübersicht bei *Grimpe* (2005), S. 84 ff.

[2] *Lindgren* (1982), S. 155 ff.

[3] *Gerpott* (1993), S. 136.

- Wie die auf diesem Gebiet angestellten Untersuchungen zeigen, ist es für den Erfolg der Akquisition ausschlaggebend, ob dem übernommenen Unternehmen ein erwünschtes Maß an **Autonomie** verbleibt[1]. Dieser Wunsch nach Erhaltung der Autonomie wird aber erstaunlicherweise gerade von akquisitionserfahrenen Käufern nicht hinreichend respektiert. Hier liegt eine der Ursachen des Misserfolgs:

  "Akquisitionserfahrene Unternehmen versuchen ..., die Betriebsabläufe in der erworbenen Einheit in einem stärkeren Maße zu reglementieren, sei es direkt oder als Folge einer stärkeren organisatorischen Einbindung der Tochtergesellschaft. Der Eindruck drängt sich auf, daß akquisitionserfahrene Unternehmen Akquisitionen als "Routinefall" betrachten und ihr Verhalten gegenüber den neuen Eigenheiten nicht individuell situationsspezifisch, sondern eher standardisiert und formalisiert gestalten."[2]

- Die Änderung und möglicherweise die Steigerung der **Formalisierung** von Abläufen und Berichten wirkt sich **besonders schädlich** auf den Akquisitionserfolg aus. Formalisierung bindet kreative Kapazität. Eine von außen aufgezwungene Formalisierung macht den Verlust der Eigenständigkeit stets aufs Neue bewusst. Der in der Formalisierung zum Ausdruck kommende Wunsch nach Kontrolle und Regelung ist integrationshinderlich.

Bedeutsamer als organisatorische Formalisierung wirkt demgegenüber die **personelle Unterstützung** der Integration. Für die Zusammenfassung der F&E-Aktivitäten erweist es sich als besonders vorteilhaft, wenn ein gesonderter **"Acquisition Manager"** mit der Integration betraut wird[3].

Akquisitionsmanagement ist im Rahmen des Innovationsmanagements ebenfalls Beschaffungsmanagement, allerdings für besonders große, komplexe und zumeist einzigartige Objekte. Der dann folgende Integrationsprozess verlangt zudem ein besonderes Personalmanagement zur Erhaltung des Humankapitals, insbesondere im F&E-Bereich.

2.4.4 Innovationsmanagement als Kooperationsmanagement

Die folgenden strategischen Entscheidungen zum Innovationsmanagement sind dadurch gekennzeichnet, dass die Unternehmung die Innovationstätigkeit nicht autonom durchführt. Innovation erfolgt vielmehr in **Kooperation mit anderen Institutionen oder Unternehmen**. *Rotering* definiert Kooperation in Anlehnung an *Blohm* in folgender Weise[4]:

---

1 *Kitching* (1967), *Ansoff et al.* (1971), *Möller* (1983), *Datta/Grant* (1990).
2 *Süverkrüp* (1992), S. 224.
3 *Gerpott* (1993), S. 429.
4 *Rotering* (1990), S. 41, *Blohm* (1980), Sp. 1112.

> "Kooperation ist die auf stillschweigender oder vertraglicher Vereinbarung beruhende Zusammenarbeit zwischen rechtlich und wirtschaftlich selbständigen Unternehmen durch Funktionsabstimmung oder Funktionsausgliederung und -übertragung auf einen Kooperationspartner im wirtschaftlichen Bereich."

Es kommt uns an dieser Stelle darauf an, die Funktionen des Innovationsmanagements zu bestimmen. Zu den Einzelheiten der Kooperation im Innovationsprozess sei auf die ausführliche Darstellung in Kapitel 6 verwiesen.

2.4.4.1 Auftragsforschung

Bei der Auftragsforschung geht die Innovationsinitiative vom betrachteten Unternehmen aus. Eine solche Auftragsforschung (auch: Vertrags- oder Kontraktforschung) liegt vor, wenn ein Unternehmen andere Unternehmungen, öffentliche Institutionen oder Spezialisten damit beauftragt, in seinem Namen und auf seine Rechnung ein Verfahren oder ein Produkt zu entwickeln[1]. Gegenstand, Zeitdauer, finanzieller Rahmen und anderweitige Verwertung der Entwicklung sind dabei vertraglich fixiert. Die Gründe für die Vergabe eines derartigen Auftrages sind fehlende Kapazitäten, technologischer Vorsprung oder niedrigere F&E-Kosten des Partners sowie der Wunsch nach Beschleunigung des Forschungs- und Entwicklungsprozesses. **Forschungspartner** sind professionelle, privatwirtschaftliche Erfinder, Ingenieurbüros, öffentliche, gemeinwirtschaftliche Institute, Hochschulinstitute sowie verselbständigte Forschungs- und Entwicklungsabteilungen von Industriebetrieben, die überschüssige Kapazitäten frei verwerten.

In den meisten Fällen der Auftragsforschung handelt es sich um Projekte, die durch folgende **Eigenschaften** gekennzeichnet sind:

- Bei den Entwicklungsobjekten handelt es sich um **Komponenten größerer Systeme**, die ohne diese spezielle Entwicklung auch funktionsfähig wären, nur eben weniger effektiv oder effizient.
- Der Entwicklungsgegenstand und seine Zweckbestimmung lassen sich recht **gut beschreiben**. Das Problem lässt sich sauber abgrenzen. Es lässt sich in kleinere, zuvor definierbare Schritte unterteilen.
- Der Arbeitsfortschritt lässt sich **gut kontrollieren**. Die Abbruchentscheidungen lassen sich so frühzeitig treffen, dass die Entwicklung des Gesamtsystems dadurch nicht schwerwiegend verzögert würde. Es steht eine entsprechende Kontrollkapazität beim Auftraggeber zur Verfügung.

Für die Abwicklung von Auftragsforschung zeigen sich demnach folgende **Aufgaben des Innovationsmanagements**[2]. Es gilt,

- einen geeigneten **Kooperationspartner** auszuwählen,

---

[1] *Rüdiger* (2000), S. 21 ff.
[2] Vgl. *Brockhoff* (1999a), S. 68, *Rüdiger* (2000), S. 52 ff., *Walter* (2005), S. 110 f.

- das **Problem** in seinen Außengrenzen und seiner inneren Struktur zu definieren,
- die **Ziele** in einem Pflichten- und Lastenheft zu bestimmen: Leistungsziele, Kostenziele, Zeitziele,
- den **Vertrag** zur Bestimmung von Rechten und Pflichten der Kooperationspartner zu gestalten,
- das **Kennenlernen** der beteiligten Personen aus beiden Kooperationsunternehmen zu ermöglichen,
- eine **Schnittstelle** zwischen den Kooperationspartnern zu organisieren,
- Zwischenergebnisse laufend zu **kontrollieren** sowie die Endleistungen abschließend zu bewerten.

Innovationsmanager sind in dieser Funktion "Partnerfinder", "Auftraggeber" und "Kontrollinstanzen der Endabnahme".

Wenn die wiederholten und immer wieder erfolgreichen Auftragsforschungsprojekte in eine lang dauernde Geschäftsbeziehung einmünden, dann betätigt sich der Innovationsmanager nicht zuletzt als "**Verbundstifter**".

2.4.4.2 Gemeinschaftsforschung

Unternehmen, denen es an Forschungs- und Entwicklungskapazität oder an Finanzkraft fehlt, um Innovationen allein entwickeln und durchführen zu können, brauchen gleichwohl auf größere Innovationen nicht zu verzichten, wenn es Möglichkeiten der Gemeinschaftsforschung gibt, das ist Forschung und Entwicklung **gemeinsam mit Unternehmen der gleichen Branche**.

Gemeinschaftsforschung findet üblicherweise **in speziellen Institutionen** statt, die dauerhaft von den beteiligten Unternehmen eingerichtet und finanziert werden. Die Gemeinschaftsforschung ist in Deutschland zweistufig organisiert:

- Als Dachverband fungiert in Deutschland die **Arbeitsgemeinschaft industrieller Forschungsvereinigungen "Otto von Guericke" e.V. (AiF)**. Unter diesem Dach arbeiten 104 industrielle Forschungsvereinigungen[1]. Die AiF fördert die "branchenweite industrielle" Gemeinschaftsforschung. Sie will die Ergebnisse insbesondere kleinen und mittleren Unternehmen zugänglich machen, um dadurch deren Reaktionsfähigkeit auf technologische Herausforderungen zu erhöhen. Insgesamt soll die innovative Wettbewerbsfähigkeit gesteigert werden. Die AiF übernimmt vor allem die fachliche und administrative Abwicklung der staatlichen Förderungsprogramme zur Struktur- und Technologiepolitik. Dies erfordert umfangreiche Beratungs-, Koordinations- und vor allem Begutachtungsleistungen.

---

1 *AiF* (2004), S. 17.

- Die **Forschungsvereinigungen** der AiF sind überwiegend fachlich, d.h. nach Wirtschaftszweigen gegliedert, wobei es aber zu vielfachen Überschneidungen kommt. Ihre Aufgaben reichen über administrative Leistungen weit hinaus. Sie greifen die Initiativen ihrer Mitglieder auf. Sie organisieren die Durchführung von Forschungsvorhaben, vor allem die Einschaltung von externen Forschungsinstitutionen oder eigenen Gemeinschaftsforschungsinstituten. Die Forschungsvereinigungen überwachen und kontrollieren die Forschung durch sog. "projektbegleitende Ausschüsse". Schließlich eröffnen sie die Möglichkeiten des Transfers der Forschungsergebnisse an die Mitglieder im Wege der Auftragsforschung. Die **Gemeinschaftsforschungsinstitute** der Forschungsvereinigungen sind eigenständige oder an Hochschulen angesiedelte Institutionen, die etwa die Hälfte aller Forschungsvorhaben der Gemeinschaftsforschung konkret durchführen.

Dieses Aktivitätenprofil ist nicht zuletzt ein Reflex der **Wettbewerbsproblematik** der Gemeinschaftsforschung[1]. Kartellrechtlich zulässig ist ein Innovationskartell nur dann, wenn es sich um ein Rationalisierungskartell handelt[2]. Damit ist die Gemeinschaftsforschung in erster Linie auf Prozessinnovationen verwiesen. Bei Produktinnovationen muss sie sich deutlicher von dem Anwendungsbezug fernhalten und den Grundlagenforschungsauftrag betonen, will sie nicht ein kartellrechtliches Verbot riskieren.

Indessen wird diese formal-juristische Sicht der Dinge der Gemeinschaftsforschung nicht gerecht. Tatsächlich entwickeln sich die Gemeinschaftsforschungsinstitutionen aus gemeinsamen Interessen und Arbeiten der Beteiligten. *Häussler* macht diese allmählich sich entwickelnde, in vielfältigen Formen ablaufende, zunehmend zu institutionellen Formen führende Zusammenarbeit in folgender Weise deutlich:

> "Die lockerste Form der Kooperation in der Entwicklung und Konstruktion ist der bloße **Erfahrungsaustausch**. Er kann durch Gespräche auf Verbandsebene, durch Aussprache innerhalb eines ausgewählten Partnerkreises oder durch schriftliche Kontakte vor sich gehen. Voraussetzung ist eine gleichartige Qualifikation aller Beteiligten. Daneben besteht die Möglichkeit, **gemeinschaftlich Forschungs- und Entwicklungsaufträge** an ein Service-Büro oder Entwicklungs-Institut zu vergeben und zu finanzieren. Es können aber auch **gemeinschaftliche Forschungseinrichtungen** selbst angeschafft und benutzt werden, um neue Erzeugnisse, Herstellungs- oder Arbeitsverfahren zu entwickeln. Schließlich ist es möglich, daß die beteiligten Unternehmen selbständig weiterforschen, aber vereinbaren, **Forschungs- und Entwicklungsergebnisse (Patente, Lizenzen) untereinander auszutauschen**. Die gemeinsame Verwendung der Schutzrechte kann hierbei in zwei verschiedenen Formen vor sich gehen. Entweder können Einzelvereinbarungen zwischen den einzelnen Parteien getroffen werden, oder es wird eine Institutionalisierung des Austausches durchgeführt. Die Schutzrechte

---

1 *von Boehmer/Stoll* (1993), S. 201 ff.
2 *Häussler* (1977), S. 45 ff.

sind dann einem neuen, selbständigen 'Gemeinschaftsunternehmen' zu übertragen, das den Partnern die Nutzungsrechte erteilt."[1].

Mit dieser Darstellung sind die **Funktionen des Innovationsmanagements** bei Gemeinschaftsforschung in Umrissen erkennbar. Es gilt,

- die zumeist persönlich begründeten **Kontakte** aufzubauen, zu pflegen und zu vertiefen,
- gemeinsame Forschungs- und Entwicklungsprojekte zu **definieren**,
- **weitere Unternehmen** eines bestimmten Fachgebietes in diesen Verbund einzubeziehen, wenn Kapazität oder finanzielle Mittel zur Durchführung der Innovation nicht ausreichen,
- geeignete **Fachkräfte** von außen anzuwerben oder von der Tätigkeit im eigenen Betrieb zur Arbeit in der Gemeinschaftsforschungseinrichtung freizustellen,
- **Konflikte** im Verbund zu regulieren und auszutragen,
- für eine solche **Verteilung möglicher Ergebnisse** Sorge zu tragen, dass der Verbund auf Dauer erhalten bleibt sowie
- last not least eine **Verselbständigung** der zwischenbetrieblichen Forschung zu **verhindern**, d.h. den Servicecharakter der Gemeinschaftsforschungsinstitution zu erhalten.

Innovationsmanager sind in dieser Funktion "Verbundnutzer" und ggf. sogar "Verbundstifter".

2.4.4.3 Innovationskooperation i.e.S.

Von Innovationskooperation im engeren Sinne wollen wir hier sprechen, wenn ein Unternehmen in Zusammenarbeit mit wenigstens einem externen Partner eine Innovation hervorbringt. Von der Auftragsforschung unterscheidet sich eine derartige Innovationskooperation dadurch, dass die Initiative nicht einseitig artikuliert und als Auftrag an den Kooperationspartner vergeben, sondern als **gemeinsam zu erbringendes Arbeitsprogramm mit bewusster Leistungsteilung** konzipiert wird.

Diese Innovationskooperation erfolgt mit externen Partnern aus unterschiedlichen Sektoren (vgl. Kasten 2.3):

- **Marktkräfte**: Die Kooperation mit Kunden und Lieferanten, also mit den unmittelbaren Partnern in der Wertschöpfungskette, ist die häufigste und zugleich am besten erforschte Spielart der Innovationskooperation. Sie wird in Kapitel 6 vertieft.

---

[1] *AiF* (2004), S. 41, Hervorhebungen durch Verfasser.

- **Staat und staatliche Organe**: In ihrer Initiativ-, Förder- und Kontrollfunktion sind diese Institutionen nicht nur Aktivitäten begrenzende, sondern durchaus auch Informationen liefernde und diskussionsbereite Partner in Innovationskooperationen[1]. Man denke etwa an die Leistungen des Forschungszentrums Jülich GmbH KFA, über das eine Vielzahl von staatlichen Förderprogrammen abgewickelt wird[2], an das Bundesgesundheitsamt, an die Bundesanstalt für Materialforschung und -prüfung, die Innovationen fachkundig begutachten und vielfach anregen. Diesem Segment sind auch private oder halbamtliche Institutionen zuzurechnen, die Kontrollfunktionen übernehmen, wie etwa die Technischen Überwachungsvereine oder Schiffsklassifikationsgesellschaften[3].

- **Wissenschaftssystem**: Hochschulen haben den Auftrag der Grundlagen- und der angewandten Forschung. Forschungsinstitute bieten vor allem Gutachter-, Beratungs- und Prüfleistungen. Gerade in diesem Sektor gibt es die unterschiedlichsten Spielarten der Kooperation, die sich i.d.R. auf eine höchst persönliche Beziehung zu den Wissenschaftlern stützt[4].

- **Transfersysteme**: Die Leistungen dieses Sektors sind höchst unterschiedlich. Berater und Ingenieurbüros liefern Informationen, entwickeln Lösungen und unterstützen das Projektmanagement[5]. Technologiezentren bieten den jungen Unternehmen Erfahrungsaustausch, administrative Hilfen, Arbeitsräume und Förderungsmöglichkeiten[6]. Die Leistungen der Messeveranstalter, der Konferenzorganisatoren, der Seminaranbieter sowie der Fachpresse liegen vor allem in der Kontaktanbahnung.

---

1 *Teichert* (1994), S. 14 ff.
2 *Pulczynski* (1991).
3 *Langholz* (1999).
4 *Gemünden* (1995), S. 286, *Waudig* (1994), S. 54 ff., *Heydebreck* (1996), S. 111 ff.
5 *Keussen* (1994), S. 19 ff.
6 *Steinkühler* (1994), S. 66 ff.

Kasten 2.3: Sektoren und Partner der Innovationskooperation

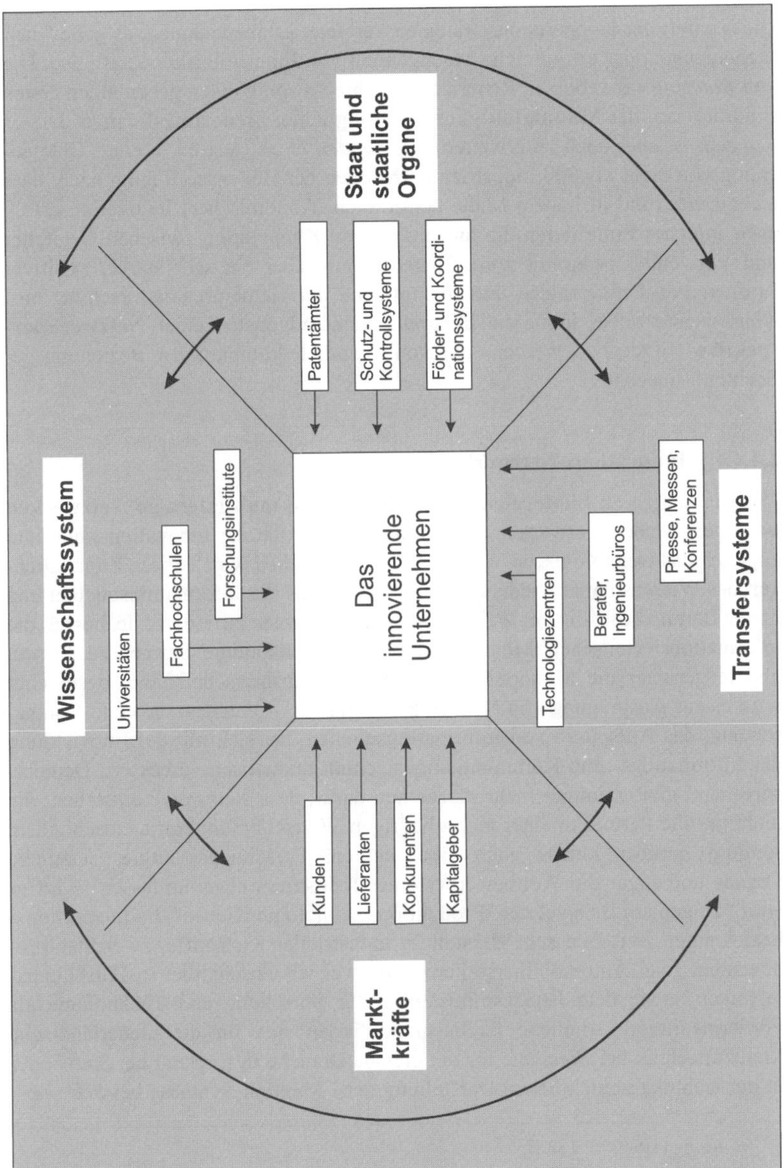

Quelle: Eigene Darstellung

In Kapitel 6 werden wir uns auf die Beziehungen zu Marktpartnern und Beratern konzentrieren.

Die Vielfalt der Kooperationsstrategien verbietet es anzunehmen, es gäbe "das" sachgerechte oder erfolgreiche Management von Innovationskooperationen. Die von *Rotering* verwendeten Kriterien[1] und ihre Ausprägungen geben einen ersten Eindruck von der **Mannigfaltigkeit der möglichen Steuerungsformen**. Dieses Konzept ist aber noch zu erweitern. *Gemünden et al.*[2] weisen in einer Untersuchung von mehr als 800 Industrieunternehmen der Bodensee-Region nach, dass technischer (und in hohem Maße damit auch ökonomischer) Innovationserfolg zwar in erster Linie durch die hier diskutierte Kooperation zwischen Hersteller und Verwender bestimmt wird. Daneben geht aber ein sehr starker positiver Einfluss von Universitäten und Institutionen der Gemeinschaftsforschung aus. Konsequenterweise sollte die bilaterale Sicht zugunsten einer **Netzwerkperspektive** aufgegeben werden, die von "deutlich komplexeren Beziehungsgeflechten"[3] ausgeht.

2.4.4.4 Innovations-Netzwerke

Der Übergang **von bilateralen Kooperationen zu multilateralen Netzwerken** ist in dem Maße zu erwarten, in dem die Komplexität der Innovation steigt und zugleich das technologische Wissen besser zugänglich wird[4]. Diese Zugänglichkeit des Wissens hängt wiederum von der Kenntnis der Informationsquellen und deren Bereitschaft ab, ihr Wissen mit einem Partner zu teilen[5]. Je besser die informationstechnischen Möglichkeiten sind, sachkundige Partner zu finden, und je geringer die Monopolgewinne der Wissensherrschaft sind, desto eher wird es zur Ausprägung von Netzwerken kommen. Zumindest die erste Voraussetzung, das Aufspüren von Informationsquellen, hat sich mit der Entwicklung der Informations- und Kommunikationstechnik dramatisch verbessert. Dementsprechend gibt es immer mehr Anzeichen dafür, dass Netzwerke entstehen, die nicht nur die Partner in einer mehrgliedrigen Wertschöpfungskette einschließen, sondern darüber hinaus auch Hochschulen, Forschungsinstitute, staatliche Organe und sogar die Wettbewerber eines Industriezweiges umfassen. *Häusler et al.*[6] zeigen am Beispiel der "Produktionstechnologie Kleben" die Interaktionsbeziehungen zwischen acht Herstellern industrieller Klebstoffe, zwei Stahlproduzenten, zwei Automobilherstellern und zwei wissenschaftlichen Forschungsinstituten sowie dem Bundesministerium für Forschung und Technologie als Förderinstitution. Ähnliche Fallbeispiele finden sich für die niederländische Medizintechnik bei *Biemans*, für die gleiche Branche in England bei *Shaw* oder in der technikgeschichtlichen Darstellung der l-Menthol-Synthese bei *Schröter*[7].

---

1 *Rotering* (1990), S. 188 ff.
2 *Gemünden et al.* (1992).
3 *Sydow* (2006a), S. 3.
4 *Gemünden/Heydebreck* (1994), S. 266 f.
5 *Brockhoff* (1996c), S. 182.
6 *Häusler et al.* (1994), S. 47 ff.
7 *Biemans* (1992), S. 175, *Shaw* (1993), S. 349 ff., *Schröter* (1993), S. 285 ff.

Großzahlige Untersuchungen zur technologischen Verflechtung werden von *Gemünden* und *Heydebreck* vorgelegt[1].

Derartige komplexe Flechtwerke einer Vielzahl von Kooperationspartnern, die eine bewusste und nachhaltige, arbeitsteilige und interaktive Zusammenarbeit bei der Innovation vereinbaren und praktizieren, bezeichnen wir als Innovations-Netzwerke.

Die relativ große Zahl der Beteiligten unterscheidet sie von der dauerhaften, bilateralen Geschäftsbeziehung. In beiden Fällen gehen die Partner Bindungen auf unterschiedlichen Ebenen ein: auf technischen, organisatorischen, informatorischen, sozialen, finanziellen und rechtlichen Ebenen. Der Aufgabenkatalog des Kooperationsmanagements ist somit über die einzelne Geschäftsbeziehung hinaus um diejenigen Funktionen zu erweitern, die aus dem Aufbau und der Pflege eines ganzen Netzwerkes erwachsen[2].

Sydow ordnet die Funktionen des Managements interorganisationaler Netzwerke nach vier prinzipiellen Entscheidungen[3]: "...

- **Selektion**: Wer und was soll ins (im) Netzwerk aufgenommen werden?
- **Allokation**: Wie sollen die Aufgaben und Ressourcen im Netzwerk verteilt werden?
- **Evaluation**: Wie sollen Kosten und Nutzen im Netzwerkzusammenhang bestimmt und verteilt werden?
- **Regulation**: Wie und worüber soll die Erledigung der Aufgaben aufeinander abgestimmt werden?"

Diese Entscheidungen werden durch bestimmte "Management-Praktiken" verknüpft. Konkret geht es etwa um die Anbahnung der Beziehung, um den Leistungsaustausch und um die Koordination des Netzwerks durch Organisation, Personaleinsatz- und -führung sowie Kontrolle, die von der fokalen Unternehmung erbracht werden[4].

Innovationsmanager sind in dieser Funktion Netzwerkmanager.

Dabei ist nach folgenden Typen von Netzwerken zu differenzieren[5]:

- **Strukturbasierte Netzwerke** beziehen sich auf Unternehmen eines einzigen, i.d.R. relativ "alten" Wirtschaftszweiges. Die Wissensverteilung und

---

1 *Gemünden et al.* (1992), S. 359 ff., *Heydebreck* (1996), S. 133 ff.
2 *Sydow* (1995), S. 165, *Rammert* (1997), *Bellmann/Haritz* (2001), S. 271 ff., *Schröder* (2005), S. 83 ff.
3 *Sydow* (2006b), S. 409.
4 *Ritter* (1998), S. 37 ff.
5 *Wissema/Euser* (1991), S. 35 ff.

das Kooperationsmanagement verlaufen dabei in fest gefügten Bahnen. Das Netzwerkmanagement ist als **Daueraufgabe** institutionalisiert.

- **Anwendungsbasierte Netzwerke** entwickeln sich zwischen Unternehmen, die für einen bestimmten Zweck eine neuartige technische Lösung suchen. Die Zahl der Partner ist relativ klein und geschlossen. Das Netzwerk ist befristet und wird mit der Problemlösung aufgelöst. Das Netzwerkmanagement ist in diesem Falle ein zwischenbetriebliches **Projektmanagement**.
- **Technologiebasierte Netzwerke** entstehen zwischen Unternehmen, die für eine gemeinsam entwickelte Technologie möglichst vielfältige Anwendungsmöglichkeiten und unterschiedliche Nutzer suchen. Der Zeithorizont ist offen, jedenfalls solange noch weitere Anwendungen gefunden werden können. Das Netzwerkmanagement hat in diesem Falle vorzugsweise eine **Transferfunktion**, es arbeitet als **Diffusionsagent** und **Initiativengeber** außerhalb des Netzwerks.

Diese Typologie lässt erkennen, in welche unterschiedlichen Richtungen die Funktionen eines Kooperationsmanagements im Falle von Netzwerken zu erweitern sind[1].

2.4.4.5 Zusammenfassende Betrachtung

Damit lassen sich zusammenfassend folgende **generelle Funktionen** des Managements von Innovationskooperationen bestimmen:

(1) Aufgabenbestimmung

Festlegung des Produktes oder Verfahrens, das entwickelt, modifiziert oder getestet werden soll, oder Bezeichnung des Fachgebietes, auf das sich die gemeinsame Arbeit richten soll.

(2) Wahl der Kooperationspartner[2]

- nach der Produktionsdimension: vertikal (mit Kunden oder Lieferanten) oder horizontal (mit Wettbewerbern),
- nach der Zahl der Partner: bilateral (nur ein Partner) oder multilateral (mehrere Partner),
- nach der Zahl der einbezogenen Funktionen der Partner: monofunktional (nur zwischen Forschungs- und Entwicklungsgruppen) oder multifunktional (unter Einbeziehung von Produktions-, Absatz-, Beschaffungs-, Finanz- und Personalabteilungen),
- nach der Nationalität der Partner: national oder international,
- nach den spezifischen Beiträgen der Partner: nur technische Beiträge oder auch finanzielle, administrative oder absatzbezogene Beiträge,

---

[1] Zum Stand der Forschung siehe *Sydow* (2006b), S. 406 ff., insbes. S. 425 ff.
[2] Vgl. *Brockhoff* (1991), S. 365 ff.

- nach den Kompetenzen der Partner[1]: gleich oder ungleich spezialisiert und kompetenzstark,
- nach der Komplementarität der Partner: grundlagennah oder vermarktungsbezogen.

(3) Strategisches Prozessmanagement der Kooperation

als befristete oder permanente, auf bestimmte Phasen beschränkte, auf Grundlagen-, Anwendungsforschung oder nur auf Entwicklungstätigkeit oder auf Komponentenzusammenführung angelegte Zusammenarbeit.

(4) Festlegung der Intensität der Kooperation

als planmäßige Koordinierung oder als unverbindlicher Gedanken- und Erfahrungsaustausch, bei der die Ziele detailliert festgelegt oder offen entwickelt werden können und die sich von gelegentlichen Kontakten bis zu ständiger gemeinsamer Arbeit erstrecken kann.

(5) Organisation und Personalmanagement der Kooperation

Entscheidungen über Rechtsform, Standort, Personalrekrutierung und Freistellung, innere Struktur der gemeinsamen Forschungs- und Entwicklungsteams, aktive und passive Informationsrechte und -pflichten, Kontrollrechte und -pflichten. Eine besondere Bedeutung kommt dem Aufbau einer eigenen "Kooperationskultur" zu, durch die kulturspezifische Unterschiede der Kooperationspartner überwunden werden können.

(6) Schnittstellenmanagement der Kooperation

Regelung der Zusammenarbeit der engeren Kooperationsgruppe mit anderen funktionalen Bereichen, wie Produktions-, Design-, Absatz- und nicht zuletzt auch den weiterhin existierenden Forschungs- und Entwicklungsabteilungen bei jedem der Kooperationspartner.

(7) Finanzmanagement der Kooperation

Festlegung der finanziellen Grundausstattung und der laufenden Finanzierung sowie der Prozeduren bei der Finanzplanung, durch die finanzielle Verteilungskonflikte (Investitionen, laufende Kosten, Gewinne) und das Verhalten bei Budgetüberschreitungen geregelt werden.

(8) Regelung des Außenverhältnisses

Offenlegung bzw. Geheimhaltung der Kooperation, Öffnung der Kooperation für weitere Partner, Weiterverwertung von kooperativ erarbeiteten Ergebnissen, Haftung der Partner gegenüber Dritten, Repräsentation.

(9) Austrittsvorbehalt

Bereitschaft der Vertragspartner, entgegen der ursprünglichen Absicht die Kooperation vorzeitig zu beenden, wenn das gesetzte Ziel sich als unrealisierbar oder als unzweckmäßig erweist.

---

1 *Teichert* (1994), S. 123 ff., 127 ff.

2.5 Die Aufgaben des innerbetrieblichen Innovationsmanagements

2.5.1 Innovationsmanagement als Projektmanagement

Bei dieser Sichtweise von Innovation herrscht die **Vorstellung eines Projektes, eines Ablaufs, eines Prozesses**. DIN 69901 definierte schon 1980 ein Projekt als

> **"ein Vorhaben, das im wesentlichen durch die Einmaligkeit der Bedingungen in ihrer Gesamtheit gekennzeichnet ist, wie z.B. Zielvorgabe, zeitliche, finanzielle, personelle oder andere Begrenzungen, Abgrenzungen gegenüber anderen Vorhaben, projektspezifische Organisation."**

In der vorliegenden Schrift wird das Innovationsmanagement vornehmlich aus dieser Projektsicht behandelt (vgl. Kapitel 7 bis 11). Daher wollen wir uns an dieser Stelle auf die **strategischen Aspekte des Projektmanagements** beschränken, die für die Bestimmung von Funktionen und Strukturen des Innovationsmanagements maßgeblich sind. Sie sind aus der Definition des Projektes abzuleiten:

(1) "Einmaligkeit der Bedingungen in ihrer Gesamtheit"

Die spezifische Aufgabe eines Innovationsprojektes ist bisher nicht in der Unternehmung aufgetreten. Es gibt keine Vorläufer. Es ist nicht zu erwarten, dass sich eine Aufgabe des gleichen Zuschnitts wieder stellt. Die Einrichtung einer dauerhaften institutionellen Ordnung lohnt sich nicht. Die Zielsetzung, die Ressourcen, die Findung der Problemlösung, die Durchsetzung haben individuellen Charakter. Projektmanagement hat dieser Einzigartigkeit Rechnung zu tragen. Es verlangt Originalität, Kreativität und Abkehr vom Gewohnten. Es erlaubt Improvisation.

> **Innovationsmanager sind in dieser Funktion Ideengeber, Initiatoren und Stimulatoren.**

(2) "Zielvorgabe"

Innovationsprojekte werden von einem externen, genauer: projekt-externen Projekt-"Stifter" ins Leben gerufen. Konkret handelt es sich dabei um eine Entscheidung der zuständigen Spitzeninstanz. Diese Sachaufgabe ist hinsichtlich ihres Zielerreichungsgrades festgelegt. Es verbietet sich, bei innovativen Projekten mehr als nur das erwünschte Resultat vorzugeben, etwa auch Details auf dem Wege hin zu diesem Ergebnis festzulegen. Projektteams haben bei Innovationen Problemlösungsautonomie.

Innovationsmanager sind in dieser Funktion Lösungssucher und Komplexitätsüberwinder.

(3) "Zeitliche Begrenzungen"

Innovationsprojekte haben wie alle Projekte einen projekt-extern festgelegten Anfangstermin, eine bestimmte Laufzeit oder einen bindenden Endtermin. Termindenken charakterisiert das Projektmanagement: Das Projektmanagement bestimmt die Arbeitsgeschwindigkeit und den Arbeitsfortschritt. Aus den extern gesetzten Terminen sind Zwischentermine abzuleiten.

Innovationsmanager sind in dieser Funktion Zeitmanager.

(4) "Abgrenzungen gegenüber anderen Vorhaben"

Innovationsprojekte sind einbezogen in die gesamte Betriebstätigkeit. Sie berühren Interessen und Ressourcen anderer organisatorischer Einheiten. Sie sollen nach Projektabschluss in die Routinetätigkeit eingegliedert werden. Sie sind zunächst abzugrenzen - durch einen eigenen Namen, durch Nummern[1]. Aber das bedeutet nur selten eine totale Isolierung. Zunächst muss das Projekt im Chor der Fachabteilungen vertreten werden. Sodann verlangt es in der Regel eine permanente Abstimmung mit den etablierten Fachbereichen. Schließlich muss die Abgrenzung wieder aufgehoben werden, sei es durch Projektabbruch, sei es durch Überführung des Projektes in eine Fachzuständigkeit. Diese laufende Abstimmung des Projektes mit den innerbetrieblichen Partnern erfolgt üblicherweise nicht durch einen gemeinsamen Vorgesetzten, sondern nicht-hierarchisch, durch Schnittstellenmanagement.

Innovationsmanager sind in dieser Funktion Beziehungs- und Schnittstellenmanager.

(5) "Finanzielle, personelle und andere Begrenzungen"

Projekte sind mit eigenen Ressourcen ausgestattet, verfügen über ein eigenes Budget, haben Zugriff auf Personen, die hauptamtlich oder in Nebentätigkeit am Projekt mitarbeiten, und sind häufig auch örtlich zusammengefasst. Sie haben den Charakter selbständiger Betriebseinheiten.

Innovationsmanager sind in dieser Funktion Personal-, Sachmittel- und Finanzmanager.

(6) "Projektspezifische Organisation"

Zwar werden in aller Regel der Projektleiter und die Mitglieder des Projektteams projekt-extern bestimmt, aber die innere Ordnung der Projektmannschaft ist

---

1 *Pinkenburg* (1980), S. 113, *Möhrle* (1991), S. 121.

damit nicht festgelegt. Die projektspezifische Spezialisierung und Koordination ist eine eigenständige Aufgabe des Innovationsmanagements, ebenso die Festlegung der projektspezifischen Abläufe. Projekte haben Organisationsautonomie.

Innovationsmanager sind in dieser Funktion Organisatoren.

Diese Kennzeichnungen von Innovationen als Projekte treffen allerdings erst in dem Moment zu, in dem das Projekt formell installiert wird. Wie später in Kapitel 7 gezeigt wird, kann **vor** diesem Zeitpunkt eine Fülle von Aktivitäten erfolgen, die dem Innovationsprozess als Ganzem durchaus zuzurechnen sind, aber nicht als Projektaktivitäten auftauchen. Auch diese "**Prä-Projekt-Aktivitäten**" sind indessen steuerungs- und vielleicht sogar organisationsbedürftig. Anders gesagt:

Das Instrumentarium des Projektmanagements sollte in der Prä-Projekt-Phase nicht etwa ausgeschlossen werden, möglicherweise aber sensibler und zurückhaltender eingesetzt werden.

Wenn in einer Unternehmung **mehrere Innovationsprojekte gleichzeitig oder nacheinander** verfolgt werden, dann wird das Innovationsmanagement zur **Daueraufgabe.** Bei der Lösung dieser Daueraufgabe entstehen spezielle Probleme, vor allem dann, wenn die Innovationsprojekte mehr als einen Bereich betreffen.

Die **reine Sequenz einzelner Projekte** lässt sich mit den Konzepten des Einzelprojektmanagements beherrschen. Die eigentlichen Probleme des Multi-Projektmanagements ergeben sich, wenn die Projekte **parallel** abzuwickeln sind. Parallel geführte Prozesse können zwar durchaus voneinander profitieren[1]. Aber diese Synergie-Perspektive ist die Ausnahme, nicht die Regel. In der Literatur und in der Anschauung der Praxis dominiert eine Konkurrenz-Perspektive:

Parallel zu bearbeitende Projekte konkurrieren um knappe Ressourcen: um finanzielle Zuweisungen, um Fachpersonal, um den Zugang zu zentralen Einrichtungen, Messapparaturen, Testgeräten etc. Bei partieller Überschneidung entstehen Konflikte zwischen "alten" und "jungen" Projekten. Jungen Projekten begegnet man in der Regel mit größerem Enthusiasmus. Wenn alte Projekte zugleich in einer Stagnationsphase stehen, droht ihnen die Kannibalisierung. Wenn sich Ziele oder Prioritäten ändern, bedeutet das Beschleunigung bestimmter und Verlangsamung anderer Projekte. Opponenten gegen die Innovationstätigkeit nutzen diese Konkurrenzsituation und spielen die einzelnen Projektleiter gegeneinander aus.

Die Konkurrenz der Projekte wird somit zur Konkurrenz der Projektleiter. Ihre Fähigkeit, "ihr" Projekt als besonders bedeutsam und erfolgversprechend

---

1 *Nobeoka/Cusumano* (1995), S. 397 ff.

darzustellen oder in einem Partisanenkrieg zu verteidigen, kann und sollte ein **bewusstes Multi-Projektmanagement** nicht ersetzen.

Um die genannten Konflikte abschließend zu regeln, kann sich dieses Multi-Projektmanagement nicht als hierarchiefreie Koordination vollziehen. Auch Gremien von gleichrangigen Beteiligten und Betroffenen eignen sich nicht zur Konfliktlösung. **Multi-Projektmanagement verlangt letztlich hierarchische Koordination**. Hier liegt eine kaum delegierbare Aufgabe des Top-Managements.

Innovationsmanager sind in dieser Funktion Konfliktmanager.

2.5.2 Innovationsmanagement als F&E-Management

Es ist vielfach nachgewiesen worden, dass die Wettbewerbsposition einzelner Unternehmen davon abhängt, dass die Forschungs- und Entwicklungstätigkeit in nennenswertem Umfang und im Bewusstsein betrieben wird, dass nur eine nachhaltige, mit großer Geduld und langer zeitlicher Perspektive durchgehaltene Innovationstätigkeit den Erfolg bringt[1]. Es ist dieser **Dauervollzug**, der **Spezialisierung** verlangt und ermöglicht. Es sind die bei diesem Dauervollzug auftretenden Konflikte, die nach **Koordination** rufen. Die Grundvoraussetzungen für die Bildung eigener Abteilungen sind damit gegeben.

Unter strategischen Aspekten sind für die Bestimmung der Funktionen von Forschungs- und Entwicklungsmanagern vor allem die folgenden Unterscheidungen bedeutsam:

(1) Projektmanagement

F&E-Management ist immer auch Projektmanagement, zumeist Multi-Projektmanagement. Die unter diesem Stichwort gekennzeichneten Funktionen hat auch das F&E-Management zu erfüllen.

(2) Teilbereiche

"Forschung und Entwicklung ist eine Kombination von Produktionsfaktoren, die die Gewinnung neuen Wissens ermöglichen soll"[2]. Obwohl Forschung und Entwicklung als betriebliche Funktionen üblicherweise stets zusammengefasst werden, sind ihre Funktionen im Detail höchst unterschiedlich. Die von *Brockhoff* [3] präsentierte Definition der einzelnen **Teilbereiche von Forschung und Entwicklung** nach dem Frascati-Handbuch der OECD zeigt die Unterschiede (Kasten 2.4).

---

1 *Spahr* (1999), S. 247 ff., belegt, dass eine zeitweise überdurchschnittliche, aber nicht nachhaltige F&E-Aktivität allenfalls kurzfristig, nicht aber mittelfristig zu höheren Erfolgen führt.

2 *Brockhoff* (1999a), S. 48.

3 Ebenda, S. 52.

Kasten 2.4: Varianten von Forschung und Entwicklung (OECD)

Teilbereiche	*OECD 1992*
Grundlagenforschung:	*Experimentelle oder theoretische Arbeit, die vorwiegend zur Gewinnung neuen Wissens über die Grundlagen von Phänomenen und beobachtbaren Tatsachen durchgeführt wird, ohne an einer besonderen Anwendung orientiert zu sein. Sie wird unterteilt in:*
a) Reine Grundlagenforschung:	*Ohne Erwartung langfristiger wirtschaftlicher oder sozialer Vorteile und ohne den Versuch zu unternehmen, Ergebnisse auf praktische Probleme anzuwenden oder in dafür verantwortliche Bereiche zu transferieren.*
b) Gerichtete oder Angewandte Grundlagenforschung:	*In der Erwartung durchgeführt, eine breitgefächerte Wissensbasis zu erstellen mit der Aussicht, die Grundlagen für die Lösung erkannter oder erwarteter jetziger oder zukünftiger Probleme oder Möglichkeiten zu legen.*
Angewandte Forschung:	*Erstmalige Untersuchung zur Erlangung neuen Wissens. Sie ist jedoch vorwiegend auf spezifische praktische Ziele ausgerichtet.*
(Experimentelle) Entwicklung:	*Systematische Arbeit, die auf bestehende praktische und forschungsbedingte Erfahrungen aufbaut und auf die Herstellung oder die wesentliche Verbesserung bestehender oder installierter neuer Materialien, Systeme und Dienstleistungen gerichtet ist.*

Quelle: OECD, Hrsg. Frascati Manual (1993), S. 68-70,
nach *Brockhoff* (1999a), S. 52

(3) Forschung

Die reine Grundlagenforschung will Phänomene, Zusammenhänge (Ursachen, Wirkungen) entdecken und erklären[1]. Mit dieser **Erkenntnis- und Erklärungsfunktion** will sie den Bestand menschlichen Wissens mehren. Unternehmen sind an diesem Wissenszuwachs dann interessiert, wenn er sich in neue Produkte oder Verfahren umsetzen lässt, für die sich eine wirtschaftliche Anwendung findet. Insofern wäre es konsequent, wenn Unternehmen die reine Grundlagen-

[1] Zu den Funktionen der Grundlagenforschung siehe die empirischen Befunde bei *Eggers* (1997), S. 34.

forschung den Hochschulen oder staatlichen Forschungsinstituten überlassen würden[1]. Ebenso konsequent wäre es, Grundlagenforschung in Kooperation mit Hochschulen und Forschungsinstituten durchzuführen. Gleichwohl "leisten" sich Großunternehmen eigene Grundlagenforschung. In diesen Fällen scheint tiefer gehendes Wissen um die Grundlagen für die Anwendung bedeutsam[2]. Zugleich kann so gesichert werden, dass die Grundlagenforschung auf die technologischen Kernkompetenzen der Unternehmen ausgerichtet bleibt.

Innovationsmanager sind in dieser Funktion Forscher in den für die Unternehmung relevanten Fachgebieten.

Angewandte Forschung befasst sich mit der konkreten Ausrichtung der wissenschaftlichen Erkenntnisse auf die wirtschaftliche Anwendung. Zunehmend wird Kausalitätsdenken durch Finalitätsdenken ersetzt. Mit dieser **Gestaltungsfunktion** will sie das neu gewonnene Wissen in konkrete Produkte oder Verfahren umsetzen.

Innovationsmanager sind in dieser Funktion Sucher nach Anwendungsmöglichkeiten des neuen Wissens.

(4) Entwicklung

Die OECD-Gliederung suggeriert, dass sich Entwicklung (genauer: die Neuentwicklung) als eine nicht differenzierte Aktivität an die Forschung anschließt. Diese Vorstellung ist indessen wenig realistisch. Zwischen Forschung und Entwicklung schiebt sich in vielen Unternehmen die sog. "**Vorentwicklung**": "Hauptziel der Vorentwicklung ist die Entwicklung funktionsfähiger Prototypen für ganze Produktkonzepte, Teilsysteme und komplexe Produktmodule"[3]. In dieser Phase ist die technische Funktionsfähigkeit der Innovation nachzuweisen. Prototypen sind wichtige und handgreifliche Argumentationshilfen gegen den allfälligen Widerstand.

Die eigentliche Entwicklung richtet sich sodann auf die Umsetzung von Entwürfen und Prototypen in ein komplettes Produkt. *Bürgel et al.* sprechen in diesem Zusammenhang von "konstruktiver Entwicklung" im Gegensatz zur "Weiterentwicklung"[4]. Zusätzlich zu der technischen Fertigstellung hat in dieser Phase zunehmend die **Gestaltung des äußeren Designs** einen wichtigen Beitrag zu liefern.

Die eigentliche Managementaufgabe erwächst aus der Notwendigkeit, die vielen Einzelprozesse zeitlich und inhaltlich zusammenzuführen.

Innovationsmanager sind in dieser Funktion Prozessintegratoren.

---

1 Vgl. *Bürgel et al.* (1996), S. 9 f.
2 *Bardenhewer* (1998), S. 55 ff.
3 *Specht et al.* (2002), S. 115.
4 *Bürgel et al.* (1996), S. 12 f.

(5) Spezialisierung von Forschung und Entwicklung

Die Managementaufgaben im Forschungs- und Entwicklungsbereich werden in erheblichem Maße von den **Spezialisierungkriterien** des F&E-Objektes und damit von der Spezialisierung der F&E-Mitarbeiter bestimmt. In der Realität ist neben der üblichen Projektspezialisierung vor allem die Differenzierung nach **Produktgruppen** (Outputorientierung) und die nach **wissenschaftlichen Disziplinen** (Inputorientierung) von Bedeutung[1].

Die erste strategische Aufgabe des Forschungs- und Entwicklungsmanagements besteht darin, **Brücken zwischen den inputbezogenen Disziplinen und den outputbezogenen Produkten zu schlagen**. Je nach Spezialisierung des F&E-Personals hat das Innovationsmanagement den Brückenschlag in die eine oder die Gegenrichtung zu ermöglichen. Es geht darum zu verhindern, dass die Inputspezialisten ihre Arbeit als Fortführung ihres Universitätsaufenthaltes begreifen, ihre Orientierungen in der Scientific Community suchen, eine Publikation und eine Zitation für wichtiger halten als eine Produktidee und einen Produktabsatz. Es gilt aber ebenso zu verhindern, dass die Outputspezialisten eher an ständiger Verfeinerung, an der Nutzungsverbesserung, an der Programmerweiterung ihrer etablierten Produkte interessiert sind als an einem neuartigen, bisher nicht gepflegten Produktkonzept.

Innovationsmanager sind in dieser Funktion Integrationsmanager zwischen den unterschiedlichen Spezialisten.

Die zweite strategische Aufgabe des Forschungs- und Entwicklungsmanagements besteht darin, der **Erstarrung in den gegebenen Spezialisierungen selbst entgegenzuwirken**. Das gilt insbesondere für eine Inputspezialisierung nach wissenschaftlichen Disziplinen. Selbst an Hochschulen hat eine ursprüngliche Fachgliederung kein Recht auf ewigen Bestand. Innovationen erwachsen daraus, dass Forscher die etablierten Fachgrenzen überschreiten und gerade nicht an den "gegebenen" Spezialisierungen festhalten. Aber auch die traditionellen Fachgebiete einer wissenschaftlichen Disziplin arbeiten mit unterschiedlichen innovatorischen Schüben: Einige expandieren, andere stagnieren, eine dritte Gruppe schrumpft. Technologiemanagement ist die anwendungsbezogene Reaktion auf technologischen und wissenschaftlichen Wandel. Die Technologiedynamik eröffnet ein arteigenes Betätigungsfeld für das Innovationsmanagement[2]: Innovationsmanager müssen diese wissenschaftlich-technischen Veränderungen beobachten, auf ihre wirtschaftliche Nutzungsmöglichkeit abschätzen, in der Rekrutierung von Forschern frühzeitig berücksichtigen und in der Forschungs- und Entwicklungstätigkeit bewusst fördern.

---

1 *Mellerowicz* (1958b), S. 87 ff., *Schwetlick* (1973), S. 115 ff., *Gerpott* (1984), S. 38, *Möhrle* (1991), S. 208, *Warschkow* (1993), S. 158.

2 *Specht et al.* (2002), S. 62.

Innovationsmanager sind in dieser Funktion Manager des technologischen Wandels.

(6) Querschnittsfunktionen

Die Organisationstheorie trennt die sog. "primären" Aufgaben, das sind die eigentlichen Sachaufgaben, von den "sekundären" Aufgaben, den Verwaltungsaufgaben[1]. Das bedeutet hier: Neben den Sachaufgaben der Forschung und Entwicklung hat das Innovationsmanagement auch sekundäre Funktionen zu erfüllen, die das genannte F&E-Geschehen begleiten:

- **Technologiefolgenabschätzung**: vorbeugende Analyse und Prognose von ökologischen Konsequenzen neuer Produkte oder Verfahren, Interaktion mit Kontrollinstitutionen und spontanen Protestgruppen.
- **Rechtsfolgenabschätzung**: Prüfung und Begutachtung der rechtlichen Zulässigkeit neuer Produkte oder Verfahren, Analyse von Gesetzgebungsvorhaben auf Konsequenzen für Forschung und Entwicklung.
- **Patentmanagement**: Aufbau von Rechtsschutz: Patentierung eigener Erfindungen, Lizensierung, Wahrung der Schutzrechte, Abwehr oder Durchführung von Verfahren bei Verletzung der Schutzrechte, Fristenkontrolle, Schutzrechtsregelungen bei Kooperationen[2].
- **Wissens- und Dokumentationsmanagement**: Standardisierung der F&E-Dokumentation, Archivierung und Reaktivierung vorhandenen Fachwissens, Verwaltung von Fachbibliotheken, Literaturbeschaffung.
- **Kommunikationsmanagement**: Präsentation der F&E-Tätigkeit gegenüber anderen Bereichen der eigenen Unternehmung, gegenüber den Partnern in der Wertschöpfungskette und gegenüber einer interessierten Öffentlichkeit[3], Formung eines F&E-Image, Krisenkommunikation bei F&E-Störfällen.

Innovationsmanager sind in dieser Funktion Dienstleistungsmanager für den gesamten F&E-Bereich.

---

1 *Kosiol* (1962), S. 58 ff.
2 *Harhoff* (2005), S. 188 ff., *Gassmann/Baader* (2006), S. 105.
3 *Amelingmeyer* (2005), S. 354 ff.

2.6 Personalwirtschaftliche Konsequenzen: Innovationsmanager als Beruf?

Der Umgang mit Innovationen jenseits der institutionalisierten Forschung und Entwicklung gilt inzwischen unstrittig als eine bedeutsame Aufgabe des Managements. Sie ist indessen zumeist heute noch eine unregelmäßig und ungleichartig auftretende Projektarbeit. Im Zweifel erfolgt der Umgang mit der Innovation **bisher als Nebentätigkeit**, zudem befristet. Es scheint, dass sie sich damit noch nicht als eine klassische Berufstätigkeit begreifen lässt, deren nachhaltiger Erfolg vom Grad und der Einzigartigkeit einer Spezialisierung, von den in langer Praxis gewonnenen Erfahrungen und von dem ständigen Lernfortschritt des Stelleninhabers bestimmt ist.

Erst wenn das Innovieren selbst zur permanenten Aufgabe der Unternehmen wird, stellt sich die Frage, ob das Innovationsmanagement als Haupttätigkeit einzelner Stelleninhaber bestimmt werden kann. Lässt sich dafür eine Aufgabenbeschreibung vorlegen, aus der zugleich die organisatorischen **Merkmale einer Position** - Rang, Ressort, Kompetenzen, Zentralisierung - ableiten lassen? Wo findet man Innovationsmanager? Kann man sie "entwickeln"? Wenn ja, wie?

Die Zeichen mehren sich, dass in der Wirtschaftspraxis Persönlichkeiten gesucht werden, die sich dauerhaft mit Innovationsmanagement in Unternehmen befassen sollen. Dies sei anhand einiger **Stellenanzeigen** belegt, in denen auf Innovationsmanagement Bezug genommen wird: Ein erster Blick in die einschlägigen Anzeigen im Internet liefert bereits Stellenofferten, in denen die jeweilige Tätigkeit unter anderem mit Innovationen verknüpft wird[1]. Dabei tauchen Formulierungen auf wie

> "Prozesskette vom Innovationsmanagement bis zur Markteinführung",
>
> "Sammlung und Auswertung von Innovationsthemen",
>
> "Innovationsmanagement mit beteiligten Divisions",
>
> "Analyse des Innovationsmanagements und Entwicklung von Optimierungsvorschlägen",
>
> "Unterstützung des Entwicklungs- und Innovationsmanagementprozesses",
>
> "Innovationsmanagement für neue Technologien".

Kennzeichen dieser Anzeigen ist es, dass diese Tätigkeiten des Innovationsmanagements zwar einen festen Platz im Aufgabenspektrum der jeweiligen Position innehaben, **aber nicht exklusiv**:

Innovationsmanagement ist in diesen Positionen noch kein eigener Beruf, sondern nur eine Teilaufgabe, allerdings eine wichtige.

---

1 *Hauschildt* (2005), S. 156 f.

Anders in Stellenanzeigen, wie den folgenden:

- *Projektleiter Entwicklung bei ABB Automotion Products GmbH*:
  "Sie haben Ihr Ziel vor Augen: ein elektronisches Prozess-Messgerät auf hohem Qualitätsniveau zu günstigen Marktpreisen in Serie zu bringen. Hierfür übernehmen Sie die Leitung des Projektteams unter folgenden Gesichtspunkten: Sie überwachen das Budget für den Entwicklungsauftrag und koordinieren alle Prozesse von der Konzepterstellung bis zur Einführung der Neuentwicklung in der Produktionslinie. In diesem Rahmen steuern Sie sämtliche Entwicklungsaktivitäten der beteiligten Abteilungen wie Industrial Engineering, Konstruktion, Layout, Qualitäts- und Produktionsabteilung, Aufnehmer- oder Softwareentwicklung ..."[1]

- *Leiter der Entwicklung bei Greiner GmbH rubbertec*:
  "Ihre Aufgabe als Leiter des Bereichs Entwicklung beinhaltet zum einen effizientes Erarbeiten und Umsetzen der Entwicklungsstrategie auf Basis unserer Unternehmensziele sowie zum anderen das konzeptionelle Arbeiten zu neuen Produkten und Technologie. Sie sind zuständig für den Aufbau des externen Netzwerkes von Kooperationspartnern, für die Entwicklung und Umsetzung des Umweltmanagements und sind beteiligt an der Mitgestaltung unserer Unternehmensstrategie in Abstimmung mit der Geschäftsleitung ..."[2]

In diesen Fällen handelt es sich um einen Full-Time-Job. **Innovation ist die Hauptaufgabe, und das exklusiv**. Hier werden genuine Innovationsmanager gesucht. Aber dieser Fall ist relativ selten - noch. Unter **personalwirtschaftlicher Perspektive** gilt es damit zunächst, der Vorstellung entgegenzuwirken, dass sich das Personalmanagement darin erschöpfe, Naturwissenschaftler oder Ingenieure zu rekrutieren, die neuartige Produkte erfinden und vervollkommnen sollen. Innovatoren müssen in gleicher Weise Marktkenner und Marktmacher sein. Sie müssen sich in den vertraglichen und sozialen Beziehungen von Kooperationen bewähren, in denen nicht das Gesetz von Befehl und Gehorsam, sondern die Prinzipien von Verhandeln und Preisen gelten. Es sind Persönlichkeiten mit umfassenden Kenntnissen gefragt.

Wer die Aufgaben eines Innovationsmanagers erfüllen soll, muss in unterschiedlichen fachlichen Disziplinen – technischen, wirtschaftlichen, juristischen – zu Hause sein.

Die Aufgabenanalyse hat überdies ergeben, dass es sich bei den Funktionen des Innovationsmanagements um sehr heterogene und wechselnde Aufgaben unterschiedlicher Relevanz handelt, die überdies von unterschiedlicher Dauer sind. Ein Innovationsmanager muss neben dem notwendigen **Fachwissen** über erhebliches **Herrschaftswissen** verfügen, d.h. über Kenntnis von Zielen und Strategien, von Interaktionspartnern und Kooperationsbeziehungen, von Res-

---

1 FAZ, Nr. 254 vom 30.11.04
2 FAZ, Nr. 18 vom 22.1.05

sourcen und Potentialen. Er muss schließlich wissen, wie mit dem allgegenwärtigen Widerstand gegen Innovationen umzugehen ist.

Viele dieser Wissenselemente sind durch Zugriff auf vorhandene Wissensspeicher beschaffbar und damit erlernbar. Viele sind diskret und nur indirekt erfahrbar. Viele sind aber "tacit knowledge" und werden im Laufe der Karriere als **Verfahrenswissen** oder **Verhaltenswissen** angeeignet. Ein Berufsanfänger hat dieses Wissen üblicherweise nicht. Man kann Innovationsmanager nicht von Hochschulen rekrutieren, ganz abgesehen davon, dass es einen derart interdisziplinären Studiengang zur Zeit noch nicht gibt.

Wir schließen zugleich realistischerweise die Möglichkeit aus, einzigartige Innovations-Champions auf dem Personalmarkt zu finden, die in der Lage sind, alle genannten Funktionen von Innovationsmanagern auszufüllen. Damit verengt sich das Problem auf die **Personalentwicklung**[1]. Welche Anforderungen muss ein Berufsanfänger erfüllen? Wie verläuft dann sein weiterer Karrierepfad?

- Bei technischen Produkt- und Prozessinnovationen ist **technisches oder naturwissenschaftliches Fach- und Methodenwissen** eine notwendige, aber nicht hinreichende Voraussetzung für den Beruf des Innovationsmanagers. Konsequenterweise werden auch in den zitierten Stellenanzeigen in erster Linie Absolventen technischer oder naturwissenschaftlicher Studiengänge angesprochen. Aber diese technische Prägung ist nicht zwingend bei Dienstleistungs-, Kontrakt-, Sozial- und Schul- oder anderen nicht-technischen Innovationen. Hier sind vielmehr andere Fachkenntnisse maßgeblich. Je stärker sich die Innovation auf nicht-technische Leistungen stützt, desto geringer wird die Bedeutung des naturwissenschaftlich-technischen Vorwissens. Bezeichnend für diesen Wandel sind z.B. Innovationen unter Einschluss der Informatik. Hier müssen prinzipiell technisches Fachwissen und Anwendungsbezug zusammengeführt werden.
- Mit der Diffusion der Innovation wird zunehmend **Markt- und Marketingwissen** bedeutend. Die vielfachen Anforderungen im Projektmanagement von Innovationen lassen weitere betriebswirtschaftliche Kenntnisse beachtlich werden: **Wissen um Organisation, Finanzierung, Budgetierung, Controlling**.

Hier enden aber auch schon die Möglichkeiten, aus dem Kreise von Berufsanfängern geeignete Kandidaten für die Karriere zum Innovationsmanager zu finden. Wer diesen Weg anstrebt oder wer einen Berufsanfänger auf diesen Karrierepfad bringen will, wird eine **mehrjährige Praxis des Managements** von unterschiedlich innovativen Projekten vorsehen müssen. Diese Entwicklung wird als "Projektlaufbahn"[2] über Assistenten- und andere Stabstätigkeiten im Projektteam bis hin zu einer eigenverantwortlichen Projektleitung in immer anspruchsvolleren Projekten verlaufen. Dabei ist nicht nur das Gespür für die Mach- und Planbarkeit von Innovationen zu entwickeln. Wichtiger ist es, die

---

1 *Shipton et al.* (2005), S. 123 f.

2 *Specht et al.* (2002), S. 317.

vielfältigen Techniken der Überwindung der Widerstände gegen Innovationen in praktischer Anwendung zu erfahren. Dazu gehört das Wissen um den Umgang mit Macht. Ein weiteres Ziel ist es nicht zuletzt, ein persönliches Netzwerk von zuverlässigen Innovationspartnern innerhalb und außerhalb der Unternehmung aufzubauen und die Schlüsselpersonen kennen zu lernen.

Der Beruf eines Innovationsmanagers wird erst nach längerem Berufsweg mit entsprechendem Aufstieg zufriedenstellend ausgefüllt.

Sollte ein zukünftiger Innovationsmanager in seiner Entwicklung **ausschließlich mit Innovationen** zu tun haben? Die Frage ist eindeutig zu verneinen. Jede Innovation muss irgendwann zur Routine werden. Diesen Übergang muss der zukünftige Innovationsmanager kennen. Der Routinebetrieb steht in ganz anderem Maße unter dem Postulat der Effizienz als das Innovationsmanagement, dem es in erster Linie auf die Effektivität ankommt. Der Innovationsmanager muss schon frühzeitig die funktionalen Bereiche in die Innovationsprozesse einbinden, denen später die laufende Hervorbringung und Verwertung der Innovationen obliegt. Er lernt das am besten, wenn er auch dieses Geschäft gründlich praktiziert hat.

3. Kapitel
Das Innovationssystem der Unternehmung

3.1 Fallstudien zum Innovationssystem

Diesem Kapitel werden wiederum Auszüge aus Geschäftsberichten und Presseartikeln vorangestellt, die einen Eindruck davon vermitteln, in welcher Form die im Kapitel 2 vorgestellten Funktionen des Innovationsmanagements gebündelt, voneinander abgegrenzt und in das strategische Management eingebunden werden.

(1) Organisation von Forschung und Entwicklung bei der Altana AG

"Um einen kontinuierlichen Produktnachschub zu sichern, wurde Anfang 2002 die Forschung und Entwicklung (F&E) neu organisiert. Die Organisationsstruktur ist jetzt konsequent an den Forschungsprozessen ausgerichtet, wodurch Prozesse beschleunigt, die Produktivität gesteigert und die Transparenz erhöht wird. Die neue Matrix-Organisationsstruktur für Discovery Research, präklinische und klinische Entwicklung macht unseren F&E-Bereich flexibler und erlaubt eine noch stärkere Fokussierung auf strategische Ziele. Alle Planungsprozesse werden frühestmöglich mit der Verteilung von Ressourcen verknüpft, damit die Projekte mit den höchsten Erfolgsaussichten ausreichend personell und finanziell unterstützt werden. Wir wollen mehr neue Substanzen in die klinische Forschung bringen und darüber hinaus die dafür erforderliche Zeit (»time to clinic«) reduzieren. ..." (Altana AG Geschäftsbericht 2002, S. 40-42)

(2) Globalisierung von Forschung und Entwicklung bei der Merck KGaA

"Die wichtigste Veränderung war die umfassende Neuorganisation der Sparte Ethicals - unseres Geschäfts mit verschreibungspflichtigen und patentgeschützten Arzneimitteln. Wir haben die drei Schlüsselprozesse dieser Sparte - Erforschung und Entwicklung, Herstellung sowie Marketing und Vertrieb von Arzneimitteln - genau analysiert, die Möglichkeiten zur Optimierung identifiziert und die notwendigen Veränderungen zur Steigerung unserer Effizienz und Profitabilität eingeleitet. Unsere Forschung und Entwicklung ist heute global vernetzt, mit enger Abstimmung und Kooperation zwischen den Hauptstandorten Darmstadt (Deutschland), Lyon (Frankreich), Boston (Massachusetts, USA) und Durham (North Carolina, USA). ..." (Merck KGaA Geschäftsbericht 2002, S. 8)

(3) Zusammenfassung und Ausgliederung von Innovationsfunktionen bei der Bayer AG

"Globale Kompetenz - das ist das Markenzeichen der Bayer Technology Services, die sich als Dienstleistungsunternehmen für Entwicklung, Planung, Bau und Prozessoptimierung von chemisch-pharmazeutischen Anlagen etabliert. Die Mitarbeiter, die zuvor in den Bereichen Zentrale Technik und teilweise in der Zentralen Forschung tätig waren, übernehmen diese Aufgaben weltweit - zunehmend nicht mehr nur im Auftrag der Bayer-Teilkonzerne, sondern auch für Chemieparkpartner und externe Kunden, die vom interdisziplinären Expertenwissen der Ingenieure, Physiker, Chemiker und Mathematiker bei Bayer Technology Services profitieren wollen. Zu den Hauptaufgaben der Servicegesellschaft gehört es, innovative Verfahren zu entwickeln, neue Produktionsanlagen zu planen und zu bauen, Kunden bei der Entwicklung und Optimierung von Produkten zu beraten sowie Herstellverfahren zu verbessern. Dies geschieht durch exklusive verfahrenstechnische Softwarelösungen, die Entwicklung von Plattformtechnologien zum Beispiel für das High-Throughput-Screening oder durch eigens entwickelte Mess-und Charakterisierungsmethoden. Sie geben den Herstellern von Werkstoffen, Wirkstoffen und Chemikalien unerlässliche Informationen für ihre tägliche Arbeit. Schließlich beschafft und verteilt Bayer Technology Services die vielfältigen Energieträger für die Bayer-Standorte weltweit." (Bayer AG Geschäftsbericht 2002, S. 57)

(4) Inner- und zwischenbetriebliches Innovationsmanagement bei der Henkel KG aA

"Um den nachhaltigen Erfolg des Unternehmens sicherzustellen, verfolgt unsere Forschung eine Doppelstrategie: Wir nutzen sowohl interne als auch externe Kompetenzen, um unser Produktportfolio zu stärken und auszubauen sowie neue Märkte zu erschließen.

In der Zentralen Forschung arbeiten wir in den Bereichen Biologie, Chemie und Technologie an innovativen Basistechnologien für neue Produkte. Diese Innovationen fließen in die Unternehmensbereiche ein und eröffnen neue Möglichkeiten zur Portfolio-Erweiterung. Beispiele für aktuelle Themen der Zentralen Forschung sind:

- biotechnologische Verbesserung der Enzymleistung in Wasch- und Reinigungsmitteln ...
- Untersuchung der genetischen Regulationsmechanismen der Hautalterung ...
- Oberflächenbeschichtungen mit besonderen Eigenschaften, zum Beispiel zur Verhinderung von Biofilmen ...

Neben den internen Aktivitäten halten wir Beteiligungen an Forschungsgesellschaften. Hier arbeiten wir mit Universitätsprofessoren auf den Gebieten der Biotechnologie, Zellphysiologie, Nanotechnologie und Funktionspolymere zusammen." (Henkel KGaA Geschäftsbericht 2002, S. 16-17)

(5) Innovationsklima bei der Puma AG

"Er war gerade 30 Jahre alt, da wurde *Jochen Zeitz* im Mai 1993 Vorstandsvorsitzender der Puma AG. ... Heute ist *Zeitz* immer noch Chef. ...

Innerhalb von knapp zehn Jahren hat *Zeitz* die Puma AG saniert und der ramponierten Marke zu neuem Glanz verholfen. Wie? Er hat eine kreative Multikulti-Truppe zusammengestellt, hat seine jungen Leute zur Trendsuche in die Metropolen der Welt gehetzt, hat eine flippige Werbeagentur engagiert - und hat auch ein bisschen Glück gehabt. Die Ergebnisse: Puma produziert inzwischen trendige Lifestyle-Produkte. ...

Wer heute durch die Flure der Puma-Hauptverwaltung huscht, hört fast nur englische Töne und schaut meist in fröhliche, junge, verschiedenfarbige Gesichter. Es herrscht amerikanische Campus-Atmosphäre in der Würzburger Straße 13 - jene produktive Mischung aus viel Arbeit und viel Spaß. ... Kaum ein deutsches Unternehmen ist so multikulti, so jung, so global, so virtuell. Die rund 2000 Mitarbeiter sitzen in Herzogenaurach, München, Boston, New York, Los Angeles, Taipeh und Hongkong - verbunden durch Internet, Videokonferenzen und Flugzeuge. ..."

Die "... zweite Ebene, ... die schon bei *Zeitz'* Amtsbeginn da war, veranstaltete zusammen mit den neuen jungen Wilden eine - von *Zeitz* gewollte - Kulturrevolution im Hause Puma: nieder mit hierarchischen Hürden, weg mit dem Abteilungsdenken, Kampf dem Das-haben-wir-immer-so-gemacht. ... In dieser etwas anderen Unternehmenskultur fördert und fordert *Zeitz* Risikobereitschaft. Er lässt seine Leute machen - auch und gerade verrückte Sachen. Ergebnis: trendige Schuhe, modische Klamotten."[1]

(6) Toleriertes Bootlegging bei der Bayer AG

"Als skeptische Vorgesetzte die bereits beschlossene Testproduktion doch noch verschoben, vollendete der junge Bayer-Chemiker *Dieter Freitag* seine Innovation auf dem kleinen Dienstweg: Gemeinsam mit dem befreundeten Produktionsleiter stellte er über Nacht einige Dutzend Tonnen seines neuen Kunststoffs her und brachte die Proben in Umlauf. Das war Mitte der siebziger Jahre. Heute ist *Freitag* Direktor für Forschung und Entwicklung im Geschäftsbereich Kunststoffe der Bayer AG im Werk Krefeld-Uerdingen. Und sein modifiziertes Polycarbonat, das Bayer unter dem Markennamen Makrolon vertreibt, gehört zu den Rennern mit überdurchschnittlichen Wachstumschancen. ...

Die abenteuerliche Entwicklungsgeschichte des Bayer-Kunststoffs ist kein exotischer Einzelfall. Mehr FuE-Mitarbeiter, als gemeinhin bekannt ist, tüfteln heute, sobald die interen Schwierigkeiten überhandnehmen, im Verborgenen weiter. ... Bootlegging nennen die Amerikaner dieses Phänomen, das die Unternehmen gern verschweigen. ... Unbescholtene Techniker, Wissenschaftler und Ingenieure verstoßen gegen unternehmensinterne Vorschriften, setzen sich über Anweisungen hinweg, schönen die eigenen Absatzschätzungen und zwacken Gelder aus anderen Entwicklungsprojekten ab, sobald ihnen risikoscheue Vor-

[1] *Hirn* (2002), S. 116 ff.

stände, übereifrige Controller oder abwinkende Marktforscher in die Quere kommen. Immerhin 20 % des Budgets einer FuE-Abteilung, schätzt *Martin Rupp* von der Forschungsabteilung der Veba Oel AG in Gelsenkirchen, fließen "geschickt getarnt" - wie er es nennt – "in die U-Boot-Forschung"...

Dabei spielen die FuE-Schmuggler mit einem hohen Einsatz. Gelingt ihnen der Coup, sind sie die umjubelten Pioniere. Wird jedoch einer am Wochenende oder nach Feierabend beim Bootlegging erwischt, droht ihm die Kündigung oder zumindest eine Abmahnung. Entsprechend sorgfältig werden die Mitstreiter für derart verbotene Aktionen ausgewählt. Meist entsteht ein kleiner, geheimer Zirkel ohne Hackordnungen und Machtkämpfe, der das Projekt zügig vorantreibt. Oft sind solche Geheimbünde sogar schneller und effizienter als abteilungsübergreifende Teams mit Mitarbeitern aus Konstruktion, Fertigung, Montage, Vertrieb und Marketing, mit denen die Unternehmen das Innovationstempo durch Simultaneous Engineering beschleunigen wollen.

Entsprechend zwiespältig reagiert das Management auf solche Geniestreiche. Die betroffenen Unternehmen wissen oft nicht, ob sie sich über solche Innovationen freuen oder ärgern sollen. Zu harte Strafen bergen die Gefahr, daß die Mitarbeiter mit ihrer Entdeckung zur Konkurrenz gehen oder sich selbständig machen. Zu starker Beifall könnte sie ermutigen, die Produktentwicklung ganz in diese Grauzone zu verlagern." (WirtschaftsWoche Nr. 31/24.7.1992, S. 52 ff.)

(7) Innovations-Scouts bei der Volkswagen AG

"Unabhängig davon, ob Innovationen durch Kundenwünsche oder getrieben durch neue Technologien den Weg in das nächste Modell finden, in beiden Fällen ist ein globales Scouting, das Auskundschaften von Trends direkt am Markt, von höchster Bedeutung. Denn die Kundenpräferenzen auf unseren weltweiten Märkten sind äußerst unterschiedlich. Individualität besitzt überall einen hohen Stellenwert, und doch müssen wir bestimmte Eigenarten in den verschiedenen Regionen beachten, um dort erfolgreich am Markt agieren zu können. Um diesen regionalen Einfluss stärker zu berücksichtigen, wurde zum Beispiel im Jahr 2005 mit dem Projekt 'Moonraker' ein interdisziplinäres Team aus Ingenieuren, Kaufleuten, Marketingexperten und Designern in den USA installiert. Sie fangen vor Ort den spezifisch amerikanischen Geist auf, kodieren ihn in Technik um und transferieren ihn in die Entwicklungsabteilungen. Die sehr erfolgreichen Scouting-Aktivitäten werden wir nun auch auf andere relevante Märkte übertragen. (S. 81 f.) ...

Bei der Entwicklung neuer Produkte besteht grundsätzlich das Risiko, dass die Kunden das neue Produkt nicht annehmen. Diesem Risiko wirkt der Volkswagen Konzern mit der Ausweitung des Scouting-Prozesses entgegen, bei dem frühzeitig Trends vom Markt direkt aufgenommen werden." (Volkswagen AG Geschäftsbericht 2005, S. 95)

Diese Auszüge aus Geschäftsberichten und Presseartikeln regen zu den folgenden Fragen an:

- Was bedeutet "Ausrichtung der Forschung und Entwicklung an den Forschungsprozessen"?
- Mit welchen Instrumenten wird eine "globale Vernetzung" der Forschung und Entwicklung ermöglicht?
- Welche Probleme entstehen, wenn Mitarbeiter aus zentralen Service-Abteilungen der Forschung und Entwicklung in eine eigenständige Unternehmenseinheit abgeordnet werden, die zusätzlich auch Beratungsleistungen für Dritte erbringen soll?
- Wie wird die Koordination zwischen inner- und zwischenbetrieblicher Forschung und Entwicklung sichergestellt?
- Für welche Typen von Unternehmen und Branchen eignet sich eine wenig organisierte, ja anarchische Entwicklung, für welche nicht?
- Wie soll die Unternehmensleitung auf offiziell nicht geplante Innovationsaktivitäten einzelner Mitarbeiter reagieren?
- Welche Konsequenzen erwachsen aus der Tatsache, dass BASF "mehr als 1000 Forschungskooperationen" durchführt?
- Wie wird sichergestellt, dass Forschung und Entwicklung während des Innovationsprozesses mit den operativen Funktionen oder Geschäftsbereichen zusammenwirken?

Das folgende Kapitel liefert Antworten auf diese Fragen.

3.2 Was ist und wozu dient ein Innovationssystem?

Der Darstellung der Funktionen des Innovationsmanagements in Kapitel 2 liegt eine **differenzierende Perspektive** zugrunde. Es ging darum, die Vielfalt und die Unterschiedlichkeit der einzelnen Aufgaben von Innovationsmanagern zu erschließen. In diesem Kapitel wird nun eine **integrierende Perspektive** eingenommen: Es gilt, die vielen Aufgaben zu bündeln und organisatorischen Einheiten zuzuweisen. In klassischer organisatorischer Sicht folgt hier auf die Aufgabenanalyse die Aufgabensynthese.

Es geht um das Positions- und Kompetenzgefüge sowie um das Kommunikations- und Interaktionsgefüge des Innovationsmanagements.

Das Ergebnis nennen wir das **Innovationssystem der Unternehmung**. Ein System ist eine Menge von Elementen, die in bestimmter Weise miteinander verknüpft sind[1]. Bei Innovationen handelt es sich bei diesen **Elementen** in erster Linie um Menschen, in zweiter Linie um Materialien und Maschinen. Die **Verknüpfungen** zwichen den Menschen sind vor allem **informatorische**, aber auch **disziplinarische** Beziehungen. Auf der Ebene einer physischen Interaktion handelt es sich um **Leistungsbeziehungen**, Austausch von Sach- und Dienstleistungen. Diese Beziehungen sind nicht zuletzt durch **finanzielle Beziehungen** überlagert[2].

Das Innovationssystem erfasst alle diejenigen Personen, die aktiv Beiträge zum Zustandekommen der Innovation leisten, aber auch diejenigen, die passiv von der Innovation betroffen sind und die durch ihre Reaktion zum Innovationserfolg beitragen. Diese Unterscheidung zwischen **Beteiligten und Betroffenen** ist zweckmäßig, wir müssen indessen konzedieren, dass sie nicht immer sauber getroffen werden kann.

Die Beziehungen zwischen den Beteiligten und Betroffenen ereignen sich bei Innovationen vielfach spontan, ohne eine vorherige Regelung. Das Innovationssystem muss daher zwangsläufig ein **"offenes" System** sein, das das Entstehen und Beendigen derartiger Beziehungen zulässt. Das Innovationssystem muss die Möglichkeiten bieten, derartige spontane Interaktionen aufzunehmen, auszuprobieren, auszubauen und zu institutionalisieren. Das Innovationssystem ermöglicht im Vergleich zur Organisation der Routinetätigkeit in höherem Maße die **Selbstorganisation**. Es ist vor allem wesentlich **regelungsärmer**. Die traditionellen Regelungsformen - Gebote oder gar Verbote - entsprechen nicht dem

---

1 Der Begriff des Innovationssystems wird hier auf die Unternehmung und ihre unmittelbaren Partner beschränkt. Die Literatur fasst das Begriffsverständnis weiter: Das Innovationssystem umfasst danach das jeweilige nationale, politisch-gesellschaftliche Umfeld der Innovationstätigkeit. Vgl. *Pleschak/Sabisch* (1996), S. 35 ff.

2 *Uhlmann* (1978), S. 66 ff., s.a. *Hübner* (1995), S. 80 ff., *Herzhoff* (1991) unterscheidet dabei das "Informations- und Kommunikationssystem" vom "Organisationssystem" und vom "Personalsystem", *Hübner* (2002), S. 162 ff.

Leitbild der Strukturierung von Innovationsprozessen, denen die für die Organisation charakteristische Normklarheit und Arbeitstransparenz fehlen[1].

In dieser Situation Ordnung in das Unbekannte bringen zu wollen, ist eine heikle Aufgabe[2]. Wir verzichten bewusst auf den Begriff Organisation, sondern verwenden stattdessen den Begriff Innovationssystem. Wir wollen damit betonen, dass uns das Denken in Zusammenhängen und Beziehungen wichtiger ist als eine, womöglich endgültige, Regelung oder gar Regulierung. Dieses Kapitel soll vielmehr unterschiedliche **Varianten der Gestaltung** dieser Beziehungen vorstellen. Wir wollen auch zeigen, wie der gedankliche Prozess der Auswahl einer (oder mehrerer) dieser Varianten aussieht. Man würde aber mit falschen Hoffnungen an die folgende Darstellung herantreten, wenn man ein Rezeptbuch für "die" Organisation "des" Innovationsmanagements erwarten würde.

Die Aufgabenanalyse der Funktionen des Innovationsmanagements hat bewusst die vielfältigen Aufgaben eingeschlossen, die sich bei **zwischenbetrieblicher Innovationstätigkeit** ergeben. Dahinter steht die strategische Entscheidung, diese zwischenbetriebliche Kooperation überhaupt zuzulassen oder gar anzustreben. Aus mikroökonomischer Sicht reduziert sich diese Frage auf ein Transaktionskostenkalkül. Kooperation ist solange sinnvoll, wie erwartete Kooperationserträge die erwarteten Transaktionskosten überschreiten. Kooperation ist danach ein einfaches Wahlproblem.

Die Realität scheint den Befunden *Brockhoffs*[3] zufolge dieser Wahlfreiheit indessen wesentlich weniger aufgeschlossen zu sein. Insgesamt wird den Ausgliederungsstrategien (Lizenznahme, Vertragsforschung, Gemeinschaftsforschung, Forschungskooperation und -akquisition) eine deutlich niedrigere Bedeutung eingeräumt als der Imitation. Gleichwohl finden sich zwei deutlich unterscheidbare **Typen von Innovationsstrategien**:

- Typ 1 vertritt konsequent die **Politik der Innovationsausgliederung**. Vor allem in der Lizenznahme und in der Akquisition von Unternehmen sieht er Instrumente zum externen Erwerb von Technologien und Techniken. Aber auch bei Imitation, Gemeinschaftsforschung und Forschungskooperation ist dieser Typ eher zum Fremdbezug bereit.

- Typ 2 proklamiert für sich, die **Innovation selbst hervorbringen** zu wollen. Lediglich bei der Auftragsforschung ist er stärker zur Kooperation bereit als Typ 1. Dieser Typ 2 forscht wesentlich stärker spezialisiert und patentiert intensiver als der Typ 1. Man darf vermuten, dass in diesen Unternehmen das NIH-Syndrom (not invented here) gilt, das der Eigenentwicklung den Vorzug vor dem Fremdbezug gibt[4].

Diese Einstellungen wurden nach den historischen Betrachtungen *Radkaus* von den Persönlichkeiten *Werner von Siemens* und *Emil Rathenau* idealtypisch repräsentiert:

---

1 *Bleicher* (1981), S. 86, *Noss* (2002), S. 41.
2 *Rammert* (1988), S. 33.
3 *Brockhoff* (1989), S. 21 f.
4 *Mehrwald* (1999), S. 49 ff.

"*Werner von Siemens* wollte sein Unternehmen am liebsten als eine technische Entwicklungsanstalt gesehen wissen ... sein Rivale *Emil Rathenau* kaufte Innovationen lieber von auswärts, als daß er sie selber entwickelte." [1]

Die folgende Darstellung des Innovationssystems wird diese prinzipiellen Einstellungsunterschiede berücksichtigen. Aber die **Perspektive** für die Betrachtung des Innovationssystems ist die **der Unternehmensleitung**: Es geht darum, die Beziehungen zwischen den Beteiligten und Betroffenen der Innovation fortlaufend in Richtung der Zielerreichung auszurichten. Dabei wird es ein "Mehr" oder "Weniger" an Ausgliederung der Innovationsaktivitäten auf Außenstehende geben, aber kein "Entweder/Oder".

Unstrittig ist aber, dass die Gestaltung des Innovationssystems kein ausschließlich innerbetriebliches Organisationsproblem ist.

Die Darstellung muss dabei einen großen Bogen spannen: von der ganzheitlichen Ausrichtung der gesamten Unternehmung auf Innovationen, über die Organisation in eigenen Abteilungen bis hin zu vielen fallweisen Gestaltungsformen der Innovationstätigkeit. Kasten 3.1 gibt einen Überblick über diese Vielgestaltigkeit des Innovationssystems.

Kasten 3.1: Strukturvarianten des Innovationssystems

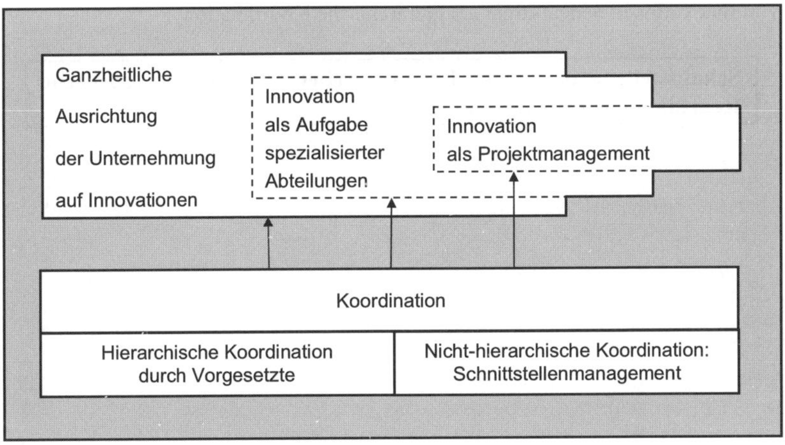

Quelle: Eigene Darstellung

---

[1] *Radkau* (1989), S. 174.

Die Darstellung des Innovationssystems im Kasten 3.1 verweist auf die **zentrale Position des Projektmanagements** von Innovationen. Jede Innovation ist ein befristetes, auf eine spezielle Aufgabenerfüllung ausgerichtetes Projekt. Die Institutionalisierung von Innovationsaktivitäten in eigenen Abteilungen schließt diese Projektperspektive ein. Zugleich wird im Innovationssystem zugelassen, dass es Innovationen gibt, die außerhalb dieser Abteilungen ablaufen. Die **ganzheitliche Ausrichtung** der Unternehmung auf Innovation verbietet eine institutionelle Spezialisierung ebenso wenig wie ein spezifisches Projektmanagement von Innovationen. Aber sie ergänzt die strukturelle und prozessuale Spezialisierung um den integrativen Gedanken, dass es auch außerhalb dieser Spezialisierungen Innovationen geben soll.

In allen diesen, unterschiedlich weiten Auffassungen des Innovationssystems ist **Koordination** der vielfältigen Aktivitäten auf das Innovationsziel und letztlich auf das Unternehmensziel hin notwendig[1].

Die gleichsam selbstverständliche Koordination geht als **hierarchische Koordination** vom Vorgesetzten aus. Aber wo es keine formal bestimmten Vorgesetzten gibt - und das ist bei Innovationen nicht auszuschließen - oder wo hierarchische Koordination uneffektiv oder uneffizient ist, benötigt man andere Spielarten der Ausrichtung der vielfältigen Aktivitäten auf die Ziele. Die Literatur kennt diese **nicht-hierarchischen Koordinationsformen** unter dem Stichwort "Schnittstellenmanagement". Sie ergänzen oder ersetzen die hierarchische Koordination. Sie sind in der Welt der Ungewissheit, des Risikos, der Konturlosigkeit von Innovationen bedeutsamer als hierarchische Koordination.

Schnittstellenmanagement ist im Zweifel "die" charakteristische Koordinationsform der Innovation.

[1] Eine sorgsame Auseinandersetzung mit den vielfältigen Konzepten, Koordination zu erfassen und zu gliedern, findet sich bei *Reger* (1997), S. 52 ff., 57 f., 134 ff.

3.3 Management der Innovationskultur: Ganzheitliche Ausrichtung der Unternehmung auf Innovationen

"Eine Grundvoraussetzung für den kontinuierlichen Strom innovativer Produkte oder Dienstleistungen ist ein innovationsfreundliches Umfeld - oder, wie es manchmal heißt, ein Klima nicht des „Ja, aber...“, sondern des „Warum nicht?“"

Schrader (1991), S. 17

Unter dem Einfluss der Thesen von *Peters/Waterman*[1] hat sich zunehmend der Gedanke verbreitet, dass es sich für eine Unternehmung lohne, **durchgehend innovativ** zu sein. Genau genommen geht es nicht darum, jede sich bietende Innovationschance auch tatsächlich wahrzunehmen, es geht vielmehr darum, sie auf Zielkonformität und Machbarkeit im Rahmen der eigenen Kapazität zu prüfen. Die Betrachtungen von *Peters/Waterman* sind sachgerecht weiterzuführen zur Forderung nach einer **"innovationsbewussten" und "innovationsfördernden" Organisation**, die prinzipiell traditionskritisch und zugleich auch innovationskritisch ist[2].

Es ist Kennzeichen einer solchen Organisationskultur, dass sie **ganzheitlich** innovationsbewusst ist[3]. Im Extremfall ist es die ständige Aufgabe jedes Mitarbeiters, in seinem Bereich im Sinne des japanischen "**Kaizen**" kreativ nach neuen Produkten oder Verfahren zu suchen und sich nach Kräften für deren Realisierung einzusetzen. Nicht selten verwendet man für einen derartigen Appell mit bewusst offen gehaltenen Handlungsspielräumen, mit begeisternden und faszinierenden Perspektiven den Begriff der "**Vision**"[4].

Dieses Konzept ist für deutsche Verhältnisse so neu nicht. *Carl Duisberg* setzte seinen Ingenieuren im Jahre 1898 folgendes Ziel:

"Der Chefingenieur resp. die Oberingenieure haben dafür zu sorgen, daß der mechanische und maschinelle Betrieb in sämtlichen Fabriken ... stets auf der Höhe der wissenschaftlichen und technischen Erfahrungen bleibt und mit allen auf dem Gebiet der Mechanik gemachten Verbesserungen Schritt hält."[5]

100 Jahre später lautet die entsprechende Formulierung:

"Bayer wird so lange erfolgreich sein, wie es in den vielen Bereichen des Unternehmens, in den Laboratorien, Betrieben, Vertriebs- und Verwaltungsabteilungen Mitarbeiter gibt, die innovativ sind."[6]

Das gesamte Unternehmen soll damit auf Innovation eingeschworen werden. Kein Bereich darf ausgenommen sein. Dem Innovationsstreben sind allenfalls finanzielle Ansprüche und Restriktionen übergeordnet.

---

1 *Peters/Waterman* (1984), S. 254 ff.
2 *Kieser* (1986), S. 47 ff.
3 *Albach* (1994), S. 174 ff.
4 *Kroy* (1995), S. 75 f.
5 *Verg et al.* (1988), S. 133.
6 Ebenda, S. 609.

Der Bezug auf *Peters/Waterman* und *Carl Duisberg* verweist sofort auf Großunternehmen mit Tradition - die klassische Perspektive des Technologie- und Innovationsmanagements. Dennoch ist diese Perspektive einseitig. Viele **junge Unternehmen** verdanken ihre Existenz einer Innovation. Sie müssen zwangsläufig innovationsbewusst sein. Aber sie sind klein, jedenfalls in der **Start-up-Phase**. Insofern tragen sie die Lasten einer in anderen Betätigungsfeldern gewachsenen und bewährten Struktur nicht[1]. Dafür haben sie andere Probleme, z.B. bei der Finanzierung, beim Marketing, bei der Bewältigung der Expansion, beim Aufbau einer Administration, bei der Rekrutierung von Personal etc. Zur Illustration dieser Probleme sei auf die reichhaltige Dokumentation der **Gründungsforschung** von *Müller-Böling/Klandt* sowie auf die aktuelle Literaturrezension von *Gruber* verwiesen[2]. Wir wollen diese Probleme hier ausblenden und uns stattdessen auf diejenigen Managementaufgaben konzentrieren, die sich in jungen wie in alten, in kleineren wie in größeren Unternehmen stellen, wenn sie Innovationsprojekte erfolgreich steuern wollen.

3.3.1 Die klassische Typologie: "Organische" versus "Mechanistische" Struktur

> "For those who believe that organzation structure, control mechanisms, formal decision-making processes, delegation of authority, and other formal aspects of a so-called well-run company are sufficient conditions for successful technological innovation, we can say with confidence that it is not so."
>
> *Rubenstein et al.* (1976), S. 18

Unbestrittener Bestandteil jedes Lehrbuchs zur Innovation und zum Management ist die bekannte Typologie von *Burns/Stalker* aus dem Jahre 1961. Sie unterscheiden zwei entgegengesetzte Typen von Organisationen, **"mechanistische" und "organische" Managementsysteme**. Kasten 3.2 zeigt die Gegenüberstellung im Originaltext von *Burns/Stalker*.

Dieses "M-O-Paradigma" trifft folgende Aussagen:

- Das **mechanistische Managementsystem** ist das einer wohlgeordneten Bürokratie. Es ist stabilen Umwelten angemessen. Seine wesentlichen Eigenschaften sind: klar gegliederte, wohl definierte Ziele, präzise Stellenbeschreibungen, personenunabhängige Stellenbesetzungen, Zentralisierung der Entscheidungen an der Spitze der Hierarchie, vertikal verlaufende Kommunikationsbeziehungen, Orientierung am jeweiligen Vorgesetzten, Loyalität und Gehorsam. Es ist dieses die Vorstellungswelt der Organisationstheorie *Max Webers* und *Erich Kosiols*, die sich auf die effektive und effiziente Bewältigung von Wiederholungsvorgängen konzentriert hat.
- Die **organische Variante des Managementsystems** ist demgegenüber sehr viel unklarer. *Burns/Stalker* vermuten sie eher bei veränderlicher Umwelt,

1 *Gemünden* (2001), S. 435.
2 *Müller-Böling/Klandt* (1993), S. 135 ff., *Gruber* (2004), S. 85 ff.

die immer neue Probleme aufwirft und damit die Planung erschwert. Die Eigenschaften der organischen Variante sind: unscharfe, nicht auf Dauer festgelegte Ziele, keine endgültige Aufgabendefinition und Stellenfixierung, Organisation "ad personam", kein Denken in Rechten und Pflichten, sondern Denken in Problemlösungen. Kontrolle, Autorität und Kommunikation werden nicht mit Blick auf den Vorgesetzten, sondern in einem komplexen Interaktionsnetz realisiert. Der Kommunikationsfluss läuft lateral, d.h. sowohl horizontal als auch "schräg" zwischen Stellen unterschiedlichen Ranges.

Burns/Stalker haben eine theoretische Perspektive im Auge, genauer: eine **kontingenztheoretische**. Aufgrund ihrer empirischen Beobachtung von 20 britischen Industriebetrieben vermuten sie, dass bei Änderungen in den Umweltbedingungen am Markt und in der Technologie auch die Organisationsform und das Organisationsverhalten geändert werden müssten. Die Vereinfachungstendenz vieler Lehrbücher machte daraus eine **Effizienzbehauptung**:

Mechanistische Organisation behindere, organische fördere Innovation.

An dieser Vereinfachung des M-O-Paradigmas und ihrer suggestiven Wirkung hat **Kritik** anzusetzen:

(1) Eindimensionalität des Innovationsziels

Es ist unter unternehmenspolitischen Gesichtspunkten keineswegs zwingend, dass Innovationsfähigkeit grundsätzlich ein höheres Ziel darstellt als das Festhalten an den eingeführten Produkten und praktizierten Verfahren[1]. Soll man eine bewährte, gut eingespielte und erfolgreiche Unternehmenskultur durch Innovation verunsichern und in Frage stellen?

Rechtfertigt Innovation

- Zweifel an klaren Unternehmenszielen,
- Auflösung einer systematisch aufgebauten Organisation,
- Abkehr von traditionsreichen Führungsmethoden,
- Kritik an den Aussagen des Rechnungswesens?

Wer unkritisch die Demontage einer mechanistischen Struktur und stattdessen die ordnungsärmere, beliebig variierbare organische Verhaltensweise fordert, der möge die **Kosten** bedenken. Dabei sind nicht nur die Kommunikations- und Koordinationskosten zu kalkulieren, sondern auch die Opportunitätskosten, die entstehen, wenn man eine auf Zuverlässigkeit (Qualität, Termintreue) ausgerichtete Organisation aufgibt.

---

1 *Hage/Aiken* (1969), S. 373 f.

Kasten 3.2: Mechanistic and organic systems (*Burns/Stalker*)

„A ***mechanistic management*** *system is appropriate to stable conditions. It is characterized by:*
(a) the specialized differentiation of functional tasks into which the problem and tasks facing the concern as a whole are broken down;
(b) the abstract nature of each individual task, which is pursued with techniques and purposes more or less distinct from those of the concern as a whole; i.e., the functionaries tend to pursue the technical improvement of means, rather than the accomplishment of the ends of the concern;
(c) the reconciliation, for each level in the hierarchy, of these distinct performances by the immediate superiors, who are also, in turn, responsible for seeing that each is relevant in his own special part of the main task.
(d) the precise definition of rights and obligations and technical methods attached to each functional role;
(e) the translation of rights and obligations and methods into the responsibilities of a functional position;
(f) hierarchic structure of control, authority and communication;
(g) a reinforcement of the hierarchic structure by the location of knowledge of actualities exclusively at the top of the hierarchy, where the final reconciliation of distinct tasks and assessment of relevance is made;
(h) a tendency for interaction between members of the concern to be vertical, i.e., between superior and subordinate;
(i) a tendency for operations and working behaviour to be governed by the instructions and decisions issued by superiors;
(j) insistence on loyalty to the concern and obedience to superiors as a condition of membership;
(k) a greater importance and prestige attaching to internal (local) than to general (cosmopolitan) knowledge, experience, and skill.

The ***organic form*** *is appropriate to changing conditions, which give rise constantly to fresh problems and unforeseen requirements for action which cannot be broken down or distributed automatically arising from the functional roles defined within a hierarchic structure. It is characterized by:*
(a) the contributive nature of special knowledge and experience to the common task of the concern;
(b) the 'realistic' nature of the individual task, which is seen as set by the total situation of the concern;
(c) the adjustment and continual re-definition of individual tasks through interaction with others;
(d) the shedding of 'responsibility' as a limited field of rights, obligations and methods. (Problems may not be posted upwards, downwards or sideways as being someone's else's responsibility);
(e) the spread of commitment to the concern beyond any technical definition;
(f) a network structure of control, authority, and communication.
The sanctions which apply to the individual's conduct in his working role derive more from presumed community of interest with the rest of the working organization in the survival and growth of the firm, and less from a contractual relationship between himself and a non-personal corporation, represented for him by an immediate superior;
(g) omniscience no longer imputed to the head of the concern; knowledge about the technical or commerical nature of the here and now task may be located anywhere in the network; this location becoming the ad hoc centre of control authority and communication;
(h) a lateral rather than a vertical direction of communication through the organization, communication between people of different rank, also, resembling consultation rather than command;
(i) a content of communication which consists of information and advice rather than instructions and decisions;
(j) commitment to the concern's tasks and to the 'technological ethos' of material progress and expansion is more highly valued than loyalty and obedience;
(k) importance and prestige attach to affiliations and expertise valid in the industrial and technical and commercial milieux external to the firm."

Quelle: *Burns/Stalker* (1961), S. 119 ff.

(2) Vernachlässigung der Überleitung in den Routinevollzug

Jede Innovation ist dazu bestimmt, "irgendwann" in den Dauervollzug überführt zu werden. Nur bei **dauerhafter Verwertung** kann der Innovationserfolg realisiert werden. Spätestens bei dieser Überleitung wird man wieder nach einer mechanistischen Ordnung rufen. Wenn die Effektivität, d.h. die neuartige Zweck-Mittel-Verknüpfung, nachgewiesen ist, beginnt die Herrschaft der Effizienz: das Streben nach Wirtschaftlichkeit, Schnelligkeit, Präzision, Zuverlässigkeit etc. Spätestens mit der Large-Scale-Produktion findet ein organisches Management nicht mehr statt.

(3) Nichtbeachtung der Prozessperspektive

Das M-O-Paradigma sieht im Innovationsmanagement ausschließlich ein strukturelles Problem. Strukturen sind auf wiederholte, auf Daueraufgaben ausgerichtet. Innovationen sind demgegenüber gerade **keine Wiederholungsaufgaben**, jede Innovation stellt singuläre Probleme. Sie sind Abläufe in einem begrenzten Zeithorizont. Sie sind befristet und - als individuelle Innovationsprozesse - **keine Daueraufgaben**. Kurz: Das M-O-Paradigma gibt gerade nicht die Antworten auf Fragen, die sich dem Innovationsmanagement stellen.

(4) Nichtberücksichtigung externer Beziehungen

Das M-O-Paradigma betrachtet interne Funktionen und Beziehungen. Ausgliederungs- und Kooperationsprozesse werden vom M-O-Paradigma überhaupt nicht erfasst. Es vernachlässigt völlig, dass Innovationsprozesse einen intensiven **Informationsaustausch mit der Umwelt**, das heißt mit Kunden, Lieferanten, Hochschulen, Förderinstitutionen, Behörden etc., erfordern. Derartige Informationsbeziehungen können zwar "organisch" aufgebaut und gepflegt werden. Verbindliche und verpflichtende Informationsakte bedürfen aber schon im Interesse der Rechtssicherheit der Regelung von Zuständigkeit, Verantwortlichkeit und Förmlichkeit - eben einer mechanistischen Organisation.

(5) Unterschätzung der Flexibilität mechanistischer Strukturen

Auch mechanistische Strukturen können innovativ sein[1]. Offenbar finden sich auch in mechanistischen Strukturen Wege und Möglichkeiten, über neuartige Ideen zu entscheiden und diese durchzusetzen[2]. Es ist dabei nicht ausgeschlossen, dass die mechanistische Struktur der Innovation größeren Widerstand entgegensetzt als eine organische. Aber sie entwickelt vielleicht auch spezifische Techniken, um die **Widerstände zu überwinden**. Der in Kapitel 5 näher gekennzeichnete Prozesspromotor scheint uns ein derartiges spezifisches Organ zu sein, das in einer mechanistischen Umwelt zur Durchsetzung von Innovationsprozessen benötigt wird.

Damit ist die Frage aufgeworfen, ob das M-O-Paradigma zwar möglicherweise nicht für die Gesamtorganisation, aber vielleicht innerhalb einzelner **Innovati-**

---

1 *Baldridge/Burnham* (1975), S. 170 f.

2 *Olson et al.* (1995), S. 56, *Cobbenhagen* (2000), S. 210 f.

onsprozesse gilt. Eine entsprechende Vorstellung geht auf *Shephard* zurück[1]. Er schlägt vor, während des Innovationsprozesses systematisch die Führungsform zu wechseln. In einer **ersten, offenen, kreativen Phase** der Ideensuche und Entscheidungsfindung sollten eher organische Verhaltensmuster gefördert werden. In einer **zweiten, auf die Durchsetzung ausgerichteten Phase** sollten dann die Grundsätze einer straffen, klar ausgerichteten, eher mechanistischen Führung gelten. Diese als "**loose-tight-Hypothese**" bekannt gewordene Weiterführung des Ansatzes von *Burns/Stalker* ist zwar überaus einleuchtend und weit verbreitet, lässt sich aber nach einer Untersuchung von 70 Unternehmen durch *Albers/ Eggers* empirisch nicht bestätigen:

Das loose-tight-Konzept wird selten praktiziert, und wo es praktiziert wird, ist es nicht erfolgreich[2].

Lukas et al.[3] haben dieses generelle Urteil in einer Untersuchung von 130 Unternehmen spezifiziert und teilweise revidiert: Eine "bürokratische", d.h. formalisierte und zentralisierte Struktur in der **Erfindungsphase** verlängert den Innovationsprozess, in der folgenden **Entwicklungsphase** lässt sich hingegen ein negativer Einfluss nicht zeigen. Anders die Wirkung formaler und informaler Kontrollen: Insbesondere die informale Kontrolle führt in beiden Phasen zu einer Prozessbeschleunigung.

Diese Einsichten raten zu einer stärkeren Differenzierung der loose-tight-Hypothese[4]:

- Nach dem **Innovationsgrad**: Je höher das Ausmaß der Neuigkeit, desto weniger ist das loose-tight-Konzept anwendbar und erfolgsfördernd.
- Nach der **technischen Zwangsläufigkeit** des Innovationsprozesses: In administrativen Innovationsprozessen scheint das Konzept kaum realisierbar. In der technologischen Neu-Produktentwicklung prägt hingegen der technische Fortgang der Entwicklung den Prozessverlauf eher im Sinne des loose-tight-Konzeptes.

Insgesamt ist nach dem derzeitigen Stand der Forschung **kein bestimmter Zeitpunkt** in Innovationsprozessen benennbar, zu dem ein ruckartiger Wechsel zwischen organischer und mechanistischer Prozess- und Projektsteuerung ratsam ist.

Eine allmählich zunehmende Formalisierung mit Fortschreiten des Prozesses scheint realistisch und effizient zu sein.

---

1 *Shephard* (1967), S. 470 ff., *Meffert* (1976), S. 86 f., *Meadows* (1980), S. 377 f., zeigt zudem, dass das M-O-Paradigma auch zur Beschreibung der Arbeitssituation auf Team-Ebene geeignet ist.

2 *Albers/Eggers* (1991), S. 44 ff.

3 *Lukas et al.* (2002), S. 352 f.

4 *Gopalakrishnan/Damanpour* (1994), S. 95 ff., *Damanpour/Gopalakrishnan* (1998), S. 6 ff.

3.3.2 Eigenschaften einer ganzheitlich "innovationsbewussten" Unternehmung

> "Eine "innovationsfähige" Organisation ist ... nicht eine Struktur, die Innovationen auslöst, sondern eine Struktur, die auf Innovationen geschmeidig reagiert."
>
> *Witte* (1988a), S. 145

Die grundsätzlichen Überlegungen zur Erfolgswirksamkeit organischer Organisationskultur findet seinen Niederschlag in verschiedenen Konzepten der innovationsorientieren Unternehmenskultur[1]. So untersuchten *Salomo et al.* explizit den Zusammenhang von **innovationsorientierter Unternehmenskultur** und Innovationserfolg der Unternehmung[2]. Dabei zeigt sich für die untersuchten 146 international aktiven Unternehmen ein grundsätzlich positiver Zusammenhang zwischen Erfolg des Neuproduktportfolios und einer Organisationskultur, die sich durch Förderung unternehmerischen Handelns, Anregung von Initiativen und Fehlertoleranz auszeichnet. Dieser positive Zusammenhang wird verstärkt, wenn Innovationsorientierung nicht nur Lippenbekenntnis bleibt, sondern parallel auch ausreichend Ressourcen zur Bewältigung der Innovationsaufgaben bereitgestellt werden[3] - ein Aspekt, der unter dem Stichwort der Innovationskapazität zum Ende diese Kapitels wieder aufgegriffen wird.

Sundgren et al.[4] fokussieren diese Betrachtung noch weiter und betrachten das **Organisationsklima bzw. das Kreativitätsklima**. Ihrer Befragung von 453 schwedischen, englischen und amerikanischen Forschern und Forschungsmanagern zufolge wird das kreative Klima der jeweiligen Organisation durch sechs Dimensionen charakterisiert: Vertrauen/Offenheit, Ideenunterstützung, persönliche Gestaltungsfreiheit, Akzeptanz unüblicher Ideen ("playfulness"), Diskussionstoleranz, dynamische Atmosphäre. Es kommt dabei vor allem auf die intrinsiche Motivation der Beteiligten sowie indirekt auf die Teilhabe an der Entwicklung und an den Resultaten der Informationsverarbeitung ("information sharing") an[5].

Die empirische Untersuchung von *Ernst* greift zur Bestimmung der Unternehmenskultur auf die in der Literatur häufiger verwendete Typologie nach *Cameron/Freeman* zurück und stellt der "Hierarchie-Kultur" insbesondere die "Adhocracy-Kultur" gegenüber[6]. Letztere entspricht dabei einer Kombination aus organischen Prozessen und externer Positionierung, die Wettbewerb und Differenzierung betont, während "Hierarchie-Kultur" als mechanistisch und intern effizienzorientiert bestimmt ist[7]. Die "**Hierarchie-Kultur**" zeigt, der Studie von *Ernst* folgend, einen **eindeutig negativen Zusammenhang zur Profitabilität neuer Produkte**. Demgegenüber scheint der Erfolgszusammenhang der "Adhocracy-Kultur" nicht-linearer Natur zu sein. Zwar zeigt sich eine grundsätzlich

---

1 *Capon et al.* (1992), *de Brentani* (2001), *Dorabjee et al.* (1998).
2 *Salomo et al.* (2005), S. 240 ff. Vgl. auch *de Brentani/Kleinschmidt* (2004).
3 *Salomo et al.* (2005), S. 249.
4 *Sundgren et al.* (2005), S. 359 ff.
5 Ebenda, S. 368.
6 *Ernst* (2003), S. 28 f.
7 *Cameron/Freemann* (1991), S. 29.

positive Wirkung dieses Kulturtyps auf Innovationserfolg. Dieser positive Zusammenhang schwächt sich jedoch mit zunehmendem Adhocracy-Niveau ab und wird sogar negativ. Offensichtlich besteht ein **optimales Niveau dieser grundsätzlich innovationsförderlichen Kultur** - ein Zuviel an Dynamik, Risikobereitschaft und unternehmerischer Orientierung hat jedoch negative Effekte auf den Innovationserfolg[1].

Die Studie von *Ernst* lässt noch in weiterer Hinsicht aufhorchen: Gerade das von ihm vorbildlich gewählte Multi-Respondenten-Design der empirischen Erhebung macht deutlich, dass Organisationskultur ein empirisch schwierig zu erfassendes Phänomen ist. *Ernst* erhebt in 43 strategischen Geschäftseinheiten Kulturvariablen von 258 Mitarbeitern, die sich nach ihrer hierarchischen Position sowie ihrer Zughörigkeit zu betrieblichen Funktionsbereichen unterscheiden. Die Einschätzung der Organisationskultur variiert dabei erheblich in Abhängigkeit von der Position und funktionalen Zugehörigkeit der Mitarbeiter, so dass sich *Ernst* letztlich auf die Einschätzungen der Marketingmitarbeiter als Respondentengruppe mit dem geringsten Methodenfehler konzentriert[2]. Wird Organisationskultur als die Summe der Normen, Einstellungen und Verhaltensmuster definiert, die **gemeinsam** die zentrale Identität der Organisation bestimmen[3], ist jedoch fraglich, ob in vielen der betrachteten Fälle eine starke und spezifische Organisationskultur überhaupt vorhanden ist[4]. Erneut ist festzuhalten, dass der aktuelle Stand der empirischen Forschung ein noch lückenhaftes Bild der Erfolgswirkung von Organisationskultur im Innovationskontext liefert.

Die Auseinandersetzung mit dem M-O-Paradigma sowie die empirischen Studien zum Zusammenhang von Organisationskultur und Innovationserfolg lassen deutlich werden, dass es bei der Gestaltung der Gesamtorganisation darauf ankommt, nach Wegen zu suchen, die Vorzüge einer mechanistischen Ordnung mit der kreativen Ergiebigkeit eines organischen Miteinanders zu verbinden:

- Ein erster Weg ist dabei die **Ausgliederung** der Innovationsfunktion auf organisch geführte Teilbetriebe und externe Partner, die die mechanistische Ordnung des ausgliedernden Betriebes nicht stören. Die organische Betriebseinheit wird ausgegrenzt.
- Ein zweiter Weg ist die Relativierung der Aufbauperspektive zugunsten einer Ablaufperspektive, wie sie in einem bewussten **Projektmanagement** praktiziert wird. Organisches Handeln ist erlaubt, aber nur in abgegrenzten betrieblichen Projekten.
- Der dritte Weg ist der einer zeitweisen **Ergänzung oder Änderung der Gesamtorganisation** in unterschiedlichen Varianten[5]. Die empirische Untersuchung von *Ernst* zeigt dabei die Richtung: Die erfolgreichste Unter-

---

1 *Ernst* (2003), S. 38.
2 Ebenda, S. 36 f.
3 *Schein* (1990), S. 7 ff., *Schreyögg* (1995), S. 113.
4 *Sorensen* (2002), S. 72 ff.
5 Einen systematischen Überblick über diese Strategien geben *Gaitanides/Wicher* (1986), S. 386 ff., *Osterloh* (1993), S. 215 f., und *Albach* (1994), S. 170 ff.

nehmenskultur ist eine "gemäßigte Adhocracy", die organische Attribute mit externer Marktorientierung verbindet[1].

Dies entspricht weitgehend dem **Konzept einer innovationsbewussten Unternehmung**[2], das wir im Folgenden vorstellen. Dabei gilt es immer wieder, bürokratische Verkrustungen des mechanistischen Ansatzes aufzubrechen und ihn **um die folgenden innovationsförderlichen Elemente zu erweitern**[3]:

(1) Systemoffenheit

Die innovationsbewusste Unternehmung schirmt sich nicht von der Öffentlichkeit ab, sondern ist für diese permanent zugänglich. Sie pflegt Präsenz auf Messen und Seminaren. Sie akzeptiert Publikationsfreudigkeit ihrer Mitarbeiter, die darauf gerichtet ist, Gesprächspartner in die Unternehmung hineinzuziehen. Sie pflegt bewusst den Umgang mit Meinungsführern. Sie kennt keine Geheimnistuerei um Produkte und Verfahren. Die Unternehmung ist offen für Informationsaufnahme und Informationsabgabe. Sie ist **bereit zum Innovationsdialog**. Sie ist aufgeschlossen für Anregungen und Wandel.

(2) Organisationsgrad

Eine innovationsbewusste Unternehmung dosiert sehr bewusst ihren Organisationsgrad und versucht, mit möglichst wenig organisatorischen Ge- und Verboten auszukommen, z.B. Einhalten von Dienstwegen, Vorschriften zur Nutzung von Sachmitteln, zeitlichen und örtlichen Bindungen des Handelns, Kommunikations- und Interaktionspflichten. **Sie versteht Organisation als Freiraum zum Handeln, nicht als Beschränkung des Aktionsspielraumes**[4]. Arbeitsteilung bedeutet nicht Arbeitstrennung, sondern Verlagerung von Arbeit auf den Fähigsten.

(3) Informationsstil

In innovationsbewussten Unternehmen sind Gespräche und Verhandlungen über innovative Probleme nicht nachrangig gegenüber Routineproblemen, auch nicht gegenüber dringenden Tagesfragen. Eine Organisation, die stark zur Standardisierung und Formalisierung ihrer Kommunikation in Memoranden, Grundsatzschriften, Hausmitteilungen, Formularen etc. neigt, entspricht den Vorstellungen der innovationsbewussten Organisation nicht. **Die Informationsbeziehungen sind möglichst wenig geregelt**. Der Dienstweg ist auf die wenigen förmlichen Akte des Entscheidens und Anordnens, des Kontrollierens und Appellierens beschränkt. Informationen über Innovationen sind weder Befehle noch Vollzugsmeldungen. In einer innovationsbewussten Organisation wird es nicht nur

---

1 *Ernst* (2003), S. 29, *Mintzberg* (1979), S. 431 ff.

2 Vgl. auch *Schmidt* (1969), S. 95 ff., *Rubenstein et al.* (1971), S. 49 ff., S. 51, *Grochla* (1980), S. 32 ff., *Meier* (1982), S. 181 ff., *Trommsdorff/Schneider* (1990), S. 17, *Saleh/Wang* (1993), S. 14 ff., *Hurley* (1995), S. 61.

3 *Meffert* (1976), S. 83 f., *Grochla* (1980), S. 36 f., *Kanter* (1983), S. 27 ff., *Quinn* (1985), S. 77 ff., *Souder* (1987), S. 107 ff., 142 f., *Damanpour* (1991), S. 579, *Schumann* (1993), S. 118 ff., *Uhl* (1993), S. 221 ff., *Albach* (1994), S. 170 ff., *Kandemir/Hult* (2005), S. 432 f. Einen umfassenden Überblick über die Studien zu diesen innovationsförderlichen Systemeigenschaften liefern *Hurley/Hult* (1998).

4 *Rammert* (1988), S. 38 ff., *Bleicher* (1990), S. 118 ff.

zugelassen, sondern gefördert, dass der Dienstweg für innovative Informationen übersprungen und umgangen wird.

(4) Zusammenarbeitsförderung

Die Aufgabe, erfolgreiche innovative Produkte hervorzubringen, ist im Kern eine Querschnittsaufgabe[1]. Sie bedarf der Zusammenarbeit und gegenseitigen Unterstützung unterschiedlicher betrieblicher Funktionsbereiche. **Bereitschaft zur Kooperation und ihre aktive Förderung** zwischen allen Beteiligten und Betroffenen ist nicht nur eine Erfolgsbedingung für die Problemlösung. Sie ist auch unter dem Durchsetzungsaspekt beachtlich. Innovationsbewusste Unternehmen erkennen diesen Bedarf an Zusammenarbeit und bieten räumliche, finanzielle und zeitliche Gelegenheiten für innovationsorientierte Kooperationen zwischen Mitarbeitern unterschiedlicher Unternehmensbereiche. Vorbedingung ist die **gegenseitige Wertschätzung unterschiedlicher Abteilungen und betrieblicher Funktionsbereiche**. Statusdominanz einzelner Funktionen reduziert Zusammenarbeit und in der Folge dann auch den Innovationserfolg[2].

(5) Konfliktbewusstsein

Innovationsbewusste Unternehmen sind konfliktbewusst. Sie wissen, dass **aus Konflikten Kreativität entsteht**. Deshalb scheuen sie sich nicht, Konflikte entstehen zu lassen, möglicherweise sogar bewusst zu produzieren. Gefordert wird eine konstruktive Einstellung gegenüber Konflikten, die Konflikte nicht verdrängt, einseitig löst oder nach einem standardisierten Schema behandelt, sondern im Konflikt stets die Aufforderung erblickt, sich etwas Neues einfallen zu lassen.

(6) Rekrutierungsmodus und Personalförderung

Diesem Konfliktbewusstsein entsprechen die Rekrutierungsanforderungen. Innovationen verlangen **unkonventionelle, konfliktfähige, konfliktproduzierende Menschen**. Der innovationsbewussten Organisation kommt es darauf an, dass dem Mitarbeiter Problemstellungen auffallen und dass ihm neue und bessere Problemlösungen einfallen. Überdies wird von ihm Fleiß und Zähigkeit bei der Durchsetzung der neuen Idee verlangt. Dem muss die Delegation von Entscheidungen entsprechen[3].

(7) Kompetenz und Verantwortung

Der Mechanismus von Kompetenz und Verantwortung versagt, wenn es darum geht, neuartige, durch Stellenbeschreibungen nicht bestimmte Aufgaben zu erledigen. Nach der klassischen Theorie der Aufbauorganisation sind derartige Probleme als so genannte außergewöhnliche Fälle wieder an den Vorgesetzten zurück zu delegieren. Das würde dazu führen, dass die Innovation ein Privileg des Vorgesetzten bleibt. Es ist aber fraglich, ob er die Fachkenntnisse, die zeitliche Kapazität und die Motivation hat, innovative Gedanken aufzugreifen. Daher

---

1 *Gupta et al.* (1985), S. 290, *Olson et al.* (1995), S. 48 ff., *Olson et al.* (2001), S. 285 ff.

2 *Kahn* (2005), S. 522 f.

3 *Hurley* (1995), S. 70.

muss eine innovationsbewusste Organisation **den Gedanken der Verantwortung flexibler handhaben**. Unternehmen müssen dem Einzelnen Freiraum gewähren, der erlaubt, innovative Aufgaben außerhalb der delegierten Routinekompetenzen oder einer bestimmten Projektdefinition zu verfolgen[1]. Mitarbeiter haben in der innovationsbewussten Organisation nicht nur die Verantwortung für delegierte Routineaufgaben, sondern sind explizit zur Initiative für Innovationen aufgefordert. Dieses flexiblere Modell von Delegation und Verantwortung akzeptiert und fördert, dass Etabliertes in Frage gestellt wird und Neues gewagt werden kann.

Dem sollte auch das Anreizsystem entsprechen: **Erfolgreiches Handeln außerhalb der "engen Kompetenz" muss belohnbar sein**. Wirksame Belohnungen dürfen sich dabei aber nicht nur auf finanzielle Leistungen beschränken. Diese haben zwar einen grundsätzlich positiven Effekt[2]. Dieser nimmt jedoch bei Innovationsmanagern mit zunehmender variabler Vergütung und bei höherer Projektunsicherheit ab[3]. Belohnung, die zum Beispiel durch Möglichkeiten der persönlichen Entwicklung[4] auf intrinsische Motivation abzielt, sollte also mindestens ergänzend eingesetzt werden.

Nicht erfolgreiches Handeln darf aber auch nicht automatisch negativ sanktioniert werden. Eine innovationsbewusste Organisation akzeptiert, dass unsichere Innovationsaufgaben mit dem Risiko von Fehlern oder gar dem Scheitern einhergehen. Wohl dosierte negative Sanktionen sichern ein notwendiges Maß an **Fehlertoleranz**[5] und damit die Bereitschaft, Innovationen anzustoßen und zu verfolgen[6].

Die Organisation eines solchermaßen innovationsbewussten Unternehmens weicht in vielen Dingen von dem ab, was man eine schulbuchgerechte Aufbau- und Ablauforganisation nennt. Dieser Konflikt ist gewollt.

Innovationsfähigkeit steht damit als gleichrangiges Organisationsziel neben Wirtschaftlichkeit, Qualitätssicherung, Termintreue, Zuverlässigkeit, Sicherung der Gleichbehandlung oder welchen Zielen auch immer eine Unternehmensorganisation gewidmet ist.

Die traditionsreichen Grundsätze zur Ordnung von Strukturen und Verfahren werden damit nicht obsolet. Und last not least: Eine innovationsbewusste Organisation entspricht in hohem Maße den Wertvorstellungen selbstbewusster, fachkundiger und mobiler Mitarbeiter. Sie lädt sie zum außergewöhnlichen Engagement ein.

---

1 *Thom* (2001), S. 59.
2 *Saleh/Wang* (1993), S. 19.
3 *Davila* (2003), S. 1410 f.
4 *Hurley* (1995), S. 70, *Thom* (2001), S. 57.
5 Vgl. den Vorschlag von *Rybowiak et al.* (1999), S. 530 ff., zu einer Fehlerorientierungsskala.
6 *Stern/Jaberg* (2001), S. 78.

In Organisationen, die ihre mechanistischen Strukturen nicht um innovationsförderliche Elemente ergänzen, ergreifen intrinsisch motivierte Mitarbeiter unter Umständen selbst die Initiative. Sie definieren selbst, ohne offizielle Genehmigung und im Geheimen, Innovationsaufgaben, die sie ohne formale Ressourcenallokation und außerhalb gültiger Pläne weiterverfolgen. Dieses Phänomen wird auch als "**Bootlegging**" bezeichnet[1]. *Augsdorfer* untersucht Bootlegging bei 57 europäischen Unternehmen, wobei er sich auf insgesamt 123 Interviews mit F&E-Leitern und "Bootlegging-Forschern" stützt. Seine Ergebnisse relativieren die gängige Folklore, dass Bootlegging häufig auftritt und insbesondere auf radikale Produktinnovationen abzielt[2]:

- Allenfalls 5-10 % der Forscher in F&E-Abteilungen sind aktive "Bootlegger", und diese Aktivität beansprucht durchschnittlich weniger als 1 % aller F&E-Personenstunden.
- Bootlegging konzentriert sich auf Veränderungen an existierenden Produkten, ohne die technologische Basis grundlegend zu verlassen. Das Ergebnis ist allenfalls eine inkrementale Veränderung.
- Bootlegging liefert häufig ad-hoc Problemlösungen als Reaktion auf eine informale Anfrage von Kollegen, die um unbürokratische Hilfe bitten.
- Ein Großteil der Bootlegging-Aktivitäten kann als "Pre-Research" klassifiziert werden, das in der Machbarkeit durch kleinere Experimente belegt werden soll, bevor ein offizieller Projektantrag gestellt wird.

Bootlegging ist in der Praxis weniger relevant als üblicherweise angenommen und führt in der Regel zu inkrementalen Innovationen.

Diese Befunde raten zu einem "nachsichtigen" Umgang mit Bootlegging. In der innovationsbewussten Unternehmung wird Bootlegging tolerierbar, wenn es innerhalb eines bewusst belassenen Freiraums in der Absicht geschieht, Initiativen zu Innovationen hervorzubringen.

---

[1] *Knight* (1967), S. 493, *Michalik* (2003), S, 24, S, 47 ff., *Augsdorfer* (1996).
[2] *Augsdorfer* (2005), S. 3 ff.

3.4 Spezialisierung der Innovationstätigkeit

3.4.1 Zentrale Innovationsleitstelle

Wenn die betriebliche Aufgabe Innovation zunehmend an Kontur und Bedeutung gewinnt, besteht die gleichsam natürliche Reaktion einer Organisation darin, alle Innovationen in der Zuständigkeit einer "**Innovationsleitstelle**" zu bündeln und ihr die Daueraufgabe zu übertragen, alle innovativen Projekte in der Unternehmung zu steuern. Dies kann im Sinne einer **Stabsfunktion** zur Unterstützung von strategischen Entscheidungsträgern erfolgen oder als **Multi-Projektmanagementeinheit**.

3.4.1.1 Innovationsleitstelle als Stabsstelle

Eine als Stabsstelle konzipierte Innovationsleitstelle ist per Definition einer Instanz auf der Ebene des Unternehmens oder der Abteilungsleitung zugeordnet. Beispiele dafür sind etwa[1]:

- Einrichtung einer "**Stabsstelle für Innovationen**" oder "**Innovationsplanungsstelle**" mit Zuordnung zum Gesamtvorstand oder zur Hauptabteilung Absatz oder Produktion,
- Zusatzfunktion "**Neue Ideen und Innovationen" bei einem bestimmten Vorstandsmitglied**,
- Hauptabteilung "**Neue Produkte" des Absatzbereichs**[2].

Empirisch großzahlige Belege zu Ausprägung und Wirkung solcher Leitstellen liegen bisher nicht vor. Dies mag nicht zuletzt darin begründet sein, dass dieser Ausprägung des Innovationssystems nachhaltiger Erfolg bisher nicht beschieden ist. **Gegen** eine Spezialisierung der Innovationsfunktion in einer **Innovationsleitstelle** sprechen vor allem die folgenden Argumente[3]:

(1) Kapazitätsargument

Die **Kapazitätsanforderungen** an eine derartige Innovationsleitstelle sind nicht nur **schlecht kalkulierbar**, sie dürften auch extrem schwanken. Es besteht Grund zur Sorge, dass eine derartige Spezialstelle entweder hoffnungslos überlastet oder zu anderen Zeiten unterbeschäftigt ist. Die Effekte sind in beiden Fällen negativ: Entweder wird den einzelnen Innovationen nicht die nötige Aufmerksamkeit gewidmet, oder aber es findet eine permanente Innovationshektik statt, nur um die Stelle zu beschäftigen.

(2) Kompetenzargument

Eine derartige Innovationsleitstelle verlangt **Multitalente**. Wirkliche Innovationsprozesse sind nicht allein technische Prozesse, sondern zumeist auch gleichzeitig finanzielle, absatzbezogene und administrative Prozesse. So zeigt *Souder*[4],

---

1 *Brandenburg et al.* (1975), S. 154 ff., *Souder* (1987), S. 96 f.
2 *Kaplaner* (1986), S. 39.
3 Zur Diskussion s. *Hübner* (2002), S. 159 f.
4 *Souder* (1978), S. 300.

dass eine "Neuproduktabteilung" nur dann erfolgreich ist, wenn sie noch über alte Beziehungen zur Forschung und Entwicklung oder zum Marketing verfügt. Üblicherweise gibt es keine Allround-Kenner, die alle diese Aspekte kompetent beherrschen. Sind die Stelleninhaber aber Fachleute für ein bestimmtes Sachgebiet, so besteht die Gefahr, dass sie versuchen, "ihre" Perspektive in jedem Projekt dominieren zu lassen.

(3) Kooperationsargument

Die Spezialisierung und Zentralisierung der Innovationsfunktion würde die übrigen Instanzen der Unternehmung von der ständigen Verpflichtung abhalten, über Innovationen nachzudenken. Sie könnten argumentieren, die Innovationsfunktion sei eine exklusive Aufgabe der Innovationsleitstelle. Die Folge wäre ein besonders **konservatives Verhalten** der nicht für Innovation zuständigen anderen Führungskräfte.

(4) Durchsetzungsargument

Innovationen verlangen die Überwindung erheblicher Barrieren. Eine Delegation der Innovationsfunktion an einen Mitarbeiter in einer Stabsstelle schließt den **gebotenen Machteinsatz** aus. Ein Stabsstelleninhaber ist damit ausschließlich auf seine Überzeugungskraft angewiesen - diese reicht nach allen Erfahrungen allein nicht aus, um die Barrieren zu überwinden, die sich einer Innovation entgegenstellen, die besonders komplex ist.

3.4.1.2 Zentrum für Multi-Projektmanagement

Zentren für Multi-Projektmanagement stellen eine besondere Form der Spezialisierung innerbetrieblichen Innovationsmanagements dar. Sie sind vergleichbar mit Forschungs- und Entwicklungsabteilungen und entsprechend unserer Systematik aus Kapitel 2 ebenfalls dauerhaft angelegte und spezialisierte Organisationsformen. Während F&E-Abteilungen aber auch nicht projektbezogene Aufgaben übernehmen, konzentriert sich die Multi-Projektmanagementeinheit exklusiv auf Innovationsprojekte. Diese Form der zentralen Leitstelle bietet sich also für Unternehmen an, die Innovation zwar als Daueraufgabe verfolgen, diese jedoch ausschließlich in Form von mehreren parallel oder sequentiell bearbeiteten Einzelprojekten betreiben. Eine solche **"Projektlandschaft"** besteht aus Projekten unterschiedlichen Reifegrades, unterschiedlicher Laufzeit, unterschiedlicher Komplexität und unterschiedlicher Chancen und Risiken. Je stärker diese Unterschiede zwischen den einzelnen Projekten ausgeprägt sind, desto notwendiger wird ein bewusst gestaltetes Projekt-Portfolio.

Multiprojekt-Management ist die spezialisierte und zentralisierte Steuerung eines Innovations-Projektportfolios.

Eine Multi-Projektmanagementorganisation muss ganz spezifischen Anforderungen genügen, die gleichzeitig die **zentralen Aufgaben** dieser Institution definieren[1]:

(1) Strategische Anforderungen

Die einzelnen Projekte müssen vor dem Hintergrund der strategischen Ziele der Unternehmung ausgewählt werden[2]. Sofern das Projektangebot, z.B. in Bezug auf die Mischung unterschiedlich innovativer Projekte, zu einer sub-optimalen Projektlandschaft führt[3], bedarf es einer gezielten Förderung des Ideeninputs[4].

(2) Allokationsanforderungen

Die Ressourcenallokation ist gemeinhin die zentrale Aufgabe des Multi-Projektmanagements. Die Multi-Projektorganisation muss sicherstellen, dass entsprechend der definierten Prioritäten den Einzelprojekten die richtigen Ressourcen zum richtigen Zeitpunkt zur Verfügung stehen. Vor dem Hintergrund der erst im Prozessverlauf reduzierten Unsicherheiten ist dies eine Aufgabe, die laufender Anpassung und Korrektur bedarf. Aus der Allokationsaufgabe kann eine weitere Funktion der Multi-Projektorganisation abgeleitet werden: Sie kann einen spezifischen Ressourcenpool vorhalten und entwickeln. Dies ist besonders relevant, wenn ein größerer Teil der Innovationsprojekte weit vom aktuellen Kerngeschäft entfernt angesiedelt ist und damit vor allem Mitarbeiter aus der Linie mit spezifischen Kompetenz- und Motivationsproblemen konfrontiert sind[5]. Dieser Ansatz wird für den Fall von radikalen Innovationen auch unter dem Stichwort von "Innovation-Hubs" und im Fall der nicht innovationsspezifischen Projektmanagementliteratur als Aufgabe des "Project-" oder "Program Office" diskutiert[6].

(3) Informationsanforderungen

Hierbei geht es um die Sammlung, Aufbereitung und Verteilung relevanter projektbezogener Informationen[7]. Diese Informationen dienen in erster Linie der zentralen Koordination der Projektlandschaft. Von besonderer Bedeutung ist aber auch die Gestaltung der Informationsverteilung an betroffene Projekt- und Linienmanager. Besonders Letztere gewinnen im Multi-Projektmanagement eine besondere Bedeutung. Wenn Innovationen ausschließlich in Form von Projekten bearbeitet werden, muss der Ressourcenbedarf aus der Linie bedient werden. Im Gegensatz zu einer F&E-Abteilung, die im größeren Umfang auf einen eigenen Ressourcenpool zurückgreifen kann, entstehen hier also zusätzliche Verteilungs- und Schnittstellenprobleme, aus denen sich entsprechende Informationsanforderungen ableiten. Um durch Multi-Projektmanagement auch Synergie-Potentiale zwischen Innovationsprojekten auszunutzen, bedarf es zudem der laufenden

---

1 In Anlehnung an *Dammer et al.* (2006), S. 151.

2 *Cooper et al.* (1998), S. 20 f.

3 *Hauschildt/Salomo* (2005), S. 15.

4 *Salomo/Mensel* (2005), S. 486 ff.

5 *Brockhoff* (2005), S. 39, *Herzog et al.* (2006), S. 12.

6 *Pinto* (2002), S. 29, *Dai/Wells* (2004), S. 524.

7 Vgl. *Cooper et al.* (1998), S. 27 ff., zur Erfolgsbewertung verschiedener Formen der Informationsaufbereitung im Portfoliokontext.

Informationsbeziehung zwischen den Projekten. Dies schließt nicht zuletzt auch zeitlich versetzte Projekte im Sinne der Zugänglichkeit von Projektabschlussberichten mit ein[1].

(4) Zusammenarbeitsanforderungen

Wenn Innovationsaufgaben ausschließlich in mehreren Projekten bearbeitet werden, muss das Multi-Projektmanagement sicherstellen, dass die Projekte im Einzelnen und gemeinsam auf das strategische Unternehmens- und Innovationsziel ausgerichtet sind. Zudem bedarf es der umfangreicheren Kooperation mit der Linie, um neben der Integration der Projektergebnisse in den Routineprozess auch die Ressoucenbedarfe mit den Ressourcenquellen in der Linie abzustimmen[2]. Multi-Projektmanagementeinheiten müssen daher Zusammenarbeit über eine große Spanne an hierarchischen Ebenen sowie funktionalen Bereichen sicherstellen.

Die Zusammenarbeitsanforderung hat nicht nur bei Projekten, die dem gemeinsamen Unternehmensziel dienen sollen, sondern als Teil-Projekte zu einem Gesamtprojektergebnis beitragen, eine besondere Bedeutung. Wie *Hoegl et al.* für ein Fahrzeugentwicklungsprojekt in der Automobilindustrie zeigen, erweisen sich die Interteam-Zusammenarbeitsqualität und -Koordination besonders zu Beginn des Gesamtprojektes als wichtige Prädiktoren des Teilprojekterfolges[3].

Eine aktuelle Spielart und spezielle Entwicklung eines Zentrums für Multi-Projektmanagement stellt das "**Projekthaus**" dar[4]. Es konzentriert sich auf einen Technologiebereich (z.B. Nano-Technologie). Es umfasst mehr als ein Projekt. Es ist prinzipiell befristet und spezifisch finanziert. An der Finanzierung sind einzelne Geschäftsbereiche, Konzernzentralen und nicht zuletzt die öffentliche Hand beteiligt. Im Anschluss an das Multi-Projektmanagement im Projekthaus werden die dort bearbeiteten Projekte über internes Business-Venturing weitergeführt, direkt in die Geschäftsbereiche überführt oder abgebrochen.

Projekthäuser sind Zentren für Multi-Projektmanagement auf Zeit.

1 *Lechler* (2005), S. 501 ff.
2 *Dammer et al.* (2006), S. 151.
3 *Hoegl et al.* (2004), S. 47.
4 *Brockhoff* (2005b), S. 34 ff., und *Herzog et al.* (2006), S. 11.

3.4.2 Forschungs- und Entwicklungsabteilungen

Wo die Produktion neuen Wissens systematisch, nachhaltig und kostenintensiv betrieben wird, ist Institutionalisierung und Organisation von Forschung und Entwicklung häufig unabdingbar. Damit sind die klassischen Fragen der Gestaltung von Organisationsstrukturen aufgeworfen[1]:

- die Frage, ob diese Funktionen in einem Unternehmen zentralisiert oder dezentralisiert erfüllt werden sollen (**Zentralisierung**),
- die Frage, nach welchen Kriterien die Forschungs- und Entwicklungstätigkeit zu spezialisieren ist und welche Kompetenzen den Stelleninhabern einzuräumen sind (**Innengliederung**).

Die Antworten auf diese Fragen werden nicht ausschließlich von den strategischen Absichten der Unternehmensleitung bestimmt. Zusätzlich ist zu bedenken, wie deren Handlungsspielraum durch bestimmte Gestaltungszwänge eingeengt wird.

3.4.2.1 Zur Zentralisierung der Forschung und Entwicklung

Zentralisierung bedeutet zunächst nur, dass die F&E-Aufgaben **in einer Stelle** oder in einem Instanzenzug konzentriert werden. Nimmt diese Stelle die F&E-Aufgaben in **Linienfunktion** wahr, so hat sie volle Entscheidungskompetenz innerhalb ihrer fachlich definierten Zuständigkeit. Hat sie indessen eine **Stabsfunktion**, so hat sie die eigentlich entscheidungsberechtigte Instanz lediglich zu beraten. Sie hat insoweit Initiativ- und Vorschlagsrecht. Auch diese Ausgestaltung der F&E-Funktion wird noch als zentralisierte Form angesehen.

Bei **Dezentralisierung** werden die Funktionen von Forschung und Entwicklung auf **mehrere, mindestens auf zwei Stellen** verteilt. Mit dieser Arbeitsteilung erwachsen uno actu entsprechende Koordinationsprobleme, die bei zentraler F&E-Organisation allenfalls als abteilungsinterne Probleme auftreten und die damit prinzipiell hierarchisch, nämlich durch den Leiter der F&E-Stelle gelöst werden können. Bei der dezentralen Gliederung ist das zwar nicht ausgeschlossen, aber auch nicht zwingend. In diesen Fällen erhebt sich die Frage nach den Instrumenten der nicht-hierarchischen Koordination.

(1) Varianten

Zur **Zentralisierung von Forschung und Entwicklung** entwickeln *Kern/Schröder*[2] eine erschöpfende Systematik. Die wichtigsten Varianten sind:

- Zentralisation der Forschung und Entwicklung auf der Ebene der Hauptabteilungen in Linienfunktion.
- Dezentralisation von F&E in den Divisions, diese Dezentralisation wird durch eine zentrale Forschungs- und Entwicklungskoordination ergänzt[3].

---

1 *Bleicher* (1981), S. 144 ff.
2 *Kern/Schröder* (1988), Sp. 714, s.a. *Rubenstein* (1989), S. 37 ff.
3 Dies entspricht der "hybriden F&E-Struktur" in der Typologie von *Argyres/Silverman* (2004), S. 933.

Diese Varianten sind als Organigramme im Kasten 3.3 dargestellt[1].

Kasten 3.3: F&E-Aufbau-Organisation (*Kern/Schröder*)

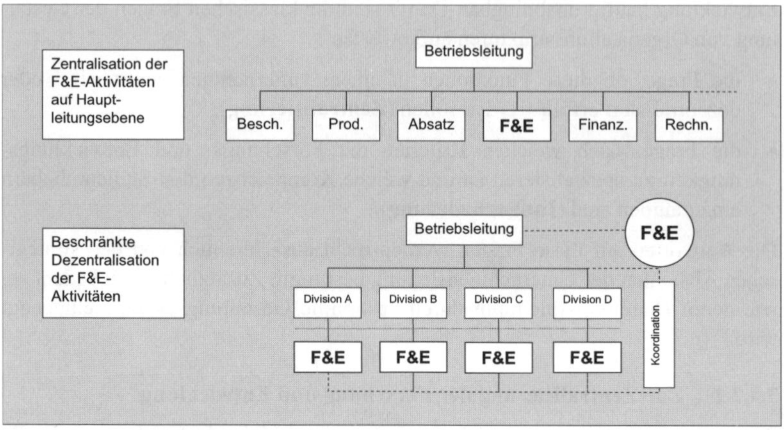

Quelle: *Kern/Schröder* 1980, Sp. 714 ff.

Welche **Überlegungen** bestimmen die (De-)Zentralisierung der F&E-Abteilungen?

- **Professionalisierung**
  Für eine Zentralisierung sprechen alle Argumente, die für Spezialisierung sprechen: Zusammenfassung aller Spezialkenntnisse und -fähigkeiten, Abschirmung der Spezialisten von fachfremder Arbeit, Erhöhung der Qualifikation etc. Das Argument, man müsse bei der Einrichtung von F&E-Abteilungen eine "kritische Masse" von Spezialisten erreichen (wie immer sie auch bestimmt wird), fördert die Tendenz der Zentralisierung. Das Problem der Professionalisierung liegt darin, dass der Zweck-Mittel-Bezug der Innovation aus dem Blick zu verschwinden droht: Die isolierten Spezialisten sehen sich oftmals nicht mehr im Dienste von Absatz oder Produktion, sondern empfinden sich als wissenschaftliche Forschungsinstitution eigener Art. Die Konsequenz: Grundlagenforschung dominiert über Anwendungsbezug, das Erkenntnisinteresse verdrängt das Verwertungsinteresse.

- **Kommunikation und Interaktion**
  Kommunikation über Ressortgrenzen hinweg ist nach traditioneller Anschauung weniger effizient als Kommunikation innerhalb des Ressorts. Wenn eine intensive Kommunikation der F&E-Abteilungen mit anderen funktionalen oder divisionalen Abteilungen ermöglicht oder erleichtert werden soll, empfiehlt sich eine Dezentralisierung der F&E-Abteilung in die jeweilige fachliche Abteilung.

---

[1] Konkrete Beispiele finden sich bei *Bleicher* (1981), S. 295 f., 323, 332, 350, 361, 390, 408, 447, 458. Die Fallstudien werden auf S. 144 ff. zusammengefasst.

Je höher umgekehrt die organisatorische Verselbständigung der F&E-Abteilung, desto notwendiger wird die Regelung von Interaktion und Kommunikation mit den fachlich benachbarten Absatz- und Produktionsressorts. Will man den umständlichen und zeitraubenden Dienstweg im Auf und Ab der Hierarchie vermeiden, die Querinformationen ermöglichen und Kultur- und Sprachunterschiede abbauen, so ist eher an Dezentralisierung zu denken.

- **Serviceaufgabe**
  Aus der strategischen Perspektive ist schließlich der Servicecharakter der F&E-Abteilung zu sichern. Sie hat nicht nur auf Nachfrage tätig zu sein, sondern aktiv ihre Dienste anzubieten. Sie braucht einen hierarchischen Rang und eine zentrale Stellung, um die nötige Aufmerksamkeit zu finden und im Machtgefüge der Unternehmung gehört zu werden.

(2) Einflussfaktoren

Zur Frage von Handlungsspielräumen und Gestaltungszwängen der (De-)Zentralisierung von Forschung und Entwicklung gibt es inzwischen eine Fülle theoretischer und empirischer Studien. Die Ergebnisse sind in Kasten 3.4 zu einem **Entscheidungsmodell** zusammengefasst. Dabei soll zunächst noch einmal offenbleiben, wie die "Mischformen" zwischen den Extremen der "voll zentralisierten" und der "voll dezentralisierten" F&E-Tätigkeit im Einzelnen aussehen.

Die (De-)Zentralisierungstendenz von Forschung und Entwicklung ist danach von folgenden **Einflussfaktoren** bestimmt[1]:

Frage 1: Grundstruktur der Unternehmung

Funktional gegliederte Unternehmen haben durchgängig eine voll zentralisierte Forschung und Entwicklung. Die funktionale - und entsprechend auch die divisionale - Gliederung ist in der Regel eine direkte Funktion der **Unternehmensgröße**. Kleine Unternehmen haben im Zweifel ein engeres Produktprogramm mit einem entsprechenden technologischen Schwerpunkt. Auch dürfte ihr Kundenkreis weniger heterogen sein als der großer Unternehmen[2].
Die hier gewählte Dichotomie zwischen "funktionaler" und "divisionaler" Gliederung sieht bewusst davon ab, weitere Spielarten der Divisionalisierung zu unterscheiden. Denn die Tendenz ist eindeutig:

Je konsequenter die einzelnen Geschäftsbereiche als selbständige profit centers geführt werden, desto deutlicher sind auch die Dezentralisierungstendenzen ausgeprägt.

Frage 2: Zahl der Kerntechnologien

Basiert die betriebliche Tätigkeit auf **einer einzigen** Kerntechnologie, so tendiert die F&E-Struktur zur Zentralisierung. Hier setzt sich das oben erwähnte Profes-

[1] *Gerpott* (1995), S. 26 ff., *Morner* (1997), S. 159 ff., *Specht et al.* (2002), S. 254 ff.
[2] *Forker* (1995), S. 35.

sionalisierungsargument durch. Je **unterschiedlicher** die Kerntechnologien selbst sind, desto wahrscheinlicher ist die Dezentralisierungstendenz[1].

Kasten 3.4: Einflussfaktoren der F&E-Zentralisierung

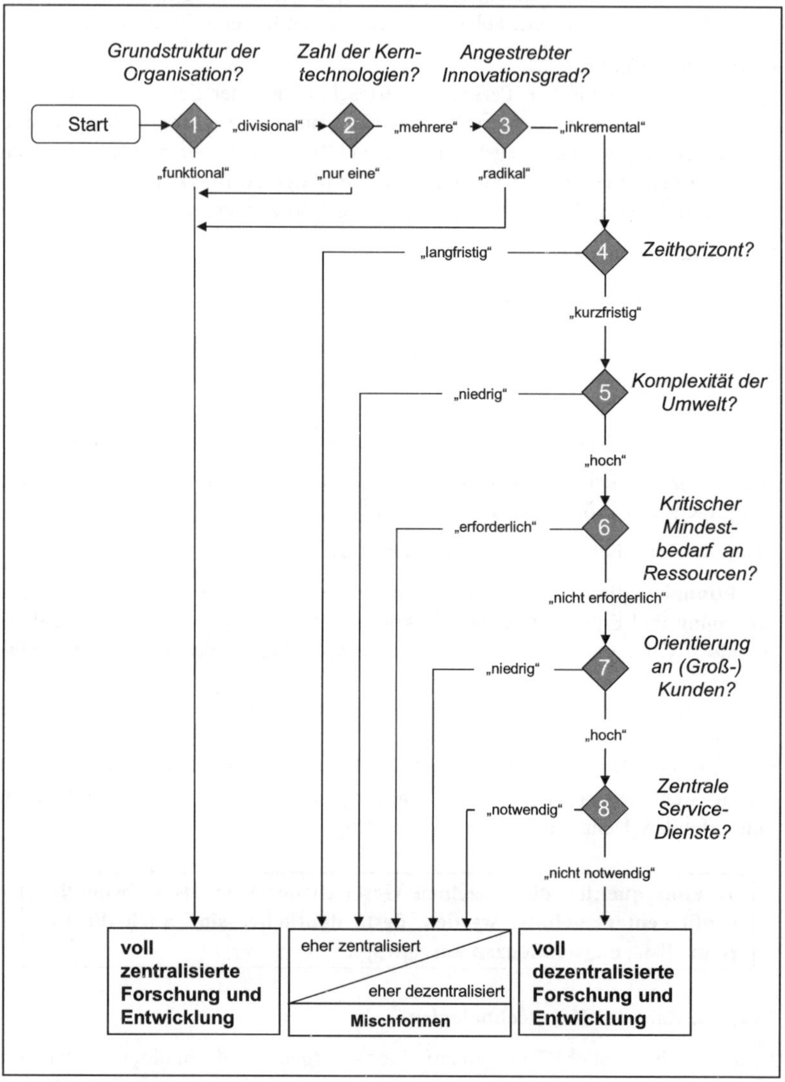

Quelle: Eigene Darstellung

[1] Die von *Wolf* festgestellten höheren F&E-Aufwendungen divisionalisierter Unternehmen könnten auch durch diese höhere Zahl von Kerntechnologien bestimmt sein. *Wolf* (2000), S. 391.

Frage 3: Angestrebter Innovationsgrad

Wenn ein **großer technologischer Sprung** angestrebt wird, wenn damit zugleich ein erhebliches Risiko und bedeutende finanzielle Lasten verbunden sind, dann wird man alle Kräfte bündeln und eine zentrale Struktur favorisieren müssen[1]. Die Zentralisierung sichert dieser Funktion nicht nur einen höheren Rang bei der Mittelvergabe, sondern hat auch eine höhere Aufmerksamkeitswirkung. Das könnte helfen, Unterstützung zu gewinnen. Das könnte aber auch eine Reaktion auf die Forderung sein, das Risiko der Innovation für das Top-Management transparent und bewusst zu halten. Einen indirekten empirischen Beleg für die Zentralisierung bei radikalen Innovationen legen *Argyres/Silverman* vor: Unternehmen, aus der Stichprobe von 71 großen US-amerikanischen Firmen, die eine vollkommen zentralisierte F&E betreiben, halten Patente, die signifikant häufiger zitiert werden[2]. Akzeptiert man Zitationshäufigkeit als einen Indikator für patentierte Basistechnologie, die wiederum einen größeren Innovationssprung erlaubt[3], erscheint Zentralisation bei einem hohen angestrebten Innovationsgrad vorteilhaft.

Diese ersten drei Einflussfaktoren drängen die F&E-Organisation im Zweifel zu einer uneingeschränkten Zentralisierung. Die folgenden vier Einflussfaktoren führen zu einer Einschränkung der Zentralisierung und zu steigender Dezentralisierung. Die Diagonale im Segment "Mischformen" im Kasten 3.4 soll diese graduelle Veränderung bewusst machen. Dabei ist allerdings anzumerken, dass bisher weder die Anordnungssequenz der Einflussfaktoren noch die Positionierung ihrer Wirkung als mehr oder weniger dezentral empirisch gesichert sind. Insoweit ist das Modell noch Hypothese.

Frage 4: Zeithorizont

Gemeint ist damit die Zeitdauer, die voraussichtlich vergehen wird, ehe die Innovation technisch entwickelt und im Markt oder im Betrieb erfolgreich eingesetzt werden kann. Man mag sich zur Verdeutlichung vorstellen, dass der Zeithorizont durch die erwartete pay-back-Periode definiert wird. Wegen ihrer stärkeren Orientierung am laufenden Geschäft denken die Geschäftsbereiche in kürzeren Zeithorizonten als die Zentrale. Je **längerfristig** die Innovationsprojekte angelegt sind, desto mehr werden sie damit auch in die Kompetenz zentraler F&E-Einrichtungen verlagert. Da aber gleichzeitig dieser Zeitraum auch von den einzelnen Geschäftsbereichen mitbestimmt wird, werden sie eine institutionelle Verankerung ihrer Mitwirkung fordern.

Frage 5: Komplexität der Umwelt

Umweltkomplexität umfasst die Komplexität des Inputs im Sinne von Technologiedynamik und Wettbewerbsintensität insbesondere in der Rekrutierung von F&E-Personal. Zudem ist die Marktkomplexität als Wettbewerbsintensität, Marktfragmentierung und Innovationsdynamik relevant. Je größer die Komplexität der Umwelt, mit der die Organisation interagieren muss, desto wichtiger

---

1 *Brockhoff* (1989), S. 78, *Warschkow* (1993), S. 201, *O'Connor/Ayers* (2005), S. 25.
2 *Argyres/Silverman* (2004), S. 946 ff.
3 *Dahlin/Behrens* (2005), S. 725.

wird Dezentralisierung[1]. Dezentrale Einheiten können flexibler auf lokale - räumliche als auch marktsegmentbezogene - Besonderheiten reagieren. Eine dezentralisierte Organisation kann sich besser einer stärker fragmentierten Umwelt anpassen, erkennt Entwicklungen schneller und gewinnt an Reaktionsgeschwindigkeit und -genauigkeit.

Frage 6: Kritischer Mindestbedarf an Ressourcen

Zu denken ist dabei in erster Linie an fachlich qualifiziertes und spezialisiertes Personal, an die Verfügbarkeit über Sachmittel und Apparaturen sowie über finanzielle Mittel. Je **größer die "kritische Masse"** jeweils ist, desto stärker die Tendenz zur Zentralisierung. Das Problem ist natürlich die Bestimmung dieses Mindestbedarfs. Denn sie ist ein Ergebnis von höchst persönlichen und schwer objektivierbaren Bewertungen - und ihrer Darstellung im "lobbying process". In diesem Prozess prallen die Machtansprüche unterschiedlicher Projektinteressenten aufeinander. Die Lösung dieser Verteilungskonflikte dürfte in Kompromissen liegen - eben in wechselnden Varianten von Mischformen der Zentralisierung und Dezentralisierung.

Frage 7: Orientierung an Kunden

Gemeint ist damit, ob und inwieweit die Innovation auf Drängen oder gar in Kooperation mit Kunden hervorgebracht wird. Eine derartige Marktorientierung ist umso zentralisierungsfeindlicher, je unterschiedlicher die Kundengruppen und ihre Bedürfnisse sind. Da eine Divisionalisierung in aller Regel durch unterschiedliche Produktarten, Zielgruppen oder Distributionswege - also absatzpolitisch - begründet ist, führt das Argument der **Kundenorientierung zwingend zur Dezentralisierung** der Forschung und Entwicklung[2]. Allenfalls wenn ein einziger Großkunde den Innovationsprozess dominiert, wird diese Tendenz umgekehrt.

Frage 8: Zentrale Servicedienste

Serviceleistungen, auf die alle in der Forschung und Entwicklung tätigen Personen zugreifen, sind aus Kostengründen zu zentralisieren. Es handelt sich dabei vor allem um **administrative Dienstleistungen**. *Warschkow* ermittelte in der Befragung von "großen" Industrieunternehmen[3], dass vor allem an Informationsleistungen (Bibliotheken, interne Technologieberichte, Archivierung, Dokumentation, Technologieprognosen, Technologieakquisitionen, Lizenzerwerb und -vergabe) zu denken ist. Hinzu kommt die Bereitstellung zentral genutzter **Anlagen**, die technologische **Beratung** des Vorstandes sowie nicht zuletzt die **Koordination** der dezentralen F&E-Einheiten.

Unser Modell suggeriert, dass die volle Dezentralisierung nach der Berücksichtigung der genannten Faktoren zwingend ist. Aber in der Realität gelangt die Entscheidung zumeist nicht bis zum letzten Schritt unseres Modells:

---

1 *Lawrence/Lorsch* (1967/68), *Persaud* (2005), S. 422.

2 *Christensen* (2002), S. 271, *Specht et al.* (2002), S. 345.

3 *Warschkow* (1993), S. 205, sowie zur Diskussion der Organisation des Patentmanagements bei *Gassmann/Baader* (2006), S. 109 ff.

Die vollständige Dezentralisierung von Forschung und Entwicklung findet sich in der Realität selten[1]. Mischformen sind der Regelfall.

(3) Unterschiede zwischen Forschung und Entwicklung

Die Problematik kompliziert sich, wenn jeweils bei der Forschung und bei der Entwicklung unterschiedliche Grade der Zentralisierung gewährt werden. Die Typologie von *Grady/Fincham*[2] unterscheidet diesbezüglich drei Mischformen:

- **Zentralisierte Forschung bei dezentralisierter Entwicklung**
  Die Forschung (als Grundlagen- und angewandte Forschung) ist zentralisiert[3]. Die eigentliche Produkt- und Prozessentwicklung findet in den Geschäftsbereichen statt. Gelegentlich gibt es eine Vor-Entwicklung, deren Zuordnung zu den zentralen oder dezentralen Einheiten indessen nicht zwingend ist[4]. Für bestimmte Ressourcen, vor allem für besonders teure Instrumente und Apparaturen, die von mehreren dezentralen Einheiten genutzt werden, ist die zentrale Einheit zuständig und berechnet eigene Nutzungsentgelte.
- **Wettbewerbliche Funktionenaufteilung** ("Kontraktmodell")
  In diesem Modell wird nicht nur die Entwicklung, sondern zunehmend auch die Forschung von den Geschäftsbereichen selbst getragen. Das gilt vor allem dann, wenn sich die Kerntechnologien der Geschäftsbereiche stark voneinander unterscheiden. Die Divisions haben nach den Vorstellungen von *Grady/Fincham* das Recht, projektweise darüber zu entscheiden, ob sie die entsprechenden Forschungsarbeiten selbst durchführen, nach außen vergeben oder von der konzerneigenen Forschungszentrale beziehen wollen. Diese steht somit voll im Wettbewerb. Dem entspricht, dass die zentrale Forschungstätigkeit über Marktpreise entgolten wird.
- **Überwiegend dezentralisierte Funktionen**
  In diesem Konzept sind die Geschäftsbereiche auch für die Forschung in ihren Technologien uneingeschränkt zuständig. Die Rolle der zentralen F&E-Einheit ist **im Normalfall** auf administrative Dienste, auf Koordination der Geschäftsbereichsaktivitäten sowie auf Stabstätigkeit begrenzt. **Im Ausnahmefall** wird diese zentrale F&E-Einheit die Durchführung von Projekten übernehmen, die aus strategischen Gründen für notwendig erachtet werden, aber nicht in die Zuständigkeit der Geschäftsbereiche fallen. Die zentrale Einheit arbeitet insoweit nach dem **Subsidiaritätsprinzip**.

Diese Überlegungen zur Zentralisierung deuten somit schon unterschiedliche Spezialisierungsmöglichkeiten der F&E-Einheiten und damit auch unterschiedli-

---

1 *Schwetlick* (1973), S. 162 ff., *Poensgen/Hort* (1983), S. 215, *de Pay* (1989), S. 122, *Brockhoff* (1989), S. 44 ff.
2 *Grady/Fincham* (1990), S. 165.
3 Dieses ist auch der häufigste Fall, so *Eggers* (1997), S. 113.
4 *Brecht* (1991), S. 87 f., *Specht et al.* (2002), S. 16.

che Koordinationsbedürfnisse an. Auf diese Aspekte ist im Folgenden einzugehen. Wegen der hier bereits erkennbar werdenden **Interdependenzen** wird allerdings mehrfach wieder auf die Zentralisierungsproblematik zurückzukommen sein.

3.4.2.2 Zur Innengliederung der F&E-Abteilungen

(1) Sachgliederung

Die **Innengliederung der Forschungs- und Entwicklungsabteilungen** lässt sich zwar theoretisch sauber bestimmen, folgt aber in der Realität zumeist nicht einem einzigen Kriterium. Gerade die Forschungs- und Entwicklungsorganisation ist vielfach das Ergebnis der Durchsetzungsfähigkeit starker Persönlichkeiten. Organisation "ad rem" ist ein hehres Ziel, Organisation "ad personam" in wissenschaftlichen Disziplinen aber vielfach unvermeidbar.

Als alternative Grundraster der Innengliederung gelten die bereits erwähnte **Inputorientierung** nach wissenschaftlich-technischen Disziplinen oder die **Outputorientierung** nach Produktgruppen.

Gerpott ermittelte zusätzlich folgende Orientierungen[1]: nach Projekten, Stufen des F&E-Prozesses und Prozesstypen. Die in seiner Untersuchung auftretenden Mehrfachnennungen sind ein untrügliches Zeichen für die eingangs behauptete Vielfalt von Überschneidungen in der Realität.

Diese Unterschiede können auf unterschiedliche **strategische Absichten** oder auf unterschiedliche **Gestaltungszwänge** zurückzuführen sein. Die von *Kieser*[2] vorgelegte Vorteils-/Nachteilsabwägung (siehe Kasten 3.5) verweist in den ersten zwei Zeilen auf die strategische und in der unteren Zeile auf die situative Begründung.

Die Diskussion hat derzeit folgenden Stand erreicht[3]:

- Eine Innengliederung nach wissenschaftlich-technischen Disziplinen sowie nach den F&E-Stufen ist als **inputorientierte Gliederung** eher in der Grundlagen- und angewandten Forschung zu finden.
- Eine Innengliederung nach Produkten und Prozesstypen ist als **outputorientierte Gliederung** eher in der Entwicklung typisch.
- In allen Fällen wird diese Primärgliederung durch eine **Sekundärgliederung** nach Projekten und nach administrativen Diensten ergänzt.

Letztlich ist damit das schon bei der Zentralisierung betrachtete Geflecht von Einflussfaktoren auch für die Innengliederung beachtlich:

---

1 *Gerpott* (1984), S. 38, ähnlich *Möhrle* (1991), S. 208.
2 *Kieser* (1984), S. 55.
3 *Gerpott* (1995), S. 42 ff., *Forker* (1995), S. 36 ff.

Mit zunehmender Divisionalisierung und Kundennähe steigt auch die Outputorientierung der Organisation der Forschung und vor allem der Entwicklung.

(2) Geographische Gliederung

Die **zunehmende Internationalisierung** von Forschung und Entwicklung ist sowohl ein Problem der Spezialisierung als auch der Zentralisierung[1]. Die Ergebnisse früherer empirischer Studien[2] zeigten trotz nationaler Unterschiede darin Übereinstimmung, dass die Internationalisierung der Forschungs- und Entwicklungstätigkeit zunächst zu kleinen, lokalen, zumeist produktionsnahen Unterstützungs- oder Transfereinheiten führte.

Daneben fanden sich F&E-Einheiten, die sich in der Produktentwicklung stärker an den lokalen oder regionalen Märkten orientierten. In beiden Fällen ist die Dominanz des Stammhauses in der Herkunftsnation völlig unstrittig.

Erst zu Beginn der 90er Jahre kam es zu einem radikalen Wandel[3]. Er begann mit einer Diskussion **über die systematische Verlagerung ganzer Forschungsgebiete** von den ursprünglichen Standorten in andere Nationen. Bestimmend waren dabei zunächst arbeitsmarktspezifische Gründe: bessere Verfügbarkeit, höhere Mobilität und größere Spezialisierung der Industrieforscher, vor allem in den USA. Danach kam es dann zur **eigenständigen Gründung völlig neuer Forschungseinrichtungen** im Ausland. Maßgeblich war dabei vor allem eine liberalere Handhabung der staatlichen Genehmigungen im Bereich der Biotechnologie, insbesondere der Gentechnik[4].

Diese zunächst mit vielen Schlagworten und Vereinfachungen in der Tagespresse geführte Diskussion wurde durch die Befunde *von Boehmers* versachlicht. Er befragte 228 F&E-Einheiten von 84 Unternehmen aus sieben Nationen und drei weiteren geographischen Räumen über ihre Funktionenaufteilung. Die wichtigsten Typen haben folgende Eigenschaften[5]:

- **"Allround-F&E-Einheiten mit regionalem Fokus"** sind nicht nur die häufigste Variante, sondern auch durch die Breite ihrer Aufgabenstellung am ehesten den klassischen F&E-Einheiten vergleichbar. Die Forschungstätigkeit steht dabei hinter der Entwicklungsarbeit zurück.
  Die Tatsache, dass diese Einheit im Ausland angesiedelt ist, führt naturgemäß noch zu einer gewissen regionalen Orientierung. Überdies hat sie eine "Horchposten-Funktion" in dem anderen Land.
- **"Angewandte Forscher"** sind nicht in der Entwicklung tätig, sondern vorwiegend in der angewandten Forschung. Dieser Typus findet sich vor allem in "Ländern mit ausgeprägter Forschungslandschaft", in den USA und

[1] *Fisch* (2001), S. 119 ff.
[2] *Ronstadt* (1977), S. 7 ff., *Pearce* (1989), *Hakanson/Nobel* (1993), S. 373 ff.
[3] *Boutellier/Gassmann* (1996), S. 281 ff.
[4] *Weisenfeld-Schenk* (1995), S. 206 ff.
[5] *von Boehmer* (1995), S. 74 ff.

Kasten 3.5: Tendenzielle Vor- und Nachteile sowie Voraussetzungen verschiedener Abteilungsgliederungen des F&E-Bereichs (*Kieser*)

	Phasengliederung	**Gliederung nach technisch-wissenschaftlichen Disziplinen**	**Gliederung nach Produktgruppen**
tendenzielle Vorteile	Organisation der Abteilung kann an die unterschiedlichen Aufgaben angepasst werden (z.B. Grundlagenforschung eher organisch, Entwicklung eher mechanistisch/bürokratisch)	Spezialisierungsvorteile können ausgenutzt werden (Konzentration des Fachwissens); günstige Sozialisierungsbedingungen (die Kollegen haben gleichen "background"); stabile soziale Beziehungen	F&E-Aktivitäten orientieren sich eher an den Markterfordernissen; bessere Kommunikationsbeziehungen zu den jeweiligen Marketingbereichen
tendenzielle Nachteile	Verselbständigungstendenzen; die Forscher orientieren sich eher an der Lösung der spezifischen Forschungsprobleme ihres Bereichs und nicht an den Unternehmenszielen; Kommunikationsprobleme zwischen den F&E-Abteilungen	Die Forscher orientieren sich eher an professionellen Normen der jeweiligen Fachgebiete als an den Unternehmenszielen	Verlust von Spezialisierungsvorteilen (bestimmtes Fachwissen ist u.U. auf mehrere Abteilungen verteilt) Gefahr der Vernachlässigung grundsätzlich neuer, langfristiger Projekte
Voraus-setzungen	homogenes Produktionsprogramm mit einem hohen wissenschaftlichen Standard	langfristig stabile Nachfrageverläufe für Produkte auf einem hohen wissenschaftlichen Standard	heterogenes Produktionsprogramm, Schwerpunkt auf Produktentwicklung

Quelle: *Kieser* (1984), S. 55

Kanada[1]. Diese organisatorische Variante soll vor allem die **wissenschaftlichen Standortvorteile**, aber auch die ersten, dort auftauchenden Verwertungsideen nutzen. Die in den Fallstudien porträtierten Technologie-"Scouts" (Volkswagen AG) entsprechen diesem Typ.

- **"Allround-F&E-Einheiten mit Weltmarktorientierung"** konzentrieren sich auf globale Märkte und blenden die regionale oder gar die lokale Perspektive völlig aus. Dabei steht die Entwicklungsfunktion deutlich im Vordergrund. Es handelt sich um spezialisierte, relativ große Einheiten, die in internationalen Konzernen offenbar eine **Federführungsfunktion für bestimmte Produkte oder Komponenten** übernehmen.
- **"Lokale Problemlöser"** sind als isolierte und relativ kleine Entwicklungseinheiten auf lokalen oder regionalen Märkten tätig.

Wie bereits bei der Frage der organisatorischen (De-)Zentralisierung ist auch für die Internationalisierung nach den Einflussfaktoren zu fragen. Das Ausmaß der Internationalisierung lässt sich dabei auch als Grad der geografischen (De-) Zentralisation verstehen: Eine weitgehende Internationalisierung der F&E mit umfangreichen Kompetenzen und hoher Ressourcen- und Entscheidungsautonomie in den lokalen Einheiten entspräche dann dem Modell einer international "voll dezentralisierten F&E"[2], während die exklusive Konzentration der F&E auf ein Land der vollständigen Zentralisierung entspricht. Folglich lassen sich die bereits im Kasten 3.4 zusammengefassten **Einflussfaktoren** für den Fall der Internationalisierung ergänzen[3]. Da die Extremvarianten der Internationalisierung im Vergleich zur organisatorischen (De-)Zentralisierung von geringerer Bedeutung sind, geht es vor allem um Faktoren, die Mischformen unterschiedlich dezentraler F&E-Einheiten bedingen.

Frage 1: Größe des Hauptsitzlandes

Unternehmen, die ihren Hauptsitz in kleinen Ländern haben, werden mit zunehmendem Umfang ihrer Aktivitäten Forschungs- und Entwicklungsaufgaben nicht mehr ausschließlich national konzentrieren können. Hierbei ist zum Beispiel an "global player" **kleinerer europäischer Länder** zu denken, wie Philips oder ABB. Diese multinational aufgestellten Unternehmen sind gezwungen, auf einen Ressourcenpool außerhalb ihrer Hauptsitzländer zurückzugreifen und entsprechend geografisch dezentralisierte F&E-Einheiten zu etablieren[4].

Frage 2: Unterschiedlichkeit nationaler Regulierungen

Bei diesem Einflussfaktor geht es vor allem um gesetzliche oder außergesetzliche gesellschaftliche Rahmenbedingungen mit Einfluss auf das Möglichkeitsspektrum der F&E. Variieren die regulatorischen Rahmenbedingungen, kann die

---

1 *Gassmann/Keupp* (2005), S. 212, präzisieren diesen Befund und zeigen, dass sich Ende der 90er-Jahre 73% der Forschungsstandorte auf USA, Westeuropa, Japan und Südkorea konzentrieren.

2 Hierunter wären z.B. die international verteilten "Allround-F&E-Einheiten" der Typologie nach *von Boehmer* (1995), S. 206 ff., oder der Organisationstyp "polyzentrisch dezentralisierte F&E" nach *Gassmann/von Zedwitz* (1999), S. 239 f., zu fassen.

3 Vgl. *Cheng/Bolon* (1993) zu einer Übersicht über relevante empirische Studien.

4 *Gerybadze/Reger* (1999), S. 259.

Möglichkeit zur Ausnutzung so genannter **"regulatorischer Nischen"**[1] zunehmende geografische Dezentralisierung fördern. Beispiele für die Wirkung dieses Einflussfaktors finden sich nicht zuletzt im Bereich Biotechnologie und Pharmazie.

Kasten 3.6: Einflussfaktoren der F&E-Internationalisierung

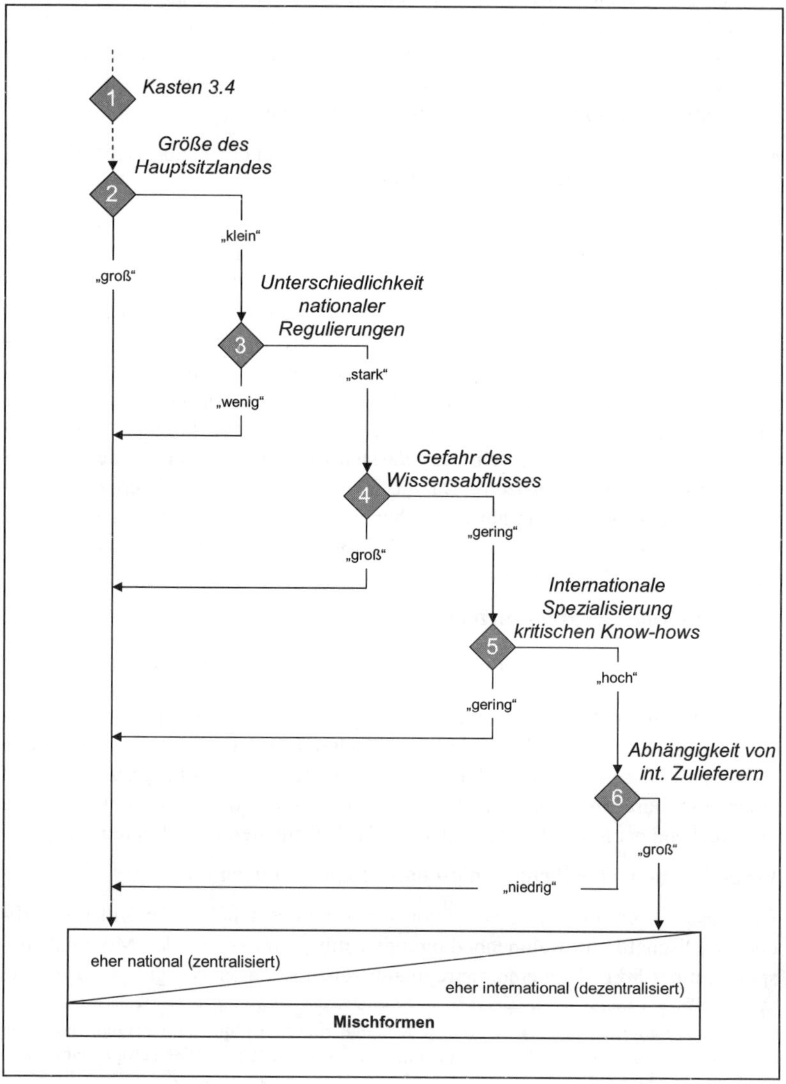

Quelle: Eigene Darstellung

---

[1] *Gerybadze/Reger* (1999), S. 261.

Frage 3: Gefahr des Wissensabflusses

Forschung und Entwicklung ist zunehmend eine nur in Kooperationen zu bewältigende Aufgabe. Dies geht einher mit der Gefahr, dass in Kooperationen mit lokalen Forschungseinrichtungen gewonnenes tacites Wissen über die Partner **an potentielle Konkurrenten** weitergegeben wird. Diese Gefahr verstärkt sich, wenn aufgrund staatlicher Intervention Internationalisierung nur über lokale Joint-venture-Partner, verbunden mit dem Zwang zu "local content", erfolgen kann[1]. In diesem Fall muss genau abgewogen werden, ob zum Beispiel die Vorteile einer Internationalisierung der Produktion nicht durch Nachteile des Wissensabflusses kompensiert werden.

Frage 4: Internationale Spezialisierung kritischen Know-hows

Geografische Dezentralisierung kann dann zunehmen, wenn Unternehmen mit ihren F&E-Einheiten international verteiltem, kritischem Know-how folgen. Dies ist besonders bei starker Spezialisierung des Know-hows in einzelnen oder wenigen international verteilten **Spitzenuniversitäten und Forschungsinstitutionen** bedeutsam. In den letzten Jahren sind zusätzlich regionale Cluster als spezifisch förderliche Faktoren für Innovationen identifiziert worden[2]. Um an der, diesen Clustern zugeschriebenen, Innovationsdynamik partizipieren zu können, bedarf es der Beteiligung "vor Ort", mit entsprechender Konsequenz für den Umfang an geografischer Dezentralisierung.

Frage 5: Abhängigkeit von internationalen Zulieferern

Ebenso wie die Orientierung an Kunden eine organisatorische Dezentralisierung nahe legt, kann die Internationalisierung der F&E von der Bedeutung ausländischer Zulieferer getrieben werden[3]. Bedarf die Forschung und Entwicklung der engen Abstimmung mit einem Zulieferer und folgt der Zulieferer nicht seinen Kunden, bedingt dies eine geografische Dezentralisierung der F&E.

Neben den genannten Einflussfaktoren können auch **historische Bedingungen** geografische Dezentralisierung von F&E erklären[4]. Besonders die Integration von F&E-Abteilungen nach Akquisitionen stellt eine große Herausforderung für Unternehmen dar[5]. Aus vertraglichen Verpflichtungen und nicht zuletzt zur Bindung von regional immobilen Schlüsselmitarbeitern[6] werden akquirierte ausländische F&E-Abteilungen beibehalten.

Zusätzlich werden **Faktorkostenunterschiede** als Erklärung für Internationalisierung der F&E herangezogen[7]. Dies scheint in den letzten Jahren besonders

1 *Gassmann/Keupp* (2005), S. 210.
2 *Saxenian* (1994), *Bengtsson/Sölvell* (2004), S. 232.
3 *Gerybadze/Reger* (1999), S. 261.
4 *Gassmann/von Zedwitz* (1999), S. 246.
5 *Grimpe* (2005), S. 72 ff., 84 ff.
6 *Ernst/Vitt* (2000), S. 108 ff.
7 *Cheng/Bolon* (1993), S. 3 ff.

für den Bereich der Software-Entwicklung zu gelten[1]. Dieses Beispiel macht allerdings auch deutlich, dass bei der Betrachtung von Faktorkosten und der damit verbundenen Effizienzperspektive[2] gleichzeitig die Koordinationskosten in das Kalkül einbezogen werden müssen - eine Frage, der wir uns im späteren Abschnitt 3.5 widmen. Softwareentwicklung kann offenbar in Niedriglohnländer ausgelagert werden, da eine effektive IT-Infrastruktur und gut kodifizierbare Entwicklungsanforderungen und -ergebnisse die Koordinationskosten ausreichend reduzieren. Inwieweit dies auch für andere Entwicklungsaufgaben gilt, ist zumindest fraglich.

Nochmals sei angemerkt, dass die Darstellung der Einflussfaktoren und ihrer Wirkungen nicht eine zwingende Entscheidungsreihenfolge impliziert und Wechselwirkungen zwischen den Faktoren unberücksichtigt lässt. Die empirische Befundlage ist für derartige Aussagen bei weitem nicht ausreichend. Die Ergebnisse von *Chiesa* und *Asakawa* deuten zudem darauf hin, dass die Form internationaler Dezentralisierung kein statisches Phänomen ist[3].

3.4.3 Projektorganisation

In dieser Schrift steht der einzelne Innovationsprozess im Zentrum der Betrachtung. Hier ist jetzt zu fragen, wie die **als Projekte formalisierten Innovationsprozesse als sog. Projektorganisation** in das Innovationssystem der Unternehmung eingebunden sind[4]. Dabei wird nicht ausgeschlossen, dass es Innovationsprozesse gibt, die als Projekte überhaupt nicht formalisiert sind, so dass die folgende Darstellung sie nicht betrifft. Bei der **Einbeziehung des Projektmanagements in die bestehende Organisation** unterscheidet die Literatur üblicherweise vier Varianten[5]:

(1) Federführungsmodell (Fachabteilungsmodell)

Die hauptbetroffene Fachabteilung übernimmt verantwortlich die Steuerung des Entscheidungs- und Durchsetzungsprozesses. Projektleiter ist die **Spitzeninstanz der Fachabteilung** oder ein von ihr beauftragter Mitarbeiter. Berührt das Projekt die Interessen einer anderen Fachabteilung, so ist zunächst die kollegiale Abstimmung auf jeder Rangebene zu suchen. Scheitert die Kooperation, tritt der "normale" Konfliktmechanismus in Kraft, das heißt, das Problem wird auf die nächste ranghöhere Ebene verlagert, gelangt also auf den Schreibtisch des gemeinsamen Vorgesetzten, im Zweifel auf die Tagesordnung der Geschäftsführung. Das Federführungsmodell erfordert im Konfliktfall eine Koordination durch Hierarchie. In der Erhebung *Möhrles*[6] in 34 elektrotechnischen Unternehmen war diese Variante die mit Abstand am häufigsten gewählte.

---

1 *Kumar* (2006), S. 836.
2 *Gassmann/Keupp* (2005), S. 210 f.
3 *Chiesa* (1996), S. 10 ff., *Asakawa* (2001), S. 4.
4 *Morner* (1997), S. 144 ff.
5 S.v.a. *Grün* (1992), Sp. 2106 ff., *Rinza* (1985).
6 *Möhrle* (1991), S. 214., s.a. das umfassendere Konzept bei *Hobday* (2000), S. 877.

(2) Einflussmodell (Stabsmodell)

Die Verantwortung für das Projektmanagement wird einer **Stelle ohne eigene Entscheidungskompetenz** übertragen. Daraus folgt, dass diese Stelle allenfalls eine Moderationskompetenz, einen Informationsauftrag sowie eine Rückdelegationspflicht hat. Diese Rückdelegation tritt dann in Kraft, wenn die Entscheidung hinreichend vorbereitet ist oder wenn ein Konflikt vorliegt. Die zugeordnete Linieninstanz hat dann endgültig zu entscheiden. Auch hier erfolgt die Koordination hierarchisch, nach den klassischen Regeln von Kompetenz und Verantwortung der Linieninstanz. Man sollte dieses Modell nicht unterschätzen. Ein sachkundiger, organisationserfahrener und diplomatisch versierter Stabsstelleninhaber kann ein überaus effektiver Projektmanager sein. *Möhrle* bestätigt diese Einschätzung auch quantitativ[1].

(3) Reine Projektorganisation

Dieses Modell existiert in wenigstens zwei Varianten:

- Als "**projektorientierte Linienorganisation**" ist das gesamte Unternehmen eine **Summe unterschiedlicher Projekte**, die neben- und nacheinander abgewickelt werden - so etwa die Organisation von Auftragsforschungsunternehmen. Für jedes Projekt wird eine eigene Projektgruppe unter einem Projektleiter befristet zusammengestellt und nach der Erfüllung der Aufgabe mit einem neuen Projekt betraut oder anderen, bereits laufenden Projekten zugewiesen. Die Einbindung in die bestehende Aufbauorganisation stellt hier definitionsgemäß kein Problem, denn eine gesonderte Aufbauorganisation muss es neben den laufenden Projekten nicht geben[2]. Zur notwendigen Koordination zwischen den Projekten sei hier auf unsere Überlegungen zur Multi-Projektmanagementeinheit verwiesen.
- Als "**Task-Force-Modell**" wird die Schaffung einer Spezialgruppe bezeichnet, die - völlig unabhängig von der Funktional- oder Divisionalorganisation - eine Spezialaufgabe zu erfüllen hat. Der Task-Force werden aus den funktionalen oder divisionalen Abteilungen einzelne Mitarbeiter so lange voll abgeordnet, bis die Aufgabe erfüllt ist. Dieses Konzept wird gelegentlich in besonders dringlichen Innovationsprojekten praktiziert, in denen in kürzester Zeit eine neue Problemlösung gefunden und realisiert werden soll. Als berühmtes Beispiel gilt immer noch das "Manhattan"-Projekt zum Bau der ersten Atombombe, das nach dem Task-Force-Konzept von General *Groves* geführt wurde.

(4) Matrix-Projektmanagement

Bei diesem Modell existiert eine projektspezialisierte Arbeitsgruppe **neben, aber nicht unabhängig** von der funktionalen oder divisionalen Spezialisierung. Sie wirkt gleichsam "**quer**" in das Positions- und Kompetenzgefüge ein. Diese Organisationsform weicht bewusst von der klassischen Regel der "Einheit der

---

1 *Möhrle* (1991), S. 214.
2 *Hobday* (2000), S. 874 f.

Auftragserteilung" im Sinne *Fayols* ab und unterstellt im Idealtyp den einzelnen Stelleninhaber **mehreren Vorgesetzten**, nämlich

- für die laufende Tätigkeit dem **Fachvorgesetzten**,
- für das Innovationsprojekt dem **Projektleiter**.

Der Konflikt um die Verteilung der Arbeitskapazität des Stelleninhabers wird bewusst in Kauf genommen, da das Projekt prinzipiell befristet ist. Naturgemäß muss der Fachvorgesetzte vor Beginn des Projektes sein Einverständnis zum teilweisen Entzug seines Mitarbeiters erteilen. In der praktischen Durchführung hat sich eine **klare zeitliche Trennung** der Aufgabengebiete bewährt[1]. Der doppelt unterstellte Stelleninhaber wird an vorher bestimmten Zeitabschnitten (Projektabschnitten oder Wochen oder festgelegten Tagen) für die Mitwirkung am Innovationsprojekt freigestellt. In diesen Zeiten hat der Fachvorgesetzte keinen Zugriff auf seine Arbeitskraft. Eine **räumliche Trennung** mindert die Konflikte. Es leuchtet ein, dass die gleichzeitige Mitarbeit des Stelleninhabers an mehreren Innovationsprojekten so gut wie ausgeschlossen ist. Hier deutet sich auch schon eine faktische Begrenzung dieses Typs des Projektmanagements auf wenige Projekte innerhalb eines Unternehmens an[2].

Diese Varianten der Projektorganisation werden in der Wirtschaftspraxis anhand konkreter Vorteile und Nachteile unterschiedlich bewertet (vgl. Kasten 3.7).

Es bleibt dem Betrachter derartiger Wertungen überlassen, unter den einzelnen Kriterien andere Beurteilungen vorzunehmen oder je nach den Eigenarten seines Betriebes zu ergänzen[3]. Gleichwohl ist diese systematische Erfassung des Erfahrungsschatzes von 17 Experten aus Unternehmen der Elektroindustrie und Mitarbeitern des Zentralverbandes der elektrotechnischen Industrie ein in vieler Hinsicht maßgeblicher Befund:

- Das **Matrix-Projektmanagement** wird deutlich **besser** beurteilt als die übrigen Formen des Projektmanagements. Lediglich der Personalaufwand für die Projektleitung ist offenkundig sehr hoch, vielleicht zu hoch.
- Die **Federführung durch eine Fachabteilung** wird demgegenüber deutlich **schlechter** als die übrigen Varianten eingeschätzt - interessanterweise sogar schlechter als das Stabsmodell.

Großzahlige empirische Untersuchungen bestätigen und ergänzen diesen ersten Eindruck:

(1) In einer Untersuchung von 103 Entwicklungsprojekten in 30 Firmen stellten *Might/Fischer* fest, dass das **Projekt-Management in Matrix-Form** sowohl bei der generellen Erfolgsbeurteilung als auch bei der Bewertung der Einhaltung des Kostenziels am besten bewertet wurde[4]. Die Effektivität und Effizienz des Modells der Federführung durch die Fachabteilung wird demgegenüber deutlich geringer eingeschätzt. Interessanterweise ist das Urteil über eine Lösung, bei der

---

1 *Hirzel* (1988), S. 262 f.

2 Vgl. *Volpp* (1989), S. 276 ff., 337 ff.

3 Vgl. die nachdenkliche Bewertung bei *Heintel/Krainz* (1994), S. 54 ff.

4 *Might/Fischer* (1985), S. 71 ff.

der Projektmanager ein deutliches Übergewicht gegenüber den Fachabteilungen hat, eher negativ.

Kasten 3.7: Vergleich der Organisationsformen für die Projektleitung (*ZVEI*)

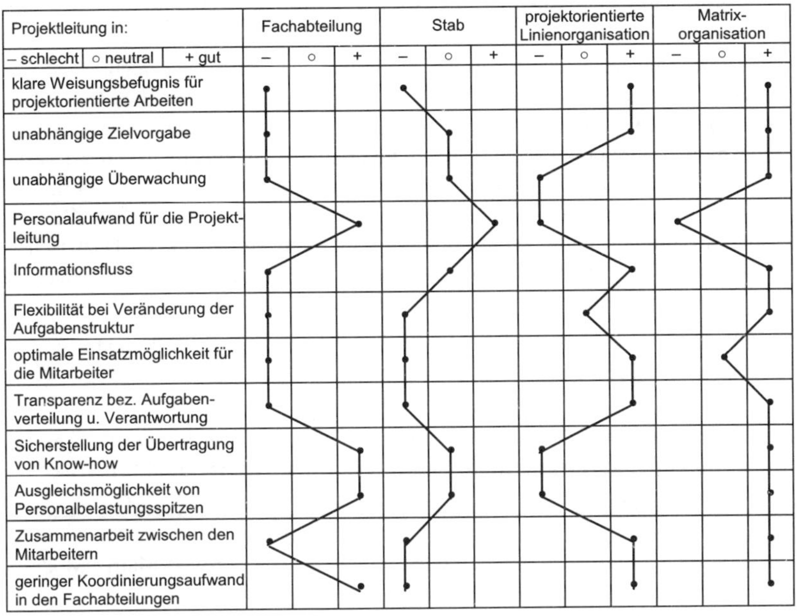

Quelle: *ZVEI* (1982), S. 35, mit Bezug auf *Rinza* (1985)

Je ausgewogener die Machtverteilung, desto positiver die Beurteilung der Organisationsform.

(2) *Katz/Allen* kommen in ihrer Untersuchung von 86 F&E-Projekten zu einer ersten **Differenzierung dieser These von der Macht-Balance**[1]. Der Projekterfolg ist in ihrer Studie davon abhängig, welche Einflusspotentiale der Projektleiter hat:

> "... project performance is higher when project managers are seen as having relatively more influence within the organization and functional managers are seen as having relatively more influence over the technical content of what goes into the project. Performance is lowest when functional managers are seen as dominant in both these areas."[2]

Das Einflusspotential wird in dieser Studie danach bestimmt, wer das Recht zur Festlegung von Gehältern, Aufstiegsmöglichkeiten und zur personellen Beset-

---

1 *Katz/Allen* (1985), S. 76 ff.

2 Ebenda, S. 81.

zung des Projektes hat. Hingegen bleibt leider offen, wie die Einwirkung auf den "technical content" bestimmt wird.

Immerhin scheint eine Trennung von Personalmanagement und technischer Projektarbeit nach diesen Befunden zweckmäßig.

(3) Diese Tendenzen werden in der Studie von *Larson/Gobeli* inhaltlich differenziert[1]. In einer Befragung von 540 Projektmanagern wurden **fünf Organisationsvarianten** bewertet. An einem Extrem finden wir dabei das Federführungsmodell durch die Fachabteilung ("functional"), am anderen das reine Task-Force-Modell als Projekt-Team, bestehend aus Mitarbeitern, die aus den funktionalen Abteilungen auf Vollzeitbasis abgeordnet sind. Die Fachabteilungen haben in diesem Falle keine formale Einwirkungsmöglichkeit. Dazwischen stehen drei Varianten der Matrix-Organisation mit geringem, gleichgewichtigem und dominantem Einfluss des Projektmanagers.

Die Befunde sind insbesondere mit Blick auf hoch komplexe Projekte für uns bedeutsam (S. 186):

Je geringer der Einfluss der Fachabteilung und je höher der des Projektmanagements, desto besser die Effektivitäts- und Effizienzbeurteilung.

Mehrheitlich empfehlen die befragten Praktiker ein "Projekt-Matrix-Modell" (S. 187 f.) mit folgenden Kennzeichen:

> "A project manager is assigned to oversee the project and has primary responsibility and authority for completing the project. Functional managers assign personnel as needed and provide technical expertise."[2]

(4) *Rickert* liefert nach einer Befragung von 108 deutschen Industrieunternehmen folgenden Befund[3]: Das Matrix-Projektmanagement wird dann als erfolgreich beurteilt, wenn der **Projektleiter voll für die Aufgabendurchführung im Projekt und für die Vergabe von Unteraufträgen** zuständig und verantwortlich ist. Er sollte auch volle **disziplinarische Befugnisse** gegenüber den Projektmitarbeitern haben. Lediglich bei der Rekrutierung dieser Mitarbeiter erweist sich - wie im Befund von *Larson/Gobeli* - eine gleichberechtigte Mitwirkung der funktionalen Manager als vorteilhaft.

(5) *Gemünden/Salomo* unterscheiden nicht explizit nach bestimmten Typen der Projektorganisation, sondern betrachten die Einbindung von 104 Innovationsprojekten in die Linienorganisation unter Berücksichtigung unterschiedlicher **Projekt-Autonomiegrade**[4]. Neben der strukturellen und ressourcenbezogenen

---

1 *Larson/Gobeli* (1988), S. 180 ff.
2 Ebenda, S. 181.
3 *Rickert* (1995), S. 186 ff.
4 *Gemünden/Salomo* (2005), S. 64 ff., sowie *Gemünden et al.* (2005), S. 367, und *Krieger* (2005).

Autonomie, die den bisher betrachteten disziplinarischen und fachlichen Verantwortungsverteilungen entsprechen, analysieren sie eine zusätzliche Dimension: die **soziale Autonomie von Projekten**. Letztere bestimmt sich als Grad der räumlichen Nähe der Projektmitarbeiter und stützt sich auf Befunde der Teamforschung zu "virtual" oder "co-located teams"[1]. Während die strukturelle und ressourcenbezogene Autonomie kaum und nach dem Innovationsgrad der Projekte nicht variierende Erfolgszusammenhänge zeigen, erweist sich bei gemeinsamer Betrachtung die soziale Autonomie als zentraler Erfolgfaktor.

Räumliche Zusammenlegung der Teammitglieder überlagert den Erfolgseffekt der Organisation und wird bei hoch innovativen Projekten bedeutsamer.

Vermutlich sind diese Effektivitäts- und Effizienzbeurteilungen nicht unabhängig von **weiteren Einflussgrößen**. Dazu die folgenden Hypothesen:

- Je geringer der Anteil von **Routinefunktionen** in einem Unternehmen, desto eher wird man die Gesamtorganisation projektorientiert nach dem Konzept der "projekt-orientierten Linienorganisation" gestalten.
- Je geringer der ressortübergreifende **Konfliktgehalt** des Projektes, desto eher wird man das "Federführungsmodell" einsetzen können.
- Wenn eine sehr starke **Verklammerung** der Innovation mit den Aktivitäten des laufenden betrieblichen Prozesses gewünscht wird, wird man das "Einfluss-Projektmanagement" oder das "Federführungsmodell" wählen.
- Wenn die Innovation stärker **von den laufenden Betriebstätigkeiten abgehoben** werden soll, so bietet sich das "Task-Force-Modell" an.
- Es kommt weniger auf die formale organisatorische Eingliederung des Projektmanagements an als auf die praktizierten **Führungsstile**. Kooperative Projektmanager sind erfolgreicher als solche, die starr ihren Willen durchsetzen[2].
- Die Wahl der jeweiligen Projektorganisation hängt vom **Fortschritt des Innovationsprozesses** ab: In der Definitionsphase ist Einflussprojektmanagement ausreichend, in der Entwurfsphase wird Matrix-Projektmanagement vorgeschlagen, in der Realisationsphase ist reine Projektorganisation empfehlenswert, und in der Einsatzphase geht das Projekt in die Federführung einer Fachabteilung über[3].
- Die Wahl der jeweiligen Projektorganisation hängt von der **Größe des Projektes** und dem **Grad der "Überbereichlichkeit"** ab[4].

---

1 *Hoegl/Proserpio* (2004), S. 1154 ff.
2 *Barker et al.* (1988), S. 167 ff.
3 *Burghardt* (1993), S. 82.
4 Ebenda, S. 83.

Wenn die **Komplexität**, namentlich die technologische und die organisatorische, besonders hoch ist, wird man auf ein "Matrix-Projektmanagement" zurückgreifen. Dieses ist auch die Grundanschauung dieser Schrift:

Je höher der Innovationsgehalt, desto eher ist eine organisatorische Verselbständigung des Projektmanagements in der Form eines Matrix-Projektmanagements ratsam.

3.5 Koordination der Innovationstätigkeit

Koordination ist Einflussnahme auf Interaktion und Kommunikation. Sie hat die Aufgabe, die Beteiligten und Betroffenen einer Innovation auf ein gemeinsames **Ziel** auszurichten und die dabei auftretenden **Konflikte** vorausschauend oder nachträglich zu regulieren. Konflikte treten auf, wenn sich wenigstens zwei Ausgangspositionen des Verhaltens dieser Beteiligten und Betroffenen widersprechen. Konkret werden dabei folgende Konfliktarten unterschieden:

- **Wissens- und Wahrnehmungskonflikte**: Widersprüchliche Wissensstände, Definitionen, Abgrenzungen, Unterteilungen, Skalenniveaus realer Phänomene sowie deren individuelle Erkenntnis, Filterung und Verzerrung,
- **Motiv- und Zielkonflikte**: Intra- und interpersonal widersprüchliche Vorstellungen von dem anzustrebenden zukünftigen Zustand,
- **Ressort- und Rollenkonflikte**: Widersprüchliche Interessenstandpunkte, die entweder institutionell vorgegeben sind oder aus den Rollenerwartungen der Bezugsgruppen erwachsen,
- **Verteilungs- oder Ressourcenkonflikte**: Widersprüchliche Forderungen der Interaktionspartner nach Zuteilung knapper Ressourcen,
- **Machtkonflikte**: Widersprüchliche Machtansprüche der Interaktionspartner, d.h. Forderung nach Zuteilung von Potentialen zur jeweils vorteilhaften Lösung zukünftiger Konflikte.

Diese Konflikttypologie zeigt, dass **Koordination als Konfliktmanagement** ein höchst differenziertes Instrumentarium benötigt. Dem entspricht, dass die Literatur vielfältige und sehr unterschiedliche Konzepte zur Bestimmung und Untergliederung der Koordinationsinstrumente entwickelt hat[1]. Unsere Darstellung ist von der institutionen-ökonomischen Diskussion beeinflusst und unterscheidet hierarchische von nicht-hierarchischer Koordination, wobei die letztere weniger "marktliche" als vielmehr "hybride" Koordinationsinstrumente umfasst.

---

[1] Siehe die Übersicht bei *Reger* (1997), S. 52 f.

3.5.1 Hierarchische Koordination durch Vorgesetzte

> "When it comes to (...) NPD, senior managers must play a central role, getting involved in such activities as project review, (...) developing visions for and championing new global ventures, enhancing the reputation of the organization internationally, and interacting with lead customers."
>
> *de Brentani/Kleinschmidt* (2004), S. 324

Hierarchische Koordination erfolgt durch einen **gemeinsamen Vorgesetzten** der innerbetrieblichen Interaktionspartner. Sie setzt somit eine entsprechend formalisierte Aufbauorganisation mit eindeutiger Über- und Unterordnung voraus. Das heißt konkret: Die Innovationsaufgabe muss in einer der zuvor dargestellten Varianten bestimmt und einer Leitungsinstanz mit Führungsverantwortung übertragen worden sein.

Für die Gestaltung des Innovationssystems sind dabei die Beantwortung der folgenden Fragen beachtlich:

- **Pluralverantwortung**: Soll die Verantwortung für Innovationsaktivitäten prinzipiell bei einer Personenmehrheit liegen, also realistischerweise eine Aufgabe des obersten Führungsorgans sein?
- **Rang**: Wenn nein, welchen hierarchischen Rang soll die höchste für die Innovation zuständige Instanz haben?
- **Exklusivität**: Soll diese Spitzeninstanz neben den Innovationsaktivitäten auch noch für andere funktionale Bereiche zuständig sein?
- **Kombination**: Wenn ja, mit welchen anderen Funktionsbereichen wird die Zuständigkeit für das Innovationsmanagement zusammengefasst?

(1) Zur Pluralverantwortung

Auf den ersten Blick scheint es absurd, Innovationsaktivitäten als spezielle Aufgabe eines Kollegiums, sei es das gesamte **Spitzenorgan** oder gar nur ein kleinerer Unterausschuss dieses Führungsgremiums, zu definieren. Aber angesichts der strategischen Bedeutung, des Risikos für die Gesamtunternehmung und der unzureichenden Ressortbegrenzung von großen und radikalen Innovationen ist diese Pluralverantwortung durchaus vorstellbar. Sie schließt nicht aus, dass einem Mitglied dieses Kollegiums eine Federführung in **Stabsfunktion** übertragen wird. Dieses mag die Entscheidungen beratend vorbereiten, aber das Führungsgremium behält sich vor, alle "relevanten" Entscheidungen im Innovationsgeschehen abschließend zu treffen. Das heißt aber, dass das Gremium diese Relevanz zuvor bestimmt und begrenzt hat.

Die Pluralverantwortung mag möglicherweise nur für einzelne Zeitabschnitte des Innovationsprozesses gelten, etwa für die Anfangs- oder die Schlussphase. Sie wird sich bei zunehmender Vertrautheit mit Innovationen möglicherweise auf Abbruchentscheidungen bei Erreichen bestimmbarer Meilensteine reduzieren. Aber letztlich entspricht die Zuordnung einer Innovation in die Zuständigkeit des obersten Führungsgremiums der Einsicht:

Das Management von radikalen Innovationen, die möglicherweise die Gesamtunternehmung erschüttern, ist eine nicht delegierbare Aufgabe des gesetzlich zuständigen Leitungsgremiums.

(2) Zum Rang

Für viele Mitarbeiter in Forschungs- und Entwicklungsabteilungen ist es eine wichtige Prestigefrage, ob ihr Chef im Vorstand Sitz und Stimme hat. **Man schließt aus dem Rang auf die Machtstellung**: Wenn kein Vorstandsmitglied diese Funktion vertritt, ist die Lösung von Verteilungskonflikten negativ vorgezeichnet. Andere Ressorts, vor allem die der betrieblichen Routine, dominieren. Das Innovationsargument ist im obersten Gremium nicht präsent. Innovationen können nicht für sich werben. Sie werden mit unsachgemäßen Argumenten benachteiligt.

Nochmals: Hier wird besonders deutlich, dass die Innovationsfunktion überhaupt **als gleichrangige betriebliche Funktion** neben den operativen Funktionen, dem Absatz, der Produktion, der Logistik, dem Rechnungswesen, den Finanzen, dem Personalmanagement **definiert und formalisiert** ist. In großen Industriebetrieben, deren Tätigkeit auf naturwissenschaftlichen oder technischen Grundlagen beruht, ist das kein Problem mehr. Dort haben Instanzenzüge der Forschung und Entwicklung ihre Tradition und enden bei einem eigenen Vorstandsmitglied im obersten Führungsorgan[1]. Aber gilt das auch für Dienstleistungsunternehmen? Gilt das auch in kleineren Industriebetrieben, in denen die Zahl der Mitglieder im obersten Führungsorgan deutlich kleiner ist? Gilt das auch für Unternehmen, in denen Innovationen nur als Sonderaufgaben, zumeist als Projekte, durchgeführt werden?

Wo es der Innovation an formaler, instanzieller Macht fehlt, ist sie strukturell gegenüber der Routine benachteiligt.

(3) Zur Exklusivität

Genau genommen muss schon die Frage nach dem Rang mit der Frage nach der Ressortexklusivität verbunden werden. Denn die präzise Rangbestimmung lautet: Auf welcher hierarchischen Ebene findet sich eine Leitungsinstanz, die **ausschließlich für Innovationsaktivitäten** zuständig ist? Bezogen auf den Vorstand ist eine derartige Ressortexklusivität nur bei sehr großen und forschungsintensiven Industrieunternehmen realisiert. Der Regelfall ist die Verbindung der Innovationsaktivität mit einem anderen Ressort. Erst auf der zweiten, nicht sel-

---

[1] Im Jahre 2006 waren die Innovationsfunktionen in den 30 DAX-Unternehmen in folgender Weise verteilt: Acht Industrieunternehmen haben ein eigenes Vorstandsressort für Forschung, Entwicklung oder Innovation. 21 Unternehmen, vornehmlich Dienstleistungsunternehmen, haben kein Vorstandsmitglied mit einem derartigen Ressortzuschnitt. Ein Fall ist unklar. Offenbar ist es für die Einrichtung eines eigenen Vorstandsressorts nicht unerheblich, welche finanziellen Mittel in die Forschung und Entwicklung fließen.

ten auf der dritten Ebene findet sich dann der ressortexklusive Innovationsmanager.

Diese Vermischung von Routineaufgaben mit Innovationsfunktionen auf der ersten Ebene verlangt, dass die zuständige Instanz die **Konfliktregulierung in das eigene Ressort** verlagert. Man mache sich das am Beispiel einer allfälligen Sparaktion klar: Soll ein Geschäftsführungsmitglied, das gleichzeitig für Absatz und für Innovation zuständig ist, eher an den Ausgaben für Werbung oder für Forschung und Entwicklung sparen?

Ressortexklusivität schafft klare Fronten, verhindert einseitige Lösungen.

(4) Zur Kombination mit anderen Ressorts

Damit ist die Frage aufgeworfen, mit welchen Ressorts die Verantwortung für Innovationen kombiniert werden sollte. In der Realität finden wir zumeist die **Kombination mit der Produktion oder dem Absatz**. Die Anbindung ist kontingenztheoretisch begründet: Je nachdem, ob eine Unternehmung Innovationen eher als Umgang mit "technology push" oder "demand pull" begreift, wird sie die entsprechenden Abteilungen in einem Ressort zusammenfassen. Wer Produktinnovationen bevorzugen will, wird Innovation eher der Absatzwirtschaft zuordnen. Wer hingegen Prozessinnovationen fördern will, wird die Innovationstätigkeit in die Zuständigkeit der Produktion verlegen. Die Konflikte mit dem jeweils "anderen" Ressort werden dann auf die Ebene der Spitzeninstanz gehoben, wo sich die Ressortchefs von Absatz und Produktion auseinandersetzen müssen. Die ressortinternen Konflikte sind damit natürlich noch nicht reguliert.

Damit ist abschließend zu fragen, für welche speziellen Konfliktarten die hierarchische Koordination geeignet ist.

Instanzenzüge - ob funktional oder divisional - sind stets so angelegt, dass sie ein bestimmtes fachliches Interesse einheitlich gegenüber den anderen Instanzenzügen vertreten sollen. **Motiv- und Zielkonflikte** sowie **Ressort- und Rollenkonflikte** sind vom jeweiligen Positions- und Kompetenzgefüge vorgezeichnet und bewusst institutionalisiert. Man verspricht sich von der geregelten Austragung dieser Konflikte eine gleichberechtigte Berücksichtigung dieser Interessen nach einer "check-and-balance"-Vorstellung. Man erwartet Kreativität bei der Kompromissfindung, was insbesondere für den Innovationsfall bedeutsam ist. Die Konflikte steigen solange in der Hierarchie auf, bis sie den ersten gemeinsamen Vorgesetzten der Konfliktpartner erreichen. Im Grenzfall ist dieser erste gemeinsame Vorgesetzte schließlich das oberste Leitungsgremium selbst.

Diese Konflikte finden ihren charakteristischen Anlass beim Streit um knappe Ressourcen. Dieser **Verteilungskonflikt** ist mangels innovationsentsprechender Algorithmen nur hierarchisch lösbar. Gleiches gilt für **Machtkonflikte**, die im Kern Verteilungskonflikte um die knappe Ressource Einflusspotential sind.

Hingegen sind **Wahrnehmungs- und Wissenskonflikte** durch hierarchische Koordination nicht lösbar. Gerade im Innovationsfall herrscht Informationsasymmetrie, hat der jeweilige Vorgesetzte einen deutlich geringeren Wissensstand als seine fachlich spezialisierteren Untergebenen. Hier endet seine fachliche Kompetenz, seine disziplinarische Zuständigkeit kann sie nicht ersetzen. Würde er Wahrnehmungs- und Wissenskonflikte durch ein Machtwort entscheiden, droht ihm die Lächerlichkeit.

Die empirische Forschung hat die hierarchische Perspektive auffällig vernachlässigt. Die Forschung wird vielmehr durch Studien beherrscht, in denen nicht-hierarchische Koordinationsmechanismen analysiert werden. Aber in unzähligen Studien wird die hohe Bedeutung des "**top-management-support**" empirisch belegt. Der Kontext suggeriert dabei vielfach, dass es sich dabei um einen eher informellen als formellen Einfluss handelt. Wir werden diese Problematik bei der Darstellung der Promotoren von Innovationsprozessen in Kapitel 5 wieder aufgreifen. Tatsächlich wird die in der Organisationstheorie so feinsinnig gepflegte Konfliktperspektive einer hierarchischen Koordination dem Innovationsgeschehen nicht gerecht: **Bei Innovationen stellen sich der Koordination nicht nur konfliktregulierende, sondern vor allem kognitive Aufgaben**, die weniger durch das Positions- und Kompetenzgefüge als vielmehr durch das Interaktions- und Kommunikationsgefüge gelöst werden. Anders gesagt:

Hierarchische und nicht-hierarchische Koordinationsinstrumente sind notwendige, aber als solche nicht hinreichende Werkzeuge des Innovationsmanagements. Nur wenn sie zusammenwirken, stellt sich die erwünschte Konfliktregulierung und die angestrebte kognitive Leistung ein.

3.5.2 Nicht-hierarchische Koordination durch Schnittstellenmanagement

3.5.2.1 Das Schnittstellenproblem

Innovationsmanager stehen in vielfältigen **Austauschbeziehungen** mit anderen Beteiligten und Betroffenen:

- zu funktionalen Abteilungen oder Geschäftsbereichen,
- zu anderen Forschungs- und Entwicklungseinrichtungen,
- zu anderen Projekten und ihren Leitern,
- zu Projektvorläufern und zu Folgeprojekten,
- zu externen Partnern von Kooperationsbeziehungen.

Die für das Innovationsmanagement bedeutsamste Beziehung ist traditionell die zwischen den **Forschungs- und Entwicklungseinheiten und den Marketing-Abteilungen.** In dieser Interaktion ist das für uns so wichtige, neuartige Verhältnis von Zwecken zu Mitteln herzustellen. Und es besteht leider kein Zweifel, dass es um diese Interaktion nicht zum besten bestellt ist. Immer wieder mussten empirische Untersuchungen eine ausgeprägte **Disharmonie** zwischen diesen beiden Bereichen feststellen[1].

Diese Überbrückung von Abteilungsgrenzen, Sprachunterschieden, Verständigungsmängeln, Zeitdiskrepanzen, Ressorteigenheiten, Zielkonflikten, Verteilungsproblemen und kontroversen Machtansprüchen ist Aufgabe des **Schnittstellenmanagements.** Der Begriff der Schnittstelle ist **technischen** Ursprungs. Er bezeichnet Übergangspunkte zwischen unterschiedlichen Geräten, an denen Stoffe, Energie oder Informationen übertragen werden sollen, ohne spezifische Umformungen zu erfordern. Dieser Begriff wird in der Betriebswirtschaftslehre weitergehend als eine **soziale Beziehung** von mindestens zwei Interaktionspartnern verstanden, ohne dass dabei eine technische Verbindung zwingend ist. Diese soziale Beziehung hat ganz bestimmte Eigenschaften[2]:

- Schnittstellen bestehen zwischen **mindestens zwei** unterschiedlichen, durch organisatorische Kriterien voneinander abgegrenzten **Teilbereichen**. Diese Teilbereiche haben innerhalb ihrer Kompetenz **Handlungsautonomie**.
- Diese Teilbereiche sind einander **gleichgeordnet**. Subordination eines der Teilbereiche unter den (die) anderen ist ausgeschlossen.
- Diese Teilbereiche stehen in charakteristischen **Interaktionsbeziehungen**[3]. Diese Austauschbeziehungen betreffen güterliche, finanzielle und informatorische Leistungen. Die Interaktionen sind durch Rückgriff auf gemeinsame Ressourcen gekennzeichnet, betreffen die Reihenfolgen von Aktivitäten oder bestehen in einem wechselseitigen Leistungsaustausch. *Thompson* spricht von "gepoolten", "sequentiellen" und "reziproken" Beziehungen[4].
- Die Interaktion ist **zwingend**. Keiner der Bereiche kann sich abkoppeln. Keiner der Bereiche kann oder darf die Leistung des anderen durch externe Lieferungen ersetzen.
- Mit der Interaktion sind **Konflikte** verbunden, typischerweise Ressort- oder Zielkonflikte, zumeist auch Wahrnehmungs- und Wissenskonflikte. Bei der gemeinsamen Nutzung von Ressourcen enstehen Verteilungskonflikte. Alle Konflikte werden schließlich von Machtkonflikten überlagert[5].
- Die interagierenden Teilbereiche haben **keinen gemeinsamen Vorgesetzten**. Hier liegt der entscheidende Unterschied gegenüber der hierarchischen Koordination. Danach wären alle Konflikte zwischen den beteiligten Teilbereichen durch endgültige Entscheidung ihres gemeinsamen Vorgesetzten zu lösen. Er hätte die Prioritäten zu setzen.

---

1 *Ginn/Rubenstein* (1986), S. 158 ff., *Gupta et al.* (1986), *Souder* (1988), S. 8 ff., S. 25 ff., *Lucas Jr./Bush* (1988), S. 257 ff., *Brockhoff* (1989), S. 43 ff., *Gupta/Wilemon* (1990), S. 277 ff.

2 *Brockhoff/Hauschildt* (1993), S. 399.

3 *Morris* (1988), S. 29, *Benkenstein/Steiner* (2005), S. 534.

4 *Thompson* (1967), ähnlich *Rubenstein et al.* (1971) S.49 ff., *Mintzberg* (1979), S. 22 ff.

5 *Herzhoff* (1991), S. 234 ff.

Wenn indessen die interagierenden Teilbereiche so weit "voneinander entfernt" sind, dass sie über diesen gemeinsamen Vorgesetzten nicht verfügen, oder wenn der Dienstweg zu diesem Vorgesetzten unwirtschaftlich lang ist, dann ist die hierarchische Konfliktregulierung im Normalfall ausgeschlossen. Hinzu kommt: Die Komplexität vieler Innovationsprozesse sperrt sich gegen eine dauerhafte Einbindung in ein Über- und Unterordnungsschema.

In dieser Situation wird nicht-hierarchische Koordination verlangt. Diese nennen wir Schnittstellenmanagement.

Auch diese Spielart der Koordination soll das Verhalten von Individuen oder Gruppen auf ein gemeinsames Ziel ausrichten. Sie löst oder reguliert Konflikte, in der Regel durch Information und Kommunikation[1]. Es gibt bisher keine geschlossene Theorie der Koordination. Insofern bereitet es Schwierigkeiten, eine lückenlose und überschneidungsfreie Aufzählung von nicht-hierarchischen Koordinationsformen vorzulegen[2]. Die Innovationsforschung beschäftigt sich insbesondere mit den nicht-hierarchischen **Koordinationsformen, die die Hierarchie ergänzen**, also mit Instrumenten des Schnittstellenmanagements, die den vorhandenen Organen oder Stellen zusätzliche Funktionen übertragen oder gemeinsame Funktionen in neuer Gliederung zusammenfassen. Für die Darstellung des Innovationssystems sind dabei vor allem solche Koordinationsmechanismen beachtlich, die - trotz aller Individualität jedes einzelnen Innovationsprozesses - in der Aufbauorganisation der Unternehmung einen **akzeptierten und respektierten Status** haben. Unter dem Eindruck von Forschung und Praxis konzentrieren wir die Betrachtung an dieser Stelle auf die folgenden Instrumente des Schnittstellenmanagements[3]:

- Verbindungspersonen ("liaison officers"),
- Lenkungsausschüsse ("steering committees") und andere Kommissionen,
- funktionsübergreifende Teams ("cross functional teams").

3.5.2.2 Verbindungspersonen

Die einfachste Form, die Schnittstelle zwischen zwei Abteilungen zu überwinden, besteht darin, dass beide betroffenen Interaktionspartner **eine Person ihres Vertrauens** beauftragen, die Interessen beider Abteilungen bei den Aktivitäten des Innovationsprozesses zu vertreten (obere Darstellung in Kasten 3.8). Interessenvertretung bedeutet: Aufnahme und Weiterleitung von Informationen. Dieses Ein-Personen-Konzept wird in Anlehnung an militärische Vorbilder in der englischsprachigen Literatur unter dem Stichwort "**Liaison Officer**" behandelt[4].

---

1 *Moenaert et al.* (1995), S. 244 ff., *Möhrle* (1991), S. 98 ff.

2 Vgl. *Benkenstein* (1987), S. 122 ff., insbes. S. 208 ff., *Morris* (1988), S. 30, *Rubenstein* (1989), S. 142, *Korbmacher* (1991), S. 42 ff., *Olson et al.* (1995), S. 49 f.

3 Vgl *Bleicher* (1981), S. 151 ff. sowie zu einer umfassenden Übersicht emprischer Forschung zu unterschiedlichen Instrumenten des Schnittstellenmanagements *Weinkauf et al.* (2005), S. 98.

4 *Conway* (1997), S. 228.

Kasten 3.8: Schnittstellenmanagement mit Verbindungspersonen (Liaison-Konzept)

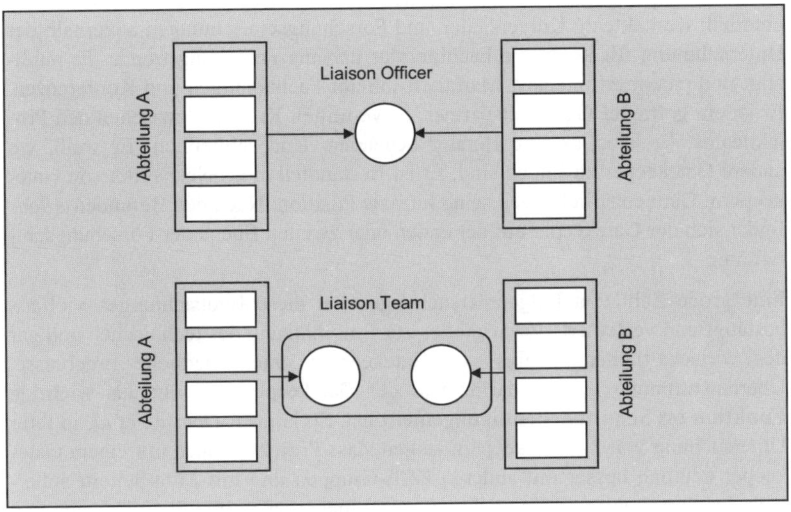

Quelle: Eigene Darstellung

Das Liaison-Konzept setzt voraus, dass die Verbindungsperson hinreichende **Sachkenntnis** von der innovativen Materie sowie eine hohe **Sensibilität für die Interessen** beider Interaktionsabteilungen hat, um dadurch die Funktion des Brückenschlags ("boundary spanning") zu übernehmen[1]. Die ideale Besetzung für eine solche Aufgabe ist eine Person, die durch **bewusste Job-Rotation** die internen Denk- und Sprachkulturen, Zeithorizonte und Prioritäten, Ressorteigenheiten und Rollenverständnisse beider Abteilungen kennengelernt hat[2]. Sie kann aus diesen Kenntnissen heraus vermutlich bereits eine Fülle von Wahrnehmungs- und Wissenskonflikten lösen. Bei den übrigen Konflikten soll sie die jeweiligen Vorgesetzten einschalten und damit die konfliktäre Interaktion hierarchisch anheben. Die Verbindungsperson hat insoweit eine **Stabsfunktion**.

Blendet man von der Perspektive des einzelnen Innovationsprozesses ab und betrachtet das Neben- und Nacheinander vieler Innovationsprozesse in einem Unternehmen, so kann eine solche Person bei nachhaltiger Bewährung zunehmend eine zentrale Rolle im Innovationssystem einnehmen, ohne dass das formal organisiert wird. In seinen Studien über Informationsflüsse in Forschungseinrichtungen stieß *Allen*[3] immer wieder auf eine **Schlüsselperson**, die die Akteure in diesen Institutionen untereinander und mit ihrer wissenschaftlichen

---

1 *Tushman* (1977), S. 598 f.

2 *Cobbenhagen* (2000), S. 214 f., 223 f., *Reger* (1999), S. 82, zeigt, dass diese Funktion der Job-Rotation insbesondere in japanischen Unternehmen genutzt wird.

3 *Allen* (1977), S. 141 ff., s.a. *Tushman/Katz* (1980), S. 1071 ff.

Umwelt informatorisch verknüpft. Er nannte diese Person "**technological gatekeeper**".

Ein Gatekeeper ist ein soziometrischer **Star im Informationsnetzwerk**. Er unterhält Kontakte zu Universitäten und Forschungseinrichtungen außerhalb der Unternehmung. Er kennt die Fachliteratur und die Forschungstrends. Er publiziert und patentiert intensiv. Man trifft ihn auf Fachtagungen und Konferenzen. Er ist ein gefragter Gesprächspartner. Er vermittelt Kontakte zwischen den Projektteams. Er kann externe Berater benennen. Und schließlich: Er weiß, wo andere Gatekeeper zu finden sind. Er ist Bestandteil eines Netzwerks von Gatekeepern. Dem entspricht auch seine formale Position: Nach den Befunden *Allens* findet sich der Gatekeeper auf der ersten oder zweiten Ebene der Forschungseinrichtung.

Eine große Zahl von Folgeuntersuchungen hat diese Beobachtungen vielfach bestätigt und verfeinert[1]. Zwar gibt es zur Einschätzung des technischen und gar des wirtschaftlichen Erfolgs von Gatekeepern unterschiedliche Ergebnisse. Übereinstimmung besteht darin, dass der Gatekeeper eine überaus **wichtige Funktion im Schnittstellenmanagement** hat. So können *Domsch et al.* in ihrer Untersuchung von 27 Gatekeepern zeigen, dass Projektgruppen mit einem Gatekeeper deutlich besser mit anderen F&E-Gruppen und mit Mitarbeitern außerhalb der Forschung und Entwicklung zusammenarbeiten und überdies auch von anderen Unternehmensbereichen besser unterstützt werden als Projektgruppen ohne Gatekeeper[2].

Zwar liegt die Schnittstellenfunktion des Gatekeepers vor allem darin, die Forschungs- und Entwicklungsteams miteinander zu verknüpfen. Er steht damit vor allem **im Dienste eines Multi-Projektmanagements**. Gatekeeper werden aber auch benötigt, wenn es darum geht, zentrale Forschungseinrichtungen mit dezentralen zu verbinden. Wichtig ist aber vor allem in unserem Zusammenhang, dass die Marketingabteilungen auf seinen Rat hören und seinen Status respektieren.

Wenn eine solchermaßen umfassend informierte und respektierte Person nicht zur Verfügung steht, wird ein Konzept von **mehreren Verbindungspersonen** benötigt. In diesem Falle stellt jede der interagierenden Abteilungen eine Person bereit, die mit der jeweiligen Verbindungsperson der anderen Abteilung im Innovationsprozess zusammenarbeiten soll (untere Darstellung in Kasten 3.7)[3]. Jede Verbindungsperson hat in erster Linie die Funktion, **Sprachrohr** der entsendenden Abteilung und darüber hinaus **Informationsempfänger** für die Botschaften der anderen Seite zu sein. Konflikte sollen somit zunächst in der kleineren Gruppe der Verbindungspersonen artikuliert und damit auf eine wenig spektakuläre Ebene verlagert werden. Diese Gruppe hat ebenfalls keine Linienfunktion. Sie soll die Konflikte zwischen den Abteilungen bewusst machen, möglicherweise auch klarer herausarbeiten und vielleicht sogar Lösungsvorschläge

---

1 *Domsch et al.* (1989), S. 11 ff., 20 ff., 27.
2 Ebenda, S. 117, 132 ff.
3 *Conway* (1997), S. 228, nennt diesen Typ "bridge link type".

unterbreiten. Die eigentliche Lösung dieser Konflikte muss dann aber auf der Ebene der Abteilungsleiter oder sogar höheren Orts getroffen werden.

Dieses Konzept einer Gruppe von Verbindungsleuten bietet sich vor allem im **Frühstadium** des Innovationsprozesses an, wenn sich alle beteiligten Gruppen zunächst einmal über das Innovationsproblem klar werden wollen. Die Gruppe der Verbindungspersonen kann später zum **Kern eines Projektteams** werden, wenn sie in der Frühphase konstruktiv zusammenarbeitet. Bei dauerhafter Interaktion der Verbindungsleute in mehreren Innovationsprozessen könnte dieses Konzept auch in das Ein-Personen-Modell einmünden[1], wenn sich herausstellt, dass eine der Verbindungspersonen das volle Vertrauen der beteiligten Abteilungen genießt[2].

3.5.2.3 Lenkungsausschüsse und andere Kommissionen

Das wichtigste Instrument der Selbstabstimmung der beteiligen Bereiche und Personen ist **Kommissionsarbeit**. Kommissionen sollen **zeitlich befristete** Aufgaben bearbeiten, die keiner anderen Instanz zur Erledigung zugewiesen sind[3]. Innovationen entsprechen diesem Konzept auf den ersten Blick voll. Eine Kommission soll als "**Gruppe**" im sozialwissenschaftlichen Sinne **wenigstens aus drei ständigen Mitgliedern** bestehen, deren Mitwirkung kontinuierlichen Einfluss auf den Prozessverlauf oder auf den Kommunikationsfluss sichern soll. Unterschiede im hierarchischen Rang sind möglich. Die Kommission kann zu einzelnen Beratungsgegenständen weitere Personen ("**Hearing-Prinzip**") hinzuziehen.

Die Kommissionsarbeit ist **unterschiedlich stark reglementiert**:

- Unerlässlicher Bestandteil jeder Reglementierung sind die Bestimmung des Kommissionsauftrages und die Bestellung der Kommissionsmitglieder.
- Zumeist wird auch der Vorsitzende extern bestimmt.
- Die Kommissionsarbeit läuft nach selbst gesetzten Regeln ("Geschäftsordnung") ab.
- Die zeitliche und räumliche Ordnung obliegt der Kommission.
- Die Dokumentation durch Vorlagen und Protokolle ist frei gestaltbar.
- Kommissionen entscheiden nach einem selbst gewählten Abstimmungsverfahren.

Kommissionen haben in innovativen Prozessen folgende **Funktionen**:

- Lenkung und Konfliktregulierung sowie Herstellung eines einheitlichen Informationsstandes der Beteiligten. In diesen Funktionen dominiert die **Koordinationsfunktion** der Kommission.

---

1 *Hauschildt/Schewe* (1997), S. 506 ff.
2 Dieser Typ entspricht dem "link pin" in der Terminologie von *Conway* (1997), S. 229.
3 *Kosiol* (1980), Sp. 1013, *Redel* (1982), S. 15 ff.

- Erarbeitung von Vorschlägen oder Analysen: In dieser Funktion ist die Kommission eine **kreative** Gruppe, die entweder intuitiv oder systematisch-analytisch arbeitet.

(1) Entscheidungskommission Lenkungsausschuss

Ein Lenkungsausschuss ist der Prototyp einer zentralen Entscheidungskommission in Innovationsprozessen. Die Problematik einer zentralen Innovationsleitstelle wurde bereits unter 3.4.1 behandelt und ist der Praxis offensichtlich wohl bewusst. Zugleich ist auch das oberste Geschäftsführungsgremium nur in Ausnahmefällen das geeignete Organ, einzelne Innovationsprozesse in ihrem Verlauf zu beherrschen und zu kontrollieren. Das gilt umso mehr, wenn mehrere Innovationsprozesse parallel ablaufen. In diesen Fällen wird eine andere **zentrale** Lösung gesucht, die den Kapazitätsgrenzen des Geschäftsführungsorgans Rechnung trägt. Sie besteht darin, ein **gesondertes Komitee** als "Koordinationsgremium", "steering committee", "Produktkomitee", "product approval committee", "Forschungskoordinationsbesprechung" oder "Lenkungsausschuss" einzurichten und entspricht damit weitgehend unserem Konzept des **Zentrums für Multi-Projektmanagement**[1]. Derartige **Lenkungsausschüsse** sind bei dieser Aufgabenstellung hochrangig besetzt. Die Mitglieder kennen die Ziele und Strategien der Gesamtunternehmung. Sie haben einen Überblick über die finanziellen und personellen Potentiale in der überschaubaren Zukunft. Sie können die Leistungsfähigkeit von Kooperationspartnern, ggf. im Konzernverbund, beurteilen.

Diesen Anforderungen wird nur ein kleiner Kreis von Personen gerecht[2] (siehe Kasten 3.9):

- Einzelne Mitglieder der **Geschäftsführung**, die die Ziele der Unternehmung und die langfristigen Strategien festlegen, die über die Ressourcen der Unternehmung letztverantwortlich verfügen und die die Unternehmung nach außen repräsentieren, sowie ggf. ergänzend
- wenigstens eine Instanz, die nach Möglichkeit als Schnittstelle sowohl für **technisch-betriebliche** als auch für **absatzwirtschaftlich-marktbezogene** Belange zuständig ist,
- wenigstens eine Instanz, die die **wirtschaftlich-finanzielle** Situation der Unternehmung ganzheitlich überschaut, z.B. Controller oder Treasurer,
- wenigstens eine Instanz, die das **rechtlich-vertragliche** Flechtwerk kennt, durch das die Unternehmung mit ihren Partnern verbunden ist, z.B. der Syndicus.

---

1 *Souder* (1978), S. 303 f., *Redel* (1982), S. 188 ff., *Kuhn* (1989), S. 112 f., *Forker* (1995), S. 43 f.

2 *Meffert* (1976), S. 92, *Zündorf/Grunt* (1982), S. 270 ff., *Anthony/McKay* (1992), S. 144.

Kasten 3.9: Schnittstellenmanagement mit Lenkungsausschüssen

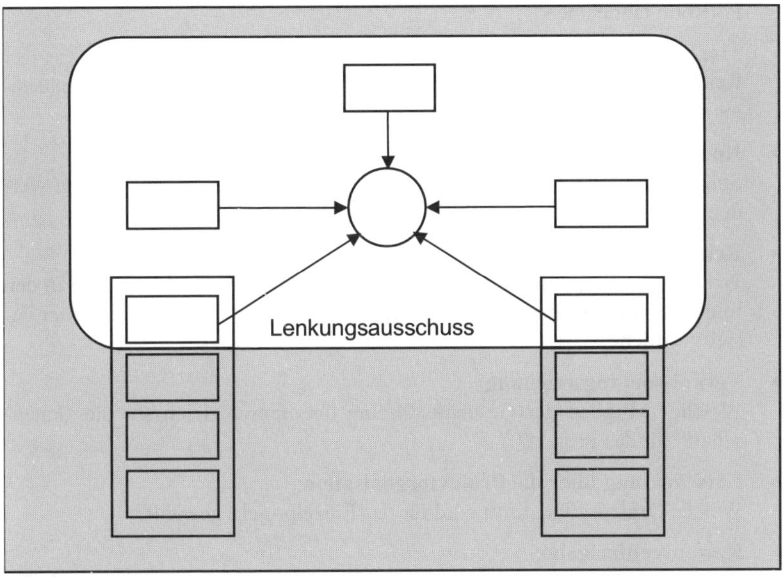

Quelle: Eigene Darstellung

Wenn für Projekte zuvor ein fester finanzieller Rahmen abgesteckt wurde, kann man die Entscheidungskompetenz an den Lenkungsausschuss delegieren. Nur wenn - wie vor allem bei radikalen Innovationen - finanzieller Rahmen und unternehmenspolitisches Risiko des Projektes offen sind, kann sich das Geschäftsführungsgremium wohl kaum seiner Gesamtverantwortung entziehen und muss sich daher die Zuständigkeit für die Entscheidung vorbehalten.

Aufgabe eines derartigen **Lenkungsausschusses** ist zunächst ein "strategisches screening". Dieses "Durchleuchten" hat die folgenden Teilentscheidungen nach überschlägiger Abschätzung zu treffen:

- **Go- oder Stop-Entscheidung**:
  Soll eine bestimmte Initiative überhaupt aufgegriffen, soll sie vertagt oder soll sie abgelehnt werden?
- **Strategischer Fit**:
  Passt diese Initiative in das langfristige Produkt-/Markt-Konzept?
- **Priorität**:
  Welches Ziel hat nach erster Einschätzung das höchste Gewicht?

- **Portfolio-Management**:
  Welche Stellung soll das in Frage stehende Projekt in einem Projekt-Portfolio einnehmen[1]?
- **Machbarkeit ("Feasibility")**:
  Reichen nach erster Abschätzung die finanziellen und personellen Kapazitäten des Unternehmens aus, um das Projekt aufzunehmen?
- **Kooperationsentscheidung**:
  Soll die Initiative möglicherweise mit einem externen Partner verfolgt werden?
- **Rekrutierungsentscheidung**:
  Wie soll die Projektgruppe zusammengesetzt sein, die die Innovation in den folgenden Projektabschnitten bearbeiten soll? Wer soll zum Projektleiter bestellt werden?
- **Verantwortungsregelung**:
  Welches Mitglied der Geschäftsführung übernimmt gleichsam die "Patenschaft" für das Projekt?
- **Entscheidung über die Projektorganisation**:
  Welche Organisationsform wird für das Einzelprojekt gewählt?
- **Ressourcenfreigabe**:
  Welche Kapazität soll zur Bearbeitung des Innovationsprojektes zur Verfügung gestellt werden?

Die erste Phase der Arbeit des Lenkungsausschusses endet mit der **Problemdefinition** (vgl. Kapitel 8), d.h. mit einem förmlichen Auftrag an die Projektteams, in fachlicher Feinarbeit eine Konzeption zu erarbeiten, Alternativen zu entwickeln oder zu suchen, die Beurteilungskriterien zu bestimmen sowie eine erste Vorbeurteilung der Alternativen vorzulegen. Der Auftrag ist zu befristen. Die notwendigen finanziellen und personellen Mittel sind abzuschätzen und freizugeben.

Der Lenkungsausschuss dient während der Laufzeit des Projektes als **Konfliktregulierungs-Instanz**. Er ist dann für alle Konflikte zuständig, die während der Projektbearbeitung auftreten. Er achtet darauf, dass keine Zielverschiebung erfolgt. Er versorgt die Projektteams mit neu auftretenden strategischen Informationen über Ziele, Situationen und Maßnahmen. Er trifft ggf. die Abbruchentscheidungen.

Der Lenkungsausschuss nimmt förmliche Berichte und Evaluationen entgegen. Ziel dieser **abschließenden Begutachtung** ist es, das definitive Ende der Projekte festzustellen. Es ist zu verhindern, dass sich die Innovationsteams selbst neue Projektverlängerungen definieren. Die abschließende Begutachtung soll einen förmlichen Anlass für die Beurteilung des Projekterfolges geben und damit zugleich auch positive oder negative Sanktionen für das jeweilige Projektteam auslösen.

---

[1] *Möhrle* (1988), S. 12 ff.

Abschließend obliegt dem Lenkungsausschuss, das Innovationsprojekt **in die Organisation der laufenden Arbeit überzuleiten**. Wichtig ist, dass die Routiniers des day-to-day-Managements die innovative Aufgabe übernehmen und mit all den Tugenden weiterführen, die einer gut geführten Organisation eigen sind: schnell, sicher, reibungsarm und kostengünstig.

Nicht zuletzt sind **Lehren** aus den Projekten für das Management zukünftiger Projekte zu ziehen. Es ist in einem "**Post-Project-Review**" über Erfahrungen zu berichten, namentlich darüber, welche Probleme überschätzt, welche unterschätzt und welche überhaupt nicht gesehen wurden. Es ist darzustellen, wo in der betrieblichen Umsetzung die größten Widerstände und Schwierigkeiten aufgetreten sind. Es ist danach zu fragen, ob man mit anderen Instrumenten das Entstehen dieser Widerstände hätte verhindern können oder ob man sie in anderer Weise hätte überwinden müssen.

(2) Beratungskommissionen

Unterhalb des Lenkungsauschusses gibt es in jedem Innovationsprozess eine beliebig große Anzahl von Beratungskommissionen unter den vielfältigsten Bezeichnungen, wie "Arbeitskreise", "Komitees", "Projektgremien", "Koordinationstreffen" o.ä.

Diese Beratungskommissionen haben zwar keine endgültige Entscheidungsfunktion, aber dennoch einen wichtigen Anteil am Projektfortschritt.

Ihre Aufgabe besteht darin, ein Problem zu analysieren und/oder einen Lösungsvorschlag zu erarbeiten. Die Beratungskommission hat keine Kompetenz, derartige Vorschläge auch bindend festzulegen. Sie hat sie vielmehr einem anderen Organ zur Entscheidung vorzulegen. Ihre Tätigkeit ähnelt insofern einer **Stabstätigkeit**. Sie übt **Informationstätigkeit** aus: Sammeln, Verknüpfen, Verdichten, Aussondern, Bewerten und Darstellen von Informationen. Diese Arbeit erfordert ein relativ hohes Maß an organisatorischer Bindung. Die hohen Kosten der Kommissionsarbeit verlangen eine **straffe Gestaltung des Arbeitsablaufs**. Ausschließlich mündlicher Informationsaustausch ist aber besonders unwirtschaftlich. Er ist auf die Phasen beschränkt, in denen es insbesondere auf intuitives, kreatives Arbeiten ankommt. Im Normalfalle stellen nur eine **sorgsame Vor- und Nachbereitung** eine tragbare Kosten-/Nutzen-Relation her. Die zweckmäßige Organisation der Beratungstätigkeit hat folgende Elemente:

- **Gemeinsame Definition** von Teilproblemen und Delegation von "Hausaufgaben" an Kommissionsmitglieder oder ersatzweise an heranzuziehende Sachverständige,
- getrennte, **individuelle Ausarbeitung** von Vorlagen und Verteilung dieser Vorlagen an die Kommissionsmitglieder,
- getrennte, **individuelle Lektüre** der Vorlagen, ggf. Ausarbeitung von Gegenvorschlägen, Ergänzungen und Änderungen,
- **Präsentation der Vorlagen** durch den Beauftragten in der Kommission,

- **Diskussion** zur Minderung von Wahrnehmungs- und Wissenskonflikten, Beratung und Verabschiedung von (Teil-)Ergebnissen,
- ggf. **neue Definition** von Teilproblemen usw.

Es ist dieser **Wechsel zwischen Gruppen- und Individualarbeit**, der Effektivität und Effizienz von Beratungskommissionen sichert. Die Hausarbeit stellt die persönliche Verantwortung (und damit auch das persönliche Profil) des einzelnen Kommissionsmitgliedes sicher. Die Gruppenarbeit gleicht die persönlich bedingten Einseitigkeiten aus und reichert die Individualvorlage inhaltlich an.

Innovative Probleme bieten die große Chance eines gemeinsam vollzogenen **Lernprozesses** der Kommissionsmitglieder. Damit erwächst aber regelmäßig ein neues Problem: Je stärker die Gruppenkohäsion in der Kommission wächst, desto größer ist das Risiko, dass die Kommissionsmitglieder die Kohäsion mit den von ihnen vertretenen Interessengruppen verlieren. Damit entsteht eine ganz andere Aufgabe: die der Durchsetzung der innovativen Kommissionsergebnisse gegenüber den Institutionen der Routineorganisation durch die Kommissionsmitglieder.

Eine derartige Kommissionsarbeit verlangt themenspezifische Arbeitszuordnung zu kompetenten Bearbeitern, arbeitsgerechte Zeitplanung, Dokumentation und Protokollführung, fortgangsbewusste Diskussionsleitung und vielfältige Konfliktregulierung.

(3) Informationskommissionen

Sie sorgen gleichzeitig für einen **gleichartigen Informationsstand** der Kommissionsmitglieder. Mitglieder von Informationskommissionen müssen alle diejenigen sein, deren Leistungen mit den Beiträgen der übrigen Projektbeteiligten in irgendeiner Beziehung vernetzt sind.

Informationskommissionen verlangen **festen Rhythmus** und **standardisierte Berichtsform**. Sie bieten Freiheitsgrade bei der Kommentierung und der Assoziation des Gehörten mit dem eigenen Wissensstand.

Ihre Bedeutung für Innovationsprozesse liegt darin, die Teilleistungen der einzelnen Kommissionsmitglieder den übrigen bewusst zu machen, mit deren Arbeitsfortschritt abzugleichen, Impulse für eigene Arbeit aufzunehmen und Impulse an die übrigen Beteiligten abzugeben.

Die Kommissionsarbeit erlaubt Rückfragen und mindert dadurch das Risiko von Missverständnissen. Die Information wird gleichzeitig und relativ schnell diffundiert. Der Nachteil ist, dass sie durch eine mündliche Präsentation möglicherweise verzerrt wird. Wenn eine derartige Präsentation nicht durch schriftliche Unterlagen ergänzt wird, besteht die Gefahr der Oberflächlichkeit.

Die Informationskommission verlangt **straffe Lenkung**, um Darstellungsprofilierungen, Ausufern der Diskussion und Austragen von Ressortkonflikten zu vermeiden. Sie verlangt indessen keine Abstimmungsordnung oder andere Regeln der Konfliktaustragung.

Fassen wir zusammen: Um eine Innovation herum wird es zwangsläufig eine intensive Kommissionsarbeit geben. Sie steht - wie jede Kommissionsarbeit - in Gefahr, unkontrolliert auszuufern. Besinnung auf die kreative und die koordinierende Funktion von Kommissionen ist nötig, um dieser Gefahr vorzubeugen. Professionelles Konferenzmanagement muss hinzukommen. Wechsel von individueller Hausarbeit und interaktiver Gruppenarbeit steigert Effektivität und Effizienz. Kommissionen können klein gehalten werden, wenn sie das Anhörungsprinzip (Hearing) systematisch praktizieren.

Und last not least: **Nicht jede Kommissionssitzung steht unter dem Diktat einer eng verstandenen Rationalität**. Ebenso gilt die Einsicht eines erfahrenen Praktikers: "One morale here is never underestimate the power of a quiet lunch with the right people. It's a powerful and effective tool of scientific research."[1].

3.5.2.4 Funktionsübergreifende Teams

> "The popular business press has touted self-governing, cross-functional team structures as a surefire remedy for a wide variety of business ills, especially as a tool for improving the speed and effectiveness of the product development efforts of firms."
>
> *Olson et al.* (1995), S. 61

Kaum ein Thema beherrscht die Innovationsliteratur so beharrlich wie Forschungsarbeiten zur Koordination von Forschung und Entwicklung mit Marketing und/oder Produktion. Die umfassende Auswertung von 81 empirischen Untersuchungen durch *Cratzius*[2] zeigt folgende Entwicklung: Die Diskussion startete in den späten 70er Jahren mit der Einbeziehung der **Marketingfunktion** in den von der Forschung und Entwicklung dominierten Innovationsprozess. Sodann folgten beginnend in den frühen 80er Jahren Studien zur Mitwirkung des **Produktionsbereichs** am Innovationsprozess. Erst in den 90er Jahren wurden Arbeiten vorgelegt, die das Zusammenwirken **aller drei Funktionsbereiche** als gemeinsames, als "multifunktionales" Problem behandelten. Wir konzentrieren uns in der folgenden Darstellung auf den letztgenannten Fall und blenden insbesondere die vielen Studien zum "simultaneous engineering" und zum "concurrent development" aus.

Die Einbeziehung oder "**Einbindung**" dieser maßgeblichen betrieblichen Funktionsbereiche in den Innovationsprozess ist danach eine der Schlüsselvariablen für den Innovationserfolg[3]. Auffällig ist, dass bei der Lösung dieses Schnittstellenproblems in erster Linie die **ressortübergreifende Zusammensetzung von Innovationsteams** unter dem Stichwort "Cross-Functional Teams" betrachtet wird, während die zuvor genannten Instrumente - Verbindungspersonen und

---

1 *Thomas* (1980), S. 17.
2 *Cratzius* (2003), S. 31, 57 f., 72 f. und insbes. S. 313 ff.
3 *Brown/Eisenhardt* (1995), S. 367.

Lenkungsausschüsse - demgegenüber nur selten untersucht wurden. Über die Ursachen dieser einseitigen Problemsicht kann man spekulieren. Sicherlich handelt es sich spätestens in den 90er Jahren um ein Modethema. Aber vielleicht ist auch erst in diesen Jahren der Umgang mit Innovationen als Organisationsproblem allgemein bewusst geworden. Überdies könnte sich eine neue Einstellung zur Teamarbeit gebildet haben. Die dementsprechende Hypothese zu den Cross-Functional Teams lautet:

Die frühzeitige und intensive Zusammenarbeit der großen Funktionsbereiche in funktionsübergreifenden Teams steigert den Innovationserfolg.

Für unsere Überlegungen zum Innovationssystem sind weniger die viel beachteten sozialen und psychischen Probleme innerhalb des Teams als vielmehr die organisatorischen Aspekte der multifunktionalen Zusammenarbeit bedeutsam. Sie führen zu den folgenden fünf Fragen:

(1) Steigert die Einbindung der Marketing- und der Produktionsbereiche in den Innovationsprozess den Innovationserfolg?

Die ("simultane") Einbindung unterschiedlicher Funktionsbereiche in gemeinsam zu bearbeitende Projekte ist keinesfalls selbstverständlich. Das perfekte Gegenmodell besteht darin, dass die einzelnen Bereiche das Problem nacheinander bearbeiten ("sukzessive Interaktion"). Die Bereiche sind gleichsam durch Mauern voneinander getrennt. Das Teilergebnis des jeweiligen Vorgängers wird erst dann dem Nachfolger zur weiteren Bearbeitung übergeben, wenn man die eigene Arbeit für abgeschlossen hält. In der Sprache der Praxis: Man wirft das Arbeitspaket über die Mauer ("Over-the-wall-approach"[1]). Auf den ersten Blick erscheint ein derartiges **sukzessives Verfahren zeit- und kostenaufwendiger** zu sein als ein simultanes, bei dem alle Beteiligten gleichzeitig eingeschaltet werden.

Aber man handelt sich bei bereichsübergreifender Teamarbeit ein ebenfalls aufwendiges Verfahren ein: Zunächst sind in einem solchen Team **Ziel- und Ressortkonflikte** zu erwarten, sodann erhebliche Unterschiede im Informationsstand, nicht zuletzt aufgrund von Sprachbarrieren. Diese **Wahrnehmungs- und Wissenskonflikte** führen zu ernsthaften Meinungsverschiedenheiten, ja offenen Widersprüchen, vielleicht sogar zu nachhaltigem Widerstand ("Task Disagreement"[2]). Die konstruktive Zusammenarbeit im bereichsübergreifenden Team ist also keinesfalls selbstverständlich. Es bedarf vielmehr eines hohen **Anreizes** zur konstruktiven Mitarbeit und hoher **Lernbereitschaft und Lernfähigkeit** der beteiligten Teammitglieder. Sie müssen ein solches Wissens- und Verständigungsniveau erreichen, dass jeder von ihnen substantielle Beiträge zur gemeinsamen Aufgabenerfüllung erbringen kann. Die Anforderungen an die Teammit-

1 *Specht et al.* (2002), S. 144 f.

2 *Lovelace et al.* (2001), S. 780 ff.

glieder sind bei inter-funktionalen Teams deutlich höher als bei intra-funktionaler Gruppenarbeit[1].

Ohne eingehende Quantifizierung der Kosten und Zeitbedarfe kann prima facie jedenfalls nicht davon ausgegangen werden, dass das Simultanmodell eine höhere **Effizienz** aufweist als das Sukzessivmodell. Das mag anders sein, wenn man die **Effektivität** betrachtet. Die Innovation ist nicht nur physisch zu entwickeln, sondern sie ist auch in den Markt einzuführen und kostengünstig zu produzieren. Viele technische Umwege bei der Forschung und Entwicklung und vorzeitige Bindungen lassen sich vermeiden, wenn die Produktions- und die Absatzbereiche schon frühzeitig in die Innovationstätigkeit einbezogen werden. Die Widersprüche sind sogar erwünscht, wenn sie nur frühzeitig geäußert werden, ehe weitere Ressourcen in eine einseitige Entwicklung investiert werden. Man vertraut damit auf die Kreativität, die bei der Lösung von Konflikten freigesetzt wird.

Mag der Diskussions- und Lernprozess zeitweise auch quälend sein, die Wahrscheinlichkeit, eine bessere Lösung zu finden, steigt, wenn sich die betrieblichen Funktionsbereiche in einem dialektischen Prozess gründlich um eine Synthese bemühen.

Die vorliegenden **empirischen Befunde** zur direkten Beziehung zwischen bereichsübergreifender Zusammenarbeit sind ein Reflex dieser Ambivalenz:

Die frühe Studie von *Zirger/Maidique*[2] schien noch ganz klar die Überlegenheit des Simultanmodells zu belegen. Weitere Untersuchungen bestärkten diese Aussage[3]. Aber schon *Ancona/Caldwell* stellten demgegenüber eine negative Beziehung zwischen Erfolg und funktionaler Vielfalt der Innovationsteams fest: "... simply changing the structure of teams ... will not improve performance."[4] *Kahn* bestätigte diese Kritik: Allenfalls sind bilaterale Beziehungen zwischen F&E und Marketing erfolgsförderlich, aber nicht die Interaktion der drei Bereiche[5]. Schließlich stellten *Sethi et al.*[6] fest, dass die unreflektierte Steigerung der Vielfalt durch Einbindung weiterer Funktionsbereiche sogar eine negative Beziehung zum Erfolg aufweist. Die vordergründige Behauptung der Hypothese zum Erfolg der Cross-Functional Teams ist in dieser Form nicht haltbar.

Konsequenterweise ist zu fragen, durch welche Einflüsse diese Beziehung möglicherweise modifiziert wird: vom Kontext oder den Eigenschaften der Innovation und/oder von der konkreten Ausgestaltung der Zusammen-Arbeit im Team?

1 *Cordero et al.* (1998), S. 552, 555 ff.
2 *Zirger/Maidique* (1990), S. 867 ff.
3 *Rochford/Rudelius* (1992), S. 296 f., *Song/Parry* (1997), S. 71, *McDonough* (2000), S. 230, *Cobbenhagen* (2000), S. 216.
4 *Ancona/Caldwell* (1992), S. 338.
5 *Kahn* (2001), S. 320.
6 *Sethi et al.* (2001), S. 81.

(2) Ist die Intensität der Einbindung von Eigenschaften und vom Kontext der Innovation bestimmt?

Man sollte sich immer wieder vergegenwärtigen, dass Innovationsprozesse als Prozesse der Entwicklung von neuartigen Produkten fast ausschließlich am Beispiel **industrieller** Unternehmen untersucht wurden. Dieser **Kontext-Bias** ist allgegenwärtig. Man möge also vorsichtig sein mit der Übertragung der Befunde auf administrative Innovationen. Erfreulicherweise sind die Stichproben bei industriellen Untersuchungen aber wenigstens nicht auf eine Branche konzentriert.

In den neueren Studien[1], insbesondere aus dem Umfeld von *Song*, wird der Kontext bewusst beachtet, teilweise - bei den interkulturellen Studien - sogar in den Mittelpunkt der Betrachtung gestellt. Der Einfluss des Kontextes ist dabei geringer als erwartet: *Song et al.*[2] können anhand einer sehr großen Stichprobe von 598 Projekten aus 300 mexikanischen Unternehmen belegen, dass die Wettbewerbsintensität, der technologische Wandel und die Umweltunsicherheit keinen Einfluss auf die betrachteten Beziehungen haben. "At the NPD (New Product Development) level management, not the environment, is the primary driver of the coordination mechanisms used and the ultimate degree of cooperation achieved."[3]

Eine besondere Rolle spielt indessen der **Innovationsgrad** im Kontext der multifunktionellen Neuproduktentwicklung. In der 34 Projekte erfassenden Untersuchung von *Olsen et al.*[4] erscheint der Innovationsgrad zwar unerheblich für die Interaktion des F&E-Bereichs mit dem Absatzbereich in den frühen und in den späten Prozessphasen. Anders bei der Interaktion von F&E mit der Produktion: Insbesondere bei hochinnovativen Projekten ist intensive Zusammenarbeit in den späten Prozessabschnitten sinnvoll.

Griffin untersucht den Effekt multifunktionaler F&E-Teams auf die Entwicklungsdauer. Auf Basis von Informationen aus 108 Neuproduktentwicklungsprojekten kann sie feststellen, dass multifunktionale Zusammenarbeit die Entwicklungsgeschwindigkeit insgesamt erhöht, wobei dieser positive Effekte besonders bei technischer Neuartigkeit der Produkte zu bemerken ist[5]. Dieser Befund ist jedoch vor dem Hintergrund der Studie von *Olson et al.* zu relativieren. Sie betrachten neben den mehr **partizipativ** ausgerichteten und informal wirkenden multifunktionalen Entwicklungsteams auch **formalere Koordinationsinstrumente**. Im Fall innovativer Produkte bestätigen sie die positive Wirkung bereichsübergreifender Zusammenarbeit, für inkrementale Projekte erweisen sich jedoch die formalen Steuerungsmechanismen als überlegen[6].

---

1 *Song/Parry* (1997), S. 64 ff., *Xie et al.* (1998), S. 192 ff., *Song/Montoya-Weiss* (2001), S. 61 ff.

2 *Song et al.* (1997), S. 42 f.

3 Ebenda, S. 43.

4 *Olson et al.* (2001), S. 266 ff.

5 *Griffin* (1997), S. 29.

6 *Olson et al.* (1995), S. 57.

Insgesamt hinterlässt die Lektüre der amerikanischen Forschungsarbeiten den Eindruck, dass die Bedeutung des Innovationsgrades für die bereichsübergreifende Zusammenarbeit noch nicht hinreichend ausgeleuchtet ist. Diese Lücke wird durch die Untersuchung von *Cratzius*[1] geschlossen. In seiner Erhebung von 116 deutschen Elektrotechnik- und Maschinenbau-Unternehmen zeigte sich:

Die Effektivität und die Effizienz des Innovationsprozesses ist dann besonders hoch, wenn bei hohem Innovationsgrad F&E-Bereich und Marketing frühzeitig und intensiv zusammenarbeiten.

Für die Interaktion des F&E-Bereichs mit dem Produktionsbereich gilt das hingegen nicht (mit Blick auf die Effektivität) oder schwach (mit Blick auf die Effizienz).

Wir werden im Folgenden von dem moderierenden Einfluss des Kontextes abblenden. Damit rücken die Managementaufgaben bei der Interaktion der unterschiedlichen Funktionsbereiche während des Innovationsprozesses in den Mittelpunkt des Interesses:

(3) Wann, in welcher Prozess-Phase sollte die Einbindung erfolgen?

Für industrielle Innovationsprozesse, insbesondere für Produktinnovationen, erzwingt die technologische Entwicklung eine stärkere Prozess-Strukturierung als in administrativen Innovationen. Auf die vielfältigen Versuche, ein allgemein gültiges Phasen-Schema für Innovationsprozesse zu entwickeln, wurde bereits verwiesen. Man geht aber nicht fehl in der Vorstellung, dass nach einer ersten, noch sehr unspezifischen **Startphase** zunächst eine konzeptionelle Vorstellung gebildet werden muss, um dem weiteren Vorgehen eine gewisse Struktur zu geben (**Konzeptphase**). Danach beginnt die intensive Umsetzung der Ideen in ein physisches Produkt, zumindest in einen Prototyp (**Entwicklungsphase**). Erst danach kann die produktionswirtschaftliche Umsetzung sowie die Produkteinführung in den Markt in Angriff genommen werden (**Realisationsphase**). Damit sind aber höchst unterschiedliche Varianten der Einbeziehung der Funktionsbereiche Marketing und Produktion denkbar: Von Anbeginn an oder erst in der Schlussphase? Permanent oder zeitweise, nur in "kritischen" Zeitabschnitten? Mit wechselnden inhaltlichen Schwerpunkten und mit unterschiedlicher Intensität der Beteiligten?

Aus theoretischer Sicht ist die Mitwirkung eines Funktionsbereichs von seiner **"Engpass-Stellung"** abhängig: Dabei ist davon auszugehen, dass der F&E-Bereich als "Minimum-Sektor"[2] in allen Fällen eine zentrale Rolle spielt. Ist die Innovation auf neuartigen Märkten, bei neuartigen Kundengruppen durchzusetzen, kommt dem Absatzbereich naturgemäß ein hoher Einfluss zu, der schon in frühen Prozessabschnitten geltend gemacht werden sollte. Verlangt die Produktinnovation auch noch Prozessinnovationen in der Fertigung, ist auch eine frühe Mitwirkung des Produktionsbereichs zwingend. Maßgeblich für den spä-

1 *Cratzius* (2003), S. 276 ff., sowie *Salomo/Cratzius* (2005), S. 81.
2 *Gutenberg* (1957), S. 119 f.

testen Einschaltungszeitpunkt sind die Kosten von Entwicklungspfaden, die aus Sicht der Engpassbereiche nicht eingeschlagen werden können. Spätestens wenn die Kosten dieser Entwicklungsirrwege höher sind als die Interaktionskosten, ist Einschaltung des Engpass-Sektors zwingend. Man kann schließlich vermuten, dass sich dieser Einschaltungszeitpunkt mit höherem Innovationsgrad in Richtung Prozessbeginn verschiebt. Diese Vermutung wird durch die Befunde von *Salomo/Cratzius* bestätigt, die zeigen, dass bei hohem markt- oder fertigungsbezogenen Innovationsgrad die Integration des jeweilig spezialisierten Funktionsbereichs einen erfolgssteigernden Effekt aufweist[1].

Konkrete Hinweise auf die **Realität und die Erfolgswirksamkeit des Einschaltungszeitpunktes** liefern weitere empirische Untersuchungen:

Specht/Gerhard [2] liefern in einer Untersuchung von 410 Innovationsprojekten Hinweise auf den Nutzen einer frühzeitigen Einbindung des Marketing- und insbesondere des Produktionsbereichs. Bemerkenswerterweise ist in den erfolgreichen Fällen auch die frühe Mitwirkung von Unternehmensbereichen gegeben, die wir hier überhaupt noch nicht betrachtet haben: Qualitätssicherung, Controlling, Finanzierung und Personalentwicklung. *Specht/Gerhard* bestätigen insoweit die vorn vertretene Ansicht, dass die Innovationstätigkeit die gesamte Unternehmung substantiell berührt.

Song et al.[3] befragten 236 Manager aus den drei Funktionsbereichen, um die Einschaltung in den fünf-stufig unterteilten Innovationsprozess zu prüfen. Sie bestätigen zunächst die Annahme, dass der **Forschungs- und Entwicklungsbereich in allen Prozessabschnitten beteiligt ist und insofern eine fokale Rolle spielt**. Aber in den einzelnen Phasen zeigt sich eine wechselnde Dominanz der beteiligten Funktionsbereiche:

- In der ersten Phase ("Market Opportunity Analysis") ist erwartungsgemäß die Zusammenarbeit von Forschung und Entwicklung mit dem Marketingbereich besonders eng und produktiv.
- In der zweiten Phase ("Planning") liegt das Schwergewicht der Zusammenarbeit überraschenderweise bei der Produktion.
- In der dritten Phase ("Development") ist der F&E-Bereich dominant, die Interaktion zwischen Marketing und Produktion ist in dieser Phase kontraproduktiv. Die Zusammenarbeit aller drei Bereiche ist - vermutlich deswegen - ebenfalls kontraproduktiv.
- In der vierten Phase ("Pretesting") übernimmt das Marketing die fokale Rolle. Auch in dieser Phase ist das Zusammenspiel der drei Teilbereiche nicht vorteilhaft.
- In der fünften Phase ("Launch") ist die Zusammenarbeit zwischen F&E-Bereich und Produktion intensiv und produktiv.

---

1 *Salomo/Cratzius* (2005), S. 82.
2 *Specht/Gerhard* (1999), S. 233.
3 *Song et al.* (1998), S. 295 ff.

Damit treten höchst unterschiedliche Leistungsbeiträge der einbezogenen Funktionsbereiche zu Tage. Sie erklären sich weithin theoriekonform mit der jeweiligen Engpass-Stellung. Zu Beginn sind technologische Neuartigkeit mit den Marktgegebenheiten und Kundenbedürfnissen abzustimmen. Am Schluss muss für qualitativ einwandfreie und pünktliche Produktion gesorgt werden. In der eigentlichen Entwicklungsphase steht der F&E-Bereich im Engpass. Es ist bemerkenswert, dass eine permanente Einschaltung aller drei Teilbereiche in gleicher Intensität nicht vorteilhaft ist. Damit lässt sich auch unsere eingangs gestellte Frage beantworten:

Einschaltung von Marketing- und Produktionsbereich ist in kritischen Zeitabschnitten zwingend. Sie erbringen jeweils ihre Beiträge nach den inhaltlichen Schwerpunkten der Problemlösung mit unterschiedlicher Intensität.

Cratzius[1] hat dieses Konzept auch für deutsche Verhältnisse untersucht. In Kasten 3.10 ist sein Befund in graphischer Form wiedergegeben. Seine Befunde stimmen trotz unterschiedlicher Phaseneinteilung mit denen von *Song et al.* weitgehend überein. Man beachte beim Vergleich, dass die Erhebung von *Cratzius* noch weiter in die Markteinführung hineinreicht.

Die Befunde von *Salomo et al.* lassen geraten erscheinen, dieses Bild sehr deutlich **nach dem Innovationsgrad zu differenzieren**. Bei radikalen Innovationen ist eine frühzeitige Integration nicht erfolgsförderlich. Aber das gilt nicht für den gesamten Innovationsprozess. Mit Fortschreiten dieses Prozesses ist zunehmende Integration zielführend[2].

(4) Was bedeutet "Einbindung"? Um welche Teilaktivitäten des Innovationsprozesses handelt es sich dabei?

Bisher haben wir den Begriff der Einbindung undifferenziert verwendet. Für die Gestaltung des Innovationssystems ist indessen eine nähere Kennzeichnung der einzelnen Teilaktivitäten der Zusammenarbeit nötig. Dabei interessieren uns insbesondere die **Managementaufgaben**.

Cratzius[3] hat in seiner Untersuchung diese Problemstellung näher ausgeleuchtet: Er fragte nach der Intensität der Mitwirkung bei strategischer und operativer Planung, bei der Formulierung des Lastenheftes, bei Budgetplanung und -kontrolle, bei der Meilensteinplanung und schließlich bei der Abbruchentscheidung. Das Ergebnis ist völlig eindeutig: **In allen Teilaktivitäten dominiert der F&E-Bereich**. Allenfalls bei der strategischen Planung ist der Absatzbereich annähernd gleich intensiv eingebunden. Bemerkenswert ist die durchgängig geringste Bedeutung der Mitwirkung des Produktionsbereichs, am auffälligsten bei der Formulierung des Lastenheftes. Unsere Eingangsannahme wird wiederum bestätigt:

---

1 *Cratzius* (2003), S. 156 ff.
2 *Salomo et al.* (2003), S. 180 ff.
3 *Cratzius* (2003), S. 161.

Kasten 3.10: Intensität der Beiträge einzelner Funktionsbereiche im Innovationsprozess (*Cratzius*)

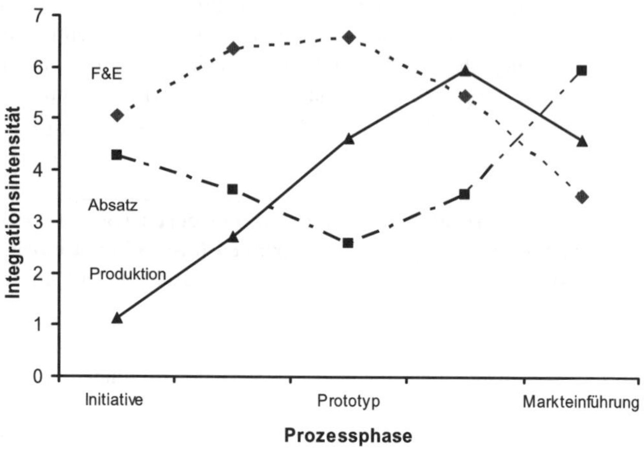

Quelle: *Cratzius* (2003), S. 157

Trotz aller Einbindung von Absatz und Produktion in den Innovationsprozess behält der F&E-Bereich das Heft in der Hand.

(5) Ist die Bildung ressortübergreifend besetzter Projekt-Teams für die Koordination hinreichend oder werden zusätzliche Koordinationsinstrumente benötigt?

Teamarbeit als solche muss nicht automatisch Erfolg garantieren. Für die Gestaltung des Innovationssystems der Unternehmung ist demgegenüber von größerer Bedeutung, durch welche ergänzenden Koordinationsinstrumente die Wirkung multifunktionaler Teamarbeit verstärkt werden kann.

Die Forschung lässt keinen Zweifel daran, dass der Erfolg funktionsübergreifender Teams von der **Unterstützung durch das Top-Management** und von den **Fähigkeiten des Projektleiters**[1] abhängt. Wir sehen hier, wie die hierarchische und die nicht-hierarchische Koordination ineinander greifen (vgl. das Stichwort "Promotoren" in Kapitel 5).

Neuere Studien belegen zudem die Bedeutung von "**Hintergrundbedingungen**", die Vorhandensein und Wirkung abteilungsübergreifender Teams beeinflussen.

[1] *Song et al.* (1997), S. 43, *McDonough* (2000), S,. 232 f., *Sethi et al.* (2001), S. 81, *Lovelace et al.* (2001), S. 786.

Kahn zeigt in seiner Studie zum **Effekt von Abteilungsstatus**, dass in Unternehmen, in denen sich die zentral an der F&E beteiligten Abteilungen gegenseitig respektieren, eine abteilungsübergreifende Zusammenarbeit besser funktioniert. Diese Unternehmen sind auch insgesamt mit ihren Innovationsmanagementaktivitäten zufriedener[1]. Zwar ist zu beachten, dass es *Kahn* um die generelle Zusammenarbeit von Abteilungen geht und nicht um den spezifischen Fall abteilungsübergreifender Teams. Dennoch bleibt zu vermuten, dass Statusdifferenzen als Ausprägung einer spezifischen Unternehmenskultur auch auf die Teamzusammensetzung und -zusammenarbeit wirken wird[2].

Diese Bedeutung von **innovationsorientierter Organisationskultur** für die multifunktionale Teamarbeit wird auch durch die Befunde von *Salomo et al.* unterstützt. Unternehmen, die sich durch eine innovationsfreundliche Kultur und für Innovation engagiertes Top-Management auszeichnen, operieren intensiver mit multifunktionalen Teams und sind damit auch erfolgreicher[3].

Multifunktionale Teams müssen nicht nur etabliert werden, auch die interne **Teamarbeit** muss bewusst gestaltet werden. Auf die psychischen und sozialen Bedingungen erfolgreicher Teamarbeit in Innovationsprozessen macht eine umfangreiche Forschung aufmerksam, auf die hier zunächst nur verwiesen werden kann[4]. In Kapitel 5 dieser Schrift werden wir auf diese Aspekte für Innovationsteams zurückkommen.

Zentral für den Projekterfolg erscheint das **Management der Kommunikation** zwischen den Team-Mitgliedern. Nach *Moenart/Souder*[5] hat dabei die Glaubwürdigkeit und die Bedeutung der Information den stärksten Effekt, gefolgt von der persönlichen Beziehung zwischen Informationslieferant und -empfänger sowie von der Verständlichkeit der Information. Zu gleichen Einsichten gelangen *Lovelace et al.*: "The communication management of pluralism - rather than the presence of functional pluralism - is thus key."[6] *Moenert et al.* zeigen zudem, dass **formale Projektsteuerung** und erneut das **harmonische interfunktionale Klima** die Intensität des Informationsaustausches in bereichsübergreifenden Teams steigern[7]. Allerdings ist zu beachten, dass die postulierte positive lineare Beziehung von Kommunikationsintensität in multifunktionalen Teams und Projekterfolg nicht immer gilt: *Patrashkova-Volzdoska et al.* finden auf Basis einer Befragung von 630 Teammitgliedern in 60 Teams einen umgekehrt u-förmigen Zusammenhang. Besonders bemerkenswert erscheint dabei die Rolle der Kommunikationsform - face-to-face oder e-mail. Der Befund ist überraschend: "These results suggest that the team can engage in more frequent

---

1 *Kahn* (2005), S. 522 f.

2 *Sethi/Nicholson* (2001), S. 163.

3 *Salomo et al.* (2005), S. 1509 ff.

4 Siehe u.a. die Studien von *Cordero et al.* (1998), S. 555, *Högl* (1998), *Norrgren/Schaller* (1999), S. 377 ff., *Sethi* (2000), S. 333 ff., *Gemünden/Högl* (2001), S. 4 ff., *Hoegl/Gemuenden* (2001), S. 435 ff., *De Dreu/West* (2001), S. 1191 ff.

5 *Moenaert/Souder* (1996), S. 1601.

6 *Lovelace et al.* (2001), S. 790.

7 *Moenart et al.* (1994), S. 38.

face-to-face communication, as compared to e-mail, before the frequency of communication begins to create information overload and performance starts to decline."[1]

Hinzu tritt die im Lichte der IT-Euphorie bemerkenswerte Feststellung von *Moenart/Souder*, dass die formalen Eigenschaften des Informationstransfers, wie Informationskanal und -häufigkeit, für die Nutzeneinschätzung der Information unerheblich sind[2]. Dies deckt sich mit dem Nicht-Befund von *Susman/Ray*[3], in deren Untersuchung die "Computerisation" ebenfalls nicht mit dem Prozesserfolg korreliert ist.

Im Gefolge der Untersuchungen von *Allen*[4] zur Bedeutung der **räumlichen Nähe** für die Kommunikation zwischen den Beteiligten hat die Hypothese von der **"Co-Location"** hohe Beachtung gefunden: Die Minderung der räumlichen Distanz könne formelle Koordinationsformen ersetzen. Neue Befunde[5] vermitteln ein uneinheitliches Bild: *Kahn/McDonough* können die Co-Location-These nicht bestätigen, *Susman/Ray* finden sogar eine negative Beziehung. *Sethi/ Nicholson* bestätigen wiederum einen direkten positiven Erfolgszusammenhang. *Gemünden/Salomo* zeigen für Teams hoch innovativer Vorhaben, dass räumliche Zusammenlegung einen positiven Effekt auf verschiedene Projekterfolgsdimensionen hat[6]. Dieser Befund legt nahe, dass der Innovationsgrad offensichtlich ein bisher nicht ausreichend berücksichtigter Moderator ist.

Räumliche Nähe der Teammitglieder scheint für hoch innovative Projekte bedeutsamer als für weniger innovative.

3.6 Innovationssystem und Innovationskapazität

3.6.1 Begriff der Innovationskapazität

Die Innovationstätigkeit eines Unternehmens ist durch seine Innovationskapazität begrenzt. **Die Innovationskapazität ist diejenige "Menge an Innovation", die in einer Unternehmung pro Zeiteinheit durchgeführt werden kann**. Hier soll abschließend gefragt werden: Wo liegen die Grenzen dieser Innovationskapazität? Wie werden sie durch die Gestaltung des Innovationssystems beeinflusst?

Nach traditioneller betriebswirtschaftlicher Sicht ist eine Innovation eine Investition, die finanzielle Mittel auf längere Zeit bindet und erst durch ständige Nut-

---

1 *Patrashkova-Volzdoska et al.* (2003), S. 266.
2 *Moenaert/Souder* (1996), S. 1603 f.
3 *Susman/Ray* (1999), S. 235.
4 *Allen* (1970) S. 19 f.
5 *Kahn/McDonough* (1997), S. 173, *Susman/Ray* (1999), S. 236, *Sethi/Nicholson* (2001), S. 163.
6 *Gemünden/Salomo* (2005), S. 76.

zung wieder freisetzt. Dementsprechend ist die Frage nach den Grenzen der Innovationskapazität nach den Regeln der Investitionstheorie zu beantworten. Die investitionstheoretische Frage lautet: **Wieviel Innovation lohnt sich für das Unternehmen**? Sie wird durch Bestimmung der Einzahlungsüberschüsse jedes Innovationsprojektes und durch Diskontierung gelöst. Die Innovationskapazität ist danach so lange auszuweiten, bis der interne Zinsfuß der Grenzinnovation dem Kapitalmarktzins entspricht. Prämisse dieses Ansatzes ist, dass Fremdfinanzierung für Innovationen zulässig ist.

Die Komplexität, namentlich die Ungewissheit der Erwartungen, die Risikoscheu und das kaum lösbare Zurechnungsproblem von Einzahlungen und Auszahlungen verhindern, dass sich ein derartiges Investitionsbewusstsein bei Innovationen bildet. Die Investitionsperspektive wird durch eine Konsumperspektive ersetzt oder ergänzt. Die konsumtheoretische Frage lautet: **Wieviel Innovation kann sich die Unternehmung leisten**? Sie wird unter Anwendung unterschiedlicher Kriterien durch Suche nach einer maximal realisierbaren Menge an Innovation beantwortet.

Wir vermuten, dass sich in der Realität Investitions- und Konsumbewusstsein mischen[1]: Soweit möglich wird man versuchen, nach der Ratio der Investitionskalküle zu verfahren. Wo das aber am Datenmangel, an der Unabsehbarkeit der Auswirkungen auf die Gesamtunternehmung oder an der Risikoeinstellung scheitert, wird man die Konsumattitüde wählen müssen, um überhaupt zu Innovationen zu kommen. Dieser Bewusstseinswandel wird mit steigendem Innovationsgrad immer wahrscheinlicher. Radikale Innovationen werden wohl kaum noch nach einem betriebswirtschaftlichen Investitionskalkül entschieden.

In beiden Fällen stellt sich die Frage, wie die "**Menge an Innovation**" selbst zu messen ist. Wir wählen hier eine Definition, die durch die organisatorische Perspektive bestimmt ist und beziehen uns auf die Zahl "durchschnittlicher" Innovationsprojekte, die in einem Jahr von einer Unternehmung durchgeführt werden können. Nach unseren Überlegungen zum Innovationsgrad muss jedes einzelne Innovationsprojekt überdies mit einem entsprechenden Äquivalent gewichtet werden:

Die Innovationskapazität ist danach die Zahl der Innovationsprojekte, gewichtet mit ihrem Innovationsgrad, die eine Unternehmung innerhalb eines Jahres bearbeiten kann.

---

[1] *Brockhoff* (1999a), S. 248 ff.

3.6.2 Kapazitätsdeterminierende Engpassressourcen im Innovationssystem

Die Innovationskapazität ist von den zur Verfügung stehenden Ressourcen bestimmt[1]. Relevante Ressourcen in diesem Zusammenhang sind die folgenden:

- Der wichtigste Engpassfaktor ist im Zweifel das **Humankapital**, konkret: die Zahl und die Qualifikationen der an der Innovation mitarbeitenden Personen[2]. Deren Leistungsfähigkeit ist bei der kreativen Tätigkeit kaum recht einschätzbar, ganz abgesehen davon, dass gerade dieser Produktionsfaktor in einem ungeahnten Maße zu intensitätsmäßiger Anpassung in der Lage ist. Die Kapazität ist damit eine Frage von Mitarbeiterführung, der Anreizsysteme und der organisierbaren Interaktion. Die Humankapazität ist damit direkt von der Struktur des Innovationssystems als **Führungssystem** abhängig[3].
- Weiterhin ist die Innovationskapazität davon abhängig, wie schnell und nachhaltig sich **Konflikte zwischen den Beteiligten und Betroffenen** beilegen lassen. Konflikte binden in hohem Maße Humankapital. Das Innovationssystem als **System der Konfliktregulierung** bestimmt insofern die Einsatzmöglichkeiten des Engpassfaktors Mensch.
- Sodann wird die Innovationskapazität durch die **Zugänglichkeit zu Informationen** bestimmt. Innovatoren benötigen Zugang zu Wissensspeichern und zu Wissensträgern innerhalb und außerhalb der Unternehmung. Schutzrechte, Ansprüche Dritter und vertragliche Bindungen können dabei einfache und direkte Lösungswege versperren. Das Innovationssystem als **Interaktions- und Kommunikationssystem** ermöglicht und erleichtert diesen Zugang zu den Wissensquellen.
- Schließlich bestimmen **Sachmittel** die Innovationskapazität, insbesondere Laboratorien, Prüfanlagen, spezielle Vorrichtungen, Gebäude. Auch hier wird der Zusammenhang mit dem Innovationssystem beachtlich, wenn dieses als **Bewirtschaftungssystem** den Zugang zu diesen Anlagen in bestimmter Weise regelt.

Alle diese qualitativen Engpässe lassen sich prinzipiell durch Einsatz **finanzieller Mittel** ausweiten. Damit stellt sich die Frage nach dem maximalen Budget, das für die Innovationstätigkeit pro Jahr zur Verfügung gestellt werden kann. Wenn die Jahreskosten der Innovationsprojekte kalkuliert werden können, lässt sich dann auch die oben definierte Menge an Innovation als Quotient von Innovationsbudget und durchschnittlichen Innovationsprojektkosten berechnen. Damit ist die Frage aufgeworfen, wie das **Innovationsbudget** und die **Innovationsprojektkosten** zu bestimmen sind:

Innovationsbudgets werden zumeist nicht aus investitionstheoretischer, sondern aus konsumtheoretischer Perspektive festgelegt. Hinzu kommt eine Orien-

---

[1] S.a. *Leifer et al.* (2000), S. 195 f., wesentlich umfassender für Innovationssysteme schlechthin *Walton* (1987), S. 14 ff.

[2] *Vitt* (1998), S. 60 f.

[3] *F. Bleicher* (1990), S. 210.

tierung an Branchengepflogenheiten. Am häufigsten findet sich die Budgetplanung am Umsatz des vergangenen Jahres, nicht selten auch in guter kameralistischer Tradition am Vorjahrsbudget[1]. Viele risikoscheue Unternehmen begrenzen das Budget überdies mit Blick auf das Eigenkapital und/oder das Ergebnis.

Innovationsprojektkosten sind jeweils für die einzelnen Vorhaben zu kalkulieren. Man bestimme den Ressourcenverbrauch, multipliziere diesen mit den Faktorpreisen und mit den Projektlaufzeiten, so lautet die vereinfachende Faustregel. Jedes dieser Elemente enthält indessen eine solche Fülle von Unbestimmtheiten, dass man sich viel lieber an **Durchschnittswerte vergangener Projektkosten** hält. Es ist erstaunlich, wie wenig die Wissenschaft über die Projektkosten von Innovationen weiß. Zwar sind Projektlaufzeiten, Personaleinsatz und Projektgesamtkosten in verschiedenen empirischen Untersuchungen[2] erhoben worden, aber dies geschieht nur beiläufig, um Rahmendaten zu erfassen. Die Ergebnisse streuen so stark, dass man sie allenfalls sehr grob zusammenfassen kann:

- Die meisten der untersuchten Projekte weisen mittlere Innovationsgrade auf.
- Die Projektlaufzeit liegt in der Regel zwischen 18 und 24 Monaten.
- Der Personaleinsatz ist durch die "magical number seven ± two" am zutreffendsten beschrieben.
- Die Gesamtprojektkosten wurden fast nie beziffert, in der Dokumentenanalyse von *Walther* liegen sie zwischen 250 und 500 T€.
- Es handelt sich bei den meisten der geprüften Fälle nicht um Großunternehmen.

Bei **radikalen Innovationen** gelten diese Daumenregeln nicht, wie die Fallstudien von *Folkerts*[3] zeigen. Dort finden sich wesentlich höhere Innovationsgrade, vieljährige Projektlaufzeiten, Personaleinsatz in zweistelliger Höhe. Bezieht man diese Daten indessen auf ein Jahr, nähern sich die Werte zwischen Projekten unterschiedlicher Innovationsgrade wieder an.

Diese ersten Eindrücke lassen immerhin erkennen, dass die Quantifizierung des Ressourcenverbrauchs in den Unternehmen möglich ist und auch praktiziert wird. Ein systematisches Innovationsprojekt-Controlling wird diese Werte ohnehin detailliert erfassen[4]. Offen bleibt indessen, ob auch die Kosten des unstrukturierten Projekt-Vorlaufs, der Nebenwirkungen in nicht unmittelbar beteiligten Bereichen, die Transaktionskosten und nicht zuletzt auch die Kosten der Gestaltung des Innovationssystems selbst bei diesen Abrechnungen vollständig und zutreffend erfasst werden. Auf jeden Fall zeigt sich hier ein deutlicher Forschungs- und Informationsbedarf für die Wissenschaft.

---

1 *Brockhoff* (1999a), S. 250.

2 *Murmann* (1994), S. 182, *Rickert* (1995), S. 215, *Littkemann* (1996), S. 219, *Hauschildt* (1999), S. 11 f., *Schlaak* (1999), S. 213, *Walther* (2003), S. 115, 161, 202, *Braunschmidt* (2005), S. 278 f.

3 *Folkerts/Hauschildt* (2002), S. 13.

4 *Lachnit et al.* (1994), S. 27 ff., *Friedl* (2003), S. 78 ff.

3.6.3 Wechselseitige Anpassung von Innovationssystem und Innovationskapazität

Wir wollen annehmen, dass sich durch die kombinierte Anwendung dieser qualitativen und quantitativen Kriterien abschätzen lässt, wie hoch die Innovationskapazität ist. Wir wollen überdies unterstellen, dass die Zahl der präsumptiven Innovationsprojekte größer ist als die Innovationskapazität. In dieser Situation ist **Anpassung** notwendig.

Dieser Anpassungsprozess vollzieht sich zum einen als **Projektauswahl**, die die Zahl der Projekte auf die zulässige Menge - als Produkt aus Anzahl, gewichtet mit Innovationsgraden - reduziert[1]. Der Anpassungsprozess kann zum anderen an der Innovationskapazität ansetzen und versuchen, diese durch Änderung des Innovationssystems zu erhöhen.

Eine der wichtigsten Entscheidungen betrifft die Verlagerung von Innovationsfunktionen auf Kooperationspartner. Damit können der Kreis der Wissenslieferanten erweitert und rechtliche oder vertragliche Zugangsbarrieren überwunden werden. **Kooperation erhöht die Innovationskapazität**, das gilt aber nur, wenn die Entlastung der Engpassfaktoren größer ist als die Belastung durch die externen Transaktionen - in finanzieller und vor allem in zeitlicher Hinsicht. Bei den Kooperationen rückt unter diesem Aspekt vor allem die **Zusammenarbeit mit Input-Partnern** ins Blickfeld: Lieferanten, Hochschulen, Forschungsinstitute, Ingenieurbüros und Berater bieten die gewünschte Kapazitätsentlastung. Die Kooperation mit Kunden ist demgegenüber weniger von Kapazitätsüberlegungen, sondern eher von der Verwertbarkeit der Innovation am Markt bestimmt.

Wir haben die **Varianten des Innovationssystems** in diesem Kapitel so breit vorgetragen, um einen Eindruck davon zu vermitteln, wie vielfältig die Gestaltungsmöglichkeiten für die Ausweitung der Innovationskapazität sind. Zugleich soll damit auch der Spielraum für die flexible Reaktion auf unterschiedliche Engpassfaktoren, auf unterschiedliche Innovationsgrade, auf unterschiedliche Komplexität bewusst werden. Das bedeutet zugleich, dass wir darauf verzichten müssen, einen einzigen, umfassend gültigen Gestaltungsvorschlag für "das" Innovationssystem vorzulegen. Nochmals:

Es ist der Gedanke eines offenen und flexiblen Systems, der das Innovationsgeschehen in einer Unternehmung leitet, nicht das Konzept einer festgefügten und dauerhaften Organisation, die den Innovationsvollzug beherrscht.

---

[1] Zur Projektauswahl siehe insbes. *Brockhoff* (1999a), S. 327 ff.

4. Kapitel
Widerstände gegen Innovationen

4.1 Fallstudien: Innovationswiderstände in Biographien von Innovatoren

An den Anfang dieses Kapitels seien Auszüge aus Biographien bekannter Innovatoren gestellt, die die Widerstände gegen ihre Innovationen plastisch illustrieren. Jedes der Beispiele soll typische Innovationswiderstände beleuchten, die dann in den folgenden Abschnitten systematisch behandelt werden.

(1) Widerstand etablierter Schlüsselpersonen gegen Alfred Krupp

Alfred Krupp machte am 17.12.1878 folgende Randbemerkung zu einem Schreiben seines Berliner Vertreters *Carl Meyer*[1]:

> "Ich bin fest überzeugt, daß wir als Civilisten, die es wagen in Armee- und Marine-Angelegenheiten uns eindrängen zu wollen, immer auf den gewohnten Widerstand stoßen werden, daß jeder Officier oder solche, die mit Officieren im Bunde Vorschläge machen, vorzugsweise Berücksichtigung finden werden. Die Vorlage mag so verückt sein als sie will. Entre nous, der Kaiser selbst ist so durchdrungen davon, daß Er selbst mir bei jeder Gelegenheit Belege dafür gibt; auch noch jüngst in Wiesbaden. Der General-Inspector der Artillerie, Gen. *Hahn*, wollte von Gußstahlkanonen nichts wissen, denn die alten Bronzekanonen hatten bei Waterloo ihre Überlegenheit bewiesen; der Minister *von Boyen* sandte mir meine ersten eigenhändig vollendeten Gußstahlgewehrläufe ungesehen zurück mit dem Bemerken "die preußische Waffe (das alte Gewehr mit Steinschloß) sei so vollkommen, daß es keiner Verbesserung bedürfe". Die Prüfungscommission später 1849 erklärte, die geprüfte Gußstahlkanone habe zwar ausgezeichnete überraschende Leistung bethätigt, jedoch bestehe der Zweifel über die Leistung im Großen und es sei der Fall nur als wissenschaftlich interessant zu notiren. Die Marine war im Begriff den englischen Vorderlader einzuführen und nur der Kaiser hat es verhindert. *Roon*, der Kriegsminister, wollte wieder die Bronzekanone einführen und der Kaiser hat es verhindert. Das neue Feldgeschütz wurde bekämpft und der Kaiser hat es durchgesetzt. Der General-Inspector *Podbielski* hatte dem Kaiser erklärt, daß eine größere Anfangsgeschwindigkeit gleichgültig sei und der Kaiser hat ihn zum Bekenntniß gebracht, daß er einen Unsinn geäußert habe. - Alle militärischen Behörden und die Prüfungs-Commission waren immer Gegner. Ich werde mit Allen wie bisher fertig werden."

---

1 *Berdrow* (1928), S. 361.

(2) Der Prioritäten-Streit zwischen Emil Capitaine und Rudolf Diesel

Eugen Diesel beschreibt den erbitterten Kampf des Motorenkonstrukteurs *Emil Capitaine* gegen seinen Vater[1]:

> "Da war vor allem *Diesels* gefährlichster Gegner, *Emil Capitaine*, ein guter Ingenieur und kampfesmutiger Mann. Er war auf Einspritzanordnungen bei Motoren geraten, die eine Verwandtschaft mit dem Dieselmotor aufwiesen, aber seine Versuche im Jahr 1891 blieben ohne praktischen Erfolg. Seine Patentschriften beweisen, daß es ihm um gewisse Verbesserungen der alten Petroleummotoren zu tun war und daß ihm keineswegs die Erschaffung einer dritten Art von Maschine neben der Dampfmaschine und dem Gasmotor vorschwebte ...
>
> *Capitaine* eröffnete den Feldzug. Am 31. Juli 1897 ... reichte *Capitaine* beim Patentamt die Nichtigkeitsklage gegen *Diesels* Patente ein ...
>
> *Capitaine* jagte jeder wirklichen oder vermeintlichen Schwäche der Dieselschen Patente nach, deckte auf, wo die Praxis anders geworden war als die Theorie, er verhöhnte *Diesel* als unwissenschaftlich, berief sich ohne Unterlaß auf die 'Fachleute' und 'Sachverständigen', die gegen *Diesel* wären und geraumer Zeit bedürfen würden, um das 'Dieselsche Durcheinander' zu klären. Er scheute nicht vor verletzenden Angriffen zurück, sprach von *Diesels* Überhebung, spottete über das Schlagwort 'rationeller Wärmemotor', verkündete, jeder Mensch sei berechtigt, die Motoren zu bauen, die zu Unrecht Dieselmotoren hießen. Mit allen Mitteln suchte er *Diesel* einzukreisen. Er war in der Tat ein furchtbarer Gegner.
>
> Und nun ereignete sich die erste große Niederlage *Capitaines*! Seine Nichtigkeitsklage gegen die Dieselschen Patente wurde am 21. April 1898 kostenpflichtig abgewiesen."

(3) Widerstand gegen die Rechenmaschine Konrad Zuses

Zuse erinnert sich an eine charakteristische Reaktion auf seine innovative Idee[2]:

> "Wir schrieben inzwischen das Jahr 1937, und unsere Arbeit hatte Formen angenommen, die eine bessere Finanzierung erforderten. Ich bekam Kontakt mit dem damaligen Fabrikanten von Spezialrechenmaschinen Dr.-Ing. *Kurt Pannke*. Das erste Telefongespräch mit ihm war typisch für die damalige Einstellung der Fachwelt: 'Ich habe mir sagen lassen', begann Dr. *Pannke*, 'daß Sie eine Rechenmaschine erfunden haben. Nun will ich Ihnen nicht den Mut nehmen, als Erfinder zu arbeiten und neue Ideen zu entwickeln. Aber eines muß ich Ihnen doch von vornherein sagen: Auf dem Gebiet der Rechenmaschinen ist praktisch alles bis in die letzten Möglichkeiten erforscht und ausgeklügelt. Da gibt es kaum noch etwas zu erfinden, das hat mir auch der berühmte Rechenmaschinenkonstrukteur *Hamann* bestätigt, nach dessen Ideen rund eine Million Rechenmaschinen gebaut worden sind. Arbeitet Ihre Rechenmaschine nach dem Prinzip der wiederholten Addition oder nach

---

1 *Diesel* (1983), S. 235 f., 261 f., 264.

2 *Zuse* (1984), S. S. 38 ff.

dem Prinzip der Einmaleins-Körper?' - 'Das ist in meiner Maschine dasselbe', sagte ich, worauf, statt einer Antwort, eine längere Pause folgte.

Dazu muß man wissen, daß damals das wichtigste Rechenmaschinenproblem die Multiplikation war. Es gab zwei Schulen, die je eines der beiden genannten Prinzipien verfochten ... Heute hält sich kaum noch ein Rechenmaschinenkonstrukteur mit solchen Fragen auf. Damals aber war das eine oder das andere Verfahren unter seinesgleichen eine Art Weltanschauung. Und nun behauptete also ein junger Mann, das sei bei ihm ein und dasselbe. Trotzdem kam Dr. *Pannke* in meine Werkstatt, und ich konnte ihm erklären, daß im binären Zahlensystem das Einmaleins auf vier einfache Formeln beschränkt ist ...

Der ganze Aufwand für die Einmaleins-Körper war also überflüssig. Ähnlich wie mein Gesprächspartner dachten damals alle Unternehmer der Rechenmaschinenindustrie. Man war ganz und gar auf die Tagesprobleme ausgerichtet. Große und kostspielige Rechenmaschinen für Wissenschaftler, für Mathematiker und Ingenieure zu bauen, erschien absurd, versprach vor allem keinen geschäftlichen Erfolg. Diese Leute hatten doch kein Geld. Und dann: die geringen Stückzahlen! Immerhin konnten wir mit den etwa siebentausend Reichsmark, die Dr. *Pannke* uns zur Verfügung stellte, unsere Arbeit fortsetzen."

(4) Widerstände gegen Emil Rathenau: Hohe Kosten des Glühlichts

Riedler macht die ökonomischen Schwierigkeiten bewusst, denen sich *Emil Rathenau* bei der Diffusion des Glühlichts gegenübersah[1]:

"Fachleute wie Laien glaubten aber nur an die Zukunft des weißen kräftigen Bogenlichts, das wenig Kraft koste, während das Glühlicht für viel Kraft nur wenig gelbes Licht gebe, daher könne es, so war die allgemeine Meinung, nicht aufkommen und müsse wieder absterben. Mit der Behauptung von dem großen Kraftbedarf des Glühlichts hatte es damals auch seine Richtigkeit. Das Glühlicht schien somit abgetan, nachdem es die erste Neugierde befriedigt hatte, es wurde in Fachkreisen als Spielerei angesehen, als ein 'verfehltes Gaslicht', das gegen das strahlend weiße Bogenlicht nicht aufkommen könne. Das Bogenlicht wurde als das weiße Sonnenlicht gepriesen, die Zukunft der Beleuchtung von Städten wurde in einigen riesigen Lichtquellen auf hohen Masten erblickt, in 'künstlichen Sonnen'. ...

Rathenau erkannte, daß dem Glühlicht die Zukunft gehöre, daß es nicht nur die Lampe des Luxus sei, sondern auch der Kleinbeleuchtung, selbst für Dachkammern und Stallungen, während das Bogenlicht keines von beiden sein könne.

Die europäischen Patente *Edisons* waren in den Händen einer Patentgesellschaft in Paris, von der *Rathenau* eine Option für Deutschland zu erwerben wünschte. Selbst die Aufbringung des Kapitals für die zunächst zu gründende Studiengesellschaft verursachte große Schwierigkeiten. Die Verhältnisse

---

1 *Riedler* (1916), S. 44 ff.

und Aussichten waren ganz ungeklärt, technisch wie finanziell, und den Außenstehenden, insbesondere den Geldleuten, schien die Sache ein Sprung ins Dunkle, der Weg zu sicheren Verlusten ...

Die erste Versuchsanlage war eine kleine Beleuchtungsanlage in der Wilhelmstraße, zu gleicher Zeit führten *Siemens & Halske* die erste Straßenbeleuchtung mit Bogenlicht in der Leipziger Straße aus. Wesentlich war die Beteiligung an der elektrotechnischen Ausstellung in München 1882. Auf dieser Ausstellung im Glaspalast, der ersten deutschen dieser Art, zeigte *Rathenau* eine Glühlichtanlage, die Beachtung fand, die Glühlichter erregten sogar Aufsehen, und zwar als Zimmerbeleuchtung durch die eigenartig schmückenden Beleuchtungskörper mit hängenden Glühbirnen, sowie als Beleuchtung der benachbarten Arcis-Straße und des Ausstellungstheaters.

Ein Gang durch die Städte zeigte noch in den achtziger Jahren die elektrische Glühlichtbeleuchtung nur im Gebrauch für Geschäftsreklame, in teuersten Wohnungen und Gaststätten. Die Straßen- und die Schaufensterbeleuchtung erfolgte wesentlich durch Bogenlicht. Noch fehlte allerorten das Bedürfnis, es mußte erst geweckt werden, dem stand aber die Trägheit des Gewohnten und der Kostenpunkt lange entgegen."

(5) Widerstände einer eingespielten Organisation gegen Carl Bosch

Holdermann schildert, wie *Carl Bosch* die von *Haber* gefundene Ammoniaksynthese in die Fabrikation umzusetzen hatte und dabei gegen alle geltenden organisatorischen Regeln verstieß[1]:

"Unbekümmert um das Urteil anderer, ohne viel Aufhebens zu machen und ohne besondere Erklärungen abzugeben, unternahm er das Einfachste und Nächstliegende. Er richtete sich erst einmal eine eigene Werkstatt ein ...

Bereits bei diesen allerersten und eigentlich so selbstverständlichen Schritten stieß *Carl Bosch* auf unerwartete Widerstände. Was war das für ein unerhörtes Vorhaben! Eine eigene Werkstätte und einen besonderen Ingenieur forderte *Bosch* für seine Versuche an! Die Maschinentechnische Abteilung sollte übergangen werden! So etwas brachte die ganze in Jahrzehnten bewährte Arbeitsweise des Werks und die festgefügten 'Kompetenzen' der Abteilungen durcheinander! Der Ressortgeist bäumte sich dagegen auf. *Carl Bosch* trat unbefangen an einige der älteren bei der BASF tätigen Ingenieure heran mit dem Vorschlag, bei ihm auf dem neuen Gebiet zu arbeiten. Die ersten, die er anging, lehnten es ab, sich für die neuartigen Versuche herzugeben, die aller Voraussicht nach ja doch mit einem Fiasko enden würden. *Bosch* wandte sich daraufhin an einen jungen Ingenieur *Franz Lappe*, der seit 1907 im Phthalsäurebetrieb beschäftigt war. *Lappe* ... besaß auch genügend Tatkraft und Optimismus, um sich der großen Aufgabe mit Leib und Seele zu verschreiben.

Als *Franz Lappe* die Werkstatt einzurichten begann und eines Tages im Auftrag von *Bosch* nach Karlsruhe zu Professor *Haber* reiste, erhielt er von der

---

1 *Holdermann* (1953), S. 71 ff.

Maschinentechnischen Abteilung, der er formell unterstand, einen strengen Verweis. Er hatte den schweren Fehler begangen, den Instanzenweg nicht einzuhalten, die Bestellungen für die Werkstatteinrichtung und seine Reise hätten der Maschinentechnischen Abteilung gemeldet und von ihr genehmigt werden müssen. Es kam zu einem scharfen Zusammenstoß zwischen *Bosch* und dem Leiter der Maschinentechnischen Abteilung. *Bosch* wurde aber von der Direktion gedeckt und bekam freie Hand, seine Werkstatt nach Belieben einzurichten und auch über den Ingenieur *Lappe* allein zu verfügen. Seiner impulsiven und selbständigen Natur wäre jeder Bürokratismus einfach unerträglich gewesen ...

Die Unbekümmertheit ..., mit der sich *Carl Bosch* über manches Hergebrachte hinwegsetzte, erregte häufig Kopfschütteln und Unwillen. Für eine große chemische Firma, die Hunderte von Verfahren beherrschte, von denen die Wettbewerber im In- und Ausland gern Näheres erfahren hätten, war strenge Geheimhaltung oberster Grundsatz. Es war unerwünscht und geradezu unerlaubt, daß ein Chemiker in andere Betriebe und Fabrikationen als die, in denen er selbst beschäftigt war, Einblick nahm. *Bosch* kehrte sich nicht im mindesten um diesen Grundsatz. Er sah sich in allen anderen Abteilungen des Werkes um, erkundigte sich über alles, was ihn interessierte und übernahm, was er brauchen konnte, in seine eigenen Betriebe. Die Abteilungsvorstände beschwerten sich mehrmals über ihn bei der Direktion. *Bosch* setzte aber in jedem Einzelfall seinen Willen durch ..."

Diese Fallstudien zeigen wichtige Aspekte des Widerstandes gegen Innovationen und werfen folgende Fragen auf:

- Welche Argumente werden gegen Innovationen offen vorgetragen?
- Wie werden diese Widerstandsargumente verknüpft?
- Welche tieferen Ursachen verbergen sich hinter den vordergründigen Widerständen?
- Durch welche Personen wird der Widerstand repräsentiert, wer ist gleichsam ein geborener Opponent gegen die Innovation?
- Welche negativen Wirkungen hat Opposition auf den Innovationsprozess?
- Umgekehrt: Welche positiven Wirkungen hat Opposition im Innovationsprozess?
- Welche Formen der Opposition wirken positiv, welche negativ?

Auf diese Fragen sollen in den folgenden Abschnitten dieses Kapitels Antworten gegeben werden.

4.2 Widerstand - Wesensmerkmal der Innovation

> "Individuals and organizations give preferred treatment to alternatives that present continuation of present programs over those that represent change."
>
> *March/Simon* (1958), S. 173

Innovationen sind im Zweifel nicht willkommen. Zwar werden alle Beteiligten und Betroffenen in einem Unternehmen ihre Bereitschaft zur Innovation bekunden, diese Äußerung ist aber oft nur ein Lippenbekenntnis. Denn Innovationen bedeuten eine erhebliche Veränderung der bisherigen Arbeitsweise, die von vielen als **Störung**, ja als **Ärgernis**, wenn nicht gar als **Umbruch** und **sinnlose Turbulenz** empfunden wird. Innovation muss mit Widerständen rechnen. Das gilt nicht nur in veralteten Betrieben, auch "die modernste Unternehmung hat einen Beharrungswiderstand gegen Veränderungen"[1]. Die Historie von Innovationen ist eine unendliche Geschichte des Widerstandes gegen sie. Die im 1. Kapitel gekennzeichneten "**Komplexitäts- und Interaktionsbarrieren**" sind Ausdruck dieses Widerstandes.

4.2.1 Konflikte als Auslöser des Widerstands

(1) Konfliktmerkmale

Der Widerstand gegen Innovationen trägt alle Merkmale eines **Konfliktes** - Nichtvereinbarkeit ("Inkonsistenz") von zwei Verhaltensweisen sowie Wahrnehmung dieser Inkonsistenz durch die Betroffenen und Beteiligten:

- Es gibt einen deutlich bestimmbaren **Konfliktgegenstand**, das Streben nach Veränderung des Bestehenden gegenüber dem Wunsch nach seiner Erhaltung.
- Das Ausmaß dieser Veränderung - der wahrgenommene Innovationsgehalt - bestimmt vermutlich die **Konfliktintensität**.

(2) Konfliktparteien

Widerstand gegen Innovationen ist in erster Linie ein Widerstand von **Personen gegen Personen**, in zweiter Linie aber überdies ein Gruppenproblem. Zwar bleibt diese Opposition gelegentlich verdeckt, sie bezieht sich dann auf "Fachleute", "Experten", "herrschende wissenschaftliche oder technische Ansichten". Im Normalfall findet sie aber einen Repräsentanten.

Diese Personalisierung des Widerstandes verlangt aber weitere Differenzierung. Welche **Eigenschaften der Opponenten** sind für den Entscheidungs- und Durchsetzungsprozess bedeutsam ? *De Tombe*[2] macht allein auf elf Dimensionen des Widerstandes aufmerksam, die nach seinen Auswertungen von politisch umstrittenen Großprojekten eine Rolle spielen:

---

1 *Schumpeter* (1912), S. 108 f.

2 *De Tombe* (2000), S. 305 ff., siehe auch die Klassifikation der Barrieren bei *Hadjimanolis* (2003), S. 560 ff.

Unter der **Prozessperspektive** unterscheidet er Opposition

- gegen das Gesamtprojekt oder gegen Teile desselben,
- zu Beginn, zum Schluss oder während des Projektverlaufs.

Unter der **personellen Perspektive** unterscheidet er Widerstand von

- beteiligten oder von bewusst von dem Prozess ausgeschlossenen Personen oder Gruppen,
- vielen oder wenigen Akteuren,
- mächtigen oder machtlosen Opponenten,
- bereits bekannten zu neu auftauchenden Personen,
- erwarteten und unerwartet auftretenden Teilnehmern.

Unter einer **strukturellen Perspektive** unterscheidet er, ob die Opposition

- inzidentiell oder strukturiert,
- legal oder illegal,
- formal oder informal ist.

Schließlich weist er auf den Unterschied von emotionsgeladener und emotionsloser Opposition hin. Die **Emotionalisierung** ist wegen ihrer positiven wie negativen Konsequenzen so bedeutsam: positiv, weil sie das Engagement des Innovators steigert und konzentriert, negativ, weil sie die Konfliktaustragung radikalisiert[1].

Wie die meisten Konflikte erlebt auch der von Innovationen ausgelöste Konflikt oft eine **typische Verschiebung** auf einen Nebenkriegsschauplatz: Dem Innovator wird mangelnde Originalität, eigensüchtige Imitation, Verdrängung eines schwächeren Konkurrenten, freche Übernahme fremder Gedanken, bewusstes Verschweigen von bedeutenden Vorleistungen o.ä. vorgeworfen. Diese Beschuldigung entlastet zunächst von dem Vergleich des Neuen mit dem Bestehenden. Sie bewirkt zumindest eine Zersplitterung der Kräfte des Innovators. Sie versucht, den Innovator unglaubwürdig zu machen. Wenn sie gar auf das Scheitern der Vorgänger aufmerksam machen kann, ist sie in der Lage, den Vorwurf des Plagiats mit dem Hinweis auf die Erfolglosigkeit der Innovation zu verbinden.

4.2.2 Der Ort des Widerstandes

Die bisherigen Erwägungen haben den **"Ort" des Widerstandes** außer Acht gelassen. Die biographischen Beispiele zeigen auch, dass der vertraute Gegensatz zwischen "innerbetrieblichen" und "zwischenbetrieblichen" oder marktspezifischen Widerständen wesentlich zu erweitern ist[2]. Man kann **vier Schichten** unterscheiden:

---

1 *Krause* (2004), S. 73 ff., 289 ff., 336.

2 *Töpfer* (1984), S. 405 ff., *Staudt* (1985), S. 352 ff., *Schmeisser* (1986), S. 67 ff.

(1) Innerbetrieblicher Widerstand

Dieses ist der Widerstand von Vorgesetzten, Gleichgestellten oder Untergebenen gegen den Innovator bzw. den Innovationsmanager[1]. Dieser Widerstand drückt sich in Ressourcenkonflikten, Rollenkonflikten oder Machtkonflikten aus - so in Fallstudie 5. Er ist in erster Linie durch Einsatz **hierarchischer Macht** zu überwinden.

(2) Zwischenbetrieblicher, marktspezifischer Widerstand

Dieses ist der Widerstand der Marktpartner, vornehmlich der Kunden, bei Angebot eines neuen Produkts, aber auch der Lieferanten bei radikaler Veränderung der Anforderungen an die Vorleistungen. Hier entstehen Marktkonflikte, d.h. Qualitäts-, Preis-, Terminkonflikte bis hin zur Versagung der weiteren Zusammenarbeit. In der Fallstudie 4 ist diese Spielart des Widerstands dargestellt. Zur Überwindung dieser Widerstände kann hierarchische Macht nicht eingesetzt werden. Die Überwindung dieser Barrieren verlangt Gewährung von **Anreizen**.

(3) Widerstand von Behörden und Prüfungsinstitutionen

Dieser Widerstand erhebt sich, wenn geltende Gesetze, Rechte Dritter oder andere externe Regulierungen verletzt werden[2]. Da ihnen die innovative Materie fremd ist, neigen derartige Institutionen dazu, die Innovation aus der Perspektive vertrauter Lösungen zu beurteilen[3] oder die Innovation aus Furcht vor Unabsehbarkeit der Konsequenzen prohibitiv zu behandeln. Die Fallstudie 1 porträtiert diese Variante des Widerstands. Die monopolistische Widerstandsposition von Behörden kann nur durch große **Sorgfalt** bei der Vorbereitung der Entscheidung oder durch große **Hartnäckigkeit** bei einer gerichtlichen Appellation überwunden werden.

(4) Widerstand von Protestgruppen

Noch schwieriger gestaltet sich die Aufgabe des Innovationsmanagements, wenn es gilt, den Widerstand einer nicht institutionalisierten Umwelt des Unternehmens zu überwinden. Es handelt sich um Antagonisten, die wenig kalkulierbar sind. Das Innovationsmanagement kann oft noch nicht einmal die Tatsache, viel weniger die Argumentation, die Intensität und die Dauer eines derartigen Widerstandes abschätzen. Insofern versagen auch die Instrumente einer vorausschauenden Konfliktregulierung. Das mag die Hilflosigkeit erklären, mit der viele Unternehmen einem sich spontan ausbreitenden Bürgerprotest gegen Innovationen begegnen. Es fehlt an einer vorausschauenden Ortung und Bewertung derartiger Widerstände. Hier gewinnt eine neue methodische Entwicklung an Bedeutung, das sog. "**Issue-Management**". Aufgabe dieses Issue-Managements ist es, das ökonomische und ökologische Umfeld der Unternehmung wie ein Radargerät permanent auf mögliche Protesthaltungen zu observieren und schon frühzeitig entsprechende Gegenmaßnahmen zu planen.

---

1 *Berth* (2003), S. 18.

2 Zur Klassifizierung derartiger externer Barrieren siehe *Piatier* (1984), S. 144 ff.

3 *Cyert/March* (1963), S. 121.

4.2.3 Das Erscheinungsbild des Widerstandes

Widerstand gegen Innovationen tritt in höchst unterschiedlichen Erscheinungsformen auf. *Klöter*[1] klassifiziert ihn unter fünf Kriterien und liefert zugleich einen morphologischen Kasten zur Bildung von Widerstandstypen. Er unterscheidet

- nach dem Aktivitätsniveau der Opponenten: **aktiv oder passiv** - aktiver Widerstand äußert sich durch Handeln, passiver durch Unterlassen,
- nach der Manifestation der Opposition: **offen oder verdeckt** - offener Widerstand wird artikuliert, verdeckter in Verschwiegenheit praktiziert,
- nach der vom Opponenten beabsichtigten Wirkung: **destruktiv oder konstruktiv** - destruktiver Widerstand will die Innovation verhindern, verzögern oder verformen, konstruktiver will sie verbessern,
- nach dem Vorgehensweg der Opponenten: **direkt oder indirekt** - direkter Widerstand wendet sich unmittelbar gegen die Innovation oder gegen den Innovator, der indirekte wählt Umwege oder komplexere Verknüpfungen von Aktivitäten, um die Innovation zu bekämpfen,
- nach der Legitimationsbasis der Opponenten: **loyal oder opportunistisch** - loyaler Widerstand beruft sich auf die "eigentlichen" Ziele oder Interessen der Unternehmung, opportunistischer ist ausschließlich an individuellen Nutzenvorstellungen der Opponenten ausgerichtet.

Durch Kombination dieser dichotom (zweischichtig) ausgeprägten Eigenschaften lassen sich theoretisch 32 Idealtypen des Widerstandes bestimmen. Vermutlich sind einige Ausprägungen dieser Eigenschaften hoch korreliert. In unserer empirischen Untersuchung[2] zum Widerstand gegen Innovationen in 151 Unternehmen ließen sich zwei Faktoren extrahieren, die erste Eindrücke von dem Verbund dieser Eigenschaften liefern:

- **Faktor 1: Die "destruktive Opposition"** hält sich bedeckt. Sie zeigt eine höhere Widerstandsbreite, d.h. sie gründet sich auf mehrere und unterschiedliche Widerstandsargumente. Sie arbeitet auf den Projektabbruch hin, will also die Innovation ganz verhindern. Auf jeden Fall strebt sie eine Projektverzögerung an.
- **Faktor 2: Die "konstruktive Opposition"** äußert ihre Bedenken offen. Konstruktive Opponenten streben eine Modifikation der Innovation an. Diesen Opponenten wird attestiert, dass ihr Wirken sogar nützlich gewesen sei.

Leider fehlt es noch an weiteren empirischen Belegen. Immerhin stattet die oben vorgestellte Morphologie den Innovator mit einer **Checkliste von Kriterien** aus, mit der er in die Lage versetzt wird, die Beteiligten und Betroffenen systematisch danach beurteilen zu können, wie sie seiner Idee gegenüberstehen. Die vielen Facetten dieses Erscheinungsbildes warnen auf jeden Fall davor, den Widerstand auf einen einzigen Typ, etwa auf aktive, offene, destruktive, direkte

---

1 *Klöter* (1977), S. 133, 150 ff.

2 *Hauschildt* (1999), S. 1 ff., hier insbes. S. 10.

und opportunistische Opposition zu reduzieren. Im Gegenteil: Je suggestiver die Verwendung des Attributes "innovativ" wird, desto stärker wird der Widerstand zu unauffälligen Verhaltensweisen führen.

Der Umgang mit dem Widerstand wird nicht eben leichter und verlangt immer subtilere Instrumente zur Lokalisierung und zur differenzierten Überwindung von Opposition gegen Innovation.

4.2.4 Die Wirkungen des Widerstandes

Die Wirkungen des Widerstandes liegen bei ausschließlich negativer Würdigung in drei aufeinander aufbauenden Effekten: Verhindern, Verzögern und Verformen[1]. Die Opposition wächst mit dem Innovationsgrad[2].

(1) Verhindern

Der radikale Widerstand ist bestrebt, die Innovation zu verhindern. Er muss technologische, ökonomische und ökologische Argumente mobilisieren und verknüpfen. Er wird bemüht sein, mit organisatorischen und anderen administrativen Maßnahmen die Innovation auszusteuern. Er wird Partner für seine Absichten innerhalb und außerhalb der Unternehmung suchen, die seine Sicht der Dinge bestätigen und bekräftigen. Er wird nicht davor zurückschrecken, die Glaubwürdigkeit des Innovators immer wieder in Zweifel zu ziehen. Wer die Innovation total verhindern will, muss sich offen zu diesem Ziel bekennen. Zumindest ist seine Zielsetzung aus seinen Handlungen abzulesen.

(2) Verzögern

Kann sich der Widerstand mit dieser radikalen Strategie des Verhinderns nicht durchsetzen, so muss es sein Ziel sein, die Innovation möglichst lange zu verzögern. Jede Verzögerung bietet erneut die Chance, das Ganze und zugleich die Erfolgsbehauptungen der Innovatoren in Frage zu stellen. Die Verzögerung ist eine weniger offene Strategie des Widerstands als die der Verhinderung. Der Opponent muss sich nicht als Gegner der Innovation zu erkennen geben. Er kann sich sogar als ihr falscher Freund tarnen, wenn er bei aller grundsätzlichen Zustimmung etwa weitere gründliche Voruntersuchungen, Tests, Gutachten etc. erbittet. Der Verzögerer wird die Problemdefinition zu beeinflussen suchen und die eigentliche Innovation mit einer Fülle von Folge- und Parallel-Problemen befrachten. Ist er selbst in den Innovationsprozess eingeschaltet, kann er durch Verzögerung seiner Beiträge den Gesamtprozess verlangsamen.

(3) Verformen

Ist die Strategie der Verhinderung oder Verzögerung nicht weiter anwendbar, bleibt die Strategie der Verformung. Die Opposition wird eine Alternative zum

1 Vgl. *Schmeisser* (1984), S. 67, *Szmigin/Foxall* (1998), S. 460 f., 462 f.
2 *Chandy/Tellis* (1998), S. 482, *Nijssen et al.* (2005), S. 1406.

innovativen Produkt oder Verfahren ins Gespräch bringen. Sie wird bei der hier vornehmlich behandelten Beharrungstendenz ein Vorgehen in kleinen Schritten fordern. Sie wird das Ausmaß des Innovationsgehaltes zu reduzieren trachten. Sie wird versuchen, auf den Implementationsprozess Einfluss zu nehmen, um bei aller Akzeptanz der Entscheidung wenigstens die Durchsetzung zur Modifikation der Innovation zu nutzen.

Die Darstellung dieser Strategien könnte den Eindruck hinterlassen, als werde Opposition gegen die Innovation ausschließlich negativ beurteilt. Das ist ausdrücklich nicht der Fall. Opposition ist nicht nur ein legitimes, sondern ein höchst wirkungsvolles Element demokratischer Willensbildung. Sie hat in der betrieblichen Praxis eine noch bedeutsamere Funktion: Sie soll Utopien und Hirngespinste als solche entlarven. Sie hat eine mögliche Innovationshektik zu dämpfen. Sie hat ausufernde Innovationsprojekte auf eine machbare und tragbare Größenordnung zurückzuschneiden. Sie soll verhindern, dass an wenig Erfolg versprechenden Lieblingsprojekten zu lange festgehalten wird. Wenn sich nicht fast naturgesetzlich ein Widerstand gegen Innovationen erheben würde, müsste man eine Opposition als Bestandteil des Innovationsprozesses förmlich einrichten, etwa in der Version eines "advocatus diaboli"[1]. Es kommt dabei auf eine **offene Opposition** an, die sich nicht in Winkelzügen ergeht, sondern die das Innovationsmanagement zu besseren Leistungen anspornt. Immerhin soll der "advocatus diaboli" die Fürsprecher einer Kanonisierung zur höchsten Qualität ihrer Argumentation bringen[2].

4.3 Ursachen des Widerstandes und ihre Verstärkungen

> "...jeder Neuerer hat alle die zu Feinden, die von der alten Ordnung Vorteile hatten, und er hat an denen nur laue Verteidiger, die sich von der neuen Ordnung Vorteile erhoffen."
>
> *Machiavelli* (1978), S. 22

4.3.1 Vordergründige Argumente des Widerstandes

Widerstand gegen Innovationen ist kein eindimensionales Phänomen[3]. Der Konflikt des Neuen gegen das Bestehende vollzieht sich auf der Oberfläche als rational ausgetragener **Wettbewerb der Argumente**. Im Folgenden werden - in bewusster Vereinfachung - Argumente vorgetragen, die uns bei den Pilotstudien zu unserer Widerstandsuntersuchung[4] genannt wurden. Wir übernehmen sie in der Sprache der Wirtschaftspraxis[5].

---

1 *Schwenk* (1990), S. 161 ff., *Valacich/Schwenk* (1995), S. 369 ff.
2 *Witte* (1988b), S. 167 ff., *Markham et al.* (1991), S. 220 ff.
3 Vgl. *Schmeisser* (1984), S. 67 ff., *Staudt* (1985), S. 355 ff.
4 *Hauschildt* (1999), S. 1 ff.
5 Siehe entsprechend *Bitzer* (1990), S. 59 ff., *Leifer et al.* (2000), S. 43 f., 100 f.

4.3.1.1 Technologische Argumente

Technologische Widerstände lassen sich auf drei Kernargumente reduzieren:

(1) "Die Innovation leistet nicht das, was sie behauptet"

Es wird bezweifelt, dass das innovative Produkt oder Verfahren in der Lage ist, den behaupteten Wandel in der Zweck-Mittel-Beziehung zu ermöglichen. Es werden technische Effekte, z.B. Geschwindigkeit, Temperatur, Druckstabilität, Festigkeit, Flexibilität generell oder unter bestimmten situativen Gegebenheiten in Frage gestellt. Man will funktionsfähige Prototypen oder Referenzanlagen sehen. Man will die Meinung fachkundiger und vertrauenswürdiger Nutzer hören. Man verlangt Gutachten renommierter Wissenschaftler. Man äußert Bedenken gegen die Dauerhaftigkeit der Effekte, auch wenn sie selbst demonstriert werden. Man ist misstrauisch gegen die Übertragung der Ergebnisse von Versuchsanlagen auf großtechnischen Einsatz. Man fragt nach Nebeneffekten, Folgeerscheinungen und Risiken.

(2) "Die Innovation kommt zu früh"

Es wird die technologische Unreife des Projektes betont. Es werden weitere Versuche gefordert. Man möchte die Erfahrungen anderer Nutzer abwarten. Es wird auf die Geschwindigkeit der Entwicklung verwiesen, bei der ein zu früher Einstieg zur vorzeitigen Obsoleszenz der Produkte oder Verfahren führe. Man müsse alle Irrungen und Wirrungen der Lieferanten mittragen, wenn man sich zu früh binde.

(3) "Das technische Umfeld ist noch nicht reif für die Innovation"

Man bezweifelt, dass die Innovation auf eine Umgebung stößt, die ihren Ansprüchen genügt. Es fehle an spezialisiertem Personal, Materialien, Sachmitteln. Die Vorlieferanten seien nicht auf verlässliche Dauerlieferung eingespielt. Die hinreichende Versorgung mit Ersatzteilen oder Ergänzungslieferungen sei nicht gesichert. Messkonventionen, Klassifikationsstandards, eingespielte Beurteilungsprozesse fehlten. Handelshemmnisse drohen, Transportmöglichkeiten, -wege, -netze seien auf die Innovation nicht eingestellt. Kurz: Die Innovation werde, wenn sie nur technologisch betrachtet werde, zu eng gesehen. Sie sei Bestandteil eines größeren Systems, dessen Grenzen, Strukturen und Beziehungen keinesfalls abzusehen seien.

In unserer Untersuchung zum Widerstand gegen Innovationen in 151 Unternehmen[1] bezogen sich 27 % der Nennungen auf technologische Gründe.

4.3.1.2 Absatzwirtschaftliche Argumente

Marketingabteilungen müssen bestimmungsgemäß die Produktinnovationen auf den Absatzmärkten der Unternehmung einführen und durchsetzen. Ihr Wort hat daher im Entscheidungsprozess erhebliches Gewicht. Man sollte keinesfalls unterstellen, dass jede technologisch initiierte Produktinnovation prinzipiell von Marketingmanagern enthusiastisch begrüßt wird. Auch hier gibt es wohl be-

---

[1] *Hauschildt* (1999), S. 8.

gründeten innerbetrieblichen Widerstand, ganz unabhängig von einem objektiven Widerstand möglicher Kunden. Diese Opposition trägt vor allem folgende Argumente vor:

(1) "Es gibt keine hinreichende Nachfrage für das neue Produkt"

Der Innovationserfolg stellt sich üblicherweise erst nach Überschreiten einer bestimmbaren Mindestabsatzmenge ein. Die Opposition wird die Annahmen über die Zahl potentieller Käufer, über ihre Nutzenvorstellungen, über ihre Erwartungen zur Qualität und den Umfang zusätzlicher Nebenleistungen, über ihre Zahlungsbereitschaft und Preisakzeptanz in Frage stellen. Die Opponenten werden mit Beispielen extrem langsam anlaufender Diffusionsprozesse argumentieren. Sie haben gewichtige Gegenargumente, wenn die Innovation eine kritische Mindestzahl von Nutzern voraussetzt. Sie werden auf hohe Marktentwicklungskosten verweisen, zumal wenn die Kosten der Lernprozesse bei den Nutzern vom Anbieter ganz oder teilweise getragen werden müssten.

(2) "Die Produktinnovation kannibalisiert unsere Cash Cows"

Innovationen tangieren in der Regel das bisherige Produktprogramm der Unternehmung. Die Opponenten befürchten, dass sich damit das neue Produkt nur zu Lasten bisher erfolgreicher Stammprodukte durchsetzen lässt[1]. Bei allzu häufigem Produktwechsel komme es überdies zu Umsatzverlusten, weil die Kundschaft mit einem Leap-Frogging-Verhalten reagiere: Sie vollziehe nicht jeden Produktwechsel mit und überspringe eine oder mehrere Generationen. Sie verlange im Übrigen immer noch Ersatzlieferungen überholter Produktfamilien und stünde dem Produktfortschritt wegen der Bindung an die früheren Produkte prinzipiell skeptisch gegenüber.

(3) "Wir finden keine geeigneten Kooperationspartner"

Die Einführung neuer Investitionsgüter setzt Kooperation mit Pilotanwendern voraus, die bereit sind, die Innovation im alltäglichen Einsatz zu testen. Von diesen Pilotkunden wird ein erhebliches Engagement erwartet. Sie müssen Anfangsschwierigkeiten, Kinderkrankheiten, Anpassungsänderungen, Kompatibilitätsprobleme ertragen und gegebenenfalls sogar bereit sein, Produktionsstockungen und -ausfälle hinzunehmen. Überdies sollen sie so groß und so renommiert sein, dass man sie bei erfolgreichem Test auch als Referenzkunden benennen kann. Mag dabei auch eine faire Teilung der Mehrkosten vereinbart sein und praktiziert werden - die Bereitschaft, sich als Erstanwender in eine Kooperation einzubringen, ist keinesfalls selbstverständlich. Die absatzpolitische Aktivität wird zur Suche nach dem Pilotanwender. Die Opponenten werden wenig Mühe haben, die Schwierigkeiten auszumalen, die die Findung eines geeigneten Kooperationspartners macht.

(4) "Wir geraten in eine unbeherrschbare Konkurrenzsituation"

Mit dem Vorstoß in neue Anwendungen dringt die Unternehmung in Märkte vor, die für sie neu sind. Sie kennt die Konkurrenzsituation nicht aus eigener Erfahrung. Mögen vielleicht auch die neuen Konkurrenten und ihre Marktanteile

---

1 *Chandy/Tellis* (1998), S. 475, *Nijssen et al.* (2005), S. 1400 ff.

bekannt sein, ihre Reaktionen auf das Auftreten eines völlig neuartigen Produktes, angeboten von einem Newcomer in der Branche, wird möglicherweise völlig neue Verhaltensweisen auslösen. Opponenten werden versuchen, Schreckensszenarios möglicher Konkurrenzkämpfe zu entwerfen, die mangels eigener Erfahrung nicht einfach zu widerlegen sind.

In unserer Untersuchung[1] zum Widerstand gegen Innovationen machten absatzwirtschaftlich begründete Bedenken und Einwände 29 % der Nennungen aus.

4.3.1.3 Finanz- und erfolgswirtschaftliche Argumente

Die folgenden finanz- und erfolgswirtschaftlichen Argumente gegen eine Innovation sind vergleichsweise undifferenziert. Man könnte sie indessen nach der Qualität der Diskussion durch Informationen aus dem Rechnungswesen deutlich verbessern. Indessen ist das Rechnungswesen nicht für die Zwecke von Innovationen konstruiert und bevorzugt latent das Routinehandeln. Wir gehen auf diese spezifischen Widerstände aus dem Rechnungswesen später ausführlich ein und beschränken uns hier auf die charakteristischen Formulierungen des Widerstandes, der sich auf Innovationserfolg und Innovationsrisiko bezieht:

(1) "Innovation bedeutet Zerstörung wertvoller Substanz"

Innovation bedeutet oft Aufgabe bisheriger Verfahren, Materialien oder Produkte. Das kann sehr weit gehen: Anlagenparks sind zu verschrotten, Werke stillzulegen, Standorte aufzugeben. Radikale Innovationen bewirken Auflösung vertrauter persönlicher Bindungen zu Mitarbeitern, Kunden, Lieferanten, Kapitalgebern. Die Spielregeln und Interaktionsmuster sind neu zu gestalten. Die als verlässlich eingeschätzten Werte werden fragwürdig, sind abzuschreiben. **Innovationen starten mit Verlust - des Alten.** Der Widerstand beruft sich auf diese offenkundigen Verluste. Sie sind in jedem Falle besser sichtbar als die versprochenen Segnungen der Innovation[2].

(2) "Innovationen sind zu riskante Investitionen"

Innovationen verlangen Investitionen, nicht nur **materielle** Investitionen in Maschinen und Distributionsnetze, sondern vor allem **immaterielle** Investitionen: in Rekrutierung, Ausbildung, Umschulung des Personals, in den Aufbau neuer Geschäftsbeziehungen, in neue Vertragskonstruktionen und Schutzrechte. Der Widerstand verlagert sich damit auf ein anderes Feld, das der knappen Ressourcen. Hier konkurriert die Innovation mit anderen Investitionen. Sie gerät in die Nachbarschaft des Routinehandelns. Sie muss sich den gleichen Methoden der Erfolgsbestimmung und -bewertung stellen. Sie gerät damit in eine Zange von zwei oppositionellen Einflusskräften: Zum einen muss sie mit wesentlich unsichereren Zahlungsreihen aufwarten als Investitionen in vertraute Objekte. An die Stelle einer statistisch belegbaren Unsicherheit tritt eine qualitative Ungewissheit. Die einwertigen Planungsannahmen werden bei Innovationen durch mehrwertige verdrängt. Zum anderen hat die Innovation als immaterielle Investi-

---

1 *Hauschildt* (1999), S. 8.

2 *Leonard-Barton* (1995), S. 34, *Chandy/Tellis* (1998), S. 477.

tion das Image aller immateriellen Investitionen zu teilen: Sie gelten als extrem riskant.

(3) "Die Innovation ist nicht finanzierbar"

Die Vertreter des Widerstandes haben ein zweites investitionstheoretisches Argument: Die Investitionen für die vorhandenen Prozesse sind i.d.R. bereits getätigt, sind somit unter finanzwirtschaftlicher Interpretation sogenannte "**sunk costs**"[1]. Dagegen fordern Innovationen zusätzliche Auszahlungen. Mit diesem Argument wird die Innovation nicht nur bei angespannter Liquiditätslage in Frage gestellt, sondern auch bei "normaler" Finanzlage, wenn die wirtschaftlichen Erfolge der Innovation einem Kapitalgeber nicht auf Anhieb plausibel gemacht werden können.

(4) "Misslungene Innovationen sind teurer als Verluste bei Weiterführung"

Innovation verspricht höhere Effektivität oder Effizienz, aber dieses Versprechen ist ungewiss. Bei Annahme einer **Minimax-Strategie**, die die Lösung bevorzugt, deren ungünstigstes Resultat im Vergleich zu den ungünstigsten Ergebnissen der anderen Lösungen am wenigsten ungünstig ausfällt, hat die Innovation von vornherein geringere Aussichten auf Realisierung als die wohlbekannte, auch in ihren ungünstigen Konsequenzen bisher tolerierte, auf jeden Fall kalkulierbare Verhaltensweise der Vergangenheit. Der Widerstand kann sich sogar auf die Rationalität seines Kalküls berufen. Den Vorwurf des "pathologischen Pessimismus" der Minimax-Strategie[2] wird er mit dem Angriff parieren, dass Innovationen sich durch einen ebenso pathologischen Optimismus auszeichnen.

(5) "Der bestehende Zustand ist doch gar nicht so schlecht"

Innovationen verlangen ein Bekenntnis zur Qualität des gegebenen Zustandes. Wenn jedermann mit diesem Referenzzustand unzufrieden ist, wird es die Innovation leicht haben. Wenn aber der Referenzzustand als durchaus zufriedenstellend eingeschätzt wird, fehlt der Zwang, ihn durch Innovation zu ersetzen. Der Widerstand hat es in diesem Falle leicht, die **Beweislast umzukehren** und den Innovatoren die Frage vorzulegen, warum die wohlgeordnete, ordentlich funktionierende Gegenwart zu ändern sei. Der Innovator muss dieses Wohl-Funktionieren bestreiten und damit zugleich die Kompetenz der aktiven Handlungsträger in Zweifel ziehen. Auch hier erfolgt eine Verlagerung des Konflikts in ein anderes Feld: Aus der Konkurrenz der Produkte oder Verfahren wird der Konflikt des Innovators mit denen, die sich bisher mit ganzer Kraft nachhaltig für das Funktionieren des Bestehenden einsetzen und eingesetzt haben.

Derartige Widerstandsäußerungen, die sich auf ökonomische Voraussetzungen oder Effekte der Innovation beziehen, traten in unserer Untersuchung[3] in 22 % der Nennungen auf.

---

1 *March/Simon* (1958), S. 173.
2 *Krelle/Coenen* (1968), S. 185.
3 *Hauschildt* (1999), S. 8.

4.3.1.4 Ökologische Argumente

> "Der sicherste Weg, den Erfolg von Innovationen in Frage zu stellen, liegt darin, Innovationen als schädlich zu bezeichnen und ihnen den notwendigen Rang im Wertesystem der Gesellschaft zu verweigern."
>
> *Witte* (1986), S. 244

Ökologischer Widerstand gegen Innovationen reicht von präzise begründeten Einwendungen bis zur Artikulation dumpfer Ängste. Ebenso wenig, wie sich technologische, absatzwirtschaftliche oder finanzielle Effekte der Innovation sicher vorhersagen lassen, verhält es sich auch mit den ökologischen Effekten. Die Unsicherheit kommt in dem folgenden Argument deutlich zum Ausdruck: "**Die Innovation könnte unbekannte ökologische Wirkungen haben - wir wissen nur noch nicht, welche**".

Zu unserer Überraschung wurden in unserer Untersuchung zu den Widerständen gegen Innovationen ökologische Argumente nur in sehr wenigen Fällen vorgetragen.

Ungeachtet dieser Befunde sind von Sachkunde getragene ökologische Argumente Bestandteil einer rationalen, ernst zu nehmenden Opposition gegen Innovationen. Ökologische und andere gesellschaftliche Aspekte sind die wichtigste Komponente der sog. **Technikfolgenabschätzung**[1]. Ein vom Bundesminister für Forschung und Technologie berufener Sachverständigenausschuss zu Grundsatzfragen und Programmperspektiven der Technikfolgenabschätzung ermittelte und diskutierte derartige Argumente. *Weinert*, der Vorsitzende dieses Ausschusses, fasste die Diskussion in Thesen zusammen, die einen Eindruck von der Komplexität des Problems vermitteln[2].

- Technikfolgen sind so gut wie nicht prognostizierbar.
- Großtechnologien stellen nicht nur außergewöhnliche Wirkungspotentiale dar, sondern auch Gefährdungspotentiale.
- Technische Produkte und Systeme erzielen "nicht nur die erwünschten Wirkungen, sondern haben oft unerwünschte, nicht selten unbekannte Nebeneffekte".
- Mit der Vernetzung technischer und sozialer Systeme wächst ihre Verletzlichkeit.
- Außerhalb ihres eigentlichen Spezialgebietes fällen Experten ähnlich wie Laien "fehleranfällige, intuitive Urteile".
- Laien verlassen sich auf "kognitive Faustregeln und naives Überzeugungswissen, um technische Risiken abzuschätzen".

Aus dieser Verknüpfung von sachlichen und persönlichen Gründen heraus werden ökologische Risiken von Innovationen als besonders hoch eingeschätzt.

---

1 *Dierkes/Mützel* (1995), S. 645 ff., *Grunwald* (2002), S. 31 f.

2 *Weinert* (1991), S. 31 ff.

Eine **unternehmensinterne Technikfolgenabschätzung** versucht, diese Einwände möglichst früh zu erkennen und in der Entscheidung zu bedenken[1]. Maßgeblich sind dabei das Ausmaß einer Umweltbelastung, ihre Nachhaltigkeit, ihre Irreversibilität sowie die Einschätzung eines Restrisikos unbekannter Folgewirkungen. *Timmis*[2] fordert folgende Schritte einer "Sicherheitsforschung":

- "Identifizierung von echten Gefahren,
- Analyse ihres Ursprungs,
- Aufklärung ihres Wirkungsmechanismus,
- Auswertung der Konsequenzen,
- Entwicklung von Strategien zur Minimierung der Gefahren und Konsequenzen."

Umstritten ist dabei stets die Abgrenzung dessen, was als Umwelt gilt. Umwelt ist nicht allein geographisch zu bestimmen, sondern vor allem inhaltlich. Schutzwürdigkeit von Personen steht dabei außer Zweifel. Strittig ist aber, ob damit Wahrscheinlichkeitsrechnungen ausgeschlossen sind[3].

Umweltschutz ist kein Privileg einer Bürgerinitiative oder eigenautorisierter Umweltschutzorganisationen, sondern fester Bestandteil einer rational vollzogenen innerbetrieblichen Konfliktaustragung.

Innovationen haben sich nicht nur gegen den fachspezifischen Widerstand des Technikers, gegen den wirtschaftlichen Widerstand des Investitionsplaners, sondern auch gegen den ökologischen Widerstand des umweltbewussten Managements mit guten Argumenten zu behaupten[4].

Das Innovationsmanagement hat dabei über "reaktive Technikfolgenabschätzung" hinauszugehen: "Reaktive Technikfolgenbewertung setzt post factum nach vollzogener Innovation ein und rettet dann, was zu retten ist, während die innovative Bewertung in einer sehr frühen Phase der technischen Entwicklung einsetzt, in der die Weichen noch nicht unwiderruflich gestellt sind und so der Innovationsprozeß noch gestaltend und bewertend beeinflußt werden kann."[5]

---

1 *Ropohl* (1999), S. 86, *Hübner* (2002), S. 281 ff., *Baron et al.* (2003), S. 22 ff.
2 *Timmis* (1991), S. 145., s.a. *Grunwald* (2002), S. 54 ff.
3 *Birnbacher* (1991), S. 88 ff.
4 *Schwarz* (1999), S. 110 ff.
5 *Winnacker* (1991), S. 123.

4.3.2 Wissens- und Willensbarrieren

"The new is quite usually synonymous with the unreasonable, the dangerous, the impossible."

Kallen (1973), S. 450

Schon *Schumpeter* versuchte, Erklärungen für den Widerstand gegen Innovationen zu finden, die nicht nur der Welt ökonomischer Kalküle entstammen. Er verweist auf den "Gegendruck, mit dem das **soziale Milieu** demjenigen begegnet, der sein wirtschaftliches Verhalten ändern will"[1], sowie auf psychisch bestimmte, **individuelle Verhaltensweisen**, wenn er sagt, es sei auch "psychisch schwer, etwas zu tun, was man noch nicht getan hat."[2]

Die folgende Darstellung greift auf die stark vereinfachende Typologie *Wittes* zurück[3]. Er verwendet statt der Begriffe "Widerstand" oder "Opposition" den Begriff "Barriere" als das "hemmende, aber eben überwindbare Hindernis ... keine feststehende Schranke"[4]. Er lässt dabei offen, ob Barrieren bewusst oder unbewusst aufgerichtet werden.

4.3.2.1 Barrieren des Nicht-Wissens

Es ist definitionsgegeben, dass das neue Produkt oder Verfahren den an der Innovation Beteiligten und den von ihr Betroffenen unbekannt ist. Sie werden mit einer Innovation konfrontiert, die eine neue Ziel-Mittel-Kombination anbietet oder auferlegt. Sie verlangt, dass man sie intellektuell begreift, um die von ihr versprochenen Wirkungen ermessen, nachvollziehen und abschätzen zu können. Sie fordert, die von ihr eröffneten Ziele einordnen und gewichten zu können. Innovation beansprucht nicht etwa eine naturwissenschaftliche oder technische Reproduktion des Neuen, aber die Fähigkeit seiner Beherrschung und sachkundigen Anwendung, die Erkenntnis seiner Grenzen sowie die Einsicht in seine Zusammenhänge mit den übrigen betrieblichen Gegebenheiten. Damit ist der intellektuelle Anspruch markiert: **Innovation fordert intensives Lernen**, Verwendung neuer Begriffe oder Sprachen, Begreifen von bisher unbekannten Ursache-Wirkungs-Ketten, Aufbau neuer Denkbahnen, Ordnungssysteme, Unterscheidungen, Schlussfolgerungen sowie schließlich das Trainieren neuartiger Reaktionen. Jede Innovation verlangt eine **geistige Auseinandersetzung**, in der das Neue mit dem Alten verglichen wird, die im Übrigen zu dem leidigen Resultat führen soll, bisheriges Wissen, langgeübte Verhaltensweisen, mühevoll erworbene Erfahrungen aufgeben zu müssen[5].

---

1 *Schumpeter* (1912), S. 118.
2 Ebenda, S. 120.
3 *Witte* (1973), S. 5 ff. Komplexer bei *Zaltman et al.* (1984), S. 85 ff.; aus sozialwissenschaftlicher Sicht siehe *Bauer* (1995), S. 404 ff., aus sozialpsychologischer Sicht siehe *Frey/Frank* (2001), S. 597 ff.
4 *Witte* (1973), S. 6.
5 *Zwick* (2003), S. 47 f.

Widerstand gegen Innovationen erwächst daraus, dass das betroffene Individuum tatsächlich oder vermeintlich nicht in der Lage ist, diese intellektuellen Anforderungen zu bewältigen.

Diese individuell bedingten Widerstände können durch **gruppenspezifische Effekte** verstärkt werden. Dies scheint bei der Barriere des Nicht-Wissens auf den ersten Blick erstaunlich. Sollte man von einer Gruppe nicht schon deshalb mehr Offenheit erwarten können, weil ihre Mitglieder nicht nur unterschiedliche Wissensstände und Erfahrungen einbringen, sondern auch unterschiedliche Lerntechniken und gegenseitige Unterstützung?

Sozialpsychologische Studien[1] lassen an diesem Optimismus zweifeln. Wenn Informationen in einer Gruppe ungleich verteilt sind, neigen die Mitglieder eher dazu, sich stärker mit den Informationen zu befassen und in ihre Entscheidungen einzubeziehen, die sie teilen, als mit Informationen, zu denen der Kenntnisstand ungleich ist. Sie versuchen gerade nicht, das "**versteckte Profil**" ("hidden profile") der nicht geteilten Informationen zu finden und widersprechen in dieser Verhaltensweise den Annahmen der ökonomisch geprägten Informationstheorie der Entscheidung.

4.3.2.2 Barrieren des Nicht-Wollens

> "Wahlspruch der Konstrukteure: Wenn es nicht nötig ist zu ändern, ist es nötig, nicht zu ändern."
>
> *Knie/Hard* (1993), S. 236

Selbst wenn Fähigkeiten zur kognitiven Bewältigung der Innovation vorhanden sind, heißt das nicht, dass auch der Wille gegeben ist, das Neue zu akzeptieren, durchzusetzen und Altes aufzugeben. Das Nicht-Wollen ist sehr flexibel. Es kann sich gegen Objekte, Personen, Regionen, Verhaltensweisen oder Eigenschaften etc. richten[2].

Wer nicht will, findet auch immer einen Grund für seinen Widerstand.

Fatal ist dabei, dass dieser Widerstand - gemäß den Lehren der Transaktionsanalyse[3] - nicht mit rationalen Argumenten überwunden werden kann.

Die Darstellung könnte den Eindruck erwecken, dass die Widerstände des Nicht-Wollens vor allem aus dem Unterbewusstsein der Betroffenen und Beteiligten erwachsen. Dieser Eindruck ist falsch: Der Widerstand des Nicht-Wollens kann durchaus bewusst und in hohem Maße reflektiert sein und stützt sich z.B. auf

---

1 *Stasser/Titus* (1985), S. 1467 ff., *Stasser et al.* (1995), S. 244 ff.

2 Vgl. die beeindruckende Liste von vordergründig rationalen Fragen, hinter denen sich Opposition verbirgt, bei *Piatier* (1984), S. 115.

3 *Blakeney* (1987), Sp. 1957 ff.

- **weltanschauliche Gründe:** Man lehnt die Innovation ab, weil sie persönliche Grundwerte verletzt oder in Frage stellt;
- **sachliche Gründe:** Man versagt der Innovation die Unterstützung, weil sie die traditionell "anerkannten Wege der Problemlösung"[1] in Frage stellt oder weil die Lösung anderer Probleme für dringlicher gehalten wird;
- **machtpolitische Gründe:** Man wendet sich gegen die Innovation, weil sich damit die Chance bietet, seine Machtposition zu demonstrieren und im Prozess des Wandels womöglich noch zu erhöhen. *Woodward* beobachtete dieses Verhalten vor allem beim mittleren Management: "Even if they failed to increase their relative power positions, their reaction made top management increasingly conscious of the critical role of middle management and supervision in the successful implementation of change"[2];
- **persönliche Gründe:** Man wendet sich gegen die Innovation, weil sie von Personen vorangetrieben wird, gegen die höchst persönliche Vorbehalte bestehen. Oder man erwartet von der Innovation persönliche Nachteile, - z.B. Entlassung, Entwertung der persönlichen Wissensbasis oder auch nur Einschränkung der persönlichen Autonomie[3] - die zur Ablehnung führen.

Die Liste dieser Begründungen lässt sich leicht verlängern. Man mag ihre Qualität und die Legitimität kritisieren - ein professionell handelnder Innovationsmanager muss sie kennen und ernst nehmen.

4.3.3 Die tieferen Ursachen des Widerstandes

4.3.3.1 Widerstand im Verhalten von Individuen

Diese bewussten und möglicherweise reflektierten Begründungen des Widerstandes werden durch eine Fülle von Oppositionsgründen ergänzt und verstärkt, die individual- oder sozialpsychologisch zu erklären sind. Die unbewussten Widerstände des Individuums gegen Veränderungen lassen sich in drei Gruppen zusammenfassen[4]:

- Naturgegebene oder gelernte **Regelungsmechanismen,** auf bestimmte Stimuli mit gewohnten, gerade nicht mit neuartigen Reaktionen zu antworten. Dem entspricht die sog. "Hypothesentheorie der Wahrnehmung", nach der "Vorerfahrungen oder Vorausurteile"[5] die Wahrnehmung, Speicherung und Verarbeitung von Informationen verzerren.

  Dieser Gedanke wird durch das Modell der "**gelernten Sorglosigkeit**" vertieft: Menschen neigen dann zu Innovationsaversion, wenn sie lange Zeit mit der traditionellen Verhaltensweise erfolgreich waren. **Erfolg führt zur**

---

1 *Barthel* (2001), S. 55.
2 *Woodward* (1965), S. 195, ähnlich *Gebert* (2002), S. 179.
3 *von Rosenstiel* (1998), S. 42, *Zwick* (2003), S. 47 f.
4 *Böhnisch* (1979), S. 29 ff., siehe auch *Klöter* (1977), S. 77, ein umfassendes Modell findet sich bei *Staw et al.* (1981), S. 582.
5 *Frey/Frank* (2001), S. 601 ff.

"**Sorglosigkeit**"[1], diese wiederum zur "**Erfolgsarroganz**" mit der typischen Folge einer verringerten Lernbereitschaft und mangelndem Änderungswillen - eine sozialpsychologische Erklärung der "*Perlitz-Löbler*-These", dass ökonomischer Erfolg die Innovationsbereitschaft senkt, wie auch umgekehrt eine Krise innovatorische Energie freisetzt[2].

- Konservative **Vorprägungen** durch Kindheit, Erziehung und Orientierung an dominanten Bezugspersonen mit dem Bestreben, diese Denkrichtungen fortzuführen und neuartige abzulehnen. So kann auch "... eine starke positive Voreingenommenheit gegenüber einer Person ... im Sinne einer Urteilsheuristik bewirken, daß deren Meinung unreflektiert übernommen wird."[3]
- Durch früheres Verhalten, namentlich durch Dissonanz in Konflikten ausgeprägte **Einstellungen**, die fortwirkend Rechtfertigung und Bestätigung fordern und die zuvor getroffene konfliktreiche Entscheidungen auf keinen Fall mehr in Frage zu stellen erlauben. "Entscheider handeln nicht notwendigerweise rational, aber sie rationalisieren ihre Entscheidung."[4]

Diese Ursachen führen zu einer selektiven Wahrnehmung, Speicherung und Bewertung von Informationen[5]. Innovative Impulse werden oft unbewusst übersehen, verdrängt, vergessen, verzerrt. Entwürfe und Vorschläge werden voreingenommen gelesen und einseitig kommentiert[6]. Diese Fehlreaktionen werden enorm verstärkt, wenn sie zudem von einer kohärenten Gruppe mit Eliteanspruch vertreten werden - von Denkschulen, von Lehrmeinungen, von Jüngern einer bestimmten Technologie, von Angehörigen eines herausgehobenen Standes oder von einer Berufsgruppe mit den Attributen einer besonderen Fachmannschaft.

Damit ist nun zu fragen, mit welchen charakteristischen Verhaltensweisen ein risikoscheues und innovationsunwilliges Individuum auf eine Initiative reagiert.

Es ist das Verdienst von *Janis/Mann*[7], dieses in eindrucksvoller Weise gezeigt zu haben. Kasten 4.1 zeigt den Ablauf eines Entscheidungsprozesses über eine Initiative, die einen innovationsaversen, zudem risikoscheuen Entscheidungsträger vor die Aufgabe stellt, an einer Innovation in führender Funktion mitzuwirken:

Man stelle sich vor, dieser Entscheidungsträger werde mit einem Vorschlag oder einer Vorlage über eine Innovation konfrontiert. Es wird damit ausdrücklich ein **Außenimpuls** unterstellt.

- In der Frage 1 kommt **Gewohnheit** gepaart mit **Bequemlichkeit** zum Ausdruck. Das bisherige Verhalten wird fortgeführt, wenn kein Risiko droht.

---

1 *Schulz-Hardt et al.* (1996), S. 468 ff., *Gebert* (2002), S. 170.
2 *Perlitz/Löbler* (1985), S. 424 ff.
3 *Frey/Frank* (2001), S. 602.
4 Ebenda, S. 604.
5 *Frey* (1984), S. 275 ff., *Herzhoff* (1991), S. 157 ff.
6 *Leonard-Barton* (1995), S. 35.
7 *Janis/Mann* (1977).

Kasten 4.1: Barrieren vor dem Start von Innovationen (*Janis/Mann*)

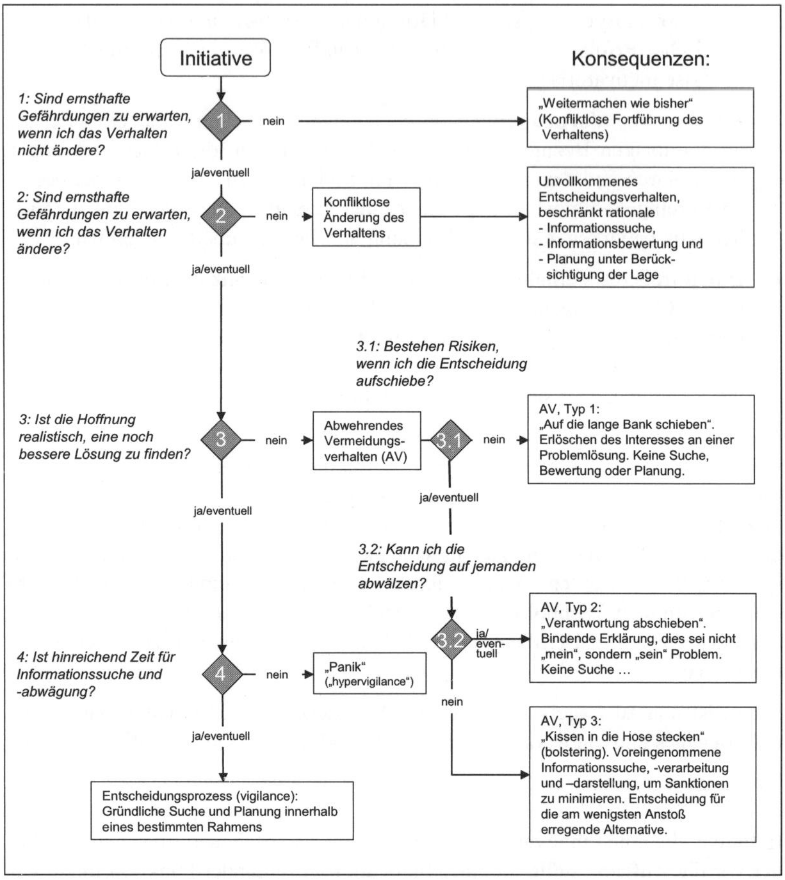

Quelle: Eigene Darstellung in Anlehnung an *Janis/Mann* (1977), S. 70, 86

- Bei Frage 2 fühlt sich der Entscheidungsträger verpflichtet, tätig zu werden. Die Betonung liegt auf dem unscharfen Begriff "ernsthaft" bei Einschätzung der Gefährdung. Er sucht **konfliktlose oder konfliktarme Verhaltensweisen** und findet sie in den typischen Formen beschränkt rationalen Such- und Bewertungsverhaltens. Es sei angemerkt, dass dieser Strategie zugleich der **Anstrich entschlossenen und schnellen Handelns** gegeben werden kann: So handelt ein Manager, der die Probleme "schnell vom Tisch bringt".
- Die Frage 3 geht von der Situation aus, dass sich der Entscheidungsträger **auf jeden Fall zum Handeln verpflichtet** fühlt. Er steht zugleich unter dem Stress, zu wissen, dass sein weiteres Verhalten zu "ernsthaften Gefährdungen" führen kann. Er sondiert folglich seine Wahlmöglichkeiten. Verfolgen wir dabei zunächst die Verzweigung nach Frage 4.

- Vor Frage 4 schien der Entscheidungsträger intellektuell noch in der Lage, eine Lösung zu finden. Das Problem ist seine **zeitliche Kapazität**. Nach den Beobachtungen von *Janis/Mann* kommt es zu neurotischen Reaktionen ("Panik", "Hypervigilance"), wenn der zeitliche Stress zu groß ist.

Bei hinreichender zeitlicher Kapazität kommt es dann zu einem **rationalen Problemlösungsprozess**, den die Lehrbücher der Entscheidungstheorie regelmäßig unterstellen.

Gehen wir zurück zur Frage 3. Was kann der Entscheidungsträger tun, der nicht daran glaubt, noch eine bessere Lösung finden zu können? *Janis/Mann* konstatieren ein **abwehrendes Vermeidungsverhalten** ("defensive avoidance") mit **drei typischen Reaktionen**:

- Typ 1: **Aufschieben**: Hier liegt eine der Wurzeln für das Streben nach Verzögerung.
- Typ 2: **Verantwortung abwälzen**: Hier liegt eine Chance - aber aus der Sicht des betrachteten Entscheidungsträgers ein höheres Risiko - für denjenigen, der sich dieser Aufgabe stellt[1].
- Typ 3: Verantwortung übernehmen und **Sanktionen erdulden**: Die Reaktion von Typ 3 bietet **keinen Ausweg** mehr. Der Entscheidungsträger versucht allenfalls, die negativen Folgen für sich möglichst gering zu halten.

Es sei nochmals angemerkt, dass dieser Prozess von zwei Grundannahmen ausgeht: **Außenimpuls** und **Risikoscheu**, eine sicherlich nicht selten anzutreffende Mischung, vornehmlich in großen Unternehmungen mit mehreren hierarchischen Ebenen. Die Darstellung zeigt die **zentrale Rolle der negativen Sanktionen (Risiko) sowie der intellektuellen und zeitlichen Kapazität.** Das Modell enthält nicht zuletzt die Warnung, den **Zeitdruck** als Mittel der Prozess-Steuerung unreflektiert einzusetzen.

4.3.3.2 Widerstand im Verhalten von Gruppen

Viele der individualpsychologisch erklärten Widerstandsursachen finden eine Steigerung in Gruppen, so etwa das Modell der gelernten Sorglosigkeit, die selektive Wahrnehmung und Interpretation von Informationen infolge einer kognitiven Dissonanz sowie die Orientierung an Schlüsselpersonen. Aber in der Gruppe kommen spezifische Einflüsse hinzu, durch die der Widerstand eine noch höhere Wirkung entfaltet. Schon früh hat die Sozialpsychologie in der klassischen **Konformitätsforschung**[2] Belege dafür zu liefern versucht, dass sich Minderheiten in Gruppen den Mehrheiten anpassen und auf diesem Wege für die weitere Verfestigung überkommener Ansichten und Einstellungen sorgen. Wer in hochkohäsiven Gruppen eine abweichende Meinung äußert, riskiert, aus der Gruppe ausgeschlossen zu werden. Auf jeden Fall muss er damit rechnen, dass die Mehrheit einen erheblichen Druck auf ihn ausübt, um ihm wieder die Grup-

---

1 *Moss Kanter* (1983), S. 96 f.

2 *Asch* (1951), S. 174 ff.

penstandards aufzuzwingen[1]. Dieser Innendruck wird möglicherweise durch Außendruck verstärkt: So wird in der sog. **"Bedrohungs-Rigiditäts-Hypothese"**[2] argumentiert, dass Gruppen äußeren Druck als Bedrohung empfinden und mit rigider Einschränkung der Informationsbeschaffung, mit dem starren Festhalten an vertrauten und erfolgreich praktizierten Verhaltensweisen und mit dem Abweisen neuartiger Lösungen reagieren. Konkret äußert sich diese Einstellung etwa in dem sog. "NIH-Syndrom" - Ablehnung der Innovation, weil nicht selbst hervorgebracht ("not invented here")[3].

Die **Theorie der "sozialen Identität"**[4] ergänzt diese Pressionsüberlegungen durch eine eher neutrale Interpretation des Gruppenverhaltens: Die Gruppenmitglieder streben nach dieser Lesart danach, eine möglichst positive soziale Identität - nach ihrer eigenen Einschätzung - zu erreichen. Dazu haben sie zunächst ein Auge auf die Gruppenzugehörigkeit, auf Rekrutierung und Ausschluss. Sie stellen überdies ständig Vergleiche mit anderen ähnlichen Gruppen an, um sich ihrer Überlegenheit zu versichern. Führt der Vergleich aber nicht zu dem gewünschten Resultat, wechseln sie das Vergleichskriterium.

Von diesem Wir-Gefühl zur Abschottung und zur Kommunikationsverzerrung ist nur noch ein Schritt.

Im sozialpsychologischen Modell von *Janis*[5] wird diese **Selbstbestätigungstendenz von Gruppen** zusammenfassend unter dem Stichwort "Groupthink" verallgemeinert (Kasten 4.2).

Das Modell prognostiziert: **Die Gruppe strebt nach Einmütigkeit** (**"Concurrence"**).

- Ursächlich ist dafür in erster Linie eine hohe **Gruppenkohäsion**, etwa aufgrund langer Zusammenarbeit, gemeinsamer Erfolgs- und Misserfolgserlebnisse oder aufgrund hohen Außendrucks. Gruppenkohäsion ist ein Ausdruck dafür, dass die Mitglieder ihre Gruppenzugehörigkeit in hohem Maße schätzen und fortzusetzen trachten[6], eine notwendige, allerdings nicht hinreichende Bedingung für Groupthink.
- **Strukturelle Mängel** (in der Organisation der Gruppe) müssen hinzukommen, vor allem die (oft selbstgewählte) **Isolierung der Gruppe** im Unternehmen, Unfähigkeit der Gruppenleitung zu **unparteiischer Führung**, Nicht-Anwendung **methodischer Regeln**, sowie die **Homogenität** der Gruppenmitglieder, die auf Rekrutierungpraxis und Sozialisation der neuen Mitglieder zurückgeht - alles typische Eigenschaften höherer Führungsgremien. Diese strukturellen Ursachen sind auch weitgehend empirisch gesichert.

---

1 *Schachter* (1951), S. 190 ff.
2 *Staw et al.* (1981), S. 501 ff., *Gebert* (2002), S. 171.
3 *Mehrwald* (1999), S. 29 ff., 53 ff., 146, 183.
4 *Frey/Frank* (2001), S. 631 ff.
5 *Janis* (1982), kritisch zum Ansatz *Turner/Pratkanis* (1997), S. 54 ff.
6 *Janis* (1982), S. 245.

Kasten 4.2: "Groupthink": Ursachen und Ausprägung (*Janis*)

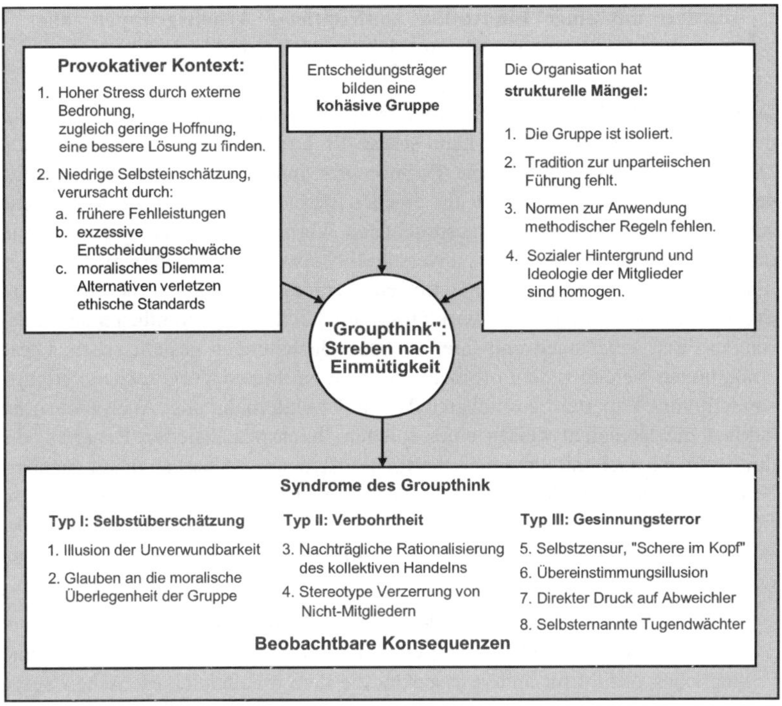

Quelle: *Janis* (1982), S. 244

- Schließlich sind situative **Eigenschaften der Aufgabe** unter dem Stichwort "Provokativer Kontext" für das Gruppenstreben beachtlich, vor allem Zeitdruck und Informationsüberlastung sowie eine geringe Hoffnung, noch eine bessere Lösung zu finden.

Diese Ursachen des Einmütigkeitsstrebens führen zu dem Katalog von Syndromen, die zusammenfassend als "**Groupthink**" bezeichnet werden[1]. Diese Syndrome sind in ihrer Konsequenz innovationsfeindlich, wenn sich der Widerstand in einer Gruppe formieren kann. Das ist besonders dann zu erwarten, wenn diese Gruppe in einer Unternehmung nachhaltig erfolgreich zusammengearbeitet hat und durch die Innovation ihre bisherige Tätigkeit grundsätzlich in Frage gestellt sieht. Aber es ist umgekehrt auch nicht ausgeschlossen, dass ein Innovationsteam gerade diese Eigenschaften und Verhaltensweisen eines Groupthink entwickelt. Nur: Es wird damit immer weniger wahrscheinlich, dass es dann auch Erfolg bei der Durchsetzung der Innovation hat.

1 Vgl. insbes. *Lüthgens* (1996).

Es gilt vielmehr sowohl für das aktive Innovationsteam als auch für passive, mit einer Innovation konfrontierte Arbeitsgruppen, alle typischen Syndrome des Groupthink zu vermeiden.[1]

Damit kann abschließend ein warnendes Wort an den übereifrigen Innovator gerichtet werden. Denn dieser kann **selbst die Ursache für Widerstände** sein. Die in dieser Schrift vertretene Position des Innovationsmanagements sollte selbstkritisch genug sein, auch ihr eigenes Verhalten in Frage zu stellen. Die schon 1954 von *Lawrence* ausgesprochenen Warnungen wurden und werden in der Forschung und in der Praxis unverständlicherweise vernachlässigt. *Lawrence* nimmt bewusst die Position der Betroffenen ein, die sich ohne vorherige Ankündigung und ohne weitere Mitwirkungsmöglichkeiten vor grundlegende Änderungen ihrer Arbeitswelt und ihrer sozialen Beziehungen gestellt sehen. Diese Änderungen werden zudem oft nicht von dem vertrauten Vorgesetzten verlangt, sondern von "Experten" aus anderen Teilen der Unternehmung. Auch *Endruweit* beklagt die Verhaltensweisen eines solchen "hochspezialisierten Experten, die ihn, wenn sie noch mit unwissenschaftlicher Arroganz gepaart sind, auf nachbarliche Hilfe verzichten lassen"[2]. Ein solcher Spezialist sei von der Innovation so fasziniert und so überzeugt von seiner eigenen Sachkenntnis, dass er Einwände, ja selbst Verbesserungsvorschläge der Betroffenen ignoriere oder nicht akzeptiere:

> "Der Spezialist verrennt sich derart in die rein technologische Seite einer Neuerung, die er durchzusetzen wünscht, daß ihm dabei jeglicher Blick und jegliches Gefühl für andere Aspekte, die dem arbeitenden Menschen Sorge bereiten könnten, verloren geht."[3].

Wenn ein solcher Innovator von vornherein mit der Erwartungshaltung an seine Aufgabe herangeht, die Betroffenen würden der Innovation Widerstände entgegensetzen, wird er möglicherweise durch seine Voreingenommenheit diese Haltung erst provozieren. Hier zeigt sich ein Dilemma, das verständlich macht, weshalb immer wieder verlangt wird, die Promotoren von Innovationen mögen Taktgefühl und diplomatisches Geschick aufweisen.

Wer erfolgreich innovieren will, möge sich klarmachen, was er den Betroffenen zumutet.

---

[1] Siehe *Turner/Pratkanis* (1997) zu den Möglichkeiten, Groupthink durch Konfliktstimulierung zu überwinden, S. 63 ff.

[2] *Endruweit* (1995), S. 1057.

[3] *Lawrence* (1985), S. 125.

4.4 Verstärkung des Widerstandes durch Eigendynamik der Administration

Innovationen haben ein Geflecht von Geboten und Verboten zu überwinden, die innerbetrieblich als Organisations- und Controllingsysteme konstituiert sind. **Hierarchien und Controller sind latent innovationsfeindlich - so jedenfalls die Ansicht vieler Innovatoren.** In der Tat sprechen die folgenden Überlegungen dafür, dass eine wohlgeordnete Administration in ihrem sachgerechten Funktionieren Innovationen nicht fördert, sondern eher behindert.

4.4.1 Organisation der Routineaufgaben

Die Organisation des laufenden Unternehmens ist überhaupt nicht für Innovationen konstruiert[1]. Die Organisation ist in ihrer Struktur, im Gefüge ihrer Stellen, in Über- und Unterordnung, im spezialisierten Zuschnitt von Kompetenz und Verantwortung, in Dienstwegen und Informationssträngen auf die **Bewältigung von Routineaufgaben** zugeschnitten[2]. Damit sind folgende Effekte programmiert:

(1) Unzuständigkeit und organisatorische Trägheit

Definitionsgemäß ist niemand für das bisher unbekannte Neue zuständig. Es gilt vielleicht sogar als illegitim[3]. Das Problem bleibt zunächst einmal liegen. Es geschieht nichts, die Innovation findet keine Anlaufstelle.

Unzuständigkeit ist eine der Ursachen für die so genannte "Organisationsträgheit" ("inertia"). *Gilbert* legt ein Modell vor, in dem diese Trägheiten mit Rigiditäten verknüpft werden[4]:

- "**Ressourcenrigidität**" bedeutet Unfähigkeit einer Organisation, den routinemäßigen Ressourceneinsatz zu ändern.
- "**Routinenrigidität**" bedeutet Unfähigkeit einer Organisation, die Regeln zu ändern, nach denen über die Ressourcen verfügt wird.

Unzuständigkeit lässt sich damit als Spezialfall dieser Rigiditäten interpretieren. Im Effekt reagiert damit die Organisation nicht oder nur verzögert auf einen innovativen Impuls.

(2) Aussteuerung

Regeltechnisch korrekt wäre die organisatorische Lösung, dass der außergewöhnliche Fall in der Hierarchie höher gereicht wird. Er landet beim jeweiligen Vorgesetzten, weil dieser definitionsgemäß für alle nicht geregelten Fälle zuständig ist. Eine Innovation ist ein solcher außergewöhnlicher Fall. Mit diesem Weiterreichen entfernt sie sich aber immer weiter vom Ort des höchsten Sachverstandes. Sie gelangt immer mehr in den Bereich, in dem allgemeine Füh-

---

1 *Moss Kanter* (1983), S. 27 ff., S. 75 f., *Berthel* (1987), S. 11, *Dougherty/Hardy* (1996), S. 1144 ff.

2 *Hauschildt* (1991a), S. 4 ff., *Gebert* (2002), S. 179.

3 *Dougherty/Heller* (1994), S. 202, 206.

4 *Gilbert* (2005), S. 745 ff., 759.

rungsfragen und immer weniger technologische Fragen dominieren. Jede hierarchische Stufe wird der innovativen Idee ihre Sicht der Dinge anfügen. Die in höheren Rängen zunehmend schärfer gesehenen Probleme der Finanzierung, der Führung und des Personalmanagements verdrängen die Sachproblematik. Zumindest wird die **Gesamtproblematik erhöht**. Die Zahl möglicher Ablehnungsgründe wächst. Dieses organisatorische Risiko wird umso bedeutender, je mehr hierarchische Ebenen zu überwinden sind - also je größer das Unternehmen ist.

(3) Filtereffekt

Viele Vorgesetzte empfinden innovative Ideen, zumal in der Variante eines "Verbesserungs"-Vorschlages, als **Kritik** an ihrer Amtsführung. Andere Vorgesetzte werden mit einer innovativen Idee eines Untergebenen die Frage verbinden, warum sie nicht selbst auf die Idee gekommen sind. Beide Einstellungen sind nicht innovationsförderlich. Derart sensibilisierte Vorgesetzte werden die Innovation ignorieren, ablehnen, verzögern oder vielleicht sogar als eigene Gedanken ausgeben, ohne dass sich der untergebene Initiator gegen diese Okkupation seiner Idee wehren kann. Demotivation ist die Folge. Zukünftiger Widerstand ist vorgezeichnet. *Moss Kanter* hat diese innovationsaverse Einstellung in den im Kasten 4.3 zitierten "Regeln, Innovation zu ersticken" eindrucksvoll karikiert.

Kasten 4.3: Rules for stifling innovation (*Moss Kanter*)

1. *Regard any new idea from below with suspicion - because it's new, and because it's from below.*
2. *Insist that people who need your approval to act first go through several other levels of management to get their signatures.*
3. *Ask departments or individuals to challenge and criticize each other's proposals. (That saves you the job of deciding; you just pick the survivor.)*
4. *Express your criticisms freely, and withhold your praise. (That keeps people on their toes.) Let them know they can be fired at any time.*
5. *Treat identification of problems as signs of failure, to discourage people from letting you know when something in their area isn't working.*
6. *Control everything carefully. Make sure people count anything that can be counted, frequently.*
7. *Make decisions to reorganize or change policies in secret, and spring them on people unexpectedly. (That also keeps people on their toes.)*
8. *Make sure that requests for information are fully justified, and make sure that it is not given out to managers freely. (You don't want data to fall into the wrong hands.)*
9. *Assign to lower-level managers, in the name of delegation and participation, responsibility for figuring out how to cut back, lay off, move people around, or otherwise implement threatening decisions you have made. And get them to do it quickly.*
10. *And above all, never forget that you, the higher-ups, already know everything important about this business.*

Quelle: *Moss Kanter* (1983), S. 107

(4) Insellösungen

Nicht alle Instanzen einer Routineorganisation sind gleichermaßen innovationsavers. Einzelne werden sich durchaus aufgeschlossen zeigen. In einer solchen heterogenen Interessenlage kann es durchaus zu **Innovationen in einzelnen Bereichen** kommen, während andere zögern oder opponieren. Die Nachteile einer solchen "**Insellösung**" liegen auf der Hand: Sie ist nicht vernetzt mit anderen Abteilungen. Sie wirft Koordinationsprobleme auf. Sie wird möglicherweise nicht dort realisiert, wo sie den größten wirtschaftlichen Effekt hätte.

4.4.2 Gesetzliche Bindungen und Vorprägungen des Rechnungswesens

> "... Ausgaben für Untersuchungen und Versuche ..., die im eigenen Betriebe, oft in besonderen Versuchswerkstätten und Laboratorien gemacht werden. Für die Aktivierung derartiger Ausgaben sind folgende Voraussetzungen nötig:
> 1. Sie müssen einen Nutzwert auch für kommende Jahre enthalten.
> 2. Es muss ein Bedürfnis für Verteilung vorhanden sein.
> 3. Kosten und Nutzen müssen feststellbar sein."
>
> *Schmalenbach* (1947), S. 106

Innovationen sind immaterielle Investitionen, aber sie werden nicht als solche angesehen und behandelt[1].

Sie sind **Investitionen**, das heißt: Sie erfordern hohe Ausgaben, die erst nach längerer Frist wieder zu Einnahmen führen. Die Dauer der Geldbindung überschreitet in der Regel die Ein-Jahres-Frist. Sie sind **immateriell**, haben kein physisch be-greifbares Investitionsobjekt. Sie stehen unter einem besonderen Risiko. Die Möglichkeit, den **Innovationserfolg** zu prognostizieren, ist merklich geringer als bei weniger neuartigen Produkten oder Verfahren. Die **Zurechnung** von Einnahmen und Ausgaben zu den Innovationsprojekten ist sachlich und zeitlich fragwürdig. Viele Innovationen sind **Nebenprodukte** anderer Forschungen oder Folgeprodukte fehlgeschlagener Vorversuche. Die Wirkungsdauer bzw. die **Nutzungsdauer** erfolgreicher Innovationen ist unsicher. Es fehlt somit an Begründungen für die Bestimmung einer Abschreibungsdauer.

Es gibt also gewichtige Gründe, die **Innovation nicht als eine Investition** zu begreifen. Die Behandlung der Innovation im Rechnungswesen fördert diese Einstellung. Das Rechnungswesen liefert eher den Opponenten Argumente gegen die Innovation als den Promotoren Argumente für die Innovation. Maßgeblich für diese innovationsaverse Einstellung des Rechnungswesens sind folgende Gründe:

---

[1] *Witte* (1962), S. 210 ff.

(1) Aktivierungsverbot im Jahresabschluss

§ 248 (2) HGB enthält ein explizites Aktivierungsverbot[1] für immaterielle Vermögensgegenstände:

"Für immaterielle Vermögensgegenstände des Anlagevermögens, die nicht entgeltlich erworben wurden, darf ein Aktivposten nicht angesetzt werden." Aktivierbar sind lediglich **entgeltlich erworbene** immaterielle Vermögensgegenstände (Konzessionen, Patente, Marken-, Urheber- und Verlagsrechte, Geschmacks- und Gebrauchsmuster, Warenzeichen) sowie Aufwendungen für die Ingangsetzung und Erweiterung des Geschäftsbetriebs als Bilanzierungshilfe. Innovationen im Sinne dieser Schrift werden also größtenteils vom Aktivierungsverbot des § 248 (2) HGB erfasst.

In diese starre Sicht der Dinge ist mit Anwendung der **International Accounting Standards (IAS)** und mit der Fernwirkung der United States Generally Accepted Accounting Principles (US-GAAP) Bewegung gekommen[2]:

Grundsätzlich sind Ausgaben für die **Forschung** als eigenständige planmäßige Ermittlung neuer wissenschaftlicher oder technischer Erkenntnisse (IAS 38.7) sofort als Aufwand zu erfassen und damit **nicht aktivierungsfähig**.

Anders aber bei der **Entwicklung**: Entwicklungskosten sind nach IAS aktivierungspflichtig, wenn folgende Voraussetzungen eines selbst erstellten immateriellen Vermögenswertes **kumulativ** gegeben sind (IAS 38.45):

- Jenseits der technischen Realisierbarkeit muss interne Nutzung oder Markteinführung möglich sein.
- Absicht und Fähigkeit zur internen Nutzung oder zum Verkauf müssen gegeben sein.
- Der voraussichtliche zukünftige Nutzen muss nachweisbar sein.
- Die benötigten Ressourcen für die Fertigstellung der Entwicklung müssen gegeben sein.
- Die für die Entwicklung anfallenden Ausgaben müssen eindeutig zurechenbar und zuverlässig bewertbar sein.

Die US-GAAP sind demgegenüber wesentlich zurückhaltender und behandeln Entwicklungskosten tendenziell eher wie unser Handelsrecht, allerdings mit fallweise bestimmten Ausnahmen, z.B. bei der Entwicklung von Software.

Diese aktuellen Entwicklungen könnten ein erster Schritt in die richtige Richtung werden: zur Anerkennung der Innovation als Investition[3].

---

1 Fast wortgleich § 197 (2) des Österreichischen HGB.
2 *Hayn/Graf Waldersee* (2002), S. 88 ff.
3 *Schröder* (2001), S. 89 ff., und *Dyckerhoff* (2006), S. 34 f., rechnen mit einer Steigerung der Innovationsfreudigkeit bei Aktivierungsmöglichkeit von Innovationen.

(2) Mangelndes Aktivierungsinteresse

Das Aktivierungsverbot verbindet sich trefflich mit einer tendenziellen Abneigung der Unternehmung, über Innovationen im Jahresabschluss ausführlich zu berichten. In gewinnträchtigen Unternehmen zieht man es vor, die Innovationen in den laufenden Aufwand einzubeziehen. Da sie damit als Betriebsausgaben in der steuerlichen Rechnungslegung wirksam werden, tritt die **steuerliche Wirkung** unmittelbar ein, die bei einer Aktivierung und nachfolgenden Abschreibung erst später erfolgen würde. Der Ausweis der Innovationen hätte im Übrigen eine ungewollte **Informationswirkung**: Er könnte Wettbewerber auf Innovationsaktivitäten aufmerksam machen und somit zur Imitation herausfordern[1].

Gläubigerschutz, Steuerminderungsinteresse und Diskretionswünsche deuten bei erfolgreichen Unternehmen somit in die gleiche Richtung: Nichtaktivierung der Innovation.

In Krisenunternehmen gilt das nicht. Für manchen misstrauischen Analysten ist eine extensive Berichterstattung über Innovationen sogar ein Krisensignal - nicht ganz unberechtigt, wenn man den Befunden von *Spahr* folgt[2]. Wichtig sind die Konsequenzen der fehlenden Aktivierung für das Innovationsbewusstsein. Mit dem Aktivierungsverbot entfallen auch die Pflichten, die mit der Aktivierung materieller Vermögensgegenstände im Anlagevermögen verbunden sind: Systematische Erfassung der Anschaffungs- oder Herstellungskosten, Schätzung der Nutzungsdauer, Planung der Abschreibung, Festsetzung der Abschreibungsmethode.

(3) Fehlende Isolierung als eigene Aufwandsposition

Innovationen erscheinen vielmehr als laufender Aufwand. Sie werden aber nicht in einer eigenen Position der Erfolgsrechnung isoliert, sondern sind in Sammelpositionen wie "Materialaufwand", "Löhne und Gehälter" oder "sonstige betriebliche Aufwendungen" enthalten.

Zudem gehen eine Fülle von Innovationen nicht aus sorgsam geplanten Forschungs- und Entwicklungsprojekten hervor, sondern aus offiziell abgebrochenen Projekten, die im Untergrund weitergeführt wurden, oder aus Mitteln, die unauffällig aus anderen Projekten abgezweigt werden[3]. Die offizielle Abrechnung kann ein derartiges "**bootlegging**" nicht nur nicht verhindern, sie kann es noch nicht einmal zeigen. Die Interessenten am "bootlegging" bedauern das naturgemäß nicht.

(4) Pauschalierende Budgetierung

Schließlich ist auch die finanzwirtschaftliche Planung der Innovationen wenig geeignet, ihren Investitionscharakter bewusst zu machen. Das gilt auf jeden Fall, wenn sie nicht als Projektplanung, sondern als pauschale Budgetierung erfolgt. Diese Art der Budgetierung ist das Normalverfahren bei der Planung der Ausga-

---

1 *Heldt* (2004), S. 700 ff.
2 *Spahr* (1999), S. 278 ff., s.a. *Schröder* (2001), S. 99.
3 Z.B. *Peters/Waterman* (1984), S. 240 f.

ben für Forschung und Entwicklung. Die Beobachtungen der Praxis zeigen dabei, dass Budgets in ihrer sachlichen und zeitlichen Orientierung nicht als Investitionen behandelt werden[1]. Sachlich werden sie in der Regel am Umsatz, nicht am Gewinn orientiert. Zeitlich werden sie vornehmlich auf Vergangenheitsgrößen, nicht auf erwartete Größen bezogen[2]. Allenfalls in einem Drittel der von *Brockhoff* befragten 40 deutschen Unternehmungen werden F&E-Budgets projektspezifisch geplant.

Das Budgetierungsverfahren denaturiert Innovationsaufwendungen zu Konsum, statt sie als Investition zu behandeln.

(5) Innovationen als "verlorene" Ausgaben

Selbst wenn die Innovationsausgaben korrekt erfasst werden, bedeutet das nicht, dass sie als Investitionen betrachtet werden. *Veit* fragt pointiert: "Sind es 'einnahmeträchtige' oder 'verlorene' Ausgaben?"[3] Wenn sie als "a-periodische" Aufwendungen behandelt werden, ist die Antwort eindeutig: Sie werden als verlorene Ausgaben betrachtet. Sie werden zwar voll in den Aufwand der Ausgabenperiode eingerechnet. Man isoliert sie aber und kann wenigstens den normalisierten Periodenerfolg (das Betriebsergebnis) von diesem, den Zeitvergleich störenden Betrag trennen. Diese Betrachtung der **Innovation als verlorene Ausgaben** geht von der resignierenden Einsicht aus, dass es ohnehin nicht möglich ist, den entstandenen Aufwand periodengerecht zu verteilen, sei es, weil die Schätzung der Nutzungsdauer schlicht unmöglich ist oder sei es, weil die Risikovermutung jegliche Periodenverteilung verdrängt. Es besteht kein Interesse, diesen Posten auch noch zu isolieren und auszuweisen.

(6) Fehlen interner Innovationserfolgsrechnungen

Das externe Rechnungswesen bindet im Prinzip die interne Rechnungslegung nicht. Das Unternehmen ist dort in der sachlichen und zeitlichen Abgrenzung und im Ansatz der Innovationsausgaben frei. Konsequenterweise wäre zu fordern, dass eine interne Innovationserfolgsrechnung aufgestellt würde, die die Innovation als Investition begreift (siehe Kapitel 12). Dieses Konzept verlangt zunächst eine klare Abgrenzung des Innovationsprojektes, damit die Zurechnung von Zahlungsströmen eindeutig möglich ist[4]. Nach dem Konzept einer Deckungsbeitragsrechnung werden dann die Kosten und Erlöse pro Innovationsprojekt ermittelt[5]. Eine derartige Rechnung verlangt eine Schätzung der Nutzungsdauer und fordert damit detaillierte Überlegungen zur zeitlichen Struktur des Projektes bis hin zur beabsichtigten Verwertung[6].

Die Realisierung dieses Konzeptes steht aber vor erheblichen Problemen: Die unterstellte Projektabgrenzung findet oftmals nicht statt. Die Ermittlung und die

---

1 *Hauschildt* (1994), S. 180.
2 *Brockhoff* (1999a), S. 183 ff.
3 *Veit* (1992), S. 644.
4 *Neuling* (1972), S. 41.
5 Vgl. *Dellmann* (1982), S. 588 f., *Bürgel* (1983), S. 99 ff.
6 *Brockhoff* (1992), Sp. 578 f.

Zurechnung der Kosten sind problematisch. Die eindeutige Erfassung der Innovationserlöse ist oftmals nicht möglich. Die Schätzung der Nutzungsdauer stößt auf erhebliche Schwierigkeiten, da Erfahrungen mit dem Innovationsobjekt nicht vorliegen.

Die interne Innovationserfolgsrechnung zeigt zwar den richtigen Weg, sie droht aber, an den Schwierigkeiten der praktischen Realisierung zu scheitern. Ihre Ergebnisse sind nicht nur problematisch, sondern die Ermittlung dieser Ergebnisse verursacht wiederum erhebliche Kosten. Kritiker haben es also leicht: Sie werden nicht nur die Ergebnisse der Rechnung bezweifeln, sondern auch ihre Wirtschaftlichkeit.

Die Einstellung der Praxis zur Behandlung der Innovationen im Rechnungswesen spiegelt diese Schwierigkeiten. In einer Befragung von 101 Unternehmen konnten wir folgende Realtypen des Umgangs mit Innovationen im Rechnungswesen bestimmen[1]:

Typ 1: Unternehmen mit schwach ausgeprägtem Rechnungslegungsbewusstsein zur Innovation (31 Fälle): In diesen Fällen ist die Innovation relativ schlecht isolierbar und quantifizierbar. Es kommt erst relativ spät im Projektfortschritt zu einer Erfassung im Rechnungswesen. Die weitere Informationsverarbeitung erfolgt regelmäßig nicht in einer der traditionellen Formen des internen Rechnungswesens.

Das alles ist weitgehend entgegengesetzt in den zwei anderen Typen. Hier finden wir ein besser ausgeprägtes Rechnungslegungsbewusstsein in Verbindung mit eindeutig isoliertem Ausweis und relativ früher Erfassung schon während der Ideenphase und genauer Kenntnis des Ausgabenvolumens. Diese beiden Typen unterscheiden sich indessen eindeutig durch ihre Einstellung zur Aktivierung:

Typ 2: Unternehmen mit vornehmlich steuerlicher Orientierung (31 Fälle): Sie lehnen die Aktivierung in der Bilanz bewusst mit dem Argument ab, die Innovationsausgaben sollen "als Betriebsausgaben sofort steuerlich berücksichtigt werden". Anders

Typ 3: Unternehmen mit tendenziell ausgeprägtem Investitionsbewusstsein (38 Fälle): Sie würden es begrüßen, wenn die Innovation in der Bilanz aktiviert werden könnte, denn sie sei ja "eigentlich eine echte Investition". Ihr Ausweis "vermeide den Eindruck von Verlusten".

Facit: Trotz der bei Typ 3 erkennbar werdenen Einstellungsänderung findet der Widerstand gegen die Innovation in einem unzureichend arbeitenden Rechnungswesen vielfach einen Partner.

---

[1] *Hauschildt* (1994), S. 181.

Die Kombination von innovationsaversem Rechnungswesen mit den **traditionellen Anreizsystemen** verstärkt ein weiteres Mal den Widerstand gegen die Innovation: Anreizsysteme basieren in der Regel auf den Ergebnissen der kurzfristigen Erfolgsrechnung. **Das Quartals- oder das Jahresergebnis bestimmen Tantiemen, Prämien, Aufstieg und Beförderung.** Damit wird der Tageserfolg stärker prämiert als der langfristige Erfolg. Wer schnell Tageserfolge vorzeigen will, wird die Posten kürzen, die kurzfristig keinen Erfolg versprechen. Dem Rotstift fallen damit nicht nur tatsächlich unwirtschaftliche Aufwendungen zum Opfer, sondern auch die immateriellen Investitionen.

Nun besteht Gefahr, dass damit die Position eines solchermaßen kurzfristig orientierten Managers langfristig geschwächt wird. Ihm müsste bei verantwortungsbewusstem Handeln eigentlich am Dauererfolg seiner Abteilung gelegen sein. Damit verlagert sich die Förderung oder Behinderung von Innovationen aber auf die Frage, wie lange der Stelleninhaber voraussichtlich in dieser Position verweilen wird. Ist er erfolgreich, wird er befördert. In diesem Falle muss er den zukünftigen Erfolg seinem Nachfolger überlassen. Es darf bezweifelt werden, dass er daran sonderlich interessiert ist. **Die Bindung des Aufstiegs an den kurzfristigen Erfolg ist innovationsfeindlich.** In die gleiche Richtung wirkt eine häufige **Rotation** der Führungskräfte.

Es ist nur konsequent, bei der Gestaltung von Anreizsystemen für Innovationen von der Nutzung der kurzfristigen Erfolgsrechnung völlig abzusehen und stattdessen ein phasenspezifisches, auf qualitative und quantitative Leistungsindikatoren gestütztes System der Leistungsbewertung und Erfolgsbeteiligung vorzuziehen[1].

4.5 Die Überwindung der Widerstände als Aufgabe des Innovationsmanagements

Innovationsmanagement ist der ständige Kampf mit den Widerständen. Da die Widerstände oft im Unterbewussten wurzeln, kann dieser Kampf nicht nur mit rationalen Argumenten ausgefochten werden. Das Innovationsmanagement muss Ängste, Zwangsvorstellungen, Ignoranz, Desinteresse, Verantwortungsscheu ebenso überwinden wie gut begründete technische Abwehrhaltungen, Argumente der betrieblichen Investitionspolitik, Begründungen aus der Welt der Kostenrechnung, Anforderungen der finanziellen Führung, ökologische Einwände usw.

Angesichts dieser Vielfalt wird verständlich, dass es den "Königsweg" zur Entscheidung und Durchsetzung von Innovationen nicht gibt. Die empirische Forschung hat zwar erste Einsichten geliefert, die sich auch zunehmend bestätigen, aber von einer befriedigenden Erklärung sind wir noch weit entfernt.

---

1 *Becker* (1987), S. 42.

Die vorliegenden Befunde der **Erklärung** sollen in den folgenden Kapiteln präsentiert werden. Wir wollen auch riskieren, Schlussfolgerungen für die **Gestaltung** zu ziehen und einzelne Instrumente für das Innovationsmanagement vorzulegen. *Schmidt-Tiedemann* sieht in seinem "Konkomitanz-Modell" vier Schwerpunkte für eine derartige Betrachtung: Die Prozessstruktur ("Phasen"), die Schlüsselentscheidungen, die kritischen Zwischenergebnisse ("Meilensteine") sowie schließlich die betroffenen und beteiligten Funktionsbereiche[1]. Wir konzentrieren uns aus der Perspektive des Managements auf drei Schwerpunkte:

(1) Promotoren

Die Anwendung derartiger Instrumente verspricht ohne den Einsatz hoch motivierter Menschen keinen Erfolg. Es müssen somit zunächst die Träger des Innovationsmanagements, die "Promotoren", vorgestellt werden. Diese Promotoren haben den Entscheidungs- und Durchsetzungsprozess zu gestalten (Kapitel 5).

(2) Kooperation

In diese Input- und Output-Prozesse sind externe Interaktionspartner einbezogen. Es ist zu zeigen, mit welchen Instrumenten auf die Marktpartner eingewirkt werden kann. Es ist überdies darzulegen, wie eine innerbetriebliche Widerstandssituation durch das Hinzutreten der Marktpartner beeinflusst wird (Kapitel 6).

(3) Prozessmanagement

Innovationsmanagement ist schließlich innerbetriebliches Prozessmanagement. Uns ist die Aufgabe gestellt, die Prozesse der Initialisierung, der Problemdefinition, der Zielbildung, der Alternativengenerierung und der Ablaufsteuerung im Einzelnen zu zeigen (Kapitel 7 – 11).

Wir greifen damit eine Anregung von *Edward de Bono* auf [2]. Er unterscheidet bei der Betrachtung von Problemlösungsprozessen sehr plakativ das sog. **"first-stage-thinking"** vom **"second-stage-thinking"**. Seine These ist, dass sich die Betriebswirtschaftslehre im Wesentlichen auf die zweite Phase konzentriert hat. In dieser zweiten Phase sind Problemdefinition, Ziele, Alternativen, Umweltdaten in kalküladäquater Form "gegeben". Das Problem liegt "nur noch" im Finden und Anwenden des richtigen Algorithmus. Dieses ist die Welt der Lehrbücher zur Entscheidungstheorie.

De Bono beklagt zu Recht, dass demgegenüber die erste Phase deutlich unterentwickelt ist. In dieser Phase müssen die Probleme definiert, die Ziele gebildet, die Alternativen gesucht und die Situation charakterisiert, also die "Gegebenheiten" gefunden oder festgelegt werden, von denen die Aktivitäten der zweiten Phase ausgehen.

Es ist eine These dieser Schrift, dass die Aktivitäten der ersten Phase insbesondere bei Innovationen die **eigentlichen Herausforderungen an das Management** stellen. In Innovationen ist das Problem grundsätzlich nicht definiert, die Ziele sind nicht klar, die Alternativen sind nicht gegeben, die Situationsparame-

---

[1] *Schmidt-Tiedemann* (1982), S. 20.
[2] *de Bono* (1982), S. 5 ff.

ter sind nicht quantifiziert. Die Prozess-Steuerung hat nicht nur die Aktivitäten der zweiten Phase zu bedenken, sie hat sich auch auf die Aktivitäten der ersten Phase in spezifischer Weise einzustellen.

Die folgende Betrachtung folgt dieser Konzeption. Wir werden zunächst die Promotoren, sodann die Marktkräfte und schließlich die Aktivitäten des Innovationsprozesses darstellen, die im Sinne *De Bonos* der ersten Phase zuzuordnen sind.

5. Kapitel
Akteure der Innovation: Promotoren und Teams

5.1 Eine Fallstudie: Die Promotoren des Audi Quattro

"There is plenty of reason to suppose that individual talents count for a good deal more than the firm as an organization."

Arrow (1962), S. 624

Innovationen verdanken ihren Erfolg dem unbedingten Einsatz einzelner Personen. Sie bringen ihre Persönlichkeit, ihre Position, ihre Sanktionsinstrumente, ihr Wissen, ihr Wollen in die Entscheidung und Durchsetzung des Neuen ein. Zur Illustration dieser These soll diesem Kapitel die eindrucksvoll dokumentierte Fallstudie aus der Feder des englischen Motorsport-Journalisten *Jeremy Walton* vorangestellt werden (Hervorhebungen durch Verfasser):

"Es war im Februar 1977, daß *Ferdinand Piëch*, bedeutendes **Mitglied im Kreise der Porsche-Aktionäre und Audi-Vorstand für Entwicklung**, von seinen Fahrwerkskonstrukteuren zum ersten Mal so nebenher auf die Verwendung des Vierradantriebs für eine Audi-Serienlimousine angesprochen wurde. Der Entwicklungschef ... brauchte nicht lange für seine Entscheidung. Am nächsten Tag war es für ihn klar: Wenn überhaupt Allradantrieb, dann lieber in Verbindung mit einem Hochleistungs- oder Sportwagen, als, wie vorgeschlagen, mit der Audi 100-Limousine. Damit hatte der Quattro grünes Licht ...

Bensinger (**Leiter der Fahrwerksentwicklung** in Ingolstadt) wartete buchstäblich jahrelang auf eine Chance, auf ein passendes Audi-Projekt. Es ist wichtig zu wissen, daß die Erfahrungen, die andere Ingenieure mit Vierradantrieb gemacht hatten, eher geeignet waren, Audi von dessen Anwendung in normalen Straßenfahrzeugen abzuhalten ...

Für Ingolstadt lag die Lösung ... in einem ständig eingeschalteten Allradantrieb im Verein mit weitgehender Verwendung serienmäßig vorhandener Bauteile oder zumindest solcher, die schon auf der Liste der Produktentwicklung standen. Nur so errechnete man sich eine weitgehende Kostensenkung bei gleichzeitiger Realisierung der theoretischen Vorzüge dessen, was *Bensinger* so sorgfältig als mögliche Produktionsvariante herausgearbeitet hatte.

Bensinger berichtet: 'Die Antwort auf meine Frage war mir 1976 bei den Fahrversuchen mit dem Iltis (allradgetriebenes Militärfahrzeug, d.V.) und im darauffolgenden Winter bei der Skandinavien-Erprobung gekommen ... Ich erwartete kein besonders gutes Fahrverhalten bei einem so hochliegenden Schwerpunkt. Doch dann war ich wirklich angenehm überrascht von den Fahreigenschaften des Iltis auf Schnee und Eis. Er überzeugte mich, daß dies unsere zukünftige Marschrichtung sein müsse ...

Als ich von jener Wintererprobung heimkam, schlug ich Herrn *Piëch* vor, dieses Vierradkonzept in einem leistungsstärkeren Auto wie z.B. dem Audi 100 auszuprobieren.

Piëch brach zwar nicht sofort in Begeisterung aus, als ich ihm von den guten Ergebnissen mit dem Iltis erzählte; aber es war dafür nur ein wenig zu früh ... denn am nächsten Morgen schon rief er mich an, und wir sprachen über meinen Vorschlag. Meine Vorstellung war, den ganzen Antriebstrakt in einen Audi 100 einzubauen. *Piëch* aber meinte, wir müßten etwas tun, um die Öffentlichkeit von den Vorzügen des Vierradantriebs zu überzeugen und davon, daß wir, Audi, dafür die richtigen Leute sind. Sie wissen ja: Wenn der Kunde sieht, daß etwas technisch Neues von Mercedes oder von Porsche kommt, sagt er o.k. - das muß ja besser sein. Aber von Audi ...?'

Bevor er mit Einzelheiten des Entwicklungsablaufs beginnt, weist uns *Bensinger* darauf hin, mit welcher **Vertraulichkeit** im Anfangsstadium das ganze Quattro-Projekt behandelt wurde. 'Niemand bekam unsere Produktionszeichnungen zu sehen, nicht einmal die Lieferanten. ... Und einiges von dem, was ich tat - so der Bau des ersten A1-Prototyps vor dem offiziellen Vorstandsbeschluß - hätte mich ja auch den Job kosten können ... aber ich hatte ja *Piëchs* Wort, und deshalb ging's schon in Ordnung.'...

Im März 1977 begannen die eigentlichen Entwicklungsarbeiten mit einem "Versuchsträger", einer betagten Audi 80-Limousine, in die man den Iltis-Allradantrieb einbaute. Die Aufgabe, genau diese Kraftübertragung zu entwickeln und dabei so viele Serienteile wie nur möglich zu verwenden, fiel dem ehemaligen Mercedes-**Renningenieur** *Hans Nedvidek* zu ...

Inzwischen hatte der erste geänderte Quattro-Misch-Prototyp aus Audi 80 und Iltis mit der Bezeichnung A1 so vielversprechende Ergebnisse erbracht, daß er nicht nur innerhalb des **Entwicklungsressorts**, sondern auch seitens der **übrigen Vorstandsbereiche** volle Unterstützung fand. Im September 1977 erhielt das Projekt eine Entwicklungsnummer, und mit dem erteilten Auftrag wurde nun auch der Entwicklungsaufwand offiziell genehmigt - wenngleich erst, nachdem schon fünf Monate lang **Ingenieure und Werkstätten** an jenem Versuchsträger **inoffiziell gearbeitet** hatten. Vorschriften sind eben zuweilen auch dazu da, umgangen zu werden!

Im November 1977 begann die Straßenerprobung des A1 mit aufgeladenem Fünfzylinder vom Audi 100 ... Die Erprobung verlief so eindrucksvoll, daß nunmehr dem **Gesamtvorstand**, ebenfalls noch im November, der Vorschlag vorgelegt wurde, eine Straßenversion davon in die Produktionsplanung zu nehmen.

Als das Projekt im FE-Bereich (Forschung und Entwicklung) offiziell in Gang gesetzt war, stellte man eine **kleine Arbeitsgruppe** dafür zusammen. 'Es waren damals **keine zwölf Mann**, die daran arbeiteten ...'

Für die Audi-Leute fiel der Beginn des folgenden Jahres mit einer wichtigen internen Demonstration der Leistungsfähigkeit ihrer Quattro-Neuentwicklung zusammen. Es war dringend nötig geworden, der Firmenleitung das außergewöhnliche Potential dieser Straßen-Vierrad-Version deutlich zu machen, um sie dazu zu bewegen, der Serienproduktion eines 4x4-Hochleistungsfahrzeugs zuzustimmen.

Die Turracher Höhe in Österreich, mit bis zu 23 % Steigung Europas steilster Alpenpaß, war im Januar 1978 Schauplatz einer Präsentation für den **VW-Verkaufsvorstand** Dr. *Werner P. Schmidt* und **Marketingchef** *Edgar von Schenck.* In der Halle des Hotels Seewirt informierten die **Ingenieure** ihre Manager über alles Wissenswerte. Dann zog der A1-Prototyp ... den eis- und schneebedeckten Steilhang fast mühelos hinauf, und das 'mit normalen Sommerreifen und ohne Schneeketten'...

Im Mai 1978 hatte der **FE-Chef des Volkswagenwerks,** Professor Dr. *Ernst Fiala,* seine Zustimmung zur Serieneinführung des Quattro-Konzepts gegeben. Erstes praktisches Resultat war der Bau eines zweiten Prototyps (A2), und bis Anfang 1979 stand dann auch der dritte und letzte Quattro-Vorläufer auf Basis der 80er Limousine auf den Rädern ..." [1]

Die Fallstudie "Audi-Quattro" zeigt, dass eine gelungene Innovation nicht das geniale Werk eines Einzelnen ist, sondern das Produkt einer langdauernden Teamarbeit. Der Fall ist hervorragend geeignet, folgende Fragen zu illustrieren:

- Warum kann ein einzelnes Individuum eine derartige Innovation nicht vorantreiben?
- Mit welchen Argumenten sind weitere Personen zur Mitwirkung in einem Innovationsteam zu bewegen?
- Worin liegen die spezifischen Beiträge dieser Mitglieder des Innovationsteams?
- Welche hierarchischen Positionen nehmen sie ein? Ist ihr Rang für den Fortgang des Innovationsprozesses bedeutsam?
- Wie gehen die Innovatoren mit Widerstand gegen die Innovation um?
- Ist die Kooperation der Team-Mitglieder bewusst organisiert?
- Welche Rolle spielt "Außendruck" für Bildung und Zusammenhalt eines Innovationsteams? Wodurch wird ein solcher Außendruck erzeugt?
- Wie machen die Innovatoren das Neuartige ihrer Leistungen bewusst? Wie kaschieren sie umgekehrt die revolutionäre Änderung?
- Ist es nötig, die Handelnden förmlich zu beauftragen, um ihr Engagement für die Innovation zu sichern?
- Welche Prozessphasen lassen sich unterscheiden? Welche Bedeutung haben bestimmte Personen für die Beendigung einer bestimmten Phase oder für den Start einer nächsten Phase?

Diese Fragen sollen im folgenden Kapitel behandelt werden.

---

1 *Walton* (1986), S. 30-55.

5.2 Kennzeichen von Promotoren: Leistungsbeiträge und Machtquellen

"Innovation studies contain information on a number of roles, use a variety of names to describe them, and often come to conflicting conclusions about their importance."

Jervis (1975), S. 19

Die Führungsforschung bezieht sich gern auf die **Great-Man-Theory**. Es liegt wohl in der Natur des Menschen, dass sie historisch große Leistungen mit einer bestimmten Person verknüpft. So auch die Innovationsgeschichte: *Columbus* entdeckte Amerika, *Michelangelo* schuf den Petersdom, *Lesseps* baute den Suez-Kanal ... Der Innovator gibt seinem Werk seinen Namen: der *Eiffel*-Turm, der *Otto*-Motor, die *Fresnel*-Linse, der *Fischer*-Dübel, der *Leitz*-Ordner, "der" *Zeppelin*, "der" *Duden*, "die" *Hasselblad* ...

Es verwundert somit nicht, dass in der Innovationsforschung schon früh die Frage nach der treibenden Kraft hinter dem Werk gestellt wurde. Unseres Wissens gab *Schon*[1] dieser Figur 1963 den Namen, durch den ihre Leistung bis heute im angelsächsischen Sprachraum gekennzeichnet wird: **Champion**. Spätere Attribute und Zusätze sollten seine Funktionen präzisieren: product-champion, project-champion, executive-champion, management-champion. Trotz derartiger Zusätze ist die Botschaft klar:

Innovationen verdanken ihre Durchsetzung einem, "dem" herausragenden Individuum.

Die Forschung schien es damit leicht zu haben, denn diesen Menschen kann man bei Befragung verlässlich bestimmen[2]. Man kann seine besonderen Fähigkeiten und Beiträge erfassen und erheben. Man kann seine Stellung im Unternehmen ohne Schwierigkeiten kennzeichnen. Man kann Projekte mit und ohne Champions vergleichen und damit sehr einfach seine Bedeutung nachweisen. Überdies wurde vielfach empirisch belegt: **Der Champion ist einer der wichtigsten Erfolgsfaktoren der Innovation**. Dieser Befund schien so fest gesichert, dass weitergehende Forschungen lange Zeit offensichtlich für entbehrlich gehalten wurden. Es lohnte sich mehr, nach anderen Erfolgsfaktoren Ausschau zu halten. Bis heute hält vor allem die amerikanische Innovationsforschung beharrlich am Champion-Konzept fest[3].

Dabei hätte schon ein Blick in *Schumpeters* frühe Arbeit nachdenklich machen sollen. Er machte im Jahre 1912 darauf aufmerksam, dass das "Durchsetzen

---

1 *Schon* (1963), S. 77 ff.

2 *Howell/Higgins* (1990), S. 317 ff., *Day* (1994), S. 158, *Jenssen/Jørgensen* (2004), S. 66 ff., *Howell et al.* (2005), S. 645 ff., insbes. 654 ff.

3 *Day* (1994), S. 148, *Shane* (1994), S. 400 ff., 406 f., *Markham/Griffin* (1998), S. 437, *Tabak/Barr* (1999), S. 250 ff., *Markham* (2000), S. 429 ff., *Sicotte/Langley* (2000), S. 9 f., *Howell/Shea* (2001), S. 15 ff., *Roure* (2001), S. 663 ff., *Howell et al.* (2005), S. 641 ff.

neuer Kombinationen" das **Zusammenwirken höchst unterschiedlicher Menschen** erfordert.

> "... Die Funktion des Unternehmers und die Funktion des Erfinders sind ganz verschiedene Dinge. Der Unternehmer ist weder prinzipiell selbst Erfinder - wo er es ist, liegt eine zufällige Vereinigung verschiedener Funktionen vor -, noch ist er der Handlanger und Ordonnanzoffizier des Erfinders, so daß der Erfinder der eigentliche Unternehmer wäre."[1]

Schumpeter trennt Funktion von Person. Er beeinflusst damit weithin die wissenschaftliche Bearbeitung der personellen Aspekte des Innovationsmanagements. Es wird nicht nach Personen oder Positionen gefragt, sondern es wird üblich, **Funktionen** oder **Rollen** zu definieren, zu beschreiben, zu suchen und zu erklären. Der Begriff der Rolle wird dabei nicht nach dem Verständnis der Soziologie als Menge aller Rollenerwartungen der relevanten Bezugsgruppen einer fokalen Person verwendet, sondern im organisationstheoretischen Verständnis als "organized set of behaviors belonging to an identifiable office or position"[2]. Die zitierten Untersuchungen beziehen sich jeweils auf den beobachteten "set of behaviors". Kasten 5.1 gibt einen Eindruck von der Vielfalt dieser Unterscheidungen.

Man ist verwirrt: Vereinigt der Champion alle Rollen in sich oder ist er nur einer unter mehreren Innovationsmanagern? **Gibt es demnach Arbeitsteilung im Innovationsmanagement?** Mitte der 80er Jahre endet diese ausufernde Phantasie, immer neue Rollen zu definieren. Immerhin liefern diese feinsinnigen Unterscheidungen wichtige Kriterien zur Kennzeichnung der Funktionen des Innovationsmanagements, ganz abgesehen davon, ob ein Champion oder mehrere Personen tätig werden[3]. Die Bedeutung dieser Personen lässt sich nach zwei Kriterien bestimmen:

- **Innovationen sind Arbeitsprozesse, in denen die beteiligten Manager bestimmte "Leistungsbeiträge" erbringen.**
- **Sie stützen sich dabei auf Ressourcen und Potentiale, die wir zusammenfassend "Machtquellen" nennen[4].**

In den Rollen oder Funktionsbezeichnungen des Innovationsmanagements werden diese Leistungsbeiträge oder Machtquellen personifiziert. Kasten 5.2 zeigt die Leistungsbeiträge oder Verrichtungen auf der einen Seite und auf der anderen die entsprechenden Begriffe für die Rollen im Innovationsmanagement. Kasten 5.3 enthält die analoge Unterscheidung nach den Machtquellen.

---

1 *Schumpeter* (1912), S. 178.
2 *Mintzberg* (1973), S. 54.
3 Erste Quantifizierungen bei *Frohman* (1978), S. 7 ff., s.a. *Steinle et al.* (2003), S. 411.
4 *Day* (1994), S. 150.

Kasten 5.1: Rollenvielfalt im Innovationsmanagement

Autoren	Rollenbezeichnungen				
Schumpeter 1912	Erfinder	Unternehmer			
Schon 1963	inventor	product champion			
Rogers/Shoemaker 1971	initiator	stimulator	legitimizer	decision maker	exe-cutor
Witte 1973	Fachpromotor	Machtpromotor			
Havelock 1973	catalyst	solution giver	process helper	resource linker	
Chakrabarti 1974	product champion	members of functional groups			
Rothwell et al. 1974	technical innovator	product champion	business innovator	chief executive	
Maidique 1980	technologist	product champion	executive champion	entrepreneur	
Roberts/Fusfeld 1981	idea genera-tor	entrepreneur/ champion	project leader	gatekeeper	sponsor/ coach
Hauschildt/ Chakra-barti 1988	Fachpromotor	Machtpromotor	Prozess-promotor		
Picot et al. 1989	Politischer Koordinator	Informations-koordinator	Ressourcen-koordinator	Markt-koordinator	
Frost/Egri 1991	product champion	management champion			
Krüger 1995	Entscheider ("Macher")	Planer ("Experte")	Benutzer ("Betroffener")		
Gemünden/Walter 1995	Fachpromotor	Machtpromotor	Prozess-promotor	Beziehungs-promotor	
Nam/Tatum 1997	technical collaborator	innovation sup-porter	driving force		

Quelle: Eigene Darstellung

Kasten 5.2: Leistungsbeiträge und Rollen im Innovationsmanagement

Leistungsbeiträge	Rollen im Innovationsmanagement
1. Anstoß des innovativen Prozesses	initiator, catalyst, stimulator
2. Entwicklung einer Problem-lösung	Lösungssucher, solution giver, idea generator, infor-mation source
3. Prozess-Steuerung	process helper, connector, resource linker, idea facilitator, orchestrator
4. Entscheidung	decision maker, legitimizer
5. Realisierung	realisator, executor

Quelle: *Hauschildt/Chakrabarti* (1988), S. 383

Kasten 5.3: Machtquellen und Rollen im Innovationsmanagement

Machtquellen	Rollen im Innovationsmanagement
1. Objektspezifisches Fachwissen	Fachpromotor, technical innovator, technologist, inventor
2. Hierarchisches Potential	Machtpromotor, chief executive, executive champion
3. Verfügung über materielle Ressourcen	business innovator, investor, entrepreneur, sponsor
4. Organisationskenntnis und Kommunikationspotential	Prozesspromotor, product champion, project champion
5. Netzwerkkenntnis und Interaktionspotential	Beziehungspromotor

Quelle: *Hauschildt/Chakrabarti* (1988), S. 383,
Gemünden/Walter (1995), S. 973 ff.

Die Betrachtung ist um einen klassischen Aspekt zu erweitern. Man wird fragen, ob die genannten Rollen nur **intra**-organisatorisch oder auch **inter**-organisatorisch zu interpretieren sind[1]. Die Literatur zur Kooperation und zur vertikalen Integration macht energisch darauf aufmerksam, das Innovationsmanagement nicht nur aus dem Gesichtswinkel einer innerbetrieblichen Personalkonstellation zu sehen. Die genannten Leistungsbeiträge können auch von Externen erbracht, die fehlenden Eigenschaften oder Machtquellen können auch von außen eingebracht werden. So kann das technische Fachwissen durchaus aus einem externen Ingenieurbüro stammen, die Problemlösung von einem Kunden bestimmt werden, die Initiative von einem Lieferanten ausgehen, die Prozess-Steuerung von einem Berater übernommen werden, die Ressourcenfreigabe von einer Konzerngesellschaft abhängen. Das Innovationsmanagement soll Entscheidungen über neuartige Projekte fällen und diese durchsetzen - auf dieses Ergebnis kommt es an, nicht darauf, ob es ein "Interner" oder auch ein "Externer" ist, der Beiträge zur Realisierung dieser neuen Lösung liefert. Kurz: Die Unterscheidung zwischen "intra-organisatorischer" oder "inter-organisatorischer" Interpretation des Innovationsmanagements spielt in den Ausführungen dieses Kapitels keine Rolle, es sei denn, dass durch sie besondere Probleme aufgeworfen werden. Erst im folgenden Kapitel 6 wird diese Beziehung zu externen Kooperationspartnern gesondert behandelt.

Mit der Beschreibung, Benennung und Ordnung von Funktionen im Innovationsmanagement ist indessen allenfalls ein erster Schritt getan, um die Vorstellung vom einsamen Champion aufzuheben. Für die systematische Ableitung einer Arbeitsteilung und damit für die Bestimmung von Rollen, die unterschiedlichen Personen zugeordnet werden können, wird mehr verlangt: **ein theoretisches Konzept, das die Arbeitsteilung aus den Besonderheiten der Innovation begründet**.

---

1 *Gemünden* (1981), S. 26.

5.3 Theoretische Erwägungen zum Promotoren-Modell

> "Successful innovation, however, requires a special combination of entrepreneurial, managerial, and technological roles."
> *Maidique* (1980), S. 59

Innovationen verlangen zum einen kreative Leistungen und zum anderen die Überwindung der Widerstände, die sich ihrer Realisierung im Betrieb und im Markt entgegenstellen. Innovatoren müssen demnach das neue Produkt intellektuell und physisch hervorbringen (**kognitive Leistung**) und die Konflikte bewältigen, die bei der Widerstandsüberwindung auftreten (**konfliktregulierende Leistung**). Die kognitive Leistung ist in erster Linie ein Ressourcenproblem. Die konfliktregulierende Leistung ist hingegen vornehmlich ein Führungsproblem. Wir folgen bei der weiteren Darstellung dem Entwicklungspfad der Forschung, die zunächst den Widerstandsaspekt aufgriff.

5.3.1 Promotoren überwinden Widerstände

Im voranstehenden Kapitel 4 wurden die Varianten und die Ursachen der Widerstände gegen Innovationen vorgestellt: **Barrieren des Nicht-Wissens, des Nicht-Wollens sowie administrative Widerstände**. Diese Widerstände sind durch den persönlichen, engagierten und nachhaltigen Einsatz bestimmter Individuen zu überwinden[1]. Diese auf *Schumpeter* zurückgehende Vorstellung wurde von *Witte* zu einem Modell der Arbeitsteilung im Innovationsprozess ausgebaut[2] und von *Hauschildt/Chakrabarti* erweitert[3].

Witte **verwendet erstmalig den Begriff "Promotor"[4] für diese Personen, "die einen Innovationsprozeß aktiv und intensiv fördern"[5].**

Witte sah die Aufgabe eines **Fachpromotors** darin, die Barriere des Nicht-Wissens zu überwinden. Entsprechend liegt der Beitrag eines **Machtpromotors** darin, die Barriere des Nicht-Wollens zu beseitigen. Der Begriff des "**Gespanns**" verweist nicht nur auf die Existenz, sondern vor allem auf die Interaktion und die Synergie der gemeinsamen Anstrengung. Kasten 5.4 enthält das ursprüngliche Konzept *Wittes* im Originaltext.

---

1 *Langholz* weitet diesen personalistischen Ansatz auch auf Institutionen aus, *Langholz* (1999), S. 67 ff., s.a. *Brockhoff/Langholz* (2000), S. 340.

2 *Witte* (1973).

3 *Hauschildt/Chakrabarti* (1988).

4 Er wählte bewusst die lateinische, nicht die amerikanische Schreibweise ("promoter"), um mögliche negative Konnotationen zu vermeiden.

5 *Witte* (1973), S. 15 f.

Kasten 5.4: Das ursprüngliche Promotoren-Modell (*Witte*)

*"Als **Machtpromotor** bezeichnen wir diejenige Person, die einen Innovationsprozeß durch hierarchisches Potential aktiv und intensiv fördert. Definitionsmerkmale sind also eine bestimmte Position innerhalb der Aufbauorganisation und außerdem eine spezifische Verhaltensweise. Die Position ist dadurch gekennzeichnet, daß sie hinreichenden formalen Einfluß verleiht, der es gestattet, die Opponenten des Nicht-Wollens mit Sanktionen zu belegen und die Innovationswilligen zu schützen. ..." (S. 17)*

*"Den **Fachpromotor** definieren wir als diejenige Person, die einen Innovationsprozeß durch objektspezifisches Fachwissen aktiv und intensiv fördert. Die hierarchische Position ist unerheblich. ... (S. 18) Die prozeßtreibende Energie wird von seinem Fachwissen gespeist, das er ständig weiter vermehrt und gegenüber Innovationswilligen und Opponenten als Argumentationskraft einsetzt. Der Fachpromotor ist nicht nur selbst ein fortlaufend Lernender, sondern auch ein Lehrender. Damit überwindet er die Fähigkeitsbarrieren der Innovation ..." (S. 19)*

*.. vermuten wir, daß beim Auftreten des Machtpromotors und des Fachpromotors in getrennten Personen am ehesten eine fachlich hochrangige, durchsetzbare Entscheidung entsteht. Während der Fachpromotor ständig bemüht ist, die Arbeit im Detail zu leisten und den Machtpromotor auf die durchzusetzende Lösung hinzuweisen, treibt der Machtpromotor die Dinge voran, sorgt für die Bewilligung von Etatpositionen für weitere Untersuchungen und Ausbildungsschritte, stellt die am Innovationsprozeß beteiligten Personen von Routineaufgaben frei und schirmt sie von Opponenten ab. Die beiden Promotoren sind also nicht getrennt voneinander tätig, sondern stehen in einem organisatorischen Arbeitszusammenhang, den wir **Gespann-Verknüpfung** nennen. .. (S. 20 f.)*

*Die beiden Promotoren können hierarchisch weit voneinander entfernt sein, also etwa unterschiedlichen Hauptabteilungen angehören und auf sehr verschiedenen Rangebenen stehen. Sie haben keine Verpflichtung zur Zusammenarbeit, sondern verbünden sich notwendigerweise, weil sie die Innovation wollen und weil sie wissen, daß sie diese nur gemeinsam bewältigen können. Die Verbindung von Machtpromotor und Fachpromotor ist deshalb eher eine **Koalition** als ein Team. Das Wort **Promotoren-Gespann** bezeichnet wohl am besten die Tatsache der engen gemeinsamen Zugkraft, die keine Vorrangigkeiten kennt, sondern durch das Aufeinander-Angewiesen-Sein charakterisiert ist." (S. 21)*

Quelle: *Witte* (1973), S. 17 ff., Hervorhebungen durch Verfasser

Aber: "Aller guten Dinge sind drei". Nach einer Metaanalyse der Literatur stellten *Hauschildt/Chakrabarti* die Hypothese auf, dass neben dem Fachpromotor und dem Machtpromotor ein dritter Promotor benötigt werde, um Innovationsprozesse erfolgreich abschließen zu können. Dieser "**Prozesspromotor**" hat die Aufgabe, eine weitere Barriere zu überwinden, die Barriere des "Nicht-Dürfens", das sind vor allem **organisatorische und administrative Widerstände** gegen die neue Idee. Dieser Promotor ist immer dann nötig, wenn es gilt, eine besonders komplexe Materie zu bewältigen und/oder das Innovationsprojekt in einem vielgliedrigen, großen Unternehmen durchzusetzen. Das Gespann der Promotoren erhält dann ein weiteres Zugpferd. Konsequenterweise verwenden wir jetzt den Begriff der "**Troika**"[1].

Das Promotorenkonzept - soweit es sich auf das **führungsorientierte** Problem der Überwindung des Widerstands bezieht - enthält damit drei Bausteine:

(1) Korrespondenztheorem

Für die Überwindung des Widerstandes wird jeweils eine spezifische "Energie" benötigt.

- Die **Barriere des Nicht-Wollens** wird hierarchisch, durch Anordnung und Gehorsam, oder marktlich, durch materielle oder immaterielle Anreize,
- die **Barriere des Nicht-Wissens** durch Lehren, Lernen und durch Wissensgenerierung,
- die administrative **Barriere des Nicht-Dürfens** wird durch Kommunikation und Interaktion überwunden.

(2) Widerstandsbezogenes Theorem der Arbeitsteilung

Diese Energien werden von unterschiedlichen Personen eingebracht:

- Der **Machtpromotor** setzt Herrschafts- und Führungsinstrumente zur Überwindung des Widerstandes ein und stellt materielle oder immaterielle Anreize zur Verfügung.
- Der **Fachpromotor** schafft oder beschafft die benötigten Informationen.
- Der **Prozesspromotor** stellt die notwendigen Verbindungen her und fördert die Interaktion der Beteiligten.

(3) Widerstandsbezogenes Interaktionstheorem

Der Durchsetzungsprozess ist dann erfolgreich, wenn die Promotoren ein Team bilden, **gut koordiniert** sind, also im wahren Sinne des Wortes **zusammen arbeiten**.

---

[1] *Hauschildt/Kirchmann* (1997), S. 69.

5.3.2 Promotoren bringen spezifische Ressourcen ein

Das Promotoren-Modell wurde von *Witte* ursprünglich am Beispiel der Ersteinführung von EDV-Anlagen entwickelt und geprüft. In dieser Innovation war die Überwindung des Widerstands die wichtigste Aufgabe der Promotoren. Die Innovation selbst - Hard- und Software - konnte von den EDV-Lieferanten oder von Beratern übernommen werden. In diesem Adoptionsprozess spielte die kreative, kognitive Leistung eine geringere Rolle[1]. Unser theoretisches Konzept verlangt aber auch die Beachtung dieses Aspektes des Innovationsmanagements. **Das Promotoren-Modell ist aus der Ressourcenperspektive zu ergänzen**[2]:

Die Innovation verlangt wenigstens Ressourcen und Potentiale eines **kreativen, fachkundigen Menschen**, dem das Innovationsproblem auffällt, dem zu seiner Lösung etwas Neues einfällt und der diese Neuartigkeit auch technisch umsetzt. Er benötigt dazu vor allem **Informationen**, die nur zum Teil "gegeben" sind. Er muss in der Lage sein, als Experte die fehlenden Informationen zu finden, zu beschaffen, zu verknüpfen und damit neues Wissen zu schaffen. Hier wird die kognitive Leistung des **Fachpromotors** erkennbar: Er ist das Zentrum der "Produktion neuen Wissens".

Je nach Art der Technologie benötigt der Fachpromotor dazu **Informationen, Roh-, Hilfs- und Betriebsstoffe und Sachmittel spezieller Art**: Material und Energie, Maschinen, Anlagen, Mess- und Prüfgeräte. Wenn diese nicht gegeben sind, muss er sie beschaffen, vielfach muss er sie auch selbst konstruieren. Erfinden ist kein punktueller Akt. Die Geschichte der Erfindungen ist immer wieder eine Geschichte der Konstruktion von allerlei Hilfsgeräten, der produktiven Umwege, der enttäuschenden Irrwege, der permanenten Verbesserung im Detail, des Austausches von Bewährtem, des Ersetzens bereits als abgeschlossen angesehener Teillösungen. Innovation hat einen erheblichen, zumeist unterschätzten Zeitbedarf.

Anders gesagt: Innovation hat einen bedeutenden **Bedarf an finanziellen Mitteln**. Der mittellose Erfinder kann seine Idee nur dann realisieren, wenn er **einen Mäzen oder einen Unternehmer** findet, der bereit ist, diese fehlenden Ressourcen einzubringen. Ein Mäzen beteiligt sich uneigennützig, für ihn ist das Engagement Konsum. Der Unternehmer engagiert sich in der Erwartung eines finanziellen Erfolgs. Für ihn ist sein Einsatz Investition. Dieser Ressourceneinsatz begründet Verfügungsrechte, verleiht Macht. Der Beitrag des **Machtpromotors** zur kognitiven Leistung besteht darin, die materielle Basis der Innovation zu beschaffen und zu sichern.

Aus **ressourcenorientierter Sicht** verlangt jede Innovation damit zumindest ein fachlich kompetentes Individuum und zusätzlich einen finanziell starken Partner. Der Fall des begnadeten und zugleich reichen Erfinders ist selten. Wer die personelle Perspektive der Innovation auf "den" Champion reduziert, denkt somit zu eng, denn er muss über seine technologische Leistung hinaus zumindest auch

---

[1] Erst *Gemünden* hat die kognitiven Aktivitäten in diesem Adoptionsprozess eindeutig herausgearbeitet, *Gemünden* (1981), S. 30 ff.

[2] Vgl. *Folkerts* (2001), S. 95 ff.

noch über die Fähigkeit verfügen, Mäzene oder Unternehmer für seine Idee zu gewinnen. Damit wird ein weiteres, besonderes Potential benötigt: die **soziale Kompetenz,** die überzeugende Werbekraft, die Begeisterungsfähigkeit, das pädagogische Talent.

Wo einem Erfinder diese Fähigkeiten fehlen, benötigt er einen **Mittler**, der Verbindungen schafft, der über Personenkenntnis und ein personelles Netzwerk verfügt, der die Brücke zwischen Technik und Anwendung, also zwischen den unterschiedlichen Beteiligten und Betroffenen schlägt. Damit wird auch aus ressourcenorientierter Sicht erkennbar, dass eine Innovation als Dritten im Bunde einen **Ressourcen-Verknüpfer** oder **Verbindungs-Schaffenden** benötigt. Diese Person hat den gesamten Innovationsprozess im Blick. Er sieht die vielfältigen Schnittstellen. Er kann den Ablauf gestalten und ist insoweit der Steuermann des Innovationsprozesses. *Havelock*[1] nannte diese Funktionen "Process-Helper" und "Resource-Linker". Wir sehen hier den Beitrag des **Prozesspromotors** zur kognitiven Innovationsleistung.

Damit sind drei weitere Bausteine für eine **ressourcenorientierte Begründung** der Arbeitsteilung bei Innovationen gewonnen:

(4) Defizittheorem

Für die Innovation werden spezifische Ressourcen oder Potentiale benötigt: Der gegebene, als veränderungsbedürftig empfundene Zustand wird

- durch Fachwissen und Kreativität,
- durch den Einsatz finanzieller Ressourcen und
- durch die Herstellung sozialer Verbindungen

verändert.

(5) Ressourcenbezogenes Theorem der Arbeitsteilung

Diese Ressourcen und Potentiale werden durch unterschiedliche Promotoren bereitgestellt:

- Der Fachpromotor bringt Fachwissen und Kreativität,
- der Machtpromotor materielle Ressourcen und
- der Prozesspromotor Kommunikations- und Organisationsvermögen

in die Innovation ein.

(6) Ressourcenbezogenes Interaktionstheorem

Die Lösungsgenerierung ist dann erfolgreich, wenn diese Promotoren **zusammenfinden** und ihre unterschiedlichen Ressourcen und Potentiale im Innovationsprozess **zusammenfügen**.

---

1 *Havelock* (1973), S. 25 ff.

Die Theoreme 1, 2, 4 und 5 sind **Existenzaussagen**. Eine empirische Überprüfung dieser Konzepte hat zunächst nur diese Existenz nachzuweisen. Wenn sich z.B. zeigen sollte, dass in der Realität die erwartete Arbeitsteilung überhaupt nicht auftritt, ist das Konzept in dieser Form nicht zu halten. Dann würde das monopersonale Konzept des Champions gelten. Die Theoreme 3 und 6 sind demgegenüber **Hypothesen** zum Einfluss der Promotoren auf den Innovationserfolg. In Kasten 5.5 ist das theoretische Konzept zusammengefasst dargestellt.

Kasten 5.5: Theoretische Basis des Promotorenmodells

Theoreme des Promotorenmodells

Führungsperspektive	Ressourcenperspektive
Existenzaussagen	
Th 1: Korrespondenztheorem	Th 4: Defizittheorem
Th 2: Widerstandsbezogenes Theorem der Arbeitsteilung	Th 5: Ressourcenbezogenes Theorem der Arbeitsteilung
Hypothesen	
Th 3: Widerstandsbezogenes Interaktionstheorem	Th 6: Ressourcenbezogenes Interaktionstheorem

Quelle: Eigene Darstellung

Das Promotorenmodell ist in seiner Erfolgsaussage in erster Linie auf Effektivität gerichtet: Erfolgreich ist der Innovationsprozess dann, wenn die Innovation innerbetrieblich und auf dem Markt durchgesetzt ist. *Gemünden* et al.[1] machen zu Recht darauf aufmerksam, dass diese Sichtweise ökonomisch zu eng ist. Denn sie **vernachlässigt die spezifischen Kosten des Innovationsprozesses.** Sie weisen darauf hin, dass das Auftreten von Promotoren unerwünschte Nebenwirkungen bzw. zusätzliche Kosten verursachen kann. Das gilt insbesondere für das isolierte Auftreten eines Machtpromotors, der sich ja bewusst über geltende Regeln hinwegsetzt, um die Innovation durchzusetzen. Diese "Kosten von Regelverstößen" werden von der Innovationsforschung schlicht ignoriert. Hinzu kommen Kosten bei Ausfall von derartigen Schlüsselpersonen[2]: Wenn Innovationen wegen Krankheit, Tod, Beförderung, Pensionierung eines der Promotoren abgebrochen werden, sind die bisher angefallenen, von dieser Person verantworteten Innovationskosten in der Regel vergeblich aufgewendet worden. Last not least sind die Kosten zu bedenken, die entstehen, wenn ein Machtpromotor wenig erfolgversprechende Lieblingsprojekte zu Lasten der Unternehmung

1 *Gemünden et al.* (2006), S. 120 ff.
2 *Folkerts* (2001), S. 203 f.

hartnäckig verfolgt und nicht zum Projektabbruch zu bewegen ist[1].

Die Erfolgsbeurteilung des Promotorenmodells kann die Kosten des Innovationsprozesses nicht länger ignorieren.

Hier besteht erheblicher theoretischer und empirischer Forschungsbedarf.

5.4 Empirische Befunde zum Promotoren-Modell

5.4.1 Befunde zur Tatsache der Arbeitsteilung

Das Promotoren-Modell ist in Wissenschaft und Praxis sehr populär geworden. Seine hohe Akzeptanz verdankt es der Tatsache, dass *Witte* seine Hypothesen zum Zwei-Personen-Modell am Beispiel der Erstbeschaffung von EDV-Anlagen eindrucksvoll bestätigen konnte[2].

(1) Befunde zur Existenz von Promotoren

Aber die Befunde sind keineswegs einhellig. In einer nicht **unerheblichen** Zahl von Fällen kommt es **überhaupt nicht zur Arbeitsteilung**.

Schon in *Wittes* Untersuchung musste registriert werden, dass in 21 % der von ihm untersuchten 233 Fälle überhaupt **keine Promotoren** auftraten und in 38 % der Fälle **keine Arbeitsteilung** vorlag[3]. Auch in der bekannten SAPPHO-Studie wird belegt, dass es zu einer erheblichen Rollenkombination kommt[4]. Die Befunde von *Chakrabarti*[5] und *Chakrabarti/O'Keefe*[6] weisen zwar deutlich die **Existenz mehrerer Promotoren** nach, in der Hälfte der Fälle konzentriert aber eine einzelne Schlüsselperson die gesamte Innovationsaktivität auf sich. Auch in späteren Untersuchungen von *Markham et al.*[7] und *Scholl et al.*[8] finden sich in einer nicht unerheblichen Anzahl von Fällen keine oder nur isoliert auftretende Promotoren. Auch in der Überprüfung des Promotoren-Modells durch *Kirchmann*[9] können in 28 % der Fälle überhaupt **keine Promotoren**, in 42 % **keine Arbeitsteilung** festgestellt werden.

Indessen ist diese **Zentralisierung** der Innovationsfunktion in einer Stelle im Sinne des Champion-Konzeptes auch **keinesfalls die Regel**: In *Wittes* Untersu-

---

1 *Ernst* (2001), S. 309 ff.
2 *Witte* (1973).
3 *Witte* (1973), S. 35, so auch *Hauschildt* (1999), S. 13, in 13 % der untersuchten Innovationen.
4 *Rothwell* (1975), S. 142 f.
5 *Chakrabarti* (1974), S. 59.
6 *Chakrabarti/O'Keefe* (1977), S. 340.
7 *Markham et al.* (1991), S. 217 ff.
8 *Scholl et al.* (2004), S. 85 ff.
9 *Kirchmann* (1994), S. 232.

chung tritt die **Gespannstruktur** in 37 % der Fälle auf [1], in den Studien von *Chakrabarti/O'Keefe* sogar in 48 %[2]. *Bantel/Jackson*[3] sowie *Howell/Higgins*[4] zeigen, dass die **Innovationsteams** durchaus zwischen fünf und sieben Personen umfassen. In unserer Widerstandsuntersuchung fand sich ein Einzelpromotor (i.S. eines Champions) in 7 %, das Gespann in 18 %, die Troika in 62 % der Innovationsprojekte[5].

Es gibt also höchst unterschiedliche Grade der Arbeitsteilung in Innovationsprozessen. Insoweit sind die Existenzaussagen der Theoreme 1, 2 und 4, 5 nicht unrealistisch, aber auch nicht vorherrschend.

(2) Befunde zum Rollenkonzept

Es wurde bereits mehrfach betont, dass es sich bei dem Promotoren-Modell um ein **Rollenkonzept** handelt. In *Wittes* hypothetischem Modell herrscht dabei "**Rollenexklusivität**"[6], d.h. **eine** Person besetzt **nur eine** Rolle. Die empirische Prüfung muss aber mehr als nur diese Variante berücksichtigen. Sie hat auch zu fragen, ob wenigstens die postulierten Leistungsbeiträge erbracht und die Machtquellen genutzt werden, auch wenn sie nicht von drei unterschiedlichen Individuen, sondern von einer geringeren oder höheren Zahl eingebracht werden. Wir sprechen von "**Rollenkombination**", wenn **eine** Person **mehr als eine** Rolle wahrnimmt[7], in *Wittes* Stichprobe immerhin in 7 % der Fälle. Umgekehrt ist auch der Fall zu berücksichtigen, in dem **mehrere** Personen **die gleiche** Rolle übernehmen ("**Rollenpluralität**"), bei *Witte* noch in 5 % der Fälle.

Diese Vereinigung und/oder Trennung von Rollen und Personen ist von *Folkerts* in 10 Fallstudien hochkomplexer Innovationen ausgeleuchtet worden[8]. Sie zerlegt jeden Innovationsprozess in drei Phasen (Konzept-, Entwicklungs- und Realisationsphase) und prüft die Promotorenkonstellation in diesen 30 Zeitabschnitten. Nur in einem einzigen dieser 30 Zeitabschnitte findet sich dabei die **Championkonstellation**, in der eine Person sowohl die Rolle des Prozesspromotors als auch die des Fachpromotors übernimmt. Umgekehrt ist auch die "reinrassige" **Troika-Konstellation** eines Machtpromotors mit je einem Fach- und einem Prozesspromotor nur in einem einzigen Zeitabschnitt aufgetreten.

Der häufigste Fall (18 Zeitabschnitte) ist zwar ebenfalls eine **dreiköpfige Struktur**, üblicherweise als Machtpromotor, Fachpromotor und ein Prozesspromotor, dem aber zugleich die Eigenschaft eines (weiteren) Fachpromotors zugesprochen wurde. Die zweiköpfige **Gespannstruktur** tritt als Kombination eines

---

1 *Witte* (1973), S. 35.
2 *Chakrabarti/O'Keefe* (1977), S. 340.
3 *Bantel/Jackson* (1989), S. 107 ff.
4 *Howell/Higgins* (1990), S. 317 ff.
5 *Hauschildt* (1999), S. 13.
6 *Folkerts/Hauschildt* (2002), S. 8 f.
7 "Dual-role-champions" in der Terminologie von *Day* (1994), S. 153 f.
8 *Folkerts* (2001), S. 131.

Machtpromotors mit einem Fachpromotor, der zugleich als Prozesspromotor wirkt, in sieben der 30 Zeitabschnitte auf.

Rollenkombination und Rollenpluralität sind die Normalfälle. Die idealtypische Rollenexklusivität ist die Ausnahme.

Folkerts' Feststellungen zur Dynamik der Promotorenstruktur ist geeignet, den **"harten Kern" des Promotoren-Modells** noch präziser zu bestimmen[1].

- **Personelle Konstanz**: In neun der untersuchten 10 Innovationen gab es eine bestimmte Person, die am gesamten Prozess teilnahm, wenn auch in unterschiedlichen Rollen. In vier Prozessen waren das sogar zwei und mehr identische Personen.
- **Rollenkonstanz**: In allen 10 Innovationen übernimmt mindestens eine, wenn auch nicht zwingend die gleiche Person, die Rolle eines Fachpromotors, für die Rolle des Prozesspromotors gilt das in neun, für die des Machtpromotors in sieben Fällen.

5.4.2 Befunde zum Inhalt der Arbeitsteilung

Für die Überwindung des Widerstandes und für die Erbringung der unterschiedlichen Leistungsbeiträge werden nach den Theoremen 1 und 4 jeweils spezifische Energien oder Ressourcen benötigt. Zu diesen Vermutungen lassen sich bisher kaum präzise Fakten finden. Es gibt aber eine Fülle von Hinweisen, die sich im Sinne einer Arbeitsteilung entsprechend der Theoreme 1 und 4 interpretieren lassen:

(1) Berücksichtigung unterschiedlicher Sachgesichtspunkte

Witte ermittelte zunächst die notwendigen Sachgesichtspunkte (sog. "Denkobjekte") für die von ihm untersuchte erstmalige EDV-Beschaffung. Damit konnte er pro Prozess bestimmen, in welchem Ausmaß die Promotoren eine mehr oder weniger umfassende "Problemlösungsumsicht" gewonnen hatten. Gegenüber allen Champion-Konzepten erwies sich das **Gespann aus Macht- und Fachpromotor als umsichtiger**. Es berücksichtigte neben den "maschinenbezogenen Merkmalen" deutlich mehr "anwendungsbezogene" und wirtschaftliche Aspekte der Innovation. Diese umfassendere Sichtweise ist Ausdruck und Ergebnis der Arbeitsteilung.

(2) Arbeitsteilung nach dem Einsatz spezifischer Ressourcen

In der Untersuchung von *Papies*[2] werden die spezifischen Beiträge der Promotoren faktorenanalytisch bestimmt. *Papies* prüft indessen nicht das widerstandsbezogene Theorem der Arbeitsteilung, sondern nur das ressourcenbezogene. Die Vorarbeiten von *Witte* und *Hauschildt/Chakrabarti* werden insoweit eindeutig bestätigt.

---

1 Vgl. *Folkerts/Hauschildt* (2002), S. 18.

2 *Papies* (2005), S. 103 ff.

(3) Gestufte Spezialisten- und Generalistentätigkeiten

Diese Beschreibung der Funktionen und Arbeitsteilung von Promotoren wird durch die Arbeiten von *Friedman et al.*[1] aus einer ganz anderen Perspektive ergänzt. Sie untersuchen die Tätigkeitsfelder von 117 F&E-Managern unterschiedlicher hierarchischer Stufen und identifizieren faktorenanalytisch drei Typen von Tätigkeiten:

- "**Projektmanagement**": i.W. Bestimmung von Projektzielen, Prioritäten, Reihenfolgen, Terminen,
- "**Personalführung**": i.W. Bewertung der Leistungen von Untergebenen und kritische Diskussion mit ihnen,
- "**Strategische Planung**": i.W. Festlegung zukünftiger Projekte, Bewertung neuer Technologien, Moderation und Sitzungsleitung.

Für unsere Problematik ist nun die Beobachtung wichtig, dass mit der Ranghöhe der F&E-Manager der Anteil und die Bedeutung zusätzlicher Aufgaben zunimmt, ohne dass die zuvor bestimmten Aufgaben unwichtig werden: Auf der **untersten Ebene** ("first-line managers") dominieren die Aufgaben des Projektmanagements. Auf der **mittleren Ebene** ("mid-level managers") kommen die Aufgaben des Personalmanagements hinzu. Auf der **höchsten Ebene** ("upper-level managers") müssen dann zusätzlich noch die strategischen Planungsaufgaben bewältigt werden. Es kommt zwar zu einer Arbeitsteilung, aber in dem Sinne, dass mit höherem Rang der Zeitbedarf für "Generalistentätigkeit" zunimmt, ohne dass aber die Spezialistenaufgaben voll delegiert werden können.

Dem entsprechen auch die geforderten persönlichen Eigenschaften: Für das Projektmanagement benötigt man vor allem Beherrschung des Informationsmanagements, für die Personalführung zusätzlich soziale Sensibilität und für die strategische Planung überdies die Fähigkeit, in Konfliktsituationen alternative Lösungen zu finden, sie zu vermitteln und durchzusetzen.

(4) Integration der Funktionen

Auch die Untersuchung von *Ancona/Caldwell*[2] bestätigt die Bedeutung der Interaktion der Promotoren. In dieser Untersuchung wird nach den vollzogenen Aktivitäten von Teams in 45 Produktinnovationsprozessen gefragt. Es lassen sich faktorenanalytisch vier charakteristische Tätigkeitsfelder bestimmen[3]:

- "**ambassadorial activities**": Zielbildung und Blockieren von Opposition - die typischen Aufgaben des Machtpromotors,
- "**task coordinator activities**": Koordination, Verhandlungen und Schnittstellenmanagement - die typischen Aufgaben des Prozesspromotors,
- "**scouting activities**": Informationsbeschaffung, Aufbau von Expertise, Lösungssuche - die typischen Aufgaben des Fachpromotors.

---

1 *Friedman et al.* (1992), S. 211 ff.
2 *Ancona/Caldwell* (1992), S. 634 ff.
3 Ebenda, S. 640 f.

- **"guard activities"**: Verhinderung des unerwüschten Abflusses von Ideen und Informationen.

Die in unserem Zusammenhang wichtigste Beobachtung: **Die isolierte Wahrnehmung dieser Funktionen wird deutlich schlechter beurteilt als eine umfassende und integrierte.** Das gilt auf jeden Fall für die beiden zuerst genannten Funktionen: Negativ wirken die Abschottungsstrategien der "guard activities". Und ebenfalls negativ wird die Konzentration auf "scouting activities" eingeschätzt, weil sich zeigt, dass der isolierte Fachpromotor offenbar seinen Wissensdrang nicht beherrschen kann und die Informationsbeschaffung nicht abzubrechen vermag.

(5) Initiative zur Arbeitsteilung

Folkerts[1] ist der Frage nachgegangen, wie die Promotorenstrukturen entstehen. Sie liefert damit Anschauungsmaterial dafür, wie man sich die Arbeitsteilung inhaltlich vorzustellen hat und wie die Interaktion der Promotoren gemäß der Theoreme 3 und 6 konkret aussieht. Die Bildung der Promotorenstruktur ist danach in erster Linie vom **Ort der Initiative** bestimmt[2]:

- Wenn die Initiatoren einen **hohen Rang** haben, veranlassen sie als Machtpromotoren den Start eines förmlichen Projektes und beauftragen gezielt Mitarbeiter mit der technischen Fortführung und der Koordination des Projektes. **Die Promotorenstruktur wird mit einem punktuellen Eingriff "von oben" in klassischer Weise angeordnet** (in drei von 10 Innovationsprozessen).

- Wenn die Initiatoren einen **mittleren Rang**, aber durchaus Budgetkompetenz haben, führen sie vorsichtig und nicht immer mit Billigung ihrer Vorgesetzten kleinere Experimente selbst durch und ziehen allenfalls ihre direkten Untergebenen hinzu[3]. Erst wenn sich die Realisierbarkeit erwiesen hat, wählen sie den Dienstweg und versuchen, ihren Vorgesetzten als Machtpromotor zu gewinnen. **Die Promotorenstruktur entwickelt sich "aus der Mitte" mit zunehmender Erfolgswahrscheinlichkeit. Sie wird aus sicherer Deckung angestoßen** (in drei der 10 Fälle).

- Initiatoren aus **unteren Rängen** haben es demgegenüber wesentlich schwerer. Sie haben ihre Initiative gegenüber fachlich oder formal kompetenten Instanzen zu vertreten. Sie sind dabei dringend auf Vermittler angewiesen und stehen zunächst vor der Aufgabe, einen Prozesspromotor zu finden, der wiederum die Suche nach einem Machtpromotor ermöglicht oder erleichtert. **Die Promotorenstruktur entsteht "von unten" und ist das Ergebnis eines langen Marsches durch die Institution** (in vier der 10 Fälle).

---

1 *Folkerts* (2001), S. 142 ff., s.a. *Day* (1994), S. 163 ff., *O'Connor/Rice* (2001), S. 107 f.

2 Siehe dazu insbes. *Day* (1994), S. 150 f., 163.

3 Dieses Verhalten wird auch als "Konspiratives Bootlegging" bezeichnet. *Augsdorfer* (1996), S. 19, *Michalik* (2003), S. 29.

5.4.3 Befunde zum Erfolg der Arbeitsteilung

Die theoretischen Erwägungen und ihre empirische Prüfung sind schließlich um die **Erfolgsperspektive** zu erweitern. Bei dem Konzept der Rollenexklusivität kommt es zum höchsten Innovationserfolg, wenn alle drei Promotoren als Individuen auftreten. Bei Rollenkombination und Rollenpluralität wird die Prüfung schwieriger: Danach ist der Innovationserfolg am höchsten, wenn wenigstens alle erwarteten Leistungsbeiträge von Promotoren erbracht und die vermuteten Machtquellen auch tatsächlich eingesetzt werden.

Die Frage nach dem Erfolg der Arbeitsteilung des Innovationsmanagements ist im Allgemeinen in den Untersuchungen nicht gestellt worden. Gefragt wird üblicherweise nur, ob bei **Existenz** eines einzelnen, in bestimmter Weise definierten Funktionsträgers ein höherer Erfolg zu erwarten ist als bei Fehlen eben dieses Funktionsträgers:

(1) Monopersonales Champion-Konzept

Chakrabarti kann zeigen, dass die Anwesenheit eines "**product champions**" charakteristisch für erfolgreiche Produktinnovation ist, während in weniger erfolgreichen Fällen ein "product champion" nicht identifiziert werden konnte[1].

In den Sappho-Studien von *Rothwell* und seinem Forschungsteam wird belegt, dass in den erfolgreichen ihrer 43 Unternehmenspaare ein machtvoller, verantwortungsreicher, erfahrener und enthusiastischer "**business innovator**" häufiger auftritt als in den nicht erfolgreichen. In der Gruppe der erfolgreichen Unternehmen übernimmt eine Person die Rolle des "**product champions**", die allerdings in 15 der 53 Fälle mit der des "business innovators" zusammenfällt[2].

In amerikanischen Untersuchungen ist der Einfluss des Top-Managements im Allgemeinen entpersönlicht. Champions gehören offenbar dem Top-Management nicht an, aber sie benötigen "**top-management support**". Die Untersuchung von *Swink* bricht mit dieser Tradition. Er kann zeigen, dass diese Top-Management-Unterstützung in der Tat den Innovationserfolg erhöht[3] - aber offenbar eher bei Projekten mittleren Innovationsgrades. Bei radikalen Innovationen gilt das nicht. Dort scheint der Einfluss von Spitzeninstanzen auf Lieblingsprojekte gerichtet zu sein, aber eben auch auf besonders riskante[4].

(2) Gespannstruktur

Witte geht mit seiner Untersuchung zur Effizienz der Promotoren bei der erstmaligen Beschaffung von Computern der Frage nach, ob der Innovationsgrad von Promotoren in unterschiedlichen Varianten der Arbeitsteilung abhängt. Tatsächlich zeigen die Innovationsprozesse, in denen wenigstens ein **Machtpromotor**

---

1 *Chakrabarti* (1974), S. 58 ff.

2 *Rothwell et al.* (1974), S. 265, 280, *Jervis* (1975), S. 23 f.

3 *Swink* (2000), S. 215 ff., ähnliche Befunde bei *West/Anderson* (1996), S. 689 f., *Ehrmann/Haas* (2006), S. 182.

4 *Boulding et al.* (1997), S. 172 f., *Schmidt/Calantone* (2002), S. 110 f.

oder wenigstens ein **Fachpromotor** auftreten, deutlich höhere Innovationsgrade als Prozesse ohne unternehmensinterne Promotoren[1].

Das Gespann aus einem Machtpromotor und einem Fachpromotor erreicht bei komplexen Innovationen im Vergleich zu allen anderen Konstellationen die besten Resultate.

Auch *Gierschner* sowie *Scholl et al.*[2] bestätigen tendenziell *Wittes* Befunde, können aber zugleich belegen, dass der Machtpromotor dann erfolgreicher ist, wenn er seinen (positiven) "Einfluss" auf die anderen Promotoren, nicht aber seine (negativ interpretierte) "Macht" über sie ausübt.

(3) Troika-Struktur

Eindeutige Befunde zum Erfolg der Arbeitsteilung finden wir erst bei *Kirchmann*[3]. Zwar tritt die Troika nur in 16 % der von ihm untersuchten 133 Unternehmen auf. Sie zeigt aber mit Abstand die besten Arbeitsergebnisse.

Mit der Zahl der Promotoren steigt der Neuigkeitsgrad, die Relevanz der beschafften Informationen, der technische Erfolg und nicht zuletzt auch der wirtschaftliche Erfolg der Innovation.

In unserer Widerstandsuntersuchung konnte der Einfluss von Promotoren auf die **Überwindung der Opposition** präzise lokalisiert werden[4]: Die negativen Effekte einer "destruktiven Opposition" werden im Pfadmodell mit zunehmender Zahl der Promotoren deutlich abgeschwächt. Die Troika von Promotoren hat überdies einen positiven, direkten Einfluss auf die Effizienz des Innovationsprozesses[5].

Papies[6] bestätigt in der aktuellsten Untersuchung die Erfolgswirkung der Promotoren, kann diese zudem unter zwei Aspekten differenzieren:

- Die Erfolgswirkungen sind nach **Effizienz-** und nach **Effektivitätswirkungen** zu unterscheiden: Die Promotoren steigern eher die Effizienz (Wirtschaftlichkeit, Prozessgeschwindigkeit), weniger aber die Effektivität (Zielerreichung).
- Die Erfolgswirkungen sind je nach **Phase des Innovationsprozesses** unterschiedlich: In der Konzeptphase sind vor allem der Macht- und der Prozesspromotor erfolgswirksam, in der Entwicklungsphase haben der Fach- und der Machtpromotor den entscheidenden Einfluss.

---

1 *Witte* (1973), S. 49. *Day* (1994), S. 167, kommt zum gleichen Ergebnis, sieht allerdings die Wirkungsrichtung umgekehrt.
2 *Gierschner* (1991), S. 303 ff., *Scholl et al.* (2004), S. 85 ff.
3 *Kirchmann* (1994), S. 236, 241, 243.
4 *Hauschildt* (1999), S. 11.
5 So auch der Befund bei *Kessler* (2000), S. 79. *Markham* (2000), S. 443, kann diese Beobachtung nicht bestätigen.
6 *Papies* (2005), S. 118 ff.

Papies liefert nun auch endlich den empirischen Nachweis, dass die **Qualität der Zusammenarbeit** der Promotoren ein Erfolgsfaktor eigener Art ist. Das gilt nicht nur für alle Phasen, sondern auch für beide Erfolgsmaße.

Damit sind die sechs Theoreme des Promotorenmodells bestätigt. Es herrscht Arbeitsteilung im Innovationsmanagement. Macht-, Fach- und Prozesspromotoren treten als Gespann oder als Troika auf. Es kommt allerdings vielfach zu einer Rollenkombination und zu Rollenpluralität. Das Auftreten eines einzigartigen, allein operierenden Champions ist nicht unrealistisch, aber selten.

Das Zusammenwirken der Promotoren erlaubt es, die benötigten Ressourcen und Potentiale zu beschaffen und die Widerstände gegen die Innovation zu überwinden.

Es herrscht Arbeitsteilung in dem Sinne, dass jeder der Beteiligten spezifische Beiträge erbringt, die von seinen Partnern nicht oder nur weniger effizient erbracht werden könnten. Jeder gibt sein Bestes. Das verlangt enge Zusammenarbeit und gegenseitige Abstimmung.

Eine derartige Zusammenarbeit ist dann auch erfolgreich.

5.5 Gestaltungsansätze

5.5.1 Promotoren im Innovationssystem der Unternehmung

Auf die theoretische Begründung und Präsentation empirischer Befunde kann sich die Darstellung der Promotoren einer Innovation nicht beschränken. Der empirische Erfolgsnachweis des Promotoren-Modells verlangt Gestaltungsüberlegungen zur Frage, wie die Promotoren in das Innovationssystem der Unternehmung einzubeziehen sind. Die Ausgangslage sei wiederholt: Es geht nicht um formale Organisation, Innovationen verlangen mehr: Es geht um die Möglichkeiten, eine innovationsspezifische Struktur zu entwickeln, auf die man bauen kann, die sich aber nicht darin erschöpft, in dauerhaften Rechten und Pflichten zu denken, sondern in Lösung und Durchsetzung eines einmaligen Problems.

5.5.1.1 Konfiguration

Wir gehen in der folgenden Darstellung von einer ein-eindeutigen Zuordnung von Rolle zu Person aus, unterstellen also die **Existenz von drei Promotoren**. Die Kombination und Pluralität von Rollen in weniger oder mehr Personen kann man dann als Möglichkeit verstehen, das Drei-Personen-Konzept den äußeren Rahmenbedingungen anzupassen, z.B. der Komplexität des Innovationsproblems oder Größe und Komplexität der Unternehmung.

Kasten 5.6 zeigt das Grundkonzept der Promotorenstruktur.

Kasten 5.6: Grundkonzept der Promotorenstruktur

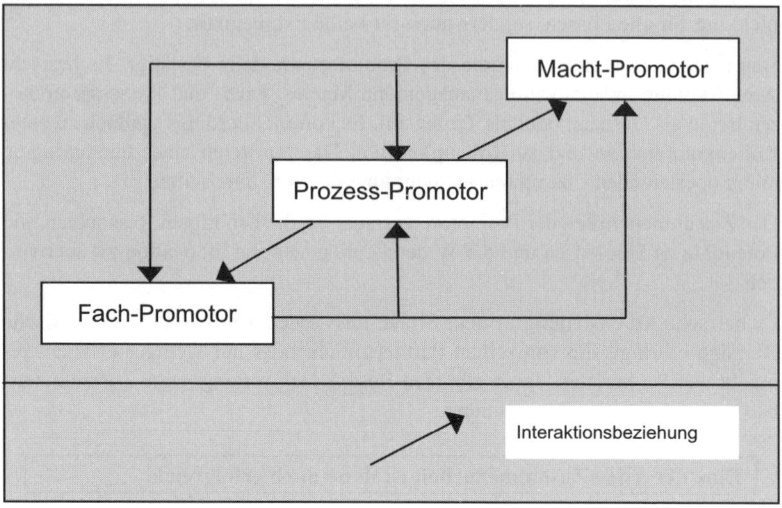

Quelle: Eigene Darstellung

Der **Fachpromotor** ist der Träger des objektspezifischen Fachwissens. Er hat "funktionale Autorität"[1]. Er ist nicht durch Rang und Status definiert, findet sich oft auf relativ niedrigen Hierarchiestufen. Fachpromotoren können auch recht junge oder noch nicht lange in der Unternehmung tätige Personen sein.

Der **Machtpromotor** verfügt über die Ressourcen, um den Entscheidungs- und Durchsetzungsprozess der Innovation zu ermöglichen. Er entscheidet über Budgets, über Kapazitätszuweisungen, über Personalfreistellung zugunsten der Innovation. Der englische Begriff des "**Sponsors**" bringt zum Ausdruck, dass er es ist, der die Mittel für den Innovationszweck freigibt. Der Machtpromotor hat Übersicht, er kennt die Strategie der Gesamtunternehmung[2]. In der Regel verfügt er als Mitglied oder Vorsitzender der Geschäftsführung über hohes hierarchisches Potential und legitime Macht[3].

Der **Prozesspromotor** verknüpft. Er hat Organisationskenntnis[4]. Er weiß, wer von der Innovation betroffen sein könnte. Er verhindert Insellösungen. Er stellt die Verbindung zwischen dem Fachpromotor und dem Machtpromotor her. Er ist in der Lage, die Sprache der innovativen Technik in die Sprache zu übersetzen, die traditionell in der Unternehmung gesprochen und verstanden wird[5]. Seine Rolle kann er vornehmlich dann entfalten, wenn er schon relativ lange in der Unternehmung tätig ist und aufgrund früherer Tätigkeit in der Lage war, ein soziales Netzwerk aufzubauen.

---

1 *Hartmann* (1968), S. 273 ff.
2 *Elenkov et al.* (2005), S. 669, 674.
3 *Green* (1995), S. 223 ff.
4 *Burgelman* (1983), S. 232, *Töpfer* (1984), S. 399.
5 *Leonard-Barton* (1995), S. 75.

Der Prozesspromotor spielt die weitaus interessanteste Rolle in diesem Drei-Personen-Konzept. Er hat relativ wenig formale Machtinstrumente, er verfügt umgekehrt auch nicht über die funktionale Autorität des Fachpromotors. Was kennzeichnet seinen Einfluss? *Howell/Higgins* nennen mit Bezug auf den Champion drei Bündel von charakteristischen Eigenschaften[1]:

- **Persönliche Charakteristika**: Die Bereitschaft, Risiko zu übernehmen und eine bedingungslose Hingabe an die Innovation.
- **Führungsqualitäten**: Charisma, Fähigkeiten zur Inspiration und zur intellektuellen Stimulierung.
- **Einflusstaktik**: Vielfalt und Häufigkeit der Mobilisierung von kooperativen Beeinflussungsinstrumenten[2], die Fähigkeit, Koalitionen zu bilden, an höhere Autorität zu appellieren, Verhandlungsgeschick, Fähigkeit zur Geheimdiplomatie, Präsentationstechnik für rationale Argumente, Nutzung von Freundlichkeit und Schmeichelei bis zur Anwendung von Arroganz und Anmaßung.

Man kann nicht umhin, an *Wilhelm Busch* zu denken:

> "Was ihm dagegen Wert verleiht,
> Ist Rührig- und Betriebsamkeit."

5.5.1.2 Informationsbeziehungen

Kasten 5.7 zeigt die charakteristischen **Informationsbeziehungen** der Promotoren.

Kasten 5.7: Informationsbeziehungen des Innovationsmanagements

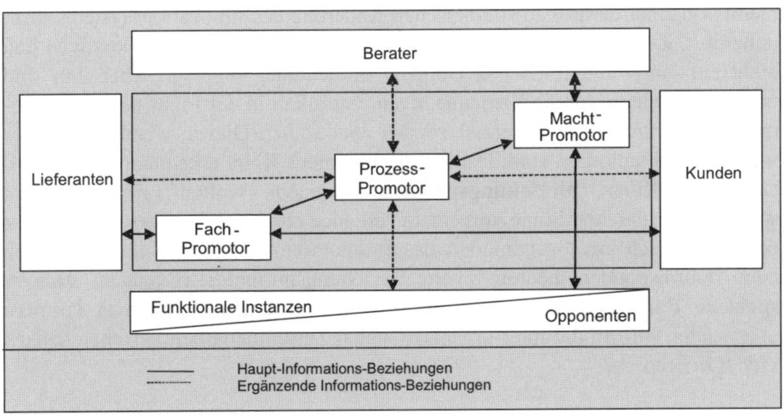

Quelle: Eigene Darstellung

[1] *Howell/Higgins* (1990), *Heng et al.* (1999), S. 199 ff., *Gebert* (2002), S. 194 ff.
[2] *Markham* (1998), S. 492, spricht von "cooperative influence tactics".

Die Informationspartner des **Fachpromotors** sind in erster Linie technisch Interessierte oder Gleichgesinnte bei Kunden, Lieferanten, Hochschulen und Forschungsinstituten. Dort findet er Hilfe und Unterstützung, aber auch Anregung und Herausforderung in der ihm eigenen technischen Materie. *Lawless/Price* kennzeichnen ihn als "Repräsentanten" des Kunden im Innovationsprozess[1].

Entsprechend den Gesetzmäßigkeiten einer Hierarchie läuft die Kommunikation über innovative Projekte mangels klarer Zuständigkeiten im Zweifel an die Spitze, zum **Machtpromotor**. Bei inner- und außerbetrieblicher Opposition ist er als Vertreter des Top-Managements der "natürliche" Adressat der Opponenten. Bei dem Machtpromotor beschwert man sich. Bei ihm bewirbt man sich mit konkurrierenden Projekten. Er kann außerbetriebliche Berater heranziehen, um fehlendes Fachwissen oder Wissen um Prozess-Steuerung zu ersetzen. An ihn muss sich ein Berater wenden, wenn er Zugang zu der Unternehmung sucht.

Der **Prozesspromotor** steht im Zentrum der Informationsflüsse. Er ist nicht nur der geborene Gesprächspartner für den Fach- und den Machtpromotor, er unterhält auch Informationsbeziehungen zu den Marktpartnern, den Beratern und den Opponenten. Er ist in der Lage, den Beteiligten über die technische Problemstellung hinaus die Bezüge zu anderen fachlichen Aspekten - z.B. Absatz, Finanzen, Logistik, Produktion - zu vermitteln. Er kommuniziert mit hierarchisch höherrangigen, weniger spezialisierten Instanzen, hat aber auch Zugang zu untergeordneten, spezialisierten Stellen.

5.5.1.3 Kooperationsbeziehungen

Innovation erfolgt zunehmend in Kooperation mit Kunden und Lieferanten, aber auch mit Beratern und Forschungseinrichtungen. Das folgende Kapitel 6 geht ausführlich auf diese Problematik ein. Das Promotorenkonzept bleibt von einer derartigen strategischen Änderung des Innovationssystems nicht unberührt. Zwar ist dieses Konzept schon jetzt eher auf einen kooperativen und nicht auf einen autokratischen Umgang miteinander angelegt. Aber ihm sind noch starke hierarchische Elemente eigen, vor allem in der Figur des Machtpromotors. Hierarchisches Potential versagt aber seinen Dienst, wenn die Partner wirtschaftlich autonom sind. Damit wird eine neue Rolle erkennbar, die wir mit *Gemünden/Walter* "**Beziehungspromotor**" nennen wollen[2]. *Forrest/Martin* sprechen im gleichen Sinne von einem "alliance champion"[3]. *Gemünden/Walter* orientieren sich am Grundmodell des Promotorenkonzeptes, wenn sie gemäß dem "Korrespondenztheorem" vom Beziehungspromotor verlangen, dass er **spezielle Barrieren in der Kooperation** mit externen, autonomen Partnern überwinden soll. In der inter-organisationalen Zusammenarbeit bestehen danach **vier** Barrieren:

---

1 *Lawless/Price* (1992), S. 342 ff.

2 *Gemünden/Walter* (1995), S. 973 ff. Zur literarischen Fundierung siehe insbes. *Walter* (1998), S. 61 ff., und *Walter* (1999), S. 268 ff.

3 *Forrest/Martin* (1992), S. 51.

- Barriere des "**Nicht-Voneinander-Wissens**": Man kennt die externen Partner nicht und scheut die Suche.
- Barriere des "**Nicht-Miteinander-Zusammenarbeiten-Könnens**": Man muss erhebliche psychische, soziale, räumliche, sprachliche und interkulturelle Distanzen überwinden und scheut den entsprechenden Arbeitsaufwand.
- Barriere des "**Nicht-Miteinander-Zusammenarbeiten-Wollens**": Man muss mit Motiv- oder Einstellungswiderständen rechnen und scheut den Austragungsprozess.
- Barriere des "**Nicht-Miteinander-Zusammenarbeiten-Dürfens**": Man sieht Verbote, politische, weltanschauliche, sittliche Normen durch die Interaktion berührt und scheut vor konkreten Beziehungen zurück.

Beziehungspromotoren überwinden diese Barrieren durch partnerspezifische Machtquellen und Leistungsbeiträge[1]: Sie stellen Verbindung zu den Partnern her, unterstützen den Dialog der Kooperationswilligen, agieren als Schlichter bei Motiv- oder Wahrnehmungskonflikten, überbrücken die Distanzen und fördern die sozialen Beziehungen. Sie benötigen dazu zwar eine gewisse Expertise, vor allem aber Netzwerkkenntnisse, persönliche Beziehungen, soziale Kompetenz und diplomatische Talente.

Immer dann, wenn die Rolle des Beziehungspromotors allein oder in Personalunion mit Fach- oder Machtpromotor wahrgenommen wird, sind positive Auswirkungen auf den Erfolg zu registrieren.

Das ist umso beachtlicher, weil das isolierte oder kombinierte Auftreten von Macht- oder Fachpromotoren diese positiven Effekte nicht zeigt. Noch prägnanter sind diese Erfolgsnachweise, wenn **auch auf Seiten des Partners ein Beziehungspromotor** vorfindbar ist. *Gemünden/Walter* vergleichen diesen Zustand "... mit einer Brücke ..., die wesentlich mehr Last tragen kann, wenn sie auf beiden Seiten auf stabilen Pfeilern ruht"[2].

Bleibt zu fragen, wie das - von *Gemünden/Walter* nicht betrachtete - **Verhältnis von Prozesspromotor zu Beziehungspromotor** zu gestalten ist. Die im innerorganisatorischen Geschehen gefragten Leistungen und Einflussquellen des Prozesspromotors entsprechen weitgehend auch denen des Beziehungspromotors: soziale Kompetenz, Organisationskenntnis, Überwindung von Wissens- und Sprachbarrieren. Man kann vermuten, dass Prozesspromotoren bei kooperativen Innovationsprozessen zeitweise auch mit den Funktionen eines Beziehungspromotors betraut werden. Aber mit dem Ende des Innovationsprozesses trennen sich die Wege: **Prozesspromotoren arbeiten problembezogen, Beziehungspromotoren partnerbezogen**. Wenn eine Innovation erstmalig mit einem neuen Kooperationspartner durchgeführt wird, dann sind die Funktionen von Prozess- und Beziehungspromotoren identisch. Für den Prozesspromotor

---

1 *Walter* (1998), S. 116 ff.
2 *Gemünden/Walter* (1996), S. 244.

endet seine Funktion mit dem Abschluss des Innovationsprozesses. Demgegenüber überführt der Beziehungspromotor die Innovationskooperation in eine dauerhaft zu betreuende Geschäftsbeziehung[1].

5.5.1.4 Interaktionsbeziehungen

Der Erfolg der Arbeitsteilung liegt im koordinierten Zusammenspiel der Promotoren. Kasten 5.8 zeigt die Beiträge der Promotoren zum einen in einer hierarchischen, zum anderen in einer prozeduralen Perspektive[2]. Für Innovationsprozesse ist dabei charakteristisch, dass die Aktionsfelder und -phasen sich ständig überschneiden[3]. Das relative Gewicht der einzelnen Beiträge soll durch unterschiedlich breit gezeichnete Sektoren symbolisiert werden[4].

Kasten 5.8: Beiträge der Promotoren im Innovationsprozess

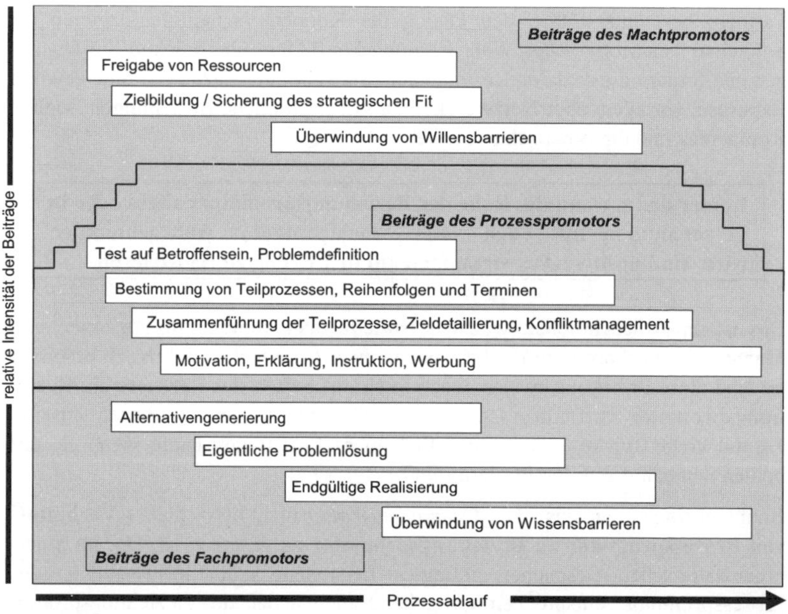

Quelle: Eigene Darstellung

---

1 *Walter* (1999), S. 268.

2 Die Verknüpfung dieser Perspektiven wird von *Burgelman* (1983), S. 229 ff., anhand von Fallstudien eindrucksvoll gezeigt.

3 Vgl. das Komponentenkonzept von *Müller-Merbach* (1982), S. 93 ff., sowie das "Task-Dominant Model" von *Souder* (1987), S. 224 ff., und das "Konkomitanz"-Modell von *Schmidt-Tiedemann* (1982), S. 18 ff.

4 Ähnlich *Krüger* (1995), Sp. 1783, *Steinle et al.* (2003), S. 415.

Die Aktivitäten des Entscheidungs- und Durchsetzungsprozesses erfordern zwingend Beiträge des **Fachpromotors**. Das Schwergewicht seiner Beiträge liegt darin, die technischen Aspekte in die eigentliche Problemlösung, in die Informationsnachfrage und -verarbeitung, in die Alternativensuche, Lagebestimmung und Evaluation einzubringen. Seine Beiträge werden während des gesamten Prozesses verlangt.

Der **Prozesspromotor** ist der Steuermann des Prozesses. Er prüft das "Betroffensein": Ist die neue Idee wirklich bedeutsam für das Unternehmen? Er muss insoweit hinreichend technisch sachverständig sein und zugleich die wichtigsten ökonomischen und sozialen Implikationen für die Unternehmung überschauen. Dazu benötigt er einen nicht unerheblichen **Informationsstand über Ziele und langfristige Strategien**, ohne diese selbst formal mitzubestimmen. Er unterbreitet dem Machtpromotor die Idee und sorgt für Förderung und Freigabe der benötigten Mittel. Er bestimmt die Ablauforganisation des Entscheidungsprozesses, d.h. die Zerlegung des Gesamtproblems in einzelne Teilentscheidungen, die Festlegung der Reihenfolge ihrer Arbeit. Der Prozesspromotor sorgt für die sachgerechte **"Montage" der Teilentschlüsse zu einer Gesamtentscheidung**. Er steuert den Zielbildungsprozess, das heißt, er sorgt dafür, dass neu erkannte Ziele beachtet, gewichtet und in das ursprüngliche Zielkonzept einbezogen werden. Er löst Konflikte zwischen widerstreitenden Teilzielen, konkurrierenden Abteilungen und widersprüchlichen Informationen. Er hat Sorge zu tragen, dass die innovative Entscheidung in Übereinstimmung mit den Vorgaben der strategischen Planung bleibt. Er hat sich insoweit ständig mit dem Machtpromotor abzustimmen. Ist der Entschluss gefallen, so koordiniert der Prozesspromotor den "Verkauf" der neuen Idee an die betroffenen Mitglieder der Unternehmung. Er instruiert und erläutert, er wirbt und motiviert. Seine Beiträge werden insbesondere in der eigentlichen Entwicklungsphase, weniger in der Konzeptphase benötigt.

Der **Machtpromotor** ist einzuschalten, wenn ernsthafte Opposition auftritt, die der Prozesspromotor mit seinen Potentialen und Instrumenten nicht überwinden kann. Dem Machtpromotor obliegt die **Freigabe von Ressourcen, die Sicherung des strategischen Fit und die Überwindung von Opposition des Nicht-Wollens**. Er setzt Endtermine und ist zuständig für die formale Beendigung des Innovationsprojektes. Er ist auf jeden Fall Mitglied eines Lenkungsausschusses, in dem mehrere parallel oder sequenziell ablaufende Innovationsprozesse in einem Multi-Projektmanagement gesteuert werden. Seine Beiträge sind vor allem beim offiziellen Start und in der Schlussphase des Prozesses gefragt, wenn die Willensbarrieren besonders hoch sind.

Die soeben gegebene Beschreibung des Innovationsprozesses könnte suggerieren, dass die Problemlösungsbeiträge der einzelnen Promotoren isoliert voneinander erfolgen. Das ist eine falsche Vorstellung.

Jeder der Beteiligten hat jederzeit Zutritt zu den anderen. Keiner arbeitet zu lange allein. Sie kommunizieren häufig miteinander. Sie sprechen und entwickeln eine gemeinsame Sprache. Sie sind bereit, sich in die Domänen der anderen einzuarbeiten[1].

Jeder sagt, was er wirklich denkt. Keiner nimmt das übel. Jeder begründet offen und vorbehaltlos sein Pro und Kontra. Jeder akzeptiert die Essentialia der anderen. Jeder überlegt sich aber auch, wo seine Essentialia wirklich liegen. Der Dialog ist konstruktiv, er verharrt nicht bei Ja oder Nein, sondern sucht nach neuen Lösungen, die die Essentialia nicht verletzen. Und last but not least: Jeder ist fleißig, arbeitet mehr als üblich, setzt sich mit Enthusiasmus ein und engagiert sich.

Ob eine derartige Troika förmlich als "Kollegium"[2] oder als Projektgruppe organisiert ist, erscheint nachrangig. Ihre Stärke liegt in der **tatsächlichen und tatkräftigen Zusammenarbeit**[3]. Im Laufe dieser Zusammenarbeit kommt es zu Lernprozessen, die die Kohäsion weiter erhöhen:

- Der **Fachpromotor** ist nicht "im Besitz" des objektspezifischen Fachwissens. Er muß es erwerben, mit allen Irrungen und Wirrungen.
- Der **Prozesspromotor** muss dieses Fachwissen zumindest in dem Umfange erwerben, wie es nötig ist, um die Betroffenen und Beteiligten zu bestimmen und für das Projekt zu gewinnen.
- Der **Machtpromotor** kann sich ebenfalls nicht von der fachlichen Seite der Innovation abkoppeln. Er muss diese mit den übrigen strategischen Überlegungen des Top-Managements in Übereinstimmung bringen. Er darf sich bei fachlichen Einwändungen hochrangiger Opponenten nicht von vornherein als uninformiert zeigen. Er hat sich mit Beratern und anderen Diffusionsagenten auseinanderzusetzen, die den Weg über ihn in die Unternehmung suchen.

Wenn man diese Überlegungen zusammenfasst, wird erkennbar, dass die Promotoren sich auf jeden Fall **intensiv in die Domäne des Fachpromotors einarbeiten** müssen. Mögen ein Machtpromotor und ein Prozesspromotor vielleicht zu Beginn des Innovationsprozesses noch ahnungslos und fasziniert vor der innovativen technischen Idee stehen, am Ende des Prozesses sind sie wissend, vielleicht desillusioniert.

Umgekehrt kann sich der Fachpromotor von der Um- und Durchsetzungsproblematik seiner Innovation nicht abkapseln. Er muss insoweit die typischen **Argumente und Forderungen der Anwender** aufnehmen. Er muss die charakteristischen **Einwände der Opponenten** - z.B. aus dem Rechnungswesen - intellektuell verstehen und berücksichtigen können. Und schließlich: Er hat die Grenzen des Einflusses des Machtpromotors zu bedenken. Hier ist gerade seine Kreativität gefordert: Auf den Fachmann blicken alle in einer Situation, in der sich ge-

---

1 *Kimberly/Evanisko* (1981), S. 702.
2 *Redel* (1982), S. 139.
3 *Keller* (1986), S. 719 ff.

gensätzliche Forderungen blockieren. Alle hoffen, dass ihm etwas einfalle, um die widerstreitenden Interessen und Ansprüche zu einem Kompromiß zu führen.

Wir behaupten demnach:

Effektivität und Effizienz von Innovationen werden wesentlich davon bestimmt, wie intensiv sich Fach-, Prozess- und Machtpromotoren in die jeweiligen Domänen ihrer Mitpromotoren lernend einarbeiten.

5.5.1.5 Promotoren und Opponenten

Keine Innovation ohne Widerstand, keine Promotoren ohne Opponenten. Die Befunde von *Markham et al.*[1] leuchten diese Behauptung empirisch aus: In 40 % der untersuchten 213 F&E-Projekte tritt wenigstens ein "Antagonist" auf, bemerkenswerterweise meist aus den gleichen Funktionsbereichen. Bei *Scholl et al.*[2] ließen sich in etwa einem Drittel der Prozesse offen auftretende Opponenten bestimmen. In den Anfangsphasen dominieren technische Gegenargumente, im Laufe des Prozesses werden zunehmend Bedenken und Einwände aus wirtschaftlichen, organisatorischen und strategischen Gründen vorgetragen[3].

Das Modell des Innovationsprozesses nach *Janis/Mann* eignet sich gut, das **Wechselspiel von Opponenten und Promotoren** sichtbar zu machen[4]. Promotoren müssen sich dabei nicht nur auf **offene** Opposition einstellen, sondern auch auf **verdeckte**, die die Innovation zumindest verzögern oder verändern will. Allerdings deuten die Befunde von *Markham et al.*[5] darauf hin, dass die Antagonisten eher das "Konzept einer loyalen Opposition" verfolgen. Der im Folgenden dargestellte Ablauf hat hypothetischen Charakter, nimmt aber viele Impulse auf, die die Verfasser in der Diskussion mit Wirtschaftspraktikern erhalten haben.

(1) Status des Initiators

Ausgangspunkt sei wiederum ein Außenimpuls in Form einer **Vorlage** oder eines konkreten **Vorschlages**. Das von *Janis/Mann* beobachtete Verhalten des risikoscheuen Entscheidungsträgers[6] besteht im Zweifel zunächst im Nichtstun. Im Risikokalkül dieser entscheidungsscheuen Person wird wahrscheinlich die **Machtposition des Vorschlagenden** nicht unbeachtlich sein. Hier setzt die Gegenstrategie der Promotoren an: Sie müssen an dieser Stelle einen unanfechtbaren Repräsentanten hierarchischer Macht finden, der quasi als "Geburtshelfer" die Initiative als unabweisbar "wichtig" präsentiert[7].

---

1 *Markham et al.* (1991), S. 227.
2 *Scholl et al.* (2004), S. 95.
3 *Folkerts* (2001), S. 217 ff.
4 Ein alternatives Konzept liefern *Frost/Egri* (1991), S. 239.
5 *Markham et al.* (1991), S. 235.
6 Vgl. die Darstellung in Kapitel 4.
7 *Meißner* (1987), S. 149, 165.

Kasten 5.9: Strategien der Opponenten gegen Innovationen - Gegenstrategien der Promotoren

Kritische Fragen zur innovativen Idee	Strategien der Opponenten (-) offen ablehnendes Verhalten (+) vorgeschobenes positives Verhalten	Gegenstrategie der Promotoren
Wird die Idee von einer als wenig bedeutsam angesehenen Person geäußert? *Wenn ja*	(-) Beurteilung: nicht wichtig, nicht eilig, bleibt liegen. Weitere Informationen abwarten.	Hochangesehenen „Geburtshelfer" einschalten, dessen Initiative nicht ignorierbar ist.
Ist die Idee unter anderen Informationen verborgen? *Wenn ja*	(-) Übersehen, verdrängen, nicht oder falsch interpretieren, auf Nebenkriegsschauplätze ausweichen.	Innovative Idee unübersehbar darstellen, Idee mehrfach äußern, Idee mit „Namen" versehen.
Werden bei der Präsentation der Idee bestimmte Zahlen- und Faktenangaben gemacht? *Wenn ja*	(-) Authentizität, Aktualität, Präzision, Prämissen der Information bestreiten. Informationslieferanten kritisieren, Kompetenz bestreiten. (+) Angaben begrüßen, aber Bestätigungen fordern	Möglichst „Daten der Opponenten" verwenden. Informationsquellen nutzen, die untadelig sind. Bestätigende Informationen im Hintergrund bereithalten.
Verlangt die Idee radikale Verhaltensänderungen Dritter? *Wenn ja*	(-) Auf Störungen, Konflikte, Umstellkosten der Verhaltensänderung verweisen. (+) Idee begrüßen, aber auf andere Belastungen im Augenblick verweisen.	Zeitdruck erzeugen („Entscheidung jetzt und hier"), Verweis auf Krise, Konkurrenz, Image oder Werte, angesichts derer das Kostenargument zurücktreten muss.
Verlangt die Idee eine Zusammenarbeit mehrerer Instanzenzüge? *Wenn ja*	(-) Verstärkung bei Kollegen suchen, sich „die Bälle zuspielen". (+) Kooperation begrüßen, Kommission fordern, Zusammensetzung und Geschäftsordnung beeinflussen, weit gefassten Kommissionsauftrag fordern.	Entscheidungen der Spitzeninstanz verlangen. Verstärkung bei betroffenen Kollegen suchen, Koalition bilden. Kommission klein halten, auf Zusammensetzung und Geschäftsordnung einwirken, engen und klaren Kommissionsauftrag fordern.
Wird die Idee auch gegen den erklärten Willen der Opponenten gefordert? *Wenn ja*	(-) Realisierung möglichst weit hinausschieben und von Bedingungen abhängig machen, die beeinflussbar sind. Beschlussformulierung finden, die Konterkarieren erlaubt. (+) Revisionsvorbehalte einbauen, kleines Experiment fordern („Erfahrungen sammeln").	Präzises Procedere in personeller, sachlicher, zeitlicher und finanzieller Hinsicht fordern. Experimente bereits vorziehen und Ergebnisse vorlegen. Klare Kompetenz verlangen, um Einfluss der Opposition auszuschließen.
Verlangt die Idee zwingend Beiträge der Opponenten, die nicht von anderen erbracht werden können? *Wenn ja*	(-) Mitarbeit verweigern, verzögern, keine Ressourcen freigeben, sich hinter wichtigeren Aufgaben verschanzen, nicht ansprechbar sein. (+) Gegenentwürfe entwickeln und Prozess erneut durchspielen.	Zwangsinstrumentarium kennen, um Kooperation zu erzwingen. Einschalten von übergeordneten Instanzen, Einschaltung von externen Helfern. Side payments.

Quelle: Eigene Darstellung

(2) Erkennbare Bedeutung der Initiative

Opposition ist vielfach **kein bewusstes Handeln**. Wenn die innovative Idee unter anderen Informationen verborgen ist, kann sie verdrängt, übersehen, nicht oder falsch interpretiert werden. Die Gegenstrategie liegt darin, die innovative Idee unübersehbar darzustellen, sie mehrfach zu äußern, sie mit einem originellen Namen zu versehen, so dass sie nicht verdrängt werden kann.

(3) Unstrittige Informationsbasis

Wenn bei der **Präsentation** des Vorschlages bestimmte Zahlen- oder Faktenangaben gemacht werden, so wird sich die Opposition gegen diese Daten richten und ihre Authentizität, Aktualität, Präzision sowie die Prämissen der Idee bestreiten. Verstärkt wird diese Position dadurch, dass Kritik am Informationslieferanten geäußert und seine Kompetenz bestritten wird. Die verdeckte Opposition wird möglicherweise die gelieferten Angaben begrüßen, aber Bestätigungen und Ergänzungen fordern. Die Gegenstrategie kann nur darin liegen, Informationsquellen zu nutzen, die vom Opponenten nicht bestritten werden können. Das sind im Zweifel Daten, die der Opponent selbst geliefert hat. Gegen die verdeckte Opposition ist es zweckmäßig, bestätigende Informationen im Hintergrund bereitzuhalten und auf Anforderung zu liefern.

(4) Berücksichtigung des Umfeldes

Wenn die innovative Idee radikale **Verhaltensänderungen anderer Personen** verlangt, wird die Opposition auf Störungen, Konflikte, Umstellkosten und Unsicherheiten der Verhaltensänderung verweisen. Die verdeckte Opposition wird vielleicht die Idee noch begrüßen, aber darauf hinweisen, dass im Augenblick andere Belastungen zu tragen sind.

An dieser Stelle scheint die Verwendung von Zeitdruck sinnvoll. Die Promotoren werden auf einer Entscheidung "jetzt und hier" bestehen. Ein Verweis auf eine Krise, auf die Konkurrenz, auf das Image hat die Aufgabe, den Opponenten ins Unrecht zu setzen und ihm die Verantwortung zuzuspielen, wenn in einer existenziellen Grenzsituation nicht solidarisch gehandelt wird.

(5) Berücksichtigung der Kooperation

Viele Innovationen verlangen die **Zusammenarbeit** mehrerer Instanzenzüge. Der Opponent wird in diesem Falle Verstärkung bei anderen betroffenen Kollegen suchen und in einer wohl vorbereiteten Aktion sich mit diesen die Bälle der Opposition zuspielen. Die ressortübergreifende Innovation bietet dem verdeckten Opponenten eine besonders gute Chance der Verzögerung. Er wird möglicherweise die innovative Idee sogar begrüßen, aber eine Kommission fordern, die die Folgen der Innovation gründlich diskutieren soll. Indem die Opposition auf die Kommissionszusammensetzung und Geschäftsordnung einwirkt, kann sie den Widerstand bündeln.

Die Gegenstrategie der Promotoren muss an dieser Stelle eine Entscheidung der Spitzeninstanz verlangen. Sie wird ebenfalls Verstärkung bei betroffenen Kollegen suchen und Koalitionen bilden. Wenn eine Kommission unvermeidbar ist, so ist sie klein zu halten, mit einem engen und klaren Kommissionsauftrag zu versehen. Auch die Promotoren müssen die Kommissionszusammensetzung und die Kommissionsgeschäftsordnung sorgfältig kontrollieren.

(6) Abwehr von Verzögerungstaktiken

Angenommen, die innovative Idee werde von den maßgeblichen Instanzen gegen den erklärten Willen der Opponenten gefordert: Die Opposition hat jetzt nur noch eine Chance, die Realisierung **möglichst weit hinauszuschieben** oder die Realisierung von **Bedingungen** abhängig zu machen, die sie selbst beeinflussen kann. Der Opponent, der äußerlich positiv auftreten will, wird Revisionsvorbehalte einbauen, ein kleines Experiment fordern und mit dem Argument, man müsse Erfahrungen sammeln, eine große Lösung zu verhindern suchen.

Die Promotoren müssen an dieser Stelle ein präzises Procedere in personeller, sachlicher, zeitlicher und finanzieller Hinsicht fordern. Sie tun gut daran, Experimente bereits vorgezogen zu haben, so dass sie Ergebnisse vorlegen können. Sie benötigen spätestens an dieser Stelle eine klare Kompetenz, um den Einfluss der Opposition auszuschließen.

(7) Machteinsatz

Eine letzte Chance des Widerstands hat die Opposition, wenn sie **selbst Beiträge** erbringen muss, die nicht von anderen erbracht werden können. Bei offener Opposition wird man Mitarbeit verweigern, verzögern, man wird keine Ressourcen freigeben. Man wird behaupten, dass es wichtigere Aufgaben gäbe. Im Zweifel ist man nicht ansprechbar. Die verdeckte Opposition wird Gegenentwürfe entwickeln und versuchen, den Prozess erneut durchspielen zu lassen.

Hornsby et al. haben das Instrumentarium zur Überwindung des Widerstandes gegenüber Innovationen empirisch geprüft. Zwar beschränkt sich ihre Untersuchung auf den **Widerstand des "mittleren Managements"**, diese Einschränkung ist aber durchaus sachgerecht, wenn man die allgemeine Ansicht akzeptiert, dass sich gerade dort der Widerstand konzentriert. Einer der extrahierten Faktoren beschreibt die organisatorische Situation dieser mittleren Manager: Sie arbeiten in einer präzise bestimmten Position, stehen dabei in Situationen geringer Ungewissheit und haben klare Vorstellungen davon, welche Ziele sie erreichen sollen.

Dennoch sind sie zu unternehmerischem Handeln zu bewegen, wenn ihnen eine Situation geboten wird, die sich in den folgenden vier Faktoren ausdrückt[1]:

- Unterstützung und Ermunterung unternehmerischen Handelns bei Innovationen durch das Top-Management - dieser Faktor ist mit Abstand der wichtigste,
- Gewährung von Autonomie und Gestaltungsspielräumen,
- Anerkennung der persönlichen Leistung,
- Gewährung von zeitlichen Freiräumen.

---

[1] *Hornsby et al.* (2002), S. 264 f., ähnliche Befunde bei *Krause* (2004), S. 324.

Promotoren müssen dieses Instrumentarium kennen, um letztlich Entscheidung und Durchsetzung der Innovation erzwingen zu können. Dabei sind schließlich auch side-payments und andere Kompensationen nicht ausgeschlossen. In letzter Konsequenz ist allerdings wohl die Einschaltung von übergeordneten Instanzen und ein klares Machtwort gefordert[1].

5.5.1.6 Die "Ermöglichung" der Promotorenstruktur

In den meisten der vorliegenden empirischen Untersuchungen findet sich ein Hinweis, dass die geschilderte Arbeitsteilung der Promotoren im Innovationsmanagement **spontan** und **nicht bewusst organisiert** erfolgt. *Witte* konstatierte fragend[2]:

> "Wie man zu einer solchen Struktur gelangt ..., bleibt offen. Vielleicht ist der Weg der traditionsreichen Organisationslehre gangbar, die Promotoren kraft Anordnung in ihr 'Amt' einzusetzen ... Wir neigen eher der Vermutung zu, daß man dabei auf Schwierigkeiten stoßen wird. ... Wenn ich den empirischen Eindrücken folge, ... dann werden Promotorenstrukturen nicht 'eingesetzt', sondern 'ermöglicht'."

Mit den Rollen oder Funktionen der Innovationsmanager werden zugleich oft Persönlichkeitseigenschaften beschrieben, die darauf hindeuten, dass die Arbeitsteilung auf der Kraft der Individuen basiert und nicht auf den kühlen Analysen der Organisations- und Personalabteilungen.

Die Organisation erfolgt "ad personam" und nicht "ad rem".

Wenn andererseits nicht nur die Existenz, sondern auch die Effizienz bestimmter Spielarten der Arbeitsteilung im Innovationsmanagement nachgewiesen werden können, dann wäre es fahrlässig, wenn wir diese Erkenntnisse beim Management innovativer Entscheidungs- und Durchsetzungsprozesse vernachlässigen würden. Folgende Stichworte kennzeichnen die Leitlinie einer bewussten "Ermöglichung" von Arbeitsteilung nach dem Promotoren-Modell:

(1) Fachpromotor

Der Nukleus der Spezialisierung ist unzweifelhaft der Träger der fachspezifisch-technischen Kreativität, der **Fachpromotor**. Ohne ihn sind Produkt- und Prozessinnovationen nicht durchführbar, wenn wir von dem Fall absehen, dass Marktpartner oder Berater die Rolle des Fachpromotors übernehmen.

(2) Ausgleich von Defiziten

Um diesen Fachpromotor herum ist die Organisation des Innovationsmanagements schrittweise aufzubauen. Diese Organisation folgt anderen Gesetzen als die Organisation der Routineprozesse mit ihren klassischen Schritten der Aufga-

1 *Moss Kanter* (1983), S. 231, Warnungen vor unreflektierter Machtausübung äußert *Scholl* (2005), S. 56, 59.

2 *Witte* (1973), S. 56 f.

benanalyse, -synthese und -verteilung. Es müssen vielmehr zunächst die spezifischen Defizite des Fachpromotors festgestellt werden. Das Fehlen dieser Qualifikationen würde bewirken, dass notwendige Beiträge im Innovationsprozess nicht oder unzureichend erbracht würden. Diese fehlenden Qualifikationen müssen seine Mit-Promotoren im innovativen Team mitbringen. Voraussetzung ist dabei, dass man die Anforderungen des Innovationsprozesses und die sachlich notwendigen Beiträge ex ante kennt und dass man überdies die Defizite des Fachpromotors einschätzen kann - in vielen Fällen sicherlich fragwürdige Prämissen.

(3) Machtpromotor

In diesem Prozess der Qualifikationsergänzung ist - gemäß unserem Konzept der Arbeitsteilung - stets danach zu fragen, wer als Machtpromotor bereit und in der Lage ist, das innovative Engagement zu fördern. Es ist ja die klassische *Schumpeter*-Konstellation, dass der Erfinder (Fachpromotor) "seinen" Unternehmer (Machtpromotor) braucht, um seiner technischen Idee den notwendigen finanziellen und widerstandsbrechenden Schub zu geben.

(4) Prozesspromotor

Sind im Innovationsprozess vielfältige Informationsbeziehungen zu aktivieren und organisatorische, fachliche und sprachliche Distanzen zu überbrücken, so ist die Gewinnung eines Prozesspromotors zu erwägen, wenn weder Machtpromotor noch Fachpromotor diese "bridging function" übernehmen können.

(5) Selbstorganisation

Zumindest in der Anfangsphase des Innovationsprozesses sollte das Primat der Selbstorganisation gelten. Die Mitglieder des innovativen Teams sollten sich selbst finden und sich in ihren Positionen bzw. Leistungsbeiträgen definieren. Von ihnen werden im Laufe des Innovationsprozesses ein erhebliches Engagement, ein überdurchschnittlicher Arbeitseinsatz und ein beträchtliches Konfliktverarbeitungspotential erwartet. Diese kräftezehrenden Ansprüche erträgt nur ein Team mit großer Kohäsion, mit konfliktfreiem Innenleben und starker persönlicher Bindung.

(6) Kontaktmöglichkeiten

Daher muss es Möglichkeiten der Anbahnung und Herstellung persönlicher Kontakte geben. Hier liegt eine der Begründungen gegen die sogenannte mechanistische und für die organische Organisationsstruktur. Innerbetriebliche, für jeden Interessierten zugängliche Seminare, informelle Gesprächskreise, personelle Rotation und "laterale" Begegnungen durch die Hierarchie hindurch können derartige Treffs ermöglichen. Oft zeigt sich der wahre Prozesspromotor darin, dass er zu Beginn seiner Aktivität den Kontakt zwischen Ideenträger und Sponsor, zwischen Fachpromotor und Machtpromotor anbahnt.

(7) Projektmanagement

Es ist durchaus möglich, die Kooperation der Promotoren zu institutionalisieren und in die organisatorische Form eines Projektmanagements zu bringen. Dabei ist diese Formalisierung in der formarmen Frühphase noch am ehesten entbehrlich. Spätestens in der Entwicklungs- und Realisationsphase scheint aber eine derartige Projektorganisation sinnvoll.

(8) Befristung

Die Arbeitsteilung endet mit dem Abschluss des Innovationsprozesses - mit Erfolg oder Misserfolg. Für neue Prozesse gelten neue Bedingungen. Es mag dabei nicht ausgeschlossen werden, dass erfolgreiche Teams sich wiederum zu erneuten Problemlösungen zusammenfinden. Zwingend ist das nicht.

5.5.2 Das Management von Innovationsteams

> "Economic and technological forces will continually shape project management techniques, as R&D management is the springboard for new generations of products and scientific breakthroughs".
>
> *Pinto* (2002), S. 36

Innovationen werden als isolierbare Prozesse spätestens von der Entwicklungsphase an in der Form von Projekten organisiert und geführt.

Innovationsmanagement ist Projektmanagement, aber von Projekten eigener Art.

Innovationen sind "**strategische Projekte**" - sehr komplexe, technisch riskante Vorhaben mit hohen Kosten und langfristigen Auswirkungen auf die gesamte Unternehmung[1]. Diese Projekte unterscheiden sich substantiell von "operativen Projekten", die die Literatur zum Projektmanagement beherrschen.

In dieser Schrift wird das Innovationsmanagement mehrfach als Projektmanagement behandelt: Im 2. Kapitel werden die **strategischen Entscheidungen** zum Management von Innovationsprojekten gezeigt. Im 3. Kapitel tauchen Innovationsprojekte als Bestandteile des **Innovationssystems** auf. Im 11. Kapitel betrachten wir die Aktivitäten des Projektmanagements als Instrumente der **Prozess-Steuerung**. Im vorliegenden Kapitel sind die **Verhaltens- und Führungsprobleme** zu behandeln, die diejenigen betreffen, die aktiv an der Durchführung der Innovation beteiligt sind. Insbesondere ist zu klären, wie dabei die Beziehungen zwischen den Promotoren der Innovation und den übrigen Beteiligten ausgeprägt sind. Es geht um die **Arbeit im Projektteam**.

Teamarbeit für innovative Projekte ist im Zweifel interdisziplinär. Sie bietet nach weithin übereinstimmender Meinung der Literatur insbesondere die folgenden Vorteile[2], und das trotz der unbestreitbar hohen Kosten der Koordination des Teams:

---

1 *Lechler* (1997), S. 233 ff.

2 *Wurst* (2001), S. 11, *Scholl* (2005), S. 37 ff.

- **Beherrschung der Komplexität**: Durch die innovative Aufgabe ist die fachliche Kompetenz und zeitliche Kapazität eines Individuums überfordert. Nur das Zusammenwirken mehrerer Personen mit unterschiedlicher Expertise verspricht eine erfolgreiche Problemlösung.
- **Effizienz**: Arbeitsteilung erlaubt Parallelisierung der Teilarbeiten.
- **Kreativität und verbesserte Entscheidungsqualität**: Innovationen verlangen, traditionelle Ausbildungs- und Arbeitsgrenzen zu überschreiten. Im Kommunikationsprozess zwischen fachlich unterschiedlichen Individuen werden neuartige Problemlösungen entwickelt.
- **Flexibilität**: Die unterschiedlichen Fähigkeiten der Teammitglieder erlauben eine flexible Anpassung an unterschiedliche und wechselnde Zustände der Umwelt.
- **Förderung der Partizipation**: Jedes Teammitglied hat sein fachliches Wissen und Können in die Problemlösung einzubringen und gleichzeitig damit auch seinen Wissensvorsprung preiszugeben. Im Gegenzug profitiert es von den Beiträgen seiner Teampartner. Die gemeinsame Entwicklung der Lösung lässt damit fachliche, hierarchische und Statusunterschiede schwinden.

Wer diese unbestreitbaren Vorteile der Teamarbeit nutzen will, ist aufgefordert, die Teambesetzung, die Teamarbeit und nicht zuletzt die Teamführung konkret zu organisieren.

5.5.2.1 Die Akteure der Teamarbeit

Die **Literatur zum Projektmanagement** betrachtet drei Arten von handelnden Personen: Projektleiter, Projekt-Team und Top-Management[1]. Diese Mitwirkenden sind aber unterschiedlich genau bestimmt.

- Der **Projektleiter** ist stets ein Individuum. Er ist zugleich immer ein Stelleninhaber im organisatorischen Sinne. Es ist damit unterstellt, dass das Projekt bereits institutionalisiert, d.h. auch mit einer Stelle ausgestattet ist. Er ist zuständig für die Realisierung der Projektaufgabe. Seine Kompetenz besteht nur für das Projekt. Seine Verantwortung bezieht sich auf Effektivität und Effizienz des Projektes.
- Das **Projekt-Team** ist stets eine Personenmehrheit, die Summe aller Projektmitarbeiter. Diese sind dem Projektleiter fachlich (gelegentlich auch disziplinarisch) unterstellt. Der Begriff des Projekt-Teams wird in der Literatur einhellig verwendet. Er verweist immer auf eine Gruppe, die in Arbeitsteilung auf das gemeinsame Ziel der Projektlösung ausgerichtet ist. Das Team leistet die fachliche Arbeit.

  Die **Gruppengröße** des Innovationsteams ist je nach Aufgabenkomplexität und Innovationsgrad unterschiedlich, beträgt mindestens drei Personen. Repräsentative Untersuchungen zur Gruppengröße liegen nicht vor, einzelne Studien nennen immer wieder Personenzahlen von etwa sieben Personen.

---

[1] *Keim* (1997), S. 16 ff., *Lechler* (1997), S. 37 f., 95 ff.

Große Innovationsprojekte dürften zweistellige Mitgliederzahlen aufweisen. Bei der im folgenden ausführlich behandelten Untersuchung von *Högl* betrug die durchschnittliche Gruppengröße 6,3 Mitgliedern bei einer Standardabweichung von 2,87[1].

Nach der Untersuchung von *Billing* starten hochinnovative Projekte mit einem Team von 6,8 Personen. Im Laufe des Prozesses wächst die Zahl bis zum Projektabschluss auf 31,5 Personen[2].

- Das **Top-Management** steht als anonyme Kraft im Hintergrund des Projektmanagements. Es ist dem Projektleiter übergeordnet. Es definiert seine Projektaufgabe, kontrolliert den Projektfortschritt und ist der Adressat der Projektverantwortung. Es bleibt offen, ob es sich dabei um ein einzelnes Mitglied der Geschäftsführung handelt oder um ein Gremium wie etwa die Gesamtgeschäftsführung oder Koordinationsgremien oder Lenkungsausschüsse. Zunehmend setzt sich der Begriff "Projektauftraggeber" ("project owner") durch.

Zusammenfassend kann gesagt werden, dass damit üblicherweise allenfalls die hierarchische Struktur des Projektmanagements klar bestimmt ist.

Die Projektleiter, die Mitglieder des Projektteams und der Projektauftraggeber wirken zusammen, um das Projektergebnis - die Innovation - hervorzubringen. Die Teamarbeit in Innovationsprojekten hat die Literatur zum Innovationsmanagement, zum Projektmanagement und zur Teamproblematik zu berücksichtigen. Die Zahl der wissenschaftlichen Untersuchungen zu diesen drei Teilgebieten ist kaum absehbar. Um so erstaunlicher ist es, dass die Schnittmenge nur sehr wenige Arbeiten enthält. Lediglich *Högl*[3] sowie *Gemünden/Högl*[4] haben Teamarbeit bei Innovationsprojekten in Deutschland umfassend untersucht. Dort findet sich auch ein breiter Überblick über die Literaturbasis[5]. Die folgende Darstellung stützt sich im Wesentlichen auf ihre Befunde (vgl. Kasten 5.10).

Im konzeptionellen Modell dieser Autoren steht die **Teamarbeit** im Mittelpunkt[6]. Sie wirkt direkt auf **Effektivität und Effizienz** des Innovationsprozesses ein. Die Teamarbeit selbst wird durch die **Teambesetzung** und durch die **Teamführung** bestimmt. *Högl/Gemünden* führen damit die Arbeiten von *Gladstein Ancona/Caldwell*[7] weiter, die belegten, dass die Teambesetzung als solche noch nicht für den Teamerfolg bestimmend ist, sondern erst über das Zusammenwirken mit Prozessen der Teamarbeit.

---

1 *Högl* (1998), S. 114 f., in der Untersuchung von *Gladstein Ancona/Caldwell* (1992), S. 327, liegt die durchschnittliche Gruppengröße bei 10 (Standardabweichung 6,2).

2 *Billing* (2003), S. 254.

3 *Högl* (1998).

4 *Högl/Gemünden* (1999), S. 35 ff.

5 *Gemünden/Högl* (2005), S. 1 ff., *Scholl* (2005), S. 38 ff.

6 So auch das Konzept der "charged teams" von *Sethi/Nicholson* (2001), S. 157.

7 *Gladstein Ancona/Caldwell* (1992), S. 332 ff.

Kasten 5.10: Konzeptionelles Modell der Teamarbeit (*Högl/Gemünden*)

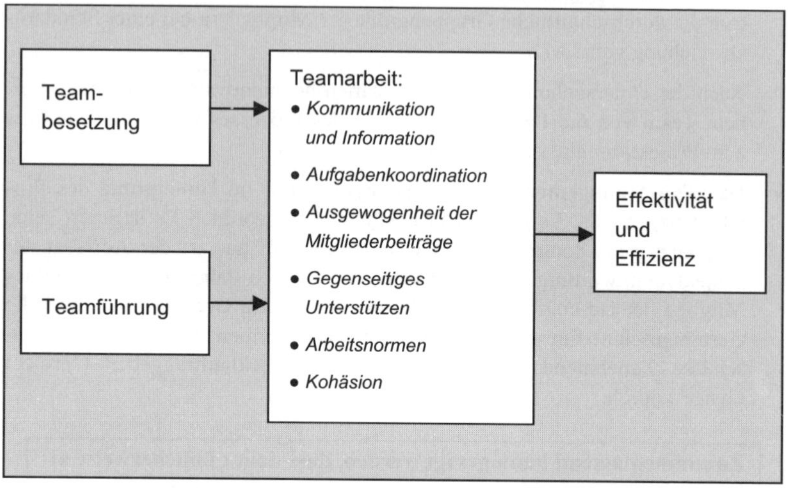

Quelle: Eigene Darstellung, in Anlehnung an *Högl/Gemünden* (1999), S. 45, 52

5.5.2.2 Die Teamarbeit

Die Teamarbeit selbst ist durch folgende Eigenschaften gekennzeichnet[1]:

- **Kommunikation und Information**: Häufigkeit v.a. des informalen[2] Informationsaustausches[3], Spontaneität bzw. Formalisierung der Kommunikation, Direktheit der Mitteilung, "vorbehaltloses Einbringen des gesamten aufgabenrelevanten Wissens" in die Zusammenarbeit (Offenheit).
- **Aufgabenkoordination**: Verknüpfung der arbeitsteilig erfüllten Aufgaben, Ausrichtung auf gemeinsame Ziele, Ermöglichung von Parallelarbeit.
- **Ausgewogenheit der Mitgliederbeiträge**: Integration aller Mitglieder entsprechend "ihren spezifischen Fähigkeiten und Potentialen".
- **Gegenseitiges Unterstützen**: Kooperation und Miteinander der Teammitglieder statt Gegeneinander im individualistischen Wettbewerb.
- **Arbeitsnormen (Engagement)**: gemeinschaftlich geteilte Erwartungen über den Arbeitseinsatz der Teammitglieder, insbesondere Einigkeit über die Priorität der Teamaufgabe gegenüber anderen Aufgaben.
- **Kohäsion**: Zusammenhalt und Zusammengehörigkeitsgefühl der Teammitglieder, positive Einstellungen gegenüber den anderen Teammitgliedern.

---

[1] *Högl/Gemünden* (1999), S. 37 ff.
[2] *Pinto/Pinto* (1990), S. 206 f.
[3] Gegenteilige Annahmen und Befunde bei *Kratzer et al.* (2004), S. 67 ff.

Die Qualität der Zusammenarbeit in einem Innovationsteam ist nicht nur ein Informations- und Kommunikationsproblem. Es ist vor allem ein Problem des wechselseitig positiven Verhaltens der Teammitglieder.

Die Arbeit im Team verlangt paradoxerweise gleichzeitig Autonomie der Teammitglieder. Die kreativen Individuen benötigen Handlungsspielräume bei der Wahl ihrer Arbeitsmethode, bei ihrer Zeitdisposition und bei der Selbstbewertung ihrer Leistungsbeiträge[1]. Das gilt umso mehr, wenn die Teamaufgabe besonders unsicher und schwierig ist und wenn hohe Fachkompetenz des Teammitgliedes gefordert wird[2] - eben im Innovationsfall.

5.5.2.3 Die Teambesetzung

Im Team sollen bewusst Personen mit unterschiedlichen Eigenschaften zusammengefasst werden. Auf welche **fachlichen** Disziplinen - Marketing, Fertigung sowie Forschung und Entwicklung - es dabei ankommt, wurde im Kapitel 3 unter dem Stichwort funktionsübergreifende Teams behandelt. Unter den hier zu diskutierenden Verhaltens- und Führungsaspekten kommt es nach *Högl/Gemünden*[3] insbesondere auf die folgenden Eigenschaften an:

- **Wissens- und Fähigkeitsstand**: Möglichst gleich hoher Stand der persönlichen Leistungsfähigkeit in fachlicher Hinsicht, Ablehnung von unterqualifizierten Teammitgliedern.
- **Methodische Kompetenz**: Fähigkeiten der Projektplanung und -steuerung, der Ableitung von Teilzielen, der zeitlichen und sachlichen Strukturierung von Aufgaben.
- **Soziale Kompetenz**: "Soziale Kompetenz versetzt die Teammitglieder in die Lage, aufeinander zuzugehen, Dinge offen anzusprechen und sich in die Sichtweisen anderer hineinzuversetzen"[4].
- **Präferenz für Teamarbeit**: Bevorzugung der Arbeit in der Gruppe und Ablehnung der individuellen, auf Autonomie pochenden Einzelleistung.

Bei der Teambesetzung kommt es nicht nur auf die Einbeziehung fachlich unterschiedlicher Mitglieder an.

[1] *Thieme et al.* (2003), S. 116, *Haberstroh/Wolf* (2005), S. 190 f.
[2] *Haberstroh/Wolf* (2005), S. 206, 208.
[3] *Högl/Gemünden* (1999), S. 45 f.
[4] Ebenda, S. 45.

5.5.2.4 Die Teamführung

Neben der Teambesetzung ist die eigentliche Teamführung die wichtigste Gestaltungsvariable des Team-Managements.

Teamführung ist bewusste Einflussnahme auf die Teamarbeit.

Konsequenterweise setzt Teamführung vielfältig an den dargestellten, erwünschten Eigenschaften der Teamarbeit an:

- **Zielqualität**: Die Ziele für das Team sollen "möglichst präzise, beständig und überschaubar"[1] sein und vom Team akzeptiert werden.
- **Teamziel-Commitment**: Es ist sicherzustellen, dass sich alle Teammitglieder den Zielen verpflichtet fühlen. Es kommt dabei auf die persönliche Bejahung dieser Ziele an. Anders gesagt: Das Projektziel muss als Ziel von jedem Teammitglied getragen werden, es darf nicht als Ziel des Projektleiters angesehen werden.
- **Feedback**: Das jeweils erreichte Ausmaß der Zielerfüllung muss festgestellt und ständig und jeweils aktuell den Teammitgliedern bewusst sein. Nur so können sie ihre Aktivitäten nach eigenem Antrieb insbesondere zeitlich selbst steuern.
- **Entscheidungsstruktur im Team**: Der Grad der Partizipation der Teammitglieder an Entscheidungen ist unterschiedlich. *Högl/Gemünden* vermuten, dass ein höherer Partizipationsgrad die teaminterne Kommunikation steigert und damit den Koordinationsbedarf senkt und die Durchsetzung erleichtert[2].

Dieses Modell wurde anhand einer Stichprobe von 430 Interviews aus 145 Software-Entwicklungsprojekten getestet[3]. Die postulierten Beziehungen wurden bestätigt. Der Einfluss auf die Erfolgsmaße ist beachtlich. Zu den gleichen Befunden kommt *Papies*[4], allerdings mit der zusätzlichen Einsicht, dass der Erfolgseinfluss umgekehrt u-förmig verläuft. *Papies* erklärt das durch einen Groupthink-Effekt.

Bewusst gestaltete Teamarbeit, Teambesetzung und Teamführung in Innovationsprozessen sind unstrittig bedeutsame Erfolgsfaktoren.

---

1 *Högl/Gemünden* (1999), S. 47.
2 Ebenda, S. 48.
3 *Högl* (1998), S. 109 ff.
4 *Papies* (2005), S. 122.

5.5.2.5 Promotoren im Projekt-Team

Die Projektmanagement-Literatur formuliert vor allem Anforderungen an die **Persönlichkeit des Projektleiters** - neben der Fachkompetenz vor allem Problemlösungskompetenz, Managementkompetenz, Führungskompetenz und soziale Kompetenz in so langen Anforderungskatalogen, dass nur Projekt-"Heroen", kaum aber reale Menschen in der Lage scheinen, diesem Anforderungsprofil zu entsprechen[1].

Die Literatur zum Projektmanagement ist in aller Regel auf Gestaltung und Anwendung ausgerichtet. Sie stammt aus der Feder von Praktikern. Basis ist vielfach Erfahrung und persönliches Erleben, weit weniger gesicherte empirische Erkenntnis. Sie liefert Aussagen **für die Realität**. Die Innovationsforschung ist demgegenüber der Erklärung, der theoretischen Fundierung und weniger der Anwendung gewidmet. Sie liefert Aussagen **über die Realität**. Diese Diskrepanz ist aber auf Dauer zu überwinden. Die Erkenntnisse der Innovationsforschung zum Promotoren-Modell können genutzt werden, um dem Management von Innovationsprojekten Anregungen oder auch Warnungen zu liefern, die sich auf die Beobachtung tatsächlichen Verhaltens stützen. Dieser Absicht gemäß sollten folgende Unterschiede und Gemeinsamkeiten bewusst werden:

Promotoren erbringen bestimmte Leistungen auf der Basis bestimmter Machtquellen. **Das Promotoren-Modell beschreibt Rollen, Funktionen, Leistungen, keine organisatorisch fixierten Positionen**.

- Der **Machtpromotor** muss kein Mitglied einer Projektgruppe sein, wenn er die Arbeit von Projektleiter und seinem Team durch die Freigabe von Ressourcen und durch Blockade von Opposition unterstützt. Er muss auch nicht zwingend Mitglied der Geschäftsführung sein, wenn denn seine Machtquellen ausreichen, seine Projektgruppe zu fördern und zu schützen.
- Der **Prozesspromotor** kann durchaus auch der Projektleiter sein, er muss es aber nicht. Die Rolle eines Prozesspromotors kann auch eine Persönlichkeit im mittleren oder höheren Management übernehmen, die das Unternehmen und seine maßgeblichen Führungskräfte kennt und die von ihnen als redlicher Makler respektiert wird.
- Der **Fachpromotor** ist sicherlich Mitglied des Projekt-Teams. Er muss in diesem Team indessen keine herausgehobene Position bekleiden. Seine Rolle bestimmt sich dadurch, dass er die wesentlichen fachlichen Impulse abgibt, Ideen entwickelt und auch zäh weiterverfolgt, auch wenn sich nicht auf Anhieb die erwarteten Resultate zeigen.

Es ist also durchaus vorstellbar, dass einzelne der Promotoren außerhalb einer Projektgruppe ihre Leistungen erbringen. Das gilt auch dann, wenn es überhaupt keine eigene Projektorganisation gibt.

Die größte Übereinstimmung zwischen Promotoren-Modell und Projektmanagement findet man bei **Prozesspromotoren bzw. Projektleitern**. Hier lässt sich die Rollencharakterisierung direkt als Anforderungsprofil für eine Position

---

1 *Keim* (1997), S. 25 ff.

verwenden. *Keim*[1] hat gezeigt, welche Eigenschaften den erfolgreichen Projektleiter auszeichnen: Es ist dies ein überdurchschnittliches Interaktionsvermögen, ein kooperatives Führungsvermögen, eine herausragende Problemlösungskapazität, besonders hohe konstruktive Kreativität und - mit einigem Abstand - kommunikativ-analytische Fähigkeiten, Erfahrung und Organisationsvermögen.

Der Projektleiter entspricht mit diesen Eigenschaften den theoretisch bestimmten Anforderungsprofilen von Prozesspromotoren.

Leider ist es ein betrüblicher Befund von *Keims* Untersuchung, dass nur 20 % der untersuchten Projektleiter auch diese Eigenschaften von Prozesspromotoren aufwiesen.

Promotoren sind durch ihren Enthusiasmus für die Sache definiert, Projektmanager durch ihre Rechte und Pflichten. Das Promotoren-Modell baut insoweit eher auf intrinsischer, das Projektmanagement eher auf extrinsischer Motivation auf. **Promotoren schalten sich ein, Projektmanager werden berufen**. Promotoren sind stärker dem "organischen", Projektmanager eher dem "mechanistischen" Verständnis von Managementsystemen zuzuordnen.

Die bisherige Darstellung könnte den Eindruck hinterlassen, dass Promotoren-Modell und Projektmanagement allenfalls in der Person des Projektleiters oder des Prozesspromotors so enge Berührungspunkte aufweisen, dass die Konzepte ineinander überführbar sind. Die Synthese würde in diesem Falle auf eine partielle Gemeinsamkeit hinauslaufen. Es geht uns aber um mehr: Für den praktischen Einsatz reicht die Überführung einer einzelnen Rolle in eine bestimmte Position nicht aus. Gefragt werden muss doch, unter welchen Bedingungen das **Promotoren-Modell durch das Projektmanagement zu ersetzen** ist - und umgekehrt - und ob sich aus dem Promotoren-Modell möglicherweise ein Projektmanagement-Modell entwickeln lässt. Damit ist nach den situativen Faktoren gefragt, die das eine oder das andere Modell empfehlen oder die eine Überleitung von dem einen Modell in das andere Modell nahelegen.

Es ist das Verdienst *Lechlers*[2], in einer Untersuchung von 448 Projekten drei **Typen von Projekten** ermittelt zu haben, in denen unterschiedliche Konstellationen von Promotoren bzw. Projektmanagern auftreten. Er bestimmt drei Cluster:

- **Typ 1**: **"Operative Projekte"**:
  Sehr dringliche und bedeutende Vorhaben, die aber wenig innovativ und allenfalls mittelgroß sind und unter einer überschaubaren technischen Unsicherheit stehen, kennzeichnen dieses Cluster. Es ist für das Innovationsmanagement unerheblich.

- **Typ 2**: **"Nachrangige Projekte"**:
  Zwar innovative, aber weniger dringliche und weniger bedeutende Aufgabenstellungen kennzeichnen dieses Cluster. Interessanterweise wird die

---

[1] *Keim* (1997), S. 161 ff.
[2] *Lechler* (1997), S. 233 ff.

technische Unsicherheit dabei als gering eingeschätzt. Auch dieser Typ ist für das Innovationsmanagement i.S. dieser Schrift unbedeutend.

- **Typ 3**: "**Strategische Projekte**":
  Hierbei handelt es sich um innovative Projekte, denen diese Schrift gilt: hochinnovativ, komplex, technisch riskant, Vorhaben mit hohen Kosten und Laufzeiten, die für die langfristige Ausrichtung der Unternehmung strategisch bedeutsam sind.

Zur Frage "**Promotoren-Modell oder Projektmanagement-Konzept**" liefert die Typologie *Lechlers* die folgenden Antworten:

- Dringliche, "operative" Projekte verlangen **traditionelles Projektmanagement** mit bewusstem Einsatz formal-organisatorischer Instrumente (Partizipation, Planung, Steuerung, Information, Kommunikation). Hier liegt offenbar das Hauptanwendungsgebiet des Projektmanagements traditionellen Verständnisses.
- In "nachrangigen" Projekten finden wir eine **Gespann-Struktur** mit deutlicher Dominanz des Machtpromotors. Zugleich fällt der starke Einsatz formal-organisatorischer Instrumente, namentlich der Planung und Steuerung sowie der Information und Kommunikation, auf. Hier findet sich eher eine Mischung von Promotoren- und Projektmanagement-Konzept.
- Von besonderem Interesse sind für uns die "strategischen" Projekte: Hier ragt nun die **Troika-Konstellation** hervor, der Einfluss des Top-Managements ist geringer als bei nachrangigen Projekten, der Einfluss des Projekt-Teams deutlich höher. Auch der Projektleiter tritt häufiger auf. Es fällt auf, dass die formal-organisatorischen Koordinationsinstrumente der Partizipation, Planung, Steuerung, Information und Kommunikation eine geringere Rolle spielen. Hier dominiert das offenere und flexiblere Promotoren-Modell.

6. Kapitel
Kooperation und Innovation

Innovationsmanagement ist kein ausschließlich innerbetriebliches Problem mehr. Es bezieht **Aktionen und Reaktionen externer Partner** in seine Dispositionen ein. Im Folgenden werden drei Fallstudien zur Innovationskooperation präsentiert:

- Die Zusammenarbeit der Deutschen Lufthansa mit den Herstellern Airbus und Boeing ist dabei der "**klassische Fall**" (Hervorhebungen durch Verfasser. Der Text wurde leicht umgestellt).
- Die Kooperation bei der Gesundheitskarte ist nicht nur der **aktuellste Fall**. Er ist auch ein Beispiel für eine Systeminnovation.
- Der dritte Fall illustriert konkret die **praktischen Schwierigkeiten** der Kooperation.

6.1 Fallstudien zur Kooperation

6.1.1 Die Lufthansa als "Launching Customer"

"Als Messer und Gabel nach dem Mittagessen beiseite gelegt waren, kam *Reinhardt Abraham* zur Sache. Vor Vertretern von Fluggesellschaften und Flugzeugbauern im noblen New Yorker Waldorf-Astoria-Hotel ortete das Vorstandsmitglied der Deutschen Lufthansa ein Defizit.

Wenn technischer Fortschritt nur den Herstellern diene, könnten die Verkehrsflieger bald einpacken. Was immer auch entwickelt und verbessert werde, müsse beiden Seiten, den Jetproduzenten wie ihren Kunden, Vorteile bringen: ... 'Es ist an uns, den Liniengesellschaften, die **Hersteller mit genauen Angaben zu versorgen**, die ihnen eine Langzeitplanung ermöglichen. Aber was ist die Praxis? Viele Gesellschaften akzeptieren, was auf dem Markt ist, kaufen ihre Flugzeuge von der Stange.' ...

Doch die Zeit solcher Herstellerallmacht ist vorbei. Das Geschäft macht nur noch der, der auf die **Wünsche seiner Kunden** Rücksicht nimmt ...

'Es ist ein Teil unserer Firmenpolitik, **mit dem Flugzeugproduzenten zu kooperieren**', betont *Jürgen Weber*, Generalbevollmächtigter der Lufthansa für den Bereich Technik. Das hat seinen guten Grund. Bis zu zehn Prozent vom Anschaffungspreis kosten nachträgliche Sonderwünsche bei der Technik oder bei der Ausstattung nach einer Daumenregel. 'Wenn wir bereits in der Designphase mitreden können, lassen sich ein bis zwei Prozent sparen und wir bekommen das Flugzeug, das wir technisch wünschen' ...

So konnten etwa die **Instandhaltungsabstände** kostensparend vergrößert werden. Mußten beim Ur-Airbus A 300 noch täglich Kontrollen durchgeführt werden, sind beim Nachfolgemodell A 310 Inspektionen nur noch einmal wöchentlich nötig ... 'Bei derartigen Verbesserungen bringen wir dann unsere Erfahrungen aus der Flotte ein' (*Weber*). Solcher Einsatz wird auch belohnt. **Preisnachlässe** bis zu 20 Prozent **für den Launching Customer**, also den ersten Besteller eines Düsenjets, sind der Lohn des Gebens und Nehmens ...

Auf ein synergetisches Beispiel sind die Lufthanseaten besonders stolz, wenngleich es bei enger Auslegung den Spielraum des Begriffs eigentlich sprengt: Gegen interne Ablehnung und Schwierigkeiten bei Boeing verhalfen sie dem **Kurzstreckenmodell 737** - Geschäftsleuten bestens als Cityjet bekannt - zum Start.

Für ihre Aufgaben als Zugpferd in Sachen Flugzeugtechnik besitzt die Lufthansa weltweit **Kompetenz** - geschaffen von den rund 500 Mitarbeitern im Ingenieurbereich ihrer Hamburger Werft. Sie definieren die Anforderungen an ein Flugzeug, also Reichweite, Tragfähigkeit und Einsatzmöglichkeiten, beschreiben Bauarten und Instandhaltung. Die Lufthansa-Werft hat sich in den drei Jahrzehnten ihres Bestehens vom ursprünglichen Reparaturbetrieb zu einem international bedeutenden Zentrum der Luftfahrttechnologie entwickelt. ... Mit ihrem Know-how aus dem Reparaturbetrieb sind die Hamburger Flugzeugexperten den Technikern der Jetproduzenten ebenbürtig ..." (Industriemagazin, November 1987)

6.1.2 "Gesundheitskarte"

"Dass die Einführung der Gesundheitskarte ähnlich chaotisch verlaufe wie vor zwei Jahren der missglückte Start der Lkw-Maut, hört die IT-Industrie nicht gern. Lieber sammeln die Anbieter noch **vor dem Start des offiziellen Testbetriebs** in eigenen Projekten Erfahrungen, um dann bei der Vergabe der Aufträge für die Pilotregionen ganz vorn zu sein. Es geht um viel Geld. 1,4 Milliarden Euro soll allein die erste Ausbaustufe der Gesundheitskarte kosten.

Die Telekom-Tochter T-Systems beispielsweise hat zusammen mit der Bundesknappschaft in Bottrop auf eigene Faust einen Testlauf gestartet. ... Das System startet mit 50 Versicherten. Ist es ausgebaut, sollen 20 000 Versicherte, 75 Ärzte und ein Krankenhaus angeschlossen sein - das wäre dann eins der größten Pilotprojekte. Siemens liefert die Schnittstellen für den Datenfluss zwischen Versichertenkarte und Gesundheitsnetzwerk. Der Automatenhersteller Wincor Nixdorf stellt Terminals auf, an denen die Versicherten ihre digitale Patientenakte einsehen können. Der Computerkonzern Hewlett-Packard stellt die Rechner, und der Softwarehersteller Oracle baut die Datenbanken auf, in denen die Patientendaten gespeichert werden. ..."[1]

6.1.3 "Moderne Handarbeit"

"Man wird vielleicht nie erfahren, was letztlich zur erneuten Verschiebung der ersten Auslieferung des Airbus A 380 geführt hat. Ebenso wenig wie die Gründe

---

1 *Kroker* (2005), S. 118 (Hervorhebungen durch Verfasser).

für die Verzögerung beim Mautsystem Toll Collect oder für die zahllosen Qualitätsmängel bei Autos in den vergangenen Jahren. Doch so schwierig die konkrete Ursachensuche ist, so offenkundig ist das grundsätzliche Problem: Viele Produkte und Dienstleistungen haben heute eine **Komplexität** erreicht, die ihren Entwicklungsprozess schwer beherrschbar macht.

Informatiker und Ingenieure nennen es neudeutsch Collaboration, wenn Teams über Abteilungs-, Firmen- und Ländergrenzen hinweg Produkte entwickeln und deren Fertigung planen und steuern. Was früher unter einem Dach organsiert war, ist nun in alle Welt verstreut. Bei Airbus heißt das konkret: Mehrere tausend Beschäftigte in hunderten verschiedenen Fachbereichen an unterschiedlichen Standorten müssen ihre Arbeit mit abertausenden Kollegen in Partnerunternehmen koordinieren. ... Doch bei der Entwicklung in Netzwerken treten Probleme auf, für die nicht nur die Software-Anbieter noch nach Lösungen suchen müssen.

Dabei hat die im Engineering eingesetzte **Software** über die vergangenen 30 Jahre einen Reifegrad erreicht, der kaum noch technisch unlösbare Probleme kennt. Jede Innovation ist denkbar und lässt sich realistisch simulieren, lange bevor die Fertigung beginnt. Das digitale Produkt ist längst vor dem physikalischen Prototyp fertig. Mit elektronischem Produktdatenmanagement (PDM) lassen sich Konstruktionsdetails eines neuen Autos oder Flugzeugs so verwalten, dass das Arbeiten mit der jeweils gültigen Version garantiert ist.

Das Problem ist nur: Nicht alle Daten sind nahtlos mit PDM erfasst, denn jede Ingenieursdisziplin spricht ihre **eigene Sprache**, auch in der IT. Und nicht jeder Beteiligte hat **Zugriff** auf das PDM, in dem alle Daten eines Projektes gespeichert sind oder sein sollten. Insbesondere hat sich die Einbindung von Zulieferern und Partnern in ein solches System als nahezu unmöglich erwiesen: Einerseits will der Auftraggeber das Herz der Produktentwicklung gar nicht über die Firewall öffnen. Andererseits müssen die Lieferanten nicht nur die Projekte für einen, sondern meist für viele Großkunden managen, und dazu benötigen sie ihr eigenes PDM, das sich nicht unbedingt mit dem des Auftraggebers versteht. Dieselben Einschränkungen gelten für Terminpläne, Kostenrechnung und Ressourcenplanung über Firmengrenzen hinweg.

Das Ergebnis ist ernüchternd: Nach einer Studie von AMR Research finden 51 Prozent aller Prozessschritte der industriellen Produktentstehungskette außerhalb der zu ihrer Unterstützung implementierten Systeme statt. 63 Prozent heutiger Prozesssteuerung und Sicherheitsmaßnahmen werden danach schlicht und ergreifend von Hand erledigt. ..."[1]

Die Fallstudien erlauben es, folgende Fragen zur Einbeziehung von Marktpartnern in den Innovationsprozess zu stellen:

- Mit welchen Argumenten wird die Zusammenarbeit begründet?
- Welche Risiko-Überlegungen begünstigen die Zusammenarbeit?

---

[1] *Sendler* (2006), S. 32 (Hervorhebungen durch Verfasser).

- Wird die Innovationsfähigkeit eines Herstellers durch die Kooperation mit einem Verwender eingeengt oder erweitert?
- Welche kapazitativen, technologischen und organisatorischen Voraussetzungen muss ein Kooperationspartner erfüllen, der für die Zusammenarbeit mit dem innovierenden Unternehmen in Betracht gezogen wird?
- Ist die Kooperation auf ein einziges Projekt oder auf einen einzigen Partner zu beschränken?
- Wie vollzieht sich die Zusammenarbeit mit dem Kooperationspartner konkret? Welche Aufbau- und Ablauforganisation wird für die Kooperation gewählt?
- Wie ist der Kooperationserfolg zu bestimmen und zwischen den Partnern zu teilen?

Auf diese Fragen sollen die folgenden Abschnitte dieses Kapitels Antworten geben.

6.2 Kennzeichnung von Innovationskooperation

"Zusammenkommen ist ein Beginn, Zusammenbleiben ist ein Fortschritt, Zusammenarbeiten ist ein Erfolg."

Henry Ford

6.2.1 Zum Kooperationsbegriff

Unter Rückgriff auf die bereits zitierte Definition *Blohms*[1] betrachten wir Kooperation als Zusammenarbeit zwischen rechtlich und wirtschaftlich selbständigen Unternehmen, zumindest ist diese Selbständigkeit vor Beginn der Kooperation gegeben. Innovationskooperation erfolgt dabei in anderer Weise als Zusammenarbeit in der routinemäßigen Geschäftstätigkeit[2] und hat folgende Eigenschaften:

- Es handelt sich um "**Arbeit**", d.h., die Partner der Kooperation setzen bewusst **Ressourcen** für die Kooperation ein.
- Es geht um "**Zusammen**"-Arbeit, d.h., es herrscht **Arbeitsteilung**: Die Leistungsbeiträge der Kooperationspartner sind unterschiedlich. Jeder der einzelnen Leistungsbeiträge ist notwendig, keiner ist als einzelner hinreichend.
- Aus der Arbeitsteilung erwächst **Koordinationsbedarf**. Kooperation verlangt Organisation. Die Koordination erfolgt durch "**Kontrakte**" und durch "**Prozeduren**" ("contractual vs. procedural coordination"[3]). Durch Kontrakte verpflichten sich die Kooperationspartner grundsätzlich zu bestimmten Ak-

---

1 *Blohm* (1980), Sp. 1112, *Walter* (2003), S. 21 f.
2 *Rüdiger* (1998), S. 26.
3 *Sobrero/Schrader* (1998), S. 588 ff.

tivitäten. Durch Prozeduren, namentlich durch Informationen, adjustieren sie ihre Aktivitäten im Laufe des Kooperationsprozesses.

- Es herrscht eine spezifische Anreiz-/Beitragskonstellation: Beide Partner wollen ein bestimmtes **Sachziel** (Effektivität) oder **Formalziel** (Effizienz, Wirschaftlichkeit, Schnelligkeit) erreichen. Die Sachziele wären für jeden der Kooperationspartner überhaupt nicht, nicht so schnell oder nicht so wirtschaftlich erreichbar, wenn er diese Ziele individuell verfolgte.
- Die Partner erwarten oder verabreden eine **Ergebnisteilung**, die sich an ihren individuellen Nutzenfunktionen orientiert.
- Die Kooperation ist prinzipiell **befristet**, in vielen Fällen projektgebunden. Jeder Partner kann nach Ablauf von Fristen oder Erledigung der Projekte die weitere Zusammenarbeit aufkündigen. Bei wiederholter und dauerhafter Kooperation verfestigen sich die organisatorischen Strukturen. Es kommt zu Netzwerken, Allianzen, Joint ventures oder gar Fusionen.
- Bei der Kooperation kommt es vielfach zum **Tausch** von Leistungen, bei dem man bewusst darauf verzichtet, sie in Geld zu bewerten[1]. Dabei wird durchaus investiv gedacht, wenn spezifische Aufgaben anfallen, die ohne die Kooperation mit einem bestimmten Partner nicht erbracht worden wären.

6.2.2 Die Kooperationspartner

Die folgende Betrachtung konzentriert sich auf bestimmte Gruppen von Kooperationspartnern: Kunden, Lieferanten und Diffusions-Agenten, das sind i.W. Berater. Kooperationspartner liefern auf der einen Seite Input für den Innovationsprozess ("**Input-Partner**"). Sie sind als Kunden Übernehmer der Innovation ("**Output-Partner**").

(1) Kunden

Kunden müssen veranlasst werden, die vom innovierenden Unternehmen angebotene, neuartige Zweck-Mittel-Kombination zu akzeptieren. Es sind ihre Zwecke, die durch die Innovation besser, schneller, billiger erfüllt werden sollen. Es sind vielleicht sogar völlig neue Ziele, die zu setzen ihnen die Innovation ermöglicht. Referenzpunkte für die Kundenansprache sind damit stets die Motive des Kunden sowie die Verbesserungsmöglichkeiten gegenüber den bislang gegebenen Alternativen zur Erfüllung der Ziele. **Innovationsmanagement ist somit auch Innovationsmarketing**[2]. Wie bei jeder Marketingaktivität stellen sich damit wenigstens zwei Aufgaben: Anpassung an vorhandene Kundenwünsche und Weckung von Kundenwünschen - auch gegen potentielle Widerstände. Das Innovationsmanagement muss auf die Marktpartner einwirken, um deren Widerstände gegen die Innovation zu überwinden. Erst wenn die Innovation den Kundenwünschen entspricht, hat sie die Chance auf absatzwirtschaftlichen Erfolg. Es ist dann dieser Erfolg, der auch innerbetrieblichen Widerstand beim Anbieter bricht.

---

1 *Schrader* (1993), S. 240 ff.

2 *Sattler/Schrader* (1995), Sp. 996 ff.

(2) Lieferanten

Diese zweite Gruppe von Marktpartnern, die für das Innovationsmanagement beachtlich sind[1], bietet Innovationen oder deren Komponenten an. Prozessinnovationen können von ihnen sogar vollständig initiiert, substantiiert und realisiert werden[2]. Es wird auf die im Kapitel 2 zum Stichwort "**Innovationseinkauf**" gemachten Ausführungen verwiesen. Das betrachtete (fokale) Unternehmen übernimmt in diesem Falle die vom Lieferanten angebotene Innovation ("**Adoption**").

Bei so genannten "**Komposit-Innovationen**", die dadurch gekennzeichnet sind, dass bekannte Module in einer neuartigen Weise kombiniert werden oder dass einzelne neu entwickelte Module in einen neuen Produkttyp eingebracht werden, sind Lieferanten die notwendigen Kooperationspartner des Innovators. Bei der Überwindung innerbetrieblichen Innovationswiderstandes tragen sie die Beweislast für das Funktionieren der von ihnen gelieferten Module oder Konzepte.

Jede innovierende Unternehmung steht in einer **technologischen Kette** zwischen Kunden und Lieferanten. Was für Kunden oder Lieferanten gesagt wird, gilt somit auch für sie in ihrer Doppelrolle als Lieferant und Kunde. Es ist nur konsequent, wenn die Innovationsbeziehung nicht auf die dyadische Beziehung beschränkt ist, sondern über mehrere vertikale Produktionsstufen ausgedehnt wird[3]. Zugleich wird bewusst, dass eine getrennte Behandlung von Kunden und Lieferanten in ihrer Beziehung zum Innovator nicht sachgerecht ist.

(3) Diffusions-Agenten

Das Geflecht von direkten Marktpartnern wird durch ein Geflecht von "Diffusions-Agenten" überlagert, die Schnittstellenfunktionen übernehmen: **Technologievermittler, Ingenieurbüros, Unternehmensberater, Konstruktionsfirmen, Anlagenbauer, Projektierungsunternehmen, "project plant contractors", Gutachter, Hochschulen sowie andere wissenschaftliche Institutionen, technische Vereine und Klassifikationsgesellschaften sowie fachlich einflussreiche Behörden und Verbände**[4].

Viele dieser Diffusionsagenten sind selbständige Unternehmer oder oftmals im Verbund mit anderen Unternehmen stehende Gesellschaften, deren Leistungsspektrum sich von technologischer Beratung über die Vermittlung von Lizenzen, die Durchführung der Anlagenplanung bis hin zur schlüsselfertigen Lieferung von ganzen Anlagen erstreckt und sich zunehmend auch auf Finanzierungsleistungen ausweitet.

Diese Diffusions-Agenten haben spezielle Kenntnisse der Technologie und ihrer Diffusion in den Märkten.

---

1 *Schrader* (1994), S. 264.

2 Siehe auch die Typologie von Lieferantenleistungen bei *Bidault et al.* (1998), S. 727, und *Sobrero/Roberts* (2001), S. 504.

3 *Foxall* (1984), S. 25, vgl. die komplexe Akteurskonstellation der Unternehmen in der Automobilindustrie bei *Jürgens* (2002), S. 21.

4 *Walter* (2003), S. 17 f.

Für sie ist der komplexe Entscheidungs- und Durchsetzungsprozess, der ihren Klienten noch als ein innovatives Abenteuer erscheint, oftmals bereits Routine. Sie kennen die rationale Oberfläche des Widerstandes und wissen, mit welchen Argumenten technologische Einwände, ökonomische Bedenken und ökologische Vorbehalte zu entkräften sind. Sie haben Überblick über konkurrierende oder ergänzende Angebote und unterstützen mit ihrer Wissensbasis den kognitiven Prozess der Innovation.

Sieht man das innovierende Unternehmen als Anbieter, so können derartige Diffusions-Agenten eine wesentliche **Hilfe bei der Überwindung der Innovationswiderstände** bei potentiellen Kunden bieten. Sie haben nicht per se das Image eines Interessenvertreters. Sie helfen dem Kunden, den Lernprozess ohne direkte Einschaltung des Lieferanten der Innovation zu vollziehen. Sie können Kontakte zu Nutzern der Innovation vermitteln, die nicht in der Referenzliste des Anbieters stehen, und damit eine objektivere Einschätzung der Innovation ermöglichen.

Diese Klassifikation von Marktkräften gibt nur ein sehr blasses Bild von der Komplexität der sozialen Beziehungen in Innovationssituationen. Leider gibt es lediglich eine einzige Quelle, die diese Komplexität in einem einzelnen Fall detailliert belegt hat: Beim Bau und Betrieb der Großen Windenergieanlage GROWIAN waren "513 Personen aus 219 Behörden, Ministerien, Verbänden, Vereinen, Instituten, Unternehmen und Unternehmensbereichen" aus den vorliegenden Akten bestimmbar[1]. 131 namentlich spezifizierbare Einzelpersonen und 47 Personengruppen als Vertreter von Institutionen traten in diesem Innovationsprozess mehr als zehnmal in Erscheinung. GROWIAN war eine staatlich subventionierte Innovation (1987) mit einem Investitionsvolumen von knapp 27 Mio. EUR[2].

Innovationsmanagement mag innerbetrieblich der Aufgabenbereich einer kleinen Gruppe sein. Bei Einbeziehung der Marktkräfte und Umwelt in den Innovationsprozess erweist sich dieser als Aufbau und Nutzung eines riesigen Kommunikations- und Interaktionsnetzes.

1 *Pulczynski* (1991), S. 226.
2 Ebenda, S. 156.

6.3 Theoretische Erwägungen zur Innovationskooperation

6.3.1 Zum Umgang mit der Theorienvielfalt

> Eklektiker: "jemand, der weder ein eigenes philosophisches System aufstellt noch ein anderes übernimmt, sondern aus verschiedenen Systemen das ihm 'Passende' auswählt; der unoriginell und unschöpferisch fremde Gedankenverbindungen nebeneinanderstellt".
>
> *Grebe/Dudenredaktion* (1960), S. 158

Innovationskooperation ist ein höchst komplexes Problem, das mit einem einzigen theoretischen Ansatz nicht erfasst werden kann. Denn die Kooperation besteht aus vielen unterschiedlichen Teilentscheidungen. Wir rufen die im zweiten Kapitel genannten Teilentscheidungen ins Gedächtnis:

- zur Tatsache,
- zur Aufgabenbestimmung,
- zur Auswahl des Kooperationspartners,
- zur Anzahl der Partner,
- zum strategischen Prozessmanagement,
- zur Intensität,
- zur Organisation und zum Personalmanagement,
- zur Spezialisierung,
- zum Schnittstellenmanagement,
- zum Finanzmanagement und Controlling,
- zur Erfolgsaufteilung nach und
- zum Austritt aus der Innovationskooperation.

Es ist das Kennzeichen der Kooperation, dass diese Entscheidungen nicht "hierarchisch", d.h. in der Alleinverantwortlichkeit des innovierenden Unternehmens, sondern "marktlich", d.h. durch Verhandlung und Vertragsgestaltung mit sorgsamer Festlegung der Teilleistungen jedes Partners, getroffen werden.

Sydow **warnt angesichts dieser Vielfalt vor "theoretischer Einfalt"**[1], namentlich davor, zur Erklärung von Kooperation ausschließlich den Transaktionskostenansatz heranzuziehen. Wenn es indessen um die Abschätzung der Transaktionskosten im Vergleich zu den innerbetrieblichen Koordinationskosten geht, ist nicht auf den Transaktionskostenansatz zu verzichten, aber dieser Ansatz ist zu ergänzen[2]:

Zum opportunistischen Verhalten möglicher Partner, zur Vertragsgestaltung sowie zur Kontrolle wird man zweckmäßigerweise die **Agency-Theorie** heranziehen. Wenn die Frage der Kooperation oder Nicht-Kooperation zu entscheiden ist, wird man nicht ohne Blick auf die **Spieltheorie** auskommen. Wenn es

---

1 *Sydow* (1992), S. 129 f.

2 *Rüdiger* (1998), S. 28 ff., *Kottkamp* (1998), S. 68 ff.

demgegenüber eher um das Commitment der Partner und um die Bildung des Vertrauens geht, ist sicherlich die **soziale Austauschtheorie** von größerer Bedeutung. Wer sich mit der Einheitlichkeit der Ziele und mit der Informationsverteilung unter den Kooperationspartnern befasst, sollte die **Teamtheorie** berücksichtigen und diese modelltheoretischen Vorstellungen um die verhaltenstheoretischen Perspektiven der **Anreiz-Beitrags-Theorie** ergänzen. Die Problematik der Spezialisierung und der Koordination der Interaktionspartner ruft nach Erkenntnissen der **Organisationstheorie**. Wenn es um die Freiheitsgrade des innovierenden Unternehmens, die Dauerhaftigkeit und die Verzweigungen der Kooperation geht, dürfte die **Netzwerktheorie** geeignete theoretische Konzepte liefern.

Sydow, der diese theoretische Vielfalt eingehend würdigt, kommt zu der Einsicht, dass "eine **eklektische Theorie**, die insbesondere auch die Prozesse des Entstehens strategischer Netzwerke, der Herausbildung bestimmter Interorganisationsstrukturen und -kulturen berücksichtigt"[1], eher geeignet zu sein scheint, dem Kooperationsproblem gerecht zu werden. Eine derartige eklektische Theorie muss die populäre Polemik des Zitates eingangs dieses Abschnitts in aller Deutlichkeit zurückweisen. Es geht hier um die **Erklärung eines praktisch beachtlichen Problems**, um das Kooperationsmanagement bei Innovationen, nicht um die Prüfung eines bestimmten theoretischen Ansatzes. Bei einer derartigen problemgeleiteten Forschung haben Theorien eine dienende Funktion. Sie sollen diejenigen **Variablen liefern**, die für die Erklärung des Zusammenhanges von Kooperation und Innovationserfolg notwendig sind[2]. Der Rückgriff auf theoretische Ansätze soll dabei **Vollständigkeit** der relevante Größen und überdies vielleicht noch **Überschneidungsfreiheit** dieser Variablen begründen. Nicht mehr, aber auch nicht weniger.

Diese Einsichten verlangen somit eine Auswahl unter den angebotenen Theorien. Die theoretischen Leitlinien für die Behandlung der Innovationskooperation in dieser Schrift sind die gleichen, wie wir sie für die Behandlung des Innovationsmanagements im Kapitel 1 vorgeschlagen haben:

- Aus **ressourcenorientierter Sicht** fragen wir danach, welche Defizite an Ressourcen und Potentialen die innovierende Unternehmung veranlasst, die Kooperation mit einem der oben genannten Partner zu suchen oder aufzunehmen.
- Aus der **führungstheoretischen Perspektive** fragen wir, welche kognitiven Leistungen im Kooperationsprozess zu erbringen und welche Widerstände zu überwinden sind.
- Aus der **diffusionstheoretischen Sicht** fragen wir, wie die Durchsetzung der Innovation am Markt durch Kooperation ermöglicht oder erleichtert wird.

Wir halten dabei an der prinzipiellen betriebswirtschaftlichen Absicht fest, nach dem Beitrag der Kooperation zum **Erfolg** für die Unternehmung zu fragen. Der

---

1 *Sydow* (1992), S. 234 (Hervorhebung durch Verfasser).
2 *Hauschildt* (2003), S. 15.

Bezug des Innovationserfolgs zum **Unternehmenserfolg** ist unstrittig. Gilt das auch für den **Kooperationserfolg**?

Der Innovationserfolg ist stets der wirtschaftliche oder technische Erfolg jedes einzelnen Kooperationspartners. Der **Kooperationserfolg** ist der Erfolg der gemeinsamen Quasi-Institution, im Folgenden als "Kooperationseinheit" bezeichnet. Normalerweise kann wohl unterstellt werden, dass beide Erfolgskategorien positiv korreliert sind. Aber das gilt nicht in allen Fällen:

- So kann in der subjektiven Sicht durchaus ein **hoher Kooperationserfolg bei geringem Innovationserfolg** eintreten. Die Partner arbeiten in diesem Falle in gutem Einvernehmen zusammen, kommen aber nicht zu einer erfolgreichen Lösung.
- Auch der umgekehrte Fall ist nicht ausgeschlossen, denn bei **unzureichender Kooperation** kann es einem der Partner durchaus gelingen, einen **Innovationserfolg für sich** zu realisieren. Die Unterschiede zwischen Innovationserfolg und Kooperationserfolg können dabei vor allem im zeitlichen Bezug der Ziele liegen, aber auch in den einzelnen Dimensionen der Erfolgsmessung.

Wir schließen im Folgenden diese beiden Konfliktfälle zwischen Innovations- und Kooperationserfolg aus und unterstellen eine **positive Korrelation** beider Erfolgsarten. Dies dürfte im Zweifel auch der Erwartung der Kooperationspartner **bei Beginn** des gemeinsamen Innovationsprozesses entsprechen. Wir halten bewussten Opportunismus eines der Partner zwar nicht für ausgeschlossen, aber auch nicht für den Regelfall.

6.3.2 Ressourcenorientierte Sicht: Kooperation zur Ergänzung unzureichender Ressourcen und Potentiale

(1) Motive

Innovationen verlangen den Einsatz von Ressourcen und Potentialen außerhalb der angestammten Routinetätigkeiten der Unternehmung. Selbst wenn diese Ressourcen prinzipiell in einer Unternehmung vorhanden sind, heißt das noch nicht, dass sie für die Innovation auch freigegeben werden. Und mögen auch finanzielle Ressourcen und Potentiale verfügbar sein, so bedeutet das nicht, dass die notwendige Expertise, die Fähigkeiten und Fertigkeiten von Menschen, die Informationen und die Verfügungsrechte ohne weiteres beschaffbar sind. In dieser Situation eines **Ressourcendefizits** bietet sich Kooperation mit Partnern an, die willens und in der Lage sind, diese fehlenden Ressourcen und Potentiale in einen gemeinsamen Innovationsprozess einzubringen. **Kooperation ist dann eine bedeutende Alternative, wenn zudem die jeweils fehlenden Ressourcen nicht oder nur durch großen Einsatz und über längere Zeit aufzubauen sind**[1].

---

1 *Eisenhardt/Schoonhoven* (1996), S. 138 f.

Es kommt also zunächst auf den **Ausgleich dieses Defizits** an. Diese Überlegung leitet die Suche nach dem Kooperationspartner. Bei der schlichten Addition der beiderseitigen Ressourcen kann man es dabei nicht belassen. Es sind überdies die **Synergieeffekte** abzuschätzen, die aus der Zusammenarbeit erwachsen können. Das kann bedeuten, dass man einen Partner auch dann wählt, wenn er vergleichsweise "schwächere" Ressourcen bei vergleichsweise "stärkeren" Synergieeffekten mitbringt.

Das Defizitargument stützt sich auf das faktische Fehlen oder auf einen qualitativen Mangel an benötigten Ressourcen. Diese Schwarz-Weiß-Sicht ist zu ergänzen: Immerhin ist vorstellbar, dass die fehlenden Ressourcen beschaffbar wären. In diesem Falle würde das Defizitargument durch ein **Kostenargument** ersetzt. Kooperation wäre danach immer noch sinnvoll, wenn die Kosten der Ressourcenbeschaffung höher wären als die Kosten bzw. die Opportunitätskosten bei Kooperation. Bei der **Kalkulation der Kooperationskosten** sind nicht nur die traditionellen Transaktionskosten (Anbahnungskosten, Vereinbarungskosten, Kontrollkosten, Anpassungskosten) zu bedenken, sondern auch die Kosten der Durchführung der Kooperation, namentlich erhöhte Kosten der Einarbeitung, der laufenden Koordination durch Schnittstellenmanagement, der Information und der Kommunikation. Die Absatzautonomie wird möglicherweise geschmälert. Es entstehen Opportunitätskosten, wenn man konkurrierende Verhaltensweisen unterlassen muss. Schließlich sind die Erlöseinbußen zu bedenken, die bei einer monopolistischen Erstverwertung der Innovation entstehen können.

Das Defizit- und das Kostenargument werden schließlich ergänzt durch das **Risikoargument**[1]. Da Innovationen besonders risikoreich sind, wird Kooperation überall dort notwendig, wo ein Partner nicht in der Lage ist, einen Fehlschlag der Innovation zu überleben. **Risikoteilung durch Kooperation sichert das Überleben**. Man muss nicht nur an diesen Grenzfall denken, um weitere gute Gründe für ein Abwälzen oder Teilen des Risikos durch Kooperation zu finden: Die Vergrößerung der Innovationskapazität bietet die Chance, Zeit- und Faktorreserven zu bilden und flexibel bei allfälligen Verzögerungen, Ausfällen und Rückschlägen einzusetzen. Bei Kooperation wird zudem die Informationskapazität erhöht, was wiederum ein früheres Erkennen von Chancen und Risiken ermöglicht.

(2) Voraussetzungen

Ein präsumtiver Kooperationspartner muss ebenfalls an der Kooperation interessiert sein oder für sie gewonnen werden können. Ausschlaggebend ist somit eine - zumindest partielle - **Komplementarität der Kooperationsmotive**. Diese Komplementarität ist unstrittig gegeben, wenn die Kooperationsmotive der jeweiligen Partner völlig **unabhängig voneinander** sind. Dies ist z.B. der Fall, wenn der eine Partner nach wissenschaftlicher Anerkennung, der andere nach wirtschaftlichem Erfolg strebt. Komplementarität liegt auch vor, wenn gleiche Ziele der Partner durch die Kooperation **besser erfüllt** werden als bei Einzelaktivität. Dies ist z.B. der Fall, wenn beide Partner Kosten senken und Zeit

---

1 *Faems et al.* (2005), S. 240.

sparen können. Selbst wenn schließlich eine partielle Zielkonkurrenz bei den Kooperationspartnern besteht, kann es zur Kooperation kommen, wenn die **kooperativ erreichten Vorteile** vergleichsweise größer sind. Dies ist z.B. der Fall, wenn zwei Konkurrenten durch Schaffung eines Industriestandards einen größeren Markt erschließen, als jeder einzelne es mit seinen Mitteln könnte.

Der beiderseitige **Ressourceneinsatz muss bewertet** werden, um die Basis für eine entsprechende Erfolgsaufteilung zu sein. Das geringere Problem besteht dabei in der Erfassung der Mengenbasis, das größere in der Bewertung der jeweiligen Produktionsfaktoren: Wie ist z.B. zu entscheiden, wie der Einsatz eines kreativen Forschers gegenüber der Nutzung einer speziellen Versuchsanlage oder der Zugänglichkeit zu einem Patent zu bewerten ist? **Stundensätze sind in diesem Falle wohl kaum eine geeignete Bewertungsgrundlage**.

Voraussetzung für eine funktionierende Kooperation ist eine Einigung über die Wertansätze des beiderseitigen Ressourceneinsatzes.

6.3.3 Führungstheoretische Sicht: Kooperation als hybride Koordinationsform zwischen Hierarchie und Markt

(1) Schnittstellenmanagement

Das besondere Kennzeichen der Kooperation besteht darin, dass im Kern zwei **unterschiedliche Entscheidungs- und Durchsetzungsprozesse** zu bewältigen sind: Zunächst die **Entscheidung zur Kooperation** und zur Wahl des Kooperationspartners, sodann zum eigentlichen, gemeinsam vollzogenen **Innovationsprozess**.

Der erste Entscheidungsprozess ist weitgehend ein **innerbetrieblicher** - aus Sicht der kooperationssuchenden Unternehmung. Es geht darum, über den Umfang, den Zeitpunkt und die Dauer der Einschaltung von Kooperationspartnern in den Innovationsprozess zu entscheiden. Für diese Teilentscheidungen gelten theoretisch die Gesetze der "Hierarchie" im Sinne der Neuen Institutionenökonomik.

Wenn der sich anschließende Innovationsprozess nicht als ausgegliederte, neue Kooperationseinheit mit eigener Handlungsautonomie betrieben wird, sondern in einer Arbeitsteilung, bei der die Beteiligten ihre Bindung an den entsendenden Partner beibehalten, gelten die Gesetze der Hierarchie nicht. **An die Stelle von Befehl und Gehorsam treten Verhandlungen und Verträge**, in denen Leistungen und Gegenleistungen sorgsam beschrieben sind. Die Koordination erfolgt hierarchiefrei, als **Schnittstellenmanagement**.

Diese Erwägungen machen darauf aufmerksam, auf jeden Fall die **Form der Kooperation** als wichtige Kontingenzvariable zu berücksichtigen. Je nach rechtlicher und wirtschaftlicher Selbständigkeit der Kooperationseinheit werden unterschiedliche Varianten eines Schnittstellenmanagements zu wählen sein. Je selbständiger die Kooperationseinheit, desto eher gelten die Bedingungen einer "marktlichen" Situation zwischen den eigentlichen Kooperationspartnern und der Kooperationseinheit. Je stärker umgekehrt die Kooperationseinheit in eines der Partnerunternehmen eingebunden ist, desto eher gelten die Regeln einer "hierarchischen" Koordination.

Unterschiedliche Interaktion erfordert unterschiedliches Schnittstellenmanagement[1].

Erst bei **ausbalancierter Einflussverteilung** aller Kooperationspartner gelten die Regeln des Schnittstellenmanagements, wie wir sie im Kapitel 3 gekennzeichnet haben. Dabei wird die multi-funktionale Zusammenarbeit ("cross functional") hier noch von einer **multi-institutionellen Zusammenarbeit** ("cross-institutional") überlagert. Das wird in Einzelfällen zu einem ausgeklügelten Proporz führen. Ansonsten kann man sich formal der bewährten Instrumente bedienen: Koordination durch Verbindungspersonen oder durch Lenkungsausschüsse sowie Einbindung der Kooperationspartner bei der Besetzung des Projektteams.

Die theoretisch beachtliche Frage lautet: Führt die Kooperation damit zu einem administrativen Überbau mit allen **Risiken einer Überorganisation**? Damit wäre die gerade für Innovationen so wichtige Anpassungsfähigkeit an unerwartete Gegebenheiten beeinträchtigt. Andererseits gilt: Die Zusammenarbeit wirkt als **rationaler Filter** vor übereilten, emotional bestimmten Entscheidungen. Die Diskussion mit dem Partner kontrolliert die Betriebsblindheit und die Bindungen an eine zu enge oder einseitige Erfahrungswelt.

(2) Kooperationskultur

Innovation heißt immer, die **Kernkompetenz der Unternehmung** - verstanden als einzigartige Verfügungsmöglichkeit über Produktionsfaktoren und ihre Kombination - zu ergänzen, zu verändern oder zu ersetzen. Wenn die technologische Kernkompetenz auf neuartige Produkte übertragen wird, ist Kooperation nur dann sinnvoll, wenn der Kooperationspartner die besseren Marktkenntnisse hat. In diesem Fall einer Kooperation von Unternehmen mit einer bestimmten technologischen Kernkompetenz und solchen mit bestimmter absatzwirtschaftlicher Kernkompetenz ist der Konfliktgehalt vergleichsweise gering.

Anders aber, wenn zwei Kooperationspartner mit **unterschiedlicher technologischer Kernkompetenz** zusammenarbeiten. Von den für die Kooperation bereitgestellten Personen wird verlangt, dass sie sich aus traditions- und erfolgreichen Bezügen der jeweiligen Kernkompetenz lösen. Zwar wird von ihnen erwartet, dass sie diese Kernkompetenz in das innovative Projekt einbringen, aber auch zugunsten der Innovation aufgeben. Das führt unweigerlich zu Konflikten, wenn jeder der Partner davon überzeugt ist, dass die von ihm vertretenen Kernkompetenzen prinzipiell, auch im innovativen Falle, allen anderen überlegen sind. Es kommt zum klassischen Konflikt zwischen technologischen Paradigmen.

In dieser Situation wird eine **umfassende Änderung der Grundeinstellungen** notwendig. Dies kann nur dadurch geschehen, dass alle Beteiligten zu einer

---

[1] Vgl. *Schrader* (1995), S. 459 ff.

eigenen Kooperationskultur finden, die sich von denen der entsendenden Unternehmungen grundsätzlich unterscheidet. Das dürfte solange auch realistisch sein, als Hoffnung auf **Innovationserfolg** besteht. Denn in diesem Falle können die Beteiligten erwarten, dass sie mit der Innovation auch weiterhin in einer eigenen institutionellen Einheit beschäftigt sein werden. Aber anders bei **Misserfolg**: Dann müssen die Beteiligten "zurück" in die entsendenden Unternehmen. Sie werden mit Problemen zu rechnen haben, nicht nur weil sie mit dem Makel des Scheiterns behaftet sind. Sie haben auch den Stallgeruch verloren und sind mit der Kultur der entsendenden Unternehmung möglicherweise nicht mehr vertraut.

6.3.4 Diffusionstheoretische Sicht: Kooperation zur Gewinnung von Kunden- und Marktinformationen

(1) Gewinnung von Erstkunden

Die bisherigen theoretischen Erwägungen richteten sich auf jede Art von Kooperation, sowohl mit Input-Partnern als auch mit Output-Partnern. Bei der diffusionstheoretischen Sicht verengt sich die Betrachtung auf die Output-Partner, konkret auf **Kunden des Unternehmens**. Bei der hier gewählten Perspektive des Innovationsmanagements betrachten wir dabei den Innovator als Anbieter eines innovativen Produktes.

Erst mit der Durchsetzung des neuartigen Produktes am Markt entsteht die Innovation. Dieser Prozess verlangt als solcher nicht zwingend Kooperation mit den Käufern des innovativen Produktes. Es reicht ein entsprechendes Angebot an präsumtive Käufer. Deren Kaufreaktion entscheidet über das Schicksal der Innovation.

Diese kooperationslose Diffusion ist dann zu erwarten,

- wenn das neue **Produkt nicht erklärungsbedürftig** ist oder wenn die Erklärungsleistung des Innovators so standardisierbar ist, dass sie als Gebrauchsanweisung dem Produkt beigefügt, über eine Werbeaussage vorgestellt oder an einen Vertriebsweg delegiert werden kann,
- wenn die **Käufer anonym** sind und eine persönliche oder gar institutionelle Beziehung zu ihnen nicht hergestellt werden kann,
- wenn die Innovation von den Kunden ohne weitere Veränderung oder **ohne individuellen Zuschnitt** verwendet werden kann.

Diese Kennzeichnung trifft vermutlich auf neuartige **Konsumgüter** zu.

Damit sind zugleich die Bedingungen gekennzeichnet, unter denen eine **Kooperation im Diffusionsprozess** der Innovation zunehmend wahrscheinlich wird:

- Je komplexer das innovative Produkt selbst ist, desto höher ist seine Erklärungsbedürftigkeit. Eine einseitige, standardisierte Informationslieferung deckt diese Erklärungsleistung nicht ab. Benötigt wird vielmehr ein "Austausch von technologie- und nutzungsorientiertem Know-how"[1] in einem **Dialog**, in dem jeder der Beteiligten die individuellen Informationsbedürfnisse des Anderen zu befriedigen hat.

- Der präsumtive Kunde muss dabei einen erheblichen Lernaufwand aufbringen, um das Produkt zu verstehen und handhaben zu können. Dieser **Lernprozess** wird durch Kooperation mit dem Innovator erleichtert.
- Das gilt umso mehr, je bedeutsamer dabei **nicht kommunikationsfähige Informationen** sind, die bewusst diskret gehalten werden sollen, die nur als "implizites Wissen" ("tacit knowledge[2]") vorhanden sind und nicht artikuliert werden (können) oder deren Kommunikation zu teuer ist ("sticky informations[3]").
- Der Kunde muss persönlich oder institutionell identifizierbar sein. Diese **soziale Beziehung** muss dabei nicht bereits bestehen, sie kann auch gesucht und aufgebaut werden. Auf jeden Fall muss beiden Partnern bewusst sein, dass ein gemeinsamer Arbeitsprozess beginnt, in den beide Partner ihre Ressourcen einbringen.
- Kooperation ist zwingend, wenn die Innovation auf **individuelle Anforderungen des Kunden** zuzuschneiden ist. In diesem Falle ändert sich der Charakter der Kooperation von einer reinen Informationsbeziehung zu einer technischen Gestaltungsbeziehung.

Diese Kennzeichnung trifft vermutlich auf **Investitionsgüter** oder technisch anspruchsvolle Konsumgüter zu.

(2) Gewinnung von Marktinformationen

Die kooperative Beziehung zu einem einzigen Kunden bedeutet noch nicht, dass die Innovation damit in einem "Markt" eingeführt ist. Diese Beziehung kann allenfalls erste **Informationen über die Bedürfnisse anderer Kunden** liefern. Aufbauend auf der Kooperationsbeziehung müssen die Anzahl möglicher Kunden, ihre Zahlungsbereitschaft, ihre Adoptionsneigung, ihr Informationsbedarf, ihre technische Individualität, ihre Erwartungen über Neben- und Serviceleistungen erkundet werden. Wenn diese zusätzlichen Kunden indessen in einer Konkurrenzbeziehung zum Kooperationspartner, also in seiner Branche, zu suchen sind, könnten seine Marktinformationen eventuell unzuverlässig sein. Denn sie sind möglicherweise nicht frei von seinem Wunsch, die Nutzung der Innovation in seiner Branche zu monopolisieren.

Wenn bisher keine anderen Geschäftsbeziehungen zu Unternehmen einer bestimmten Branche bestehen, bietet die Kooperation eine erheblich bessere Chance, **Einblick in die Eigenheiten dieser Branche** zu gewinnen, als abstrakte Marktforschung allein. Dieser Gedanke ist für die Auswahl des Kooperationspartners bedeutsam: Er sollte möglichst ein "repräsentativer Vertreter" seiner Branche sein.

---

1 *Walter* (2003), S. 57.
2 *Rüdiger/Vanini* (1998), S. 472.
3 *von Hippel* (1994), S. 430.

Bisher wurde unterstellt, dass die Innovation technisch ausgereift ist und der innovative Anbieter dieses "fertige" Produkt in den Markt einführt. Diese Prämisse ist jetzt aufzuheben. Die weitestgehende Variante der Kooperationsbeziehung mit dem Kunden besteht darin, die Innovation mit diesem selbst zu entwickeln. Diese gemeinsame Entwicklung beherrscht die Vorstellungen der Literatur, ganz offenkundig, weil sich hier **die größten Kooperationsprobleme** stellen. Denn bei der gemeinsamen Entwicklung hat das Innovationsmanagement nicht nur die Diffusionsproblematik, sondern auch die Ressourcen- und die Führungsproblematik zu bedenken.

Die gemeinsame Entwicklung verlangt sehr präzise Vorstellungen bei der Auswahl des Kooperationspartners. Die Ressourcen- und Führungsperspektiven haben wir bereits vorgestellt. Welche **Kriterien** aber kommen hinzu, wenn es um die Diffusion des neuartigen Produktes oder Verfahrens geht[1]?

Der Kooperationspartner muss

- eine **Schlüsselfigur** in der Branche sein, d.h. sein Verhalten muss einen so vorbildhaften Charakter haben, dass er auch Nachfolger mitreißt,
- einen **möglichst großen Markt** repräsentieren,
- ein **Anspruchsniveau** vertreten, das zu höchsten - beiderseitigen - Anstrengungen zwingt[2]. Nur dann wird er auch seinerseits zu umfassender Informationslieferung bereit sein und eigene kreative Leistungen erbringen,
- **fehlertolerant und geduldig** sein, wenn die erwarteten oder versprochenen Effekte nicht auf Anhieb eintreten,
- in der Lage sein, die **Probleme des Innovators zu verstehen** und nicht nur seine eigene Anwendungsperspektive im Blick zu haben. Er muss fähig und bereit sein, sich mit seinen Anforderungen flexibel den technologischen Eigenheiten der Innovation **anzupassen**. Anders gesagt: Beide Partner dürfen letztlich nicht auf der bedingungslosen Durchsetzung ihrer eigenen Position beharren.

Von Hippel führt den Begriff des "**Lead user**" für derartige Schlüsselkunden in die Diskussion ein:

- "Lead users face needs that will be general in a marketplace - but face them months or years before the bulk of that marketplace encounters them,

and

- Lead users are positioned to benefit significantly by obtaining a solution to those needs."[3]

Man beachte, dass beide Eigenschaften in diesem Modell verlangt werden, beide sind notwendig, keine allein hinreichend.

---

1 Vgl. *von Hippel* (1988), S. 570.
2 *Parkinson* (1982), S. 127 ff.
3 *von Hippel* (1986), S. 796.

Je geringer der **Innovationsgrad** des neuartigen Produktes oder Verfahrens, desto eher wird man auf vertraute und in bisheriger Zusammenarbeit bewährte Kooperationspartner zurückgreifen.[1]

Bei einer radikalen Innovation gibt es einen Traditionspartner im Zweifel nicht. Er muss systematisch unter Anwendung der genannten Kriterien gesucht und ausgewählt werden.

(3) Gewinnung von Pilotanwendern: Erprobungs- und Referenzkunden

Wir unterstellen, dass die Initiative für die Kooperation vom innovierenden Anbieter eines neuartigen Produktes oder Verfahrens ausgeht. Seine Produktidee muss so weit ausgereift sein, dass er den Kooperationspartner zur Mitarbeit gewinnen kann. Es wird vermutlich **zumindest einen Prototypen** geben. In einer derartigen Kooperation geht es im Grenzfall um die **komplette Umsetzung** des innovativen Konzeptes in die reale Anwendung. Wir vermuten, dass diese Situation eher der Ausnahmefall ist.

Der Regelfall dürfte darin bestehen, dass ein voll entwickeltes Produkt bei dem Kooperationspartner unter realen Bedingungen **im praktischen Einsatz getestet** wird. Es wird nicht nur das **tatsächliche Funktionieren** überprüft. Systemfehler, Schwachstellen und Kinderkrankheiten sollen aufgespürt werden. Es wird der "**Ressourcen-Fit**" mit den traditionellen Anlagen, mit dem vorhandenen Personal, mit den eingesetzten Materialien, mit der gegebenen Organisation und mit den geltenden ökologischen Standards kontrolliert. Der Kooperationspartner übernimmt die Rolle des **Erprobungskunden**[2]. Der Innovator kann in diesem Teil des Kooperationsprozesses alle Argumente kennen lernen, die präsumtive Kunden gegen das neue Produkt vortragen könnten. Er kann insoweit den weiteren Diffusionsprozess argumentativ vorbereiten.

Das Streben des Innovators mag darüber hinausgehen. Er wird versuchen, den Kooperationspartner als **Referenzkunden** zu gewinnen. Dabei geht es zunächst nur darum, ihn bei weiteren absatzpolitischen Aktivitäten **namentlich nennen** zu dürfen, vornehmlich als Beleg, dass das neue Produkt auch tatsächlich in der Praxis eingesetzt wird.

Aber sein Ehrgeiz ist vermutlich noch höher: Der Erprobungskunde könnte als Referenzkunde weiteren Nachfragern als **Auskunftsquelle** zur Verfügung stehen, über **praktische Erfahrungen** mit der Innovation berichten und diese womöglich auch selbst zur **Besichtigung** freigeben. Aus Sicht weiterer Nachfrager hätte ein Referenzgeber dabei eine "neutrale" Position, die nicht von unmittelbarem Absatzinteresse geprägt wäre. Seine Auskünfte würden nach dieser Erwartung von den weiteren Nachfragern für glaubwürdiger gehalten werden als die direkte Aussage des Anbieters.

---

1 *Bonner/Walker Jr.* (2004), S. 163 f.
2 *Kottkamp* (1998), S. 19 ff.

Es ist nicht selbstverständlich, dass ein Erprobungskunde auch die Rolle des Referenzkunden übernimmt[1]:

- Das ist in erster Linie von den tatsächlich gemachten Erfahrungen während der gemeinsamen Entwicklung und Erprobung abhängig. Nur wenn sich dabei eine **konstruktive und kreative Zusammenarbeit** ergeben hat, eignet sich ein Erprobungskunde auch als Referenzkunde.

- Hinzu kommen **Kostenerwägungen**: Auskunftserteilung, Vorführung und Besichtigung verursachen Kosten, die ausgeglichen werden müssen. Insofern haben Innovator und Erprobungskunde einen fairen Ausgleich der finanziellen Zusatzbelastungen herbeizuführen. Für Erprobungs- und Referenzkunden gelten im Zweifel **Sonderkonditionen**. Wenn das innovative Produkt nur in relativ langer Produktionszeit erstellt werden kann, hat er weitere ökonomische Vorteile gegenüber anderen Verwendern, die entsprechend lange auf das Produkt warten müssen.

- Schließlich könnten **strategische Überlegungen** gegen die Übernahme der Rolle eines Referenzkunden sprechen: Wenn der Erprobungskunde einer Branche mit hoher Wettbewerbsintensität angehört und wenn die Innovation im Wesentlichen nur von seinen Konkurrenten nachgefragt würde, hätte er es in der Hand, ihnen den Zugang zum technischen Fortschritt zu verschaffen oder zu verwehren. Insofern wäre es nicht verwunderlich, wenn er sogar in Umkehrung der Einflussrichtung den Innovator bedrängen würde, seine Konkurrenten systematisch zu benachteiligen.

Fasst man die theoretischen Erwägungen zusammen, so zeigen sich die folgenden für das Innovationsmanagement beachtlichen Aspekte: Der ressourcenorientierte und der diffusionstheoretische Ansatz werfen die Frage nach den **Motiven** für die Innovationskooperation auf und offerieren zwei komplementäre Motive: Ausgleich von Ressourcendefiziten und Anbahnung des Markteintritts. Diese Varianten der Motivkonstellation dürften **Varianten der Kooperation** nach sich ziehen. Zusammen mit den mehrfach erwähnten **Rahmendatenkonstellationen** dürfte sich diese Vielfalt eher vergrößern als verkleinern. Alle drei Ansätze erstrecken sich absichtsgemäß auf die Beziehung von Innovationskooperation zu **Kooperationserfolg**, indem sie entweder Kosten- oder Erlöskomponenten betrachten. Der führungstheoretische Ansatz weist darauf hin, dass diese Beziehung durch **Instrumente des Innovationsmanagements** beeinflussbar ist.

Damit lassen sich nun die folgenden Fragen an die empirische Forschung richten:

- **Existenz**:
  Welche **Varianten** von Innovationskooperation lassen sich in der Realität vorfinden ?

---

1 S.a. *Brockhoff* (1997b), S. 363 ff.

- **Kontingenz**:
  Von welchen **Rahmendaten** sind Inhalt und Form der Kooperation bestimmt? Welche äußeren Gegebenheiten begünstigen die Kooperation?
- **Effektivität und Effizienz**:
  "Lohnt" sich Kooperation? Steigert die Kooperation die Effektivität und die Effizienz des Innovationsprozesses? Werden die Kooperationsmotive erfüllt?
- **Moderation durch andere Instrumentalvariablen**:
  Bedarf es **begleitender** Maßnahmen, um den Erfolg der Kooperation herbeizuführen und zu verstärken ?

6.4 Empirische Befunde zur Innovationskooperation

Innovationskooperation gehört zu den Themen der Innovationsforschung, die besonders intensiv bearbeitet wurden. In seiner Bestandsaufnahme zur empirischen Kooperationsforschung berichtete *Schrader*[1] im Jahre 1993 über 22 Forschungsarbeiten zur Kooperation schlechthin. In der auf Innovationskooperation eingegrenzten Untersuchung von *Kirchmann*[2] aus dem Jahre 1994 wurden 18 empirische Studien genannt. *Gruner*[3] erfasste bereits drei Jahre später 28 Untersuchungen. *Lüthje*[4] bezieht sich weitere drei Jahre später auf 33 Quellen. Im Jahre 2001 nennt *Ernst*[5] 36 Forschungsarbeiten. *Müller*[6] engt seine Betrachtung auf die auch hier im Mittelpunkt stehenden Untersuchungen zur Markt-, Kunden- und Wettbewerbsorientierung bei der Kooperation ein und kann immerhin auf 22 Studien verweisen. Die genannten Autoren erfassen dabei sowohl die englischsprachige als auch die deutschsprachige Forschungslandschaft und sind insoweit deutlich umfassender als vergleichbare amerikanische Studien.

Diese Vielfalt kann im Rahmen dieser Schrift nicht erschöpfend behandelt werden. Um die Darstellung übersichtlich zu halten, treffen wir die folgenden Einschränkungen:

- Wir stellen den **einzelnen Innovationsprozess** in den Mittelpunkt der Betrachtung und blenden damit die institutionellen Aspekte der Kooperation, etwa zu den Stichworten Joint Ventures, Netzwerke, Allianzen und Partnerschaften, aus[7].

---

1 *Schrader* (1993), S. 226 ff.
2 *Kirchmann* (1994), S. 3 ff.
3 *Gruner* (1997), S. 16 ff.
4 *Lüthje* (2000), S. 236 ff.
5 *Ernst* (2001), S. 20 ff.
6 *Müller* (2003), S. 71 ff.
7 Zu Erfolgsdeterminanten von Innovationsnetzwerken vgl. u.a. *Gemünden et al.* (1999), *Gemünden et al.* (1996), *Mothe/Quelin* (2001).

- Wir konzentrieren uns auf **Kooperationspartner aus der Wertschöpfungskette**, auf Kunden, Lieferanten und auf Berater und schließen damit die Kooperation mit Konkurrenten[1], Hochschulen, Forschungsinstituten etc. aus, es sei denn, dass die betrachteten empirischen Studien diese Gruppen gleichzeitig mit den Partnern in der Wertschöpfungskette behandeln.

Selbst unter diesen Einschränkungen zeigt sich eine erstaunliche Vielfalt. Handelt es sich dabei vielleicht nur um eine modische Entwicklung ? Die Ergebnisse sprechen dagegen: Innovationskooperation ist eine Tatsache. Sie zeigt höchst unterschiedliche Ausprägungen. Sie ist nach unterschiedlichen Rahmendaten zu differenzieren. Sie ist unstrittig erfolgreich, aber dieser Erfolg ist in hohem Maße von begleitenden Maßnahmen des Innovationsmanagements bestimmt.

Die folgende Darstellung liefert die empirischen Belege für diese Feststellungen. Kasten 6.1 zeigt die Zusammenhänge.

Kasten 6.1: Empirische Befunde zur Innovations-Kooperation (Übersicht)

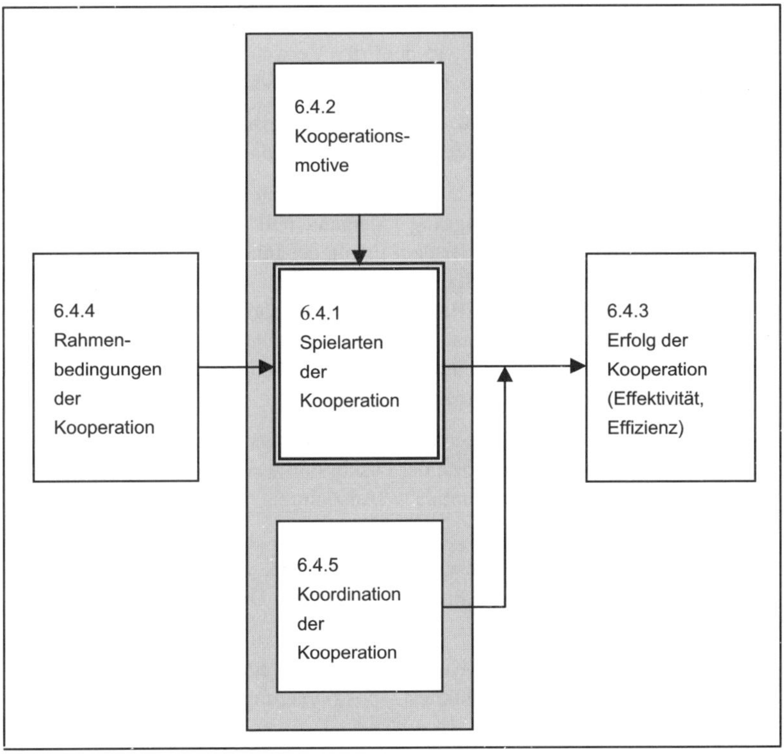

Quelle: Eigene Darstellung

[1] Zum Stichwort der Kooperation mit Wettbewerbern im Rahmen von Innovationsvorhaben vgl. *Knack* (2006), S. 190 ff.

6.4.1 Spielarten und Typologien der Innovationskooperation

6.4.1.1 Anbieterdominierte Kooperation

Um die Innovation zu einem Erfolg zu führen, müssen entweder die vorhandenen Kundenwünsche bestimmt oder neue Kundenwünsche geweckt werden, wobei der Widerstand der Innovations-Verwender, also der Kunden des innovierenden Unternehmens, zu überwinden ist.

(1) Es ist das Verdienst von *Rogers*, schon sehr früh die Eigenschaften gekennzeichnet zu haben, die erfolgreiche Neuprodukte auszeichnen[1].

- "**Relativer Vorteil**": Wahrgenommene Vorteile des neuen Produktes gegenüber den vorhandenen, wobei die Vorteilhaftigkeit nicht nur in ökonomischen Kategorien zu bestimmen ist, fördern die Diffusion.
- "**Kompatibilität**": Wahrgenommene Übereinstimmung der Innovation mit existierenden Werten, Erfahrungen und Bedürfnissen erleichtert die Diffusion.
- "**Geringe Komplexität**": Schwierigkeiten, die Innovation zu verstehen und zu verwenden, erschweren die Diffusion.
- "**Testbarkeit**": Das Ausmaß, in dem der Verwender die Innovation selbst testen und ausprobieren kann, erleichtert die Diffusion.
- "**Sichtbarkeit**": Das Ausmaß, in dem die Ergebnisse der Innovation sichtbar gemacht und beobachtet werden können, fördert die Diffusion.

Am Beginn der Innovationsforschung standen die Untersuchungen im Banne der Frage, ob es eher der **Nachfragesog** ("demand pull") oder der **Technologieschub** ("technology push") sei, der zum Erfolg der Innovation führt. Das Ergebnis war unter dem Einfluss der Forschungen von *Rogers* eindeutig: Ohne positive Reaktion auf der Nachfrageseite kein Erfolg! Dies führte in der Forschung zu der Reaktion, dass man sich ein Jahrzehnt praktisch nicht mehr mit der Rolle der Technologie im Innovationsprozess befasste und sich stattdessen voll auf die Bedeutung der Nachfrage konzentrierte.

(2) In der Folge dieser Nachfragebetrachtung richtete sich die Forschung auf die **Kundenorientierung**. Schlagworte der Diskussion waren "Kundenbedürfnisse", "Kundenwünsche", "Kundenkenntnis", "Ausrichtung auf bestimmte Kunden". Folgerichtig fragte man

- nach den Ausprägungen dieser Kundenwünsche, vor allem nach den Kundenreaktionen auf Qualität, Preis, Liefersystem, Distanz der Innovation zur Konkurrenz,
- nach den Instrumenten, die Kundenwünsche zu erkennen und zu beeinflussen, vornehmlich nach Produkttest, -positionierung, -einführung, Verkaufsförderung.

Kasten 6.2 gibt einen Eindruck von diesen Ergebnissen und von dem Wunsch, sie in verwertbare Handlungsvorschläge umzusetzen. Diese insbesondere von

---

1 *Rogers* (1983), S. 213.

Cooper und *Kleinschmidt* erarbeiteten Ergebnisse sind heute fester Bestandteil der Lehrbücher zur Produktpolitik[1], obwohl viele Begriffe in diesen Konzepten in hohem Maße interpretationsbedürftig sind und die Befunde theoretisch und methodisch kritisiert werden[2].

Kasten 6.2: Erfolgsfaktoren der Produktinnovation (*Cooper*)

> *"This investigation into new product success and failure, project NewProd, has provided a glimpse into what makes the difference between a "winner" and a "loser" in the new product game ...*
>
> *More simply, the 15 most important variables in differentiating between industrial new product success and failure are:*
>
> *(1) Proficiently executing the launch-selling, promoting, and distributing.*
> *(2) Having a new product that more clearly meets customers' needs than do competitor products.*
> *(3) Having a higher quality new product than competitors in terms of tighter specifications, greater durability and reliability, and so on.*
> *(4) Undertaking a good prototype test of the product with the customer.*
> *(5) Having the sales force and/or distribution effort well targeted - at the right customers.*
> *(6) Undertaking a proficient test market or trial sell.*
> *(7) Proficiently starting up full-scale production.*
> *(8) Knowing customers' price sensitivities.*
> *(9) Executing product development well.*
> *(10) Understanding buyer behavior and the customers' purchase decision process.*
> *(11) Having a product that permits the customer to reduce his costs.*
> *(12) Having a good "company-product fit" in terms of sales force and/or distribution.*
> *(13) Having a good "company-product fit" in terms of marketing research skills and needs.*
> *(14) Doing a good job on idea screening.*
> *(15) Understanding customers' needs, wants, and specifications for the product."*

Quelle: *Cooper* (1979), S. 134 f.

Wichtig ist an dieser Stelle, die Voraussetzungen und die Wirkungen der beobachteten "Kundenorientierung" aus der Perspektive des Innovationsmanagements zu betrachten. Die empirischen Befunde sind vorzugsweise im **Konsumgüterbereich** und vereinzelt im Bereich von Finanzdienstleistungen[3] gewonnen worden. Auf jeden Fall ist die **Zielgruppe** der Produktinnovation relativ groß und heterogen. Der **Innovationsgrad** der neuen Produkte ist offensichtlich nicht hoch. Der **Innovationserfolg** ist durch Absatz- oder Umsatzzahlen leicht isolierbar. Er lässt sich offenkundig auch relativ schnell nach der Produkteinführung abschätzen. Die erfolgreiche Strategie besteht ganz offensichtlich darin, die potentiellen Konsumgüter-Kunden zu erkennen, ihre Wünsche und Bedürfnisse mit den Instrumenten der Marktforschung zu bestimmen, mit einigen vertrauten

---

1 Siehe die Zusammenstellung bei *Ernst* (2001), S. 20 ff.
2 Ebenda, S. 78 f., 131 ff.
3 *Cooper et al.* (1994), S. 281 ff.

Kunden das innovative Produkt zu testen und dann mit dem geballten Einsatz der absatzpolitischen Instrumente in den Markt zu bringen. Die Produktion und die Distribution haben diesem Vorgehen zu folgen. Lieferschwierigkeiten behindern den Produkterfolg. Dieses Verhalten kann als Kombination einer **Anpassung an** mit einer **Einwirkung auf die Kundenbedürfnisse** charakterisiert werden.

(3) Diese Idee der primär am Markt orientierten Innovationsaktivitäten ist auch in der im Marketing dominanten Literatur zur **Marktorientierung** angelegt. Marktorientierung, oder genauer **Kundenorientierung**, wird dabei verstanden als Sammlung, Aufbereitung, innerbetriebliche Verteilung und Nutzung von Informationen zu artikulierten und latenten Kundenbedürfnissen[1]. *Kirca et al.* zeigen in ihrer groß angelegten Meta-Analyse einen positiven Zusammenhang von Marktorientierung und Innovationserfolg. Sie bestimmen auf Basis von 30 Untersuchungen einen positiven Korrelationskoeffizienten von .36 mit einer Spannbreite von -.09 bis .60[2].

(4) Mit dieser Kennzeichnung könnte die Vorstellung verbunden sein, dass die Kunden bei Innovationen vor allem im Konsumgüterbereich keinerlei aktiv gestaltende Funktionen haben. Diese Vorstellung ist unzutreffend:

Brockhoff[3] unterscheidet bei der Einbeziehung von Konsumenten in den Produktinnovationsprozess zwei Arten von Informationen, die diese Kunden jenseits der Einkaufsbeziehung, zudem unerbeten, liefern: **Beschwerden und Vorschläge**. Die Initiative für eine mögliche Interaktion geht also nicht vom anbietenden Innovator aus. Zwar muss er sich mit seriösen Beschwerden auf jeden Fall auseinandersetzen. Er ist aber frei, die darüber hinausgehenden Vorschläge aufzugreifen und in einer Zusammenarbeit zu vertiefen. Häufen sich Beschwerden und Vorschläge zu bestimmten Produkteigenschaften, wird Veränderungsbedarf sichtbar. Die Kooperation reduziert sich damit zwar auf das **Signal** für einen Veränderungs- oder Anpassungsprozess, dessen Ergebnis eine Produktinnovation sein kann. Möglicherweise sind aber die Kundeninformationen so qualifiziert, dass man sich entschließt, ausgewählte Kunden zu institutionalisierten "Produktbeurteilungskreisen" zusammenzufassen und damit zumindest in die Spätphase der Produktentwicklung einzubeziehen.

(5) *Lüthje*[4] hebt die undifferenzierte Betrachtung "des" Konsumenten auf und betrachtet **"fortschrittliche Kunden" in einer Branche**, die Artikel für anspruchsvolle und fachkundige Abnehmer produziert: Sportartikelhersteller in der Outdoor- und Trekkingbranche. Diese "trendführenden" Kunden sind

- in der Lage, völlig **neue Bedürfnisse** zu artikulieren,
- **unzufrieden** mit den existierenden Produktangeboten,
- intensive Produktnutzer und haben entsprechendes **Verwendungswissen**,

1 *Javorski/Kohli* (1993), S. 54 ff.
2 *Kirca et al.* (2005), S. 28.
3 *Brockhoff* (2003), S. 466 ff.
4 *Lüthje* (2000), S. 61 ff.

- **wissbegierige Informationssammler** zu den Innovationsobjekten
- und **nicht interessiert an finanzieller Kompensation** ihrer Entwicklungsaktivitäten.[1]

Die Hersteller dieser anspruchsvollen Konsumgüter nutzen die Expertise der Kunden: Immerhin suchen etwa zwei Drittel der befragten 118 Unternehmen den Kontakt zu diesen Kunden, mehr als 60 % binden sie in Entwicklungsprozesse ein, vor allem in der Schlussphase des Innovationsprozesses, bei der Markteinführung, aber auch am Anfang bei der Ideengenerierung. Die Einbindung erfolgt üblicherweise konzentriert in mehrtägigen Kundenworkshops[2].

Franke/Shah[3] zeigen eine sehr ähnliche Aktivität von anspruchsvollen, technisch versierten Konsumenten am Beispiel Segelfliegen, alpinen Extremsportarten und Behindertensport.

(6) Die Frage bedeutender Kundeneigenschaften wird von *Lettl* [4] für den Fall hochinnovativer Neuprodukte im Medizintechnikbereich weiter differenziert. Neben die bereits genannten Eigenschaften treten als notwendige, aber nicht hinreichende Bedingung die "Innovations-Toleranz" im Sinne von **Aufgeschlossenheit, Risikofreude und Experimentierfreude** sowie ergänzend anwenderspezifische Kontextbedingungen. Diese umfassen aus einer individuellen Ressourcenperspektive Freiräume für kreative Leistungen sowie Zugang zu interdisziplinärem Know-how. Hersteller, die Anwender als Quelle und Partner für radikale Innovationen nutzen wollen, werden diese vor allem unter (potentiellen) Kunden finden, die mit existierenden Lösungen unzufrieden und gleichzeitig mit einer **extremen Anwendungssituation** konfrontiert sind. Besonders die extreme Anwendungssituation bietet Druck und Anreiz, unkonventionelle Problemlösungen anzustreben, von denen der Hersteller profitieren kann.

(7) Um zum einen den potentiellen Kreis an innovierenden Kunden zu erhöhen und zum anderen aus Herstellersicht einen einfacheren Zugang zu schwer artikulierbaren Kundenbedürfnissen zu erhalten, werden so genannte **"Toolkits for User Innovation and Design"** empfohlen[5]. Dabei handelt es sich um ein koordiniertes Angebot an - häufig virtuellen - Design- und Entwicklungswerkzeugen, die es Kunden erlauben, ein Produkt durch eigenes Experimentieren zu entwerfen. In einem Experiment mit Studenten können *Franke/Piller*[6] zeigen, dass Kunden von Armbanduhren mit Hilfe dieser Instrumente eine große Variantenvielfalt produzieren. Gleichzeitig signalisieren sie eine fast doppelt so hohe Zahlungsbereitschaft für die selbst entwickelten Produkte im Vergleich zum Standardprodukt. Je nachdem, wie offen die Lösungsräume der Toolkits gehalten sind, ergeben sich weniger oder höher innovative Lösungen. Bei engen und am Status Quo ausgerichteten Lösungsräumen werden Toolkits ein Instru-

---

1 *Lüthje* (2004), S. 689 ff.
2 *Lüthje* (2000), S. 61 ff.
3 *Franke/Shah* (2003), S. 160 ff.
4 *Lettl* (2004), S. 313 ff.
5 *von Hippel* (2001), S. 247 ff., *Reichwald/Piller* (2006), S. 163 ff.
6 *Franke/Piller* (2004), S. 408 ff.

ment der Mass-Customization, bei der Produktvariation und nicht Produktinnovation im Vordergrund steht.

Für das Innovationsmanagement entsprechender Artikelhersteller wird damit erkennbar:

> **Es lohnt sich,**
>
> - **nach anspruchsvollen und mehr oder weniger institutionalisierten Anwendergruppen Ausschau zu halten, die mit spezifischen Nutzungssituationen konfrontiert sind,**
> - **ihre offenen und latenten Bedürfnisse zu identifizieren,**
> - **ihre Problemlösungen oder Innovationskonzepte zu übernehmen und**
> - **gezielt Werkzeuge zur Aktivierung der Alternativengewinnung einzusetzen.**

Die bisher studierten Anwender bieten offensichtlich den Vorzug, ihre Innovationsbeiträge nicht wegen eines finanziellen Vorteils zu leisten. *Ernst*[1] weist jedoch zu Recht darauf hin, dass nicht immer von der Annahme ausgegangen werden kann, dass Kunden freiwillig und ohne Kompensation wertvollen Input zur Innovationskooperation liefern. Zwar ist zu vermuten, dass sinkende Kommunikationskosten durch neue Informations- und Kommunikationstechniken die Anwenderkooperation zunehmend erleichtern. Gleichzeitig steigen jedoch die Kosten der Prüfung, ob Anwenderbeiträge wertvolle Informationen für innovative Lösungen enthalten[2]. Eine empirische Prüfung dieser komplexeren Kosten- und Nutzenüberlegungen steht noch aus.

6.4.1.2 Gleichrangige Kooperation

(1) Schon *Rothwell et al.* konnten in ihrer empirischen Studie (Projekt SAPPHO) zeigen, dass die einseitige Betrachtung der Innovation aus der Perspektive des Anbieters eines neuen Produktes oder Verfahrens ergänzungsbedürftig ist[3]:

> "User needs must be precisely determined and met and it is important that these needs are monitored throughout the course of the innovation since they very rarely remain completely static. Many successful firms achieve this deep and imaginative understanding of user needs through interaction with a representative sample of potential customers throughout the development."[4]

(2) Diese **Beziehung zwischen Verwender und Hersteller** wurde insbesondere durch *von Hippel* am Beispiel der Entwicklung wissenschaftlicher Instrumente

---

1 *Ernst* (2004), S. 205, sowie *Skiera/Spann* (2004), S. 234.
2 *Brockhoff* (2005a), S. 873.
3 *Rothwell et al.* (1974).
4 Ebenda, S. 289.

untersucht[1]. Es liegt wohl an den Eigenheiten dieser Branche, dass er in 36 (= 81 %) der von ihm untersuchten 44 Projekte eine klare **Dominanz des Verwenders gegenüber dem Hersteller** feststellt. Der Verwender nimmt die Verbesserungsnotwendigkeit eines bestimmten Instrumentes früher wahr. Er macht die Erfindung oder doch wenigstens einen Verbesserungsvorschlag. Er baut Prototypen und prüft ihre Verwendbarkeit. Er macht sich Gedanken über die Diffusion und das Marketing. Erst danach wendet er sich an einen Hersteller, dessen Beitrag darin liegt, mit der Kunst des guten Ingenieurs den Prototyp in Zuverlässigkeit, Handhabbarkeit, Servicefreundlichkeit etc. zu verbessern und für Produktion sowie Absatz des neuen Produktes zu sorgen.

Von Hippel hat dieses Modell ("**Consumer Active Paradigm**", CAP) später ausgeweitet und ebenfalls den Hersteller im "**Manufacturer Active Paradigm**" (MAP) als "locus of innovation" dargestellt[2]. Innovationen mit großer wissenschaftlicher Bedeutung werden eher von Verwendern, Innovationen mit hoher wirtschaftlicher Bedeutung eher von Herstellern entwickelt[3]. *Shaw* ergänzt diese Beobachtungen durch den empirischen Befund, dass der Innovationserfolg durch die vielfache und nachhaltige ("multiple und continuous") Interaktion zu begründen ist[4].

(3) *Brockhoff* führt den Gedanken systematisch fort, indem er die Rollen des Kooperationspartners weiter differenziert[5]. Danach sind **Pilot-Kunden** in folgenden Funktionen tätig:

- als **Nachfrager**, die neuartige Bedürfnisse artikulieren,
- als "aktive **Mitgestalter** eines Produktentwicklungsprozesses" (so in unserem Fall der Lufthansa als Launching Customer),
- als **eigentliche "Innovatoren**, deren fertige oder quasi-fertige Problemlösung zu einem Produkt gemacht und vermarktet werden kann" (so in unserem Fall "Gesundheitskarte"),
- als "**Quellen für Anwendungswissen**", es handelt sich dabei um Referenzkunden, die konkrete Erfahrungen bei der Anwendung der Innovation sammeln und diese an nachfolgende Anwender und an den Hersteller weitergeben,
- als "**Helfer** bei der Überwindung von Innovationswiderständen" im Hause des Innovators.

(4) Diese unterschiedlichen Leistungen von Kunden als Kooperationspartner werden von *Walter et al.*[6] als **direkte und indirekte Wertbeiträge** systematisiert. Während die direkten Wertbeiträge aus dem eigentlichen Kaufakt abzuleiten sind, ergeben sich die indirekten Wertbeiträge aus Innovations- und Diffusionsbeiträgen von Kunden. Auf Basis von 247 Interviews mit Industriegüterher-

---

1 *von Hippel* (1976), s.a. *Franke* (2003), S. 358 ff., *Reichwald/Piller* (2006), S. 120 ff.
2 *von Hippel* (1988), S. 35 ff.
3 *Riggs/von Hippel* (1994), S. 464.
4 *Shaw* (1985), S. 288 ff.
5 *Brockhoff* (1997).
6 *Walter et al.* (2001), S. 367 f., vgl. auch *Schultz* (2006), S. 96 ff.

stellern können die Autoren zeigen, dass neben den direkten Wertbeiträgen auch die indirekten Beiträge einen positiven und hoch signifikanten Effekt auf die Profitabilität der Kundenbeziehung aus Herstellersicht aufweisen.[1]

(5) In einer komparativ-statischen Untersuchung, die das "need assessment" Schweizer Unternehmen der Jahre 1990/91 mit dem des Jahres 1998 vergleicht, kommen *Geschka et al.*[2] zu dem Befund, dass insbesondere die **gemeinsame Produktentwicklung** mit Kunden immer häufiger betrieben und zugleich unter dem Kosten-/Nutzenkriterium besonders positiv bewertet wird. Dieses ist die Konstellation, die die Literatur normalerweise vor Augen hat, wenn sie das Stichwort "Innovationskooperation" behandelt und heute unter dem Stichwort der "**Open Innovation**"[3] stilisiert.

(6) *Gemünden* nähert sich dem Problem von der Seite des Anwenders[4]. Er ergänzt die Betrachtungen zunächst um die Einsicht, dass die Zusammenarbeit zwischen Hersteller und Verwender von einer Grundsatzentscheidung über das angestrebte **Anspruchsniveau der Problemlösung** abhängt. Er zeigt diesen Zusammenhang anhand von 195 Prozessinnovationen (Erstbeschaffung von Computern). Kasten 6.3 enthält die Zusammenfassung seiner Befunde im Originalzitat.

Kasten 6.3: Das "Zusammen-Arbeits-Modell" (*Gemünden*)

Wenn eine anspruchslose Versuchslösung entwickelt werden soll, muß sich der Hersteller um ein klares Mandat bemühen und den Entscheidungsprozeß steuern. Der Verwender kann sich in diesem Falle passiv verhalten und auf eine Konfliktaustragung verzichten. Er kann jedoch eine höhere Effizienz erreichen, wenn er einen Fachpromotor in den Entscheidungsprozeß einschleust.

Wenn eine anspruchsvolle Lösung angestrebt wird, darf der Hersteller eine aufwendige Problemlösungsinteraktion nicht scheuen. Er muß auf die größeren Probleme einer anspruchsvollen Lösung hinweisen und nach Promotoren suchen, die sein kundenbezogenes "systems selling" innerhalb der Verwender-Organisation fortsetzen. Der Verwender sollte auf eine intensive Konfliktaustragung nicht verzichten. Seine Promotoren müssen sich sowohl bei der Problemlösung als auch bei der Konfliktaustragung intensiv engagieren."

Quelle: *Gemünden* (1981), S. 445

Gemünden macht deutlich, dass bei einer solchen Interaktion der Erfolg für jeden der Partner in einem konsequenten **Domänenwechsel** begründet ist[5]. Ausgangspunkt seines Konzeptes ist die Tatsache, dass der Hersteller des innovativen Gutes die besten Informationen über "seine neuartige Technologie", also über die "Mittel", hat. Diese Technologie ist seine Domäne. Der Verwender kennt dagegen seine "Bedürfnisse bei der Nutzung" dieser Technologie, also die

1 *Walter et al.* (2001), S. 372.
2 *Geschka et al.* (1999), S. 151 f.
3 *Chesbrough* (2003).
4 *Gemünden* (1980).
5 Ebenda, S. 28 ff., s.a. *Danneels* (2002), S. 1103.

"Zwecke", am besten. Die Nutzung ist seine Domäne. Ein Problemlösungsprozess kann nun einseitig von der Technologie (Mittel) oder von der Nutzung (Zwecke) dominiert sein oder aber ausgewogen beide Aspekte berücksichtigen. Entsprechendes gilt für die Arbeitsteilung: Der Prozess kann wiederum einseitig von dem Hersteller oder dem Verwender dominiert werden oder aber eine ausgewogene Arbeitsteilung aufweisen. *Gemünden* behauptet die in Kasten 6.4 dargestellten Zusammenhänge der Interaktion mit der Effizienz (von ihm verstanden im umfassenden Sinne als mehrdimensionale Erfolgsgröße).

Zur höchsten Effizienz kommt es, wenn bei hohem Anspruchsniveau eine ausgewogene Zweck-Mittel-Orientierung und eine ausgewogene Arbeitsteilung vorliegen.

Kasten 6.4: Zur Effizienz der Problemlösungsinteraktion (*Gemünden*)

		und wenn zweitens ...		
		Hersteller-Dominanz	**Ausgewogene Arbeitsteilung**	**Verwender-Dominanz**
Wenn erstens ...	**Technologie-Dominanz**	... dann niedrige Effizienz	... dann mittlere Effizienz	... dann niedrige Effizienz
	Ausgewogene Orientierung	... dann mittlere Effizienz	... dann hohe Effizienz	... dann mittlere Effizienz
	Nutzungs-Dominanz	... dann niedrige Effizienz	... dann mittlere Effizienz	... dann niedrige Effizienz

Quelle: *Gemünden* (1980), S. 28

(7) *Schrader* führt den Gedanken der domänenspezifischen Beiträge bei der Kooperation unter besonderer Berücksichtigung der **Leistung einer Schnittstelle** fort[1]. Er kann in seiner Untersuchung von 1909 Lieferungen von Leiterplatten belegen, dass erfolgreiche Kooperation nicht allein domänenspezifische Kommunikationsbeiträge verlangt, sondern handfeste Problemlösungskompetenz.

Schnittstellen, die die Probleme lediglich weiterreichen, sind nicht effizient.

(8) In seiner Studie zum Transferverhalten bestätigt *Walter* die Bedeutung der Ausgewogenheit bei der Interaktion der betrachteten Technologiegeber und Technologienehmer. Er bestimmt zunächst ihre "**Managementkompetenz**", verstanden als "Fähigkeiten, um inter-organisationale Technologie-Transfer-Pro-

[1] *Schrader* (1994), S. 259 ff.

zesse gezielt initiieren, gestalten und vorantreiben zu können"[1]. Er kann anschließend belegen, dass die "**Transferqualität**" in erheblichem Maße durch ausgewogene Kompetenzen beider Partner gesteigert wird. Sie wiederum ist die Hauptdeterminante der "**Technologiequalität**", in der *Walter* Effektivitätsaspekte zusammenfasst.

Wenn Managementkompetenz und -aktivität beider Partner hoch sind, führen die Transferprozesse zu effektiven Resultaten.

(9) Um die Interaktionsqualität zwischen Anbieter und Hersteller noch weiter zu verbessern, schlagen *von Hippel/Katz* den Einsatz von "**Toolkits**" auch für die Business-to-Business-Kooperation vor[2]. Dies sind vom Hersteller zur Verfügung gestellte Design- und Entwicklungstools, die es Kunden ermöglichen, experimentell zu neuen Problemlösungen zu gelangen, die dann vom Hersteller bewertet, modifiziert und umgesetzt werden können. Da Toolkits vom Hersteller vordefiniert sind, wird der potentielle Lösungsraum (Zwecke) auf das technologisch Machbare (Mittel) begrenzt. Gleichzeitig erlauben Toolkits die Aufteilung der Produktentwicklung in Teilaufgaben, die dem jeweils kompetentesten Partner zugeordnet werden. Ausgewogene Arbeitsteilung wird erreicht, indem Teilaufgaben mit "sticky solution information" dem Hersteller und Teilaufgaben mit "sticky need information" den Anwendern zugeordnet werden[3].

Toolkits sollen in der Anwender-/Hersteller-Kooperation die Nutzung von Spezialisierungsvorteilen und gleichzeitig eine ex-ante-Koordination der Schnittstellen ermöglichen.

6.4.2 Motive der Kooperation

Die theoretischen Erwägungen hatten zur Vermutung geführt, dass zwei wesentliche Motive die Innovationskooperation bestimmen: Ausgleich von Ressourcendefiziten und Förderung der Diffusion. Eine empirische Frage ist indessen, welches dieser Motive den höheren Stellenwert hat und ob die sehr grundsätzliche Vermutung weiter zu verfeinern ist.

Kirchmann hat in seiner Untersuchung aus dem Jahre 1994 die Kooperationsmotive extrahiert. Wir stellen sie nach der theoretischen Überlegung in anderer Gliederung in Kasten 6.5 neu zusammen. Die grundsätzliche Vermutung wird bestätigt. Die empirische Forschung hat indessen die theoretischen Aussagen erheblich verfeinert und konkretisiert.

In Kasten 6.6 sind die Ergebnisse von vier deutschen Untersuchungen nebeneinandergestellt, die einen Eindruck von der relativen Bedeutung der einzelnen Motive vermitteln.

---

1 *Walter* (2003), S. 188, die Befunde auf S. 211 f., S. 214 f.
2 *von Hippel/Katz* (2002), S. 822.
3 Ebenda, S. 823.

Man erkennt aus dieser Gegenüberstellung trotz der unterschiedlichen Begriffe und Messtechniken die **höhere Bedeutung der absatzbezogenen Argumente** gegenüber den Argumenten, die den Ausgleich von Ressourcendefiziten betreffen. Das in unterschiedlicher Benennung immer wieder genannte Motiv der **Risikominderung** lässt sich beiden Primärmotiven zuordnen: die Risikominderung kann sich sowohl auf die Verbesserung des Absatzes als auch auf den Ausgleich von fehlenden Ressourcen beziehen. Wichtig ist die Einsicht, dass sich das **Ressourcenmotiv** vielfach in Kostensenkung oder Zeitersparnis ausdrückt, die in Verbindung mit der höheren Projektzahl auf die **Erweiterung der Innovationskapazität** hinweisen.

Kasten 6.5: Kooperationsmotive in der Literatur (*Kirchmann*)

1. Diffusionsförderung

Marktausweitung	• Gewinnung neuer Kunden bzw. Zutritt zu neuen Märkten • Information über (neue) Wettbewerber
Partnerbindung	• Engere Bindung des Anwenders an den Hersteller
Prognose-unterstützung	• Verbesserte Bedarfserfassung • Verbesserte Prognose der zukünftigen Absatzmöglichkeiten
Einblick in den Anwendermarkt	• Besseres Verstehen des Anwendermarktes • Einblicke in die Entwicklungsarbeit des Anwenders

2. Ausgleich von Ressourcendefiziten

Gewinnung von Wissen bzw. Nutzung von Synergieeffekten	• Gewinnung komplementärer Ressourcen • Zusammenführung von "outside champions" mit "inside champions" • Synergieeffekte in Forschung und Entwicklung • Erweiterung der internen Wissensbasis bzw. Erlangung von anwendungsbezogenem Wissen • Schaffung einer "kritischen Masse" zur Realisierung des Entwicklungsprojektes
Fehlerminderung	• Reduzierung von Überperfektionierung • Reduzierung von unwichtigen F&E-Tendenzen • Reduzierung von Fehlentwicklungen • Erhöhung der F&E-Effizienz • Verbesserung der Produktqualität
Risikominderung	• Minderung des Risikos bei der Neuprodukt-Entwicklung
Zeitersparnis	• Verkürzung der F&E-Durchlaufzeiten • Schnellere Umsetzung von F&E-Ergebnissen in marktfähige Produkte • Schnellere Marktdiffusion
Simultaneous Engineering	• Verbesserte Möglichkeit der parallelen Bearbeitung mehrerer Entwicklungsprojekte
Kostenreduzierung	• Netto-Kostenreduzierung

Quelle: *Kirchmann* (1994), S. 21, mit eigenen Modifikationen

Kasten 6.6: Typologie von Kooperationszielen

***Rotering* (1990), S. 82** Durchschnittliches Ranking auf einer 5-Punkte-Skala

Synergieeffekte (3,9)
Kostenreduktion (3,8)
Wettbewerbsaspekt (3,6)
Zeitersparnis (3,5)
Risikoreduktion (3,1)
mehr F&E-Projekte (3,0)

***Kirchmann* (1994), S. 155 ff.**
Faktorenanalyse, in Klammern: Varianzerklärung in Prozent

Streben nach Risikominderung (24,5)
- Kostenminderung
- Risikoreduzierung
- Fehlerminderung

Möglichkeit zur Zeiteinsparung (13,5)
- Zeitersparnis
- Erhöhung der Zahl parallel durchführbarer Projekte
- Wissensakquisition/Synergienutzung

Verstärkung der Partnerbindung (9,3)

Zunahme des Marktverständnisses (10,8)
- Einblick in den Anwendermarkt
- Wissensakquisition/ Synergienutzung

Verbesserung der Wettbewerbsposition (9,5)
- Referenzmöglichkeit
- Marktausweitung
- Prognoseaspekt

***Teichert (1994)*), S. 119 ff.** Faktorenanalyse, in Klammern: Varianzerklärung in Prozent

Netzwerkmotiv (27,3)
- Vertrauensaufbau
- Informationsnetzwerk
- Lernen von Prozeduren
- Know-how-Transfer
- Lernen zu kooperieren

Strategiemotiv (12,8)
- Internationalisierung
- Produktentwicklung

Effizienzmotiv (12,0)
- Kostenreduktion
- Unsicherheitsreduktion
- Zeitersparnis

Spezialisierungsmotiv (8,4)
- Konzentration
- Komplementaritäten
- Technologiebeobachtung

***Gruner* (1997), S. 137 ff., 175**
Faktorenanalyse, in Klammern: Durchschnittliches Ranking auf einer 7er-Skala

Akquisitorische Ziele der Kundeneinbindung
- Erzielung von Imageeffekten (4,65)
- Verbesserung einer speziellen Kundenbeziehung/ Erzielung von Kundenbindung (4,45)
- Gewinnung neuer Abnehmer (3,92)
- Bessere Prognose zukünftiger Absatzmöglichkeiten/Frühaufklärung (4,40)
- Erleichterung des Eintritts in neue Märkte (4,17)

Einbindung zur Effektivitätssteigerung
- Einblick in die Produktnutzung durch den Kunden (5,11)
- Gewinnung von Kunden-Know-how zur Optimierung des Neuproduktes (5,23)
- Optimierung der Qualität des Neuproduktes (5,04)
- Optimierung der technischen Leistungsfähigeit des Neuproduktes (5,31)
- Fehlerminderung/-vermeidung bei der Entwicklung (4,52)
- Risikominderung (4,49)

Einbindung zur Effizienzsteigerung
- Reduktion der F&E-Kosten (3,46)
- Reduktion der Fertigungskosten (2,57)
- Erhöhung der Zahl gleichzeitig realisierbarer Entwicklungsprojekte (2,57)
- Erzielung von Zeitersparnissen (3,86)

Mit den in den Kästen 6.5 und 6.6 genannten Dimensionen sind indessen **lediglich die Zielinhalte** beschrieben. Nähere Informationen über ihre Messung fehlen ebenso wie Angaben über Prioritätenregeln und Zeithorizonte. Die Kooperationsforschung verwendet hinsichtlich der Kooperationsmotive und Kooperationsziele noch recht grobe Beschreibungen statt genauerer Messungen.

6.4.3 Erfolg der Kooperation

Wenn wir die heroische Annahme treffen, dass sich die Befragten über diese Kooperationsziele einig sind und dass diese auch im Zeitablauf im Großen und Ganzen gleich geblieben sind, dann ist die Frage berechtigt, ob Kooperation auch tatsächlich zur Erfüllung dieser Ziele führt und ob diese Beziehung durch weitere Einflüsse verstärkt oder abgeschwächt wird.

(1) Die grundsätzliche Frage nach dem Zusammenhang von Kooperation oder Kooperationsintensität mit Innovationserfolg ist vor allem in einer Reihe von empirischen Studien auf Basis des **Community Innovation Survey (CIS)** untersucht worden[1]. Diese durch EUROSTAT und Europäische Kommission organisierte Längsschnitterhebung der Innovationsaktivitäten europäischer Unternehmen fußt auf einem einheitlichen Fragenkatalog, der unter anderem auch einige Items zur Innovationskooperation enthält. Dabei wird jedoch nur nach der Tatsache einer F&E-Kooperation sowie nach verschiedenen Kooperationspartnern gefragt. Der Innovationserfolg bestimmt sich als Anteil des Umsatzes mit neuen Produkten am Gesamtumsatz. Unter "neuen Produkten" werden Produktverbesserungen und echte Produktneuheiten unterschieden. *Miotti/Sachwald* zeigen für Frankreich, dass immerhin 33% der Unternehmen, die auch innovativ tätig sind, F&E-Kooperationen unterhalten. Eine vergleichbare Kooperationsneigung zeigt sich auch im deutschen verarbeitenden Gewerbe zu Beginn der 90er Jahre[2].

Die Tatsache einer F&E-Kooperation erweist sich in allen Studien als signifikanter Erfolgsfaktor.

Zusätzlich zeigt sich auch ein positiver Zusammenhang zwischen der Anzahl an Kooperationspartnern und Innovationserfolg. So berichten *Faems et al.*[3] von einer positiven Korrelation zwischen Kooperationsintensität und Umsatz mit verbesserten und neuen Produkten[4]. Die Intensität bemisst sich nach der **Anzahl unterschiedlicher Partner**, mit denen im Rahmen von F&E-Kooperationen zusammengearbeitet wird. Während diese generellen Zusammenhänge einheitlich und für verschiedene europäische Länder bestätigt werden, suchen die genannten Studien zusätzlich nach kritischen Randbedingungen des Kooperationserfolges - Ergebnisse, auf die im folgenden Kapitel näher einzugehen ist.

---

[1] Vgl. *Miotti/Sachwald* (2003), *Belderbos et al.* (2004), *Becker/Dietz* (2004), *Faems et al.* (2005).

[2] Vgl. *Becker/Dietz* (2004), S. 213.

[3] Vgl. *Faems et al.* (2005), S. 245.

[4] Vgl. auch *Becker/Dietz* (2004), S. 218 ff.

Die Verwendung des CIS-Datensatzes bietet den Vorteil gleicher Operationalisierungen sowie einer umfassenden Datenbasis, die Längsschnittanalysen zulässt[1]. Diese Vorteile werden jedoch mit Einschränkungen in der inhaltlichen Tiefe erkauft. Erfolgszusammenhänge der Gestaltung von Kooperationen und Kooperationsprozessen können nicht oder allenfalls auf sehr grobem Niveau analysiert werden. Eine stärker differenzierte Betrachtung der Erfolgseffekte von Kooperationen ist jedoch Gegenstand einer Reihe weiterer empirischer Studien, deren Ergebnisse in drei zusammenfassenden Analysen von *Kirchmann*, *Gruner* und *Ernst* ausgewertet werden[2].

(2) *Kirchmann* stellt in seiner Literaturauswertung fest, dass in 16 der betrachteten 18 Studien Kooperation mit dem Kunden oder dem Anwender einen **positiven Einfluss auf den Neuprodukterfolg** hat[3]. Allerdings wird dabei nicht nach unterschiedlichen Interaktionsformen differenziert. Einschätzungen des Ausmaßes der "Zusammenarbeit", Häufigkeit der Kundenkontakte, Intensität der Kommunikation, gemeinsamer Prototypentest, echte Arbeitsteilung, "Involvierung" von Anwendern und Beteiligung an der Entwicklung stehen als Operationalisierungen der Kundeneinbindung ungewichtet nebeneinander. Der häufig auftauchende Begriff "Kontakte" ist extrem vage. Kurz: Der Stand der Forschung zu Innovationskooperationen war noch im Jahre 1994 alles andere als befriedigend.

Gruner[4] hat 15 empirische Untersuchungen zur Einbindung von Kunden in den Produktinnovationsprozess systematisch ausgewertet. In sieben Untersuchungen wurde die Wirkung auf den Erfolg nicht betrachtet. In den übrigen acht Untersuchungen ist die **Erfolgseinschätzung positiv**. Das Bild entspricht den Auswertungen von *Kirchmann*, was angesichts der Überschneidungen in der Literaturbasis nicht verwundert.

Ernst[5] betrachtet 22 Untersuchungen, die unabhängig von den grundlegenden Arbeiten von *Cooper* und *Kleinschmidt* entstanden sind. Eindeutig ist seine Feststellung, dass eine **starke Kundenorientierung** hoch bedeutsam für den Erfolg neuartiger Produkte ist. Das heißt indessen nicht, dass eine konkrete Interaktion mit den Kunden stattfindet.

Immerhin gibt dieser erste Überblick erheblichen Grund zur Behauptung, dass sich die Kooperation zwischen Herstellern und Kunden innovativer Produkte für beide zu lohnen scheint.

Als Misserfolgsfaktor tritt Kooperation in keinem Falle auf.

Die genannten drei Studien liefern ihrerseits erheblich verbesserte Einsichten in den Kooperationsprozess und in die Ursachen des Kooperationserfolgs. Die folgende Darstellung stützt sich auf diese drei Studien.

1 Vgl. *Belderbos et al.* (2004), S. 1480.
2 *Kirchmann* (1994), *Gruner* (1997), *Ernst* (2001).
3 *Kirchmann* (1994), S. 3 ff.
4 *Gruner* (1997), S. 31 ff.
5 *Ernst* (2001), S. 29 ff.

Die Erfolgsbeurteilung muss sich an den Kooperationsmotiven orientieren. *Kirchmann*[1] fragt konsequenterweise, ob der Innovationserfolg in technischer und wirtschaftlicher Hinsicht den Erwartungen entspricht. Er stellt diese Einschätzung den faktorenanalytisch gewonnenen Kooperationsmotiven gegenüber. Dabei zeigt sich, dass

- das Streben nach **Kostenminderung, Risikoreduzierung und Fehlerminderung** sowohl für den technischen als auch für den wirtschaftlichen Erfolg beachtlich ist,
- hingegen das Streben nach **Zeitersparnis** für beide Erfolgsbeurteilungen irrelevant ist,
- die Absicht einer **Verbesserung der Wettbewerbsposition** und die **Zunahme des Marktverständnisses** nur mit dem wirtschaftlichen Innovationserfolg positiv korreliert ist und
- die Zielsetzung einer **Verstärkung der Partnerbindung** nur mit dem technischen Innovationserfolg zusammenhängt.

Der Erfolg der Innovation ist umso höher für den Hersteller, je größer die Bedeutung ist, die er einer Zusammenarbeit mit seinen Kunden beimisst.

Eine reflektierte Motivstruktur ist für den Kooperationserfolg essentiell.

Gruner[2] stellt einen eindeutig **positiven Zusammenhang zwischen Intensität der Kundeneinbindung und Innovationserfolg** fest. Die Intensität der Kundeneinbindung wird nach den Phasen des Innovationsprozesses differenziert und bezieht sich u.a. auf die Dauer der Zusammenarbeit, die Häufigkeit der Treffen, die Zahl der eingebundenen Personen/Unternehmen. Kooperation wirkt insbesondere dann positiv auf den Innovationserfolg, wenn sie zu Beginn des Innovationsprozesses - in der Phase der Ideenfindung und bei der Erstellung des Produktkonzeptes - erfolgt. Gleichzeitig wurde ermittelt, dass gerade bei der Ideenfindung die Kooperation nur schwach ausgeprägt ist. *Gruner* sieht hier eine wichtige Verbesserungsmöglichkeit[3].

In der Untersuchung von *Ernst* wird der Zusammenhang zwischen Kooperation und Innovationserfolg bestätigt - und zugleich in Frage gestellt[4]. Denn dieser Zusammenhang scheint nach seinen Befunden nicht linear, sondern umgekehrt u-förmig ausgeprägt zu sein.

> "Dieser Sachverhalt muss demnach im Sinne einer Optimalitätsvorstellung aufgefasst werden, wo **zu geringe und zu hohe Kundenorientierung schädlich** sind."[5]

---

1 *Kirchmann* (1994), S. 155 ff.
2 *Gruner* (1997), S. 198 ff.
3 Ebenda, S. 203.
4 *Ernst* (2001), S. 304 ff.
5 *Ernst* (2001), S. 306, Hervorhebung durch Verfasser.

Diese kritische Distanz zu einfachen linearen Erfolgszusammenhängen der Kooperation - insbesondere mit Kunden - äußert auch *Brockhoff*[1] vor dem Hintergrund, dass nicht alle Kunden uneingeschränkt kooperativ sind, die Kooperation zu unerwünschtem Wissensverlust führen kann und einer Absicherung durch Kontrakte gegen opportunistisches Verhalten bedarf. Zu beachten ist zudem, dass machtvolle Kunden Hersteller auch zur Preisgabe von Informationen an konkurrierende Hersteller zwingen können.

Steinhoff[2] gliedert diese **Kooperationsgefahren** nach drei Hauptaspekten: Unsicherheitsaspekt, Ressourcenaspekt und Absatzaspekt, die wiederum der konzeptionellen und empirischen Literatur folgend in konkrete Gefahren oder Problembereiche differenziert werden können. Der Kasten 6.7, der der Arbeit von *Steinhoff* entnommen ist, gibt einen Überblick über diese Studien und bestätigt damit die geäußerten Zweifel an den grundsätzlich positiven Effekten von Kooperation.

Kasten 6.7: Problembereiche der Kooperation mit Kunden (*Steinhoff*)

Unsicherheitsaspekte

- Identifikation geeigneter Kunden[4, 9, 11]
- Interne Akzeptanzprobleme[4, 7, 9]
- Konflikte mit Kunden[1, 2, 3, 4, 6, 10, 11]
- Inkrementalismus[4, 10]

Ressourcenaspekte

- Kosten der Kundenintegration[1,2, 3, 7, 9]
- Ineffiziente Produktentwicklung[1, 2, 3, 6]
- Opportunistisches Kundenverhalten[3, 4, 5, 7, 8, 11]

Absatzaspekte

- Zu starke Nischenorientierung[1, 3, 4, 5, 6, 10, 11]
- Negative Imageeffekte[1, 6]

[1]*Bstieler/Kleinschmidt* (1992), S. 131 f., [2]*Gales/Mansour-Cole* (1995), S. 79 f., [3]*Karle-Komes* (1997), S. 63 ff., 143 ff., [4]*Brockhoff* (1998), S. 19 ff., [5]*Athaide/Stump* (1999), S. 470 ff., [6]*Campbell/Cooper* (1999), S. 509, [7]*Brockhoff* (2002a), S. 32 f., [8]*Athaide et al.* (2003), S. 46 f., [9]*Jeppesen* (2005), S. 350, [10]*Enkel et al.* (2005), S. 203 ff, [11]*Alam* (2006), S. 476.

Quelle: *Steinhoff* (2006), S. 192

1 *Brockhoff* (2005a), S. 873.
2 *Steinhoff* (2006), S. 192.

Die Beziehungen zwischen Kooperation und Innovationserfolg sind demnach erheblich komplizierter, als eine monokausale, lineare Hypothese suggeriert. Es kommt möglicherweise auf ergänzende Einflüsse an: auf begünstigende Rahmendaten und geeignete Koordination der Kooperation.

6.4.4 Rahmenbedingungen der Kooperation

(1) Zielgruppen

Bei der Abschichtung der fundamentalen Spielarten der Kooperation wurde bereits erkennbar, dass die anbieterdominierte Kooperation sich vornehmlich bei **Konsumgütern**, hingegen die gleichrangige Kooperation bei **Investitionsgütern** findet. Diese Betrachtung soll an dieser Stelle nicht weiter vertieft werden. Wir konzentrieren uns im Weiteren auf die gleichrangige, ausgewogene Kooperation von Partnern in der Wertschöpfungskette und betrachten damit die **Kooperation zwischen Unternehmen**.

(2) Innovationsgrad

Zur Beziehung von Innovationsgrad zu Kooperation liegen **uneinheitliche Befunde** vor. *Gruner*[1] kann eine signifikante Beziehung nicht feststellen. Auch *Sivadas/Dwyer*[2] können einen direkten Einfluss nicht belegen. *Bonner/Walker*[3] finden schwach signifikante Zusammenhänge von Innovationsgrad und Art der kooperierenden Kunden. Bei *Kirchmann*[4] findet sich zwar eine Beziehung zwischen dem Innovationsgrad und Maßnahmen des Innovationsmanagements, aber die Einflussrichtung ist fragwürdig. Diese Beobachtung werden wir bei der Behandlung der Koordination von Kooperation wieder aufgreifen.

(3) Eigenschaften des Kooperationspartners

Bedeutsamer scheinen hingegen bestimmte Eigenschaften des Kooperationspartners zu sein:

Die Intensität der Kundeneinbindung ist nach den Befunden *Gruners* u.a. von der **Konzentration** der Kunden, von deren Einschätzung der **Wichtigkeit der Produktkategorie** und vor allem davon bestimmt, wie **abhängig** das innovierende Unternehmen von Kundeninformationen ist.

Gruner kann auch den früheren Befund von *Rotering*[5] bestätigen, dass "große Unternehmen intensiver als kleine mit ihren Partnern zusammenarbeiten"[6]. *Kirchmann* kann indessen einen Zusammenhang der Kooperation mit der **Unternehmensgröße** nicht feststellen[7].

---

1 *Gruner* (1997), S. 194 f.
2 *Sivadas/Dwyer* (2000), S. 42.
3 *Bonner/Walker Jr.* (2004), S. 163.
4 *Kirchmann* (1994)), S. 284.
5 *Rotering* (1990), S. 162.
6 *Gruner* (1997), S. 195, vgl. auch *Miotti/Sachwald* (2003), S. 1486.
7 *Kirchmann* (1994), 295 f.

Im engen Zusammenhang mit der Unternehmensgröße steht das **Alter der Unternehmen**. *Dowling/Helm*[1] können anhand einer Stichprobe von Unternehmen der Region Jena zeigen, dass das Unternehmensalter die Beziehung von Kooperationsart und Innovationserfolg moderiert: So verstärkt sich der Innovationserfolg **junger** Unternehmen - und damit vermutlich auch kleinerer Unternehmen -, wenn mit anderen Unternehmen kooperiert wird. Dem Befund von *Ledwith/Coughlan*[2] gemäß handelt es sich bei diesen Kooperationsunternehmen vornehmlich um Kunden der jungen Unternehmen.

Ragatz et al. finden in ihrer Untersuchung von 60 Unternehmen einen starken Zusammenhang zwischen Erfolg und der Vertrautheit mit den **Fähigkeiten des Kooperationspartners**, die er **in früherer Zusammenarbeit** erwiesen hat[3].

Diese Unterscheidung von Kooperationspartnern nach der Nähe zum kooperierenden Unternehmen wird auch von *Bonner/Walker*[4] aufgegriffen. Sie zeigen auf Basis von 137 untersuchten Business-to-Business Innovationsprojekten, dass Kooperationen dann erfolgreicher sind, wenn mit **nahestehenden Kunden** kooperiert wird und diese Kunden **heterogenes Wissen** in die Kooperation einbringen. Allerdings bestätigt sich ihre Vermutung, dass der positive Erfolgszusammenhang der Zusammenarbeit mit nahestehenden Kunden bei Vorhaben mit hohem Innovationsgrad abgeschwächt wird, während in dieser Situation die Heterogenität des Kundenwissens an Erfolgsbedeutung gewinnt. Der Innovationsgrad ist offensichtlich ein relevanter Moderator in der Beziehung von Kooperation und Erfolg, eine Sichtweise, die wir in der Betrachtung der Koordination von Kooperationen erneut aufgreifen.

LaBahn/Krapfel stellen in ihrer Untersuchung von 422 Herstellern technischer Komponenten fest, dass vor allem die **technologische Leistungsfähigkeit** in Verbindung mit der **erwarteten Vertragstreue** des Kooperationspartners für das Eingehen der Beziehung maßgeblich[5] ist. Dabei sind starke Machtunterschiede kontraproduktiv. Die Bedeutung der technologischen Leistungsfähigkeit bestätigt sich auch bei *Miotti/Sachwald* [6]. Forschungsorientierte Unternehmen haben eine höhere Kooperationsneigung, dies gilt vor allem für High-tech-Sektoren.

Für die Wahl des Kooperationspartners sind dessen Ressourcen und Potentiale sowie seine Vertrauenswürdigkeit maßgeblich.

(4) Eigenschaften der Kooperation

Bereits die hohe Bedeutung des Ressourcenmotivs für eine Kooperation lenkt den Blick auf die Komplementarität der Ressourcen als wichtige Eigenschaft erfolgreicher Kooperationen. **Komplementäre Ressourcen** erhöhen den Wert

1 *Dowling/Helm* (2006), S. 486 f.
2 *Ledwith/Coughlan* (2005), S. 370.
3 *Ragatz et al.* (1997), S. 196.
4 *Bonner/Walker Jr.* (2004), S. 157 ff.
5 *LaBahn/Krapfel* (2000), S. 182.
6 *Miotti/Sachwald* (2003), S. 1486 und 1490.

einer Kooperation für beide Partner und reduzieren gleichzeitig die Gefahr von Zielkonflikten. Entsprechend können *Yang et al.*[1] in ihrer Untersuchung von 113 amerikanischen F&E-Kooperationen auch eine positive Beziehung zwischen Ressourcenkomplementarität und Erfolg von strategischen F&E-Kooperationen feststellen.

Schmidthals[2] untersucht Eigenschaften von Kooperationen etablierter deutscher Industrieunternehmen, die auf die gemeinsame Entwicklung von Technologien für höher innovative Neuprodukte abzielen. Dabei erweisen sich die **Offenheit der Kommunikation** sowie das **Commitment** der Partner zur gemeinsamen Lösung von Problemen, die im Kooperationsverlauf entstehen können, als zentrale Determinanten des Kooperationserfolges. Je besser Kooperationsziele erfüllt werden, desto eher werden auch die mit dem gesamten Entwicklungsvorhaben verbundenen Qualitäts- und Effizienzziele erreicht[3].

Sivadas/Dwyer[4] fassen verschiedene Eigenschaften der Kooperation unter dem übergeordneten Konstrukt "**Kooperationskompetenz**" zusammen und untersuchen dessen Erfolgswirkung anhand einer Stichprobe von 147 Innovationskooperationen in der Halbleiterindustrie sowie im Krankenhauskontext. Kooperationskompetenz, die durch gegenseitiges Vertrauen, offenen Informationsaustausch und Intensität der Kooperationskoordination gekennzeichnet ist, korreliert signifikant positiv mit Innovationserfolg[5], zumal bei gegenseitiger Abhängigkeit und stärker formalisierten Beziehungen.

(5) Kosten und Risiken der Kooperation

Wie unsere Diskussion der Kooperationsmotive zeigt, zielen Kooperationen nicht zuletzt auf den Abbau von Ressourcendefiziten. Dabei ist vor allem die Gewinnung von Wissen außerhalb der eigenen Domänen relevant. Um die relative Bedeutung von Kooperationen zur Erreichung dieser Ziele abschätzen zu können, bedürfte es der Kontrolle alternativer Aktivitäten, die ebenfalls einen Beitrag zur Zielerreichung leisten könnten. Nicht zuletzt die kritischen Anmerkungen von *Brockhoff*[6] und *Ernst*[7] zu den **häufig unterschätzten Kosten der Kooperation** legen eine Analyse der Erfolgseffekte von Kooperationen unter Kontrolle der Alternativen zur Zielerreichung nahe.

Die Studie von *Belderbos et al.*[8] gibt hier zumindest indirekte Hinweise. Die Autoren können zeigen, dass Kooperationserfolg mit verschiedenen Partnern bei Kontrolle von nicht kooperationsbedingten "Knowledge Spillovers" unterschiedlich ausfällt. Kooperation mit Universitäten und Wettbewerbern hat dabei einen

---

1 *Yang et al.* (1999), S. 114.

2 *Schmidthals* (2006), S. 178 ff. Die Konstruktbezeichnungen sind durch die Verfasser geändert.

3 Ebenda, S. 207.

4 *Sivadas/Dwyer* (2000), S. 33 ff.

5 Vgl. auch *Weber et al.* (2005), S. 193 ff., die Vertrauen als ein erfolgsbestimmendes Element des "Social Capital" in Kooperationsbeziehungen im Corporate Venturing-Kontext betrachten.

6 *Brockhoff* (2005a).

7 *Ernst* (2004).

8 *Belderbos et al.* (2004), S. 1486 f.

positiven Einfluss auf das im Längsschnitt gemessene Umsatzwachstum mit neuen Produkten. Dies gilt überraschenderweise nicht für die **formalisierte** Kooperation mit Zulieferern und Kunden. Hingegen hat der Wissenstransfer von Kunden, der auf eine **nicht formalisierte** F&E-Partnerschaft zurückzuführen ist, einen positiven Effekt. Welche alternativen Maßnahmen hier erfolgreich einzusetzen sind, bleibt jedoch eine offene Frage der empirischen Kooperationsforschung.

(6) Eigenschaften des Kooperationsumfeldes

Liker et al. vergleichen systematisch 189 amerikanische und 143 japanische Autozulieferer. Sie registrieren auffällige Unterschiede insbesondere bei der Informationsgewinnung: In weitaus höherem Maße erfahren die amerikanischen Lieferanten die Kundenforderungen auf informalem Wege als ihre japanischen Kollegen - und das früher[1]. *Bidault et al.* vergleichen -- leider in einer sehr kleinen Stichprobe - Unternehmen aus den USA, Japan und Europa und liefern Hinweise für eine deutlich höhere Einbindung der Lieferanten in den USA vor Japan und Europa[2]. *Parkinson*, der deutsche und englische Firmen vergleicht, findet eine höhere Kooperationsintensität in Deutschland. Es gibt also Hinweise auf **unterschiedliche, nationale Kooperationskulturen**. Es sei aber dahingestellt, ob diese Resultate nicht durch Brancheneinflüsse überlagert sind[3].

Amelingmeyer et al. typisieren die Umweltsituation insgesamt nach der Stabilität und der Heterogenität. 162 Fälle ihrer Stichprobe befinden sich in einer **"dynamischen" Umwelt**, in der starke Konkurrenz herrscht und in der politische, gesetzliche, soziale und ökologische Faktoren eine besonders hohe Bedeutung haben. In dieser Gruppe ist die Zusammenarbeit mit externen Kooperationspartnern überdurchschnittlich hoch und findet während des gesamten Innovationsprozesses statt. In den übrigen Umweltsituationen scheint die Kooperation hingegen deutlich geringer zu sein[4].

Wie so häufig, sind diese **Befunde zu den Rahmenbedingungen unbefriedigend**. Das liegt nicht zuletzt daran, dass diese Variablen selten im Focus des jeweiligen Forschungsprojektes liegen und nur deshalb erhoben wurden, um moderierende Einflüsse und Gemeinsamkeitskorrelationen zu kontrollieren. Ein zweiter Grund dürfte darin liegen, dass die eigentliche Forschungsproblematik von den Einflüssen der Rahmendaten schon bei der Stichprobenziehung - bewusst oder unbewusst - abgeschirmt werden soll. Die meisten Untersuchungen konzentrieren sich auf eine oder wenige Branchen, auf wenige Größenklassen und auf ein regionales oder nationales Umfeld.

Insgesamt hinterlassen die einzelnen Befunde den Eindruck, dass die Rahmenbedingungen für die Innovationskooperation noch unzureichend in der empirischen Forschung berücksichtigt sind und ihr Effekt daher nicht abschließend beurteilt werden kann.

1 *Liker et al.* (1996), S. 73.
2 *Bidault et al.* (1998), S. 728.
3 *Parkinson* (1982), S. 127.
4 *Amelingmeyer et al.* (1997), S. 15 f.

6.4.5 Koordination der Kooperation

Das Management der zwischenbetrieblichen Beziehungen weist große Ähnlichkeit mit dem Management der innerbetrieblichen Beziehungen auf, das wir unter dem Stichwort "funktionsübergreifende Zusammenarbeit" im 3. Kapitel behandelt haben. Was dort zum Thema "**Schnittstellenmanagement**" gesagt wurde, gilt analog auch hier.

Hier geht es um unternehmensübergreifende Zusammenarbeit. "Einbindung" der Kooperationspartner bedeutet konkret, dass sie in der Interaktion bestimmte Leistungsbeiträge erbringen, die der jeweilige andere Partner nicht erbringt. Kooperation bedeutet somit zunächst einmal **Spezialisierung**. Auffällig ist, dass über diesen Aspekt der Kooperation in der Literatur sehr wenig gesagt wird. Der Inhalt der beiderseitigen Leistungsbeiträge entzieht sich offenbar der Generalisierbarkeit. Sie ergibt sich aus der technischen Natur des Kooperationsobjektes und ist Gegenstand formaler Kooperationsverhandlungen und -vereinbarungen. Als Managementproblem wird dieser Teil der Kooperation nicht gesehen - jedenfalls in der einschlägigen Forschung nicht.

(1) Die volle Aufmerksamkeit unseres Faches gilt vielmehr der **Koordination** der Kooperationspartner im Innovationsprozess.

- *Gaitanides*[1] vermutet, dass die Prozesse am wirkungsvollsten durch "**interorganisationale Prozess-Teams**" koordiniert werden.
- *Ragatz et al.*[2] betrachten zwar nicht die Koordination im strengen Sinne, aber sie nennen Managementpraktiken, die sehr erfolgreiche von weniger erfolgreichen Projekten unterscheiden, darunter die folgenden Varianten des **Schnittstellenmanagements**:
  1. Direct cross-functional, intercompany communication,
  2. crossfunctional teams for supplier selection and planning,
  3. supplier membership/participation on buying company's project team.
- *Gruner* betrachtet drei Varianten der Kundeneinbindung: **Gruppenarbeit, Beratung, Mitgliedschaft im Team.** Er kann indessen einen Zusammenhang der Form der Kundeneinbindung mit dem Innovationserfolg nicht nachweisen. Nach seiner Einschätzung kommt es weniger auf die Strukturen an als vielmehr auf die konkrete Ausgestaltung der Zusammenarbeit. Das gilt auch für institutionalisierte Kontaktstellen, Nutzerkreise oder Gruppendiskussionen.

(2) Die Einzelbeobachtungen verlangen nach einem **umfassenderen Kooperationsmodell**. Dieses wird von *Kirchmann*[3] vorgelegt und anhand von 133 deutschen Maschinenbauunternehmen empirisch geprüft. *Kirchmann* betrachtet in seinem Modell die Beziehung von Hersteller und Anwender aus der Sicht des Ersteren (vgl. Kasten 6.8).

---

1 *Gaitanides* (1997), S. 751.
2 *Ragatz et al.* (1997), S. 195.
3 *Kirchmann* (1994), S. 252 ff.

Kasten 6.8: Das erweiterte Zusammen-Arbeits-Modell (*Kirchmann*)

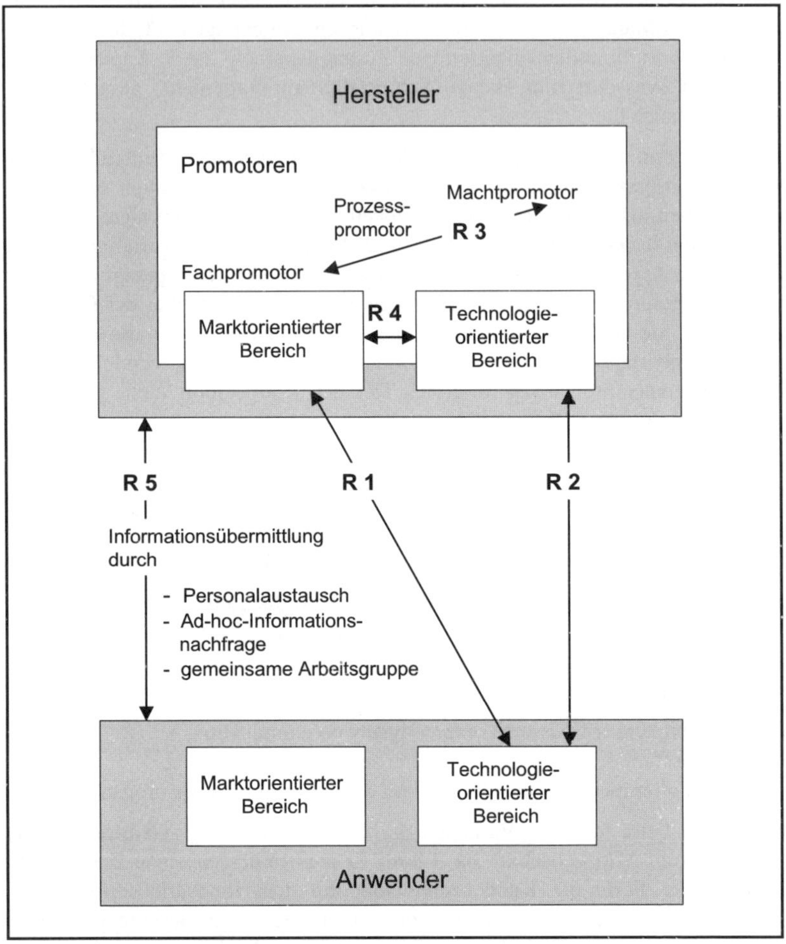

Quelle: Eigene Darstellung in Anlehnung an *Kirchmann* (1994)

Zunächst richtet sich der Blick auf die **betroffenen Funktionsbereiche** beim Hersteller und beim Anwender, jeweils unterschieden nach kaufmännischen und technischen Bereichen. Auf Seiten des Herstellers ist konkret der **Marketingbereich** und der **Technologiebereich** aufgetreten und beim Anwender der **Einkaufsbereich** und ebenfalls der **Technologiebereich**. Die technologieorientierten Bereiche bei Hersteller und Verwender werden vorwiegend von Angehörigen der **Forschungs- und Entwicklungsabteilungen** oder der **Produktionsabteilungen** vertreten.

Kirchmann konzentriert sich dabei auf fünf Relationen:

- R1: auf die Beziehung zwischen dem **marktorientierten** Bereich auf Seiten des Herstellers und dem **technologieorientierten** Bereich auf Seiten des Anwenders,
- R2: auf das Verhältnis der **technologieorientierten** Vertreter in beiden Partnerunternehmen zueinander,
- R3: Der dritte Modellbestandteil ist die **Konstellation der Promotoren**. *Kirchmann* fragt, ob es innerhalb der Herstellerfirma einen Machtpromotor, einen Fachpromotor und einen Prozesspromotor gegeben hat.
- R4: Der vierte Modellbestandteil ist **das interne Schnittstellenproblem**. Der marktorientierte Bereich des Herstellers, also der Bereich Marketing, hat sich **intern** mit dem technologieorientierten Bereich, das ist in der Regel Forschung und Entwicklung, abzustimmen. Es muss ausgeschlossen werden, dass die Beziehungen R1 und R2 unkoordiniert auf den Anwender treffen[1]. Diese interne Koordination sichert zudem, dass über die Kooperation transferiertes Wissen intern effektiv und effizient genutzt wird[2].
- R5: Schließlich fragt er nach den Varianten der Informationsübermittlung und unterscheidet dabei die ad hoc auftretende, nicht formalisierte **Informationslieferung und -nachfrage**, die Einsetzung einer speziellen **Arbeitsgruppe** und die Durchführung von **Personalaustausch**.

In den **univariaten** Auswertungen ergeben sich folgende wesentliche Einsichten für die Beziehung der Kooperationsformen zum Erfolg:

- **Kooperation ist Zusammenarbeit von Menschen**: Je neuartiger das Projekt, desto personalintensiver die Kooperation, desto notwendiger auch das Eingreifen tatkräftiger Promotoren. Arbeitsteilung ist dabei vorteilhaft: Die besten Ergebnisse werden dann erzielt, wenn eine Troika auftritt, ein Dreiergespann aus Macht-, Fach- und Prozesspromotor[3].
- **Kooperation ist Austausch von Informationen**: Insbesondere zu Beginn der Zusammenarbeit ist intensive Kommunikation nötig und nützlich[4]. Es kommt auf die gemeinsame Problemerkennung und Ideenfindung an. Diejenige Kooperation ist erfolgreich, in der der Anwender für den Hersteller relevante Informationen uneingeschränkt und zügig liefert.
- **Kooperation ist formloser Dialog**: Eine ad hoc artikulierte Informationsnachfrage und eine entsprechende Informationslieferung fördern den Erfolg[5]. Hingegen sind der Personalaustausch und die Einrichtung einer gesonderten Arbeitsgruppe ohne klaren Einfluss auf den Erfolg.

Kirchmann ergänzt diese univariaten Auswertungen durch eine **multivariate** Analyse, die erkennen lässt, wo die Haupteinflüsse zu suchen sind, und die überdies zu einer Neuformulierung des Konzeptes veranlasst. Er vermutet, dass alle

---

1 Vgl. auch *Moenaert et al.* (1995), S. 250, *Gerybadze* (1995a), S. 469 ff.
2 Vgl. den Fallstudienbefund von *Hillebrand/Biemans* (2004), S. 117 f.
3 Vgl. auch *Voss* (1985), S. 125.
4 So auch die Befunde bei *Gruner* (1997), S. 141 ff., *Cagliano et al.* (2000), S. 205 ff.
5 Vgl. zur Erfolgswirkung des ad-hoc Austauschs auch *Lettl* (2004), S. 316 f.

genannten Instrumente des Innovationsmanagements positiv auf den Neuigkeitsgrad einwirken. Er unterstellt sodann, dass dieser wiederum positiv auf den Kooperationserfolg und dieser wiederum positiv auf den technischen und wirtschaftlichen Innovationserfolg einwirkt.

Zunächst zeigen sich erwartungsgemäß **zwei direkte und positive Wirkungen** auf den wirtschaftlichen Erfolg: Arbeitsteilung der Promotoren (R3) und interne Arbeitsteilung zwischen Kaufleuten und Technikern auf der Herstellungsseite (R4). Die Pfadanalyse belegt sodann aber, dass die direkte Beziehung zwischen den Erfolgsvariablen nicht besteht. Auffällig ist ein negativer Befund:

Zwischen Innovationsgrad und Kooperations- bzw. Innovationserfolg besteht kein direkter Zusammenhang.

Man kann nicht davon ausgehen, dass sich mit steigendem Innovationsgrad der wirtschaftliche und der technische Erfolg erhöhen. Nur wenn der Umweg über einen ganz bestimmten Partner gewählt wird, wird der Neuigkeitsgrad erfolgsrelevant. Es muss also ein Fit bestehen:

Wer einen besonders hohen Innovationsgrad anstrebt, muss auch einen besonders leistungsfähigen Kooperationspartner finden, der in der Lage ist, die nötigen, hochbedeutsamen Informationen zu liefern[1].

Die auffällige Tatsache, dass zwischen dem Innovationsgrad und dem Innovationserfolg keine Beziehung besteht, veranlasst uns zu einer **Neuinterpretation des *Kirchmann*-Modells**. Der Innovationsgrad spielt eine Doppelrolle:

- Als "**erreichter**" Innovationsgrad ist er ein Resultat, eine abhängige Variable, die vom Innovationsmanagement beeinflusst wird.
- Als "**angestrebter**" Innovationsgrad ist er hingegen eine strategische Schlüsselvariable, die den Einsatz des Instrumentariums des Innovationsmanagements selbst lenkt.

In der Untersuchung *Kirchmanns* wird der Innovationsgrad lediglich in der erstgenannten Funktion, also als erreichter Innovationsgrad, gesehen. Wenn man ihn hingegen als unabhängige Variable, also als angestrebten Innovationsgrad, interpretiert, kommt man zu folgendem Gedankengang:

Strebt die Unternehmung einen hohen Innovationssprung bewusst an, dann wird der gesamte Innovationsprozess gleichsam elektrisiert. Die Relevanzeinschätzung erhöht sich deutlich. Man stellt höchst subtile Überlegungen an, wer als Kooperationspartner in Frage kommt. Man macht sich bewusst, dass man ein Gespann von Promotoren braucht, um den Prozess zu steuern. Man sucht die Kooperation nicht nur über die technische Schiene, sondern bezieht von vornherein auch die kaufmännischen Instanzen in den Innovationsprozess ein. Man

1 S.a. *Kamath/Liker* (1990), S. 121.

plant das Schnittstellenmanagement innerhalb der Firma und zwischen den beteiligten Unternehmen.

Die Re-Analyse der Daten *Kirchmanns* ergibt zusammengefasst zu dieser Hypothese den folgenden Befund:

In den Fällen,

- in denen ein hoher Innovationsgrad angestrebt wird
- **und** die Kooperation und Kommunikation nicht auf der technischen Ebene verharren, sondern bewusst die Vertreter ökonomischer Standpunkte einbeziehen
- **und** eine wenigstens zweiköpfige Promotorenstruktur gewählt wird
- **und** eine überdurchschnittliche Informationsnachfrage erfolgt,

Prozesse also, in denen ein **hohes innovationspolitisches Engagement** sichtbar wird, konstatieren wir

- einen deutlich höheren wirtschaftlichen Erfolg
- und eine deutlich geringere Streuung der Erfolgsbeurteilung
- und ein deutlich häufigeres Auftreten dieser Kombination als das gegenteilige Extrem mit niedrigem Innovationsgrad, rein technischer Kommunikation, fehlenden Promotoren und geringer Informationsnachfrage.

Interessant sind auch die Fälle zwischen den Extremen: etwa der Fall, dass mit hohem innovationspolitischem Engagement ein niedriger Innovationsgrad angestrebt wird. Das Ergebnis: **Hoher Einsatz schadet nicht, der wirtschaftliche Erfolg ist hoch**. **Aber dieser Fall ist selten**. Wirtschaftlichkeitsüberlegungen sprechen offensichtlich gegen ihn.

Die Daten lassen weiterhin vermuten, dass **Informationsaktivität und Promotorenstruktur sich partiell substituieren**. Unstrittig ist auf jeden Fall, dass für den ökonomischen Erfolg die Mitwirkung von Vertretern ökonomischer Standpunkte unerlässlich ist. Innovation darf keine Domäne der Techniker allein sein. Dem dürfte entsprechen, dass nicht nur über technische Aspekte kommuniziert wird, sondern zugleich auch über ökonomische.

Diese aus dem Modell und aus den Daten *Kirchmanns* entwickelten **Hypothesen** werden in Kasten 6.9 modellhaft zusammengefasst. Es handelt sich um eine mehrfache Fit-Beziehung, die auch durch entsprechende Schnittstellen zu sichern ist[1].

---

1 Vgl. *Richter* (1995), S. 530 f.

Kasten 6.9: Projektgebundene Kooperationsentscheidung aus der Sicht des Herstellers einer Innovation

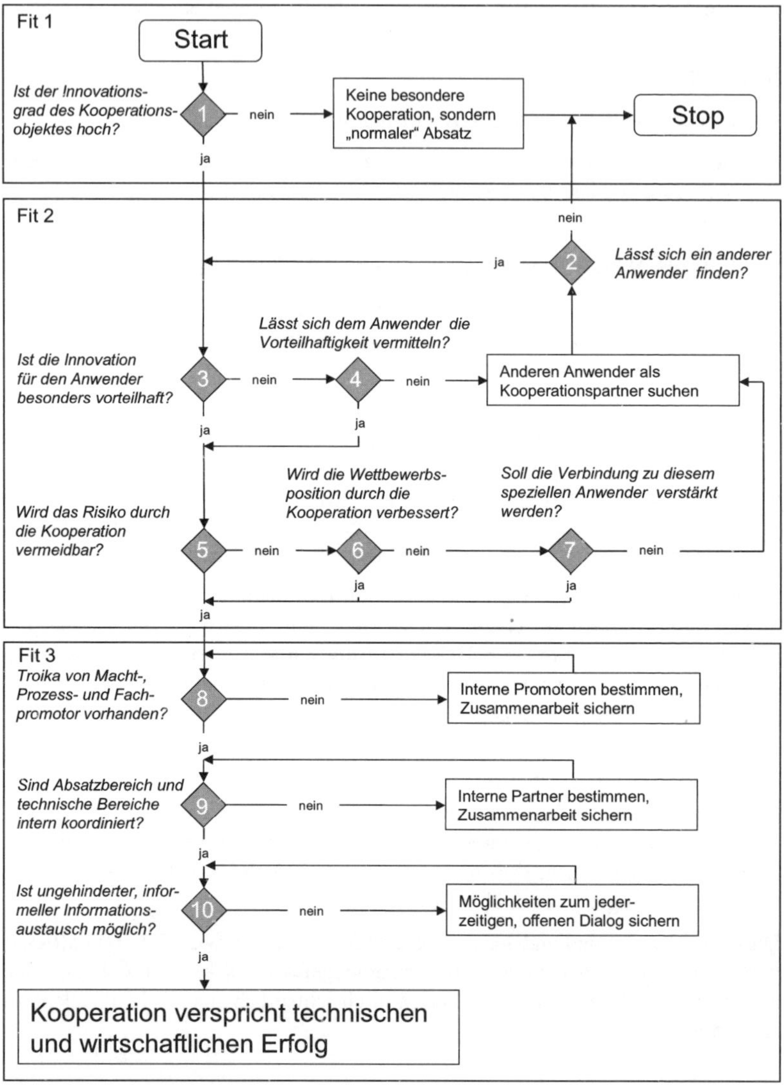

Quelle: Eigene Darstellung

Fit 1: Zunächst ist ein Fit zwischen der strategischen Entscheidung über den **Innovationsgrad und der Gestaltung des Innovationsprozesses** herzustellen. Ist der Innovationsgrad niedrig, ist eine aufwendige Interaktion entbehrlich.

Fit 2: Sodann erfolgt die bewusste **Entscheidung zugunsten eines leistungsfähigen Kooperationspartners**[1]. Der Hersteller muss dabei nach einem Anwender suchen, für den die Innovation besonders vorteilhaft ist. Denn nur unter dieser Voraussetzung dürfte ein solcher Anwender bereit sein, die benötigten Informationen bereitzustellen und die von ihm verlangten Ressourcen in die Kooperation einzubringen[2]. Wesentlicher Bestandteil der Kooperationsentscheidung sind schließlich die Kriterien der Risikovermeidung, der Verbesserung der Wettbewerbsposition und die Verstärkung der Bindung an einen speziellen Partner.

Fit 3: Der dritte Fit besteht dann zwischen dem Partner und der **Gestaltung des Kooperationsablaufs**. Promotoren, interne Koordination zwischen Marketing und Technik und Sicherstellung des ungehinderten informellen Informationsaustausches sind die notwendigen Kooperationsinstrumente.

Kooperation ist ein höchst komplexes, sukzessives und zielbewusstes Abstimmungsproblem interner und externer Aktivitäten der beteiligten Kooperationspartner.

6.5 Konsultation von Beratern und Ingenieurfirmen

6.5.1 Berater als "externe Promotoren"

Wichtigster Anlass für die Einschaltung eines Beraters in einen Innovationsprozess ist die Feststellung der Unternehmensleitung, dass angesichts des Problems **die habituellen Entscheidungspraktiken versagen**. Die extremen Unsicherheiten gegenüber der Technologie, gegenüber ihren Wirkungen, Unklarheiten über die eigenen Absichten, Fehlen von Auswahlkriterien verhindern, dass sich ein einheitlicher Wille in der gewohnten Weise bildet. Man kennt die Prozedur des Vorgehens nicht. Die Marktpartner sind nicht vertraut. Man hat Angst vor zeitraubenden Umwegen. In dieser Situation - bei Mangel an objektspezifischem Fachwissen und bei Fehlen von Verfahrenskenntnissen - sucht man in dem Berater einen sachverständigen "**Rat-Erteiler**" oder einen "**Steuermann**", der imstande ist, den unbekannten Entscheidungsprozess navigatorisch zu bewältigen und damit die fehlenden Potentiale der Promotoren zu ersetzen[3].

Berater entsprechen mit diesen Leistungen den Prozesspromotoren und den Fachpromotoren.

---

1 *Schrader* (1994), S. 276 ff.
2 *Kamath/Liker* (1990), S. 122 f.
3 *Grün* (1984), S. 13 ff., *Schuster* (1987), S. 35 ff., *Seeger/Goede* (1992), Sp. 319 f.

Richter[1] hebt zusammenfassend folgende **Leistungen des Beraters** in "komplexen Problemlösungen" hervor:

- **Informationsvermittlung**: Der Berater ermöglicht die Feststellung von Ist-Zuständen, die Prognose von Entwicklungen, die Diagnose von Ursachen, die Kenntnis von Rahmenbedingungen, die Findung und die Entwicklung von Alternativen.
- **Beendigung des Entscheidungsprozesses**: Der Berater soll die Nichtentscheidung verhindern und helfen, den Entscheidungsprozess zum Abschluss zu bringen.
- **Ausbildungsleistung**: Der Berater versetzt das Unternehmen in die Lage, zukünftig auftretende Probleme, die mit der Innovation zusammenhängen, zu diagnostizieren und selbst zu lösen.
- **Einstellungsveränderung**: Berater sind in der Lage, eine nachhaltige Veränderung von Einstellungen und Werten der Betroffenen und Beteiligten zu bewirken.

Heydebreck[2] ergänzt diesen Leistungskatalog und weist auf hohe **Netzwerkkompetenz** von Beratern hin, durch die das innovierende Unternehmen mit anderen Akteuren zusammengebracht werden kann.

Visscher/Rip[3] identifizieren unterschiedliche Beiträge von Beratern und unterscheiden **Beraterstile**, je nachdem, wie Berater auf Unsicherheit und Chaos in Entscheidungssituation reagieren. Berater, die Chaos als beherrschbar ansehen, liefern konkrete Entscheidungsvorgaben, verstehen den Veränderungsprozess als "rational design process" und sorgen explizit für Sichtbarkeit ihrer eigenen Beiträge zur Problemlösung. Der entgegengesetzte Beraterstil vermeidet Unterstützung durch konkrete Prozessvorgaben und versteht Berater als einen kritischen Begleiter, der Lösungen hinterfragt und durch Provokation kreative Prozesse auslöst. Hier wirkt der Berater weniger als Promotor, sondern als **konstruktiver und offen agierender Opponent**.

Ein weiterer Anlass zur Einschaltung eines Beraters könnte **bei festgefahrenen Entscheidungsprozessen** vorliegen. Spannungen innerhalb des hierarchischen Gefüges der Unternehmung - z.B. zwischen Zentrale und Werken oder zwischen unterschiedlichen Geschäftsbereichen - führen gelegentlich zu einem Patt der Einflussnahme. In dieser Situation wird ein **Berater als "Schiedsrichter"** zwischen den nicht einigungsbereiten Gruppen eingeschaltet, der mit der Autorität eines Außenstehenden den Entscheidungsprozess wieder in Bewegung bringen soll. Hier übernimmt der Berater Funktionen von Machtpromotoren. Der Berater kann dabei eine neutrale Position wahren, wenn die streitenden Parteien bei seiner Berufung übereinstimmen oder wenn er von einer übergeordneten Instanz berufen wird. Problematischer ist demgegenüber die Position des Beraters, wenn er als **Anwalt einer Partei** eingeschaltet wird, die eine zusätzliche Stimme im Ringen um die Entscheidung benötigt.

---

1 *Richter* (1979), S. 130 ff.
2 *Heydebreck* (1996), S. 116 f.
3 *Visscher/Rip* (2003), S. 127.

Schließlich ist die Einschaltung des Beraters bei Vorliegen eines **Spannungsfeldes zwischen Unternehmung und ihren Markt- und Verhandlungspartnern** zu vermuten. Das gilt insbesondere, wenn wenige, aber sehr aktionsfreudige Anbieter miteinander konkurrieren. Wenn es im Zuge dieses Konkurrenzkampfes zwischen Unternehmung und den Herstellern zu Spannungen kommt, kann ein Berater mit der Absicht engagiert werden, diese Spannung in einer von der Unternehmung gewünschten Weise beizulegen, ohne dass sich die Unternehmensleitung selbst mit den abgelehnten Herstellerfirmen überwerfen will.

Der Berater wird zum "Exekutor". Auch in diesem Falle vertritt der Berater den Machtpromotor.

An die Stelle der eigentlichen Problemlösung tritt damit ersatzweise die **Entscheidung, welcher Berater engagiert werden soll**. Nicht zuletzt wollen sich die Unternehmensleitungen durch besonders sorgfältige Auswahl des Beraters vom Vorwurf entlasten, sie seien selbst nicht imstande oder willens, das eigentliche Innovationsproblem zu lösen.

Für die **Auswahl des Beraters** ist zunächst eine Leistungsvermutung ausschlaggebend[1]: Nur wenn der Berater geeignet erscheint, eines der geschilderten Beratungsziele zu erfüllen, kommt er überhaupt in die engere Wahl. Da aber eine objektive Leistungsmessung in diesem Dienstleistungssektor überaus problematisch ist, bleibt dem ratsuchenden Unternehmen lediglich die Anwendung von **Orientierungshilfen** bei der endgültigen Auswahl des Beraters[2]. Das sind in erster Linie **persönliche positive Empfehlungen**, die von vertrauenswürdigen Dritten ausgehen. Das sind aber auch **Imitationen** einer für vorbildlich gehaltenen Unternehmung, oftmals sogar der Konkurrenz. Schließlich ist eine derartige Orientierungshilfe auch die **Bekanntheit oder das Renommé des Beraters**. Vieles spricht für die Hypothese, dass die Höhe der Honorarforderung eher einen Werbewert hat, als dass sie als Kostenfaktor berücksichtigt wird. Positive Ergebnisse einer derartigen Orientierung verschaffen dem Berater Zutritt zum Unternehmen, so dass er in die Lage versetzt wird, aus eigener Initiative Überzeugungskraft zu entfalten und Referenzen zu offerieren. Der Weg geht dabei im Zweifel über die Mitglieder der obersten Geschäftsleitung, also über den Machtpromotor.

Welche Beziehungen bestehen zwischen **Beratereinsatz und Innovationserfolg**? Berater werden im Zweifel eingeschaltet, wenn es der Unternehmung an objektspezifischem Fachwissen fehlt oder wenn sich ein machtfundierter Aktionswille nicht bildet. Dieses ist keine unbedingt innovationsfreundliche Situation. Innovationsprozesse, die unter Beratungseinfluss ablaufen, haben also per se keine höhere Erfolgserwartung als Innovationsprozesse, in denen innerbetriebliche Promotoren sich voll entfalten können. Angesichts der geschilderten Widerstände ist sogar zu vermuten, dass Beratung vor allem in besonders problemreichen Innovationsprozessen gewünscht wird.

---

1 *Hammerschmidt* (1964), S. 115 f.

2 *Dahl* (1967), S. 138 ff.

Von einer einfachen Beziehung zwischen Entscheidungseffektivität und der Tatsache der Unternehmensberatung kann somit nicht ausgegangen werden.

Klein hat die Einschaltung des Beraters in Innovationsprozesse am Beispiel der Daten des COLUMBUS-Projektes überprüft. Bei seiner Untersuchung von 35 Unternehmen, in denen externe Unternehmensberater in die erstmalige Beschaffung von elektronischen Datenverarbeitungsanlagen eingeschaltet wurden, kommt er zu folgenden Ergebnissen:

- Die Einschaltung eines externen Beraters **reduziert den Aufwand von Innovationsprozessen nicht**[1]. Durch den Einsatz eines Beraters wird aber die Chance erhöht, eine umfassendere Problemlösung zu finden[2].
- Die Einschaltung externer Berater **verringert nicht etwa die Dauer der Entscheidungsprozesse**[3]. Es wird vielmehr die Vermutung bestätigt, dass die Unternehmungsleitung in Prozessen, die nicht vorankommen, irgendwann einen externen Berater bemüht, der den festgefahrenen Entscheidungsprozess wieder in Gang setzen soll und dies auch tatsächlich schafft. Die Entscheidungsprozesse mit Beratereinschaltung dauern etwa um ein Drittel länger als Entscheidungsprozesse, in denen kein Berater eingeschaltet ist.
- Es kommt besonders dann zur Konsultation von Beratern, wenn eine interne Arbeitsteilung des Innovationsmanagements auf Fach- und Machtpromotor vorliegt[4]. Die Vermutung ist also falsch, dass der Berater einen dieser Promotoren ersetzen soll. Richtig ist es vielmehr, dass er sie **in ihrem Einfluss unterstützen** soll. Ob er dabei die Rolle eines Prozesspromotors übernimmt, wurde nicht untersucht, ist aber deshalb zu bezweifeln, weil der externe Berater gerade nicht die spezifische Machtquelle des Prozesspromotors in den Innovationsprozess einbringt, nämlich die Kenntnis der internen Organisation.
- Eine **möglichst frühe Einschaltung** scheint nach den Befunden von *Klein* vorteilhaft. "Wer mit der Einschaltung eines Beraters zögert, braucht dann ebenso lange bis zum Abschluss des Innovationsprozesses wie derjenige, der sich unverzüglich nach dem Start eines Innovationsprozesses zur Aufnahme der Konsultation entschließt."[5] Der Zeitraum des Beratereinsatzes ist danach unabhängig von den Vorleistungen.

Heydebreck bestätigt diese Befunde weitgehend. Die Konsultation von Beratern und Ingenieurbüros wird indessen als deutlich weniger bedeutend eingeschätzt als die Kooperation mit Kunden, Lieferanten und Wettbewerbern. Ihr Einfluss auf den Innovationserfolg lässt sich nicht eindeutig belegen[6].

---

1 *Klein* (1974), S. 94 ff.
2 Ebenda, S. 85 ff.
3 Ebenda, S. 95 ff.
4 Ebenda, S. 37 f.
5 Ebenda, S. 99.
6 *Heydebreck* (1996), S. 180 ff.

Es ist weniger wichtig, "dass" ein Berater konsultiert wird, als "wie" diese Konsultation erfolgt.

Der Berater erfüllt seine Funktion dann richtig, wenn er das innovierende Unternehmen zwingt, sich mit der neuen Materie gründlich auseinanderzusetzen. Uneffiziente Entscheidungen werden dann hervorgebracht, wenn das Unternehmen die Innovation an den Berater voll delegiert. Verlässt der Berater wieder den Betrieb, dann ist in dieser Unternehmung niemand vorhanden, der mit der Innovation recht umgehen kann.

Derjenige Berater ist am erfolgreichsten, der nach der Beratung überflüssig wird, weil die Unternehmung in der Zwischenzeit gelernt hat, die vom Berater ausgeübten Funktionen selbst zu übernehmen.

Kleins Untersuchung lässt keinen Zweifel daran, dass der Berater die **Rationalität der Entscheidung steigert** und dass er dann sinnvoll eingesetzt wird, wenn rationale Argumente seine Einschaltung auslösen. Wenn er hingegen aus "politischen" Gründen in die Entscheidung einbezogen wird, dann löst er eher stärkere Widerstände aus, als wenn man versucht hätte, die Spannungen intern zu lösen.

6.5.2 Technologietransfer durch Ingenieurfirmen

Innovationsprozesse sind vielfach **Prozesse des Technologietransfers**: Eine neue Technologie wird von einer Lieferinstitution auf eine Verwenderinstitution übertragen - in der Regel von einem Hersteller auf einen Anwender, so ja auch die Perspektive der bisherigen Problembehandlung.

Zwischen diese innovationsliefernde und innovationsnachfragende Unternehmung können zudem eigene Vermittler treten, die als "**Ingenieurfirmen**" bezeichnet werden, wenn ihre spezifische Leistung darin besteht, eine technisch bestimmte Innovation zu transferieren. Derartige Ingenieurfirmen erbringen nicht nur Planungs- und Projektierungsleistungen. Sie führen überdies die Beschaffung, die Entwicklung, die Kontrolle des Innovationsprozesses bis zur Inbetriebnahme des neuen Verfahrens oder Produktes durch. Sie bringen in diese Kooperation vor allem verfahrenstechnisches Wissen ein, liefern in einzelnen Fällen auch eigens entwickelte Hardwarekomponenten. Sie bieten Beratung, Wirtschaftlichkeitsuntersuchung, Machbarkeitsstudien, Personalschulung und temporäre Managementleistung. Auf Basis einer Fallstudie kann *Alam*[1] zudem zeigen, dass so genannte "**Consulting Engineering Firms**" eine gute Quelle für technisch anspruchsvolle und kommerziell viel versprechende Innovationsideen sind.

---

1 *Alam* (2003), S. 306 f.

Keussen[1] stellt in seiner Untersuchung der Kooperation von 30 Industrieunternehmen und 30 Ingenieurfirmen fest:

Kapazitätsdefizite und Zeitmangel sind die wesentlichen Ursachen für die Einschaltung der Ingenieurfirmen.

Alle Beteiligten stimmen darin überein, dass das Know-how der Ingenieurfirma diese Ressourcendefizite ausgleichen soll.

Die Kooperation selbst erfolgt höchst unterschiedlich. Unter Rückgriff auf die Befunde *Keussens*[2] lässt sich folgende **Typologie von Kooperationsstilen** entwickeln (wir verwenden hier eine von *Keussen* abweichende Benennung der Cluster):

- Der häufigste Fall ist eine "**Kooperationsbürokratie**" (29 %), die durch ein hohes Maß an Formalisierung, Ablaufsteuerung, Berichtswesen, Dokumentation und exakte Festlegung von Rechten, Pflichten und Sanktionen gekennzeichnet ist. Beide Partner gehen offensichtlich auf "Nummer Sicher", selbst in einer Projektumwelt, die nicht als besonders unsicher eingeschätzt wird.
- Ein zweiter Typ (21 %) ist als "**wohlkoordinierte Interaktion**" anzusprechen. Ohne dass es aufwendiger organisatorischer Regelungen und expliziter Kontrollen bedarf, wird hier die Zusammenarbeit durch ein starkes Projektmanagement gewährleistet, das sich vor allem in der Zeit- und Ablaufplanung engagiert. Diese Spielart tritt bei überdurchschnittlicher Unsicherheit auf. Persönliche Flexibilität erweist sich dabei allen anderen Koordinationstechniken überlegen.
- Ein weiterer Typ (20 %) setzt auf "**Arbeitsteilung**", ja auf "**Arbeitstrennung**": Jeder Partner konzentriert sich dabei auf die Aufgaben, in denen seine Stärken liegen. Die Kommunikation erfolgt recht formlos. Man koordiniert sich im Wesentlichen über Netzpläne und andere Spielarten des Projektmanagements. Diese Variante ist für Situationen typisch, in denen eine geringe Unsicherheit herrscht.
- Ein vierter Typ (16 %) ist ein "**Laissez-faire-Verhalten**". Kooperation im eigentlichen Sinne findet überhaupt nicht statt. Es wird unterdurchschnittlich stark kommuniziert, organisiert und kontrolliert. Man darf spekulieren, ob es sich dabei um relativ einfache Probleme handelt oder ob blindes Vertrauen in die Leistungsfähigkeit des Partners vorliegt.
- Ein letzter Typ (14 %) ist das "**Delegationsmodell**". Kommunikation und Formalisierung der Kooperation scheinen dadurch entbehrlich, dass Anreiz-, Kontroll- und Sanktionsmechanismen überdurchschnittlich eingesetzt werden.

---

1 *Keussen* (1994), S. 158 ff.
2 Ebenda, S. 190 ff.

Keiner dieser Typen kann einen klaren Erfolgsvorsprung aufweisen, weder in der technischen noch in der ökonomischen Dimension. Das ist ein überraschendes Resultat. Es kommt offenkundig weniger auf den Stil an, in der die Kooperation praktiziert wird, als auf den Einsatz **einzelner** Instrumente. Diese Instrumente müssen nicht zuletzt die beiden zentralen Probleme der Kooperation mit beratenden Ingenieurfirmen lösen: (1) Geheimhaltungsprobleme und (2) beschränktes Commitment des Auftragnehmers zum Innovationsprojekt[1].

In einer Pfadanalyse kann *Keussen*[2] zeigen, wie man sich das Zusammenwirken dieser Kooperationsinstrumente vorzustellen hat: Formale Koordinationsaktivitäten und rigide Konfliktlösungsmechanismen wirken **negativ** auf den ökonomischen Erfolg der Innovation. Demgegenüber zeigt sich, dass intensive Kommunikation, gegenseitiges Vertrauen und saubere Kontrolle **positiv** auf den ökonomischen Erfolg einwirken. Die überraschendste Beobachtung ist allerdings die folgende: Zwischen dem Innovationsgrad und dem ökonomischen Erfolg besteht eine negative direkte Beziehung, d.h., wenn beide Partner sich einen großen Innovationssprung vornehmen, dann steigt das Risiko überproportional. Diese direkte negative Beziehung kann aber über eine indirekte Beziehung ins Positive gewendet werden: **Über einen intensiven, formlosen Dialog gelingt es, in dieser Situation Schaden abzuwenden.**

---

1 *Alam* (2003), S. 311.
2 *Keussen* (1994), S. 231.

7. Kapitel
Initiative – Startimpuls für Innovationsprozesse

7.1 Fallstudien zur Initiative - aus der Geschichte der Bayer AG

> "Initiative. Dieselbe liegt in dem Willen, eine Sache zuerst anzufassen, in dem Vorangehen. Der ächte Unternehmer erfindet die wirthschaftliche That und nimmt sie auch gleich in die Hand. Die Initiative zeigt sich aber nicht nur beim Anfange der Unternehmung ... Sie ist der fortwährend hebende und drängende Anstoß im Geschäfte."
>
> *Maier-Rothschild* (1879), S. 294

Anlässlich des 125jährigen Bestehens der Bayer AG wurde eine Festschrift von *Erik Verg et al.* mit dem Titel "Meilensteine" veröffentlicht[1]. In dieser industriegeschichtlich hochinteressanten Darstellung findet sich eine Fülle von Beispielen für Anregungen zu und in Innovationsprozessen. Um die Aufgaben des Innovationsmanagements angesichts derartiger Anregungen zu illustrieren, sei eine Reihe dieser Initiativen zitiert (Hervorhebungen durch Verfasser).

(1) Zufallserfindungen (Serendipität)

"Was immer neue Versuche und Bemühungen nicht erreicht hatten, bewirkte der Zufall. Am Ende jeder Woche pflegte *Duisberg* mit seinem Gehilfen das Labor gründlich zu säubern. Alle Bechergläser wurden geleert und sorgfältig gewaschen. Als er gerade dabei war, den Inhalt eines der Gläser, das mehrere Tage unberührt gestanden hatte, auszugießen, **fiel ihm auf**, daß der bisher braune Farbstoff rot geworden war. Doch weder *Duisberg* noch sein Gehilfe konnten sich erinnern, um was für einen Farbstoff es sich gehandelt hatte.

Mühselige Untersuchungen ergaben, daß es sich um einen der vielen Versuche handelte, Beta-Naphthion-Säure, die auch im Kongorot verwendet wurde, an Tolidin zu koppeln. Weitere Prüfungen zeigten, daß diese Kopplung sich in zwei Stufen vollzog: Die erste ergab das stumpfe Ziegelrot, und wenn man das Gemisch drei Tage in der Kälte stehen ließ, wurde der leuchtendrote Farbstoff daraus noch leuchtender als das Kongorot."[2]

(2) Unterbewusste Innovation

"Aber man war noch nicht zufrieden, es mußte etwas besseres her. Die Lösung fand *Duisberg* auf eine Weise, die in der Geschichte der chemischen Erfindungen mehr als einmal beschrieben ist. Er selbst schrieb darüber: 'Eines Tages besuchte mich mein Freund, Dr. *Ewald Herzog*, in Elberfeld und nahm mit mir auf dem Zimmer das Mittagessen ein. Nach Tisch legten wir uns beide nieder,

---

1 *Verg et al.* (1988), Hervorhebung durch Verfasser.
2 Ebenda, S. 78.

um eine kurze Zeit auszuruhen. Als ich wieder aufwachte, erzählte ich meinem Freund, daß ich hoffte, das lang gesuchte, grünstichige, substantive Blau, und zwar **im Traum**, gefunden zu haben. Statt der beiden Methylgruppen im Tolidin müßten zwei Methoxygruppen ... dem Molekül einverleibt werden und der Farbton des Azoblaus würde dann von dem häßlichen Rotblau nach dem schönen gesuchten Grünblau übergehen.'

Die Eingebung im Traum war im Prinzip richtig, nur - die gesuchte Ausgangsverbindung, das Benzidin mit den beiden Methoxygruppen, gab es noch nicht ..."[1]

(3) Umkehrung von Fehlschlägen

"Eine Panne, ein fehlgeschlagener Versuch, brachte 1941 die Einsicht in die vielseitigen Anwendungsmöglichkeiten: mehrere Gußmassen aus Polyester und Diisocyanaten waren derart mit Blasen durchsetzt, daß die Proben von der Prüfstelle mit der ironischen Bemerkung zurückkamen: 'Allenfalls brauchbar zur Herstellung von Emmentaler-Käse-Imitationen.' *Otto Bayer* und seine Mitarbeiter suchten nach den Ursachen dieses Fehlschlags, fanden sie und machten **aus der Not eine Tugend**. Sie begannen die Kohlendioxydabspaltung, die zur Blasenbildung führte, durch Zugabe geringer Mengen Wasser, absichtlich herbeizuführen - und fanden den Polyurethan-Schaumstoff."[2]

(4) Verwertung von Abfällen

"Schon seit Beginn des Jahrhunderts wurde im Werk Uerdingen ... Anilin aus Nitrobenzol durch Reduktion mit Eisenspänen hergestellt. Damals fiel als Nebenprodukt ein dunkelbrauner Eisenoxydschlamm an. Er war ökonomisch und ökologisch lästig. Der Chemiker *Julius Laux* begann, diesen Schlamm **auf seine Wiederverwertbarkeit zu untersuchen**, und stellte fest, daß man durch eine Modifizierung des Verfahrens farbige Pigmente erzeugen konnte. 1925 erhielt er eine Reihe von Patenten auf seine Verfahren, und 1926 begann in Uerdingen die Produktion von Eisenoxydpigmenten."[3]

(5) Unsystematische Aufnahme von Kundenwünschen

"Neben dieser Beraterfunktion wurde es für die reisenden Coloristen immer wichtiger, Wünsche und Probleme der Kunden kennenzulernen. Die Fabrikanten und Händlerfirmen in Europa und Nordamerika stellten andere Ansprüche als die Kleinhändler in China oder Indien. Die Endverbraucher schließlich, die Kunden der Kunden, waren sowohl Damen der Pariser oder Londoner Gesellschaft als auch russische Bauern oder Bewohner der Levanteländer mit allen ihren grundverschiedenen Wünschen und Ansichten über Farbtöne und Qualität. Als technische Berater und als Marktforscher wurden die Coloristen zu **unentbehrlichen Mittelsmännern**, die mit ihrer Tätigkeit den Kaufleuten den Weg bereiteten."[4]

---

1 *Verg et al.* (1988), S. 81.
2 Ebenda, S. 288.
3 Ebenda, S. 240.
4 Ebenda, S. 84.

(6) Impulse durch Verwender

"Das Auto auf dem Bayer-Stand der internationalen Kunststoff-Messe 1967, der K'67 in Düsseldorf, war fast völlig aus Kunststoffen, den Werkstoffen der Chemie, gebaut. Motor, Getriebe und Räder waren die einzigen Teile, für die man noch Metall eingesetzt hatte. Dieser erste Sportwagen mit einer Kunststoffkarosserie hatte auch ein amtliches Kennzeichen: LEV-K 67, aber in die Serienherstellung kam der 1,5 Mio. Mark teure Prototyp nicht ...

LEV-K 67 war das **Ergebnis mehrjähriger Zusammenarbeit** verschiedener Unternehmen. Seit 1963 suchten die damalige Firma Gugelot Design GmbH, Neu-Ulm, die Waggon- und Maschinenbau AG in Donauwörth und die Bayerische Motorenwerke AG (BMW) nach der Möglichkeit, ein selbsttragendes Chassis aus Kunststoff für einen BMW-Sportwagen zu bauen. Eine Lösung zeichnete sich aber erst ab, als die Anwendungstechniker von Bayer die Polyurethan-Sandwich-Füllbauweise für die selbsttragende Bodengruppe vorschlugen. Im Frühling 1967 konnte diese Bodengruppe auf der Industriemesse in Hannover erstmalig gezeigt werden."[1]

(7) Institutionalisierte Suche nach neuen Anwendungen

"Die neuen anwendungstechnischen Abteilungen erhielten breit gefächerte Aufgaben: Neben der schon länger durchgeführten Qualitätskontrolle der laufenden Fabrikation ging es vor allem darum, den Kunststoffen, Synthesekautschuk-Typen, Lackrohstoffen, Textilfasern und anderen Produkten neue Anwendungsmöglichkeiten zu erschließen, eventuelle Lücken im Sortiment zu erkennen und durch entsprechende Hinweise an die Forschung für ihre Behebung zu sorgen. Die optimale Verarbeitung der Bayer-Produkte mußte durch regelmäßige, fachkundige Beratung der Kundenfirmen gesichert werden. Der so hergestellte vertrauensvolle **Kontakt zu den Fachleuten der Kundschaft** brachte frühzeitig auch wertvolle Informationen über kommende Entwicklungen und Trends, so daß rechtzeitig entsprechende Forschungen in Angriff genommen werden konnten."[2]

(8) Betriebliches Vorschlagswesen

"An den Anschlagbrettern der Farbenfabriken hing im Juli 1909 folgende Bekanntmachung: 'Wir haben beschlossen, brauchbare **Vorschläge unserer sämtlichen Beamten und Arbeiter**, soweit solche zur Verhütung von Unfällen dienlich sind oder zu Betriebsverbesserungen an Geräten, Werkzeugen oder Maschinen und Apparaten führen, je nach ihrem Wert durch entsprechende Prämien zu belohnen. Dasselbe gilt, wenn rechtzeitig vor der Ausführung bzw. vor der Montage Fehler an Zeichnungen gefunden und gemeldet werden. Zu diesem Zweck sind in sämtlichen Bürogebäuden, Laboratorien und Aufenthaltsräumen verschlossene Kästen aufgehängt, die zur Aufnahme solcher Vorschläge dienen sollen. Diese Kästen werden jeden Samstag geleert und die eingegangenen Vorschläge alsdann von Seiten des allgemeinen Ausschusses der Arbeiter geprüft. Letzterer hat uns dem Werte entsprechende Vorschläge betreffend

---

1 *Verg et al.* (1988), S. 430.
2 Ebenda, S. 86 f.

Prämierung zu unterbreiten. Die definitive Entscheidung über die Höhe wird von uns selbst erfolgen. Die Direktion der Farbenfabriken, vormals Friedr. Bayer & Co., gez. *F. Bayer*, gez. Prof. Dr. Ing. *C. Duisberg*.'

Der erste, der diesem Aufruf folgte, war der Schlosser *Wilhelm Wolf*. Er schlug der Direktion in wohlgesetzten Worten vor, einen Entwässerungstopf für Dampfapparaturen anzuschaffen und damit nicht nur Energie zu sparen, sondern auch mehr Sicherheit beim Umgang mit Dampfkesseln zu erreichen. Die Direktion zeigte sich bereit, *Wolf* 100,-- Mark in bar auszuzahlen."[1]

(9) Initiative zur Initiative: Preisausschreiben

"Bayer wandte sich dem Kautschuk zu. Im Protokoll der Bayer-Direktionskonferenz vom 18. Oktober 1906 heißt es, daß die Firmenleitung einen **Preis von 20.000 Mark ausschreibt**, 'für denjenigen unserer Chemiker, der innerhalb von drei Jahren, also bis zum 1. November 1909, ein Verfahren zur Herstellung von Kautschuk oder eines vollwertigen Ersatzes findet, wonach sich der Einstandspreis auf höchstens 10 Mark für prima Ware pro Kilo stellt'. *Fritz Hofmann*, leitender Chemiker in der Pharmaabteilung, nahm die Herausforderung an ...

Der Naturkautschuk besteht aus langen Ketten, in denen viele Hunderte von Isopren-Molekülen miteinander verbunden sind. Der erste Schritt mußte sein, reines Isopren zu synthetisieren, und es zu polymerisieren. Das gelang dem Forscher-Team unter *Fritz Hofmann* bis August 1909. Im September wurde das Patent erteilt."[2]

Die vielen Beispiele aus der Festschrift zum 125jährigen Bestehen der Bayer AG illustrieren, dass höchst unterschiedliche Initiativen eine Innovation auslösen können. Diese Beispiele regen zu folgenden Fragen an:

- Ist eine kreative Idee schon eine Initiative für einen Innovationsprozess?
- Welche Rolle spielt ein Wandel in Markt und Technologie für den Start von Innovationsprozessen?
- Welche Bedeutung haben Außenstehende für das Entstehen von Initiativen?
- Welche Wahrnehmungsprozesse begleiten die Entstehung von Initiativen?
- Ist Initiative schon die Lösung eines Problems?
- Kann und soll man Initiative organisieren?
- Welche Risiken bedrohen das Schicksal einer Initiative?
- Ist jede Initiative prinzipiell förderungswürdig?
- Wo beginnt, wo endet der Initiativprozess?

Auf diese Fragen sollen im Folgenden Antworten gegeben werden.

---

1 *Verg et al.* (1988), S. 182.
2 Ebenda, S. 190.

7.2 Kennzeichnung von Initiative

"Im Anfang war das Wort ...
im Anfang war der Sinn ...
im Anfang war die Kraft ...
im Anfang war die That!"

Goethe, Faust I, im Studierzimmer

Der Beginn von Innovationsprozessen ist schwer zu bestimmen. Er ist wenig strukturiert und entfaltet sich auf mannigfachen Wegen und über unterschiedlich intensive Pochimpulse. Die angelsächsische Literatur verwendet für diese Startphase den Begriff "**Fuzzy Front End**". Der Begriffsbestandteil "Fuzzy" hebt diese Unschärfe auch einprägsam hervor. "We define the front end to include product strategy formulation and communication, opportunity identification and assessment, idea generation, product definition, project planning, and executive reviews."[1] Wir übernehmen dennoch den Begriff Fuzzy Front End ausdrücklich nicht, weil der Begriffsbestandteil "**End**" möglicherweise Missverständnisse über das aufkommen lassen könnte, was wir betrachten wollen. Es geht hier um den **Anfang**, um einen Prozessabschnitt, in dem bestimmt werden muss, ob eine Idee, ein Vorschlag, ein Stimulus, eine Anregung aufgegriffen werden soll. Erst wenn eine Willensbekundung vorliegt, den Stimulus durch den bewussten Einsatz von Ressourcen weiterzuverfolgen, endet die Initiativphase.

In der Literatur zum Fuzzy Front End wird die Initiative oft mit dem folgenden Schritt, der Problemdefinition, zusammengefasst[2]. Dafür spricht, dass beide Aktivitäten durch vielfache Rückkopplungen eng miteinander verbunden sind. Außerdem soll eine solche Zusammenfassung bewusst machen, dass erst danach die eigentliche Problemlösung beginnt. Die Trennung läuft in Richtung einer Loose-Tight-Vorstellung, wonach offene, kreative Prozessabschnitte wenig strukturiert, hingegen die konstruktiven, durchsetzungsorientierten Phasen zunehmend stärker strukturiert und diszipliniert ablaufen (sollen). Wir folgen diesem Gedanken nur indirekt, indem wir die Initiative und die Problemdefinition unmittelbar nacheinander behandeln. Aber die inhaltlichen Unterschiede werden durch die hier vorgenommene Trennung deutlicher hervorgehoben. Auch aus diesem Grunde verwenden wir den populären Begriff Fuzzy Front End nicht.

Initiative ist der Startimpuls für einen Tätigkeitsablauf[3]. Im Sinne dieser Schrift ist Initiative die Anregung für einen Innovationsprozess. Welche Merkmale hat ein derartiger Startimpuls?

(1) Initiator

Die Initiative geht zunächst stets aus einer kreativen Beobachtung oder einer Idee eines **Individuums** hervor. Diesem Menschen fällt etwas auf oder ein.

---

1 *Khurana/Rosenthal* (1998), S. 59.

2 Ebenda, S. 104 f., *Smith et al.* (1999), S. 16, *Koen et al.* (2001), S. 49, *Kim/Wilemon* (2002), S. 269, *Herstatt/Verworn* (2003), S. 8 ff.

3 *Hauschildt* (1969), Sp. 734.

Jede Initiative ist an ein Subjekt gebunden[1], an seine Neugier, Aufmerksamkeit, Beobachtungsgabe, Sensibilität, seien diese Eigenschaften angeboren oder anerzogen[2].

Jede Initiative profitiert von und leidet unter dieser Bindung an ein Subjekt. Sie kann von dieser Person verzerrt, falsch bewertet, zur Unzeit vorgetragen, in unzweckmäßiger Form präsentiert werden und ist stets mit allen Vorbehalten und Vorurteilen belastet, die andere gegen diese Person haben. Umgekehrt gilt: Die Begeisterungsfähigkeit eines Individuums kann Berge versetzen.

Initiativen können **auch von Angehörigen anderer Systeme** an das innovierende Unternehmen herangetragen werden. Sie werden aber erst relevant, wenn sich wenigstens ein Initiator in dieser Unternehmung diese pochenden Impulse eines Lieferanten, eines Kunden, eines Beraters, einer Bank, einer Behörde etc. zu eigen macht und den Initiativprozess im Unternehmen auslöst.

(2) Auslösender Impuls

Die Initiative entspringt der Beobachtung, dass ein gegebener **Zustand** nicht mit dem übereinstimmt, was der Initiator erwartet. Diese "**Erwartung**" kann lediglich Prognose, kann aber auch Vorgabe mit Sollcharakter sein[3]. Einige Beispiele[4]:

- Bei einem Test tritt ein unerwarteter Effekt auf, der nach dem theoretischen Ansatz nicht erklärt werden kann.
- Eine bisher reibungslos laufende Anlage zeigt plötzlich eine Störung.
- Ein bisher stets zufriedener Kunde fragt überraschend eine völlig unbekannte Produkteigenschaft nach.
- Eine neue Eigenschaft eines Produktes oder Verfahrens eröffnet schlagartig den Zugang zu einem neuen Kundenkreis.
- Ein neues Gesetz verpflichtet zur Reinigung von Emissionen, die bisher unreflektiert in die Umwelt abgegeben wurden.

In allen Fällen liegt eine Divergenz zwischen einem "bisher" geltenden Soll oder einer Erwartung und einem Ist, der beobachteten Realität, vor. Sie äußert sich sowohl als **Störung** als auch als **Chance**[5]. Die Divergenz zwischen Realität und Erwartung muss dabei so hoch sein, dass sie Aufmerksamkeit erregt und dass ihr Ausmaß als unbefriedigend oder erfolgversprechend empfunden wird.

Höhe und Richtung der Abweichung der Realität gegenüber der Erwartung sind für das Entstehen von Initiative maßgeblich.

---

[1] *Gemünden* (2001), S. 419.

[2] In vielen Publikationen endet das Kapitel "Initiative" mit der Charakterisierung dieses Initiators, s.u.a. *Frohman* (1999), S. 33 ff., *Stevens et al.* (1999), S. 459 f.

[3] *Pounds* (1969), S. 7 ff.

[4] S.a. *Dosi* (1988), S. 227.

[5] *Biehl* (1981), S. 58.

Es kommt nicht auf die objektive Tatsache eines Wandels von Zielen, Situationseigenschaften oder Alternativen an, sondern darauf, dass dieser Wandel wahrgenommen wird und zu einer neuen Bewusstseinslage führt. Überraschende Veränderungen haben unter dieser Beleuchtung eine wesentlich höhere Chance, eine Initiative auszulösen als schleichender Wandel.

(3) Aktionswille

Initiative entsteht nicht, wenn diese Divergenz zwischen Realität und Erwartung achselzuckend hingenommen wird. Ein Initiator ist dadurch gekennzeichnet, dass er willens ist, diese Divergenz zu reduzieren. Kennzeichnend ist in dieser Situation der Satz: "**So kann es nicht weitergehen, es muss etwas geschehen**!" Angesichts der im 4. Kapitel gezeigten Widerstände gegen Innovationen ist dieser Aktionswille keinesfalls selbstverständlich. Der Initiator wird abwägen, ob es sich lohnt, für die Akzeptanz der neuen Idee zu werben:

> "When a new trait presents itself, its acceptance depends not so much on whether it is better than the existing one as on whether it is enough better to make its acceptance worth the trouble."[1]

Dieser Aktionswille eines Einzelnen wird erst dann relevant, wenn die Initiative eine Instanz erreicht, die das Recht, die Macht und den Willen hat, Ressourcen für einen Problemlösungsprozess freizugeben[2]. Wenn wir von dem Fall absehen, dass eine derartige Instanz selbst die Initiative äußert, wird die Initiative damit zum Gegenstand eines Informations- und Kommunikationsprozesses:

Die Initiative muss "artikuliert", das heißt in eine Form gebracht werden, die an den Adressaten übermittelt, von diesem wahrgenommen und verarbeitet werden kann. Auf "Ideengenerierung" folgt "Ideenkommunikation"[3].

Das heißt nicht, dass Schriftform gefordert wird. Das bedeutet auch nicht, dass die Initiative bereits konkrete Lösungsvorschläge enthalten muss. Das bedeutet aber, dass ein Informationsprozess ausgelöst wird, der mit allen Risiken der Verzerrung, Verzögerung, Fehlleitung und Filterung belastet ist, die Informationsprozessen eigen sind[4].

(4) Willensbekundung

Der Initiativprozess endet damit, dass die zur Ressourcenfreigabe berechtigte Instanz entscheidet, ob die Initiative in die Problemdefinition und damit in einen **Problemlösungsprozess** einmünden soll oder nicht weiter zu verfolgen ist[5]. Hier liegt ein weiterer subjektgebundener Einfluss vor - mit allen seinen Vorzügen und Nachteilen.

---

1 *Linton* (1973), S. 454.
2 *Reid/de Brentani* (2004).
3 *Gemünden* (2001), S. 419.
4 *Rubenstein* (1989), S. 244 ff.
5 *Khurana/Rosenthal* (1997), S. 106, *Gemünden* (2001), S. 419, *Kim/Wilemon* (2002), S. 270.

Initiative ist also ein Prozess, der unter vielfachen Risiken steht, die in der Person des Initiators, in seiner Informationsaktivität, im Ablauf des Informationsprozesses und in der Person oder Institution der Entscheidungsinstanz begründet sind.

Es ist **Aufgabe des Innovationsmanagements**, sich dieser Risiken bewusst zu werden, sie bei der Weckung von Initiativen auszuräumen und sie bei der Verarbeitung der Initiativen in Kritik und Kontrolle umzusetzen.

7.3 Theoretische Ansätze zur Initiative

"Most projects do not fail at the end; they fail at the beginning."
Zhang/Doll (2001), S. 95

Die Isolierung des Initiativproblems ist im Allgemeinen in der Literatur unüblich. Die Initiative wird dort bereits als Teil des Problemlösungsprozesses gesehen und zumeist unter der Überschrift "**Ideengenerierung**" mit den Methoden der Lösungssuche zusammengefasst. Diese enge Verknüpfung ist wegen der in diesem Zusammenhang zumeist diskutierten Kreativitätstechniken zwar verständlich, aber nicht sachgerecht. Denn zwischen Initiative und Lösungssuche schiebt sich nach unserem Konzept die bewusste Problemdefinition. Wir wissen, dass es schwierig, wenn nicht gar unmöglich ist, diese drei Schritte in getrennten Phasen eines Prozesses zu absolvieren. Das soll uns aber nicht davon abhalten, diese drei Schritte als trennbare Aktivitäten zu begreifen und die Aufgaben des Innovationsmanagements aus ihnen differenziert abzuleiten[1].

Gemünden[2], der die vorliegende Literatur zur Entstehung von Innovationen auswertet, identifiziert **fünf theoretische Konzepte**, die sich dem Initiativproblem mit unterschiedlicher fachlicher und wissenschaftstheoretischer Orientierung nähern:

- Das "**Leistungsdivergenzparadigma**" bezieht sich auf den allerersten Impuls zum Start eines Innovationsprozesses. Es begreift die Initiative als Führungs- und Motivationsproblem. Da dieses Konzept unserem theoretischen Ansatz in hohem Maße entspricht, werden wir es in der folgenden Darstellung ebenfalls heranziehen.
- Das "**Barrierenparadigma**" ergänzt das Paradigma der Leistungsdivergenz, bezieht sich aber auf den folgenden Schritt, nämlich auf die Überwindung innerer und äußerer Widerstände gegen den Start eines Initiativ- und Entscheidungsprozesses. Auch dieses Konzept entspricht weitgehend unserer theoretischen Konzeption und wird daher ebenfalls in die weitere Darstellung einbezogen.

---

[1] *Cowan* (1986), S. 765.
[2] *Gemünden* (2001), S. 416 ff.

- Das "**Trichterparadigma**" erhielt seinen Namen von der Vorstellung einer großen Initiativenvielfalt, die in einem Trichter, besser wohl in einem Filter, nach systematisch angewandten Kriterien reduziert wird. Auch dieses Konzept richtet sich weniger auf die Hervorbringung von Initiativen, als vielmehr auf ihre Bearbeitung. Wir werden dieses (normative) Paradigma wieder aufgreifen, wenn wir den Prozess der Alternativengenerierung behandeln.
- Das "**Planungsparadigma**" kann seine Herkunft aus einer normativen, klassischen betriebswirtschaftlichen Denkschule nicht verleugnen. Hier wird das Initiativproblem in einen technologischen und einen marktbezogenen Planungsprozess zergliedert, der dann nach strategischen, taktischen und operativen Kriterien aufgeschlüsselt und schrittweise koordiniert wird. Dieses Konzept wird unter dem Aspekt der praktischen Gestaltung erneut zu diskutieren sein.
- Das "**unternehmerische Paradigma**" bezieht sich vor allem auf "die" Persönlichkeit, die die Ideen hervorbringt und durchsetzt. Es ist das *Schumpeter*-Modell der Innovation. Den Einfluss der schöpferischen Persönlichkeit können und wollen wir nicht bestreiten. Aber wir haben unter dem Stichwort "Promotoren" (Kapitel 5) zu zeigen versucht, dass diese personelle Problematik wesentlich komplexer begriffen werden muss, als nur nach dem genialen Erfinder/Unternehmer zu suchen. Wir blenden hier vordergründig von der Betrachtung dieser personellen Komponente ab, behalten aber die kreative Leistung des Initiators im Blick.

Unsere Darstellung konzentriert sich danach zunächst auf die beiden von *Gemünden* zuerst genannten Konzepte:

- Das **Leistungsdefizit-Konzept** versucht zu erklären, aus welchen Gründen Initiativen entstehen und welche Einflüsse die Entstehung begünstigen. Dieses Konzept vertieft die soeben vorgetragenen Überlegungen zur "Divergenz".
- Das **Barrieren-Konzept** liefert Erklärungen für die Dauer und für den Arbeitsaufwand, den die Initiativprozesse erfordern. Er vertieft die bereits vorgetragenen Betrachtungen zum informatorischen Charakter des Initiativprozesses.

Beide Konzepte ergänzen sich auch mit Blick auf die daran anschließend zu betrachtende Gestaltungsproblematik.

7.3.1 Das Leistungsdefizit-Konzept

Ausgangspunkt für die Initiative ist die Beobachtung eines "Leistungsdefizits" durch ein Individuum oder eine Gruppe. Mit dem Begriff Leistungsdefizit übersetzen wir den Begriff "**performance gap**" von *Baker et al.* Mit diesem Begriff wollen *Baker et al.* über die traditionelle Anschauung der Zweck-Mittel-Diskrepanz hinausführen:

"... performance gaps are defined as discrepancies between what the organization could do because of a goal-related opportunity and what it is actually doing in terms of exploiting that opportunity."[1]

Es geht also um eine Divergenz zwischen Erwartung und Realität. Das Konzept des **Leistungs-"Defizits"** ist dabei nur der eine Spezialfall, wenn auch in der Praxis wohl der bedeutsamere. Dementsprechend muss von einem **Leistungs-"Überschuss"** gesprochen werden, wenn der positive Fall vorliegt, in dem die Erwartung niedriger ist als die Angebote oder Zustände der Realität.

Das allgemeine Divergenz-Modell kann folgendermaßen formalisiert werden (vgl. Kasten 7.1):

Kasten 7.1: Die Divergenz zwischen Erwartung und Realität

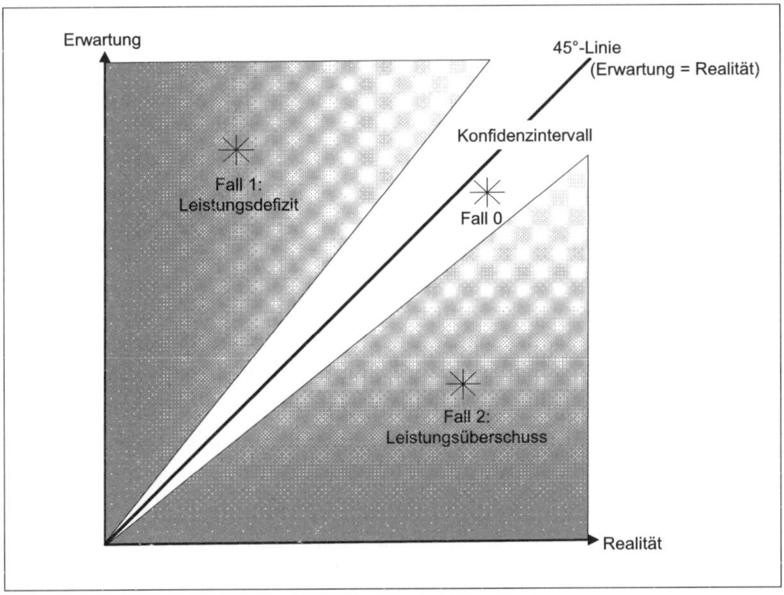

Quelle: Eigene Darstellung

Gegeben sei ein **Maß**, in dem sich Erwartung und Realität abbilden lassen. Es kann sich dabei um ein technisches Maß handeln, aber auch um ein ökonomisches, wie z.B. Gewinn oder Umsatz. Auf der 45°-Linie ("Konsistenzlinie") stimmen Erwartung und Realität überein. Die Konsistenzlinie wird umhüllt von einem individuell unterschiedlichen **Konfidenzintervall**, innerhalb dessen die Diskrepanzen zwischen Erwartung und Realität nicht beachtet werden (Fall 0).

---

1 *Baker et al.* (1980), S. 36.

Im Falle 1 bleibt die Realität hinter der Erwartung zurück. Dieses ist der Fall des eigentlichen Leistungs-"Defizits", auf den sich auch *Zaltman et al.*[1] beziehen. Die Initiative wird in diesem Falle von den Erwartungen induziert. Der Initiator wird anregen, die Annäherung an die Konsistenzlinie durch **Finden besserer Alternativen** anzustreben. Konkret handelt es sich um Initiativen, die in Reaktionen auf Störungen oder in Anpassung an Kundenwünsche erfolgen[2].

Im Falle 2 wird die Erwartung von der Realität übertroffen. Die Divergenz ist also positiv, eine Alternative leistet mehr, als man erhofft hat. Es liegt ein Leistungs-"Überschuss" vor. Die Initiative ist in diesem Falle von der Alternative induziert. Der Initiator wird anregen, die Annäherung an die Konsistenzlinie durch **Erhöhung des Anspruchsniveaus oder durch Definition neuer Ziele** anzustreben[3]. Konkret handelt es sich z.B. um Initiativen, die in Reaktion auf externe Angebote oder auf Findung einer neuen Produkteigenschaft erfolgen.

Dieses Modell lässt sich realitätsnäher in einer dynamischen Version als "**Wandel**" formulieren. Initiativen ereignen sich zum einen, wenn ein Wandel der Ziele ("Erwartungen") offenbart, dass die bisherigen Alternativen ("Realität") nicht mehr geeignet sind, befriedigende Ergebnisse zu liefern (Fall 1). Initiativen ereignen sich zum anderen, wenn neue Alternativen auftauchen, die es erlauben, sich neue Ziele zu setzen oder das angestrebte Ausmaß der geltenden Ziele signifikant zu erhöhen (Fall 2).

Der Wandel in Zielen oder Alternativen löst die Initiative aus.

Das gleiche gilt für den Wandel der **Rahmendaten**: So kann der Erlass einer behördlichen Verfügung, das Auftreten einer bisher unbekannten Konkurrenz oder die schlagartige Verknappung eines Produktionsfaktors selbst den Fall 0 aus der Zone der Beharrung herauskatapultieren und in eine Erwartungs-Realitäts-Konstellation führen, die eine Initative zur Innovation auslöst.

Kasten 7.2 zeigt eine von uns erweiterte Version des Initiativmodells von *Baker et al.*[4]. Sie beschreiben den Ablauf mit folgenden Worten:

> "The idea generation process is viewed as commencing with the recognition of a performance gap by an individual within the firm. Once recognized, the performance gap is assessed with respect to its potential consequences for the organization and its perceived organizational, technical, and psychological rewards for the individual."[5]

Baker et al. sehen den Initiator also in einem **Konflikt zwischen seinen persönlichen Motiven und den offiziellen Zielen der Unternehmung**. Damit wird viel vorausgesetzt. Das Individuum muss die Ziele und Restriktionen kennen, die für die Unternehmung als Ganze gelten - für die meisten Beteiligten eine höchst unrealistische Annahme, wenn es um eine strategisch relevante Innovati-

---

1 *Zaltman et al.* (1984), S. 55.
2 *Dosi* (1988), S. 227.
3 *Hamel* (1974), S. 84 ff.
4 *Baker et al.* (1980).
5 Ebenda, S. 36.

on geht. Sie können also den Außenimpuls üblicherweise nur auf die Beiträge zu den "lokalen" Zielen überprüfen, die in ihrem persönlichen Umfeld gelten.

Kasten 7.2: Initiativ-Modell (*Baker et al.*)

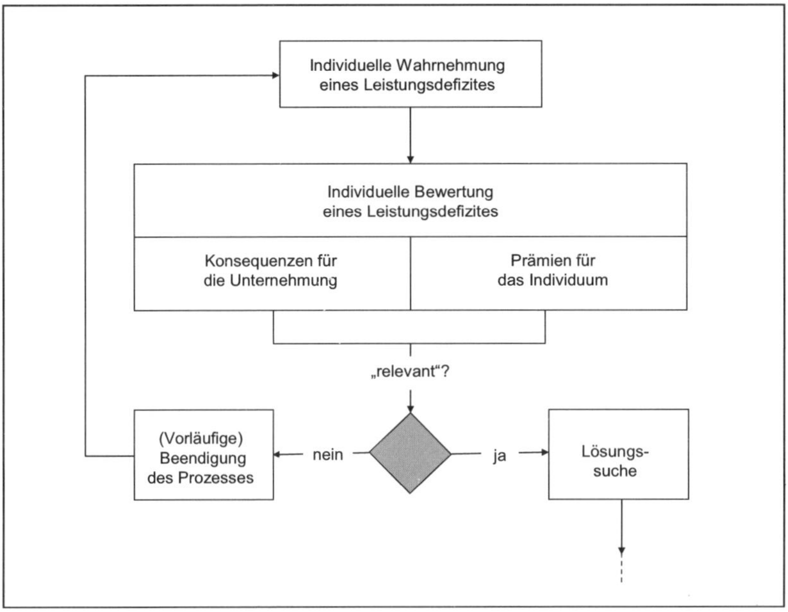

Quelle: In Anlehnung an *Baker et al.* (1980), S. 37

Aber das Konzept eignet sich gut, um zu zeigen, welche **Einflüsse auf die Initiative** einwirken.

- **Einflüsse auf den Wahrnehmungsprozess**: **Informationsqualität und -zugang**
  Je reichhaltiger, unterschiedlicher, aktueller und qualitativ besser der Informationsfluss ist, der ein Individuum erreicht, desto höher ist die Wahrscheinlichkeit, dass ein Leistungsdefizit oder ein Leistungsüberschuss beobachtet werden kann. Die Aufmerksamkeit wird erhöht, wenn die Divergenz in besonderer Weise dargestellt oder hervorgehoben wird[1].

- **Einflüsse auf den Bewertungsprozess**: **Motiv- und Zielklarheit**
  Informationen, die Ziele, Bedürfnisse und Chancen "erläutern", sind hilfreich bei der Erkenntnis der Leistungsdefizite und beim Finden und Bewerten von Initiativen. Diese Erläuterungen werden insbesondere durch formale Zielsetzungen und Standards, durch die Einstellungen und Interaktionen der Hauptgruppen, durch das Führungsverhalten der Vorgesetzten und schließlich durch das Anreizsystem vermittelt.

---

1 *Flynn et al.* (2003), S. 430 f., 433 ff.

7.3.2 Das Barrieren-Konzept

Schulz, der die Initiative zu Entscheidungen schon sehr früh untersucht hat, verwendet ein Barrieren-Konzept, das dem in Kapitel 4 vorgestellten Widerstandsmodell entspricht[1]. Zur Vertiefung können wir auf die dort gemachten Aussagen verweisen. Die Widerstände gegen Initiativen verlangen ein bewusstes und konsequentes Führungskonzept. *Gebert*[2] entwickelt ein Führungsmodell, das den Initiativprozess aus der Sicht der Geführten und zugleich die Ansatzpunkte für den Führungseinfluss zeigt (Kasten 7.3).

Kasten 7.3: Die Situationswahrnehmung durch den Geführten als Innovationskatalysator (*Gebert*)

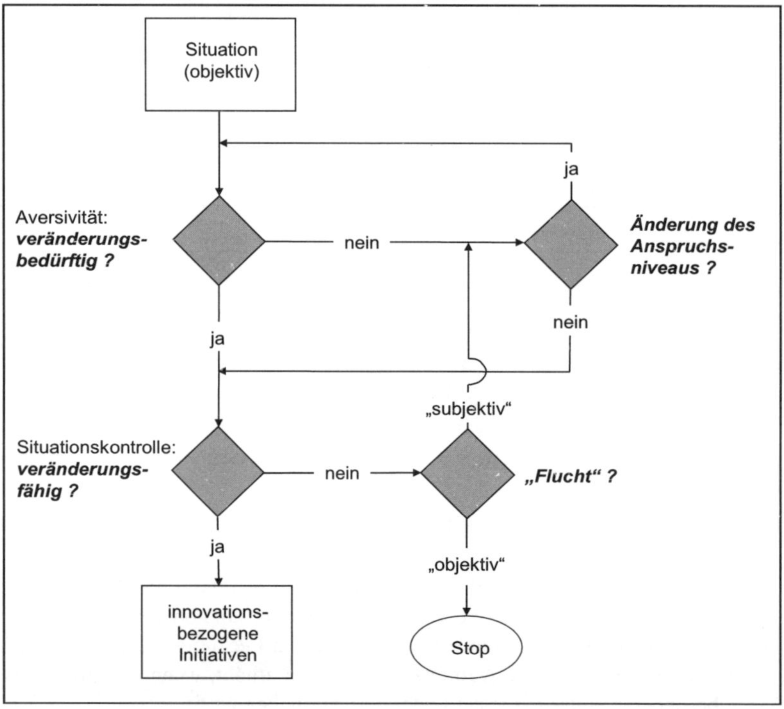

Quelle: Eigene Darstellung in Anlehnung an *Gebert* (2002), S. 87

[1] *Schulz* (1977).
[2] *Gebert* (2002), S. 87 ff.

In diesem Konzept ist der **Aktionswille die wichtigste Schaltgröße** für den Einfluss des Innovationsmanagements auf den Initiativprozess. In *Geberts* Modell nimmt der "Geführte" zwei Bewertungen vor. Er fragt sich zunächst,

- ob die Situation **veränderungsbedürftig** ist ("Aversivität") und sodann,
- ob sie auch **veränderungsfähig** ("Situationskontrolle") ist.

Nur wenn er in beiden Bewertungen zu einem Ja findet, wird er Initiativen zur Innovation entwickeln. Die motivationale Anpassung kann teilweise über eine Variation des individuellen Anspruchsniveaus erfolgen. Wenn das nicht möglich ist, kommt es zu einer **Fluchtreaktion**: Das Individuum entzieht sich der Herausforderung. Es geht aus dem Feld.

Dieses Barrieren-Konzept ergänzt das Leistungsdefizit-Konzept durch den vertiefenden Einblick in die persönliche Motivlage. Hinsichtlich der Veränderungsbedürftigkeit gelten die gleichen Annahmen wie bei *Baker et al.* Es verlangt aber überdies eine persönliche Bewertung der Veränderungsfähigkeit, also eine individuelle Abschätzung der Wahrscheinlichkeit, eine bessere Lösung zu finden. Hier sind wiederum Informationen und zudem individuelle Kreativität gefragt.

Was für den Geführten gilt, muss auch für die Führungskraft selbst gelten. Denn die Reaktion auf Wandel ist kein Privileg untergeordneter Mitarbeiter. Zwar ist es Bestandteil der Führungsaufgabe, Mitarbeiterinitiativen anzuregen und zu fördern. Das gilt insbesondere für die notwendige Artikulation und für die Gewinnung von Instanzen, die das Recht, die Ressourcen und die Macht haben, die Initiative in einen Problemlösungsprozess zu überführen. Aber der Wahrnehmungs- und Bewertungsprozess zur Bestimmung von Leistungsdefiziten und vor allem die Wahrnehmung und Einschätzung von Veränderungsnotwendigkeit und -möglichkeit verlangen **aktiven Einsatz aller Führungskräfte**.

Mit diesen theoretischen Erwägungen werden konkrete Fragen an die Realität aufgeworfen:

- Mit Blick auf das **Phänomen** selbst: Wie hat man sich Initiativen für Innovationen konkret vorzustellen? Handelt es sich um konkrete Veränderungsvorschläge oder vage Artikulationen einer Änderungsabsicht? Wer bringt sie hervor? Wie kommt das Neue in die Unternehmung?
- Mit Blick auf den **Widerstand**: Welche Hinweise gibt es darauf, dass Initiativen nicht willkommen sind und blockiert werden? Wie lange dauert der Initiativprozess? Wird die Initiative während des weiteren Innovationsprozesses nennenswert verändert?
- Mit Blick auf **Leistungsdefizite**: Fördert intensive Information und Kommunikation die Generierung von Initiativen? Wie wird die Wahrnehmung und die Bewertung von Leistungsdefiziten und -überschüssen ermöglicht und verbessert?

Der folgende Überblick über den **Stand des Wissens** soll diese Fragen beantworten und zugleich die Vorstellungen zu Initiativen für Innovationen konkretisieren.

7.4 Empirische Befunde zur Initiative

7.4.1 Typologie von Initiativen

Im Vergleich zu den intensiven Untersuchungen zu Promotoren und Kooperationen fristet die Forschung zur Initiative für Innovation eher ein Schattendasein. Das gilt insbesondere für die konkrete Beschreibung des Phänomens Initiative, aber in noch stärkerem Maße für die Überprüfung der theoretischen Basis. Lediglich die Gestaltungsempfehlungen, vor allem das betriebliche Vorschlagswesen, finden höheres Interesse. Wir werden im Abschnitt 7.5 darauf zu sprechen kommen.

"Die" Initiative gibt es nicht, es gibt vielmehr höchst unterschiedliche Typen. Traditionell wurde lediglich zwischen "Stimulus" und "Vorlage" unterschieden. "Der **Stimulus** ist ... nur die Äußerung der Unzufriedenheit mit dem bestehenden Zustand, bestenfalls die Artikulation eines Problems. Demgegenüber enthält die **Vorlage** ... bereits einen oder mehrere Lösungsvorschläge ..."[1]

Erst in jüngster Zeit ist die damit aufgeworfene Frage nach dem "**Spezifikationsgrad" der Initiative** in Innovationsprozessen empirisch beantwortet worden. *Mensel* [2] ermittelt nach einer Befragung von 101 Bewerbern um den Innovationspreis der Deutschen Wirtschaft clusteranalytisch vier relativ gleichmäßig besetzte Typen:

- **Typ 1: Die klar definierte Initiative**:
  Diese Vorlage enthält "feste Vorstellungen" insbesondere zur Technologie und Produktion, aber auch zu Absatz und Beschaffung. Die Idee wird auch während des gesamten Innovationsprozesses beibehalten.

- **Typ 2: Die marktgetriebene Initiative**:
  Aspekte des Absatzes stehen eindeutig im Vordergrund, zu Beginn und während des gesamten Prozesses. Sie bleiben auch prinzipiell als solche erhalten. Demgegenüber sind die Aspekte der Technologie höchst unterschiedlich und in erheblichem Ausmaß auch veränderungsbedürftig. Beschaffung und Produktion spielen bei diesem Initiativentyp nur eine geringe Rolle.

- **Typ 3: Die technologisch getriebene Initiative**:
  Gleichsam als das Gegenstück zum Typ 2 erweist sich dieser Typ. Technologische und produktionswirtschaftliche Aspekte sind seine Kennzeichen. Sie haben während der Innovation durchgängig die höchste Bestandskraft.

- **Typ 4: Die schlecht definierte Initiative**:
  Dieser Stimulus wird von den Befragten in allen vier Dimensionen am geringsten spezifiziert. Dem entspricht, dass diese ersten Einschätzungen auch während des Innovationsprozesses vielfach verändert werden.

Die Prüfung, ob die unterschiedlichen Cluster von der Unternehmensgröße bestimmt sein könnten, ergibt zwar keinen signifikanten Befund. Dennoch meint *Mensel*, eine Tendenz erkennen zu können, dass Großunternehmen "die höchste

---

[1] *Hauschildt* (1969), Sp. 735.
[2] *Mensel* (2004), S. 90 ff.

Innovationserfahrung" aufweisen und deshalb insbesondere klar definierte Initiativen (Typ 1) hervorbringen.

7.4.2 Dauer des Initiativprozesses

Innovationen haben es schwer, gestartet zu werden. In ihren Fallstudien beschreibt *Folkerts* einen Fall, in dem eine technisch und wirtschaftlich überaus erfolgreiche Dienstleistungsinnovation sage und schreibe sieben Jahre intensive Aktivitäten des Innovators erforderte, ehe sich seine Vorgesetzten zu einer eher grimmigen Duldung entschlossen: "Machen Sie 'mal, Sie sind ja sehr hartnäckig"[1]. Dieser Fall demonstriert eindrucksvoll den Ansatz *Geberts*.

Die Vorlaufprozesse vor Beginn der eigentlichen Problemlösung dauern erstaunlich lange. *Schulz*[2], der den Initiativprozess bei der Erstbeschaffung von Computern in 171 Fällen untersucht, berichtet, dass der Initiativprozess mit einer Dauer von 15,6 Monaten länger dauert als der eigentliche Entscheidungsprozess mit 13,6 Monaten. *Mensel* beobachtet im Durchschnitt einen Vorlauf von fast einem Jahr, ehe nach der ersten Initiative ein formales Projekt mit eigenem Namen und Budget gestartet wurde[3]. Es entspricht dem Vorurteil einer bürokratischen Trägheit, dass diese Vorlaufzeit in großen Unternehmen 15 Monate beträgt. Nur die technologisch getriebene Initiative benötigt bis zu ihrer Akzeptanz weniger als ein halbes Jahr: Auffällige technische Effekte verstärken offenbar die Werbung für eine Initiative - sie werden aber von Befragten deutlich als weniger innovativ eingestuft.

7.4.3 Herkunft der Initiative

Die Initiative verlangt ein erhebliches Engagement des Top-Managements. Die vorliegenden Untersuchungen vermitteln den Gesamteindruck, dass etwa ein Drittel der Innovationsprojekte vom Top-Management selbst angeregt wird[4].

Anschub einer Innovation von außen scheint den Widerstand ebenfalls zu reduzieren. Es entspricht marktwirtschaftlicher Logik, dass dabei den **Kunden** die höchste Bedeutung zugeschrieben wird[5]. Initiatoren haben es leichter, für ihre Idee einzutreten, wenn sie einem Kundenwunsch entspricht. Schon *Baker et al.* konnten 1967 feststellen, dass in 75 % der betrachteten 272 Ideen die Innovation durch Zwecke ("need events") und nur 25 % durch Mittel ("means events") stimuliert wurden[6].

Diese Art von Außenimpulsen sind von der Forschung am stärksten beachtet worden. *Kirchmann*[7] präsentiert schon 1997 mehr als dreißig empirische Unter-

---

1 *Folkerts* (2001), S. 417.
2 *Schulz* (1977), S. 52 f.
3 *Mensel* (2004), S. 105 f.
4 *Schulz* (1977), S. 90, *Uhlmann* (1978), S. 106, *Folkerts* (2001), S. 142, analog die Einschätzungen bei *Mensel* (2004), S. 101.
5 *Geschka* (2005), S. 381 ff., insbes. S. 397 f.
6 *Baker et al.* (1967), S. 156 ff.
7 *Kirchmann* (1994), S. 83 ff.

suchungen zur Frage, in welchem Ausmaß Anwender bei Herstellern Innovationen anregen. Die Werte streuen erheblich - zwischen 11 und 85 %. Der gewichtete Durchschnitt liegt bei 40 %. Die nähere Betrachtung dieser Studien lässt folgende Muster erkennen:

- Wenn **Großanlagen, hochspezialisierte Einzelfertigungen, komplette Systeme** geliefert werden sollen, ist der Einfluss der Anwender auf den Innovationsprozess besonders hoch. Beispiele dafür liefern etwa das Hindsight-Projekt über die Entwicklung von Waffensystemen[1] oder Innovationen in der Investitionsgüterindustrie[2]. Widerstand gegen die Initiativen könnte sich allenfalls vor der Kontaktnahme erheben, danach ist er unerheblich.
- Umgekehrt in der **Konsumgüterindustrie**: Hier ist die Anregungsleistung der Anwender geringer. Auf die Möglichkeiten der Einbindung von Konsumenten in den Innovationsprozess wurde zwar schon früh aufmerksam gemacht[3]. Aber erst jetzt werden Instrumente entwickelt, diese Einbeziehung des Kunden systematisch zu nutzen[4].
- Etwa in der Hälfte, mindestens in einem Drittel der untersuchten Fälle gehen Innovationen in der **Serienproduktion** des Maschinenbaus, der Halbleiterfertigung, der Fahrzeugindustrie und der Medizintechnik auf Anregungen von Anwendern zurück[5].

Die Interaktion mit Kunden lässt sich durchaus als Instrument der Überwindung des Widerstandes gegen Initiativen interpretieren. Gleichzeitig liefert diese Zusammenarbeit auch viele Informationen zur **Erkenntnis von Leistungsdefiziten und -überschüssen.** Sie unterstützt die Initialisierung von Innovationsprozessen somit in doppelter Weise.

Damit ist zugleich die grundsätzlichere Frage berührt: Wie gelangen die Informationen, die Innovationen auslösen, in die Unternehmung? **Welche Personen und Institutionen liefern die Anregungen für neuartige Produkte und Prozesse?**

Es ist angesichts der großen und allseits betonten Bedeutung von Innovationen für die Wirtschaft überraschend, dass es zu diesen Fragen kaum empirisch fundierte Antworten gibt. Der Zusammenhang zwischen Informationslieferung und Initiative scheint selbstverständlich: Je mehr, desto besser. Geprüft wurde das nicht. Es gibt immer wieder Aufzählungen von Informationsquellen, aber selbst offensichtliche Unterschiede in diesen Berichten[6] haben keine weitere Forschungsaktivität ausgelöst. Das Leistungsdefizit-Konzept wird als Axiom akzeptiert. Die Schlussfolgerung, dass mit steigender Informationslieferung die Zahl und Qualität der Initiativen unablässig steige, ist zwar plausibel: Ohne

---

1 *Isenson* (1968).
2 *Strothmann et al.* (1987).
3 *Cooper/Kleinschmidt* (1986).
4 *Franke/Piller* (2004), S. 401 ff., *Lüthje* (2000), S. 108 ff.
5 *von Hippel* (1977), *Parkinson* (1982), *Herstatt* (1991).
6 So stammen in den Befunden von *Uhlmann* (1978), S. 106, 38,5 %, bei *Baker et al.* (1985), S. 38, 18,2 % der Anregungen von außen.

Information keine Initiativen[1]. Aber diese Beziehung wird nicht schon deshalb wahr, weil Legionen von Knowledge-Managern sie zur Fundierung ihrer eigenen Existenz permanent wiederholen.

Erst die jüngste Untersuchung von *Mensel* [2] liefert einige nachdenkliche Befunde: Erwartungsgemäß wird den **Kunden** die höchste Bedeutung für die Anregung von Innovationen zugestanden. Aber auch die noch so nachdrückliche Äußerung eines Kunden führt nicht direkt zur Innovation. Anregungen von außen werden erst zu Initiativen, wenn sie einen unternehmensinternen Förderer finden. Daher verwundert es nicht, dass der **Unternehmensleitung**, dem **Marketing/Vertrieb** und der **Forschung und Entwicklung** jeweils eine überdurchschnittliche Bedeutung zuerkannt wird. Das Wissen, das zur Bestimmung von Leistungsdefiziten benötigt wird, muss in den eigenen Reihen erzeugt oder zumindest gefiltert werden.

Interessanterweise spielen gerade jene externen Informationslieferanten eine **geringe Rolle**, denen üblicherweise eine hohe Bedeutung für Wissenserzeugung und -transfer zugeschrieben wird: **Universitäten, Berater, externe Techniker**. Über die Ursachen kann man spekulieren: Gilt auch bei Initiativen ein Not-Invented-Here-Syndrom? Fürchtet man Wissensabfluss? Scheut man sich, Unwissenheit einzugestehen? Gibt es Hemmschwellen? Fehlt es an Begegnungsmöglichkeiten? Läuft der Publikationsfluss der Wissenschaft an der Praxis vorbei? Erscheint die Beratungsleistung als zu unverbindlich? Sind diese Informationslieferanten nur in bestimmten Branchen von Bedeutung?

Die Dürftigkeit empirisch gesicherten Wissens steht in auffälligem Kontrast zu den intensiven Bemühungen, den Initiativprozess anzuregen, zu unterstützen und zu strukturieren. Der folgende Abschnitt gibt einen Eindruck von diesen Aktivitäten.

---

1 *Geschka* (1970), S. 110 ff., *Maas* (1990), S. 279, *Schachtner* (2001), S. 41.
2 *Mensel* (2004), S. 101 f.

7.5 Zum Management von Initiativprozessen

> "Complexity in itself ... did not assure innovation or change; some responsible administrator had to become aware of the new conditions. Furthermore, awareness had to be translated into a plan ... and then the plan had to be accepted by most of the senior executives."
>
> *Chandler* (1984), S. 299

7.5.1 Zur Tatsache und zu den Ansatzpunkten der Beeinflussung

Die Überschrift "Management" könnte für die folgende Darstellung den Eindruck erwecken, als werde eine große Menge von Regeln für einen doch nur relativ kurzen Augenblick im Innovationsprozess gefordert. Dieser Eindruck ist falsch. Es kommt weniger auf die formale Regelung an als auf das Schicksal der Initiative. Die Initiative steht am Beginn des Innovationsprozesses. Dort hat sie die Schlüsselfunktion: **ohne Initiative keine Innovation**! Wenn wir uns nochmals die gefundenen Fristen vergegenwärtigen, kann man auch sagen: **Späte Innovation ist die Folge der Nichtbeachtung von Initiativen**.

Angesichts der Erstmaligkeit und Einmaligkeit der Innovation stellt sich naturgemäß die Frage, ob die Initiative zur Innovation überhaupt gestaltbar und wenn ja, ob sie gestaltungsbedürftig ist. Immerhin ist kritisch dazu anzumerken, dass es ein empirisch nicht eindeutig geklärtes Problem ist, ob die erste Regung einer wandlungsbewussten Phantasie durch Strukturierung, Außeneinfluss oder gar Formalisierung gestört, verhindert oder wenigstens verzögert wird. Die Organisation dieser Starttätigkeit sollte sich auf jeden Fall dieser Unzulänglichkeit unseres Wissens und unseres Argwohns bewusst sein und sehr genau das gewünschte Ergebnis im Auge behalten. Unter diesem Aspekt soll das Management der Initiative folgenden Absichten dienen[1]:

(1) Weckung der Initiative
Es ist zunächst zu fragen, durch welche Vorkehrungen die in einer Unternehmung tätigen Menschen veranlasst werden können, die Initiative zu ergreifen oder Pochimpulse von außen aufzugreifen.

(2) Schutz von Initiativen
Es ist sodann zu klären, durch welche Maßnahmen gesichert werden kann, dass einmal geäußerte Initiativen in einem geordneten Verfahren eine faire Beurteilung erfahren. Negativ formuliert: Es gilt zu verhindern, dass Initiativen unsachgemäß gefiltert, verändert, fehlgeleitet oder verzögert werden.

(3) Sachgemäße Filterung von Initiativen
Nicht alle Initiativen verdienen es, weiterverfolgt zu werden. Spontane Äußerungen, belanglose Anregungen, erneute Vorlage von Ideen, die bereits gründlich geprüft wurden, Veränderungsvorschläge aufgrund einer singulären Verärgerung bedürfen einer kritischen Filterung. Es sind die Maßnahmen zu diskutieren, die sicherstellen, dass dieser Prozess transparent bleibt und auch bei negativem Ausgang vom Initiator nachvollzogen werden kann.

---

1 S.a. *Goldberg* (1984), S. 566 ff.

7.5.2 Weckung der Initiative

7.5.2.1 Laufende individuelle Initiativpflicht

"Nichts bringt einen Manager mehr dazu, sich auf Innovationen zu konzentrieren, als das Wissen, daß er sein gegenwärtiges Produkt ... innerhalb absehbarer Zeit aufgeben muß."

Drucker (1986), S. 223 f.

Die organisatorisch gleichsam selbstverständliche Lösung, Initiative zu wecken, besteht darin, mit der Übertragung einer Aufgabe auch die Initiative für den Aufgabenbereich der zu organisierenden Stelle zu übertragen. So gesehen umschließt die **Kompetenz** für eine Aufgabe das **Initiativrecht** und genau genommen auch die **Initiativpflicht** für alle Handlungen, die geeignet sein können, die gestellte Aufgabe besser zu erfüllen. Konsequenterweise muss die Übertragung der Initiative in jeder Stellenbeschreibung enthalten sein. Es handelt sich dabei um eine so genannte "Eigeninitiative", die formal dadurch bestimmt ist, dass der Initiator auch die Entschlusskompetenz für den von der Initiative berührten Sachbereich hat. Anders gesagt: Er löst verbindlich einen Entscheidungsprozess durch seine Initiative aus. Dass diese Form der Organisation von Initiative nicht unwesentlich ist, zeigen die empirischen Befunde von *Smith*[1].

Die vornehmlich am Problem der Aufbauorganisation orientierte Theorie hat diese Spielart der Organisation der Initiative sehr stark betont, indem sie die Initiative als **Funktion der Unternehmensleitung** begreift[2]. Wenn Initiative somit als grundsätzliche Anforderung an Leitungspersönlichkeiten gesehen wird, ist es nur ein Schritt zu einer weiteren Einengung, nach der Initiative eine unabdingbare **Eigenschaft von "echten" Führungskräften** sein soll[3].

Wir wollen nicht verhehlen, dass wir diesen Postulaten skeptisch gegenüberstehen. Sie mögen vielleicht noch für Initiativen im Tagesgeschäft sachgerecht sein. Für die Initiative zur Innovation sind sie nicht stimulierend genug. Innovative Initiativen sind durch derartige Regelungen nicht erzwingbar.

Demgegenüber liefert das vorn vorgestellte Modell von *Gebert*[4] konkrete Hinweise, wo das Management im laufenden Vollzug der Führung Ansatzpunkte für die Weckung und Förderung von Initiativen findet:

- Die "**Situation**" ist nicht einfach gegeben. Es gehört zur Führung, die Untergebenen durch Einwirkung auf deren Anspruchsniveau ständig zu bewegen und zu ermutigen, aktiv nach neuen Ideen zu suchen. Allenfalls diese Führungsleistung entspricht dem Gedanken einer laufenden Initiativpflicht i.S. der aufbauorganisatorischen Betrachtung.
- Die Entscheidung, ob die Situation **veränderungsbedürftig** ist, wird durch "stimulierende Kritik und Akzeptanzsicherung" und durch Schaffung einer "angstfreien" Kommunikationskultur erleichtert.

---

1 *Smith* (1989), S. 33.
2 *Kosiol* (1962), S. 116.
3 *Ulrich* (1949), S. 109.
4 *Gebert* (1987), S. 946 ff.

- Die Frage, ob die Situation auch **veränderungsfähig** ist, wird um so eher positiv entschieden, je größer der Handlungsspielraum der Untergebenen durch "Dezentralisierung und Delegation" ist, je offener und partizipativer der "Diskurs" über die Mittelbeschaffung geführt wird und je zugänglicher die Führungskräfte für die "Problemkommunikation" von unten "nach oben" sind.

Diese Aktivitäten werden in dem Modell von *Gebert* über die eingebauten Rückkopplungen mehrfach durchlaufen. Der Untergebene erlebt während des Initiativprozesses, wie sein Vorgesetzter auf sein Verhalten reagiert. Damit wird ein **Lernprozess** eingeleitet und die Basis für eine langfristige Innovationsbereitschaft gelegt.

7.5.2.2 Fallweise initiativenweckende Aktionen

Wenn Initiativrecht und Initiativpflicht überhaupt nicht bestimmt sind, besteht Gefahr,

- dass der fachlich kompetente Stelleninhaber keine Initiative entfaltet,
- dass andere Stellen in diesen organisatorisch ungeregelten Raum vorstoßen und unter Verursachung von Konflikten "die Initiative an sich reißen",
- dass überhaupt keine Stelle Initiative äußert, weil sich niemand für zuständig hält, oder
- dass nicht sachgerechte Anregungen gegeben werden.

Obwohl ein exakter empirischer Beleg für diese Hypothesen noch fehlt, lässt die Organisationsliteratur durchaus erkennen, dass **fehlende Kompetenz für die Initiative** durchaus **als Mangel** begriffen wird. Und auch eine formal geregelte Initiativpflicht bleibt ohne rechten Effekt, wenn sie nicht von Zeit zu Zeit durch besondere Aktionen wieder bewusst gemacht wird.

Nur so ist es zu verstehen, wenn in vielen Unternehmen aus gegebenem Anlass oder in festem Rhythmus zentrale Aufforderungen zur Abgabe bestimmter Initiativen ergehen[1]. Diese "**Initiative zur Initiative**" kann sich an einen unterschiedlich großen Personenkreis richten: in engster Form an den Kreis der Entscheidungsträger, in weitester Form an die gesamte Belegschaft. In Kampagnen, Ideenwettbewerben, Fragebogenaktionen, Preisausschreiben werden alle Stellen einer Unternehmung - ungeachtet ihres Kompetenzbereichs - aufgefordert, Anregungen für Innovationen abzugeben. Durch eine solche Aktion wird ein generelles Initiativrecht begründet, durch das die spezielle Initiativpflicht der zuständigen Stelleninhaber nicht berührt wird. Manche Unternehmen gehen noch einen organisatorischen Schritt weiter und betrauen bestimmte Projektgruppen oder **Task Forces** mit der Aufgabe, aktiv nach Änderungsmöglichkeiten zu suchen und alle Bereiche der Unternehmung systematisch zu durchleuch-

---

[1] *Souder* (1987), S. 118 ff.

ten, ob Initiativen ausgelöst werden könnten, die nicht nur auf ausführende Tätigkeiten beschränkt sind[1].

Man kann nicht umhin, den vielfältigen "Events" zur Weckung von Initiativen einerseits Beifall zu zollen und andererseits den Vorwurf eines blinden Aktionismus zu machen. **Es fehlt an theoretischer Fundierung**. Die Erfolgswirkung bleibt vielfach Behauptung der in doppelter Hinsicht "engagierten" Eventmanager.

Mensel [2] greift auf das grundlegende Konzept *Amabiles*[3] zurück und macht auf drei grundsätzlich unterschiedliche Ansatzpunkte der Initiativen zur Initiative aufmerksam:

- **Initiative verlangt "Fachkompetenz"**: Vertrautheit mit dem aktuellen Stand des Fachwissens, Fähigkeiten der Wissensbeschaffung und -verarbeitung.
- **Initiative verlangt "Kognitive Kompetenz"**: Fähigkeit zum analytischen Denken und zum systematischen Kombinieren von Informationen, vereinfachend zusammengefasst in der Dichotomie von differenzierenden versus ganzheitlichen Denkstilen.
- **Initiative verlangt "Aktionskompetenz"**: Tatkraft, Aktionswillen, Einsatzfreude, Überwindung von innerem Widerstand und Trägheit, gestützt auf intrinsische und extrinsische Motivation.

Diese drei Kompetenzen sind notwendige, als solche aber noch nicht hinreichende Bedingungen für das Hervorbringen von Initiativen. Sie sind vielmehr multiplikativ verknüpft. Diese Einsicht ist deshalb so bedeutsam, weil sie zu einer neuen Bewertung des Instrumentariums der Initiativengenerierung führt:

Wer auf bestimmte Ideenkampagnen setzt, die diesen Dreiklang missachten und einseitig eine dieser Kompetenzen bevorzugen, wird der Aufgabe nicht gerecht, vielversprechende Initiativen hervorzubringen.

"Dreiklang" bedeutet allerdings nicht, dass jeweils ein "gleich hoher" Anteil jeder Teilkompetenz gefordert wird. Vielmehr ist zu vermuten, dass es von der spezifischen Engpass-Situation abhängt, welche der drei Kompetenzen in höherem oder niedrigerem Anteil verlangt wird. Dem muss dann auch der Einsatz initiativenweckender Instrumente entsprechen. Wo es etwa an Fachkompetenz mangelt, ist Förderung der Aktionskompetenz ein wenig geeignetes Instrument zur Weckung von Initiativen - Event-Aktionismus ersetzt Expertise nicht.

---

1 *Lukas/Brodowsky* (1998), S. 24.
2 *Mensel* (2004), S. 203 ff.
3 *Amabile* (1983), S. 68.

7.5.2.3 Instititutionalisierte Ideengenerierung: Technologie-Früherkennung

Bürgel et al.[1] zeigen in ihrer Inventur zum aktuellen Stand der Entwicklung, dass die so genannte Technologie-Frühaufklärung zunehmend als Daueraufgabe begriffen wird, die konsequenterweise zur spezifischen Institutionalisierung führt. Es geht um die **systematische und zugleich frühe Beobachtung der Technologien, die für ein Unternehmen bedeutsam sind**. Diese Teilaufgabe des Technologiemanagements wird unterschiedlich bezeichnet: z.B. als Technologie-Früherkennung, Technologie-Aufklärung, technologisches Monitoring, Technologie-Trenderkennung, Technologie-Analyse.

Die befragten Unternehmen stimmen in den **Zielsetzungen** einer derartigen Technologie-Früherkennung überein: Es geht nicht nur um das frühzeitige Bestimmen von Verbesserungen der bereits genutzten Technologien, sondern um die Früherkennung von neuartigem technologischen Wissen für innovative Produkte und vor allem um die rechtzeitige Identifikation von technologischen Umbrüchen. Es scheint nur noch ein Schritt zur Auslösung von Initiativen für Produktinnovationen.

In Kasten 7.4 finden sich die üblichen Methoden der Technologiebeobachtung, geordnet nach den Beobachtungsformen[2]. Aber dieses Bild gilt nicht generell: "... es ist die typische Sichtweise eines großen, technologiebasierten Unternehmens, das über riesige Radarschirme verfügt und sich Stäbe leisten kann, die Techniken, wie 'technology roadmapping', 'strategic visioning' etc. beherrschen und mit den Stärken und Schwächen von Szenario- und Portfolio-Analysen bestens vertraut sind".[3]

Die Untersuchung von *Lichtenthaler*[4] konzentriert sich auf derartige Großunternehmen in der Pharma-, Telekommunikations- und Maschinenbauindustrie. Sie zeigt die tatsächliche Nutzung bestimmter **Methoden.** Die Realität unterscheidet sich dabei nicht unerheblich von den theoretischen Einschätzungen[5]:

- Einhellig werden Benchmarkingstudien, Portfolioanalysen und flexible Expertenbefragungen, Szenarioanalysen als häufig genutzte Methoden genannt.
- Bedeutsam sind weiterhin Analysen von Patent- und Publikationshäufigkeiten.
- Bemerkenswert ist die geringe Bedeutung von Delphi-Prognosen sowie die Verwendung von Erfahrungs- und von S-Kurven.

---

1 *Bürgel et al.* (2005), S. 27 ff.
2 Vgl. auch die Übersicht bei *Reger* (2001b), S. 83.
3 *Gemünden* (2001), S. 428.
4 *Lichtenthaler* (2005), S. 55 ff., insbes. S. 71.
5 Vgl. die Diskussion von Stärken und Schwächen dieser Methoden bei *Geschka* (1995), S. 630 ff.

Kasten 7.4: Technologiebeobachtung für Innovationsinitiativen (*Kobe*)

Beobachtungsform	Was sollten die eingesetzten Methoden vor allem unterstützen?	Vorschläge für geeignete Methoden
zufällige Beobachtung	Sammeln und Aufgreifen von Technologiebeobachtungen der Mitarbeiter	Datenbanken, Ideenworkshops, Wettbewerbe etc. als Kommunikationskanal
Pflichtbeobachtung	Überwachung/Scanning von definierten Bereichen, Überwachung der Entwicklung von bereits identifizierten Technologien	Patentanalyse, Bibliometrie, Literaturanalyse
Suchbeobachtung	offene Suche nach neuen Pflichtbeobachtungsbereichen und einzelnen neuen Technologien	Brainstorming, -writing, Roadmaps, Szenarien, Historische Analogien, Verflechtungsmatrix, Relevanzbaum
Technologiestudien	Informationssuche zu einzelnen Technologien und Bewertung einzelner Technologien	Patentanalyse, Trendextrapolation, Bibliometrie, Mapping, Kosten-Nutzen-Analyse, Verflechtungsmatrix, Relevanzbaum, Delphi, Literaturanalyse, Historische Analogien, Szenarien

Quelle: *Kobe* (2003), S. 30

Eine besondere Bedeutung kommt der **Analyse des Wettbewerbs** bei der Technologie-Früherkennung zu. *V. Lange*[1] hatte noch 1994 festgestellt, dass die Konkurrenzanalyse nicht systematisch und weitgehend dezentral vorgenommen wird. Sie sei "nicht überlegt organisiert und ... konzeptionell verbesserungsfähig". Folgt man der aktuellen Untersuchung von *Michaeli*[2], scheint sich eine Wende anzubahnen. Man beachte, dass sie mit der Wahl eines neuen, unverfänglichen Begriffs einhergeht - aus Konkurrenzbeobachtung wird "**Competitive Intelligence**". Diese Aktivität ist vorwiegend zentralisiert und vor allem mit absatzorientierten Abteilungen verzahnt.

Offenkundig hat die Entwicklung des **Internets** die Wettbewerbsanalyse mächtig intensiviert und die Analyse der traditionellen sekundären Informationsquellen, Zeitschriften und Datenbanken, eindeutig verdrängt. Als primäre Informationsquellen dienen vor allem der Besuch von Messen, Informationen von Kunden und Produktanalysen, etwa in der Form des Reverse Engineering.

---

1 *Lange* (1994), S. 118 f., S. 261.
2 *Michaeli* (2006), S. 10 ff.

Im Wesentlichen läuft die Wettbewerbsanalyse auf eine Stärken-/ Schwächen-Analyse in Verbindung mit einer Chancen-/Risiko-Analyse (SWOT-Analyse) der Wettbewerber hinaus.

Prüft man die vielfältigen Vorschläge[1] zur Gestaltung der Technologie-Frühaufklärung unter der Frage, ob sie zur Entstehung von Initiativen für konkrete Innovationsprozesse beitragen, ist man enttäuscht. Es dominiert vielmehr noch die **strategische Sicht der Dinge**, wie sie in Kasten 7.5 dargestellt ist. Zum Übergang von strategischer Erkenntnis und Bewertung in Forschungs- und Entwicklungsprogramme oder gar in einzelne Innovationsprojekte wird wenig gesagt. Hier liegt eine wichtige Aufgabe, die unter dem Stichwort "predevelopment activities"[2] von *Langerak et al.*[3] untersucht wurde. Sie zeigen eindrucksvoll, wie das von den betroffenen Abteilungen geteilte Wissen um Kunden und Wettbewerber eingesetzt wird, um neue und erfolgreiche Produktideen hervorzubringen. Auch die Beobachtungen von *Reger*[4] lassen vermuten, dass die technologische Frühaufklärung eine deutliche Entwicklung durchmacht, die stärker auf eine Prozessperspektive, auf intensivere, unternehmensinterne Kommunikation und nicht zuletzt auf eine Ergänzung der technologischen Perspektive durch ökonomische, ökologische und soziale Aspekte hinausläuft.

Kasten 7.5: Phasen eines Frühaufklärungsprozesses (*Liebl*)

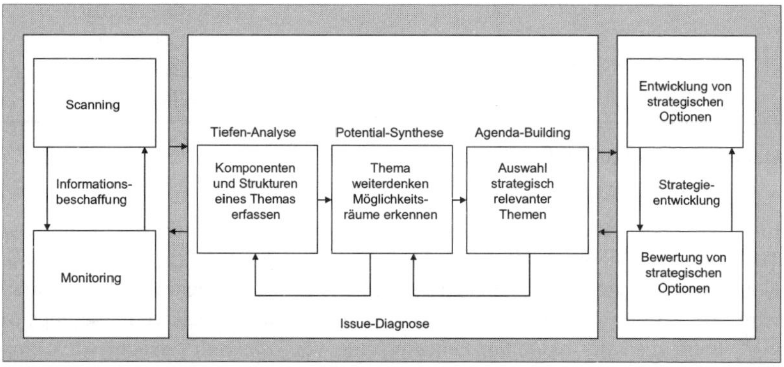

Quelle: *Liebl* (2005), S. 123

Die normative Literatur zur Technologie-Früherkennung vermittelt demgegenüber immer noch den Eindruck, als ob sich hochqualifizierte Methodenspezialisten in werkfernen Stabsabteilungen um mittel- bis langfristige Technologie-

[1] Etwa bei *Cleemann/Peiffer* (1992), S. 97 ff., *Kornwachs* (1995), S. 219 ff., *Liebl* (2005), S. 119 ff.

[2] Der Begriff sollte nicht mit "Vorentwicklung" übersetzt werden, der in der Industrie vielfach der Entwicklung von Prototypen vorbehalten ist. Vgl. *Specht et al.* (2002), S. 115 ff.

[3] *Langerak et al.* (2004), S. 302 ff.

[4] *Reger* (2001a), S. 549 ff.

prognosen bemühen. Sie haben sicherlich hohe Fachkompetenz und kognitive Kompetenz, ihnen fehlt indessen die oben geforderte Aktionskompetenz. Es bleibt somit "dem" Management überlassen, aus den mittel- und langfristigen Prognosen die operativen Schlussfolgerungen zu ziehen und einen gesonderten Startimpuls für das eigentliche Handeln zu geben.

Zur systematischen, laufenden Generierung von konkreten Initiativen trägt die technologische Frühaufklärung wenig bei. Initiative bleibt ein Problem des Individuums.

7.5.3 Schutz und Filterung der Initiativen

Spottvers unter einem Organigramm eines Großunternehmens:
"Along this tree from foot to crown,
Ideas flow up and vetoes down."

Child (1984), S. 276

7.5.3.1 Fallweise Regelungen

Wenn eine Initiative von einem Stelleninhaber geäußert wird, der nicht die Kompetenz hat, den Entschluss über das aufgeworfene Problem zu fällen, muss die Initiative weitergeleitet werden. Damit wird sie zu einer Information in einem Kommunikationsprozess zwischen Initiator und Entschlussinstanz. Nicht in allen Fällen ist diese Entschlussinstanz für den Initiator direkt erreichbar. Oft schieben sich zwischen beide eine oder mehrere Stellen, über die die Initiative ihren Dienstweg nehmen muss. Die Weiterleitung der Idee wird zu einem innerbetrieblichen Diffusionsprozess[1]. Damit ergibt sich zwangsläufig die Möglichkeit der **Filterung**. Je mehr Stellen die Information passieren muss, desto größer ist die Chance oder das Risiko dieses Filtereffektes.

Das **Risiko** der Filterung besteht darin, dass die Initiative ignoriert, unterschlagen oder okkupiert wird. Weitere Risiken, die die Weiterleitung der Initiative bedrohen, sind Verfälschung und Verzögerung.

Filterung der Initiative ist per se **nicht unbedingt negativ** zu bewerten. Die Filterung kann die Initiative von Redundanz befreien. Sie vermag selbstverständliche, wirkungslose und unsachgemäße Initiativen auszusondern. Sie soll mehrere gleichartige Initiativen bündeln, um ihnen eine erhöhte Wirksamkeit zu verleihen. Dies ist auch der Kerngedanke des "Trichterparadigmas". In organisatorischen Regelungen, die die Weiterleitung der Initiative betreffen, ist somit ein Optimierungsproblem zu bedenken, das darin besteht, die negativen Wirkungen der Filterung möglichst klein zu halten und die positiven zu steigern.

Es geht dabei im Wesentlichen um die Frage, welche **Stelle** sinnvollerweise mit der Filterung beauftragt wird und auf welchem Informationsweg sie erreicht werden soll. Nach dem Modell der Hierarchie sind Informationen an den

[1] *Lutschewitz* (1974), S. 111 ff., *Hellström/Hellström* (2002), S. 107 ff.

direkten Vorgesetzten zu adressieren. **Der "normale" Initiativenweg wäre danach der Dienstweg.** Unzweifelhaft ist vom Vorgesetzten auch ein vergleichsweise hoher Sachverstand zur Beurteilung der Initiative zu erwarten. Andererseits ist nicht auszuschließen, dass gerade der Vorgesetzte einer Initiative seines Untergebenen besonders kritisch gegenübersteht, wenn er argwöhnt, dass die Initiative eine mehr oder weniger deutliche Kritik an seiner Amtsführung darstellt[1].

Daher scheint es zweckmäßig, einen **gesonderten Informationsweg für Initiativen** zu schaffen. Diese Wegeregelung steht unter folgenden Anforderungen:

- Sie muss sich auf den Sonderfall der Initiativinformation beschränken, um nicht den laufenden betrieblichen Informationsstrom zu verwirren.
- Dieser exzeptionelle Informationsweg muss den nächsthöheren Ranginhaber umgehen.
- Er muss zu einer Instanz führen, die Gewähr bietet, dass die Initiative nicht ignoriert, unterschlagen oder okkupiert wird.
- Diese Instanz muss in der Lage sein, aus der Initiative heraus einen Entscheidungsprozess in die Wege zu leiten.

Für die praktische Gestaltung bietet sich damit eine Analogie zum Modell des Appellations- oder Beschwerdeweges an. Danach könnte ein Initiator berechtigt werden, die Initiative nicht gegenüber dem direkten Vorgesetzten, sondern **gegenüber dem Vorgesetzten des Vorgesetzten** zu äußern.

7.5.3.2 Generelle Regelungen

In konsequenter Weiterführung sei der Gedanke *Wittes* erwähnt, "besondere Stellen zur Annahme, Sammlung und Weiterleitung von Anregungen zu bilden", die er als "**Anregungsknotenpunkte**" bezeichnet[2]. Der Informationsweg zu diesen Stellen könnte sich völlig von den Informationsbeziehungen der Hierarchie lösen. Die Konzentration der Initiativen auf diese Stellen soll zu einer gleichen Gewichtung und Bewertung der Initiativen führen. Sie soll auch eine erste sachverständige Prüfung und Auslese ermöglichen. Alle in einem Zeitraum geäußerten Initiativen können simultan bearbeitet werden. Schließlich könnte diese Regelung ein höheres Maß an Einflusskraft garantieren, um den Entscheidungsprozess auch tatsächlich einzuleiten.

Die Voraussetzung für die Arbeit derartiger Stellen ist das **dauernde Auftreten von Initiativen**. Wenn die Anregungen sich auf unterschiedliche Sachverhalte beziehen, wird die Hinzuziehung unterschiedlicher Fachleute zu den Beratungen notwendig. Wenn die Initiativen mehrere Unternehmensbereiche betreffen, müssen die Stelleninhaber hinreichend über die gesamte Unternehmung infor-

---

1 *Thom* (2003), S. 50, *Zhou/Woodman* (2003), S. 632 f.
2 *Witte* (1964), S. 115.

miert sein. Es könnte eine Aufgabe des in Kapitel 3 gekennzeichneten Lenkungsausschusses sein, regelmäßig die Initiativen zu beurteilen.

In der Praxis des **betrieblichen Vorschlagswesens** sind diese Gedanken bereits weitgehend realisiert. Kasten 7.6 informiert über seine Grundzüge[1].

Der **Erfolg** des betrieblichen Vorschlagswesens ist empirisch durchaus gesichert. In der Fortführung der vom Deutschen Institut für Betriebswirtschaft errechneten und geschätzten Einsparungen ermittelt *Läge* für 1999 insgesamt ca. 1,2 Mio. Vorschläge mit einem Einsparvolumen von ca. 2 Mrd. DM[2]. In ihrer anschließenden Untersuchung von 43 Unternehmen zeigt sie zunächst, dass sich mit der Zahl der eingereichten Vorschläge auch die Zahl der angenommenen Vorschläge (leicht überproportional) erhöht[3]. Der vielfach geäußerte Einwand, mit wachsender Zahl der Vorschläge sinke deren Qualität, kann danach nicht aufrechterhalten werden. Über einen längeren Zeitraum betrachtet, zeigt das Vorschlagsverhalten indessen bemerkenswerte Unterschiede. Im Allgemeinen kommt es zunächst zu positiven Beteiligungseffekten. Aber nur in wenigen Fällen hält diese Tendenz an. Zumeist ist der Beteiligungseffekt stagnierend oder gar rückläufig. Die Entwicklung des Nettonutzens verläuft ähnlich: In der Tendenz zeigt sich regelmäßig zunächst einhellig ein Anstieg des Nutzens, der aber nach wenigen Jahren in uneinheitliche Verläufe einmündet.

Das betriebliche Vorschlagswesen scheint danach nur dann nachhaltig erfolgreich zu sein, wenn dieses **Instrument des Ideenmanagements bewusst gepflegt** wird. Die Lektüre der kaum noch überschaubaren Flut von Veröffentlichungen aus der Praxis lässt sich zu folgenden Hypothesen zusammenfassen[4]:

Der Erfolg des betrieblichen Vorschlagswesens ist von **begleitenden Maßnahmen** abhängig, namentlich davon,

- dass alle Mitarbeiter ihre persönlichen **Barrieren** gegen die Beteiligung am Vorschlagswesen überwinden,
- dass die **Führungsinstanzen** einer Unternehmung in der Arbeit dieser Gremien ernsthaft engagiert sind,
- dass **alle** Anregungen gründlich geprüft werden,
- dass Ablehnungen klar **begründet** und angenommene Initiativen materiell oder immateriell **honoriert** werden,
- dass diese Kollegien als Anregungsknotenpunkte begriffen werden und **nicht** lediglich als Instrument zur **Pflege des Betriebsklimas**, und schließlich:
- dass der ganze Prozess so **schnell** abläuft, dass der Vorschlagende noch eine Beziehung zwischen Vorschlag und Prämie herstellt[5].

---

1 S.a. *Läge* (2002), S. 11 ff.
2 Ebenda, S. 44 ff.
3 Ebenda, S. 36 ff.
4 Vgl. *Neubeiser* (1998), S. 202 ff., 237 ff.
5 *Vonlanthen* (1995), S. 349 ff.

Kasten 7.6: Grundmuster des betrieblichen Vorschlagswesens (*Thom*)

"Das betriebliche Vorschlagswesen (BVW) funktioniert nach folgendem Grundmuster: Ein Mitarbeiter reicht inner- und außerhalb des Dienstweges einen Vorschlag (VV) ein, der letztlich an einen haupt- oder nebenberuflich Beauftragten für das Vorschlagswesen gelangt. Dieser holt Gutachten zum Nutzen und zur Durchführung des Vorschlages bei den zuständigen Fachleuten im Betrieb ein. Er bringt dann die Idee des Arbeitnehmers mit allen Stellungnahmen vor eine Prüfungs- und Bewertungskommission. In dieser betrieblichen Kommission, die aus Vertretern des Managements und der Arbeitnehmer besteht, wird über die Annahme bzw. Ablehnung des Vorschlages entschieden und die Form der Anerkennung (z.B. Prämie, Lob) festgelegt. Die Abbildung veranschaulicht die soeben dargestellte Funktionsweise des betrieblichen Vorschlagswesens."

Personen/Organe	**wichtigste Aktionen**	
Geschäftsführung (als Arbeitgeber) und Betriebsrat	BVW-Betriebsvereinbarungen aushandeln und überprüfen	
BVW-Beauftragter	für das BVW werben und Sonderaktionen durchführen	
Einreicher	VV erarbeiten und einreichen	
BVW-Beauftragter	VV registrieren, auf Neuheit prüfen, Gutachter auswählen	Eingang bestätigen
Fachgutachter	VV auf Zweckmäßigkeit, Wirtschaftlichkeit prüfen, erproben. Schutzfähigkeit prüfen etc.	
BVW-Beauftragter	Ergebnisse auswerten, Prüfung vor Ort, Bewertungsvorschlag erarbeiten	Zwischenbescheid
BVW-Kommission (inkl. Berufungsausschuss personell ggf. anders besetzt)	prüft Vorlagen, fasst Beschluss über Annahme, Art und Höhe der Prämie, behandelt ggf. Einspruch (als Einspruchstelle)	
BVW-Beauftragter	weist Prämie an, erstellt Informationen für Personalakten, erstellt Statistiken, veranlasst Öffentlichkeitsarbeit	Beschluss
Geschäftsführung (ggf. höhere Führungskräfte)	entscheidet über Annahme und Verwertung, spricht Anerkennung aus, überprüft Entwicklung des BVW, regt Weiterentwicklung an	Abschlussbescheid/ Ehrung

Quelle: *Thom* (1992), S. 29, 31

Initiativen werden nur dann immer wieder geäußert, wenn frühere Initiativen ernsthaft und zügig gewürdigt wurden. Insofern dient das betriebliche Vorschlagswesen der **Pflege einer nachhaltigen Initiativbereitschaft**[1].

Das betriebliche Vorschlagswesen geht üblicherweise von der Vorstellung aus, dass jeder Mitarbeiter sich **als Individuum** beteiligt. In einem "Gruppenvor-

[1] *Reißinger* (1976), Abt. 4800.

schlagswesen" und bei "Qualitätszirkeln" wird diese Prämisse aufgehoben[1]. Diese **Gruppenarbeit** ist mehr oder weniger organisiert, verlangt Koordination und eine konsensfähige Erfolgsaufteilung. Diese Gruppenarbeit zu innovativen Problemstellungen ("**Innovationszirkel**") beschränkt sich nicht nur auf Initiativen, sondern bezieht auch schon die übrigen Aktivitäten des Problemlösungs- und Durchsetzungsprozesses ein. Es handelt sich dabei um eine besondere Spielart von Qualitätszirkeln, die "die Mitarbeiter unterschiedlicher Funktionsbereiche und Hierarchiestufen in die Lage versetzen soll, in gruppenorientierter Form betriebliche Innovationsmöglichkeiten aufzudecken ..."[2]. Im Unterschied zu Qualitätszirkeln[3] geht es bewusst um Aktivierung der Kreativität und der Innovationspotentiale der Mitarbeiter einer Unternehmung.

Innovationszirkel sollen in erster Linie Informationen beschaffen und verarbeiten: Informationen über Märkte und Technologien, über Entwicklungstendenzen und Bedarfswandel. Sie sind mit Mitgliedern der Forschungs- und Entwicklungsabteilungen, der Produktions- und der Absatzbereiche zu besetzen und sollen möglichst mehrere hierarchische Ebenen überspannen. Innovationszirkel benötigen **hochrangige Unterstützung** durch einen Sponsor. In diesem Zusammenhange sei auch auf die Problematik der "funktionsübergreifenden Teams" in Kapitel 3 verwiesen.

Die Innovationszirkel können sich auf reinen Informationsaustausch beschränken und haben dann den Charakter **innerbetrieblicher Innovationsseminare**. Sie können aber auch einzelne Projekte verfolgen und in gemeinsamer Arbeit zu bestimmten Lösungen oder Vorschlägen verdichten. Sie ähneln dann eher einem **Projektteam**. Sicherlich ist es ein bedeutsames Nebenergebnis ihrer Arbeit, dass sie geeignet sind, allfällige Widerstände gegen die Innovation frühzeitig zu erkennen und möglicherweise in gemeinsamer Arbeit auch zu verringern.

Domsch et al.[4] haben diese Vorschläge im Rahmen einer umfassenderen Untersuchung der Partizipation von Mitarbeitern in Innovationsprozessen von 168 mittelständischen Unternehmen empirisch überprüft. Überraschenderweise lässt sich dabei eine positive Wirkung von Innovationszirkeln auf das Innovationspotential nicht nachweisen[5]. Dieser spezielle Befund gilt aber nicht generell.

Mitarbeiterpartizipation fördert Innovation, unabhängig von speziellen Formen ihrer Organisation.

---

1 *Thom* (2003), S. 118.
2 *Roepke-Abel/Gerpott* (1986), S. 776.
3 *Deppe* (1986).
4 *Domsch et al.* (1995).
5 Ebenda, S. 152 ff.

8. Kapitel
Problemdefinition in Innovationsprozessen

8.1 Fallstudien zur Problemdefinition

In der ersten Fallstudie wird uns eine Problemdefinition in Form eines Preisausschreibens aus dem Jahre 1839 präsentiert. Die zweite und dritte Fallstudie führen uns in die Konstruktionsabteilungen zweier unterschiedlicher Unternehmungen. Aus der Rückschau stellen *Drewitz/Thudt* die Problemdefinition für neue Formen der Hinterachsanlenkung dar, die für moderne Reisebusse konstruiert werden sollten. Dieser Fall zeigt vor allem, mit welchen Möglichkeiten die Praxis bestrebt ist, die Lösung nicht vorwegzunehmen.

Die dritte Fallstudie ist ein Auszug aus einem Lastenheft der Drägerwerk AG für die Konstruktion eines Gerätes zur Bestimmung der Atemalkoholkonzentration. Diese Produktdefinition soll bewusst machen, wie eine schon erheblich weiter spezifizierte Aufgabenstellung für die Konstruktionsabteilung aussieht.

Die Fallstudien zeigen die "Eckwerte" möglicher Problemdefinitionen, die von einer offenen zu einer schon recht geschlossenen Form reichen. Die Hervorhebungen erfolgten durch die Verfasser.

8.1.1 Preisausschreiben zur Eisenbahnkonstruktion

Im Polytechnischen Central-Blatt für 1839[1] findet sich folgendes Preisausschreiben:

Preisaufgabe auf Funkenabhalter

"Für die Jahre 1838-39 ist von dem Gewerbevereine für das Königreich Preussen die **silberne Denkmünze** und **noch ausserdem 500 Thlr**. für Denjenigen ausgesetzt, welcher eine Einrichtung an Dampfmaschinenwagen angibt, durch welche das Umherstreuen von glühenden Schlacken und Funken durch den Rost und aus dem Schornsteine, die den transportirten Wagen, den mitfahrenden Personen, oder den in der Nähe der Eisenbahn befindlichen feuerfangenden Gegenständen nachtheilig werden könnten, verhütet wird, ohne dadurch die Betriebskraft der Maschine, unter übrigens gleichen Umständen, zu beeinträchtigen. - Es wird dabei bemerkt: Seitdem die Dampfwagen auf den Eisenbahnen mit einer sehr bedeutenden Geschwindigkeit angewendet werden, hat man zur Vergrösserung der Wirksamkeit dieser Maschinen darauf Bedacht nehmen müssen, die Dampferzeugung und zu diesem Zwecke wiederum die Verbrennung des Feuermaterials zu befördern. Da nun letztere am sichersten durch Verstärkung des Luftzuges erreicht ward, der auf dem kürzesten Wege entstand, wenn man den Rost von Unten ganz frei liess, um den Zutritt der Luft zu den Brennmaterialien zu erleichtern, so ist daraus **der doppelte Uebelstand** hervor-

---

1 5. Jg., Leipzig 1839, S. 1117 f.

gegangen, einerseits, dass die glühenden Kohlen durch die Roststäbe frei auf die Bahn fallen, von wo sie durch den Wind noch glühend in der Umgegend verbreitet werden können, andererseits, dass der starke Zug die glühenden Kohlentheilchen und Funken oben durch den Schornstein treibt und von hier aus auf feuerfangende Gegenstände wirft. Dadurch sind Waaren auf dem vom Dampfwagen bewegten Wagenzuge entzündet, Kleidungsstücke der mitfahrenden Personen vielfach versengt worden, ja sogar nahe gelegene dürre Moos- und reife Getreidefelder in Brand gerathen. Um diesen **Gefahren** zu begegnen, haben zwar schon *C. Jones* von Portsmouth in Virginien, *W.S. Curtis* in Deptford und *W. Schultz* in Philadelphia verschiedene Vorschläge gemacht, auch hat das englische Oberhaus nicht nur durch eine Commission die Feuergefährlichkeit der Dampfwagen für die durchschnittenen Gegenden und besonders die in der Nähe der Bahnen befindlichen Gebäude prüfen, sondern auch über die Zweckmässigkeit mehrer zur Verhütung dieser Gefahr bekannt gewordenen Vorrichtungen, Männer wie *Rennie, D. Lardner, R. Stephenson, CH.J. Blunt, J.U. Rastrick* und *H. Earle* vernehmen lassen. ... Allein wenn auch von einigen Vorrichtungen angeführt wird, dass seit ihrer Anwendung keine Hauptbeschädigungen mehr vorgekommen sein sollen, so scheint es doch, dass bisher keine angegeben wurde, welche nicht nur dem fraglichen Zwecke vollkommen entspricht, sondern auch den Leistungen der Maschinen keinen Eintrag thut."[1]

8.1.2 Hinterachsanlenkung für einen Reisebus

"Am Beispiel der Entwicklung einer Achsanlenkung für einen neuen Reisebus soll dargestellt werden, wie in einem Großunternehmen der Prozess zum neuen Produkt bewältigt und welcher Personenkreis berücksichtigt wird, anfallende Probleme zu lösen.

Ausgangspunkt

Als Ergänzung zum Individualverkehrsmittel Pkw gewinnt der moderne, komfortabel ausgestattete Reiseomnibus immer mehr an Bedeutung. Steigende Zulassungszahlen belegen diesen **Trend**. Um den Reiseomnibus für den Benutzer attraktiver zu gestalten, sind die Konstrukteure bemüht, den **Komfort für den Fahrgast** zu steigern. Besserer Sitzkomfort, Lüftungs- und Heizungssysteme sind Schwerpunkte der Reisebusentwicklung.

Gestiegen sind weiter die Anforderungen an **Fahrleistungen, Federungs- und Fahrverhalten**, somit an das Fahrwerk der Reisebusse. Die Entwicklungen im internationalen Reisebusbau lassen eine sehr ausgeprägte Tendenz zur Steigerung des Komforts, verbunden mit dem Bestreben nach größerer **Sicherheit**, d.h. besserer Kurvenlage und besserem Kraftschluss der Räder auch auf schlechteren Straßen, erkennen.

Als **Federelement** des Reisebusfahrwerks haben sich die Luftfeder und lastabhängige Dämpfer allgemein durchgesetzt, sind jedoch heute an die Grenze der Entwicklung gelangt. Wesentliche Verbesserungen des Fahrkomforts und Fahr-

---

1 Verhandl. des preuss. Gewerbevereins, 1839, S. 31.

verhaltens sind von dieser Seite nicht mehr zu erwarten. Die zwangsläufig aufwendigere Achsanlenkung zur Luftfederung mit ihren mannigfaltigen konstruktiven Varianten bietet jedoch noch viele Möglichkeiten, das Schwingungs- und Fahrverhalten des Reisebusses zu verbessern. Achsanlenkungen, immer schon Schwerpunkte der Pkw-Entwicklung, werden auch im Omnibusbau verbessert.

Als wesentlicher Ansatzpunkt zur Verbesserung der Omnibustechnik erkannt, wurde die **Fahrwerksauslegung** innerhalb des Entwicklungsprogramms für eine neue Reisebusgeneration besonders beachtet. Auslegung und Eigenschaften der Vorderachslenkung wurden für gut befunden. Möglichkeiten einer Verbesserung bestanden vor allem in der Neuauslegung der **Hinterachsanlenkung**.

Wesentlichster Gesichtspunkt bei der Neuauslegung der Hinterachsanlenkung war, Lösungen zu finden, die zu einer wesentlichen Verbesserung des empfundenen Fahrkomforts führen.

Querbeschleunigungen beeinflussen das Komfortempfinden am nachhaltigsten, darum wurde die Auslegung der Achsanlenkung unter besonderer Berücksichtigung eines Abbaus dieser Beschleunigungen entwickelt.

Entwicklungskriterien

- Erarbeitung von Konstruktionslösungen, die den Anforderungen der absehbaren künftigen Entwicklungen und Tendenzen gerecht werden können.
- Berücksichtigung der Möglichkeiten, die erarbeiteten Erkenntnisse rückwirkend bei der bestehenden Busgeneration anzuwenden.
- Terminbegrenzung des Entwicklungsvorhabens unter den Gesichtspunkten:
  - gleichzeitiger Entwicklungsabschluß mit anderen laufenden Verbesserungsvorhaben an weiteren Buskomponenten,
  - Wettbewerbssituation,
  - Verkaufsstrategisch bedingte Vorstellungstermine,
  - Produktionstechnische Bedingungen der Serienauslieferung der neuen Busgeneration."[1]

8.1.3 Lastenheft für den "Alcotest 7410"

"Der Entwicklungsablauf ist in seinen wesentlichen Zügen festgelegt in einer **Werksnorm** DWN 5900, die das Dräger-Qualitätssystem beschreibt. Diese Norm ist in den frühen achtziger Jahren von den Mitarbeitern selbst in Arbeitsgruppen erarbeitet worden und wurde mit demonstrativer Unterstützung durch den Vorstand 1983 in Kraft gesetzt. Sie wird den aktuellen Gegebenheiten fortlaufend angepaßt ...

Die Norm DWN 5920 beschreibt innerhalb dieses Regelwerks die spezifisch entwicklungsrelevanten Punkte. Ein Unterkapitel davon ist DWN 5921 **"Festle-**

---

[1] *Drewitz/Thuldt* (1976), Abt. 8020.

gung der Produktqualität". In ihm wird ein "**Lastenheft**" vereinbart, das das technische Anwendungsprofil des Entwicklungsobjektes beschreibt. Dieses Lastenheft ist wichtige Anlage zu einem Dokument "Entwicklungsauftrag", das die wesentliche Vereinbarung über Ziel und Ablauf der Neuentwicklung zwischen der Entwicklungsabteilung und anderen Funktionen innerhalb des Hauses, insbesondere der Marketingabteilung, enthält ..."

Die folgenden Seiten geben als Beispiel (in gekürzter und leicht veränderter Form) Lastenheft und Entwicklungsauftrag wieder für ein Gerät zur Bestimmung des Äthanolgehaltes in der Ausatemluft, wie es z.B. von der Polizei für die Überwachung im Straßenverkehr eingesetzt wird. Von der Darstellung der technischen Spezifikationen wird abgesehen, lediglich die Passage über den Messablauf ist vollständig übernommen.

Kasten 8.1: Lastenheft Alcotest 7410 (*Drägerwerk AG*)

Datum: . . .

1. Allgemeines

1.1 Gerätename
Alcotest 7410

1.2 Eingetr. Warenzeichen
Alcotest 7410

1.3 Projektleitung . . .

1.4 Anzahl der Merkmalsforderungen . . .

1.5 Meßaufgabe
Manipulationssichere Ermittlung der Atemalkoholkonzentration (AAK) im Bereich 00. . . 1,5 mg/L durch Messung der Alkoholkonzentration in ausgeatmeter Lungenluft

1.6 Einsatzbereiche
Polizei, Krankenhäuser, Rehabilitationszentren, Industrie, Fuhrparks usw.

1.7 Gerätekurzbeschreibung
Handmeßgerät mit integriertem Sensor, Versorgung durch steckbaren Akkupack

2. Physikalische Grundlagen

2.1 Meßprinzip
Ein elektrochemischer Sensor wird mit einer definierten Teilmenge (ca. 1 cm^3) aus der Atemluft beaufschlagt. Die generierte elektrische Ladung, d.h. das Zeitintegral über den Strom, ist dann proportional zur Alkoholkonzentration . . .

2.2 Gewinnung tiefer Lungenluft
Der Proband muß beim ersten Ansetzen

a) kontinuierlich,
b) einen Mindestatemstrom von ca. 4 L/min.,
c) bei einer Mindestblaszeit von 5,3 sec.,
d) ein Volumen von minimal 1,2 L in das Gerät blasen.

Das Gerät erkennt falsche Blastechniken; es wird dann kein Meßwert angezeigt.

3. Gerätedaten

3.1 Umweltbedingungen
Lagertemperatur . . .
Einsatztemperatur . . .
Luftdruck . . .
Luftfeuchte . . .
Mechan. Belastbarkeit . . .
Transportfertigkeit . . .
Funkentstörung . . .
Elektromagn. Einstr.-festigkeit . . .

3.2 Meßqualität in vitro
3.2.1 Anzeige und Meßfehler . . .
3.2.2 Stabilität der Kalibrierung . . .
3.2.3 Kalibrierintervall . . .
3.2.4 Zeit zwischen 2 Messungen . . .
3.2.5 Zahl der Tests mit einer Akkuladung innerhalb einer Woche
3.2.5 bei 20° Umgebung: . . .

3.3 Elektrische Daten
Spannungsversorgung . . .
elektrischer Anschluß . . .

3.4 Abmessungen (LxBxH) . . .
3.5 Design . . .
3.6 Bedienungselemente . . .
3.7 Anzeigen . . .
3.8 Kalibrierung . . .

4. Meßablauf

4.1 Einschalten
Eingeschaltetes Gerät erkennbar an leuchtender LED-Lampe. Diese Lampe verlöscht bei zu niedriger Batteriespg. Anzeige "LOW BAT".

4.2 Meßbereitschaft
Wird angezeigt durch Leuchten der "Ready" Lampe.

4.3 Probenahme
Nach Aufleuchten der Ready-Lampe kann in das Gerät geblasen werden. Die Meßbereitschaft bleibt für mindestens 1 Minute erhalten. Solange nun der Proband korrekt bläst, ertönt ein Dauerton. Flowunterbrechungen werden ebenso akustisch signalisiert. Gerät geht danach wieder in "Meßbereit" über, ohne ausgeschaltet zu werden.

4.4 Meßwertanzeige
Meßergebnis wird spätestens nach 45 sec. angezeigt.

5. Zuverlässigkeit (Lebensdauer) . . .

6. Wartung, Reparaturen

6.1 Serviceintervall . . .
6.2 Service . . .
6.3 Service durch den Kunden . . .
6.4 Reparaturen . . .

7. Zulassungen . . .

8. Kaufmännische Angaben . . .

9. Zubehör

9.1 bereits vorhanden . . .
9.2 noch zu entwickeln . . ."

Quelle: *Drägerwerk AG*

Die Fallstudien regen zu folgenden Fragen an:

- Liefert die Initiative schon eine Problemdefinition?
- Wie wird das Umfeld des Problems gekennzeichnet?
- Wird das Problem ausschließlich technisch definiert?
- Wird kenntlich gemacht, welche Probleme bewusst nicht gelöst werden sollen?
- Welche Beziehungen werden zu vorangehenden Problemlösungen hergestellt und in Frage gestellt?
- Welche Verknüpfungen zu anderen parallel auftretenden Problemen werden transparent gemacht?
- Wodurch wird die Problemdefintion abgeschlossen?
- Sind noch Änderungen der Problemdefinition möglich, wenn schon die physische Entwicklungstätigkeit begonnen hat?
- Durch welche Formulierungen wird die Lösungssuche eingeengt, durch welche offengehalten?
- Sind die Projektziele bereits definiert?

In der folgenden Darstellung werden Antworten auf diese Fragen gegeben.

8.2 Kennzeichen der Problemdefinition

> "Problem solving involves not only search for alternatives, but search for the problems themselves."
>
> *Simon* (1962), S. 67

Es ist ein geflügeltes Wort unter Fachleuten, dass man in den meisten Projekten "das falsche Problem gelöst" habe - jedenfalls aus der Rückschau. Man hört auch oft den Satz: "In 90 % aller gescheiterten Projekte stimmte die Problemdefinition nicht." Bisher gibt es keine seriösen Belege für diese Impressionen der Praxis. Aber der **Nutzen** einer sachgerechten Problemdefinition ist dem Praktiker durchaus bewusst[1]. Umso auffälliger ist es, dass diese wichtige Aktivität in der Literatur ein Schattendasein führt, wenn man sie etwa mit den anderen Aktivitäten des Innovationsprozesses vergleicht.

Beiträge zur Problemdefinition finden sich allenfalls unter dem Stichwort "**Produktdefinition**", die Anforderungen an ein neues Produkt vornehmlich unter technischen Gesichtspunkten bestimmt. Diese Vorstellung ist für unsere Darstellung zu eng. Produktdefinitionen beziehen sich auch auf inkrementale Verbesserungen oder "nächste Generationen", aber nicht zwingend auf Innovationen. Sie konzentrieren sich zudem einseitig auf Produktneuerungen und lassen

---

[1] *Lyles/Mitroff* (1980), S. 108.

Prozessinnovationen unberücksichtigt. Aus diesen Gründen verwenden wir den Begriff **Problemdefinition** im Zusammenhang mit Innovationsmanagement. Ein "Problem" erwächst dabei nicht nur aus der Beobachtung eines Defizits oder einer Störung, sondern auch aus der Wahrnehmung neuartiger Handlungsmöglichkeiten (siehe Kasten 7.1 im voranstehenden Kapitel). Der Begriff "Problem" ist damit nicht etwa auf den negativen Fall beschränkt.

Die Problemdefinition lässt sich naturgemäß nur aus der Rückschau abschließend beurteilen. Da eine Innovation stets ins Neuland vorstößt, ist jede ex-ante-Definition eines Innovationsproblems in höherem Sinne frag-würdig. Hier soll es vor allem darauf ankommen, die Vorstellung auszuräumen, dass mit der Initiative schon eine Problemdefinition gegeben sei. Die Initative ist vielmehr in ein bewusst definiertes Problem zu überführen. Definieren bedeutet nach seiner lateinischen Herkunft abgrenzen. Hier wird also eine zusätzliche Leistung gefordert. Die Initiative muss für den Problemzuschnitt bearbeitet werden. Der erste Schritt ist dabei eine kritische Prüfung, wo das "eigentliche" Problem liegt, auf das die Initiative verweist. Denn die Initiative macht auf **ein augenscheinliches Problem** aufmerksam. Das heißt nicht, dass dieses auch **das wirkliche Problem** ist[1] (Kasten 8.2). Kurieren an äußeren Symptomen ist keine seriöse Therapie. Nichts ist selbstverständlich, vor allem nicht die allererste Problemsicht. Im Zweifel gibt es "das" Problem überhaupt nicht, sondern nur "ein" Problem. Ein solches Problem wird erst "relevant", d.h. zum Gegenstand zielstrebigen Handelns, wenn sich ein bestimmter Entscheidungsträger bewusst zu einem **persönlichen Problem-Zuschnitt** bekennt. Das muss nun wiederum nicht bedeuten, dass bei arbeitsteiligem Handeln dieser Problemzuschnitt von den übrigen Beteiligten oder Betroffenen auch akzeptiert wird. Kurz: Umwege werden vermieden, Konflikte de-eskaliert, persönliche Frustrationen vermindert, wenn zu Beginn eines Innovationsprozesses die Abgrenzung des Problems transparent gemacht und dazu der Konsens der Beteiligten und Betroffenen gesucht wird.

Die Problemdefinition soll keine Problemlösung liefern, sondern diese einleiten.

Folgende Merkmale kennzeichnen die Problemdefinition[2]:

(1) Systembezug

Es ist das (rechtliche, wirtschaftliche) System abzugrenzen, innerhalb dessen die Problemlösung zu suchen ist. Die Systemgrenzen (Konzern, Unternehmung, Abteilung, Arbeitsgruppe) markieren den **Dispositionsspielraum**. Der Lösungsraum ist auf das beschränkt, was auch tatsächlich beeinflussbar ist. Problemdefinitionen für System-Externe haben lediglich Appellcharakter. Nur bei Funktionsausgliederung können sie den Rang eines ausgegliederten Auftrages gewinnen. Kooperation mit System-Externen weitet diesen Dispositionsspielraum aus und erlaubt damit einen größeren Innovationssprung.

1 *Allen* (1964), S. 252 f., 256 f.
2 S.a. *Marr* (1973), S. 58 ff.

Kasten 8.2: "Augenscheinliches" und "wirkliches" Problem (*Allen*)

„***What Is the Apparent Problem?*** *When we first see a problem situation, or when it is first presented to us, the problem may seem quite apparent. Most often we plunge ahead, eager to come to grips with the difficulty and to get action under way. Many times, however, after we have put forth considerable effort, we discover that we have only been nibbling at the fringes of the problem or even working on the wrong problem.*

In solving problems, we tend to observe symptoms arising from underlying causes. Often, we jump to conclusions based on the superficial view. When this is the case, we will probably end up with treating the symptoms only and will never come to grips with the basic problem ...

How can we avoid the mistake of treating the symptoms instead of the disease, of finding a good solution to the wrong problem? ...

What Is the Real Problem? *After we have thoroughly digested the facts and the inferences we can draw from the facts, we are in position to review the problem as we first identified it. We may find, in view of the facts, that we had only identified symptoms of a deeper, more fundamental problem. Or we may now be satisfied that the problem, as we first saw it, is really the central issue. ...*

As much time and effort as necessary should be invested in identifying the basic underlying problem. Our solution of the problem will probably not be better than its identification. If we do not know what is wrong, we can hardly take positive steps to correct it. The real problem is the key problem in the situation which, if solved, will satisfy us both over the short and the long term. In coming to grips with the key problem, we should keep in mind several factors.

THE LIMITS OF THE PROBLEM. We need to identify the limits within which the problem is to be solved if we are to focus our efforts upon the key factors involved. Many times, in a given situation, we try to solve most of the problems of the world. Much wasted effort may occur if we try to solve problems for other people or try to extend our solutions beyond the limits required by the situation. ...

TIMING. The right solution at the wrong time is no better than the wrong solution at the right time. We can give full consideration to the time element if we make sure we identify the problem as it now exists and then project it as far into the future as we can to see what its longterm implications will be. The best possible solution for today's problem may be the worst answer for the continuation of that problem as it will appear a year or two from now. ...

RELATED PROBLEMS. In most problem situations, we find a constellation of problems, one of which is central, the others ancillary. Of these, probably one will seem the most urgent and will demand first attention. This often is the fire, blazing merrily. We can see it plainly. It requires immediate and forceful action. Action should be taken, but we must make sure that the action reaches deep enough and is intensive enough to get at the cause of the fire - the real problem - as well as put out the blaze.“

Quelle: *Allen* (1964), S. 252 f., 256 f.

(2) Sachliche Abgrenzung

Das zu lösende Problem ist von benachbarten, bewusst **nicht zu lösenden** Problemen abzugrenzen.

(3) Zeitliche Abgrenzung

Es ist festzulegen, inwieweit sich die Problemlösung von **vorangegangenen** Bindungen (Antezedenzien) freimachen soll und in welchem Ausmaß es **zukünftige** Handlungen vorprägen darf (Präzedenzwirkung).

(4) Strukturierung

Durch die Problemdefinition wird das Gesamtproblem zerlegt. Diese Strukturierung soll möglichst überschneidungsfrei und lückenlos erfolgen. Eine **Klassifikation der Teilprobleme** nach ihrer Relevanz, nach ihrem Engpass-Charakter, nach ihrer (Inter-)Dependenz und nach ihrer Lösungswahrscheinlichkeit ist zweckmäßig.

(5) Beachtung von Kapazitätsrestriktionen

Die Problemdefinition hat zu berücksichtigen, welche **zeitlichen, personellen und finanziellen Kapazitäten** für die Problemlösung zur Verfügung stehen.

(6) Offenhaltung und Revision

Bestandteil einer Problemdefinition kann auch die bewusst getroffene und offengelegte Entscheidung sein, einen Teil des Problems **nicht** zu definieren, sondern einer späteren Definition vorzubehalten. Es kann also beabsichtigt sein, den Problemdefinitionsprozess neben dem Problemlösungsprozess fortzuführen, wenn es dafür zwingende Gründe gibt, oder ihn bei Vorliegen zuvor bestimmter Bedingungen erneut zu starten.

Damit lässt sich deutlich markieren, was der Problemdefinitionsprozess **nicht** ist oder nicht leisten soll:

- Er ist **kein Zielbildungsprozess**, durch den bindend festgelegt wird, nach welchen Kriterien eine Problemlösung zu beurteilen ist.
- Er ist auch **kein** Prozess der **Lösungssuche**, durch den die zur Lösung des Problems geeigneten Alternativen bestimmt werden.
- Er ist schließlich auch **keine Prozess-Steuerung**, also eine persönliche, zeitliche oder sachliche Vernetzung der Problemlösungsaktivitäten.

Szyperski [1] regt an, die Problemdefinition mit der "Problemwahrnehmung" und der "Problemstrukturierung" in einer "**kognitiven Phase**" im Problemlösungsprozess zusammenzufassen. In ähnlichem Sinne ordnet auch *Pfohl* [2] die Problemdefinition einer übergeordneten Aktivität, der "Problemformulierung" zu,

---

1 *Szyperski* (1971), S. 37 ff.
2 *Pfohl* (1977), S. 93.

die er wiederum mit "Anregung", "Problemerkenntnis" und "Problemanalyse" zu einer umfassend verstandenen "**Problemstellungsphase des Entscheidungsprozesses**" zusammenfasst (siehe Kasten 8.6). Diese Zusammenfassungen sind offenkundig unter dem Eindruck vorgenommen worden, dass in der Praxis das Ergebnis der Problemdefinition in einem sogenannten "**Pflichten- und Lastenheft**" verdichtet wird.

8.3 Theoretische Erwägungen zur Problemdefinition

Die Kennzeichnung der Problemdefinition hat die Aufgaben erkennen lassen, die sich dem Definitionsprozess stellen. Diese Aufgaben sollen im folgenden vertiefend behandelt werden[1].

Der theoretische Leitgedanke für die Überlegungen zur Problemdefinition ist der so genannte "**Insuffizienz-Ansatz**", der von charakteristischen Dysfunktionalitäten oder Fehlleistungen organisatorischer Regelungen ausgeht und den "Effizienz-Ansatz" ergänzt, der von positiven Leistungen ausgeht und diese zu steigern versucht. Die typischen Fehlleistungen der Problemdefinition werden mit den Begriffen "**Überdefinition**" oder "**Unterdefinition**" gekennzeichnet. Sie richten sich auf den **Umfang** des zu definierenden Problems und auf dessen **Spezifikationen**, namentlich auf die Bindung an vorangegangene oder auf die Festlegung der eigentlichen Problemlösungen. *Schlicksupp*[2] liefert ein anschauliches Beispiel für ein "überdefiniertes" Problem (Kasten 8.3). Zugleich wird damit aber der Fall ausgeschlossen, dass der Entscheidungsträger sich einem **Scheinproblem** widmet oder bei der Problemauswahl ein **minderrangiges Problem** vorgezogen hat. Wir unterstellen, dass die Initiative diese Vorauswahl bereits sachgerecht getroffen hat.

8.3.1 Zum Umfang des zu lösenden Innovationsproblems

Das Problem wird als eine **Menge von Teilproblemen** angesehen. Die erste Leistung der Problemdefinition besteht darin, diese Teilprobleme zu identifizieren und diejenigen **auszugrenzen**, die nicht behandelt werden sollen und zugleich damit diejenigen Teilprobleme einzugrenzen, die zu lösen sind.

Ein historisches **Beispiel** möge das Gesagte verdeutlichen: Die Erstbeschaffung von Computern war in den 60er Jahren sicherlich ein epochales Ereignis und für viele ein unmittelbares Innovationserlebnis. Zugleich erwies es sich als ein komplexes Innovationsproblem, das in höchst unterschiedlicher Weise definiert werden konnte[3]. Es ging um die Auswahl von

---

1 *Cowan* (1986), S. 763 ff.
2 *Schlicksupp* (1977), S. 46 ff.
3 *Hauschildt* (1975), S. 119.

Kasten 8.3: Das "überdefinierte" Problem (*Schlicksupp*)

"Das gestellte Problem ist 'überdefiniert', d.h. durch ein Zuviel an Anforderungen gekennzeichnet ... . Nehmen wir zum Beispiel an, eine Unternehmung suche zum Zwecke der Diversifikation neue Produkte, an die folgende Anforderungen gestellt werden:

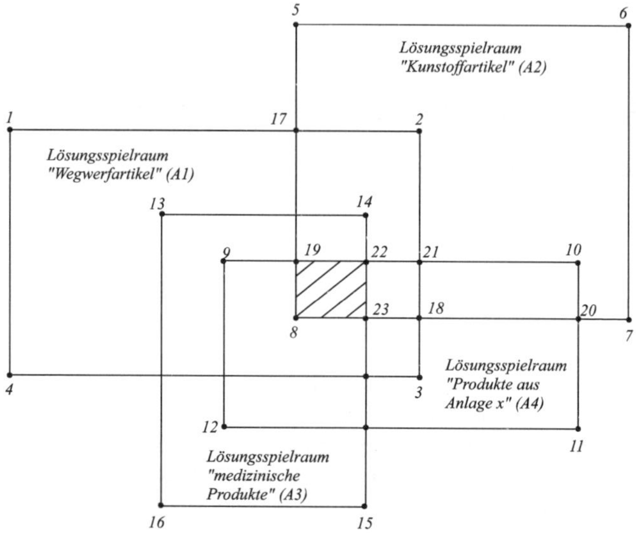

- *Es muß ein Wegwerfartikel sein (A 1),*
- *Das Produkt sollte ausschließlich aus Kunststoff bestehen (A 2),*
- *Es sollte ausschließlich auf medizinischem Sektor Verwendung finden (A 3),*
- *Das Produkt muß auf einer vorhandenen Anlage zu wesentlichen Teilen gefertigt werden können (A 4). ...*

Der Lösungsspielraum, der allen gestellten Anforderungen gerecht wird, ist also recht klein geworden (siehe die schraffierte Fläche ...). ...

Für die Praxis kann daraus die Forderung abgeleitet werden, daß die Probleme durch ein 'Optimum' an Lösungsanforderungen definiert sein sollten ... . Wir sind geneigt, dieses 'Optimum' bei nur zwei bis vier, dafür aber grundsätzlichen Anforderungen (höchste Wertigkeit) zu sehen. Gibt man mehr Anforderungen vor, können die Denkprozesse von relativ unbedeutenden Anforderungen geleitet oder blockiert werden. Schränkt man die Anforderungen zu sehr ein, dann besteht die Gefahr, daß alle gefundenen Lösungen bei der nachfolgenden Bewertung wieder verworfen werden müssen."

Quelle: *Schlicksupp* (1977), S. 46 f.

- **Hardware:** In seiner engsten Fassung bestand das Problem darin, eine EDV-Anlage auszuwählen. *Grün et al.*[1] machen deutlich, dass die Hardware-Komponenten auch als häufigste Objektkategorie genannt wurden. Die Entscheidung reduzierte sich bei dieser Sicht auf Alternativen der Konfiguration und der Lieferanten.
- **Software:** Zumeist war das Problem aber weiter definiert und schloss die Software bzw. Software-Entwicklung für bestimmte Anwendungen ein. Das Problem ließ sich durch Hinzunahme weiterer Anwendungsgebiete fast beliebig vergrößern.
- **Informations- und Organisationsprozesse:** Das technische Medium Computer stand selbst nur für die bessere Lösung organisatorischer Problemstellungen, namentlich der Veränderung von Datenbeschaffung, Datenhomogenisierung, Datenflüssen und Datenverknüpfungen. In noch weiterer Problemdefinition wollte man mit der Beschaffung des Computers die Gesamtorganisation verändern und allumfassende Management-Informationssysteme aufbauen, in die alle Datenbestände der Unternehmung einbezogen werden sollten, die dort integriert verarbeitet und für jeden nur denkbaren Informationszweck verwertet werden sollten.
- **Personal:** In den meisten Fällen warf die Erstbeschaffung des Computers erhebliche Personalprobleme auf. Zur Innovation waren Personalbeschaffungs- und Schulungsmaßnahmen notwendig.
- **Raum und Klimatisierung:** In den frühen Jahren der Computerisierung traten erhebliche Raum- und Klimatisierungsprobleme bei der Unterbringung der Anlagen auf, die durch eine umfassende Innovationsentscheidung zu lösen waren. Bei beengten Verhältnissen hat diese Raumproblematik die technische Innovationsproblematik gelegentlich völlig überlagert.
- **Vertragsmodalitäten:** Alle diese Problemfelder sind in der Interaktion mit dem Lieferanten in eine vertragliche Form zu bringen. Die Bestimmung der vertraglichen Ansprüche ist ein Problem eigener Art.

Diese Teilprobleme stehen in einer **hierarchischen Ordnung**: An erster Stelle steht der Zweck, hier die Neugestaltung der Information und Organisation, also die Anwendungsgebiete der EDV-Anlagen. Das Mittel zur Erreichung dieser Ziele sind die EDV-Hardware und -Software. In der dritten Ebene der Zweck-Mittel-Hierarchie stehen dann die nachrangigen Teilprobleme: Personal, Raum und Klimatisierung. Noch weiter nachfolgend ist schließlich die Vertragsgestaltung einzuordnen.

Eine derartige hierarchische Ordnung ist für die Projektdefinition beachtlich, da sie erste Orientierungshilfen dafür gibt, welche Teilprobleme unbedingt in die Problemlösung einzubeziehen sind und welche eher Kandidaten für eine Ausgrenzung sind.

[1] *Grün et al.* (1972), S. 144.

8.3.2 Zur Spezifikation des zu lösenden Innovationsproblems

Jedes Problem stellt kognitive Aufgaben: Es gilt einen neuen Zustand zu bestimmen und zu realisieren. Dies verlangt kreative Prozesse der Schaffung oder der Beschaffung von Wissen. Dieser kognitive Prozess kann in unterschiedlichem Ausmaß festgelegt sein. Wenn diese Spezifikationen sich auf die **Resultate** beziehen, wird das Problem immer weiter untergliedert und für jedes Teilproblem gesonderte Teilresultate verlangt (vgl. Kasten 8.5). Wenn sich die Spezifikationen auf die **Aktivitäten**, also auf die möglichen Wege zum Ziel, beziehen, liegt ein Eingriff in den Problemlösungsprozess vor: Der Lösungsraum wird eingeengt. Für die Problemdefinition wird damit ein zweiter Ansatzpunkt erkennbar.

Durch die Spezifikation werden Handlungsmöglichkeiten der Problemlösung ein- oder ausgegrenzt.

Der **bewusste und direkte Vorgriff** auf den Problemlösungsprozess wird im Problemdefinitionsprozess zumeist vermieden. Man will ja gerade die Kreativität der Problemlöser nutzen. Wichtiger ist aber der **unbewusste und indirekte Einfluss**, der von vorangegangenen und nachfolgenden Entscheidungen ausgeht und die Innovation bindet.

(1) Antezedenzien

Der Lösungsraum für Innovationen wird durch das Gebundensein an frühere Entscheidungen eingeschnürt. Dazu einige Beispiele:

- Bindungen an eine bestimmte **technologische "Philosophie"**, z.B. bei bestimmten Kamera-Herstellern: zweiäugige Spiegelreflexkameras statt einäugiger, Sucher- statt Spiegelreflexsysteme, Zentralverschluss statt Schlitzverschluss, Glaslinsen statt Kunststofflinsen, Digitalkamera statt Analogkamera. Jeder Kenner der Materie wird Firmen nennen können, die mit der Bindung an bestimmte technische Konstruktionsprinzipien in ökonomische Krisen gerieten. Insbesondere solche Unternehmen, die einmal mit einem neuen technologischen Ansatz einen Durchbruch in dem gesamten Markt auslösten, scheinen erhebliche Schwierigkeiten zu haben, sich später von dieser Bindung zu lösen.
- Die technologischen Bindungen sind oftmals durch Bindungen an bestimmte **Personen oder Personengruppen** begründet. Die Fähigkeit, das technologische Paradigma wechseln zu können, ist normalerweise nicht das oberste Rekrutierungsprinzip für junge Ingenieure.
- Standortentscheidungen binden an die **regional geltenden Gesetze und Anschauungen**. Wer nicht bereit ist, Ortsbindungen zu lösen, verschließt sich alle Lösungswege, denen örtliche Widerstände entgegenstehen.

Im Effekt verweisen diese Bindungen die handelnden Personen immer wieder auf vertraute Pfade - Innovation findet nicht statt, allenfalls inkrementale Verbesserung.

Die Problemdefinition soll **verhindern**, dass derartige Bindungen der Lösungssuche **unreflektiert** übernommen werden. Diese Antezedenzbedingungen sind prinzipiell in Frage zu stellen, wenn innovative Lösungen angestrebt werden. In Frage stellen heißt zunächst, sie bewusst darzustellen und jeweils zu erkunden, ob sie für das zu lösende Problem (noch) gelten. Das eigentliche Problem liegt oftmals darin, dass den Beteiligten das ganze Ausmaß dieser Bindung überhaupt nicht bewusst ist und schon die Bestimmung der Antezedenzien schwierig ist.

Bei den Antezedenzien wird die volle Wucht des "**sunk-cost-Syndroms**" wirksam: Die in der Vergangenheit angefallenen Ausgaben sind irreversibel getätigt. Gebäude, Maschinen, Laboratorien, Prüfgeräte sind "vorhanden", oft sogar voll abgeschrieben, die fachkundigen Personen sind ausgebildet und eingearbeitet, die gewerblichen Schutzrechte erworben: **Bindungen sind billig, das Kostenargument verdrängt das Kreativitätsargument**.

(2) Präzedenzwirkungen

Innovationen führen in eine unbekannte Materie. Es ist oft überhaupt nicht abzusehen, welche **Folgeprobleme** bei der Lösung eines Teilproblems aufgeworfen werden können. Der Entscheidungsträger ist somit nicht in der Lage, die Abfolge und Zusammenhänge der Teilentscheidungen in einem Zustandsbaum oder in einem Entscheidungsbaum abzubilden, ganz abgesehen davon, dass er nicht quantifizieren kann, mit welchen Wahrscheinlichkeiten andere Zustände in späteren Zeitpunkten auf einen bestimmten Zustand folgen werden. Die Gefahr liegt auf der Hand, dass man angesichts dieser Ignoranz **naheliegende Teilprobleme löst** und damit neue **Bindungen für die Folgeprobleme eingeht**, die den soeben behandelten Antezedenzien entsprechen.

Die Diskussion um Antezedenz- und Präzedenzwirkungen zeigt Notwendigkeit und Schwierigkeit der Problemdefinition. Je schwieriger sie erscheint, desto notwendiger ist sie.

Mag im Ergebnis eine Abschätzung von Bindungen und von Folgewirkungen auch unbefriedigend sein - wer unreflektiert und unbekümmert ein naheliegendes oder augenscheinliches Teilproblem aufgreift, offenbart Mangel an Management-Professionalität.

Hierin unterscheiden sich "Experten" von "Novizen" - oder im experimentellen Design von *Grønhaug/Haukedal*: erfahrene Manager von Studenten[1].

[1] *Grønhaug/Haukedal* (1995), S. 10.

8.3.3 Das Definitionsdilemma

Die Problemdefinition hat also zwei Ansatzpunkte für den gestaltenden Eingriff: den Umfang und die Spezifikation des Problems. Beide sind "mehr oder weniger" bestimmbar: der Umfang durch die Zahl der eingeschlossenen Teilprobleme, die Spezifikation durch die Zahl der Vorgaben für die Lösung jedes Teilproblems.

Zwischen der Menge dieses ordnenden Eingriffs und den Kosten, einschließlich der Opportunitätskosten, besteht ein u-förmiger Zusammenhang.

Die beiden Extreme markieren die bereits genannten Insuffizienzen:

- Bei "**Überdefinition**" ist die Menge des ordnenden Eingriffs (zu) hoch. Die Abgrenzung von benachbarten Teilproblemen ist rigide. Die Teilprobleme selbst werden festgelegt und in ihren Spezifikationen in hohem Maße vorgegeben.
- Bei "**Unterdefinition**" ist die Menge des ordnenden Eingriffs (zu) gering. Es wird zugelassen, dass benachbarte Probleme einbezogen werden können. Die Teilprobleme werden nicht zwingend vorgegeben, und von einer Festlegung der Spezifikation wird abgesehen.

Zwischen diesen Extremen liegt der Bereich, in dem die optimale Lösung gesucht werden muss[1]. Maßgeblich für diese Suche ist die Klärung der Voraussetzungen und der Wirkungen der Problemdefinition:

(1) Voraussetzungen

Die **Problemlösungskapazität** muss nach Volumen, Qualität und Zeit bestimmt und bekannt sein. Problemdefinitionen, die über diesen Kapazitätsrahmen hinausgreifen, sind unzulässig. Hier stellt sich somit eine wichtige Aufgabe: die Bestimmung dieser Ressourcen und Potentiale.

Gegeben sein müssen **Alternativen der Problemdefinition**. Es muss also bewusst sein, welche Probleme einzubeziehen bzw. auszugrenzen sind. Zudem muss geklärt werden, welche Spezifikationen vorzugeben sind.

(2) Wirkungen

Gegeben sein muss eine Vorstellung von den Effekten, die durch eine unterschiedliche Bestimmung von Umfang und Spezifikation des Problems ausgelöst werden. Letztlich müssen diese Effekte für eine Optimierung in monetären Größen ausgedrückt werden. Dem geht die Bestimmung der dysfunktionalen Effekte der Tatsache nach voran:

Bei der **Überdefinition** ist damit zu rechnen, dass die ausgegrenzten Probleme während des Problemlösungsprozesses doch zwingend beachtet werden müssen. Nachholen des Unterlassenen wird notwendig, damit ist der geplante Ablauf gestört. Die Lösung dieser fälschlich ausgegrenzten Probleme stellt möglicher-

---

1 *Loch* (1997), S. 190 ff.

weise die bereits erarbeiteten Lösungen wieder in Frage, so dass der Gesamtprozess neu aufgerollt werden muss.

Werden eine große Zahl von Spezifikationen vorgegeben, wird die Kreativität eingeschnürt. Die Problemlöser werden wieder auf traditionelle Pfade verwiesen. Der revolutionäre Durchbruch wird erschwert.

Bei der **Unterdefinition** muss im Zweifel viel überflüssige Arbeit an der Lösung von nicht zwingend notwendigen Teilproblemen geleistet werden. Es fehlt die Konzentration auf das Wesentliche, Nebensächlichkeiten haben das gleiche Gewicht wie die Hauptsache. Insellösungen werden ohne Bezug auf das Gesamtproblem realisiert.

Sind keine Spezifikationen vorgegeben, wird zwar die Kreativität entfesselt, aber auch das ist nicht zwingend funktional: Aktionslose Gedankenspiele, spekulative Versuche, unkoordiniertes Nebeneinander sind zulässig, binden aber Zeit und verursachen zusätzliche Kosten.

Zusammenfassend kann vermutet werden:

Ertragseinbußen, Mehrkosten und Verzögerungen sind die Folge von Über- bzw. Unterdefinition.

In Kasten 8.4 sind die Konsequenzen unsachgemäßer Problemdefinition zusammengefasst.

Die Bestimmung der Erträge, Kosten, Opportunitätskosten, ggf. auch Transaktionskosten ist naturgemäß bei Innovationen kaum lösbar - man denke z.B. an die Schwierigkeiten der Quantifizierung von Opportunitätskosten im Falle von Insellösungen. Zumindest könnte aber eine **Skizze von Vorzügen und Nachteilen** unterschiedlich weiter Problemdefinitionen verlangt werden. Auf eine monetäre Quantifizierung wird im Zweifel verzichtet werden müssen.

Wenn die Voraussetzungen gegeben sind und wenn die Quantifizierung der Wirkungen möglich ist, kann man die Entscheidung über Umfang und Spezifikation der Problemdefinition als **ökonomischen Auswahlvorgang** darstellen. Immerhin zeigen die Überlegungen bereits, welche Aspekte bei dieser Entscheidung zu berücksichtigen sind, ganz unabhängig davon, ob man sie in einem Algorithmus verarbeitet. Auf jeden Fall macht diese theoretische Überlegung deutlich, dass die Definition des Problems ein eigener Willensbildungsprozess ist, der keinesfalls vorgegeben oder eingegeben ist.

Problemdefinition ist eine Herausforderung an den Entscheidungsträger, sich darüber Gedanken zu machen, welche Probleme er zur Zeit löst, welche er verschiebt und in welcher Weise das Gesamtergebnis seiner Tätigkeit von der Lösung anderer Probleme abhängt.

Dieser Prozess wird mehrfach durchgespielt, wie die Befunde von *Lyles* zeigen[1]: Selbst wenn im ersten Durchlauf schon eine Problemdefinition gefunden wurde, so wirkt dies in 23 der untersuchten 33 Entscheidungsprozesse bestenfalls als eine neue Initiative, durch die der gesamte Definitionsprozess erneut ausgelöst wird.

Kasten 8.4: Konsequenzen unsachgemäßer Problemdefinition

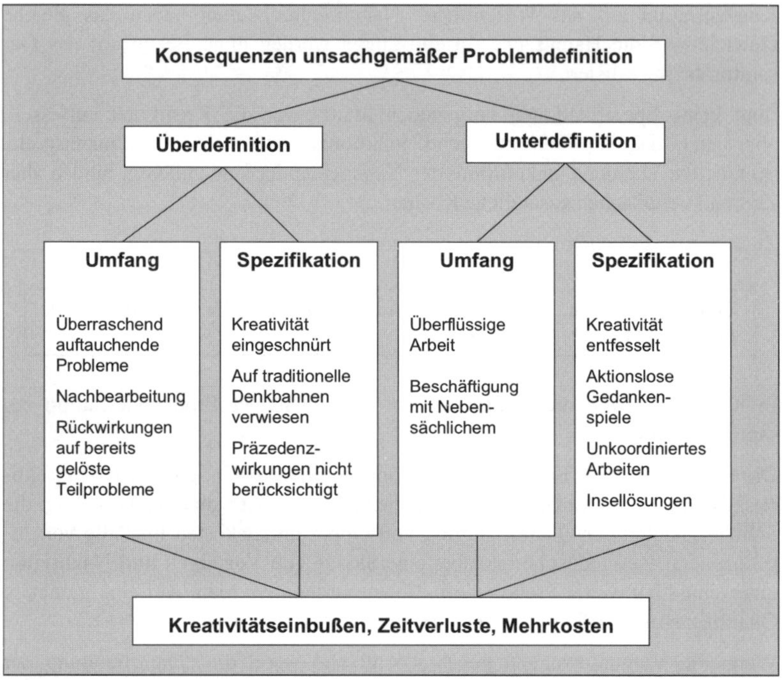

Quelle: Eigene Darstellung

[1] *Lyles* (1981), S. 69 ff.

8.4 Empirische Befunde zur Problemdefinition

In den USA wird die Problemdefinition mit der Initiative und der Alternativengenerierung und vielfach auch mit der Projektplanung in einer "Front End"-Phase zusammengefasst[1]. In dem viel zitierten Stage-Gate®-Modell von *Cooper und Kleinschmidt*[2] kommt eine Aktivität Problemdefinition nicht vor. Diese definitorischen Entscheidungen verstellen den Blick auf die Teilleistungen und ihre Effekte. Auch in Deutschland folgt man dieser amerikanischen Vorprägung[3]. Hinzu kommt, dass die üblichen ex-post-Faktum-Befragungen wohl kaum valide Befunde zu einer Aktivität erbringen werden, die im Zweifel nicht dokumentiert ist und erhebliche Zeit zurückliegt. Kurz: **Insgesamt ist der Stand der empirischen Forschung zur Problemdefinition beklagenswert**.

Wir können im Folgenden daher auch nur einige empirische Hinweise auswerten, aber nicht mit harten Befunde aufwarten. Leitlinie für die Suche ist der Insuffizienzansatz. Gibt es Befunde, die zeigen, dass eine ungenügende Problemlösung auf unzureichende Problemdefinition zurückzuführen sein könnte?

Khurana/Rosenthal beobachten in ihren 12 internationalen Fallstudien: "Ambigous product definition in the front end was followed by **undesirable product outcomes**."[4]

Gupta/Wilemon befragten 38 "managers and technologists" aus 12 Unternehmen nach den Gründen für **Verzögerungen** bei der Neuproduktentwicklung: Der mit Abstand am häufigsten genannte Grund war: "Poor Definition of Product Requirements."[5]

Leitner[6], der die 50 besten Innovationen Österreichs darstellt, fragte danach, welche Faktoren im Innovationsprozess unterschätzt wurden. Trotz des Stichproben-Bias äußerten 28 der 50 Unternehmen, dass sie die **Entwicklungs- und Umsetzungsdauer unterschätzt** hätten - ein deutlicher Hinweis auf unerwartete Verzögerungen, die man in diesem Falle allerdings nicht eindeutig auf unzureichende Problemdefinition zurückführen kann.

Schlaak liefert einen Befund, der zwar ebenfalls nicht eindeutig auf eine mangelhafte Problemdefinition zurückgeführt werden kann, der aber das Problem aus einer ganz anderen Sicht beleuchtet: Er beobachtet, dass in 44 % der von ihm betrachteten 117 Neuprodukt-Projekte der **Innovationsgrad** zu Beginn des Innovationsprozesses **systematisch unterschätzt** wurde. Das gilt insbesondere für solche Innovationen, die einen besonders hohen Innovationsgrad aufweisen. Er zieht den Schluss, "daß Produktinnovationen in ihrer ursprünglichen Konzeption nur selten als radikale Neuerungen geplant werden. Vielmehr könnten die im Verlauf des Innovationsprozesses durch die Projekte gewonnenen Erkennt-

---

1 *Khurana/Rosenthal* (1998), S. 59.
2 *Cooper/Kleinschmidt* (1991), S. 138.
3 *Herstatt/Verworn* (2003), S. 195 ff.
4 *Khurana/Rosenthal* (1998), S. 68 (Hervorhebung durch Verfasser).
5 *Gupta/Wilemon* (1990), S. 29.
6 *Leitner* (2003), S. 361.

nisse die Unternehmen dazu veranlassen, das Produkt innovativer zu gestalten."[1] Diese Feststellung ist für uns an dieser Stelle so bedeutsam, weil *Schlaak* den Innovationsgrad ja gerade danach bestimmt, in welchem Maße die betrieblichen Funktionen jenseits von Markt und Technik von der Innovation verändert werden. Offenbar hat man diese Ausweitung des Problems am Anfang nicht gesehen - ein deutlicher Hinweis auf unzureichende Problemdefinition.

Fasst man diese wenigen Befunde zusammen, so kann man allenfalls konstatieren, dass die Problemdefinition ein Problem ist, das in der Wissenschaft selbst noch zu definieren ist. Man kann es nicht bei Anekdoten und einzelnen indirekten Hinweisen belassen, um die eingängigen und vielfältigen Methoden zur besseren Gestaltung des Prozesses der Problemdefinition zu rechtfertigen.

8.5 Gestaltungsvorschläge zur Problemdefinition

8.5.1 Instrumente

Welche Methoden stehen einem Entscheidungsträger zur Verfügung, der ausloten will, welches das eigentliche Problem hinter einer Initiative ist? Die Literatur bietet hierzu eine Reihe von Techniken an, die vielfach unter dem Stichwort "Kreativitätstechniken" oder "Ideengenerierungstechniken" in ähnlicher Form bei der Lösungssuche verwendet werden. Da wir sie dort - im 10. Kapitel - ausführlich behandeln, werden wir uns hier auf drei Konzepte beschränken, die speziell für die Problemdefinition vorgeschlagen werden[2]. Die Anwendung dieser Konzepte möge man sich in einer Gruppeninteraktion, etwa in einer Brainstorming-Sitzung (vgl. Kapitel 10) vorstellen.

(1) Problemverfremdung

Das Problem wird durch eine spezielle Technik **in einer anderen Weise dargestellt**. Durch diese Herauslösung aus der ursprünglichen Form sollen vor- und nachgeordnete sowie über- und untergeordnete Problemaspekte sichtbar werden. Folgende Verfremdungstechniken werden vorgeschlagen[3]:

- Das Problem wird von den Anwesenden **mit anderen Worten** beschrieben.
- Das Problem wird in eine **Fremdsprache** übersetzt und von einem Dritten rückübersetzt.
- Das Problem wird **nicht-verbal** (z.B. graphisch oder mathematisch) formuliert.
- Das Problem wird in einem **Rollenspiel** aus der Sicht unterschiedlicher Interessenten formuliert.

---

1 *Schlaak* (1999), S. 243.
2 *Pfohl* (1977), S. 175 ff., *von Deym* (1979), S. 77 ff.
3 *van Gundy* (1982), S. 153 ff., *Ward* (2004), S. 182.

Diese Techniken scheinen auf den ersten Blick nicht für innovative, sondern eher für inkrementale, kleinere Problemdefinitionen geeignet. Diese Perspektive ist aber zu eng. Auch jede "große" Innovation besteht aus einer unendlichen Zahl "kleinerer" Probleme, die zu erkennen, zu vernetzen und zu lösen sind.

Jede Technik zur Definition dieser "kleineren" Probleme muss im Rahmen des Innovationsmanagements willkommen geheißen werden.

(2) Analogie

Eine naheliegende Technik der Problemdefinition besteht darin, das Problem in Analogie zu **ähnlich gelagerten Problemen** zu definieren. "Analogie ist eine besondere Form der Ähnlichkeit, nicht die Ähnlichkeit von Worten oder Dingen, sondern nur die Ähnlichkeit der Beziehungen zwischen den Dingen berechtigen zu Analogieschlüssen."[1] Das aktuelle Problem wird dabei als spezielle Ausprägung eines allgemeinen Problemtyps gesehen. Kennt man die Dimensionen dieses allgemeinen Problemtyps, dann lassen sich daraus die Dimensionen des speziellen ableiten.

Ob zur Verwendung von Analogien bei Innovationen zu raten ist, dürfte umstritten sein[2]. Allzu leicht könnte die Analogie wieder auf konventionelle Pfade führen, zumal es Hinweise darauf gibt, dass einmal gewählte Analogien nicht aufgegeben werden[3]. Sicher ist es bei Innovationen ganz abwegig, Analogien unter Rückgriff auf vorangegangene Lösungen bilden zu wollen. Radikale Innovationen haben keine Vorgänger.

(3) Problemzerlegung

Jedes Problem lässt sich nach unterschiedlichen **analytischen Kriterien** zerlegen[4]:

- Bei **hierarchischer Problemzerlegung** fragt man einerseits, welche Problemstellungen dem aktuellen Problem übergeordnet sind und ob die Lösung dieses Problems im Sinne einer Zweck-Mittel-Relation einen Beitrag zur Lösung des übergeordneten Problems liefert[5]. Andererseits ist zu fragen, welche Probleme dem aktuellen Problem untergeordnet sind und aus welchen Projektbereichen es sich zusammensetzt.
- **Sequenzielle Problemzerlegung** fragt, welche Probleme dem aktuellen Problem vorangegangen sind, es ausgelöst haben oder ursächlich sind und welche ihm folgen.

---

1 *Mann* (1968), S. 36.

2 *Dahl/Moreau* (2002), S. 48 f., 54, 57, zeigen zwar (schwach) positive Beziehungen zwischen Analogien und Originalität von Produktideen. Dabei ist bedeutsam, wie viele Analogien verwendet werden und wie wenig naheliegend sie sind.

3 *Bolton* (2003), S. 72 f.

4 Vgl. auch den Überblick bei *Damm* (1994), S. 86 ff.

5 Vgl. auch *Ramaprasad/Mitroff* (1984), S. 598 f., *Root-Bernstein* (2003), S. 177 f.

- **Arbeitsanalytische Problemzerlegung** orientiert sich an Auffälligkeiten des Arbeitsprozesses, in denen das Problem sich manifestiert, und fragt nach kritischen Tätigkeiten, Objekten, Orten, Zeiten sowie nach Beteiligten und Betroffenen[1]. Diese Variante der Problemzerlegung kann auf die Techniken der Aufgabenanalyse zurückgreifen, die von der Organisationspraxis verwendet werden[2]. Auch die weitverbreiteten Checklisten zur Problemanalyse gehen im Ansatz auf eine arbeitsanalytische Problemzerlegung zurück[3].
- **Funktionsanalytische Problemzerlegung** folgt der Frage, welche Funktionen durch die Innovation zu erfüllen sind. Diese Funktionen werden einerseits mit den Funktionen angrenzender Systeme verknüpft, andererseits in sich weiter untergliedert (siehe Kasten 8.5 am Beispiel einer Drahtziehmaschine).
- **Systemanalytische Problemzerlegung** betrachtet Probleme als Mengen von Problemkomponenten, die nach unterschiedlichen Topologien bestimmt und in ihren Verknüpfungen gekennzeichnet werden. So zerlegt etwa das sog. "Ishikawa-Diagramm"[4] ein Problem mnemotechnisch eingängig in fünf, jeweils mit dem Buchstaben M beginnende Hauptursachen ("material", "machine", "measurement", "man", "method"). Das TOM Modell *Damms*[5] konzentriert sich auf die Faktoren "Technik", "Organisation", "Mensch". *Kim/Wilemon* zerlegen das Problem in seine "Komplexitäten": namentlich in technologische, marktbezogene und organisatorische[6]. Die "Methodik des vernetzten Denkens" befasst sich demgegenüber vor allem mit den Verknüpfungen dieser Problemelemente und ihrer Dynamik[7].

---

1 Siehe im Ansatz *Kepner/Tregoe* (1970), S. 91 ff.
2 *Schmidt* (1981), S. 131 ff.
3 *Geyer* (1987), S. 57.
4 *Ishikawa* (1985), S. 63 ff.
5 *Damm* (1994), S. 209 ff.
6 *Kim/Wilemon* (2003) S. 18 ff., 24 ff.
7 *Probst/Gomez* (1989), S. 5 ff.

Kasten 8.5: Funktionsanalytische Problemdefinition (*Rodenacker*)

"Die bisher dargestellten Hauptforderungen betreffend den logischen, physikalischen und konstruktiven Wirkungszusammenhang ergeben den ***Kern einer Maschine****.*

... dieses System 'Maschine' (ist) in vorausgehende und folgende Systeme und in übergreifende Systeme einzufügen. Aus diesen Anpassungsbedingungen ergibt sich eine Reihe von ***noch zusätzlich festzulegenden Komponenten****. Alle zu erfüllenden Forderungen werden zweckmäßigerweise möglichst frühzeitig zu einem Pflichten- oder Lastenheft oder zu einer Spezifikation zusammengefaßt. ...*

Die Grundkonstruktion und die sich aus den Nebenforderungen ergebenden Komponenten sind zu einer Gesamtkonstruktion zusammenzufügen. ...

Drahtziehmaschine
Ziel ist das Festlegen der Gesamtkonstruktion.
Komponenten bzw. Maßnahmen für die Gesamtkonstruktion: vorausgehende bzw. folgende Systeme der Drahtziehmaschine, Einzelmaschine (keine Maßnahme); übergreifende Systeme:

System 'Betrieb':
Aufstellung (Maschinenfüsse mit Fußbodenschrauben);
Energieumsatz (Kraftstromanschluß, Notabschaltung);
Stoffumsatz (Aufsetzen des Drahtbundes, Einfädeln des Drahtes in die Ziehdüse, Entfernen des Drahtbundes);
Betriebsinformationssystem (Messung Maschinenlaufzeit);
Maschinenbetrieb (Einfädeln: Anspitzmaschine für Draht, Einziehvorrichtung, Sanftanlauf, Zugkraftmessung für Auswahl der Ziehdüse);
Zubehör (Ziehdüsen, Anspitzmaschine, Einziehklemme);

System 'Mensch':
Ziehdüse in Bedienungshöhe;
Bedienungsstand von einer Seite;
Schalter und Notschalter (Anlauf/Betrieb, Notschalter von allen Seiten bedienbar);
Hebezug an Schwenkarm (Einlegen und Entnehmen des Drahtbundes);
Messen (Drahtdurchmesser, Drahtmenge, Bundgewicht);
Kontrolle (Ziehdüsenqualität, Schmierstellen);
Schutz der Bedienung (Schutzgitter gegen Drahtbruch);

System 'Umwelt':
Abfallminderung durch Ausgangsmaterial mit geringen Dickenschwankungen;
Abfallminderung durch Produktionsprogramm pro Monat mit geringer Zahl von Umstellungen.

Das bisher festgelegte Kernsystem 'Maschine' ist im allgemeinen ein ***Teilsystem*** *eines Gesamtsystems, in dem Energie, Stoff und Signale umgesetzt werden. In dieses* ***Gesamtsystem*** *muß das* ***Kernsystem*** *integriert, in den Schnittstellen an die* ***anderen Systeme*** *angepaßt werden. Das gilt für die Kriterien Menge, Fluß oder Flußänderungen bzw. Flußschwankungen, Qualität, Qualitätsänderungen bzw. Qualitätsschwankungen, Kosten, Kostenanteil an den Gesamtkosten des erzeugten Produkts."*

Quelle: *Rodenacker* (1976), S. 184 ff., Hervorhebungen durch Verfasser

8.5.2 Prozess

Zur Darstellung des Ablaufes der Problemdefinition greifen wir auf das in Kasten 8.6 wiedergegebene Diagramm *Pfohls*[1] zurück, der diesen Prozess weit auffächert[2]:

- Der Ablauf beginnt mit Anregungsinformationen, mit Initiativen im Sinne des 7. Kapitels. Kern des Prozesses sind **drei Phasen**, die der "Problemerkenntnis", die der "Problemanalyse" und die der "Problemformulierung". *Pfohl* verwendet damit das traditionelle kognitive Schema der Problemforschung[3].
- Der besondere Wert der Darstellung liegt in der Kennzeichnung der "Aussteuerungen". Es wird deutlich, mit welchen Argumenten in jeder der Phasen ein **Abbruch** einer weiteren Problemdurchdringung begründet werden kann. Es begegnen uns vielfach die gleichen Formulierungen wie im Modell von *Janis/Mann*[4].
- Es sollte nicht übersehen werden, dass dieses Modell **Rückverweisungen** auf vorgelagerte Phasen enthält. Die Problemdefinition ist kein linearer Prozess. Es wird vielmehr eine Fülle von Rückkopplungen notwendig. Die Phasengliederung beschreibt nur den ersten Ansatz eines Ablaufes. Tatsächlich überlagern sich die phasenspezifischen Tätigkeiten, wenn deutlich wird, dass Annahmen, unter denen die Aktivitäten in den Vorphasen abgelaufen sind, nicht in der angenommenen Weise gültig sind. Wer diesen Prozess formal steuern will, muss diese Rückkopplungen bewusst vorsehen[5].

Pfohl lässt keine Zweifel daran, dass es nicht darum geht, bereits die Problemlösung zu definieren[6]. Die von ihm genannten **Kosten- und Zeitanalysen** dienen zur Schärfung des Problembewusstseins und zur Prüfung der Frage, ob das Problem möglicherweise die gegebenen zeitlichen, personellen und finanziellen Kapazitäten überschreitet.

Die Beschreibung dieses Prozesses wirft die Frage auf, wie die in seinen einzelnen Phasen zu verarbeitenden Informationen gewonnen werden. Wesentlicher Bestandteil des Definitionsprozesses ist der parallel verlaufende **Informationsprozess**. Dieser fragt nach Informationsquellen und Informationsaktivitäten. Das von *Moss Kanter* praktisch beschriebene Vorgehen (siehe Kasten 8.7) zeigt, wie man sich diese Informationsaktivitäten vorzustellen hat.

---

1 *Pfohl* (1977), S. 93.
2 Zur Struktur der Tätigkeiten siehe auch *Cowan* (1986), S. 767, *Smith* (1989), S. 973, *Berens/Delfmann* (1994), S. 31 ff.
3 *Smith* (1989), S. 27 ff.
4 *Janis/Mann* (1977), S. 70, 86.
5 *Lyles* (1981), S. 73.
6 *Pfohl* (1977), S. 94.

Kasten 8.6: Problemstellungsphase des Entscheidungsprozesses (*Pfohl*)

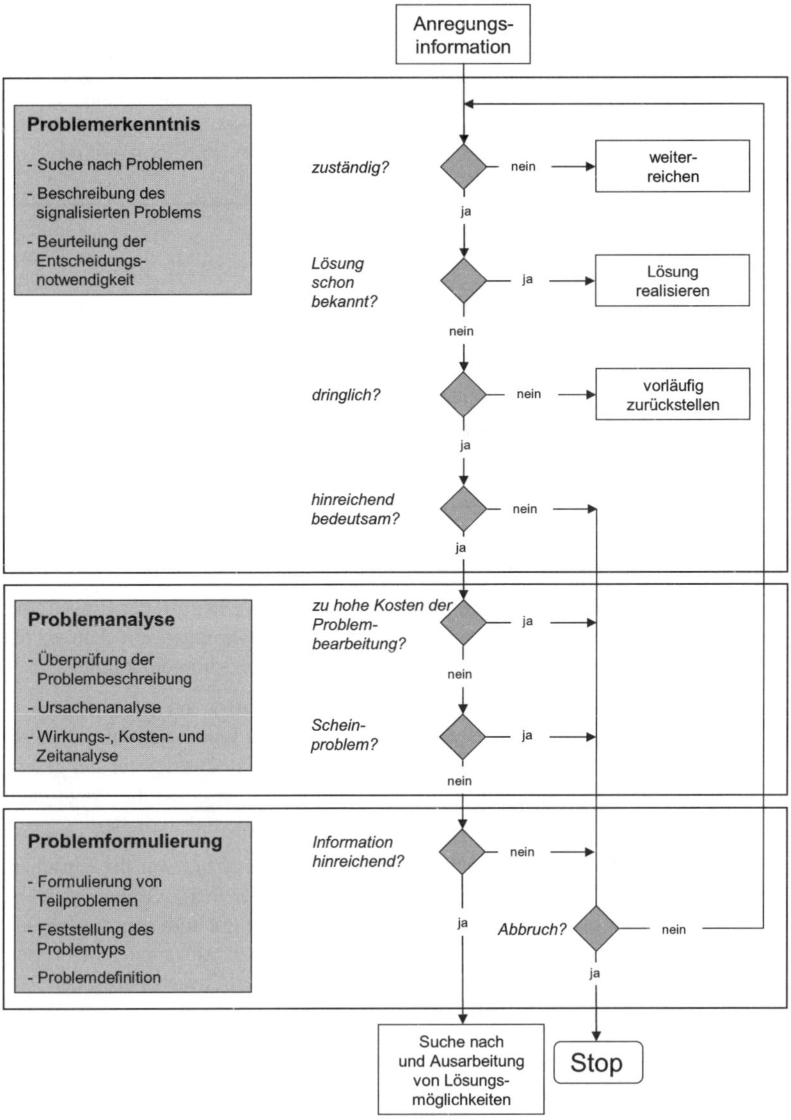

Quelle: Eigene Darstellung in Anlehnung an *Pfohl* (1977), S. 93

Kasten 8.7: Informationsverhalten bei Problemdefinition (*Moss Kanter*)

> *"In order to translate a set of vaguely expressed needs or a broadly worded assignment into an opportunity for concrete action that produces innovation, the entrepreneur benefits from moving outside received wisdom and established categories. This may be done by examining the issue from a variety of different viewpoints, perspectives, or frameworks to get a new angle on it, particularly through informal discussions with those in other functions with their own perspectives on the matter."*

Quelle: *Moss Kanter* (1983), S. 218

Das von *Witte* und seinen Mitarbeitern untersuchte Innovationsproblem zur Erstbeschaffung von EDV-Anlagen zeigt schließlich, wie diese Informationsaktivitäten letztlich wieder mit der Problemdefinition zu verknüpfen sind[1]. Unter Bezug auf diese Befunde lässt sich der folgende Ablauf eines **"Pilot-Prozesses zur Problemdefinition"** idealtypisch skizzieren:

(1) Ersatzentscheidung

In diesem Falle entschließt sich das innovierende Unternehmen, die Problemdefinition nicht allein aus eigener Kraft vorzunehmen. Es wählt eine oder mehrere der folgenden Möglichkeiten:

- **"Einstellung eines Experten"**: Die erste Alternative liegt in der Einstellung eines Fachmanns, der seine objektspezifischen Erfahrungen mit dem zu lösenden Innovationsproblem in anderen Unternehmen sammeln konnte.
- **Konsultation eines Beraters**: Diese Lösung hängt davon ab, ob es überhaupt unabhängige Spezialisten für eine bestimmte Innovation gibt, die ihre Dienste als Beratungsleistungen anbieten. Das ist im Zweifel nur bei extern beschaffbaren Innovationen realistisch. Damit wird zugleich die Frage nach der Unabhängigkeit des Beraters vom Lieferanten umso dringlicher.
- **Hilfe durch befreundete Firmen**: Schon bei *Grün et al.*[2] war die Einschaltung anderer Verwender aufgefallen. *Schrader*[3], der den zwischenbetrieblichen Informationstransfer empirisch untersucht, kommt zum überraschenden Befund, dass ein Informationsaustausch zwischen befreundeten Firmen weithin üblich ist, ja sogar zwischen konkurrierenden Firmen stattfindet.

(2) Phase des Selbststudiums

Die Informationen müssen nicht nur beschafft, sondern auch verarbeitet werden. Ein erster Lernschritt verlangt Aktivität bei der Informationssuche, aber auch Bereitschaft, Konzepte der Informationsverarbeitung kennenzulernen. Der Entscheidungsträger hat dabei folgende Möglichkeiten:

---

1 *Grün et al.* (1972), S. 136 ff.
2 Ebenda, S. 125.
3 *Schrader* (1990), S. 68 ff.

- **Besuch von Seminaren**: Unterstellt ist dabei, dass es spezielle Schulungsveranstaltungen gibt, die unabhängig von einem Lieferanteninteresse einen Informations- und einen Methodentransfer anbieten - bei vielen Innovationen leider eine unrealistische Annahme.
- **Besuche von "Informationsknoten"**: Technologiespezifische und zugleich marktspezifische Informationen bieten vor allem Messen sowie Fachbibliotheken, namentlich Verbandsbibliotheken. Die technologiespezifischen Informationen als solche sind in den Patentämtern am umfassendsten dokumentiert.
- **Begutachtung von Referenzanlagen**: Ein Innovationseinkäufer wird stets nach Erfahrungen anderer Verwender mit innovativen Produkten oder Verfahren fragen. Sofern Referenzanlagen existieren und unter echten Betriebs- und Marktbedingungen laufen, eignet sich ein Gespräch mit dem Betreiber dieser Anlage vorzüglich, um das Ausmaß der mit der technischen Innovation verknüpften Probleme kennenzulernen. Die Informationsquelle ist in der Lage, sich flexibel an die Informationswünsche anzupassen. Sie ermöglicht zudem eine wesentlich bessere Bewertung der Zeit-, Kosten- und Personalbelastungen. Dass der Betreiber einer Referenzanlage seinen Entschluss verteidigt, kann von vornherein in Rechnung gestellt werden.

(3) Begrenztes learning-by-doing

Ein relativ aufwendiges Verfahren zur Erlangung von besserer Einsicht in die Problemstruktur besteht schließlich darin, eine Teilproblematik zu isolieren und diese **in einem begrenzten Rahmen experimentell zu bearbeiten**. Ziel ist dabei weniger, bereits fertige Teillösungen, als vielmehr den Einblick in das Problemgefüge zu gewinnen. Man muss also durchaus bereit sein, eine schon erzielte Teillösung wieder aufzugeben, wenn das Ergebnis dieses Lernprozesses dies im Interesse der übrigen, als bedeutsam erkannten Teilprobleme gebietet[1].

8.5.3 Ergebnis

Der Satz "Gegeben sei folgendes Problem ..." gilt für innovative Entscheidungen nicht. Er kennzeichnet auf jeden Fall einen sehr späten Zeitpunkt des gesamten Problemlösungsprozesses. **Das Problem muss gesucht und bestimmt werden**. Man muss akzeptieren, dass dieser Suchvorgang in die Irre führt. Routineprozesse haben es wesentlich leichter, sauber abgegrenzt zu sein.

Wenn der Definitionsprozess sachgerecht durchlaufen ist, kommt er zu folgendem **Ergebnis**:

- Ausgangspunkt jeder Problemdefinition ist eine erneute Kennzeichnung der **Initiative**, d.h. des Anlasses der Problemdefinition.
- Inhaltlich endet die Problemdefinition mit einer **Problembeschreibung**, das ist eine positive Nennung der offenen, zu lösenden Fragen.

---

[1] *Loch* (1997), S. 192 ff.

- Sodann ist durch **Problemausgrenzung** anzugeben, welche Probleme nicht behandelt werden sollen.
- Weiterhin sind die **Prämissen** offenzulegen, unter denen die Problemdefinition steht, i.W. Ziel- und Bewertungsprämissen, die den Problemzuschnitt bestimmt haben, sowie Problemstrukturprämissen, die bewusst machen, von welchem Gliederungskonzept man sich bei der Problemdefinition hat leiten lassen[1].
- Schließlich sind die **Teilprobleme**, soweit diese bereits erkennbar sind, zu benennen. Es sollte aber bewusst bleiben, dass eine derartige Problemstrukturierung in dieser Phase noch vorläufigen Charakter hat.
- Die Problemdefinition sollte auf **Folge- und nachrangige Probleme** aufmerksam machen, die im Sinne einer Präzedenzwirkung durch die Lösung des anstehenden Problems berührt werden.

Die Problemdefinition sollte nicht zwingend festlegen, welches die Auswahlkriterien für die Entscheidung sind. Dies zu bestimmen ist Aufgabe des Zielbildungsprozesses (siehe 9. Kapitel). Es reicht, wenn festgestellt wird, dass der als unbefriedigend markierte Ausgangszustand verändert oder verbessert werden soll.

Wenn in der Problemdefinition bestimmte **Problemaspekte nicht definiert**, aber bereits bewusst werden, so sollte das **offengelegt** werden. Damit soll die Aufmerksamkeit erhalten bleiben, diese **fehlenden Definitionen baldmöglichst nachzuholen**. Es kann sogar von Bedingungen abhängig gemacht werden, wann diese Problempräzisierungen spätestens erfolgen sollen.

---

1 *Berens/Delfmann* (1994), S. 46.

9. Kapitel
Zielbildung in Innovationsprozessen

9.1 Eine Fallstudie: Zielbildung für GROWIAN

GROWIAN ist ein Akronym, zusammengesetzt aus den Anfangsbuchstaben der **Gro**ßen **Wi**ndenergie-**An**lage. Dieses seinerzeit weltgrößte Windkraftsystem wurde im Kaiser-Wilhelm-Koog in Schleswig-Holstein errichtet, um die Möglichkeiten der großtechnischen Gewinnung von elektrischer Energie aus der natürlichen Bewegung der Luft zu untersuchen. Das Projekt wurde fast vollständig vom Bundesministerium für Forschung und Technologie finanziert. Der Zielbildungsprozess für das GROWIAN-Projekt wurde von *Pulczynski*[1] aus Akten und Befragungen detailliert rekonstruiert. Die folgende Darstellung zeigt die wesentlichen Etappen dieses Prozesses[2]:

Der Zielbildungsprozess startete zwischen 1973 und 1974. In dieser Zeit löste die **Energiekrise** die Suche nach neuen Energiequellen aus. Zwar wurde die Windenergienutzung seinerzeit stark von der staatlichen Forschungspolitik im Bereich der Atomenergie überschattet. Aber schon im Jahre 1973 wies die Bundesregierung darauf hin, dass sie die Nutzungsmöglichkeiten "weiterer, neuer, **umweltfreundlicher** Energiequellen (u.a. auch der Sonnenenergie oder geothermischer Energie)" untersuchen wollte. Im Herbst 1974 wurde das Energieprogramm fortgeschrieben. Dabei wurde erstmalig - wenn auch reichlich versteckt - die Erschließung neuer Energiequellen für den großtechnischen Einsatz gefordert. In der Bundestagsdrucksache 8/1357 vom 19. 12. 77 wurde dann erstmalig die **Windenergie** explizit genannt:

> "Bei den 'neuen' Energiequellen stehen Entwicklungsarbeiten hauptsächlich zur Nutzung der Sonnenenergie, aber auch der Windenergie und geothermischen Energie im Vordergrund der Entwicklungsarbeiten, wobei es darauf ankommt, den wirtschaftlich erschließbaren Anteil dieser Energien zu vergrößern bzw. Wirtschaftlichkeit zu erreichen. Auch bei den 'neuen' Energiequellen wird die Bundesregierung gegebenenfalls Markteinführungshilfen gewähren."

Wir schreiben Dezember 1977 - die offizielle **Zielartikulation** erfolgte, wie die detaillierte Recherche zeigte, damit erst anderthalb Jahre nach den eigentlichen **Zielentscheidungen**: Das bedeutsamste Ereignis im Zielbildungsprozess, das dieser Zieldeklaration vom Dezember 1977 vorausging, war eine Expertendiskussion, die bereits am 11. 6. 1976 stattgefunden hatte. Dies war der Tag der Wissenschaftler. Sie setzten sich enthusiastisch dafür ein, eine **relativ große** Windenergieanlage zu bauen. Sie gaben technische Spezifikationen von großer Detaillierung. Der wichtigste Experte gab den Rat, die Windkraftanlage mit zwei

---

[1] *Pulczynski* (1991).
[2] *Hauschildt/Pulczynski* (1992).

Rotorblättern in Composite-Bauweise zu bauen, das Rotorsystem mit einer Pendelnabe zu versehen und der Anlage eine Kapazität von 1 bis 3 Megawatt zu geben. Das **Ergebnis** der Beratung wurde durch den Vorsitzenden in folgender Weise zusammengefasst:

> "(Er) habe insgesamt den Eindruck gewonnen, dass die große Windenergieanlage mit Leistungen im Bereich von 1-3 MW technisch durchaus realisierbar sei und noch ausstehende Probleme lösbar seien. Man könne nach der Diskussion die einzelnen Komponenten der Anlage schon recht gut spezifizieren. Über den Rotor habe er gelernt, wünschenswert seien zwei Blätter, Composite-Bauweise, Schnelläufer, Pendelnabe und Regelung nach Prof. *Hütter*. Das Getriebe soll ein Festgetriebe sein. Der Generator soll ein Synchrongenerator für 50 Hertz zur Einspeisung ins öffentliche Stromnetz sein. Die Art des Turmes hänge vom Gesamtsystem ab."

Die Experten hinterließen den Eindruck, dass die meisten technischen Probleme bereits gelöst seien, zumindest prinzipiell. Der wichtigste Einfluss der Wissenschaftler auf die Entscheidung lag in der Konstruktion der Rotorblätter. Es wurde unmissverständlich klargemacht, dass eine Windkraftanlage der diskutierten Größe nur mit **Rotorblättern aus Composite-Materialien** zu realisieren sei.

Einen Monat später, am 16. Juli 1976, wurde eine beschränkte **Ausschreibung** über die Ausarbeitung baureifer Unterlagen für eine große Windenergieanlage im Megawatt-Leistungsbereich an 16 Unternehmen verschickt. In dieser Ausschreibung wurden weitere Einengungen der Zielsetzungen getroffen:

> "1. Leistung: Wert im Intervall zwischen 2 und 3 MW. Die Leistung soll in Standorten mit einem Jahresmittel der Windgeschwindigkeit (gemessen in 10 m Höhe über Grund) von rd. 5 m/s abgegeben werden. Konstante Umdrehungszahl des Rotors bei Nennleistung; Regelung nach *Hütter*.
>
> 2. Prinzip: Anlage mit horizontaler Achse und hoher Schnellaufzahl.
>
> 3. Komponenten:
> a) Rotor: Zwei Blätter, Composite-Bauweise, Pendelnabe.
> b) Turm: Bei der Entscheidung für ein Turmkonzept (Gitterturm, Stahlrohrmast, Stahlbetonturm) muss neben den technischen Gesichtspunkten und den Bau- und Betriebskosten wesentlicher Gesichtspunkt die breite optische Akzeptabilität des Turmes sein (100 Türme sollen später ein Kraftwerk bilden!).
> c) Generator: Synchrongenerator 50 Hz zur Einspeisung ins öffentliche Netz.
> d) Getriebe: Feste Übersetzung."

In dieser Aufforderung zur Abgabe baureifer Unterlagen wurden die Ziele weiter eingeengt: Der Rotor sollte zwei Rotorblätter in Composite-Bauweise besitzen - dies war eine **Zielfixierung**. Die Kapazität sollte zwischen 2 und 3 Megawatt liegen, hier gab es noch einen **Spielraum**. Über die Höhe des Turmes und den Durchmesser des Rotors war nichts gesagt. Hier herrschte demnach noch völlige **Freiheit** in der Zielbildung, wenn man davon absieht, dass die optische Akzeptanz nicht ohne Einfluss auf die Höhenkonstruktion ist.

Im Juni 1977 wurde der Auftrag über die **Erstellung der baureifen Unterlagen** für GROWIAN erteilt.

Fünf Monate später gab es die erste **Präsentation** der technischen Alternativen. Zum Hauptproblem erhob man dabei den Durchmesser des Rotors. Drei Alternativen wurden vorgestellt: 80 m, 100 m und 113 m. Dies war der Augenblick, in dem die Repräsentanten der Bundesregierung die **gravierendste (Fehl-)Entscheidung zum Leistungsziel** trafen. Obwohl die Experten einen Rotordurchmesser von 80 m bevorzugten, bestanden die Repräsentanten des politischen Systems auf einer größeren Lösung von 100,4 m Rotordurchmesser. Mit dieser Fixierung wurde die nächste Zielentscheidung präjudiziert: die Turmhöhe. Man legte sie auf 96,6 m fest und bestimmte damit die Nabenhöhe auf 102,1 m über Grund.

Die übrigen Zielbestandteile wurden folgendermaßen bestimmt:

- **Kostenziel:** Das Gesamtprojekt wurde vom BMFT mit einem Budget von 38,9 Mio. DM ausgestattet.
- **Zeitziel:** Die gesamte Einheit sollte nach einer Bau- und Testzeit von 32 Monaten betriebsbereit übergeben werden.

Das **übergeordnete Gesamtziel** lautete: Die Anlage sollte drei Jahre laufen, zum einen, um alle notwendigen Informationen zu sammeln (**technologiepolitischer Auftrag**), zum anderen, um die elektrische Energie in das öffentliche Versorgungsnetz einzuspeisen (**energiewirtschaftlicher Auftrag**).

Die Abbildung in Kasten 9.1 fasst den Zielbildungsprozess schematisch zusammen und zeigt die stufenweise Reduzierung der Zielvielfalt.

Wir gehen in das Jahr 1987: Am 8. Mai wurde GROWIAN außer Betrieb gesetzt. Im Jahre 1988 wurde er völlig abgerissen. Zwar waren damit die gesetzten **Konstruktions-Ziele** weitgehend erfüllt: Turm von 102 m Höhe, Zweiblatt-Rotor-System, allerdings nicht in Composite-Bauweise, Energieerzeugungskapazität von 3 Megawatt, Pendelnabe nach dem System *Hütter*.

Aber: Anstatt drei Jahre im Betrieb zu sein, betrug die tatsächliche **Betriebsdauer** nur 420 Stunden, das sind 17,5 Tage. Das energiepolitische Ziel wurde verfehlt. Verglichen mit der ursprünglichen Zeitplanung war die endgültige Komponentenmontage der Anlage um ca. 20 Monate verzögert. Diese **Verzögerung** korreliert mit dem **Anstieg der Kosten**: Die Investition überschritt das ursprüngliche Budget um mehr als 33 %. Das Kostenziel wurde nicht eingehalten. Der technologiepolitische Auftrag wurde noch am ehesten erfüllt.

Für den externen Beobachter war diese Innovation kein Erfolg, sondern ein Misserfolg, der nicht zuletzt auf zu rigide bestimmte Ziele zurückzuführen ist.

Kasten 9.1: Zielbildungsprozess GROWIAN

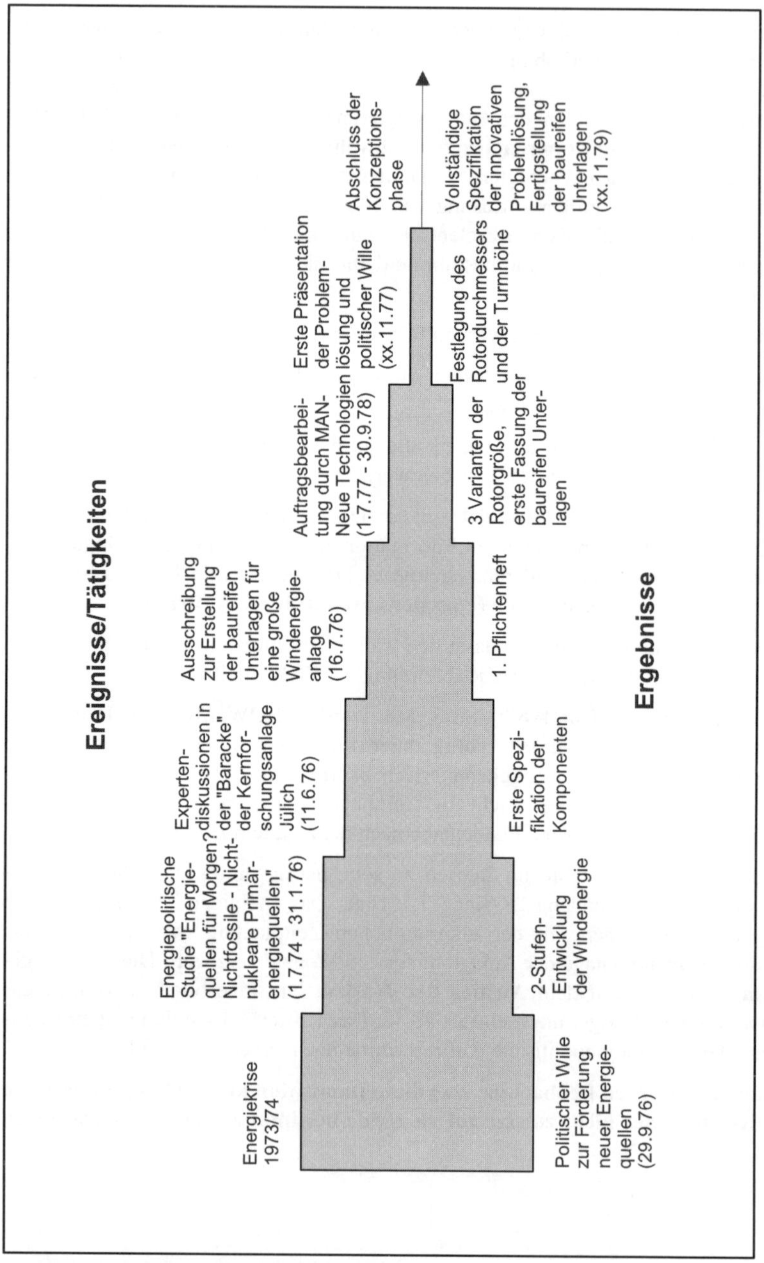

Quelle: *Hauschildt/Pulczynski* (1992), S. 78

Die Fallstudie regt zu folgenden Fragen an:

- Wer legt die Ziele fest? Wer hat Einfluss auf die Zielbildung?
- Welche Eigenschaften hat ein klar definiertes Projektziel?
- Wie ist das Verhältnis der Teilziele zueinander zu bestimmen? Welches Teilziel hat Priorität?
- Verbergen sich "politische" Ziele hinter technischen?
- Welche Bedeutung hat eine formelle Artikulation von Zielen für den Innovationsprozess?
- Ist es empfehlenswert, Ziele für Innovationen klar und verbindlich zu formulieren?
  Oder sollte man Ziele vage formulieren, um einen Konsens der Beteiligten zu erreichen?
- Verlangen Innovationen Spielräume bei der Festlegung der Ziele?
- Welche Möglichkeiten gibt es, Ziele flexibel zu formulieren?
- Unter welchen Bedingungen sind Zieländerungen sinnvoll?
  Sollte man Zieländerungen von vornherein von bestimmten Rahmenbedingungen abhängig machen?
- Welches ist der späteste Zeitpunkt für Zieländerungen?
  Wie kann man Ziele irreversibel machen?
- Wie sind Informationsprozesse und Zielbildung miteinander verflochten?

Die folgende Darstellung soll Antworten auf diese Fragen geben.

9.2 Kennzeichnung von Innovationszielen

"One simultaneously chooses a policy to attain certain objectives and chooses the objectives themselves."

Lindblom (1964), S. 67

9.2.1 Dimensionen von Innovationszielen

Ziele sind normative Aussagen von Entscheidungsträgern, die einen gewünschten, von ihnen oder anderen anzustrebenden, zukünftigen Zustand der Realität beschreiben[1]. Ziele sollen die Auswahl von Alternativen dadurch lenken, dass die versprochenen oder angebotenen Wirkungen der Alternativen mit den Forderungen des Ziels verglichen und damit beurteilbar werden[2].

Ziele sind von "**Visionen**" zu unterscheiden. Visionen ergänzen die entscheidungstheoretische Perspektive der Ziele um die Durchsetzungsperspektive. Visionen sind konkrete, stimulierende, leicht verständliche Kurzformeln, die das Handeln der Beteiligten klar ausrichten sollen[3]. So wurde der Task Force von IBM, die den PC entwickeln sollte, die Vision vorgegeben, "to out Apple"[4].

Ziele sind demgegenüber unterschiedlich exakt und extensiv beschreibbar. Es sollen zunächst die Elemente eines **einzelnen** Ziels und sodann die Ordnung **mehrerer** Ziele in einem komplexen Zielsystem behandelt werden.

Ein Ziel besteht wenigstens aus folgenden Elementen:

(1) Zielobjekt

Ein Ziel richtet sich im Allgemeinen nicht auf die Gesamtheit der Realität, sondern auf einen **Ausschnitt**, der von den Entscheidungsträgern nach klassischer Anschauung souverän abgegrenzt wird. Er bezeichnet das Entscheidungsfeld, für das ein Ziel zu bestimmen ist. In der klassischen Betriebswirtschaftslehre ist das nicht weiter reflektierte Zielobjekt stets die gesamte Unternehmung. Die stillschweigende Unterstellung, dass die für die gesamte Unternehmung definierte Zielsetzung auch für alle engeren Entscheidungsfelder innerhalb einer Unternehmung gültig sei, wird hier bestritten. **Für jedes Problem ist eine spezifische Zielsetzung zu entwickeln.** Es ist dabei allerdings Sorge zu tragen, dass diese problemspezifische Zielsetzung (das Entscheidungsziel oder bei Innovationen: das Innovationsziel) mit der Zielsetzung der Unternehmung kompatibel bleibt[5].

Die Problemdefinition steckt den Ausschnitt ab, auf den sich die Gestaltungsbemühungen richten. Damit wird zugleich der **Objektbereich der Zielbildung** bestimmt. Je nachdem, wie weit oder wie eng dieses Problem definiert ist, ergibt sich ein unterschiedlich großer Objektbereich der Zielsetzung. Für Innovations-

---

1 *Hauschildt* (1970), S. 551.
2 *Hamel* (1974), S. 50 ff.
3 *Lynn/Akgün* (2001), S. 376 ff.
4 Ebenda, S. 375.
5 *Benkenstein* (1987), S. 209 ff. Auf diese Beziehung wird insbesondere in den "Product Innovation Charters" verwiesen, so bei *Bart* (2002), S. 23 ff.

prozesse, insbesondere für Forschungs- und Entwicklungsprozesse, ist es charakteristisch, dass der Objektbereich zunehmend verengt und spezialisiert wird, indem das Gesamtobjekt in Teilobjekte zerlegt wird. Entsprechend sind dann auch die Teilziele zu entwickeln und auf ihre Kompatibilität mit dem Gesamtziel ständig zu überprüfen[1].

(2) Zieleigenschaften

Die Zielobjekte weisen einzelne, jeweils gesondert zu bestimmende Eigenschaften auf. Diejenigen Eigenschaften, auf die sich das Streben des Entscheidungsträgers richtet, werden als Zieleigenschaften bezeichnet. In der Literatur finden sich im gleichen Sinne auch die Begriffe: Zielinhalte, Zielvariablen, Zielattribute und Entscheidungskriterien. **Sie sind als Vorschrift zu begreifen, welche Kriterien zur Bewertung von Alternativen heranzuziehen sind**.

Die wichtigsten Kriterien von Innovationsprojekten sind technische und wirtschaftliche.

- Die technischen Zielvariablen werden oft auch zusammenfassend als "**Leistungsziele**" oder "Sachziele" bezeichnet. Sie beziehen sich zum einen auf konstruktive Eigenschaften des neuen Produkts oder Verfahrens ("Konstruktionsziele") und zum anderen auf Verwendungsaspekte ("Nutzungsziele").
- Die wirtschaftlichen Zielvariablen sind die angestrebten Gewinn- und Umsatzwirkungen des neuen Produktes oder die Rationalisierungseffekte des neuen Verfahrens. Bei der starken Dominanz des Budgetdenkens im Projektmanagement kommt der Einhaltung der Budgetgrenzen zumeist noch eine besondere Bedeutung zu. Die Praxis spricht in diesem Zusammenhang unter souveräner Nichtbeachtung der wissenschaftlichen Terminologie vom "**Kostenziel**".

(3) Zielmaßstab

Der Entscheidungsträger wählt die zu realisierende Alternative nach ihrem Beitrag zur Zielerfüllung aus. Dieser Beitrag muss quantifizierbar sein. Benötigt wird ein Zielmaßstab, also eine Vorschrift, die angibt, wie die Zieleigenschaft zu messen ist.

(4) Zielfunktion i. e. S.

Jede im Entscheidungsprozess zu betrachtende Alternative liefert einen bestimmten Zielerfüllungsbeitrag. Die Vorschrift, durch die der Entscheidungsträger angibt, welchen Zielerfüllungsbeitrag er anstrebt, nennen wir Zielfunktion. Im gleichen Sinne finden sich in der Literatur die Begriffe "angestrebtes Ausmaß" und "Höhenpräferenzrelation". Das Streben richtet sich - so die Annahme der entscheidungstheoretischen Literatur - in der Regel auf den höchsten Zielerfüllungsbeitrag, das **Optimum** (als Maximum oder Minimum). Daneben stehen andere Varianten: Erreichen oder Übertreffen eines **Anspruchsniveaus** ("Satis-

---

[1] *Specht et al.* (2002), S. 19 ff., 132 ff.

fizierung") sowie auch das Erreichen eines **punktuell bestimmten Zustandes** ("en bloc-Ziel").

(5) Zeitlicher Bezug

Ziele beziehen sich stets auf die Zukunft. Es ist festzulegen, bis zu welchem **End-Termin** oder in welcher **Frist** das Ziel zu erreichen ist. Der zeitliche Bezug nennt überdies, welche Ziele für eine kurzfristige und welche erst für eine längerfristige Zukunft Geltung haben (Nah- bzw. Fernziele). In der Praxis des Projektmanagements verselbständigt sich dieser zeitliche Bezug oft zu einem Ziel eigener Art, dem "**Zeitziel**".

9.2.2 Ordnungsformen mehrfacher Ziele

Betriebliches Handeln generell und Innovationen im Besonderen sind **von mehr als einem Ziel bestimmt**. Dieses Phänomen "mehrfacher" oder "multipler" Ziele ist solange unproblematisch, als sich die einzelnen Ziele "**komplementär**" verhalten, das heißt, so lange durch die positive Erfüllung des einen Zieles auch die übrigen positiv erfüllt werden. Erst die Konkurrenz "**konfliktärer**" Ziele wirft ein Ordnungsproblem auf: Wie ist zu verfahren, wenn eine Alternative präsentiert wird, durch die ein **Teilziel nur zu Lasten eines anderen** erfüllt werden kann? Dann sind Prioritäten durch ein Zielsystem zu setzen:

Das Zielsystem ist die bewusste Ordnung von mehreren, darunter konfliktären Zielen.

(1) Komplementäre Ziele

Sie werden in einer **Zielhierarchie** geordnet, das sind mehrstufige, verzweigte Finalrelationen, in denen die Unterziele jeweils zu den Oberzielen in einer Zweck-Mittel-Beziehung stehen: Das Unterziel ist jeweils Mittel zum Zweck der Erfüllung des Oberziels.

(2) Konfliktäre Ziele

Sie verlangen andere Ordnungsformen. Zwei Konzepte sind für die systematische Handhabung von Zielkonflikten in Theorie und Praxis bekannt: Das Nutzen- und das Nebenbedingungs-Konzept:

- Das **Nutzen-Konzept** transformiert konfliktäre Ziele in eine gemeinsame, hierarchisch übergeordnete Zieleigenschaft, den "Nutzen". Während die Wissenschaft dabei recht komplexe, eventuell nicht-lineare Beziehungen annimmt, verwendet die Praxis zumeist invariante Gewichtungs-Äquivalente, in denen sich die relative Bedeutung eines Ziels gegenüber einem anderen ausdrückt, z.B. durch Vergabe von "Punkten" oder "Bedeutungsgewichten" im Produkttest. Das Nutzen-Konzept geht von der Vorstellung aus, dass keines der angestrebten Ziele absoluten Vorrang vor den anderen genießt, sondern dass die Minder-Erfüllung eines Ziels durch die Über-Erfüllung eines anderen substituiert werden kann. Die sog. Nutzwert-

Analyse[1] bietet eine Fülle von Ansätzen zur Bestimmung derartiger Nutzenfunktionen.

- Wenn indessen wenigstens ein Ziel einen absoluten Vorrang gegenüber den anderen hat, dann ist das **Nebenbedingungs-Konzept** für die Ordnung der Ziele zu wählen. Es besagt: Für die wichtigsten Ziele sind Grenzwerte zu bestimmen, die auf jeden Fall zu erfüllen sind. Die Praxis spricht von sog. "k.o.-Regeln". Erst müssen diese Nebenbedingungen erfüllt sein, ehe sich die Frage nach der Optimierung anderer Ziele überhaupt stellt.

Innovationsentscheidungen gelten in der Theorie als Spezialfälle von Entscheidungen und haben in der Entscheidungstheorie keinen eigenen Platz. Die definitorische Kennzeichnung von Entscheidungszielen gilt somit uneingeschränkt auch für Innovationsziele. **Es herrscht die Norm der Zielklarheit:** Ziele sind in den gekennzeichneten Dimensionen unmissverständlich und operational festzulegen. Es ist sprachlich verräterisch, dass die Entscheidungstheorie so gern mit der Formulierung "gegeben sei folgende Zielfunktion ..." operiert. Man entlastet sich, darüber nachzudenken, was dieser markigen Annahme vorausgeht.

Diese axiomatische Grundhaltung teilt die Entscheidungstheorie mit Praktikern. **Zielklarheit gilt als Voraussetzung erfolgreichen Projektmanagements**. Das Akronym SMART für Zielbestimmung steht für **S**pecific, **M**easurable, **A**chievable, **R**ealistic / **R**elevant, **T**angible / **T**ime-bound - wohl nicht nur eine mnemotechnische Hilfe, sondern zugleich auch ein Markenzeichen für Markigkeit. (vgl. auch die Zitate in Kasten 9.2):

Die folgende Darstellung ist ein vehementer Protest gegen diese Voreingenommenheit.

Die Entwicklung von Zielen für innovative Problemstellungen ist eine eigenständige Aufgabe des Innovationsmanagements.

Die Kritik geht aber noch einen Schritt weiter. Es ist zu befürchten, dass Ziele, die diesen Lehrbuchansprüchen entsprechen, Innovationen sogar verhindern. Sie sind Ausdruck einer naiven Machbarkeitsphilosophie, die vielleicht dem Tagesgeschäft, eventuell auch noch einer inkrementalen Produktverbesserung angemessen ist. In Kasten 9.3 werden die Gefahren einer unreflektierten Übernahme derartiger SMART-Anforderungen für Innovationen mit hohem Neuigkeitsgrad pointierend zusammengefasst.

---

[1] Vgl. *Weber* (1992), Sp. 1435 ff.

Kasten 9.2: Postulat der Zielklarheit in der Literatur

Aggteleky (1989), S. 90: *"Zielfaktoren sind eindeutig und möglichst genau anzugeben und zu quantifizieren. Dies erfolgt in der Regel mit Hilfe von drei Zielgrößen: Leistung bzw. Größe ... Kosten ... zeitliche Angaben ... ."*
Platz/Schmelzer (1986), S. 92: *"An ein Zielsystem in F&E-Projekten und seine einzelnen Elemente sind bestimmte Anforderungen zu richten, die bei der Zielfindung stets zu beachten sind:* *- Vollständigkeit (des Zielsystems)* *- Eindeutigkeit (der Zielelemente)* *- Verständlichkeit (der Einzelelemente)* *- Machbarkeit und Kontrollierbarkeit (der Einzelelemente)."*
Kerzner (1984), S. 344: *"Project objectives must be* *- Specific, not general,* *- Not overly complex,* *- Measurable, tangible, and verifiable,* *- Realistic and attainable,* *- Established within resource bounds,* *- Consistent with resources available and anticipated,* *- Consistent with organizational plans, policies, and procedures."*

Quelle: Eigene Darstellung

Kasten 9.3: Applying SMART Criteria Defeats Breakthrough Innovation (*Prather*)

SMART Criteria	**Incremental Innovation (perfecting the system)**	**Breakthrough Innovation (changing the system)**
Specific	Sharply definded goals channel our work and focus us on the stated goal.	Sharply defined goals restrict our thinking and work to keep us "in the box".
Measurable	Easily measured, so we can point to progress, e.g., cost or productivity.	The need to meet near-term metrics drives easily-reached goals with short-term payoff and works against innovation, which has longer-range focus.
Achievable	Goals must be within the realm of known possibilities, increasing the probability of achieving the goal.	If goals must always be achievable, then those out-of-box ideas that have great potential but may not work well at first are not attempted.
Realistic/ Relevant	Goals must be realistic and relevant to the situattion at hand. Unrealistic goals are not allowed.	If goals must always be realistic and relevant to the stated problem, occasional detours cannot be taken to investigate "happy accidents" that have delivered many breakthroughs – like penicillin, Nutrasweet and Scotchgard.
Tangible/ Time-bound	Time pressure helps achievement. It drives decision-making and action.	Time pressure forces the surer and shorter road, meeting the timing but missing the unexpected breakthroughs. The luxury of "playing with ideas" cannot exist.

Quelle: *Prather* (2005), S. 15

9.3 Theoretische Erwägungen zur Zielbildung

Innovationen sollten zweckmäßigerweise nicht als Spezialfall des generellen entscheidungstheoretischen Paradigmas (Überführung eines Ausgangszustandes in einen gewünschten Endzustand) behandelt werden. Ihre Komplexität ist so hoch, dass ein **Sprung von Quantität in Qualität** erfolgt.

9.3.1 Komplexität als Ursache für fehlende Zielklarheit

(1) Unklarheit der Problemstruktur

Die Strukturen der zukünftigen Situation sind diffus und unbekannt. Wie die Überlegungen zur Problemdefinition gezeigt haben, ist schon die Beschreibung des Ausgangszustandes problematisch. Der Endzustand, auf den hin der Ausgangszustand überführt werden soll, ist mehrwertig. Der Innovationsmanager kennt die Transformationsprogramme nicht, die den Ausgangszustand in den Endzustand überführen. Er kennt die funktionalen Beziehungen weder der Art noch der Struktur nach. Er kann Bedeutung und Dynamik der einzelnen Elemente nicht abschätzen. Er weiß überdies nicht, ob die von ihm hinzugezogenen Variablen für die Verknüpfung hinreichend und notwendig sind. Er weiß bei technischen Innovationen nicht, mit welchen Maßstäben die Variablen überhaupt oder gar am günstigsten abzubilden sind. Wenn soziale Beziehungen ins Spiel kommen, dann sind diese stets stochastischer Natur. Die sozialen und ökonomischen Phänomene sind vielfach rekursiv: Der Entscheidungsträger hat mehrfache Rückwirkungseffekte, Aufschaukel-Phänomene und Multiplikator-Wirkungen in Rechnung zu stellen.

In innovativen Situationen sind Zweifel begründet, dass Zielsetzungen geeignet sind, die sich im Kontext von ganz anderen Problemstellungen bewährt haben.

Ziele für Innovationen sind nicht gegeben, sondern zu entwickeln.

(2) Unabsehbarkeit der Problemkomponenten

Die innovative Entscheidungssituation verpflichtet den Entscheidungsträger, mehrere, inhaltlich unterschiedliche **Aspekte** wie technische, rechtliche, soziale, finanzielle etc. zu berücksichtigen. Er hat unterschiedliche **Zeitfelder** zu integrieren: aktuelle, mittelfristige und langfristige. Zumeist werden von dem Innovationsproblem unterschiedliche **Verantwortungsbereiche** berührt. Es ist denkbar, dass eine große **Personenzahl** von dem Problem betroffen ist oder an ihm mitwirkt. Die Innovation selbst steht in **Problemkonkurrenz**: Andere Probleme werden gleichzeitig bearbeitet. Es ist zu erwarten, dass deren Problemkomponenten sich auch auf das betrachtete Innovationsproblem übertragen werden. Die Innovation ist überdies mit vorangegangenen und nachfolgenden Problemen verbunden. Es sind **Folge- und Nebenwirkungen** zu bedenken. Da die meisten der Problemkomponenten in die Zukunft reichen, sind **Schätzungen** anzustellen, die angesichts der Neuartigkeit der Materie mehrwertig sein werden. Durch diese Vielfalt der Wertansätze steigt die Zahl der in die Entscheidung zu integrierenden Komponenten weiter an. Jeder dieser Aspekte, jede dieser Unterscheidungen schafft Ansatzpunkte für eine weitere Komplizierung des Problemgehalts.

Diese große Zahl von Problemkomponenten ist gesondert hervorzuheben, ist sie es doch, die die Grenzen menschlicher Problemlösungskapazität so schnell erreichen lässt. Hinzu kommt, dass vom Erlebnis dieser Unübersehbarkeit ein **arteigener psychischer Stress** ausgeht, der auch für manche neurotische Reaktion verantwortlich sein dürfte.

(3) Konflikttheoretische Erwägungen

In innovativen Situationen ist die Wahrscheinlichkeit hoch, dass latente Konflikte ausbrechen, die bisher noch nicht wahrgenommen wurden. Es entstehen erstmalig **neue Konfliktkonstellationen**. Aus dem Erlebnis von Unklarheit und Unsicherheit erwachsen zusätzliche Konflikte.

Wenn wir sagen, ein Problem sei komplex, dann soll damit ausgedrückt werden, dass die Unklarheit der Problemstruktur, die Unsicherheit der Erwartungen, die Unüberschaubarkeit der Problemkomponenten und schließlich der Konfliktgehalt des Problems in einer kaum isolierbaren Weise miteinander verschlungen sind[1].

Die Zielbildung wird von der Erkenntnis und dem Erlebnis dieser Komplexität nachhaltig beeinflusst.

9.3.2 Zielvariation bei Komplexitätsreduktion

Mit welchen charakteristischen **Verhaltensweisen** reagiert ein Individuum oder eine Gruppe auf das Empfinden oder die Wahrnehmung der Komplexität? Die rationale Reaktion erfolgt

- durch **Zerlegung des Gesamtproblems** in Teilentscheidungen, die die Struktur und die Kontur des Problems bestimmen,
- durch **Informationssuche**, ebenfalls zur Strukturierung und Konturierung des Problems, darüber hinaus zum Abbau der Ungewissheit und zur Findung von Konfliktlösungen,
- durch Wahrnehmung und Verarbeitung der **Informationslieferungen**,
- durch **Verhandlungen** mit markt- und systeminternen Konfliktpartnern, ebenfalls in der Absicht, das Problem zu strukturieren und zu konturieren, die Ungewissheit zu reduzieren und darüber hinaus die Konflikte auszutragen oder zu regulieren,

---

1 S.a. *Radnor/Rich* (1980), S. 119.

- durch **Steuerung des Entscheidungsprozesses** mit Hilfe von Prozedurregelungen. Es geht um die aufbau- und ablauforganisatorischen Vorkehrungen, die darauf gerichtet sind, die zuvor genannten Aktivitäten zu koordinieren und ein ungewolltes Stagnieren des Entscheidungsprozesses zu verhindern.

Zielbildung ist ein Führungsproblem. Die theoretischen Erwägungen setzen bei der Entscheidung und ihrer Durchsetzung an. Die Zielbildung im Innovationsprozess lässt sich als Prozess zur Überwindung der Komplexität begreifen, in dessen Verlauf die Zielsetzung schrittweise bestimmt wird (vgl. Kasten 9.4).

(1) Ausgangspunkt

Wir unterstellen, dass im arbeitsteiligen Problemlösungsprozess auf eine Initiative hin die Artikulation eines ersten Ziels erfolgt. Vor die weitere Problemlösung legt sich dann aber die Barriere der Komplexität.

(2) Kurzschlussreaktion

Eine erste Reaktion kann bereits darin bestehen, angesichts der Komplexität das Ziel zu variieren und den Zielbildungsprozess mit einem geänderten Ziel erneut zu starten (R 1).

(3) Problemlösungsaktivitäten

Man versucht, die Komplexität schrittweise zu reduzieren. Zeigt sich, dass die Komplexität hinreichend abgebaut ist, kann die gefundene Lösung im direkten Durchgang (R 3) realisiert werden.

(4) Rückkopplung

Ist hingegen die Komplexität nicht in befriedigendem Ausmaß reduziert oder gar im Zuge der Entscheidungsaktivitäten zunächst angewachsen, dann ist wiederum zu erwarten, dass die **Zielbildung erneut berührt** wird (R 2).

Wir erwarten, dass die Lösung der direkten Problemdurchdringung (R 3) in innovativen Unternehmensentscheidungen unwahrscheinlich ist. Realistisch ist vielmehr die Annahme, dass der Prozess der Komplexitätsreduktion in diesem Entscheidungstyp mehrfach durchlaufen wird. Das bedeutet:

Sauber abgrenzbare Phasen des Zielbildungsprozesses gibt es nicht.

Diese theoretischen Überlegungen führen zu folgenden Schlussfolgerungen über die Zielbildung in Innovationsprozessen:

(1) Spezifität

Innovationen verlangen ihr **spezifisches Ziel**. Die Übernahme von Entscheidungszielen, die in anderen Zusammenhängen gelten, ist nicht möglich.

Kasten 9.4: Zielbildung im Innovationsprozess

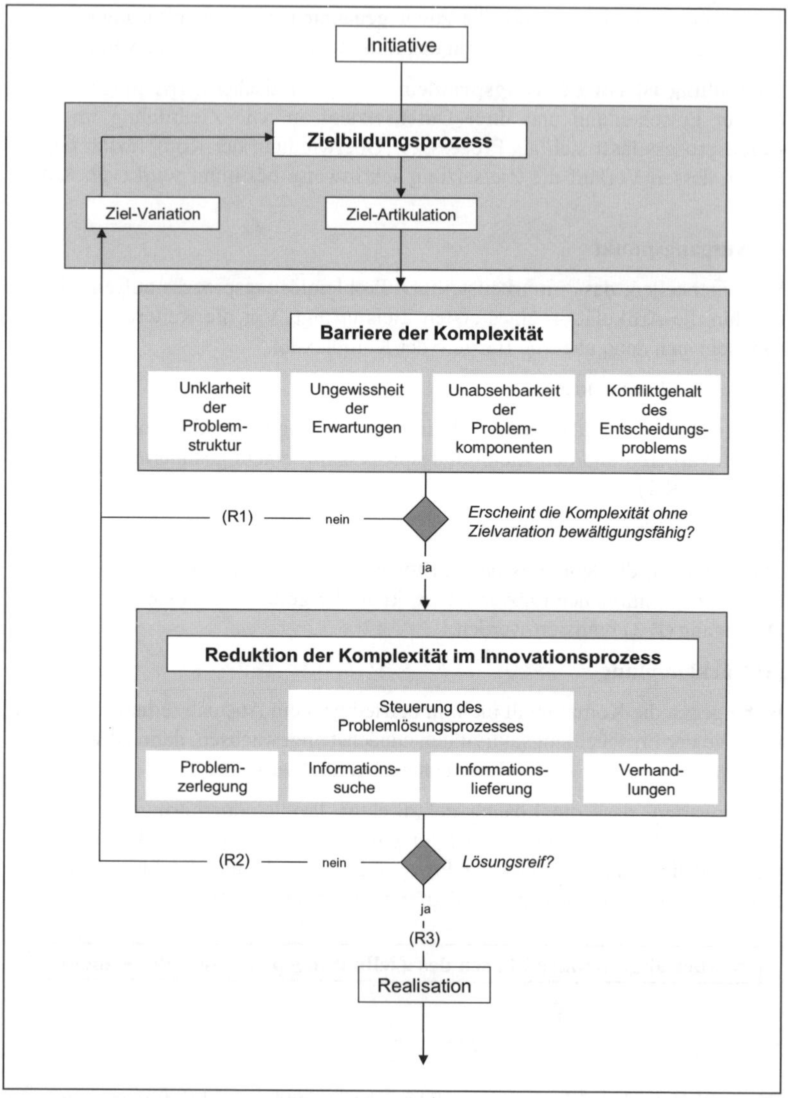

Quelle: Eigene Darstellung

(2) Prozess

Die Zielbildung ist **kein punktueller Akt**, sondern ein zeitverbrauchender, kognitiver und konfliktregulierender Prozess.

(3) Parallelität

Der Zielbildungsprozess läuft **weitgehend parallel zum Problemlösungsprozess** ab.

(4) Interdependenz

Der Zielbildungsprozess ist **mit dem Problemlösungsprozess interdependent verflochten** mit folgenden Effekten:

- Ziele lenken den Problemlösungsprozess, aber Ergebnisse des Problemlösungsprozesses lenken auch die Zielbildung.
- Der Komplexität der Problemstruktur entsprechen unklare Ziele.
- Den Aktivitäten der Problemlösung entspricht die Zielbildung in Umfang und Inhalt.

9.4 Empirische Befunde zur Zielbildung

Der spezielle Zuschnitt unserer Problemstellung - auf Entscheidungsziele in innovativen Situationen - schließt die Würdigung von Untersuchungen zu Unternehmenszielen aus. Lediglich die Untersuchungen zur Zielbildung in Investitionsentscheidungen und zu Produktänderungen haben eine gewisse Beziehung zu unserem Problem und können zur Abrundung der Eindrücke herangezogen werden. Daher werden im Wesentlichen die Befunde präsentiert, die in unseren eigenen und in *Hamels* Untersuchungen im Rahmen des von *Witte* geleiteten "COLUMBUS-Projektes" gewonnen wurden[1].

9.4.1 Zum Prozesscharakter der Zielbildung

In den von uns untersuchten 306 Innovationen (EDV-Erstbeschaffung in den 60er Jahren) wurden jeweils im Durchschnitt 12 Ziele pro Prozess formell artikuliert (ausgewertet wurden 3788 Zielartikulationen). Zur speziellen Untersuchung des Prozesscharakters wurde überdies eine Teilstichprobe von 48 Innovationen herausgegriffen, die jeweils mehr als 12 Zielartikulationen und davon wenigstens 10 zwischen dem offiziellen Start des Prozesses und der Implementation der Anlage aufwiesen. Diese spezielle Stichprobe erlaubt folgende Feststellungen:

---

[1] *Hamel* (1974), *Hauschildt* (1977).

(1) Prozess

Die Vorstellung, die Bestimmung der Ziele sei ein punktueller Akt, findet in unserem Material keine Unterstützung. Fast alle der näher analysierten Entscheidungsprozesse verteilen sich über einen Zeitraum, der 10 % der Gesamtdauer des Problemlösungsprozesses überschreitet. Die Dauer des Zielbildungsprozesses beträgt durchschnittlich zwei Drittel der Dauer des übrigen Problemlösungsprozesses.

Die Vorstellung eines zeitaufwendigen Prozesses gibt den Vorgang der Zielbestimmung zutreffender wieder als der Gedanke eines punktuellen Aktes der Zielfixierung.

(2) Interdependenz und Parallelität

In keinem der geprüften Entscheidungsprozesse werden die Ziele ausschließlich **vor dem Start** des Problemlösungsprozesses artikuliert. Dieser Zielbildungsprozess ist nicht vor Beginn des Problemlösungsprozesses abgeschlossen.

Dieser Befund, dass die Zielbildung weitgehend **während** des Problemlösungsprozesses abläuft, schließt allerdings noch nicht aus, dass die Aktivitäten der Zielbildung vornehmlich **zu Beginn** des Problemlösungsprozesses auftreten. Um diesen Aktivitätsverlauf zu testen, haben wir den Problemlösungsprozess zum einen "mechanisch" in drei gleich lange Drittel, zum anderen "organisch" in drei Phasen unterteilt, die von Schlüsselereignissen abgegrenzt werden. Die Auswertung ergibt den eindeutigen Befund, dass die Zielbildung im Laufe des Problemlösungsprozesses sogar **zunimmt**.

Die Zielbildung ist keine Aktivität der ersten Phase, wie immer man diese auch definiert. Zielbildung vollzieht sich in zunehmendem Umfang während des gesamten Prozesses der Problemlösung.

(3) Verlaufsformen

Die Prozessbetrachtung zeigt relativ hohe Streuungswerte. Um eine Fehlinterpretation auszuschließen, haben wir die Aktivitätsverläufe zu vier Typen zusammengefasst:

- Typ 1: Tendenziell **abnehmende** Zielartikulationen - diese Verlaufsform wird von der Theorie nahegelegt, die erwartet, dass Ziele vornehmlich zu Beginn des Entscheidungsprozesses artikuliert werden.
- Typ 2: **Talförmiger** Verlauf - zunächst abnehmende, dann zunehmende Tendenz des Verlaufs.
- Typ 3: **Bergförmiger** Verlauf - zunächst zunehmende, dann abnehmende Tendenz des Verlaufs.
- Typ 4: Tendenziell **zunehmende** Artikulationsmengen - dieser Typ ist völlig theoriekonträr.

Der Befund: Der erste Typus (hypothesenkonforme Abnahme der Zielsetzungsaktivitäten) tritt in etwa 17 % der Fälle auf und zeigt sich damit **verhältnismäßig selten**. Der vierte Typ, der das theoriekonträre Verhalten präsentiert, findet sich demgegenüber in 27 % der Fälle. Insgesamt sind die Verläufe uneinheitlich ausgeprägt. Jeder Typ zeigt sich in einer beachtlichen Anzahl, keiner dominiert indessen.

Die Vorstellung, Ziele für die Lösung eines innovativen Entscheidungsprozesses würden vornehmlich zu Beginn des Problemlösungsprozesses formuliert, ist nicht haltbar.

9.4.2 Zum Wandel und zur Präzision der Ziele

Nach der theoretischen Vorstellung leiten Ziele die Auswahlprozedur und werden als solche nicht in Frage gestellt. Die Ausweitung des Zielsystems, etwa durch Aufnahme weiterer Zieleigenschaften, der Wandel der Ziele, etwa durch Einführung neuer Maßstäbe, die Senkung oder Anhebung von Grenzwerten, die Änderung der Geltungsdauer des Ziels - alles das sind Vorgänge, die aus den Betrachtungen der Entscheidungstheorie ausgeklammert werden. Das gilt auch für die Praxis, die den **Wandel von Zielen als Mangel unternehmerischer Zähigkeit empfindet**, wenn sie ihn in Übereinstimmung mit militärischen Anschauungen nicht gar **als Ausdruck der Schwäche brandmarkt**. Das GROWIAN-Beispiel zeigt eine derartige Fixierung auf ein ursprünglich festgelegtes Ziel, ungeachtet aller Ereignisse, die eine Zielrevision erforderlich machten. *Thamhain/Wilemon* stellen bei ihrer Befragung von Managern des Apollo-Projektes der NASA eine ähnliche Einstellung fest[1]. In innovativen Situationen ist aber eine derartige Verbindlichkeit eines einmal festgelegten Ziels problematisch[2]. Zieländerungen sind zwar offenkundig in innovativen Entscheidungen unvermeidbar, werden aber negativ beurteilt. Lässt sich dieses Praktikerurteil empirisch stützen? Sind Zieländerungen in Innovationsprojekten tatsächlich schädlich?

Dvir/Lechler[3] geben in ihrer Untersuchung von 257 erfolgreichen und 191 erfolglosen Projekten erste Antworten auf diese Frage. Die direkte Beziehung zwischen Zieländerungen und Effizienz, gemessen an der Einhaltung von Zeit- und Budgetplanungen, ist eindeutig negativ. Dieser Effekt wird noch verstärkt, wenn es sich um besonders innovative, technisch riskante Projekte handelt. Ein indirekter Effekt kommt hinzu: Zieländerungen führen zu Planänderungen, und auch diese wirken negativ auf die Effizienz. Da Effizienz und Kundenzufriedenheit hoch positiv korrelieren, ist das Gesamtbild verheerend:

1 *Thamhain/Wilemon* (1975), S. 37.

2 *Lynn/Akgün* (2001), S. 380 ff., belegen, dass Stabilität einer Vision nur bei inkrementalen Innovationen erfolgswirksam ist, bei radikalen indessen nicht.

3 *Dvir/Lechler* (2004), S. 9 ff.

Sowohl Effizienz als auch Effektivität von Projekten werden von Zieländerungen negativ beeinflusst, und das insbesondere bei Innovationsprojekten.

In seiner Untersuchung von multi-organisationalen Großprojekten zeigt *Grün*[1], dass der **Zielwandel vom Projekttyp bestimmt** wird. Anders gesagt: Nur bestimmte Spielarten des Zielwandels sind dysfunktional. Er unterscheidet dazu auf der einen Seite, ob die treibenden Kräfte "kontrolliert" bzw. kontrollierbar sind und auf der anderen Seite, ob ein in sich abgestimmtes Zielsystem von Leistungs-, Zeit- und Kostenzielen vorliegt. Er bildet danach folgende Typen des Zielwandels (vgl. Kasten 9.5):

Kasten 9.5: Typen des Zielwandels (*Grün*)

Die treibenden Kräfte sind ... / Das ursprüngliche Zielsystem ist ...	... kontrolliert	... unkontrolliert
... in sich abgestimmt	Typ A Einhaltung des ursprünglichen Zielsystems	Typ C Reformulierung des ursprünglichen Zielsystems
... nicht in sich abgestimmt	Typ B Abstimmung der Teilziele	Typ D "Entgleisung": Die Zielbildung gerät außer Kontrolle.

Quelle: *Grün* (2004b), S. 71, Übersetzung durch Verfasser

- Im Typ A liegt **keine Zieländerung, sondern eine Zieldifferenzierung** vor. Der Zielbildungsprozess erschöpft sich in der notwendigen Ableitung von Teilzielen für jeweils neu zu spezifizierende Teilprobleme.
  Dieser Fall liegt vielfach bei Neuproduktentwicklungen[2] vor.
- Im Typ B wird das **Gewicht der einzelnen Teilziele zueinander** geändert, z.B. kann das Zeitziel gegenüber dem Kostenziel eine neue Priorität erlangen, wenn das Projekt termingebunden ist. Dieser Fall entspricht weitgehend unserem theoretischen Design (Abschnitt 9.3.2): In Innovationsprojekten werden viele Zielkonflikte erst bei der näheren Problemdurchdringung erkennbar. Da die Reduzierung dieser Zielkonflikte zweifellos Zeit und Kosten erfordert, stellt sie sich für kritische Prozessbeobachter bereits als eine Effizienzminderung dar.

---

1 *Grün* (2004b), S. 70 ff.
2 *Swink* (2003), S. 335.

- Im Typ C bewirken die treibenden Kräfte einen Zielwandel und stellen das ursprüngliche Zielsystem in Frage. Vor allem in diesem Typ C, aber auch schon in Typ B sind möglicherweise erhebliche **Konflikte dieser Beteiligten** zu lösen. Mag diese Zieländerung notwendig sein und auch herbeigeführt werden können, so verursacht sie doch zusätzliche Kosten und vermindert damit die Effizienz des Innovationsprozesses.
- Im Typ D gerät **das gesamte Projekt in Gefahr**. Es ist zu vermuten, dass die treibenden Kräfte nicht mehr konsensfähig sind und nicht mehr zu einem abgestimmten Zielsystem gelangen. Nicht nur die Effizienz, sondern auch die Effektivität des Innovationsprozesses ist in Frage gestellt. In Kasten 9.6 beschreibt *Grün*[1], wie es zur "Entgleisung" der Zielbildung beim Bau des Allgemeinen Krankenhauses (AKH) Wien kam.

Kasten 9.6: "Entgleisung" der Zielbildung (*Grün*)

Häufigkeit und Ausmaß der Zieländerungen hängen davon ab, ob es gelingt, die treibenden Kräfte im Projekt zu kontrollieren ... . Art und Intensität der Treiber sind vielfältig: Der Ehrgeiz von Projektunternehmern, die mit Spitzenleistungen vermeintliche Konkurrenzprojekte überflügeln wollen; der Wagemut von Experten, die für technisch oder gestalterisch innovative anstelle von erprobten konventionellen Lösungen werben; die Geschäftsinteressen von Lieferanten, die von der Projektausweitung durch Umsatzsteigerungen profitieren, insbesondere wenn sie in Verfolgung einer Buy-in-Strategie zu ungünstigen Konditionen in das Projekt eingestiegen sind; das Prestigedenken von Politikern, die MOEs als Chance zur Profilierung im lokalen oder nationalen Wettbewerb begreifen; der Egoismus von Nutzern, die - häufig das vermeintliche Allgemeinwohl zitierend - den letzten technischen Stand für sich reklamieren.

Das AKH Wien ist ein .. Beispiel für die Unfähigkeit der Projektunternehmer und des Projektmanagements, die Zielhoheit zu erlangen, sodass es letztlich zu einer "Entgleisung" im Zielbildungsprozess kam. Dementsprechend unbefriedigend war das Ergebnis: "Wir müssen uns damit abfinden, dass ein medizinisch-technisch veraltetes Spital eröffnet werden wird. Die Technik in der Medizin überholt den Krankenhausbau. ... Glücklich sind wir Mediziner nicht mit dem neuen Wiener AKH."

Quelle: *Grün* (2005a), S. 321

Diese Untersuchungen lehren, dass frühe und starre Fixierung von Zielen in Innovationsprozessen zweifellos kontraproduktiv ist, wie ja auch in der Fallstudie GROWIAN eingangs dieses Kapitels.

Zielrigidität führt zwangsläufig zu Zieländerungen.

Konsequenterweise ist zu fragen, wie der Zielbildungsprozess zu gestalten ist, dass man in der Problemlösung vorankommt, ohne seine Ziele und Pläne immer

[1] *Grün* (2005a), S. 320 ff.

wieder ändern zu müssen. Offenkundig müssen die Ziele selbst **Elemente der Flexibilität** enthalten[1]. Folgende Möglichkeiten einer derartigen Flexibilisierung wurden beobachtet[2]:

(1) Nutzenformulierungen

Die wichtigsten Zieleigenschaften in der von uns untersuchten EDV-Erstbeschaffung[3] waren wirtschaftliche und technische Kategorien. Daneben findet sich aber in 7 % der Zielartikulationen pro Entscheidungsprozess eine Zieleigenschaft, die wir als "**politisch-pragmatische Nutzenvorstellungen**" bezeichnen. Sie äußert sich insbesondere in folgenden Begriffen:

> rational, rationell, vorteilhaft, günstig, wertvoll, effizient, produktiv, lohnend, modern, neu, sinnvoll, zweckdienlich.

In fast der Hälfte der von uns untersuchten Entscheidungsprozesse lassen sich derartige Nutzenartikulationen feststellen. Nutzen ist somit kein Artefakt der Wissenschaft. Es ist eine reale Kategorie, die zwar zahlenmäßig nicht überaus häufig, dennoch aber unübersehbar auftritt.

Handeln in komplexen und innovativen Situationen ist auf der Basis von Nutzenvorstellungen offensichtlich möglich.

Nutzen scheint auch eine Kategorie zu sein, die geeignet ist, **Zielkonflikte** auf eine höhere Ebene zu verschieben. Wenn in einem Entscheidungsprozess von der Wirtschaftlichkeit auf die hierarchisch höhere Zieleigenschaft Nutzen übergegangen wird, dann fast immer, wenn auch zugleich technische Kriterien artikuliert werden. Wenn die Entscheidungsträger bei Anwendung technischer und wirtschaftlicher Zielkriterien einen Konflikt feststellen und ihn nicht unmittelbar durch Prioritätensetzung lösen können, dann versuchen sie, ihn durch Verwendung der übergeordneten Zieleigenschaft Nutzen aufzuheben.

Diese Feststellung entspricht einer oft formulierten Annahme der Entscheidungstheorie. Man möge diese Feststellung aber auch nicht überinterpretieren. Die im Wortfeld "nützlich" zusammengefassten Adjektive deuten eher auf eine "politisch-pragmatische" als auf eine "rational-axiomatische" Begründung einer Nutzenfunktion: Sie sind **vage und diffus**. Sie lassen einer vielfältigen und wechselnden Partnern angepassten Operationalisierung Raum. Sie sind fortschrittlich, progressiv, anfeuernd und motivierend. Sich ihnen entgegenzustellen heißt, sich als rückständig, fortschrittsfeindlich, a-rational bekennen zu müssen. Sie liefern Vorwände, einen **verbalen Konsens zum Handeln** zu finden. Sie geben damit den allgemein gebilligten Impuls, tätig zu werden, getreu der militärisch geprägten Vorstellung der Wirtschaftspraxis, dass Handeln im Zweifel effektiver ist als Nichthandeln.

---

[1] S.a. *Lynn/Akgün* (2001), S. 381.
[2] S.a. *Grün* (o. J.), *Hinken* (1974), S. 183 ff., *Wiegele* (1977), S. 129 ff.
[3] *Hauschildt* (1977), S. 53 ff., 61 ff., 68 ff.

(2) Forderung nach Flexibilität

Etwa 4 % der Zieleigenschaften ließen sich unter das Wortfeld "flexibel" subsumieren. Dahinter steht vermutlich ein allgemeines **Streben nach Erhaltung der Handlungsautonomie**, nach Vermeidung von Zwangslagen, die dem Handelnden keine Freiheitsgrade mehr geben. Entscheidungsträger wollen sich die **Chance einer Entschlussrevision** in der innovativen Situation offen halten. Das Wortfeld Flexibilität verliert mit sinkendem Innovationsgehalt des Problems an Bedeutung: Je besser der Entscheidungsgegenstand dem Management vertraut wurde, desto eher war es bereit, auf die Offenhaltung von Handlungsspielräumen zu verzichten.

Das Wortfeld "flexibel" war besonders häufig mit dem Zielobjekt "**Vertragsmodalitäten**" verknüpft. Die Entscheidungsträger akzeptieren bewusst eine **Restmenge unbewältigter Komplexität**, wenn sie einen Interaktionspartner finden, der die Nachteile trägt, die sich aus später erkennbar werdenden Problemen ergeben. Der Flexibilisierung des eigenen Handelns entspricht also die gleichzeitige vertragliche Bindung des Interaktionspartners[1].

Flexibilität ersetzt in gewissem Umfang die Entwicklung technischer Zielkriterien.

(3) Ordinalskalen

Technische und wirtschaftliche Zieleigenschaften lassen sich in hohem Maße in Kardinalskalen messen. Es fällt aber auf, dass etwa ein Drittel der technischen Eigenschaften in den Zielartikulationen nicht durch Kardinalskalen bestimmt werden, sondern durch Ordinalskalen, die lediglich ein "Mehr" oder "Weniger" konstatieren. Die technischen Zielkriterien sind im untersuchten Entscheidungsprozess für die Entscheidungsträger das charakteristisch innovative Element. Man sollte sich nicht wundern, dass die kognitiven Vorgänge bei der Perzeption, bei der Verarbeitung und bei der Artikulation dieser Zieleigenschaften zunächst **in vergleichsweise groben Mustern** erfolgen.

Die Verwendung von Ordinalskalen ist hervorragend geeignet, bei hoch komplexen Phänomenen eine erste Ordnung herbeizuführen und einen bereits beurteilungsfähigen Vergleich herzustellen.

Eine vergleichsweise grobe Messung erlaubt, eine komplexe Zielfigur auf einfachere Grundmuster zurückzuführen. Teilweise muss sie später korrigiert und verfeinert werden, teilweise kann der Entscheidungsträger aber auch bei dieser Roh-Quantifizierung verharren. Das gilt sicherlich dann, wenn die ordinal skalierte Zieleigenschaft sich einigermaßen konfliktfrei in die endgültige Zielfigur einfügt. Ein **hierarchischer Aspekt** könnte hinzukommen: Entscheidungsträger vergleichsweise hoher hierarchischer Ränge können sich darauf beschränken, die innovativen Entscheidungskriterien ordinal zu skalieren, wenn

---

1 *Hauschildt/Leker* (1990), S. 965 f.

sie sich darauf verlassen können, dass die messtechnische Unsicherheit durch entsprechend sachverständige Untergebene absorbiert wird.

Um so interessanter ist unter dieser Beleuchtung die Tatsache, dass die unscharfen Messansprüche verhältnismäßig selten bei den Wirtschaftlichkeitsforderungen auftreten. Man darf daraus schließen, dass die Wirtschaftlichkeit als nicht innovatives, den Spitzeninstanzen wohl vertrautes Entscheidungskriterium eine präzisere Messung erzwingt[1].

(4) Verbesserung des Status Quo

Die kalkülbeherrschende Variante der Zielfunktion, das Streben nach der besten Lösung, findet sich nur in etwa 2 % der Zielartikulationen pro Entscheidungsprozess. In keinem der von uns untersuchten 306 Entscheidungsprozesse tritt das **Streben nach dem Optimum** als ausschließliche Form der Zielfunktion auf.

Innovationssmanager in der Praxis scheinen ihr Streben weit weniger auf bestmögliche Lösungen auszurichten als die Entscheidungstheorie annimmt.

Aber auch die Vorstellung, die zielsetzenden Aktivitäten der Entscheidungsträger würden ausschließlich auf **Anspruchsniveaus** gerichtet, ist nach unseren Befunden nicht aufrechtzuerhalten. Anspruchsniveaus werden in durchschnittlich 24 % der Zielartikulationen pro Entscheidungsprozess formuliert. Das Streben nach Erreichen eines expliziten Grenzwertes bildet das tatsächliche Verhalten zwar besser ab als das Streben nach der bestmöglichen Lösung, es ist aber auch nicht typisch für die von uns untersuchte innovative Entscheidung.

Häufiger findet sich vielmehr eine Zielformulierung, die wir als "**Streben nach gradueller Verbesserung des Status Quo**" bezeichnen wollen. Sie tritt in 28 % der Zielartikulationen pro Entscheidungsprozess auf. Es genügt offenbar zur Lenkung von Entscheidungsprozessen, nur die Richtung des Handelns auf einen "besseren" Zustand hin anzugeben, ohne einen zufrieden stellenden Endwert zu fixieren oder gar auf der bestmöglichen Lösung zu beharren.

Es ist sicherlich theoretisch möglich, das Streben nach Verbesserung des Status Quo als einen Spezialfall der Maximierung oder auch des Strebens nach dem Anspruchsniveau zu erklären. Diese formale Unterordnung wird aber der Realität nur unzureichend gerecht. Wichtig ist, dass die Ziele nicht losgelöst von einer durch Vor-Ereignisse geprägten Situation formuliert werden.

In dieser historischen Einbettung des Handelns liegt ein fundamentaler Unterschied zwischen den Problemlösungsvorschlägen der Wissenschaft und dem Problemlösungsvollzug der Praxis. Dieser historische Bezug prägt offensichtlich das Entscheidungsbewusstsein in der Weise, dass zukünftige Zustände mit Blick auf die bisher erreichten willentlich fixiert werden.

[1] Ähnlich auch für Produktinnovationen bei *Bart* (2002), S. 29.

Hinzu kommt eine Orientierung an vergleichbaren Unternehmen, die ebenfalls mit der Innovationsentscheidung beschäftigt sind oder waren. Die von ihnen erreichten Lösungen stellen offenbar die Untergrenze dessen dar, was erreichbar ist. Der Ehrgeiz der Entscheidungsträger richtet sich in der einfachsten Form zunächst nur darauf, diese Entscheidungs-Vorläufer in ihrer Effektivität zu übertreffen.

(5) Fehlende Prioritätenregelungen

In mehr als 70 % der von uns untersuchten Fälle traten sowohl wirtschaftliche als auch technische Zieleigenschaften auf. Für innovative Entscheidungen ist dieses Nebeneinander von "traditioneller" Wirtschaftlichkeitsüberlegung und innovativer technischer Zielsetzung charakteristisch. Man kann davon ausgehen, dass diese Zielanforderungen vielfach konfliktär sind. Folgt man gängigen theoretischen Vorstellungen, so ist zu erwarten, dass in klar definierten Zielsetzungen eine eindeutige Prioritätenregelung getroffen wird. Um so erstaunlicher ist es, dass in unserem empirischen Feld sich **keinerlei Formulierungen** finden ließen, die ein sicheres Urteil zur Frage erlauben, ob die technischen Zieleigenschaften in der Position von Nebenbedingungen zu den ökonomischen Zielvariablen stehen oder ihnen gleichgeordnet sind. Dieser Befund erlaubt unterschiedliche Interpretationen:

- Die handelnden Entscheidungsträger stellen **tatsächlich keine** Präferenzordnung her.
- Sie stellen zwar eine Zielordnung her, sind aber **nicht in der Lage**, sie zu artikulieren.
- Sie stellen zwar eine Zielordnung her, sind aber **nicht willens**, sie zu artikulieren. Sie scheuen vor einer bindenden Prioritätenregelung zurück, weil ihnen das eine zu starke Einschränkung ihrer Autonomie bedeutet. **Sie ziehen die Zielunklarheit der Zielklarheit vor**, um in der innovativen Situation Handlungsoptionen offenzuhalten.

Fassen wir diese Befunde zusammen, so zeigt sich eine Fülle von Möglichkeiten, Ziele zu artikulieren, die der Komplexität des Innovationsproblems, insbesondere der Unsicherheit der Erwartungen, Rechnung tragen. Zwar entspricht dieses Zielsystem nicht den strengen Anforderungen der Entscheidungstheorie. Aber es trägt der Tatsache Rechnung, dass die Innovation ein erhebliches **Durchsetzungsproblem** stellt:

Für den Innovationsmanager ist es offenbar weniger wichtig, eine Zielfigur zu bestimmen, die den Postulaten rationalen Entscheidens uneingeschränkt gerecht wird. Wichtiger scheint es ihm zu sein, eine Zielsetzung zu finden, die das Handeln seiner Interaktionspartner einheitlich ausrichtet und die Konflikte zwischen ihnen beherrschbar hält.

Schrader/Göpfert ergänzen und verfeinern diese Vorstellung. Sie unterscheiden **Zielklarheit von Zieloffenheit**:

- "**Zielklarheit** besteht, wenn durch die Zielformulierung eindeutig und präzise festgelegt wird, welche Anforderungen der vom Zielartikulanten angestrebte zukünftige Zustand der Realität zu erfüllen hat.
- **Zieloffenheit** hingegen bezieht sich auf die Merkmale des anzustrebenden zukünftigen Zustandes der Realität, die im Rahmen der Zielerreichung frei gestaltet bzw. gewählt werden können." [1]

Zielklarheit hängt vom Kenntnisstand und der Betroffenheit des Zielartikulanten ab: Nur wer "ein hohes Problemverständnis besitzt und gleichzeitig vom Grad der Zielerreichung direkt betroffen ist", kann und sollte klare Ziele formulieren. Wer hingegen noch nicht hinreichend sachverständig oder vom Grad der Zielerreichung nicht betroffen ist, sollte die Ziele offen lassen - das aber bewusst.

Diese Behauptungen erweisen sich in einem Test an 11 Zulieferprojekten der amerikanischen Automobilindustrie mit Blick auf den Projekterfolg als zutreffend.

Insbesondere die bewusste Nicht-Festlegung der Ziele korreliert hoch mit dem Projekterfolg. "Es muss klar sein, was offen ist."[2]

9.4.3 Zur Interdependenz mit der Problemlösung

Die Zielbildung für die Innovation ist ein zeitverbrauchender, multipersonaler, interaktiver Prozess. Wie ist dieser Prozess in den Führungsprozess eingebettet?

(1) Aktivitäten

Die Zielbildung ist mit den übrigen Problemlösungsaktivitäten des Innovationsprozesses interdependent verflochten. Tendenziell zeigen die "internen" Problemlösungsaktivitäten, nämlich die "Problemzerlegung" und die "Steuerung des Problemlösungsprozesses" strammere Zusammenhänge mit dem Aktivitätsniveau der Zielbildung als die externen, auf Kontakt mit Außenstehenden gerichteten Aktivitäten (Informationssuche, -lieferung und Verhandlungen).

Der Zielbildungsprozess kann eher den internen Problemlösungsaktivitäten zugeordnet werden.

Dieser allgemeine Befund wird von *Hamel* in einer spezifischen Weise vertieft[3]: Er kann zeigen, dass die Zielartikulationen sich signifikant nach Umfang und Inhalt verändern, wenn eine ernsthafte **Auseinandersetzung mit den Alternati-**

---

1 *Schrader/Göpfert* (1998), S. 197.
2 Ebenda, S. 204.
3 *Hamel* (1974), S. 84 ff.

ven erfolgt. Er beobachtet zu diesem Zweck das Zielbildungsverhalten des EDV-Verwenders **vor** und **nach** der Abgabe eines **offiziellen Angebotes** durch den Lieferanten. Er kann zeigen, dass 57,5 % der gesamten Zielartikulationen erst nach der Angebotsabgabe erfolgen, dass sich die Zahl der artikulierten Zieleigenschaften annähernd verdoppelt und dass es in höherem Maße zu dynamischen Zielformulierungen kommt.

Mag die Zielsetzung auch die Suche nach Alternativen lenken - die ernsthafte Auseinandersetzung mit den Alternativen produziert vielfältigere und andersartige Zielsetzungen.

Es findet ein "allmähliches Verfertigen" der Ziele bei der Alternativensuche statt. *Bürgel et al.* sprechen plastisch von einer "Knetphase"[1].

(2) Zielinhalte

Wie verändert sich der Zielinhalt unter Einfluss der Problemlösungsaktivitäten im Einzelnen? Jede Produkt- oder Prozessinnovation birgt eine Fülle neuartiger technischer Problemaspekte in sich. Wer sich an die Lösung eines innovativen Problems macht, muss alle diese entscheidungsrelevanten Aspekte ausleuchten.

Die Innovation zwingt ihn zur Beschäftigung mit nicht-ökonomischen und ökonomischen Problemaspekten. Mag der Entscheidungsträger auch versuchen, letztlich einem ökonomischen Zielkriterium höchste Priorität einzuräumen, der Hauptteil seines Zielbildungsprozesses wird nolens volens den **technischen** Problemen gewidmet sein müssen.

Die Zahl der technischen Problemaspekte und die Tiefe ihrer Detaillierung ist wesentlich größer als die der ökonomischen.

Wenn die Innovation überdies von einem Marktpartner bezogen wird und die Informationslieferungen von außen zwingend sind, fließen insbesondere technische und weniger ökonomische Informationen. **Der Innovationslieferant gewinnt damit einen beachtlichen Einfluss auf die Zielbildung**. Er erscheint als der fachlich kompetente Auskunftgeber für Fragen in der technisch innovativen Materie.

Wenn sich der Zielbildungsprozess vornehmlich mit technischen Details beschäftigt, dann fragt man sich, welche Kraft in der Lage ist, diese Einseitigkeit der Entwicklung zu durchbrechen und dafür zu sorgen, dass der gesamte Prozess durch Rückverweisung auf eine ganz anders geartete Zielfigur neu durchzuspielen ist. Ein derartiger Wechsel der Zielaspekte ist im Wesentlichen auf **Verteilungskonflikte** zurückzuführen. Der Verteilungskonflikt findet vor allem im Ringen um finanzielle Ressourcen, die den Zugriff zu allen anderen knappen Produktionsfaktoren ermöglichen, statt. Er trägt das finanzielle, monetär ausgedrückte Input-/Output-Argument in jeden Zielbildungsprozess.

---

1 *Bürgel et al.* (1996), S. 121.

Verteilungskonflikte heben das Innovationsproblem aus einer allzu einseitigen technischen Verstrickung heraus.

Die empirischen Befunde entsprechen diesen Erwartungen. Je intensiver sich die Entscheidungsträger bemühen, das Problem zu lösen, desto häufiger werden technische Zieleigenschaften artikuliert. Die Berücksichtigung technologischer Aspekte geht weit über die Betrachtung wirtschaftlicher Zielkriterien hinaus. Je komplexer die Problemlösung, desto deutlicher lassen die Zielartikulationen die erwartete Hinwendung zu den technischen Aspekten erkennen. Das bedeutet aber nicht, dass die Wirtschaftlichkeitserwägungen unbeachtlich werden.

Ein "harter Kern" von ökonomischen Zielinhalten bleibt trotz der zunehmenden technologischen Verstrickung der Problemlösung stets erhalten.

Xie et al. betrachten diesen Zielkonflikt aus organisatorischer Sicht als Divergenz von Zielen der Marketing-, der Produktionsabteilungen und des F&E-Bereichs[1]. Sie zeigen in einer großangelegten internationalen Studie, dass diese Zielkonflikte insbesondere durch ein geeignetes Anreizsystem, durch Integrationsaktivität des Top-Managements, durch räumliche Nähe der Beteiligten sowie durch Job-Rotation reduziert werden können.

9.4.4 Zur Beziehung von Innovations- zu Unternehmenszielen

Abschließend sei auf einen Befund aufmerksam gemacht, der die Verknüpfung der Innovationsziele mit den Unternehmenszielen beleuchtet. Dieser Aspekt konnte in unserer eigenen Untersuchung lediglich mit Blick auf das allgemeine Wirtschaftlichkeitspostulat durchgeführt werden, da wir eine **Prozessinnovation** betrachteten. *Fritz et al.* gehen der Frage nach, welche Art von Unternehmensziel die **Produktinnovation** fördert[2]. Sie extrahieren zunächst aus der Befragung von 56 Industrie- und Handelsunternehmen drei unterschiedliche Faktoren:

- **Marktziele**:
  Streben nach Macht und Einfluss auf dem Markt, Ansehen in der Öffentlichkeit, Umsatz, Wachstum des Unternehmens, Marktanteil.
- **Produkt- und gesellschaftsbezogene Sicherheits- und Leistungsziele**: Streben nach Sicherung des Unternehmensbestandes, Qualität des Angebots, soziale Verantwortung, Umweltfreundlichkeit.
- **Ertragsziel**:
  Streben nach Gewinn.

---

[1] *Xie et al.* (2003), S. 235, 242.
[2] *Fritz et al.* (1985), S. 375 ff., insbes. S. 389 f.

Die für uns beachtliche Frage lautet: **Welche Art von Innovation wird durch welches Ziel gefördert?** Der Befund ist frappierend: Innovationen, die für den **Betrieb** neu sind, werden schwach durch die Marktziele erklärt, nicht aber durch die anderen. Es bestehen auch keine nennenswerten Beziehungen zwischen Innovationen, die für den **Markt** neu sind, und den gefundenen Unternehmenszielen. *Fritz et al.* fassen ihre Befunde folgendermaßen zusammen:

> "Nach den ... Ergebnissen führen Unternehmen Betriebsneuheiten um so eher ein, je wichtiger das Marktziel und je weniger wichtig das Ertrags-, das produkt- und das gesellschaftsbezogene Leistungsziel sind. **Betriebsneuheiten werden demnach vor allem als Mittel zur Realisierung des Marktziels, nicht jedoch des Ertrags- und Leistungsziels angesehen** ..."[1]

Diese Distanz zwischen Unternehmensziel und Produktinnovation dürfte sich auch auf die Zielbildung im Innovationsprozess auswirken. Die Verknüpfung der Innovationsziele mit dem übergeordneten Zielsystem ist offenbar in der Realität wesentlich schwächer ausgeprägt, als die theoretischen Aussagen über Zielhierarchien glauben machen wollen. Dies sei ohne Wertung gesagt.

Bei der Durchsetzung von Innovationen kommt es offenbar nicht in erster Linie auf die Einordnung in das traditionelle Zielsystem der Unternehmung an, wenn es denn ein solches überhaupt gibt.

9.5 Zur Organisation der Zielbildung

Ausgangspunkt unserer praxisorientierten Schlussfolgerungen ist der Satz: **Bewusste Zielbildungsprozesse führen zu besseren Ergebnissen als unbewusste**. Oder vielleicht sogar: Bewusst gestaltete Zielbildungsprozesse führen zu besseren Ergebnissen als unbewusst ablaufende.[2] Lassen wir es dahingestellt, wie dieses "besser" inhaltlich bestimmt sei - unsere Ausgangsüberlegung basiert auf der allgemein akzeptierten Erfahrung, die die gesamte Organisationstheorie leitet: In dem Maße, in dem es dem Menschen gelingt, zufallsbestimmte Ereignisse geistig zu durchdringen und gestaltend zu kontrollieren, gelingt es ihm auch, sein Handeln mit größerer Effizienz voranzutreiben.

9.5.1 Weckung des Zielbildungsbewusstseins

"Ziele findet man nicht, man setzt sie sich." Dieser markige Spruch ziert einen Briefbeschwerer, den eine deutsche Unternehmung als Werbepräsent versandte. Der Gedanke, man wisse nicht, was man eigentlich wolle, wird damit zum Tabu erhoben. Wer sich ziellos gibt, wer zugesteht, Ziele erst suchen zu müssen, ist

---

1 *Fritz et al.* (1985), S. 389 f., Hervorhebung durch Verfasser.

2 Vgl. *Nagel* (1992), Sp. 2629 ff.

keine Führungskraft, gilt nicht als unternehmerische Persönlichkeit. Wir müssen riskieren, einen Kampf gegen Windmühlenflügel zu kämpfen, wenn wir dafür plädieren, diese schneidige Haltung durch Offenheit und Nachdenklichkeit zu ersetzen: Wie kann man es erreichen, dass die Frage "**Was wollen wir eigentlich?**" zu einem selbstverständlichen, vernünftigen und akzeptierten Bestandteil unternehmenspolitischer Diskussionen wird? Offenbar ist es ratsam, **nicht** von vornherein anzustreben, die Problemstellung in einem Optimierungsansatz einzufangen. Vielmehr verlangt die Zielunklarheit, Methoden zu verwenden, die den Entscheidungsträgern gestatten, den Zielbildungsprozess **schrittweise und bewusst** zu durchlaufen[1]. Unter dieser Beleuchtung empfehlen sich wenigstens die folgenden Vorkehrungen.

(1) Ansatz mehrfacher Ziele

Es muss im Verlaufe von Problemlösungen prinzipiell zulässig sein, mehrere Ziele in die Diskussion einzubringen. Es sollte nicht der Ehrgeiz herrschen, sie sofort in eine ökonomisch-monetäre Dimension zu überführen. Es sollte auch nicht versucht werden, die Vielfalt der Zieleigenschaften sogleich in eine hierarchische Ordnung zu bringen. Zur Ausprägung des Zielbildungsbewusstseins ist es vielmehr nützlich, wenn sich die Breite dessen, was allen Entscheidungsträgern wünschbar erscheint, voll entfaltet.

(2) Ansatz unpräziser Ziele

Es gilt, zunächst gegen einen prinzipiellen Anspruch aufzutreten, nur ein kardinal skaliertes, quantifiziertes Ziel erhalte das Prädikat rational. Wie der empirische Befund zeigt, ist es in einer Fülle von Aspekten völlig hinreichend, wenn die Zielvarianten der Tatsache nach bestimmt sind oder sich in einer Ordinalskala ordnen lassen. Die Messanstrengungen sollten sich auf diejenigen Zielvariablen konzentrieren, die nach einer bewussten Zwischenbeurteilung als messwürdig ausgezeichnet werden.

(3) Zielprovozierende Dialoge

Zur Weckung und Hebung des Zielbewusstseins sind solche Problemlösungstechniken besonders geeignet, die den Entscheidungsträger zum Dialog herausfordern und ihm abverlangen, sich zu bestimmten Zielinhalten und Zielausmaßen stets aufs Neue zu bekennen oder sie zu variieren. Sensitivitätsanalysen, Simulationen, Nutzwertanalysen, wie "multi-attribute-utility theory" oder "multi-attribute-value theory", - alles Konzepte, die sich als Multiple-Criteria-Dialoge durchführen lassen, - sind als Ansätze einer derartigen kreativen Provokation zur Bildung und Klärung von Zielstrukturen nur zu begrüßen[2].

---

1 *Radnor/Rich* (1980), S. 122.

2 Vgl. *Zimmermann/Gutsche* (1991), S. 21 ff., *Weber* (1992), Sp. 1435 ff., *Möhrle/Dönitz* (2005), S. 238 ff.

9.5.2 Kontrolle der Zielunklarheit

Die empirische Forschung hat **Ordnungsraster** entwickelt, die prinzipiell geeignet sind, die Fülle der zutage tretenden Zielaspekte in einer überschaubaren und systematischen Weise zusammenzustellen[1]. Ein solches Ordnungsraster fragt jeweils

- nach den **Zielobjekten** und ordnet diese,
- nach den **Zieleigenschaften**, nach denen diese Zielobjekte zu bewerten sind,
- nach den **Zielmaßstäben**, durch die diese Zieleigenschaften gemessen werden sollen,
- nach den **Zielfunktionen**, d.h. danach, welches Ausmaß an Zielerfüllungsbeitrag angestrebt wird,
- nach den **Zeitaspekten** des Ziels sowie
- nach **Prioritätenregelungen** bei Auftreten konfliktärer Teilziele.

In noch weitergehender Anwendung eines derartigen "**Zielbaukastens**" (zu verstehen als Morphologischer Kasten) könnte gefordert werden, der Entscheidungsträger möge bei Auftreten neuer Zieleigenschaften jeweils nach Messung, angestrebtem Ausmaß, Zeitaspekten und Prioritäten fragen.

Der Ordnungsrahmen ist als eine Checkliste für die systematische Vervollständigung der Zielfigur zu verstehen.

Unsere empirischen Befunde zur Zielunklarheit lassen uns inzwischen dem Postulat der unbedingten Zielklarheit skeptisch gegenüberstehen. Zielklarheit ist ein rationales Postulat, dem in innovativen Situationen, in denen der Durchsetzungsaspekt den Entscheidungsaspekt verdrängt, im Zweifel nicht gefolgt wird. Unser Postulat lautet daher anders: **Wenn denn schon Zielunklarheit akzeptiert werden muss, dann sollte diese wenigstens kontrolliert sein.** Besser wäre es sicherlich, *Schrader/Göpfert*[2] zu folgen und bewusst diejenigen Zielaspekte zu markieren, die offen gelassen werden. In beiden Fällen könnte allgemeine Übung werden, dass die Handelnden der Entscheidungssituation mit folgenden Fragen entgegentreten:

- Für welches **Entscheidungsfeld** definieren wir Ziele? Wollen wir dieses Entscheidungsobjekt eng begrenzen oder bewusst offen halten?
- Welches sind die Zieleigenschaften, die zur Bewertung der Alternativen herangezogen werden sollen? Sollen **diese und nur diese Zielkriterien** maßgeblich sein? Wie weit soll der Katalog ergänzt, verkleinert oder offen gehalten werden?

---

[1] *Hauschildt* (1977), S. 257 f.
[2] *Schrader/Göpfert* (1998), S. 198.

- Wie sollen diese Eigenschaften gemessen werden? Sollen alle oder nur einzelne dieser Eigenschaften **präzise gemessen** werden? Reicht es aus, wenn nicht alle präzise bestimmt sind?
- Welches **Ausmaß** streben wir an? Wie präzise sollen Anspruchsniveaus oder Grenzwerte bestimmt werden? Kann die Entscheidung durch offene Formen der Zielfunktion, wie Maximierungsangaben oder Streben nach Verbesserung des Status Quo, herbeigeführt werden?
- Für welchen Zeitraum haben die Ziele Geltung? Soll dieser **Zeitraum präzise durch Kalenderdaten abgegrenzt** sein, oder soll er offen, ohne exakte Fristnennung bestimmt sein? Findet eine Klassifikation nach Nah- und Fernzielen Zustimmung?
- Wie ist das **Verhältnis der einzelnen Zielkriterien** zueinander zu ordnen? Sollen bestimmte Prioritäten explizit festgelegt werden? Soll man trade-offs zulassen oder sollen Grenzwerte und Essentialia strikt formuliert sein?

9.5.3 Negativkataloge

Zieldefinitionen beschreiben Ziele üblicherweise als zukünftige, gewollte Zustände, verstehen unter Zielen also etwas Anstrebenswertes. Um so auffälliger war die Beobachtung in unserem empirischen Feld, dass etwa ein Viertel der Zielartikulationen negativ formuliert waren: **Die Artikulanten schlossen negative, von ihnen ausdrücklich nicht gewünschte Zustände aus**.

Durch die Festlegung dessen, was nicht gewollt ist, wird ein weiterer Ansatz zur Bestimmung der Zielsetzung in Innovationen geliefert. Wir nennen diese Zielvariante einen **Negativkatalog**, wenn ein multiples Zielsystem neben wenigstens einem als anstrebenswert bezeichneten Ziel (Positiv-Komponente) mindestens ein zu vermeidendes Element (Negativ-Komponente) enthält und wenn die positiven den negativen Zielelementen nicht komplementär sind.

Die Negation kann sich richten auf

- Zieleigenschaften: Es wird ausgeschlossen, dass die zu wählende Alternative die negativ bezeichneten Eigenschaften der Tatsache nach aufweist,
- das angestrebte Ausmaß: Es wird ein Verbot ausgesprochen, einen angegebenen Grenzwert der Zieleigenschaften zu unterschreiten,
- den zeitlichen Bezug: Es wird festgelegt, auf welche Zeitdimension sich das Ziel nicht beziehen soll.

Wir wollen dafür werben, derartigen, negativ bestimmten Elementen von Zielsystemen mehr Aufmerksamkeit zu schenken. **Negativkataloge sind bewusst zu machen und reflektiert zu handhaben**. Sie sind Gestaltungsparameter zur Steuerung von Innovationsprozessen. Es wäre falsch, sie als "ärgerliche" oder "störende", aber leider wohl unvermeidliche Restriktionen der Entfaltung reiner Rationalität abzuqualifizieren.

In derartigen Negativkatalogen spiegeln sich empirisch beachtliche Verhaltensweisen:

- Negativkataloge werden **bewusst formuliert** und sind in Maßstab und Ausmaß reflektiert. Gegenüber den als Optimierungsvorschriften formulierten Zielfunktionen verlangt ihre geschlossene Version der Festlegung ein höheres Maß an **Präzision**.
- Nebenbedingungen fordern **Selbstbindung** des Innovationsmanagers und bei arbeitsteiligem Handeln **Artikulation**, wenn nicht gar Publikation. Als Commitments erlangen sie so für den Entscheidungsträger eine besondere Bedeutung. Negativkataloge haben gegenüber anderen Zielvariablen eine höhere Präferenz. Diese Dominanz gilt aber in asymmetrischer Form: Übererfüllung der Negativkataloge ist belanglos, ihre Verletzung verboten.

Negativkataloge repräsentieren Zielelemente, die - bis zu ihrer Erfüllung - bedeutsamer sind als die angestrebte positive Zielvariable. Sie entsprechen somit den Nebenbedingungen im Entscheidungskalkül. Sie fordern zunächst Beachtung, also Wahrnehmung und Kontrolle. Droht Gefahr, dass sie verletzt werden, fordern sie Kreativität, neue Alternativen zu suchen, durch die sie nicht verletzt werden.

Diese drei Argumente - bessere Kontrollierbarkeit, höheres Bewusstsein, höherer Rang negativ bestimmter Ziele - verstärken die Vermutung, dass ihnen eine höhere Bedeutung für die Motivierung der handelnden Entscheidungsträger zukommt als positiv bestimmten Zielen. Die Negativkataloge sind also nicht nur eine Komponente der Entscheidung, sondern auch der Durchsetzung.

9.5.4 Marktbezug der Zielbildung

Die hohe Bedeutung der Marktkräfte und Kooperationspartner für die Innovation wurde im 6. Kapitel gezeigt. Die Zielbildung kann sich unter diesem Aspekt nicht darauf beschränken, lediglich als ein interner Prozess verstanden zu werden, der ausschließlich der internen Entscheidungsfindung und -durchsetzung zuzuordnen ist. Der Zweck-Mittel-Bezug der am Markt zu verwertenden Innovation verpflichtet den Innovationsmanager überdies, darüber nachzudenken, ob auch der Kunde sich die vom Lieferanten definierte Zielsetzung zu eigen macht. Nur bei **Kompatibilität der Innovationsziele mit den Kundenzielen** kann die Innovation ein Markterfolg werden.

Ein Beispiel möge das verdeutlichen. In Kasten 9.7 findet sich die Werbung für die erste Leica aus dem Jahre 1925. Geworben wird mit den Attributen, die als Zieleigenschaften die Entwicklung dieses Kameratyps gelenkt hatten. Man beachte, dass neben technologisch innovativen Zielelementen (Objektschärfe, Tiefenschärfe, Doppelbelichtungssperre, automatischer Filmtransport, Volumen, Aufnahmezahl) bewusst die Zielaspekte hervorgehoben werden, die auch den technologisch weniger interessierten Benutzer ansprechen (Wirtschaftlichkeit,

Schnelligkeit, natürliche Proportionen). Es fehlt schließlich auch nicht die Appellklausel "Kamera der Zukunft", wie auch die zusammenfassende Nutzeneinschätzung, dass sich jeder "moderne" Fotograf dieser Kamera mit "größtem Vorteil" bedienen werde.

Kasten 9.7: Leica-Werbung und Zielbildung 1925

Quelle: Leica-Archiv

9.5.5 Ablauf der Zielbildung

Im Verlauf des Entscheidungsprozesses erleben die Meinungsträger die Komplexität in unterschiedlicher Weise und reagieren mit unterschiedlichen Verhaltensweisen:

- Zu Beginn wird das volle Ausmaß der Komplexität nicht durchschaut. Das Problem scheint mit einer **simplen**, den eigentlichen Problemgehalt nicht erfassenden Zielsetzung relativ leicht lösbar.
- In einem zweiten Abschnitt wird das **Ausmaß der Komplexität bewusst** und verdichtet sich zu einer schier unüberwindbaren Schwierigkeit.
- Erst in einem dritten Abschnitt geht man schrittweise und systematisch an die Problemlösung heran und **konstruiert allmählich** eine Zielfigur, die der Komplexität des Problems angemessen ist.

Für die Beendigung des Zielbildungsvorganges ergeben sich bei jeder dieser Einstellungen arteigene Probleme. Bei der ersten Verhaltensweise läuft der Innovator Gefahr, den Entscheidungsprozess **vorschnell** mit einer nicht problemgerechten Zielsetzung zu beenden. Wer aber komplexe Entscheidungen mit einer simplen Zielsetzung löst und relevante Zielaspekte nicht beachtet, legt den Keim für zukünftige Konflikte, zumindest für massive Dissonanzprobleme.

Im zweiten Abschnitt schwebt der gesamte Entscheidungsprozess und damit der Zielbildungsvorgang in der Gefahr, **ohne Ergebnis** abgebrochen zu werden, wenn die Entscheidungsträger vor der Komplexität resignieren. In dieser Situation gilt es einzusehen, dass die weitere Zielentfaltung die Komplexität eher erhöht. Durch die bewusste Einschränkung des Zielbildungsprozesses hat es das Innovationsmanagement in der Hand, einen unangemessenen Abbruch des Prozesses zu verhindern.

Während des abschließenden Arbeitsprozesses der Komplexitätsreduzierung sehen wir zwei Gefahren:

Um den Arbeitsablauf **überhaupt noch kontrollierbar** zu halten, müssen die Entscheidungsträger das Problem in einzelne Teilentscheidungen zerlegen. Dabei ist nicht auszuschließen, dass diese Vorentscheidungen die **Zielbildung vorprägen** und im Endeffekt eine Zielfigur erzwingen, die eigentlich keiner der Teilnehmer gewollt hat.

Die zweite Gefahr sehen wir darin, dass der Zielfindungsprozess **überhaupt nicht abgeschlossen** wird. Ohne dass wir die exakten Belege dafür liefern können, hinterlässt die Analyse einzelner Fälle den Eindruck, dass es einen optimalen Abbruchtermin oder doch wenigstens einen optimalen Zeitabschnitt für die Beendigung des Zielbildungsvorganges gibt. Vor diesem Termin finden sich die oben beschriebenen Fälle hastiger, vielleicht neurotischer, auf jeden Fall simpler Reaktionen. Wird dieser Termin aber überschritten, so lassen sich nicht minder problematische Verhaltensweisen beobachten: Der **Zielbildungsprozess dreht sich im Kreise**, ist mit dem Problemlösungsprozess nicht mehr verknüpft.

Zielbildungsprozesse binden knappe Management-Kapazität. Schon dieser Engpass drängt danach, den Zielbildungsprozess bewusst zu beenden. Konkurrenz anderer Probleme, Ungeduld sowie die Erfahrung, dass ein beachtliches Maß an Zielunklarheit ohne Gefahr in Kauf genommen werden kann, wirken in die gleiche Richtung. Hinzu kommt schließlich, dass es zu verhindern gilt, Ansprüche entstehen zu lassen, die letztlich nicht erfüllt werden können und damit zu Frustrationen führen.

Wir schließen diesen Abschnitt also nicht mit "sehr harten" organisatorischen Forderungen. Wir meinen indessen, dass sich die Gefahr neurotischer Reaktionen in dem Maße reduziert, in dem der **Zielbildungsprozess als ein Arbeitsprozess** akzeptiert wird wie andere auch. Es geht nicht mehr an, in Diskussionen um die Innovation die Zielperspektive zu vernachlässigen.

Wer das Setzen von Zielen nicht als nüchterne Arbeit begreift, beschwört spätere Konflikte, riskiert Irrwege des Entscheidungsvorganges, läuft Gefahr, das Problem zu simplifizieren, begünstigt unkontrollierte Machtverteilungen, akzeptiert das ungezügelte Eigenleben von Teilbereichen und bindet damit Management-Kapazität.

10. Kapitel
Generierung innovativer Alternativen

10.1 Eine Fallstudie: Alternativen zur Raumlenker-Hinterachse für den Mercedes-Benz 190

Die Generierung innovativer Alternativen ist ebenso das Ergebnis systematischen Vorgehens wie das überraschender Einfälle. Ein gelungenes Beispiel dieser Mischung von Kreativität, analytischer Systematik und vor allem ungeheurem Fleiß war die bahnbrechende Entwicklung der so genannten "**Raumlenker-Hinterachse**" für das Mercedes-Benz Modell 190. In der folgenden Fallstudie haben wir unterschiedliche Darstellungen dieses Innovationsprozesses und seines Ergebnisses zusammengefasst. Dieser Fall dokumentiert besonders eindrucksvoll, wie komplex ein Innovationsprozess wird, der die Generierung von Alternativen nicht dem Zufall überlässt.

Die Zeitschrift "Auto-Motor-Sport"[1] erinnert an die **Ausgangssituation** der Entwicklung (Hervorhebungen durch Verfasser):

"Die Ernte ist rechtzeitig vor dem ersten Frost eingefahren. Der fertige Mercedes W 201, alias Typ 190, steht vor der Tür. Im Werk Sindelfingen laufen langsam die Fließbänder der Endmontage an. Und nach getaner Arbeit erinnert sich Dr. *Kurt Enke*, Chef der Fahrwerksentwicklung bei Daimler-Benz, an die Frühgeschichte des neuen Autos: 'Die Entwicklung der Hinterachse läßt sich zurückverfolgen bis in die zweite Hälfte der 60er Jahre. Wir dachten damals gerade über den C 111 (ein Mercedes-Benz Experimentierfahrzeug, d. V.) nach und schnupperten deshalb ein bißchen Rennatmosphäre. Also unterhielten wir uns mit den Teamchefs und Konstrukteuren über die technischen Trends im Rennwagenbau. In einem Gespräch mit *Colin Chapman* brachte der die Lösung aller Fahrwerksprobleme auf einen verblüffend einfachen Nenner.' *Colin Chapman* sagte: 'Die beste Radführung ist die, die überhaupt nicht mitlenkt.' 'Wir haben uns dann zum **Ziel** gesetzt, diese **theoretische Ideallösung** einer Achskonstruktion beim C 111 zu verwirklichen. Der Erfolg gab uns recht. Geradeauslauf und Kurvenverhalten übertrafen alle Erwartungen.' Vom offiziellen Stapellauf des Mercedes C 111 im Frühjahr 1970 bis zur Kiellegung des neuen kleinen Mercedes W 201 vergingen rund **sieben Jahre** ...

Die gründliche Arbeit seiner Techniker unterstreicht Entwicklungsvorstand Professor *Werner Breitschwerdt* mit dem Statement: 'Der W 201 ist eine völlige Neukonstruktion. Alle Komponenten dieses Autos wurden neu entwickelt.'

Am auffälligsten ist diese Innovationsfreude beim Fahrwerk, dessen Elemente **ohne jedes Vorbild in der Geschichte von Daimler-Benz** sind. Erstmals besitzt ein Mercedes eine durch Dämpferbeine und einfache Querlenker geführte

[1] Heft 25, 1982, S. 54 ff.

Vorderachse. ... Wesentlich revolutionärer noch als die vordere Radführung ist deren Gegenstück an der Hinterachse."

In der von *Simsa*[1] herausgegebenen Dokumentation des Hauses Daimler Benz werden die Funktion der Hinterachse und die daraus resultierenden Anforderungen in folgender Weise beschrieben:

"Bei kleinen, leichten Fahrzeugen mit hoher Zuladung ist es schwierig, Komfort und gutes Fahrverhalten bei allen Beladungszuständen miteinander zu verbinden. ... Durch die weitgehende Aufgliederung der Hinterachse in einfach beanspruchte Zug- und Druckelemente wird ein optimaler Leichtbau und - trotz des hohen Aufwands von fünf Lenkern pro Seite - ein geringer Platzbedarf erreicht. ...

Wie für das ganze Fahrzeug, so galt auch für das Fahrwerk der 190er-Typen das **Entwicklungsziel**, daß **Qualitäten** erreicht werden sollten, die denen der bisher gebauten Mercedes-Fahrzeuge mindestens ebenbürtig sind. Dieses Ziel war deshalb eine besondere Herausforderung, weil sowohl Komfort als auch Straßenlage - die Hauptqualitäten eines Fahrwerks - vom Grundsatz her um so schwieriger zu beherrschen sind, je kleiner und leichter ein Wagen ist.

Erste Versuche mit Radaufhängungen herkömmlicher Bauart in einem Fahrzeug der anvisierten Gewichtsklasse konnten in keiner Weise unsere Anforderungen befriedigen. Für den geforderten Komfort war mehr Elastizität in den Lagern der Radführungslenker notwendig. Dies beeinflußte aber die Fahrpräzision in entgegengesetzter Richtung, nämlich im Sinne einer Verschlechterung.

Wenn wir das gesteckte Ziel erreichen wollten, mußte es uns gelingen, aus dieser **Kompromißschere zwischen Komfort und Straßenlage** herauszukommen.

Deshalb wurde die **Suche nach neuen Achsen**, die schon Anfang der 70er Jahre begonnen hatte, intensiviert und **in einem bisher nicht gekannten Ausmaß fortgeführt**."

In der nüchternen Sprache des verantwortlichen Konstrukteurs liest sich das so[2]:

"Dabei wurden acht Grundprinzipien untersucht:

- De Dion-Achsen
- Verlängerte Pendelachsen
- Schräglenkerachsen
- 3-Lenker-Achsen
- Federbeinachsen
- Dämpferbeinachsen
- Doppelquerlenkerachsen
- Raumlenkerachsen.

---

1 *Simsa* (1986), S. 103 f.
2 *von der Ohe* (1983), S. 43.

Von diesen Grundprinzipien wurden **77 Varianten konstruiert**, wovon **mehr als die Hälfte gebaut** und **in Versuchswagen erprobt** wurde. Unter diesen acht Achssystemen stellt die Raumlenkerachse das Optimum dar, weil sie mit ihren fünf im Raum angeordneten Stablenkern die besten Eingriffsmöglichkeiten bietet, die verschiedenen Anforderungen des Fahrverhaltens und Fahrkomforts unabhängig voneinander zu optimieren.

Neben einigen speziellen Nachteilen ist den anderen sieben Achssystemen ein Nachteil gemeinsam: wenn das Rad sehr elastisch geführt wird, sind unter Einwirkung von Kräften mehr oder weniger große Lenkbewegungen der Räder die Folge. Bei Fahrversuchen machte die Doppelquerlenkerachse noch den besten Eindruck. Sie ist der Raumlenkerachse auch am nächsten verwandt."

Von einer detaillierten Erläuterung der Technik wollen wir hier absehen. Der Fall macht aber in besonderer Weise deutlich, dass eine erfolgreiche Innovation **nicht nur auf das systematische Durchprobieren** aller Möglichkeiten zurückgeführt werden kann, sondern überdies eine **theoretische Basis** benötigt. Das wird aus den folgenden Passagen des Beitrages von *von der Ohe* deutlich:

"Hier wurde angestrebt, die Lenkachse in die Radmittelebene zu legen, damit die Längskräfte (Bremsen, Anfahren und Stöße) keinen Hebelarm mehr haben. Um das zu erreichen, mußte auch der obere Dreiecklenker in zwei Stablenker aufgeteilt werden. Zusammen mit der Spurstange wird der Radträger also mit fünf Stablenkern geführt.

Neben der anschaulichen Ableitung der Raumlenkerachse aus der Doppelquerlenkerachse gibt es auch eine **theoretische Erklärung** dafür, dass bei der Raumlenkerachse fünf Stablenker verwendet werden und nicht vier oder sechs:

Jeder Körper im Raum (in diesem Fall der Radträger mit Rad) weist sechs Bewegungsmöglichkeiten (Freiheitsgrade) auf; drei gradlinige Bewegungen in X-, Y- und Z-Richtung und drei Drehungen um die X-, Y- und Z-Achse. Jeder Stablenker bindet einen der sechs Freiheitsgrade, so dass bei fünf Lenkern ein Freiheitsgrad übrigbleibt, und das ist die kontrollierte Radbewegung beim Ein- und Ausfedern des Rades. Wären es nur vier Stablenker, würde das Rad umklappen, und bei sechs Stablenkern wäre die Achse blockiert, das heißt am Durchfedern gehindert."[1]

In einem von Professor *Breitschwerdt* in einem Vortrag verwendeten und dem Verfasser freundlicherweise zur Verfügung gestellten Schaubild wird diese Alternativenvielfalt aufgeschlüsselt:

---

[1] *von der Ohe* (1983), S. 45.

Kasten 10.1: Alternativenvielfalt zur Hinterachse des MB 190 (*Breitschwerdt*)

Grundtypen bei der Hinterradaufhängung

	de Dion	Federbein	Dämpferbein	Pendel	Schräglenker	Dreilenker	Doppelquerlenker	Fünflenker	Summe
Zahl der konstruierten Hinterradaufhängungen	5	1	4	10	17	16	14	10	77
Zahl der gebauten Hinterradaufhängungen	-	-	4	7	9	3	13	10	46

Quelle: Vortragsunterlage von Professor *Breitschwerdt*

Von der Ohe fasste seinen Eindruck von dem Innovationsprozess in folgendem Satz zusammen:

> "Die Raumlenkerachse erforderte wegen ihrer vielen Abstimmungs- und Gestaltungsmöglichkeiten einen großen Optimierungsaufwand, der sich aber durch den intensiven Einsatz der Mitarbeiter in den Bereichen Konstruktion, Berechnung, Versuch und Fertigung erfolgreich bewältigen ließ."[1]

Diese Fallstudie regt zu folgenden Fragen an:

- Wodurch unterscheiden sich "echte" Alternativen? Unterscheiden sich Alternativen durch ihre Konstruktionsprinzipien oder durch Details der Konstruktion ?
- Ist die "Ideallösung" eine Alternative oder ein Ziel?
- Werden Alternativen gesucht und gefunden oder selbst geschaffen?
- Wie verläuft der Problemlösungsprozess:
  Wird eine Ausgangsalternative immer weiter verfeinert und verändert, bis der bestmögliche Zustand erreicht ist?
  Oder werden gleichzeitig möglichst viele alternative Problemlösungen nebeneinander gestellt und dann die bestmögliche ausgewählt?
- Wie und wo findet man Informationen, die für die Generierung von Alternativen benötigt werden?

---

1 *von der Ohe* (1983), S. 45.

- Lässt sich die Informationsbeschaffung, -verarbeitung und -verwertung von Informationen für Innovationen als "Wissensmanagement" im Vorwege gestalten?
- Benötigt man einen genialen Erfinder, um neuartige Alternativen hervorzubringen? Kann man ein solches Genie durch kreative Teams ersetzen?
- Kann man Alternativen nach einem systematischen Konzept in beliebiger Menge generieren? Sind derartig erzeugte Alternativen innovativ?
- Wie kann man bei einer kaum noch überschaubaren Alternativenvielfalt schnell zur Findung der besten Alternative kommen? Gibt es eine "optimale" Zahl von Alternativen in einem Innovationsprozess?
- Welche Beziehungen bestehen zwischen Kreativität und analytischem Denken?
- Ist förmliche Organisation der Alternativengenerierung kreativitätsförderlich oder kreativitätsfeindlich?

Die folgenden Ausführungen sollen Antworten auf diese Fragen liefern.

10.2 Kennzeichnung der Alternativengenerierung

Nach klassischer entscheidungstheoretischer Sicht sind Alternativen Handlungsmöglichkeiten, die von einem Entscheidungsträger zu einem bestimmten Zeitpunkt wahrgenommen werden und die zur Erfüllung seiner Ziele prinzipiell geeignet scheinen. Das bedeutet hier:

Innovative Alternativen sind neuartige Handlungsmöglichkeiten, die von dem Innovator im Verlauf des Innovationsprozesses wahrgenommen werden und ihm als prinzipiell geeignet erscheinen, die angestrebte neuartige Zweck-Mittel-Kombination zu realisieren.

Aus diesen Handlungsmöglichkeiten wird eine zur weiteren Verfolgung im Entscheidungs- und Realisationsprozess ausgewählt.

Alternativen sind im Einzelnen durch folgende Merkmale gekennzeichnet:

(1) Entscheidungsbezug

Alternativen haben stets einen Zweckbezug zu dem Innovationsproblem, das durch einen Entschluss abgeschlossen wird. Der Entschluss kann auch darin bestehen, nichts zu tun. Prinzipiell ist die Alternative des Nichtstuns gegenüber der des konkreten Tuns in die Betrachtung eingeschlossen.

(2) Zeitpunktbezug

Die Existenz einer Alternative ist an einen Entscheidungszeitpunkt gebunden, das heißt, nur solche Alternativen sind wählbar, die spätestens zum Entschlusszeitpunkt ins Bewusstsein des Entscheidungsträgers gelangt sind. Der so genannte "Aktionsraum" ist auf das beschränkt, was "hier und jetzt" zur Auswahl steht.

(3) Wirkungsprognose

Alternativen haben prinzipiell Informationscharakter. Als Planungstatbestände versprechen sie auf der Basis ontologischer ("Es gibt-") und nomologischer ("Wenn-dann-") Aussagen bestimmte Wirkungen. Sie sind in diesen Aussagen stets unsicher. Die Wirkungsprognose hängt von der Qualität der ontologischen und nomologischen Sätze ab, also von der Qualität des Ausgangswissens.

(4) Zielbezug

Diese Wirkungen sind für den Entscheidungsträger nur insoweit beachtlich, als sie von seiner Zielsetzung verlangt werden. Das ist in innovativen Entscheidungen ein besonderes Problem, denn wir müssen davon ausgehen, dass die Zielsetzungen keinesfalls gegeben sind, sondern dass sie gerade in Abhängigkeit von den Informationen über die Alternativen geformt und überformt werden (siehe Kapitel 9). Eine Alternative ist demnach nur das, was einen Erfüllungsbeitrag zu dem in einem bestimmten Zeitpunkt gegebenen Zielsystem des Entscheidungsträgers liefert, ganz abgesehen davon, dass dieser sich vorbehält, sein Zielsystem noch zu ändern oder zu ergänzen.

(5) Wahrnehmung

Alternativenzahl und Alternativenausprägungen sind Wahrnehmungen. Sie sind insoweit immer an Individuen gebunden. Das schließt indessen nicht aus, dass kollektive Entscheidungsträger auch eine kollektive Wahrnehmung entwickeln.

(6) Exklusivität

Alternativen schließen sich gegenseitig aus. Es kann zur Lösung des Innovationsproblems nur eine einzige Alternative gewählt werden. Wer Alternativen präsentiert, verlangt das "Entweder - oder". Er schließt das "Sowohl - als auch" aus. Ein Kompromiss zwischen zwei vorher als unabhängig betrachteten Alternativen ist eine neue Alternative.

Diese definitorischen Aspekte sind bewusst formal herausgestellt worden, weil zu beobachten ist, dass der Begriff der Alternative leichtfertig verwendet wird. Diese formalen Anforderungen sind zu stellen, ehe eine Handlungsmöglichkeit auch wirklich in den Rang einer Entscheidungsalternative erhoben werden kann. Anders gesagt: Die eben genannten definitorischen Tatbestände sind im Grunde eine **Checkliste**, die der Innovationsmanager zur Hand haben sollte, ehe er festlegt, ob er eine bestimmte Handlungsmöglichkeit zum Gegenstand der weiteren Behandlung machen sollte:

Er muss prüfen,

- ob neben der Möglichkeit des **Tuns** auch die des **Unterlassens** besteht,
- ob die jeweilige Alternative nur zu diesem **Zeitpunkt** gegeben ist oder auch zu zukünftigen Zeitpunkten,
- welche **Wirkungen** eine Alternative behauptet und wodurch sie sich von den anderen unterscheidet,

- ob diese Wirkungen auch wirklich dem aktuell geltenden **Ziel** entsprechen,
- ob jeder der Beteiligten unter dieser Alternative und ihren Wirkungen **das Gleiche versteht**,
- ob durch die Wahl dieser Alternative auch die Wahl aller anderen Alternativen ausgeschlossen wird.

Damit ist zugleich das **Ergebnis** des Prozesses der Lösungssuche gekennzeichnet: An seinem Ende liegen mehrere Alternativen zur Auswahl vor, im engsten Falle eine Alternative des Tuns gegenüber einer Alternative des Unterlassens. Erst am Schluss dieses Suchprozesses setzt der eigentliche Auswahlvorgang an, auf dessen Darstellung wir hier verzichten, weil er in den Lehrbüchern zur Entscheidungstheorie ausgiebig und erschöpfend behandelt wird.

Die Hervorbringung neuartiger Alternativen ist eine intellektuelle und zugleich eine technisch-physische Leistung. Die bisher nicht vorhandene Alternative muss nicht nur abstrakt erdacht, sondern auch konkret hervorgebracht, entwickelt und konstruiert werden. Diese beiden Leistungen lassen sich vielfach **nicht zeitlich** voneinander trennen. Zwar steht **vor** der technischen Realisierung ein mehr oder weniger präziser Gedankengang, aber dieser wird vielfach durch die Beobachtungen und Beurteilungen bei der Realisierung in neue Richtungen getrieben und gibt dann wiederum neue Impulse für die Gestaltung.

Versuch und Irrtum lösen einander ab und beflügeln sich gegenseitig.

Die intellektuelle und die physische Leistung lassen sich demgegenüber indessen **sachlich und personell** trennen: Die Geschichte der Innovationen kennt unzählige Beispiele dafür, wie erst die Zusammenarbeit eines Erfinders mit einem geschickten Handwerker zur Innovation führte. Man denke an Siemens und Halske.

Für diese Schrift ist die Einsicht bedeutsam, dass die Hervorbringung der neuartigen Alternativen Probleme der Reihenfolge und Verknüpfung sowie Probleme der Arbeitsteilung und der Arbeitsvereinigung aufwirft. Diese Probleme werden uns im 11. Kapitel unter dem Stichwort der Prozess-Steuerung begegnen. Hier konzentrieren wir uns auf die kognitiven Aspekte der Innovation und blenden von den technisch-physischen ab. Die Frage lautet: **Wie sehen Ökonomen und wie sieht das Management den Prozess der Generierung von neuartigen Alternativen?**

Das Finden von neuen Alternativen ist das Ergebnis von **Kreativität, verstanden als schöpferisches Potential**. Eine überaus reichhaltige Literatur zwingt uns, die folgende Darstellung auf wenige Leitlinien zu reduzieren, ohne dass wir dabei die Managementperspektive opfern wollen. Wir haben nicht den Ehrgeiz, die psychologischen Grundlagen in aller Breite vorzutragen. Wir müssen aber soweit in die theoretische Basis eindringen, dass wir in der Lage sind, die vielfältigen Gestaltungsvorschläge zum Stichwort "Kreativitätstechniken" kritisch zu würdigen.

Die Literatur hinterlässt den Eindruck, dass es den "Königsweg" zu neuen Ideen nicht gibt.

Vielmehr scheint es gerade die Vielgestaltigkeit, das Nebeneinander, ja sogar die Gegensätzlichkeit von menschlichen Fähigkeiten und Fertigkeiten zu sein, die Kreativität fördert.

Es ist daher verständlich, dass sich die im Folgenden vorgetragenen Ansätze teilweise überschneiden. Wir betrachten die Kreativität beim Finden innovativer Lösungen als

- Eigenschaft von Personen,
- spezifische Form des Informationsverhaltens.

10.3 Generierung neuartiger Alternativen als Ergebnis persönlicher Kreativität

> "The notion of the hermit genius, spinning inventions out of his intellectual and psychic innards, is a ninetenth-century myth, useful then, as myths may always be, but dangerous, as myths always are, once its period of usefulness is past."
>
> *Burns/Stalker* (1961), S. 21 f.

"Heureka!" Der Ausruf des Archimedes verweist uns auf begnadete Individualität: **Ich** habe es gefunden, nicht eine Expertenkommission, nicht ein Expertensystem. Welche menschlichen Eigenschaften sind es, die zu neuartigen Problemlösungen führen[1]?

(1) Kognitive Fähigkeiten

Die Untersuchungen von *Perkins*[2] und *Weisberg*[3] verweisen darauf, dass Kreativität eine höchst solide kognitive Basis benötigt. Viele erfolgreiche Erfinder haben sich jahrzehntelang um ihre innovative Lösung bemüht. Sie vollziehen höchst "normale" kognitive Prozesse, wie Wahrnehmen, Fragen, Suchen, Erkennen, Verstehen, Analysieren, Zerlegen, Vergleichen, Schlussfolgern, Ordnen, Bewerten, Wählen, Entscheiden, Lernen - das Ganze in unendlich vielen Schleifen[4]. Erst diese intensive Beschäftigung mit der Materie schärft das Bewusstsein für ungewöhnliche Reaktionen und Verhaltensweisen, auf denen die innovative Lösung aufbaut[5].

---

1 Vgl. *Weinert* (1990), S. 21 ff., *Henry* (1991), S. 3 ff.
2 *Perkins* (1981).
3 *Weisberg* (1986).
4 Siehe die Typologie bei *Sträter* (2002), S. 85 ff.
5 *Riquelme* (1994), S. 88.

Biographien von Erfindern zeigen immer wieder, dass dabei auch folgenschwere **Irrwege** eingeschlagen wurden. Aber erst wenn ein Weg als Irrweg erkannt wurde, war der Weg zur innovativen Lösung frei. Der Auszug aus der Biographie *Diesels* in Kasten 10.2 vermittelt einen plastischen Eindruck von dem, was die Wissenschaft "kognitive Fähigkeiten" nennt. Das Beispiel zeigt zugleich die negative Wirkung von kognitiven Blockaden. Es ist ein Zeichen wirklicher kognitiver Fähigkeiten, wenn diese Blockaden wiederum kognitiv bestimmt und überwunden werden.

Kasten 10.2: *Diesels* Irrweg: Brennstoffverdampfung (*Diesel*)

"Um die ungeheuren Schwierigkeiten bei der Einspritzung des Brennstoffes zu vermeiden, war Diesel ... auf den Gedanken gekommen, den Brennstoff zu verdampfen. Aber mit der neuen Anordnung erfolgte nur hier und da eine heftige Explosion der Petroleumdämpfe. Die Maschine leistete keine Arbeit, durch das Auspuffrohr bliesen mächtige weiße Wolken von unverbranntem Petroleumdampf ab. Auch Benzin ergab keine besseren Ergebnisse. Nun verbiß sich Diesel. Seine Energie machte ihn zuweilen starr. Dann wollte er Dinge erzwingen, beging Fehler, fand nicht zu dem richtigen Gedanken zurück. Sein Trugschluß hatte, wie er schreibt, eine Reihe weiterer Trugschlüsse im Gefolge, und alle Versuche bewegten sich in einem schädlichen Kreislauf.

Diesel geriet in eine schreckliche Lage. ... Die Ausgaben stiegen, die Gegner höhnten. Nun war statt des Erfolges ein ausgesprochener Mißerfolg da! Immer mußte Diesel fürchten, daß die Beteiligten den Glauben verlieren und er ohne Geld und Achtung auf dem Trümmerhaufen seiner Ideen stehen würde. ... Während im Geiste Diesels Tausende von Vorstellungen wirbelten, er die Maschinenteile, Erfahrungen, Diagramme untereinander verglich, während er aufblitzenden Wahrheiten und gleißenden Irrtümern nachjagte, fieberhaft alte und neue Theorien durchdachte, der Mißerfolg als schwerer Nachtmahr ihn nachts aus den Träumen jagte, maßlose Überanstrengung ihn fast zu Boden warf, galt es mehr als je zu forschen, zu denken und zu trachten, die Kampfgefährten bei der Sache zu halten. ...

Am 3. Oktober endlich muß er sich eingestehen, daß die ganze Versuchsreihe gescheitert ist. Sechs Monate waren mit diesen entsetzlichen Versuchen völlig ergebnislos hingebracht. Zwar waren auch dieses Mal, wie durch jede Versuchsperiode, Erfahrungen und Einsichten gewonnen und Gesetze gefunden worden, die, wenn auch auf Umwegen, den Erfinder näher ans Ziel führen sollten. Aber diese dritte Versuchsreihe hatte doch keinen Fortschritt, sondern infolge eines 'hartnäckigen Trugschlusses' einen vollständigen Verlust des bisher Erreichten gebracht. 'Diese Periode war die schlimmste der ganzen Entwicklungszeit, und es bedurfte des ganzen Vertrauens aller Beteiligten in die wissenschaftliche Wahrheit, die uns leitete, um die Sache damals nicht fallen zu lassen.' ..."

Quelle: *Diesel* (1983), S. 196, 199

(2) Assoziationsvermögen

Innovationen sind neuartige Zweck-Mittel-Verknüpfungen. Der kreative Genius erkennt diese Verknüpfung. Am eindrucksvollsten wird das immer wieder bei den so genannten Zufallserfindungen (Serendipitäten) bewusst: Zumeist liegt ein als "nutzlos", "zufällig", "unbeabsichtigt" oder gar als "ärgerlich" eingestuftes Ereignis vor, für das der Innovator schlagartig einen bestimmten Verwendungszweck erkennt.

Assoziationsvermögen ist ganz allgemein die Fähigkeit, (wenigstens zwei) bisher getrennt voneinander bestehende Verfahren, Materialien, Ideen, Konstruktionen, Funktionen o.ä. so zu verbinden, dass ein bisher unbekanntes Drittes entsteht, das als Mittel oder als Zweck interpretiert werden kann.

Assoziationsvermögen erschöpft sich aber nicht nur in der Herstellung einer neuartigen Zweck-Mittel-Relation. Assoziationen sind ausschließlich Übertragungen von Erklärungs- oder Gestaltungsmustern aus einem Bereich in einen ganz anderen. Es mag dabei um unterschiedliche fachliche Bereiche gehen, um regional unterschiedliche Bereiche, um unterschiedliche Kulturen oder um unterschiedliche Generationen. Bei dieser Assoziation kommt es auf die Wirksamkeit an, nicht auf die Unanfechtbarkeit oder Kenntnis der theoretischen Erklärung.

Diese Darstellung könnte den Eindruck erwecken, dass kognitive Fähigkeiten, insbesondere Assoziationsvermögen, **angeborene Eigenschaften des kreativen Genius** sind. Aus dieser Ansicht können unterschiedliche Schlüsse gezogen werden:

- **Rekrutierung**:
  Die erste Konsequenz für das Innovationsmanagement lautet: **Finden eines begnadeten Problemlösers statt Finden einer Problemlösung**[1]. Mit einer erfolgreichen Suche ist es aber nicht getan. Der Erfinder benötigt Freiraum, Arbeitsathmosphäre und finanzielle Mittel zur Entfaltung seiner Talente. Im Übrigen bindet sich das Unternehmen an diese Persönlichkeit und mit ihr an persönlich geprägte technologische Philosophien, die möglicherweise weitere Entwicklungen hemmen. Kurz: Das Engagement des kreativen Genius ist nicht ohne Probleme, immer unterstellt, dass man eine solche Begabung überhaupt findet.
- **Arbeitsteilung:**
  Eine weitere Lösung liegt in einer solchen Situation darin, **nicht eine dauerhafte Ein-Personen-Lösung** zu wählen, sondern an eine Arbeitsteilung im kreativen Prozess zu denken und diese auf die Lösung eines Innovationsproblems zu konzentrieren.
  Gesucht werden damit **Teammitglieder**, die die notwendigen fachlichen Grundlagen besitzen oder sich anzueignen vermögen oder die mit einem besonderen Assoziationsvermögen ausgestattet sind. Ihre Kooperation wird bewusst herbeigeführt[2].

Die Vorstellung, Kreativität sei eine angeborene Eigenschaft, bestreitet implizit, dass man sich diese Eigenschaft auch aneignen kann. Das gilt ganz sicher nicht für kognitive Fähigkeiten, wenn man von individuellen Grenzen der Lernfähigkeit absieht. Zugleich ist auch die Vielfalt der so genannten **Kreativitäts-**

---

1 Diese Strategie wird v.a. von kleinen und schlecht verknüpften Unternehmen gewählt, so *Rao/Drazin* (2002), S. 500 f.

2 *Nelson* (2003), S. 911.

"Techniken" ein vehementer Protest gegen die Vorstellung, das Assoziationsvermögen sei angeboren und nicht entwickelbar. Hier setzen zwei Konzepte an:

- Zum einen gilt es, Kreativitätstechniken zu entwickeln, die insbesondere das Assoziationsvermögen oder die anderen kognitiven Fähigkeiten zur Entfaltung bringen. Setzt man diese Methoden **in bewusster Kombination** ein, so kann man die Wahrscheinlichkeit nennenswert erhöhen, die Kreativität zu steigern[1].
- Zum anderen ist man bemüht, Kreativität zu einem Leitbild einer innerbetrieblichen **Ausbildung** zu machen. Hier mündet die Betrachtung in die in Kapitel 3 vorgetragenen Strategien ein, das Unternehmen ganzheitlich innovationsbewusst zu führen. Das heißt konkret, dass man die kognitiven Fähigkeiten, die bei der traditionellen Schul- und Hochschulausbildung dominieren, bewusst um assoziative Fähigkeiten und Fertigkeiten erweitert. Kreativität soll damit eine erworbene Eigenschaft werden[2].

Kombiniert man schließlich alle diese Konzepte, so führt das zur Entwicklung von Kreativitätstechniken, die kognitive Fähigkeiten, Assoziationsvermögen und Gruppeninteraktion (als Form des arbeitsteiligen Zusammenwirkens) integrieren.

Kreativität soll so zu einer Eigenschaft "normaler" Menschen werden, die in einer Gruppe bewusst und unter Einsatz ihrer kognitiven Fähigkeiten zu neuartigen Assoziationen kommen.

Dies ist immerhin ein Versuch, **den begnadeten Entdecker wenigstens in gewissem Umfang zu substituieren**.

---

1 *Bharadwaj/Menon* (2000), S. 425 f., 429.

2 *Weinert* (1990), S. 32 f.

10.4 Generierung neuartiger Alternativen als Ergebnis bewussten Informationsverhaltens

10.4.1 Theoretische Erwägungen zur Alternativengenerierung

10.4.1.1 Alternativengenerierung als Produktion von Wissen

Alternativengenerierung ist Produktion von Wissen. Der Begriff der "Produktion" scheint in dieser intellektuellen Welt vielleicht provozierend, wird aber bewusst verwendet. Denn er verspricht vielfache Analogien zu traditionell betriebswirtschaftlichen Perspektiven. Unter betriebswirtschaftlicher Beleuchtung ist Produktion ein Prozess der "Kombination produktiver Faktoren"[1]. Der Kombinationsprozess bezieht sich materiell auf die produktiven Faktoren Menschen, Materialien, Sachmittel und Rechte. Auf der nicht-materiellen, kognitiven Ebene bedeutet das:

Wissen über diese produktiven Faktoren dient der Produktion neuen Wissens.

In dieser "Produktionsaufgabe" liegt die **Verbindung von Kreativitätsmanagement mit Wissensmanagement**: "Wissen ist eine unverzichtbare Grundlage für kreative Leistungen. Kreativität wiederum fördert den Aufbau neuen Wissens"[2]. Beide Managementaufgaben dienen der Generierung von neuartigen Alternativen. Sie werden hier konsequenterweise in einem Kapitel zusammengefasst.

Wir verwenden dabei den Begriff "**Wissen**" extensiv und verstehen mit *Bode* unter Wissen "jede Form der Repräsentation von Teilen der gedachten (d.h. vorgestellten) Welt in einem materiellen Trägermedium"[3]. Für unsere Zwecke ist dabei nur diejenige Teilmenge des Wissens beachtlich, die sich nach der Vorstellung des handelnden Subjektes auf die Hervorbringung der Innovation bezieht: **Information**. Wir benutzen damit den traditionellen Informationsbegriff *Wittmanns* i.S. "zweckorientierten Wissens"[4]. Die Zweckorientierung wird durch die spezifische Entscheidungs- und Durchsetzungsaufgabe des Innovationsprozesses geliefert. Vorrangig sind dabei die Aktivitäten, nicht die Bestandsgrößen.

Was vor 20 Jahren noch unter dem Stichwort "**Informationsverhalten**" behandelt wurde, ist heute in dem umfassenderen Stichwort "**Wissensmanagement**" aufgegangen. Die Basis ist die gleiche, das Problemverständnis ist umfassender geworden. Es scheint dabei, als ob die **empirische Forschung** nach wie vor eher das Informationsverhalten zum Gegenstand hat, und das auch unter diesem Begriff. Die Umsetzung der Erkenntnisse in Anwendung und **praktische Gestaltung** bevorzugt demgegenüber den Begriff Wissensmanagement. Wir

1 *Gutenberg* (1957), S. 5.
2 *Bullinger* (2000), S. 25.
3 *Bode* (1997), S. 458.
4 *Wittmann* (1959), S. 14.

folgen diesem Begriffsverständnis und werden mit dem Begriff Information, ggf. als Präfix (z.B. Informations-Nachfrage), arbeiten, so lange es um die theoretischen Erwägungen und empirischen Befunde geht. Den Begriff Wissensmanagement werden wir verwenden, wenn es um die Gestaltungsaufgabe geht. Um aber den Zusammenhang zwischen Informationsverhalten und Wissensmanagement ständig bewusst zu halten, werden im Folgenden die Begriffe Information und Wissen - nicht als Präfix oder Suffix - im Sinne *Bodes* und *Wittmanns* verwendet.

Jede Alternativengenerierung dient der "Gewinnung neuen Wissens"[1]. Sie ist zunächst eine Suche nach Informationen. Wo sich Informationen nicht finden lassen, müssen sie selbst erarbeitet werden:

- Dem **Suchen** folgt das **Versuchen**.
- Wo **Finden** erfolglos bleibt, wird **Erfinden** zwingend.
- **Beschaffen** und **Schaffen** von Wissen ist der Kern der Alternativengenerierung.

Unsere Sprache verweist uns auf die Doppelnatur dieses kognitiven Prozesses: Das unbekannte Wissen wird bei anderen Wissensträgern **nachgefragt** und/oder in einem kreativen Prozess selbst **hervorgebracht**.

Die Generierung neuartiger Alternativen ist somit immer Informationsnachfrage und Informationserzeugung.

Konsequenterweise muss hinzugefügt werden, dass dieser Prozess nicht mit der reinen Hervorbringung des neuen Wissens endet. Denn Innovation umschließt die **Verwertung des Wissens** in Märkten oder in innerbetrieblichen Einsätzen. Diese Wissensverwertung schließt den indirekten Weg über neue Produkte oder Prozesse, aber auch direkte Wege über Lizenzierung und andere Formen der Wissensvermarktung, ein. Wir werden in diesem Kapitel von der Wissensverwertung abblenden und uns auf die Managementprobleme der Wissensgenerierung konzentrieren.

Die abstrakte Definition des "Wissens" verlangt Konkretisierung[2]. **Aus welchen unterschiedlichen Komponenten besteht dieses Wissen im Innovationsprozess?**

(1) Fachwissen

Innovationen sind neuartige Zweck-Mittel-Kombinationen. Sie verlangen somit Fachkenntnisse sowohl über eine komplexe technische Materie als auch über deren Einsatz- und Anwendungsmöglichkeiten.

Dieses objektspezifische Fachwissen besteht aus **ontologischen und nomologischen Komponenten**: Ontologisches Wissen bezieht sich auf die Fülle von fachlichen Details. Diese Fachmannschaft äußert sich darin, dass "**facts and**

---

1 *Brockhoff* (1999a), S. 48.

2 Vgl. auch die Morphologie des Wissensbegriffs bei *Peritsch* (2000), S. 29.

figures" dem Wissensgenerierer bis zu feinsten Unterscheidungen präsent sind. Nomologisches Wissen ist Zusammenhangswissen. Wer die Beziehungen zwischen den Fakten kennt, kann in einer Wirkungsprognose neue Wissenselemente schaffen. Diese Fachmannschaft besteht darin, dass **Theorien und Modelle** dem Wissensgenerierer präsent sind.

(2) Methodenwissen

Für kreatives Denken ist eine weitere Wissenskomponente bedeutsam: Methodenwissen soll erlauben, die bisherigen Denkbahnen und Fachkenntnisse zu verlassen. Methodenwissen hat eine **analytische und eine synthetische Komponente**. Die analytische Komponente befähigt zur Unterscheidung und vor allem zur Entwicklung neuartiger Unterscheidungskriterien. Im Idealfalle liefert es eine neuartige Systematik, die das Wissensgebiet nach einem bisher nicht bekannten Kriterium vollständig und überschneidungsfrei zergliedert. Die synthetische Komponente befähigt zur neuartigen Kombination der differenzierten Elemente und liefert erst dadurch das neuartige Wissen.

Methodenwissen hat darüber hinaus eine "handwerkliche" Funktion. Es ist das Wissen um den Umgang mit Material, mit Maschinen und Menschen. Es ist das **Wissen um das "Wie"**, das "**Know-how**", in Ergänzung des "Know what" des Fachwissens.

(3) Herrschaftswissen

Für die führungstheoretische Perspektive des Wissensmanagements ist schließlich eine dritte Komponente beachtlich: Herrschaftswissen liefert zunächst die notwendige **Zielkomponente** und sorgt damit für die strategische Einbindung der Innovation in das Gesamtgeschehen der Unternehmung. Hinzu kommt das **Wissen um die Ressourcen und Potentiale**. Es gilt, den kognitiv-intellektuellen Prozess wieder mit dem realen Innovationsprozess zu verknüpfen. Wissensobjekte sind hier: Bestände und Beschaffungsmöglichkeiten von Personen, Finanzen, Sachobjekten, verbunden mit Netzwerkkenntnissen und Wissen um Kooperationsmöglichkeiten.

Bei der folgenden Behandlung des Informationsverhaltens bei der Generierung neuartiger Alternativen folgen wir den eingangs dargestellten theoretischen Leitlinien:

- Aus der führungstheoretischen Perspektive steht zunächst der **Prozess** der Alternativengenerierung im Vordergrund. Für das Innovationsmanagement sind dabei vor allem die Probleme der **Informationsbeschaffung** von Bedeutung. Das ist zunächst ein Problem der Interaktion mit **externen Informationslieferanten**.

- Tatsächlich wirft aber die Frage der Mobilisierung vorhandenen, aber im gegebenen Innovationsfall nicht präsenten Wissens größere Probleme auf. Es geht darum, derartige verborgene **Ressourcen im Unternehmen** aufzuspüren und für die aktuelle Problemlösung zu **aktivieren** oder zu **reaktivieren**.

Für den Betriebswirt ist das alles kein Selbstzweck. Wissensmanagement und Ressourcendisposition stehen unter Erfolgszwang. Daher sind bei allen Instrumenten der systematischen Erzeugung von neuartigen Alternativen die Fragen nach **Effektivität und Effizienz** zu stellen. Das Management der Hervorbringung von Alternativen hat stets die Ertragserwartungen mit den Kostenerwartungen zu vergleichen. Anders gesagt:

Die Generierung neuartiger Alternativen in einer wunderbaren Welt der Kreativitätsentfaltung ist keine Spielwiese für intellektuelle Geister, sie ist vielmehr eine harte Arbeit im Dienste des Innovationsmanagements.

10.4.1.2 Der Zusammenhang der Informationsaktivitäten

> "Failure to ask questions results in the stagnation of knowledge. Asking the wrong question yields irrelevant information. Asking a poorly framed question yields confusion. Asking trivial questions yields trivial results. However, learning to recognize what we do not know, developing the skills to transform ignorance into well-defined questions, and being able to identify the important problems among them, sparks innovation."
>
> *Root-Bernstein* (2003), S 171

Die Beschaffung fehlender Informationen kann aus theoretischer Sicht als **"make-or-buy"-Entscheidung**, also als Entscheidung über Eigenfertigung oder Fremdbezug interpretiert werden:

- "Eigenfertigung" bedeutet Forschung und Entwicklung.
- "Fremdbezug" besteht in der Beschaffung der fehlenden Informationen von Dritten.

Indessen ist die Vorstellung eines Entweder-Oder unrealistisch: Forschung und Entwicklung, die ohne externe Informationsbeschaffung auskommt, ist nicht vorstellbar. Wer andererseits vorzugsweise externes Wissen beschaffen will, benötigt eine "absorptive capacity"[1], d.h. eigene Forschung und Entwicklung, um die erworbenen Informationen intellektuell verarbeiten zu können.

Statt "make or buy" heißt es "make and buy".

Der kreative Prozess des Generierens neuartiger Alternativen wird hier als Informationsprozess interpretiert. In diesem Prozess folgt auf eine **Informationsnachfrage** eine **Informationslieferung**, die ihrerseits die Informationsverarbeitung auslöst. Dieser Prozess endet mit der Hervorbringung der gesamten Alternativenmenge, läuft dabei in vielen Teilprozessen ab, je nachdem, wie komplex die Alternative selbst ist. Die **Informationsverwertung** besteht also

[1] *Cohen/Levinthal* (1990), S. 128 ff.

darin, die neuartigen Produkte oder Prozesse so zu beschreiben, dass sie im arbeitsteiligen Folgeprozess zum Gegenstand einer weiteren Bearbeitung gemacht werden können. Das schließt **Informationsspeicherung** als Zwischen- oder Endprodukt ein.

Der Zusammenhang zwischen diesen Informationsaktivitäten wurde von *Witte* in einem Modell dargestellt, das auch die Erfolgswirkung berücksichtigt. Kasten 10.3 zeigt dieses Modell.

Kasten 10.3: Informationsverhalten und Effizienz (*Witte*)

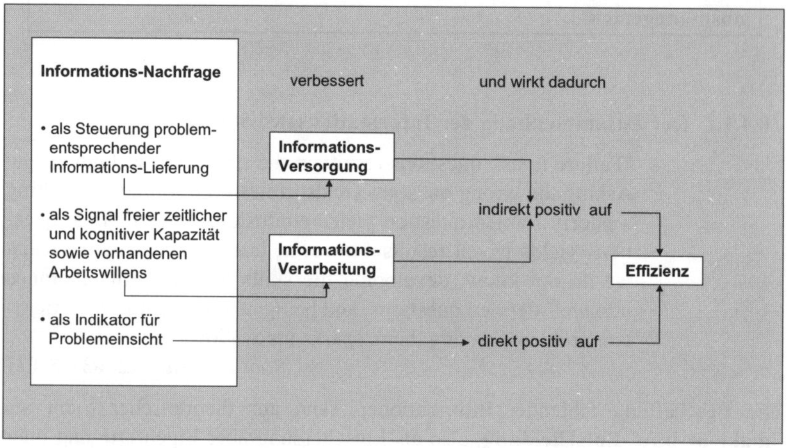

Quelle: *Hauschildt* (1983b), S. 215

Das Modell geht von einer **Informationsnachfrage** aus. Dabei handelt es sich um die Artikulation eines Informationsbedürfnisses, d.h. um die von einem Subjekt für notwendig und hinreichend gehaltene Menge an Informationen zur Lösung einer Aufgabe, hier: zur Hervorbringung einer neuartigen Alternative. Es wird also ein aktives Handeln des Problemlösers unterstellt.

Witte[1] betrachtet drei charakteristische Eigenschaften der Informationsnachfrage, die die Beziehung zur "Effizienz" (verstanden in umfassendem Sinne) begründen:

- Informationsnachfrage als Hebel zur Steuerung einer problementsprechenden Informationslieferung, als Selektionsmechanismus zur Ausschaltung überflüssiger Informationslieferungen, als aktive Ordnungskraft für das Was, Wie und Wann der Informationslieferung ("**Steuerungserklärung**").
- Informationsnachfrage als Indikator dafür, dass der Entscheidungsträger noch freie Kapazität (Zeit, Fähigkeit, Willen) zur Verarbeitung gelieferter Informationen hat ("**Kapazitätserklärung**").

---

1 *Witte* (1972), S. 47 ff.

In diesen zwei Funktionen wirkt die Informationsnachfrage **indirekt** positiv auf die Effizienz, indem sie hilft, die **Informationslieferung** sachgerecht zu verarbeiten. Oder anders: Die Informationsnachfrage steigert nur dann die Effizienz, wenn ihr eine entsprechende Informationslieferung gegenübersteht. Anders ist das in der dritten Eigenschaft der Informationsnachfrage:

- Informationsnachfrage als Indikator für die bereits gewonnene Einsicht in Kontur und Struktur des zu lösenden Problems. In dieser Eigenschaft kann eine sachgerechte Informationsnachfrage auch dann positiv auf die Effizienz einwirken, wenn ihr eine entsprechende Informationslieferung nicht gegenübersteht ("**Erkenntniserklärung**").

Auf die Informationsnachfrage folgt die **Informationslieferung**, d.h. Übermittlung der nachgefragten Informationen nach Menge und Qualität durch eine Bezugsquelle. In dieser Konstellation wird somit zunächst unterstellt, dass diese Bezugsquelle nicht von sich aus aktiv wird. Wenn die gelieferte Information der Informationsnachfrage entspricht, liegt die angestrebte **Informationsversorgung** vor[1].

Gibt man die Vorstellung eines hundertprozentigen Fits zwischen Informationsnachfrage und -lieferung auf, wird das Konzept realistischer:

Mit zunehmender Annäherung an den Zustand vollständiger Informationsversorgung steigt die Effizienz (oder Effektivität) der Informationslieferung.

Witte konzentriert seine Aufmerksamkeit auf den Fall der "Unterdeckung". Der umgekehrte Fall des "Überschusses" (Informationslieferung übersteigt Informationsnachfrage) wirft andere Probleme auf:

- **Informationsüberlastung**: Die ungefragt gelieferte Informationsmenge belastet oder blockiert im Grenzfalle die Informationsverarbeitungs- und -übertragungskapazität.
- **Zielwandel**: Der Informationsüberschuss regt die Bildung neuer Ziele an und führt damit indirekt zu neuer Informationsnachfrage.

Wenn diese Wirkungen berücksichtigt werden, kann die oben gemachte Prämisse aufgehoben werden, dass die Bezugsquelle nur auf Nachfrage hin aktiv wird.

Das Modell *Wittes* ist hauptsächlich auf den **Zusammenhang der Informationsaktivitäten** ausgerichtet. Wir wenden uns jetzt diesen Aktivitäten im Einzelnen zu.

10.4.1.3 Informationsnachfrage

Es sei zunächst unterstellt, dass das Innovationsproblem in einer ersten Fassung definiert sei und dass seine Ziele so weit präzisiert sind, dass weitere Schritte der Problemlösung eingeleitet werden können. Der Innovator muss - von diesen

---

1 *Witte* (1972), S. 11.

Vorgaben ausgehend - seine Informationsbedürfnisse ableiten und sie sodann gegenüber einer Bezugsquelle artikulieren. Dieser Beginn des Informationsprozesses wird also von den **Eigenschaften des Innovationsproblems** bestimmt, so wie sie der Problemlöser subjektiv wahrnimmt:

- **Relevanzeinschätzung**:
  Sie wird in erster Linie von der externen **Zielvorgabe** bestimmt. Unterstellt, dass der Problemlöser in seiner Relevanzeinschätzung mit der Zielvorgabe übereinstimmt, wird damit das relative Gewicht dieses Projektes gegenüber anderen Aufgaben festgelegt, was nicht nur für die Lenkung der Informationsnachfrage, sondern auch für die individuelle Informationskapazität beachtlich ist. Ist das Ziel stärker detailliert, werden womöglich auch einzelne Teilaspekte des Problems als unterschiedlich relevant eingestuft.

- **Komplexitätseinschätzung**:
  Sie wird in erster Linie von der **Problemdefinition** bestimmt. Der Problemlöser hat sich einen Überblick über die einzelnen Problemkomponenten und über ihre möglichen Beziehungen zueinander zu verschaffen. Diese Komplexitätseinschätzung lenkt Umfang und Inhalt der Informationsnachfrage.

- **Ausmaß der Neuartigkeit**:
  Der Innovationsgrad des Projektes - als zusammenfassender Ausdruck für die Unklarheit der Problemkomponenten, ihrer funktionalen Beziehungen, ihrer Wirkungsprognosen, für ihren Konfliktgehalt - bestimmt die Einschätzung der Ungewissheit. Die Informationsnachfrage soll diese Ungewissheit reduzieren. Je höher die Ungewissheit, desto höher die Informationsnachfrage.

Die Subjektbindung der Informationsnachfrage macht es zudem notwendig, persönliche und institutionelle Eigenschaften des Handlungsträgers in das Nachfragemodell einzubeziehen:

- Seine **Fach- und Methodenkenntnisse** bestimmen die Informationsbedürfnisse sowie die Fähigkeit zur Artikulation der Informationsnachfrage nach **Inhalt, Detaillierung, Aktualität und sprachlicher Form**.

- Seine **persönlichen Beziehungen und Netzwerke** bestimmen das Verhältnis zu den potentiellen **Informationsquellen**. Ihre Informationslieferleistung muss er bewerten, ihnen muss er vertrauen. Die Beziehungen zwischen Sender und Empfänger der Information sind von früheren Interaktionen, von ihren hierarchischen Positionen und der Ähnlichkeit von Ausbildung und persönlichen Einstellungen beeinflusst.

- Seine Kenntnis der Informationsmedien und -kanäle bestimmen seine Anforderungen an die Form der Informationslieferung: Eine **unpersönliche, schriftliche Informationslieferung** mag den Vorteil der größeren **Objektivität** und **Zuverlässigkeit** haben, hat aber den Nachteil, weniger individuell auf die Nachfrage zugeschnitten, nicht auf einen Dialog eingerichtet zu sein und möglicherweise erhebliche Informationsüberschüsse zu enthalten. Hinzu kommt der Aspekt der **Flexibilität**: Mündliche Kommunikation erlaubt spontane Rückfragen und ist der Geschwindigkeit des Lernprozesses angepasst. Je höher der Innovationsgrad der Informationen, desto bedeutsamer ist dieser Lern- und Lehraspekt der Kommunikation.

Diese Überlegungen verlangen, unterschiedliche **Informationsquellen, Informationswege und Informationsmedien** im Prozess der Alternativengenerierung zu berücksichtigen.

Ihre Beziehungen zueinander lassen sich in folgendem Informationsmodell darstellen.

Kasten 10.4: Modell der Informationsnachfrage

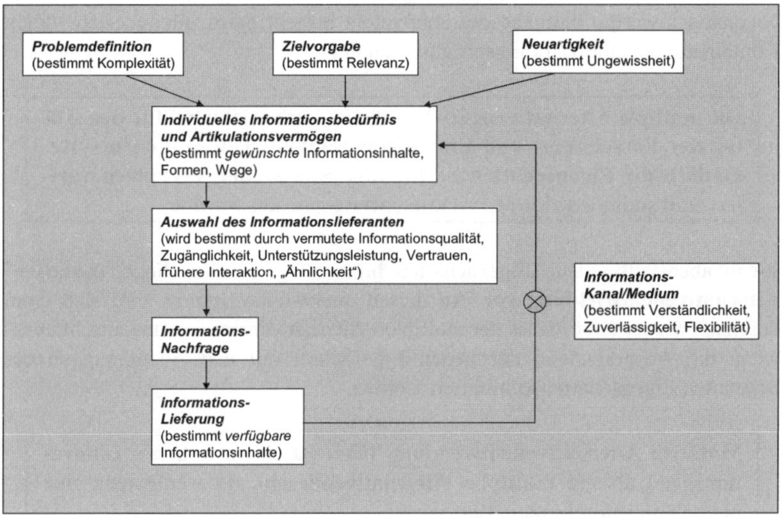

Quelle: Eigene Darstellung

10.4.1.4 Informationsverarbeitung

Der eigentliche kreative Prozess besteht darin, die empfangenen Informationen so zu verknüpfen, dass ein neuartiges Ergebnis entsteht. **Innovation ist das Ergebnis einer Informationsverarbeitung**. Der Innovator entwickelt die Lösung, indem er eine vorhandene Lösung grundlegend modifiziert oder völlig neu konzipiert und konstruiert. **Diese "custom-made-solution"** im Sinne von *Mintzberg et al.*[1] ist naturgemäß einzigartig. Es ist "die" Lösung, die nach den Beobachtungen von *Mintzberg et al.* auch vollständig durchkonstruiert wird und zu der weitere Alternativen nicht mit der gleichen Gründlichkeit entwickelt werden - ähnlich wie in dem Beispiel der Raumlenker-Hinterachse in unserer Fallstudie.

1 *Mintzberg et al.* (1976), S. 276.

(1) Grundtypen

Dieser Prozess lässt sich auf zwei Grundtypen reduzieren: auf multiple und mutative Alternativengenerierung[1]:

"Multiple" Alternativenentwicklung ist gemäß den Vorstellungen der Theorie der Produktpolitik in folgender Weise zu vollziehen: Produkte sind Bündel bestimmter Eigenschaften[2]. Jede dieser Eigenschaften tritt in einer endlichen Zahl von Ausprägungen auf. Alternativen entstehen dadurch, dass immer neue Kombinationen der unterschiedlichen Ausprägungen der bestimmten Eigenschaften gebildet werden. Möglicherweise existieren dabei subjektive Einschränkungen der Variantenbildung, die den Kombinationsprozess weiter einschränken. Die Kreativität ist vergleichsweise wenig herausgefordert. Die überaus schwierige Aufgabe des Innovators besteht darin, für jede der vielen Kombinationen eine Wirkungsprognose zu liefern.

Die multiple Alternativenentwicklung ist kennzeichnend für den Alltag der Forschungs- und Entwicklungsabteilungen, in denen systematisch die Eigenschaften bestimmter Stoffe oder Verfahren variiert und sodann auf ihre Wirkungsweise getestet werden.

Wenn aber völlig neue Eigenschaften hinzugefügt werden, liegt **"mutative" Alternativenentwicklung** vor. An diesen qualitativen Sprung wird sich dann durchaus wieder ein Prozess der multiplen Alternativenentwicklung anschließen, wenn die Ausprägungen der neuen Eigenschaft mit den Ausprägungen der bekannten Eigenschaften kombiniert werden.

Mutative Alternativenentwicklung führt zu einem höheren Innovationsgrad als ein multiples Alternativendesign, da wenigstens eine neue Dimension hinzugefügt wird.

Viele Beteiligte und Betroffene werden in der **Kombination von multipler mit mutativer Alternativenentwicklung** erst die "eigentliche" Innovation sehen.

(2) Rekursive, hypothesengesteuerte Verknüpfung

Der Prozess der Informationsverarbeitung ist schließlich wieder mit der Informationsnachfrage zu verknüpfen. Die Informationsnachfrage kann nur dann positive Erfolgswirkungen zeigen, wenn sie mit der Informationsverarbeitung **rekursiv und kapazitätsbewusst verknüpft** wird. Schlüsselgrößen sind dabei bewusst gebildete Annahmen der Entscheidungsträger über "**bedeutsame**" Variablen und deren Beziehungen ("**Hypothesen**") sowie deren nachhaltige schrittweise Überprüfung und Beurteilung anhand der gelieferten Informationen. Informationssuche, -lieferung und -verarbeitung stimulieren einander wechselseitig.

---

[1] Die Begriffswahl wurde von *Gutenbergs* Typologie der Betriebserweiterungen inspiriert. *Gutenberg* (1957), S. 308.

[2] *Brockhoff* (1999b), S. 12 ff.

Wir gehen davon aus, dass der Problembearbeiter in der innovativen Situation die problemrelevanten Variablen und ihre Beziehungen zueinander nicht kennt. Er ist damit nicht in der Lage, die geforderten Hypothesen zu formulieren und diese im Zuge der Informationsverarbeitung und über neue Informationsnachfrage ständig zu überprüfen[1]. Er verfügt überdies nicht über einen voll entwickelten Kriterienkatalog, um die Bedeutung einer beschafften Information zutreffend bewerten zu können. Er kennt seine Informationsverarbeitungskapazität nicht. Er macht Umwege bei Verdichtung und Verknüpfung der Informationen und engt seine Kapazität dadurch weiter ein. Es würde daher nicht verwundern, wenn er sich entweder zu wenige oder nicht problemgerechte Informationen beschafft und die Effizienz wegen unvollkommener Information verfehlt. Es ist aber auch denkbar, dass er sich zu viele Informationen beschafft und wegen der daraus resultierenden Informationsüberlastung zu keiner hohen Effizienz gelangt. Denkbar ist auch, dass sich beide Fehler verbinden: Er beschafft sich viele, aber nicht bedarfsgerechte Informationen, so dass er ungeachtet der Belastung seiner Verarbeitungskapazität nicht zu einer bedarfsgerechten Verwertung der Informationen kommen kann.

Vermutlich ist bei innovativer Alternativengenerierung die Informationsnachfrage und die Informationsverarbeitung weniger effizient als bei Wiederholungsprozessen.

(3) Unterschiedliche kognitive Stile

Für die Informationsverarbeitung sind unterschiedliche **kognitive Stile** der beteiligten Individuen maßgeblich. Kognitive Stile sind "Konstrukte..., die über verschiedene Situationen und Zeitabläufe hinweg relativ konsistente, präferierte Modi der Informationsaufnahme und -verarbeitung beschreiben"[2]. Kognitive Stile abstrahieren vom fachlichen Inhalt des Informationsprozesses und heben die formale Struktur der Wissensgenerierung hervor. Leider ist die Vielfalt dieser Stile für den fachfremden Beobachter kaum überschaubar. Es kommt hinzu, dass manche Stilausprägungen so aggressiv vermarktet werden, dass die Seriosität der empirischen Behauptungen von handfesten Absatzinteressen nicht frei ist.

Wenn wir diese Bedenken in Rechnung stellen, so verdienen wenigstens die folgenden kognitiven Stile Beachtung:

- **Analytische vs. heuristische Wissensgenerierung**:
  Analytische Wissensgenerierung konzentriert sich auf Findung und Nutzung kausaler Beziehungen zwischen den Entscheidungsvariablen, um das optimale Ergebnis formal abzuleiten. Sie geht planmäßig und sequenziell vor und präferiert quantitative Modelle. Sie entspricht den traditionellen, erfolgreichen Vorgehensweisen der Wissenschaft. Heuristische Wissensgenerierung betrachtet das Problem ganzheitlich und denkt eher in Analogien als in

---

1 *Elstein et al.* (1978), S. 77 ff., 113 ff., 144 ff., 161 ff., *Bouwman* (1982), S. 134 ff., *Putz-Osterloh* (1987), S. 63 ff.

2 *Fink* (1987), S. 6, siehe auch seine Darstellung zu den kognitiven Stilen auf S. 34 ff., 66 ff., S. 77 ff.

Kausalketten. Die Einsicht stellt sich eher spontan ein als durch Verfolgen eines rationalen Lösungsweges. Die Informationsbeschaffung ist in Struktur und Volumen unterschiedlich: Heuristiker fragen mehr und ungezielt Informationen nach, Analytiker suchen gezielt nach wenigen Schlüsselinformationen zur Sicherung ihres Schlussfolgerungsprozesses und erreichen so ein höheres qualitatives Niveau als Heuristiker[1].

- **Feldunabhängigkeit vs. Feldabhängigkeit**:
  Der feldunabhängige Wissensgenerierer verlässt sich stärker auf seine eigenen Fähigkeiten zur Strukturierung und zur Lösung des Problems, während der feldabhängige sich stärker an den von außen übernommenen Informationen, ihren Mustern und Strukturen orientiert. Dem entspricht das Informationsverhalten: Der feldabhängige Wissensgenerierer wird wesentlich mehr Informationen beschaffen, gerät aber dabei in Gefahr, externe Beurteilungen zu übernehmen.

- **Extraversion vs. Introversion**:
  Dieses Begriffspaar geht auf Forschungen des Psychologen *C.G. Jung* zurück und ist wegen des häufig verwendeten Tests von *Myers/Briggs*[2] zur Selbstbeschreibung einer Person weithin bekannt geworden. Der extravertierte Wissensgenerierer hat eine positive Einstellung zu dem Innovationsobjekt. "Er ist offen, aktions- und akzeptanzbereit. Für langsame Detailarbeiten ist er zu ungeduldig..."[3]. Demgegenüber steht der Introvertierte dem Objekt eher distanziert und kritisch gegenüber. Er arbeitet konzentriert, auf sich allein gestellt, verschließt sich und meidet Kontakte. Das Informationsverhalten unterscheidet sich beachtlich: Der Extravertierte wird viel fragen, die Informationen aber sogleich selektiv wahrnehmen. Er ist anfällig für Manipulation. Er sucht im Informationsverhalten Bestätigung. Der Introvertierte wird konzeptgesteuert fragen, möglicherweise aber nicht auf leistungsfähige Auskunftgeber stoßen.

Nähere Angaben über Effektivität und Effizienz dieser kognitiven Stile für Innovationen werden nicht gemacht. Man kann implizit ableiten, dass es bei der Zusammenstellung von Innovationsteams darauf ankommt, einseitige Ansammlungen jeweils eines Typs zu vermeiden.

(4) Wechsel zwischen vertikalem und lateralem Denken

Schließlich verlangt die Informationsverarbeitung zur Generierung innovativer Alternativen einen **Wechsel** der Denkstile:

Der typisch abendländische, systematisch-analytische Denkstil wurde von *de Bono* als "**vertikales Denken**" bezeichnet[4]. Mit dieser Richtungsangabe soll die Tendenz der zunehmenden oder abnehmenden Abstraktion gekennzeichnet werden, mit der sich Analyse und Schlussfolgerung vollziehen. Mit Blick auf das Finden von Lösungen heißt vertikales Denken: entweder Detaillierung eines

---

1 *Fink* (1987), S. 174.
2 *Briggs/Myers* (1976).
3 *Fink* (1987), S. 78.
4 *de Bono* (1982), S. 4.

allgemeinen Satzes durch Anwendung überschneidungsfreier Kriterien oder umgekehrt: Schluss vom speziellen Fall auf den allgemeineren und wieder umgekehrt, mit dem Ziel, neue spezielle Fälle zu entdecken. Diese Ratio liegt unserer schulischen Ausbildung zugrunde - und das seit dem klassischen Altertum.

Gegen diesen vorherrschenden und oftmals mit den wertend gemeinten Attributen "logisch", "systematisch", "analytisch", "rational" belegten Denkstil wendet sich das Konzept des "**lateralen Denkens**". Es wendet sich bewusst nicht gegen das Resultat. Ihm ist gleichgültig, ob das Ergebnis über vertikales oder laterales Denken gewonnen wird - nur: es wendet sich gegen den Ausschließlichkeitsanspruch des Weges zum Ergebnis.

Laterales Denken ist im Gegensatz zu vertikalem Denken durch folgende **Merkmale** gekennzeichnet[1]:

- Laterales Denken vollzieht sich gleichsam spielerisch in Wandel und Bewegung, sucht immer neue Wege und Muster, ist von Wissbegier und Fragen getrieben. Vertikales Denken ist auf das Ergebnis ausgerichtet, stellt Hypothesen auf, prüft und verwirft sie, strebt nach Stabilität, will urteilen.
- Laterales Denken vermeidet schnelle Urteile, fragt nicht nach "Ja" oder "Nein", "richtig" oder "falsch", sondern nach alternativen Möglichkeiten ("so" oder "anders"). Vertikales Denken verlangt stets ein abschließendes Urteil über einen Tatbestand, ehe es sich dem folgenden zuwendet.
- Laterales Denken ist interessiert zu erfahren, wohin eine Idee führt. Vertikales Denken will wissen, woher die Idee stammt. Der vertikale Denker wird eine unwirksame Idee endgültig verwerfen, der laterale wird versuchen, sie so lange zu modifizieren und weiterzuentwickeln, bis die erhofften Wirkungen eintreffen.
- Laterales Denken favorisiert Gedankensprünge und Diskontinuitäten, vertikales verlangt schrittweises Vorgehen und Kontinuität. Laterales Denken darf Begründungen nachliefern, vertikales Denken setzt sie voraus.
- Laterales Denken begrüßt es, wenn unerwartete Ideen auftauchen, vertikales empfindet sie als Störung. Vertikales Denken ist pragmatisch, selektiert nach Relevanz. Laterales Denken findet nichts zu unwichtig, um sich nicht ausgiebig damit zu beschäftigen.
- Laterales Denken operiert nicht mit Wahrscheinlichkeiten. Vertikales Denken bewegt sich in die Richtung mit der größten Wahrscheinlichkeit.
- Laterales Denken findet keinen Abschluss. Vertikales Denken strebt stets auf ein Resultat zu.

Um kein Missverständnis aufkommen zu lassen: *De Bono* plädiert nicht etwa für den Ersatz des vertikalen durch laterales Denken. Er ist sich bewusst, dass die Menschheit dem vertikalen Denken unendlich viel verdankt.

---

1 *de Bono* (1982), S. 8 ff., siehe auch *Kirton* (1994), S. 10 f.

Vertikales Denken ist bewusst durch laterales zu ergänzen, wenn es um das kreative Finden innovativer Lösungen geht.

Laterales und vertikales Denken sollen sich dabei **abwechseln**. Wenn das vertikale Denken in eine Sackgasse führt, kann nur laterales wieder heraushelfen. Wenn laterales Denken eine neue, unerwartete Idee hervorbringt, muss sich diese der analytischen Beurteilung durch vertikales Denken stellen:

> "Lateral thinking is of course concerned with thinking, with the generating of new ideas and new approaches, and with the escape from old ones. It is not a method for decision or for action. Once the ideas have been generated, one has to satisfy oneself as to their usefulness before putting them into action. To do this one can use the full rigour of vertical thinking. But you do need to have the ideas first before you can examine them."[1]

Nochmals: Laterales Denken soll bewusst erfolgen. Es macht einen Unterschied, ob man aus Ignoranz konzeptions- und zusammenhanglos, urteilsarm und sprunghaft, datenverhaftet und unstrukturiert denkt und fragt oder ob man diese Verhaltensweisen kontrolliert und reflektiert anwendet.

Nur in bewusster Handhabung entfaltet sich die kreative Kraft des Wechsels der Denkstile.

Zusammenfassend: **Welche Fragen leiten unsere Suche nach empirischen Befunden zur Informationsbeschaffung und -verarbeitung bei der Generierung neuartiger Alternativen?**

(1) Zur Informationsnachfrage

- Bestätigt sich die Schlüsselrolle der Informationsnachfrage?
- Erwächst Effizienz (oder Effektivität) erst aus dem Fit zwischen Informationsnachfrage und Informationslieferung?
- Wie wirken Relevanz-, Komplexitäts- und Ungewissheitseinschätzung auf die Informationsnachfrage?
- Welche Informationsquellen, -wege und -medien werden vorzugsweise genutzt? Welche sind erfolgreich?
- Wie erfolgt das Zusammenspiel von Informationsnachfrage, -lieferung und -verarbeitung?

(2) Zur Informationsverarbeitung

- Ist multiple oder mutative Alternativengenerierung vorherrschend? Welche Vorgehensweise zeigt höhere Effizienz (oder Effektivität)?
- Welche Defizite weist der Prozess der Informationsverarbeitung in innovativen Situationen auf?

---

1 *de Bono* (1982), S. 13.

- Welche kognitiven Stile finden sich bei erfolgreichen Alternativenentwicklern?
- Gibt es empirische Befunde zum Erfolg des Wechsels zwischen vertikalem und lateralem Denkstil?

10.4.2 Empirische Befunde zum Informationsverhalten

10.4.2.1 Zur Informationsnachfrage

(1) Zum Zusammenspiel der Informationsnachfrage mit anderen Informationsaktivitäten

Die zentrale Bedeutung der Informationsnachfrage für den Erfolg der Generierung innovativer Alternativen scheint empirisch gesichert:

Witte konnte am Beispiel von 233 Innovationsprojekten (Erstbeschaffung von Computern) belegen, dass weniger die Informationslieferung, sondern vielmehr die Informationsnachfrage mit der Effektivität des Entschlusses (Fortschrittlichkeit, Ausgewogenheit, Angemessenheit und Zielentspechung) korreliert. **Zur qualitativ besten Entscheidung kommt es, wenn sich Informationsnachfrage und Informationslieferung weitgehend entsprechen**[1]. Damit bestätigen sich seine Vermutungen zur Steuerungs-, Kapazitäts- und Erkenntniserklärung der Informationsnachfrage.

Die noch wichtigere Feststellung geht bei dieser Betrachtung der Zusammenhänge leider unter: **Die Informationsnachfrage steigt mit dem Innovationsgrad**. Über die Kausalität dieser Beziehung kann man streiten. Der angestrebte Innovationsgrad treibt die Informationsaktivität an. Diese ist wiederum bedeutsam für den realisierten Innovationsgrad.

In unserer eigenen Untersuchung von 73 (nicht-innovativen) Entscheidungen der Geschäftsführung eines mittelständischen Unternehmens konnten wir zeigen, dass ***Wittes* Befund offenkundig von der innovativen Situation bestimmt** wird. Denn in nicht-innovativen Situationen bestätigte sich die effektivitätssteigernde Wirkung der Informationsnachfrage nicht[2]. Die Erkenntnis- und die Kapazitätserklärung der Informationsnachfrage gelten offenbar nur für den innovativen Fall. Genau das ist aber hier von Belang.

In Innovationsprozessen ist Informationsnachfrage die Schlüsselaktivität.

In ihrem Vergleich von 251 Innovationsprojekten aus Europa, den USA und Japan belegen *van Riel et al.*[3] die hohe Bedeutung der Informationsnachfrage (bzw. -beschaffung) für den Innovationserfolg. Das gilt zumindest für Informa-

1 *Witte* (1972), S. 40, 51, 55, so lassen sich auch die Befunde von *Lynn et al.* (2000), S. 225, interpretieren.
2 *Hauschildt* (1983b), S. 225.
3 *van Riel et al.* (2004), S. 354 f.

tionen über die Technologie und über die Kundenbedürfnisse, überraschenderweise aber nicht für Informationen über die Konkurrenz. Wettbewerbsorientierung lenkt offenbar von der Kundenorientierung ab.

Diese Beobachtungen lenken nunmehr das besondere Interesse auf die empirischen Befunde zur Informationsnachfrage als solcher.

(2) Auswahl der Informationsquellen

Die Befundlage zu den Eigenschaften und zu den Determinanten der Informationsnachfrage (in gleichem Sinne auch: Informationssuche) ist im Gefolge der frühen Arbeiten von *Allen* sehr reichhaltig:

Allen kleidet seinen wichtigsten Befund in den Satz: "On the average the best source of information for an R&D engineer is a colleage in his own organization"[1]. Mehr oder weniger erfolgreiche Projekte unterscheiden sich durch die **Höhe des Kommunikationsniveaus**. Das gilt insbesondere für die Kommunikation mit Kollegen, die nicht am Projekt mitarbeiten.

O'Reilly fragt, ob es eher die vermutete Qualität oder leichte Zugänglichkeit der Information ist, die die Nutzung von Informationsquellen bestimmt. Der Befund zeigt eine deutliche **Dominanz der Zugänglichkeit**[2].

Moenart/Souder befragten 386 Teammitglieder aus 80 Teams zur Entwicklung innovativer Neuprodukte. Für die Bewertung des Informationsnutzens erweisen sich dabei die **Relevanz** und die **Glaubwürdigkeit der Informationsquelle** als die wichtigsten Einflussfaktoren. Demgegenüber ist die Verständlichkeit weniger bedeutsam, der Einfluss der Neuartigkeit ist nur sehr gering. Für die Auswahl des Informationslieferanten ist die **Qualität der Beziehung** maßgeblich. Frühere Erfahrungen mit ihm spielen eine gewisse Rolle. Bemerkenswert sind die Detailbefunde zum Informationsmedium und -kanal: Das Gespräch in kleinen Kommissionen ("Meetings") und der persönliche Dialog ("Face-to-face") sind wesentlich wichtiger als die geschriebene Mitteilung[3].

Der eingehende Literaturbericht von *Anderson et al.*[4] über die später vorgelegten Untersuchungen über das Informationsverhalten von F&E-Mitarbeitern lässt folgende Erkenntnisse inzwischen als gesichert erscheinen:

- Die Entscheidungsträger versuchen zunächst, die fehlenden Informationen über direkte Kommunikation in ihrem **engeren Umkreis** zu beschaffen, ehe sie etwa die allgemein zugängliche Literatur auswerten. Interessanterweise ist dabei die Qualität der Information nachrangig.
- **Mündliche** Kommunikation wird eher gesucht als schriftliche.
- **Selbst aufgebaute, vertraute Informationsspeicher** und -medien haben bei diesem Suchprozess eine höhere Bedeutung als Bibliotheken oder andere Archive, zumal dann, wenn Intermediäre (z.B. Bibliothekspersonal) eingeschaltet werden müssen.

---

1 *Allen* (1977), S. 110, 112, 114.
2 *O'Reilly III* (1982), S. 766 ff.
3 *Moenaert/Souder* (1996), S. 1601, 1604.
4 *Anderson et al.* (2001), 132 ff.

- **Ungewissheit** ist ein mächtigerer Antrieb für die Informationssuche als die Komplexität des Problems.
- Zugänglichkeit, Qualität und Bedeutsamkeit der Information sind konkurrierende Merkmale. Im Zweifel dominiert **Zugänglichkeit**. Was für die Information ganz abstrakt gilt, trifft auch für die Informationspartner zu. Vertraute Personen werden eher befragt als Experten, zumal externe.

Einschränkend ist anzumerken, dass diese empirischen Einsichten zu einer Zeit gewonnen wurden, zu der die Internet-Nutzung noch unterentwickelt war. Aber es gibt Hinweise, dass sich diese Variante der Informationssuche in Innovationsprozessen eher zögerlich entwickelte[1]. Mit der Verfügbarkeit mächtiger Suchmaschinen dürfte sich das Verhalten drastisch geändert haben.

Anderson et al. folgern:

Für die Informationssuche gilt das Gesetz der geringsten Anstrengung ("Principle of Least Effort"[2]).

"This principle holds that people strive to solve their problems in such a way as to minimize the total work that must be expended"[3]. Dies ist eine sehr höfliche Umschreibung für die Bewertung der Intellektualität des Informationsverhaltens und des Fleißes hochqualifizierter Mitarbeiter im F&E-Bereich.

(3) Determinanten der Informationsnachfrage

Aber diese Feststellungen repräsentieren vielleicht doch nicht den jüngsten Stand der Erkenntnis. *Anderson et al.* fragen, ob das Suchverhalten von anderen Einflussfaktoren bestimmt sein könnte. Zunächst wurde geprüft, ob das Verhalten eher von der **Komplexität** des Problems oder von der **Ungewissheit** der Erwartungen bestimmt wird. In ihrer Befragung von 872 Wissenschaftlern und Ingenieuren aus der US-Raumfahrtindustrie können *Anderson et al.* belegen, dass die **Ungewissheit eine erheblich höhere Bedeutung** für das Informationsverhalten hat als die Komplexität: Mit steigender Ungewissheit wird die leichte Zugänglichkeit der Informationsquellen immer unbedeutender. Schließlich wird belegt, dass die eingeschätzte **Relevanz** der Information für die Wahl des Informationsmediums ausschlaggebend ist: Je höher die Bedeutung der Information, desto stärker wird das geschriebene Wort dem gesprochenen vorgezogen[4].

(4) Alter der nachgefragten Informationen

Ein wesentliches Qualitätsmerkmal von Informationen ist ihre **Aktualität** bzw. ihr Alter. Auf den ersten Blick erscheint diese Feststellung banal, denn eine aktuelle Information ist im Zweifel jeder älteren, "veralteten" vorzuziehen. Aber bei Innovationen ist die Gleichung "je aktueller, desto besser" des Fragens

---

1 *Leckie et al.* (1996), S. 166.
2 *Zipf* (1949), S. 5 f.
3 *Anderson et al.* (2001), S. 132.
4 Ebenda, S. 144 ff.

würdig. Informationen über ältere Innovationsprojekte können wertvolle Beiträge zur Lösung eines aktuellen Innovationsproblems enthalten, wenn z.B.

- ein Innovationsprojekt in der Vergangenheit abgebrochen wurde, weil die "Zeit noch nicht reif" für sie war, sei es, dass der **Markt** fehlte, sei es dass das ökonomische oder politische **Umfeld** diese Innovation nicht zuließ,
- technologische Entwicklungen nicht fortgeführt wurden, weil es an einem bestimmten **Material** mangelte, **technologische Voraussetzungen** noch nicht gegeben oder weil wichtige **Komponenten** seinerzeit noch nicht verfügbar waren.

Ältere Informationen gelten als **verlässlicher**, zumal wenn sie durch theoretische Fundierung, empirische Prüfung und praktische Anwendung fachlich bewährt sind. Ein hoher Bewährungsgrad muss aber nicht bedeuten, dass diese Informationen in der aktuellen Problematik auch bereits berücksichtigt sind. Wer auf ältere Informationen zurückgreift, muss zudem weniger befürchten, **Schutzrechte** Dritter zu verletzen. Kurz: Es ist eine empirische Frage, ob ältere Informationen überhaupt und mit welchen Eigenschaften zum Innovationserfolg beitragen.

Erste Antworten liefert die empirische Untersuchung von *Katila*[1], die 131 Unternehmen der Robotikindustrie über einen Zeitraum von 12 Jahren beobachtete. Die **Informationsnachfrage** wurde anhand der Zitate in den Patenten zeitlich und inhaltlich bestimmt. Dahinter steht die nicht unberechtigte Annahme, dass dieser Zitation eine entsprechende Recherche vorangegangen ist. Das **Alter der Information** wird durch das Veröffentlichungsdatum im Vergleich zum Zitationsdatum gemessen. Der **Erfolg** wurde anhand der Anzahl neuer Produkte gemessen, die eine Unternehmung technisch hervorgebracht hatte, durchschnittlich etwa eine pro Jahr.

Die Ergebnisse zeigen, dass **neben dem Alter auch die Quelle** der Information von Bedeutung ist: Bezieht sich die Informationssuche

- auf **eigene Quellen** ("interne" Suche), liegt ein umgekehrt u-förmiger Zusammenhang zwischen Alter und Erfolg vor, d.h. zunächst nimmt die Erfolgswirksamkeit mit dem Alter zu, dann aber allmählich ab,
- auf **Quellen von Konkurrenten**, nimmt die Erfolgswirksamkeit mit dem Alter der Information linear ab,
- auf **andere "externe" Quellen**, nimmt die Erfolgswirksamkeit mit dem Alter der Information zu.

Katila zieht die Schlussfolgerung: "...older external knowledge can be a source of new innovations"[2].

Die Gleichung: "Je aktueller die Information, desto besser" erweist sich damit tatsächlich als fragwürdig.

---

[1] *Katila* (2002), S. 995 ff.
[2] Ebenda, S. 1006.

10.4.2.2 Zur Informationsverarbeitung

(1) Art der Informationsverarbeitung

In der empirischen Forschung sind Informationsnachfrage und -verarbeitung kaum zu trennen, da sie in unendlich vielen rekursiven Schleifen miteinander verknüpft sind. Der folgende Befund scheint vordergründig noch ein Problem der Informationsnachfrage, ist tatsächlich aber zugleich auch eines der Informationsverarbeitung.

Wir hatten in den theoretischen Erwägungen "**multiple**" **und** "**mutative**" Alternativengenerierung unterschieden. *Katila/Ahuja* kommen mit ihrer Untersuchung diesem Aspekt sehr nahe: Sie unterscheiden zwei Dimensionen der Informationsnachfrage: Tiefe ("Search Depth") und Breite ("Search Scope")[1]:

- Mit dem Begriff **Tiefe der Informationsnachfrage** wird beschrieben, in welchem Ausmaß die Unternehmung auf vorhandenes Wissen zurückgreift.
- Mit **Breite der Informationsnachfrage** wird charakterisiert, in welchem Ausmaß die Unternehmung sich neues Wissen erschließt.

Produktentwicklung bedeutet danach Re-Kombination oder kreative Hervorbringung neuartiger technologischer Ideen. *Katila/Ahuja* prüfen durch Auswertung von Patentzitaten und die Erfassung der Zahl neuer Produkte die Hypothesen, dass Tiefe und Breite der Informationsnachfrage mit der Zahl neuer Produkte in einem umgekehrt u-förmigen Zusammenhang stehen und dass ihre Kombination auf jeden Fall positiv mit der Zahl neuer Produkte korreliert. Die Ergebnisse bestätigen den umgekehrt u-förmigen Verlauf für die Tiefe der Informationsnachfrage, zeigen aber einen linearen Effekt für die Breite. Das wichtigste Ergebnis ist aber:

Die Verknüpfung von Tiefe und Breite bei der Informationsnachfrage steigert den Output an neuen Erzeugnissen überproportional[2].

(2) Prozess der Informationsverarbeitung

Der Prozess der Informationsverarbeitung wurde von uns experimentell untersucht. Man beachte, dass es sich in dieser Untersuchung des Informationsverhaltens nicht um die Generierung von Alternativen, sondern um eine Analyseleistung handelt. Aber es wurde das Analyseverhalten in der innovativen (erstmaligen) Situation systematisch mit dem Verhalten in Folgesituationen verglichen. Damit lässt sich die theoretische Überlegung prüfen, wonach das Informationsverhalten in der innovativen Situation weniger effektiv und effizient ist als bei stärker routinisierten Wiederholungsprozessen[3].

Die wichtigsten Befunde:

---

[1] *Katila/Ahuja* (2002), S. 1184 ff.
[2] Ebenda, S. 1189 ff.
[3] *Hauschildt* (1989), S. 386 ff.

In der innovativen Situation

- ist die Informationsbeschaffung orientierungslos und vergleichsweise zurückhaltend,
- ziehen die Problemlöser die vertrauten, aber nicht problemgerechten Urdaten den verdichteten und sachgerechteren Daten vor,
- neigen die Problemlöser dazu, Einzelbeobachtungen und bloße Feststellungen zu treffen, statt Zusammenhänge und Verknüpfungen herzustellen,
- wird die Kapazität der Informationsverarbeitung durch Übertragungs-, Speicherstrukturierungs- und Verdichtungsarbeiten in hohem Maße beansprucht,
- ist die Vorgehensweise arbeitsorientiert, nicht resultatorientiert.

Um unsere Beobachtungen noch weiter zu verdichten:

In der innovativen Situation ist die Fähigkeit, relativ komplexe Muster von Informationsverknüpfungen herzustellen, offenkundig gering.

Hier liegt nun das **Interesse des Innovationsmanagements** am intraindividuellen Problemlösungsverhalten. Man wird uns fragen, ob unsere Beobachtungen geeignet sind, dem Innovationsmanager Ratschläge zu geben. Stellen wir uns das in Situationen vor, in denen es z.B. gilt, ein neuartiges Informationssystem zu bedienen, eine innovative Technologie einzuführen, eine bisher unbekannte Störung aufzuspüren oder einen fremdartigen Sachverhalt erstmalig zu beurteilen. Wenn in derartigen Situationen **Ratschläge** auftauchen, man möge

- sich zunächst einen "vollständigen" Informationsstand verschaffen,
- die Informationen zudem umfassend "vernetzen",
- möglichst stets eine "ganzheitliche" Betrachtung anstellen,
- unter Wirtschaftlichkeitsgesichtspunkten und Losgrößenaspekten "möglichst viele" Informationen auf einmal beschaffen,
- "bewährte Ordnungsraster" zur Erfassung der Informationen heranziehen,

dann raten unsere Beobachtungen zur Vorsicht. Denn diese Ratschläge führen mit großer Sicherheit zur **Informationsüberlastung**, zur **Blockade der Informationsverarbeitungskapazität**, zu einer **Behinderung der Kreativität** bei der Findung neuer Verknüpfungen der vielen Einzelinformationen. Die Beobachtungen geben vielmehr den Hinweis, der Strukturierung des Problems, der eigenständigen Entfaltung von Informationsnachfrage und der kapazitätsbewussten Informationsverarbeitung Vorrang einzuräumen.

Weiterhin seien die Ergebnisse einer explorativen Studie[1] präsentiert, die nach den Prinzipien der "Grounded Theory"[2] durchgeführt wurde. Diese Studie ist für uns interessant, weil 9 der betrachteten 23 Fälle als radikale oder fundamentale Forschungs- und Entwicklungsobjekte (im norwegischen Statoil-Konzern) eingestuft wurden. Der Vergleich dieser Projekte mit den übrigen, als inkremental eingeschätzten Projekten liefert die folgenden Einsichten. Bemerkenswert ist dabei, dass der **Prozess der Informationsverarbeitung** wesentlich tiefer gehend **aufgespalten** wird:

1. Einen ersten Überblick verschaffen ("**Surveying**"): Erfolgt in innovativen Projekten i.W. durch Literaturstudium und Ausfindigmachen von Schlüsselpersonen in diesem Feld. Auskunftgeber sind dabei Kollegen aus dem eigenen Hause.

2. Informationen verketten ("**Chaining**"): Vertiefende Suche entlang der Zitate in der Primärliteratur, geordnet nach Autoren und/oder Sachgebieten.

3. Informationen laufend verfolgen ("**Monitoring**"): Ständige Beobachtung von Entwicklungen im Fachgebiet, oftmals als formalisierte Teilaufgabe in der Stellenbeschreibung. Hierzu gehören auch die Teilnahme an Kongressen und die ständige Lektüre der einschlägigen Fachjournale.

4. Unsystematische Informationsaufnahme ("**Browsing**"): Ungesteuerte, unregelmäßige, ad hoc durchgeführte Durchsicht von anderer Literatur, Katalogen und Klappentexten im Sinne von "Blättern und Schmökern".

5. Unterscheiden und bewerten ("**Distinguishing**"): Gewichtung der Informationen nach ihrer Bedeutung. Hier überwiegt das informale Gespräch und die Teilnahme an Diskussionsrunden.

6. Filtern ("**Filtering**"): Anwendung bestimmter Kriterien, um Relevanz und Präzision der Information zu sichern. Filterung bedeutet auch Einschaltung von Kollegen mit Filterfunktion.

7. Extrahieren ("**Extracting**"): Herausziehen von Informationen aus ihren Kontexten, vor allem für Berichterstattung und Einzelpräsentationen.

8. Beenden ("**Ending**"): Bewusstes Abbrechen des Informationsprozesses.

In ihrer explorativen Studie ordnen *Tranfield et al.* die Informationsaktivitäten einzelnen Phasen des Innovationsprozesses zu. Damit wird die Projekt- bzw. die Prozess-Struktur des Informationsverhaltens betont. In Kasten 10.5 sind ihre Ergebnisse zusammengestellt.

---

[1] *Ellis/Haugan* (1997), S. 395 ff.

[2] *Glaser/Strauss* (1967).

Kasten 10.5: Hierarchical process model linking innovation phase to knowledge management (*Tranfield et al.*)

Phase in the innovation process	Generic routines	Description
Discovery	Search	The passive and active means by which potential knowledge sources are scanned for items of interest
	Capture	The means by which knowledge search outcomes are internalised within the organization
	Articulate	The means by which captured knowledge is given clear expression
Realisation	Contextualise	The means by which articulated knowledge is placed in particular organisational contexts
	Apply	The means by which contextualised knowledge is applied to organisational challenges
Nurture	Evaluate	The means by which the efficacy of knowledge applications is assessed
	Support	The means by which knowledge applications are sustained over time
	Re-innovate	The means by which knowledge and experience are re-applied elsewhere within the organisation

Quelle: *Tranfield et al.* (2003), S. 45

10.4.2.3 Das "unauffällige" Informationsverhalten

Betrachtet man sich diese Befunde zum Informationsverhalten, durch das es zur Hervorbringung neuer Produkte kommen soll, dann sieht man **ein fast alltägliches Bild**: Kommunikation und Information im vertrauten persönlichen Umfeld, traditionelle Informationssuche in internen Memoranden, auf internen Meetings, ergänzt um eine traditionelle, gerichtete Auswertung und ungerichtete Durchsicht von Fachjournalen und Monographien.

Das Überraschende an dieser Informations- und Kommunikationsaktivität in Innovationsprozessen ist, dass sie keine überraschenden Eigenschaften hat.

Mit dieser Feststellung können wir es nicht bewenden lassen. Woran kann es liegen, dass das Informationsverhalten in Innovationsprozessen keine Auffälligkeiten aufweist?

- Es könnten die falschen Variablen betrachtet worden sein. So wurde nur in der Studie *Wittes* die **Informationsintensität** betrachtet. Das Aktivitätsniveau steigt mit der Zunahme des Innovationsgrades. Wer nur Informationspartner, -wege und -medien untersucht, erfasst diese Variable nicht. Es wurden überdies zu selten die **Informationsinhalte** untersucht. Nach der Studie von *Katila/Ahuja* dürfte aber klar sein, dass hier zwar noch erhebliche Forschungsarbeiten nötig sind, zugleich aber auch beachtliche Erkenntnisse winken.

- Es wurde nicht systematisch nach dem **Erfolg** des Informationsverhaltens gefragt. Viele Untersuchungen konzentrieren sich zu sehr auf die bloße Beschreibung des Informationsverhaltens und betrachten auch noch ihre Determinanten, nicht aber ihre Wirkungen. Das Bild der Wirklichkeit ist aber auch eine Inventur der Misere. Die Auffälligkeiten **erfolgreichen** Informationsverhaltens in Innovationen sind mit den Gegebenheiten erfolglosen Informationsverhaltens vermischt.

Mag also die Forschung zum Informationsverhalten ihre eigentlichen Erkenntnisse noch vor sich haben - die Ursache für das überraschungsarme Bild der Realität kann natürlich auch im Verhalten der betrachteten Menschen liegen:

- Untersucht wurde das Verhalten von Menschen, die sich vielfach **nicht bewusst** waren, dass sie an einer Innovation mitwirkten. Sie reagieren angesichts einer neuen Aufgabe ganz routiniert, indem sie vertraute Denkbahnen einschlagen und Personen befragen, deren Expertise und Glaubwürdigkeit man in anderen Zusammenhängen kennen und schätzen gelernt hat. Das gilt auch für Wissenschaftler und Ingenieure, nur vielleicht auf einem höheren Niveau und mit größerem persönlichen Netzwerk.
- Und schließlich: Mögen Innovationen auch einem einzigartigen Einfall folgen, dann heißt das noch lange nicht, dass dem auch ein einzigartiges Informationsverhalten entspricht. Die kritische Prüfung und Weiterentwicklung dieses Gedankens muss sich zwangsläufig den **gleichen unauffälligen Prozeduren** unterwerfen, wie sie auch für weniger innovative Veränderungen, ja für den gegebenen Ausgangszustand gelten.

Die Ansätze zur praktischen Gestaltung haben diese Skrupel nicht. Sie postulieren: Die Problemlöser verhalten sich bei der Generierung neuartiger Alternativen schlichtweg falsch, wenn sie sich auf den ausgetretenen Pfaden des Informationsverhaltens bewegen. Hier liegt die normative Wurzel der in Abschnitt 10.5.2 zu behandelnden **Kreativitätstechniken**. Wir werden dort erneut zu fragen haben, ob die Bemühungen, Menschen zu veranlassen, ihre bewährten und vertrauten Informationsaktivitäten aufzugeben, zu besseren Resultaten führen.

10.5 Gestaltungsansätze zur Alternativengenerierung

10.5.1 Wissensmanagement

Der Umgang mit Wissen in Unternehmen wird zunehmend professionalisiert. Die Gestaltungsaufgabe wird mit dem Begriff Wissensmanagement benannt. Wir werden im folgenden Abschnitt auf Konzepte eines so verstandenen Wissensmanagements[1] zurückgreifen. Das Innovationsmanagement gibt dabei die Richtung vor. Uns interessiert hier nicht das Wissensmanagement als solches[2], sondern seine Rolle im Rahmen des Innovationsmanagements, genauer: bei der Hervorbringung neuartiger Alternativen. Im Vordergrund stehen dabei die Aktivierung und Reaktivierung von Wissen.

Bei der Wissens-Aktivierung und Wissens-Reaktivierung geht es darum, **Wissen zu Information** zu machen: Was als Teil der gedachten (d.h. vorgestellten) Welt in einem materiellen Trägermedium repräsentiert ist[3], muss für den Zweck einer Innovation aktiviert werden - oder als englisches Wortspiel: "From embedded knowledge to embodied knowledge"[4]. Das heißt konkret:

- Vorhandenes Wissen muss gesucht, gefunden und für die Innovation nutzbar gemacht werden. Wissen ist vorhanden in Köpfen oder in Dokumenten. **Die erste Managementaufgabe besteht darin, dieses Wissen zu beschaffen**. Da diese Problematik in dieser Schrift bereits mehrfach behandelt wurde, können wir hier von einer vertiefenden Betrachtung absehen. Wir verweisen auf Kapitel 3 (Schnittstellenmanagement), Kapitel 5 (Leistungen der Promotoren), Kapitel 6 (Informationsflüsse bei Kooperationen), Kapitel 7 (Früherkennung) sowie auf die theoretischen und empirischen Aussagen zur Informationsbeschaffung in diesem Kapitel 10.
- Wissensaktivierung hat aber darüber hinaus zu gehen: Es geht um die Aktivierung desjenigen Wissens, das zwar vorhanden, aber nicht explizit ist, um sog. "implizites Wissen" oder - noch enger - um "tacit knowledge", das einem Individuum in einzigartiger Weise eigen ist. Um dieses Wissen nutzen zu können, muss es aus seiner Verkettung mit diesem Individuum gelöst werden. **Hier liegt die zweite Managementaufgabe**: **implizites Wissen explizit zu machen**.
- Hier soll schließlich das Augenmerk auf eine **dritte Managementaufgabe** gelenkt werden: auf die **Re-Aktivierung vorhandenen Wissens**, das in irgendeinem Trägermedium schlummert, das zu früheren Zeitpunkten, in anderen Zusammenhängen, von anderen Personen ge- oder erfunden - aber nicht oder nicht mehr genutzt und infolgedessen vergessen wurde.

---

1 *Amelingmeyer* (2004), S. 29 ff.

2 Siehe die Literaturauswertung bei *Neumann* (2000), S. 24 f., zur Systematik *Maurer* (2002), S. 152 ff., *Argote et al.* (2003), S. 571 ff.

3 *Bode* (1997), S. 458.

4 *Madhavan/Grover* (1998), S. 2.

10.5.1.1 Wissens-Aktivierung: Konversion von implizitem in explizites Wissen

Die bisherige Behandlung der Informationsbeschaffung geht davon aus, dass Information ein Gut ist, das vom Informationslieferanten über ein Medium auf den Nachfrager übertragen werden kann. Diese Prämisse ist jetzt aufzugeben, denn diese Art der Informationsbeschaffung bezieht sich nur auf eine Teilmenge des Wissens, auf das sog. **Explizite Wissen**. Daneben existieren aber auch Wissenskomponenten, die diese Eigenschaft der direkten Übertragbarkeit nicht aufweisen, weil es dem Inhaber dieses Wissens **an Willen oder Fähigkeit fehlt**, dieses Wissen zu artikulieren und weiterzugeben: das **Implizite Wissen**. Die Teilmenge des impliziten Wissens, die auf fehlenden Fähigkeiten zur Artikulation oder Kommunikation basiert, fasziniert auch die Theorie der Innovation: das **Tacite Wissen**. Der optimistische Leitgedanke[1] ist:

Wenn es gelingen könnte, dieses Wissen zu mobilisieren, d.h. von dem Träger zu lösen, mitteilbar und arbeitsteilig nutzbar zu machen, dann erschließen sich neue Wege zur Innovation.

Der Begriff "tacit knowing" wurde von *Polanyi* mit der vielzitierten Metapher eingeführt, "that we can know more than we can tell"[2]. *Rüdiger/Vanini*[3] liefern eine beeindruckende Aufzählung von

- **Attributen**, mit denen in der betriebswirtschaftlichen Literatur der Begriff "tacit" assoziiert wird: nicht oder schwer ... ... artikulierbar, kodifizierbar, kommunizierbar, definierbar, erklärbar, formalisierbar,
- mit der **Wirkung**: nicht oder schwer ... ... identifizierbar, speicherbar, lernbar, kopierbar, analysierbar.

Rüdiger/Vanini treffen die zuvor verwendete Unterscheidung und grenzen dieses tacite Wissen von den Komponenten des impliziten Wissens ab, die **bewusst geheim** gehalten werden, um betriebliche oder persönliche Wissensmonopole zu sichern[4].

Der Rückgriff auf *Polanyi* hat in der Literatur eine Diskussion ausgelöst, ob es definitionsgemäß überhaupt möglich ist, tacites Wissen explizit zu machen[5]. Wir teilen in der folgenden Darstellung diesen strengen Standpunkt nicht, sondern folgen *Nonaka/Takeuchi*, die in der "Konversion" von tacitem zu explizitem Wissen einen **organisationalen Prozess der Wissensgenerierung** ("Organizational Knowledge Creation Process") sehen[6].

---

1 *Mascitelli* (2000), S. 183, *Wildemann* (2003), S. 90 ff.
2 *Polanyi* (1966), S. 4.
3 *Rüdiger/Vanini* (1998), S. 469.
4 *Schulz/Jobe* (2001), S. 143 ff.
5 *Howells* (1996), S. 391 f., *Schreyögg/Geiger* (2003), S. 395 f.
6 *Nonaka/Takeuchi* (1995), S. 83 ff.

Dieser Prozess weist **fünf Phasen** auf:

- **Erste Phase: Sharing Tacit Kowledge**:
  Tacit Knowledge ist an Individuen gebunden. Diese Individuen müssen identifiziert werden und bereit sein, ihren Wissensschatz mit anderen zu teilen. Zunächst ist daher gegenseitiges **Vertrauen** aufzubauen, das auf gemeinsamen Emotionen, Gefühlen und mentalen Modellen beruht. Sodann ist eine **Arbeitsform** zu finden, in der unmittelbare Interaktion und direkte Dialoge möglich sind. Es geht darum, Erfahrungen zu teilen und die körperlichen und geistigen Rhythmen zu synchronisieren. Das erscheint nur möglich **in einem Team, das sich selbst organisiert**.

- **Zweite Phase: Creating Concepts**:
  In dieser überaus wichtigen Phase wird durch Interaktion der Teammitglieder ein gemeinsames geistiges Modell gebildet und artikuliert. Der Weg dahin führt über einen **ständigen Dialog, gemeinsame Reflektion, erste Verbalisierungsversuche** bis hin zu einem **expliziten Konzept**. Offenkundig helfen dabei Metaphern, Analogien oder der Wechsel der Perspektiven und Blickwinkel. Redundanz ist hilfreich.

- **Dritte Phase: Justifying Concepts**:
  Irgendwann wird eine bewertende Stellungnahme benötigt, ob die neu bestimmten Konzepte für die Unternehmung von Belang sind. Es kommt zu einer kritischen **Konfrontation mit den Zielen der Unternehmung** und damit zur Entscheidung, ob der Prozess der Explizitmachung fortgesetzt werden soll. Das selbst-organisierte Team muss sich jetzt dem Urteil des übergeordneten Managements stellen.

- **Vierte Phase: Building an Archetype**:
  In dieser Phase wird das akzeptierte Konzept **in eine konkrete Form** gebracht, d.h. bei Neuproduktentwicklungen wird ein Prototyp konstruiert. Dabei wird das implizite Wissen mit vorhandenem, explizitem Wissen kombiniert. Diese Konkretisierung zwingt das Team, nochmals seine Leistung ganzheitlich zu überprüfen. Zugleich stellt man sich einer "externen" Kritik durch Personen, die an dem Prozess der Explizit-Machung nicht mitgewirkt haben. Diese Konfrontation schafft neue Ansatzpunkte für die Konversion.

- **Fünfte Phase: Cross-Levelling of Knowledge**:
  Der Prozess der Explizit-Machung impliziten Wissens wird in dieser Phase als **organisationales Lernen** konzipiert. Das heißt, das neu artikulierte Wissen wird vertikal und horizontal über die Unternehmung verbreitet und löst ggf. an anderen Stellen neue Aktivitäten aus. Dieser Prozess muss an den Grenzen der Unternehmung nicht halt machen und kann auch **Kooperationspartner** einbeziehen. In dieser Phase wird autonomes Handeln aller betrieblichen Teileinheiten verlangt. **Interne Fluktuation und Personalrotation** beschleunigen diese Ausbreitung.

Der Wert dieses Ansatzes liegt nicht in der Mobilisierung von Herrschaftswissen. Da Fachwissen in aller Regel in expliziter Form - in Köpfen oder Dokumenten - existiert, wird der Konversionsprozess sich auch weniger auf diese Wissenskomponente richten. Es kommt hinzu, dass Experten als Träger impliziten

Fachwissens ständig unter Druck stehen, ihre Expertise explizit zu machen. Denn nur so bleibt ihnen der Status des Allwissenden erhalten. Tacites Wissen bezieht sich daher stärker auf das "Wie" als auf das "Was". Möglicherweise ist es sogar in höherem Maße ein "Können", ja eine Kunstfertigkeit, als ein Wissen[1].

> **Fachwissen kennzeichnet den "Experten", Methodenwissen den "Virtuosen".**

Die Konversion impliziten Wissens in explizites Wissen dient also im Wesentlichen der Mobilisierung von **Methodenwissen**. Und dabei geht es oftmals weniger um die intellektuelle Bewältigung des Innovativen, sondern um konkrete Konstruktions-, Entwicklungs-, Design- und andere **Gestaltungsleistungen**, bei denen jene unartikulierbare Kunstfertigkeit gefragt ist, die ggf. bei einer konkreten Innovation sogar unverzichtbar ist.

> **Die Aktivierung taciten Wissens verbessert vornehmlich das Methodenwissen.**

Wo aber liegt dann der Wert dieses Ansatzes zur Aktivierung von Wissen für das Innovationsmanagement? Dient es der Innovationsförderung, wenn es gelingt, implizites Wissen explizit zu machen? Ist es damit innovativ?

Implizites Wissen entsteht vor allem durch langfristige, kontinuierliche Beschäftigung mit bestimmten fachlichen Problemen. Dabei wird ein **Erfahrungsschatz oder eine Kunstfertigkeit** erworben, die aus unzähligen Einzelbeobachtungen und aus vielfältigen Verknüpfungen dieser Fakten besteht. Ein derartiges Wissen entwickelt sich erst langfristig und bei häufiger Lösung ähnlicher Probleme.

> **Implizites Wissen entsteht aus der Routine.**

Damit ist sein Beitrag zur Lösung innovativer Probleme zweifelhaft[2]. Sicherlich ist es hilfreich, die besten Kenner und Könner in den Innovationsprozess einzubeziehen. Wenn sie sich aber immer wieder auf ihre Erfahrungen oder ihre spezielle Geschicklichkeit berufen, wird ihr innovativer Beitrag allenfalls bei multipler Alternativengenerierung beachtlich, nicht jedoch bei mutativer.

> **Die Mobilisierung impliziten Wissens führt nicht zwingend zur Innovation.**

---

1 *Polanyi* (1958), S. 54.
2 Vgl. auch die Befunde von *Gopalakrishnan/Bierly* (2001), S. 119 ff.

10.5.1.2 Wissensreaktivierung: Aufbau und Nutzung von Wissenskarten

(1) Kernprozesse des Wissensmanagements

Die Kernprozesse des Wissensmanagements werden in der Literatur unter vielfältigen Begriffen und Konzeptionen behandelt. Wir greifen auf Konzept und Darstellung von *Probst et al.*[1] zurück, die sechs **Kernprozesse** unterscheiden, die jeweils vollständig mit den anderen Kernprozessen verknüpft sind. Kasten 10.6 zeigt dieses Modell.

Kasten 10.6: Kernprozesse des Wissensmanagements (*Probst et al.*)

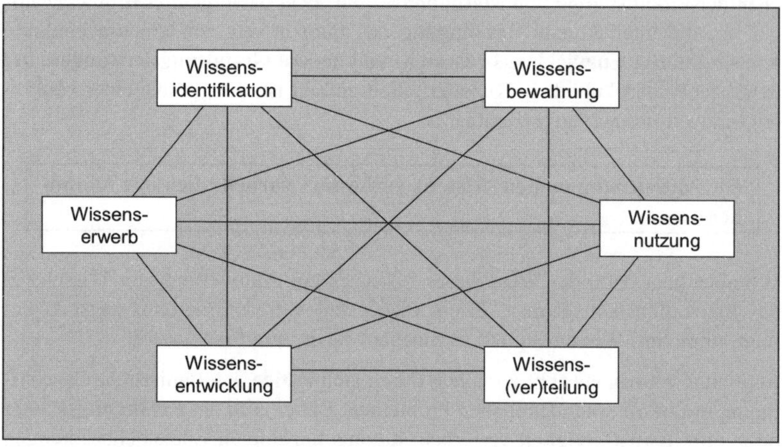

Quelle: *Probst et al.* (1999), S. 53

Die **Wissensidentifikation** versucht, den expliziten Wissensbestand einer Unternehmung transparent zu machen. Hier liegt die bedeutsamste Leistung des Wissensmanagements für das Innovationsmanagement. Den **Wissenserwerb** haben wir unter den Stichworten der Informationsnachfrage und -lieferung in dieser Schrift mehrfach behandelt. Die **Wissensentwicklung** nimmt Bezug auf Wissensverarbeitung und Kreativität, wie sie in den vorangehenden Abschnitten dargestellt wurden. **Wissensverteilung** und **Wissensnutzung** für die Innovation wurden von uns als Leistungen des Innovationssystems (Kapitel 3) gewürdigt. Die **Wissensverwahrung** ist die systematische Speicherung des erarbeiteten neuen Wissens. Sie dient der Vorbereitung nachfolgender Wissensidentifikationen[2]. Wir konzentrieren uns daher auf die Wissensidentifikation und -verwahrung, wenn es um die Reaktivierung vorhandenen Wissens geht.

---

[1] *Probst et al.* (1999), S. 53.

[2] Auf die Bedeutung der Wissensverwahrung und Wiedernutzung verweisen die Befunde von *Lynn et al.* (2000), S. 226 ff., *Majchrzak et al.* (2004), S. 174 ff., *Sherman et al.* (2005), S. 399 ff., insbes. S. 405.

(2) Identifikationsleistung

Reaktivierung des Wissens ist zunächst eine **Identifikationsleistung**, richtet sich auf die Findung der Wissensträger und ist damit

- Identifikation der **Individuen** und
- Identifikation von **nicht personengebundenen Wissensspeichern**, die über das nachgefragte Wissen verfügen, innerhalb und außerhalb der Unternehmung: Archive, Bibliotheken, Datenbanken.

Für die Gestaltung dieser Prozesse liefern die Literatur und insbesondere Berichte aus der Praxis eine Fülle von Vorschlägen, die sich trotz unterschiedlicher Benennungen auf die folgenden Grundtypen[1] reduzieren lassen:

Als eine "effektive und relativ unaufwendige Methode zur Identifikation von weltweit verteilten Experten"[2] gilt ein **Expertenverzeichnis**, das unter dem Stichwort "Gelbe Seiten" bekannt geworden ist. In diesem Verzeichnis wird bei den Wissensträgern jeweils ihre **fachspezifische Expertise** ausgewiesen. Ein derartiges Verzeichnis kann natürlich auch ad hoc unter Nutzung von Suchmaschinen des Internets erstellt werden.

Bei rein innerbetrieblicher Erstellung eines derartigen Verzeichnisses kann die ausgewiesene Expertise um Angaben an der **Mitwirkung an früheren Innovationsprozessen** ergänzt werden. Damit wird es möglich, Erfahrungen früherer Entwicklungen, darunter auch Fehlentwicklungen, für ein gegebenes Innovationsprojekt nutzbar zu machen. Eine besonders wichtige Zusatzinformation kann darin bestehen, die **Verbindungen** dieser Experten zu anderen Personen offenzulegen, z.B. gleichzeitige Mitwirkung an einem Projekt, um mögliche Interaktionsdefekte zu entdecken.

Nicht personengebundene Wissensspeicher werden als **Wissenskarten** bezeichnet. In diesen Speichern sind Wissensbestände systematisch aufgeführt und entweder inputorientiert oder outputorientiert geordnet:

- **Inputorientierte Wissenskarten** enthalten zunächst wiederum ein Expertenverzeichnis ("Kompetenzkarten"), sodann aber auch Angaben über Materialien, maschinelle Anlagen und andere Einsatzgüter für frühere Innovationen. Eine wichtige Information ist die Auskunft über die Patent-, Kooperations- und Vertragsaspekte, die in dem früheren Projekt gegeben waren.
- **Outputorientierte Wissenskarten** verwenden die neuartigen Leistungen früherer Innovationsprozesse als Ordnungskriterium. Sind sie gut geführt, beschränken sie sich nicht auf technische Angaben, sondern enthalten auch Hinweise auf Kunden, Märkte, Konkurrenten, Distributionswege und Produktlebenszyklen.

Die **Qualität der Wissenskarten** sollte nicht nur anhand des Trägermediums gemessen werden, obwohl die Nutzung von **Computern** kaum zweifelhaft ist[3].

---

1 Vgl. die Ansätze von *Coombs/Hull* (1998), S. 379 ff.
2 *Probst et al.* (1999), S. 109.
3 *Schachtner* (2001), S. 14 ff., gibt einen Überblick über die informationstechnischen Werkzeuge.

Wesentlich wichtiger ist die ständige **Aktualisierung** der Wissensbestände. Die eigentliche Qualität liegt in der **Dokumentation der Projektbewertung**: Dazu gehört auch die Bereitschaft, Fehlschläge einzugestehen, Irrwege und die Verantwortung für Misserfolge zu dokumentieren. Es soll schließlich nicht verkannt werden, dass diese Dokumentation eine reliable Erfassung und sprachliche Darstellung verlangt, die sich von individuellen Äußerungen lösen muss und konsensfähig interpretiert wird.

(3) Mobilisierungsleistung

Reaktivierung von Wissen ist sodann eine **Mobilisierungsleistung**:

- Motivation der Wissensträger zur Informationslieferung,
- Führung eines Dialogs mit den Trägern des Wissens.

Es kann ebenfalls nicht als selbstverständlich angenommen werden, dass die Beteiligten bereit sind, Leistungen und Fehlleistungen in der benötigten Ausführlichkeit dokumentieren zu lassen. Immerhin greifen derartige Informationssysteme tief in die **Privatsphäre** ein. Und es kann auch nicht erwartet werden, dass sie ohne Weiteres bereit sind, ihre Erfahrungen einem Informationsnachfrager mitzuteilen. Um ergiebige Dialoge zwischen Informationsnachfragern und -lieferanten aufzubauen, wird mehr verlangt als nur eine Kontaktnahme. Hier gelten die gleichen Regeln, wie sie von *Nonaka/Takeuchi* für die Mobilisierung des impliziten Wissens vorgeschlagen werden[1]. Letztlich ist der Erfolg der Wissensreaktivierung eine Frage der **Gesprächskultur** im Unternehmen. Sie zu gestalten, ist eine Führungsaufgabe.

(4) Adoptionsleistung

Reaktivierung des Wissens ist schließlich eine **Adoptionsleistung**:

Angesichts völlig neuartiger Fragestellungen kann nicht erwartet werden, dass der Rückgriff auf Erfahrungen früherer Prozesse "passende" Antworten zu den aktuell gestellten Fragen liefert. Die Adoption beginnt daher mit der **Überprüfung** der Informationslieferung hinsichtlich ihres **Beitrages** zur Beantwortung der Informationsnachfrage. Diese Überprüfung setzt an den **Prämissen, Rahmendaten und historischen Bindungen** der Informationslieferung an. Nur wenn diese Gegebenheiten gleichgeblieben sind oder bei Veränderung in ihrer Auswirkung abgeschätzt werden können, eignet sich die Wissensreaktivierung als valide Wissensquelle. Vielfach ist zu vermuten, dass die Auskunftsleistung nur **teilweise verwertbar** ist. Damit stellt sich die zusätzliche Aufgabe, das vorgefundene Wissen auf das gegebene Innovationsproblem **zuzuschneiden**. Das heißt in aller Regel zunächst: Entkleidung der Informationslieferung von **Redundanz**. Das heißt sodann: intensive **Auseinandersetzung** mit der Materie. Sie lässt Wissenslücken ebenso bewusst werden wie Versatzstücke. Selbst wenn der direkte Informationsmehrwert gering sein mag, könnte ein indirekter umso größer sein, der darin liegt, dass die Struktur und die Kontur des Problems deutlicher bewusst ist.

---

[1] *Nonaka/Takeuchi* (1995), S. 83 ff.

Schon diese wenigen Hinweise zeigen:

Wissensreaktivierung endet keinesfalls mit der Identifikation einer Informationsquelle, sondern beginnt mit ihr.

(5) Grenzen

Angesichts der Euphorie, mit der Wissensmanagement als "neue" Führungsaufgabe propagiert wird, scheint Distanz geboten:

- Es kann keinesfalls als selbstverständlich angenommen werden, dass die Unternehmen bereit sind, derartige Datenbanken aufzubauen, denn die **Investitionen** in das System und die **Kosten** der laufenden Datenpflege müssen sich an den Informationserträgen rechtfertigen. Da Kosten im Zweifel besser zu bestimmen sind als potentielle Erträge, haben die Datenbankkonstrukteure von vornherein keine gute Ausgangsposition.
- Wer schließlich befürchten muss, dass der Datenzugriff nicht gesichert ist, der muss auch befürchten, dass Außenstehende einen intensiven **Einblick in das Humankapital** der Unternehmung erlangen können - mit allen Nachteilen der Abwerbung von Spezialisten und der externen Beurteilung des Innovationspotentials. Expertenverzeichnisse und Wissenskarten enthalten extrem sensible Informationen und können daher nur einem überschaubaren Kreis von Nutzern zugänglich gemacht werden.

Der Nutzen der Wissensreaktivierung für das Innovationsmanagement dürfte somit keinesfalls unbestritten sein.

10.5.2 Kreativitätstechniken

10.5.2.1 Vorbemerkung

Unter dem Begriff "Kreativitätstechniken" werden im Folgenden unterschiedliche Ansätze zusammengefasst, die die Kreativität des Individuums oder der Gruppe heben sowie das Informationsverhalten anregen oder auf neue Pfade führen sollen. Die bisherige Trennung von Kreativität und Wissensmanagement wird dabei aufgehoben[1].

Wir werden jeweils fragen:

- Welche persönlichen Fähigkeiten - **Assoziationsvermögen** oder **kognitive Fähigkeiten** - werden durch die Kreativitätstechniken herausgefordert oder entwickelt?
- Wird die Methode individuell oder interaktiv eingesetzt? Erlaubt oder verlangt sie **Arbeitsteilung**?

---

[1] Vgl. *Bullinger* (2000), S. 21 ff.

- **Bei Interaktion: Gibt es Regeln** für den Ablauf des Diskurses? Welche Absichten stehen hinter derartigen Regeln?
- Wodurch wird bei der jeweiligen Kreativitätstechnik **Informationslieferung** ausgelöst? Wie wird Informationsüberlastung verhindert?
- Welche **Vor- oder Nachbereitung** wird von der Methode verlangt?
- Favorisiert die Methode vertikales oder laterales Denken? Erzwingt die Methode einen **Wechsel der Denkstile**?

Last not least soll gefragt werden, ob derartige Kreativitätstechniken implizit bestimmte **Voraussetzungen** über die Struktur des zu bearbeitenden Problems machen.

Die so genannten Kreativitätstechniken greifen auf die zuvor vorgestellten theoretischen Konzepte zurück. Teilweise konzentrieren sie sich auf einen bestimmten Aspekt, z.B. das Assoziationsvermögen, teilweise versuchen sie, mehrere Aspekte zu verbinden, z.B. Assoziationsvermögen, Interaktion in der Gruppe und durch Verfremdung induziertes Ausbrechen aus den vertikalen Denkbahnen[1]. Die **Vielfalt dieser Kreativitätstechniken** ist kaum noch überschaubar. *Geschka/Yildiz*[2] nennen die in Kasten 10.7 systematisierten 22 Methoden. Da Kreativitätstechniken weithin Gegenstand kommerzieller Seminarangebote sind, kann diese Produktdifferenzierung nicht überraschen.

Tatsächlich werden nur wenige dieser Kreativitätstechniken in der Praxis wahrgenommen, bewusst eingesetzt und als erfolgreich beurteilt.

Ausgenommen von dieser generell zurückhaltenden Einschätzung ist lediglich die Methode des **Brainstorming**[3]. Die den systematisch-analytischen Techniken zugeordnete Methode des **Morphologischen Kastens** (einschließlich der **Funktionsanalyse**) ist ebenfalls noch recht gut bekannt und wird in der Leistungsfähigkeit im Allgemeinen positiv eingeschätzt. Die Methode 635 - eine Variante des **Brainwriting** - ist in den letzten Jahren zunehmend bekannter geworden. Die Management-Journale haben schließlich auch der **Synektik** eine deutlich gestiegene Aufmerksamkeit verschafft - nicht zuletzt wohl wegen ihrer pressewirksamen Überraschungseffekte. Die **Bionik** ist sich wegen ihrer ökologischen Bezüge hoher Aufmerksamkeit sicher, als akademische Disziplin entwickelt sie sich erst allmählich.

---

1 Siehe den Überblick bei *Draeger* (1991), S. 123 ff.

2 *Geschka* (1983), *Geschka/Yildiz* (1990), S. 37, weisen an anderer Stelle darauf hin, dass etwa 50 Kreativitätstechniken existieren. *Schlicksupp* (1977), S. 18, listet allein 44 dieser Methoden namentlich auf. *Gryskiewicz* (1988), S. 226, schätzt ihre Zahl gar auf über 100.

3 *Schlicksupp* (1977), S. 22, *Schelker* (1976), S. 146, *Uebele* (1988), S. 780, *Geschka/Yildiz* (1990), *Geschka* (1994), S. 228 f., *Schachtner* (2001), S. 61, *Meyer* (2001), S. 177, 182 f.

Kasten 10.7: Klassifizierung der Kreativitätstechniken (*Geschka/Yildiz*)

Vorgehensprinzip zur Kreativitätsförderung	Ideenauslösendes Prinzip	
	Assoziation/Abwandlung	Konfrontation
Verstärkung der Intuition	**Methoden der intuitiven Assoziation** *Brainstorming-Methoden* • Klassisches Brainstorming • Schwachstellen-Brainstorming • Parallel-Brainstorming *Brainwriting-Methoden* • Methode 635 • Ringtauschtechnik • Brainwriting-Pool • Kartenumlauftechnik • Galerie-Methode • Ideen-Delphi • Ideen-Notizbuch-Austausch	**Methoden der intuitiven Konfrontation** • Reizwortanalyse • Exkursionssynektik • Bildmappen-Brainwriting • Visuelle Konfrontation in der Gruppe • Semantische Intuition
Systematisch-analytisches Vorgehen	**Methoden der systematischen Abwandlung** • Morphologisches Tableau • Sequentielle Morphologie • Modifizierung (Attribute Listing) • Progressive Abstraktion	**Methoden der systematischen Konfrontation** • Morphologische Matrix • TILMAG • Systematische Reizobjektermittlung

Quelle: *Geschka/Yildiz* (1990), S. 37

Wir werden uns im Folgenden auf diese Kreativitätstechniken konzentrieren. Sie geben einen hinreichenden Eindruck von der Vorgehensweise, die von anderen Techniken nur noch graduell variiert wird. Sie sollen uns vor allem in die Lage versetzen, die Umsetzung der theoretischen Konzepte in praktische Gestaltung zu beleuchten. In einzelnen Fällen liegen auch konkrete empirische Befunde vor, die es erlauben, die Leistungsbehauptungen dieser Methoden konkret zu beurteilen. Zugleich blenden wir damit von anderen Kreativitätstechniken ab, die sich vornehmlich mit **Heuristiken des Konstruierens** befassen, wie vor allem die VDI-Richtlinien 2221, 2222 und 2223 (Kasten 10.8), und sich an Ingenieure und Naturwissenschaftler richten[1]. Unser Interesse gilt hier den Methoden, die auch dort anwendbar sind, wo es nicht allein um ein technisches Problem geht und wo die Prämissen des systematischen Konstruierens nicht gegeben sind.

---

[1] So z.B. *Altschuller* (1998), S. 133 ff., *Linde/Hill* (1993), S. 17 ff., *Pahl/Beitz* (1997), *Goldenberg/Mazursky* (2000), S. 133 ff., eine aktuelle Zusammenstellung findet sich bei *Sträter* (2002), S. 23 f.

Die Kreativitätstechniken sind ausführlich von *Schlicksupp* dargestellt worden[1]. Konkrete Durchführungshinweise finden sich vor allem bei *von Deym et al.*[2]. Eine tabellarische Zusammenstellung der im Folgenden diskutierten Kreativitätstechniken und der bei ihnen auftretenden Informationsprobleme wird in Kasten 10.9 vorgelegt[3].

Kasten 10.8: Methodik zum Entwickeln und Konstruieren, VDI-Richtline 2221

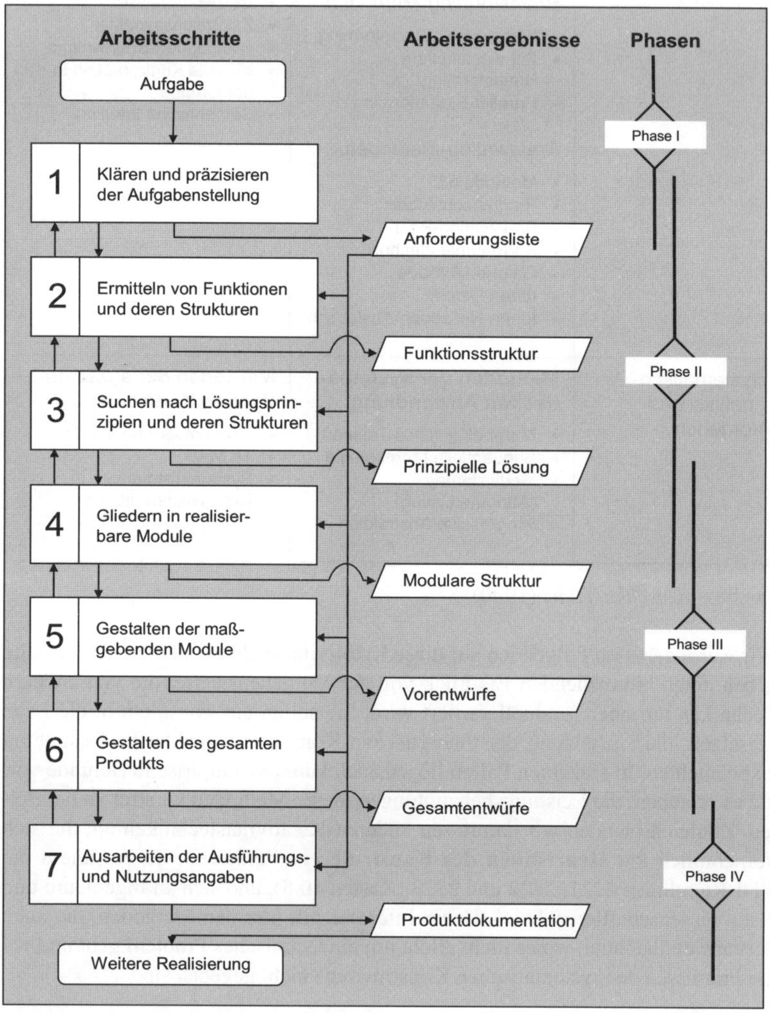

Quelle: VDI 1973

1 *Schlicksupp* (1977), S. 215 ff.
2 *von Deym* (1979), S. 288 ff.
3 *Hauschildt* (1994c), S. 402 f.

Kasten 10.9: Kreativitätstechniken im Überblick

Kreativitäts-technik	Prinzip	Gruppenar-beit (Größe)	Ablaufschritte	Dauer
Brainstor-ming	Assoziation	ja (5-12)	1. Gruppenexterne Problemdefinition 2. Ggf. Information der Teilnehmer einige Tage vor der Sitzung 3. Sitzung mit zwanglosem Ablauf 4. Auswertung durch Experten, ggf. Vordurchsicht durch Teilnehmer	20'-60'
Methode 635	Assoziation	ja (6)	1. Gruppenexterne Problemdefinition 2. Gruppeninterne Einigung über Kontur des Problems 3. Jeder Teilnehmer schreibt drei Ideen auf 4. Weitergabe der Formulare, jeder Teilnehmer nimmt zu den Ideen seines linken Nachbarn Stellung und entwickelt weitere Ideen 5. Erneute Weitergabe 6.-8. Dritte bis fünfte Weitergabe 9. Systematische Auswertung	 5' 5' ggf.+1' 5'+2' 5'+3'... insges. 35'
Synektik	Assoziation	ja (5-7)	1. Synektik trainieren 2. Externe Problemdefinition 3. Herstellung von Konsens über Problemverständnis 4. Aussonderung spontaner Lösungen 5. "Entfernung" von Problem, "Verfremdung", persönliche Analogie 6. Herstellung von neuen Denkverbindungen, Assoziationen, Analogien 7. "Force-fit": Verknüpfung der Assoziationen und Analogien mit dem zu lösenden Problem 8. Konkrete Lösungsentwicklung	120'-240'
Bionik	Analogie	nicht zwingend	1. Problemdefinition 2. Systematische Suche nach analogen Problemlösungen in der Natur 3. Theoretische Fundierung des Evolutionsprozesses in der Natur 4. Überprüfung der Übertragbarkeit (Material, Funktion, Struktur, Organisation) 5. Ggf. systematischer Nachvollzug des Evolutionsprozesses	nicht be-stimmt
Morpholo-gische Analyse	Analytik	nicht zwingend	1. Problemdefinition 2. Bestimmung der Parameter des Problems 3. Aufstellung des morphologischen Schemas ("Kasten"), in dem jedem Parameter die bekannten Eigenschaften (auch: Ausprägungen, Attribute) zugeordnet werden 4. Systematische Kombination aller Ausprägungen aller Parameter miteinander 5. Bestimmung des Zielerfüllungsbeitrages jeder einzelnen Kombination 6. Auswahl der besten Lösung	nicht be-stimmt

Kreativitätstechnik	Funktion des Moderators	Dokumentation	Spezielle Einsatzvorschriften	Ziel
Brainstorming	1. Kritik verhindern 2. Diskussion stimulieren 3. Abbrechen, wenn keine weiteren Ideen geäußert werden	Metaplantechnik, Tonband, Video	1. Prinzipiell: Kritik verboten 2. Weiterführen von geäußerten Ideen	1. Möglichst große Zahl von Ideen äußern 2. Möglichst extravagante Ideen äußern
Methode 635	1. Konsens über Problemverständnis herbeiführen 2. Zeit- und Dokumentationsmanagement	auf den Formularen	Gruppenteilnehmer müssen sich nicht persönlich kennen oder treffen	1. Präzise artikulierte (schriftliche) Ideen äußern 2. Ausufern in Diskussionen vermeiden 3. Gleichmäßige Mitarbeit aller Teilnehmer sichern 4. Statusunterschiede aufheben
Synektik	1. Training 2. Konsens über Problemverständnis herbeiführen 3. Weiter zu verfremdende Assoziationen und Analogien auswählen 4. Hemmschwellen vor Verfremdung abbauen 5. Übergang von Verfremdung zum force-fit bestimmen 6. Konkrete Lösung darstellen	Tonband, Video, Metaplantechnik	1. Ohne Training kein unbefangener Einsatz 2. Bewusste Emotionalisierung 3. Kritik und innere Distanzierung vermeiden	1. Möglichst unkonventionelle Ideen entwickeln 2. Möglichst wenig rational kontrollierte Ideen entwickeln 3. Alle Einstellungen bewusst aufgeben, vorhandene Denkmuster auflösen
Bionik	entfällt	in traditionellen Dokumentationsformen	keine	Natürlichen Evolutionsprozess nachvollziehen und dabei die Selektionsleistung der Natur nutzbar machen
Morphologische Analyse	wenn Gruppenarbeit, dann wie beim Brainstorming	traditionell, wird durch Computerunterstützung stark erleichtert	Keine Parameter bestimmen, die sich überschneiden	Findung von bisher unbekannten Kombinationen bereits bekannter Parameter und ihrer Ausprägungen

Quelle: *Hauschildt* (1994c), S. 402 f.

10.5.2.2 Brainstorming

Diese Methode wurde von *Osborn* bereits Ende der 30er Jahre entwickelt. Kasten 10.10 enthält *Osborns* Konzept im Originalzitat.

Kasten 10.10: "Brainstorming" (*Osborn*)

„It was in 1938 when I first employed organized ideation in the company I then headed. The early participants dubbed our efforts "Brainstorm Sessions"; and quite aptly so because, in this case, "brainstorm" means using the brain to storm a problem. ...

The modern brainstorm session is nothing more than a creative conference for the sole purpose of producing a checklist of ideas - ideas which can serve as leads to problem-solution-ideas which can subsequently be evaluated and further processed. ...

Idea-producing conferences are relatively fruitless unless certain rules are understood by all present, and are faithfully followed. Here are four basics:

(1) Criticism is ruled out. Adverse judgment of ideas must be withheld until later.

(2) "Free-wheeling" is welcomed. The wilder the idea, the better; it is easier to tame down than to think up.

(3) Quantity is wanted. The greater the number of ideas, the more the likelihood of useful ideas.

(4) Combination and improvement are sought. In addition to contributing ideas of their own, participants should suggest how ideas of others can be turned into better ideas; or how two or more ideas can be joined into still another idea. ...

Group brainstorming is indicated only for problems which primarily depend on idea-finding - not for problems which primarily depend on judgment. Nor is it indicated for any problem for which there are only two or three alternative solutions. ...

Although psychological evaluation of group brainstorming is important, the author of this book recommends that it be judged comparatively and pragmatically - simply as a workable way of jointly producing more and better ideas than is possible through the usual type of conference in which judicial judgment jams creative imagination."

Quelle: *Osborn* (1966), S. 151 ff.

Brainstorming erfolgt interaktiv in einer "realen" Gruppe von 5 bis 12 Personen.

(1) Vorbereitung

Das Problem ist extern definiert, aber nicht strukturiert. Es wird den Teilnehmern einige Tage vor der Sitzung bekanntgegeben, um eine individuelle "Inkubation" zu ermöglichen.

Die **Gruppenzusammensetzung** ist das Hauptproblem der Vorbereitung. *Schlicksupp*[1] schlägt eine "fachlich heterogene" und "sozial homogene" Gruppenbildung vor, um zu sichern, dass möglichst unterschiedliche Ziel-, Alternativen- und Situationskenntnisse und -erfahrungen präsent sind und zugleich eine soziale Überformung durch vorgesetzte und ranghohe Vertreter ausgeschlossen wird[2].

Wichtig ist schließlich die **Auswahl des Moderators**. Dieser soll kein Fachmann für das zu diskutierende Problem, sondern für die Technik des Brainstorming sein.

(2) Ablauf

Die **Sitzungsdauer ist bewusst begrenzt und relativ kurz**. Die Fristangaben schwanken zwischen 30 Minuten und einer Stunde. Die Brainstorming-Sitzung ist auf jeden Fall zu beenden, wenn die Diskussion keine neuen Ideen mehr ergibt. Es ist die eiserne Regel für eine Brainstorming-Sitzung, dass jegliche Kritik an den geäußerten Ideen verboten ist.

Im Brainstorming sind Kritik und Widerspruch Tabu.
Ziel ist es vielmehr, möglichst viele Ideen zu äußern.

Dahinter steht die Annahme, dass mit der Menge auch die Originalität der Ideen wächst. Insofern sind sprunghaftes Denken, Anknüpfen an frühere Ideen, Verlassen der zielstrebigen Gedankenführung erlaubt. Es gibt kein "geistiges Eigentum" an Ideen, alle Teilnehmer sollen jede Idee aufgreifen und weiterführen dürfen.

(3) Moderator

Der Moderator hat vor allem die Funktion, die **Einhaltung der Regeln** zu sichern und Kritik zu unterbinden. Bei Versiegen des Ideenflusses kann er aktivieren, z.B. durch Fragen oder durch Rollenspiele. Er hat dabei die Funktion, die Wirkungen von Pausen sachgerecht einzuschätzen und für Entspannung bei Übermüdung oder für Störungsarmut beim Nachdenken zu sorgen.

(4) Auswertung

Die Ideensammlung verlangt **sorgsame Aufzeichnung**, in der Regel durch Video- oder Tonbandaufnahme. An das Brainstorming schließt sich stets eine recht mühsame systematische Ideenauswertung an. Bei der Auswertung dürfen weitere Ideen entwickelt werden. Die Hauptaufgabe besteht aber in der Ordnung, Vervollständigung und in einer ersten Bewertung der Aussagen. Die Auswertung sollte von einer Person vorgenommen werden, die nicht an der Brainstorming-Sitzung teilgenommen hat. Die Informationsverarbeitung ist unstrittig sehr aufwendig.

---

1 *Schlicksupp* (1977), S. 215.

2 Die Befunde von *Rodan/Galunic* (2004), S. 554 f., bestätigen dieses Postulat.

(5) Leistungsbehauptung

Brainstorming ist eine Methode, die Kreativität durch Assoziation steigern will. Sie behauptet, durch die Einbeziehung heterogener Teilnehmer eine **möglichst große Vielfalt von Ideen** hervorzubringen. Die konfliktlose Interaktion soll diese Ideenproduktion weiter steigern. Der Ausschluss jeglicher Kritik ist ein Kennzeichen lateralen Denkens. Die sorgsame Vorbereitung und die bewusste Nachbereitung schützen vor negativen Effekten der Informationsüberlastung und -verarbeitung. Die Nutzung von PC erweitert die Anwendungsmöglichkeiten von Brainstorming, wenn eine Gruppengröße von 7 - 9 überschritten wird[1].

(6) Leistungsbeurteilung

Die enthusiastische Aufnahme des Brainstorming hat eine Fülle von empirischen Überprüfungen herausgefordert. Sie wandten sich vor allem der Behauptung zu, dass die Gruppe kreativer sei als eine gleich große Anzahl individuell arbeitender Personen. Die Fachwelt fragte in diesem Sinne nach der Überlegenheit der **"realen" Gruppe** über die sog. **"nominale" Gruppe**, die im strengen Sinne keine interaktiv tätige Gruppe ist[2], sondern eine Anzahl von Einzelpersonen, denen die gleiche Aufgabe gestellt ist. Der Befund scheint gesichert, dass die Leistungsfähigkeit - gemessen an der Zahl der geäußerten Ideen - bei nominalen Gruppen größer ist als bei realen[3]. Hinsichtlich der Qualität der Ideen kommen *Lamm/Trommsdorff* zwar nicht zu einem ebenso einheitlichen Verdikt. Die von ihrer umfassenden Meta-Analyse ausgewerteten Studien liefern aber eher Argumente für das konzentrierte Nachdenken des Individuums im stillen Kämmerlein als für die interaktive Brainstorming-Sitzung. Bei der Nominal-Group-Technik werden daher dann die Ideen auch individuell und ohne Aussprache zu Papier gebracht, ehe sie in der Gruppe diskutiert werden. Die praktische Konsequenz ist beachtlich:

Bei gleicher Aufgabenstellung kommen mehrere Personen in Einzelarbeit zum besseren Ergebnis als eine gleich große Personenzahl in Gruppenarbeit.

Gryskiewicz[4] zeigt in einer ausführlichen Würdigung der Literatur, welche Versuche unternommen wurden, Brainstorming effektiver zu machen: Abbau des Konformierungsdrucks durch bewusste Auswahl der Gruppenmitglieder, Training der Gruppe, bewusste Problemvorsortierung, Veränderung der Instruktionen, Steigerung des Interaktionsinteresses, Variation der Gruppengröße[5]. Alle diese Versuche blieben vergeblich: "In all cases, nominal groups outperformed real groups."[6]

---

[1] *Gallupe et al.* (1992), S. 358 f., 361 f., *Aiken et al.* (1994), S. 145 f., *Valacich et al.* (1994), S. 455 ff., 458 f.

[2] *van de Ven/Delbecq* (1971), S. 206 f.

[3] *Lamm/Trommsdorff* (1973), S. 368 ff.

[4] *Gryskiewicz* (1988), S. 207 ff.

[5] Siehe vor allem die Experimente von *Bouchard et al.* (1974), S. 135 ff.

[6] *Gryskiewicz* (1988), S. 208.

Aus diesen Beobachtungen werden **unterschiedliche Konsequenzen** gezogen:

Rickards et al. weigern sich, diese Feststellungen als letztes Wort zu sehen[1]. Sie zweifeln, ob die Bewertung der Brainstorming-Leistungen nach den klassischen Ansätzen ein valides Ergebnis liefert. Die Gruppeninteraktion ist nach ihrer Auffassung nicht nur eine Methode zur Ideenproduktion, es ist auch ein **Instrument der Ideendurchsetzung**. Ihre experimentellen Befunde raten auf jeden Fall zu einer systematischen Veränderung der Bewertung von Kreativitätstechniken.

Brainstorming ist ein wesentliches Element einer Unternehmenskultur sowie ein nachhaltiges Instrument des Wissensmanagements.

Mit ihren Fragen "effectiveness at what?" oder "effectiveness for whom?" wenden sich *Sutton/Hargadon* gegen die einseitige Leistungsbewertung des Brainstorming durch die Zahl der Ideen.

Brainstorming fördert kollektives Lernen, verbessert den Wissensstand, vermittelt Wissen über Fertigkeiten, stabilisiert und reflektiert die Werte und Normen, erlaubt die Selbstdarstellung[2].

Eine zweite Konsequenz ist radikaler: Brainstorming hat seine historische Aufgabe erfüllt. Es hat auf eine neue "Kultur" der Ideenproduktion aufmerksam gemacht. Die interessierte Fachwelt fragt sich aber, **welche Techniken bessere Ergebnisse** liefern.

10.5.2.3 Brainwriting: Methode 635

Brainwriting ist eine Weiterentwicklung des Brainstorming. Es versucht, den Assoziationsauftrag des Brainstorming mit der konzentrierten Individualleistung zu verknüpfen. Die Arbeit erfolgt in der Gruppe, ist interaktiv - aber nicht mündlich, sondern schriftlich. Der Name "635" bezieht sich auf das Verfahren, wonach **sechs Teilnehmer** je **drei Lösungsvorschläge** entwickeln und die Vorschläge der übrigen Teilnehmer in einem **fünffachen Durchlauf** kommentieren oder weiterführen[3].

(1) Vorbereitung

Die Teilnehmer analysieren in einer mündlichen Diskussion das Problem, äußern aber keine Problemlösungsvorschläge. Die Vorbereitung ist beendet, wenn die Teilnehmer **Konsens über Kontur und Struktur des Problems** gefunden haben. Wenn Interaktion völlig unterbunden und sogar Anonymität der Teilnehmer gesichert werden soll, ist die Aufgabe extern vorzugeben. Dieses Verfahren empfiehlt sich bei großen Rangunterschieden der Teilnehmer.

---

[1] *Rickards et al.* (1988), S. 309 ff., insbes. S. 316.
[2] *Sutton/Hargadon* (1996), S. 689, 696 ff.
[3] *Rohrbach* (1969), S. 73 ff.

(2) Ablauf

Jeder der sechs Teilnehmer schreibt **drei Ideen** auf ein vorbereitetes Formular. Diese werden in einer **vorgegebenen Reihenfolge** an die jeweils nächsten Teilnehmer weitergegeben, die die ihnen vorgelegten **Ideen vertiefen** oder um weitere Ideen ergänzen können. Dann reichen sie das Formular an die jeweils nächsten Teilnehmer weiter. Die Abbildung in Kasten 10.11 zeigt die Organisation dieses Umlaufs.

Das Verfahren kann dabei auf unterschiedliche **Ziele** ausgerichtet werden: Die Teilnehmer sollen

- entweder die ihnen vorgelegten Ideen zum Anlass nehmen, weitere Ideen zu entwickeln (Ziel: **möglichst viele verschiedene Ideen** entwickeln wie im Brainstorming) oder
- die ihnen vorgelegten **Ideen vertiefen und detaillieren** (Ziel: den Ausgangsbestand von maximal 18 Ideen systematisch weiterzuführen).

Das Verfahren eignet sich formal auch zur **Ideenbewertung**. Aufgabe der Teilnehmer wäre dann, das Für und Wider jeder der 18 Ausgangsideen aus eigener Sicht darzustellen. Diese Funktion der Methode 635 soll hier im Weiteren nicht betrachtet werden.

Von Deym et al.[1] schlagen vor, die **Bearbeitungszeiten** bei jeder Runde um eine Minute zu erhöhen, um der steigenden Informationslieferung gerecht werden zu können. Wenn in der ersten Runde fünf Minuten angesetzt werden, benötigt die fünfte Runde neun Minuten. Der Gesamtdurchlauf verlangt dann 35 Minuten reine Arbeitszeit.

In Kasten 10.12 findet sich ein von *Uebele* erhobener Fall der Anwendung der Methode 635[2]. In diesem Fall steht die Fünf für die Zeitdauer der Niederschrift in Minuten.

(3) Moderator

Ein Moderator wird **nicht benötigt**, wenn man das Verfahren ausschließlich in schriftlicher Form anwendet. Nur bei offener Aussprache zur Problemanalyse hat der Diskussionsleiter darüber zu wachen, dass nicht bereits Problemlösungen diskutiert werden.

(4) Auswertung

Da die gesamte Gedankenführung schriftlich dokumentiert ist, weist die Auswertung ein **höheres Maß an Präzision und ein geringeres Maß an Interpretation** auf. Die Kürze der für die Gedankenartikulation zur Verfügung stehenden Zeit führt allerdings oftmals zu sehr knappen, stichworthaften Aussagen. In vielen Fällen ist damit Rückfrage nötig.

---

1 *von Deym* (1979), S. 294.
2 *Uebele* (1988), S. 783.

Kasten 10.11: Ablauf und Ergebnis des Brainwriting nach Methode 635 (erster Umlauf)

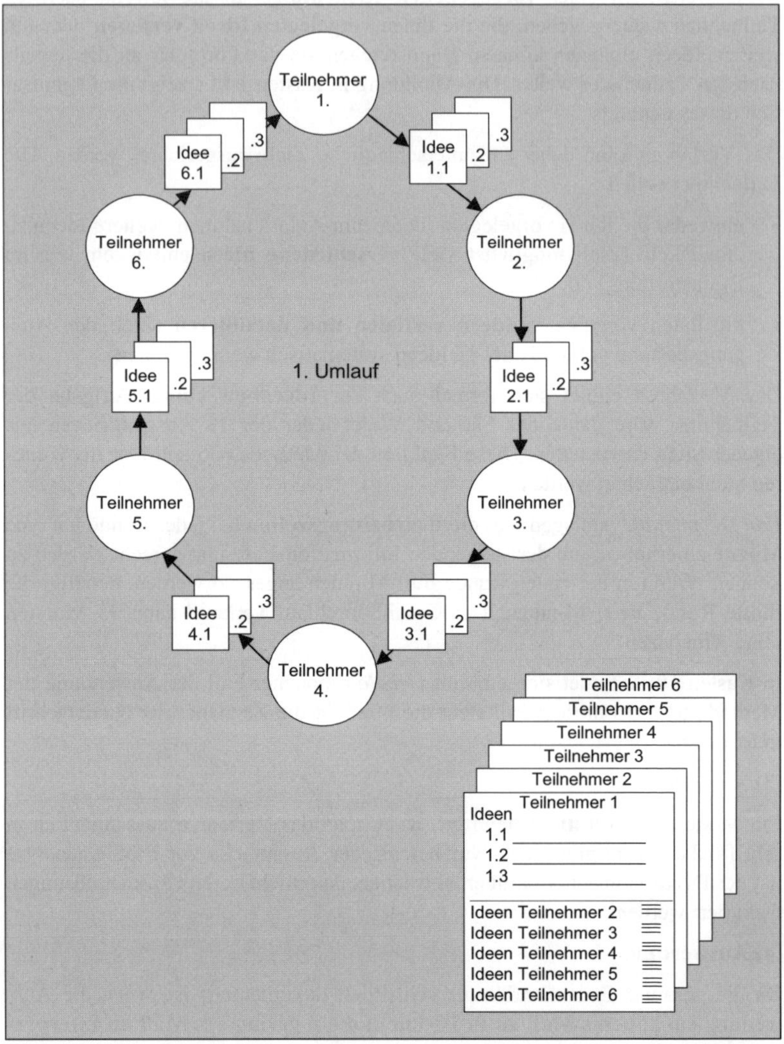

Quelle: Eigene Darstellung

Kasten 10.12: Fallstudie zum Brainwriting (*Uebele*)

Merkmal der Methodenanwendung \ Unternehmen (Branche) (Größe)	Produktionsschwerpunkt: Nachrichten- und Kommunikationstechnik; ca. 3.100 Beschäftigte.
Anwendungsproblem	Entwicklung konkreter Neuproduktideen in 10 ausgewählten Suchbereichen (horizontale Diversifikation).
Ausgangssituation	Sättigungserscheinungen auf den bisher wichtigsten Märkten; zur Erreichung strategischer Umsatzziele Einführung einer wachstumsträchtigen neuen Produktgruppe erforderlich.
Sonstige Bedingung(en)	Nutzung des verfügbaren technologischen Know-hows; Orientierung an den bedeutendsten Stärken und Schwächen in verschiedenen Bereichen.
Ideenquelle vor Einsatz des Brainwriting	Messebesuche, Marktforschungs-Analysen, Kunden- und Außendienstanalyse, Konkurrenzanalyse.
Teamzusammensetzung	Geschäftsleitung, Projektteam, Mitglieder eines externen Beratungsinstituts.
Ausgestaltung der Methode	Grundprinzip der Methode 635: 6 Teilnehmer schreiben jeweils 3 Ideen in Zeitabschnitten von je 5 Minuten nieder; dazwischen werden die Formulare ausgetauscht; es können Ergänzungen bzw. ganz neue Ideen hinzugefügt werden; ... Hier: ca. 400 Ideen (mehr als 6 Teilnehmer).
Ergebnisse	Ca. 400 Ideen, die im Rahmen einer umfassenden Bewertung und Auswahl (mehrere Phasen) gefiltert werden. Erfolg versprechende Ideen (z.B. Fernanzeige für Reifendruck) werden - z.B. unter Einsatz der Synektik - weiter konkretisiert.
Bewertung und Folgerungen	Nach ausführlicher Marktstudie erweist sich die Produktgruppe "Einbruch-Meldesysteme" als am erfolgsreichsten. Sie erfüllt am Markt die Erwartungen. Die eingesetzten Kreativitätstechniken werden als sehr bedeutsam für die Produktinnovation eingeschätzt.

Quelle: *Uebele* (1988), S. 783

(5) Leistungsbehauptung

Das Verfahren des Brainwriting versucht, die Vorteile des Brainstorming mit der Leistungsfähigkeit des konzentriert arbeitenden Individuums zu verbinden. Es **fokussiert die Aufmerksamkeit** der Teilnehmer auf eine geringe Zahl von Alternativen. Es schirmt sie zugleich von zwischenzeitlich geäußerten Ideen ab. Es erlaubt damit eine konzentrierte, ungestörte Bearbeitung. Es aktiviert die Assoziation, zumindest in den Varianten, in denen es nicht zur Ideenbewertung eingesetzt wird. Eine **anonyme Handhabung** der Ablaufprozedur schließt soziale Überformungen durch ranghohe Teilnehmer aus. Das Verfahren verlangt präzise Artikulation und **rationalisiert damit den Informationsprozess**. Es ist in seinen Begrenzungen (sechs Teilnehmer, drei Ideen, fünffacher Umlauf, begrenztes Zeitbudget) bestrebt, der Informationsüberlastung vorzubeugen. Das

Verfahren aktiviert alle Teilnehmer gleichmäßig, **lässt Passivität nicht zu**. Es erlaubt durchaus laterales Denken, fördert es zumindest noch für die erste Runde. Man kann aber vermuten, dass sich bei den weiteren Umläufen zunehmend vertikales Denken durchsetzt. Die Spontaneität, die Diskontinuität, das Zurückkommen auf früher geäußerte (oder kommentierte) Ideen sind eingeschränkt.

(6) Leistungsbeurteilung

Gryskiewicz vergleicht Brainwriting mit anderen Kreativitätstechniken, darunter Brainstorming, in einer Serie von Experimenten in den USA und Großbritannien[1]. Leider wird nicht gesagt, ob er speziell die Methode 635 testet. Im Ergebnis zeigt sich, dass man nicht unbedingt von einer Überlegenheit des Brainwriting ausgehen kann. Die Befunde zur Zahl der Ideen sind uneinheitlich. **Brainwriting produziert eher inkrementale Verbesserungsvorschläge als wirklich innovative Ideen**. *Gryskiewicz* sieht den Wert des Brainwriting vor allem darin, dass bereits frühzeitig ungeeignete Vorschläge ("bad ideas") herausgefiltert und einer weiteren aufwendigen Bearbeitung entzogen werden können.

Paulus/Yang vergleichen die Produktivität von Brainwriting mit der von nominalen Gruppen[2]. Hier zeigt sich eine deutliche Überlegenheit des Brainwriting. Offenbar konzentriert man seine Aufmerksamkeit stark auf die Vorschläge der anderen Gruppenmitglieder ("attention hypothesis") und hat zugleich hinreichend Zeit zur Reflektion und zur Integration mit eigenen Vorstellungen ("incubation hypothesis").

10.5.2.4 Intuitive Konfrontation: Synektik

Als ein Beispiel für Methoden der intuitiven Konfrontation soll im Folgenden die Synektik betrachtet werden. Intuitive Konfrontation will die Erfahrung nutzen,

> "daß originelle Ideen häufig angesichts problemfremder Objekte schlagartig (intuitiv) bewußt werden. Dieses Phänomen ist uns aus Anekdoten (z.B. das Heureka des Archimedes beim Eintauchen in den Badezuber) bekannt, findet sich aber auch in neueren Darstellungen von Erfindungen: So soll dem Erfinder des Kugelschreibers die Idee für das neue Schreibgerät gekommen sein, als ein nasser Ball von im Gras spielenden Kindern über einen Kieselweg lief und hinter sich eine Spur hinterließ."[3]

Der Ansatz geht auf recht frühe Arbeiten von *Gordon* Anfang der 40er Jahre zurück, die dann insbesondere von der Beratungsfirma *A. D. Little* aufgegriffen wurden[4]. In Kasten 10.13 wird das Grundkonzept *Gordons* im Original vorgestellt.

---

1 *Gryskiewicz* (1988).
2 *Paulus/Yang* (2000), S. 79, 82 f.
3 *Geschka* (1989), Sp. 30.
4 Vgl. *Gordon* (1961).

Kasten 10.13: Synectics (*Gordon*)

"... in our research experience the Synectics mechanisms effectively increase the probability of success when creativity is called for. They draw the individual into the psychological states.

The Synectic process involves:
(i) making the strange familiar;
(ii) making the familiar strange.

Making the strange familiar: *In any problem-stating, problem-solving situation, the first responsibility of individuals involved is to understand the problem. ... However, if only this analytical step is taken, no novel solution is possible. ... It is the function of mind, when presented with a problem, to attempt to make the strange familiar by means of analysis. The human organism is basically conservative, and any strange thing or concept is threatening to it. When faced with strangeness the mind attempts to engorge this strangeness by forcing it into an acceptable pattern or changing its (the mind's) privat geometry of bias to make room for the strangeness. The mind compares the given strangeness with data previously known and in terms of these data converts the strangeness into familiarity. ... The process of making the strange familiar, if used alone, yields a variety of superficial solutions; but basic novelty demands a fresh viewpoint, a new way of looking at the problem. Most problems are not new. The challenge is to view the problem in a new way. This new viewpoint in turn embodies the potential for a new basic solution.*

Making the familiar strange: *To make the familiar strange is to distort, invert, or transpose the everyday ways of looking and responding which render the world a secure and familiar place. This pursuit of strangeness ... is the conscious attempt to achieve a new look at the same old world, people, ideas, feelings, and things. ...*

These several mechanisms for making the familiar strange are not a collection of mental tricks for the achievement of superficial novelty. They have been developed and are used in the several Synectics groups as a systematic way of solving actual invention problems. ... Combined with technical competence it could in turn lead to a new viewpoint for the development of a new invention."

Quelle: *Gordon* (1961), S. 33-35, Hervorhebungen durch Verfasser

Die Synektik geht von einer Vorstellung des kreativen Denkprozesses aus, der nach einer **Vorbereitungsphase ("Präparation")** die **Phasen der "Inkubation", der "Illumination" und der "Verifikation"** durchläuft. Die Synektik versucht, diese Schritte durch **systematische Verfremdung**, d.h. durch Übertragung eines völlig andersartigen Sachverhalts auf das zu lösende Problem anzuwenden und zu vollziehen. Es handelt sich um eine interaktive, diskursive Arbeit in einer Gruppe von fünf bis sieben Personen. Die Abbildung in Kasten 10.14 zeigt den synektischen Prozess sowie ein Beispiel.

Kasten 10.14: Ablaufschritte der Synektik (*Schlicksupp*)

Phasen des Kreativen Prozesses	Problemstellung: Gesucht werden Möglichkeiten, wie sich Bilder rahmen lassen	
Intensive Beschäftigung mit dem Problem - Strukturierung - Informationssuche - Problemverständnis erhöhen - Bemühen um Lösungen	(1) Problemanalyse →	Es handelt sich darum, eine Deckplatte aus Glas möglichst einfach auf einem flachen Bildträger zu befestigen.
	(2) Spontane Lösungen →	Klammern, transparente Klebefolie, Saugnäpfchen am Bildträger usw.
	(3) Neu definiertes Problem →	Wie eingangs, jedoch mit der Betonung, dass die Glasplatte sehr einfach wieder abgenommen werden kann.
Entfernung vom Problem - örtliche und zeitliche Verfremdung - Wechsel der Tätigkeiten - körperliche Entspannung	(4) Direkte Analogie aus der Natur: Wechsel von Bedeckungen. →	Schneedecke schmilzt; Schlange streift ihre Haut ab; Wolken ziehen vorbei; Erosion: Geweih wird abgestoßen usw.
	Davon ausgewählt: → (5) Persönliche Analogie: Wie fühle ich mich als häutende Schlange?	Schlange streift ihre Haut ab. Es juckt mich am ganzen Körper; die alte Haut engt mich ein; bin neugierig, wie ich jetzt aussehe; endlich frische Luft; am liebsten hätte ich Hände usw.
	Davon ausgewählt: → (6) Symbolische Analogien zu: Die alte Haut engt mich ein.	Die alte Haut engt mich ein. Bedrückende Hülle; schimmernder Panzer; würgendes Ich; lückenlose Fessel; unterdrückte Identität usw.
	Davon ausgewählt: → (7) Direkte Analogie aus der Technik zu: Lückenlose Fessel.	Lückenlose Fessel 1. Leitplanken der Autobahn 2. Druckbehälter 3. Schienenstrang 4. Stierkampfarena 5. Radar-Warnsystem usw.
Herstellung von Denkverbindungen - unterbewusste, ungehemmte Denkprozesse - Assoziation - Strukturübertragungen Spontane Lösungsideen - Illuminationen - Geistesblitz Verifikation - Überprüfen und Ausgestalten der Idee	(8) Analyse der zuletzt genannten Analogien mit dem Versuch, aus deren Strukturmerkmalen Lösungsideen abzuleiten (in Verbindung bringen mit dem Problem). → (Die nachfolgenden Begriffe werden analog aufgearbeitet.)	(1) Analyse "Leitplanke" • Blechprofil • auf beiden Seiten der Autobahn • verformbar Abgeleitete Ideen: • Bildträger und Glasplatte werden in einem Profilrahmen verklemmt • Halterungen (gleich welcher Art) werden nur an zwei Seiten angebracht • knetartige Kugeln auf die Ecken von Bildträger und Glas drücken (2) Analyse "Druckbehälter" • steht unter Spannung • geschlossenes Volumen • Ein- und Auslass Abgeleitete Ideen: • Bildträger hat Greifkanten und ist leicht vorgekrümmt; dadurch erzeugt er selbst die Haltespannung, wenn er an das Deckglas angepreßt wird. • Träger und Glas werden in eine genau passende Tasche aus PE gesteckt. • Träger und Glasplatte haben an den Ecken Löcher und werden mit einer Art Druckknopf verbunden.

Quelle: *Schlicksupp* (1989), S. 122, 126 f.

(1) Vorbereitung

Die Gruppe ist mit Personen zu besetzen, die bereits **Erfahrung mit der Synektik** haben. Andernfalls ist die Gruppe an einem Lehrproblem zu trainieren.

Das Problem ist vor der eigentlichen Synektiksitzung in der Gruppe zu analysieren und zu definieren. Spontane Lösungsvorschläge sollen dabei durchaus zugelassen, vorab geäußert, dann aber auch ausgesondert werden, um die angestrebte Entfernung vom Problem nicht zu blockieren.

(2) Ablauf

Der Kern der Synektik besteht in der **Problemverfremdung**. Es werden nacheinander Analogien aus der Natur, aus dem persönlichen Erleben der Teilnehmer, aus der Technik oder aus der Geschichte o.ä. gebildet. Die Gruppe diskutiert diese Analogien und soll sich zunehmend von der Bindung an das vorliegende Problem befreien. Dabei wird mit der Verfremdung insbesondere das **Verlassen der vertikalen Denkweise** angestrebt.

Die Verfremdung leitet über zum "force-fit", das ist die **Verknüpfung (intuitive Konfrontation) der Analogien mit dem gestellten Problem** unter der Frage: Eröffnet die Analogiebildung völlig neue Perspektiven für die Lösung des Problems?

In dem letzten Schritt werden dann die Lösungen konkret entwickelt. Der Zeitbedarf für eine Synektik-Sitzung wird mit mindestens 90 Minuten deutlich höher eingeschätzt als für Brainstorming oder Brainwriting.

(3) Moderator

Bei dieser Kreativitätstechnik kommt **dem Moderator eine Schlüsselrolle** zu. Er hat zunächst die Vorbereitung so zu steuern, dass Konsens über das Problem erreicht wird und spontane Lösungsvorschläge ausgesondert werden.

Während der Synektik-Sitzung muss er diejenigen Verfremdungen aufgreifen, die nach seiner Einschätzung die höchste "Reizqualität" haben, also die Phantasie am stärksten herausfordern und zugleich die Beteiligten aus ihren vorgefassten Haltungen herauslösen. Er soll in der Lage sein, die Gedanken in geeigneter Form zu visualisieren. Ihm obliegt es, den geeigneten Augenblick für den "force-fit" zu bestimmen und damit die weit ausschweifende Diskussion wieder auf die reale Anwendung hinzuführen, ohne dass die Teilnehmer dabei wieder in ihre alten Attitüden zurückfallen.

Angesichts dieser Anforderungen leuchtet es ein, dass als **Moderator im Zweifel nur ein externer Experte** in Frage kommt.

(4) Auswertung

Da zum Abschluss der Synektik-Sitzung die Problemlösungen konkretisiert werden, ist es nicht nötig, eine exzessive Auswertung des Weges zu diesen Lösungen vorzunehmen. Allenfalls kann eine **Tonbandaufzeichnung** dazu dienen, zu überprüfen, ob man in der Begeisterung der Verfremdung oder unter Einfluss des Moderators bestimmte Vorschläge unangemessen vernachlässigt hat.

(5) Leistungsbehauptung

Die extreme Verfremdung soll Hemmungen, Blockaden, Fixierungen auf bestimmte Problemaspekte lösen. Die bewusste Analogiebildung, namentlich im persönlichen Bereich, soll von einer analytischen Sicht der Dinge **zu einer eher emotionalen Haltung** führen. Es wird behauptet, dass es zu **hoher Spontaneität** kommt, wenn sich die Teilnehmer in den verfremdenden Analogien bewegen und sich damit in einer eher spielerischen Weise mit dem Problem beschäftigen. Es gibt damit auch keine Anknüpfungspunkte für Kritik und Beurteilung, jedenfalls nicht während des kreativen Prozesses. Die Evaluation setzt erst ein, wenn konkrete Problemlösungsvorschläge vorliegen.

Ganz unstrittig liegt das Schwergewicht der Synektik in der Aktivierung des Assoziationsvermögens. Der Ansatz forciert laterales Denken. Der Einsatz des Moderators soll sicherstellen, dass der Informationsprozess beherrschbar bleibt.

Synektik versteht sich als perfekte Gegenstrategie gegen analytisch-systematisches Denken.

(6) Leistungsbeurteilung

Die bereits mehrfach zitierte Studie von *Gryskiewicz* hat neben dem Brainstorming und dem Brainwriting auch die Synektik in der Form der "Excursion-Synectic" untersucht. Die zu den Ergebnissen befragten Experten stellen dieser Methode ein erstaunlich gutes Zeugnis aus[1]. **Zwar liefert die Synektik quantitativ weniger Ideen, dafür aber nützlichere**. Die urteilenden Experten waren dabei nicht informiert, mit welcher Methode die Ergebnisse gewonnen worden waren. *Gryskiewicz* schlägt daher auch vor, die "Excursion-Synectic" vor allem bei innovativen Problemstellungen einzusetzen[2].

Einwände gegen die Synektik sind vor allem darin begründet, dass die Teilnehmer nicht bereit sind, sich völlig von den Verhaltensweisen zu lösen, die den Alltag der Wirtschaftspraxis kennzeichnen. *Schlicksupp* bestätigt eine hohe "innere Distanz" der Teilnehmer aus der Wirtschaftspraxis gegenüber der Verfremdung[3]. Zumindest hat diese Methode mit erheblichen Anfangsschwierigkeiten zu kämpfen: "Offensichtlich scheuen viele Teilnehmer den Anschein der Lächerlichkeit, wenn sie sich beispielsweise vor ihren Mitarbeitern in der persönlichen Analogie in die Rolle einer Schnecke oder Dampfpfeife versetzen sollen."[4]

Offenkundig erlangt die Synektik nur dann Akzeptanz, wenn sie wiederholt angewendet wird.

---

1 *Gryskiewicz* (1988), S. 221 ff.
2 Ebenda, S. 225.
3 *Schlicksupp* (1977), S. 84 f.
4 Ebenda, S. 85.

10.5.2.5 Morphologische Analyse

Den in den vorangehenden Abschnitten dargestellten Methoden (Brainstorming, Brainwriting und Synektik) ist gemeinsam, dass sie in erster Linie auf Aktivierung und Entwicklung des Assoziationsvermögens gerichtet sind. Sie stehen damit eher im Dienste einer mutativen Alternativengenerierung als einer multiplen. Sie sind resultatorientiert. Auf welchem Weg eine neue Idee entsteht, ist für diese Methoden nachrangig. Sie entsprechen eher dem Leitbild des lateralen Denkens.

Die im Folgenden dargestellte Kreativitätstechnik der Morphologischen Analyse bietet ein Kontrastprogramm. Sie favorisiert vertikales Denken, fragt nach dem Weg zum Ziel, hat ihre besondere Bedeutung bei multipler Alternativengenerierung - und hat mit erheblichen Problemen bei der Bewältigung der Informationsprozesse zu kämpfen.

Die Morphologische Analyse entspricht wesentlich mehr den traditionellen Denkschulen, wird eher als "rational" akzeptiert.

Sie wird hervorragend durch die soeben dargestellten intuitiven Techniken ergänzt, aber keinesfalls ersetzt.

Kasten 10.15: Der morphologische Kasten (*Zwicky*)

„Die Morphologische Forschung entwickelt eine ihr eigene Methodik und bedient sich unter anderem der Methode des sogenannten Morphologischen Kastens, ...
Die Anwendung der Morphologischen Methode gibt uns die größtmögliche Sicherheit, daß nichts vergessen wird, was für die Beleuchtung aller Aspekte eines vorgegebenen Problems von Wichtigkeit ist. ...
Wer mit den Methoden der Morphologischen Forschung vertraut ist, besitzt die innere Sicherheit, daß es kaum ein Problem gibt, dessen Lösung er nicht irgendwie mit Aussicht auf Erfolg anpacken kann. ...
Sie ermöglicht die Systematisierung der Erfindungsgabe. Sie produziert Erfindungen und Entdeckungen auf methodische Art und regt die Intuition an, ohne daß man sich aufs Pröbeln und den Zufall zu verlassen braucht. ...
Die Konstruktion eines Morphologischen Kastens und die Auswertung der in ihm enthaltenen Informationen geht folgendermaßen vor sich:
Erster Schritt: Genaue Umschreibung oder Definition sowie zweckmäßige Verallgemeinerung eines vorgegebenen Problems.
Zweiter Schritt: Genaue Bestimmung und Lokalisierung aller die Lösungen des vorgegebenen Problems beeinflussenden Umstände, das heißt in anderen Worten, Studium der Bestimmungsstücke oder, wissenschaftlich ausgedrückt, der Parameter des Problems.
Dritter Schritt: Aufstellung des Morphologischen Kastens oder des morphologischen vieldimensionalen Schemas, in dem alle möglichen Lösungen des vorgegebenen Problems ohne Vorurteile eingeordnet werden.
Vierter Schritt: Analyse aller im Morphologischen Kasten enthaltenen Lösungen auf Grund bestimmt gewählter Wertnormen.
Fünfter Schritt: Wahl der optimalen Lösung und Weiterverfolgung derselben bis zu ihrer endgültigen Realisierung oder Konstruktion."

Quelle: *Zwicky* (1966), S. 114 ff.

Die Morphologische Analyse geht auf Arbeiten *Zwickys*[1] aus den 50er Jahren zurück (vgl. Kasten 10.15). Morphologie ist die Lehre von den Gestalten oder Formen eines Sachbereichs. Der Grundsansatz der Morphologischen Analyse besteht darin, diesen **Sachbereich lückenlos und überschneidungsfrei nach bestimmten Kriterien zu gliedern** und die Vielgestaltigkeit durch unterschiedliche Ausprägungen dieser Kriterien zu beschreiben. Die Morphologische Analyse erlaubt Gruppenarbeit, verlangt sie aber nicht. Wenn sie als Gruppenarbeit durchgeführt wird, vollzieht sie sich in der Art einer Brainstorming-Sitzung.

(1) Vorbereitung

Die Morphologische Analyse verlangt **Abgrenzung** des Sachbereichs, dessen Gestalt durchdrungen werden soll. In der Terminologie dieser Schrift: das Problem muss in seinen **äußeren Konturen** festgelegt sein. Die Morphologische Analyse konzentriert sich voll auf die **innere Struktur** des Innovationsproblems.

(2) Ablauf

Die wichtigste Leistung der Morphologischen Analyse besteht in der Bestimmung der **Parameter** (in gleichem Sinne spricht man auch von Kriterien, Dimensionen, Elementen), nach denen der Sachbereich untergliedert wird. Es erheben sich stets zwei Fragen:

- Wird der Sachbereich durch die Parameter **vollständig** erfasst? Ist das Ganze womöglich doch mehr als die Summe seiner Teile? Ist ein Autoreifen z.B. durch Reifenkonstruktion, Querschnitt, Karkassenmaterial, Verzwirntechnik in der Karkasse, Laufflächenmaterial, Profilform und Profiltiefe erschöpfend charakterisiert?
- Wird das Sachgebiet **überschneidungsfrei** erfasst? Treten bestimmte Parameter nur im Verbund mit bestimmten anderen auf? Vermutlich ist der Preis des Autoreifens an bestimmte qualitative Merkmale gebunden. Reifen bestimmter Qualitätsklassen haben einen Mindestpreis etc. Der Preis ist insofern kein geeignetes Kriterium für die Morphologische Analyse der Reifenqualität.

Jeder durch derartige Parameter gebildete Teilbereich weist **unterschiedliche Ausprägungen** auf. Bei der Reifenkonstruktion werden üblicherweise Diagonalreifen, Semi-Gürtelreifen und Radial-Gürtelreifen unterschieden. Beim Karkassenmaterial unterscheidet man Nylon, Stahlcord, Rayon. Der Reifenquerschnitt als das Verhältnis von Reifenhöhe zu Reifenbreite lässt sich theoretisch in einer sehr großen Zahl von Varianten bestimmen, die aber nach den "üblichen" Grobeinteilungen zwischen 0,50 und 0,98 liegen. Kaum absehbar ist der Variantenreichtum der Einordnung von Rippen, Stollen, Rillen und Lamellen bei den Ausprägungen des Reifenprofils.

Aus den Parametern und ihren Ausprägungen wird eine Matrix gebildet, der so genannte "**Morphologische Kasten**" (vgl. auch das Beispiel in Kasten 10.17).

---

[1] *Zwicky* (1966).

Da die Zahl der Ausprägungen pro Parameter durchaus unterschiedlich ist, hat der Morphologische Kasten keineswegs die in den Lehrbüchern vorfindbare Form einer m x n-Matrix (Kasten 10.16).

Kasten 10.16: Morphologische Matrix

Parameter	Ausprägungen				
A	A_1	A_2	A_3		
B	B_1	B_2	B_3	B_4	B_5
C	C_1	C_2			

Quelle: Eigene Darstellung

In der Morphologischen Analyse wird jede Ausprägung eines Parameters mit allen anderen Ausprägungen aller anderen Parameter kombiniert. **Jede Kombination ist eine Alternative.** Das Produkt aller Ausprägungen ist die Gesamtzahl der Alternativen (im obigen Beispiel: 3 x 5 x 2 = 30). In Kasten 10.17 wird eine morphologische Analyse am Beispiel des Zündproblems bei Kolbenmotoren gezeigt.

Die Alternativengenerierung ist auf den Kombinationsprozess reduziert.

Der Gedanke der "architectural innovation", die durch neuartige Kombination bekannter Komponenten entsteht, entspricht im Prinzip dieser morphologischen Vorgehensweise[1].

(3) Moderator

Bei individuell durchgeführter Morphologischer Analyse wird ein Moderator nicht benötigt. Bei Gruppenarbeit hat er die gleiche Funktion wie im Brainstorming.

(4) Auswertung

Morphologische Analyse ist ein Kampf mit der **Informationsüberlastung**. Bei technischen Sachgebieten ist die Zahl der Parameter und die Zahl ihrer Ausprägungen in aller Regel sehr groß. Die mechanische Kombination produziert ungeheure Mengen von Alternativen. Da für jede Alternative ein Zielerfüllungsbeitrag ermittelt oder prognostiziert werden muss, führt die Morphologische Analyse sehr schnell in eine kaum noch beherrschbare Komplexität. Es werden also zusätzlich Verfahren der Informationsbearbeitung benötigt, um diese **Komplexität wieder zu reduzieren**, z.B. Negativ-Kataloge, K.o.-Regeln, Ausklammerung ganzer Informationskomplexe, Gewichtung der Parameter nach Relevanz.

---

1 *Henderson/Clark* (1990), S. 10.

Geschka[1] schlägt dementsprechend eine **sequenzielle** morphologische Lösungsentwicklung vor, die sich zunächst auf wenige Parameter konzentriert, die die "stärkste Prägekraft" aufweisen.

Kasten 10.17: Morphologisches Schema des Zündproblems bei Kolbenverbrennungsmaschinen (*Rothenbach*)

Parameter	**Varianten**					
P1 Ort der Abnahme des Zündzeitpunktes	K1.1 Kurbelwelle	K1.2 Nockenwelle	K1.3 Spezialgetriebe	K1.4 Kolbenstellung	K1.5 Drucküberwachung im Zylinder	
P2 Art der Abnahme von t_o	K2.1 Mechanischer Geber	K2.2 Magnetischer Geber	K2.3 Induktiver Geber	K2.4 Kapazitiver Geber	K2.5 Strahlungsgeber	K2.6 Optischer Geber
P3 Kriterien für Zündverstellung $\pm\Delta$ t	K3.1 Drehzahl	K3.2 Unterdruck im Ansaugrohr	K3.3 Drucküberwachung im Zylinder	K3.4 K3.1 + K3.2	K3.5 K3.1 + K3.3	K3.6 K3.2 + K3.3
P4 Mittel für Zündverstellung	K4.1 Mechanisch	K4.2 Elektrisch	K4.3 Hydraulisch	K4.4 Pneumatisch	K4.5 Kombination von K4.1 bis K4.4	
P5 Realisierung der Zündung	K5.1 Selbstzündung	K5.2 Glühzündung	K5.3 Elektrischer Funken	K5.4 Chemische Zündung		
P6 Verteilung der Zündenergie auf die Zylinder	K6.1 Mechanisch	K6.2 Elektrisch	K6.3 Hydraulisch	K6.4 Pneumatisch	K6.5 Zündeinrichtung individuell pro Zylinder	K6.6 Keine Verteilung

Quelle: *Rothenbach* (1967), S. 304 ff.

(5) Leistungsbehauptung

Die Morphologische Analyse ermöglicht eine systematische (vollständige, überschneidungsfreie) und zugleich analytisch gesteuerte geistige **Durchdringung eines Sachbereichs.**

Sie kann darüber hinaus auch **kreative Impulse** geben: Die Kreativität liegt im Finden neuer oder andersartiger Parameter und im Überschreiten der Grenzen bei den Ausprägungen bekannter Parameter, also insgesamt in der Ausdehnung des Morphologischen Kastens in Tiefe und Breite.

Morphologische Analyse ist eine permanente Provokation des kritischen Geistes, seine Begrenzungen zu sprengen.

[1] *Geschka* (1993), S. 113 f.

Ihr Wert liegt somit nicht nur in der mechanischen Alternativengenerierung, sondern auch darin, dass sie traditionelle Denkbahnen und Denkgrenzen bewusst macht.

(6) Leistungsbeurteilung

Die Morphologische Analyse ist ein Instrument für Fachkenner. Die Ableitung der Parameter und ihre Ausprägungen verlangen eine **Theorie**, zumindest einen theoretischen Bezugsrahmen. Wo diese Voraussetzungen fehlen, werden zumindest heuristische Konzepte verlangt. Weiterer notwendiger Bestandteil der Morphologischen Analyse sind Klassifikationsinstrumente, möglichst sogar konsensfähige Messmethoden.

Im Morphologischen Konzept werden **alle Parameter als gleich wichtig** behandelt. Die Forderung nach systematischer Durchdringung eines Sachbereichs darf keinen Parameter vernachlässigen. Ob ein Parameter aber wirklich "bedeutsam" ist, wird erst durch ein technologisches und/oder ökonomisches Zielkriterium entschieden, das beim Aufbau des Morphologischen Kastens nicht herangezogen wird. Alternativengenerierung und Alternativenbewertung sind in der Morphologischen Analyse prozedural deutlich getrennt - mit allen Nachteilen dieser Trennung: unendliche Produktion bedeutungsloser Alternativen, die nur der Vollständigkeit halber ermittelt werden, oder faktische Zielverschiebung in Richtung technologischer Ziele.

Der Wert der Morphologischen Analyse liegt letztlich wohl eher im Prozess als im Ergebnis.

Die **Diskussion** um theoretisch notwendige Parameter, um ihre Messung und Ausprägung, um ihre technologische oder ökonomische Relevanz, die vielfache **Variation** der Arrangements eines Morphologischen Kastens sowie die Versuche einer Einengung oder Erweiterung - dies alles zwingt zu hochqualifizierten **kognitiven Aktivitäten**.

Morphologische Analyse ordnet das Gespräch der Fachleute und richtet es systematisch aus.

10.5.2.6 Bionik

Während die morphologische Analyse unschwer auf den Wechsel von Deduktion und Induktion, also auf typisch analytisches Denken, zurückgeführt werden kann, ist die Bionik eine Kreativitätstechnik, die auf der **systematischen Anwendung der Analogie** beruht. Analogien sind Ähnlichkeiten in Strukturen und Abläufen, in Funktionen und Zwecken, in Material und Komponenten zwischen zwei Phänomen. Die Ähnlichkeit bezieht sich auf die "wesentlichen Umstände"[1], deren Auswahl naturgemäß von Perzeption und Interessenlagen der Per-

---

1 *Wittmann* (1959), S. 125.

sonen abhängig ist, die die Analogien herstellen. Diese persönlichkeitsbestimmte Bindung des Analogieschlusses versucht die Bionik aufzuheben und durch das Finden und Anwenden gleichartiger Funktionsprinzipien in **Bio**logie und Tech**nik** zu ersetzen[1].

Bionik will "vorbildliche Problemlösungen der Natur auf ihre Verwertbarkeit in der Technik ... überprüfen"[2]. Diese neue wissenschaftliche Disziplin will den **Evolutionsprozess der Natur für die Technik nutzbar** machen. Evolution vollzieht sich durch **Mutation** und **Selektion**. Mutationen als Änderungen im Erbgut produzieren Systemvarianten. Selektion wählt diejenigen aus, die am besten an ihre Umwelt angepasst sind. Dieser in der Natur über unzählige Generationen von Organismen vollzogene Prozess ist als grandioser **Test auf Funktionalität** zu verstehen. Die Evolutionstechnik versucht, diesen biologischen Prozess zu erklären und bei der Gestaltung von Produkten und Prozessen nachzuvollziehen. Insoweit ist Bionik die wissenschaftliche Lehre dieser Evolutionstechnik, eine

> "angewandte Disziplin der biologischen Wissenschaft ..., die das systematische Studium von Lebewesen für die Lösung technischer, technologischer und architektonischer Probleme zum Inhalt hat, wobei Strukturen und Prozesse in ihren funktionellen Zusammenhängen in den Systemen der Organismen als Anregungen und Vorlagen ... zu Konstruktionen und Verfahren in den unterschiedlichsten Bereichen der Industrie und des Bauwesens dienen."[3]

Es ist der Bionik sehr daran gelegen zu betonen, dass es dabei nicht um die schlichte Kopie von Problemlösungen der Natur geht. Der kreative Prozess verläuft vielmehr in deutlich unterscheidbaren, recht komplexen Schritten[4]:

- Die Bionik geht von einer **Problemdefinition** aus, die den in Kapitel 8 genannten Anforderungen entspricht.
- Ihre kreative Leistung besteht zunächst darin, systematisch nach **analogen Problemlösungen in der Natur** zu suchen[5]. Dies ist angesichts der Fülle von Problemlösungen wahrhaft keine leichte Aufgabe. Man stelle sich allein vor, welche Vielfalt von Techniken die Natur bereitstellt, Sinneseindrücke zu empfangen und zu verarbeiten.
- Sodann ist der **Evolutionsprozess in der Natur theoretisch zu fundieren**. Dabei geht es vor allem um die Entschlüsselung des Selektionsprozesses. Man will erklären, warum bestimmte Varianten sich als nachhaltig leistungsfähiger erwiesen haben als die untergegangenen. Die Schwierigkeiten dieser Aufgabe werden klar, wenn man diese untergegangene Spezies nicht mehr vorfindet.

---

1 *Beier/Glaß* (1968), S. 7.
2 *Marguerre* (1991), S. 11.
3 *Heynert* (1976), S. 37.
4 Vgl. *Zerbst* (1987), S. 26 ff.
5 *Hill* (2005), S. 60.

- Anschließend daran ist zu prüfen, ob sich die in der Natur vorgefundenen Lösungen überhaupt **auf das gestellte Problem übertragen** lassen. Übertragen heißt dabei nicht nur, Material und Form zu übernehmen, sondern auch die innere Struktur sowie die äußeren Beziehungen der Verwendung auf die angestrebte Funktion hin zuzuschneiden. Kann z.B. die strömungstechnisch optimierte Haut eines Hais ohne weiteres auf die Oberflächengestaltung eines Flugzeuges übertragen werden?

Diese Prozessschritte werden in Kasten 10.18 formalisiert.

Kasten 10.18: Schema einer bionischen "Suchstrategie" (*Rechenberg*)

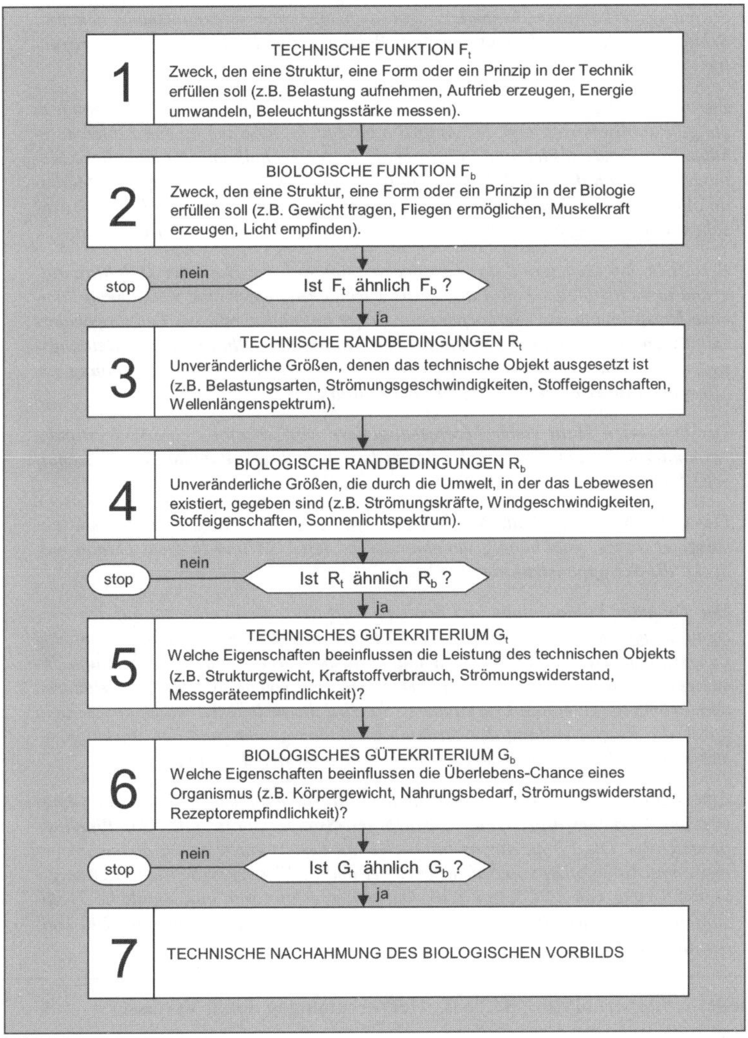

Quelle: *Zerbst* (1987), S. 29

Erst danach kann daran gegangen werden, den Evolutionsprozess systematisch nachzuvollziehen. Verlangt wird also nicht nur **analoge Konstruktion**, sondern auch das **Einfügen in analoge Umwelten**.

In Kasten 10.19 finden sich Beispiele für derartige bionische Lösungen.

Kasten 10.19: Reibungsarme Oberflächen: Die vier "Tricks" der Natur (*Bappert*)

"Unter der Voraussetzung, daß die Form „stimmt", kann nun der ***Reibungswiderstand minimiert*** *werden. Hierzu sind bei* ***schnell schwimmenden Meerestieren*** *- als Vorbilder für technische Anwendungen eignen sie sich wegen ähnlicher Strömungsverhältnisse besonders gut - bisher vier Mechanismen bekannt: Schleimabsonderung, Dämpfungshaut, Behaarung und spezielle Schuppenstruktur.*

Zur kurzzeitigen Reduktion des Reibungswiderstandes um bis zu 80 % sondern einige Raubfischarten, z.B. bei Angriff oder Flucht, eine aus langen Kettenmolekülen bestehende ***schleimige Substanz*** *ab. In der Technik imitiert man diese Methode durch* ***langkettige Polymer-Additive****. Aus Umweltgründen ist diese Methode allerdings in der Regel auf geschlossene Systeme beschränkt, z.B. zur drastischen Reduzierung der erforderlichen Pumpleistung bei der Alaska-Ölpipeline. ...*

Bereits in den sechziger Jahren entdeckte man, daß die ***Haut der Delphine*** *aufgrund ihres histologischen Aufbaus als Turbulenzdämpfer eine weitgehend laminare Umströmung des Tierkörpers zur Folge hat und damit den Reibungswiderstand vermindert. Sie war Vorbild für eine* ***Gummidoppelhaut****, die den Reibungswiderstand von Unterwasserkörpern stark herabsetzt, und findet Anwendung vor allem im militärischen Bereich, z.B.* ***bei U-Booten****.*

Der ***behaarten Haut vieler Meeressäugetiere*** *wird ebenfalls eine Widerstandsverminderung zugeschrieben. Es liegen bereits mehrere* ***Patente*** *für die technische Nutzung vor.*

Der vierte bisher bekannte Mechanismus wurde erst in jüngerer Zeit, Ende der siebziger Jahre, unabhängig voneinander in den USA und in Deutschland entdeckt: die ***Schuppenstruktur des Hais****.*

Der Tübinger Paläontologe und Zoologe Wolf-Ernst Reif entdeckte auf den winzigen Schuppen schneller Haifischarten feine, in Strömungsrichtung verlaufende Längsrippen. Der Zweck dieser Schuppenstruktur war zunächst unbekannt. Inzwischen weiß man aber durch Experimente, daß solche Oberflächenstrukturen den Strömungswiderstand vermindern. So wird die turbulente, wandnahe Schicht durch die Rippen entlang der Strömungsrichtung geführt und der starke Querstromanteil wirksam gemindert. Dadurch reduziert sich die Wandreibung. ...

Eine industrielle Anwendung künstlicher Haifischhaut ist zunächst bei ***Langstrecken-Verkehrsflugzeugen****,* ***Gasturbinen-Kompressoren*** *und* ***Gas-Pipelines*** *beabsichtigt. Die Firma Airbus-Industries hat bereits einen A 320-Airbus probeweise mit Rillenfolien von 3M ausgerüstet und in Flugversuchen eine Reibungsverminderung von 6 % festgestellt. Daraus errechnet sich eine mögliche Treibstoffeinsparung pro Jahr und Flugzeug je nach Flugzeuggröße von 60 - 200 Tonnen Kerosin."*

Quelle: *Bappert* (1996), S. 29 ff., Hervorhebungen durch Verfasser

Diese Beispiele machen bewusst, dass die Findung der Analogie nicht dadurch erfolgt, dass der Ingenieur zu "*Brehms* Tierleben" greift. Zwar hat die Bionik nicht mit den Schwierigkeiten zu kämpfen, die aus der formalisierten Interaktion mehrerer Teilnehmer in den Interaktionsprozess hineingetragen werden. Ihr Problem liegt darin, dass zunächst **enorme Sprachschwierigkeiten zwischen den unterschiedlichen wissenschaftlichen Disziplinen** der Ingenieurwissenschaften und der Biologie überwunden werden müssen[1]. Das gilt nicht nur für die Formulierung, Abgrenzung und Strukturierung des Problems. Das gilt auch immer dann, wenn die in der Natur vorfindbaren Lösungen wieder in die Sprache der Technik zurückzuübersetzen sind. Man denke allein an die Problematik der Definition gemeinsam akzeptierter und praktizierter **Messwerte**, die zur Leistungsbestimmung heranzuziehen sind. So ist schon die **Auswahl von Experten** aus bestimmten Teildisziplinen der Biologie ein schwerwiegender Akt der Informationsfilterung und der Vorprägung des Kreativitätsprozesses.

Ganz unstrittig ist es unter den Kennern der Materie, dass Bionik ein überaus anspruchsvolles Programm verfolgt, aber **noch am Anfang ihrer Entwicklung** steht. Sie gilt als "Dechiffrierschlüssel für die großen Innovationsgeheimnisse der Natur"[2]. Vielfach wurde sie in Gesprächen des Verfassers mit Forschungsleitern in der Wirtschaftspraxis als eine eigene, noch zu etablierende wissenschaftliche Disziplin bezeichnet, deren Verankerung zwischen traditionsreichen Fakultäten naturgemäß außerordentlich schwierig ist. Auf jeden Fall zeigt diese Kennzeichnung, dass es wohl kaum zulässig ist, die Bionik mit ihrem hohen Anspruch auf die gleiche Ebene zu stellen wie die zuvor beschriebenen Kreativitätstechniken. Als Forschungsdisziplin verlangt sie langdauernde, grundlegende Informationsprozesse, wie andere Wissenschaften auch. Sie liefert keine Schnellschüsse und ist zur Zeit auf dem Wege, sich mit höchst illustrativen Dokumentationen[3] Anerkennung zu verschaffen und durchzusetzen.

10.5.3 Grenzen der organisierbaren Alternativengenerierung

Das Finden einer innovativen Alternative fordert das **Zusammenwirken vieler Einflusskräfte**. Es ist unstrittig, dass Assoziationen dabei eine hervorragende Rolle spielen. Aber es ist ebenso unstrittig, dass die anderen kognitiven Prozesse den Hauptteil des Finde-Vorganges ausmachen. Dem Satz *Edisons* "Genie ist zu 10 % Inspiration, zu 90 % Transpiration" ist auch durch die Kreativitätsforschung nicht widersprochen worden.

Individuelle Aktivität scheint nach den vorliegenden Befunden immer noch kreativer zu sein als Gruppenarbeit. Aber die **Gruppenarbeit** leistet mehr als das isoliert denkende Individuum, wenn sie die Gruppenmitglieder aneinander bindet. Das gemeinsame Entdeckungserlebnis, das erhebende Gefühl, dabei gewesen zu sein, als der neue Gedanke auftauchte, löst ein erhebliches Engage-

---

1 Vgl. *Heynert* (1976), S. 41.
2 *Nachtigall/Blüchel* (2000), S. 43.
3 Siehe z.B. *Nachtigall/Blüchel* (2000).

ment der Beteiligten aus, den Gedanken im **Durchsetzungsprozess** zu verteidigen.

Einseitigkeit ist kreativitätsfeindlich. Wechsel von Denkstilen, Arbeitsmethoden, Gruppenmitgliedern, Informationspartnern und Kreativitätstechniken ist offenkundig anregender, fordert aber auch höhere Kosten und längere Zeiten. Die schöne Welt der Kreativitätstechniken scheint erst als Ganze wertvoll zu sein.

Wer auf eine einzige Methode setzt, arbeitet nicht professionell.

Der Informationsaspekt wird von den klassischen Kreativitätstechniken vernachlässigt. **Informationsüberlastung wird kritiklos hingenommen.** Das Axiom, Kreativität sei ein Kurzzeitphänomen, führt zur Artikulation von Schlagworten und Stichworten, die weitere Informationsaktivitäten erforderlich machen. Komplexe Muster von Informationsverknüpfungen haben überhaupt keine Chance, dargestellt und verarbeitet zu werden. Das Paradigma: "Eine gute Frage ist die halbe Antwort" wird allenfalls auf die Vorbereitungsphase beschränkt. Im Kreativitätsprozess ist Dialog nicht gefragt. Assoziationsketten gelten als wichtiger. Verfügbares Wissen ist auf das reduziert, was in den Köpfen der Beteiligten gespeichert ist. Dem gesprochenen Wort wird ein unverhältnismäßig hohes Gewicht beigemessen.

"Quantity breeds quality" ist der Satz, der die Kreativitätstechniken leitet. **Möglichst viele Ideen sollen produziert werden.** Damit wachse die Chance, dass darunter wenigstens eine gute sei. Die Erarbeitung und tiefer gehende Untersuchung von sehr vielen Alternativen ist die typische Aufgabe von Forschungs- und Entwicklungsabteilungen. In auffälligem Gegensatz zu dieser Tatsache steht aber die empirische Beobachtung, dass auf der Ebene der Geschäftsführung regelmäßig **nur ganz wenige** Alternativen näher betrachtet werden[1]. *Mintzberg et al.* stellen sogar fest, dass lediglich **eine einzige** Alternative gründlich untersucht wird[2]. Dieser Widerspruch könnte dadurch erklärt werden, dass die Forschungs- und Entwicklungsabteilungen funktionsgemäß "die" Alternative ermitteln, die dann des weiteren Entscheidens für wert erachtet wird. Denkbar ist aber auch eine ganz andere Erklärung:

Alternativengenerierung kann auch ein Prozess sein, in dessen Verlauf nur eine einzige Alternative so lange variiert wird, bis sie den Erwartungen entspricht.

Bei einer derartigen **Alternativen-Variation** liegen zwar formal auch mehrere Alternativen vor, das aber **sukzessiv und nicht simultan**. Alternativengenerierung und endgültige Auswahl sind nicht getrennt wie im entscheidungstheoretischen Modell, sondern gehen ineinander über.

---

1 *Hauschildt* (1983a), S. 98.
2 *Mintzberg et al.* (1976), S. 256.

Damit stellt sich die Frage, unter welchen Bedingungen es entweder zu einer simultanen Alternativengenerierung oder zu einer sukzessiven Alternativenvariation kommt. Wir vermuten, dass die **schrittweise Alternativen-Variation insbesondere bei hohem Innovationsgrad** erfolgt. In diesem Falle wird eine innovative Idee durch ständige Modifikation perfektioniert und um zusätzliche Elemente bereichert. Ein Beispiel dafür ist die Entwicklung der Leica Kamera (Kasten 10.20). Den Kreativitätstechniken kommt bei diesem Vorgehen eine andere Rolle zu: Sie sind nicht dazu bestimmt, den großen innovativen Wurf hervorzubringen, aber sie könnten bei der vielfachen Modifikation und Ergänzung des innovativen Grundansatzes von Nutzen sein.

Kasten 10.20: Alternativen-Variation am Beispiel der Leica-Kamera

> *"Oskar Barnack, seit 1911 Leiter der Entwicklungsabteilung der Optischen Werke Ernst Leitz in Wetzlar, brauchte für seine Belichtungsproben für Kinofilmaufnahmen ein handliches Hilfsgerät mit feststehender Belichtungszeit von 1/40 Sekunde. Dabei zeigte sich, daß der damals schon relativ feinkörnige 35 mm breite und perforierte* ***Kinofilm*** *recht brauchbare Postkarten-Vergrößerungen vom Kinoformat 18 x 24 mm ergab. Diese Resultate ermutigten den immerfort grübelnden und bastelnden Werkmeister Barnack, seine alte Lieblingsidee einer Kamera in Taschenformat wieder aufleben zu lassen - nach der Devise: 'Kleines Negativ, großes Bild'.*
>
> *Da nun der Filmstreifen in seiner Länge unbeschränkt nutzbar war, verdoppelte er einfach ein Bildfenster auf 24 x 36 mm - und das klassische* ***Kleinbildformat*** *war geboren. ...*
>
> *Barnack probierte und entwickelte weiter. Wie er in seiner Rückschau 1931 berichtet, waren da noch zu konstruieren: 'Ein* ***Entfernungsmesser****, für nähere Distanzen ein unbedingtes Erfordernis einer mattscheibenlosen Kamera, ein verdeckt aufziehbarer* ***Rouleau-Verschluß*** *mit veränderlicher Schlitzbreite und zuletzt die* ***Tageslicht-Wechslung des Films*** *mit Hilfe von Kassetten. Dann blieb als letzte große Sache nur noch das geeignete* ***Objektiv*** *übrig. Das mußte natürlich von überragender Qualität sein, weil mindestens 10fache Vergrößerung zu fordern war. Hier setzte die Arbeit von Prof. Max Berek ein. Es gelang ihm, einen Anastigmaten der Brennweite 50 mm mit der Lichtstärke 1:3,5 zu rechnen, einen der besten seiner Art.'"*

Quelle: *Leitz* (1984), S. 3 f., Hervorhebungen durch Verfasser

---

Ist das Finden von Alternativen organisierbar? Die Antwort ist ein klares "Nein", wenn man Organisation als ein dauerhaft arbeitendes Regelwerk sieht. Wenn man Organisation demgegenüber als nachhaltige und bewusste Anwendung von Methoden der Alternativen-Findung versteht, wird die Antwort differenzierter ausfallen.

Es kommt dann auf die Situation an, welche Methoden angewendet werden. Dazu einige Hypothesen:

- In der **Anfangsphase** des Innovationsprozesses wird man eher zu intuitiven, in der Schlußphase eher zu analytischen Methoden greifen.
- Wenn **viele Informationen** zu beschaffen sind, wird man systematisch Frageraster vorbereiten müssen. Methoden, die nur Einzelinformationen liefern, sind in dieser Situation uneffektiv. Brainstorming ersetzt kein Fachbuch.
- Wenn **komplexe Informationen** zu verarbeiten sind, verbieten sich Prozesse unter Zeitdruck.
- **Hohe Statusunterschiede** der Beteiligten verbieten Methoden, in denen spontane Äußerungen erwünscht sind.
- In der **"festgefahrenen" Situation** wird man zur Anwendung intuitiver Methoden raten.
- Treten **Durchsetzungsprobleme** auf, wird man interaktive Ansätze den individuellen vorziehen.

Die Liste derartiger situativer Umstände lässt sich weiter verlängern. Die vorliegenden Beispiele reichen aber aus, um darauf aufmerksam zu machen, dass der organisierten Alternativenfindung Grenzen gesetzt sind. Das heißt nun wiederum nicht, dass man die Kreativitätstechniken pauschal verwerfen sollte. Es wird vielmehr erkennbar, dass die **situativen Bedingungen** für den erfolgreichen Einsatz der Kreativitätstechniken noch **unzureichend erforscht** sind.

Die jüngsten Forschungsarbeiten von *Amabile et al.*[1] machen deutlich, welche Anstrengungen dabei noch vor uns liegen. Sie untersuchen eine höchst komplexe Variable: die **"Stimmungslage"** ("affects") der Beteiligten auf ihre Kreativität. Die Forschungsleistung ist bemerkenswert und beispielgebend: Datenbasis sind systematisch geführte Tagebücher von 222 Mitarbeitern in 26 Innovationsprojekten über einen Zeitraum von durchschnittlich 19 Wochen. Diese Tagebücher werden inhaltsanalytisch ausgewertet, um eine positive bzw. negative Stimmungslage zu bestimmen und mit der gleichzeitig aufgezeichneten Kreativität zu verknüpfen. Die Auswertung zeigt, dass eine **positive Stimmungslage mit Kreativität einhergeht**[2]. Dieser Befund scheint nur auf den ersten Blick wenig überraschend. Tatsächlich können *Amabile et al.* aber darauf verweisen, dass die nicht unpopuläre Gegenthese offenbar falsch ist, wonach Depressionen, vor allem bei kreativen Künstlern, kreativitätsförderlich sind.

---

1 *Amabile et al.* (2005), S. 367 ff.

2 Ebenda, S. 383 ff.

11. Kapitel
Steuerung von Innovationsprozessen

11.1 Eine Fallstudie: Projektmanagement für das "Schiff der Zukunft"

Unter der "Hauptsystemführung" durch die Howaldtswerke-Deutsche Werft AG (HDW) wurde in den Jahren 1980 bis 1985 eine neue Schiffsbetriebstechnik für das so genannte "Schiff der Zukunft" entwickelt. Diese Innovation umfasste 42 Entwicklungsthemen mit 53 Teilvorhaben, die von 26 Vertragspartnern in einer Arbeitsgemeinschaft bearbeitet wurden. Ziel der Entwicklung war eine erhebliche Steigerung der Wirtschaftlichkeit im Schiffsbetrieb. Weiterhin sollten die Humanziele der Besatzung für Arbeit und Freizeit sowie insbesondere für die Sicherheit besser erfüllt werden. Schließlich wurden ökologische Ziele angestrebt. Dieses Projekt gestattete und verlangte die Anwendung von Methoden des Projektmanagements, die in der meerestechnischen Industrie entwickelt worden waren[1].

Das Projekt "Schiff der Zukunft" wurde vom Bundesminister für Forschung und Technologie gefördert. Die folgende Fallstudie enthält Passagen aus dem Schlussbericht vom 31. 12. 85, deren Verwendung den Verfassern freundlicherweise gestattet wurde[2]. Aus didaktischen Gründen wurde die Abschnittsnumerierung geändert. Auch die Hervorhebungen wurden von den Verfassern vorgenommen.

"1. Projekt-Management-System

Aufgrund der Komplexität und Bedeutung des Vorhabens "Entwicklung einer neuen Schiffsbetriebstechnik für das Schiff der Zukunft" war es erforderlich, das Verbundforschungsprojekt durch ein **projektbezogenes Management** planen und überwachen zu lassen.

Der Bundesminister für Forschung und Technologie (BMFT) als Förderer übertrug diese Aufgabe der Howaldtswerke-Deutsche Werft AG (HDW) als dem Geschäftsführer der Arbeitsgemeinschaft "Schiff der Zukunft" (ARGE-SDZ). Für die Abwicklung der Aufgaben der ARGE-SDZ wurde die Hauptsystemführung (HSF) als **eigenständige Organisationseinheit** der HDW eingerichtet. Nach dem Zusammenschluß von 26 Firmen/Institutionen mit 53 Teil-Entwicklungsvorhaben führte die HSF die Geschäfte der ARGE-SDZ. Sie war dem BMFT verantwortlich für alle Planungs-, Führungs-, Koordinierungs- und Abwicklungsarbeiten.

---

1 *WIM* (1973).

2 *Neumann et al.* (1985).

Die HSF hatte sicherzustellen, dass die von der öffentlichen Hand bewilligten Zuschüsse zu technisch innovativen Ergebnissen führten ... Motiv dieser **Vorgabe** war es, der maritimen Wirtschaft neue Impulse zu geben, wie u. a.

- der deutschen Schiffbauindustrie einen technischen Entwicklungsvorsprung zu verschaffen und
- die Konkurrenzfähigkeit der deutschen Schiffahrt zu verbessern ...

Die Ergebnisse des SDZ-Programms waren an einer zu projektierenden Containerschiff-Familie ausführungsreif zu gestalten, um für Prototyp-Schiffe Anwendung finden zu können. ...

2. Zielvorgabe

Die HSF war mit der Zielvorgabe gestartet, aus einer Vielzahl von Einzelentwicklungsthemen, die in der Definitionsphase nach gründlichen Analysen erarbeitet worden waren, gemeinsam mit der ARGE eine **anwendungsreife neue Schiffsbetriebstechnik** zu entwickeln. Es sollte danach möglich sein, Schiffe zu bauen, die gekennzeichnet sind durch

- eine kostengünstige Anschaffung,
- einen hohen Wirtschaftlichkeitsgrad,
- einen niedrigen Energieverbrauch bei extrem schlechten Brennstoffen,
- einen hohen Sicherheitsstandard,
- einen hohen Grad an Bauteil-, Geräte- und Systemzuverlässigkeit und damit eine hohe Verfügbarkeit,
- einen hohen Automationsgrad,
- einen geringen Wartungs- und Instandhaltungsaufwand,
- eine einfache Handhabung,
- eine menschbezogene Gestaltung und Ausstattung.

Diese Merkmale sollten den Schiffsbetrieb mit nur 12 Mann Stammbesatzung ermöglichen. Mit Abschluß der Entwicklungsphase sollte dann der Bau von SDZ-Prototypschiffen erfolgen, in die alle Komponenten, Systeme und Anlagen als Bestandteile der neuen Schiffsbetriebstechnik zu integrieren wären. Der durch die neue Technologie bedingte höhere Preis sollte durch schnelle Amortisation zur wesentlichen Verbesserung der Wettbewerbsfähigkeit der deutschen Reeder beitragen.

3. Hauptsystemführung (HSF) als Projekt-Management

Das **Gesamt-Vorhaben** "SDZ" war wegen seiner technischen und organisatorischen Komplexität durch eine Hauptsystemführung zu planen und in seinem Ablauf zu überwachen und zu steuern. ...

Die HSF hatte die **Entwicklungs-Teilvorhaben** so zu planen, zu koordinieren, systemgerecht zu integrieren und zum erfolgreichen Abschluß zu bringen, daß deren Ergebnisse auf Prototyp-Schiffen Anwendung finden konnten ...

4. Arbeitsmethoden der Hauptsystemführung

Die **Projekt-Management-Richtlinien** dienten als Arbeitsgrundlage, um die Vorgehensweise der HSF festzulegen sowie diese den Beteiligten sichtbar und nachvollziehbar zu machen. Die wichtigsten Arbeitsgrundlagen waren:

- **Projektstrukturplan (PSP):** Ein Arbeitsgliederungsplan, in dem das Konglomerat an freigegebenen Entwicklungen in Sachzusammenhänge gebracht wurde, um die erforderliche Transparenz zur Planung und Ablaufkontrolle des Gesamtvorhabens sicherzustellen. Der PSP enthält alle bewilligten Teilvorhaben. ... (Der PSP ist in Kasten 11.1 schematisch dargestellt, d.V.)
- **Arbeitspaket-Beschreibung:** als ausführliche Programmdarstellung aller im PSP enthaltenen Entwicklungs-Teilvorhaben ...
- **Pflichtenkatalog:** als Teil der Arbeitspaketbeschreibung mit Soll-Terminangaben, kontrollfähiger, aus dem Terminplan abgeleiteter Arbeitsschritte und Angaben über Form und Titel der abzuliefernden Dokumente.
- **Schnittstellenbeschreibung:** als eine Auflistung von abhängigen Verknüpfungen zu anderen Entwicklungsthemen, für die zu bestimmten festgesetzten Zeiten Informationen bzw. Teilergebnisse zu geben bzw. zu erhalten waren ...
- **Terminplan:** zur Darstellung von Tätigkeiten bzw. Arbeitsschritten, sowohl in ihrem sachlichen als auch terminlichen Ablauf. Die hierfür gewählten Balkendiagramme waren zum Soll-/Ist-Vergleich zu nutzen. Sie wurden mit Meilenstein-Symbolen versehen (siehe ausschnitthafte Darstellung in Kasten 11.2, d.V.) ...
- **Rahmenzeitplan:** Dieser war in drei Ebenen aufgeteilt. Die untere Ebene entsprach den Terminplänen der Teilvorhaben. Die mittlere Ebene stellte eine Verdichtung der Terminpläne nach der Gliederung des Projekt-Strukturplanes dar ... Die obere Ebene sollte die Ablaufplanung für die Projektentwicklung der Containerschiff-Familie berücksichtigen.

5. Berichterstattung

Zu den administrativen Aufgaben der HSF gehörte es, mit Hilfe einer umfassenden Berichterstattung den **aktuellen Entwicklungsstand aller Teilvorhaben so transparent anzubieten**, daß ... die Lenkungsgruppe daraus Grundsatzentscheidungen oder Einzelmaßnahmen beschließen konnte, um das Gesamtvorhaben zu dem erwarteten Ergebnis zu führen ...

Statusbericht: Auf einem von der HSF herausgegebenen Formblatt meldeten die Vertragspartner vierteljährlich die Positionen aus dem Arbeitspaket, die sie im Berichtszeitraum abgeleistet hatten, nach

(1) Aktivitäten,
(2) Schnittstellen,
(3) Meilensteinen,
(4) Dokumentation.

Kasten 11.1: Entwicklungsprojekt "Schiff der Zukunft"

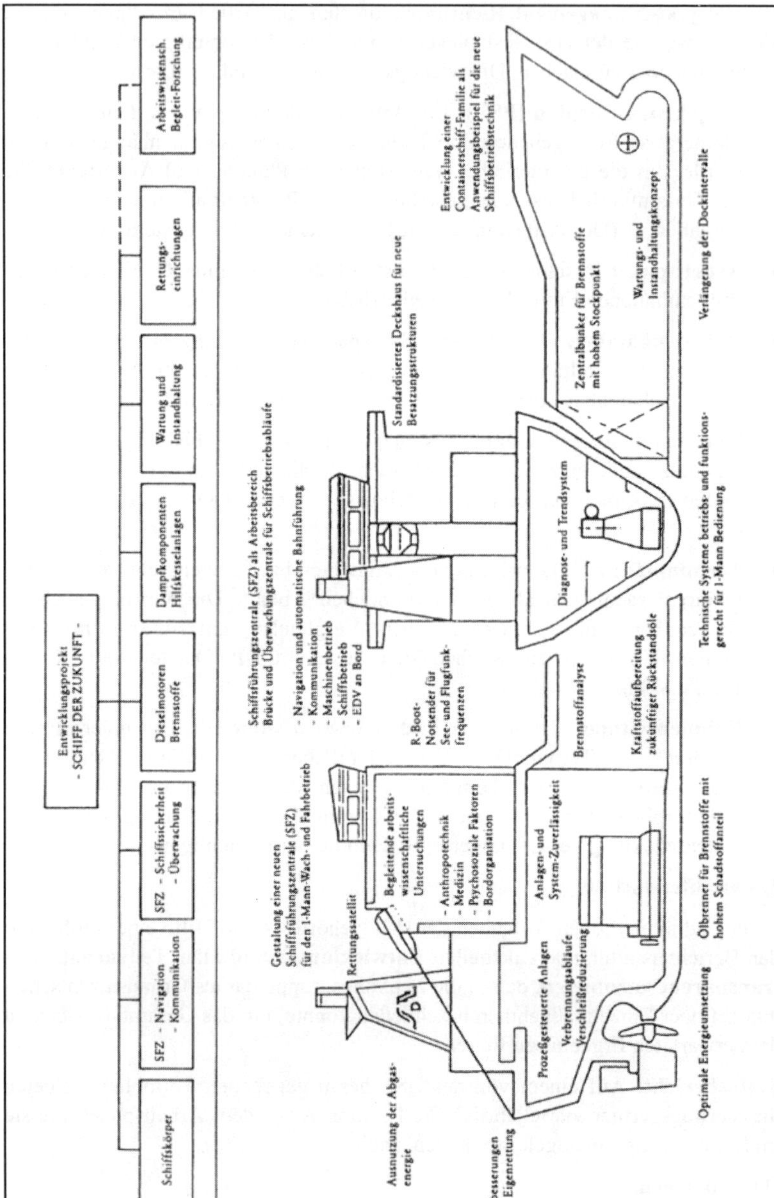

Quelle: *Neumann* (1982), S. 1104b

Kasten 11.2: Schiff der Zukunft: Zeitplan der Entwicklungsthemen (Ausschnitt)

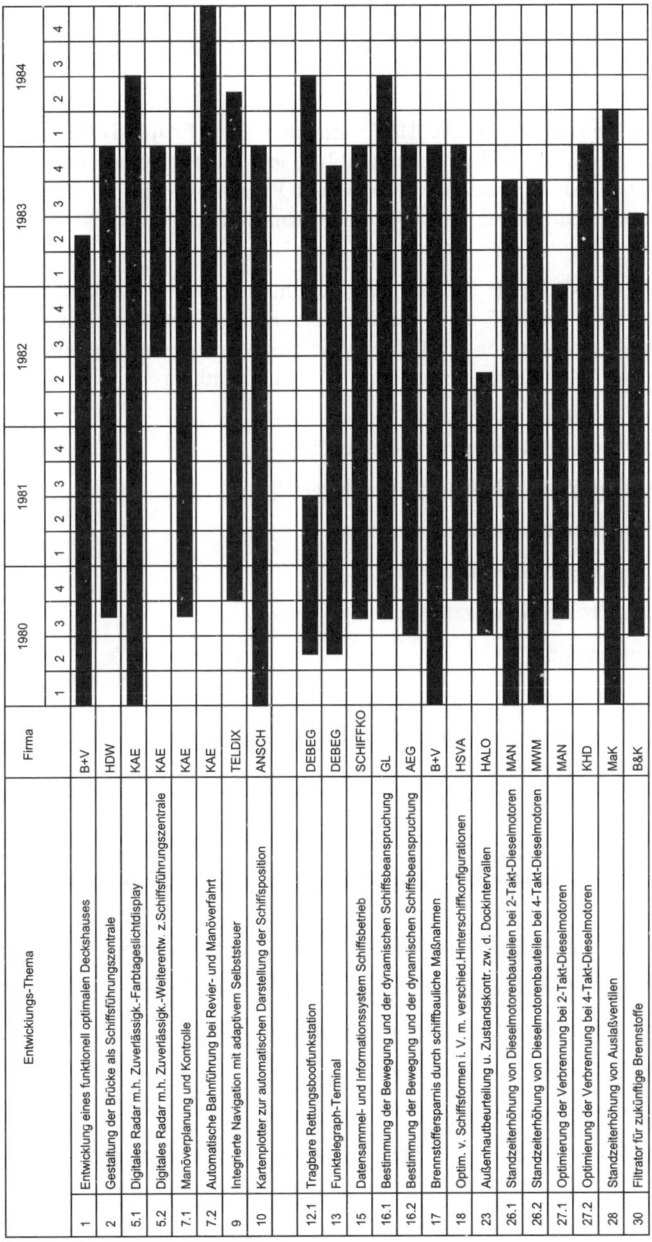

Quelle: *Neumann* (1982), S. 1104b

Situationsbericht: Die HSF nahm vierteljährlich nach Erhalt der Statusberichtmeldung bei den Vertragspartnern eine Erhebung vor, deren Ergebnis ihren Niederschlag fand nach folgender Aufschlüsselung:

(1) Technische Situation (Ergebnis und Beurteilung)
(2) Terminsituation ...
(3) Kostensituation.

Projektreview/Präsentation: Die HSF veranlaßte eine **Projektreview** beim Vertragspartner, sobald im Entwicklungsablauf größere Probleme aufzutreten schienen ... Die HSF veranstaltete nach Bedarf **Präsentationen**, in denen die Vertragspartner inhaltlich zusammengehörige Einzel- oder Systementwicklungen vorstellten ...

Lenkungsgruppen-Bericht: Bei den halbjährlich einberufenen Lenkungsgruppen-Sitzungen legte die HSF einen ausführlichen Rechenschaftsbericht vor (die Lenkungsgruppe war ein vom BMFT eingesetztes Management-Gremium mit beschlußfassender Kompetenz gegenüber der HSF). Er enthielt

- alle Einzelheiten der technischen Termin- und Kostensituation der Teilvorhaben und deren Einschätzung durch die HSF,
- die derzeitig problembehafteten Einzelthemen,
- den aktualisierten Projekt-Strukturplan,
- den aktualisierten Meilenstein-Plan ...
- den aktualisierten Rahmenzeitplan,
- die Dokumentation,
- die Zwischenberichte.

In den elf Lenkungsgruppen-Berichten, die die HSF verfaßt hat, spiegelt sich die gesamte Entwicklungsphase wider."

Die Fallstudie "Projektmanagement für das Schiff der Zukunft" regt zu folgenden Fragen an:

- Welches sind die wichtigsten Instrumente der Prozess-Steuerung?
- Wie greifen die Instrumente der Prozess-Steuerung ineinander?
- Ist der Steuerungsbedarf vom Innovationsgrad abhängig?
- Wie detailliert erfolgt die Steuerung?
- Lässt sich der Prozess in bestimmte Phasen untergliedern?
- Wird der Innovationserfolg von der Prozess-Steuerung beeinflusst?

Auf diese Fragen werden in den folgenden Abschnitten Antworten gegeben.

11.2 Kennzeichnung der Steuerung innovativer Prozesse

"Managing the execution of high and super-high system projects requires more than just detailed planning tools and sufficient technical and engineering skills."

Shenhar (1998), S. 42

11.2.1 Prozessaspekt

Innovationen sind Prozesse der Entscheidung über und Durchsetzung von neuartigen Zweck-Mittel-Kombinationen. Als **Prozesse** sind sie durch folgende Eigenschaften gekennzeichnet:

(1) Aktivitätenfolge

Prozesse bestehen aus einer Vielzahl von **Aktivitäten**, das sind **Verrichtungen an Objekten**. Diese Aktivitäten folgen aufeinander oder werden parallel vollzogen. Die Aktivitäten sind miteinander inhaltlich verknüpft, das heißt, bestimmte Aktivitäten setzen den Vollzug anderer voraus. Wiederholung von Aktivitäten ist möglich.

(2) Befristung

Prozesse vollziehen sich in einem angebbaren zeitlichen Rahmen: Sie starten und enden zu bestimmten **Zeitpunkten**. Als **Startzeitpunkt** gilt der Termin, zu dem erstmalig Ressourcen zur Lösung des Entscheidungs- und Durchsetzungsproblems eingesetzt werden[1]. Der **Schlusstermin** kann willentlich auf ein Kalenderdatum festgelegt werden (Datumsfixierung). Er kann aber auch durch Vorlage eines Ergebnisses bestimmt sein (Resultatsfixierung). Beide Formen der Befristung können kombiniert werden.

(3) Isolierbarkeit

Durch die Ausrichtung auf unterschiedliche Ergebnisse lassen sich einzelne Prozesse voneinander isolieren. **Das Ergebnis ist das Output-Objekt eines Prozesses.** Dieses Output-Objekt ist üblicherweise unverwechselbar und erlaubt die Isolierung dieses Prozesses von anderen. Die **Isolierbarkeit** ist notwendige Voraussetzung für die Kennzeichnung des Innovationsprojektes. Erst diese Kennzeichnung eines Prozesses vermittelt den Beteiligten und Betroffenen die nötige Wahrnehmung der Innovation. Eine gesonderte **Namensgebung** erleichtert diese Identifizierung. Nur wenn ein bestimmter Prozess als solcher in das Bewusstsein gelangt, gewinnt er seine Identität. Eine solche Identität ist wiederum Voraussetzung für die organisatorische Gestaltung.

---

1 *Schulz* (1977), S. 31.

11.2.2 Innovationsaspekt

Innovative Prozesse weisen gegenüber anderen Prozessen folgende Eigenschaften auf:

(1) Unsicherheit über die Aktivitäten

Da der Innovationsprozess erstmalig zu vollziehen ist, gibt es **keine spezifischen Erfahrungen über Art, Umfang, Dauer, Folge und Verknüpfung der Aktivitäten**. Das Output-Objekt ist sogar als neuartige Zweck-Mittel-Kombination vielfach nicht exakt bestimmbar. Die Kapazitäten der handelnden Personen und damit der Zeitbedarf sind kaum abschätzbar. Es ist die These dieses Kapitels, dass diese Unsicherheiten die unreflektierte Anwendung klassischer Techniken der Ablauforganisation fragwürdig machen.

(2) Zeitdruck

Wenn der Zeitbedarf nicht exakt abschätzbar ist, wird die Output-Orientierung zunehmend durch eine Input-Orientierung verdrängt. **Die verfügbaren Budgets definieren die maximale Prozesslänge**. Zeigt sich, dass das angestrebte Ergebnis nicht in dieser Zeit realisierbar ist, und sind zugleich Budgeterhöhungen ausgeschlossen, wird Zeitdruck erzeugt. Den gleichen Effekt haben Bemühungen der Konkurrenz, eine entsprechende Innovation vorzulegen. **Zeitdruck ist der ständige Begleiter der Innovation**. Beschleunigung von Forschungs- und Entwicklungsprozessen scheint das wichtigste Thema des Technologiemanagements zu sein[1]. Tatsächlich wird der Zeitdruck oft unreflektiert erzeugt, wichtiger ist häufig die Wahl des richtigen "**Zeitfensters**" für die Markteinführung der Innovation[2].

(3) Arbeitsteilung ad personam

Innovationsprozesse vollziehen sich im Allgemeinen arbeitsteilig und interaktiv. An ihnen ist eine Mehrzahl von Personen mit unterschiedlichen Leistungsbeiträgen beteiligt. **Diese Leistungsbeiträge sind in hohem Maße von der Individualität der Beteiligten geprägt**. Hohe, zum Teil selbst gewählte Spezialisierung ist häufig, damit wächst das Risiko von Lücken im arbeitsteiligen Prozessvollzug. Personalaustausch ist nur in engen Grenzen möglich, wenn man auf spezifische Talente angewiesen ist. Wegen dieser subjektgebundenen Stellenbesetzung kann eine objektiv gebotene Arbeitsteilung oftmals nicht realisiert werden. Die Individualität der Arbeitsteilung verbietet die schematische Anwendung klassischer Koordinationsformen.

11.2.3 Steuerungsaspekt

Wir ziehen den Begriff der **Prozess-Steuerung** dem des **Projektmanagements** vor. Wir wollen durch diese Begriffswahl deutlich machen, dass nicht alle Instrumente, die heute unter dem Stichwort "Projektmanagement" in Gebrauch

---

1 *Brockhoff et al.* (1988), *Simon* (1989), S. 70 ff., *Reichwald/Schmelzer* (1990), *Murmann* (1994), *Eisenhardt/Tabrizi* (1995), S. 84 ff.

2 *Hauschildt/Schmidt-Tiedemann* (1993), S. 17.

sind, ohne Weiteres auf innovative Prozesse übertragen werden können[1]. **Innovationen verlangen eine spezifische Prozess-Steuerung**. Den Begriff der Steuerung benutzen wir nicht im Sinne der Kybernetik. Unter diesen Einschränkungen hat die Steuerung innovativer Prozesse folgende Eigenschaften:

(1) Meta-Aktivitäten

Prozess-Steuerung richtet sich auf die Aktivitäten des Entscheidens und Durchsetzens, die die materiellen Verrichtungen an den Input- und Output-Objekten ausrichten. Geeignet als Steuerungsinstrumente sind somit alle Aktivitäten, die u.a. eine faktische **Aufnahme, Veränderung, Beschleunigung, Verzögerung oder Beendigung des Innovationsprozesses** bewirken. Dieses Begriffsverständnis geht bewusst über das der klassischen Aufbau- und Ablauforganisation hinaus.

(2) Zielbezug

Gilt für die materiellen Aktivitäten vor allem ein outputbezogenes **Effektivitätsziel**, so gilt für die Steuerung ein arteigenes **Steuerungsziel**, das sich im Wesentlichen auf den Input bezieht und insofern eher ein **Effizienz-Ziel** ist. Ziel des Innovationsprozesses mag es z.B. sein, im Sinne unserer Fallstudie eine strömungsoptimale Hinterschiff-Konfiguration (ET 18) zu entwickeln. Ziel der Prozess-Steuerung mag es in diesem Falle sein, die Einhaltung der Termine zu sichern, den Fit zu den übrigen Komponenten herzustellen und die Kosten der Entwicklung zu minimieren. Eine ständige Aufgabe ist es dabei, das **Aktivitätsniveau zu stabilisieren**, das heißt, den typisch u-förmigen Verlauf der Prozessaktivität zu verhindern[2].

Da Leistungsziele, Zeitziele und Kostenziele normalerweise konfliktär sind, hat die Steuerung die besondere Aufgabe, den Beteiligten und Betroffenen die **Interdependenz der Ziele bewusst zu machen**. Das heißt konkret, sie darüber informiert zu halten, welche Folgen die Erfüllung bzw. die Nichterfüllung eines Zielelementes für die anderen Zielelemente hat ("Trade-off-Transparenz"). Diese Information soll die Betroffenen veranlassen, ständig die Priorität der Ziele im Auge zu behalten.

(3) Rollende Ablaufdetaillierung

Die extreme Unsicherheit der Innovationsplanung verbietet den Einsatz von Instrumenten, die eine hohe Erwartungssicherheit voraussetzen. Vor allem die zeitlich noch relativ fernen Aktivitäten lassen sich nicht in der gleichen Weise absehen wie die zeitlich näheren. **Die Organisation des Gesamtablaufes weist damit unterschiedliche Detaillierungsgrade auf**. Der Prozess-Steuerung kommt die Aufgabe zu, die **Feinsteuerung im Prozessfortschritt** ständig weiter voranzutreiben, ggf. zu modifizieren oder in Abhängigkeit von bestimmten Zwischenergebnissen zu stoppen. Analog dem Modell einer rollenden Planung kommt es so zu einer **"rollenden" Detaillierung des Ablaufs**.

---

[1] *Schröder* (1996), S. 497.

[2] *Witte* (1968), S. 645 f.

(4) Angleichung der Informationsstände

Die mangelnde Planbarkeit der Aktivitäten verlangt von den Beteiligten ein hohes persönliches Improvisationstalent, eine hohe persönliche Arbeitsintensität und Interaktionsbereitschaft. Diese individuellen Eigenschaften vermögen sich nur bei hoher persönlicher Motivation zu entwickeln. Wie wir bereits in Kapitel 5 (Promotoren) gesehen haben, sollten die Mitglieder des Innovationsteams in besonderer Weise aufeinander eingestellt und eingespielt sein. Der Steuerung der Innovationsprozesse kommt dabei die wesentliche Funktion zu, ständig für einen **gleichartigen Informationsstand der Beteiligten** zu sorgen, denn ungleichartige Information trägt Wahrnehmungs- und Wissenskonflikte in das Team.

11.2.4 Schwerpunkte der Behandlung der Prozess-Steuerung in der Literatur

Diese noch recht abstrakten Überlegungen fordern weitere Konkretisierungen. **Was hat man sich unter Prozess-Steuerung vorzustellen?** Wo liegen die Schwergewichte der Behandlung dieses Themas in der Literatur?

Zur Beantwortung dieser Fragen gilt es, zwei recht unterschiedliche Literaturströme zusammenzuführen: **die Studien zum Innovationsmanagement und die Literatur zum Projektmanagement.** Die ersteren sind vornehmlich Ergebnisse empirischer Forschung. Sie wollen Erkenntnisse und Erklärungen liefern. Die Schriften zum Projektmanagement sind demgegenüber eher auf praktische Erfahrungen und konkrete Mitwirkung an Projekten gestützt. Sie sind auf praktische Gestaltung und Verbesserung des Handelns ausgerichtet. Diese deskriptive bzw. präskriptive Orientierung verbietet eigentlich den Vergleich. Aber es ist reizvoll zu prüfen, ob beide Publikationslinien unterschiedliche Schwerpunkte setzen und wie dies zu bewerten ist.

Zunächst ist zu konstatieren, dass zum Thema **Innovationsmanagement** deutlich weniger Lehrbücher oder Handbücher vorliegen als zum Thema Projektmanagement. Das dürfte nicht zuletzt auf die Tatsache zurückzuführen sein, dass Projektmanagement ein deutlich "älteres" Thema ist als Innovationsmanagement.

Der Begriff Innovationsmanagement ist mit den Stichworten **Forschung und Entwicklung**, **"organization"** und **"project management"** am häufigsten verknüpft. Innovationsmanagement wird in der angelsächsischen Literatur praktisch gleichgesetzt mit F&E-Management. Dabei finden insbesondere Probleme der Aufbau- und Ablauforganisation Beachtung.

Bei einer überschlägigen Durchsicht von Lehr- und Handbüchern[1] zum **Projektmanagement** zeigen sich demgegenüber folgende Tendenzen:

---

1 *Archibald* (1976), *Martin* (1976), *Daenzer* (1978/1979), *Balderston et al.* (1984), *Kerzner* (1984), *Harrison* (1985), *Rinza* (1985), *Cleland/King* (1988), *Lock* (1988), *Reschke et al.* (1989), *Maddauss* (1990), *Ritz* (1990), *Burghardt* (1993), *Webb* (1994), *Burke* (1994), *Meredith/Mantel* (1995).

- **Personelle Konzepte** (zur Person, zur Rekrutierung, zur Position, zu Anreizsystemen für Projektmanager) werden deutlich weniger behandelt als formal-organisatorische Konzepte. Dabei konzentriert sich die Literatur zum einen auf die organisatorische Stellung der Projektleiter gegenüber der Unternehmensleitung und gegenüber den anderen Teammitgliedern sowie zum anderen auf ihre Machtquellen und Leistungsbeiträge.
- Bei den **formal-organisatorischen Konzepten** finden sich zu etwa gleichen Anteilen Aussagen über die **Objektplanung** (z.B. "work breakdown structure", "system engineering", "Produktstrukturplanung"), zur **Zeitplanung** (z.B. "schedules", "milestones", "network planning", "Phasen"), zur **Dokumentation und zu Kontrollen** (z.B. "monitoring", "reviews", "reporting", "Berichtswesen", "information systems"). Die **Kostenplanung** (z.B. "budgeting", "resouce allocation", "cost estimation") wird demgegenüber deutlich weniger beachtet. Das gleiche gilt auch für **aufbauorganisatorische Elemente** (z.B. "structures", "matrix", "committees", "meetings").

Im Gegensatz zur Innovationsliteratur findet sich in den Veröffentlichungen zum Projektmanagement eine klare Ausrichtung an Steuerungsaktivitäten von einzelnen Prozessen und Projekten. Personelle Konzepte werden demgegenüber weniger stark beachtet.

Diese Literatur löst sich in weiten Passagen vom Funktionsbereich Forschung und Entwicklung. Sie hat sich ja auch nicht auf innovative Projekte zu beschränken. Innovationen mögen zwar Projekte sein, aber nicht alle Projekte sind Innovationen. Insofern ist eine einfache Übertragung von Gestaltungskonzepten des Projektmanagements auf Innovationsprozesse nicht möglich. Andererseits zeigt der Blick durch die frühe Literatur zum Innovationsmanagement, dass andere Themen größere Aufmerksamkeit fanden als die Prozess-Steuerung. Vielleicht hat man auch vorschnell zu den Lehr- und Handbüchern des Projektmanagements gegriffen und den Gedanken akzeptiert, dass sich, was dort gesagt sei, auch ohne weitere Modifikation auf innovative Projekte übertragen lasse.

Hier setzt unsere Darstellung an. Es geht im Folgenden darum, die **Besonderheiten der Steuerung von Innovationsprozessen** zu erarbeiten. Dabei gelten die folgenden Einschränkungen:

- Die **strukturellen Probleme** der Prozess-Steuerung wurden im Kapitel 3 unter den Stichworten "Projektorganisation", "Lenkungsausschüsse und andere Kommissionen" und "Funktionsübergreifende Teams" behandelt.
- Auf die **personellen Probleme** sind wir im Kapitel 5 unter dem Stichwort "Promotoren, Teams und Projektmanagement" eingegangen.

Hier stehen die nicht-strukturellen, nicht-personellen Instrumente der Prozess-Steuerung zur Diskussion.

11.3 Theoretische Erwägungen zur Prozess-Steuerung

"First, I believe that this nation should commit itself to achieving the goal, before this decade is out, of landing a man on the moon and returning him safely to the earth."

President *J.F. Kennedy*,
Special Message to the Congress
on Urgent National Needs, 25.5.1961

Prozess-Steuerung ist eine Meta-Aktivität. Sie ist kein Selbstzweck: Sie soll die unterschiedlichen intellektuellen und physischen Aktivitäten der Hervorbringung der neuartigen Zweck-Mittel-Kombination auf das angestrebte Ziel ausrichten (Effektivitätsaspekt). Sie hat das unter wirtschaftlichem Mitteleinsatz zu leisten (Effizienzaspekt). Die theoretische Frage lautet: **Wie intensiv ist durch das Instrumentarium der Prozess-Steuerung in den Innovationsprozess einzugreifen, um einerseits das Innovationsziel zu erfüllen und andererseits das Gebot der Wirtschaftlichkeit zu beachten?**

Die Intensität des steuernden Eingriffs lässt sich in zwei Dimensionen definieren:

- Welche Instrumente sind prinzipiell geeignet, den Innovationsprozess zu steuern?
- Sind diese Instrumente graduell dosierbar?

Die Intensität des steuernden Eingriffs lässt sich zum einen durch die Zahl der eingesetzten Instrumente und zum anderen durch den Grad ihrer Dosierung erhöhen oder vermindern. Der folgende Abschnitt soll zunächst diese Fragen beantworten, ehe sich die Frage nach dem optimalen Einsatz stellt.

11.3.1 Das Instrumentarium der Prozess-Steuerung - ein Überblick

Wir unterscheiden bei den Instrumenten der Prozess-Steuerung zwei Gruppen.

- Bei den "**Grundparametern eines Projektes**"[1] handelt es sich um grundlegende Vorgaben, die bis zum expliziten Widerruf für die Gesamtdauer des Projektes gelten. Sie beziehen sich einerseits auf den Output, andererseits auf den Input des Innovationsprozesses.
- Mit dem Begriff "**Feinsteuerung**" bezeichnen wir demgegenüber solche Instrumente, die im laufenden Vollzug des Projektes mehrfach und durchaus unterschiedlich eingesetzt werden, konkret geht es um Information und Dokumentation sowie um das laufende Monitoring.

Die Abbildung in Kasten 11.3 gibt einen Überblick über diese Varianten der Prozess-Steuerung:

---

[1] *Burghardt* (1993), S. 30.

Kasten 11.3: Überblick über das Instrumentarium der Prozess-Steuerung

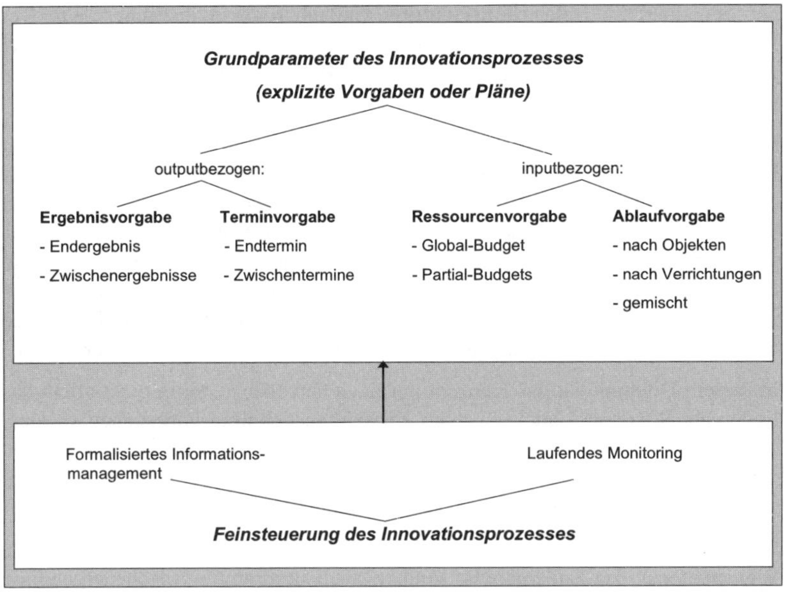

Quelle: Eigene Darstellung

11.3.2 Die Bestimmung der Grundparameter

11.3.2.1 Ergebnisvorgabe

Die Vorgabe eines Ergebnisses ist das **Mindesterfordernis** jeglicher Prozess-Steuerung. Dieses Instrument lässt sich danach differenzieren, ob nur das **Endresultat** als solches oder auch **Zwischenergebnisse** auf dem Wege zu diesem Endergebnis vorgegeben werden.

Die Vorgabe von Ergebnissen entspricht dem klassischen **Delegationsmodell**: Dem Handlungsträger wird lediglich ein erwünschtes Resultat vorgegeben. Ihm ist es überlassen, den Weg zu diesem Ziel autonom zu bestimmen. In der Terminologie dieser Schrift wird damit lediglich das **Leistungsziel** der Innovation bestimmt: Findung einer neuen Zweck-Mittel-Kombination.

Dieses Steuerungskonzept ist **umso eher anwendbar, je präziser die Ziele** formulierbar sind: Die Zielvorgabe nennt bestimmte Funktionen, die zu erfüllen sind. Sie kann Hinweise auf mögliche Verwendungen enthalten. Sie beschreibt negative Effekte, die zu verhindern oder beheben sind. Sie legt dar, wo Leistungsgrenzen bisheriger Lösungen liegen, die zu überschreiten sind. Sie kann sogar - wesentlich enger - angeben, dass bestimmte Materialien, Maschinen, Verfahren durch andersartige Lösungen zu ersetzen sind. Kurz: **Das Ziel kann unterschiedlich präzise bestimmt sein und unterschiedlich viele Objekte**

betreffen. Für die Steuerung ist lediglich beachtlich, dass es dem handelnden Innovator überlassen wird, die Lösung zu bestimmen. Diese Vorstellung mag in der **umgekehrten Delegationsrichtung** vielfach sogar realistischer sein: Der Innovator verspricht, eine Lösung für ein bestimmtes Problem zu liefern und geht selbstverständlich davon aus, dass die Prozess beherrschende Instanz es ihm überlässt, diese Lösung zu finden.

Naturgemäß steht und fällt dieses Steuerungskonzept mit der Möglichkeit und Fähigkeit, das gewollte Ergebnis so zu bestimmen, dass eine klare Leitlinie für das Handeln und die spätere Kontrolle gegeben ist. Das ist nach den im Kapitel 9 (Zielbildung) vorgetragenen Befunden in der innovativen Situation keinesfalls selbstverständlich. Die Zielvorgabe schließt überdies einen Zielwandel aus und enthält damit ein Moment der Rigidität, die der Innovation vielfach nicht angemessen ist. Eine flexibel formulierte Zielsetzung gibt umgekehrt möglicherweise zu viel Raum für Entwicklungen, die sich als nicht mehr beherrschbar erweisen.

In diesem Dilemma ist das Konzept nur noch anwendbar, wenn nicht allein das Endergebnis, sondern auch einzelne **Zwischenergebnisse** vorgegeben werden, z.B. Skizzen, Konstruktionen, Modelle, Patente, Prototypen etc.[1]. Es werden damit **nicht die Aktivitäten** in Inhalt, Umfang oder Form festgelegt, die zu diesem Zwischenergebnis führen. Es wird lediglich verlangt, dass ein bestimmtes Resultat geliefert wird.

Wer nicht nur das Endergebnis, sondern auch bestimmte Zwischenergebnisse verlangt, greift intensiver in die Struktur des Innovationsprozesses ein. Entsprechend der Zahl der verlangten Zwischenergebnisse sinkt der Freiheitsgrad des Innovators. Dieses Instrument der Prozess-Steuerung ist überaus mächtig. Bei Nicht-Erfüllung eines dieser Zwischenergebnisse drohen möglicherweise der Projektabbruch oder zusätzliche Eingriffe in den Handlungsspielraum.

Die Ergebnisvorgabe ist nicht nur ein notwendiger Grundparameter des Innovationsprozesses, sondern zugleich auch ein Steuerungsinstrument mit hohem Strukturierungs- und starkem Motivationspotential.

11.3.2.2 Terminvorgabe

Üblicherweise wird in Innovationsprozessen die Ergebnisvorgabe mit einer Terminvorgabe verbunden.

- Im einfachsten Falle wird lediglich ein **Endtermin** gesetzt, zu dem das Ergebnis vorgelegt werden soll. Nicht selten sind derartige Endtermine von außen auferlegt: von Kunden verlangt und bei Überschreiten mit Konventionalstrafen geahndet, aber auch durch Messetermine, Konkurrenzaktivitäten oder Verbundverpflichtungen erzwungen. Intern bestimmte Endtermine ergeben sich aus einer von vornherein befristeten Projektlaufzeit oder aus dem Auslaufen einer Projektfinanzierung.

1 Vgl. *Heyde et al.* (1991), S. 34 ff.

- Regelmäßig kommt es zur Fixierung von **Zwischenterminen**, wenn neben dem Endergebnis auch Zwischenergebnisse verlangt werden. Diese Kombination ist gemeint, wenn die Praxis von "**Meilensteinen**" spricht.
- Losgelöst von markanten Einschnitten im Verlauf des Prozesses können Zwischentermine nach Ablauf bestimmter **Perioden** rhythmisch gesetzt werden: als Jahres- oder als Quartalspräsentationen des jeweiligen Projektstandes.
- Schließlich ist die **bedingte Terminvorgabe** zu erwähnen: Sie findet sich in der Regel als Neuvereinbarung eines folgenden Präsentationstermins bei Vorlage eines bestimmten Zwischenergebnisses. Dabei werden üblicherweise die Schritte des weiteren Vorgehens besprochen, aus deren Zeitbedarf sich dann eine nächste Terminvorgabe ergibt.

Terminvorgaben sind einfach und zugleich sehr präzise. Sie werfen keine Verständigungsprobleme auf. Sie entsprechen vielfach - in Schule und Hochschule - gelernten Handlungsrestriktionen. Sie erzeugen Zeitdruck, erlauben aber auch persönliche Zeitdisposition.

Terminvorgaben sind vermutlich das wirksamste Instrument der Prozess-Steuerung.

11.3.2.3 Ressourcenvorgabe

Die Vorgabe von Ressourcen, vor allem in der Form **finanzieller Limits**, aber auch in der Bereitstellung von Personen und Engpasskapazitäten, ist die wichtigste **input-bezogene** Variante der Prozess-Steuerung. Die Literatur zum Projektmanagement denkt stets im so genannten **Projektmanagement-"Dreieck"** von Leistung, Zeit und Ressourcen[1], schon um den Projektmitarbeitern die wirtschaftliche Perspektive ihres Handelns bewusst zu machen.

Durch die Zuweisung eines bestimmten **Betrages** finanzieller Mittel für einen bestimmten **Zweck**, für einen bestimmten **Zeitraum**, zur Verfügung durch eine bestimmte **Stelle** (Budget) wird der Handlungsspielraum weiter eingeengt. Die Mittelbewilligung ist im Allgemeinen an einen Plan gebunden, der vorher von dem Antragsteller vorzulegen und von der Prozess beherrschenden Instanz zu akzeptieren ist[2]. Dieser Plan legt zugleich die Prämissen offen, die bei Beginn des Prozesses gesetzt wurden - eine notwendige Information, um Begründungen für spätere Budgeterhöhungen überprüfen zu können. Die Budgetzuweisung selbst verlangt die Einhaltung des finanziellen Limits. Die Praxis spricht in gleichem Sinne von Einhaltung des "**Kostenziels**".

Die Budgetvorgabe steht in Konkurrenz zu der Ergebnis- und der Terminvorgabe.

---

1 *Burghardt* (1993), S. 30.
2 *Eisenführ* (1992), Sp. 364.

Vor allem der Termindruck lässt sich durch Mitteleinsatz mindern. Zugleich aber eröffnet diese Substitutionsmöglichkeit dem Innovationsmanager zusätzliche Handlungsspielräume der Prozess-Steuerung: Er hat ein persönliches Kalkül darüber anzustellen, ob er eine Chance sieht, das vorgegebene Ergebnis unter Einhaltung der zeitlichen und finanziellen Restriktionen zu erfüllen. Er wird dabei tolerierte Überschreitungen von Zeitvorgaben und Budgets einkalkulieren. Er wird die bewusste Verletzung des Zeitlimits und insbesondere des Budgets in der Erwartung in Kauf nehmen, die budgetbewilligende Instanz werde die endgültige Fertigstellung der Innovation nicht an einer letzten Rate scheitern lassen. Hier zeigt sich die hohe Bedeutung einer laufenden Budgetkontrolle, die am ehesten derartigen Praktiken vorbeugen kann.

Dieser Handlungsspielraum wird deutlich eingeschränkt, wenn die Ressourcen nicht als so genanntes "**Globalbudget**" bewilligt werden, sondern als spezifizierte oder "**Partialbudgets**" an bestimmte Kriterien gebunden sind[1]:

- Wenn die Innovationsprozesse durch Zwischenergebnisse mit Zwischenterminen gesteuert werden, liegt es nahe, die Freigabe weiterer Ressourcen an das **Erreichen dieser Ziele** zu binden. Hier liegt ein innerer Zusammenhang dieser drei Steuerungsparameter vor, der noch als sachgerecht angesehen werden kann.
- Anders ist das bei **sachlicher Differenzierung** der Budgets, wie sie das Handeln von staatlichen Stellen bestimmt. Wer etwa Personal- von Sachbudgets unterscheidet, diese wiederum in Investitionsbudgets und Budgets für laufende Ausgaben zerlegt und den Ausgleich von Budgetüberschreitungen aus anderen Titeln untersagt, überträgt das Innovationspotential einer Behörde auf Unternehmen. Man soll sich nicht täuschen: Auch die Finanzdisposition von Unternehmen ist von diesem Denken nicht frei, zumal nicht in Zeiten finanzieller Engpässe.

Die Vorgabe eines Soll-Ergebnisses, eines Zeitrahmens und eines finanziellen Budgets sowie die laufende Kontrolle mit der Ermittlung einer Ergebnis-, Zeit- und/oder Budgetabweichung lässt es letztlich immer noch im Ermessen des Innovators, **wie** er seine Resultate erreicht. Die folgenden Steuerungsinstrumente greifen nun auch in diese Autonomie ein.

11.3.2.4 Ablaufvorgabe

Prozesse sind Verkettungen von Aktivitäten. Mit Verkettung ist gemeint, dass die einzelnen Aktivitäten in spezifischer Weise mit anderen Aktivitäten verbunden sind. Die hier zu betrachtenden Ablaufvorgaben richten sich auf die **Reihenfolge** und die **Parallelisierung** dieser Aktivitäten. Konkret: Die Ablaufvorgabe bestimmt, welche Aktivitäten **vor** anderen zu erfüllen sind und welche **gleichzeitig** erledigt werden können. Unterstellt wird damit zugleich Arbeitsteilung, die eine Parallelisierung zulässt.

---

1 S.a. *Lachnit et al.* (1994), S. 42 ff.

Aktivitäten sind Verrichtungen an Objekten. Gleiche Verrichtungen werden an unterschiedlichen Objekten vollzogen. Gleiche Objekte werden durch unterschiedliche Verrichtungen gestaltet. Für die Ablauforganisation sind damit Objekte oder Verrichtungen der Ansatzpunkt der Reihenfolgebestimmung:

- Bei **objektdefinierten** Abläufen wird der Prozess in Abschnitte zerlegt, in denen jeweils ein bestimmtes Objekt (oder Teilobjekt) durch unterschiedliche Verrichtungen von seinem Ausgangszustand in den erwünschten Endzustand überführt wird. Die einzelnen Prozess-Schritte können durch diese spezifischen Objekte isoliert und benannt werden. Ein Objekt wird nach dem anderen "abgearbeitet", die Verrichtungen wechseln.
- Bei **verrichtungsdefinierten** Abläufen wird der Prozess in Abschnitte zerlegt, in denen jeweils gleiche Verrichtungen zusammengefasst werden. Die Objekte wechseln, die Verrichtungen bleiben gleich. Die Phasen so definierter Prozesse werden durch Verrichtungen oder Tätigkeiten gleicher Art beschrieben und benannt.

Wer eine Ablaufvorgabe als Instrument der Prozess-Steuerung einsetzt, gibt den Handelnden bestimmte **Reihenfolgen** ihres Tuns vor. Er strukturiert damit den Prozess der Erreichung dieses Ergebnisses inhaltlich vor und engt damit den Gestaltungsspielraum der innovierenden Personen enorm ein. Im Klartext: Sie sollen sich in einem bestimmten Prozessabschnitt nur um das definierte **Objekt** kümmern und um kein anderes. Nach Abschluss dieses Prozess-Schrittes erfolgt das so genannte "**freezing**", d.h. weitere Änderungen des abgeschlossenen Objektes dürfen sie nicht mehr vornehmen. Oder sie haben nur bestimmte **Tätigkeiten** in dieser Phase auszuüben und keine anderen. Wer aus diesen Regelungen ausbricht, steht ständig vor dem Vorwurf, er habe sich nicht um seine "eigentliche" Aufgabe gekümmert. Man mag diese Vorstellungen für absurd halten, angesichts der Vielfalt von Ansätzen, Prozesse im Ablauf zu strukturieren, wird erkennbar, dass es sich dabei nicht um Hirngespinste handelt.

(1) Objektdefinierte Abläufe

Objekte sind **technisch definierte Komponenten** des neuartigen Produkts. Diese Objekte sind innovationsspezifisch, in jeder Innovation unterschiedlich. In der eingangs dargestellten Fallstudie ist z.B. jedes Entwicklungsthema ein eigenes Objekt, das wiederum in einzelne Teilobjekte untergliedert ist. ET 78 bezieht sich auf das ökologische Problem der Beseitigung von "Schlammöl", ein Problem, das bei der Verwendung schlechter werdender Brennstoffe auftritt und das durch die Tatsache verschärft wird, dass dieses Schlammöl bis zu 90 % aus Wasser bestehen kann. Bei der Lösung dieses Problems werden folgende **Teilobjekte** bearbeitet:

- "Schlammtanks", "Schlammentwässerungsaggregat", "chemische oder mechanische Ölabscheidung" zur Schlammölentwässerung,
- Hilfskessel zur Schlammölverbrennung.

Da jede Innovation eine unverwechselbare Objektstruktur hat, gibt es naturgemäß keine generelle Objektgliederung.

In der rein objektbezogenen Prozessgliederung werden die einzelnen (Teil-) Objekte sequenziell oder parallel bearbeitet, d.h., sie werden mit allen Verrichtungen kombiniert. Dieses Konzept liegt dem so genannten "Komponenten-Modell" von *Müller-Merbach*[1] zugrunde. Die Praxis des Projektmanagements kennt diesen Ansatz unter dem Stichwort des "Projektstrukturplans" - so auch in unserer Fallstudie[2] oder unter dem angelsächsischen Begriff der "work-breakdown-structure"[3]. Die sequenzielle objektbezogene Ablaufvorgabe findet sich in Kasten 11.4 als Typ 1a in vereinfachter Form. Bei Arbeitsteilung erfordert dieser Typ der Prozessgliederung unterschiedliche **Objektspezialisten**.

Die Reihenfolgen in der objektdefinierten Ablaufvorgabe sind zumeist **technisch bedingt**: Bestimmte Objekte lassen sich erst hervorbringen, wenn zuvor andere Objekte erzeugt wurden. Jeder Objektgliederung geht eine Bestimmung dieser **technisch zwingenden Reihenfolgen** voraus. Nur wo keine technische Zwangsläufigkeit vorliegt, hat der Organisator einen Gestaltungsspielraum zur **Parallelisierung** der Teilprozesse. In Kasten 11.4 wird die Parallelisierung in Typ 1b gezeigt.

In Innovationsprozessen ist diese **Objektverkettung weniger gut prognostizierbar** als in Routineprozessen. Parallelisierung, wie sie etwa im Konzept des "simultaneous engineering" propagiert wird, kann zu überflüssigen Aktivitäten führen, wenn sich herausstellt, dass eigentlich eine sequenzielle Bearbeitung technisch zwingend gewesen wäre. Der erhoffte Zeitgewinn der Parallelisierung wird in solchen Fällen verfehlt. Wirtschaftlichkeitseinbußen durch Mehrfachentwicklungen kommen hinzu. Bei niedriger technologischer Ungewissheit erweitert sich hingegen der Gestaltungsspielraum des Organisators zur Parallelisierung der Teilprozesse[4].

Wenn **Zwischergebnisse mit Zwischenterminen zu "Meilensteinen"** kombiniert werden, liegt damit zumeist eine objektdefinierte Vorgabe des Ablaufs vor. Wenn **zusätzlich** eine verrichtungsdefinierte Vorgabe gemacht wird, bedeutet das, dass der Ablauf **teilweise nach Objekten, teilweise nach Verrichtungen** gegliedert ist. So könnten in einer ersten Phase bestimmte Verrichtungen (z.B. Informationsbeschaffung) konzentriert und andere ausgeschlossen werden. In den dann folgenden Phasen könnte dann eine Objektgliederung vorherrschen (z.B. parallele Entwicklung, Design und Test der Objektmodule). In einer Schlussphase könnte dann wieder eine Verrichtungsgliederung gewählt werden (z.B. Entscheidung über alternative Entwürfe). Eine derartige Mischung von objekt- und verrichtungsdefinierter Ablaufgestaltung liegt der in Kapitel 10 vorgestellten Fallstudie über die Raumlenker-Hinterachse zugrunde. In Kasten 11.5 ist diese Variante formal dargestellt.

---

1 *Müller-Merbach* (1982), S. 96 ff., *Müller-Merbach* (1983), S. 112 ff., *Corsten* (1989), S. 5.

2 *Platz* (1989), S. 233 ff., 251 ff.

3 *Kerzner* (1984), S. 551 ff.

4 Ähnlich *McDermott/Handfield* (2000), S. 49 ff.

Kasten 11.4: Objektdefinierte Prozessgliederung

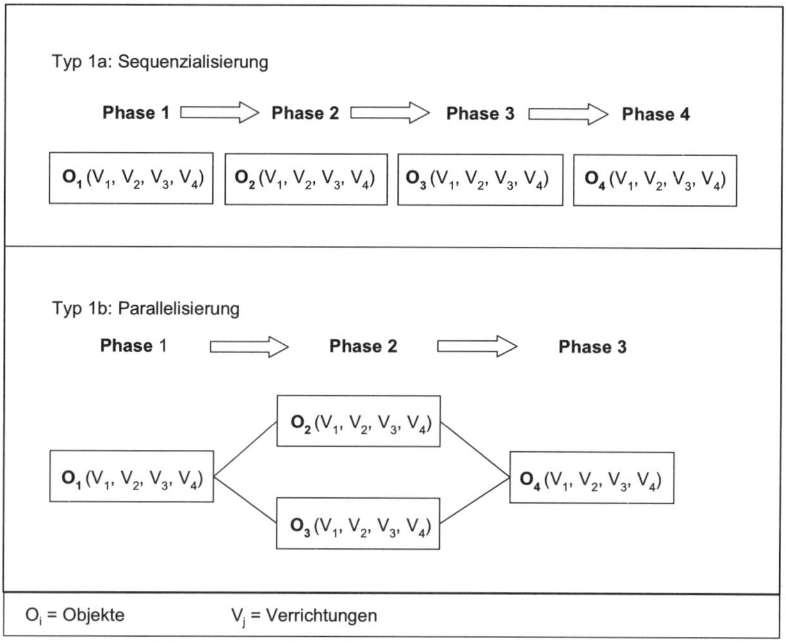

Quelle: Eigene Darstellung

Kasten 11.5: Gemischt objekt-/verrichtungsdefinierte Prozessgliederung

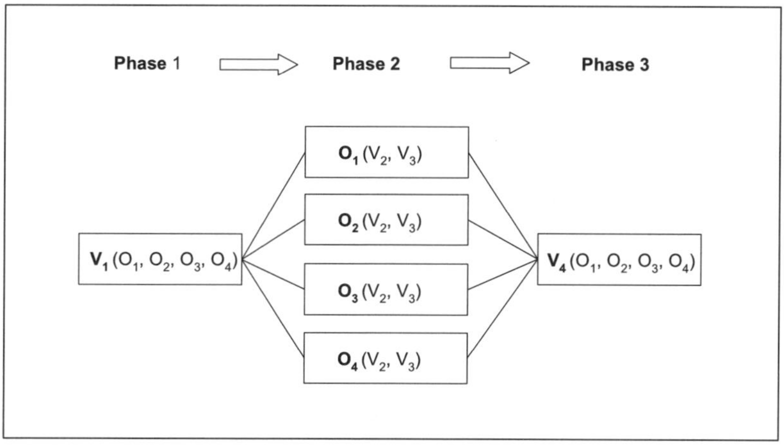

Quelle: Eigene Darstellung

(2) Verrichtungsdefinierte Abläufe

Kann es neben den soeben dargestellten Varianten der Ablaufvorgabe überhaupt noch einen **rein verrichtungsdefinierten** Ablauf geben? Welche Arten von Verrichtungen sind im Innovationsprozess zu vollziehen, die sich zur Definition einer Verrichtungsgliederung eignen?

Es sind zum einen die **technisch-physischen Verrichtungen**, wie "Entwickeln", "Konstruieren", "Bauen", "Testen". In den Schriften zum Projektmanagement wird von diesen Ingenieurstätigkeiten zumeist abgeblendet. Stattdessen stehen dort die **kognitiven Verrichtungen** im Vordergrund, wie "Anregen", "Wahrnehmen", "Informieren", "Analysieren", "Suchen", "Bewerten", "Entscheiden", "Anweisen", "Motivieren", "Schlichten", "Kontrollieren".

Analog der Abbildung von objektdefinierten Abläufen lassen sich verrichtungsdefinierte Abläufe schematisch wie in Kasten 11.6 als Typen 2a (sequenziell) und 2b (teilweise parallel) darstellen.

Diese kognitiven Aktivitäten sind die Basis für die so genannte **"Phasengliederung" des Innovationsprozesses.** Kaum ein Lehrbuch, kaum ein Handbuch für die Praxis verzichtet auf die Vorlage eines derartigen Konzeptes, nach dem die einzelnen Prozess-Schritte dadurch definiert sind, dass in ihnen bestimmte (und keine anderen) Verrichtungen konzentriert sind.

Kasten 11.6: Verrichtungsdefinierte Prozessgliederung

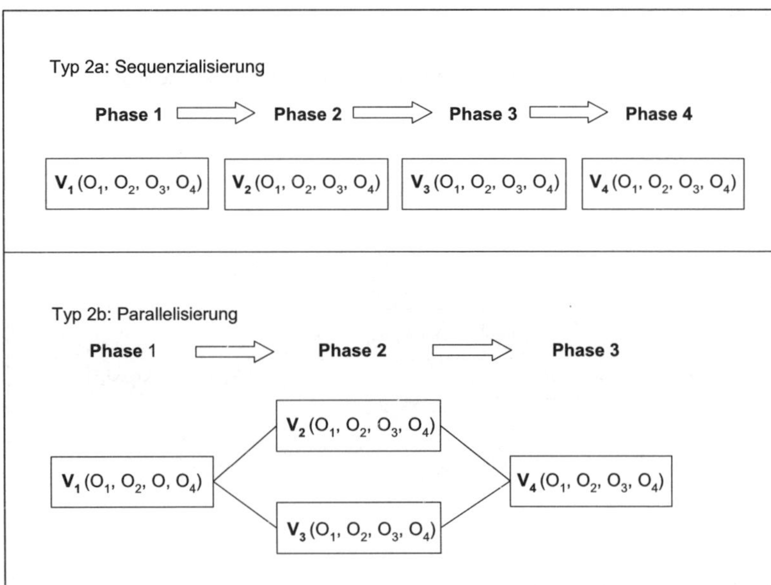

Quelle: Eigene Darstellung

In Kasten 11.7 finden sich drei Beispiele derartiger Phasengliederungen. *Petersen* hat im Jahre 1988 bereits 49 Varianten aus der wissenschaftlichen Literatur extrahiert[1]. *Staudt/Auffermann*[2] zählen acht Jahre später schon 91 Spielarten auf. Diese Phasengliederungen sind allerdings vielfach auf die Entscheidung beschränkt und grenzen die Durchsetzung aus[3]. Die Zahl der Varianten in der für die Wirtschaftspraxis bestimmten Literatur dürfte im Zweifel noch größer sein[4].

Kasten 11.7: Beispiele für Phasengliederungen (verrichtungsdefinierter Ablauf)

Szyperski (1971), S. 42 ff.
1. Kognitive Phase • Problemwahrnehmung • Problemerkennung • Problemstrukturierung
2. Konzeptionelle Phase • Lösungsgenerierung • Lösung
3. Reale Phase • Anweisung der realen Problemlösung • Praktische Lösung des realen Problems
Töpfer (1984), S. 391 ff.
1. Markt- und Umfeldbeobachtung, Erkennen schwacher Signale 2. Problemidentifikation, Analyse kritischer Technologiefaktoren 3. Invention, Suche, Bewertung, Auswahl erfolgversprechender Lösungen 4. Produktentwicklung, Technischer Entwurf und Konstruktion 5. Herstellung der Marktreife, Produkterprobung und Markttest 6. Produktion, Herstellungsverfahren und Kapazitätsbereitstellung 7. Markteinführung, Abbau von Markteintrittsbarrieren und Einsatz des Marketing
Hoff (1986), S. 70
1. Identifizierung, Analyse und Formulierung des Problems 2. Festlegung möglicher Zwischenstände und Abgrenzung des verfügbaren Mittelrahmens 3. Aufspaltung des Problems in Teilprobleme und Festlegung einer Lösungsreihenfolge 4. Informationssuche 5. Produktion alternativer Lösungsmöglichkeiten für das Gesamtproblem 6. Bewertung der vorliegenden Alternativen 7. Auswahl der Optimalalternative 8. Implementierung der ausgewählten Alternative

Quellen: wie angegeben

1 *Petersen* (1988), S. 374 ff.
2 *Staudt/Auffermann* (1996), o.S. (Anhang).
3 Vgl. *Saynisch* (1989), S. 753.
4 *Albach* (1994), S. 80 ff., siehe auch *Murmann* (1994), S. 50.

In Kasten 11.8 geben wir das Übersichtsblatt für das Phasenschema wieder, das von der Wirtschaftsvereinigung Industrielle Meerestechnik[1] und damit von den gleichen Unternehmen angeregt und entwickelt wurde, die in der eingangs dargestellten Fallstudie ("Schiff der Zukunft") kooperieren. Dieses Schema liegt als "Projektablaufplan" noch in einer wesentlich stärker detaillierten Form vor[2].

Die ungeheure Vielfalt der Phasenschemata ist ein deutlicher Hinweis auf ihr Fragwürdigkeit.

Kasten 11.8: Phasenweiser Projektablauf (*WIM*)

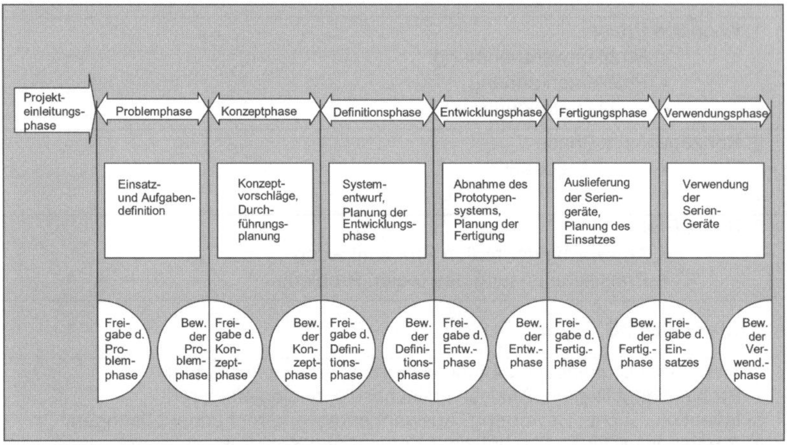

Quelle: *WIM* (1973), S. 18

Die theoretische Diskussion über die verrichtungsdefinierte Ablaufvorgabe wird unter den Stichworten **"Phasen-Theorem"**[3], **"Stufenmodell"**[4] oder **"stage-gate-process"-Modell**[5] geführt. Bei üblicher Interpretation enthält dieses Phasentheorem drei Behauptungen[6]:

- **Existenzbehauptung:** Bestimmte Verrichtungen sind in jedem Innovationsprozess zu vollziehen.
- **Bündelungsbehauptung:** Diese Verrichtungen treten mehrfach auf. Gleichartige Verrichtungen werden zeitlich zusammengefasst.
- **Reihenfolgebehauptung:** Es gibt eine sachlich zwingende oder wirtschaftlich vorteilhafte Reihenfolge dieser Verrichtungsbündel, die Phasen des Innovationsprozesses.

---

1 *WIM* (1973), S. 18.
2 Ebenda, S. 20 f.
3 *Witte* (1968), S. 625 ff.
4 *Meißner* (1987), S. 61.
5 *Cooper et al.* (2002), S. 22, *Gerybadze* (1995b), S. 836 f.
6 *Hauschildt/Petersen* (1987), S. 1044.

Eine vierte Behauptung wird nicht explizit geäußert, ergibt sich aber bei strenger Interpretation der ersten drei Behauptungen:

- **Exklusivitätsbehauptung:** Es wird ausgeschlossen, dass die in einer Phase gebündelten Verrichtungen auch in anderen Phasen vollzogen werden. Ein solches Verhalten wäre kontraproduktiv.

Die Ausführungen zur Phasengliederung des Innovationsprozesses in der Literatur sind zumeist normative Konzepte, die die Prozess-Steuerung verbessern wollen. Aber die Verfasser sollten sich über die Wirkung ihrer Vorschläge ernsthafte Gedanken machen. Denn mit der Zerlegung der Gesamtproblematik in einzelne Aktivitäten wird der Handlungsspielraum bei der Lösungssuche erheblich eingeengt. Verrichtungen und/oder Objekte werden vorgegeben. Damit ist der **Lösungsweg weitgehend vorgezeichnet**. Zwar steigen damit im Zweifel die Wirtschaftlichkeit und die Chance der Prozessbeschleunigung. Ob aber der höhere Organisationsgrad auch die Kreativität fördert und damit die Effektivität erhöht, darf bezweifelt werden.

Die Vorschläge zur Phasengliederung in der Literatur mögen kreativ und variantenreich sein. Es fehlen indessen bisher glaubwürdige Nachweise ihrer Effektivität und Effizienz.

11.3.3 Feinsteuerung im laufenden Vollzug

In Kasten 11.3 sind die Instrumente der Feinsteuerung des Innovationsprozesses bewusst von den Grundparametern abgesetzt worden. Durch dieses Arrangement soll verdeutlicht werden, dass es sich dabei um Instrumente handelt, die im **laufenden Vollzug unter Beobachtung des Prozessfortschrittes regelnd eingesetzt** werden, um die Beteiligten auf die Erfüllung der in den Grundparametern vorgegebenen Prozessziele auszurichten.

Wir wollen an dieser Stelle noch keine ausführliche Darstellung dieser Managementinstrumente liefern und verweisen stattdessen auf den Abschnitt 11.5. Es kommt uns hier wieder auf das theoretische Problem der **"Über- oder Untersteuerung"** der Innovationstätigkeit an. Wir fragen daher, ob und in welchem Ausmaß die Intensität des steuernden Eingriffs bei den einzelnen Instrumenten der Feinsteuerung verändert werden kann.

Das Instrumentarium der **Feinsteuerung dient der Koordination**. Mit steigender Größe und Komplexität der Innovationsprojekte wächst die Zahl der beteiligten Personen und ihre Spezialisierung. Es kommt in zunehmendem Maße zu multipersonalen und interaktiven Innovationsaktivitäten. Damit wird **Arbeitsteilung** zwischen den beteiligten Personen faktisch realisiert oder bewusst herbeigeführt. Diese Arbeitsteilung macht Koordination aus folgenden Gründen nötig:

- **Kapazitätsargument:**
  Arbeitsteilung bedeutet, dass die beteiligten Personen auf die Leistungsbeiträge ihrer Partner angewiesen sind. Es entstehen Wartezeiten, wenn diese Leistungsbeiträge ausbleiben. Oder es entstehen Leistungs-Halden, wenn die nachfolgenden Partner nicht in der Lage sind, die zuvor erbrachten Leistungen rechtzeitig in ihre Teilleistung einzubeziehen.

Diese Defekte verlangen Koordination der Kapazitäten zur Vermeidung von Leerlauf oder Überbeschäftigung und zur Ermöglichung von Parallelarbeit.

- **Spezialisierungsargument:**
  Die Arbeitsteilung bedeutet zumeist auch Spezialisierung, verstanden als exklusive Durchführung bestimmter Aktivitäten durch eine bestimmte Stelle. Die Spezialisierung kann der Arbeitsteilung vorangehen - die Arbeit passt sich den besonderen Fähigkeiten und Fertigkeiten des Spezialisten an. Oder umgekehrt: Zu einem zuvor festgelegten Konzept werden geeignete Arbeitskräfte gesucht. In diesem Falle wird der Mensch an die Arbeitsanforderungen angepasst.

Spezialisierte Teilleistungen müssen aber wieder zu einer Gesamtleistung zusammengefügt werden - auch hier wird Koordination nötig.

Es ist diese doppelte Koordinationsbegründung, die es verbietet, darauf zu setzen, dass das Soll-Ergebnis in zeitlichen und finanziellen Grenzen in einem einzigen "linearen" Durchgang erreichbar wird. Notwendig ist vielmehr eine **ständige "Regelung" im Sinne der Kybernetik**:

Die zuvor betrachteten Grundparameter stellen die **"Führgrößen"** im Regelkreis dar. Wir konzentrieren uns hier auf zwei weitere Aktivitäten im **Regelkreis der Feinsteuerung**:

(1) Informationstätigkeiten

Informationen zwischen den verantwortlichen Projektleitern und ihren Mitarbeitern sind **"Stellgrößen"** und **"Rückmeldungen"** im Regelkreis. Zudem dienen Informationen dazu, die Beteiligten über den Projektfortschritt auf dem Laufenden zu halten. Die Informationen verlaufen nach zu bestimmenden Mustern von einzelnen Absendern zu einzelnen Empfängern oder Verteilern. Wir betrachten damit Berichtswesen sowie Wege und die dabei transportierten Inhalte der Information (Informationsverteilung).

(2) Laufendes Monitoring

Hierbei handelt es sich um den laufenden Vergleich von Soll und Ist in einem **"Mess-Ort"**, um nach einer Abweichungsfeststellung die verursachende **"Regel-**

strecke" über neue "**Stellgrößen**" zu einer Änderung des Verhaltens zu veranlassen. Das Monitoring bezieht sich dabei auf die festgelegten Grundparameter, nämlich auf die Vorgaben zu Ergebnissen, Terminen, Kosten und Abläufen.

11.3.3.1 Formalisierung der Informationstätigkeit

Im vorangehenden Kapitel 10 wurde die hohe Bedeutung der Information für den Innovationsprozess dargestellt. Hier geht es um das Verhältnis von Innovation zu Formalisierung der Informationsaktivitäten: **Wird die Innovation durch formalisierte Information zwischen den Beteiligten behindert oder gefördert?**

Die Information im Innovationsprozess bietet vielfältige und unterschiedlich intensive **Möglichkeiten der formalisierten Gestaltung** der Informationsleistungen und -beziehungen durch Regeln, Prozeduren, Formulare und andere Formvorschriften:

- Man denke zunächst an das **Berichtswesen und die Dokumentation**: Sie sind höchst variabel formalisierbar, wenn man sich die Zahl der Berichte, ihren Umfang und ihre Häufigkeit vor Augen führt. Diese Informationen können standardisiert sein und geschlossene Fragen mit der Möglichkeit des Ankreuzens enthalten oder so offen sein, dass der Berichterstatter beliebig viel Text abliefern kann. Die Berichte können willkürlich viele verdichtete und vergleichende Informationen enthalten (oder fordern). Sie können unverbindlich sein, Antwortpflichten begründen oder zu direktem Handeln auffordern. Der Vielfalt sind kaum Grenzen gesetzt. Wer will, findet unendlich viele Möglichkeiten der Formalisierung des Schriftverkehrs.
- Formalisierung kann auch bei der **Informationsverteilung** ansetzen. Es geht zunächst um regelnde Bestimmung differenzierter **Kreise von Informationsträgern und Informationsberechtigten**. Man kann für spezifische Informationsgattungen unterschiedliche Diskretionspflichten einführen. Das ist bei Innovationen mit weitreichenden wirtschaftlichen Folgen auch durchaus überlegenswert. Ein anderer Aspekt der Informationsverteilung sind **Wegeregelungen**: Man legt formal fest, wer vor und wer nach einem Informationsempfänger in den Informationsweg einzubeziehen ist, wer gegenzuzeichnen hat, wer zur Kenntnisnahme verpflichtet ist.

Man denke nicht, dass diese Formalisierung der Dokumentation und Kommunikation in Innovationsprozessen unwichtig ist. **Urheberschaftsprüfungen** bei Erfindungen und entsprechende Prämienzahlungen müssen sich auf eine sorgsame Dokumentation des kreativen Prozesses in Laborbüchern stützen. Die Regelung der Kommunikation ist bei **vertraulichen Informationen** unerlässlich. Sie sichert zugleich eine strukturierte und Prioritäten beachtende Informationskette. Das Berichtswesen zwingt zur regelmäßigen **Rechenschaftslegung**. Es zwingt zur **Artikulation impliziten Wissens**, es bringt das Neuartige in Form.

Tatikonda/Rosenthal[1] gehen noch einen Schritt weiter und begründen den **Nutzen der Formaliserung** für die Prozess-Steuerung umfassender: Die Formalisierung reduziere die Unklarheit über das Projekt für das **Projektpersonal**, steigere seine Motivation durch Selbstbewertung der Aufgabenerfüllung, bringe die Beteiligten wieder auf den rechten Weg, fokussiere die Aufmerksamkeit auf das Projekt und führe die Projektmitglieder jenseits der traditionellen Abteilungsgrenzen zusammen. Im Übrigen sei Formalisierung der Information für das höhere Management unerlässlich, um das Multiprojektmanagement sachgerecht steuern zu können. Nicht zuletzt werde nur durch formalisierte Information das Organisationale Lernen möglich.

Es soll indessen nicht verkannt werden, dass diese Berichtpflichten und die Beachtung von Kommunikationsregeln von vielen Beteiligten als **bürokratische Pflichtübung** verstanden wird, die von der "eigentlichen" Arbeit ablenkt. Das gilt insbesondere, wenn sie schematisiert erfolgt und damit vergleichsweise **informationsarm** ist und vor allem, wenn sie **ohne jegliche Resonanz** bleibt. In diesen Fällen erlebt der Informationslieferant die Informationsnachfrage nicht. Er kann nicht einschätzen, ob er überhaupt zur **Informationsversorgung** seines Adressaten beiträgt.

Für die hier zu verfolgende theoretische Perspektive ist zunächst nur folgende Feststellung zu treffen:

Die Informationstätigkeit in Innovationsprozessen ist in Umfang und Intensität höchst unterschiedlich formalisierbar. Es gibt offensichtlich einen Mindestbedarf an Formalisierung.

11.3.3.2 Formalisierung des Monitoring

Ergebnisvorgaben, Terminvorgaben, Budgetvorgaben und Ablaufvorgaben bleiben unverbindlich, wenn sie nicht permanent auf ihren Zielerreichungsgrad überprüft werden. **Monitoring basiert auf laufender Analyse der Abweichungen des Ist vom Soll**. Es liefert laufend die Berichte zum Projektfortschritt.

Streng genommen geht die Abweichungsanalyse nicht über die dezidierten Vorgaben hinaus. Sie hat keinen Prüfungsauftrag, wenn kein Soll bestimmt wurde. Sie folgt allerdings diesen Vorgaben in allen Details. Das kennzeichnet aber nur ihre Mindestintensität. Denn eine **tiefer gehende**, **über die Vorgaben hinausgehende Detaillierung** lässt mögliche Ansatzpunkte für den korrigierenden Eingriff klarer hervortreten[2]. Wenn sich z.B. bei tieferer Analyse der Budgetüberschreitung zeigt, dass nur eine spezifische Ausgabenart die Abweichung herbeigeführt hat, dann wäre es sachgerecht, zunächst zu prüfen, welches die eigentlichen Ursachen für eine mögliche Ausgabensteigerung bei dieser Ausgabenart und nicht bei anderen sind.

---

1 *Tatikonda/Rosenthal* (2000), S. 405.
2 *Lachnit et al.* (1994), S. 30.

Damit deutet sich aber zugleich die Möglichkeit einer Ausweitung des Monitoring an, die zum Selbstzweck werden könnte. Unter den fruchtbaren Entwicklungen des Controlling könnte namentlich das finanzwirtschaftliche Monitoring ein **Eigenleben** gewinnen, das ungebremst ausufert. Man mache sich klar, dass mit jeder Verfeinerung des Monitoring über den Mindestauftrag hinaus zusätzliche **Datenerfassung** notwendig wird. Dies erfordert umfangreiche **Zeitaufschreibungen und Belegerstellungen**. Die mengenmäßigen Angaben sind sodann monetär zu bewerten - mit allen Problemen der **Kostenschätzung und -verrechnung**. Auch die **Vergleichsmethodik** bietet vielfältige Ansatzpunkte für eine Komplizierung. Und schließlich verlangt die Ratio der Kostenrechnung auch eine Bestimmung **zukünftiger Entwicklungen**. Man kann hier abbrechen und auf die einschlägigen Kapitel der Lehr- und Handbücher zum Projektmanagement und zum Prozesscontrolling verweisen. Man kann auch die Softwareangebote einschlägiger Unternehmen studieren, um eine Vorstellung davon zu erhalten, wie unterschiedlich intensiv das Projekt-Monitoring betrieben werden kann.

Das Monitoring von Innovationsprozessen kann unterschiedlich intensiv betrieben werden. Seine Ausgestaltung hat sich wirtschaftlich zu rechtfertigen.

11.3.4 Kombinierte Erfolgswirkungen der Steuerungsinstrumente

"Von der Präzision zur Pedanterie,
von der Straffheit zu Kontrollen, die die Initiative ersticken,
von der Eindeutigkeit zur Schablone,
von der straffen Unterordnung zum Untertanengeist und
von der Rationalität zur Entpersönlichung
ist es nur ein kleiner Schritt."

Bleicher (1989), S. 195

11.3.4.1 Lineare oder umgekehrt u-förmige Beziehung?

Die theoretisch und empirisch beachtliche Frage lautet: Welchen Beitrag liefert die Prozess-Steuerung der Innovation zu ihrem Erfolg? Zur Beantwortung dieser Frage könnte man sich auf die Wirkung der **einzelnen** Instrumente - Ergebnis-, Termin-, Budget-, Ablaufvorgaben sowie die Feinsteuerung durch Information und Monitoring - beschränken.

Die darüber hinausreichende Frage lautet: Wie wirkt der **Verbund** dieser Instrumente? Wir wollen annehmen, dass es gelingen könnte, die Intensität des Einsatzes dieser Steuerungsinstrumente auf **einer einzigen Skala** als "**Steuerungsintensität**" oder als "**Regelungsdichte**" abzubilden. Die vorangehenden Ausführungen zu den Grundparametern zeigen die Ansatzpunkte zur Konstruktion einer solchen Skala:

So könnte

- die Intensität der Ergebnisvorgabe durch die Zahl der festgelegten Zwischenergebnisse,
- die Intensität der Terminvorgabe durch die Zahl der festgelegten Zwischentermine,
- die Intensität der Budgetvorgabe durch die Zahl der Teilbudgets und
- die Intensität der Ablaufvorgabe durch die Zahl der objekt- und/oder verrichtungsdefinierten Phasen

bestimmt werden.

Die Steuerungintensität erhöht sich so mit jeder zusätzlichen Fixierung der Zahl der Grundparameter.

Wir treffen bei dieser Messung die heroische Unterstellung, dass jeder der Grundparameter in gleicher Weise zum Innovationserfolg beiträgt. Um die Betrachtung übersichtlich zu halten, wollen wir zudem davon ausgehen, dass sich formalisiertes Informationsmanagement und Monitoring proportional zu diesen Vorgaben der Grundparameter verhalten.

Einige **idealtypische Kombinationen** sollen diese Betrachtung weiter verdeutlichen:

- In Typ 1 ist nur das Endergebnis, ein Endtermin und das Gesamtbudget bestimmt, so in der Botschaft von Präsident Kennedy zur Landung auf dem Mond.
  Er weist eine **sehr geringe** Steuerungsintensität auf.
- In Typ 2 werden Endergebnis und Endtermin, einige Zwischenergebnisse und entsprechende Zwischentermine (Meilensteine) und ein bedingtes Budget vorgegeben.
  Er hat eine **mittlere** Regelungsdichte.
- In Typ 3 werden Endergebnis und Endtermin, eine größere Zahl von Zwischenergebnissen und Zwischenterminen, sachlich und zeitlich differenzierte Budgets und schließlich eine Ablaufstruktur mit einer festgelegten Reihenfolge der Problembearbeitung vorgegeben.
  Er ist **stark** geregelt.

Zwischen einer so definierten Steuerungsintensität und dem Innovationserfolg (Effizienz) kann man sich eine lineare oder eine nicht-lineare Beziehung vorstellen. Die Abbildung in Kasten 11.9 zeigt diese Zusammenhänge.

Es gibt eine Fülle von Hinweisen aus der Organisationstheorie, wonach die lineare Beziehung wenig realistisch ist. Mit zunehmender Intensität der Steuerung sind abnehmende Grenzerträge zu erwarten, möglicherweise sogar negative, analog dem Phänomen der "Überorganisation". Damit erhebt sich die ewige Frage des Ökonomen:

Kann man eine optimale "Zone" der Steuerungsintensität bestimmen?

Die Frage kompliziert sich, wenn wir von einer **unterschiedlichen Wirkung der einzelnen Grundparametervorgaben** ausgehen. Sie wird noch weiter kompliziert, wenn es **spezifische Interaktionseffekte** zwischen einzelnen Vorgaben der Grundparameter gibt, z.B. dass eine Kombination von Ergebnis- mit Terminsteuerung hohe positive Synergien, eine Kombination von Ergebnis- mit Budgetvorgabe hingegen deutlich niedrigere hat. Ob eine weitere Komplizierung dieser Fragen mehr als nur theoretische Bedeutung hat, sollten empirische Studien zeigen.

Kasten 11.9: Lineare oder umgekehrt u-förmige Beziehung zwischen Projektsteuerung und Innovationserfolg

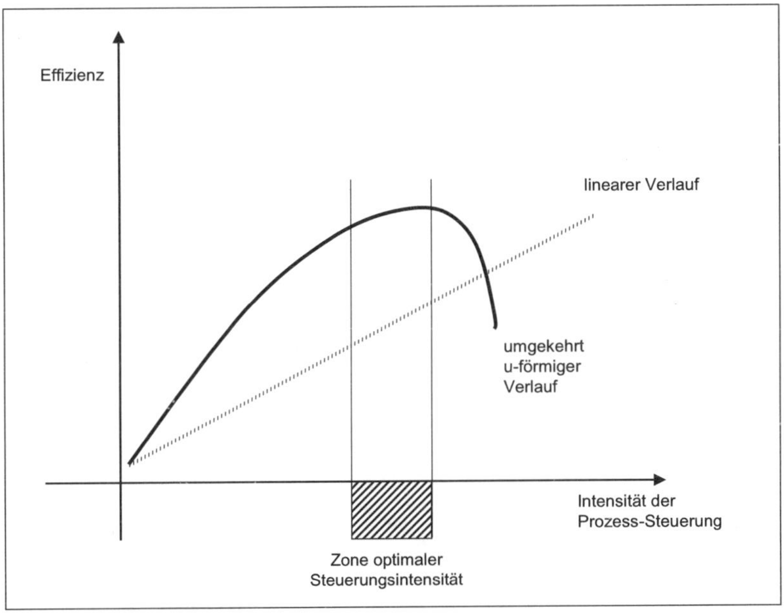

Quelle: Eigene Darstellung

Wir wollen die Betrachtung an dieser Stelle abbrechen und stattdessen nach der Bedeutung von **Kontingenzeinflüssen** auf das Modell fragen.

11.3.4.2 Differenzierung nach dem Innovationsgrad

Wie wirkt ein unterschiedlicher Innovationsgrad auf die Beziehung zwischen Steuerungsintensität und Innovationserfolg?

Bei niedrigem Innovationsgrad ("**inkrementaler Fall**") ist das Ergebnis der Innovation mit größerer Sicherheit prognostizierbar als bei hohem Innovationsgrad ("radikaler Fall"): Das Problem lässt sich präziser abgrenzen, klarer strukturieren. Die Generierung der Alternativen ist mit geringerer Unsicherheit belastet. Die Sekundärwirkungen in anderen betrieblichen Bereichen lassen sich absehen. Kurz: Es liegen deutlich mehr und zugleich zuverlässigere Informationen über den **Inhalt** des Innovationsprozesses vor. Dementsprechend sind die Ansatzpunkte für seine **Form** deutlicher bestimmbar. Das Instrumentarium der Prozess-Steuerung lässt sich differenzierter und intensiver nutzen. Es ist zu erwarten, dass die optimale Steuerungsintensität bei einem höheren Einsatz der Steuerungsinstrumente liegt.

Anders bei **radikalen Innovationen**: In diesem Falle ist das Problem weder konturiert noch strukturiert. Die Alternativen müssen völlig neu hervorgebracht werden. Prognosen über ihre Zielerfüllungsbeiträge liegen nicht vor. Unsicherheit verhindert Bestimmung von Arbeitsbelastungen und damit Zeitschätzungen. Der Erfolg einer Informationsbeschaffung ist nicht absehbar. Umwege und Irrwege im Innovationsprozess sind wahrscheinlich. Wer in dieser Situation zu Instrumenten einer intensiven Steuerung des Innovationsprozesses greift, wird erleben müssen, dass sie ihren Dienst versagen. Rigide Vorgaben, hoch formalisierte Informationen und intensives Monitoring werden von den Beteiligten als wenig hilfreich, ja vielleicht sogar als bürokratischer Ballast empfunden.

In Kasten 11.10 sind die Unterschiede dieser Effizienzvermutungen idealtypisch dargestellt.

Kasten 11.10: Erfolgsverläufe der Prozess-Steuerung bei radikalen und inkrementalen Innovationen

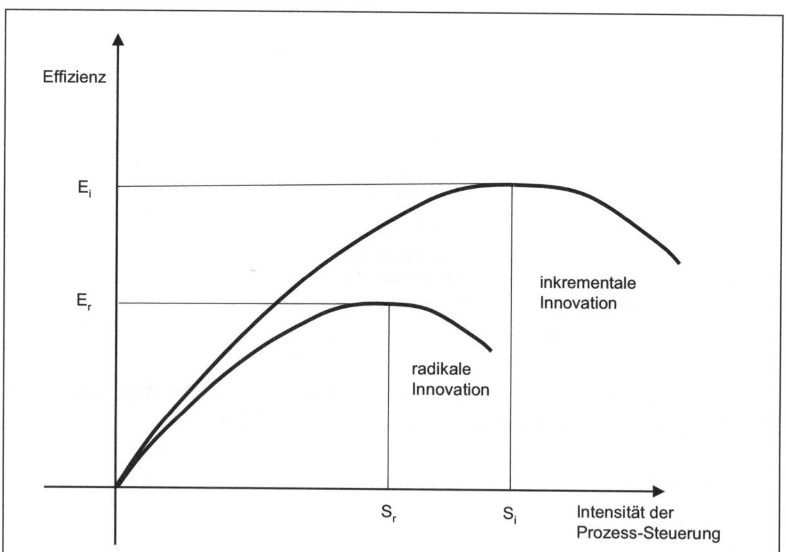

Quelle: Eigene Darstellung

Die optimale Steuerungsintensität ist bei bei radikalen Innovationen vermutlich geringer als bei inkrementalen Innovationen.

Damit lassen sich die Fragen an das vorliegende empirische Material formulieren:

1. Welche Instrumente der Prozess-Steuerung werden vorzugsweise verwendet?
2. In welcher Kombination werden sie eingesetzt? Gibt es "Stile" der Prozess-Steuerung?
3. Welche Intensität der Prozess-Steuerung führt zu höherem Erfolg, bei welcher Intensität und unter welchen Bedingungen schlägt die Wirkung ins Gegenteil um?
4. Welchen Einfluss hat der Innovationsgrad auf den Einsatz der Instrumente und auf den Erfolg ?

11.4 Empirische Befunde zur Prozess-Steuerung

11.4.1 Die Ausgangsfrage: Lohnt sich intensive Prozess-Steuerung in Innovationsprozessen?

In früheren Auflagen dieses Buches konnten wir eine nicht unerhebliche Zahl von empirischen Befunden präsentieren, die sich mit der Effektivität und der Effizienz von Steuerungsmaßnahmen in Innovationsprozessen befassten. **Die Ergebnisse waren seinerzeit völlig uneinheitlich**. Seither hat sich der Nebel ein wenig gelichtet.

Vom strengen Standpunkt der traditionellen deutschen Organisationsforschung waren die meisten Befunde höchst unbefriedigend, denn ihnen **fehlt sowohl die theoretische Basis als auch die begriffliche Präzision und die klare Systematik der untersuchten Variablen**. Das ist kein Wunder, denn die Forschung hat sich im Gefolge von *Cooper* und *Kleinschmidt* vorwiegend induktiv in Kanada und in den USA entwickelt, die deutsche Innovationsforschung folgte diesen Vorarbeiten, die Organisationsforschung mied das Thema.

In der Studie von *Weise*[1] wird der **Stand der Forschung** aufgearbeitet. *Weise* beschreibt die Untersuchungen zunächst qualitativ und fasst die Befunde sodann in einer Meta-Analyse quantitativ zusammen. Insgesamt wertet er 39 For-

---

1 *Weise* (2005), S. 95 ff.

schungsarbeiten zur Planung und Steuerung von Innovationsprojekten aus, von denen für die hier betrachtete Prozess-Steuerung 10 Studien von Belang sind[1].

In den von *Weise* ausgewerteten Untersuchungen wird "**formelle Prozess-Steuerung**" zumeist durch die folgenden Parameter beschrieben. Das bedeutet allerdings nicht, dass in jeder der Studien auch alle Instrumente untersucht wurden:

Ganz allgemein: Projektmanagement durch Regeln und Prozeduren,

- Meilensteinplanung, Netzplantechnik, Zeitvorgaben und ihre Einhaltung,
- Projektstrukturplanung,
- Budget- (Kosten-)vorgaben und ihre Einhaltung,
- Partizipation der Projektmitarbeiter an der Projekt-Steuerung.

Die **qualitative** Auswertung ergibt erwartungsgemäß wiederum **kontroverse Befunde**. Erst wenn die Befunde einer **quantitativen** Meta-Analyse unterzogen werden, gibt es deutliche Hinweise, dass formelle Prozess-Steuerung und Erfolg (gemessen durch unterschiedliche Messwerte) positiv korreliert sind.

Auf den ersten Blick scheint sich die formelle Prozess-Steuerung auch in Innovationsprozessen zu lohnen.

In der Studie von *Weise* wird zusätzlich der moderierende Einfluss des Innovationsgrades thematisiert. Es geht also nicht mehr um die schlichte Frage, ob und wie sich ein Mehr oder Weniger an Steuerung lohnt, sondern um das wesentlich komplexere Problem, ob eine solche **Wirkung nach unterschiedlichen Innovationsgraden zu differenzieren** ist. Werfen wir zunächst einen Blick auf frühere, von *Weise* nicht berücksichtigte Untersuchungen:

(1) *Sicotte/Langley* betrachten den Einfluss des Innovationsgrades in differenzierter Form, indem sie einerseits das Ausmaß der technischen und administrativen Komplexität (missverständlich bezeichnet als "Uncertainty") und andererseits die relative Vertrautheit der Unternehmung mit dem neuen Produkt ("Equivocality") unterscheiden. Vergleichen wir dabei zunächst die Befunde der beiden Extremausprägungen[2]:

- In Innovationsprojekten mit hoher Komplexität und geringer Vertrautheit, also in den Fällen einer "**radikalen**" **Innovation**, ist die **Erfolgswirkung der formalen Prozess-Steuerung vergleichsweise gering**. Stattdessen kommt es bei diesem Typ auf einen Projektleiter mit hohem Einflusspotential und auf intensive Kommunikation im Team an. Neue Formen der Informationstechnologie unterstützen diese Beziehungen.

---

1 *Moenart et al.* (1994), *Olson et al.* (1995), *Griffin* (1997), *Dvir et al.* (1998), *Lynn et al.* (1999), *Lynn et al.* (2000), *Tatikonda/Montoya-Weiss* (2001), *Shenhar et al.* (2002), *Bonner et al.* (2002).

2 *Sicotte/Langley* (2000), S. 23, ähnlich lassen sich die Fallstudienergebnisse von *Clift/Vandenbosch* (1999), S. 190 f., interpretieren.

Formale Prozess-Steuerung ist bei radikalen Innovationen weniger bedeutsam als der Einfluss des Projektleiters.

- Anders bei Innovationsprojekten mit geringer Komplexität und hoher Vertrautheit, also bei **"inkrementalen" Innovationen**: Formale Prozess-Steuerung hat offenkundig nur eine untergeordnete Bedeutung. Hier ist lediglich noch das formale Einflusspotential des Projektleiters bedeutsam.

Hingegen sind die Aktivitäten des **Projektmanagements**, wie Meilensteinplanung, Work-Breakdown-Structure, Zeitplanung, Kostenplanung, insbesondere in solchen Innovationsprozessen erfolgswirksam, in denen eine **geringe Komplexität** des Problems mit einer **geringen Vertrautheit** mit dem neuen Produkt zusammenfallen. Wenn der Weg in weniger komplexe, aber unbekannte Technologiebereiche oder Märkte führt, ist es nicht falsch, auf die vertrauten Steuerungsinstrumente zurückzugreifen.

(2) Auch in der Untersuchung von *Cardinal* wird auf den Innovationsgrad Bezug genommen, wenn die Entwicklung völlig neuartiger Pharmazeutika mit der Verbesserung vorhandener Produkte verglichen wird. Beide Produktklassen unterscheiden sich nicht hinsichtlich der Input- oder Output-Vorgaben. **Der Unterschied liegt vielmehr in der Prozess-Steuerung**: Schriftliche Regeln und die Anwendung förmlicher Verfahrensvorschriften sowie die Häufigkeit der Fortschrittskontrolle tragen stärker bei den Neuprodukten zum Erfolg bei als bei den Produktverbesserungen[1]. Nun mag man diesen Befund mit den Eigenheiten einer stark regulierten Branche begründen. Möglicherweise ist auch die Formalisierung der Dokumentation Bestandteil einer Professionalisierung von Pharmazeuten. Aber dennoch wird zunehmend erkennbar:

Hoher Innovationsgrad und intensive Prozess-Steuerung schließen sich nicht aus.

(3) Die Untersuchung von *Tatikonda/Rosenthal* zu den einzelnen Instrumenten der Prozess-Steuerung hat zunächst den wichtigen Einfluss der Formalisierung, der Ressourcenflexibilität und der Teamautonomie auf den Projekterfolg belegt[2].

Der Einsatz von formalen Instrumenten der Prozess-Steuerung ist in Kombination mit Handlungsautonomie des Projektteams erfolgversprechend.

Dieser Befund wird auch durch *Bonner et al.* bestätigt. Sie zeigen, dass die Einmischung der Vorgesetzten in die operative Durchführung der Projektarbeit besonders negativ wirkt:

> "The results found in this study indicate that upper managers should be cautious about actually intervening in decisions for which the project team is

1 *Cardinal* (2001), S. 28 f.
2 *Tatikonda/Rosenthal* (2000), S. 416 f.

held responsible, and in changing resource allocations and control standards during the project."[1]

Beide Untersuchungen haben überdies geprüft, ob die Beziehungen zwischen Steuerungsintensität und Projekterfolg unabhängig vom Innovationsgrad gelten. Die Antwort ist eindeutig: Der Innovationsgrad spielt keine Rolle.

(4) Die Untersuchung von *Lewis et al.* geht einen Schritt weiter. Nach ihren Befunden hat sich eine Mischung von klassischen Instrumenten des Monitoring mit partizipativer Führung als erfolgreich erwiesen. Gilt das nun auch in Projekten unterschiedlichen Innovationsgrades?

- Die **Kontrolle durch Vorgesetzte** wirkt in der Situation hoher technischer Unsicherheit positiv auf den Projekterfolg.
- Das **Monitoring**, insbesondere das der **Meilensteine**, hat eine besonders hohe positive Erfolgswirkung in den Fällen hoher technischer und wirtschaftlicher Unsicherheit. In der gleichen Situation hoher wirtschaftlicher Unsicherheit findet sich indessen zwischen Termineinhaltung und Meilenstein-Monitoring ein negativer Zusammenhang. Liegt hier eine umgekehrte Kausalität vor: Mehr Monitoring wegen der Terminverfehlungen?
- **Formelle Reviews** sind bei technischer Unsicherheit erfolgversprechend. Gleichzeitig ist aber die Beziehung zur Budgeteinhaltung negativ. Ebenfalls umgekehrte Kausalität: Mehr Reviews wegen der Budgetüberziehungen?

Lewis et al. ziehen folgenden Schluss[2]:

"When a project's science and technology is nebulous, formal reviews and directive control may provide teams with vital direction."

(5) *Weise* hat die Frage nach der moderierenden Wirkung des Innovationsgrades zunächst wieder **metaanalytisch** untersucht. Obwohl die Zahl der verbleibenden Studien relativ klein ist, lässt sich auch hier der moderierende Einfluss des Innovationsgrades belegen[3]:

Mit zunehmendem Innovationsgrad sinkt die positive Erfolgswirkung der formellen Prozess-Steuerung, sie wirkt sogar negativ.

In seiner **eigenen** empirischen Untersuchung kann *Weise* diese Befunde erneut bestätigen: Erweist sich die Prozess-Steuerung (Projektstruktur-, Meilenstein-, Ressourcenplanung, Kostenabschätzung und Dokumentation) in seiner Stichprobe von 136 Projekten zur Entwicklung von Hochtechnologie-Produkten insgesamt noch als erfolgsneutral, so wirkt sie bei Berücksichtigung des Innovationsgrades **ambivalent**:

---

1 *Bonner et al.* (2002), S. 242.
2 *Lewis et al.* (2002), S. 559 ff.
3 *Weise* (2005), S. 142.

"Formelle Prozess-Steuerung wirkt erfolgssteigernd bei niedriginnovativen und erfolgshemmend bei hochinnovativen Projekten"[1].

Die Befunde von *Weise* bestätigen damit unsere Hypothesen zum umgekehrt u-förmigen Verlauf und zum unterschiedlichen Niveau von Steuerungsintensität und Effizienz bei unterschiedlichen Innovationsgraden.

(6) *Shenhar/Dvir*[2] und *Shenhar*[3] machen darauf aufmerksam, dass man bei der Bestimmung des Innovationsgrades zwei Dimensionen trennen sollte. Sie unterscheiden

- nach der **Ungewissheit** vier Projekttypen: "Low-Tech", "Medium-Tech", "High-Tech", "Super High-Tech"; die Schichtung bezieht sich auf den **technologischen Neuigkeitsgrad**,
- nach dem **Systemumfang** ("Scope") drei Projekttypen: "Assembly", "System", "Array". Diese Schichtung bezieht sich auf die **Komplexität des Innovationsobjektes**. Bei Assembly-Objekten handelt es sich um Veränderungen oder Neuentwicklung einzelner Einheiten, z.B. Entwicklung neuer Produkte. Bei System-Objekten werden neuartige Teilsysteme zu einem neuartigen Ganzen kombiniert, z.B. bei der Neukonstruktion eines Flugzeuges. Bei Array-Objekten handelt es sich um großflächige Kombinationen neuartiger Systeme in einem Supersystem, z.B. ein neues Verteidigungssystem.

Bemerkenswert ist seine Beobachtung, dass der Grad der formalen Prozess-Steuerung offenbar stark von dem Systemumfang bestimmt wird: Er nimmt von Assembly- zu System-Objekten dramatisch zu und im Übergang zu Array-Objekten wieder ab[4]:

> "It seems that the second dimension, system scope, is mainly associated with extent of administrative issues and degree of formality of managerial processes. As scope increases, projects are managed with additional attention to planning, control, and coordination; they usually resort to a larger number of external sub-contractors, often use additional legal help, and are generally characterized by increased bureaucracy and documentation. Assembly projects are typically conducted within one internal group, in a rather informal way."

Shenhar vermutet, dass dieser Anstieg der Formalisierung auf die wachsende Zahl von Schnittstellen zurückzuführen ist. Das gilt insbesondere, wenn wirtschaftlich selbständige Partner bei der Innovation kooperieren. Da *Shenhar* zudem militärische System-Objekte betrachtet, dürfte ein zusätzlicher Einfluss staatlicher Stellen für die stärkere Formalisierung der Prozess-Steuerung gegeben sein. Unser Fallbeispiel "Schiff der Zukunft", in dem die öffentliche Hand ebenfalls einen erheblichen Einfluss hatte, illustriert *Shenhar's* Vermutungen.

---

1 *Weise* (2005)g525, S. 272.
2 *Shenhar/Dvir* (1996), S. 607 ff.
3 *Shenhar* (2001), S. 394 ff.
4 Ebenda, S. 411.

In der folgenden Darstellung werden wir die vorliegenden empirischen Befunde nach dem theoretischen Konzept ordnen, das wir im Abschnitt 11.3 entwickelt haben. Nach den vorangehenden Beobachtungen sollte zudem möglichst vermerkt werden, ob diese Befunde für radikale oder inkrementale Innovationen ermittelt wurden.

11.4.2 Wirkungen einzelner Instrumente der Prozess-Steuerung

11.4.2.1 Ergebnis- und Terminvorgaben: Meilensteine

(1) *Cardinal* betrachtet die Rolle von **Ergebnisvorgaben** bei der Hervorbringung neuer Pharmazeutika. Sie kann belegen, dass klar definierte Produktziele dadurch zur Effektivität beitragen, dass sie unzweideutige Kriterien für die Alternativenbeurteilung liefern. Dieser Befund gilt eindeutig für Neuprodukte, hingegen nicht für Verbesserungen vorhandener Produkte. Eine zusätzliche Outputorientierung besteht darin, dass die quantitative Leistung in besonderer Weise von der Unternehmensleitung gefördert und anerkannt wird[1].

(2) Die kombinierte Festlegung von Zwischenergebnissen und Zwischenterminen in der Form der **Meilensteinplanung ist ein überaus erfolgreiches Steuerungsinstrument** für innovative Prozesse[2]. *Eisenhardt/Tabrizi* zeigen sogar, dass der Erfolg (hier gemessen an der Prozessgeschwindigkeit) steigt, wenn die Zahl der Meilensteine wächst oder anders gesagt: wenn sich der zeitliche Abstand zwischen den Meilensteinen verringert[3]. Die Autoren liefern die interessante Begründung, dass mit den recht robust definierten Meilensteinen dem Prozess eine klar verständliche Struktur gegeben und zugleich auf feinsinnigere Planung einzelner Aktivitäten verzichtet werden kann.

(3) *Shenhar* untersucht in extensiven Fallstudien die Bedeutung von Prozess-Steuerungsinstrumenten in unterschiedlich definierten Innovationssituationen. An dieser Stelle verdient seine Beobachtung festgehalten zu werden, dass mit zunehmender Komplexität die **Anzahl der Meilensteine** ansteigt: Bei geringer Komplexität liegt sie zwischen 7 und 8, bei höherer Komplexität bei12 bis 13[4].

In einer Folgestudie aus dem gleichen Material belegen *Shenhar et al.*[5], dass die Objektdetaillierung in Verbindung mit Meilensteinplanung insbesondere in Projekten mit großer Ungewissheit erfolgreich ist.

(4) *Kessler/Chakrabarti* bestätigen diese Beobachtungen vor allem für Projekte mit hohem Innovationsgrad. Sie sehen die Ursache für den erfolgreichen Einsatz von Meilensteinplanungen vor allem darin, dass sie zwingen, die unüberschaubare Gesamtproblematik der Innovation zu strukturieren[6].

---

1 *Cardinal* (2001), S. 26 f., 28 f.
2 *Grün* (2005), S. 209.
3 *Eisenhardt/Tabrizi* (1995), S. 101 ff.
4 *Shenhar* (1998), S. 43.
5 *Shenhar et al.* (2002), S. 119, 121.
6 *Kessler/Chakrabarti* (1999), S. 238, 243.

(5) *Ernst* fasst die Vorgaben zu den Grundparametern in einem Faktor zusammen, den er "**prozessbegleitende Bewertung und Steuerung**" nennt. Er umfasst Vorgaben für Meilensteine, Kriterien für die Projektfortführung sowie die Steuerung des Prozesses der Neuproduktentwicklung. Bemerkenswert ist bei dieser Untersuchung, dass die Erfolgswirkung dieses Faktors von den Informanten auf der Projektebene besser beurteilt werden kann als von denen der Leitungsebene. Die Validität des Ergebnisses ist umso höher: Diese Management-Aktivität ist ein Erfolgsfaktor[1]. Interessanterweise handelt es sich dabei um eine **lineare Beziehung**. Im untersuchten Segment ließen sich umgekehrt u-förmige Zusammenhänge nicht nachweisen.

Meilensteine geben dem Prozess eine klare und begreifbare Struktur. Sie eröffnen den Akteuren Handlungsautonomie, motivieren sie und bewirken Selbstkoordination.

11.4.2.2 Vorgabe des finanziellen Rahmens: Budgets

(1) Die Wirkungen von Budgetvarianten als Instrument der Prozess-Steuerung ist verhältnismäßig **selten untersucht** worden. Das ist insofern überraschend, als gerade dieses Steuerungsinstrument akademischen Forschern in leidvoller Strenge bewusst ist. In einer leider unzureichend dokumentierten Untersuchung findet *Bart* Belege dafür, dass Knappheit von Budgets ("tightness of a subordinate's budget") für den Produkterfolg irrelevant ist[2].

(2) Eindeutiger sind die Befunde von *Tatikonda/Rosenthal*: Sie prüfen die Beziehung zwischen der Flexibilität bei der Allokation von Ressourcen und dem Projekterfolg. Diese **Ressourcenflexibilität** wird durch die Freiheitsgrade bestimmt, die das Projektmanagement bei der Verwendung finanzieller, personeller und Sachmittelressourcen hat. Die Beziehung ist eindeutig positiv. Das gilt auch, wenn man Projekte unterschiedlicher Priorität und unterschiedlichen Innovationsgrades in die Betrachtung einbezieht[3].

Flexible Handhabung von Budgets steigert die Effizienz des Innovationsprozesses.

(3) *Shenhar et al.*[4] machen schließlich darauf aufmerksam, dass die Prozess-Steuerung über Budgets und ihre Kontrolle offenbar eher bei **Projekten niedriger Ungewissheit** von Bedeutung ist.

---

1 *Ernst* (2001), S. 308.
2 *Bart* (1999), S. 407 f., ähnlich der Befund von *Davila* (2000), S. 403.
3 *Tatikonda/Rosenthal* (2000), S. 415.
4 *Shenhar et al.* (2002), S. 119, 121.

11.4.2.3 Ablaufvorgabe durch Phasengliederung

Wenn - wie für die Phasengliederung von Projekten - nicht nur unzählige, sondern äußerst vielfältige Gestaltungsvorschläge vorliegen, wenn jedes Lehr- und Handbuch des Projektmanagements ein eigenes Kapitel dazu präsentiert, wenn sich schließlich diese Aufmerksamkeit auf Dauer erhält, dann darf vermutet werden, dass es sich um ein praktisch in höchstem Maße bewährtes Instrument der Prozess-Steuerung handelt. Die Frage scheint allenfalls zu sein, ob das auch für Innovationsprozesse gilt. **Beeinflusst eine Ablaufvorgabe nach einem verrichtungsdefinierten Phasenkonzept die Effizienz von Innovationsprozessen**?

Die akademische Diskussion wird schon seit 1968 unter dem Stichwort "Phasentheorem"[1] geführt. Existenz- und Effizienzbehauptungen dieses Phasentheorems sind vielfach empirisch geprüft worden.

(1) *Witte* testete unterschiedliche Varianten des Phasen-Theorems mit unterschiedlichen Messkonzepten, in unterschiedlichen Zeitrastern, unter Einschluss unterschiedlicher Entscheidungsträger, für die Gesamtentscheidung und für einzelne Teilentscheidungen am Beispiel von 233 Erstbeschaffungen von EDV-Anlagen.

In keinem dieser unterschiedlichen Testansätze ließ sich eine Phasengliederung der Innovationsentscheidung belegen.

Mintzberg et al. kommen in ihrer Untersuchung von Entscheidungsprozessen zu ähnlichen Resultaten[2].

Wittes Befunde wurden in anderen empirischen Feldern erneut überprüft und immer wieder bestätigt[3]. Maßgeblich für diese Befundlage ist die Tatsache, dass die so genannte **"Bündelungsbehauptung" des Phasentheorems falsch** ist. Sie verlangt, dass in einem bestimmten Prozessabschnitt alle Verrichtungen der gleichen Art zusammenzufassen sind, oder negativ: Sie schließt aus, dass bestimmte Verrichtungen in mehr als einer Phase auftreten. Tatsächlich finden permanent Wiederholungen von Tätigkeiten statt, weil der Problemlösungsprozess nicht linear, sondern in vielen rekursiven Schleifen verläuft.

Nach dieser **weithin übereinstimmenden Widerlegung des Phasentheorems** könnte man die Akte über diese "graue" Theorie schließen. Die intensive Beschäftigung mit diesem Konzept hat aber erkennen lassen, dass es Alternativen zu dem traditionellen Phasenkonzept gibt, durch die das tatsächliche Handeln in Entscheidungs- und Durchsetzungsprozessen wesentlich besser abgebildet werden kann. Es gibt sogar Hinweise darauf, dass diese **alternativen Prozessgliederungsmodelle** zu besseren Ergebnissen führen.

---

1 *Witte* (1968), S. 625 ff.

2 *Mintzberg et al.* (1976), S. 246 ff.

3 *Klümper* (1969), *Wiegele* (1977), *Pelz* (1983), *Nutt* (1984), *Köhler/Tebbe* (1985), *Petersen* (1988).

(2) In unseren theoretischen Erwägungen wurde eine gemischt objekt-/verrichtungsdefinierte Ablaufvariante vorgestellt (Kasten 11.5). Danach wird in bestimmten Abschnitten des Gesamtprozesses eher nach der Verrichtungsorientierung, in anderen wieder nach der Objektorientierung verfahren. In einer Serie von jeweils vier aufeinander folgenden Experimenten mit insgesamt 103 Versuchspersonen haben *Hauschildt/Petersen* Folgendes beobachtet[1]:

- Die beobachteten Individuen gingen in der Innovationssituation tatsächlich eher nach dem Phasen-Konzept vor.
- Mit zunehmender Routinebildung, d.h. bei Wiederholung des Arbeitsprozesses, wird die Verrichtungsorientierung aber ständig verringert, und die Objektorientierung nimmt erheblich zu.

Mit zunehmender Erfahrung im Umgang mit den Objekten löst man sich vom Phasen-Theorem. Die reine Verrichtungsorientierung ist allenfalls die Organisationsform der ersten Stunde.

Interessant ist nun vor allem, dass sich zunehmend die in Kasten 11.5 als Typ 3 dargestellte **Mischform** herausbildet: Zunächst erfolgt eine konzentrierte Informationsbeschaffung (entsprechend der Verrichtungsorientierung), dann werden die Teilobjekte nacheinander bearbeitet (entsprechend der Objektorientierung), und zum Schluss erfolgt die zusammenfassende Beurteilung (wieder entsprechend der Verrichtungsorientierung). **Diese Variante der Ablauforganisation lieferte dann auch die besten Resultate**.

In diesen Experimenten wurden Individuen beobachtet und keine Gruppen. Daher konnte die in Kasten 11.5 dargestellte Parallelarbeit nicht beobachtet werden. Die Individuen bearbeiteten die unterschiedlichen Objekte sequentiell, das aber jeweils mit unterschiedlichen Verrichtungen.

Ob sich aus derartigen Experimenten mit studentischen Versuchspersonen zum Informationsverhalten in Analyseprozessen weitreichende Konsequenzen für die Gestaltung des Ablaufes von Innovationsprozessen ableiten lassen, mag zu Recht bezweifelt werden. Aber sie fügen den vielfachen Überprüfungen die Facette hinzu, dass eine **Mischung von Verrichtungs- und Objektdefinition** bei der Ablaufvorgabe mindestens genauso intensiv zu prüfen ist wie die reine Verrichtungsgliederung nach einem Phasenkonzept.

Wer unverdrossen an verrichtungsdefinierten Phasengliederungen der Ablaufvorgabe festhält, zeigt einen Mangel an Professionalität.

---

1 Vgl. *Hauschildt/Petersen* (1987), S. 1056 ff.

11.4.2.4 Formalisierung der Informationstätigkeit

Das offenkundige **Spannungsfeld zwischen Kreativität und Formalisierung** hat die Forschung fasziniert.

(1) *Bart* geht auf folgende Aspekte der Formalisierung ein: **Existenz von Regeln und Verfahrensvorschriften, Umfang schriftlicher Instruktion, Häufigkeit der Berichterstattung**. Leider werden die Operationalisierungen nicht dokumentiert. Das erste der drei Formalisierungsinstrumente korreliert signifikant positiv mit dem Prozesserfolg[1]. Für die anderen Instrumente zeigen sich Nicht-Befunde. Die geringe Zellenbesetzung mindert den Wert dieser Feststellungen.

(2) In der Untersuchung von *Cardinal* in 57 Unternehmen der pharmazeutischen Industrie ist branchenbedingt eine höhere Formalisierung des Forschungs- und Entwicklungsprozesses zu erwarten. Der Befund entspricht diesen Annahmen, jedenfalls für die Entwicklung neuartiger Pharmazeutika:

Hohe Formalisierung durch schriftliche Regeln und Verfahrensvorschriften korreliert mit hoher Zahl neuartiger Produkte.

(3) Ein differenzierteres Bild liefert die Untersuchung von 121 Projekten aus 13 F&E-Einheiten einer Großunternehmung von *Sicotte/Langley*. Die Projekte befassten sich mit Problemstellungen aus höchst unterschiedlichen naturwissenschaftlich-technischen Disziplinen. Die Autorinnen untersuchten explizit den Einfluss von **Planung und Prozessgliederung** ("Planning and process specification") auf den Projekterfolg (Effektivitäts- und Effizienzvariablen). Im Einzelnen fragten sie nach dem Vorhandensein von Meilensteinen, Objektgliederung (**"work-breakdown-structure"**), **Netzplantechnik** und nicht zuletzt nach der **Planung des finanziellen Erfolgs**. Im ersten Testansatz korreliert Planung und Prozessgliederung hoch mit dem Projekterfolg[2]. Aber diese Beziehung wird durch eine andere Variable mediatisiert, durch **horizontale Kommunikation** außerhalb der vertikalen Vorgesetzten-/Untergebenen-Kommunikation. Diese Variable beschreibt das Ausmaß ungebundener, freier Informationsflüsse, face-to-face-Kommunikation in Kommissionen, Vertrauen in die Informationspartner[3]. *Sicotte/Langley* ziehen folgende Schlussfolgerung:

> "In conclusion, we suspect that softer and more unpredictable management skills need to be combined with formal integration mechanisms to optimize the innovative capability of R&D project groups".[4]

Die produktive Kraft der Prozess-Steuerung entfaltet sich im Zusammenwirken der formalen mit der informalen Informationsaktivität.

---

[1] *Bart* (1999), S. 407 f.
[2] *Sicotte/Langley* (2000), S. 18.
[3] Zum gleichen Ergebnis kommen *Hirst/Mann* (2004), S. 154 f.
[4] *Sicotte/Langley* (2000), S. 32.

(4) Den stärksten Einfluss einer "**Formality**" auf den Projekterfolg (gemessen an der Zielerfüllung für Qualität, Kosten und Zeit) können *Tatikonda/Rosenthal* in ihrer Untersuchung von 120 Projekten aus 57 (vornehmlich wissensbasierten) Unternehmen nachweisen: Sie fragten nicht nur nach der **formalen Existenz** von Regeln, Verfahrensvorschriften, Formularen, sondern auch nach deren **tatsächlicher Nutzung** und nach der Häufigkeit der Prüfung des Verfahrensfortschritts, beziehen also schon ein Element des Monitoring in den Faktor "Formality" ein. Die Ergebnisse sind völlig eindeutig: Durchgängig korreliert dieser Faktor positiv mit den drei Variablen des Prozesserfolgs[1]. Allerdings sollte vermerkt werden, dass sich diese Untersuchung bewusst auf die **Durchführungphase** des Projektes und nicht auf seine Planungsphase ("Fuzzy front end") bezieht. Für die kreative Frühphase gilt das nach den Befunden von *Troy et al.* nicht[2].

11.4.2.5 Begleitende Prozess-Kontrolle: Monitoring

Fast alle diesbezüglichen empirischen Unersuchungen sind amerikanischen Ursprungs. Daher übernehmen wir auch den Begriff "Monitoring" aus dem amerikanischen Sprachgebrauch. Es geht dabei um die Abweichungen zwischen Soll und Ist, konkret: um die Unterschiede zwischen realisiertem Zustand und den vorgegebenen Werten zu den Grundparametern Qualität, Zeit, Kosten und Reihenfolgen. Dabei geht man in drei Schritten vor:

- **Laufende Ermittlung der Abweichungen** zwischen Soll und Ist als Aufgabe einer Stelle mit Kompetenz zur Erfassung der entsprechenden Informationen[3],
- "**Review**": Laufende Diskussion dieser Abweichungen mit dem Verursacher,
- **Bewertung** der Abweichungen und laufende Veranlassung möglicher Korrekturen.

Bei dieser Betrachtung ist Monitoring ein recht formales Verfahren, das tendenziell eher einer Welt der bürokratischen Kontrolle und einer mechanistischen Managementkultur zu entstammen scheint. Es dient der nachträglichen Koordination.

(1) Die Prozess-Kontrolle könnte sich auf die Kontrolle des Ergebnisses beschränken ("**Resultatkontrolle**"), sie kann sich aber auch auf die Aktivitäten erstrecken, die zur Erreichung dieses Ergebnisses führen ("**Verfahrens- oder Verhaltenskontrolle**"). Die Kontrolle kann durch den Handelnden selbst ("**Selbstkontrolle**") oder durch eine andere Person, etwa den Vorgesetzten oder eine spezielle Kontrollinstanz, vorgenommen werden ("**Fremdkontrolle**")[4].

---

1 *Tatikonda/Rosenthal* (2000), S. 414, ähnlich *Tatikonda/Montoya-Weiss* (2001), S. 164, mit vermutlich derselben Stichprobe.

2 *Troy et al.* (2001), S. 95.

3 *Balachandra et al.* (1996), S. 249 f.

4 *Littkemann* (2005), S. 42 ff.

Kombiniert man diese Varianten, stellt sich die Frage nach dem höchsten Einfluss auf den Erfolg.

Henderson/Lee[1] geben Antworten auf diese Frage durch eine Untersuchung von 310 Mitgliedern aus 41 IT-Design Teams. Das Ergebnis ist eindeutig:

Erfolgreich ist eine doppelte Kombination: Verhaltenskontrolle als Fremdkontrolle durch das Management und Resultatkontrolle als Selbstkontrolle durch die Teammitglieder.

Bemerkenswert ist die Beobachtung, dass die beiden Kontrollvarianten keine Gegensätze darstellen, sondern durchaus nebeneinander existieren. Kontrolle ist offenbar nicht nur eine gestrenge Überprüfung der Leistung, sondern zugleich Anknüpfungspunkt für Hilfestellung, Klärung von Missverständnissen und gemeinsames Nachdenken über einen besseren Weg.

(2) Diese Einsichten werden durch die Befunde von *Lewis et al.* im Kern bestätigt und zugleich verfeinert. *Lewis et al.* fragen nach Kontrollstilen. Indem sie die Kontroll- und Evaluierungstechniken mit dem Monitoring-Konzept zusammenfassen, bestimmen sie das Modell eines "**Planned Style**". Als Kontrastmodell formulieren sie einen "**Emergent Style**", der eher auf einem organischen Management-Verständnis beruht. Kasten 11.11 enthält eine Gegenüberstellung der Attribute beider Stile[2].

Der "**Emergent Style**" verlangt eine nähere Kennzeichnung. Ihm liegt ein **dynamisches**, ein **pädagogisches Konzept** zugrunde. Das Monitoring dient der Entwicklung der Fähigkeiten, des Wissens und der Ausrichtung der Beteiligten auf das Projekt. Es soll zugleich einer einseitigen Sicht vorbeugen. Es soll dem Team Autonomie geben und die Fähigkeit zur Selbstbeurteilung vermitteln. Die Koordination erfolgt vorausschauend.

Lewis et al. vergleichen in ihrer Untersuchung diese zwei Stile des Projektmanagements. Sie vermuten, dass der "Emergent Style" die **technische Wissensbasis vergrößert** und damit zum wirtschaftlichen Projekterfolg führt, während der "Planned Style" durch strengere Beachtung von Zeit- und Kostenzielen die **Effizienz verbessert** und dadurch den wirtschaftlichen Projekterfolg erhöht. Sie betrachten diese Stile als "interrelated", also durchaus als gleichzeitig und abgestimmt praktizierbar. Sie fragen schließlich, ob sich die relative Bedeutung dieser Monitoring-Konzepte im Laufe des Projektes verändert.

---

1 *Henderson/Lee* (1992), S. 757, insbes. 770 ff.

2 *Lewis et al.* (2002), S. 548 ff.

Kasten 11.11: Contrasting Styles of Project Management (*Lewis et al.*)

Emergent Style		**Planned Style**
Monitoring Understandings		*Monitoring Milestones*
Tracking emergent project skills, knowledge, and focus	⇐ **Monitoring** ⇒	Comparing progress to predetermined standards and goals
Information Gathering		*Formal Review*
Boundary spanning and environmental scanning by team members	⇐ **Evaluation** ⇒	Systematic assessment of project by top managers and/or review board
Participative Control		*Directive Control*
Team autonomy, discretion, and decision making accountability	⇐ **Control** ⇒	Close managerial involvement in project details, feedback, and adjustments

Quelle: *Lewis et al.* (2002), S. 549

Dieses ambitionierte Konzept wird anhand von 80 Neuproduktentwicklungen in einer Großunternehmung der Chemischen Industrie überprüft. Die Ergebnisse sind überraschend[1]:

- **Formelle Reviews und Kontrolle durch Vorgesetzte** ("directorial") als Elemente des "Planned Style" erweisen sich insbesondere für die Verbreiterung der Technischen Wissensbasis als bedeutsam.
- **Partizipative Führung** als Element des "Emergent Style" korreliert mit der Erfüllung wirtschaftlicher Ziele. Völlig unerwartet finden sich bei diesem Führungsstil auch die besten Ergebnisse für die Einhaltung der Termine und nicht etwa bei der Formalkontrolle der Meilensteine.
- **Formelle Reviews** korrelieren negativ mit der Einhaltung der Budgetvorgaben. Hier könnte eine Umkehrung der Kausalität im Spiel sein: Eine erkennbar werdende Budgetüberschreitung veranlasst zur Intensivierung der Kontrolle.
- Die **Bedeutung** der Instrumente der Prozess-Steuerung **nimmt im Laufe des Projektes ab**. Das gilt für beide Stile. Lediglich die partizipative Führung mit relativ großer Team-Autonomie wird über die betrachteten Messzeitpunkte mit gleicher Intensität praktiziert.

So inspirativ die Unterscheidung des "Emergent Style" vom "Planned Style" auch ist, in der nicht weiter differenzierten Prüfung erweist sie sich als wenig bedeutsam. Die Ergebnisse belegen vielmehr, dass eine **Mischung beider Stile** am besten geeignet ist, die Effektivitäts- und Effizienzanforderungen zu erfüllen:

---

[1] *Lewis et al.* (2002), S. 558 ff.

Die klassischen Instrumente des Monitoring - formelle Reviews und Kontrolle durch Vorgesetzte - in Verbindung mit partizipativer Führung zur Steigerung von Motivation und Kreativität erweisen sich als erfolgversprechende Instrumente der Prozess-Steuerung.

11.4.3 Innovationsgrad und kombinierte Wirkungen der Steuerungsinstrumente

Die Ausführungen zu den einzelnen Instrumenten der Prozess-Steuerung haben verschiedentlich anklingen lassen, dass in der **Verbundwirkung mehrerer Instrumente** besondere Effekte erwartet werden können: Gibt es unterschiedliche **"Stile" der Steuerung** von Innovationsprozessen? Sind sie unterschiedlich wirksam? Sind sie möglicherweise nach unterschiedlichen Innovationsgraden zu differenzieren?

(1) Zum Verbund von Steuerungsaktivitäten in Innovationsprozessen liegen zwei ältere deutsche Studien vor:

- *Joost*[1] bestimmt die organisatorischen Aktivitäten bei 191 Erstentscheidungen zum Computer als formale Ordnung von **Arbeitsinhalt, Arbeitszeit und Arbeitszuordnung** (Kompetenzerteilung für bestimmte Personen).
- *Uhlmann*[2] untersucht unter dem Stichwort "Objekt der Kontrolle" die Steuerungsaktivität in 208 Innovationsprozessen der Energiewirtschaft und bezieht sich dabei auf die Dimensionen: **Zeit und Arbeitsinhalt (Lösungswege) sowie Häufigkeit der Fortschrittskontrolle**.

In beiden Untersuchungen wird der Zusammenhang der Steuerungsinstrumente durch Faktorenanalysen belegt. Die Ergebnisse deuten in die gleiche Richtung:

Die einzelnen Steuerungsinstrumente treten in aller Regel im Verbund auf.

In Innovationsprozessen kommt es in erheblichem Umfang zur Kombination der Aktivitäten der Prozess-Steuerung. Sie richten sich in erster Linie auf Termine und Zwischenergebnisse, überdies auf ihre strukturierte Kontrolle während des Prozesses.

Wenn in Innovationsprozessen überhaupt gesteuert wird, dann relativ gleichartig und gleich intensiv: Wer steuert, der steuert konsequent.

1 *Joost* (1975), S. 32 f.
2 *Uhlmann* (1978), S. 132.

Die neueren Studien begnügen sich mit dieser Feststellung nicht. Sie fragen nach Spielarten der Steuerung und wollen unterschiedliche Wirkungen nachweisen. Sie wollen überdies den Einfluss des Innovationsgrades berücksichtigen.

(2) *Eisenhardt/Tabrizi* unterscheiden zwei Steuerungsmodelle[1]:

- Das "**Compression Model**" geht von der Vorstellung aus, der Innovationsprozess bestehe aus einer vorhersagbaren Abfolge wohldefinierter Schritte. Um diesen Prozess zu beschleunigen, sollten Teilprozesse auf Lieferanten ausgelagert, CAD-Techniken eingesetzt, multifunktionale Teams gebildet und Prämien für Zeiteinhaltung gewährt werden. Dieses Modell sei einer Situation mit relativ **hoher Sicherheit** angemessen.
- Das "**Experiental Model**" gelte demgegenüber eher in Situationen relativ **hoher Unsicherheit**. Seine Kennzeichen seien vielfache Iterationen und Tests während des Prozesses. Nur sie ermöglichen den Weg "through foggy and shifting markets and technologies"[2]. Mit der Zahl der Testdurchläufe wachse zwangsläufig die Zahl der Meilensteine. Notwendig sei überdies eine einflussreiche Führungspersönlichkeit.

Der empirische Test dieses Konzepts in 72 Unternehmen der Computerindustrie liefert überraschende Ergebnisse[3]:

- **Entgegen der Erwartung** verkürzen die Elemente des Compression Models - rigide Planung, Verwendung von CAD-Techniken und Auslagerung von Teilprozessen auf Lieferanten - die Projektlaufzeit **nicht**. Lediglich der Einsatz funktionenübergreifender Teams steigert das Entwicklungstempo.
- **Hingegen bestätigen sich die Erwartungen**, die aus dem Experiental Model abgeleitet wurden: Eine vielfache Iteration, verbunden mit entsprechend häufigen Tests und mächtiger Projektleitung beschleunigen den Prozess. Man fühlt sich an das geflügelte Wort erinnert: "**Probieren geht über Studieren**". Diese Effekte zeigen sich **insbesondere bei größerer Unsicherheit** der technologischen und marktspezifischen Verhältnisse.

Die zusammenfassende Schlussfolgerung[4] lautet:

"Fast product development emerges as more uncertain than pre dictable, more experiental than planned, and more iterative than linear."

Die Vorstellung ist nicht unpopulär, dass Kreativität in einer chaotischen Umgebung besser gedeihe als in einer geordneten. Die Forschung hat im letzten Jahrzehnt demgegenüber zunehmend Hinweise dafür gebracht, dass **Innovati-**

1 *Eisenhardt/Tabrizi* (1995), S. 88 ff.
2 Ebenda, S. 94., ähnlich *von Hippel/Tyre* (1995), S. 2.
3 *Eisenhardt/Tabrizi* (1995), S. 101.
4 Ebenda, S. 104.

onstätigkeit durchaus in geordneten Bahnen erfolgen kann und das erfolgreich. Aber man sollte genauer hinsehen:

- Die Versuche, unterschiedliche Stile der Steuerung empirisch zu bestätigen, sind bisher nicht erfolgreich, solange sich immer noch im Hintergrund das "mechanistisch-organische" Paradigma hält. Auch die Befunde zur Prozess-Steuerung raten, endlich von dieser Schwarz-Weiß-Konzeption abzulassen.
- Es ist vielmehr die Mischung von straffer Prozess-Steuerung mit gleichzeitiger Gewährung von Autonomie, die Erfolg verspricht.
- Insbesondere eine klare Vorgabe von Zwischenergebnissen und Zwischenterminen in Meilensteinen richtet das Handeln der Beteiligten klar und robust aus. Hingegen scheint eine strengere Ablaufvorgabe für das Handeln nicht möglich oder nicht erfolgversprechend zu sein. Es wird trotz umfänglicher literarischer Fundierung offenbar nicht praktiziert.
- Formalisierung, Schriftlichkeit, Dokumentation sind nicht innovationshinderlich. Sie geben dem Prozess Struktur, dokumentieren die Urheberschaft, präzisieren die persönliche Verantwortung und ergänzen die Review-Tätigkeit bei der Meilensteinüberwachung.
- Die formale Kontrolle des Projektfortschritts durch Vorgesetzte ist nützlich. Dem widerspricht nicht, dass gleichzeitig partizipativ geführt wird.
- Diese Beobachtungen gelten offenbar unabhängig vom Innovationsgrad des Projektes. Hier besteht unseres Erachtens noch am ehesten weiterer Forschungsbedarf, denn die vergleichende Messung des Innovationsgrades ist bisher wenig befriedigend.

Nur in zwei Untersuchungen werden nicht-lineare Beziehungen geprüft[1] - und das ohne Erfolg. **Die Realität hat sich offenbar bereits in einer optimalen Zone der Steuerungsintensität eingependelt**. Das eine Extrem - Steuerung über "das" Endergebnis und "den" Endtermin - ist schlicht unrealistisch. Das andere Extrem - Feinsteuerung des Handelns durch strenge Regelung von Abfolgen und Terminen, wie z.B. in detaillierten, kosten- oder zeitoptimierten Netzplänen, - wurde ebenfalls nicht beobachtet. Hier hat man in der Praxis möglicherweise experimentiert und die Effizienz in der Innovationssituation bezweifelt. Vielleicht hat eine solche Feinsteuerung eine höhere Bedeutung **im zeitlichen Nahbereich**, also im Zeithorizont weniger Monate, nicht aber für das Gesamtprojekt mit einer Laufzeit von mehreren Jahren.

---

1 *Eisenhardt/Tabrizi* (1995), S. 102, *Ernst* (2001), S. 308.

11.5 Einzelne Gestaltungsansätze

Die Literatur zum Projektmanagement hat eine generelle Eigenschaft: Die Schriften sind sehr umfänglich. Eine frühere Messung des durchschnittlichen Seitenumfangs von einschlägigen Büchern ergab einen Wert von über 500 bei einer Standardabweichung von 270 Seiten. Angesichts dieser beeindruckenden Dokumentation von konzeptionellen Entwürfen, von praktischen Erfahrungen, von erprobten Vorschlägen, aber auch von spekulativen Skizzen wird unser Versuch, die Gestaltungsansätze auf wenigen Seiten zusammenzufassen, als vergebliches Bemühen eingestuft werden müssen. Aber die vorangehenden theoretischen Erwägungen und empirischen Befunde lassen Skepsis aufkommen, ob vieles von dem, was als Projektmanagement-Wissen angeboten wird, auch in innovativen Situationen mit Erfolg verwendet werden kann. Die folgenden Darlegungen sollen einige **Leitlinien für die Beurteilung von Gestaltungsvorschlägen** liefern und damit die Lektüre der genannten Quellen aus der Perspektive des Innovationsmanagements erleichtern.

Dabei macht es einen **Unterschied**, ob die Steuerung auf kreative Prozesse im Bereich **Forschung und Entwicklung** oder auf **andere Innovationsprozesse** ausgerichtet ist. In Unternehmen, die regelmäßig Forschung und Entwicklung betreiben, haben kreative Tätigkeiten trotz aller Neuartigkeit in großen Zügen einen stärker routineartigen Charakter. Die Forschungs- und Entwicklungsabteilungen sind eigene Betriebe im Betrieb, die zwar nach ganz anderen Regeln geführt werden als andere operative Abteilungen. Unstrittig ist aber, dass die Prozess steuernden Instanzen in den Forschungs- und Entwicklungsabteilungen auf ein größeres Repertoire von Planungstechniken zurückgreifen können als Instanzen, die andere Innovationsprozesse steuern[1].

Die Komplexität und die Ungewissheit von Innovationen außerhalb von Forschung und Entwicklung verlangen sehr viel **robustere Instrumente**, die bei den allfälligen Störungen nicht stets eine völlig neue Programmierung oder Formulierung verlangen. Feinsinnige Instrumente wären unwirtschaftlich, wenn sie die Aufmerksamkeit der Beteiligten von ihrer Sacharbeit ablenken und auf die Planungs- und Programmierarbeit der Prozessorganisation umlenken würden[2].

Die theoretischen Erwägungen und die empirischen Befunde haben die Ansatzpunkte für die Steuerung innovativer Prozesse deutlich werden lassen: Bestimmung von End- und Zwischenergebnissen, Fixierung von End- und Zwischenterminen, Festlegung des finanziellen Rahmens, Herstellung von homogenen Informationsständen, horizontale Kommunikation, Schnittstellenmanagement, Kontrolle der Vorgaben - aber eben nicht: Vorgabe von Lösungsmethoden[3].

---

1 *Mellerowicz* (1958b), S. 92 f.

2 *Souder* (1987), S. 235.

3 Vgl. auch *Gerpott/Winzer* (1996), S. 131 ff., siehe den ausführlichen Überblick bei *Katz et al.* (2005), S. 49.

Mit diesen Anforderungen vor Augen wollen wir die wichtigsten Methoden des Projektmanagements daraufhin klassifizieren, in welchem Ausmaß sie der Komplexität von Innovationsproblemen entsprechen.

11.5.1 Varianten der Ablaufregelung

Ob die Polaris-Rakete im Jahre 1958 eine Innovation war, mag Militärhistoriker interessieren. Für Betriebswirte war es unstrittig eine Innovation, dass zur Entwicklung dieser Militärtechnik eine neue Planungstechnik verwendet wurde, die 11 000 Auftragnehmer zu koordinieren vermochte und gegenüber den traditionellen Ansätzen noch eine Zeitersparnis von ca. zwei Jahren erbrachte[1]: "Program Evaluation and Review Technique" (PERT). Sie und die fast gleichzeitig entstandene "Critical Path Method" (CPM) lösten eine intensive Beschäftigung mit den **Methoden der Netzplantechnik** in Praxis und Wissenschaft aus. Die Fülle der Varianten von Netzplänen ist erheblich. Einen guten Überblick gibt *Schwarze*[2].

Auf den ersten Blick scheinen Netzpläne das ideale Instrument der Steuerung eines komplexen Prozesses zu sein, verlangen sie doch seine geistige Durchdringung nach einem klaren Konzept[3].

(1) Vorgangsanalyse

Das Projekt ist in einzelne Vorgänge und Ereignisse zu zerlegen. **Vorgänge** sind Aktivitäten (Verrichtungen an Objekten), die jeweils zu einem **Ereignis** (auch: Ergebnis, Resultat) führen. Die Vorgangsanalyse orientiert sich dabei vorzugsweise an den Objekten, d.h., sie stellt den Prozess als eine Bearbeitung einzelner Objektgruppen, Einzelobjekte oder Teilobjekte dar. Diese Objektzerlegung ("work breakdown structure") folgt bei technischen Projekten zumeist einer funktionsanalytischen Vorgehensweise[4]. Ergebnisse sind einzelne "Arbeitspakete", "Systemkomponenten" oder "Aufgabenmodule". Diese getrennt zu bearbeitenden Komponenten sind schließlich wieder zusammenzuführen. Notwendiger Bestandteil der Vorgangsanalyse ist somit immer auch die Integration der Komponenten[5].

Die Vorgangsanalyse wird in **Vorgangslisten** dokumentiert, die die geplanten Aktivitäten der Tatsache nach enthalten.

(2) Strukturanalyse

Die Vorgänge sind sodann **nach ihrer sachlichen und zeitlichen Abhängigkeit** zu ordnen. Diese Ordnung folgt stets der Frage, welche Vorgänge **notwendige** Voraussetzungen für einen bestimmten Vorgang sind. "Notwendig" heißt in

---

1 *Zimmermann* (1980), Sp. 1379.
2 *Schwarze* (1982), S. 153 ff.
3 *Dean/Chaudhuri* (1980), S. 215 ff.
4 Siehe z.B. *Hubka* (1976), S. 84 ff.
5 *Boutellier/Biedermann* (2005), S. 646 f.

diesem Zusammenhang: Erst wenn das Ergebnis dieser vorangehenden Vorgänge vorliegt, kann mit den nachfolgenden Vorgängen begonnen werden. Die Notwendigkeit wird bei technologischen Innovationen in der Regel durch technische Sachzwänge bestimmt. Wo derartige technische Sachzwänge aber nicht oder nur vermeintlich gegeben sind, birgt die Festlegung von Reihenfolgen nicht unerhebliche Probleme:

- So kann *Grün*[1] in seinen Fallstudien belegen, dass die frühe Festlegung einer Basiskonfiguration (z.B. Zeltdach für das Münchner Olympia-Stadion) fortlaufend zu effizienzmindernden Anpassungsprozessen führte.
- *Barthel*[2] zeigt, dass vermeintlich technische Zwangsläufigkeiten durch Traditionen, historische Bindungen und durch soziale Gegebenheiten überformt sind, z.B. deutlich bei der Beibehaltung der QWERTY-Tastatur in Schreibsystemen. Derartige Bindungen werden ohne Beachtung der Prozesseffizienz weitergeführt.

Nebenergebnis dieser Reihenfolgeplanung ist die Feststellung derjenigen Vorgänge, die parallel bearbeitet werden können, weil ihre Ergebnisse erst in einem späteren Vorgang wieder zusammengeführt werden müssen. Hier liegt der Ansatzpunkt für die vielfältigen Maßnahmen der **Parallelisierung von Innovationsaktivitäten**, wie sie unter dem Stichwort des "Simultaneous Engineering" oder "Concurrent Development" vor allem zur Senkung von Entwicklungszeiten vorgeschlagen werden.

Die Strukturanalyse führt zu **Sequenzen**, die lediglich die Vorgänge in ihrer technologisch bedingten Abhängigkeit ordnen.

(3) Zeitanalyse

Sodann ist der **Zeitbedarf** für die einzelnen Vorgänge zu schätzen. Diese Zeitangaben sind im CPM-Konzept deterministisch, im PERT-Konzept stochastisch. Stochastische Zeitschätzungen können auf unterschiedlichen Verteilungstypen basieren.

(4) Kapazitätsanalyse

Bei der Bearbeitung der Vorgänge werden Personen, Material und Betriebsmittel kombiniert. Da diese **Produktionsfaktoren** nicht unbegrenzt verfügbar und nur teilweise austauschbar sind, werden die Struktur- und die Zeitanalyse durch die ermittelten Kapazitätsrestriktionen modifiziert.

(5) Zielanalyse

Es ist festzulegen, auf welches Ziel hin der Netzplan zu optimieren ist. Die klassischen Zielannahmen des CPM-Verfahrens richteten sich auf die **Minimierung der Projektdauer**. Zeit und Kosten sind aber partiell substituierbar, d.h. bei Akzeptanz höherer Kosten lassen sich Zeitgewinne erzielen. Daher richtet sich der ökonomische Kalkül auf die Bestimmung einer **kostenminimalen Projektdauer**. Wenn es möglich ist, über den Ansatz von Opportunitätskosten

---

1 *Grün* (2005b), S. 208, *Grün* (2004a), S. 322.

2 *Barthel* (2001), S. 54 ff.

die möglichen Ertragseinbußen bei zeitlichen Verzögerungen zu bestimmen, kann man formal das Zeitziel in das Kostenziel überführen.

(6) Optimierung

In der Optimierung werden die Analysen zusammengefasst und nach einem zu bestimmenden Algorithmus durchgerechnet. Im Ergebnis liegt die **optimale Reihenfolge der Vorgänge** vor, d.h. im Einzelnen Angaben über

- die Kette derjeniger Vorgänge, die - ausgehend vom Startereignis und endend beim Abschlussereignis - die insgesamt kürzest mögliche Dauer des Projektes ohne Pufferzeiten als "**kritischen Pfad**" bestimmen,
- diejenigen Vorgänge, die mit möglichst geringen Schlupfzeiten **parallel** zum kritischen Pfad vollzogen werden können,
- die **Start-** und **Abschlusstermine** für die einzelnen Vorgänge,
- die Nutzung von Engpasskapazitäten nach Zeitpunkten und Fristen, d.h. vor allem Zuordnung der Vorgänge zu **Menschen** und **Maschinen**.

Ihren Aufmerksamkeitswert haben Netzpläne nicht wegen der soeben geschilderten Konzeption der Analyse erreicht, sondern wegen ihrer **schaubildlichen Darstellung**. Netzpläne sind **gerichtete Graphen**, in denen zumeist die Vorgänge als Kanten (üblicherweise als **Pfeile**) und die Ereignisse als Knoten (üblicherweise als **Kreise** oder Kästchen) dargestellt sind. Der kritische Pfad lässt sich in diesem Netzwerk gut veranschaulichen. Aus der unterschiedlichen Länge der Kanten lässt sich auch der relative Zeitbedarf angeben. Bei Projektion auf eine Zeitachse lässt sich überdies die konkrete kalendermäßige Beanspruchung erkennen. In Kasten 11.12 sind Beispiele für derartige Darstellungsmöglichkeiten aufgeführt.

Trotz dieser unbestreitbaren Leistungen der Netzplantechnik für Analyse und Veranschaulichung von Projekten ist ihre **Nutzung für Innovationsprojekte in der Praxis umstritten**[1]. An dieser **Skepsis** hat auch eine exzellente Ausrüstung mit EDV-Hardware und -Software nicht viel geändert. Wie ist es zu begründen, dass ein scheinbar ideales Steuerungsinstrument vor derartigen **Akzeptanzproblemen** steht?

---

1 *Schelker* (1976), S. 224, *Liberatore/Titus* (1983), S. 968 ff., *Müller* (1989), S. 291 f.

Kasten 11.12: Varianten von Netzplänen (*Balderston et al.*)

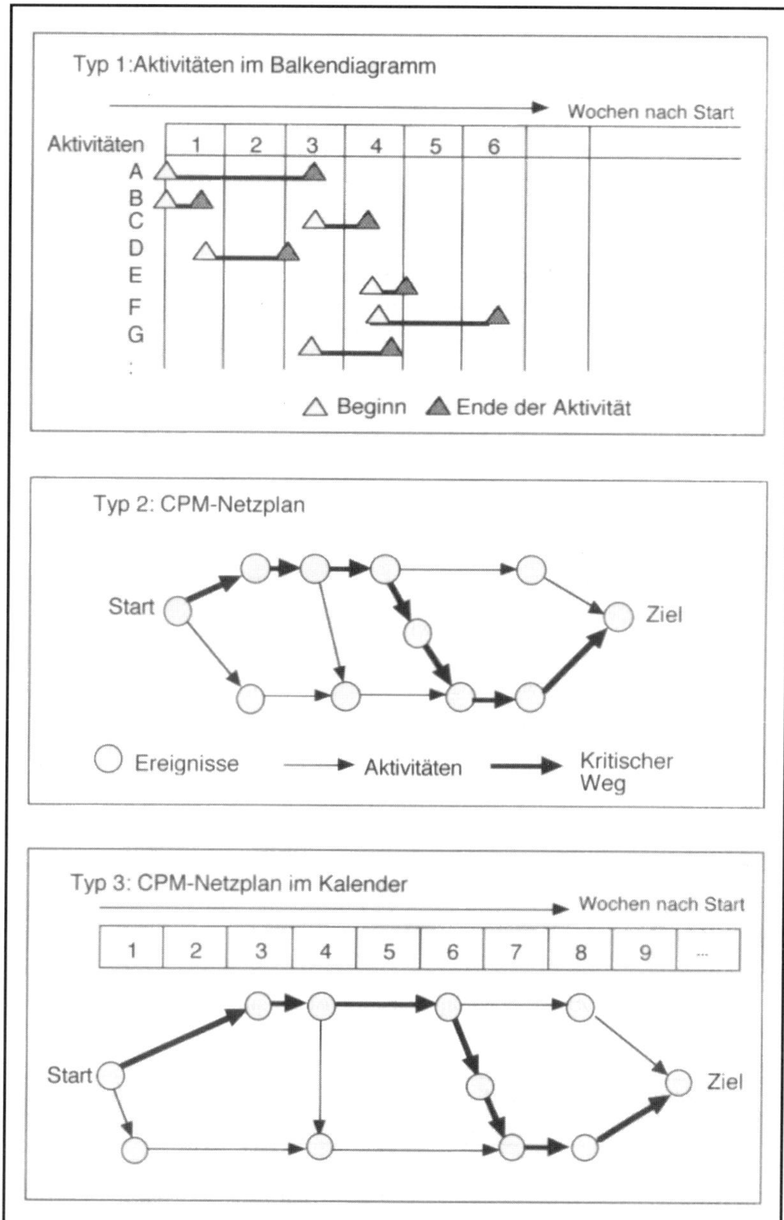

Quelle: Eigene Darstellung in Anlehnung an *Balderston et al.* (1984), S. 68, 76, 79

(1) Unzureichende Datenqualität

Die Qualität des Netzplanes ist von der Qualität der Eingangsdaten abhängig. Wo diese Daten extrem unsicher, ja teilweise unbekannt sind, scheitert die Netzplanung schon in der Vorgangsanalyse. Bei Innovationen ist die Struktur des Entwicklungsprozesses offen[1]. Wenn man die Objektstruktur nicht kennt, kann man sich allenfalls - und das behelfsweise - an eine Phasengliederung der Verrichtungen halten, wenn man eine Vorgangsanalyse durchführt. Überdies sind die Kapazitäten der einzusetzenden Produktionsfaktoren nicht gut kalkulierbar. Zeitschätzungen sind also auch von dieser Seite her fragwürdig.

Permanente Änderungen des Netzplans sind somit zwingend. Abgesehen von dem Änderungsaufwand verursachen derartige Anpassungen eine ständige Korrektur der Zeitziele.

Wer sich auf Zeitangaben des Netzplanes verlässt und ständige Anpassungen oder Neuplanungen erlebt, wird zur ständigen Neujustierung seiner persönlichen Zeiteinteilung gezwungen. Weiterhin ist es für die Glaubwürdigkeit einer Planung geradezu katastrophal, wenn sie dauernd umgestoßen wird. Schließlich sind sophistische Kostenkalküle höchst fragwürdig, wenn sie die Kosten der Plankorrekturen nicht enthalten.

(2) Unrealistisches Phasendenken

Wird ein Netzplan konsequent entwickelt, liegt die kreative Phase **vor** der Vorgangsanalyse. **Danach** ist ein ungeplantes Ausbrechen aus dem Ablauf nicht erlaubt, schon gar nicht, wenn man auf dem kritischen Pfad marschiert. Damit wäre die Netzplantechnik von vornherein auf einen ausführenden Teil des Innovationsprozesses beschränkt. Nun haben aber die Erwägungen zur Problemdefinition, zur Zielbildung und zur Alternativenfindung gezeigt, dass eine derartige Trennung von kreativ-offenen und realisierend-geschlossenen Aktivitäten gerade in innovativen Situationen unrealistisch ist. Die große Stunde der Netzpläne schlägt erst, wenn weitere Planänderungen ausgeschlossen sind, und das ist bei Innovationen praktisch nie der Fall.

(3) Einschnürung der Handlungsautonomie

Eine vorgangsbezogene Netzplanung hat eine relativ hohe Steuerungsintensität, da sie Tätigkeiten, Objekte, Zuordnung zu Menschen und Maschinen, Zeitpunkte und Fristen sowie schließlich Zwischen- und Endergebnisse festlegt.

Vermutlich ist mit einer Netzplanung die optimale Intensität der Prozess-Steuerung in innovativen Prozessen überschritten.

Organisation wird unter dieser Beleuchtung von den Beteiligten nicht als sinnvolle Ordnung, sondern zunehmend als belästigende Bürokratie empfunden.

---

[1] *Picot et al.* (1988), S. 119 ff.

Im Ergebnis kann es nicht verwundern, dass Netzpläne vor allem zur Abwicklung von großen Bauvorhaben, zur Durchführung von Instandhaltung und Anlagenwartung, zur Steuerung von Mammut-Konferenzen und anderen Großveranstaltungen sowie nicht zuletzt zur Abwicklung umfassender Prüfungsvorgänge[1] herangezogen werden, aber eben nicht zur Steuerung innovativer Prozesse. **Bedeutet das nun, dass man auf alle Ideen der Netzplantechnik in Innovationen verzichten muss**?

Die Antwort lautet: Nein, die Versuche gehen in zwei Richtungen:

- **Flexibilisierung der Netzplanung** durch Einbau von Entscheidungsknoten,
- Verwendung einer "**robusten**" **Netzplanungstechnik** (**Meilenstein-Technik**) für das Gesamtprojekt und Beschränkung der feinsinnigen Verfahren auf kurzfristig durchführbare, gut überschaubare und in unmittelbarer Zukunft liegende Teilprojekte.

(1) Flexibilisierung der Netzplanung

Die Fortführung eines Innovationsprojektes ist nicht nur davon abhängig, dass ein Vorgang **der Tatsache nach** abgeschlossen wurde. Entscheidend ist vielmehr, **mit welchem Ergebnis** der Vorgang endet. Je nach Ergebnis sind unterschiedliche Weiterführungen möglich, analysierbar und damit planbar. Wer bei Erreichen eines derartigen kritischen Ereignisses erst einen eigenen Entscheidungsprozess absolvieren muss, verliert Zeit gegenüber demjenigen, der bereits einen Ausweg durchdacht hat. Dieses ist der **Leitgedanke der GERT-Netzplantechnik** ("Graphical Evaluation and Review Technique")[2]. Beispiele für die Verwendung eines GERT-Netzwerkes in der Produktentwicklung finden sich bei *Brockhoff*[3] und bei *de Pay*[4].

Der Unterschied zu den klassischen Netzwerkkonzepten besteht darin, dass der GERT-Netzplan **alternative Prozessverläufe** vorsieht, von denen je nach Eintreten eines bestimmten Zustandes des kritischen Ereignisses ein bestimmter Verlauf gewählt und die alternativen Verläufe verworfen werden. Man kann überdies die **Wahrscheinlichkeit** des Auftretens dieser Ereigniszustände ex ante schätzen und damit den wahrscheinlichen Gesamtverlauf des Prozesses bestimmen. Auf diese Weise verbindet man den Gedanken des Netzplanes mit dem der Zustandsbäume in Entscheidungen. Eine weitere Konsequenz dieser Wahrscheinlichkeitsbestimmung könnte es sein, die weniger wahrscheinlichen Wege auch weniger detailliert zu planen als die wahrscheinlicheren.

Auch das GERT-Verfahren wird für den praktischen Einsatz skeptisch beurteilt, nicht zuletzt wegen des hohen Planungs- und Adjustierungsaufwandes[5]. Wie immer werden bei derartigen Urteilen die Zeitersparnisse nicht in Geld bewertet.

---

1 *Drexl* (1990), S. 79 ff.
2 *Dean/Chaudhuri* (1980), S. 227 ff.
3 *Brockhoff et al.* (1988), S. 89 ff.
4 *de Pay* (1994), S. 64 ff.
5 *Müller* (1989), S. 283.

(2) Meilenstein-Technik

Als robustes Instrument der Ablauforganisation wird die "Meilenstein"-Technik bei der Planung von Innovations-, Forschungs- und Entwicklungsprozessen ganz offenkundig hochgeschätzt und gern verwendet[1]. In Kasten 11.2 findet sich ein Ausschnitt aus dem Zeitplan für die Entwicklung des "Schiffes der Zukunft", in dem die Meilensteinplanung durch Balkendiagramme veranschaulicht wird.

Ein **Meilenstein** ist ein herausgehobenes Ereignis, das einen bestimmten Abschnitt des Gesamtprozesses abschließt. Oftmals sind derartige Meilensteine zugleich Zwischenstationen im Gesamtprozess, bei denen über Abbruch oder Fortführung entschieden wird.

Das Meilenstein-Verfahren besticht durch seine eindeutige Objekt-, bzw. Ergebnisorientierung in Verbindung mit der Terminfixierung. Es konzentriert sich auf Leistungsziel und Zeitziel.

Es wird ein Zeitrahmen für die Erreichung dieses Ergebnisses festgelegt, vorgegeben und kontrolliert. Es bleibt der zuständigen Person oder Institution überlassen, **wie** dieses Ergebnis erreicht wird. Wichtig ist lediglich, dass dabei das Zeitlimit eingehalten wird.

Der Vorteil des Meilenstein-Konzeptes liegt in seiner Übersichtlichkeit. Jeder Beteiligte kann mit einem Blick seine Rolle im Gesamtprojekt erkennen, auch wenn ihm nicht bewusst gemacht werden kann, ob er auf dem kritischen Pfad ist. Es ist daher zweckmäßig, die einzelnen Teilprojekte zusätzlich als **Kompetenzbereiche bestimmter Personen** zu definieren. Auf diese Weise wird das Leistungs- und Zeitziel zu einem persönlich zu verantwortenden **Stellenziel**: Die für die Planung notwendigen **Commitments** sollen von dem gleichen Stelleninhaber gegeben werden, der auch die allfälligen Abweichungen gegenüber seinem Auftraggeber zu vertreten hat.

Diese persönliche Verantwortung erhöht die Motivation: Der Stelleninhaber wird alles in seinen Kräften stehende tun, um die versprochenen Leistungen auch pünktlich zu liefern.

Der **Nachteil** dieses Konzeptes gegenüber den zuvor behandelten Netzplänen ist offenkundig: Man sieht nicht, wie die einzelnen Aufgabenbündel miteinander verknüpft sind, ja die Darstellung erweckt sogar den Anschein, als seien sie voneinander unabhängig. Allenfalls implizit kann aus dem Vergleich vom Starttermin einer Aktivität mit dem Schlusstermin einer anderen geschlossen werden, dass die eine von der anderen abhängt. Hilfsweise werden die einzelnen Aktivitäten gern mit gestrichelten Linien verbunden, die die technisch bedingte Reihenfolge sichtbar machen sollen.

Wie angedeutet, schließt die generelle Verwendung der Meilenstein-Planungstechnik den Einsatz anderer Formen der Netzplantechnik nicht aus. Nach dem

---

1 *Pfeiffer* (1987), S. 228.

Gedanken einer "**rollenden**" **Ablauforganisation** würden in fernerer Zukunft liegende Projektteile danach eher durch Meilenstein-Charts, unmittelbar bevorstehende Projektteile eher durch CPM- oder PERT-Netzwerke gesteuert. Es kommt weniger darauf an, bei jeder Gelegenheit die Netzplantechnik in höchst perfekter Form anwenden zu wollen.

Unbedingt nötig ist aber, dass die Prozess steuernde Instanz über die Fähigkeit zum "Denken in Netzwerken"[1] verfügt und sie auch den übrigen Prozessbeteiligten vermittelt.

11.5.2 Varianten der Dokumentation

Als Informationsprozesse verlangen Innovationen nach Dokumentation. Die Dokumentation **in schriftlicher Form** hat folgende Aufgaben:

(1) Herkunftskennzeichnung

Die Dokumentation verbindet die Sache mit der Person. Sie macht kenntlich, wer zu welchem Zeitpunkt welche Arbeit durchgeführt und/oder welches Ergebnis hervorgebracht hat. Sie liefert damit **Urheberschaftsnachweise** und ist die Basis für materielle und immaterielle Prämien oder Sanktionen.

(2) Speicherung

Die Dokumentation soll die Arbeitsprozesse nachvollziehbar und kontrollierbar machen. Sie ermöglicht es, früher erreichte Zwischenergebnisse wieder aufzugreifen. Sie legt Irrwege und Umwege offen und erspart einem Nachfolger Wiederholungen. Sie erlaubt Abstraktionen und Vergleiche mit anderen Theorien.

(3) Kommunikation

Die Hauptaufgabe der Dokumentation und des Berichtswesens liegt in der Verbreitung der Informationen an einen bestimmbaren Kreis von Adressaten. Durch Unterrichtung der anderen, in den Innovationsprozess einbezogenen Stellen wird Transparenz über Arbeit und Ergebnisse hergestellt. **Insoweit steht das Berichtswesen vornehmlich im Dienste der Koordination auf das Leistungs- und Zeitziel hin**. Das Berichtswesen ist weiterhin die Basis der Kontrolle. Es liefert die Ist-Daten, die von den Projekt-Controllern mit den Soll-Ansätzen verglichen werden. Damit wird auch die Einhaltung des Kostenziels überprüfbar.

Es soll nicht verkannt werden, dass durch diese Dokumentation und Berichterstattung eine lästige Behinderung der freien Kreativität eintreten kann. Der Zwang, das bisher Erforschte verständlich und umfassend darzustellen, ist für manchen kreativen Geist eine unangenehme Pflicht. Dennoch ist der mit der Rechenschaftslegung verbundene **Zwang zur Distanzierung** von der Tagesgeschäftigkeit notwendig und nützlich. Andererseits ist zu beobachten, dass sich

[1] *ZVEI* (1982), S. 53.

erfolglose Innovatoren umgekehrt in eine exzessive Dokumentation der geleisteten Arbeit flüchten, weil sie eben keine Ergebnisse vorzuweisen haben.

Diese unterschiedlichen Motivlagen zur Nicht- bzw. zur Überdokumentation können nur dadurch gesteuert werden, dass eine **standardisierte Berichtspflicht** eingeführt wird. Kasten 11.13 enthält einen Morphologischen Kasten zur Standardisierung der Berichte. Die eher am linken Rand angeordneten Varianten weisen einen hohen, die am rechten einen niedrigen Formalisierungsgrad auf. Dieser Grad der Formalisierung wird umso niedriger sein müssen, je höher der Innovationsgrad ist. Die extensivste Form der Planung und Dokumentation legt *Burghardt*[1] mit 49 Projektteilplänen und 68 Dokumentationskomplexen[2] vor.

Kasten 11.13: Morphologischer Kasten zur Dokumentation und zum Berichtswesen

Parameter		Varianten				
P_1	Inhalt	$V_{1.1}$ Arbeitsprozess und Ergebnis	$V_{1.2}$ Nur Arbeitsprozess	$V_{1.3}$ Nur Ergebnis		
P_2	Zeitbezug	$V_{2.1}$ Nur Vergangenheit	$V_{2.2}$ Vergangenheit und Zukunft	$V_{2.3}$ Nur Zukunft		
P_3	Rhythmus	$V_{3.1}$ Monatlich	$V_{3.2}$ Quartalsweise	$V_{3.3}$ Jährlich	$V_{3.4}$ Ohne Rhythmus, nach Ergebnis	$V_{3.5}$ Kombination V_{33}/V_{34}
P_4	Zielbezug	$V_{4.1}$ Nur über Leistungsziel	$V_{4.2}$ Über Leistungsziel und Zeitziel	$V_{4.3}$ Über Leistungsziel und Kostenziel	$V_{4.4}$ Über Leistungs-, Kosten- und Zeitziel	$V_{4.5}$ Andere Kombinationen
P_5	Bindung der Darstellung	$V_{5.1}$ Nur geschlossene Fragen	$V_{5.2}$ Geschlossene Fragen und frei gestaltbarer Text	$V_{5.3}$ Checkliste für freien Text	$V_{5.4}$ Völlig frei gestaltbarer Text	
P_6	Verteiler	$V_{6.1}$ Nur intern	$V_{6.2}$ Intern und extern an begrenzten Adressatenkreis	$V_{6.3}$ Freie Publikation, intern und extern		

Quelle: Eigene Darstellung

In Kasten 11.14 ist das vom Zentralverband der elektrotechnischen Industrie (ZVEI)[3] vorgeschlagene **Formular zum Abschlussbericht** wiedergegeben. Es handelt sich um die Variante V1.3/V2.1/V3.4/V4.3/V5.2/V6.1 des Morphologischen Kastens 11.13 (dort als "Profil" eingezeichnet).

---

1 *Burghardt* (1993), S. 263 ff.
2 Ebenda, S. 358 f.
3 *ZVEI* (1982), S. 103.

Kasten 11.14: Formular zum Abschlussbericht (ZVEI)

Verteiler

- ○ Hauptauftrag
- ○ Unterauftrag
- ○ Einzelauftrag

ABSCHLUSSMELDUNG ZUM FuE-AUFTRAG

Original für Handakte FuE-Controller

Abt.: ____________

01 Auftragstitel: | Auftrags-Nr.:

02 Projektleiter:

Name: ____________

Ruf-Nr.: | Abt.-Nr.:

Termine:

Soll-Abschluß (MM/JJ)

Ist-Abschluß (MM/JJ)

Abschlußgrund | Priorität

03 FuE-Kosten

Position	Plan	Ist	+/– Abweichung		Techn. Fertigstellungsgrad
			absolut	%	in % ____
FuE-Stunden FuE-Kosten in TDM					

04 Text:

Abschlußbericht

05

Pflichtenheft erfüllt: ja ☐ nein ☐

Weiterverwendung FuE-Ergebnis: ja ☐ nein ☐

06

In Vertriebsdisposition aufgenommen:	Fertigungsfreigabe erteilt:	Abschlußmeldung ausgefertigt:
Datum Unterschrift	Datum Unterschrift	Datum Unterschrift

Quelle: *ZVEI* (1982), S. 103

Man muss die Berichtspflicht im Zusammenhang mit anderen Formen des Informationsaustausches, z.B. mit Kommissionsarbeit sehen. Beide können sich partiell substituieren. Die rechte Mischung mag unter Kostengesichtspunkten gefunden werden. Für **Abschlussberichte** gilt das indessen nicht:

In der Abschlusspräsentation gehören schriftlicher Bericht, mündlicher Vortrag und fachliche Diskussion zusammen.

Es handelt sich um eine Interaktion des fachlich zuständigen Innovators mit seinem Vorgesetzten, der sich beide nicht entziehen können. Das gilt auch für den Fall, dass der Vorgesetzte von der von seinem Untergebenen bearbeiteten Materie nichts versteht. Ggf. muss er fachlich kompetente Drittgutachter hinzuziehen. Sachgerechter ist in dieser Situation ohnehin nicht die bilaterale Verhandlung, sondern das Kontrollgespräch in einem fachlich kompetenten Arbeitskreis.

Am Ende des 9. Kapitels über Zielbildung mussten wir feststellen, dass es in innovativen Entscheidungen offenbar leichter fällt, festzulegen, was vermieden werden soll, anstatt positiv das Ziel im Einzelnen zu bestimmen. Am Ende des Kapitels über Prozess-Steuerung stehen wir vor einer ähnlichen Situation:

Es fällt angesichts des vielfältigen Steuerungsinstrumentariums leichter zu bestimmen, welche Fehler man vermeiden sollte, als dass man mit letzter Sicherheit sagen könnte, welches Instrument den Erfolg garantiert.

In Kasten 11.15 findet sich daher eine Liste von Misserfolgsursachen, die auf offenbar schmerzliche Erfahrungen der Verfasser aus der pharmazeutischen Industrie zurückgeht.

Kasten 11.15: Häufige Ursachen von Misserfolgen bei F&E-Projekten (*Mak et al.*)

Projektmanagement	Projektmanagement-Umfeld
Vor Projektbeginn * Zu wenig Zeit aufgewendet für Planung * Keine saubere Projektdefinition * Zeit- und Ressourcenschätzungen von den falschen Stellen gemacht * Fehlende Standards für Projektdauern * Meinungsverschiedenheiten über wesentliche Fragen, die das Projekt betreffen	*Bei Einführung des Projektmanagements* * Inadäquate organisatorische Aufhängung des Projektmanagements * Unklare Kompetenzen * Keine adäquaten Steuerungsmechanismen im Unternehmen * Misstrauen zwischen Linienmanagement und Projektmanagement * Keine Instrumente für Planung und Controlling
Projektstart * Verantwortlichkeiten des Projektleiters nicht klar definiert * Unzureichende Dokumentation als Arbeitsgrundlage * Ausweichen vor Problemen ignoriert * Keine Kapazitäten für das Projekt zugeteilt * Aktivitäten des Projektteams unklar dargestellt	*Nach Einführung des Projektmanagements* * Begriffsverwirrung * Insularität, d.h. z.B. fehlende Integration mit Marketing * Mangelndes Training im Unternehmen * Mangel an qualifizierten Projektleitern * Zu viel formale Kommunikation * Zu langwierige Entscheidungsprozesse * Überkomplexe oder fehlende Informationssysteme
Projektdurchführung * Mangel an Führung/Qualifikation des Projektleiters * Unerwarteter Ressourcenbedarf * Unzureichendes Projektberichtswesen * Falsche personelle Besetzung/ Umbesetzung * Vorhandenes Know-how nicht genutzt * Stäbe agieren als "Universalexperten" * Einzuhaltende Standards nicht definiert oder nicht beachtet * Mangel an Kontrollpunkten im Projekt * Kein Aktualisieren von Schätzungen, z.B. Ressourcenanforderungen	
Projektabschluss * Keine Projektevaluation * Projekthistorie und Statistik nicht geführt * Qualitätskontrolle unzureichend * Keine Personalbeurteilung * Zu geringer Erfahrungsaustausch, Weitergabe von Wissen * Empfehlungen für zukünftige Projekte nicht dokumentiert	

Quelle: *Mak et al.* (1995), S. 133

12. Kapitel
Evaluierung von Innovationsprozessen

12.1 Eine Fallstudie: Abbruchentscheidungen bei der Kautschuk-Synthese

Die folgende Fallstudie ist die 50jährige Geschichte der Kautschuk-Synthese bei den Farbenfabriken vorm. Friedr. Bayer & Co AG, den IG Farben, den Buna-Werken Hüls. Wie kaum für eine Innovation ist detailliert belegbar, wie die **wechselnde Einschätzung des Innovationserfolgs** zu einem vielfachen go-and-stop dieses Prozesses führte. Bemerkenswert ist dabei die Verflechtung der technischen, ökonomischen und politischen Kriterien, durch die die zahlreichen Unterbrechungen bzw. Wiederanfänge dieses Innovationsprozesses bestimmt wurden.

Die schematische Darstellung in Kasten 12.1 greift auf *Verg et al.*, *Lange* und *Brockhoff* zurück[1].

Kasten 12.1: Unterbrechungen des Prozesses der Kautschuk-Synthese

Zeitablauf	technische Gründe	wirtschaftliche Gründe	politische Gründe	Ereignisse in Stichworten
				Erster Zyklus
1906	go			Preisausschreiben des Direktoriums zur Findung eines "Verfahrens zur Herstellung von Kautschuk oder eines vollwertigen Ersatzes..., wonach sich der Einstandspreis auf höchstens zehn Mark für prima Ware pro Kilo stellt."
1909	go			Verfahrensvorschlag durch Dr. Hofmann, Erteilung des Patents
1911	go			Herstellung erster Autoreifen aus Synthesekautschuk bei den Continentalwerken, Hannover
1912				Feststellung erheblicher Mängel, Continental lehnt weitere Verwertung ab
				Preisverfall bei Naturkautschuk, Synthesekautschuk nicht wettbewerbsfähig
1913		Stop		Einstellung der Arbeiten zur Kautschuksynthese

[1] *Verg et al.* (1988), S. 186 ff., 248 ff., 394 ff., *Lange* (1993), S. 2 ff., *Brockhoff* (1996b), S. 125 ff.

Zeitablauf	technische Gründe	wirtschaftliche Gründe	politische Gründe	Ereignisse in Stichworten
				Zweiter Zyklus
1915	go			Entdeckung neuer "Kautschukchemikalien", Beschleunigung der Verarbeitung, deutliche Qualitätsverbesserung
			go	Naturkautschuk kriegsbedingt erheblich verknappt, Deutsche Regierung beschließt, Forschung und Fabrikation von Synthesekautschuk zu unterstützen
1916	go			Kölner Gummifirma Clouth findet neue Verfahren zur Herstellung von Reifen
1919		Stop		Naturkautschuk wieder uneingeschränkt verfügbar und billiger als Synthesekautschuk
				Dritter Zyklus
1926		go		Preisanstieg bei Naturkautschuk infolge von Marktregulierung der britischen Regierung und Wachstum der Automobilindustrie
	go			Kostensenkung bei Herstellung von Butadien als neuem Ausgangsstoff für die Kautschuksynthese, Verbesserung der Verfahrenstechnik
1928				Kautschukpreis fällt stetig
1930		Stop		Fast vollständige Einstellung der Forschung infolge der Weltwirtschaftskrise
				Vierter Zyklus
1933	go			IG-Farben nehmen Forschungsarbeiten wieder auf
			go	Staatliche Unterstützung im Rahmen der Autarkiebestrebungen des Dritten Reiches
		go		
1937				Erste Großanlage zur kontinuierlichen Produktion von Synthesekautschuk in Betrieb genommen
1945			Stop	Kriegsende, Zerschlagung der IG-Farben, Stilllegung der "Kriegsproduktion"
				Fünfter Zyklus
1951	go		go	Lockerung des Produktionsverbots
1955		go		Gründung der Bunawerke Hüls
1956				Bau der Produktionsanlagen in Marl, seinerzeit das größte und modernste Werk in Europa

Quelle: Eigene Darstellung

Dieser vielfach unterbrochene und wieder gestartete Innovationsprozess veranlasst zu folgenden Fragen:

- In welchen technischen und wirtschaftlichen Dimensionen wird der erwartete Innovationserfolg bestimmt? Wie werden diese Erfolgsbeiträge gemessen und bewertet?
- In welchem Verhältnis stehen die technischen zu den wirtschaftlichen Kriterien bei der Bestimmung des Innovationserfolgs?
- Welche Anspruchsniveaus müssen die Erfolgserwartungen erfüllen, damit der Prozess weitergeführt wird? Welche Verletzungen von Anspruchsniveaus führen zum Projektabbruch?
- Welche Rolle spielt das Argument, die Innovation müsse schon deshalb fortgeführt werden, weil sie bereits so hohe Kosten verursacht habe?
- Welche Rolle spielt der Zeithorizont der Erfolgserwartung?
- Wechseln die Beurteilungskriterien im Laufe des Innovationsprozesses?
- In welchem Ausmaß stützt sich die Erfolgserwartung auf äußere Umstände?
- Ist das Rechnungswesen des laufenden Betriebes in der Lage, Aussagen zum ökonomischen Erfolg von Innovationen zu liefern?

Die folgende Darstellung soll Antworten auf diese Fragen liefern.

12.2 Evaluierung als Mess- und Bewertungsproblem

> "It is just as inappropriate to measure managerial performance regarding ongoing innovation projects by short-term profitability as by long-term commercial success of an innovation. The first performance criterion is too restrictive, and the second is too permissive."
>
> *Mensch* (1982), S. 11

Die Evaluierung ist die kritische Bewertung des Ergebnisses eines Arbeitsprozesses, in unserem Falle: des Innovationsprozesses. Sie setzt voraus, dass dieser Prozess formell zum Abschluss gekommen ist. Das gilt auch für Teilprozesse.

Evaluierung ist eine förmliche, herausgehobene Kontrollaktivität. Das unterscheidet sie vom **Monitoring**, das als Instrument der Feinsteuerung laufend erfolgt, den Prozessfortschritt im Auge hat und damit ständig Impulse abgeben soll, den Prozess in Richtung der angestrebten Ziele zu beeinflussen. Evaluierung ist eine Spezialaufgabe des **Controlling**, dessen Hauptaufgabe die laufende Planungs- und Kontrolltätigkeit ist. Evaluierung ist stets Fremdcontrolling, nicht Selbstcontrolling[1].

---

[1] *Littkemann* (2005b), S. 42 ff.

Einer Evaluierung ist stets der Auftrag, der Auftraggeber und dessen Interessenlage vorangestellt. Sie beschreibt sodann das Mess-Instrumentarium, wendet es auf das vorliegende Ergebnis an und kommt durch Vergleich mit dem Referenzzustand zum abschließenden Ergebnis. Wenn der gesamte Innovationsprozess nach seinem Abschluss zum Gegenstand der Evaluierung gemacht wird, spricht man von einem "**Post-Project-Review**" (PPR)[1].

Die Evaluierung stellt das Ergebnis förmlich fest, vergleicht dieses mit einem Referenzzustand und fällt ein Urteil über die erbrachte Leistung.

Die folgenden Betrachtungen konzentrieren sich auf den Inhalt der Evaluierung, auf die Interessenlagen und auf die Dimensionen. Es geht uns dabei insbesondere um die Lösung der **Mess- und Bewertungsprobleme** und weniger um den Steuerungsauftrag der Evaluierung. Dieser Aspekt wurde unter dem Stichwort des Monitoring im Kapitel 11 behandelt.

12.2.1 Interessenlagen zur Evaluierung des Innovationserfolgs

(1) Innovationen fordern als Investitionen einen hohen Kapitaleinsatz. Zwar sind die Erfolgsaussichten der Innovation offenkundig weniger gut bestimmbar als die anderer Investitionen. Zwar ist selbst der Investitionsbetrag höchst unsicher, aber es gilt als Axiom der betriebswirtschaftlichen Theorie:

Innovationen sind nicht als Glücksspiel, sondern als Investition mit hoher Unsicherheit zu behandeln.

Dieses Axiom verdient seinen Namen indessen nicht: In vielen Fällen ist es gerade **keine** Investitionsabsicht, die die Freigabe finanzieller Mittel für Innovationen leitet, sondern es sind Motive, die zusammenfassend als "**Konsum-Motive**" zu bezeichnen sind. Ihr gemeinsames Kennzeichen ist, dass ein finanzieller Überschuss über das eingesetzte Kapital hinaus nicht erwartet, ja dass selbst dieser **Kapitaleinsatz als verloren** angesehen wird. Wir betrachten dabei bewusst nicht den Staat in seiner Rolle als Innovationsförderer oder den Philanthropen in seiner Rolle als Mäzen. Wir betrachten ganz bewusst das Unternehmen, das es sich leisten kann, eine innovative Idee zu verfolgen, ohne dass es eine konkrete Absicht auf Erzielung eines späteren Erfolges hegt:

Ein solches Unternehmen sieht in dem Innovationsprojekt eine Form der "Gewinnverwendung", deren Zweck nicht weiter in Frage gestellt wird.

---

[1] Zur PPR-Literatur siehe *Koners/Goffin* (2005), S. 336 f.

Dies ist der eine Grenzfall: Die Investitionsabsicht wird aufgegeben, die Innovation kann solange verfolgt werden, wie die freigegebenen Mittel reichen. Eine Erfolgsmessung und eine Erfolgsbeurteilung sind in diesem Falle entbehrlich. Stellt sich später ein Erfolg ein, wird man ihn sicherlich begrüßen - aber er steht **als Ergebnis damit am Ende, nicht als Ziel am Anfang** des Innovationsprojektes.

(2) Im entgegengesetzten Grenzfall wird die Frage nach dem finanziellen Erfolg an den **Anfang**, vor Eintritt in das Projekt, gestellt. Dieses ist die **Position des idealtypischen Investors**: Wird die Innovation einen definierten Minimalerfolg nach einer fixierten Frist bringen? Der Investor verlangt permanente Quantifizierung des Auszahlungs- und Einzahlungsstromes im Zeitablauf und bewertet die Einzahlungsüberschüsse anhand einer vorgegebenen Richtgröße. Dieses ist auch die Anschauung der betriebswirtschaftlichen Theorie:

Wenn und soweit Innovationen im Rahmen von Unternehmen durchgeführt werden, liefert der Kapitalwert der Einzahlungsüberschüsse letztlich die Antwort auf die Frage, ob eine Innovation erfolgreich ist.

Diese Position des idealtypischen Investors wird indessen vielfach modifiziert: Ein **realer Investor** kann nicht darauf vertrauen, dass sein Investitionsbetrag ausreicht, um das Ergebnis hervorzubringen, dass seine Zeitvorstellungen realistisch sind, dass das Ergebnis isolierbar ist etc. Ihm wird eine **erhebliche Risikotoleranz** abverlangt. In die Entscheidung des realen Investors fließen somit immer mehr Elemente des Konsummotivs ein. Der entscheidende Unterschied des realen gegenüber dem idealtypischen Investor liegt in seiner Bereitschaft, auch dann noch die Innovation zu fördern, wenn sie nicht ein konkretes finanzielles Ergebnis nach der festgelegten Frist erbringt, sondern wenn es nur Anzeichen gibt, dass sich weiteres Warten auf den Erfolg lohnt. Die Erfolgsbeurteilung wird also auch **nicht-finanzielle Orientierungshilfen** berücksichtigen, die einen Hinweis geben, dass weitere Erfolgserwartungen nicht unberechtigt sind.

(3) **Innovatoren** oder Fachpromotoren mögen den Erfolg an ganz anderen, vor allem an **technischen Indikatoren** messen. Sie denken in Kategorien wie Größe, Geschwindigkeit, Volumen, Temperaturen - immer gepaart mit dem Ehrgeiz, der Erste sein zu wollen. Solange der finanzielle Erfolg noch aussteht, müssen sie aber fragen oder sich fragen lassen, ob sie wenigstens auf dem richtigen Wege sind. Gefragt wird damit ebenfalls nach nicht-finanziellen Zwischenergebnissen, die notwendige, wenn auch nicht unbedingt hinreichende Bedingungen für einen finanziellen Erfolg sein mögen.

(4) **Controller** stehen als Evaluatoren zwischen Investoren und Innovatoren. Sie sind Planer, kritische Prüfer und zugleich Anwälte beider Seiten:

- In ihrer Eigenschaft als **Planer** erarbeiten sie mit dem Innovationsmanagement die finanziellen Anforderungen und ermitteln die Leistungs- sowie die Zeitziele. Hierbei vertreten sie den Innovator gegenüber dem Investor.

- Als **Prüfer** überwachen sie den sachgerechten Einsatz der finanziellen Ressourcen und kontrollieren die Einhaltung der Leistungs- und Zeitziele. Hierbei vertreten sie den Investor gegenüber dem Innovator.

Die Fragen der Controller nach dem Innovationserfolg sind damit zwar differenzierter als die der Investoren, sie müssen notwendigerweise auch technisch orientiert sein, sie lösen sich aber nicht von der ökonomischen Grundperspektive.

Die ökonomische Perspektive bewahrt den Controller davor, in die technologischen Verstrickungen der Innovatoren zu geraten.

(5) Die Absichten der **Wissenschaft** bei der Messung des Innovationserfolges scheinen vordergründig nichts mit den Absichten der Praxis zu tun zu haben. Die Innovationstheorie will in erster Linie erklären und erst in zweiter Linie gestalten. Sie will die Ursachen für erfolgreiches oder erfolgloses Innovationsmanagement finden. Indem sie Beziehungen zwischen den Instrumenten des Innovationsmanagements und dem Innovationserfolg empirisch aufdecken will, findet sie aber sofort das Interesse der Praxis, die nach der Verbesserung der Management-Methoden ruft.

12.2.2 Dimensionen der Evaluierung

Die folgende Darstellung basiert auf einer Meta-Analyse empirischer Untersuchungen, in denen der Innovationserfolg als abhängige Variable berücksichtigt wurde[1]. Wir verwenden diese Messungen als **Ausgangspunkt für ein realitätsnahes Konzept der Messung des Innovationserfolges**. Dieser Stand der Forschung gibt wertvolle Impulse zur Beschreibung von **Möglichkeiten der Messung**. Das bedeutet indessen nicht, dass es der Wissenschaft bereits gelungen ist, zu einer **einheitlichen Messkonvention** vorzudringen.

12.2.2.1 Der Evaluierungsbereich

Auf **welches Objekt**, auf welchen Bereich bezieht sich der Innovationserfolg? Zu unterscheiden ist eine Mikro- von einer Makroebene[2].

(1) Auf der **Mikroebene** ist die kleinste Einheit das **Innovationsprojekt**, der isolierte Prozess der Durchsetzung eines einzelnen neuen Produktes oder Verfahrens, zu verstehen als Summe aller Prozess-Schritte. Dieses ist auch der Fokus dieser Schrift.

(2) Auf der **Makroebene** werden mehrere Projekte zusammengefasst: Die für den Betriebswirt interessanteste Zusammenfassung erfolgt auf der Unterneh-

---

1 *Hauschildt* (1991), S. 451 ff.
2 *Johne/Snelson* (1988), S. 116.

mensebene, z.B. ist die "Produktinnovationsrate"[1] ein typisches Maß für die **Innovativität eines gesamten Unternehmens**. Wird die Innovationsaktivität einer Unternehmung in einer **Forschungs- und Entwicklungsabteilung** spezialisiert, dann ist dieses Segment oft der Bereich der Erfolgsbestimmung. Kapitalmarktorientierte Evaluierungen von Innovationen beziehen sich in erster Linie auf ganze Unternehmen[2]. Es gibt aber schon vereinzelte Versuche, auch einzelne, isolierbare Projekte in ihren Auswirkungen auf den Unternehmenswert zu berücksichtigen[3]. Industrieökonomische und volkswirtschaftliche Messungen von Innovationserfolgen beziehen sich auf **Branchen, Nationen** oder **Wirtschaftsblöcke**[4].

(3) Zwischen Mikro- und Makroebene lässt sich möglicherweise die **Produkt-"Familie"** ansiedeln, bei der die Erfolgsmessung sich auf die Synergien mehrerer technisch verwandter Produktinnovationen bezieht. Ähnliche Konzepte erstrecken sich auf die Messung des Erfolgs von Projektserien.

Kasten 12.2 zeigt die möglichen Messbereiche im Überblick. *Griffin/Page* stellen hier den gewichtigsten Unterschied in den Messkonzepten von Theorie und Praxis fest[5]. Während sich das theoretische Interesse vorwiegend auf Erfolgsmessung auf Unternehmensebene richtet, sind Praktiker wesentlich stärker am Erfolg der Innovationsprojekte interessiert - wie ja auch der Focus dieser Schrift.

Kasten 12.2: Evaluierungsbereiche des Innovationserfolges

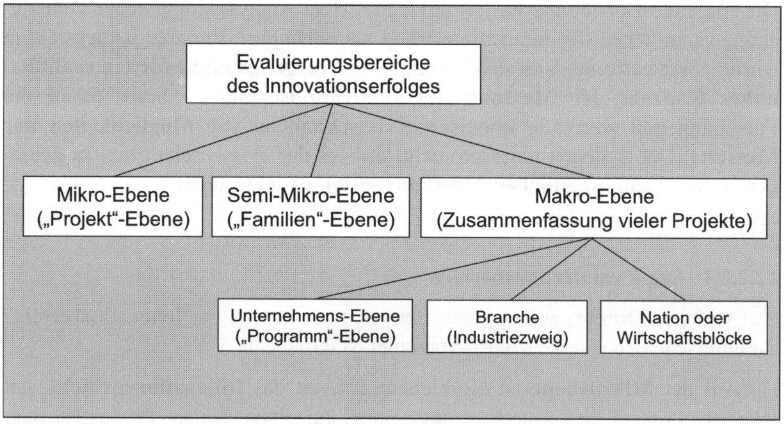

Quelle: Eigene Darstellung

---

1 *Brockhoff* (1981), S. 433 ff.
2 *Pauwels et al.* (2004), S. 149 ff.
3 *Sorescu et al.* (2003), S. 87 ff.
4 *Glismann/Horn* (1988), S. 1169 ff.
5 *Griffin/Page* (1993), S. 303.

12.2.2.2 Die Evaluierungskriterien

Anhand welcher **Eigenschaften** des Innovationsobjektes wird der Erfolg gemessen?

Kasten 12.3 zeigt die Dimensionen im Überblick. Einhellig werden in der Literatur technische Dimensionen von Markt- oder von ökonomischen Dimensionen getrennt. Hinzu kommen gelegentlich sonstige individuelle oder soziale Dimensionen. Ein entsprechendes Konzept für die Messung des Forschungs- und Entwicklungs-Erfolges auf der Programm-(Unternehmens-)Ebene findet sich bei *Brockhoff*[1].

(1) Die **technischen Effekte** sind in höchst spezifischen Messwerten zu erfassen, die für jedes Innovationsprojekt eigens zu bestimmen sind. Einen gewissen Eindruck von derartigen Dimensionen liefert die Studie von *Gemünden*[2]. Es fällt auf, dass die Literatur ansonsten nicht auf die technischen Details der untersuchten Innovationen eingeht. Das liegt wohl nicht zuletzt daran, dass diese Untersuchungen höchst unterschiedliche Innovationen in einer einzigen Studie zu erfassen suchten. Ein weiterer Grund für die geringe Beachtung technischer Details ist sicherlich, dass den wirtschafts- und sozialwissenschaftlichen Forschern das sachlich gebotene technische Wissen fehlt.

Neben den direkten technischen Effekten wird gern eine Reihe **indirekter Effekte** angeführt: Selbst wenn eine Innovation technisch nicht erfolgreich war, wird auf Lernerfolge, auf Gewinnung von Erfahrung, auf das Zusammenführen und Zusammenhalten eines Forschungsteams, auf Transfer- und Spin-off-Effekte, auf Werbeerfolge, auf Sicherungs- und Abwehreffekte sowie auf die Erkenntnis von Schwachstellen verwiesen.

Maidique/Zirger illustrieren die Bedeutung von Fehlschlägen für den Erfolg späterer Projekte mit folgendem Beispiel[3]:

> "International Instruments, a large electronics firm, developed a new instrument based on a new semi-conductor technology (diode arrays) that the firm had not yet used in one of its commercial products. The instrument, though technically excellent, was developed for a new market ... Few units were sold and the product was classified as a failure. On the other hand, the experience gained with the diode array technology became the basis for enhancement of other product families ... Secondly, the organization learned about the characteristics of the new market through the diode array product, and, armed with new insights, a redesigned product was developed which was a commercial success. Was the diode array product really a failure, its developers asked?"

---

1 *Brockhoff* (1996a), Sp. 543.
2 *Gemünden* (1981), S. 208 ff.
3 *Maidique/Zirger* (1985), S. 305.

Kasten 12.3: Kriterien zur Evaluierung des Innovationserfolges

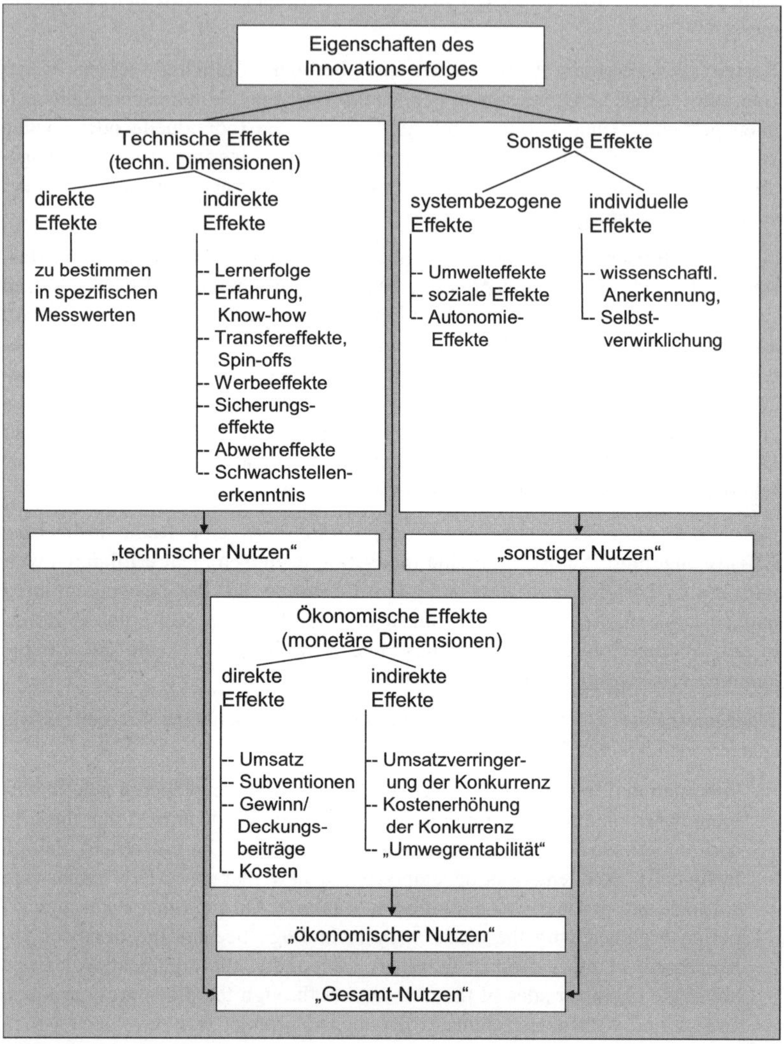

Quelle: Eigene Darstellung

Ob derartige Transfers wirklich effektivitätsförderlich sind, könnte konsequenterweise **erst in nachfolgenden Projekten nachgewiesen** werden. Insofern könnte die Konzentration der Innovationsforschung auf singuläre Projekte möglicherweise einem zu engen Erfolgsbegriff Vorschub leisten[1].

---

1 *Grün* (1988), S. 273 ff.

Werden die direkten und indirekten Effekte zusammenfassend beurteilt, so bestimmt man einen "**technischen Nutzen**". Dieser technische Nutzen berücksichtigt trade-offs zwischen positiven und negativen Einzeleffekten.

(2) Auch die **ökonomischen Effekte** lassen sich in direkte und indirekte zerlegen. Die Messung des direkten ökonomischen Erfolgs konzentriert sich zunächst auf **Gewinn** oder **Deckungsbeiträge**. Die Messprobleme sind dabei erheblich. Das gilt mit Sicherheit für die Kosten der lehrreichen, als solche aber nicht verwertbaren Entwicklungen, für die sog. "erkenntnisbringenden Fehlinvestitionen"[1]. Im Übrigen ist gesondert festzulegen, über welchen Zeitraum sich die Erfolgsermittlung zu erstrecken hat, ob sie die Erst-Nutzung, die Dauernutzung, die Nachnutzung und auch die Entsorgung einbeziehen soll.

Vielfach ist eine Deckungsbeitragsrechnung nicht vorhanden. In dieser Situation werden dann **Messwerte des Absatzes** als Orientierungshilfen für den ökonomischen Erfolg genommen, z.B. **Umsatz** oder Umsatzänderungen, mengenmäßiger **Absatz** oder seine Änderungen oder Marktanteilsänderungen oder ersatzweise auch qualitative Einschätzungen der Zufriedenheit oder der Akzeptanz durch die Kunden. Es handelt sich um Messwerte, die wenigstens zeigen, ob die Innovation vom Markt positiv aufgenommen worden ist. Wenn ein neues Produkt in diesem Sinne "sehr" erfolgreich ist, dann wird in der Regel die Kostenseite für unerheblich gehalten. Zumindest lässt sich beobachten, dass bei sprunghaftem Umsatzwachstum aufgrund von Innovationen regelmäßig die kostenrechnerische Bewältigung nachhinkt. Nach den Befunden von *Griffin/Page* konzentrieren sich die Praktiker auf absatzwirtschaftliche und finanzielle Kriterien[2]. Die Sicht der Wissenschaft ist demgegenüber deutlich komplexer.

Bei **Prozessinnovationen** kann naturgemäß der ökonomische Erfolg nicht anhand einer Umsatzveränderung bestimmt werden. Der Erfolg besteht in einem **Rationalisierungsgewinn**. Auch diese Kostensenkung ist oftmals nicht eindeutig zu ermitteln. Die oben erwähnten Probleme der zeitlichen und sachlichen Zurechnung bestehen auch hier. Wichtiger ist vielfach die Betrachtung von mittelbaren Kostenveränderungen, etwa aufgrund von Verbesserung der Produktionsqualität, Verminderung von Ausschuss, Verkürzung von Durchlaufzeiten, geringerer Umweltbelastung, höherer Produktionssicherheit oder höherer Produktionsflexibilität.

Innovationen sind schließlich in der Lage, nicht nur über Umsätze oder Kostensenkungen finanzielle Mittel in die Kassen der Unternehmung zu bringen. Ein erfolgreiches Image der "Innovativeness" der gesamten Unternehmung oder der offenkundige technische Erfolg bei einzelnen Produkt- oder Prozessinnovationen kann z.B. die Erlangung von **Subventionen** für Folgeprojekte ermöglichen.

Der indirekte ökonomische Erfolg der Innovation liegt in ihrer **Wirkung auf die Konkurrenz**. Dies ist der Grund, Patente und andere gewerbliche Schutzrechte bei der Erfolgsmessung auch unter ökonomischen Kriterien zu berücksichtigen.

---

[1] *Maidique/Zirger* (1985), S. 305.

[2] *Griffin/Page* (1993), S. 297 f.

Sie bewirken Umsatzeinbußen oder Kostenerhöhungen (durch Lizenzvergabe) bei der Konkurrenz.

Auch die ökonomischen Effekte sind somit vieldimensional. Ähnlich wie bei den technischen Effekten lassen sich gegenläufige, aber nicht saldierbare Effekte nur über die Bildung einer integrierenden Messgröße "**ökonomischer Nutzen**" ausdrücken.

(3) Die **sonstigen Effekte** liegen auf individueller oder sozialer Ebene. Für den Innovator mag wissenschaftliche Anerkennung in Publikationen, Zitationen, Preisen und anderen Auszeichnungen den eigentlichen Innovationserfolg ausmachen, wenn er nicht gar in der Innovation nach Selbstverwirklichung strebt, die einer sozialen Anerkennung nicht bedarf. Für die Unternehmung kann eine Innovation zur Erfüllung von Humanzielen beitragen. Unstrittig wird es heute als Innovationserfolg angesehen, wenn ein neues Produkt oder Verfahren die Umweltbelastung mindert.

Wenn über alle diese direkten und indirekten technischen, ökonomischen und sonstigen Effekte ein Urteil abgegeben werden soll, bestimmt man den **Gesamt-Nutzen** als "overall success".

12.2.2.3 Die Evaluierungsmaße

Hinsichtlich der Messung des Innovationserfolges verwenden die wissenschaftlichen Untersuchungen **drei unterschiedliche Konzepte**, die wir mit *Pappas/ Remer* als "qualitative", "quantitative" und "semi-quantitative" bezeichnen wollen[1].

- Der **qualitative Ansatz** geht auf integrierende Urteile der befragten Praktiker zurück. In einzelnen Studien wird dieses Urteil durch Kontrollfragen, Kontrollpersonen, Kontrollprozeduren oder gesondert durch externe Experten validiert. Die Qualität derartiger Urteile dürfte im Wesentlichen davon abhängen, ob die Innovationsprojekte präzise und eng abgegrenzt oder ob ihre Kontur und Struktur unscharf sind. Eine umfassende Sammlung derartiger Beurteilungsfragen findet sich bei *Thamhain*[2].
- **Quantitative Techniken** greifen auf präzise bestimmbare Kennzahlen und nachvollziehbare Berechnungsalgorithmen zurück. Sie verlangen keine zusätzliche Kontrollerhebung. Ihre Qualität ist indessen von der Manipulierbarkeit der einbezogenen Informationen bestimmt. Wenn sie auf finanzielle Daten zurückgreifen, verlangen sie homogene Datenerfassung, zeitliche und sachliche Zuordnung von Erträgen und Aufwendungen zu den Projekten sowie Konsens der Beteiligten darüber. Zweifel an dieser Informationsbasis werden nicht geäußert. Die empirischen Forscher vertrauen den Auskünften der Befragten, den Geschäftsberichten, den Datenbanken. Die Tatsache, dass diese Daten in Kardinalskalen vorliegen, besagt indessen nicht, dass es sich um harte Fakten handelt.

---

1 *Pappas/Remer* (1985), S. 15.
2 *Thamhain* (1996), S. 9.7.

- **Semi-quantitative Techniken** sind nach unserem Eindruck auf dem Vormarsch. *Pappas/Remer* charakterisieren sie folgendermaßen: "... basically judgements that are converted to numbers ..."[1]. Ausgangspunkt ist eine Vielzahl von Beobachtungs- oder Befragungs-Items, die mittels Faktoren- oder Clusteranalysen auf einer Skala verdichtet werden. Diese Messtechnik verbindet die Vielfalt einer Befragung mit der Konzentration auf wenige inhaltliche Aussagen und kommt damit auch den Wünschen der Praxis nach Übersichtlichkeit bei Respektierung der Mannigfaltigkeit entgegen.

Eine förmliche Evaluierung kann sich nicht auf quantitative Messtechniken beschränken. Sie muss prinzipiell bereit sein, einen **Methoden-Mix** aus qualitativen, quantitativen und semi-quantitativen Messtechniken einzusetzen.

12.2.2.4 Der Evaluierungszeitpunkt

Wann sollte der Innovationserfolg gemessen und bewertet werden?

Ob eine Innovation erfolgreich ist oder nicht, hängt davon ab, zu welchem Zeitpunkt man die Messung vornimmt. Unstrittig ist, dass ein **Messzeitpunkt "nach" der Einführung in den Markt oder Betrieb** gewählt werden muss, wenn es darum geht, den ökonomischen Effekt der Innovation zu bestimmen. Aber viel mehr als diesen reichlich unbestimmten Zeitschnitt findet man in der Literatur kaum. Eine rühmliche Ausnahme macht die explorative Studie von *Parasuraman/Zeren*[2], die wenigstens branchenspezifische Time-lag-Strukturen quantifizieren. In den meisten Fällen wird überhaupt keine Zeitangabe gemacht, gelegentlich wird eine pauschale Frist (z.B. zwei Jahre nach Markteinführung) angegeben. Möglicherweise entspricht das auch der Sicht der Praxis, die üblicherweise nach zwei bis drei Jahren prüft, ob ein neues Produkt fortgeführt oder aufgegeben werden soll.

Die Forschung hat zwar detaillierte Phasenkonzepte der Entwicklung neuer Produkte oder Verfahren vorgelegt - nur werden diese bei der Erfolgsmessung nicht zur Kenntnis genommen. Schon das einfachste Lebenszyklusmodell enthält implizit die Warnung, Produkterfolge nicht in einem beliebigen Zeitpunkt nach der Markteinführung zu messen[3].

Hier liegt u.E. eines der schwersten **Defizite der empirischen Innovationsforschung**. Solange auf die Frage "Erfolg - wann?" keine standardisierte Antwort gegeben wird, sind die Studien kaum vergleichbar. Wir vermuten, dass auch in der Wirtschaftspraxis der oder die Zeitpunkte für die Messung des Innovationserfolgs nicht konsistent festgelegt sind.

Kasten 12.4 zeigt die möglichen Messzeitpunkte im Überblick.

---

1 *Pappas/Remer* (1985), S. 15.
2 *Parasuraman/Zeren* (1983), S. 26.
3 *Suomala* (2004), S. 203 ff.

Kasten 12.4: Evaluierungszeitpunkte des Innovationserfolges

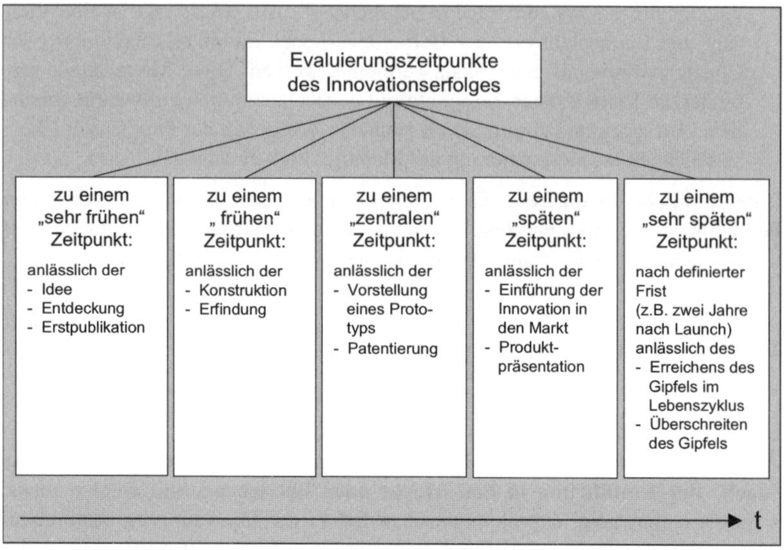

Quelle: Eigene Darstellung

12.2.2.5 Die Referenzgrößen der Evaluierung

Das Urteil über den Innovationserfolg verlangt nicht nur Messung, sondern auch Bewertung. Die Bewertung erfolgt im **Vergleich** des erreichten Zustandes mit einem Referenzzustand. Womit wird der Innovationserfolg verglichen?

Kasten 12.5 zeigt die Referenzzustände im Überblick.

(1) In der **Planungsphase** liefert der Vergleich des erwarteten Innovationserfolges mit dem bestehenden Zustand oder mit alternativen Innovationsmöglichkeiten ein Urteil über die Vorteilhaftigkeit. Es sei unterstellt, dass die Innovation diese Vorteile versprochen hat - andernfalls wäre sie nicht realisiert worden. Spricht man mit Praktikern, so kommt der Fall alternativer Innovationsmöglichkeiten selten vor. In echten Innovationsprozessen scheint sich die Entscheidung in einer sehr frühen Phase auf ein "Ja" oder "Nein" zu reduzieren. Die Variante des "Nein" ist im Startzeitpunkt in höchstem Maße bewusst. Kein Wunder, dass dieser - ex post gesehen - **fiktive Zustand** gern als Referenz gewählt wird: "Wenn wir die Innovation nicht durchgeführt hätten, dann wäre die Konkurrenz zum Zuge gekommen ..., dann wären wir zurückgefallen ..., dann hätten wir den Vorsprung verloren ..." etc. **Das Horrorgemälde der Nicht-Innovation rechtfertigt jede Innovation**. Kein Wunder, dass sie definitionsnotwendig erfolgreich ist.

Kasten 12.5: Referenzgrößen der Evaluierung des Innovationserfolges

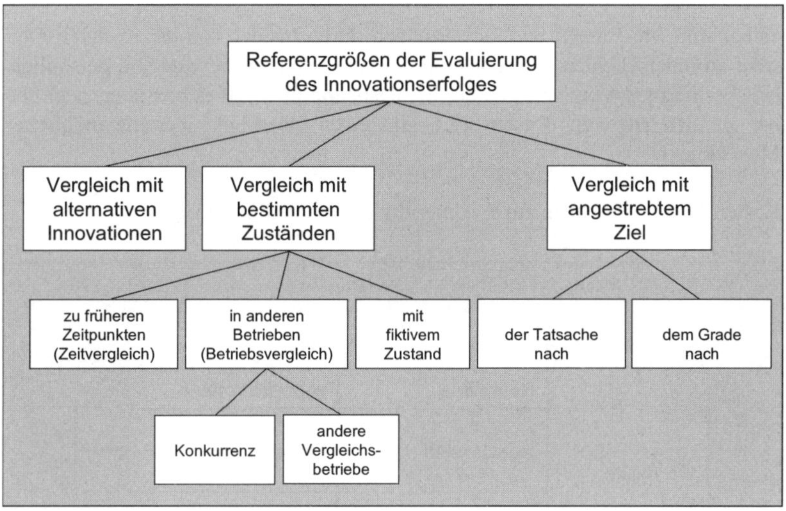

Quelle: Eigene Darstellung

(2) Auch der **Zeit- und der Betriebsvergleich** erlauben eine Erfolgsaussage, die an das erinnert, was Parteivorsitzende am Abend nach der Wahl im Fernsehen sagen. Es findet sich im Zweifel immer ein Zustand, der noch schlechter ist als der erreichte. **Man kann der Innovation somit unter Bezug auf diesen willkürlich wählbaren Referenzzustand einen Erfolg bescheinigen**. Das Rechtfertigungsbemühen, vor allem nach harten Anstrengungen im Wettbewerb, und das Streben nach Vermeidung kognitiver Dissonanz lassen es verständlich erscheinen, dass in derartigen Vergleichen vorzugsweise der Erfolg betont und der Misserfolg unterdrückt werden. Man muss vermuten, dass die Einordnung einer Innovation in die Klasse der erfolgreichen Projekte von diesen Verzerrungen nicht frei ist.

(3) **Der Vergleich des Innovationserfolges mit einem zuvor definierten Ziel ist der einzig rationale Messvorgang**. Er setzt voraus, dass diese Ziele tatsächlich existierten, Konsens fanden und nicht im Nachhinein umdefiniert oder uminterpretiert wurden. Die Ergebnisse der Zielforschung in innovativen Situationen wecken indessen erhebliche Zweifel, dass diese Unterstellungen realistisch sind. Innovationen ähneln eben doch oft mehr einem Glücksspiel als einer Investition. Und wer den finanziellen Einsatz im Innovationszeitpunkt bereits abgeschrieben hat, der ersetzt Ziele durch Hoffnungen. Für ihn ist ein bescheidener finanzieller Rückfluss im Zweifel schon ein Erfolg.

12.2.2.6 Die Evaluierungspersonen

Wer sollte bestimmen, ob eine Innovation erfolgreich war?

Dabei sind Messungen und Bewertungen durch Insider von denen durch Outsider zu unterscheiden. Angesichts der immer wieder akzentuierten, persönlichkeitsbestimmten Verzerrungen der Erfolgsbeurteilung gilt es hier aber, noch feiner zu differenzieren. Kasten 12.6 gibt einen Überblick über die möglichen Messsubjekte.

Kasten 12.6: Personen zur Evaluierung des Innovationserfolges

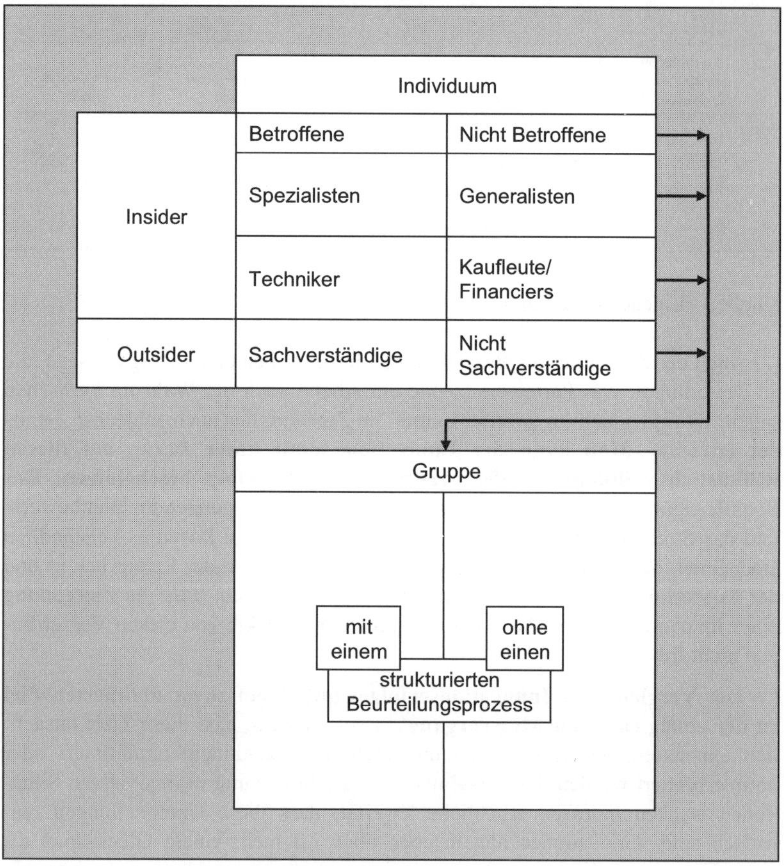

Quelle: Eigene Darstellung

Insider ist nicht gleich Insider. Persönlich Betroffene, Zuständige werden anders reagieren als Nichtbetroffene, Unzuständige. Techniker werden anders urteilen als Kaufleute. Generalisten haben eine andere Einstellung als Spezialisten.

Auch bei den **Outsidern** gibt es erhebliche Unterschiede. Ein Sachgebietsleiter in einem Patentamt hat andere Sachkenntnis als ein Wissenschaftler. Ein Beamter eines Aufsichtsamtes urteilt anders als ein freiberuflicher Ingenieur. Ein Anhänger einer bestimmten Technikphilosophie gibt andere Wertungen ab als ein Jünger einer anderen Schule. Wer Gelegenheit hat, die Stellungnahmen unterschiedlicher Experten zur öffentlichen Förderung bestimmter Innovationen zu lesen, gibt schnell die Illusion auf, die externe Begutachtung sei weniger verzerrt als die interne.

Bleibt letztlich nur die Möglichkeit, die Erfolgsbeurteilung durch eine **Gruppe von Sachverständigen** vornehmen zu lassen und dieser Gruppe zugleich eine formale Prozedur der Urteilsbildung vorzuschreiben.

Die Dimensionen der Evaluierung lassen sich in einer morphologischen Matrix, dargestellt in Kasten 12.7, zusammenfassen.

Kasten 12.7: Morphologische Matrix zur Innovationsevaluierung

Evaluierungs-bereich	Projekt	Familie	Unternehmung	Branche	Wirtschafts-block	
Evaluierungs-kriterien	direkte technische Effekte	indirekte technische Effekte	direkte ökonomische Effekte	indirekte ökonomische Effekte	sonstige system-bezogene Effekte	sonstige individuelle Effekte
Evaluierungs-dimensiont	quantitativ	qualitativ	semi-quantitativ	Kombination		
Evaluierungs-zeitpunkt	„sehr früh“	„früh“	„zentral“	„spät“	„sehr spät“	
Referenz-größe der Evaluierung	alternative Innovationen	angestrebtes Ziel	im Zeitvergleich	Konkurrenz	andere Vergleichs-betriebe	fiktiver Zustand
Evaluierungs-person	Insider Generalist	Insider Spezialist Techniker	Insider Spezialist Kaufmann	Outsider sachverständig	Outsider nicht sachverständig	Gruppe

Quelle: Eigene Darstellung

Diese theoretischen Überlegungen sind auf erfreulich positive Resonanz in der Praxis gestoßen. In Kasten 12.8 wird die Anwendung bei der FTH Fördertechnik Hamburg GmbH dargestellt.

Kasten 12.8: Erläuterungen zur Innovationsevaluierung (*Zillmer*)

"... die Maschine "Roboterpalettierer" (wird) zum Zeitpunkt der Markteinführung bewertet .... Gesucht sind nun geeignete Messkriterien, die gegebenenfalls mit unterschiedlichen Referenzzuständen kombiniert und von zu bestimmenden Personen bewertet werden.

(Die) Abbildung (Kasten 12.9) zeigt eine beispielhafte Auswahl von Messkriterien und Referenzzuständen für die Bewertung der Produktinnovation. Die Auswahl der Kriterien erfolgte dabei nicht nach dem Prinzip der Vollständigkeit, sondern nach einer möglichst breit gestreuten Auswahl. Zur Verdeutlichung der Bandbreite wurde aus jeder Kategorie ein Messkriterium ausgewählt. ...

Neben Messkriterien und Referenzgröße ist die Evaluierungsperson in der vierten Spalte eingetragen. Im Beispiel variiert diese je nach Kriterium. In der nächsten Spalte wird nun der ermittelte Messwert eingetragen. Dieser kann als absoluter Wert oder als Relation zum Referenzzustand ermittelt werden. Bis zu dieser Spalte ist eine Bewertungstabelle auf jeden Fall aufzustellen. Die nachfolgende Aggregation der Teilnutzwerte zu einem Gesamtnutzen ist als zusätzliche Option zu verstehen. ...

Die Zuordnung von Nutzwerten zu den einzelnen Kriterien erfolgt auf einer einheitlichen Skala. Hier ist sie zwischen 1 (sehr schlecht) und 5 (sehr gut) festgelegt.

Die Evaluierungspersonen müssen nun nach Ermittlung des Messwertes die Transformation in Nutzwerte vornehmen. Aus der Summe der gewichteten Punktzahlen lässt sich damit ein Gesamtnutzwert bestimmen. ..."

Quelle: *Zillmer* (2000), S. 245

Kasten 12.9: Beispielhafte Gesamtbewertung der Produktinnovation "Roboterpalettierer" (*Zillmer*)

Kriterien (Effekte)		**Messkriterien**	**Referenzgröße**	**Person**	**Messwert**	**Nutzwert (1 bis 5)**	**Gewichte**	**Gewichtete Punktzahl**
technisch	direkt	Packstück pro Minute	Leistung von Mitbewerbern	Entwicklungs-ingenieur	500 St/Min	5	0,3	1,5
	indirekt	Know-how-Zugewinn	Ausgangssituation	Entwicklungs-ingenieur	hoch	4	0,1	0,4
ökonomisch	direkt	Deckungsbeitrag des Produktes	Deckungsbeitrag anderer Produkte	Vertriebsleiter	10.000 DM	3	0,4	1,2
	indirekt	Umsatz-verringerung der Konkurrenz	Umsatzentwicklung der Mitbewerber	Vertriebsleiter	gering	2	0,05	0,1
sonstige	systembezogen	Einsparung von Arbeitskräften bei den Kunden von FTH	Personalbestand vor Einführung der Anlage	Vertriebs-mitarbeiter	1	3	0,1	0,3
	individuell	Selbstver-wirklichung der Entwicklungs-ingenieure	Ausgangssituation	Entwicklungs-ingenieur	gegeben	4	0,05	0,2
						Σ	**1**	**3,7**

Quelle: *Zillmer* (2000), S. 246

12.3 Theoretische Erwägungen zur Evaluierung

Theoretische Erwägungen und empirische Prüfungen gelten der Frage: **Wie trägt die Evaluierung zur Steigerung von Effektivität und Effizienz der Innovationstätigkeit der Unternehmung bei?**

Erfolgt die Evaluierung lediglich **nach Abschluss** eines Innovationsprozesses in Form eines **Post-Project Review**, kann sie am Ergebnis dieses Prozesses nichts mehr ändern. Sie kann indessen einen organisationalen Lernprozess einleiten, in dem systematisch Erkenntnisse und Erfahrungen aus abgelaufenen Prozessen gesammelt werden, um das Management zukünftiger Prozesse zu verbessern[1]. Eine solche Aufarbeitung gleicht im Grundsatz der empirischen Forschung und verlangt ein dementsprechend sorgsames methodisches Vorgehen.

Wenn indessen die Evaluierung auch **während des Prozesses** erfolgt, können ihre Ergebnisse in den nachfolgenden Prozess-Teilen noch verwertet werden. Zwar wird die **Grenze zwischen Monitoring und Evaluierung damit fließend**, aber das ist kein Einwand gegen die Evaluierungstätigkeit, die sich nach Einschätzung des Verfassers durch ihr größeres Gewicht und Förmlichkeit immer noch deutlich vom monatlichen oder quartalsmäßigen Monitoring unterscheidet. Wir konzentrieren uns im Folgenden auf diese Variante der Evaluierung und stellen uns konkret vor, dass sie nach Vorlage bedeutsamer Zwischenergebnisse und/oder in größeren Abständen, etwa im Jahresrhythmus, erfolgt.

Welche Funktionen erfüllt die Evaluierung und wie wirkt sie dadurch auf den Innovationsprozess?

12.3.1 Funktionen der Evaluierung

12.3.1.1 Rechenschaftslegung

Eine förmliche Rechenschaftslegung ist immer dann zu erwarten, wenn **externe Partner** durch Einbringung ihrer Ressourcen am Innovationsprozess beteiligt sind:

- Ein originäres Interesse an einer derartigen Rechnungslegung sollte man bei **Eigenkapitalgebern** erwarten. Für die Unternehmensbewertung ist die Bestimmung eines "Innovationskapitals" höchst bedeutsam, auch wenn das von den internen Ressorts des Finanzbereichs nicht so gesehen wird[2]. Die bilanztheoretische Arbeit von *Hartmann*[3] illustriert eindrucksvoll, wie man sich eine Technologie-Bilanzierung vorzustellen hat.
- **Externe Investoren**, wie Banken, Wagniskapitalgesellschaften oder die Öffentliche Hand über Transferzentralen und Investitionsbanken vereinbaren üblicherweise von vornherein eine regelmäßige Berichterstattung über den

---

[1] *von Zedtwitz* (2002), S. 255 ff.
[2] *Völckner/Pirchegger* (2006), S. 228 f.
[3] *Hartmann* (1997), S. 137 ff.

Mitteleinsatz, den Projektfortschritt und die Projektergebnisse. Dieses Verlangen steht im Einklang mit den Annahmen der Prinzipal-Agenten-Theorie.

- **Kooperationspartner in der Wertschöpfungskette**, Kunden und Lieferanten, beteiligen sich durch Einsatz ihrer Mitarbeiter, durch Materiallieferungen, durch Zurverfügungstellung von Maschinen und Testzeiten am gemeinsamen Innovationsprozess. Dieser Ressourceneinsatz ist präzise zu erfassen und zu bewerten. Er dient dazu, eine spätere Erfolgsteilung zu fundieren, wie immer diese auch vereinbart werden mag. Die Evaluation soll jeweils eine Zwischenbilanz des Kooperationsvorhabens ziehen und das Ausmaß des beiderseitigen Ressourceneinsatzes bewusst machen.

Auch das **Top-Management** benötigt eine formelle Rechenschaftslegung, um das Projekt mit anderen Vorhaben vergleichen zu können. Nur wenn alle laufenden Projekte nach den gleichen Kriterien evaluiert werden, ist gewährleistet, dass sie sachgerecht verglichen und bewertet werden können.

Wir stellen diese Funktion der Evaluierung bewusst an den Anfang der theoretischen Erwägungen. Es gilt das Argument zu widerlegen, dass eine laufende Evaluation von Innovationen nicht möglich sei. Die vielfältigen Erfahrungen mit einer extern auferlegten Rechenschaftspflicht belegen nachdrücklich:

Eine Unternehmung ist prinzipiell in der Lage, eine Evaluation bis hin zu einer Innovationsabrechnung vorzulegen.

12.3.1.2 Kontrolle

Eine Evaluation der Innovationstätigkeit hat nach dem Denkansatz der Neuen Institutionenökonomie einen festen Platz im Innovationsmanagement:

- Im **Transaktionskostenkalkül** geht es um die Frage, ob bestimmte **betriebliche Funktionen ausgegliedert** oder selbst vollzogen werden sollen. Konkret betrifft das die Auslagerung bestimmter Teile des Innovationsprozesses auf Kunden, Lieferanten, Hochschulen, Berater, Ingenieurbüros, Patentanwälte, Marktforschungsunternehmen etc. Ohne eine genaue Ermittlung der Kosten der Eigenfertigung fehlt eine Vergleichsgrundlage für die Kosten des Fremdbezugs.

- Im **Prinzipal-Agenten-Problem** geht es um die Frage, wie verhindert werden kann, dass die Agenten sich gegenüber dem Prinzipal opportunistisch verhalten. Wir wollen die von der Literatur so gern gepflegten charakterlichen Defizite des Agenten hier bewusst ausblenden, können aber nicht verleugnen, dass die Agenten in der Innovationssituation dazu tendieren, mittels "Bootlegging" Mittel aus offiziell gewährten Budgets für andere Zwecke abzuzweigen, sich in wenig effektiven Tüfteleien zu verlieren und einem uneffizienten Perfektionsstreben zu verfallen.

Die förmliche Evaluierung hält opportunistische Innovationsleidenschaft in Grenzen.

Die Evaluation schafft Transparenz. Sie erhöht damit die Rationalität im Innovationsprozess. Sie ermöglicht effizienten Ressourceneinsatz.

12.3.1.3 Koordination

Unter führungstheoretischer Perspektive hat Evaluation die Funktion einer in höchstem Maße formalisierten Rückmeldung, im Zweifel sogar als Rückmeldung über eine spezialisierte Prüfungsinstanz.

Als eine derartige **Feedback-Meldung** hat sie zunächst lediglich eine **Informationsfunktion**. Der Evaluierungsbericht verläuft ausgehend von den Informationslieferungen der Projektmanager über eine Evaluierungsinstanz an den eigentlichen Adressaten, die Unternehmens- oder Bereichsleitung. Die **Evaluierungsinstanz** hat dabei die Aufgabe, diese Rückmeldung von unvollständigen, einseitigen und manipulierten Informationen zu befreien und unter einheitlichen Kriterien zu ordnen, wenn ihr nicht sogar zusätzlich die Aufgabe übertragen ist, eine wertende Stellungnahme abzugeben. Die Koordinationsleistung der Evaluierung besteht darin, dass sie zunächst die Projektleitung und -mitarbeiter zwingt, einen in sich abgestimmten Bericht vorzulegen und ihn gegenüber der Evaluierungsinstanz zu vertreten.

Berichterstellung und kritische Diskussion vereinheitlichen den Informationsstand und vermindern Wissens- und Wahrnehmungskonflikte zwischen den Projektmitarbeitern.

Damit wird die Information über den Projektzustand und -fortschritt versachlicht. Gleichzeitig werden damit die Bewertungen objektiviert mit der Folge, dass auch die - positiven wie negativen - **persönlichen Konsequenzen intersubjektiv kontrollierbar** bleiben.

Die Bemühungen um Objektivierbarkeit bei der Evaluierung erhöhen die Glaubwürdigkeit und Akzeptanz von Anreizen und Sanktionen.

In beiden Funktionen der Koordination erhöht die Evaluierung den Erfolg des Innovationsprozesses.

12.3.2 Intensität der Evaluierung

Die bisherige Darstellung könnte die Vorstellung nähren, die Evaluierung würde in ihrer Wirkung auf den Innovationserfolg ausschließlich positiv eingeschätzt. Tatsächlich haben schon die Ausführungen zu den Dimensionen der Evaluierung erkennen lassen, dass die Intensität der Evaluierung unterschiedlich hoch sein kann. Damit stellt sich die Frage, ob es eine **optimale Intensität der Evaluierung** gibt, unterhalb derer noch positive Grenzerträge zu erwarten, oberhalb derer aber schon negative Grenzerträge zu befürchten sind.

Unterstellt wird damit eine umgekehrt u-förmige Beziehung zwischen Intensität der Evaluation und dem Erfolg der Innovation.

(1) Damit ist die Frage nach der **Skalierung der Evaluierungsintensität** gestellt. Auf der Suche nach einer Antwort knüpfen wir an unsere Überlegungen zur Steuerungsintensität an. Die Evaluierungsintensität kann danach skaliert werden, wie viele unterschiedliche Dimensionen sie umfasst und wie fein diese Dimensionen unterteilt sind.

Die Dimensionen sind zunächst nach monetären und nicht-monetären Kriterien zu unterscheiden:

- **Monetäre Kriterien** beziehen sich auf Kosten und Erlöse sowie auf die Saldogröße Erfolg als Gewinn oder Verlust. Ggf. treten an die Stellen von Kosten und Erlösen in einer robusteren Variante Auszahlungen und Einzahlungen mit der Saldogröße Überschuss oder Fehlbetrag.
- **Nicht-monetäre Kriterien** setzen an den hierarchisch untergeordneten Einsatzmengen an Produktionsfaktoren an, z.B. an Maschinenstunden, Personen-Monaten, Materialmengenangaben. Der feineren Unterteilung sind kaum Grenzen gesetzt[1].

Zeitliche Differenzierung bietet eine weitere Möglichkeit, die Evaluierungsintensität zu erhöhen:

- Die Evaluation kann unterschiedliche **zeitliche Unterteilungen** der Aussagen vornehmen, etwa nach Jahres-, Semester- oder Quartalswerten.
- Die Evaluierung kann sich auf die **Vergangenheit** beschränken oder auch **zukünftige** Entwicklungen einschließen.

Wir brechen hier ab. Es ist erkennbar, dass die Intensität der Evaluierung deutlich variierbar ist. Kein Mensch, auch eine kühl kalkulierende Evaluierungsinstanz, ist davon frei, die Analyse immer weiter zu vertiefen. Um so dringlicher wird damit die Frage nach der optimalen Evaluierungsintensität.

Die **Kosten einer förmlichen Evaluierung** sollten nicht unterschätzt werden. Diese Problematik ist dann besonders bedeutsam, wenn externe Evaluatoren einzubeziehen und gesonderte Informationssysteme aufzubauen sind sowie durch intensive Befragungen der Mitarbeiter nicht unerhebliche Opportunitätskosten entstehen.

Zur Evaluierung gehört die Evaluierung der Evaluierung selbst. Auch sie hat sich Kosten-/Nutzenerwägungen zu stellen.

Dazu gehört schließlich eine Beschränkung der Evaluierung auf **Innovationsprozesse besonderer Größe oder Relevanz**. Nicht jeder kleinere Innovationsprozess rechtfertigt eine förmliche Evaluierung.

---

1 *Thamhain* (2003), S. 392, *Leker* (2005), S. 578 f.

(2) Bei einer **einmaligen Evaluierung** nach Abschluss eines Innovationsprozesses muss die Effizienz nach dem **Wert des organisationalen Lerneffektes** bemessen werden. Dieser ist schwer zu beziffern, weiß man doch nicht, ob ein Innovationsprozess wie der soeben absolvierte noch einmal zu durchlaufen ist. Realistischer ist es wohl, danach zu fragen, welcher Wert dem Transfer der Erfahrungen auf andere Innovationsprozesse beigemessen wird. Da man dabei von Annahmen ausgehen muss, die von Spekulation nicht frei sind, wird sich die Bereitschaft zu intensiver Evaluierung unter dem Effizienzaspekt in Grenzen halten.

Organisationale Lerneffekte allein sind kein zwingendes Argument für eine intensive Evaluation des Innovationsergebnisses.

Das ist anders, wenn die Effizienz der Evaluierung nach dem **Wert möglicher Schadensersatzansprüche** bemessen wird. Eine solche Evaluierung ist dann zu erwarten, wenn der Innovationsprozess nicht zum erwarteten Erfolg geführt hat. Im Nebenergebnis erbringt eine solche Evaluierung auch Einsichten für die **persönliche Verantwortung** der Personen, die für das Innovationsmanagement zuständig waren.

Einmalige Evaluierung ist ökonomisch gerechtfertigt, wenn durch Klärung von persönlicher Verantwortung und von Schadensersatzansprüchen die Kosten der Evaluierung kompensiert werden.

(3) Für die Evaluierung gelten im Übrigen auch die Argumente, die für das Monitoring und das Berichtswesen sprechen und die im 11. Kapitel behandelt wurden: Wer sich einer förmlichen Überprüfung seiner Leistungen im Innovationsprozess stellen muss, wird zu einer **ganzheitlichen Würdigung seiner Stärken und Schwächen** veranlasst. Er kann sich nachträglich zu den ausgetragenen Konflikten und den gefundenen Konfliktlösungen äußern. Er kann förderliche und schädliche Wirkungen des Zeitdrucks beurteilen. Er kann die Qualität der Prozess-Steuerung bewerten. Er kann die Einflussnahme und Leistungsbeiträge externer Partner kritisch betrachten. Kurz:

Eine förmliche Evaluation bietet die Möglichkeit der kritischen Selbstevaluation der Beteiligten.

Dass dabei vielfältige Versuche zur Rechtfertigung und zur Verantwortungsverschiebung unternommen werden, sollte bei solchen Selbstevaluationen in Rechnung gestellt werden.

12.3.3 Evaluierungskriterien

Mit der Frage nach der optimalen Evaluierungsintensität können die theoretischen Erwägungen nicht enden. Denn es gilt zu verhindern, dass sich die Evaluation mit optimaler Intensität des falschen Gegenstandes annimmt. Zwar wurde bereits bei der Intensitätsdiskussion nach monetären und nicht-monetären Evaluierungskriterien unterschieden, es ist aber noch zu bestimmen, auf welche **sachlichen Inhalte** sich diese Kriterien beziehen.

Wir blenden bei dieser Frage von den technischen und sonstigen Effekten ab und konzentrieren uns auf die ökonomischen Effekte. Ganz unstrittig ragen dabei die in Kasten 12.4 unter dem Stichwort "direkte Effekte" genannten **Umsatzsteigerungen und Kostensenkungen, bzw. ihr Saldo Gewinn**, hervor. Diese Effekte sind am Ressourceneinsatz zu relativieren, um die Innovation mit konkurrierenden Ressourceneinsätzen vergleichbar zu machen.

Sachgerechte Evaluierungskriterien sind aus der betrieblichen Investitionspolitik abzuleiten.

Die **Ergebnisse** von Innovationsprozessen sind immateriell:

- Technik oder Technologie: Prototypen von Produkten oder Verfahren,
- Rechte, Patente, Gebrauchsmuster,
- Informationen: ein Wissensvorsprung vor der Konkurrenz oder
- Know-how: fachspezifische Fähigkeiten und Fertigkeiten.

Innovationen sind "immaterielle" Investitionen, da oft dem Input oder dem Output des Innovationsprozesses die Eigenschaft fehlt, als materielles, konkretes Objekt begreifbar zu sein. Im **externen** Rechnungswesen gilt für selbsterstellte immaterielle Wirtschaftsgüter das Aktivierungsverbot. Das bedeutet indessen nicht, dass **interne** Kontrollrechnungen dieser Anschauung folgen müssen. Es ist aber zu vermuten, dass die Perspektive des externen Rechnungswesens auch auf die Betrachtungsweise des internen Rechnungswesens durchschlägt.

Innovationen sind erfolgsorientierte Investitionsprojekte. Damit sind für ihre Behandlung im Rechnungswesen folgende Aspekte wesentlich:

(1) Innovationen sind **Projekte**. Sie stellen insoweit arteigene, isolierungsbedürftige, befristete Rechnungseinheiten dar.

(2) Innovationen sind **Investitionen**. Sie verursachen Auszahlungen bzw. Ausgaben und Einzahlungen bzw. Einnahmen und berühren insoweit die Liquidität. Das Zeitfeld ihrer Ausgaben liegt deutlich vor dem der Einnahmen. Damit erhebt sich zugleich das Problem des Zeithorizontes und möglicher Zurechnungen der Ausgaben auf mehrere Perioden. Innovationen sind zudem Großinvestitionen. Sie erreichen mit Anteilen von 5 bis 10 % am Umsatz Größenordnungen, die es verbieten, sie als Quantité négligeable unter der Position "Sonstiges" zu behandeln.

(3) Innovationen verlangen Ermittlung ihres **Erfolgs** (Gewinn oder Verlust). Die Erfolgsermittlung kann dabei nicht allein als Rechnung für die Total-Projektperiode durchgeführt werden. Die Zahlungsströme sind vielmehr auch als **Aufwendungen und Erträge** periodengerecht zu verrechnen und im Periodenerfolg auszuweisen. Wird diese pagatorische Gedankenwelt verlassen und stattdessen eine **kalkulatorische** gewählt, wird aus der Innovationsergebnisrechnung eine Rechnung mit **Kosten- und Erlöskomponenten**, wodurch es möglich wird, besondere Bewertungen bereits in die Rechnung einzubringen.

Angesichts dieser theoretischen Erwägungen stützt sich eine Evaluierung dann auf die sachgerechten Messwerte, wenn sie die Innovation als Investition behandelt, d.h.

- ihre **Auszahlungen und Einzahlungen** sowie als Saldo einen Einzahlungsüberschuss oder -fehlbetrag ermittelt
- bzw. in einer periodisierten Rechnung mit **Aufwendungen und Erträgen** rechnet sowie als Saldo Gewinn oder Verlust ausweist
- bzw. in einer güterlichen Basisrechnung mit gesondert angesetzten Faktoreinsatzpreisen mit einer **Kosten- und Erlösrechnung** arbeitet und als Saldo positive oder negative Projektergebnisse bestimmt.

Jede dieser Rechnungen ist dann eine unternehmerische, wenn sie sich auf eine **Saldogröße** richtet. Sie hat prinzipiell **Inputgrößen und Outputgrößen** zusammenzufassen. Die Rechnung ist nicht sachgerecht, wenn sie sich auf eine der beiden Seiten beschränkt, auch wenn die mikroökonomische Sicht der Dinge den Blick einseitig auf die Kostenseite lenkt.

Die Evaluation kann sich nicht allein auf die Kostenseite der Innovation beschränken, sie muss auch die Markt- und Erlösseite einbeziehen.

Damit können wir uns den empirischen Befunden zuwenden:

- Verwendet die Evaluierung die sachgerechten Messwerte?
- Welche Evaluierungsintensität fördert die Effektivität und die Effizienz des Innovationsprozesses?

12.4 Empirische Befunde zur Evaluierung

12.4.1 Evaluierungsintensität und -kriterien

"Das gehet nicht an, die Herren denken zu fleißig an meine Ausgabe, der Einnahme reflectieren sie nicht."

Randbemerkung Friedrichs des Großen
Borchardt (1937), S. 63

Evaluierungen von Innovationen verlangen systematische Erfassung der Informationen, die für den Erfolg der Innovation von Belang sind. Wir fragen zunächst nach der Erfassung von monetären Größen der Innovation im Rechnungswesen der Unternehmung.

(1) In einer Befragung von 101 Bewerbern um den Innovationspreis der Deutschen Wirtschaft 1992 konnten wir folgende Feststellungen zur Behandlung von Innovationen im Rechnungswesen treffen[1]:

- **Zum Projektbezug**
  Nur in drei Viertel der Fälle erschien es möglich, das Projekt von anderen Aktivitäten zu isolieren. Dem entspricht, dass in 29 % der Fälle keine Innovationsrechnung in irgendeiner Form erstellt wurde.
- **Zum Investitionscharakter**
  Die Einzahlungen und Auszahlungen werden in den Fällen, in denen das Projekt isolierbar ist, in aller Regel erst dann erfasst, wenn die Ideenphase abgeschlossen ist und das Projekt in eine Forschungsphase eintritt. Nur 37 % der Unternehmen, denen eine Projektisolierung möglich war, versuchen, die Ausgaben schon in der Ideenphase zu erfassen.
  Hinsichtlich einer Aktivierung ist die Bindung an das externe Rechnungwesen am stärksten. Unternehmen mit vornehmlich steuerlicher Orientierung (31 %) **lehnten die Aktivierung bewusst ab** mit dem Argument, die Innovationsausgaben sollen "als Betriebsausgaben sofort steuerlich berücksichtigt werden". Nur in 38 % der Fälle konnten wir ein tendenziell ausgeprägtes Investitionsbewusstsein feststellen. Diese Unternehmen würden es begrüßen, wenn die Innovation auch in der Bilanz aktiviert werden könnte, denn sie sei ja "eigentlich eine echte Investition". Ihr Ausweis "vermeide den Eindruck von Verlusten".
- **Zu den Evaluierungskriterien**
  Nur 30 % der befragten Unternehmen gaben an, die Innovation in einer Deckungsbeitragsrechnung zu erfassen, in der sowohl Erlös- als auch Kostenkomponenten berücksichtigt werden. Weitere 46 % der Nennungen entfielen auf die Aussage, dass die Innovation in einer arteigenen Kostenträgerrechnung erfasst wird. **Überwiegend wird die Kostenseite der Innovation bewusst gemacht, die Erlösseite indessen nicht**.

Das zusammenfassende Urteil lautet:

---

[1] *Hauschildt* (1994a), S. 180 ff., *Hauschildt* (1994b), S. 1018.

Das Budgetdenken dominiert. Die Erfassung und Verrechnung von Einnahmen bzw. Erlösen (oder Erträgen) ist gegenüber den Ausgaben bzw. Kosten (oder Aufwendungen) deutlich unterentwickelt.

Wir vermuten überdies - Befunde dazu liegen indessen nicht vor -, dass interne Investitionsrechnungen und interne Aktivierungen von Innovationsausgaben mit anschließender Verteilung auf mehrere Perioden höchst selten vorkommen. Der Normalfall ist nach wie vor eine **kameralistische Behandlung**, d.h.

- Bewilligung eines zweckgebundenen, vielleicht auch periodisch neu gewährten Soll-Ausgabenbetrags
- mit anschließender Aufzeichnung der Ist-Ausgaben
- bei ständiger Überprüfung, ob damit der Höchstbetrag des Solls auch eingehalten wird.

Überspitzt formuliert:

Innovationen in Unternehmen werden in solchen Fällen nicht anders behandelt als Ausgaben von Behörden: Sie werden in Haushaltsüberwachungslisten, nicht einmal in Konten, geführt.

Eine derartige Behandlung der Innovation im Rechnungswesen könnte das Image des Innovators in schädlicher Weise prägen. Ohne Erfolgs-, Investitions- und Projektbezug kann nicht ausgeschlossen werden, dass man ihn als Budgetverschwender, als Almosenempfänger, als Verlustverursacher, als Produzent von "Nonvaleurs"[1] oder von "Luftposten"[2] charakterisiert.

(2) Diese erschreckende Charakterisierung ist nicht unpopulär. Sie wird sogar von Vertretern des Controlling - bzw. des Finanzressorts geteilt. *Völckner/ Pirchegger*[3] legen in ihrer empirischen Bestandsaufnahme eindeutig klar, dass das "Innovationskapital" im Vergleich zu anderen immateriellen Werten ("Kundenkapital", "Markenkapital", "Humankapital", "Organisationsstärke") von den Befragten aus diesen Ressorts durchgängig als wenig bedeutend für den Unternehmenserfolg eingeschätzt wird. Für wesentlich wichtiger werden die absatzbezogenen immateriellen Werte gehalten.

(3) Im Anschluss an unsere Untersuchung befragte *Littkemann*[4] je 38 Projektleiter und Leiter des Rechnungswesens nach der Ausgestaltung der Innovationsabrechnung. Er ermittelte fünf Typen von Abrechnungsgraden, die zugleich als Ordinalskala nutzbar sind. Wir wählen für diese Darstellung konkretere Typenbezeichnungen als *Littkemann*:

---

1 *Moxter* (1979), S. 1108.
2 *Kropff* (1973), TZ 60.
3 *Völckner/Pirchegger* (2006), S. 228.
4 *Littkemann* (1997), S. 200 ff.

- **Typ 1: "Die vernachlässigte Abrechnung"** findet sich in etwa einem Viertel der Fälle. Keine der betrachteten Abrechnungsdimensionen wird verwendet, um die Innovation im Rechnungswesen zu isolieren.
- **Typ 2: "Die einfache Kameralistik"** erfasst nur die Projektkosten, in tieferer Aufspaltung, auf eigenen Kostenstellen, als eigenen Kostenträger. Ihre Einseitigkeit, Innovationen nur als Kostenverursacher zu betrachten, lässt sie uns dem Behördendenken zuordnen. Dieser Typ findet sich in fast 30 % der Fälle.
- **Typ 3: "Die Kostenvergleichsrechnung"** unterscheidet sich vom Typ 2 nur dadurch, dass in diesem Falle komplexe Kostenvergleichsrechnungen durchgeführt werden. Dieser Typ tritt in einem Fünftel der Fälle auf.
- **Typ 4: "Die einfache Innovationserfolgsrechnung"** bezieht Erlöskomponenten in die Abrechnung ein und ermöglicht die Bestimmung von Ergebniswerten, namentlich von Deckungsbeiträgen. Sie führt insoweit den Typ 2 weiter. Auf komplexe Kostenvergleichsrechnungen wird verzichtet. Dieser Typ findet sich in 13 % der Fälle.
- **Typ 5: "Die mehrdimensionale Innovationserfolgsrechnung"** führt den Typ 3 weiter und nimmt neben einer Ergebnisrechnung ebenfalls komplexe Kostenvergleichsrechnungen vor. Auch dieser Typ tritt in 13 % der Fälle auf.

Littkemann hat die Bewerber um den Innovationspreis der Deutschen Wirtschaft im Jahre 1993 befragt. Vermutlich haben diese Unternehmen ein höheres Rechnungslegungsbewusstsein als Unternehmen, die sich nicht so klar zur Innovation bekennen. Dieser Befund hat vermutlich sogar einen **Positiv-Bias**.

Nur eine Minderheit der Unternehmen evaluiert Innovationen sachgerecht, d.h. ergebnisorientiert.

Werner/Souder kommen zu einem ähnlichen Ergebnis[1].

(4) Mit dieser Inventur der Misere kann es nicht sein Bewenden haben. Zu fragen ist, wie es kommt, dass die Innovationen im Rechnungswesen vielfach ohne Projekt-, Investitions- und Erfolgsbezug behandelt werden[2]. Die folgende Aufzählung hat beim Stand der Forschung noch einen hypothetischen Charakter:

- **Legitimitätszweifel**:
  Innovationen starten oft aus der Illegitimität. Die Vorstellung, Innovationen würden stets durch bewusste Entscheidungen legitimierter Instanzen in Gang gesetzt, ist wenig realistisch. Innovationen sind häufig
  - Resultate außerhalb definierter Zweckbindung durchgeführter Studien und Entwicklungen ("bootlegging"),

1 *Werner/Souder* (1997), S. 29 f., ähnlich *Hertenstein/Platt* (2000), S. 315.
2 S.a. *Littkemann* (2005a), S. 598 ff.

- Nebenergebnisse anderer Projekte, Weiterführungen gescheiterter Versuche,
- mehr oder weniger zufälliges Aufgreifen von Marktimpulsen aus Beschaffung und Absatz durch Einkäufer oder Kundenbetreuer,
- Steckenpferde von Naturwissenschaftlern und Ingenieuren, die geduldet, aber nicht gefördert werden,
- nicht zuletzt: Zufallsergebnisse ("Serendipitäten").

In vielen Fällen entfalten sie sich neben der eigentlichen Aufgabe, für die der betreffende Promotor der Innovation bestellt und zuständig ist. Die Erfassung von Ausgaben für diese Aktivitäten erscheint kaum möglich. Sie können noch nicht aus einem eigens dafür bereitgestellten Budget finanziert werden. Sie werden vielmehr aus abgezweigten Mitteln anderer Projekte getragen. In unserer Befragung bekannten sich immerhin 42 % der Unternehmen zu einer Finanzierung des Innovationsprojektes außerhalb eines formalen Budgets. Man darf vermuten, dass viele dieser Projekte unter dem scharfen Licht einer Wirtschaftlichkeitskontrolle als ungerechtfertigt und unwirtschaftlich gebrandmarkt worden wären.

Auf jeden Fall ist der Investitionscharakter in der ersten Phase tastender Versuche noch nicht bewusst.

- **Abgrenzungsschwierigkeiten**:
  Das Innovationsproblem lässt sich in der Regel nicht klar abgrenzen. Die Schwierigkeiten der Problemdefinition wurden in Kapitel 8, die der Zielbildung in Kapitel 9 dargestellt. Es ist ein Kennzeichen der Innovation, dass man zu Beginn nicht übersehen kann, wie dieses Problem mit angrenzenden Problemen sachlich und zeitlich verknüpft ist. Das gilt auf jeden Fall für die Ideenphase. Üblicherweise kann die Innovation erst in der Forschungsphase oder gar erst in der Entwicklungsphase zu einem klar isolierten Projekt werden.

- **Zurechnungsschwierigkeiten**:
  Innovationen vollziehen sich als Projekte in einer individuellen Zeitdauer. Diese überschneidet sich vielfältig mit den starren Rhythmen der kurzfristigen Erfolgsrechnung. Zur Überleitung von einer Projekterfolgsrechnung in eine Periodenerfolgsrechnung wären vielfache Umrechnungen nötig, die nur unter heroischen Annahmen oder über höchst komplexe Aufschreibungen ermöglicht würden. Gegen das erste spricht die Beliebigkeit, gegen das zweite die Unwirtschaftlichkeit.

- **Risikoerwägungen**:
  Das Risiko des Scheiterns ist hoch. Nach der vielzitierten Metaanalyse von *Crawford* [1] scheitern mit Sicherheit ca. ein Drittel aller Innovationsprojekte, oftmals aber deutlich mehr. Wer Ausgaben für Innovationen als Investitio-

---

1 *Crawford* (1979), S. 12.

nen ansieht, muss wegen dieses besonderen Risikos befürchten, dass ihm das Scheitern auch in besonders schmerzhafter Weise vorgehalten wird, nämlich als Fehlinvestition. Wer hingegen die Innovationen in die laufenden Ausgaben einordnet, fällt weniger auf.

- **Prognoseprobleme**:
  Der Verlauf der Zahlungsströme von Innovationen ist vielfach nicht absehbar. Es fehlen Erfahrungen mit den Zeitzentren von Ausgaben und Einnahmen, mit ihrer zeitlichen Erstreckung, mit Zusatz- und Folgeausgaben. Der Erfolg der Innovation ist überdies von der Lösung der mit ihr verbundenen, nicht sicher beherrschbaren Produktions- und Absatzprobleme abhängig. Die Innovation hat sich in einem möglicherweise völlig unbekannten Markt durchzusetzen, der die Chance eines monopolistischen price-skimming ebenso enthält wie das Risiko einer gnadenlosen Zurückweisung des neuen Produktes durch die Kunden. Bei derartigen mehrwertigen Erwartungen gilt die Minimax-Strategie nicht nur für die Entscheidung, sondern auch für ihren rechnerischen Ausweis:

Es ist kein Wunder, dass mit der Nicht-Aktivierung der Innovationsausgaben die am wenigsten riskante Form der Behandlung im Rechnungswesen gewählt wird.

Damit lässt sich zusammenfassend zur Evaluierungsintensität und zu den Evaluierungskriterien festhalten:

- Die **Evaluierungsintensität** ist gering. Sie hat sich nicht vom laufenden Monitoring des Projektes gelöst. Man begnügt sich damit, die Erfüllung der Vorgaben zu den Grundparametern der Prozess-Steuerung zu überprüfen.
- Die **Evaluierungskriterien** entsprechen weithin nicht einem unternehmerischen Denken. Man bewegt sich in einer Welt der Qualitäts-, Zeit- und Kostenorientierung, nicht aber in der Welt der Gewinnorientierung oder doch wenigstens einer Umsatz- und Marktanteilsorientierung.

Das unterscheidet im Übrigen die amerikanischen von den deutschen Verhältnissen nicht. "Typisch deutsch" scheint vielmehr, dass eine derartigen Evaluierungs- bzw. Monitoringpraxis insgesamt von den Verantwortlichen in der Forschung und Entwicklung abgelehnt wird. Man will stattdessen eine stabile, langfristige "Grundfinanzierung" des Inputs. Man lehnt kurzfristige Erfolgskontrolle von einzelnen Projekten und die damit verbundene permanente Rechtfertigung ab[1].

---

[1] *Werner/Souder* (1997), S. 31.

12.4.2 Einbindung des Rechnungswesens in den Innovationsprozess

Evaluierungen als förmliche Kontrollen gehen von einer bewussten Distanz der Evaluatoren von den Handlungsverantwortlichen aus. Würde sich das Rechnungswesen laufend in den Innovationsprozess einschalten, verliert es diese Distanz. Um den Beitrag der Evaluierung für den Innovationserfolg abschätzen zu können, muss daher zunächst überprüft werden, wie groß die Distanz tatsächlich ist, konkret: **In welcher Weise ist das Rechnungswesen in den Innovationsprozess eingebunden?**

Littkemann ist dieser Frage nachgegangen. Er ermittelt in einer Faktorenanalyse zwei Typen der Einbindung[1]:

- **Typ 1: "Die aktive Teilnahme"** ist dadurch gekennzeichnet, dass Mitarbeiter des Rechnungswesens an der laufenden Projektarbeit mitwirken, mitentscheiden und an der projektspezifischen Kommunikationstätigkeit, vor allem in Kommissionssitzungen, teilhaben.
- **Typ 2: "Die passive Teilnahme"** verweist das Rechnungswesen in die Rolle eines Informationsempfängers, dem man Informationen über den Projektverlauf zukommen lässt. Es kann damit nur reaktiv tätig werden. Indessen entspricht diese Rolle eher der eines idealtypischen Evaluators.

Rabino befürwortet das Verhalten gemäß Typ 1 und setzt sich intensiv für die frühzeitige und intensive Einbeziehung des Rechnungswesens in den Innovationsprozess ein. Vertreter des Rechnungswesens könnten wertvolle Informationen über die Kosten- und Marktsituation in die Entscheidungen einbringen. Sie würden zudem für Kostendisziplin und für ausgeglichene Berücksichtigung wirtschaftlicher Aspekte gegenüber technischen Spitzfindigkeiten sorgen[2]. Die Argumentation *Rabinos* stützt sich vor allem auf die Beobachtungen der Japanischen Praxis.

Seine Befunde aus einer Befragung von 114 amerikanischen Managern sind indessen vernichtend: Die Mitglieder des Projektteams aus den operativen Abteilungen schätzen ihre Kollegen aus dem Rechnungswesen als diejenigen ein, auf die man am ehesten verzichten und deren Argumente man überhören könne[3].

Aktive Mitarbeit des Rechnungswesens im Projektteam wird von Ingenieuren und Marketingmanagern als störend empfunden.

In der Wahrnehmung derjenigen, die für Entscheidung und Durchsetzung der Innovation verantwortlich sind, wird die distanzierte, reaktive Evaluator-Position des Rechnungswesens als angemessener empfunden als dessen konkrete Mitwirkung an der Projektarbeit.

---

1 *Littkemann* (1997), S. 298 ff.
2 *Rabino* (2001), S. 74.
3 Ebenda, S. 85.

12.4.3 Evaluierung und Innovationserfolg

Die beobachtete Vielfalt der Evaluierungstätigkeit lässt die Frage berechtigt erscheinen, ob die Intensität und die inhaltliche Ausrichtung der Evaluation sowie die Einbeziehung des Rechnungswesens in die Projektarbeit den Erfolg des Innovationsprozesses beeinflussen.

Diesen Fragen ist *Littkemann* in seiner Studie in einer Kausalanalyse nachgegangen. Seine Ergebnisse liefern folgende Mosaiksteine für eine Erfolgsbeurteilung[1]:

Aus der Typologie der Evaluierungsintensitäten lässt sich ein ordinal skalierter **Abrechnungsgrad** ableiten, der vom Mindestwert (keine Abrechnung) über mittlere Werte (nur Kostenabrechnungen) bis zum Höchstwert (komplette Kosten-/Erlösrechnungen) reicht. **Dieser Abrechnungsgrad ist eindeutig positiv mit dem Projekterfolg korreliert.** Der Projekterfolg wird dabei als Urteil der befragten Leiter des Rechnungswesens über den wirtschaftlichen Erfolg des Projektes gemessen.

Je höher die Evaluierungsintensität und je bedeutsamer die wirtschaftlichen Evaluierungskriterien, desto höher ist auch der wirtschaftliche Projekterfolg.

Die Kausalität ist dabei keineswegs eindeutig, wenn auch nach dem vorgelegten Kausalmodell theoretisch zu erwarten. Aber es ist nicht völlig ausszuschließen, dass der Projekterfolg vom Leiter des Rechnungswesens deshalb als positiv beurteilt wird, weil er ein Gegenstand besonders intensiver Messung in seiner Abteilung war.

Auf diesen Abrechnungsgrad selbst wirken weitere Sekundär-Einflüsse ein:

- Hoher **Wettbewerbsdruck** fördert die Abrechnungsintensität. Das Bedürfnis, den Innovationsprozess zu konkurrenzfähigen Ergebnissen zu führen, verlangt Information durch das Rechnungswesen.
- Es ist vorteilhaft für die Abrechnungsintensität, wenn das Projekt durch ein **eigenständiges Team** betrieben wird. Man kann vermuten, dass Autonomie des Handelns mit dem starken Wunsch gepaart ist, über den wirtschaftlichen Stand des Projektes informiert zu sein.
- Negativ wirkt es sich auf den Abrechnungsgrad aus, wenn das Rechnungswesen selbst am Projektmanagement beteiligt ist. Geradezu paradox ist die gleichzeitige Beobachtung, dass diese **Einbindung des Rechnungswesens** im direkten Wege positiv mit dem Projekterfolg korreliert. Eine Beteiligung des Rechnungswesens führt insgesamt somit über beide Wege zum Erfolg. *Littkemann* kommentiert diesen überraschenden Befund so: Bei der Gestaltung der Beziehungen zum Rechnungswesen "... kann man zwischen zwei Alternativen wählen. Entweder man lässt das Rechnungswesen aktiv an der

---

[1] *Littkemann* (1997), S. 312 ff.

Projektarbeit mitwirken oder aber man setzt auf die Erstellung von Innovationsabrechnungen."[1]

Mitwirkung des Rechnungswesens am Innovationsprozess mit weniger intensiver formaler Kontrolle wirkt ebenso positiv wie eine formale Kontrolle ohne Mitwirkung.

Andere empirische Befunde bestätigen die positive Beziehung zwischen Evaluierungsinformationen und Projekterfolg, wenngleich sie mit Blick auf die hier diskutierte Evaluationsintensität relativ undifferenziert sind:

Davila untersucht 56 Innovationsprojekte in der Medizintechnik und kann feststellen, dass intensive **Information über die Kostensituation**, gemessen durch die Detaillierung, die Aktualisierung und die Nutzung der Information in der Teamarbeit, mit dem wirtschaftlichen Projekterfolg positiv korreliert[2]. Das gilt insbesondere, wenn die Unternehmung die Strategie niedriger Kosten verfolgt.

Eine derartige Strategieabhängigkeit der Erfolgsbeziehung wird von *Griffin/ Page* detailliert untersucht[3]. Sie benutzen die **Strategietypen** von *Miles/Snow*[4] und können zeigen, dass je nach strategischer Ausrichtung unterschiedlichen Informationen der höchste Nutzen zugeschrieben wird. So sehen "Prospektoren" vor allem auf den Produktgewinn von relativ jungen Produkten, "Analysierer" prüfen demgegenüber das Ausmaß, zu dem die neuen Produkte in die Unternehmensstrategie passen. "Verteidiger" und "Reagierer" beachten vornehmlich die Rendite ihres Programms zur Produktentwicklung.

Kerssens-van Drongelen/Bilderbeek[5] können belegen, dass regelmäßige, in kurzem **Rhythmus** (1-3 Monate) durchgeführte Messungen, in die auch die internen "Abnehmer" der Innovation einbezogen sind, sich in den hocheffektiven Teams finden. Die wesentliche Ursache für diesen höheren Erfolg sind schnellere Anpassungen.

Griffin/Page liefern schließlich Hinweise auf die Abhängigkeit der Erfolgsmessung vom **Innovationsgrad** der neuen Produkte: Bei extrem hohem Innovationsgrad benötigt man in erster Linie Informationen über die Akzeptanz der neuartigen Produkte durch die Kunden. Für Produkte, die erstmalig in der Unternehmung entwickelt werden, geht es um Marktanteilsdaten. Für Produktveränderungen ist die Messung der Kundenzufriedenheit essentiell[6].

Die möglichen Beziehungen zwischen Evaluation und Projekterfolg werden insoweit durch Kontingenzeinflüsse weiter moderiert.

---

1 *Littkemann* (1997), S. 317.
2 *Davila* (2000), S. 403.
3 *Griffin/Page* (1996), S. 491.
4 *Miles/Snow* (1978), S. 28 f.
5 *Kerssens-van Drongelen/Bilderbeek* (1999), S. 44.
6 *Griffin/Page* (1996), S. 486.

12.5 Einzelne Gestaltungsvorschläge zur Evaluierung

Nach diesen ersten empirischen Ergebnissen verfestigt sich der Eindruck, dass Rechnungswesen und Innovationsmanagement noch einen weiten Weg vor sich haben, ehe sie es zu **gegenseitiger Anerkennung und Unterstützung** bringen. Es kann nicht hingenommen werden, dass - überspitzt formuliert - das Rechnungswesen in den Innovatoren technikverliebte und haltlose Geldverschwender und umgekehrt die Innovatoren in den Kostenrechnern knausrige und phantasielose Bürokraten sehen. Wer dieses Verhältnis verbessern will, muss eine gemeinsame Verständigungsbasis suchen, über deren formale Gestaltung beide Parteien übereinstimmen und auf deren nachhaltige Gültigkeit sie sich verlassen können. Die im Folgenden vorgelegte Innovationsergebnisrechnung soll einen Denkanstoß zur Findung einer solchen Verständigungsbasis liefern.

12.5.1 Die Innovationsergebnisrechnung

12.5.1.1 Anforderungen

Eine derartige Rechnung steht im Dienste eines "koordinationsorientierten Innovations-Controlling"[1]. Die theoretische Basis für ein derartiges Konzept sind die drei genannten Attribute der Innovationsentscheidung: Projektbezug, Investitionscharakter und Erfolgsorientierung. Zudem ist zu klären, wie das Projekt nach seiner Beendigung in die Unternehmensgesamtrechnung einzugliedern ist.

(1) Beachtung des Projektbezugs

Der Projektcharakter der Innovation muss nicht nur in der Prozess-Steuerung, sondern auch in der Rechnungslegung zum Ausdruck gebracht werden[2]. Ein Projekt umschließt eine isolierbare Menge von Aktivitäten oder anders: einen bestimmten Verbrauch von Ressourcen. Es lässt sich durch institutionelle Vorkehrungen (Nummern, Namen) von anderen Projekten abgrenzen und befristen.

Der Projektbezug tritt gleichberechtigt neben die traditionellen Bezüge des internen Rechnungswesens: den Periodenbezug, den Bereichsbezug und den Produktbezug.

Das Projekt ist das "Konto", unter dem die Ausgaben- und Einnahmenströme der Innovation erfasst, ausgesondert und ausgewertet werden. Die Einrichtung dieses Kontos sollte möglichst früh erfolgen, d.h. spätestens in der Phase der Ideengenerierung. Diese Forderungen stellen sich ungeachtet der erheblichen

1 *Schröder* (1996), S. 500 ff.
2 *Martin* (1992), S. 269 ff., *Lachnit et al.* (1994), S. 88 ff.

Zurechnungsprobleme. Sie gelten generell für Projekte und für alle "Projektdeckungsrechnungen"[1].

(2) Beachtung des Investitionscharakters

Die Gedanken der dynamischen Bilanzierung als zukunftsbezogene Rechnung sind auch auf die Behandlung der Innovation im internen Rechnungswesen anzuwenden.

Nicht die Zahlungswirksamkeit, sondern die Erfolgswirksamkeit ist für die Verrechnung maßgeblich.

Konsequenterweise sind nicht nur materielle Investitionen für die Innovation, wie Labors, Prüfgeräte etc., intern zu aktivieren, sondern auch diejenigen investiven Ausgaben, denen keine materiellen, langfristig nutzbaren Objekte entsprechen, wie z.B. die Schulung der Projektmitarbeiter[2].

Nochmals: Der Periodenbezug sei durchaus respektiert, er darf aber den Projektbezug nicht verdrängen. Wenn also eine periodisierte Betriebsergebnisrechnung für unentbehrlich gehalten wird, dann schützt nur die interne Aktivierung vor einer Fehlbeurteilung der Innovation als Verlustverursacher[3].

(3) Beachtung der Erfolgsorientierung

Innovationserfolgsrechnungen sind als Konten, nicht als Haushaltsüberwachungslisten zu führen. Es kann nicht akzeptiert werden, in der Innovation nur die Ausgaben (bzw. analog die Aufwendungen oder die Kosten) zu sehen und diese mit einem Sollwert zu vergleichen.

Wer der Kostensenkung prinzipiell den Vorrang vor der Gewinnsteigerung gibt, etabliert eine Einsparungsphilosophie. Er denkt nicht erfolgsorientiert.

12.5.1.2 Ausgestaltung in unterschiedlichen Prozessphasen

Die Innovationsergebnisrechnung ist demnach als **Konto** aufgebaut. Als **Planungsrechnung** enthält sie auf der Sollseite die zukünftigen **Auszahlungen** (bzw. Kosten) für das Projekt und auf der Habenseite die erwarteten **Einzahlungen** (bzw. Erlöse)[4]. Als Saldo wird ein geplanter **Innovationsüberschuss** ausgewiesen. *Dellmann*[5] hat einen entsprechenden Ansatz als Deckungsbeitragsrechnung für Forschungs- und Entwicklungsprojekte entwickelt.

---

1 *Ziegler* (1982), S. 820.

2 *Mellerowicz* (1958b), S. 205 ff., *Unterguggenberger* (1972), S. 275, *Bleicher* (1988), S. 41.

3 *Küpper* (1988), S. 48.

4 *Bürgel* (1983), S. 99 ff.

5 *Dellmann* (1982), S. 588 f.

(1) Zu Beginn der Innovationstätigkeit kann diese Innovationsergebnisplanung **ausschließlich Erwartungswerte** enthalten. Es handelt sich um die Kapitalwerte der Einzahlungs- und Auszahlungsreihen des Projektes - analog jeder Investitionsrechnung. Die Auszahlungen bzw. Ausgaben gehen in der Regel den Einzahlungen bzw. Einnahmen voraus. Sie erfassen konkret sowohl laufende Zahlungen für Personal, Verbrauchsmaterial, Energie, Rechte, Information und für Kommunikation etc. als auch langfristig nutzbare Objekte wie Ausgaben für Laboratorien, Prüfinstrumente, Messanlagen etc., deren Nutzungsmöglichkeit mit Ablauf des Projektes nicht unbedingt erschöpft ist. Die Einnahmeerwartungen richten sich auf direkt am Markt erzielbare Erlöse, etwa Lizenzeinnahmen, oder indirekt über den Absatz der Produkte auf die Innovation entfallende Erlösanteile. Auf die Isolierung dieser Grenzerlöse werden wir noch zu sprechen kommen.

Die Innovationsergebnisrechnung hat **bei Projektbeginn** damit folgende Grundstruktur (vgl. Kasten 12.10).

Kasten 12.10: Innovationsergebnisrechnung vor Projektbeginn

Kapitalwert der Ausgaben (diskontierte, erwartete Ausgaben für das Innovationsprojekt)	**Kapitalwert der Einnahmen** (diskontierte, erwartete Einnahmen aus dem Innovationsprojekt)
laufende Zahlungen - für Personal - für Material - für Energie - für Information und Kommunikation - für Rechte	Lizenzeinnahmen anteilige Einnahmen über den Absatz der Produkte
Zahlungen für langfristig nutzbare Gebrauchsgüter	
erwarteter Innovationsüberschuss	

Quelle: Eigene Darstellung

(2) Was **nach Projektabschluss** Bestandteil der Innovationsergebnisrechnung ist, hängt davon ab, wie der Abschluss des Projektes selbst definiert ist. Vielfach ist es üblich, das Projekt als solches mit der **"Übergabe" an die planmäßige Verwertung** der Innovation abzuschließen ("technischer Projektabschluss"). Bei Produktinnovationen ist das der Zeitpunkt der Einführung des neuen Produktes in den Markt. Bei Verfahrensinnovationen ist das der Zeitpunkt des Einsatzes in die betrieblichen Prozesse. Damit sind auf jeden Fall die Ausgaben voll realisiert, die Einnahmen hingegen noch Erwartungswerte. In ihrer Grundstruktur hat die Innovationsergebnisrechnung nach Abschluss des Projektes damit das in Kasten 12.11 wiedergegebene Aussehen.

Kasten 12.11: Innovationsergebnisrechnung bei technischem Projektabschluss (einfache Fassung)

Realisierte Ausgaben	**Realisierte oder erwartete Einnahmen**
laufende Zahlungen - für Personal - für Material - für Energie - für Information und Kommunikation - für Rechte	Lizenzeinnahmen
Zahlungen für langfristig nutzbare Gebrauchsgüter	anteilige Einnahmen über den Absatz der Produkte
erwarteter, teilweise realisierter Innovationsüberschuss	

Quelle: Eigene Darstellung

(3) Die Innovationsergebnisrechnung sollte sowohl in ihrer Fassung zu Beginn als auch zum Abschluss des Projektes **um Verrechnungsgrößen ergänzt** werden. Es handelt sich dabei um verrechnete Ausgaben, vor allem Übertragungen von Ausgaben aus anderen Projekten, etwa für die Nutzung oder Überlassung von Anlagen und Apparaturen oder auch für "Quasi-Ausgleichszahlungen" an vorangegangene oder parallel laufende Projekte für die Nutzung von Arbeitsergebnissen. Umgekehrt sind dem Projekt auf der Einnahmenseite ebenfalls "Quasi-Vergütungen" gutzuschreiben, wenn Geräte weitergereicht, zur Nutzung überlassen oder wenn Projektergebnisse in anderen Innovationen verwendet werden. Dieser Ansatz entspricht den von *Plinke* vorgeschlagenen "Kostenpools"[1]. Damit hat die Innovationsergebnisrechnung nach Projektabschluss folgende erweiterte Form (s. Kasten 12.12).

Durch diese Verrechnungsvorgänge soll die **Vernetzung zwischen den Projekten** bewusst gemacht werden. Die Innovationsergebnisrechnung steht damit zugleich im Dienste des Multi-Projektmanagements.

(4) Mit der in Kasten 12.12 vorgelegten Variante der Innovationsergebnisrechnung könnte sich die Innovations-Evaluierung nach Projektabschluss begnügen. Die Erwartungswerte der Einnahmen könnten in diesem Falle an die operativen Abteilungen im Absatzbereich oder im Produktionsbereich weiterbelastet werden, denen dann die Aufgabe gestellt bleibt, diese von ihnen durch ihre Prognose mitverantworteten Zahlen nun auch zu erwirtschaften und über Quasi-Abschreibungen auch in ihren jeweiligen Ergebnisrechnungen zu tragen.

---

[1] *Plinke* (1986), S. 601 ff.

Kasten 12.12: Innovationsergebnisrechnung bei technischem Projektabschluss (erweiterte Fassung)

Realisierte Ausgaben	**Realisierte oder erwartete Einnahmen**
laufende Zahlungen - für Personal - für Material - für Energie - für Information und Kommunikation - für Rechte Zahlungen für langfristig nutzbare Gebrauchsgüter	Lizenzeinnahmen anteilige Einnahmen über den Absatz der Produkte
von anderen Projekten übernommene Leistungen ("Quasi-Ausgaben")	an andere Projekte weiterbelastete Leistungen ("Quasi-Einnahmen")
erwarteter, teilweise realisierter Innovationsüberschuss	

Quelle: Eigene Darstellung

Lassen es die Umstände zu, ist es auch möglich, die **Innovationsergebnisrechnung über die Totalperiode der Innovationsnutzung** anzustellen. In diesem Falle würde die Rechnung nach wirtschaftlichem Abschluss des Projektes angestellt. Sie könnte dann den monetären Erfolg dieses innovativen Projektes messen (vgl. Kasten 12.13). Verfeinerungen durch Diskontierungen sind dabei möglich.

Kasten 12.13: Innovationsergebnisrechnung bei wirtschaftlichem Projektabschluss (erweiterte Fassung)

Realisierte Ausgaben	**Realisierte Einnahmen**
laufende Zahlungen - für Personal - für Material - für Energie - für Information und Kommunikation - für Rechte Zahlungen für langfristig nutzbare Gebrauchsgüter	Lizenzeinnahmen anteilige Einnahmen über den Absatz der Produkte
von anderen Projekten übernommene Leistungen ("Quasi-Ausgaben")	an andere Projekte weiterbelastete Leistungen ("Quasi-Einnahmen")
realisierter Innovationsüberschuss	

Quelle: Eigene Darstellung

(5) Die Innovationsergebnisrechnungen vor Projektbeginn und nach Projektabschluss sind **singuläre Ereignisse und entsprechend selten** in dieser umfassenden Form vorzulegen. Der häufigste Anlass für die Aufstellung einer Innovati-

onsergebnisrechnung dürfte **während der Projektlaufzeit** gegeben sein, wenn es also um das laufende Innovations-Controlling geht. Eine integrierte Rechnung enthält sowohl erwartete als auch realisierte und verrechnete Größen (vgl. Kasten 12.14).

Kasten 12.14: Innovationsergebnisrechnung während des Projektverlaufs

Realisierte Ausgaben **"Quasi-Ausgaben"** von anderen Projekten übernommene Leistungen	**Realisierte Einnahmen** **"Quasi-Einnahmen"** an andere Projekte weiterbelastete Leistungen
realisierter Innovationsüberschuss	
erwartete Ausgaben erwartete **Quasi-Ausgaben**	**erwartete Einnahmen** erwartete **Quasi-Einnahmen**
erwarteter Innovationsüberschuss	

Quelle: Eigene Darstellung

Vernünftigerweise ist diese Rechnung aufzuspalten, je nachdem, für welchen Zweck sie verwendet wird:

- Dient sie **Planungszwecken**, dann sind ausschließlich erwartete Einnahmen und Ausgaben oder ihre Kapitalwerte beeinflussbar und damit für die Planung relevant. Budgetkürzungen der Ausgaben würden anhand der Einnahmeerwartungen quantifizierbar. Damit lassen sich pauschale Kürzungen abwehren und durch sachgerechte Einzelkürzungen ersetzen. Im Grenzfall würde die Innovationsergebnisplanung den Projektabbruch signalisieren. Dies könnte Anlass sein, über andersgeartete Verwertungsmöglichkeiten der Innovation nachzudenken, die zu einer Erhöhung der Einnahmeerwartungen führen[1].
- Als **Kontrollrechnung** kann sich die Innovationsergebnisrechnung auf realisierte Einnahmen und Ausgaben beschränken. Wenn sie nur Ausgaben enthält, ähnelt sie der kameralistischen Rechnung, indem sie die realisierten ggf. mit geplanten Ausgaben vergleicht.

(6) Das Konzept der Innovationsergebnisrechnung kann unverändert übernommen werden, wenn der Forschungs- und Entwicklungsbereich nach dem **Profit-Center-Konzept** mit eigener Verantwortung geführt werden soll. Man stelle sich das am Beispiel einer zentralen F&E-Abteilung in einem Konzern vor, die ihre Leistungen für unterschiedliche Geschäftsbereiche erbringt. In diesem Falle sind die "Einnahmen" der F&E-Abteilung mit den anderen Geschäftsbereichen

1 *Pleissner* (1999), S. 135 ff.

auszuhandeln. Sollte sich dabei noch keine vollständige Deckung ergeben, mag sich die F&E-Abteilung um "Finanzierung" des Differenzbetrages bei der Unternehmensspitze bemühen. Diese kann dann - und zwar subsidiär - von ihrem Privileg Gebrauch machen und mit der Bestimmung oder Verweigerung der Deckung des Fehlbetrages die Innovationsstrategie des Konzerns festlegen.

12.5.1.3 Einwendungen

(1) Diskutiert man mit Vertretern der Wirtschaftspraxis, wird dem Konzept der Innovationsergebnisrechnung entgegengehalten, dass die **Ermittlung und Schätzung der Ausgaben und vor allem der Einnahmen so unsicher** sei, dass die Rechnung kein sinnvolles Ergebnis zeige. Das gelte nicht nur für die Höhe der Beträge, sondern auch für ihr zeitliches Auftreten. Im Übrigen sei die **Rechnung "nach oben offen"**, habe also keinen begrenzten Zeithorizont und sei damit prinzipiell unvollständig.

Alle diese Argumente treffen auch für materielle Investitionen zu. Die Literatur hält eine Fülle von Vorschlägen bereit, wie man diesem Problem begegnen kann. Zu fragen ist somit lediglich: Treten diese Schwierigkeiten bei Innovationen in so gravierendem Ausmaß auf, dass ein Sprung von Quantität in Qualität erfolgt, so dass man auf derartige Rechnungen prinzipiell verzichten sollte?

Wir verneinen diese Frage mit folgenden Argumenten:

- Zur Spezifizierung der F&E-Ausgaben gibt es **allgemein akzeptierte Standards**, wie etwa das sog. *Frascati*-Handbuch des BMFT[1]. Im Übrigen zeigt die Betrachtung von Projekten, an deren Finanzierung der Staat oder andere Unternehmen teilhaben, dass man zu höchst präzisen Angaben über die F&E-Ausgaben in der Lage ist. Ein schlüssiges Erfassungskonzept wird z.B. von *Brockhoff* für die forschende Pharma-Industrie vorgestellt[2].
- Die Isolierung und Zurechnung von Einnahmen ist demgegenüber schon deutlich schwieriger. Wenn man sich aber vergegenwärtigt, welche Anstrengungen in der **Marktforschung** unternommen werden, um den **Produktnutzen neuer Erzeugnisse** - etwa durch Conjoint-Measurement - zu bestimmen, dann erscheint die Lösung des Zurechnungsproblems grundsätzlich möglich. Der F&E-Controller muss den Absatzbereich zu einer Äußerung veranlassen, welchen Mehrpreis ein Kunde zu zahlen bereit ist, dem z.B. bei einem Pkw eine neue Hinterachskonstruktion angeboten wird. **Unsicherheit der Prognose kann kein Grund dafür sein, eine Innovationsergebnisrechnung zu unterlassen**. Sie ist vielmehr eine Herausforderung, diejenigen operativen Instanzen so früh wie möglich in den Innovationsprozess einzubinden, die später für die Verwertung der Innovation im Markt oder im Betrieb verantwortlich sind. Sie haben die Verantwortung für die Lieferung von Informationen über zukünftige Einnahmen, nicht etwa die Forscher oder die Entwickler, auch nicht der F&E-Controller.

---

1 *Frascati-Handbuch* (1982).

2 *Brockhoff* (1995), S. 287 ff.

Die Innovationsergebnisrechnung muss ihren Ursprung im Absatzbereich haben, zumindest ist ein originärer Beitrag von der Absatzabteilung zu liefern und zu verantworten.

- Immer wieder wird beklagt, dass die **Schnittstellen** zwischen Forschung und Entwicklung einerseits und Marketing oder Absatz andererseits unzureichend funktionieren. Es ist die Innovationsergebnisrechnung, die beide Parteien an einen Tisch zwingt. Der Absatzbereich muss ein vitales Interesse daran haben, dass der F&E-Bereich ihm neue Produkte offeriert. Er hat aber auch für dieses Interesse einzustehen, indem er möglichst früh die Absatz- und damit die Einnahmeerwartungen quantifiziert und in die Innovationsergebnisrechnung einbringt.

(2) Eine weitere Gruppe von Einwendungen ist psychologisch motiviert: Innovationsergebnisrechnungen seien abzulehnen, weil sie den **Handlungsspielraum** der Forscher und Entwickler unangemessen einschränkten. Ein hohes Maß an **Fremdkontrolle** und **Außensteuerung** sei die zwangsläufige Folge. Der **Wissenstransfer zwischen den Projekten** werde behindert, wenn die gegenseitigen Leistungen in Euro und Cent verrechnet würden. Die Innovationsergebnisrechnungen würden von den eigentlichen Problemen abblenden, nämlich von den technischen und den absatzwirtschaftlichen. Innovationserfolg sei mehr als nur ein monetäres Rechenergebnis. Auf die Spitze getrieben: Man fordert den Mangel an Transparenz bei Innovationsrechnungen. Intransparenz sei innovationsförderlich, weil sie die Motivation der Innovatoren erhöhe oder erhalte.

Wer so argumentiert, möge die möglichen Konsequenzen im Auge behalten, nämlich Fehlbeurteilungen und Fehlhaltungen. Wenn ihn eine pauschale Budgetkürzung trifft, kann er sich nicht auf gute Begründungen berufen, weshalb gerade er von derartigen Kürzungen ausgenommen werden sollte. Insgesamt gilt:

Es nützt dem Standing des Forschungs- und Entwicklungsbereichs, wenn er wie andere Profit-Center auf "seinen" Erfolgsbeitrag verweisen kann.

(3) Mit Abschluss des Entwicklungsprojektes stellt sich die Frage, wie die Projektrechnung in die **Unternehmensgesamtrechnung** einzugliedern ist. Wie ist mit den intern aktivierten Innovationsinvestitionen bei Projektabschluss zu verfahren? Die Antwort lautet: **Ausbuchen oder umbuchen**! Wenn das Projekt als nicht mehr erfolgversprechend abgebrochen wird, teilt eine Investition das Schicksal aller Fehlinvestitionen. Sie ist auszubuchen. Wenn das Projekt indessen erfolgreich beendet wird, haben die Abteilungen, die das neue Produkt verwerten oder das neue Verfahren verwenden, auch die Pflicht, die Investitionssumme wieder zu erwirtschaften. Das soll ihnen auch bewusst werden. Ihnen sind somit die intern aktivierten Innovationsinvestitionen in Rechnung zu stellen. Diese sind dann planmäßig über die Nutzungsdauer der Innovation abzuschreiben.

12.5.2 Prozessbegleitende Evaluierung

Nach diesen Darlegungen über die Investitions- und Ergebnisperspektive von Innovationen muss eingeräumt werden, dass es Projekte gibt, bei denen die Schwierigkeiten der Datenerfassung und der Rechnungsbeurteilung so groß sind, dass eine Innovationsergebnisrechnung keinen Sinn mehr ergibt. Insofern muss wohl akzeptiert werden, dass es neben Projekten mit detaillierten Innovationsergebnisrechnungen auch solche mit relativ groben, zum Teil unvollständigen und oft nur qualitativen Erfolgseinschätzungen gibt. Für diese Projekte schlagen wir das **Konzept einer prozessbegleitenden Erfolgsmessung und -beurteilung** vor. *Grün*[1] geht noch einen Schritt weiter, wenn er diese prozessbegleitende Erfolgsbeurteilung durch systematische, externe "**Begleitforschung**" erbringen lassen will. Eine solche Begleitforschung scheint ihm vor allem bei großen, hoch innovativen Projekten unter Public-Private-Partnership notwendig und nützlich.

12.5.2.1 Die Innovationsentscheidung - Resultat eines nicht erfolgten Projektabbruchs?

Es ist in dieser Schrift immer wieder darauf verwiesen worden, dass Innovationen sich nur schwerlich in das Paradigma der Entscheidungstheorie einfügen. Sie lassen sich oftmals nicht von anderen Entscheidungen abgrenzen, ihre Erfolgsbeiträge sind kaum präzise zu isolieren und zuzurechnen. Sie stehen unter vielfacher Zielsetzung, die Ziele bilden und ändern sich mit zunehmender kognitiver Bewältigung der Materie. Die Alternativen sind nicht gegeben, sie müssen gesucht, modifiziert oder generiert werden. Die Unsicherheit ist vergleichsweise hoch. Der Informationsstand ist lückenhaft, ungenau und mehrwertig. Die Entscheidung lässt sich nicht von der Durchsetzung trennen. Wenn auch die Entscheidungslogik vielfältige Ansätze präsentiert, diese Defizite in rationaler Weise aufzufangen[2], so muss sie vor der massiven Konzentration der Schwierigkeiten in der Innovationssituation passen - zumindest vorerst noch.

Möglicherweise wird die Innovation als Ganze von dem gedanklichen Ansatz der Entscheidungstheorie überhaupt nicht angemessen erfasst.

Die Vorstellung, über eine Innovation werde an einem bestimmten Zeitpunkt aus einer jeweils vorliegenden Menge von Alternativen nach einer zuvor festgelegten Optimierungsregel entschieden, ist möglicherweise völlig unrealistisch. Das soll nicht heißen, dass nicht in einzelnen Modulen des Prozesses entscheidungslogische Instrumente herangezogen werden. Insbesondere die Auswahl eines bestimmten Innovationsprojektes aus einer Menge alternativer Projekte mag noch am ehesten den Vorstellungen der Entscheidungstheorie entsprechen. Aber die Entscheidungen, die während der Lösung eines sodann ausgewählten Innovationsproblems ständig zu fällen sind, verlangen eine andere Betrachtung der

---

1 *Grün* (2001), S. 446 ff.

2 Siehe vor allem *Laux* (1971), *Laux* (1982), *Laux* (1988).

Auswahlvorgänge als in den klassischen Anwendungen der Entscheidungstheorie. Das Innovationsproblem ist dabei eine Kette von Ja-/Nein-Entscheidungen zur Fortführung oder zum Abbruch des Projektes bei fortlaufend geänderten Zielfunktionen[1]. Überspitzt formuliert:

Die Durchführung einer Innovation ist eine Sequenz nicht erfolgter Abbruchentscheidungen.

Diese Aussage schließt auch ein, dass bei der Innovation letztlich etwas ganz anderes herauskommt, als alle Beteiligten ursprünglich eigentlich gewollt haben, wie *Witte* am Beispiel der Entscheidung zu neuen Medien feststellt[2].

Abbruchentscheidungen sind vornehmlich im Bereich von **Forschung und Entwicklung** untersucht worden[3]. Es fällt auf, dass diese Kriterien mit den zuvor von uns dargestellten Dimensionen der Messung des Innovationserfolgs oder gar der Innovationsergebnisrechnung kaum übereinstimmen, ganz abgesehen davon, dass die übrigen Messaspekte völlig vernachlässigt sind.

In der Situation einer **Innovation mit hohem Neuigkeitsgrad** lautet die alles dominierende Frage: Wie lässt sich der in die Zukunft reichende Innovationsprozess so unterteilen, dass sich nach Abschluss des jeweiligen Abschnittes ein sachgerecht begründetes Urteil über Weiterführung oder Abbruch fällen lässt[4]? Das Entscheidungsverhalten im Innovationsprozess ähnelt damit dem vorsichtigen Vorantasten in dichtem Nebel: Das Innovationsmanagement wird den nächsten Schritt nicht tun, wenn es nicht eine subjektive Gewissheit erlangt, noch auf dem richtigen Wege zu sein.

Damit spitzt sich alles auf die Frage zu, wie die einzelnen **Prozessabschnitte** zu gewinnen sind. Eine "schematische" Unterteilung in "Prozessbeginn, -mitte und -ende"[5] ist dabei allenfalls ein erster Versuch. Sie orientiert sich aber nicht an innovationsspezifischen Teilentscheidungen, die den Prozess als "Schlüsselereignisse" unterteilen. Die Frage lautet demnach: **Welche "Schlüsselereignisse" lassen sich ex ante bestimmen?** Welche Kriterien sind bei der Beurteilung der Schlüsselergebnisse anzuwenden?

Die Antwort liegt auf der Hand: Es sind die **Meilensteine des Prozessablaufs**, d.h. die Zwischenstationen, zu denen sich die in der Zwischenzeit erarbeiteten Ergebnisse der kritischen Beurteilung stellen. Diese Zwischenstationen sind in jedem Innovationsprozess individuell zu bestimmen - ein generelles Phasenschema für die Prozessgliederung ist nach den vorgestellten empirischen Befunden dabei nicht empfehlenswert.

---

1 *Albala* (1975), S. 160.
2 *Witte* (1993), S. 737 ff.
3 *Lange* (1993), S. 29 ff.
4 *Brown/Svenson* (1988), S. 12, *von Hippel* (1990), S. 407 ff.
5 *Lange* (1993), S. 100 ff.

Zu Beginn des Prozesses sind vermutlich eher technische Beurteilungskriterien für die zwischenzeitig erreichten Erfolge maßgeblich, die zunehmend um ökonomische Kriterien ergänzt und schließlich von ihnen ersetzt werden könnten[1].

Damit wird auch erkennbar, dass die zuvor entwickelte Innovationsergebnisrechnung erst relativ spät im Projektfortschritt eingesetzt wird. Die Befunde *Langes*[2] stützen diese Erwartungen partiell. Sie zeigen eine zunehmende Bedeutung strategischer und personell bestimmter Kriterien für die Abbruchentscheidung im zeitlichen Verlauf des F&E-Prozesses.

Unsere oben ausgesprochene Hoffnung, eine Innovationsergebnisrechnung könne zu einer standardisierten Evaluation des Innovationsprozesses führen, ist bei radikalen Innovationen wohl vergeblich. In frühen Prozessabschnitten dominieren technische Beurteilungen[3]. Gleichwohl zeigt das Konzept der Innovationsergebnisrechnung, wohin eine bewusst vereinfachende Evaluationstechnik führen muss:

Es gilt, anhand systematisch beobachteter und verknüpfter Orientierungshilfen zunehmend Sicherheit zu gewinnen, dass die Einnahmeerwartungen die realisierten Ausgaben rechtfertigen.

Dieses ist der Leitgedanke für eine prozessbegleitende Erfolgsmessung[4].

12.5.2.2 Das Konzept: Verkettung multidimensionaler Messwerte

Die systematischen Überlegungen haben eine Fülle von Messvarianten zutage gefördert. Mit der bloßen Aufzählung dieser Varianten kann es aber sein Bewenden nicht haben: Unter welchen Umständen empfehlen sich bestimmte Varianten?

Die Frage nach dem "Gesamtnutzen" oder nach dem "ökonomischen Nutzen" verbietet sich auf jeden Fall, wenn die Innovation noch nicht am Markt oder im Betrieb eingeführt ist[5]. Die Frage nach einem "market success" darf nicht gestellt werden, ohne dass gleichzeitig nach dem Lebenszyklus der Innovation gefragt wird. Die Frage nach dem "technical success" ergibt keinen Sinn, wenn der Innovationsprozess noch in einer reinen Forschungsphase steht.

Umgekehrt: Die Frage nach wissenschaftlichem Erfolg, nach technischer Machbarkeit oder Eleganz stellt sich für den Investor nicht mehr, wenn eine Erfindung unstrittig auch ein ökonomischer Erfolg ist. Aus der Sicht des Wissenschaftlers, des Erfinders, des Technikers mag der nichtökonomische Erfolg im Vordergrund

---

1 Vgl. *Clarke* (1974), S. 18.
2 *Lange* (1993), S. 100 ff., 135 ff.
3 Ebenda, S. 102.
4 Vgl. auch das Konzept von *Tebbe* (1990), S. 158 ff.
5 Vgl. *Ahlbrandt/Blair* (1986), S. 36.

stehen. Aus der Sicht des Investors handelt es sich um ein erfreuliches Dekorum, das die Humanziele der Beteiligten erfüllt. Beide werden die Komplementarität ihrer Interessen akzeptieren.

Kurz: "Die" Frage nach "dem" Erfolg der Innovation ist falsch gestellt. Es gibt viele und unterschiedliche Fragen, je nach Fortgang des Innovationsprozesses.

Hier setzt unser Konzept der prozessbegleitenden Innovationsevaluierung an[1]. Leitgedanke für dieses Messkonzept ist die Überlegung, dass im Ablauf eines Innovationsprozesses bestimmte Teilleistungen erbracht werden müssen, ehe nachfolgende Leistungen sinnvoll in Angriff genommen werden können. Diese Teilleistungen sind notwendige Bedingungen für die Erbringung der Folgeleistungen. Zur Evaluierung des Innovationserfolges ist somit zu fragen, ob die jeweilig **notwendige Teilleistung auch tatsächlich erbracht** wurde. Diese Frage nach der Effektivität mag um die Frage nach der Effizienz ergänzt werden: Wurde die notwendige Teilleistung auch **wirtschaftlich** erbracht?

Man kann sich dieser Vorstellung einer Kette aufeinander folgender und bedingter Teilleistungen auch von einer ganz anderen Perspektive nähern: von der der **Risiken der jeweiligen Prozess-Stufe.** Die Innovation ist danach ein Prozess, in dem immer wieder neue Risiken auftauchen und schrittweise überwunden werden müssen. Eine derartige Vorstellung wurde schon sehr früh von *Mellerowicz* entwickelt[2]. Kasten 12.15 enthält seine Überlegungen im Originalzitat.

Kasten 12.15: Risiken im Entwicklungsprozess (*Mellerowicz*)

"Allgemein lassen sich für die Entwicklung folgende acht Einzelrisiken erkennen:

1. *Die Entwicklung führt zu keinem brauchbaren Ergebnis.*
2. *Die Entwicklung führt zu einem Ergebnis, ist aber fertigungstechnisch nicht realisierbar.*
3. *Die Entwicklung führt zu einem positiven Ergebnis und ist auch fertigungstechnisch realisierbar, aber der Markt nimmt das Produkt nicht ab.*
4. *Der Markt nimmt das neuentwickelte Erzeugnis nur vorübergehend auf.*
5. *Der Markt nimmt das neuentwickelte Erzeugnis nur zu einem Preis ab, der nicht erlaubt, den Entwicklungsaufwand für dieses Erzeugnis einzukalkulieren.*
6. *Die Entwicklung führt zu einem neuen Erzeugnis, welches nur ein anderes eigenes Erzeugnis, das sich gut verkaufen läßt, verdrängen würde.*
7. *Die Entwicklung kann nicht ausreichend geschützt werden.*
8. *Es stellt sich im Zuge der Entwicklung heraus, daß fremde Schutzrechte der Auswertung entgegenstehen."*

Quelle: *Mellerowicz* (1958a), S. 188 f.

---

1 Vgl. *Clarke* (1974), S. 9 ff.
2 *Mellerowicz* (1958a), S. 188 f.

Für eine Innovation, die in einem systematischen Forschungs- und Entwicklungsprozess erarbeitet wird, lässt sich der in Kasten 12.16 abgebildete Prozessablauf idealtypisch aufzeichnen. Dieses Konzept geht über das Drei-Phasen-Modell *Albalas* hinaus, der nur die "Exploration", die "angewandte Forschung" und die "Entwicklung" unterscheidet[1].

Kasten 12.16: Prozessbegleitende Erfolgsevaluierung

Lfd. Nr.	Prozess-Stufe	Zwischenergebnisse = Ansatzpunkte für die Erfolgsmessung	Messdimensionen	Mess-Subjekt/ Bewertungs-instanz
1	Produktidee	Protokolle, Skizzen, mehr oder weniger ausgearbeitete Vorlagen	Zahl der Ideen/ Alternativen	Experten unter Bezug auf Stand der Technik
2	Forschung und Vor-entwicklung	Konstruktionen, Versuchsanlagen, Prototypen	Messwerte für Technischen Fortschritt, Steigerung von Qualität und Produktivität, Anstieg des Output, Senkung des Input	Experten unter Bezug auf technische Leistung
3	Erfindung	Patente, Publikationen, Preise, Zitationen	Anzahl, ggf. gewichtet	Wissenschaftler
4 (ggf. als 2)	Markt-forschung	Feststellung von Zielgruppen, Testverkäufe, Ermittlung von Zahlungsbereitschaft, Klärung der Wettbewerbssituation	Absatzmengen, Verteilung über Zeit und Raum (Schätzwerte), Zahl und Potentiale der Wettbewerber	Marktforscher, Marketing-Manager
5	Produktions-entwicklung, Investition, Fertigung	Marktfähiges Produkt, realisierbares Verfahren	Detaillierte Beschreibungen von Verbesserungen im Vergleich zu existierenden Lösungen	Marketing- und Produktions-instanzen
6	Einführung der Innovation in den Markt oder Betrieb	Umsätze, Kostenersparnisse, Deckungsbeiträge, Gewinne	Geldbeträge, Kennzahlen, Indizes, Imitationen, Zeit- und Betriebsvergleiche, Anstieg der Börsenkurse	Marketing- und Produktions-instanzen, Controller, Branchen-Experten, Bankiers

Quelle: Eigene Darstellung

In **singulären** Innovationsprozessen, die erstmalig und einmalig zu durchlaufen sind, mögen die Prozessschritte 1 bis 4 nicht so gut unterscheidbar sein, wie in den besser geordneten Prozessen einer **kontinuierlichen** Forschung und Entwicklung. Daher wird die Messung von Innovationserfolgen in diesen Prozessstufen unterschiedlich vorgehen müssen.

---

1 *Albala* (1975), S. 154 ff. In der neueren Literatur findet sich dieses Konzept in vielfältigen Varianten, siehe *Chiesa et al.* (1996), S. 115, sehr ausführlich *Coombs et al.* (1998), S. 181 ff., *Ozer* (1999), S. 79 ff., mit konkreter Umsetzung in ein Innovations-Audit *Hull et al.* (2000), S. 644 ff.

Der **Beginn des Innovationsprozesses** verliert sich im Dunkeln. Insofern dürfte es problematisch sein, hier schon Messungen der Kreativität oder der Ideenproduktion vorzunehmen[1]. Publikations- und Zitationsmessungen versuchen, ein wenig Licht in dieses Dunkel zu bringen[2]. Für das Ideenmanagement werden Kennzahlen und Kennzahlensysteme entwickelt[3] Auch das höher organisierte betriebliche Vorschlagswesen lässt sich unter diesen Aspekten analysieren[4].

Die eigentlichen Messbemühungen setzen bei der **Forschung und Entwicklung** an. Die Effektivitätsmessung prüft, ob ein innovatives Produkt oder Verfahren **der Tatsache nach** entwickelt wurde. Maßstab ist die physische Existenz oder nachgewiesene Funktionsfähigkeit. Das F&E-Controlling hält gerade für diesen Prozessabschnitt eine Fülle von Messwerten und Checklisten bereit[5]. Ein guter Indikator für die Akzeptanz der Originalität ist die Patentierung[6]. Diese Messungen werden indessen durch die uneinheitlichen Patentierungspraktiken der Unternehmen eingeschränkt[7]. Auch die Auswertungen von **Publikationen** und **Zitationen** können sich nur auf solche Innovationen richten, die nicht diskret gehalten werden[8].

In den Stufen 4 und 5 vollzieht sich der Übergang von dem rein technischen Prozess in einen ökonomischen Prozess der Verwertung am Markt oder im betrieblichen Einsatz. Die Investitionen, die Einrichtung der Fertigung, die Vorbereitung des Markteinsatzes verlangen spätestens jetzt **Ziele und Pläne von Qualitäten, Quantitäten, Preisen und Kosten**. Die Höhe der Mindesterwartungen wird sich wiederum an der Vergangenheit oder an vergleichbaren Betrieben oder Anlagemöglichkeiten orientieren. Spätestens in dieser Stufe sollten **Innovationsergebnisrechnungen** aufgestellt werden.

Ziele und Pläne werden sicherlich im Laufe der Realisierung der Innovation in Markt oder Betrieb - also in den Stufen 5 und 6 - laufend und vielfach überdacht, modifiziert oder gar aufgegeben. Die Erfolgsbestimmung wird sich immer mehr den **Messungen des laufenden Monitoring** annähern.

Eine Innovation ist letztlich nur dann für eine Unternehmung ein Erfolg, wenn sich das eingesetzte **Kapital zielentsprechend verzinst**. Der Investor muss lange warten, ehe er diesen Erfolg konstatieren kann. Auf jeden Fall muss er den Erfolg des technischen Entwicklungsprozesses abwarten. Wenn der Innovator technisch erfolgreich war, dann hat er eine der notwendigen Bedingungen für den finanziellen Erfolg erfüllt. Das und auch nur das hat er nachzuweisen, nur für diesen Erfolgsbeitrag ist er verantwortlich.

---

1 Es kommt offenbar insbesondere auf die Kreativität der beurteilenden Experten an, so *Stevens et al.* (1999), S. 464 f.

2 *Brown/Svenson* (1988), S. 13.

3 *Läge* (2002), S. 100 ff.

4 *Thom* (2003), S. 36 ff.

5 Vgl. z.B. *Schmelzer* (1992), S. 195 ff., *Leker* (2005), S. 574 ff.

6 *Whitley/Frost* (1971), S. 163 ff., *Ernst* (1996), S. 165 f.

7 *Levin et al.* (1987), S. 783 ff., *Ernst* (1996), S. 144.

8 *Hagedoorn/Cloodt* liefern den Nachweis, dass F&E-Ausgaben, Zahl der Patente, Zahl der Patentzitate und Ankündigungen neuer Produkte auf einen einzigen Faktor laden und damit nicht zu unterschiedlichen Bewertungen führen, *Hagedoorn/Cloodt* (2003), S. 1372 ff.

Die Messung des Innovationserfolges kann somit nicht mit Hilfe eines einzigen Messwertes vorgenommen werden. Benötigt werden Batterien von Messwerten, die je nach Fortschritt des Innovationsprozesses eingeschaltet werden.

Dem entspricht der Ablauf der Innovationsentscheidung: Wenn die für einen bestimmten Prozessabschnitt gesetzten Ziele erfüllt sind, wird weitergemacht, wenn nicht, droht der Projektabbruch. Bei der erfolgreichen Innovation haben sich letztlich die Fortführungsentscheidungen durchgesetzt.

Literaturverzeichnis

A

Aggteleky, B. (1989): Zielplanung - Zielformulierung und Projektdefinition, in: Reschke, H./Schelle, H./Schnopp, R. (Hrsg.), Handbuch Projekt-Management. Bd.1., Köln, S. 81-123.

Ahlbrandt, R. S./Blair, A. R. (1986): What takes it for large organizations to be innovative, in: Research Management, Jg. 29, S. 34-37.

AiF (2004): Handbuch 2004 - Arbeitsgemeinschaft industrieller Forschungsvereinigungen "Otto von Guericke" e.V. Köln/ Berlin.

Aiken, M./Krosp, J./Shirani, A./Martin, J. (1994): Electronic brainstorming in small and large groups, in: Information & Management, Jg. 27, S. 141-149.

Alam, I. (2003): Commercial Innovations from Consulting Engineering Firms: An Empirical Exploration of a Novel Source of New Product Ideas, in: Product Innovation Management, Jg. 20, S. 300-313.

Alam, I. (2006): Removing the fuzziness from the fuzzy front-end of service innovations through customer interactions, in: Industrial Marketing Management, Jg. 35, S. 468-480.

Albach, H. (1986): Innovation und Imitation als Produktionsfaktoren, in: Bombach, G./Gahlen, B./Ott, A. E. (Hrsg.), Technologischer Wandel - Analyse und Fakten. Tübingen, S. 47-63.

Albach, H. (1990): Innovationen als Fetisch und Notwendigkeit, in: Albach, H. (Hrsg.), Innovationsmanagement - Theorie und Praxis im Kulturvergleich. Wiesbaden, S. 97-107.

Albach, H. (1994): Culture and Technical Innovation - A Cross-Cultural Analysis and Policy Recommendations. Berlin/ New York.

Albala, A. (1975): Stage Approach for the Evaluation and Selection of R&D Projects, in: IEEE - Transactions on Engineering Management, Jg. EM-22, S. 153-163.

Albers, S. (2001): Marktdurchsetzung von technologischen Nutzungsinnovationen, in: Hamel, W./Gemünden, H. G. (Hrsg.), Außergewöhnliche Entscheidungen, Festschrift für J. Hauschildt. München, S. 513-546.

Albers, S./Eggers, S. (1991): Organisatorische Gestaltungen von Produktinnovations-Prozessen - Führt der Wechsel des Organisationsgrades zu Innovationserfolg?, in: Zeitschrift für betriebswirtschaftliche Forschung, Jg. 43, S. 44-64.

Albers, S./Gassmann, O. (Hrsg.) (2005): Handbuch Technologie- und Innovationsmanagement : Strategie, Umsetzung, Controlling, Wiesbaden.

Allen, L. A. (1964): The Management Profession. New York/ Toronto / London.

Allen, T. J. (1970): Communication networks in R&D Laboratories, in: R&D Management, Jg. 1, S. 14-21.

Allen, T. J. (1977): Managing the Flow of Technology and the Dissemination of Technology Information within in the R&D Organization. Cambridge Mass./ London.

Altschuller, G. S. (1998): Erfinden - Wege zur Lösung technischer Probleme. Cottbus.

Amabile, T. M. (1983): The Social Psychology of Creativity. New York/ Berlin/ Heidelberg/ Tokyo.

Amabile, T. M./Barsade, S. B./Mueller, J. S./Staw, B. M. (2005): Affect and Creativity at Work, in: Administrative Science Quarterly, Jg. 50, S. 367-403.

Amelingmeyer, J. (2004): Wissensmanagement - Analyse und Gestaltung der Wissensbasis von Unternehmen. 3. Aufl., Wiesbaden.

Amelingmeyer, J. (2005): Marketing für Forschungs- und Entwicklungseinheiten in Unternehmen, in: Amelingmeyer, J./Harland, P. E. (Hrsg.), Technologiemangement & Marketing - Herausforderungen eines integrierten Innovationsmanagements, Festschrift für G. Specht. Wiesbaden, S. 349-366.

Amelingmeyer, J./Gerhard, B./Specht, G. (1997): The influence of external participation on the success of innovation processes in business-to-business markets, Proceedings 13th IMP Conference. Lyon, S. 5-19.

Ancona, D. G./Caldwell, D. F. (1992): Bridging the Boundary: External Activity and Performance in Organizational Teams, in: Administrative Science Quarterly, Jg. 37, S. 634-665.

Anderson, C. J./Glassman, M./McAfee, R. B./Pinelli, T. (2001): An Investigation of Factors Affecting how Engineers and Scientists Seek Information, in: Journal of Engineering and Technology Management, Jg. 18, S. 131-155.

Anderson, P./Tushman, M. L. (1990): Technological Discontinuities and Dominant Designs: A Cyclical Model of Change, in: Administrative Science Quarterly, Jg. 35, S. 604-633.

Ansoff, H. I./Brandenburg, R. G./Portner, F. E./Radosevich, R. (1971): Acquisition Behaviour of U. S. Manufacturing Firms 1946-65. Nashville.

Ansoff, H. I./Stewart, J. M. (1967): Strategies for a technology-based business, in: Harvard Business Review, Nov.-Dec., S. 71-83.

Anthony, M. T./McKay, J. (1992): From Experience: Balancing the Product Development Process: Achieving Product and Cycle-Time Excellence in High-Technology Industries, in: Journal of Product Innovation Management, Jg. 9, S. 140-147.

Archibald, R. D. (1976): Managing High-Technology Programs and Projects. New York et al.

Aregger, K. (1976): Innovation in sozialen Systemen - Einführung in die Innovationstheorie der Organisation. Bern/ Stuttgart.

Argote, L./McEvily, B./Reagans, R. (2003): Managing Knowledge in Organizations: An Integrative Framework and Review of Emerging Themes, in: Management Science, Jg. 49, S. 571-582.

Argyres, N. S./Silverman, B. S. (2004): R&D, organization structure, and the development of corporate technological knowledge, in: Strategic Management Journal, Jg. 25, S. 929-958.

Arrow, K. J. (1962): The Rational Direction of Inventive Activity: Economic and Social Factors, Princeton.

Asakawa, K. (2001): Evolving headquarter-subsiduary dynamics in international R&D: The case of Japanese multinationals, in: R&D Management, Jg. 31, S. 1-14.

Asch, S. E. (1951): Effects of Group Pressure upon the Modification and Distortion of Judgements, in: Guetzkow, H. (Hrsg.), Groups, Leadership & Men. Pittsburgh, S. 174-183.

Astebro, T. (2004): Key Success Factors for Technological Entrepreneurs' R&D Projects, in: IEEE Transactions on Engineering Management, Jg. 51, S. 314-321.

Athaide, G. A./Stump, R. L. (1999): A taxonomy of relationship approaches during development in technology-based industrial markets, in: Journal of Product Innovation Management, Jg. 16, S. 469-482.

Athaide, G. A./Stump, R. L./Joshi, A. W. (2003): Understanding new product co-development relationships in technology-based industrial markets, in: Journal of Marketing Theory & Practice, Jg. 11, S. 46-58.

Augsdorfer, P. (1996): Forbidden Fruit - An Analysis of Bootlegging and Uncertainty and Learning in Corporate R&D. Bookfield et al.

Augsdorfer, P. H. L. (2005): Bootlegging and path dependency, in: Research Policy, Jg. 34, S. 1-11.

B

Baier, G. (1999): Qualitätsbeurteilung innovativer Softwaresysteme - Auswirkungen des Neuheitsgrades. Wiesbaden.

Baker, N. R./Green, S. G./Bean, A. S. (1985): How Management can Influence the Generation of Ideas, in: Research Management, Jg. 28, S. 35-42.

Baker, N. R./Siegman, J./Rubenstein, A. H. (1967): The Effects of Perceived Needs and Means on the Generation of Ideas for Industrial Research and Development Projects, in: IEEE-Transactions on Engineering Management, Jg. EM-14, S. 156-163.

Baker, N. R./Winkofsky, E. P./Langmeyer, L./Sweeny, D. J. (1980): Idea Generation: A Procrustean Bed of Variables, Hypotheses, and Implications, in: Dean, B. V./Goldhar, J. L. (Hrsg.), Management of Research and Innovation. Amsterdam/ New York/ Oxford, S. 33-51.

Balachandra, R./Brockhoff, K./Pearson, A. W. (1996): R&D Project Termination Decisions: Processes, Communication, and Personnel Changes, in: Journal of Product Innovation Management, Jg. 13, S. 245-256.

Balachandra, R./Friar, J. H. (1997): Factors for success in R&D projects and new product innovation: A contextual framework, in: IEEE-Transactions on Engineering Management, Jg. 44, S. 276-287.

Balderston, J./Birnbaum, P./Goodman, R./Stahl, M. (1984): Modern Management Techniques in Engineering and R&D. New York et al.

Baldridge, J. V./Burnham, R. A. (1975): Organizational Innovation: Individual, Organizational, and Environmental Impacts, in: Administrative Science Quarterly, Jg. 20, S. 165-176.

Bantel, K. A./Jackson, S. E. (1989): Top management and innovations in banking: Does the composition of the top team make a difference?, in: Strategic Management Journal, Jg. 10, S. 107-124.

Bappert, R. (1996): Fliegen und Schwimmen, in: Landesmuseum für Technik und Arbeit (Hrsg.), Bionik - Zukunfts-Technik lernt von der Natur. Mannheim, S. 27-33.

Bardenhewer, J. P. (1998): Zur Integration der industriellen Forschung in ihr Umfeld - Empirische Ergebnisse aus Europa und Japan und ein Versuch der Wirkungsmessung. Hamburg.

Barker, J./Tjosvold, D./Andrews, R. (1988): Conflict Approches of Effective and Ineffective Project Managers: A Field Studie in a Matrix Organization, in: Journal of Management Studies, S. 167-178.

Barnett, H. G. (1953): Innovation: The Basis of Cultural Change, New York.

Baron, W./Häußler, S./Luther, W./Zweck, A. (2003): Innovations- und Technikanalyse - Chancen und Barrieren betrieblicher Integration. Frankfurt/ New York.

Bart, C. K. (1999): Controlling new products: a contingency approach, in: International Journal of Technology Management, Jg. 18, S. 395-413.

Bart, C. K. (2002): Product innovation charters: mission statements for new products, in: R&D Management, Jg. 32, S. 23-34.

Barthel, J. (2001): Standardisierung in Innovationsprozessen - Möglichkeiten für eine entwicklungsbegleitende Koordination. München/ Mering.

Bauer, M. (1995): Towards a functional analysis of resistance, in: Bauer, M. (Hrsg.), Resistance to new technology. Cambridge, S. 393-418.

Becker, F. G. (1987): Innovationsfördernde Anreizsysteme. Ein konzeptioneller Beitrag zu einem Innovationsmanagement, in: Zeitschrift für Personalforschung, Jg. 1, S. 29-60.

Becker, W./Dietz, J. (2004): R&D cooperation and innovation activities of firms: evidence for the German manufacturing industry, in: Research Policy, Jg. 33, S. 209-223.

Beier, W./Glaß, K. (1968): Bionik, eine Wissenschaft der Zukunft. Leipzig et al.

Belderbos, R./Carree, M./Lokshin, B. (2004): Cooperative R&D and firm performance, in: Research Policy, Jg. 33, S. 1477-1492.

Bellmann, K./Haritz, A. (2001): Innovationen in Netzwerken, in: Blecker, T./Gemünden, H. G. (Hrsg.), Innovatives Produktions- und Technologiemanagement, Festschrift für B. Kaluza. Berlin/ Heidelberg/ New York, S. 271-298.

Bendixen, P./Kemmler, H. W. (1972): Planung - Organisation und Methodik innovativer Entscheidungsprozesse. Berlin/ New York.

Beneito, P. (2003): Choosing among alternative technological strategies: an empirical analysis of formal sources of innovation, in: Research Policy, Jg. 32, S. 693-713.

Bengtsson, M./Sölvell, Ö. (2004): Climate of competition, clusters and innovative performance, in: Scandinavian Journal of Management, Jg. 20, S. 225-244.

Benkenstein, M. (1987): F&E und Marketing - Eine Untersuchung zur Leistungsfähigkeit von Koordinationskonzeptionen bei Innovationsentscheidungen. Wiesbaden.

Benkenstein, S./Steiner, M. (2005): Schnittstellenmanagement im Innovationsprozess, in: Albers, S./Gassmann, O. (Hrsg.), Handbuch Technologie- und Innovationsmanagement - Strategie - Umsetzung – Controlling. Wiesbaden, S. 529-546.

Berdrow, W. (1928): Alfred Krupps Briefe 1826 – 1887. Berlin.

Berens, W./Delfmann, W. (1994): Quantitative Planung - Konzeption, Methoden, Anwendungen. Stuttgart.

Berth, R. (2003): Auf Nummer sicher, in: Harvard Business manager, S. 16-19.

Berthel, J. (1987): Verhindern Führungsdefizite Innovationen? Innovationsorientierung in der Unternehmensführung, in: Zeitschrift für Organisation, Jg. 56, S. 5-13.

Bessant, J. (2003): Challenges in Innovation Management, in: Shavinina, L. V. (Hrsg.), The International Handbook on Innovation, Amsterdam et al., S. 761-774.

Bharadwaj, S./Menon, A. (2000): Making Innovation Happen in Organizations: Individual Creativity Mechanisms, Organizational Creativity Mechanisms or Both?, in: Journal of Product Innovation Management, Jg. 17, S. 424-434.

Bidault, F./Despres, C./Butler, C. (1998): The drivers of cooperation between buyers and suppliers for product innovation, in: Research Policy, Jg. 26, S. 719-732.

Biehl, W. (1981): Bestimmungsgründe der Innovationsbereitschaft und des Innovationserfolges - Eine empirische Untersuchung von Investitionsentscheidungen mittelständischer Maschinenbauunternehmen. Berlin.

Biemans, W. G. (1992): Managing innovation within networks. London/ New York.

Bierfelder, W. H. (1994): Innovationsmanagement - Prozeßorientierte Einführung. 3. Aufl., München/ Wien.

Bierich, M. (1987): Innovation und Wettbewerbsfähigkeit: zwei Fallbeispiele aus dem Hause Bosch, in: Dichtl, E. et al. (Hrsg.), Innovation und Wettbewerbsfähigkeit. Wiesbaden, S. 1-15.

Billing, F. (2003): Koordination in radikalen Innovationsvorhaben. Wiesbaden.

Birnbacher, D. (1991): Ethische Aspekte der Bewertung technischer Risiken, in: Albach, H./Schade, D./Sinn, H. (Hrsg.), Technikfolgenforschung und Technikfolgenabschätzung. Berlin u. a., S. 81-105.

Bitzer, B. (1990): Innovationshemmnisse im Unternehmen. Wiesbaden.

Blakeney, R. E. (1987): Transaktionsanalyse und Führung, in: Kieser, A./Reber, G./ Wunderer, R. (Hrsg.), Handwörterbuch der Führung. Stuttgart, Sp. 1948-1964.

Bleicher, F. (1990): Effiziente Forschung und Entwicklung: Personelle, organisatorische und führungstechnische Instrumente. Wiesbaden.

Bleicher, K. (1981): Organisation - Formen und Modelle. Wiesbaden.

Bleicher, K. (1988): Grenzen des Rechnungswesens für die Lenkung der Unternehmensentwicklung, in: Lücke, W. (Hrsg.), Betriebswirtschaftliche Steuerungs- und Kontrollprobleme. Wiesbaden, S. 33-47.

Blohm, H. (1980): Kooperation, in: Grochla, E. (Hrsg.), Handwörterbuch der Organisation, 2. Aufl., Stuttgart, S. 1112-1117.

Böcker, F./Kotzbauer, N. (1991): Erfolgsfaktoren neuer Produkte - Der Einfluß der Innovationshöhe auf den Erfolg technischer Produkte. Regensburg.

Bode, J. (1997): Der Informationsbegriff in der Betriebswirtschaftslehre, in: Zeitschrift für betriebswirtschaftliche Forschung, Jg. 49, S. 449-468.

Boehmer, A. v. (1995): Internationalisierung industrieller Forschung und Entwicklung - Typen, Bestimmungsgründe und Erfolgsbeurteilung. Wiesbaden.

Boehmer, A. v./Stoll, P.-T. (1993): Technologiemanagement, in: Gerum, E. (Hrsg.), Handbuch Unternehmung und Europäisches Recht. Stuttgart, S. 193-218.

Böhnisch, W. (1979): Personale Widerstände bei der Durchsetzung von Innovationen. Stuttgart.

Bolton, L. E. (2003): Stickier Priors: The Effects of Nonanalytic Versus Analytic Thinking in New Product Forecasting, in: Journal of Marketing Research, Jg. XL, S. 65-79.

Bonner, J. M./Rueckert, R. W./Walker Jr., O. C. (2002): Upper management control of new product development projects and project performance, in: The Journal of Product Innovation Management, Jg. 19, S. 233-245.

Bonner, J. M./Walker Jr., O. C. (2004): Selecting Influential Business-to-Business Customers in New Product Development: Relational Embeddedness and Knowledge Heterogeneity Considerations, in: Product Innovation Management, Jg. 21, S. 155-169.

Borchardt, G. (1937): Die Randbemerkungen Friedrichs des Großen. 2. Aufl., Potsdam.

Bouchard, T. J./Barsaloux, J./Drauden, G. (1974): Brainstorming Procedure, Group Size, and Sex as Determinants of the Problem-Solving Effectiveness of Groups and Individuals, in: Journal of Applied Psychology, Jg. 59, S. 135-138.

Boulding, W./Morgan, R./Staelin, R. (1997): Pulling the Plug to Stop the New Product Drain, in: Journal of Marketing Research, Jg. 34, S. 164-176.

Boutellier, R./Biedermann, A. (2005): Systementwickler und Modullieferanten, in: Albers, S./Gassmann, O. (Hrsg.), Handbuch Technologie- und Innovationsmanagement - Strategie - Umsetzung - Controlling. Wiesbaden, S. 641-658.

Boutellier, R./Gassmann, O. (1996): Internationales Innovationsmanagement - Trends und Gestaltungsmöglichkeiten, in: Gassmann, O./Zedtwitz, M. v. (Hrsg.), Internationales Innovationsmanagement - Gestaltung von Innovationsprozessen im globalen Wettbewerb,. München, S. 281-301.

Bouwman, M. J. (1982): The Use of Accounting Information: Expert versus Novice Behavior, in: Ungson, R. G./Braunstein, D. N. (Hrsg.), Decision Making - An Interdisciplinary Inquiry. Boston MA, S. 137-167.

Brandenburg, A. G./Brödner, P./Hetzler, H.-W./Schienstock, G. (1975): Die Innovationsentscheidung - Bestimmungsgründe für die Bereitschaft zur Investition in neue Technologien. Göttingen.

Braunschmidt, I. (2005): Technologieinduzierte Innovationen - Wege des innerbetrieblichen Technologie-Transfers in innovative Anwendungen. Wiesbaden.

Brecht, W. (1991): Effiziente F&E-Organisation - Strukturelle Aspekte zur F&E-Organisation als Modul eines integrierten Innovationsmanagement-Konzeptes, in: Hamilton, B.-A. (Hrsg.), Integriertes Technologie- und Innovationsmanagement - Konzepte zur Stärkung der Wettbewerbskraft von High-Tech-Unternehmen. Berlin, S. 75-91.

Briggs, K. C./Myers, I. (1976): Myers-Briggs Type Indicator Form G. Palo Alto.

Brockhoff, K. (1981): Die Produktinnovationsrate im Lagebericht, in: Der Betrieb, Jg. 34, S. 433-437.

Brockhoff, K. (1989): Schnittstellen-Management - Abstimmungsprobleme zwischen Marketing und Forschung und Entwicklung. Stuttgart.

Brockhoff, K. (1991): R&D cooperation between firms: a classification by structural variables, in: International Journal of Technology Management, Special Issue on Manufacturing Strategy, Jg. 6, S. 361-373.

Brockhoff, K. (1992): Forschung und Entwicklung, Überwachung der, in: Coenenberg, A. G./Wysocki, K. v. (Hrsg.), Handwörterbuch der Revision. Stuttgart, Sp. 567-583.

Brockhoff, K. (1995): Der Innovationsaufwand in Unternehmen der forschenden Pharma-Industrie, in: Herzog, R. (Hrsg.), F&E-Management in der Pharma-Industrie. Aulendorf, S. 287-300.

Brockhoff, K. (1996a): Forschung und Entwicklung, in: Kern, W. et al. (Hrsg.), Handwörterbuch der Produktion. Stuttgart, Sp. 539-554.

Brockhoff, K. (Hrsg.) (1996b): Management von Innovationen - Planung und Durchsetzung - Erfolge und Mißerfolge. Fallstudien mit Lösungen. Wiesbaden.

Brockhoff, K. (1996c): Technology Management in the Company of the Future, in: Technology Analysis & Strategic Management, Jg. 8, S. 175-189.

Brockhoff, K. (1997a): Steuerung der Forschung in Unternehmen durch abgestimmten Potentialaufbau, in: Zeitschrift für Betriebswirtschaft, Jg. 67, S. 453-469.

Brockhoff, K. (1997b): Wenn der Kunde stört - Differenzierungsnotwendigkeiten bei der Einbeziehung von Kunden in die Produktentwicklung, in: Bruhn, M./Steffenhagen, H. (Hrsg.), Marktorientierte Unternehmensführung - Reflexionen - Denkanstöße - Perspektiven, Festschrift für H. Meffert. Wiesbaden, S. 351-370.

Brockhoff, K. (1998): Der Kunde im Innovationsprozess, Berichte aus den Sitzungen der Joachim Jungius-Gesellschaft der Wissenschaften e.V. 16/3. Aufl., Hamburg, S. 1-36.

Brockhoff, K. (1999a): Forschung und Entwicklung - Planung und Kontrolle. 5. Aufl., München/ Wien.

Brockhoff, K. (1999b): Produktpolitik. 4. Aufl., Stuttgart/ New York.

Brockhoff, K. (2002a): Produktinnovation, in: Albers, S./Herrmann, A. (Hrsg.), Handbuch Produktmanagement. Strategieentwicklung - Produktplanung - Organisation - Kontrolle. 2. Aufl., Wiesbaden, S. 25-54.

Brockhoff, K. (2002b): Technologiemanagement als Wissensmanagement. Berlin.

Brockhoff, K. (2003): Customers' perspectives of involvement in new product development, in: International Journal of Technology Management, Jg. 26, S. 464-481.

Brockhoff, K. (2005a): Konflikte bei der Einbeziehung von Kunden in die Produktentwicklung, in: Zeitschrift für Betriebswirtschaft, Jg. 75, S. 859-877.

Brockhoff, K. (2005b): Organisation angewandter Forschung in Unternehmen, in: Amelingmeyer, J./Harland, P. E. (Hrsg.), Technologiemanagement & Marketing : Herausforderungen eines integrierten Innovationsmanagements; Festschrift für G. Specht. Wiesbaden, S. 29-43.

Brockhoff, K./Hauschildt, J. (1993): Schnittstellen-Management - Koordination ohne Hierarchie, in: Zeitschrift Führung + Organisation, Jg. 62, S. 396-403.

Brockhoff, K./Langholz, J. (2000): Überwachung des technischen Fortschritts: das Beispiel der Klassifikationsgesellschaften im Schiffsbau, in: Die Betriebswirtschaft, Jg. 60, S. 336-349.

Brockhoff, K./Urban, C. H. (1988): Zeitmanagement in Forschung und Entwicklung, in: Sonderheft 23 der Zeitschrift für betriebswirtschaftliche Forschung, S. 1-42.

Brockhoff, K./Zanger, C. (1993): Meßprobleme des Neuigkeitsgrades - dargestellt am Beispiel von Software, in: Zeitschrift für betriebswirtschaftliche Forschung, Jg. 45, S. 835-851.

Brown, M. G./Svenson, R. A. (1988): Measuring R&D Productivity, in: Research Technology Management, Jg. 31, S. 11-15.

Brown, S. L./Eisenhardt, K. M. (1995): Product Development: Past Research, Present Findings, and Future Directions, in: Academy of Management Review, Jg. 20, S. 343-378.

Bstieler, L./Kleinschmidt, E. J. (1992): The great myth of customer partnership in new product development: Is it really a mean for success?, INSEAD 3rd International Product Development Conference. May 18-19. Fontainbleau, France, S. 131-148.

Bullinger, H.-J. (2000): Förderung der Unternehmenskreativität, in: Bullinger, H.-J./ Hermann, S. (Hrsg.), Wettbewerbsfaktor Kreativität. Wiesbaden, S. 21-30.

Bürgel, H. D. (1983): Forschungs- und Entwicklungscontrolling aus der Sicht des Controllers, in: Blohm, H./Danert, G. (Hrsg.), Forschungs- und Entwicklungsmanagement. Stuttgart, S. 93-101.

Bürgel, H. D./Haller, C./Binder, M. (1996): F&E-Management. München.

Bürgel, H.-D./Reger, G./Ackel-Zakour, R. (2005): Technologie-Früherkennung in multinationalen Unternehmen: Ergebnisse einer empirischen Untersuchung, in: Möhrle, M./Isenmann, R. (Hrsg.), Technologie-Roadmapping - Zukunftsstrategien für Technologieunternehmen. 2. Aufl., Berlin/ Heidelberg/ New York, S. 27-53.

Burgelman, R. A. (1983): A Process Model of Internal Corporate Venturing in the Diversified Major Firm, in: Administrative Science Quarterly, Jg. 28, S. 223-244.

Burghardt, M. (1993): Projektmanagement - Leitfaden für die Planung, Überwachung und Steuerung von Entwicklungsprojekten. 2. Aufl., München.

Burke, R. (1994): Project Management - Planning and Control. 2. Aufl., Chichester et al.

Burns, T./Stalker, G. M. (1961): The Management of Innovation. London.

C

Cagliano, R./Chiesa, V./Manzini, R. (2000): Differences and similarities in managing technological collaborations in research, development and manufacturing: a case study, in: Journal of Engineering and Technology Management, Jg. 17, S. 193-224.

Cameron, K. S./Freemann, S. J. (1991): Cultural congruence, strength and type: Relationship to effectiveness, in: Woodman, R. W./Passmore, W. A. (Hrsg.), Research in Organizational Change and Development, S. 23-58.

Campbell, A. J./Cooper, R. G. (1999): Do customer partnerships improve new product success rates?, in: Industrial Marketing Management, Jg. 28, S. 507-519.

Capon, N./Farley, J. U./Lehman, D. R./Hulbert, J. H. (1992): Profiles of product innovators among large U.S. manufacturers, in: Management Science, Jg. 38, S. 157-160.

Cardinal, L. B. (2001): Technological Innovation in the Pharmaceutical Industry: The Use of Organizational Control in Managing Research and Development, in: Organization Science, Jg. 12, S. 19-36.

Cassiman, B./Colombo, M. G./Garrone, P./Veugelers, R. (2005): The impact of M&A on the R&D process - An empirical analysis of the role of technological- and market-relatedness, in: Research Policy, Jg. 34, S. 195-220.

Chakrabarti, A. K. (1974): The Role of Champion in Product Innovation, in: California Management Review, Jg. XVII, S. 58-62.

Chakrabarti, A. K./O'Keefe, R. D. (1977): A Study of Key Communicators in Research and Development Laboratories, in: Groups and Organization Studies, Jg. 2, S. 336-346.

Chandler, A. (1984): Strategy and Structure: Chapters in the History of the American Industrial Enterprise. 13. Aufl. (Erstauflage 1962), Cambridge, MA.

Chandy, R. K./Tellis, G. J. (1998): Organizing for Radical Product Innovation: The Overlooked Role of Willingness to Cannibalize, in: Journal of Marketing Research, Jg. XXXV, S. 474-487.

Cheng, J. L. C./Bolon, D. S. (1993): The management of multinational R&D: A neglected topic in international business research, in: Journal of International Business Studies, Jg. 24, S. 1-18.

Chesbrough, H. W. (2003): Open Innovation - The imperative for creating and profiting from technology. Boston.

Chiesa, V. (1996): Evolutionary patterns in international research and development, in: Integrated Manufacturing Systems, Jg. 7, S. 5-15.

Chiesa, V./Coughlan, P./Voss, C. A. (1996): Development of a Technical Innovation Audit, in: Journal of Product Innovation Management, Jg. 13, S. 105-136.

Child, J. (1984): Organization: A Guide to Problems and Practice. 2. Aufl., Cambridge et al.

Chmielewicz, K. (1991): Unternehmensverfassung und Innovation, in: Müller-Böling, D./Seibt, D./Winand, U. (Hrsg.), Innovations- und Technologiemanagement, Festschrift für N. Szyperski. Stuttgart, S. 83-101.

Christensen, J. F. (2002): Corporate strategy and the management of innovation and technology, in: Industrial and Corporate Change, Jg. 11, S. 263-288.

Clarke, T. E. (1974): Decision-Making in Technologically Based Organizations: A Literature Survey of Present Practice, in: IEEE - Transactions on Engineering Management, Jg. EM-21, S. 9-23.

Cleemann, L./Peiffer, S. (1992): Identifikation und Bewertung von Ansätzen zukünftiger Technologien - Ein integriertes Konzept zur systematischen Analyse, in: VDI-Technologiezentrum (Hrsg.), Technologiefrühaufklärung. Stuttgart, S. 95-116.

Cleland, D. I./King, W. R. (1988): Project Management Handbook. 2. Aufl., New York.

Clement, M. (2000): Interaktives Fernsehen - Analyse und Prognose seiner Nutzung. Wiesbaden.

Clift, T. B./Vandenbosch, M. B. (1999): Project Complexity and Efforts to Reduce Product Development Cycle Time, in: Journal of Business Research, Jg. 45, S. 187-198.

Cobbenhagen, J. (2000): Successful Innovation - Towards a New Theory for the Management of Small and Medium-sized Enterprises. Cheltenham, UK/ Northampton, MA., USA.

Cohen, W. M./Levinthal, D. A. (1990): Absorptive Capacity: A New Perspective on Learning and Innovation, in: Administrative Science Quarterly, Jg. 35, S. 128-152.

Collins, H. M. (1974 (1982)): Tacit Knowledge and Scientific Networks, in: Barnes, B./Edge, D. (Hrsg.), Science in Context: Readings in the Sociology of Science. Cambridge, MA., S. 44-64.

Conway, S. (1997): Strategic Personal Links in Successful Innovation: Link-pins, Bridges, and Liaisons, in: Creativity and Innovation Management, Jg. 6, S. 226-232.

Coombs, R./Hull, R. (1998): 'Knowledge management practices' and path-dependency in innovation, in: Research Policy, Jg. 27, S. 237-253.

Coombs, R./McMeekin, A./Pybus, R. (1998): Toward the development of benchmarking tools for R&D project management, in: R&D Management, Jg. 28, S. 175-186.

Cooper, R. G. (1979): Identifying Industrial New Product Success: Project NewProd, in: Industrial Marketing Management, Jg. 8, S. 124-135.

Cooper, R. G./Easingwood, C. J./Edgett, S./Kleinschmidt, E./Storey, C. (1994): What Distinguishes the Top Performing New Products in Financial Services, in: Journal of Product Innovation Management, Jg. 11, S. 281-299.

Cooper, R. G./Edgett, S. J./Kleinschmidt, E. J. (1998): Best Practices for Managing R&D Portfolios, in: Research Technology Management, Jg. 41, S. 20-34.

Cooper, R. G./Edgett, S. J./Kleinschmidt, E. J. (2002): Optimizing the Stage-Gate Process: What Best-Practice Companies Do - II, in: Research Technology Management, S. 43-49.

Cooper, R. G./Kleinschmidt, E. J. (1986): An Investigation into the New Product Process: Steps, Deficiencies, and Impact, in: Journal of Product Innovation Management, Jg. 3, S. 71-85.

Cooper, R. G./Kleinschmidt, E. J. (1991): New Product Processes at Leading Industrial Firms, in: Industrial Marketing Management, Jg. 20, S. 137-147.

Cordero, R./Farris, G. F./DiTomaso, N. (1998): Technical Professionals in Cross-Functional Teams: Their Quality of Work Life, in: The Journal of Product Innovation Management, Jg. 15, S. 550-563.

Corsten, H. (1989): Überlegungen zu einem Innovationsmanagement - Organisationale und personale Aspekte, in: Corsten, H. (Hrsg.), Die Gestaltung von Innovationsprozessen - Hindernisse und Erfolgsfaktoren im Organisations-, Finanz- und Informationsbereich. Berlin, S. 1-56.

Cowan, D. A. (1986): Developing a Process Model of Problem Recognition, in: Academy of Management Review, Jg. 11, S. 763-776.

Cratzius, M. (2003): Die Einbindung des Absatz- und Produktionsbereichs in Innovationsprozesse. Wiesbaden.

Crawford, C. M. (1979): New Product Failure Rates - Facts and Fallacies, in: Research Management, Jg. 22, S. 9-13.

Cyert, R. M./March, J. G. (1963): Behavioral Theory of the Firm. Englewood Cliffs, N. J.

D

Daenzer, W. F. (Hrsg.) (1978/1979): Systems Engineering. Leitfaden zur methodischen Durchführung umfangreicher Planungsvorhaben. 2. Aufl., Zürich.

Dahl, D. W./Moreau, P. (2002): The Influence and Value of Analogical Thinking During New Product Ideation, in: Journal of Marketing Research, Jg. 39, S. 47-60.

Dahl, E. (1967): Die Unternehmensberatung - eine Untersuchung ausgewählter Aspekte beratender Tätigkeiten in der Bundesrepublik Deutschland. Meisenheim/ Glan.

Dahlin, K. B./Behrens, D. M. (2005): When is an invention really radical? Defining and measuring technological radicalness, in: Research Policy, Jg. 34, S. 717-737.

Dai, C. X./Wells, W. G. (2004): An exploration of project management office features and their relationship to project performance, in: International Journal of Project Management, Jg. 22, S. 523-532.

Damanpour, F. (1991): Organizational Innovation: A Meta-Analysis of Effects of Determinants and Moderators, in: Academy of Management Journal, Jg. 34, S. 555-590.

Damanpour, F./Gopalakrishnan, S. (1998): Theories of organizational structure and innovation adoption: the role of environmental change, in: Journal of Engineering and Technology Management, Jg. 15, S. 1-24.

Damanpour, F./Gopalakrishnan, S. (2001): The dynamics of adoptation of product and process innovations in organizations, in: Journal of Management Studies, Jg. 38, S. 45-65.

Damm, A. W. (1994): Organisatorische Problemanalyse - Entwicklung eines Verfahrens zur Analyse und Strukturierung von Problemen in einer Organisation. Karlsruhe.

Dammer, H./Gemünden, H. G./Lettl, C. (2006): Qualitätsdimensionen des Multiprojektmanagements, Entwicklung eines Messkonzepts, in: Zeitschrift Führung + Organisation, Jg. 75, S. 148-156.

Danneels, E. (2002): The Dynamics of Product Innovation and Firm Competences, in: Strategic Management Journal, Jg. 23, S. 1095-1121.

Danneels, E. (2004): Disruptive Technology Reconsidered: A Critique and Research Agenda, in: Product Innovation Management, Jg. 21, S. 246-258.

Danneels, E./Kleinschmidt, E. J. (2001): Product innovativeness from the firm's perspective: Its dimensions and their relation with project selection and performance, in: The Journal of Product Innovation Management, Jg. 18, S. 357-373.

Datta, D./Grant, J. H. (1990): Relationships Between Type of Acquisition, the Autonomy Given to the Acquired Firm, and Acquisition Success: An Empirical Analysis, in: Journal of Management, Jg. 16 (1), S. 29-44.

Davila, A. (2003): Short-term economic incentives in new product development, in: Research Policy, Jg. 32, S. 1397-1420.

Davila, T. (2000): An empirical study on the drivers of management control systems' design in new product development, in: Accounting, Organizations and Society, Jg. 25, S. 383-409.

Day, D. L. (1994): Raising Radicals: Different Processes for Championing Innovative Corporate Ventures, in: Organization Science, Jg. 5, S. 148-172.

de Bono, E. (1982): Lateral Thinking for Management - A Handbook. Harmondsworth.

de Brentani, U. (2001): Innovative versus incremental new business services: different keys for achieving success, in: Journal of Product Innovation Management, Jg. 18, S. 169-187.

de Brentani, U./Kleinschmidt, E. J. (2004): Corporate culture and commitment: Impact on performance of international new product development programs, in: Journal of Product Innovation Management, Jg. 21, S. 309-333.

De Dreu, C. K. W./West, M. A. (2001): Minority Dissent and Team Innovation: The Importance of Participation in Decision Making, in: Journal of Applied Psychology, Jg. 86, S. 1191-1201.

de Pay, D. (1989): Die Organisation von Innovationen: Die Anwendung des Dekompositionsprinzips von Williamson, in: Albach, H. (Hrsg.), Organisation - Mikroökonomische Theorie und ihre Anwendungen. Wiesbaden, S. 289-320.

de Pay, D. (1990): Kulturspezifische Determinanten der Organisation von Innovationsprozessen - ein empirischer Vergleich in deutschen und amerikanischen Unternehmen, in: Albach, H. (Hrsg.), Innovationsmanagement - Theorie und Praxis im Kulturvergleich. Wiesbaden, S. 131-175.

de Pay, D. (1994): Maßnahmen des Schnittstellenmanagements im Innovationsprozeß - ein transaktionstheoretischer Vergleich der Koordination durch Leitung und durch Controlling, in: Zahn, E. (Hrsg.), Technologiemanagement und Technologien für das Management. Stuttgart, S. 57-87.

De Tombe, D. J. (2000): Anticipating and avoiding opposition in large technological projects, in: International Journal of Technology Management, Jg. 19, S. 301-312.

Dean, B. V./Chaudhuri, A. K. (1980): Project Scheduling: A Critical Review, in: Dean, B. V./Goldhar, J. L. (Hrsg.), Management of Research and Innovation. Amsterdam/ New York/ Oxford, S. 225-233.

Dellmann, K. (1982): Rechnung und Rechnungslegung über Forschung und Entwicklung, Teil II, in: Die Wirtschaftsprüfung, Jg. 35, S. 587-590.

Delmas, M. A. (2002): Innovating against European rigidities, Institutional environment and dynamic capabilities, in: Journal of High Technology Management Research, Jg. 13, S. 19-43.

Deppe, J. (1986): Qualitätszirkel - Ideenmanagement durch Gruppenarbeit. Darstellung eines neuen Konzeptes in der deutschsprachigen Literatur. Bern/ Frankfurt a. M./ New York.

Dierkes, M./Mützel, S. (1995): Methoden der Technikfolgen-Abschätzung, in: Zahn, E. (Hrsg.), Handbuch Technologiemanagement. Stuttgart, S. 645-662.

Diesel, E. (1983): Diesel - Der Mensch, das Werk, das Schicksal. München.

Domsch, M. E./Gerpott, T. J. (1995): Forschung und Entwicklung, Führung in, in: Kieser, A. (Hrsg.), Handwörterbuch der Führung. Stuttgart, Sp. 369-380.

Domsch, M./Gerpott, H./Gerpott, T. J. (1989): Technologische Gatekeeper in der industriellen F&E - Merkmale und Leistungswirkungen. Stuttgart.

Domsch, M./Ladwig, D. H./Siemers, S. H. A. (1995): Innovation durch Partizipation - Eine erfolgsversprechende Strategie für den Mittelstand. Stuttgart.

Dorabjee, S./Lumley, C. E./Cartwright, S. (1998): Culture, innovation and successful development of new medicines: An exploratory study of the pharmaceutical industry, in: Leadership and Organization Development Journal, Jg. 19, S. 199-210.

Dosi, G. (1988): The nature of the innovative process, in: Dosi, G./Freeman, C./Nelson, R./Silverberg, G./Soete, L. (Hrsg.), Technical change and economic theory. London/ New York, S. 221-238.

Dougherty, D./Hardy, C. (1996): Sustained product innovation in large, mature organizations: overcoming innovation-to-organization problems, in: Academy of Management Journal, Jg. 39, S. 1120-1153.

Dougherty, D./Heller, T. (1994): The Illegitimacy of Successful Product Innovation in Established Firms, in: Organization Science, Jg. 5, S. 200-218.

Dowling, M./Helm, R. (2006): Product development success through cooperation: A study of entrepreneurial firms, in: technovation, Jg. 26, S. 483-488.

Downs, G. W./Mohr, L. B. (1976): Conceptual Issues in the Study of Innovations, in: Administrative Science Quarterly, Jg. 21, S. 700-714.

Draeger, W. (1991): Innovation - Invention - Kreativität. Durch Erneuerung zum Erfolg - ein Leitfaden für den kreativen Ingenieur und Unternehmer. Düsseldorf.

Drewitz, H./Thuldt, H. (1976): Ablauf, Entwicklung und Konstruktion einer Hinterachsenlenkung für einen neuen Reisebus, in: Moll, H. H./Warnecke, H. J. et al. (Hrsg.), RKW-Handbuch Forschung, Entwicklung, Konstruktion (F+E). Bd. 3, Berlin.

Drexl, A. (1990): Planung des Ablaufs von Unternehmensprüfungen. Stuttgart.

Drucker, P. F. (1986): Innovations-Management für Wirtschaft und Politik. Düsseldorf/ Wien.

Dvir, D./Lechler, T. (2004): Plans are nothing, changing plans is everything: the impact of changes on project success, in: Research Policy, Jg. 33, S. 1-15.

Dvir, D./Lipovetsky, S./Shenhar, A. J./Tishler, A. (1998): In search of project classification: a non-universal approach to project success factors, in: Research Policy, Jg. 27, S. 915-935.

Dyckerhoff, C. (2006): Innovationen im Jahresabschluss?, in: Zeitschrift für betriebswirtschaftliche Forschung, Jg. 54, S. 32-57.

E

Eggers, O. (1997): Funktionen und Management der Forschung in Unternehmen. Wiesbaden.

Ehrmann, T./Haas, F. (2006): Effizienz, Anreizgestaltung und Implementierung von Prozessinnovationen: Eine empirische Untersuchung anhand des Desktop-Purchasing, in: Zeitschrift für betriebswirtschaftliche Forschung, Jg. 58, S. 169-187.

Eisenführ, F. (1992): Budgetierung, in: Frese, E. (Hrsg.), Handwörterbuch der Organisation. 3. Aufl., Stuttgart, Sp. 363-372.

Eisenhardt, K. M./Schoonhoven, C. B. (1996): Resource-based view of strategic alliance formation: Strategic and social effects in entrepreneurial firms, in: Organization Science, Jg. 7, S. 136-150.

Eisenhardt, K. M./Tabrizi, B. N. (1995): Accelerating Adaptive Processes: Product Innovation in the Global Computer Industry, in: Administrative Science Quarterly, Jg. 40, S. 84-110.

Elenkov, D. S./Judge, W./Wright, P. (2005): Strategic Leadership and Executive Innovation Influence: An International Multi-Cluster Comparative Study, in: Strategic Management Journal, Jg. 26, S. 665-682.

Ellis, D./Haugan, M. (1997): Modelling the information seeking patterns of engineers and research scientists in an individual environment, in: Journal of Documentation, Jg. 53, S. 384-403.

Elstein, A. S./Shulman, L. S./Sprafka, S. A. (1978): Medical Problem Solving - An Analysis of Clinical Reasoning. Cambridge, MA./ London.

Endruweit, G. (1995): Wechselwirkungen zwischen Gesellschaft und Technologie, in: Zahn, E. (Hrsg.), Handbuch Technologiemanagement. Stuttgart, S. 1053-1069.

Enkel, E./Kausch, C./Gassmann, O. (2005): Managing the risk of customer integration, in: European Management Journal, Jg. 23, S. 203-213.

Erker, P. (1993): Forschung und Entwicklung in der Transistortechnologie. Entscheidungszwänge und Handlungsspielräume am Beispiel Siemens und Philips 1947-1960, in: Technikgeschichte, Bd. 60, S. 267-284.

Ernst, H. (1996): Patentinformationen für die strategische Planung von Forschung und Entwicklung. Wiesbaden.

Ernst, H. (2001): Erfolgsfaktoren neuer Produkte - Grundlagen für eine valide empirische Forschung. Wiesbaden.

Ernst, H. (2002): Succes factors of new product development: a review of the empirical literature, in: International Journal of Management Reviews, Jg. 4, S. 1-40.

Ernst, H. (2003): Unternehmenskultur und Innovationserfolg - Eine empirische Analyse, in: Zeitschrift für betriebswirtschaftliche Forschung, Jg. 55, S. 23-44.

Ernst, H. (2004): Virtual customer integration - Maximizing the impact of customer integration on new product performance, in: Albers, S. (Hrsg.), Cross-functional Innovation Management. Perspectives from different disciplines. Festschrift für K. Brockhoff. Wiesbaden, S. 191-208.

Ernst, H./Vitt, J. (2000): The influence of corporate acquisitions on the behavior of key inventors, in: R&D Management, Jg. 30, S. 105-120.

F

Faems, D./Van Looy, B./Debackere, K. (2005): Interorganizational collaboration and innovation: toward a portfolio approach, in: Product Innovation Management, Jg. 22, S. 238-250.

Fink, W. F. (1987): Kognitive Stile, Informationsverhalten und Effizienz in komplexen betrieblichen Beurteilungsprozessen. Frankfurt a. M./ Bern/ New York/ Paris.

Fisch, J. H. (2001): Structure Follows Knowledge - Internationale Verteilung der Forschung und Entwicklung in multinationalen Unternehmen. Wiesbaden.

Flynn, M./Dooley, L./O'Sullivan, D./Cormican, K. (2003): Idea Management for Organisational Innovation, in: International Journal of Innovation Management, Jg. 7, S. 417-442.

Folkerts, L. (2001): Promotoren in Innovationsprozessen - Empirische Untersuchung zur personellen Dynamik. Wiesbaden.

Folkerts, L./Hauschildt, J. (2002): Personelle Dynamik in Innovationsprozessen: neue Fragen und Befunde zum Promotorenmodell, in: Die Betriebswirtschaft, Jg. 62, S. 1-23.

Forker, H. (1995): Alternative Strukturierungsmöglichkeiten des F+E-Bereichs in der mittelständischen pharmazeutischen Unternehmung, in: Herzog, R. (Hrsg.), F&E-Management in der Pharma-Industrie. Aulendorf, S. 31-50.

Forrest, J. E./Martin, M. J. C. (1992): Strategic alliance between large and small research intensive organizations: experiences in the biotechnology industry, in: R&D Management, Jg. 22, S. 41-53.

Foxall, G. R. (1984): Corporate Innovation: Marketing and Strategy. London/ Canberra.

Franke, N. (2003): Toolkits for User Innovation: Die Einbindung des Kunden in den Innovationsprozess, in: Hoffmann, W. H. (Hrsg.), Die Gestaltung der Organisationsdynamik - Konfiguration und Evolution, Festschrift für O. Grün. Stuttgart, S. 357-381.

Franke, N./Piller, F. (2004): Value Creation by Toolkits for User Innovation and Design: The Case of the Watch Market, in: Product Innovation Management, Jg. 21, S. 401-415.

Franke, N./Shah, S. (2003): How communities support innovative activities: an exploration of assistance and sharing among end-users, in: Research Policy, Jg. 32, S. 157-178.

Frascati-Handbuch (1982): Die Messung wissenschaftlicher und technischer Tätigkeiten - Allgemeine Richtlinien für statistische Übersichten in Forschung und experimenteller Entwicklung. Bonn.

Frey, D. (1984): Die Theorie der kognitiven Dissonanz, in: Frey, D./Irle, M. (Hrsg.), Theorien der Sozialpsychologie. Bd. 1: Kognitive Theorien. Bern et al., S. 243-292.

Frey, D./Frank, E. (2001): Der Beitrag (sozial-)psychologischer Theorien für die Erforschung und Umsetzung von Innovationen, in: Hamel, W./Gemünden, H. G. (Hrsg.), Außergewöhnliche Entscheidungen, Festschrift für J. Hauschildt. München, S. 597-646.

Friedl, B. (2003): Controlling. Stuttgart.

Friedman, L./Fleishman, E. A./Fletcher, J. M. (1992): Cognitive and interpersonal abilities related to the primary activities of R&D managers, in: Journal of Engineering and Technology Management, Jg. 9, S. 211-242.

Fritz, W./Förster, F./Raffe, H./Silberer, G. (1985): Unternehmensziele in Industrie und Handel, in: Die Betriebswirtschaft, Jg. 45, S. 375-394.

Frohman, A. L. (1978): The Performance of Innovation: Managerial Roles, in: California Management Review, Jg. 20, S. 5-12.

Frohman, A. L. (1999): Personal Initiative Sparks Innovation, in: Research Technology Management, Jg. 42, S. 32-38.

Frost, P./Egri, C. P. (1991): The political process of innovation, in: Research in Organizational Behavior, Jg. 13, S. 229-295.

G

Gaitanides, M. (1997): Integrierte Belieferung - Eine ressourcenorientierte Erklärung der Entstehung von Systemlieferanten in der Automobilindustrie, in: Zeitschrift für Betriebswirtschaft, Jg. 67, S. 737-757.

Gaitanides, M./Wicher, H. (1986): Strategien und Strukturen innovationsfähiger Organisationen, in: Zeitschrift für Betriebswirtschaft, Jg. 56, S. 385-403.

Galbraith, J. R. (1982): Designing the Innovating Organization, in: Organizational Dynamics, (Winter), S. 5-25.

Galende, J./de la Fuente, J. M. (2003): Internal factors determining a firm's innovative behaviour, in: Research Policy, Jg. 32, S. 715-736.

Gales, L./Mansour-Cole, D. (1995): User involvement in innovation projects: Towards an information processing model, in: Journal of Engineering and Technology Management, Jg. 12, S. 77-109.

Gallupe, R. B./Dennis, A. R./Cooper, W. H./Valacich, J. S./Bastianutti, L. M./Nunamaker, J. F. (1992): Electronic Brainstorming and Group Size, in: Academy of Management Journal, Jg. 35, S. 350-369.

Garcia, R./Calantone, R. (2002): A critical look at technological innovation typology and innovativeness terminology: a literature review, in: The Journal of Product Innovation Management, Jg. 19, S. 110-132.

Gassmann, O./Baader, M. A. (2006): Patentmanagement - Innovationen erfolgreich nutzen und schützen. Berlin/ Heidelberg/ New York.

Gassmann, O./Keupp, M. M. (2005): Globales Management von Innovationen, in: Albers, S./Gassmann, O. (Hrsg.), Handbuch Technologie- und Innovationsmanagement - Strategie - Umsetzung – Controlling. Wiesbaden, S. 207-226.

Gassmann, O./von Zedwitz, M. (1999): New concepts and trends in international R&D organization, in: Research Policy, Jg. 28, S. 231-250.

Gatignon, H./Tushman, M. L./Smith, W./Anderson, P. (2002): A Structural Approach to Assessing Innovation: Construct Developmenet of Innovation Locus, Type, and Characteristics, in: Management Science, Jg. 48, S. 1103-1122.

Gebert, D. (1987): Führung und Innovation, in: Zeitschrift für betriebswirtschaftliche Forschung, Jg. 39, S. 941-951.

Gebert, D. (2002): Führung und Innovation. Stuttgart.

Gemünden, H. G. (1980): Effiziente Interaktionsstrategien im Investitionsgütermarketing, in: Marketing ZFP, Jg. 2, S. 21-32.

Gemünden, H. G. (1981): Innovationsmarketing - Interaktionsbeziehungen zwischen Hersteller und Verwender innovativer Investitionsgüter. Tübingen.

Gemünden, H. G. (1995): Technologische Verflechtung, Innovationserfolg und "Dimensionierung" des Unternehmens, in: Bühner, R. et al. (Hrsg.), Die Dimensionierung des Unternehmens. Stuttgart, S. 279-301.

Gemünden, H. G. (2001): Die Entstehung von Innovationen: eine Diskussion theoretischer Ansätze, in: Hamel, W./Gemünden, H. G. (Hrsg.), Außergewöhnliche Entscheidungen, Festschrift für J. Hauschildt. München, S. 409-439.

Gemünden, H. G./Heydebreck, P. (1994): Geschäftsbeziehungen in Netzwerken - Instrumente der Stabilitätssicherung und Innovation, in: Kleinaltenkamp, M./Schubert, K. (Hrsg.), Netzwerkansätze im Business-to-Business-Marketing. Beschaffung, Absatz und Implementierung Neuer Technologien. Wiesbaden, S. 251-283.

Gemünden, H. G./Heydebreck, P./Herden, R. (1992): Technological Interweavement: A Means to Achieve Innovation Success, in: R&D Management, Jg. 22, S. 359-376.

Gemünden, H. G./Högl, M. (2005): Teamarbeit in innovativen Projekten: Eine kritische Bestandsaufnahme der empirischen Forschung, in: Högl, M./Gemünden, H. G. (Hrsg.), Management von Teams - Theoretische Konzepte und empirische Befunde. 3. Aufl., Wiesbaden, S. 1-31.

Gemünden, H. G./Högl, M./Lechler, T./Saad, A. (1999): Starting conditions of successful European R&D-consortia, in: Brockhoff, K./Chakrabarti, A./Hauschildt, J. (Hrsg.), The dynamics of innovation. Strategical and managerial implications. Berlin, S. 237-275.

Gemünden, H. G./Hölzle, K./Lettl, C. (2006): Formale und informale Determinanten des Innovationserfolges: Eine kritische Analyse des Zusammenspiels der Kräfte am Beispiel der Innovatorenrollen, in: Zeitschrift für betriebswirtschaftliche Forschung, Jg. 54, S. 110-132.

Gemünden, H. G./Ritter, T./Heydebreck, P. (1996): Network configuration and innovation success: An emprical analysis in German high-tech industries, in: International Journal of Research in Marketing, Jg. 13, S. 449-462.

Gemünden, H. G./Salomo, S. (2005): Der Einfluss der Projektautonomie auf den Projekterfolg, in: Amelingmeyer, J./Harland, P. E. (Hrsg.), Technologiemanagement & Marketing: Herausforderungen eines integrierten Innovationsmanagements; Festschrift für G. Specht. Wiesbaden, S. 63-82.

Gemünden, H. G./Salomo, S./Krieger, A. (2005): The influence of project autonomy on project success, in: International Journal of Project Management, Jg. 23, S. 366-373.

Gemünden, H. G./Walter, A. (1995): Der Beziehungspromotor - Schlüsselperson für interorganisationale Innovationsprozesse, in: Zeitschrift für Betriebswirtschaft, Jg. 65, S. 971-986.

Gemünden, H. G./Walter, A. (1996): Förderung des Technologietransfers durch Beziehungspromotoren, in: Zeitschrift Führung + Organisation, Jg. 65, S. 237-245.

Gerds, J./Schewe, G. (2006): Post Merger Integration - Unternehmenserfolg durch Integration Excellence. 2. Aufl., Berlin et al.

Gerpott, T. J. (1984): Personale Strukturen und organisationale Innenstrukturen industrieller F&E -Einheiten - empirische Bestandsaufnahme in der Bundesrepublik, Strukturinterdependenzen und deren Implikationen für das F&E-Personal-Management, in: Domsch, M./Jochum, E. (Hrsg.), Personalmanagement in der industriellen Forschung und Entwicklung (F&E). Köln et al., S. 28-47.

Gerpott, T. J. (1993): Integrationsgestaltung und Erfolg von Unternehmensakquisitionen. Stuttgart.

Gerpott, T. J. (1995): Organisation der Forschung und Entwicklung (F&E) industrieller Unternehmen, in: Franz, O. (Hrsg.), RKW-Handbuch Führungstechnik und Organisation,. Berlin, S. 1-54.

Gerpott, T. J. (1999): Strategisches Technologie- und Innovationsmanagement. Stuttgart.

Gerpott, T. J. (2005): Erfolgsfaktoren von industriellen Neuprodukt-Entwicklungsprojekten - Eine Bestandsaufnahme der empirischen Forschung, in: Amelingmeyer, J./Harland, P. E. (Hrsg.), Technologiemanagement & Marketing: Herausforderungen eines integrierten Innovationsmanagements; Festschrift für G. Specht. Wiesbaden, S. 109-130.

Gerpott, T. J./Winzer, P. (1996): Simultaneous Engineering: Kritische Analyse eines Planungs- und Organisationsansatzes zur Erfolgsverbesserung industrieller Produktinnovationen, in: Zeitschrift für Planung, Jg. 7, S. 131-150.

Gerybadze, A. (1995a): Management von Schnittstellen innerhalb von Technologie-Allianzen, in: Zahn, E. (Hrsg.), Handbuch Technologiemanagement. Stuttgart, S. 469-488.

Gerybadze, A. (1995b): Innovationsmanagement, in: Corsten, C./Reiß, M. (Hrsg.), Handbuch Unternehmensführung - Konzepte, Instrumente, Schnittstellen. Wiesbaden, S. 829-845.

Gerybadze, A./Reger, G. (1999): Globalization of R&D: recent changes in the management of innovation in transnational corporations, in: Research Policy, Jg. 28, S. 251-274.

Geschka, H. (1970): Forschung und Entwicklung als Gegenstand betrieblicher Entscheidungen. Meisenheim a. G.

Geschka, H. (1983): Creativity techniques in product planning and development: A view from West Germany, in: R&D Management, Jg. 13, S. 169-183.

Geschka, H. (1989): Alternativengenerierungstechniken, in: Szyperski, N. (Hrsg.), Handwörterbuch der Planung. Stuttgart, Sp. 27-33.

Geschka, H. (1993): Der Ansatz der sequentiellen Mophologie und seine Nutzung im PC-Programm MOSEL, Erfolg mit Morphologie. Glarus, S. 109-119.

Geschka, H. (1994): The Development and Assessment of Creative Thinking Techniques: A German Perspective, in: Isaksen, S. G. et al. (Hrsg.), Nurturing and Developing Creativity: The Emergence of a Discipline. Norwood, N. J., S. 215-236.

Geschka, H. (1995): Methoden der Technologiefrühaufklärung und der Technologievorhersage, in: Zahn, E. (Hrsg.), Handbuch Technologiemanagement. Stuttgart, S. 623-644.

Geschka, H. (2005): Innovationsbedarfserfassung, in: Amelingmeyer, J./Harland, P. E. (Hrsg.), Technologiemanagement & Marketing: Herausforderungen eines integrierten Innovationsmanagements; Festschrift für G. Specht. Wiesbaden, S. 381-401.

Geschka, H./Herstatt, C./Geis, J./Guggisberg, D. (1999): Innovationsbedarfserfassung in der Schweiz - Methoden, Erfahrungen und Tendenzen, in: Die Unternehmung, Jg. 53, S. 143-157.

Geschka, H./Yildiz, A. (1990): Kreativitätstechniken: Probleme in den Griff bekommen, in: Gablers Magazin, S. 36-40.

Geyer, E. (1987): Kreativität im Unternehmen. Erkennen - Fördern – Nutzen. Landsberg a.L.

Gierschner, H. C. (1991): Information und Zusammenarbeit bei Innovationsprozessen. Frankfurt a. M. et al.

Gilbert, C. G. (2005): Unbundling the structures of inertia: Resources versus routine rigidity, in: Academy of Management Journal, Jg. 48, S. 741-763.

Gimpel-Iske, E. (1973): Untersuchung zur Vorteilhaftigkeit von Unternehmenszusammenschlüssen. Bonn.

Ginn, M. E./Rubenstein, A. H. (1986): The R&D/Production Interface: A Case Study of New Product Commercialization, in: Journal of Product Innovation Management, Jg. 3, S. 158-170.

Gladstein Ancona, D./Caldwell, D. F. (1992): Demography and Design: Predictors of New Product Team Performance, in: Organization Science, Jg. 3, S. 321-341.

Glaser, B. G./Strauss, A. L. (1967): The Discovery of Grounded Theory - Strategies for Qualitative Research. New York.

Gleich, R./Rauen, H./Russo, P./Wittenstein, M.(Hrsg.) (2006): Innovationsmanagement in der Investitionsgüterindustrie treffsicher voranbringen - Konzepte und Lösungen, Frankfurt a. M.

Glismann, H. H./Horn, E.-J. (1988): Comparative invention performance of major industrial countries: patterns and explanations, in: Management Science, Jg. 34, S. 1169-1187.

Goldberg, W. (1984): Die Pflege innovativer Ideen - Empirische Beobachtungen systematisiert, in: Die Betriebswirtschaft, Jg. 44, S. 565-577.

Goldenberg, J./Lehmann, D. R./Mazursky, D. (2001): The Idea Itself and the Circumstances of Its Emergence as Predictors of New Product Success, in: Management Science, Jg. 47, S. 69-84.

Goldenberg, J./Mazursky, D. (2000): First We Throw Dust in the Air, then We Claim We Can't See: Navigating in the Creativity Storm, in: Creativity and Innovation Management, Jg. 9, S. 131-143.

Goldhar, J. L. (1980): Some modest Conclusions, in: Dean, B. V./Goldhar, J. L. (Hrsg.), Management of Research and Innovation. Amsterdam/ New York/ Oxford, S. 283-284.

Gopalakrishnan, S./Bierly, P. (2001): Analyzing innovation adoption using a knowledge-based approach, in: Journal of Engineering and Technology Management, Jg. 18, S. 107-130.

Gopalakrishnan, S./Bierly, P./Kessler, E. H. (1999): A reexamination of product and process innovations using a knowledgee-based view, in: Journal of High Technology Management, Jg. 10, S. 147-166.

Gopalakrishnan, S./Damanpour, F. (1994): Patterns of generation and adoption of innovation in organizations: Contingency models of innovation attributes, in: Journal of Engineering and Technology Management, Jg. 11, S. 95-116.

Gordon, W. J. J. (1961): Synectics - The Development of Creative Capacy. New York/ Evanston/ London.

Goswami, S./Mathew, M. (2005): Definition of innvoation revisited: An empirical study on Indian information technology industry, in: International Journal of Innovation Management, Jg. 9, S. 371-383.

Grady, D./Fincham, T. (1990): Making R&D pay, in: The McKinsey Quarterly, S. 161-175.

Grebe, P./Dudenredaktion (1960): Duden Fremdwörterbuch. Mannheim.

Green, S. G. (1995): Top Management Support of R&D Project: A Strategic Leadership Perspective, in: IEEE-Transactions on Engineering Management, Jg. 42, S. 223-232.

Green, S. G./Gavin, M. B./Aiman-Smith, L. (1995): Assessing a Multidimensional Measure of Radical Technological Innovation, in: IEEE-Transactions on Engineering Management, Jg. 42, S. 203-214.

Grefermann, K./Röthlingshöfer, K. C. (1974): Patentwesen und technischer Fortschritt - Kritische Würdigung der Zusammenhänge in ausgewählten Branchen der Bundesrepublik Deutschland anhand empirischer Untersuchungen. Göttingen.

Greipl, E./Träger, U./Grefermann, K. (1982): Wettbewerbswirkungen der unternehmerischen Patent- und Lizenzpolitik unter besonderer Berücksichtigung kleiner und mittlerer Unternehmen. Berlin/ München.

Griffin, A. (1997): The Effect of Project and Process Characteristics on Product Development Cycle Time, in: Journal of Marketing Research, Jg. 34, S. 24-35.

Griffin, A./Page, A. L. (1993): An Interim Report on Measuring Product Development Success and Failure, in: Journal of Product Innovation Management, Jg. 10, S. 291-308.

Griffin, A./Page, A. L. (1996): PDMA Success Measurement Project: Recommended Measures for Product Development Success und Failure, in: Journal of Product Innovation Management, Jg. 13, S. 478-496.

Grimm, A. (1986): Motive konglomerater Zusammenschlüsse: Analyse und theoretische Erklärungsansätze und Fallstudien großer Zusammenschlüsse in den USA. Hamburg.

Grimpe, C. (2005): Post Merger Integration der Forschung und Entwicklung. Wiesbaden.

Grochla, E. (1980): Betriebswirtschaftlich-organisatorische Voraussetzungen technologischer Innovationen, in: Zeitschrift für betriebswirtschaftliche Forschung, Jg. 32, S. 30-42.

Grønhaug, K./Haukedal, W. (1995): Experts and Novices in Innovative Unstructured Tasks: The Case of Strategy Formulation, in: Creativity and Innovation Management, Jg. 4, S. 4-13.

Gruber, M. (2004): Entrepreneurial Marketing, in: Die Betriebswirtschaft, Jg. 64, S. 78-100.

Grün, O. (1984): Die Gestaltung des Beratereinsatzes durch den Mandanten, in: Zeitschrift für Organisation, Jg. 48, S. 13-20.

Grün, O. (1988): Das Lernverhalten in Entscheidungsprozessen, in: Witte, E./Hauschildt, J./Grün, O. (Hrsg.), Innovative Entscheidungsprozesse. Tübingen, S. 268-298.

Grün, O. (1992): Projektorganisation, in: Frese, E. (Hrsg.), Handwörterbuch der Organisation. 3. Aufl., Stuttgart, Sp. 2102-2116.

Grün, O. (2001): Erfolgskontrolle von Innovationen durch Begleitforschung, in: Hamel, W./Gemünden, H. G. (Hrsg.), Außergewöhnliche Entscheidungen, Festschrift für J. Hauschildt. München, S. 441-474.

Grün, O. (2004a): Das Management von Großprojekten: Der Widerspenstigen Zähmung, in: Zeitschrift Führung + Organisation, S. 319-325.

Grün, O. (2004b): Taming Giant Projects - Management of Multi-Organization Enterprises. Berlin/ Heidelberg/ New York.

Grün, O. (2005a): Das Management von Großprojekten: Der Widerspenstigen Zähmung, in: Zeitschrift Führung + Organisation, S. 319-325.

Grün, O. (2005b): Risiken und Erfolgsfaktoren von Großprojekten: Lehren für das Innovationsmanagement, in: Zeitschrift Führung + Organisation, Jg. 74, S. 207-210.

Grün, O. (o. J.): Ziele in Großprojekten, Sonderauswertung. Wien.

Grün, O./Hamel, W./Witte, E. (1972): Felduntersuchungen zur Struktur von Informations- und Entscheidungsprozessen, in: Witte, E. (Hrsg.), Das Informationsverhalten in Entscheidungsprozessen. Tübingen, S. 111-164.

Grün, O./Hamel, W./Witte, E. (1988): Die Struktur des Entscheidungsprozesses, in: Witte, E./Hauschildt, J./Grün, O. (Hrsg.), Innovative Entscheidungsprozesse - Die Ergebnisse des Projektes "Columbus". Tübingen, S. 36-54.

Gruner, K. E. (1997): Kundeneinbindung in den Produktinnovationsprozeß - Bestandsaufnahme, Determinanten und Erfolgsauswirkungen. Wiesbaden.

Grunwald, A. (2002): Technikfolgenabschätzung - eine Einführung. Berlin.

Grupp, H. (1994): The measurement of technical performance of innovations by technometrics and it's impact on established technological indicators, in: Research Policy, Jg. 23, S. 175-193.

Gryskiewicz, S. S. (1988): Trial by Fire in an Industrial Setting: A Practical Evaluation of Three Creative Problem-Solving Techniques, in: Grønhaug, K./Kaufmann, G. (Hrsg.), Innovation: A Cross-Disciplinary Perspective. Oslo, S. 205-232.

Gupta, A. K./Raj, S. P./Wilemon, D. (1985): R&D and Marketing Dialogue in High-Tech Firms, in: Industrial Marketing Management, Jg. 14, S. 289-300.

Gupta, A. K./Raj, S. P./Wilemon, D. (1986): R&D and Marketing Managers in High-Tech Companies: Are They Different?, in: IEEE - Transactions on Engineering Management, Jg. EM-33, S. 25-32.

Gupta, A. K./Wilemon, D. (1990a): Improving R&D/Marketing relations: R&D's perspective, in: R&D Management, Jg. 20, S. 277-290.

Gupta, A. K./Wilemon, D. L. (1990b): Accelerating the Development of Technology-Based New Products, in: California Management Review, Jg. 32, S. 24-44.

Gutenberg, E. (1957): Grundlagen der Betriebswirtschaftslehre, Bd. 1: Die Produktion, 3. Aufl., Berlin/ Göttingen/ Heidelberg.

H

Haberstroh, M./Wolf, J. (2005): Individuelle Autonomie in Projektteams, in: Högl, M./ Gemünden, H. G. (Hrsg.), Management von Teams - Theoretische Konzepte und empirische Befunde. 3. Aufl., Wiesbaden, S. 185-219.

Hadjimanolis, A. (2003): The Barriers Approach to Innovation, in: Shavinina, L. V. (Hrsg.). The International Handbook on Innovation, Amsterdam et al., S. 559-573.

Hage, J./Aiken, M. (1969): Routine Technology, Social Structure, and Organization Goals, in: Administrative Science Quarterly, Jg. 14, S. 366-376.

Hagedoorn, J./Cloodt, M. (2003): Measuring innovative performance: is there an advantage in using multiple indicators?, in: Research Policy, Jg. 32, S. 1365-1379.

Hakanson, L./Nobel, R. (1993): Determinants of Foreign R&D in Swedish Multinationals, in: Research Policy, Jg. 22, S. 373-396, 397-411.

Hall, J. K./Martin, M. J. C. (2005): Disruptive technologies, stakeholders and the innovation value-added chain: a framework for evaluating radical technology development, in: R&D Management, Jg. 35, S. 273-284.

Hamel, W. (1974): Zieländerungen im Entscheidungsprozeß. Tübingen.

Hamel, W. (1996): Innovative Organisation der finanziellen Unternehmensführung, in: BFuP, Jg. 48, S. 323-341.

Hamel, W. (2001): Innovative Ansätze zur Unternehmensanalyse von Dienstleistern, in: Hamel, W./Gemünden, H. G. (Hrsg.), Außergewöhnliche Entscheidungen, Festschrift für J. Hauschildt. München, S. 305-332.

Hammerschmidt, J. (1964): Die unabhängige Wirtschaftsberatung in Deutschland - Stand und Ausbaumöglichkeiten unter Berücksichtigung ausländischer Erfahrungen. Erlangen/ Nürnberg.

Harhoff, D. (2005): Strategisches Patentmanagement, in: Albers, S./Gassmann, O. (Hrsg.), Handbuch Technologie- und Innovationsmanagement - Strategie - Umsetzung - Controlling. Wiesbaden, S. 175-192.

Harrison, F. L. (1985): Advanced Project Management. 2. Aufl., Aldershot.

Hartmann, H. (1968): Der deutsche Unternehmer: Autorität und Organisation. Frankfurt a. M.

Hartmann, M. (1997): Technologie-Bilanzierung. Göttingen.

Hauschildt, J. (1969): Initiative, in: Grochla, E. (Hrsg.), Handwörterbuch der Organisation. Stuttgart, Sp. 734-741.

Hauschildt, J. (1970): Zur Artikulation von Unternehmenszielen, in: Zeitschrift für betriebswirtschaftliche Forschung, Jg. 22, S. 545-559.

Hauschildt, J. (1975): Zielhierarchien in innovativen Entscheidungsprozessen, in: Ulrich, H. (Hrsg.), Unternehmensplanung. Wiesbaden, S. 103-132.

Hauschildt, J. (1977): Entscheidungsziele - Zielbildung in innovativen Entscheidungsprozessen: theoretische Ansätze und empirische Prüfung. Tübingen.

Hauschildt, J. (1983a): Alternativenzahl und Effizienz von Entscheidungen, in: Zeitschrift für betriebswirtschaftliche Forschung, Jg. 35, S. 94-112.

Hauschildt, J. (1983b): Die Effizienz von Führungsentscheidungen und ihre Ursachen, in: Hauschildt, J./Gemünden, H. G./Grotz-Martin, S./Haidle, U. (Hrsg.), Entscheidungen der Geschäftsführung. Tübingen, S. 211-261.

Hauschildt, J. (1989): Informationsverhalten bei innovativen Problemstellungen - Nachlese zu einem Forschungsprojekt, in: Zeitschrift für Betriebswirtschaft, Jg. 59, S. 377-396.

Hauschildt, J. (1991a): Wider die Gleichmacherei der Organisation von Führungsentscheidungen, in: WiSt, Jg. 20, S. 2-7.

Hauschildt, J. (1991b): Zur Messung des Innovationserfolgs, in: Zeitschrift für Betriebswirtschaft, Jg. 61, S. 451-476.

Hauschildt, J. (1994a): "Wenig hilfreich" - Das Rechnungswesen aus der Sicht des Managements technologischer Innovationen, in: Zahn, E. (Hrsg.), Technologiemanagement und Technologien für das Management. Stuttgart, S. 173-196.

Hauschildt, J. (1994b): Die Innovationsergebnisrechnung - Instrument des F&E-Controlling, in: Betriebsberater, Jg. 49, S. 1017-1020.

Hauschildt, J. (1994c): Innovation, Kreativität und Informationsverhalten, in: Forschungsgruppe Konsum und Verhalten (Hrsg.), Konsumentenforschung, Festschrift für W. Kroeber-Riel. München, S. 399-414.

Hauschildt, J. (1999): Widerstand gegen Innovationen - destruktiv oder konstruktiv?, in: Zeitschrift für Betriebswirtschaft, S. 1-21.

Hauschildt, J. (2003): Zum Stellenwert der empirischen betriebswirtschaftlichen Forschung, in: Schwaiger, M./Harhoff, D. (Hrsg.), Empirie und Betriebswirtschaft - Entwicklungen und Perspektiven. Wiesbaden, S. 3-24.

Hauschildt, J. (2005): Innovationsmanager als Beruf?, in: Amelingmeyer, J./Harland, P. E. (Hrsg.), Technologiemanagement & Marketing: Herausforderungen eines integrierten Innovationsmanagements; Festschrift für G. Specht. Wiesbaden, S. 155-175.

Hauschildt, J./Chakrabarti, A. K. (1988): Arbeitsteilung im Innovationsmanagement - Forschungsergebnisse, Kriterien und Modelle, in: Zeitschrift Führung + Organisation, Jg. 57, S. 378-388.

Hauschildt, J./Kirchmann, E. (1997): Arbeitsteilung im Innovationsmanagement - Zur Existenz und Effizienz von Prozesspromotoren, in: Zeitschrift Führung + Organisation, Jg. 66, S. 68-73.

Hauschildt, J./Leker, J. (1990): Flexibilisierung als Strategie von Anbietern und Nachfragern innovativer Güter, in: Zeitschrift für betriebswirtschaftliche Forschung, Jg. 42, S. 963-975.

Hauschildt, J./Petersen, K. (1987): Phasen-Theorem und Organisation komplexer Entscheidungsverläufe - weiterführende Untersuchungen, in: Zeitschrift für betriebswirtschaftliche Forschung, Jg. 39, S. 1043-1062.

Hauschildt, J./Pulczynski, J. (1992): Rigidität oder Flexibilität der Zielbildung in Innovationsprozessen?, in: Zeitschrift Führung + Organisation, S. 74-81.

Hauschildt, J./Salomo, S. (2005): Je innovativer, desto erfolgreicher?, in: Journal für Betriebswirtschaft, Jg. 55, S. 3-20.

Hauschildt, J./Schewe, G. (1997): Gatekeeper und Promotoren: Schlüsselpersonen in Innovationsprozessen in statischer und dynamischer Perspektive, in: Die Betriebswirtschaft, Jg. 57, S. 506-516.

Hauschildt, J./Schmidt-Tiedemann, J. (1993): Neue Produkte erfordern neue Strukturen, in: Harvard Business Manager, Jg. 15, S. 13-21.

Häusler, J./Hohn, H.-W./Lütz, S. (1994): Contingencies of innovative networks: A case study of successful interfirm R&D collaboration, in: Research Policy, Jg. 23, S. 47-66.

Häussler, W. (1977): Neue Formen, gesetzliche Möglichkeiten und Finanzierungshilfen für die zwischenbetriebliche Zusammenarbeit (Kooperation). Kissing.

Havelock, R. G. (1973): The Change Agent's Guide to Innovation. Englewood Cliffs, N. J., deutsch: Schulinnovationen - ein Leitfaden. Bern/ Stuttgart 1976.

Hayn, S./Graf Waldersee, G. (2002): IAS/US-GAAP/HGB im Vergleich - Synoptische Darstellung für den Einzel- und Konzernabschluss. 3. Aufl., Stuttgart.

Heintel, P./Krainz, E. E. (1994): Projektmanagement - Eine Antwort auf die Hierarchiekrise? Wiesbaden.

Heldt, P. (2004): Bilanzierung von Innovationen, in: Littkemann, J./Zündorf, H. (Hrsg.), Beteiligungscontrolling - Ein Handbuch für die Unternehmens- und Beratungspraxis. Herne/ Berlin, S. 687-705.

Hellström, C./Hellström, T. (2002): Highways, Alleys and By-lanes: Charting the Pathway for Ideas and Innovation in Organizations, in: Creativity and Innovation Management, Jg. 11, S. 107-114.

Hemmert, M. (2002): Erfolgsfaktoren der Technologie-Gewinnung - Eine Untersuchung von Pharma- und Halbleiterunternehmen in Deutschland und Japan. Berlin.

Henard, D. H./Szymanski, D. M. (2001): Why Some New Products are More Successful than Others, in: Journal of Marketing Research, Jg. 38, S. 362-375.

Henderson, J. C./Lee, S. (1992): Managing I/S Design Teams: A Control Theories Perspective, in: Management Science, Jg. 38, S. 757-777.

Henderson, R. (1995): Of life cycles real and imaginary: The unexpectedly long old age of optical lithography, in: Research Policy, Jg. 24, S. 631-643.

Henderson, R. M./Clark, K. B. (1990): Architectural Innovation: The Reconfiguration of Existing Product Technologies and the Failure of Established Firms, in: Administrative Science Quarterly, Jg. 35, S. 9-30.

Heng, M. S. H./Trauth, E. M./Fischer, S. J. (1999): Organisational champions of IT innovation, in: Accounting Management and Information Technologies, Jg. 9, S. 193-222.

Henry, J. (1991): Making sense of creativity, in: Henry, J. (Hrsg.), Creative Management. London/ Newbery Park/ New Delhi, S. 3-11.

Herstatt, C. (1991): Anwender als Quelle für die Produktinnovation. Zürich.

Herstatt, C./Verworn, B. (2003): Bedeutung und Charakteristika der frühen Phasen des Innovationsprozesses, in: Herstatt, C./Verworn, B. (Hrsg.), Management der frühen Innovationsphasen - Grundlagen, Methoden, neue Ansätze. Wiesbaden, S. 3-15.

Hertenstein, J. H./Platt, M. B. (2000): Performance Measures and Management Control in New Product Development, in: American Accounting Association Accounting Horizons, Jg. 14, S. 303-323.

Herzhoff, S. (1991): Innovations-Management - Gestaltung von Prozessen und Systemen zur Entwicklung und Verbesserung der Innovationsfähigkeit von Unternehmungen. Bergisch Gladbach/ Köln.

Herzog, P./Bröring, S./Leker, J. (2006). Ambidextrous organization and open innovation: Evidence from the Chemical Industry". Westfälische Wilhelms-Universität Münster.

Heyde, W./Laudel, G./Pleschak, F./Sabisch, H. (1991): Innovationen in Industrieunternehmen - Prozesse, Entscheidungen und Methoden. Wiesbaden.

Heydebreck, P. (1996): Technologische Verpflechtungen - Ein Instrument zum Erreichen von Produkt- und Prozeßinnovationserfolg. Frankfurt a. M.

Heynert, H. (1976): Grundlagen der Bionik. Heidelberg.

Hill, B. (2005): Goal Setting Through Contradiction Analysis in the Bionics-Oriented Construction Process, in: Creativity and Innovation Management, Jg. 14, S. 59-65.

Hillebrand, B./Biemans, W. G. (2004): Links between Internal and External Cooperation in Product Development: An Exploratory Study, in: Product Innovation Management, Jg. 21, S. 110-122.

Hinken, J. (1974): Ziele und Zielbildung bei Unternehmen im Gartenbau. Hannover/ Weihenstephan.

Hirn, W. (2002): Die Schuh-Größe, in: ManagerMagazin, Jg. 5/02, S. 116-123.

Hirst, G./Mann, L. (2004): A model of R&D leadership and team communication: the relationship with project performance, in: R&D Management, Jg. 34, S. 147-160.

Hirzel, M. (1988): Miteinander stark: Linien- und Projektmanagement als Partner - Wie lassen sich Fehler beim Projektmanagement vermeiden?, in: Zeitschrift Führung + Organisation, Jg. 57, S. 261-264.

Hobday, M. (2000): The project-based Organization: an ideal form for managing products and systems?, in: Research Policy, Jg. 29, S. 871-893.

Hoegl, M./Gemuenden, H. G. (2001): Teamwork Quality and the Success of Innovative Projects: A Theoretical Concept and Empirical Evidence, in: Organization Science, Jg. 12, S. 435-449.

Hoegl, M./Proserpio, L. (2004): Team member proximity and teamwork in innovative projects, in: Research Policy, Jg. 33, S. 1153-1165.

Hoegl, M./Weinkauf, K./Gemünden, H. G. (2004): Interteam coordination, project commitment, and teamwork in multiteam R&D projects: A longitudinal study, in: Organization Science, Jg. 15, S. 38-55.

Högl, M. (1998): Teamarbeit in innovativen Projekten: Einflußgrößen und Wirkungen,. Wiesbaden.

Högl, M./Gemünden, H. G. (1999): Determinanten und Wirkungen der Teamarbeit bei innovativen Projekten: Eine theoretische und empirische Analyse, in: Zeitschrift für Betriebswirtschaft, Jg. 69, S. 35-61.

Hoff, H. (1986): Die Gestaltung von Entscheidungsprozessen in betrieblichen Gremien. Frankfurt/ Bern/ New York.

Holdermann, K. (1953): Im Banne der Chemie - Carl Bosch - Leben und Werk, bearbeitet von W. Greiling. Düsseldorf.

Hornsby, J. S./Kuratko, D. F./Zahra, S. A. (2002): Middle managers' perception of the internal environment for corporate entrepreneurship: assessing a measurement scale, in: Journal of Business Venturing, Jg. 17, S. 253-273.

Howell, J. M./Higgins, C. A. (1990): Champions of Technological Innovation, in: Administrative Science Quarterly, Jg. 35, S. 317-341.

Howell, J. M./Shea, C. M. (2001): Individual differences, environmental scanning, innovation framing, and champion behavior: key predictors of project performance, in: The Journal of Product Innovation Management, Jg. 18, S. 15-27.

Howell, J. M./Shea, C. M./Higgins, C. A. (2005): Champions of product innovations: defining, developing, and validating a measure of champion behavior, in: Journal of Business Venturing, Jg. 20, S. 641-661.

Howells, J. (1996): Tacit Knowledge, Innovation and Technology Transfer, in: Technology Analysis & Strategic Management, Jg. 8, S. 386-401.

Hubka, V. (1976): Theorie der Konstruktionsprozesse - Analyse der Konstruktionstätigkeit. Berlin/ Heidelberg/ New York.

Hübner, H. (1995): How to Structure the Innovation System of the Company, in: Hübner, H./Dunkel, T. (Hrsg.), Recent Essentials in Innovation Management and Research - Networking, Innovation Systems, Instruments, Ecology in International Perspective. Wiesbaden, S. 75-88.

Hübner, H. (2002): Integratives Innovationsmanagement - Nachhaltigkeit als Herausforderung für ganzheitliche Erneuerungsprozesse. Berlin.

Hull, R./Coombs, R./Peltu, M. (2000): Knowledge management practices for innovation: an audit tool for improvement, in: International Journal of Technology Management, Jg. 20, S. 633-656.

Hurley, R. F. (1995): Group culture and its effect on innovative productivity, in: Journal of Engineering and Technology Management, Jg. 12, S. 57-75.

Hurley, R. F./Hult, G. T. M. (1998): Innovation, Market Orientation, and Organizational Learning: An Integration and Empirical Examination, in: Journal of Marketing, Jg. 62, S. 42-54.

I

Isenson, R. S. (1968): Technological Forecasting – Lessons from Project Hindsight, in: Bright, J. R. (Hrsg.), Technological Forecasting for Industry and Government. Englewood Cliffs, N. J., S. 35-54.

Ishikawa, K. (1985): What is total quality control? - The Japanese Way. Englewood Cliffs, N. J.

J

Janis, I. L. (1982): Groupthink - Psychological Studies of Policy Decisions and Fiascoes. Boston et al.

Janis, I. L./Mann, L. (1977): Decision Making - A Psychological Analysis of Conflict, Choice, and Commitment. New York/ London.

Javorski, B./Kohli, A. K. (1993): Market Orientation: Antecedents and Consequences, in: Journal of Marketing, Jg. 57, S. 53-70.

Jenssen, J. I./Jørgensen, G. (2004): How do corporate champions promote innovations?, in: International Journal of Innovation Management, Jg. 8, S. 63-86.

Jeppesen, L. B. (2005): User toolkits for innovation: Consumers support each other, in: Journal of Product Innovation Management, Jg. 22, S. 347-362.

Jervis, P. (1975): Innovation and Technology Transfer - The Roles and Characteristics of Individuals, in: IEEE - Transactions on Engineering Management, Jg. EM-22, S. 19-27.

Johne, F. A./Snelson, P. A. (1988): Success Factors in Product Innovation: A Select Review of the Literature, in: Journal of Product Innovation Management, Jg. 5, S. 114-128.

Joost, N. (1975): Organisation in Entscheidungsprozessen - eine empirische Untersuchung. Tübingen.

Jürgens, U. (2002): Industriegovernance und Produktionskonzepte, in: Canzler, W./ Schmidt, G. (Hrsg.), Das zweite Jahrhundert des Automobils - Technische Innovationen, ökonomische Dynamik und kulturelle Aspekte. Berlin, S. 15-41.

K

Kahn, K. B. (2001): Market orientation, interdepartmental integration, and product development performance, in: Journal of Product Innovation Management, Jg. 18, S. 314-323.

Kahn, K. (2005): Department Status: An Exploratory Investigation of Direct and Indirect Effects on Product Development Performance, in: Journal of Product Innovation Management, Jg. 22, S. 515-526.

Kahn, K. B./McDonough, E. F. I. (1997): An Empirical Study of the Relationships among Co-location, Integration, Performance, and Satisfaction, in: Journal of Product Innovation Management, Jg. 14, S. 161-178.

Kallen, H. M. (1973): Innovation, in: Etzioni, A./Etzioni-Halevy, E. (Hrsg.), Social Change - Sources, Patterns, and Consequences. 2. Aufl. (Erstveröffentlichung 1937), New York, S. 447-450.

Kamath, R. R./Liker, J. K. (1990): Supplier dependence and innovation: A contingency model of suppliers' innovative activities, in: Journal of Engineering and Technology Management, Jg. 7, S. 111-127.

Kandemir, D./Hult, G. T. M. (2005): A conceptualization of an organizational learning culture in international joint ventures, in: Industrial Marketing Management, Jg. 34, S. 340-349.

Kaplaner, K. (1986): Betriebliche Voraussetzungen erfolgreicher Produktinnovationen. München.

Karle-Komes, N. (1997): Anwenderintegration in die Produktentwicklung. Generierung von Innovationsideen durch Integration von Hersteller und Anwender innovativer industrieller Produkte. Frankfurt a. M.

Kash, D. E./Auger, R. N. (2005): From a few craftsmen to an international network of alliances: Bosch diesel fuel injection systems, in: International Journal of Innovation Management, Jg. 9, S. 19-45.

Katila, R. (2002): New Product Search over Time: Past Ideas in their Prime?, in: Academy of Management Journal, Jg. 45, S. 995-1010.

Katila, R./Ahuja, G. (2002): Something Old, Something New: a Longitudinal Study of Search Behavior and New Product Introduction, in: Academy of Management Journal, Jg. 45, S. 1183-1194.

Katila, R./Shane, S. (2005): When does lack of resources make new firms innovative?, in: Academy of Management Journal, Jg. 48, S. 814-829.

Katz, R./Allen, T. J. (1985): Project Performance and the Locus of Influence in the R&D Matrix, in: Academy of Management Journal, Jg. 28, S. 67-87.

Katz, S. M./Casey, R./Aiman-Smith, L. (2005): Optimizing ROI of Time-to-Market Practices, in: Research Technology Management, May-June, S. 47-57.

Keim, G. (1997): Projektleiter in der industriellen Forschung und Entwicklung. Kiel.

Keller, R. T. (1986): Predictors of the Performance of Project Groups in R&D Organizations, in: Academy of Management Journal, Jg. 29, S. 715-726.

Kepner, C. H./Tregoe, B. B. (1970): Management-Entscheidungen vorbereiten und richtig treffen. München.

Kern, W./Schröder, H. H. (1988): Forschung und Entwicklung, Organisation der, in: Grochla, E. (Hrsg.), Handwörterbuch der Organisation, Stuttgart, Sp. 707-719.

Kerssens-van Drongelen, I. C./Bilderbeek, J. (1999): R&D performance measurement: more than choosing a set of metrics, in: R&D Management, Jg. 29, S. 35-46.

Kerzner, H. (1984): Project-Management - A Systems Approach to Planning, Scheduling and Controlling. 2. Aufl., New York.

Kessler, E. H. (2000): Tightening the belt: methods for reducing development costs associated with new product innovation, in: Journal of Engineering and Technology Management, Jg. 17, S. 59-92.

Kessler, E. H. (2004): Organizational innovation: A multi-level decision-theoretic perspective, in: International Journal of Innovation Management, Jg. 8, S. 275-295.

Kessler, E. H./Chakrabarti, A. K. (1999): Speeding Up the Pace of New Product Development, in: Journal of Product Innovation Management, Jg. 16, S. 231-247.

Keussen, M. (1994): Technologietransfer durch Ingenieurfirmen - eine empirische Analyse der F&E-Kooperation zwischen Industrieunternehmen und Ingenieurfirmen. Frankfurt a. M.

Khurana, A./Rosenthal, S. R. (1997): Integrating the Fuzzy Front End of New Product Development, in: Sloan Management Review, S. 103-120.

Khurana, A./Rosenthal, S. R. (1998): Towards Holistic "Front Ends" in New Product Development, in: The Journal of Product Innovation Management, Jg. 15, S. 57-74.

Kieser, A. (1969): Innovationen, in: Grochla, E. (Hrsg.), Handwörterbuch der Organisation. Stuttgart, Sp. 741-750.

Kieser, A. (1984): Organisation der industriellen Forschung und Entwicklung, in: Domsch, M./Jochum, E. (Hrsg.), Personal-Management in der industriellen Forschung und Entwicklung. Köln et al., S. 48-68.

Kieser, A. (1986): Unternehmenskultur und Innovation, in: Staudt, E. (Hrsg.), Das Management von Innovationen. Frankfurt, S. 42-50.

Kim, J./Wilemon, D. (2002): Focussing the fuzzy front-end in new product development, in: R&D Management, Jg. 32, S. 269-279.

Kim, J./Wilemon, D. (2003): Sources and assessment of complexity in NPD projects, in: R&D Management, Jg. 33, S. 15-30.

Kimberly, J. R./Evanisko, M. J. (1981): Organizational Innovation: The Influence of Individual, Organizational, and Contextual Factors on Hospital Adoption of Technological and Administrative Innovations, in: Academy of Management Journal, Jg. 24, S. 689-713.

King, N./Anderson, N. (2002): Managing Innovation and Change - A Critical Guide for Organizations. London.

Kirca, A. H./Jayachandran, S./Bearden, W. O. (2005): Market Orientation: A meta-analytic review and assessment of its antecedents and impact on performance, in: Journal of Marketing, Jg. 69, S. 24-41.

Kirchmann, E. (1994): Innovationskooperation zwischen Herstellern und Anwendern. Wiesbaden.

Kirton, M. J. (1994): A Theory of Cognitive Style, in: Kirton, M. J. (Hrsg.), Adaptors and Innovators - Styles of Creativity and Problem Solving. London/ New York, S. 1-33.

Kitching, L. (1967): Why do Mergers Miscarry?, in: Harvard Business Review, Jg. 45, S. 84-101.

Klein, H. (1974): Die Konsultation externer Berater, in: Klein, H./Knorpp, J., Entscheidung unter Außeneinfluß. Tübingen, S. 1-108.

Kleinknecht, A./Reijnen, J. O. N./Smits, W. (1993): Collecting Literature-based Innovation Output Indicators. The Experience in the Netherlands, in: Kleinknecht, A./Bain, D. (Hrsg.), New Concepts in Innovation Output Measurement. Houndmills, S. 42-84.

Kleinschmidt, E./Cooper, R. G. (1991): The Impact of Product Innovativeness on Performance, in: Journal of Product Innovation Management, Jg. 8, S. 240-251.

Klöter, R. (1977): Opponenten im organisationalen Beschaffungsprozess. Wiesbaden.

Klümper, P. (1969): Die Organisation von Entscheidungsprozessen zum Kauf von Industrieanlagen. Mannheim.

Knack, R. (2006). Wettbewerberorientierung in radikalen Innovationsvorhaben. Diss. TU Berlin.

Knie, A./Hard, M. (1993): Die Dinge gegen den Strich bürsten. De-Konstruktionsübungen am Automobil, in: Technikgeschichte, S. 224-242.

Knight, K. E. (1967): A Descriptive Model of the Intra-Firm Innovation-Process, in: The Journal of Business, Jg. 40, S. 478-496.

Kobe, C. (2003): Technologiebeobachtung, in: Herstatt, C./Verworn, B. (Hrsg.), Management der frühen Innovationsphasen - Grundlagen, Methoden, neue Ansätze. Wiesbaden, S. 19-33.

Koen, P./Ajamian, G./Burkart, R./Clamen, A./Davidson, J./D'Amore, R./Elkins, C./Herald, K./Incorvia, M./Johnson, A./Karol, R./Seibert, R./Slavejkov, A./Wagner, K. (2001): Providing Clarity and a Common Language to the "Fuzzy Front End", in: Research Technology Management, Jg. 44, S. 46-55.

Köhler, R. (1992): Produkt-Innovationsmanagement als Erfolgsfaktor, in: Hoppe, K. H./ Hoffmann, F. J. (Hrsg.), Marketingorientierte Unternehmensführung - Konzepte und Perspektiven für die neuen Bundesländer. Wiesbaden, S. 68-97.

Köhler, R./Tebbe, K. (1985): Die Organisation von Produktinnovationsprozessen, Forschungsbericht. Köln.

Kollmann, T. (1998): Akzeptanz innovativer Nutzungsgüter und -systeme - Konsequenzen für die Einführung von Telekommunikations- und Multimediasystemen. Wiesbaden.

Koners, U./Goffin, K. (2005): Learning from New Product Development Projects: An Exploratory Study, in: Creativity and Innovation Management, Jg. 14, S. 334-344.

Korbmacher, E.-M. (1991): Organisationsstrukturelle Problemfelder im überbetrieblichen Projektmanagement. Hamburg.

Kornwachs, K. (1995): Identifikation, Analyse und Bewertung technologischer Entwicklungen, in: Zahn, E. (Hrsg.), Handbuch Technologiemanagement. Stuttgart, S. 219-241.

Kosiol, E. (1962): Organisation der Unternehmung. Wiesbaden.

Kosiol, E. (1980): Kollegien, in: Grochla, E. (Hrsg.), Handwörterbuch der Organisation. Stuttgart, Sp. 1013-1019.

Kottkamp, S. (1998): Erprobung innovativer Investitionsgüter bei Erstkunden. Wiesbaden.

Kratzer, J./Leenders, R. T. A. J./van Engelen, J. M. L. (2004): Stimulating the Potential: Creative Performance and Communication in Innovation Teams, in: Creativity and Innovation Management, Jg. 13, S. 63-71.

Krause, D. E. (2004): Macht und Vertrauen in Innovationsprozessen. Wiesbaden.

Krelle, W./Coenen, D. (1968): Präferenz- und Entscheidungstheorie. Tübingen.

Krieger, K. (2005): Customer Relationship Management und Innovationserfolg - Eine theoretisch-konzeptionelle Fundierung und empirische Analyse. Wiesbaden.

Krishnan, V./Ulrich, K. T. (2001): Product development decisions: A review of the literature, in: Management Science, Jg. 47, S. 1-21.

Kroker, M. (2005): Neuer Schub, in: WirtschaftsWoche, Jg. 46, 10.11.2005, S. 118.

Kropff, B. (1973): Ingangsetzungskosten, in: Geßler/Hefermehl/Eckhardt/Kropff (Hrsg.), Aktiengesetz. München, S. 210-211.

Kroy, W. (1995): Technologiemanagement für grundlegende Innovationen, in: Zahn, E. (Hrsg.), Handbuch Technologiemanagement. Stuttgart, S. 57-79.

Krüger, W. (1995): Projektmanagement und Führung, in: Kieser, A. et al. (Hrsg.), Handwörterbuch der Führung. 2. Aufl., Stuttgart, Sp. 1780-1793.

Kuhn, K. (1989): Zur Stellung von Forschung und Entwicklung in der Organisationsstruktur von Technologieunternehmen, in: Bühner, R. (Hrsg.), Führungsorganisation und Technologiemanagement, Festschrift für F. Hoffmann. Berlin, S. 108-119.

Kumar, S. (2006): A comparative analysis of key information technology players, in: Technovation, Jg. 26, S. 836-846.

Küpper, H.-U. (1988): Gegenstand und Ansätze einer dynamischen Theorie der Kostenrechnung, in: Hax, H. et al. (Hrsg.), Zeitaspekte in betriebswirtschaftlicher Theorie und Praxis. Stuttgart, S. 43-59.

L

LaBahn, D. W./Krapfel, R. (2000): Early Supplier Involvement in Customer New Product Development: A Contingency Model of Component Supplier Intentions, in: Journal of Business Research, Jg. 47, S. 173-190.

Lachnit, L./Ammann, H./Becker, B. (1994): Controllingkonzeption für Unternehmen mit Projektleistungstätigkeit - Modell zur systemgestützten Unternehmensführung bei auftragsgebundener Einzelfertigung, Großanlagenbau und Dienstleistungsgroßaufträgen. München.

Läge, K. (2002): Ideenmanagement - Grundlagen, optimale Steuerung und Controlling. Wiesbaden.

Lamm, H./Trommsdorff, G. (1973): Group versus individual performance on tasks requiring ideational proficiency (brainstorming): A review, in: European Journal of Social Psychology, Jg. 3, S. 361-388.

Lange, E. C. (1993): Abbruchentscheidungen bei Forschungs- und Entwicklungsprojekten. Wiesbaden.

Lange, V. (1994): Technologische Konkurrenzanalyse - zur Früherkennung von Wettbewerberinnovationen in deutschen Großunternehmen. Wiesbaden.

Langerak, F./Hultink, E. J./Robben, H. S. J. (2004): The role of predevelopment activities in the relationship between market orientation and performance, in: R&D Management, Jg. 34, S. 295-309.

Langholz, J. (1999): Klassifikationsgesellschaften im Schiffbau - Promotoren des technischen Fortschritts? Frankfurt a.M./ Berlin/ Bern/ New York/ Paris/ Wien.

Larson, E. W./Gobeli, D. H. (1988): Organizing for Product Development Projects, in: Journal of Product Innovation Management, Jg. 5, S. 180-190.

Laux, H. (1971): Flexible Investitionsplanung - Einführung in die Theorie der sequentiellen Entscheidungen bei Unsicherheit. Opladen.

Laux, H. (1982): Entscheidungstheorie I – Grundlagen. Berlin et al.

Laux, H. (1988): Entscheidungstheorie II - Erweiterung und Vertiefung. 2. Aufl., Berlin et al.

Lawless, M. W./Price, L. L. (1992): An agency perspective on new technology champions, in: Organization Science, Jg. 3, S. 342-355.

Lawrence, P. R. (1985): Wie man Widerstände gegen Neuerungen abbaut, in: Harvard-Business-Manager (Hrsg.), Führung und Organisation. Band 1. S. 119-130 (Erstveröffentlichung 1954).

Lawrence, P. R./Lorsch, J. W. (1967/68): Differentiation and Integration in Complex Organization, in: Administrative Science Quarterly, Jg. 12, S. 1-30.

Lechler, T. (1997): Erfolgsfaktoren des Projektmanagements. Frankfurt a. M.

Lechler, T. (2005): Projektmanagement - Konzepte zu Einzel- und Multiprojektführung, in: Albers, S./Gassmann, O. (Hrsg.), Handbuch Technologie- und Innovationsmanagement - Strategie - Umsetzung – Controlling. Wiesbaden, S. 493-510.

Leckie, G. J./Pettigrew, K. E./Sylvain, C. (1996): Modelling the Information Seeking of Professionals: A General Model Derived from Research and Engineers, Health Care Professionals, and Lawyers, in: The Library Quarterly, Jg. 66, S. 161-193.

Leder, M. (1990): Innovationsmanagement - Ein Überblick, in: Albach, H. (Hrsg.), Innovationsmanagement - Theorie und Praxis im Kulturvergleich. Wiesbaden, S. 1-54.

Ledwith, A./Coughlan, P. (2005): Splendid Isolation: Does Networking Really Increase New Product Success?, in: Creativity and Innovation Management, Jg. 14, S. 366-373.

Leifer, R./McDermott, C. M./O'Connor, G. C./Peters, L. S./Rice, M. P./Veryzer, R. W. (2000): Radical Innovation - How Mature Companies Can Outsmart Upstarts. Boston, MA.

Leitner, K.-H. (2003): Von der Idee zum Markt: Die 50 besten Innovationen Österreichs - Erfolgsgeschichten der österreichischen Industrie zwischen 1975 und 2000. Wien/ Köln/ Weimar.

Leker, J. (2005): F&E-Controlling, in: Albers, S./Gassmann, O. (Hrsg.), Handbuch Technologie- und Innovationsmanagement - Strategie - Umsetzung - Controlling. Wiesbaden, S. 567-584.

Leonard-Barton, D. (1995): Wellsprings of Knowledge - Building and Sustaining the Sources of Innovation. Boston.

Lettl, C. (2004): Die Rolle von Anwendern bei hochgradigen Innovationen: Eine explorative Fallstudienanalyse in der Medizintechnik. Wiesbaden.

Levin, R. C./Klevorick, A. K./Nelson, R. R./Winter, S. G. (1987): Appropriating the Returns from Industrial Research and Development, in: Brookings Papers on Economic Activity, Jg. 3, S. 783-831.

Lewis, M. W./Welsh, M. A./Dehler, G. E./Green, S. G. (2002): Product Development Tensions: Exploring Contrasting Styles of Project Management, in: Academy of Management Journal, Jg. 45, S. 546-564.

Liberatore, M. J./Titus, G. J. (1983): The Practice of Management Science in R&D Project Management, in: Management Science, Jg. 29, S. 962-974.

Lichtenthaler, E. (2005): Methoden der Technologiefrüherkennung und Kriterien zu ihrer Auswahl, in: Möhrle, M./Isenmann, R. (Hrsg.), Technologie-Roadmapping - Zukunftsstrategien für Technologieunternehmen. 2. Aufl., Berlin/ Heidelberg/ New York, S. 55-80.

Liebl, F. (2005): Technologie-Frühaufklärung, in: Albers, S./Gassmann, O. (Hrsg.), Handbuch Technologie- und Innovationsmanagement - Strategie - Umsetzung - Controlling. Wiesbaden, S. 119-136.

Liker, J. K./Kamath, R. R./Wasti, S. N./Nagamachi, M. (1996): Supplier involvement in automotive component design: are there really large US Japan differences?, in: Research Policy, Jg. 25, S. 59-89.

Lindblom, C. E. (1964): The Science of "Muddling Through", in: Leavitt, H. J./Pondy, L. R. (Hrsg.), Readings Managerial Psychology. Chicago/ London, S. 61-78 (Erstveröffentlichung 1959).

Linde, H./Hill, B. (1993): Erfolgreich erfinden - Widerspruchsorientierte Innovationsstrategie für Entwickler und Konstrukteure. Darmstadt.

Lindgren, U. (1982): Foreign Acquisitions: Management of the Integration Process. Stockholm.

Linton, R. (1973): Discovery, Invention, and their Cultural Setting, in: Etzioni, A./Etzioni-Halevy, E. (Hrsg.), Social Change - Sources, Patterns, and Consequences. 2. Aufl., New York, S. 451-456 (Erstveröffentlichung 1936).

Lipton, S. L. (1982): High Technology Acquisitions, in: Mergers & Acquisitions, (Fall), S. 30-39.

Littkemann, J. (1996): Innovationsabrechnung durch ein investitionsorientiertes Rechnungswesen, in: Betriebs-Berater, Jg. 37, S. 1927-1933.

Littkemann, J. (1997): Innovation und Rechnungswesen. Wiesbaden.

Littkemann, J. (2005a): Innovationscontrolling, in: Albers, S./Gassmann, O. (Hrsg.), Handbuch Technologie- und Innovationsmanagement - Strategie - Umsetzung - Controlling. Wiesbaden, S. 585-602.

Littkemann, J. (2005b): Einführung in das Innovationscontrolling, in: Littkemann, J. (Hrsg.), Innovationscontrolling. München, S. 3-55.

Loch, C. (1997): Disziplin oder Flexibilität?, in: Little, A. D. (Hrsg.), Management von Innovation und Wachstum. Wiesbaden, S. 184-201.

Lock, D. (1988): Project Management. 4. Aufl., Aldershot.

Lovelace, K./Shapiro, D. L./Weingart, L. R. (2001): Maximizing cross-functional new product teams' innovativeness and constraint adherence: a conflict communications perspective, in: Academy of Management Journal, Jg. 44, S. 779-793.

Lucas Jr., G. H./Bush, A. J. (1988): The Marketing-R&D Interface: Do Personality Factors Have an Impact?, in: Journal of Product Innovation Management, Jg. 5, S. 257-268.

Lukas, B. A./Brodowsky, G. H. (1998): Successful Invention Management: Formalizing the Generation and Validation of New Product Ideas, in: Competitive Intelligence Review, Jg. 9, S. 20-28.

Lukas, B. A./Menon, A./Bell, S. J. (2002): Organizing for new product development speed and the implications for organizational stress, in: Industrial Marketing Management, Jg. 31, S. 349-355.

Lüthgens, C. (1996): Wo Janis irrte: Eine kritische Betrachtung zentraler Randbedingungen für Groupthink unter besonderer Berücksichtigung der Dissonanztheorie. Diss. Kiel.

Lüthje, C. (2000): Kundenorientierung im Innovationsprozeß - Eine Untersuchung der Kunden-Hersteller-Interaktion in Konsumgütermärkten. Wiesbaden.

Lüthje, C. (2004): Characteristics of innovation users in a consumer goods field - an empirical study of sport-related product consumers, in: technovation, Jg. 24, S. 683-695.

Lutschewitz, H. (1974): Die Diffusion innovativer Investitionsgüter - Ein Beitrag zu einer Theorie des Investitionsgütermarketing. Diss. Mannheim.

Lyles, M. A. (1981): Formulating Strategic Problems: Empirical Analysis and Model Development, in: Strategic Management Journal, Jg. 2, S. 61-75.

Lyles, M. A./Mitroff, I. I. (1980): Organizational Problem Formulation: An Empirical Study, in: Administrative Science Quarterly, Jg. 25, S. 102-119.

Lynn, G. S./Abel, K. D./Valentine, W. S./Wright, R. C. (1999): Key Factors in Increasing Speed to Market and Improving New Product Success Rates, in: Industrial Marketing Management, Jg. 28, S. 319-326.

Lynn, G. S./Akgün, A. E. (2001): Project visioning: Its components and impact on new product success, in: Journal of Product Innovation Management, Jg. 18, S. 374-387.

Lynn, G. S./Reilly, R. R./Akgün, A. E. (2000): Knowledge Management in New Product Teams: Practices and Outcomes, in: IEEE Transactions on Engineering Management, Jg. 47, S. 221-231.

Lynn, L. H./Reddy, N. M./Aram, J. D. (1996): Linking technology and institutions: the innovation community framework, in: Research Policy, Jg. 25, S. 91-106.

M

Maas, C. (1990): Determinanten betrieblichen Innovationsverhaltens - Theorie und Empirie. Berlin.

Machiavelli, N. (1978): Der Fürst - Il principe. Stuttgart (Erstveröffentlichung 1532).

Maddauss, B.-J. (1990): Handbuch Projektmanagement. Mit Handlungsanleitungen für Industriebetriebe, Unternehmensberater und Behörden. 3. Aufl., Stuttgart.

Madhavan, R./Grover, R. (1998): From Embedded Knowledge to Embodied Knowledge: New Product Development as Knowledge Management, in: Journal of Marketing, Jg. 62, S. 1-12.

Maidique, M. A. (1980): Entrepreneurs, Champions, and Technological Innovation, in: Sloan Management Review, S. 59-76.

Maidique, M. A./Patch, P. (1982): Corporate Strategy and Technology Policy, in: Tushman, M. L./Moore, W. L. (Hrsg.), Readings in the Management of Innovation. Boston et al., S. 273-285.

Maidique, M. A./Zirger, B. J. (1985): The new product learning cycle, in: Research Policy, Jg. 14, S. 299-313.

Maier-Rothschild (1879): Handbuch der gesammten Handelswissenschaften für ältere und jüngere Kaufleute sowie für Fabrikanten, Gewerbetreibende, Verkehrsbeamte, Anwälte und Richter. Bd. 1, Stuttgart.

Majchrzak, A./Cooper, L. P./Neece, O. E. (2004): Knowledge Reuse for Innovation, in: Management Science, Jg. 50, S. 174-188.

Mak, O./Hörrmann, G./Tiby, C. (1995): Projektmanagement in der Arzneimittelentwicklung - Ein langer Weg zum Weltniveau, in: Herzog, R. (Hrsg.), F&E-Management in der Pharma-Industrie. Aulendorf, S. 132-137.

Mann, R. (1968): Analogie der Organisation materieller und geistiger Leistungsprozesse. Diss. Mannheim.

March, J. G./Simon, H. A. (1958): Organizations. New York/ London/ Sydney.

Marguerre, H. (1991): Bionik - Von der Natur lernen. Berlin/ München.

Marinova, D./Phillimore, J. (2003): Models of Innovation, in: Shavinina, L. V. (Hrsg.), The International Handbook on Innovation, S. 44-53.

Markham, S. K. (1998): A Longitudinal Examination of How Champions Influence Others to Support Their Projects, in: The Journal of Product Innovation Management, Jg. 15, S. 490-504.

Markham, S. K. (2000): Corporate Championing and Antagonism as Forms of Political Behavior: An R&D Perspective, in: Organization Science, Jg. 11, S. 429-447.

Markham, S. K./Green, S. G./Basu, R. (1991): Champions and antagonists: Relationships with R&D project characteristics and management, in: Journal of Engineering and Technology Management, Jg. 8, S. 217-242.

Markham, S. K./Griffin, A. (1998): The Breakfast of Champions: Associations Between Champions and Product Development Environments, Practices and Performance, in: Journal of Product Innovation Management, Jg. 15, S. 436-454.

Markides, C. (2006): Disruptive Innovation: In Need of Better Theory, in: Journal of Product Innovation Management, Jg. 23, S. 19-25.

Marr, R. (1973): Innovation und Kreativität - Planung und Gestaltung industrieller Forschung und Entwicklung. Wiesbaden.

Marr, R. (1991): Innovationsmanagement, in: Die Betriebswirtschaft, Jg. 51, S. 355-371.

Martin, C. C. (1976): Project Management. How to make it work. New York.

Martin, T. A. (1992): Operatives Forschungs- und Entwicklungscontrolling in Industriebetrieben. Pfaffenweiler.

Mascitelli, R. (2000): From Experience: Harnessing Tacit Knowledge to Achieve Breakthrough Innovation, in: Journal of Product Innovation Management, Jg. 17, S. 179-193.

Massini, S./Lewin, A. Y./Greve, H. R. (2005): Innovators and imitators: Organizational reference groups and adoption of organizational routines, in: Research Policy, Jg. 34, S. 1550-1569.

Maurer, P. J. (2002): Das Informationsmanagement der Innovatik. Bern et al.

Mc Cosh, A. M./Smart, A. U./Barrar, P./Lloyd, A. D. (1998): Proven Methods for Innovation Management, in: Creativity and Innovation Management, Jg. 7, S. 175-192.

McDermott, C. M./Handfield, R. (2000): Concurrent Development and Strategic Outsourcing: Do the Rules Change in Breakthrough Innovation?, in: The Journal of High Technology Management Research, Jg. 11, S. 35-57.

McDonough, E. F. I. (2000): Investigation of Factors Contributing to the Success of Cross-Functional Teams, in: The Journal of Product Innovation Management, Jg. 17, S. 221-235.

Meadows, I. S. (1980): Organic Structure and Innovation in Small Work Groups, in: Human Relations, Jg. 33, S. 269-382.

Meffert, H. (1976): Die Durchsetzung von Innovationen in der Unternehmung und im Markt, in: Zeitschrift für Betriebswirtschaft, Jg. 46, S. 77-100.

Mehrwald, H. (1999): Das "Not-Invented-Here"-Sydrom in Forschung und Entwicklung. Wiesbaden.

Meier, B. (1982): Die Bedeutung der Organisationsstruktur für Innovationsprozesse, in: Engeleiter, H.-J./Corsten, H. (Hrsg.), Innovation und Technologietransfer - Gesamtwirtschaftliche und einzelwirtschaftliche Probleme, Festschrift für H. Wilhelm. Berlin, S. 173-199.

Meißner, W. (1987): Innovation und Organisation - Die Initiierung von Innovationsprozessen in Organisationen. Stuttgart.

Mellerowicz, K. (1958a): Betriebswirtschaftslehre der Industrie. Band II, 3. Aufl., Freiburg.

Mellerowicz, K. (1958b): Forschungs- und Entwicklungstätigkeit als betriebswirtschaftliches Problem. Freiburg.

Mensch, G. O. (1982): Innovation management in diversified corporations: Problems of organization, in: Human Systems Management, Jg. 3, S. 10-20.

Mensel, N. (2004): Organisierte Initiative für Innovationen. Wiesbaden.

Meredith, J. R./Mantel, S. J. (1995): Projekt Management - A Managerial Approach. 3. Aufl., New York et al.

Meyer, J.-A. (2001): Bekanntheit und Einsatz von Innovationsmethoden in jungen KMU, in: Meyer, J.-A. (Hrsg.), Innovationsmanagement in kleinen und mittleren Unternehmen - Jahrbuch der KMU-Forschung 2001. München, S. 171-190.

Michaeli, R. (2006): Competitive Intelligence - Strategische Wettbewerbsvorteile erzielen durch systematische Konkurrenz-, Markt- und Technologieanalysen. Berlin/ Heidelberg/ New York.

Michalik, C. C. (2003): Innovatives Engagement - Eine empirische Untersuchung zum Phänomen des Bootlegging. Wiesbaden.

Might, R. J./Fischer, W. A. (1985): The Role of Structural Factors in Determining Project Management Success, in: IEEE - Transactions on Engineering Management, Jg. EM-32, S. 71-77.

Miles, R. E./Snow, C. C. (1978): Organizational strategy, structure, and process. New York et al.

Miller, W. L. (2006): Innovation rules!, in: Research Technology Management, Jg. 49, S. 8-14.

Mintzberg, H. (1973): The Nature of Managerial Work. New York et al.

Mintzberg, H. (1979): The Structure of Organizations. Englewood Cliffs, N. J.

Mintzberg, H./Raisinghani, D./Théorèt, A. (1976): The Structure of "Unstructered" Decision Processes, in: Administrative Science Quarterly, Jg. 21, S. 246-275.

Miotti, L./Sachwald, F. (2003): Co-operative R&D: why and with whom? An integrated framework of analysis, in: Research Policy, Jg. 32, S. 1481-1499.

Mirow, M. (1998): Innovation als strategische Chance, in: Franke, N./Braun, C.-F. v. (Hrsg.), Innovationsforschung und Technologiemanagement - Konzepte, Strategien, Fallbeispiele. Berlin et al., S. 481-492.

Moenaert, R. K./De Meyer, A./Souder, W. E./Deschoolmeester, D. (1995): R&D/Marketing Communication During the Fuzzy Front-End, in: IEEE - Transactions on Engineering Management, Jg. 42, S. 243-258.

Moenaert, R. K./Souder, W. E. (1996): Context and Antecedents of Information Utility at the R&D/Marketing Interface, in: Management Science, Jg. 42, S. 1592-1610.

Moenart, R. K./Souder, A./De Meyer, A./Deschoolmester, D. (1994): R&D-Integration Mechanisms, Communication Flows, and Innovation Success, in: Journal of Product Innovation Management, Jg. 11, S. 31-45.

Möhrle, M. G. (1988): Das FuE-Programm-Portfolio: Ein Instrument für das Management betrieblicher Forschung und Entwicklung, in: Technologie und Management, Jg. 37, S. 12-19.

Möhrle, M. G. (1991): Informationssysteme in der betrieblichen Forschung und Entwicklung. Bad Homburg.

Möhrle, M./Dönitz, E. (2005): Die Notwendigkeit flexibler Mehrzielplanung bei Innovationsprojekten - eine Ableitung auf Grundlage des Wechsels technolgieorientierter Wettbewerbsstrategien, in: Amelingmeyer, J./Harland, P. E. (Hrsg.), Technologiemanagement & Marketing: Herausforderungen eines integrierten Innovationsmanagements; Festschrift für G. Specht. Wiesbaden, S. 229-243.

Möller, W.-P. (1983): Der Erfolg von Unternehmenszusammenschlüssen - Eine empirische Untersuchung. München.

Montoya-Weiss, M. M./Calantone, R. (1994): Determinants of New Product Performance: A Review and Meta-Analysis, in: Journal of Product Innovation Management, Jg. 11, S. 397-417.

Moore, W. L./Tushman, M. L. (1982): Managing Innovation over the Product Life Cycle, in: Tushman, M. L./Moore, W. L. (Hrsg.), Readings in the Management of Innovation,. Boston et al., S. 131-150.

Mordhorst, C. F. (1994): Ziele und Erfolg unternehmerischer Lizenzstrategien. Wiesbaden.

Morner, M. (1997): Organisation der Innovation im Konzern - Gestaltung von Konzernstrukturen zur Hervorbringung von Produktinnovationen. Wiesbaden.

Morris, P. W. G. (1988): Managing Project Interfaces - Key Points for Project Success, in: Cleland, D. I./King, W. R. (Hrsg.), Project Management Handbook. New York, S. 16-55.

Moss Kanter, R. (1983): The Change Masters - Innovation and Entrepreneurship in the American Corporation. New York.

Moss Kanter, R. (1989): Swimming in Newstreams: Mastering Innovation Dilemmas, in: California Management Review, Jg. 31, S. 45-69.

Mothe, C./Quelin, B. V. (2001): Resource creation and partnership in R&D consortia, in: Journal of High Technology Management Research, Jg. 12, S. 113-138.

Mowery, D./Rosenberg, N. (1979): The influence of market demand upon innovation: A critical review of some recent empirical studies, in: Research Policy, Jg. 8, S. 102-153.

Moxter, A. (1979): Immaterielle Anlagenwerte im neuen Bilanzrecht, in: Betriebs-Berater, Jg. 34, S. 1102-1109.

Müller, D. (1989): Methoden der Ablauf- und Terminplanung von Projekten, in: Reschke, H./Schelle, H./Schnopp, R. (Hrsg.), Handbuch Projektmanagement. Bd. 1, Köln, S. 263-311.

Müller, T. A. (2003): Kunden- und Wettbewerbsorientierung neugegründeter Softwareunternehmen - Eine empirische Untersuchung von Teamgründungen. Wiesbaden.

Müller, V./Schienstock, G. (1978): Der Innovationsprozeß in westeuropäischen Industrieländern. Bd. 1 Sozialwissenschaftliche Innovationstheorien. Berlin/ München.

Müller-Böling, D./Klandt, H. (1993): Unternehmensgründung, in: Hauschildt, J./Grün, O. (Hrsg.), Ergebnisse empirischer betriebswirtschaftlicher Forschung - Zu einer Realtheorie der Unternehmung, Festschrift für E. Witte. Stuttgart, S. 135-178.

Müller-Merbach, H. (1982): Projektorganisation nach dem Komponentenkonzept, in: Bauer, W. (Hrsg.), Programmiersprachen und Programmentwicklung, 7. Fachtagung, veranstaltet vom Fachausschuß 2 der GI München, 9./10. März 1982. Berlin et al., S. 93-103.

Müller-Merbach, H. (1983): Systemanalyse als gelenkter kreativer Prozeß, in: Schelle, H./Molzberger, P. (Hrsg.), Software-Entwicklung. München/ Wien, S. 105-132.

Murmann, P. (1994): Zeitmanagement für Entwicklungsbereiche im Maschinenbau. Wiesbaden.

Myers, S./Marquis, D. G. (1969): Successful Industrial Innovations. Washington DC.

N

Nachtigall, W./Blüchel, K. G. (2000): Das große Buch der Bionik - Neue Technologien nach dem Vorbild der Natur. Stuttgart/ München.

Nagel, P. (1992): Zielformulierung, Techniken der, in: Frese, E. (Hrsg.), Handwörterbuch der Organisation. 3. Aufl., Stuttgart, Sp. 2626-2634.

Nelson, R. R. (2003): On the uneven evolution of human know-how, in: Research Policy, Jg. 32, S. 909-922.

Neubeiser, A. (1998): Die Effizienz des Betrieblichen Vorschlagswesens: Eine empirische Untersuchung bei der AGFA-Gevaert AG unter besonderer Berücksichtigung der Rolle der Führungskräfte. München.

Neuling, C. (1972): Die Innovation als Investition - Datenbeschaffung und Datengenauigkeit in Forschung und Entwicklung. Diss. TU Berlin.

Neumann, R. (2000): Die Organisation als Ordnung des Wissens - Wissensmanagement im Spannungsfeld von Anspruch und Realisierbarkeit. Wiesbaden.

Neumann, W. (1982): Entwicklungsprojekt "Schiff der Zukunft", in: Hansa-Schiffahrt, Schiffbau, Hafen, Jg. 119, S. 1101-1106.

Neumann, W./Hecht, E./Franzke, H./Ghanbari, L./Kleibömer, K. (1985): Entwicklung einer neuen Schiffbetriebstechnik für das "Schiff der Zukunft". Hamburg/ Kiel.

Nicolai, A./Kieser, A. (2002): Trotz eklatanter Erfolglosigkeit: Die Erfolgsfaktorenforschung weiter auf Erfolgskurs, in: Die Betriebswirtschaft, Jg. 62, S. 579-596.

Nijssen, E. J./Hillebrand, B./Vermeulen, P. A. M. (2005): Unraveling willingness to cannibalize: a closer look at the barrier to radical innovation, in: technovation, Jg. 25, S. 1400-1409.

Nobeoka, K./Cusumano, M. A. (1995): Multiproject Strategy, Design Transfer, and Project Performance: A Survey of Automobile Development Projects in the US and Japan, in: IEEE - Transactions on Engineering Management, Jg. 42, S. 397-409.

Nolan, V. (1987): The Innovator's Handbook - The Skills of Innovative Management, Problem Solving, Communication and Teamwork. London.

Nonaka, I./Takeuchi, H. (1995): The Knowledge Creating Company: How Japanese Companies Create the Dynamics of Innovation. New York.

Norrgren, F./Schaller, J. (1999): Leadership Style: Its Impact on Cross-Functional Product Development, in: Journal of Product Innovation Management, Jg. 16, S. 377-384.

Noss, C. (2002): Innovationsmanagement - Quo vadis? Kommentar zu Jürgen Hauschildts "Zwischenbilanz zum Stand der betriebswirtschaftlichen Innovationsforschung", in: Schreyögg, G./Conrad, P. (Hrsg.), Theorien des Managements, Managementforschung 12. Wiesbaden, S. 35-48.

Nutt, P. C. (1984): Types of Organizational Decision Processes, in: Administrative Science Quarterly, Jg. 29, S. 414-450.

O

O'Connor, C. C./Ayers, A. D. (2005): Building a radical innovation competency, in: Research Technology Management, Jg. 48, S. 23-31.

O'Connor, G. C./Rice, M. P. (2001): Opportunity Recognition and Breakthrough Innovation in Large Established Firms, in: California Management Review, Jg. 43, S. 95-116.

Olson, E. M./Walker Jr., O. C./Ruekert, R. W./Bonner, J. M. (2001): Patterns of cooperation during new product development among marketing, operations and R&D: Implications for project performance, in: Journal of Product Innovation Management, Jg. 18, S. 258-271.

Olson, E. M./Walker jun., O. C./Ruekert, R. W. (1995): Organizing for Effective New Product Development: The Moderating Role of Product Innovativeness, in: Journal of Marketing, Jg. 59, S. 48-62.

O'Reilly III, C. A. (1982): Variations in Decision Makers' Use of Information Sources: The Impact of Quality and Accessibility of Information, in: Academy of Management Journal, Jg. 25, S. 756-771.

Osborn, A. E. (1966): Applied Imagination - Principles and Procedures of Creative Problem-Solving. 3. Aufl., New York.

Osterloh, M. (1993): Innovation und Routine - Das organisatorische Dilemma in klassischer und neuer Sicht, in: Zeitschrift Führung + Organisation, Jg. 62, S. 214-219.

Ozer, M. (1999): A Survey of New Product Evaluation Models, in: Journal of Product Innovation Management, Jg. 16, S. 77-94.

P

Pahl, G./Beitz, W. (1997): Konstruktionslehre - Methoden und Anwendung. 4. Aufl., Berlin.

Papies, S. (2006). Phasenspezifische Erfolgsfaktoren von Innovationsprojekten - Eine projektbegleitende Längsschnittanalyse. Wiesbaden.

Pappas, R. A./Remer, D. S. (1985): Measuring R&D Productivity, in: Research Management, Jg. 28, S. 15-22.

Parasuraman, A./Zeren, L. M. (1983): R&D's Relationship with Profits and Sales, in: Research Management, Jg. 26, S. 25-28.

Parkinson, S. T. (1982): The Role of the User in Successful New Product Development, in: R&D Management, Jg. 12, S. 123-131.

Patrashkova-Volzdoska, R. R./McComb, S. A./Green, S. G./Compton, W. D. (2003): Examining a Curvilinear Relationship Between Communication Frequency and Team Performance in Cross-Functional Project Teams, in: IEEE Transactions on Engineering Management, Jg. 50, S. 262-269.

Paulus, P. B./Yang, H.-C. (2000): Idea Generation in Groups: A Basis for Creativity in Organizations, in: Organizational Behavior and Human Decision Processes, Jg. 82, S. 76-87.

Pauwels, K./Silva-Risso, J./Srinivasan, S./Hanssens, D. M. (2004): New Products, Sales Promotions, and Firm Value: The Case of the Automobile Industry, in: Journal of Marketing, Jg. 68, S. 142-156.

Pearce, R. D. (1989): The Internationalization of Research and Development by Multinational Enterprises. New York.

Pelz, D. C. (1983): Quantitative Case Histories of Urban Innovations: Are there Innovating Stages?, in: IEEE - Transactions on Engineering Management, Jg. EM-30, S. 60-67.

Peritsch, M. (2000): Wissensbasiertes Innovationsmanagement, Analyse - Gestaltung – Implementierung. Wiesbaden.

Perkins, D. N. (1981): The Mind's Best Work. Cambridge MA.

Perlitz, M./Löbler, H. (1985): Brauchen Unternehmen zum Innovieren Krisen?, in: Zeitschrift für Betriebswirtschaft, Jg. 55, S. 424-450.

Persaud, A. (2005): Enhancing Synergistic Innovative Capability in Multinational Corporations: An Empirical Investigation, in: Product Innovation Management, Jg. 22, S. 412-429.

Peters, T. J./Waterman, R. H. (1984): Auf der Suche nach Spitzenleistungen - Was man von den bestgeführten US-Unternehmen lernen kann. 9. Aufl., Landsberg a. L.

Petersen, K. (1988): Der Verlauf individueller Entscheidungsprozesse - Eine empirische Untersuchung am Beispiel der Bilanzanalyse. Frankfurt et al.

Pfeiffer, P. (1987): Methoden und Techniken des Projektmanagements - eine empirische Untersuchung über Einsatzbedingungen sowie Anwendungsvorteile und -probleme, in: Zeitschrift Führung + Organisation, Jg. 56, S. 227-230.

Pfeiffer, W./Staudt, E. (1975): Innovation, in: Grochla, E./Wittmann, W. (Hrsg.), Handwörterbuch der Betriebswirtschaft. Stuttgart, Sp. 1943-1953.

Pfeil, E. (1981): Deutsche Direktinvestitionen in den USA. Frankfurt a. M.

Pfohl, H. C. (1977): Problemorientierte Entscheidungsfindung in Organisationen. Berlin/ New York.

Piatier, A. (1984): Barriers to Innovation. London.

Picot, A. (1998): Zusammenhänge zwischen Innovation und Marktentwicklung durch Telekommunikation, in: Picot, A. (Hrsg.), Telekommunikation im Spannungsfeld von Innovation, Wettbewerb und Regulierung. Heidelberg, S. 77-98.

Picot, A./Reichwald, R./Nippa, M. (1988): Zur Bedeutung der Entwicklungsaufgabe für die Entwicklungszeit - Ansätze für die Entwicklungszeitgestaltung, in: Zeitschrift für betriebswirtschaftliche Forschung, Sonderheft 23, S. 112-137.

Pieper, U. (1996): Unternehmensakquisitionen und Forschung und Entwicklung - ein Überblick, in: Zeitschrift für Betriebswirtschaft, Jg. 66, S. 1263-1285.

Pinkenburg, H. F. W. (1980): Projektmanagement als Führungskonzeption in Prozessen tiefgreifenden organisatorischen Wandels - Theoretische Perspektiven und praktische Erfahrungen bei Reorganisationen dargestellt am Beispiel der Einführung von EDV-Systemen. München.

Pinto, J. K. (2002): Project Management 2002, in: Research Technology Management, March-April, S. 22-37.

Pinto, M. B./Pinto, J. K. (1990): Project Team Communication and Cross-Functional Cooperation in New Program Development, in: Journal of Product Innovation Management, Jg. 7, S. 200-212.

Platz, J. (1989): Produkt- und Projektstrukturpläne als Basis der Projektplanung, in: Reschke, H./Schelle, H./Schnopp, R. (Hrsg.), Handbuch Projekt-Management. Band 1, Köln, S. 229-259.

Platz, J./Schmelzer, H. J. (1986): Projektmanagement in der industriellen Forschung und Entwicklung. Berlin et al.

Pleissner, U. (1999): Transparenz durch F&E-Planung - eine Analyse in der Kfz-Zulieferindustrie und ein Konzept zur zielgerichteten Umgestaltung der Produktinnovation, in: Möhrle, M. (Hrsg.), Der richtige Projekt-Mix - Erfolgsorientiertes Innovations- und F&E-Management. Berlin et al., S. 119-143.

Pleschak, F./Sabisch, H. (1996): Innovationsmanagement. Stuttgart.

Plinke, W. (1986): Ansatzpunkte einer projektorientierten Kosten- und Leistungsrechnung im Unternehmen des langfristigen Anlagenbaus, in: Kilger, W./Scheer, A.-W. (Hrsg.), Rechnungswesen und EDV. Heidelberg, S. 601-615.

Poensgen, O./Hort, H. (1983): R&D Management and Financial Performance, in: IEEE - Transactions on Engineering Management, Jg. EM-30, S. 212-222.

Pohl, A. (1996): Leapfrogging bei technologischen Innovationen - Ein Erklärungsansatz auf Basis der Theorie des wahrgenommenen Risikos. Wiesbaden.

Polanyi, M. (1958): Personal Knowledge. Towards a Post-Critical Philosophy. Chicago.

Polanyi, M. (1966): The Tacit Dimension. London.

Poole, M. S./van de Ven, A. (1989): Toward a General Theory of Innovation Processes, in: van de Ven, A./Angle, H./Poole, M. S. (Hrsg.), Research on the Management of Innovation, The Minnesota Studies. Grand Rapids et al., S. 637-662.

Porter, M. E. (1980): Competitive Strategy: Techniques for Analyzing Industries and Companies. New York/ London.

Porter, M. E. (1983): The Technological Dimension of Competitive Strategy, in: Research on Technological Innovation, Jg. 1, S. 1-33.

Pounds, W. F. (1969): The Process of Problem Finding, in: Industrial Management Review, Jg. 11, S. 1-19.

Prather, C. W. (2005): The Dumb Thing about Smart Goals for Innovation, in: Research Technology Management, Jg. 48, S. 14-15.

Prisching, M. (2005): Irrtümer über Innovationen, in: Zeitschrift Führung + Organisation, Jg. 74, S. 238-239.

Probst, G. J. B./Gomez, P. (1989): Die Methodik des vernetzten Denkens zur Lösung komplexer Probleme, in: Probst, G. J. B./Gomez, P. (Hrsg.), Vernetztes Denken. Wiesbaden, S. 1-18.

Probst, G./Raub, S./Romhardt, K. (1999): Wissen managen - wie Unternehmen ihre wertvollste Ressource optimal nutzen. 3. Aufl., Frankfurt a.M./ Wiesbaden.

Pulczynski, J. (1991): Interorganisationales Innovationsmanagement - Eine kritische Analyse des Forschungsprojektes GROWIAN. Kiel.

Putz-Osterloh, W. (1987): Gibt es Experten für komplexe Probleme?, in: Zeitschrift für Psychologie, Jg. 195, S. 63-84.

Q

Quadbeck-Seeger, H. J. (1998): Faszination Innovation - Wichtiges und Wissenswertes von A bis Z, Weinheim et al.

Quinn, J. B. (1985): Managing innovation: controlled chaos, in: Harvard Business Review, Jg. 53, S. 73-84.

R

Rabino, S. (2001): The accountant's contribution to product development teams - a case study, in: Journal of Engineering and Technology Management, Jg. 18, S. 73-90.

Radkau, J. (1989): Technik in Deutschland - Vom 18. Jahrhundert bis zur Gegenwart. Frankfurt a. M.

Radnor, M./Rich, R. F. (1980): Organizational Aspects of R&D-Management: A Goal-Directed Contextual Perspective, in: Dean, B. V./Goldhar, J. L. (Hrsg.), Management of Research and Innovation. Amsterdam/ New York/ Oxford, S. 113-133.

Ragatz, G. L./Handfield, R./Scannell, T. V. (1997): Success Factors for Integrating Suppliers into New Product Development, in: Journal of Product Innovation Management, Jg. 14, S. 190-202.

Ramaprasad, A./Mitroff, I. I. (1984): On Formulating Strategic Problems, in: Academy of Management Review, Jg. 9, S. 597-605.

Rammert, W. (1988): Das Innovationsdilemma - Technikentwicklung im Unternehmen. Opladen.

Rammert, W. (1997): Innovation im Netz - Neue Zeiten für technische Innovationen: heterogen verteilt und interaktiv vernetzt, in: Soziale Welt, Jg. 48, S. 397-416.

Rao, H./Drazin, R. (2002): Overcoming Resource Constraints on Product Innovation by Recruiting Talent from Rivals: A Study of the Mutual Fund Industry 1986-94, in: Academy of Management Journal, Jg. 45, S. 491-507.

Redel, W. (1982): Kollegienmanagement - Effizenzaussagen über Einsatz und interne Gestaltung betrieblicher Kollegien. Bern/ Stuttgart.

Reger, G. (1997): Koordination und strategisches Management internationaler Innovationsprozesse. Heidelberg.

Reger, G. (1999): How R&D is coordinated in Japanese and European multinationals, in: R&D Management, Jg. 29, S. 71-88.

Reger, G. (2001a): Technology Foresight in Companies: From an Indicator to a Network and Process Perspective, in: Technology Analysis & Strategic Management, Jg. 13, S. 533-553.

Reger, G. (2001b): Gestaltung des Technologie-Früherkennungsprozesses in kleinen und mittleren Unternehmen, in: Meyer, J.-A. (Hrsg.), Innovationsmanagement in kleinen und mittleren Unternehmen - Jahrbuch der KMU Forschung 2001. München, S. 76-92.

Reichwald, R./Piller, F. (2006): Interaktive Wertschöpfung - Open Innovation, Individualisierung und neue Formen der Arbeitsteilung. Wiesbaden.

Reichwald, R./Schmelzer, H. J. (Hrsg.) (1990): Durchlaufzeiten in der Entwicklung - Praxis des industriellen F&E-Managements. München/ Wien.

Reid, S. E./de Brentani, U. (2004): The Fuzzy Front End of New Product Development for Discontinuous Innovations: A Theoretical Model, in: Product Innovation Management, Jg. 21, S. 170-184.

Reißinger, L. (1976): Das Betriebliche Vorschlagswesen (BVW) als Informationsquelle für Forschung und Entwicklung, in: Moll, H. H./Warnecke, H. J. (Hrsg.), RKW-Handbuch Forschung, Entwicklung, Konstruktion. Berlin.

Reschke, H./Schelle, H./Schnopp, R. (Hrsg.) (1989): Handbuch Projektmanagement. Band 2, Köln.

Rice, M. P./Kelley, D./Peters, L./O'Connor, G. C. (2001): Radical innovation: triggering initiation of opportunity recognition and evaluation, in: R&D Management, Jg. 31, S. 409-420.

Richter, M. (1979): Der Einsatz von Beratern in Problemlösungsprozessen, in: Betriebswirtschaftliche Forschung und Praxis, Jg. 31, S. 127-143.

Richter, T. J. (1995): Erfolg durch Kooperation: Dynamik von Allianzennetzwerken als Herausforderung der 90er Jahre, in: BFuP, Jg. 48, S. 523-539.

Rickards, T. (1985): Stimulating Innovation - A System Approach. London.

Rickards, T./Aldridge, S./Gaston, K. (1988): Factors affecting brainstorming: towards the development of diagnostic tools for assessment of creative performance, in: R&D Management, Jg. 18, S. 309-320.

Rickert, D. (1995): Multi-Projektmanagement in der industriellen Forschung und Entwicklung. Wiesbaden.

Riedler, A. (1916): Emil Rathenau und das Werden der Großwirtschaft. Berlin.

Riggs, W./von Hippel, E. (1994): Incentives to innovate and the sources of innovation: the case of scientific instruments, in: Research Policy, Jg. 23, S. 459-469.

Rinza, P. (1985): Projektmanagement. Planung, Überwachung und Steuerung von technischen und nichttechnischen Vorhaben. 2. Aufl., Düsseldorf.

Riquelme, H. (1994): Information Processing Theory and its Explanation of the Creative Process, in: Creativity and Innovation Management, Jg. 3, S. 85-90.

Ritter, T. (1998): Innovationserfolg durch Netzwerkkompetenz - Effektives Management von Unternehmensnetzwerken. Wiesbaden.

Ritz, G. J. (1990): Total Engineering Project Management. New York et al.

Rivkin, B. (1986): Patenting and Marketing your Invention. New York.

Roberts, E. B. (1987): Generating Technological Innovation. New York/ Oxford.

Rochford, L./Rudelius, W. (1992): How Involving More Functional Areas Within a Firm Affects the New Product Process, in: Journal of Product Innovation Management, Jg. 9, S. 287-299.

Rodan, S./Galunic, C. (2004): More than Network Structure: How Knowledge Heterogeneity Influences Managerial Performance and Innovativeness, in: Strategic Management Journal, Jg. 25, S. 541-562.

Rodenacker, W. H. (1976): Methodisches Konstruieren. 2. Aufl., Berlin/ Heidelberg/ New York.

Roepke-Abel, H./Gerpott, T. J. (1986): Innovationszirkel (IZ), in: Die Betriebswirtschaft, Jg. 46, S. 776-777.

Rogers, E. M. (1983): Diffusion of Innovations, 3. Aufl., New York/ London.

Rohrbach, B. (1969): Kreativ nach Regeln - Methode 635, eine neue Technik zum Lösen von Problemen, in: Absatzwirtschaft, Jg. 12, S. 73-76.

Ronstadt, R. C. (1977): Research and Development Abroad by U. S. Multinationals. New York/ London.

Root-Bernstein, R. (2003): Problem Generation and Innovation, in: Shavinina, L. V. (Hrsg.), The International Handbook on Innovation, Amsterdam et al., S. 170-179.

Ropohl, G. (1999): Innovative Technikbewertung, in: Bröchler, S./Simonis, G./Sundermann, K. (Hrsg.), Handbuch Technikfolgenabschätzung. Bd. 1, Berlin, S. 83-93.

Rosenstiel, L. v. (1998): Der Widerstand gegen Veränderung - ein vielbeschriebenes Phänomen in psychologischer Perspektive, in: Franke, N./Braun, C.-F. v. (Hrsg.), Innovationsforschung und Technologiemanagement - Konzepte, Strategien, Fallbeispiele. Berlin, S. 33-45.

Rotering, C. (1990): Forschungs- und Entwicklungskooperationen zwischen Unternehmen - Eine empirische Analyse. Stuttgart.

Rothenbach, F. (1967): Morphologie bei der Planung neuer Produkte, in: Industrielle Organisation, Jg. 36, S. 301-308.

Rothwell, R. (1975): Intracorporate Entrepreneurs, in: Management Decision, Jg. 13, S. 142-154.

Rothwell, R./Freeman, C./Horsley, A./Jervis, V./Robertson, A. B./Townsend, J. (1974): SAPPHO updated - project SAPPHO phase II, in: Research Policy, Jg. 3, S. 258-291.

Roure, L. (2001): Product champion characteristics in France and Germany, in: Human Relations, Jg. 54, S. 663-682.

Rubenstein, A. H. (1989): Managing Technology in the Decentralized Firm. New York et al.

Rubenstein, A. H./Barth, R. T./Douds, C. F. (1971): Ways to Improve Communications Between R&D-Groups, in: Research Management, Jg. 14, S. 49-59.

Rubenstein, A. H./Chakrabarti, A. K./O'Keefe, R. D./Souder, W. E./Young, H. C. (1976): Factors Influencing Innovation Success at the Project Level, in: Research Management, Jg. 19, S. 15-20.

Rübig, P. (1985): Lizenzmarketing. Linz.

Rüdiger, M. (1998): Theoretische Grundmodelle zur Erklärung von F&E-Kooperationen, in: Zeitschrift für Betriebswirtschaft, Jg. 68, S. 25-48.

Rüdiger, M. (2000): Forschung und Entwicklung als Dienstleistung - Grundlagen und Erfolgsbedingungen der Vertragsforschung. Wiesbaden.

Rüdiger, M./Vanini, S. (1998): Das Tacit knowledge-Phänomen und seine Implikationen für das Innovationsmanagement, in: Die Betriebswirtschaft, Jg. 58, S. 467-480.

Rybowiak, V./Garst, H./Frese, M./Batinic, B. (1999): Error Orientation Questionnaire (EOQ): reliability, validity, and different language equivalence, in: Journal of Organizational Behavior, Jg. 20, S. 527-547.

S

Saleh, S. D./Wang, C. K. (1993): The Management of Innovation: Strategy, Structure, and Organizational Climate, in: IEEE - Transactions on Engineering Management, Jg. 40, S. 14-21.

Salomo, S. (2003): Konzept und Messung des Innovationsgrades - Ergebnisse einer empirischen Studie zu innovativen Entwicklungsvorhaben, in: Schwaiger, M./Harhoff, D. (Hrsg.), Empirie und Betriebswirtschaft: Entwicklungen und Perspektiven. Stuttgart, S. 399-427.

Salomo, S./Cratzius, M. (2005): Integration von Marketing und Fertigung als Erfolgsfaktoren der Neuproduktentwicklung: Die moderierende Wirkung des Innovationsgrades, in: Zeitschrift für Betriebswirtschaft, Jg. 75, S. 71-95.

Salomo, S./Gemünden, H. G./Billing, F. (2003): Dynamisches Schnittstellenmanagement, in: Herstatt, C./Verworn, B. (Hrsg.), Management der frühen Innovationsphasen - Grundlagen, Methoden, neue Ansätze. Wiesbaden, S. 161-194.

Salomo, S./Kleinschmidt, E. J./de Brentani, U. (2005). Performance in international new product development programs: Effects of organizational culture, commitment and NPD team. Paper presented at the Proceedings to the 12th IPDM Conference.

Salomo, S./Mensel, N. (2005): Initiativen für Innovationen - Förderung von Initiativ-Kompetenzen, in: Albers, S./Gassmann, O. (Hrsg.), Handbuch Technologie- und Innovationsmanagement - Strategie - Umsetzung – Controlling. Wiesbaden, S. 475-492.

Sapolsky, H. M. (1967): Organizational Structure and Innovation, in: The Journal of Business, Jg. 40, S. 497-510.

Sattler, H./Schrader, S. (1995): Innovationsmarketing, in: Tietz, B. (Hrsg.), Handwörterbuch des Marketing. 2. Aufl., Stuttgart, Sp. 996-1008.

Saxenian, A.-L. (1994): Regional advantage. Culture and competition in silicon valley and route 128. Cambridge, MA./ London.

Saynisch, M. (1989): Anwendungsbeispiele des phasenweisen Projektablaufs in der Praxis, in: Reschke, H./Schelle, H./Schnopp, R. (Hrsg.), Handbuch Projekt-Management. Köln, S. 745-763.

Schachter, S. (1951): Deviation, Rejection, and Communication, in: Journal of Abnormal and Social Psychology, Jg. 46, S. 190-207.

Schachtner, K. (2001): Ideenmanagement im Produktinnovationsprozess - Zum wirtschaftlichen Einsatz der Informationstechnologie. Wiesbaden.

Schein, E. (1990): Organizational culture, in: American Psychologist, Jg. 45, S. 109-119.

Schelker, T. (1976): Problemlösungsmethoden im Produktinnovationsprozeß. Bern/ Stuttgart.

Schewe, G. (1992a): Imitationsmanagement: Nachahmung als Option des Technologiemanagements. Stuttgart.

Schewe, G. (1992b): Die Innovation im Wettbewerb: Werden bestimmte Innovationen häufiger imitiert als andere?, in: Zeitschrift für Betriebswirtschaft, Jg. 62, S. 967-988.

Schewe, G. (1994): Successful innovation management: An integrative perspective, in: Journal of Engineering and Technology Management, Jg. 11, S. 25-53.

Schewe, G./Littkemann, J. (2001): Der Weg zum Erfolg: Eine Analyse von Innovationen im Sport, in: Hamel, W./Gemünden, H. G. (Hrsg.), Außergewöhnliche Entscheidungen, Festschrift für J. Hauschildt. München, S. 547-578.

Schlaak, T. M. (1999): Der Innovationsgrad als Schlüsselvariable: Perspektiven für das Management von Produktentwicklungen. Wiesbaden.

Schlicksupp, H. (1977): Kreative Ideenfindung in der Unternehmung - Methoden und Modelle. Berlin/ New York.

Schlicksupp, H. (1989): Innovation, Kreativität und Ideenfindung. 3. Aufl., Würzburg.

Schmalen, H./Pechtl, H. (1992): Technische Neuerungen in Kleinbetrieben. Stuttgart.

Schmalenbach, E. (1947): Dynamische Bilanz. 8. Aufl., Bremen-Horn/ Hamburg/ Hannover-Döhren.

Schmeisser, W. (1984): Erfinder und Innovationen - Widerstände im Innovationsprozeß, unter besonderer Berücksichtigung der Stellung und Bedeutung von Erfindern im Innovationsprozeß. Diss. Duisburg.

Schmeisser, W. (1986): Systematische Erfindungsförderung als Unternehmensaufgabe - Wege zur Steigerung der Kreativität und zu erfolgreichen Innovationen. Berlin.

Schmelzer, H. J. (1992): Organisation und Controlling von Produktinnovationen. Stuttgart.

Schmidt, G. (1969): Produkt-Innovation und Organisation. Diss. Gießen.

Schmidt, G. (1981): Organisation - Methode und Technik. 4. Aufl., Gießen.

Schmidt, J. B./Calantone, R. J. (2002): Escalation of commitment during new product develeopment, in: Journal of the Academy of Marketing Science, Jg. 30, S. 103-118.

Schmidthals, J. (2006). Technologiekooperationen in radikalen Innovationsvorhaben. Diss. TU Berlin.

Schmidt-Tiedemann, K. J. (1982): A New Model of the Innovation Process, in: Research Management, Jg. 25, S. 18-21.

Schmookler, J. (1966): Invention and Economic Growth. Cambridge, MA.

Schnaars, S. P. (1994): Managing Imitation Strategies - How later entrants seize markets from pioneers. New York/ Toronto/ Oxford/ Singapore/ Sydney.

Schneeweis, T. (2000): Das Innovations- und Investitionsverhalten von Unternehmen - Eine theoretische und empirische Untersuchung für die Bundesrepublik Deutschland. Berlin/ München.

Scholl, W. (2005): Grundprobleme der Teamarbeit und ihre Bewältigung - Ein Kausalmodell, in: Högl, M./Gemünden, H. G. (Hrsg.), Management von Teams - Theoretische Konzepte und empirische Befunde. 3. Aufl., Wiesbaden, S. 33-66.

Scholl, W./Hoffmann, L./Gierschner, H.-C. (2004): Innovation und Information - Wie in Unternehmen neues Wissen produziert wird. Göttingen/ Bern/ Toronto/ Seattle.

Schon, D. A. (1963): Champions for Radical New Inventions, in: Harvard Business Review, Jg. 41, S. 77-86.

Schrader, J. (1991): Innovationsförderung als Führungsaufgabe, in: Schüler, W. (Hrsg.), Aspekte des Innovationsmanagements. Wiesbaden, S. 15-41.

Schrader, S. (1990): Zwischenbetrieblicher Informationstransfer - eine empirische Analyse kooperativen Verhaltens. Berlin.

Schrader, S. (1993): Kooperation, in: Hauschildt, J./Grün, O. (Hrsg.), Ergebnisse empirischer betriebswirtschaftlicher Forschung - Zu einer Realtheorie der Unternehmung, Festschrift für E. Witte. Stuttgart, S. 221-254.

Schrader, S. (1994): Zur Organisation der Schnittstelle zwischen Zulieferern und ihren Kunden: Stand der Forschung und neue empirische Befunde, in: Zahn, E. (Hrsg.), Technologiemanagement und Technologien für das Management. Stuttgart, S. 259-287.

Schrader, S. (1995): Management der Schnittstellen zwischen Lieferant, Hersteller und Kunde, in: Zahn, E. (Hrsg.), Handbuch Technologiemanagement. Stuttgart, S. 455-468.

Schrader, S./Göpfert, J. (1998): Zielklarheit und Zieloffenheit - Eine empirische Analyse der Zusammenarbeit von Herstellern und Zulieferern in der Produktentwicklung, in: Franke, N./Braun, C.-F. v. (Hrsg.), Innovationsforschung und Technologiemanagement - Konzepte, Strategien, Fallbeispiele. Berlin et al., S. 191-204.

Schreyögg, G. (1995): Unternehmungskultur, in: Corsten, H./Reiß, M. (Hrsg.), Handbuch Unternehmungsführung. Wiesbaden, S. 112-121.

Schreyögg, G./Geiger, D. (2003): Warum sich die Wissensspirale nicht dreht: Vorschläge zu einer Neuorientierung im Wissensmanagement, in: Hoffmann, W. H. (Hrsg.), Die Gestaltung der Organisationsdynamik - Konfiguration und Evolution, Festschrift für O. Grün. Stuttgart, S. 383-411.

Schröder, H.-H. (1996): Konzepte und Instrumente eines Innovations-Controllings, in: Die Betriebswirtschaft, Jg. 56, S. 489-507.

Schröder, H.-H. (2005): Einflussgrößen auf den Erfolg von F&E-Netzwerken, in: Amelingmeyer, J./Harland, P. E. (Hrsg.), Technologiemanagement & Marketing: Herausforderungen eines integrierten Innovationsmanagements; Festschrift für G. Specht. Wiesbaden, S. 83-108.

Schröder, J. (2001): F&E-Bilanzierung als Einflussfaktor der F&E-Freudigkeit. Frankfurt a. M. et al.

Schröter, H. G. (1993): Entscheidungszwänge und Handlungsspielräume als Analysekriterien für F&E-Prozesse. Das Beispiel des 1-Menthols in der chemischen Industrie, in: Technikgeschichte, Bd. 60, S. 285-306.

Schuh, G./Friedli, T. (2005): Service-Innovation, in: Albers, S./Gassmann, O. (Hrsg.), Handbuch Technologie- und Innovationsmanagement - Strategie - Umsetzung - Controlling. Wiesbaden, S. 659-676.

Schultz, A.-M. (1980): Methoden und Probleme der Gebührenbemessung bei internationalen Lizenz- und Know-how-Verträgen - Theoretische und empirische Untersuchung am Beispiel der deutschen Elektroindustrie. St. Gallen.

Schultz, C. (2006): Management von Kunden hochwertiger Dienstleistungen. Eine empirische Untersuchung am Beispiel der Telemedizin. Wiesbaden.

Schulz, D. H. (1977): Die Initiative zu Entscheidungen. Tübingen.

Schulz, M./Jobe, L. A. (2001): Codification and tacitness as knowledge management strategies - An empirical exploration, in: Journal of High Technology Management Research, Jg. 12, S. 139-165.

Schulz-Hardt, S./Frey, D./Lüthgens, C. (1996): Sorglosigkeit und Risikoakzeptanz, in: Wenninger, G./Graf Hoyos, C. (Hrsg.), Arbeits-, Gesundheits- und Umweltschutz-Handwörterbuch verhaltenswissenschaftlicher Grundbegriffe. Heidelberg, S. 468-479.

Schumann, P. A. j. (1993): Creativity and Innovation in Large Organizations, in: Kuhn, R. L. (Hrsg.), Generating Creativity and Innovation in Large Bureaucracies. Westport/London, S. 111-132.

Schumpeter, J. (1912): Theorie der wirtschaftlichen Entwicklung. Leipzig.

Schumpeter, J. (1931): Theorie der wirtschaftlichen Entwicklung - Eine Untersuchung über Unternehmergewinn, Kapital, Kredit, Zins und den Konjunkturzyklus. 3. Aufl., Leipzig.

Schumpeter, J. A. (1939): Business Cycles - A Theoretical, Historical, and Statistical Analysis of the Capitalist Process. New York/ London.

Schuster, H.-W. (1987): Externe Hilfen bei betrieblichen Innovationsproblemen, in: Zeitschrift Führung + Organisation, Jg. 56, S. 33-37.

Schwartz, M. A. (1978): The Imitation and Diffusion of Industrial Innovations. Ann Arbor.

Schwarz, E. J. (1999): Umweltorientierte technologische Prozessinnovationen. Wiesbaden.

Schwarz, E. J./Höllweger, T. (2001): Einführung umweltorientierter Prozeßtechnologien in Produktionsunternehmen, in: Blecker, T./Gemünden, H. G. (Hrsg.), Innovatives Produktions- und Technologiemanagement, Festschrift für B. Kaluza. Berlin/ Heidelberg/ New York, S. 349-384.

Schwarze, J. (1982): Die Planung von Forschungs- und Entwicklungsprojekten mit Hilfe der Netzplantechnik, in: Engeleiter, H.-J./Corsten, H. (Hrsg.), Innovation und Technologietransfer - Gesamtwirtschaftliche und einzelwirtschaftliche Probleme, Festschrift für H. Wilhelm. Berlin, S. 153-172.

Schweitzer, M. (2002): Innovationsmanagement, in: Bea, F. X./Dichtl, E./Schweitzer, M. (Hrsg.), Allgemeine Betriebswirtschaftslehre, Bd.3: Leistungsprozess. Stuttgart, S. 9-76.

Schwenk, C. (1990): Effects of devils advocacy and dialectical inquiry on decision making: A meta-analysis, in: Organizational Behavior and Human Decision Processes, Jg. 47, S. 161-176.

Schwetlick, W. (1973): Forschung und Entwicklung in der Organisation industrieller Unternehmen. F+E-Probleme in der Aufbau- und Ablauforganisation industrieller Unternehmen und Ansätze zu ihrer Lösung - Eine empirische Untersuchung. Berlin.

Scigliano, D. (2003): Das Management radikaler Innovationen. Wiesbaden.

Seeger, H.-G./Goede, H. (1992): Berater(n), Auswahl und Einsatz von, in: Frese, E. (Hrsg.), Handwörterbuch der Organisation. 3. Aufl., Stuttgart, Sp. 318-328.

Sendler, U. (2006): Moderne Handarbeit, in: Technology Review, Jg. 8, S. 32.

Senker, J./Faulkner, W. (1996): Networks, tacit knowledge and innovation, in: Coombs, R. et al. (Hrsg.), Technological Collaboration - The Dynamics of Cooperation in Industrial Innovation. Celtenham/ Brookfield, S. 76-97.

Sethi, R. (2000): Superordinate Identity in Cross-Functional Product Development Teams: Its Antecedents and Effect on New Product Performance, in: Journal of the Academy of Marketing Science, Jg. 28, S. 330-344.

Sethi, R./Nicholson, C. Y. (2001): Structural and contextual correlates of charged behavior in product development teams, in: Journal of Product Innovation Management, Jg. 18, S. 154-168.

Sethi, R./Smith, D. C./Park, C. W. (2001): Cross-Functional Product Development Teams, Creativity, and the Innovativeness of New Consumer Products, in: Journal of Marketing Research, Jg. 38, S. 73-85.

Shane, S. A. (1994): Are Champions different from Non-Champions?, in: Journal of Business Venturing, Jg. 9, S. 397-421.

Shaw, B. (1985): The Role of the Interaction between the User and the Manufacturer in Medical Equipment Innovation, in: R&D Management, Jg. 15, S. 283-292.

Shaw, B. (1993): Formal and informal networks in the UK medical equipment industry, in: Technovation, Jg. 13, S. 349-365.

Shenhar, A. J. (1998): From Theory to Practice: Toward a Typology of Project-Management Styles, in: IEEE - Transactions on Engineering Management, Jg. 45, S. 33-48.

Shenhar, A. J. (2001): One Size does not Fit all Projects: Exploring Classical Contingency Domains, in: Management Science, Jg. 47, S. 394-414.

Shenhar, A. J./Dvir, D. (1996): Toward a typological theory of project management, in: Research Policy, Jg. 25, S. 607-632.

Shenhar, A. J./Tishler, A./Dvir, D./Lipovetsky, S./Lechler, T. (2002): Refining the search for project success factors: a multivariate, typological approach, in: R&D Management, Jg. 32, S. 111-126.

Shephard, H. A. (1967): Innovation-Resisting and Innovation-Producing Organizations, in: The Journal of Business, Jg. 40, S. 470-477.

Sherman, J. D./Berkowitz, D./Souder, W. E. (2005): New Product Development Performance and the Interaction of Cross-Functional Integration and Knowledge Management, in: Journal of Product Innovation Management, Jg. 22, S. 399-411.

Shipton, H./Fay, D./West, M./Patterson, M./Birdi, K. (2005): Managing People to Promote Innovation, in: Creativity and Innovation Management, Jg. 14, S. 118-128.

Sicotte, H./Langley, A. (2000): Integration mechanisms and R&D project performance, in: Journal of Engineering and Technology Management, Jg. 17, S. 1-37.

Simon, H. (1988): Management strategischer Wettbewerbsvorteile, in: Zeitschrift für Betriebswirtschaft, Jg. 58, S. 461-480.

Simon, H. (1989): Die Zeit als strategischer Erfolgsfaktor, in: Zeitschrift für Betriebswirtschaft, Jg. 59, S. 70-93.

Simon, H. A. (1962): The Decision Maker as Innovator, in: Mailick, S./Ness, E. H. v. (Hrsg.), Concepts and issues in Administrative Behavior. Englewood Cliffs, S. 66-69.

Simsa, P. (Hrsg.) (1986): Der Mercedes Benz 190. Düsseldorf.

Sivadas, E./Dwyer, F. R. (2000): An Examination of Organizational Factors Influencing New Product Success in Internal and Alliance-Based Processes, in: Journal of Marketing, Jg. 64, S. 31-49.

Skiera, B./Spann, M. (2004): Opportunities of virtual stock markets to support new product development, in: Albers, S. (Hrsg.), Cross-functional Innovation Management. Perspectives from different disciplines, Festschrift für K. Brockhoff. Wiesbaden, S. 227-242.

Smith, G. F. (1989): Managerial Problem Identification, in: Omega - The International Journal of Management, Jg. 17, S. 27-36.

Smith, G. R./Herbein, W. C./Morris, R. C. (1999): Front-End Innovation at AlliedSignal and Alcoa, in: Research Technology Management, Jg. 42, S. 15-24.

Sobrero, M./Roberts, E. B. (2001): The Trade-off Between Efficiency and Learning in Interorganizational Relationships for Product Development, in: Management Science, Jg. 47, S. 493-511.

Sobrero, M./Schrader, S. (1998): Structuring Inter-firm Relationships: A Metaanalytic Approach, in: Organization Studies, Jg. 19, S. 585-615.

Song, X. M./Montoya-Weiss, M. M. (1998): Critical Development Activities for Really New versus Incremental Products, in: The Journal of Product Innovation Management, Jg. 15, S. 124-135.

Song, X. M./Montoya-Weiss, M. M. (2001): The effect of perceived technological uncertainty on japanese new product development, in: Academy of Management Journal, Jg. 44, S. 61-80.

Song, X. M./Montoya-Weiss, M. M./Schmidt, J. B. (1997): Antecedents and Consequences of Cross-Functional Cooperation: A Comparison of R&D, Manufacturing, and Marketing Perspectives, in: The Journal of Product Innovation Management, Jg. 14, S. 35-47.

Song, X. M./Parry, M. E. (1997): The Determinats of Japanese New Product Successes, in: Journal of Marketing Research, Jg. 34, S. 64-76.

Song, X. M./Thieme, J. R./Xie, J. (1998): The Impact of Cross-Functional Joint Involvement Across Product Development Stages: An Exploratory Study, in: The Journal of Product Innovation Management, Jg. 15, S. 289-303.

Sorensen, J. (2002): The Strength of Corporate Culture and the Reliability of Firm Performance, in: Administrative Science Quarterly, Jg. 47, S. 70-91.

Sorescu, A. B./Chandy, R. K./Prabhu, J. C. (2003): Sources and Financial Consequences of Radical Innovation: Insights from Pharmaceuticals, in: Journal of Marketing, Jg. 67, S. 82-102.

Souder, W. E. (1978): Effectiveness of Product Development Methods, in: Industrial Marketing Management, Jg. 7, S. 299-307.

Souder, W. E. (1987): Managing New Product Innovations. Lexington, MA./ Toronto.

Souder, W. E. (1988): Managing Relations Between R&D and Marketing in New Product Development Projects, in: Journal of Product Innovation Management, Jg. 5, S. 6-19.

Spahr, R. (1999): Innovationsorientierung und Erfolg - Eine Inhaltsanalyse von Geschäftsberichten deutscher Aktiengesellschaften. Frankfurt a. M./ Berlin/ Bern/ New York/ Wien.

Specht, G./Beckmann, C./Amelingmeyer, J. (2002): F&E-Management - Kompetenz im Innovationsmanagement, 2. Aufl., Stuttgart.

Specht, G./Gerhard, B. (1999): Beteiligung unternehmensinterner Funktionsbereiche am Innovationsprozeß - Determinante des Erfolgs technischer Produktinnovationen, in: Tintelnot, C./Meißner, D./Steinmeier, I. (Hrsg.), Innovationsmanagement. S. 219-234.

Staehle, W./Conrad, P./Sydow, J. (1999): Management - Eine verhaltenswissenschaftliche Perspektive. 8. Aufl., München.

Stasser, G./Stewart, D. D./Wittenbaum, G. M. (1995): Expert Roles and Information Exchange during Discussion: The Importance of Knowing Who Knows What, in: Journal of Experimental Social Psychology, Jg. 31, S. 244-265.

Stasser, G./Titus, W. (1985): Pooling of unshared information in group decision making: Biased information sampling during group decision, in: Journal of Personality and Social Psychology, Jg. 48, S. 1467-1478.

Staudt, E. (1985): Innovationsbarrieren und ihre Überwindung - Thesen aus einzelwirtschaftlicher Sicht, in: Giersch, H. (Hrsg.), Probleme und Perspektiven der weltwirtschaftlichen Entwicklung. Schriften des Vereins für Sozialpolitik, N. F. Bd. 148, Berlin/ München, S. 349-366.

Staudt, E./Auffermann, S. (1996). Der Innovationsprozeß im Unternehmen. Eine erste Analyse des derzeitigen Stands der Forschung. Bochum.

Staw, B. M./Sandelands, L. E./Dutton, J. E. (1981): Threat-Rigidity-Effects in Organizational Behavior, A Multilevel Analysis, in: Administrative Science Quarterly, Jg. 26, S. 501-524.

Steinhoff, F. (2006). Kundenorientierung bei hochgradigen Innovationen Konzeptualisierung, Empirische Bestandsaufnahme und Erfolgsbetrachtung. Diss. TU Berlin.

Steinkühler, R.-H. (1994): Technologiezentren und Erfolg von Unternehmensgründungen. Wiesbaden.

Steinle, C./Krummaker, S./Glaschak, S. (2003): Dynamische Promotorenkonstellationen in Veränderungsprozessen, in: Die Unternehmung, Jg. 57, S. 407-430.

Stern, T./Jaberg, H. (2001): Erfolgreiches Innovationsmanagement, Erfolgsfaktoren - Grundmuster – Fallbeispiele. Wiesbaden.

Stevens, G./Burley, J./Divine, R. (1999): Creativity + Business Discipline = Higher Profits Faster from New Product Development, in: Journal of Product Innovation Management, Jg. 16, S. 455-468.

Sträter, K. (2002): Erfolgswirkungen von Entwicklungsaktivitäten. Diss. TU Berlin.

Strothmann, K. H./Baaken, T./Kliche, M./Pörner, R./Stiefel-Rechenmacher, R. (1987): Merkmale innovativer Unternehmen der Investitionsgüterindustrie. Würzburg.

Suarez, F./Lanzolla, G. (2005): The Half-Truth of First-Mover Advantage, in: Best Practice, S. 121-127.

Sundgren, M./Dimenäs, E./Gustafsson, J.-E./Selart, M. (2005): Drivers of organizational creativity: a path model of creative climate in pharmaceutical R&D, in: R&D Management, Jg. 35, S. 359-374.

Suomala, P. (2004): The Life Cycle Dimension of New Product Development Performance Measurement, in: International Journal of Innovation Management, Jg. 8, S. 193-221.

Susman, G. I./Ray, J. M. (1999): Test of a model of organizational contributors to product development team effectiveness, in: Journal of Engineering and Technology Management, Jg. 16, S. 223-245.

Sutton, C. J. (1979): The Effect of Uncertainty on the Diffusion of Third Generation Computers, in: The Journal of Industrial Economics, Jg. 23, S. 273-280.

Sutton, R. I./Hargadon, A. (1996): Brainstorming Groups in Context: Effectiveness in a Product Design Firm, in: Administrative Science Quarterly, Jg. 41, S. 685-718.

Süverkrüp, C. (1992): Internationaler technologischer Wissenstransfer durch Unternehmensakquisitionen - Eine empirische Untersuchung am Beispiel deutsch-amerikanischer Akquisitionen. Frankfurt a. M. et al.

Swink, M. (2000): Technological Innovativeness as a Moderator of New Product Design Integration and Top Management Support, in: Journal of Product Innovation Management, Jg. 17, S. 208-220.

Swink, M. (2003): Completing projects on-time: how project acceleration affects new product development, in: Journal of Engineering and Technolgy Management JET-M, Jg. 20, S. 319-344.

Sydow, J. (1992): Strategische Netzwerke - Evolution und Organisation. Wiesbaden.

Sydow, J. (1995): Unternehmensnetzwerke, in: Corsten, H./Reiß, M. (Hrsg.), Handbuch Unternehmensführung - Konzepte, Instrumente, Schnittstellen. Wiesbaden, S. 159-169.

Sydow, J. (2006a): Editorial - Über Netzwerke, Allianzsysteme, Verbünde, Kooperationen und Konstellationen, in: Sydow, J. (Hrsg.), Management von Netzwerkorganisationen - Beiträge aus der "Managementforschung". 4. Aufl., Wiesbaden, S. 1-6.

Sydow, J. (2006b): Management von Netzwerkorganisationen - Zum Stand der Forschung, in: Sydow, J. (Hrsg.), Management von Netzwerkorganisationen - Beiträge aus der "Managementforschung". 4. Aufl., Wiesbaden, S. 387-472.

Szmigin, I./Foxall, G. (1998): Three forms of innovation resistance: the case of retail payment methods, in: technovation, Jg. 18, S. 459-468.

Szyperski, N. (1971): Vorgehensweise bei der Gestaltung computergestützter Entscheidungssysteme, in: Grochla, E. (Hrsg.), Computergestützte Entscheidungen in Unternehmungen. Wiesbaden, S. 37-64.

T

Tabak, F./Barr, S. H. (1999): Propensity to adopt technological innovations: the impact of personal characteristics and organizational context, in: Journal of Engineering and Technology Management, Jg. 16, S. 247-270.

Talke, K. (2005): Einführung von Innovationen - Marktorientierte strategische und operative Aktivitäten als kritische Erfolgsfaktoren. Wiesbaden.

Tatikonda, M. V./Montoya-Weiss, M. M. (2001): Integrating Operations and Marketing Perspectives of Product Innovation: The Influence of Organizational Process Factors and Capabilities on Development Performance, in: Management Science, Jg. 47, S. 151-172.

Tatikonda, M. V./Rosenthal, S. R. (2000): Successful execution of product development projects: Balancing firmness and flexibility in the innovation process, in: Journal of Operations Management, Jg. 18, S. 401-425.

Tebbe, K. (1990): Die Organisation von Produktinnovationsprozessen. Stuttgart.

Teece, D. J. (1986): Profiting from technological innovation: Implications for integration, collaboration, licensing and public policy, in: Research Policy, Jg. 15, S. 285-305.

Teichert, T. A. (1994): Erfolgspotential internationaler F&E-Kooperationen. Wiesbaden.

Thamhain, H. J. (1996): Managing Technology-Based Innovation, in: Gaynor, G. H. G. (Hrsg.), Handbook of Technology Management. New York et al., S. 9.1-9.15.

Thamhain, H. J. (2003): Managing innovative R&D teams, in: R&D Management, Jg. 33, S. 297-311.

Thamhain, H. J./Wilemon, D. L. (1975): Diagnosing Conflict Determinants in Project Management, in: IEEE - Transactions on Engineering Management, Jg. EM-22, S. 35-44.

Thieme, R. J./Song, X. M./Shin, G.-C. (2003): Project Management Characteristics and New Product Survival, in: Journal of Product Innovation Management, Jg. 20, S. 104-119.

Thom, N. (1992): Innovationsmanagement, in: Die Orientierung, Nr. 100.

Thom, N. (2001): Innovationsförderliche Ausrichtung genereller Führungsinstrumente, in: Meyer, J.-A. (Hrsg.), Innovationsmanagement in kleinen und mittleren Unternehmen, Jahrbuch der KMU-Forschung 2001. München, S. 56-62.

Thom, N. (2003): Betriebliches Vorschlagswesen - Ein Instrument der Betriebsführung und des Verbesserungsmanagements. 6. Aufl., Bern et al.

Thom, N./Ritz, A. (2000): Public Management - Innovative Konzepte zur Führung im öffentlichen Sektor. Wiesbaden.

Thomas, L. J. (1980): Available Light Movies - An Individual Inventor Made it Happen, in: Research Management, Jg. 23, S. 14-18.

Thompson, J. D. (1967): Organizations in Action. New York.

Timmis, K. N. (1991): "Sicherheitsforschung" in bezug auf Freisetzung und Risikoabschätzung: die Notwendigkeit, eine langfristige Strategie für eine koordinierte interdisziplinäre Grundlagenforschung zu entwickeln, in: Albach, H./Schade, D./Sinn, H. (Hrsg.), Technikfolgenforschung und Technikfolgenabschätzung. Berlin u. a., S. 141-161.

Töpfer, A. (1984): Innovationsmanagement, in: Wieselhuber, N./Töpfer, A. (Hrsg.), Handbuch Strategisches Marketing. Landsberg a. L., S. 391-407.

Tornatzky, L. G./Klein, K. J. (1982): Innovation Characteristics and Innovation Adoption - Implementation: A Meta-Analysis of Findings, in: IEEE-Transactions on Engineering Management, Jg. EM-29, S. 28-45.

Totterdell, P./Leach, D./Birdi, K./Clegg, C./Wall, T. (2002): An investigation of the contents and consequences of major organizational innovations, in: International Journal of Innovation Management, Jg. 6, S. 343-368.

Tranfield, D./Young, M./Partington, D. (2003): Knowledge Management Routines for Innovation Projects: Developing a Hierarchical Process Model, in: International Journal of Innovation Management, Jg. 7, S. 27-49.

Trommsdorff, V./Schneider, P. (1990): Grundzüge des betrieblichen Innovationsmanagements, in: Trommsdorff, V. (Hrsg.), Innovationsmanagement in kleinen und mittleren Unternehmen - Grundzüge und Fälle - Ein Arbeitsergebnis des Modellversuchs Innovationsmanagement. München.

Troy, L. C./Szymanski, D. M./Varadarajan, P. R. (2001): Generating New Product Ideas: An Initial Investigation of the Role of Market Information and Organizational Characteristics, in: Journal of the Academy of Marketing Science, Jg. 29, S. 89-101.

Turner, M. E./Pratkanis, A. R. (1997): Mitigating Groupthink by Stimulating Constructive Conflict, in: De Dreu, C. K. W./Van de Vliert, E. (Hrsg.), Using Conflict in Organizations. London/ Thousand Oaks/ New Delhi, S. 53-71.

Tushman, M. L. (1977): Special Boundary Roles in the Innovation Process, in: Administrative Science Quarterly, Jg. 22, S. 587-605.

Tushman, M. L./Anderson, P. (1986): Technological Discontinuities and Organizational Environments, in: Administrative Science Quarterly, Jg. 31, S. 439-465.

Tushman, M. L./Katz, R. (1980): External Communication and Project Performance: an Investigation into the Role of Gatekeepers, in: Management Science, Jg. 26, S. 1071-1085.

U

Uebele, H. (1988): Zur Praxis der Kreativitätstechniken - Anwendungserfahrungen bei der Produktinnovation, in: Die Betriebswirtschaft, Jg. 48, S. 777-785.

Uhl, O. W. (1993): Innovations-Management bei 3M, in: Zeitschrift Führung + Organisation, Jg. 63, S. 221-224.

Uhlmann, L. (1978): Der Innovationsprozeß in westeuropäischen Industrieländern. Berlin/ München.

Ulrich, H. (1949): Betriebswirtschaftliche Organisationslehre - eine Einführung. Bern.

Unterguggenberger, S. (1972): Betriebswirtschaftliche Überlegungen zur Problematik der Forschungs- und Entwicklungskosten für neue Industrieprodukte, in: Zeitschrift für Betriebswirtschaft, Jg. 42, S. 263-282.

Utterback, J. M. (1971): The Process of Innovation: A Study of the Origination and Development of Ideas for New Scientific Instruments, in: IEEE-Transactions on Engineering Management, Jg. 18, S. 124-131.

Utterback, J. M. (1994): Radical innovation and corporate regeneration, in: Research Technology Management, Jg. 37, S. 10-18.

V

Valacich, J. S./Dennis, A. R./Connolly, T. (1994): Idea Generation in Computer-Based Groups: A New Ending to an Old Story, in: Organizational Behavior and Human Decision Processes, Jg. 57, S. 448-467.

Valacich, J. S./Schwenk, C. (1995): Structuring Conflict in Individual, Face-to-Face, and Computer-Mediated Group Decision Making: Carping Versus Objective Devil's Advocacy, in: Decision Sciences, Jg. 26, S. 369-393.

van de Ven, A. (1986): Central Problems in the Management of Innovation, in: Management Science, Jg. 32, S. 590-607.

van de Ven, A. (1993): A community perspective on the emergence of innovations, in: Journal of Engineering and Technology Management, Jg. 10, S. 23-51.

van de Ven, A./Delbecq, A. L. (1971): Nominal versus Interacting Group Processes for Committee Decision-Making Effectiveness, in: Academy of Management Journal, Jg. 14, S. 203-212.

van der Panne, G./van Beers, C./Kleinknecht, A. (2003): Success and failure of innovation: A literature review, in: International Journal of Innovation Management, Jg. 7, S. 309-338.

van Gundy, A. G. (1982): Managing Group Creativity - A Modular Approach to Problem Solving. New York.

van Riel, A. C. R./Lemmink, J./Ouwersloot, H. (2004): High-Technology Service Innovation Success: A Decision-Making Perspective, in: Journal of Product Innovation Management, Jg. 21, S. 348-359.

Vedin, B.-A. (1980): Large Company Organization and Radical Product Innovation. Lund/ Goch/ Bromley.

Veit, K.-R. (1992): Zur Aktivierung von Ausgaben für Grundlagenforschung, in: Der Betrieb, Jg. 45, S. 641-645.

Verg, E./Plumpe, G./Schultheis, H. (1988): Meilensteine. Leverkusen.

Visscher, K./Rip, A. (2003): Coping with Chaos in Change Processes, in: Creativity and Innovation Management, Jg. 12, S. 121-128.

Vitt, J. (1998): Schlüsselerfinder in der industriellen Forschung und Entwicklung - Strategien für das Akquisitionsmanagement im Unternehmen. Wiesbaden.

Voeth, M./Gawantka, A. (2005): Produktbegleitende Dienstleistungen auf Industriegütermärkten: Eine empiriegestützte Untersuchung, in: Amelingmeyer, J./Harland, P. E. (Hrsg.), Technologiemanagement & Marketing: Herausforderungen eines integrierten Innovationsmanagements; Festschrift für G. Specht. Wiesbaden, S. 469-486.

Völckner, F./Pirchegger, B. (2006): Immaterielle Werte in der internen und externen Berichterstattung deutscher Unternehmen, in: Die Betriebswirtschaft, Jg. 66, S. 219-243.

Volpp, U. (1989): Personelle Auswirkungen der Einführung eines Projekt-Managements - das Problem der Kollision von temporärer und dauerhafter Organisationsform. Diss. Mainz.

von der Ohe, M. (1983): Sieben Prinzipien fielen durch, in: Automobil Revue, S. 43-45.

von Deym, A. (und 24 Ko-Autoren) (1979): Organisationsplanung - Planung durch Kooperation. 4. Aufl., Berlin/ München.

von Hippel, E. (1976): The dominant role of users in the scientific instrument innovation process, in: Research Policy, Jg. 5, S. 213-239.

von Hippel, E. (1977): Transferring process equipment innovations from user-innovators to equipment manufacturing firms, in: R&D Management, Jg. 8, S. 13-22.

von Hippel, E. (1986): Lead users: A source of novel product concepts, in: Management Science, Jg. 32, S. 791-805.

von Hippel, E. (1988): The Sources of Innovation,. New York/ Oxford.

von Hippel, E. (1990): Task partitioning: An innovation process variable, in: Research Policy, Jg. 19, S. 407-418.

von Hippel, E. (1994): "Sticky Information" and the Locus of Problem Solving: Implications for Innovation, in: Management Science, Jg. 40, S. 429-439.

von Hippel, E. (2001): Perspective: User toolkits for innovation, in: Journal of Product Innovation Management, Jg. 18, S. 247-257.

von Hippel, E./Katz, R. (2002): Shifting Innovation to Users via Toolkits, in: Management Science, Jg. 48, S. 821-833.

von Hippel, E./Tyre, M. J. (1995): How learning by doing is done: problem identification in novel process equipment, in: Research Policy, Jg. 24, S. 1-12.

von Zedtwitz, M. (2002): Organizational learning through post-project reviews in R&D, in: R&D Management, Jg. 32, S. 255-268.

Vonlanthen, J.-M. (1995): Innovationsmanagement in Schweizer Unternehmen - Ausgewählte organisatorische und personalwirtschaftliche Betrachtungen, Konzeptionelle Grundlagen - Drei Explorativstudien. Bern et al.

Voss, C. A. (1985): The Role of Users in the Development of Applications Software, in: Journal of Product Innovation Management, Jg. 2, S. 113-121.

W

Walter, A. (1998): Der Beziehungspromotor - Ein personaler Gestaltungsansatz für erfolgreiches Relationship Marketing. Wiesbaden.

Walter, A. (1999): Der Beziehungspromotor: Gestalter erfolgreicher Geschäftsbeziehungen - Eine theoretische und empirische Analyse, in: Marketing ZFP, Jg. 21, S. 267-283.

Walter, A. (2003): Technologietransfer zwischen Wissenschaft und Wirtschaft - Voraussetzungen für den Erfolg. Wiesbaden.

Walter, A. (2005): Technologietransfer, in: Albers, S./Gassmann, O. (Hrsg.), Handbuch Technologie- und Innovationsmanagement - Strategie - Umsetzung - Controlling. Wiesbaden, S. 101-118.

Walter, A./Gemünden, H. G./Auer, M. (2003): Unternehmerische Aktivitäten im Technologietransfer, in: Zeitschrift für Betriebswirtschaft, Jg. 73, S. 679-704.

Walter, A./Ritter, T./Gemünden, H. G. (2001): Value creation in buyer-seller relationships. Theoretical considerations and empirical results form a supplier's perspective, in: Industrial Marketing Management, Jg. 30, S. 365-377.

Walther, S. (2004): Erfolgsfaktoren von Innovationen in mittelständischen Unternehmen - Eine empirische Untersuchung. Frankfurt a. M. et al.

Walton, J. (1986): Audi-Quattro - Entwicklung und Geschichte eines ungewöhnlichen Autos für Straße und Sport, Stuttgart.

Walton, R. E. (1987): Innovating to Compete - Lessons for Diffusing and Managing Change in the Workplace. San Francisco/ London.

Ward, T. B. (2004): Cognition, creativity, and entrepreneurship, in: Journal of Business Venturing, Jg. 19, S. 173-188.

Warschkow, K. (1993): Organisation und Budgetierung zentraler F&E-Bereiche. Stuttgart.

Waudig, D. (1994): Verlauf und Erfolg kooperativer Innovationsprozesse zwischen Hochschule und Industrie. Karlsruhe.

Webb, A. (1994): Managing Innovative Projects. London et al.

Weber, C./Weber, B./Göbel, M. (2005): Corporate Venture Capital als Innovationsinstrument, in: Zeitschrift Führung + Organisation, Jg. 74, S. 192-199.

Weber, M. (1992): Nutzwertanalyse, in: Frese, E. (Hrsg.), Handwörterbuch der Organisation. 3. Aufl., Stuttgart, Sp. 1435-1448.

Weinert, F. E. (1990): Der aktuelle Stand der psychologischen Kreativitätsforschung und einige daraus ableitbare Schlußfolgerungen für die Lösung praktischer Probleme, in: Hofschneider, H. P./Mayer, K. U. (Hrsg.), Generationsdynamik und Innovation in der Grundlagenforschung. München, S. 21-44.

Weinert, F. E. (1991): Die Klugheit, nicht aus Schaden klug werden zu müssen - zur Notwendigkeit und Nützlichkeit der Technologiefolgenabschätzung, in: Albach, H./Schade, D./Sinn, H. (Hrsg.), Technikfolgenforschung und Technikfolgenabschätzung. Berlin u. a., S. 23-44.

Weinkauf, K./Högl, M./Gemünden, H. G./Hölzle, K. (2005): Zusammenarbeit zwischen organisatorischen Gruppen: Ein Literaturüberblick über Intergroup Relations-, Schnittstellen- und Boundary Spanning-Forschung, in: Journal für Betriebswirtschaft, Jg. 55, S. 85-111.

Weisberg, R. W. (1986): Creativity, Genius and Other Myths. New York.

Weise, J. (2005). Planung und Steuerung von Innovationsprojekten. Diss. TU Berlin.

Weisenfeld-Schenk, U. (1995): Marketing- und Technologiestrategien: Unternehmen der Biotechnologie im internationalen Vergleich. Stuttgart.

Werner, B. M./Souder, W. E. (1997): Measuring R&D Performance - U.S. and German Practices, in: Research Technology Management, Jg. 40, S. 28-32.

West, M. A./Anderson, N. R. (1996): Innovation in Top Management Teams, in: Journal of Applied Psychology, Jg. 81, S. 680-693.

Whitley, R./Frost, P. (1971): The Measurement of Performance in Research, in: Human Relations, Jg. 24, S. 161-178.

Wicher, H. (1991a): Konzepte, Methoden und Probleme der Innovationsmessung, in: Wicher, H. (Hrsg.), Betriebliches Innovationsmanagement - Die Gestaltung von Innovationsprozessen, Grundlagen, Konzepte, Erfahrungen. Ammersbek b. Hamburg, S. 9-26.

Wicher, H. (1991b): Prozess, Struktur, Umwelt, Erfolg. Stand der empirischen Innovationsforschung, in: Wicher, H. (Hrsg.), Betriebliches Innovationsmanagement - Die Gestaltung von Innovationsprozessen, Grundlagen, Konzepte, Erfahrungen. Ammersbek b. Hamburg, S. 27-124.

Wiegele, O. J. (1977): Innovative Investitionsentscheidungsprozesse in Krankenhausbetrieben - eine empirische Untersuchung. Diss. Wien.

Wildemann, H. (1998): Lernen vom Wettbewerb - Die Produktklinik als Konzept zur kundenorientierten Ideengenerierung auf Basis alternativer Lösungsansätze, in: Zeitschrift für Betriebswirtschaft, Jg. 68, S. 1181-1199.

Wildemann, H. (2003): Wissensmanagement: Ein neuer Erfolgsfaktor für Unternehmen. München.

Wildhage, H. J. (1997): Vom Zulieferer zum "Systempartner": das Beispiel ZF, in: Frankfurter Allgemeine Zeitung Nr. 256, 04.11.1997.

Wilson, J. Q. (1967): Innovation in Organization: Notes Toward a Theory, in: Thompson, J. D. (Hrsg.), Approaches to Organizational Design. Pittsburgh, S. 193-218.

WIM e. V. (1973): Systemtechnik - Überlegungen und Vorschläge der Wirtschaftsvereinigung industrielle Meerestechnik. Düsseldorf

Winnacker, E.-L. (1991): Das Potential der Gentechnik für Erkenntnisgewinn und Praxis - Versuch einer Nutzen-Risikobilanz, in: Albach, H./Schade, D./Sinn, H. (Hrsg.), Technikfolgenforschung und Technikfolgenabschätzung. Berlin et al., S. 121-139.

Wissema, J. G./Euser, L. (1991): Successful Innovation Through Inter-Company Networks, in: Long Range Planning, Jg. 24, S. 33-39.

Witte, E. (1962): Forschung, Werbung und Ausbildung als Investitionen, in: Ortlieb, H.-D. (Hrsg.), Hamburger Jahrbuch für Wirtschafts- und Gesellschaftspolitik. 6. Jahr. Aufl. Tübingen, S. 210-226.

Witte, E. (1964): Analyse der Entscheidung - Organisatorische Probleme eines geistigen Prozesses, in: Grochla, E. (Hrsg.), Organisation und Rechnungswesen, Festschrift für E. Kosiol. Berlin, S. 101-124.

Witte, E. (1968): Phasen-Theorem und Organisation komplexer Entscheidungsverläufe, in: Zeitschrift für betriebswirtschaftliche Forschung, Jg. 20, S. 625-647.

Witte, E. (1972): Das Informationsverhalten in Entscheidungsprozessen. Tübingen.

Witte, E. (1973): Organisation für Innovationsentscheidungen - Das Promotoren-Modell. Göttingen.

Witte, E. (1986): Erfolgsmuster von Innovationen, in: Gaugler, E. (Hrsg.), Zukunftsaspekte der anwendungsorientierten Betriebswirtschaftslehre, Festschrift für E. Grochla. Stuttgart, S. 235-246.

Witte, E. (1988a): Innovationsfähige Organisation, in: Witte, E./Hauschildt, J./Grün, O. (Hrsg.), Innovative Entscheidungsprozesse - die Ergebnisse des Projektes Columbus. Tübingen, S. 144-161.

Witte, E. (1988b): Kraft und Gegenkraft im Entscheidungsprozeß, in: Witte, E./Hauschildt, J./Grün, O. (Hrsg.), Innovative Entscheidungsprozesse. Tübingen, S. 162-169.

Witte, E. (1993): Entscheidung zu neuen Medien - Pathologie eines Innovationsprozesses, in: Bandura, P./Scholz, R. (Hrsg.), Wege und Verfahren des Verfassungslebens, Festschrift für P. Lerche. München, S. 737-751.

Witte, E. (1997): Der Zusammenhang zwischen nachrichtentechnischen Innovationen und Veränderungen in der Marktordnung, in: Sitzungsberichte der Bayerischen Akademie der Wissenschaften.

Wittmann, W. (1959): Unternehmung und unvollkommene Information. Köln/ Opladen.

Wolf, J. (2000): Strategie und Struktur - Ein Kapitel der Geschichte deutscher nationaler und internationaler Unternehmen. Wiesbaden.

Wolfe, R. A. (1994): Organizational Innovation: Review, Critique and Suggested Research Directions, in: Journal of Management Studies, Jg. 31, S. 183-211.

Woodward, J. (1965): Industrial Organization - Theory and Practice. London et al.

Wurst, K. (2001): Zusammenarbeit in innovativen Multi-Team-Projekten. Wiesbaden.

X

Xie, J./Song, X. M./Stringfellow, A. (1998): Interfunctional Conflict, Conflict Resolution Styles, and New Product Success: A Four-Culture Comparison, in: Management Science, Jg. 44, S. 192-206.

Xie, J./Song, X. M./Stringfellow, A. (2003): Antecedents and Consequences of Goal Incongruity on New Product Development in five Countries: A Marketing View, in: Journal of Product Innovation Management, Jg. 20, S. 233-250.

Y

Yang, X./Taylor, M./Stoltenberg, S. (1999): Assessing the effects of structural and project characteristics on R&D strategic alliance performance: A unified approach, in: Journal of High Technology Management Research, Jg. 10, S. 105-121.

Z

Zahn, E./Weidler, A. (1995): Integriertes Innovationsmanagement, in: Zahn, E. (Hrsg.), Handbuch Technologiemanagement. Stuttgart, S. 351-376.

Zaltman, G./Duncan, R./Holbeck, J. (1984): Innovations & Organizations. Malabar.

Zapf, W. (1989): Über soziale Innovationen, in: Soziale Welt, Jg. 40, S. 170-183.

Zerbst, E. W. (1987): Bionik - Biologische Funktionsprinzipien und ihre technischen Anwendungen. Stuttgart.

Zhang, Q./Doll, W. J. (2001): The fuzzy front end and success of new product development: a causal model, in: European Journal of Innovation Management, Jg. 4, S. 95-112.

Zhou, J./Woodman, R. W. (2003): Managers' Recognition of Employees' Creative Ideas: A Social-Cognitive Model, in: Shavinina, L. V. (Hrsg.), The International Handbook on Innovation, Amsterdam et al., S. 631-640.

Ziegler, H. (1982): Immaterielle Leistungen - eine Herausforderung für Theorie und Praxis, in: Zeitschrift für betriebswirtschaftliche Forschung, Jg. 34, S. 816-825.

Zillmer, P. (2000): Die Messung des Innovationserfolgs, in: Dold, E./Gentsch, P. (Hrsg.), Innovationsmanagement - Handbuch für mittelständische Betriebe. Neuwied/ Kriftel, S. 229-247.

Zimmermann, H. J. (1980): Netzplantechnik, in: Grochla, E. (Hrsg.), Handwörterbuch der Organisation. 2. Aufl., Stuttgart, Sp. 1379-1388.

Zimmermann, H. J./Gutsche, L. (1991): Multi-Criteria Analyse - Einführung in die Theorie der Entscheidungen bei Mehrfachzielsetzungen. Berlin et al.

Zipf, G. K. (1949): Human Behavior and the Principle of Least Effort - An Introduction to Human Ecology. Cambridge, MA.

Zirger, B. J./Maidique, M. A. (1990): A Model Of New Product Development: An Empirical Test, in: Management Science, Jg. 36, S. 867-883.

Zündorf, L./Grunt, M. (1982): Innovation in der Industrie - Organisationsstrukturen und Entscheidungsprozesse betrieblicher Forschung und Entwicklung. Frankfurt/ New York.

Zuse, K. (1984): Der Computer - mein Lebenswerk. Berlin et al.

ZVEI (1982): Forschungs- und Entwicklungsvorhaben - Auswahl, Planung, Abwicklung und Kontrolle aus betriebswirtschaftlicher Sicht. Frankfurt.

Zwick, T. (2003): Empirische Determinanten des Widerstandes von Mitarbeitern gegen Innovationen, in: Zeitschrift für betriebswirtschaftliche Forschung, Jg. 55, S. 45-59.

Zwicky, F. (1966): Entdecken, Erfinden, Forschen im Morphologischen Weltbild. München.

Stichwortverzeichnis